鄂尔多斯盆地大面积致密砂岩气成藏理论

杨　华　席胜利　魏新善　陈义才　著

科　学　出　版　社

北　京

内 容 简 介

本书以鄂尔多斯盆地上古生界致密砂岩气实际资料为依据，在综合分析大面积致密砂岩气成藏物质聚集与分布基础上，结合生烃模拟、水槽沉积模拟、成岩模拟实验，研究致密砂岩气充注方式、充注时期、地层压力系统形成演化及致密砂岩气富集成藏机理。在此基础上，建立致密砂岩气的气-水分布模式和近距离充注成藏模式，并以典型致密砂岩气田勘探实例解剖，总结致密砂岩气藏分布规律，预测致密砂岩气的勘探潜力及潜在有利分布区。

本书可供石油地质、储层地质和油气成藏动力学等研究方向的技术人员及大专院校师生参考。

图书在版编目（CIP）数据

鄂尔多斯盆地大面积致密砂岩气成藏理论/杨华等著. —北京：科学出版社，2016.6

ISBN 978-7-03-049176-3

Ⅰ. ①鄂… Ⅱ. ①杨… Ⅲ. ①鄂尔多斯盆地–致密砂岩–砂岩油气藏–研究 Ⅳ. ①P618.130.2

中国版本图书馆 CIP 数据核字（2016）第 145959 号

责任编辑：杨 岭 郑述方 / 责任校对：鲁 素
责任印制：余少力 / 封面设计：墨创文化

科 学 出 版 社 出版
北京东黄城根北街 16 号
邮政编码：100717
http：//www.sciencep.com
四川煤田地质制图印刷厂 印刷
科学出版社发行 各地新华书店经销
*
2016 年 6 月第 一 版 开本：889×1194 1/16
2016 年 6 月第一次印刷 印张：24 1/4
字数：789 000

定价：298.00 元

（如有印装质量问题，我社负责调换）

前　　言

鄂尔多斯盆地是中国第二大含油气盆地，处于中国大陆中部，盆地为多期原型盆地叠合而形成，改造特征明显，含油主要层位为中生界，含气主要层位为古生界，残留分布面积约 $25\times10^4km^2$，其中，上古生界为碎屑岩含气层系，下古生界为碳酸盐岩含气层系，盆地天然气资源丰富，最新资源评价结果（2010）表明，盆地古生界天然气地质资源量为 $15.16\times10^{12}m^3$。

鄂尔多斯盆地致密砂岩气勘探是我国最早进行致密砂岩天然气勘探的盆地之一。从 1969 年盆地西缘冲断带刘庆 1 井上古生界下石盒子组砂岩中获工业气流算起，上古生界碎屑岩含气层系天然气勘探历史不到 45 年。早期的天然气勘探是伴随着石油勘探进行的，以常规气为方向、以寻找构造气藏为出发点，在构造圈闭发育区进行勘探。1985 年，以盆地东部子洲县麒麟沟隆起上的麒参 1 井获低产气流为标志，发现了致密砂岩气。该井于上古生界二叠系下石盒子组盒 8 段、山西组山 2 段，测试获得井口产量分别为 $0.58\times10^4m^3/d$、$0.96\times10^4m^3/d$。1988 年，以镇川堡气田提交控制储量 $32.5\times10^8m^3$ 为标志，发现了首个致密砂岩气田。2000 年，以榆林气田发现为标志，致密砂岩气勘探进入勘探突破和大规模勘探阶段。近 15 年来，发现和探明了苏里格、榆林、乌审旗、子洲、神木和米脂等大气田。到 2012 年年底，长庆油田探区累计探明、基本探明天然气储量达到 $4.06\times10^{12}m^3$，致密砂岩气年产量已超过 $250\times10^8m^3$。致密砂岩气储量、产量大幅度增长过程，也是致密砂岩气藏不断深入认识的过程。因此，勘探与开发实践是大面积致密砂岩气成藏地质理论形成的基本前提。

鄂尔多斯盆地也是我国最早进行致密砂岩气成藏理论研究的盆地之一。1979 年 Marster 提出深盆气理论 1 年后，也就是 1980 年，他来到中国进行学术访问，介绍了有关深盆气的理论和认识。甘克文（1983）应用在这一理论进行了“鄂尔多斯盆地和阿尔伯塔盆地的类比分析”的研究，提出了“最可能形成大面积低渗透气的场所是冲断带东侧下降盘以石盒子组为主的上古生界”。随后，许多研究者开展了鄂尔多斯盆地上古生界深盆气研究，获得了一批研究成果。值得一提的是，针对鄂尔多斯盆地致密砂岩深盆气，中石油组织召开了两次全国性学术讨论会（1997 年 3 月广州和 2000 年 7 月西安），主要是探讨鄂尔多斯盆地深盆地气特征与勘探潜力。目前勘探证实，鄂尔多斯盆地致密砂岩气大规模储量不是分布在深盆的天环坳陷而是在伊陕斜坡，深盆中天然气勘探并没有取得成功，深盆气理论中典型的气、水倒置现象已证实并不存在，但证实了致密砂岩大面积含气这一深盆气概念中的重要特征和内涵。不可否认，深盆气理论在鄂尔多斯盆地的研究与应用，对坚定在盆地上古生界寻找致密砂岩气大气田信心、推动盆地致密砂岩气勘探起到了重要作用，也为大面积致密砂岩气成藏地质理论形成奠定了理论基础。

在国外，美国于 1927 年在圣胡安盆地就发现了致密砂岩气藏，并于 20 世纪 50 年代初投入开发。目前，美国在 30 个盆地中大约有 900 个气田生产致密砂岩气，可采储量 $13\times10^{12}m^3$ 左右，生产井超过 4×10^4 口，2010 年产量达 $1754\times10^8m^3$，占美国当年天然气总产量（$6110\times10^8m^3$）的 30%。据美国地质调查局（USGS）研究，全球已发现或推测发育致密砂岩气的盆地有 70 个左右，资源量约为 $210\times10^{12}m^3$；在我国，近几年致密砂岩气已成为天然气增储上产的重要现实领域，致密砂气地质储量年增 $3000\times10^8m^3$ 以上，产量年增 $50\times10^8m^3$ 以上，储量和产量呈快速增长态势。2011 年年底，我国致密砂岩气累计探明地质储量为 $3.3\times10^{12}m^3$，已占全国天然气总探明地质储量的 40%；可采储量 $1.8\times10^{12}m^3$，约占全国天然气可采储量的 1/3。2011 年致密砂岩气产量达 $256\times10^8m^3$，约占全国天然气总产量的 1/4。尽管国内外致密砂气勘探开发历史悠久，储、产量较大，在当今世界能源结构中占有一席之地，但是，由于致密砂岩储层的复杂性、成藏规律的特殊性以及各含气盆地地质条件的不同，再加上各国经济、技术条件的不同，对致密砂岩气藏的定义、地质内涵、成藏理论、成藏规律及成藏主控因素都有不同的理解和学术争论，因此，将鄂尔多斯盆地大面积致密砂岩成藏理论和勘探成果介绍给国内外同行，对促进致密砂岩气成藏理论研究和勘探都具有深远的意义。

本书的作者长期从事鄂尔多斯盆地天然气成藏理论研究和勘探工作。自从参加国家“六五”科技攻关项目——“陕甘宁盆地上古生界煤成气藏分布规律及勘探方向”以来，经历了从天然气成藏理论研究到致密砂岩气勘探决策过程，见证了从常规天然气勘探向致密砂岩气勘探转变过程中的艰难与曲折，收获了致密砂岩气成藏理论认识和丰富的勘探成果。因此，本书是作者长期从事鄂尔多斯盆地致密砂岩气勘探理论研究和勘探实践的总结和提升。

本书依据大量的致密砂岩气勘探开发生产、实验和试验原始数据，在生烃模拟、水槽模拟、成岩模拟等实验结果等基础上，以大面积致密砂岩气成藏物质聚集与天然气运聚机理研究为核心，突出鄂尔多斯盆地特色，从基本概念、理论原理、技术方法上系统阐述致密砂岩天然气成藏地质特征，形成致密砂岩大面积天然气聚集成藏理论体系。主要内容包括：

(1)系统阐述致密砂岩气藏的地质定义的内涵；总结鄂尔多斯盆地上古生界大面积致密砂岩气藏勘探历史、技术和经验教训。

(2)从盆地深部地壳结构研究入手，探索盆地构造稳定性成因及致密砂岩气藏形成的有利构造背景，研究原型盆地演化过程与大面积致密砂岩气的成藏关系。

(3)从煤系烃源岩分布稳定性、热事件及大面积分布高成熟烃源岩的生烃演化特征出发，建立广覆式生烃模式，研究其特殊性和对大面积致密砂岩气藏形成的重要性。

(4)从大华北原型盆地角度出发，研究在盆、山耦合演化过程中晚古生代鄂尔多斯盆地区沉积体系分布。通过以苏里格地区盒 8 段沉积为原型的水槽模拟实验，阐述浅水沉积盆地中砂体沉积分布特征及叠加样式，总结鄂尔多斯盆地大面积粗砂富集机理，建立沉积模式。

(5)在成岩模拟实验基础上，揭示上古生界整体沉降埋藏过程中流体压实效应、近距离成岩流体滞流效应、热压实效应及埋藏时间效应的砂岩储层致密化机理。

(6)研究上古生界广覆式生烃背景下的煤系烃源岩有机质生烃作用、构造热事件作用产生异常高压流体的排聚机理，建立致密砂岩中超压-微裂缝-气体膨胀的近距离充注成藏模式。

(7)在致密砂岩地层压力原始数据筛选依据和压力系统划分标准基础上，分析鄂尔多斯盆地致密砂岩三种不同地层压力系统成因机理及形成演化过程。

(8)从致密砂岩地层水原始数据筛选和地层水化学性质真实性出发，系统阐述致密砂岩地层水成因、产出状况。根据大量生产测试资料，分析上古生界致密砂岩气、水分布控制因素，总结不同尺度致密砂岩气、水分布模式，提出致密砂岩产水具有普遍特征。

(9)总结平缓稳定构造背景下大面积致密砂岩气藏形成的有利地质条件，分析大面积致密砂岩含气的基本特征，阐述定量评价天然气充注强度的基本原理，分析研究上古生界气藏大面积富集机理，形成上古生界致密砂岩的天然气充注程度评价方法和评价标准。

(10)以资源三角理论为基础上，应用鄂尔多斯盆地天然气资源评价研究结果，分析常规天然气、煤层气、页岩气、生物气和致密砂岩气等天然气资源结构特点，阐述鄂尔多斯盆地天然气勘探战略接替资源。

(11)介绍鄂尔多斯盆地上古生界典型致密砂岩气田地质特征、勘探发现历程与经验，总结分析鄂尔多斯盆地致密砂岩气藏的基本类型及分布规律。

最后，作者要感谢长期与我们合作的中国科学院广州分院、中国科学院兰州分院、中国石油勘探开发研究院、中国石油大学(北京、华东)、同济大学、西北大学、中国矿业大学、西安石油大学、西南石油大学、成都理工大学等有关教授和专家所做的研究工作。

目　录

第1章 绪 论

致密砂岩气是一种储集于低渗透-特低渗透致密砂岩储层中的非常规天然气资源，依靠常规技术难以开采，需通过大规模压裂或特殊采气工艺技术才能产出具有经济价值的天然气。致密砂岩气在储层孔隙结构、成藏机理、分布规律等方面具有显著的特殊性。致密砂岩气在我国天然气生产中所占比例越来越大，2010 年就达到了天然气总产量的 1/4。鄂尔多斯盆地上古生界致密砂岩气分布广泛，在理论创新与技术进步推动下，致密砂岩气的勘探开发取得了重大成就。

1.1 致密砂岩气相关概念

致密砂岩气的最初定义主要是为了从商业角度对所谓的“高成本”“低成本”气藏进行一个界定，以便对“高成本”天然气提供价格上的补贴。由于不同国家或不同学者在对致密砂岩气进行界定时，主要依据是当时的油气资源状况和技术经济条件，这些因素的变化不可避免地导致人们对致密砂岩气的认识发生变化。目前，国内外致密砂岩气勘探开发已经取得重要成果，但是关于致密砂岩气的定义还存在分歧，缺乏致密砂岩气的统一划分标准。

1.1.1 致密砂岩气定义沿革

致密砂岩气最早的定义可以追溯到 1978 年美国天然气政策法案，为给所谓的“高成本”天然气开发提供价格上的补贴，美国天然气政策法案把致密砂岩气开发的补贴标准规定为：①整个产层的平均原地气渗透率为 $0.1\times10^{-3}\mu m^2$ 或更小；②未压裂的稳定产气率符合特定指标；③单井日产油当量不大于 5 桶；④含气砂岩的有效厚度至少为 100ft(30.5m)，含水饱和度必须低于 65%，孔隙度为 5%～15%；⑤产层段地层总厚度中至少有 15%的有效厚度等。总体而言，美国政府关于致密砂岩气的划分考虑因素较多，但渗透率是其中的关键参数。致密气层(包括砂岩、碳酸盐岩等)的渗透率较低，其天然气的产能低，只有投入压裂、水平井、多分支井等措施才能获得经济效益。因此，根据储层渗透率这一关键参数，德国石油与煤炭科学技术协会(DGMK)将储层渗透率小于 $0.6\times10^{-3}\mu m^2$ 的气层划分为致密气，而英国把储层渗透率小于 $1\times10^{-3}\mu m^{-2}$ 的气层称为致密气。

Spencer(1985，1989)等许多研究者都将 $0.1\times10^{-3}\mu m^2$ 作为致密砂岩储层的渗透率上限，并将天然气储层分为 3 类：原地渗透率一般在 $0.1\times10^{-3}\mu m^{-2}$ 以下的为致密储层、原地渗透率在 $(0.1\sim1.0)\times10^{-3}\mu m^2$ 的为近致密储层、原地渗透率大于 $1\times10^{-3}\mu m^2$ 的为常规储层。Kazemi(1982)等则将气体渗透率小于 $1\times10^{-3}\mu m^2$ 的含气储层称为低渗透或致密气储层，而将气体渗透率大于 $1\times10^{-3}\mu m^2$ 的天然气称为常规气(表 1-1)。

表 1-1 国外不同机构、不同学者致密砂岩分类的孔隙度、渗透率标准

孔隙度/%	渗透率/($\times10^{-3}\mu m^{-2}$)	数据来源	备注
5～15	≤0.1	FERC，1978	原地渗透率
	≤0.1	Elkins L E，1978	原地渗透率
	≤1	Kazemi H，1982	空气渗透率
≤10	≤0.1	Wyman R E，1985	原地渗透率
	≤0.1	Spencer C W，1985	原地渗透率
≤12	≤1	Surdam R C，1997	空气渗透率
	≤0.1	Holditch S A，2006	原地渗透率

在我国，致密砂岩储层的概念自 20 世纪 80 年代开始出现。袁政文等(1990)将地面渗透率小于 $1\times10^{-3}\mu m^{-2}$、孔隙度小于 12%的储层界定为致密储层。20 世纪 90 年代后期，国家先后三次制定了致密砂岩气的相关行业标准，并引起较多关注和研究(表 1-2)。1998 年，中华人民共和国石油天然气行业标准《油气储层评价方法》将低渗透含气砂岩储层分为低渗透与特低渗透储层两大类。前者孔隙度为 10%～15%、渗透率为 $(0.1\sim10)\times10^{-3}\mu m^{-2}$，后者孔隙度小于 10%、渗透率小于 $0.1\times10^{-3}\mu m^{-2}$。2009 年，中华人民共和国石油天然气行业标准《油气储层评价方法》将低渗透含气砂岩储层定义为储层孔隙度小于 5%，渗透率小于 $0.1\times10^{-3}\mu m^{-2}$ 的储层。在中华人民共和国石油天然气行业标准(2011)的致密砂岩气定义中，突出了覆压基质渗透率小于等于 $0.1\times10^{-3}\mu m^{2}$。

表 1-2 国内不同机构、不同学者致密砂岩分类的孔隙度、渗透率标准

孔隙度/%	渗透率/($\times10^{-3}\mu m^{-2}$)	数据来源	备注
≤10	≤0.1	SY/T 6185—1998	有效渗透率
≤5	≤0.1	SY/T 6168—2009	有效渗透率
	≤0.1	SY/T 6832—2011	覆压基质渗透率
≤12	≤1	袁政文，1990	空气渗透率
≤12	≤0.1	关德师，1995	有效渗透率
≤10	≤0.5	戴金星，1996	有效渗透率
7～12	≤1	杨晓宁，2005	空气渗透率
3～12	≤0.1	邹才能，2009	有效渗透率

综上所述，国内外不同机构和研究者对致密砂岩的划分标准并未统一，尤其是不同实验条件下测定的渗透率，如空气渗透率、原地渗透率、有效渗透率以及覆压基质渗透率，彼此之间具有较大差异。致密砂岩具有呈带连片的大面积分布特征，同一层段的致密砂岩在不同深度条件的覆压基质渗透率也存在差异。此外，由于沉积、成岩作用的影响，致密砂岩物性在垂向与横向上的非均质性强烈，其渗透率往往呈数量级的变化。因此，仅依据渗透率对致密砂岩进行界定是不恰当的，应考虑更多其他的因素。

邹才能等(2009)根据国内外研究成果，提出致密砂岩不仅是指孔隙度小于 10%、原地渗透率小于 $0.1\times10^{-3}\mu m^{-2}$ 或绝对渗透率小于 $1\times10^{-3}\mu m^{-2}$，而且储层孔喉半径小于 1μm、含气饱和度小于 60%。这种气藏一般无自然工业产量，但在一定经济条件和技术措施下可以获得工业天然气产量。

赵靖舟(2012)将致密砂岩气定义为储层致密、只有经过大型压裂改造等措施才可以获得经济产量的烃源岩外气藏，其绝对渗透率一般小于 $1\times10^{-3}\mu m^{2}$。这一定义既考虑了致密砂岩气的商业价值，也赋予了其一定的地质内涵。

1.1.2 致密砂岩气地质特征

从商业角度看，致密砂岩气的开发主要受天然气价格、技术经济条件等的变化而影响。因此，仅从商业角度难以反映致密砂岩气的本质特征。从地质角度来讲，无论世界石油资源状况、技术经济条件等如何变化，致密砂岩气所具有的独特性是不会变的。系统总结致密砂岩气独特的地质特征，明确其地质内涵，进而从地质角度对致密砂岩气进行定义，对致密砂岩气成藏与分布规律的研究具有重要意义。

1. 致密砂岩气成藏地质特征

根据目前国内外有关致密砂岩气的研究成果，致密砂岩与常规储层相比，表现为相对较低的孔渗性能，孔喉直径小(但是明显大于页岩气与煤层气储层的孔喉直径)。致密砂岩气在盆地内可以广泛分布，它不像常规气藏一样受控于构造的高低，在盆地的低部位或是斜坡部位均有分布。致密砂岩由于其较小的孔喉特性，因此，浮力难以满足致密砂岩气成藏的动力需要，而更多地依靠非浮力驱动。在致密砂岩中，天然气聚集动力主要来自于如烃源岩充注的流体膨胀压力、欠压实和构造应力及地热增温的膨胀作用等。天然气聚集动力与毛细管阻力二者耦合控制含气边界，进而导致了致密砂岩气往往无明显的气水界面和圈闭界线，天然气的渗流特征也以非达西渗流为主(表1-3)。

表1-3 常规天然气、致密砂岩气、煤层气、页岩气基本地质特征对比表

要素特征	常规气	致密砂岩气	页岩气	煤层气
孔隙度	>10%或12%	<10%或<12%	<6%	<10%
地层渗透率	>$0.1\times10^{-3}\mu m^2$	<$0.1\times10^{-3}\mu m^2$	<$0.5\times10^{-3}\mu m^2$	<$1\times10^{-3}\mu m^2$
孔喉直径	>2μm	0.03～2μm	0.005～0.05μm	0.005～0.05μm
分布形式	构造高部位	盆地深部或斜坡部位	靠近盆地沉降-沉积中心	陆相高等植物发育区
聚集动力	浮力	非浮力	非浮力	非浮力
气水分布	上气下水，界面明显	界面模糊	界面模糊	界面模糊
渗流特征	达西渗流	非达西渗流	非达西渗流	非达西渗流
气体赋存形式	游离气	游离气为主，吸附气为辅	游离气吸附气并存	吸附气为主
圈闭界线	明显	模糊	/	/
源储关系	下生上储、上生下储	下生上储、上生下储、自生自储	源岩储集	源岩储集
运移特征	二次运移	近距离运移为主	源内运移	源内运移

2. 致密砂岩储层孔喉分布特征

Nelson(2009)等研究表明，引起致密砂岩气和常规气所有地质差异的最重要原因在于其储层孔喉的大小，并且指出常规砂岩储层孔喉尺寸通常大于2μm，致密砂岩孔喉尺寸介于0.03～2μm。由常规气藏到非常规气藏，储层孔喉逐渐变小，特别是1μm的孔喉尺寸似乎标志着低品质常规储集砂岩向致密砂岩的过渡。在这一孔喉尺寸之下，由于较多纳米级孔喉的存在，而纳米级孔喉系统对水柱压力与天然气浮力作用起到了明显的限制。致密砂岩气浮力驱动在油气聚集中的作用将变得次要，使气藏中流体之间分异变差、气水界面变得模糊。

在材料学的定义中，微米级指的是大于1μm的尺度范围，亚微米级尺度是指0.1～1μm范围，纳米级尺度是指1～100nm范围。纳米材料是在三维空间中至少有一维处于纳米尺度范围或由它们作为基本单元构成的材料，这大约相当于10～100个原子紧密排列在一起的尺度，其中有50%或以上的粒子直径为1～100nm。纳米级孔喉和纳米级油气储层是近几年提出的概念，由于其理论的先进性和分析方法的独特性受到了广泛关注(王君等，2001；Nelson，2009；邹才能，2012)。实际上，任何油气储层都或多或少存在纳米级孔喉，只有纳米级孔喉在储层孔喉体系中占据一定量值以后才能称其为纳米级孔喉储层，但这一量值的具体大小在学术界和产业界尚未定论。在本书中，作者借用纳米-亚微米材料定义，将纳米-亚微米级储层定义为储层中纳米-亚微米级孔喉达到50%以上，且孔喉直径在1μm以下者为纳米-亚微米级孔喉储层。

1.1.3 致密砂岩气地质特点

自美国在1973年制定致密砂岩气的补贴标准以来，在工程上关于致密砂岩气的定义长期存在分歧，但是从地质方面讲，致密砂岩气与常规砂岩气的本质区别在于储层喉道大小分布的差异，致密砂岩发育大量微米级和纳米-亚微米级孔喉。这就意味着致密砂岩气具有非常规特色，表现为天然气浮力驱动微弱，天然气聚集呈准连续、连续分布。

1. 非浮力驱动

常规油气藏储集体发育毫米级或微米级孔喉介质，毛细管阻力较小，油气运移符合达西渗流规律。

页岩气、煤层气等非常规油气储集体广泛发育纳米级孔喉系统，毛细管阻力大，油气运移距离小，基本为原位滞留油气，且主要以吸附气的形式存在，决定了油气基本呈连续型分布。致密砂岩气的孔喉大小介于常规油气藏和页岩气、煤层气藏之间，毛细管阻力较大，油气运移的浮力作用微弱，表现为近源储集，赋存形式以游离气为主，吸附气为辅。

常规气藏是浮力驱动形成的气藏，其分布表现为受构造圈闭或岩性圈闭控制的不连续分布形式，天然气的赋存形式为游离气；而致密砂岩气则是非浮力驱动形成的气藏，其分布更多地表现为不受构造圈闭或岩性圈闭控制的区域性连续分布形式（Law，2000）。这种特征决定了致密砂岩气主要呈准连续分布。鄂尔多斯盆地上古生界地层平缓，致密砂岩气近南北向大面积连续分布。

2. 游离气为主，吸附气为辅

鄂尔多斯盆地致密砂岩储层中，存在大量亚微米-纳米级孔喉（接近 80%）。大量微米-纳米级孔喉的存在，导致了储层毛细管阻力的增大，油气更易滞留，必然导致储层中吸附气含量的增多，因此，致密砂岩中除了含有较多的游离气外，吸附气也是其重要的气体赋存形式之一。

3. 源外聚集

页岩气藏、煤层气藏与致密砂岩气具有类似的油气聚集驱动力和连续分布形式，但是最大的区别在于致密砂岩气主要表现为天然气可以在源外聚集的特征，而页岩气藏、煤层气藏则表现为自生自储的源内聚集特征。

由此可见，致密砂岩气的地质定义既要体现出其与常规气藏的本质区别，又要区别于页岩气藏、煤层气藏等。综合以上分析，致密砂岩气的地质定义可表述为在非浮力驱动下，以游离气为主，吸附气为辅和区域性大面积分布形式聚集在致密砂岩储层中的气藏。这里的致密砂岩储层是指孔喉小于 2μm 的砂岩。在地质定义时，更强调储层喉道的大小，而不是渗透率的大小，其原因是孔喉尺寸和毛管压力的变化趋势刚好相反，孔喉尺寸标尺要比渗透率标尺更适合天然气充注的描述。

通过不同类型气藏主要地质特征的系统对比可见，常规气藏、致密砂岩气、页岩气藏和煤层气藏具有核心地质条件具有系列变化特征。综上所述，致密砂岩气最本质的成藏地质特征表现为非浮力驱动的聚集天然气。因此，致密砂岩气表现为源外非浮力驱动聚集，气藏分布范围一般不受构造圈闭的控制。

1.2　致密砂岩气成藏理论与技术

在世界油气发展历史进程中，每一次重大突破无不伴随着理论和勘探开发技术的创新。在致密砂岩气的勘探开发历史中，由于其自身所具有的独特性，相关的成藏地质理论、储层描述或储层综合评价预测技术以及开发技术的发展在其中显得尤为重要。

1.2.1　致密砂岩气成藏理论研究

1. 致密砂岩天然气成藏理论发展历史

致密砂岩气的勘探和研究已有近 90 年的历史。早在 1927 年，美国的圣胡安盆地就发现了致密砂岩气，并于 20 世纪 50 年代初最早投入开发，当时人们称之为“隐蔽圈闭”（subtle trap）气藏（Levoesen，1964）。Savit（1982）认为隐蔽圈闭是指用当前普遍采用的勘探方法难以圈定其位置的圈闭。庞雄奇等（2007）将隐蔽油气藏定义为：在现有理论和技术条件下，从物探和测井等资料上不能直接发现或识别出来的气藏概称为隐蔽油气藏。“隐蔽圈闭”主要用来描述构造、地层、流体（水动力）等多要素结合形成的复合圈闭，缺乏严格的含义，未能被广泛使用（杨克明等，2013）。随着勘探技术的发展，隐蔽油气藏/圈闭的具体分布范围将不断变化，因此其内涵具有不确定性和不一致性，它不是一个严格的圈闭分类术语，在油气圈闭（油气藏）分类体系中没有独立的位置。

隐蔽油气藏的最初概念虽然是在致密砂岩气发现之后提出的，但前者是以寻找的难易程度为标准提出来的，它与圈闭的成因类型无关，不指特定的圈闭类型，而后者往往与勘探难易程度无关，但是开发难度较大。隐蔽油气藏更多的是一个勘探概念，定义中并未涉及任何显著的致密砂岩气的特征。因此，真正的致密砂岩气理论研究应是在“深盆气藏”这一概念出现之后。

“深盆气藏”(deep basin gas)则是 Masters(1979)在研究了加拿大艾伯塔盆地深盆区(前陆盆地深坳陷区)致密地层中天然气聚集特征以后首次提出来的。深盆气藏特征可概括为：坳陷深部及斜坡的致密地层中普遍含气，气水倒置且无明显的气水界面，地层压力异常，活塞式运聚的动态圈闭气藏。深盆气的主要成藏条件为大面积分布的气源岩与大面积分布的致密储层密切接触，天然气持续补给，顶、底板封盖好，区域构造稳定且断裂少。深盆气概念虽然涉及了致密砂岩气，但是更强调埋藏深度较大的区域性天然气聚集，并未针对致密砂岩气本身的成藏特征。由此可见，深盆气既不是一个基于成因的术语，也不是一个基于机理的术语，而是一个在特定历史时期内延续使用的描述性术语，它不能与深层气、深源气等类型相区别，在英文表述上均为“deep basin gas”。

Rose(1984)等在研究 Raton 盆地天然气成藏特征时，首先使用了“盆地中心气”(basin-centered gas)这一术语。盆地中心气藏往往呈区域性分布，具有烃源的区域性及普遍成藏、储层处于气饱和状态和异常压力、缺失下倾的气水接触面及渗透率低等特点，与常规圈闭气藏具明显区别。随着越来越多与常规气藏具明显区别的其他类型油气藏的发现，Law 等(2002)提出非常规油气系统的概念，从而区别于常规的油气系统，并指出非常规油气系统与构造圈闭无关，基本不受重力分异的影响，区域上存在大规模的普遍含油气区带。

1995 年美国地质调查局提出了“连续油气聚集”的概念，突出强调连续气藏是受水柱影响不强烈的大型气藏，天然气富集与水对气体的浮力无直接关系，并且不是由下倾方向气水界面圈定的离散的、可数的气田群组成。邹才能等(2009)认为“连续型”油气藏是指低孔渗储集体系中油气运聚条件相似、含流体饱和度不均的非圈闭油气藏，即无明确的圈闭界限和盖层、主要分布在盆地斜坡或向斜部位、储集层低孔渗或特低孔渗、油气运聚中浮力作用受限、大面积非均匀性分布、源内或近源为主、无运移或一次运移为主、异常压力(高压或低压)、油气水分布复杂、常规技术较难开采的油气聚集。2006 年，美国地质调查局进一步提出深盆气(deep-basingas)、页岩气(shale gas)、致密砂岩气(tight gas sands)、煤层气(coal bed methane)、浅层砂岩生物气(shallow microbial gas sands)和天然气水合物(natural gas hydrate，methane clathrate)等 6 种非常规圈闭天然气(unconventional gas)，统称为连续气(continuous gas)。

“连续型”油气聚集虽然包括了大部分“非常规”油气，但是两者内涵有所不同。邹才能等(2012)认为“非常规”油气是针对油气资源的经济技术条件，而“连续型”油气聚集概念侧重的是反映油气形成、聚集机理和分布特征，具有科学性和规范性。

赵靖舟(2012)通过对比不同类型非常规油气资源的成藏特征，提出了准连续油气聚集的概念。认为准连续型油气聚集是指油气聚集受非常规圈闭控制、油气大面积准连续分布、无明确油/气藏边界的致密油气聚集。事实上，致密砂岩既非典型的连续型非常规油气聚集(如煤层气、页岩气)，又非典型的不连续型常规油气聚集，而是介于连续的非常规油气藏与不连续的常规油气藏之间的一种过渡类型，即所谓的准连续型油气聚集。鄂尔多斯盆地上古生界密砂岩天然气成藏理论核心表现为“广覆式持续生烃充注、近距离运聚、大面积砂体叠置分布、大面积含气”。

综上所述，致密砂岩天然气成藏地质理论的发展与深盆气理论具有密切联系，在成藏动力以及聚集机理等方面对“连续型”油气聚集理论进一步完善。

2. 致密砂岩气成藏地质研究发展趋势

由于常规气藏和致密砂岩气在气藏的地质特征、油气聚集特征以及油气分布特征等方面的本质差异，常规油气藏地质研究与评价方法并不完全能满足致密砂岩气的勘探开发要求。因此，目前，针对致密砂岩气的成藏地质特征，在生烃、储层、油气聚集等方面均得到了较大的发展。

1) 生烃评价研究从生烃高峰期，向生烃全过程扩展

常规气藏的生烃评价研究中，更强调的是烃源岩生烃高峰期的研究。传统有机地球化学研究表明，烃源岩镜质体反射率 R_o 处于 0.7%～1.3%时，为液态烃生烃高峰期；R_o 处于 1.3%～2.0%时，是干酪根生气的主要时期。越来越多的研究表明，R_o 处于 1.55%～3.5%时，有机质仍能大量生烃，能够形成一定规模气藏(Jarvie，2007)。此外，不同类型烃源岩在生烃高峰期烃源岩排烃效率差异也较大。有学者认为海相及湖相优质烃源岩，在开放条件下，高峰期排烃效率可高达 85%。煤系烃源岩和煤层排烃条件相对封闭，烃源岩不同显微组分排烃的热演化范围相对较大，从低成熟到高成熟后期均可进行大量排烃。一般烃源岩排烃效率在 40%～60%，相应滞留烃含量也存在较大差异，变化范围可在 15%～60%(赵文智，等，2011)。

总之，中外学者对烃源岩生烃的研究已经从过去的关注液态烃生烃高峰期和主生气期逐渐向更高的热演化程度扩展。烃源岩在 R_o＞2.0%以后滞留烃含量多少以及能否形成规模气藏，尚需开展进一步研究工作。从烃源岩的低成熟阶段向高成熟和过成熟阶段演化的生烃全过程研究，也包括各类型生烃源岩排烃效率及滞留状况全过程研究，使得以往忽略不计的资源量可转化为一定规模的有效资源量，必将带来资源量的大幅度增长(邱中建，等，2012)。

2) 储层目标研究从发现微米至毫米孔喉优良储集层，向纳米孔喉储集层扩展

常规油气资源的勘探工作目标是发现高产大油气田，其中关键是必须找到优质的储集层。这些优质储集层包括优质砂岩和优质碳酸盐岩，主要指标是高孔隙度和高渗透率。然而，随着勘探工作的逐渐深入和开发技术发展，发现致密砂岩和致密碳酸盐岩也可以大面积高产油气，非常致密的页岩也可以聚集油气并且能够进行商业开采。因此，储集层类型扩展到地壳所有岩类，储集层评价的目标不再是寻找微米至毫米孔喉的优良储集层，而是探究是否存在富含油气的条件，只要致密储层中聚集有一定规模的油气，就可以用人工的方法将致密储层改造成为商业化的储集层。

例如，页岩气藏可称为典型的“人工气藏”(王世谦等，2013)。页岩气的商业开发，就是大规模采用水平井多段压裂方式对储层进行大规模的人工改造，使致密页岩含气层转化为具有商业性的产气层。页岩气的成功开发，为致密砂岩气、煤层气等类似致密油气开发提供了很好的借鉴。

3) 油气聚集研究从圈闭向连续或准连续大面积分布的大油气区或层系扩展

传统的石油地质研究认为，圈闭是油气聚集和富集的最重要场所。油气水的分布受控于浮力作用，油气都向高处运移，而密度较大的水，一般都位于圈闭底部、边部而成为油气藏的边界。因此，常规油气勘探的主要目标是寻找有利圈闭，但随着勘探的不断深入，储集层致密化程度的不断增高，油气运聚规律将发生部分改变甚至全部改变，浮力驱动在油气水的分布或运聚过程中显得不是特别重要，油气膨胀驱动在近距离运聚可形成大面积、连续性分布。致密砂岩油气藏不存在明显或固定界限的圈闭和盖层，即“无形”或“隐形”或“动态”圈闭，主要由烃源岩生烃补给与气藏散失的动态平衡控制。因此，对于油气聚集的研究也逐渐从局部圈闭向大面积、全盆地范围扩展(如鄂尔多斯盆地上古世界大面积致密砂岩气，美国页岩大面积含油气)。按照这一理念将可以打破很多以往常规油气勘探的禁区，使油气勘探进入一个新的认识和发展阶段。

4) 从生、储、盖、圈、运、保的综合评价研究向以生烃和保存条件研究转变

传统石油地质的评价方法认为，油气藏得以形成并保存至今有赖于 6 大要素的具备及时空上的有效配置，因此油气成藏的地质评价包括对生油层、储集层、盖层、圈闭、运移和保存条件。由于有机质生烃高峰期向生烃全过程的扩展，页岩气原地富集成藏、致密砂岩近源成藏，大面积全盆地富集成藏等新思维的出现，使得油气储层下限不断降低，油气聚集的圈闭概念逐渐模糊。致密砂岩气成藏研究显示，储集层、圈闭和运移等条件并不是特别重要的制约因素，而最为关键的是生烃条件和保存条件。

1.2.2　致密砂岩气勘探开发技术发展趋势

1. 地震储层预测技术

目前，在地震装备技术方面，陆地地震装备已具备 15 万道的带道能力，海上地震装备已具备 26 缆

能力，未来装备向百万道发展(杜金虎等，2011，邹才能等，2013)。

地震采集技术方面，陆地采集技术在向单检、宽频带、宽(全)方位、高密度、高带道、小面元和提高可控震源的宽频带激发能力，尤其是提高可控震源低频拓展能力等方向发展。海上地震采集技术正向双缆技术、变深度拖缆技术、双检技术、全方位双螺旋采集技术、精确点位控制技术、更深水域勘探技术发展。

在地震处理技术方面，叠前深度偏移、逆时偏移技术成为应用和发展的主流技术，全波形反演技术、各向异性叠前偏移成像技术已经具有良好的应用前景。

地震解释技术方面，油藏地球物理、AVO/AVA 反演、波动方程反演、岩石物理反演以及宽(全)方位地震解释、方位各向异性解释、流体预测等日益完善。多波多分量地震技术、3D3C-VSP、随钻 VSP、井间地震、多分量微地震监测以及时间推移地震技术的研究与应用已成为前缘技术，将有很大的潜力。

针对复杂地表、复杂储层、各向异性地区和开发生产领域，以油气藏为目标进行勘探开发一体化，突出以三维数据体为对象的采集、处理、解释技术集成配套与优化。对于非常规油气，即致密气、致密油、煤层气、页岩气、页岩油等特定类型的油气资源，根据油气资源分布区地质地球物理特点和地面条件，发展相应的地震采集处理解释一体化配套技术。

2. 微地震监测技术

微地震监测技术为优化油气藏管理、致密储层勘探开发提供决策依据。微地震不需要人工激发地震子波，又称作无源地震或被动地震(邹才能等，2013)。微地震监测技术在油气藏压裂、注水开采等生产过程中，利用压裂、注水诱发的类似天然地震、烈度很低的微地震现象，监测裂缝活动、油气生产层内流体流动等情况。微地震监测技术能实时提供施工产生的裂隙高度、长度、方位角、几何形状和空间展布等信息，为优化压裂设计、优化井网等开发措施提供重要依据。

低渗透致密砂岩储层虽然普遍发育天然裂缝，但需要经过压裂才能形成工业产能。非常规油气增产、提高采收率以及储量有效动用与压裂作业效果密切相关，微地震监测技术是实时监测压裂效果的一种有效手段。

3. 水平井及分支水平井技术

水平井钻井技术是利用特殊井底动力工具与随钻测量仪器，井斜角大于 80°，并保持这一角度钻进一定长度井段的定向钻井技术。这是近 30 年来迅速发展并日臻完善的一项综合配套钻井技术，包括随钻测量、井眼轨迹控制、井壁稳定、钻井完井液等一系列重要技术(郑俊德等，2005；吴月先等，2008)。与直井相比，水平井具有泄气面积大、单井产量高、穿透度大、储量动用程度高、节约土地占用、避开障碍物和环境恶劣地带等许多优点。因此，水平井钻井技术在提高单井油气产量和提高油气采收率方面具有重要作用，已成为致密砂岩油气、页岩气、煤层气等非常规油气资源高效勘探开发的关键技术。

据统计，目前在全球 60 多个国家和地区完钻水平井总数已超过 5 万口，特别是在美国，随着致密气、页岩气等非常规油气资源的大规模勘探开发，近几年水平井钻井数几乎成指数增长，水平井钻井数从 2000 年的 1144 口增长到 2011 年的 16100 口左右，增长了 13 倍多，水平井数占总井数的比例从 2000 年的 3.9%增至 2011 年的 30%左右(史建刚，2008；邹才能等，2013)。水平井钻井技术的进步和大规模应用直接推动了美国致密气、页岩气等非常规油气资源的快速发展，不仅使美国再次成为全球第一大天然气生产国，改变了美国天然气进口的格局和天然气价格，甚至对世界能源供应格局都产生了重要影响。

分支井钻井技术被石油工程技术专家确立为 21 世纪初最具发展潜力的钻井技术之一。多分支井技术是在水平井、定向井的基础上发展起来的，是利用单一井眼(主井筒)钻出若干个进入油气藏的分支井眼，增大油气储层钻穿概率和有效面积，从而提高单井产量及油气藏的最终采收率。分支水平井主要有两种：一种是新钻分支水平井，另一种是老井侧钻分支水平井，从井眼轨迹可将分支水平井划分为栈式、音叉式、欧翅式、鱼骨式等 10 余种类型，还可分为平面分支水平井和空间分支水平井(江怀友等，2011；邹才能等，2013)。在低渗透气层、多层薄气层、裂缝性气层、复杂断块气藏以及非常规油气聚集区带，多分支井技术已成为必要技术手段。

4. 储层增产改造技术

致密砂岩气增产改造技术主要包括大型压裂、分段压裂、水平井压裂、重复压裂及压裂裂缝监测。1985年美国相关技术人员明确提出了压裂改造经济优化的概念，2000年以来逐渐采用不动管柱的分段压裂、合层排液技术。20世纪90年代初，分段压裂技术主要采用液体胶塞隔离分段压裂，90年代中后期出现了分段桥塞和水力喷砂分段压裂技术。2005年以来，投球滑套分级分段压裂技术。这些技术日益成熟并大规模推广应用。

在重复压裂技术方面，关于重复压裂机理、油藏数值模拟、压裂材料、压裂设计和施工等已取得一系列突破(胡文瑞，2010；任闽燕等，2013)。在压裂裂缝监测方面，发展了井间微地震等多种裂缝监测技术。在压裂液方面，通过减少稠化剂浓度、增加压裂液返排能力的研究，研制了不同类型的压裂液，如交联胍胶压裂液、低稠化剂浓度压裂液、滑溜水压裂液、混合水压裂液、清洁压裂液和泡沫压裂液等。在支撑剂方面，开发了一系列新型支撑剂，如预固化树脂包层砂、纤维防砂支撑剂、热塑膜支撑剂、可变形支撑剂和超低密度支撑剂等。

5. 新型压裂液技术

按照组成不同，压裂液可分为油基或水基体系，油水混合物组成的乳状液体系及油基或水基泡沫(氮气或二氧化碳)体系。压裂液从20世纪50年代的油基体系，发展到90年代乃至目前仍广泛使用(超过90%)的水基体系，氮气和二氧化碳体系约占压裂施工总数的 25%(梁文利等，2009)。目前，研发新型高密度压裂液，才能满足各类高压、超深或致密油气藏的施工改造技术需要，如使用溴化钠作加重剂的高密度压裂液适于地层温度低于 149℃的储层，羧甲基-羟丙基瓜尔胶体系可应用于较高压力、地层温度超过149℃的储层。根据不同储层特征，采用新型压裂液，调整压裂液性能，满足高压、深井致密油藏的压裂工艺要求。

1.3 鄂尔多斯盆地致密砂岩气勘探阶段划分与成果

鄂尔多斯盆地以发现和勘探油气的历史悠久而闻名。早在公元前的西汉中叶，就已经出现了天然气井。据班固《汉书·郊祀志》史书，公元前61年的西汉宣帝神爵元年，有“祠天封苑火井于鸿门(今陕西省神木、榆林一带)”记载，同书《地理志》中也有“天封苑火祠，火从地出”的记载。书中所描述的鸿门火井由当地民众在钻凿水井过程中发现，因天然气可燃烧，便建祠表示虔诚。在明朝时，当地人们已经学会了收集这种气体的方法，并用来煮饭和照明。尽管鄂尔多斯盆地发现天然气历史悠久，但由于客观、主观等多种原因，天然气勘探历史较短。

追溯天然气勘探历史，从早期的在盆地周边构造找气，到目前在盆地北部探明并成功开发了储量规模超过 $1\times10^{12}m^3$ 以上的世界级苏里格致密砂岩大气田，盆地天然气勘探过程中的每一次重大发现和突破，无不伴随着相关理论和技术的创新与突破。

1. 早期常规天然气勘探阶段(1985以前)

鄂尔多斯盆地早期天然气勘探以古生界为主要目的层，经历了三个发展时期：①区域普查，按油气苗钻探时期(1957～1976年)；②侦察西缘L形沉积带，按古潜山油气藏钻参数井时期(1977～1980年)；③引入煤成气理论，以西缘横山堡冲断带和晋西挠褶带南段为突破口时期(1981～1984年)。1969年，长庆油田在宁夏回族自治区盐池县马家滩西北的西缘冲断带刘家庄背斜构造上钻探的刘庆 1 井，在上古生界二叠系的石盒子组、山西组和太原组等发现了十六个层段含气显示，试气获得 $5.78\times10^4m^3/d$ 的工业气流，该背斜构造圈闭主力含气层下石盒子组储层物性为常规高渗储层，孔隙度平均为11.6%，渗透率平均为$77.7\times10^{-3}\mu m^{-2}$。刘庆1井是突破了盆地出气关的标志井，也是在鄂尔多斯上古生界钻探的第一口工业气流井。

这一阶段是以常规天然气勘探为方向，也就是在构造圈闭等油气成藏理论指导下进行勘探选区与部署，主要围绕盆地周边，以钻探构造圈闭和寻找古潜山油气藏为目标，但只发现了刘家庄、图东、胜利井、天池背斜构造等小型气藏。值得一提的是，1979年6月庆阳天然气发展战略研讨会召开，标志着盆地由以石油勘探为主向油气勘探并举的历史转变，虽经艰苦努力，但由于勘探理论、技术和投资多方面准备不足等原因，这一时期的天然气勘探没有取得实质性重大突破。

2. 致密砂岩气勘探发现阶段(1985～1996年)

回顾盆地天然气勘探历史，致密砂岩气的发现是实践与理论结合的产物。20世纪80年代初引进煤成气成藏理论，开展盆地煤成气资源评价，明确了上古生界具有丰富的煤成气资源，解决了上古生界天然气勘探气源的问题，指明了勘探方向。在天然气勘探部署上，上、下古生界结合，向盆地腹部勘探发展，取得了重大发现：一是发现了盆地腹部上古致密砂岩气，二是发现了下古靖边大气田。

1985年，以当时构造圈闭天然气成藏理论为指导，在盆地东部子洲县麒麟沟隆起上钻探了麒参1井，于上古生界二叠系石盒子组盒8段、山西组山2段钻遇气层，对石盒子组盒8段气层进行压裂改造，测试获得井口产量为$0.58\times10^4m^3/d$的低产气流，随后在该井的山西组进行水力加砂压裂改造，测试获井口产量为$0.96\times10^4m^3/d$，后重试获得日产为$2.83\times10^4m^3/d$的工业气流。随后在盆地东部镇川堡地区钻探的镇川1井，于二叠系石盒子组钻遇8.6m砂岩气层，渗透率为$0.59\times10^{-3}\mu m^{-2}$，试气获$2.58\times10^4m^3/d$的工业气流。1987～1988年，进一步加大盆地东部地震勘探部署，以黄土塬地区沟中弯线为主，大道距、低覆盖采集，完成二维地震264.48km，部署钻探了镇川2、4、5等18口井，发现石盒子组盒8、山西组、太原组等多套含气层系，储层平均渗透率为$0.35\sim1.0\times10^{-3}\mu m^{-2}$，试气单井产量低，一般为$1\sim4\times10^4m^3/d$。1988年，在镇川堡气田石盒子组盒5、盒6、盒7、盒8、山2段提交控制储量$35.2\times10^8m^3$，这是在鄂尔多斯盆地上古生界发现的首个致密砂岩气藏。这一阶段的勘探受对致密砂岩气成藏地质认识程度的限制，勘探思路仍以寻找有利构造为目标，地震勘探砂体预测精度低。气井钻探泥浆比重大，由于天然气井压裂工艺处于探索阶段，加砂规模小，钻井、压裂改造对致密砂岩气层缺少应有的保护，储层污染较严重，所以，单井试气产量较低，致密砂岩气勘探未能获得大的进展。值得一提的是，1988年长庆石油勘探局编译了《低渗透油气藏》，该书是在1985年5月在美国丹佛市召开的低渗透油气藏国际讨论会论文中选译的，以该书的出版为标志，致密砂岩气的勘探已开始引起了地质勘探专家的重视。

1989年，在陕西省榆林境内完钻的陕参1井、榆3井，于奥陶系顶部马家沟组马五段的碳酸盐岩风化壳储层试气分别获日产$28.3\times10^4m^3/d$和$13.8\times10^4m^3/d$的高产工业气流，从而拉开了盆地下古生界碳酸盐岩风化壳气藏天然气勘探的序幕。经过5年的勘探评价，到1995年底，靖边气田累计探明天然气储量$2300\times10^8m^3$，成为当时中国陆地上第一个世界级海相碳酸盐岩型大气田，并随即投入了开发试验阶段，于1997年开始向北京等城市供气。

在探明靖边大气田的同时，按照“上、下古生界立体勘探”的部署思路，积极开展了上古生界致密砂岩气勘探与评价。通过综合评价发现，在以下古生界为主要含气目的层探井中，90%以上探井中发现上古生界石盒子组、山西组气层或含气层。但受当时的认识水平、压裂工艺技术、设备条件和勘探力量、投资等限制，对其中60口井压裂试气，仅有18口井达到工业气流(大于$4\times10^4m^3/d$)，致密砂岩气层改造效果较差，大部分为低产气流井。但在盆地北部乌审旗、榆林地区上古生界三角洲平原分流河道砂体中发现了含气富集区。其中乌审旗地区陕173井盒8试气获无阻流量$11.07\times10^4m^3/d$、召探1井盒8试气获无阻流量$7.57\times10^4m^3/d$工业气流；榆林地区的陕9井、陕141井于上古生界二叠系山西组山2分别获得的无阻流量为$15.04\times10^4m^3/d$、$76.8\times10^4m^3/d$，显示了致密砂岩富集区的勘探潜力。

乌审旗陕173井盒8段获得高产工业气流后，在沉积相研究基础上，对全区品质较好的高分辨率地震资料进行了储层预测与反演，预测含气砂体，部署钻探了陕 145、陕 148 等探井，压裂试气获工业气流，于 1996 年探明了盆地第一个致密砂岩气田——乌审旗气田(当时为中部气田陕 173 井区)，探明地质储量 $35.73\times10^8m^3$。到 1996 年底，盆地上古生界累计探明致密砂岩天然气地质储量为 $71.46\times10^8m^3$，控制储量为 $522.53\times10^8m^3$，预测储量为 $1651.06\times10^8m^3$，三级储量累计近 $2000\times10^8m^3$。

这一时期，从致密砂岩天然气发现以及对其勘探的重视，到高产工业气流井获得和含气富集区确定，预示盆地致密砂岩气勘探突破阶段的到来。

3. 致密砂岩气勘探突破阶段

致密砂岩气勘探突破阶段按其特点可进一步划分为重大突破和战略突破两个次级阶段。

重大突破以榆林千亿立方米大气田探明为标志。1997 年，盆地天然气勘探贯彻“地震先行，地震、地质综合预测，科学布井，稳步发展”的勘探思路，重点寻找盆地北部致密砂岩天然气有利富集区。在地震勘探方面，强化了高分辨率采集、处理等十项关键技术攻关，突出了以储层反演预测与含气性检测等为主的储层及含气性预测技术，形成和完善了储层综合标定、储层反射波特征归纳、匹配处理、测井约束地震高分辨率反演等储层横向预测技术和高阻抗微降法、高阻抗砂岩储层 AVO 分析法等 10 项技术系列，使山 2 段砂体预测成功率达到 83%。在测井方面，积极推广核磁成像测井，利用 MAXIS-500、ECLIPS-5700 等成像测井系列，提取了大量有价值的测井地质信息，对评价储层孔隙结构、识别石英砂岩和流体性质发挥了重要作用；通过阵列感应、核磁共振等先进测井技术，有效地解决了由泥浆侵入和复杂孔隙结构等原因引起的低阻气层的识别，提高了气层的发现率。在综合地质研究方面，通过沉积体系研究，明确了山西组山 2 段以河流—浅水三角洲沉积为特征，由北向南发育规模较大的浅水三角洲分流河道，主砂体南北延伸超过 150km，在其主河道(平原分流河道和水下分流河道)两侧发育多条支流水系，水下分流河道向南分叉形成多个支状砂体带叠合的复合砂体群，与煤系烃源岩互层，成藏条件优越，气层可对比性强，分布比较稳定，确定了大型河流—三角洲复合砂体是寻找上古生界大气田的重要目标。到 2000 年，分别在陕 141、陕 211 及陕 207 井区提交天然气探明地质储量合计 $737.2\times10^8m^3$，控制天然气地质储量 $262.36\times10^8m^3$，预测天然气地质储量 $421.34\times10^8m^3$，三级储量合计达 $1420.9\times10^8m^3$，探明了盆地上古生界第一个高产大型气田—榆林气田，上古生界致密砂岩天然气勘探取得重大突破。榆林大气田勘探获得突破是在煤成气成藏理论、浅水三角洲砂体天然气富集理论深化和地震储层预测技术进步的前提下取得的。值得一提的是，1997 年 4 月召开的全国第一届深盆气研讨会上，明确了上古生界致密砂岩气勘探潜力，推动了致密砂岩气勘探进程。

在榆林气田取得重大突破的同时，1999 年根据盆地致密砂岩气低压，钻井和压裂容易污染的问题，在全盆地开展了老井复查重试和重新压裂。至 1999 年底，老井重试 36 口取得成功，产量平均翻了一番，产量得到大幅度提高，有 20 口井达到工业天然气流标准，3 口区域探井召探 1、陕 56、镇川 4 井重试产量超过 $7\times10^4m^3/d$。低产井老井重新试气成功，进一步说明致密砂岩气在钻井、测试过程中容易受到地层伤害，导致试气产量普遍偏低，明确了钻井、压裂工艺等技术的进步是解放致密砂岩气的主要手段之一。老井重试更重要的意义是初步认识到上古生界大面积含气这一客观特征，在这一认识指导下，在盆地东部镇川堡地区，根据储层预测和综合地质研究的成果，加大勘探部署，1999 年探明东部米脂气田(当时称为长东气田)，提交探明天然气储量 $100.04\times10^8m^3$。在乌审旗气田，重新评价已知砂带的成藏地质条件及致密砂岩含气潜力，以盒 8 段为主力含气目的层，2000 年探明储量 $500\times10^8m^3$ 以上，通过上下古生界兼探，又发现探明了下古生界碳酸盐岩风化壳型气藏，使乌审旗气田储量规模达到 $1000\times10^8m^3$ 以上，成为当时盆地第三个千亿立方米大气田。在靖边下古生界风化壳大气田上覆的盒 8 段，通过气层重新认识与评价，利用已有探井，提交探明储量近 $1000\times10^8m^3$。

致密砂岩天然气勘探具有重大战略意义的突破当属苏里格大气田的发现。早在 1991 年向盆地西部甩开部署的区域探井陕 56、城川 1、定探 1 和定探 2 等井，在上古生界发现了石英砂岩储层，陕 56 井山 1 段试气获得 $10.29\times10^4m^3/d$。特别是 1997 年在盆地东部榆林气田勘探取得重大突破后，进一步坚定了在该区继续寻找大气田的信心。1999 年，在苏里格地区以追寻高孔、渗天然气富集区带为目标，部署了苏 1、苏 2 和桃 2、桃 3、桃 4、桃 5 井等 6 口探井，在苏 1 井、苏 2 井、桃 5 井和桃 2 井盒 8 段均钻遇了辫状河三角洲分流河道粗粒相石英砂岩，储层物性好，其中桃 5 井、苏 2 井盒 8 试气分别获 26.17m^3/d、4.18×10^4m^3/d 的工业气流，拉开了盆地西部苏里格地区天然气勘探的序幕。

2000 年，苏里格地区作为盆地天然气勘探的重点区块，按照“区域展开，重点突破”的勘探思路，开展高分辨率地震勘探，应用波形聚类、波阻抗反演和“亮点”技术对砂体的厚度和展布进行了预测，划分了砂体的主河道带分布，围绕桃 5 井区展开勘探，追踪桃 5 井区盒 8 段有利砂带的展布方向和物性变化。在此基础上，追踪部署了苏 6 井，取得了历史性的突破，发现高孔、高渗巨厚的砂岩气层，苏 6 井在盒 8 段试气获无阻流量为 120×10^4m^3/d 的高产气流，勘探取得重大发现，启动了苏里格气田大规模勘探部署。到 2000 年下半年，按照“探规模、拿储量”的勘探思路，坚持地震与地质相结合，部署完钻探井 21 口，获得工业气流井 14 口，主力气层为上古生界下石盒子组盒 8 段，探明含气面积约 2500km^2，探明天然气储量 2204.75×10^8m^3，控制天然气储量 1000×10^8m^3，2001 年 1 月 21 日，中国石油天然气股份有限公司在北京洲际大厦举行了新闻发布会，宣布发现了中国陆上最大的天然气田。

截至 2003 年年底，长庆油田公司在苏里格地区共钻探井 44 口，高效、快速地探明了中国最大规模的整装天然气田——苏里格气田，苏里格气田累计探明地质储量达 5336×10^8m^3。自此，鄂尔多斯盆地上古生界致密砂岩气勘探取得巨大突破，《苏里格气田的发现与综合勘探技术》获得国家科技进步一等奖。实践与理论总结，初步形成了以广覆式生烃、近距离运移、高建设型三角洲砂体天然气富集为核心的致密砂岩天然气聚集理论。

4. 致密砂岩气大规模勘探阶段

苏里格气田发现及探明之后，由于气藏具有低渗透、低压、低丰度和储层非均质性较强的特点，因此，围绕气田经济有效开发开展了开发前期评价工作。在苏里格气田开发前期评价工作时期，致密砂岩气勘探在盆地东部再次展开，开展了以沉积体系、砂体展布为重点的综合研究，进行勘探部署，扩大了榆林气田规模，发现探明了子洲大气田和神木大气田。

2004 年，通过区域沉积背景、物源分析、沉积相标志深入分析等研究，重新认识榆林气田山 2 含气主砂体成因与展布方向，打破了传统的湖泊三角洲砂体成因认识，确定了山 2 沉积时盆地东南部为浅海沉积环境，含气主砂体为浅海三角洲成因；重新刻画砂体特征和展布方向，砂体从以前西南方向展布改变为东南方向，同时加强地震储层预测与勘探部署，向南扩大了榆林气田规模，新增探明地质储量 800 亿立方米以上。2005 年，在新的浅海三角洲砂体成因模式指导下，勘探部署继续向南追踪山 2 砂体，发现和探明了千亿立方米子洲大气田。在以山 2 段为主要目的层进行勘探的同时，加大了太原组新层系成藏地质条件研究，提出了太原组在北部发育海相三角洲砂体，具有源内成藏优越条件，通过勘探部署，2007 年探明了神木大气田。

苏里格气田开发前期评价工作，面对现实、依靠科技、创新机制、简化开采、走低成本开发路子，引入市场机制合作开发，集成创新了以井位优选、井下节流、地面优化等为重点的十二项开发配套技术，实现了苏里格致密砂岩气田的规模有效开发，进而推动了盆地上古生界致密砂岩气规模勘探开发的步伐，坚定了在苏里格周边地区大规模勘探的信心。与此同时，加强了成藏地质条件综合研究和理论提升，创新建立了大型缓坡型三角洲沉积模式，揭示了盆地上古生界大面积储集砂体成因机理，落实了天然气有效储层的分布及与石炭-二叠系煤系烃源岩的良好源储配置关系，同时开展成藏机理模拟实验等研究，完善了以“广覆式持续生烃充注、近距离运聚、大面积砂体叠置分布、大面积含气”为核心的致密砂岩气大面积聚集理论，提出了苏里格地区大面积含气的科学论断，拓展了勘探思路和新的勘探领域，有力地指导了勘探部署，使苏里格地区进入了规模整体勘探阶段。

在地震勘探方面，地震勘探实现了由常规地震转变为全数字地震、由单分量纵波地震转变为多分量地震、由叠后储层预测转变为叠前有效储层与流体预测的重大突破。针对苏里格地区目的层砂体厚度大，有效储层非均质性强的特点，在折射波静校正、多域振幅补偿、组合去噪、4次项动校正技术为主体的全数字地震处理技术的基础上，加强了层析静校正、多域联合去噪，针对CDP道集的组合处理技术攻关，进行了方法与参数的试验，形成了配套的处理技术系列，提高了目标层段的道集成像和叠前分偏移距叠加的质量。储层预测在岩石物理分析的基础上，利用二维全数字地震资料、多波地震资料、及高精度二维地震资料进行砂体厚度和有效储层预测。砂体厚度预测主要应用地震波形分类、纵波阻抗反演和横波阻抗反演技术；有效储层预测主要应用AVO分析及属性交会、叠前弹性阻抗反演及交会、纵波叠前同时反演、纵横波联合叠前同时反演和角度域吸收等关键技术。在优选有利目标区的基础上，为钻探井位的确定和含气面积圈定提供依据。在苏里格地区坚持数字地震勘探与常规地震勘探相结合、叠前与叠后储层预测技术相结合、纵波与转换波资料相结合、储层厚度与含气性检测相结合的原则，为苏里格气田天然气勘探提高钻井成功率、提交储量提供了重要的技术支撑。

在测井技术方面，根据苏里格地区低渗低阻储层“四性”关系特征，在天然气测井响应机理研究的基础上，提出了感应-侧向联测法、三孔隙度交会法、纵波时差差值法、视弹性模量系数法、测井-气测综合分析法、分区图版法等六种气层综合判识方法，创新研发了“三水”导电模型和气层产能快速预测技术，大幅度提高了测井解释的精度和符合率。在苏里格地区应用该方法，气探井解释符合率达到了83%。

在压裂工艺技术方面，针对盆地北部苏里格地区大面积致密砂岩储层、压力系数低等特点，从优化施工参数、降低储层伤害等方面入手，积极推广、应用混合水压裂工艺、低伤害压裂液体系等技术，单井产量提高了2～4倍。同时自主研发的无固相、遇烃/水自行破胶的阴离子表活剂压裂液，有效降低了吸附与残渣伤害，伤害率由胍胶的27.4%降为18.3%，有效保护了储层。苏355井盒8段钻遇气层2段7.3m，采用阴离子表面活性剂压裂液体系，试气获无阻流量为$11.29\times10^4m^3/d$。

苏里格地区勘探范围广，针对不同区块勘探所遇到的问题，开展有针对性技术攻关。例如，针对苏里格西区气、水关系复杂带来的改造难题，持续开展“控水增气”多方法综合压裂技术攻关，在室内研究与现场试验的基础上，综合应用多项工艺技术开展现场试验，控水增气效果明显。

通过规模整体勘探，2007～2012年连续六年在苏里格东部、西部和南部勘探取得重大进展，年均新增探明、基本探明储量超过$5000\times10^8m^3$。2012年底累计探明、基本探明储量达到$3.49\times10^{12}m^3$，三级储量累计$4.39\times10^{12}m^3$。建成了年产能$210\times10^8m^3$，年产量达到$169\times10^8m^3$的致密砂岩气开发示范基地，确保了长庆油田天然气储量、产量的快速增长，为长庆油气当量上产5000万吨发挥了重要作用。

苏里格典型致密砂岩气田的成功勘探与开发，推动了盆地致密气的整体勘探，实现了主砂带中有高产，外围甩开有发现的勘探新局面。目前，盆地上古生界已有探明、基本探明储量$4.03\times10^{12}m^3$，进一步夯实了长庆油田天然气长期稳产的资源基础。

鄂尔多斯盆地上古生界致密砂岩气勘探历史曲折，成就突出，它是地质理论与认识不断深化过程的真实反映，也是工艺技术不断进步的生动写照。“六五”期间引入了煤成气地质理论，“八五”期间建立了碳酸盐岩古地貌成藏模式，“九五”期间借鉴了深盆气成藏地质理论，“十一五”期间提出了大面积致密砂岩气成藏地质理论等，一个个崭新理论的引入和提出，无不伴随着盆地天然气勘探的一次又一次突破；而在这一过程中，新技术的研发应用和不断升级换代，如高精度地震勘探技术、水平井钻井技术、多层分段压裂技术以及长庆特色配套开发技术等为致密气的成功勘探与开发提供了有力的保障。理论和技术的良性互动，强有力地渗透在鄂尔多斯盆地致密气藏勘探的实践中。鄂尔多斯盆地致密砂岩气勘探历史进一步说明，技术进步驱动了地质认识和理论的深化，地质理论和认识指导了致密砂岩大气田的勘探方向。

参考文献

曹英杰，孙宜建，曹洪玖，等. 2010. 水平井压裂技术与展望. 油气井测试，19(3)：58-61
戴金星，裴锡古，戚厚发. 1996. 中国天然气地质学(卷二). 北京：石油工业出版社
董大忠，程克明，王世谦，等. 2009. 页岩气资源评价：方法及其在四川盆地的应用. 天然气工业，29(5)：33-39
董晓霞，梅廉夫，全永旺. 2001. 致密砂岩气藏的类型和勘探前景. 天然气地球科学，18(3)：351-355

杜金虎，熊金良，王喜双，等. 2011. 世界物探技术现状及中国石油物探技术发展的思考. 岩性油气藏，23(4)：1-8
关德师，牛嘉玉. 1995. 中国非常规油气地质. 北京：石油工业出版社
郭秋麟，陈宁生，胡俊文，等. 2012. 致密砂岩气聚集模型与定量模拟探讨. 天然气地球科学，23(2)：199-207
郭秋麟，周长迁，陈宁生，等. 2011. 非常规油气资源评价方法研究. 岩性油气藏，23(4)：12-19
何艳青. 2010. 非常规天然气开采技术. 国际石油经济，18(3)：9-10
胡文瑞，杨华，吕强. 2000. 长庆油田勘探开发思路及技术对策. 石油科技论坛，4：46-49
胡文瑞. 2010. 开发非常规天然气是利用低碳资源的现实最佳选择. 天然气工业，30(9)：1-8
胡忠前，马喜平，何川，等. 2007. 国外低伤害压裂液体系研究新进展. 海洋石油，27(3)：93-96
江怀友，谢永金，江良冀，等. 2011. 世界多分支井技术研发现状(上). 石油与装备，10：48-49
姜振学，林世国，庞雄奇，等. 2006. 两种类型致密砂岩气藏对比. 石油实验地质，28(3)：201-214
李建忠，郭彬程，郑民，等. 2012. 中国致密砂岩气主要类型、地质特征与资源潜力. 天然气地球科学，23(4)：607-615
李宪文，樊凤玲，赵文，等. 2010. 转向压裂工艺在长庆油田的适应性分析. 油气地质与采收率，17(5)：102-104
梁冰，朱广生. 2004. 油气田勘探开发中的微震监测方法. 北京：石油工业出版社
梁文利，赵林，辛素云. 2009. 压裂液技术研究新进展. 断块油气田，16(1)：95-98
潘继平，王楠，韩志强，等. 2011. 中国非常规天然气资源勘探开发与政策思考. 国际石油经济，19(6)：19-25
庞雄奇，陈冬霞，张俊. 2007. 隐蔽油气藏成藏机理研究现状及展望. 海相油气地质，12(1)：56-62
邱中建，邓松涛. 2012. 中国油气勘探的新思维. 石油学报，33(S1)：1-5
任闽燕，姜汉桥，李爱山，等. 2013. 非常规天然气增产改造技术研究进展及其发展方向. 油气地质与采收率，20(2)：103-107
石油地质勘探专业标准化委员会. 2011. 致密砂岩气地质评价方法. 北京：中国标准出版社
史建刚. 2008. 大位移钻井技术的现状与发展趋势. 钻采工艺，31(3)：124-126
孙赞东，贾承造，李相方，等. 2011. 非常规油气勘探与开发. 北京：石油工业出版社
王君，陈红亮. 2001. 21世纪的前沿材料——纳米-亚微米材料. 当代化工，30(1)：12-13
王世谦，王书彦，满玲，等. 2013. 页岩气选区评价方法与关键参数. 成都理工大学学报(自然科学版)，40(6)：609-620
吴月先，钟水清，徐永高，等. 2008. 中国水平井技术实力现状及发展趋势. 石油矿场机械，37(3)：33-36
杨华，窦伟坦，喻建，等. 2003. 鄂尔多斯盆地低渗透油藏勘探新技术. 中国石油勘探，8(1)：32-40
杨华，付金华，刘新社，等. 2012. 鄂尔多斯盆地上古生界致密气成藏条件与勘探开发. 石油勘探与开发，39(3)：295-303
杨华，傅锁堂，马振芳，等. 2001. 快速高效发现苏里格大气田的成功经验. 中国石油勘探，6(4)：89-94
杨华，刘新社，杨勇. 2012. 鄂尔多斯盆地致密气勘探开发形势与未来展望. 中国工程科学，14(6)：40-48
杨华，魏新善. 2007. 鄂尔多斯盆地苏里格地区天然气勘探新进展. 天然气工业，27(12)：6-11
杨华，席胜利，魏新善，等. 2003. 鄂尔多斯盆地上古生界天然气成藏规律及勘探潜力. 海相油气地质，8(4)：45-53
杨华，席胜利. 2002. 长庆天然气勘探取得的突破. 天然气工业，22(6)：10-12
杨华，喻建，宋江海，等. 2001. 鄂尔多斯盆地上古生界隐蔽油藏成藏规律. 低渗透油气田，6(1)：6-9
杨华. 2011. 长庆油田油气勘探开发历程述略. 西安石油大学学报(社会科学版)，21(1)：69-77
杨克明，朱宏权. 2013. 川西叠覆型致密砂岩气区地质特征. 石油实验地质，35(1)：1-8
杨晓宁，张惠良，朱国华. 2005. 致密砂岩的形成机制及其地质意义-以塔里木盆地英南2井为例. 海相油气地质，10(1)：31-36
杨勇，达世攀，徐晓蓉，等. 2005. 苏里格气田盒8段储层孔隙结构研究. 天然气工业，25(4)：50-52
袁政文，朱家蔚，王生朗，等. 1990. 东濮凹陷沙河街组天然气储层特征及分类. 天然气工业，10(3)：6-11
曾凡辉，郭建春，苟波，等. 2010. 水平井压裂工艺现状及发展趋势. 石油天然气学报，32(6)：294-298
张金川，金之钧，郑浚茂. 2001. 深盆气资源量-储量评价方法. 天然气工业，21(4)：32-34
赵澄林，胡爱梅，陈碧珏，等. 1998. 中华人民共和国石油天然气行业标准：油气储层评价方法(SY/T6285-1997). 北京：石油工业出版社
赵靖舟. 2012. 非常规油气有关概念、分类及资源潜力. 天然气地球科学，23(3)：393-406
赵文龙，邓金根，陈宇，等. 2011. 重复压裂工艺应用性概述与分析. 新疆石油科技，21(2)：5-7
赵文智，王兆云，王红军，等. 2011. 再论有机质“接力成气”的内涵与意义. 石油勘探与开发，38(2)：129-135
郑俊德，杨长祜. 2005. 水平井、分支井采油工艺现状分析与展望. 石油钻采工艺，27(6)：93-96
邹才能，陶士振，侯连华. 等. 2013. 非常规油气地质. 北京：地质出版社
邹才能，陶士振，袁选俊，等. 2009. “连续型”油气藏及其在全球的重要性：成藏、分布与评价. 石油勘探与开发，36(6)：669-681
邹才能，杨智，陶士振. 2012. 纳米-亚微米油气与源储共生型油气聚集. 石油勘探与开发，39(1)：13-26
Davis J S. 2011. Modeling Gas Migration，Distribution，and Saturation in a Structurally and Petrologically Evolving Tight Gas Reservoir. Bangkok，Thailand：International Petroleum Technology Conference
Elkins L E. 1978. The technology and economics of gas recovery from tight sands. New Mexico：SPE Production Technology Symposium
Garcia G A，Orange D，Lorenson T，et al. 2006. Shallow gas off the Rhone prodelta，Gulf of Lions . Marine Geology，234(1/4)：215-231
Garcia G A，Orange D，Lorenson T，et al. 2008. Reply to comments by Mastalerz，V. on “Shallow gasoff the Rhone prodelta，Gulf of Lions” Marine Geology 234(215-231). Marine Geology，248(s1-2)：118-121
Halbouty M T. 1988. 寻找隐蔽油藏. 刘民中等，译. 北京：石油工业出版社
Holditch S A. 2006. Tight gas sands. Journal of Petroleum Technology，86-94

Jarvie D M. 2007. Unconventional shale-gas systems：the Mississippian Barnett shale of north-central Texas as one model for thermogenic shale gas assessment . AAPG Bulletin，91 (4)：475-499

Kazemi H. 1982. Low-permeability gas sands. Journal of Petroleum Technology，34 (10)：2229-2232

Law B E，Curtis J B. 2002. Introduction to unconventional petroleum systems. AAPG Bulletin，86 (11)：1851-1852

Levorsen A I. 1964. The obscure and subtle trap. AAPG Bulletin，48 (5)：141-156

Masters J A. 1979. Deep basin gas trap，western Canada. AAPG Bulletin，63 (2)：152-181

Nelson P H. 2009. Pore-throat sizes in sandstones，tight sandstones and shales. AAPG Bulletin，93 (8)：329-340

Olea R A，Cook T A，Coleman J L. 2010. A methodology for the assessment of unconventional (continuous) resources with an application to the greater natural buttes gas field，Utah. Natural Resources Research，19 (4)：237-251

Rose P R. 1984. Possible basin centered gas accumulation，Roton basin，Southern Colorado. Oil and Gas Journal，82 (10)：190-197

Salazar J，McVay D A，Lee W J. 2010. Development of an improved methodology to assess potential gas resources. Natural Resources Research，19 (4)：253-268

Savit C H. 1981. Geophysiycal characteritation of lithology-application to subtle traps. AAPG Bulletin，65 (5)：986-997

Schmoker J W. 2002. Resource-assessment perspectives for unconventional gas systems. AAPG Bulletin，86 (11)：1993-1999

Spencer C W. 1985. Geologic aspects of tight gas reservoirs in the Rocky Mountain region. Journal of Petroleum Geology，37 (7)：1308-1314

Spencer C W. 1989. Review of Characteristics of low-permeability gas reservoirs in western United States. AAPG Bulletin，73 (5)：613-629

Surdam R C. 1997. A new paradigm for gas exploration in anomalously pressured “tight gas sands” in the Rocky Mountain Laramide Basins. AAPG Memoir 67：Seals，traps，and the petroleum system 2，22-68

Warpinski N. 2009. Microseismic monitoring inside and out. Journal of Petroleum Technology，61 (11)：82-83

Wyman R E. Gas recovery from tight sands. SPE，1985：13-40

Yang H，Fu J H，Liu X S，et al. 2012. Accumulation conditions and exploration and development of tight gas in the Upper Paleozoic of the Ordos Basin. Petroleum Exploration And Development，39 (3)：315-324

Yang H，Fu S H，Wei X S. 2004. Geology and Exploration of Oil and Gas in the Ordos Basin. Applied Geophysics，1 (2)：103-109

第 2 章　盆地区域地质

在地质历史中，鄂尔多斯盆地历经多期次构造运动及改造，各期原型盆地叠加形成了现今的叠合盆地面貌，而盆地深部地壳结构、基底特征控制了原型盆地演化特征。天然气成藏过程中各期原型盆地特征差别较大，不同时期原型盆地对致密砂岩气成藏的关键要素有着不同的重要影响。

2.1　盆地现今构造特征

现今的鄂尔多斯盆地四面群山环绕，北部为阴山、大青山，南部为秦岭山系，西部为贺兰山、六盘山，东部为吕梁山、太行山。南北长 770km，东西宽 490km。盆地总面积约 $37\times10^4km^2$，其中盆地本部面积约 $25\times10^4km^2$，其轮廓近似矩形，黄河从盆地西边、北边和南边呈“几”字形流过。

按中生界现今构造特征，将盆地本部划分为渭北隆起、伊盟隆起、晋西挠褶带、伊陕斜坡、天环坳陷和西缘冲断带六大构造单元(图 2-1)。渭北隆起位于盆地最南部，面积约 $2.3\times10^4km^2$；伊盟隆起位于盆地最北部，面积约 $4.5\times10^4km^2$；晋西挠褶带位于盆地最东部，面积约 $2.2\times10^4km^2$；西缘冲断带位于盆地最西部，构造最为复杂，面积约 $1.8\times10^4km^2$；伊陕斜坡位于盆地中部，面积最大，约 $11.6\times10^4km^2$，已探明的苏里格、榆林等致密砂岩大气田均分布于该构造单元；天环坳陷为埋深最大构造单元，位于西缘冲断带与伊陕斜坡之间，面积约 $2.6\times10^4km^2$。

2.2　盆地深部构造背景

2.2.1　岩石圈特征

岩石圈是地球上部相对于软流圈而言坚硬的岩石圈层。盆地所在地区的深部岩石圈特征决定了盆地演化及构造特征。研究岩石圈特征的方法一般有深部钻探、地震及重磁电等，而多方法综合研究是普遍采用的有效方法。

利用宽频带流动地震台阵记录天然地震波，研究特定区域的岩石圈及上地幔结构，已成为当今世界各国普遍采用的方法之一。在鄂尔多斯盆地，开展了两个条带状三分量宽频带数字流动地震台阵观测。一条为近东西向分布，自六盘山经宁夏固原到盆地甘肃平凉地区，垂直于鄂尔多斯西缘构造带走向；另外一条呈近南北方向分布，沿陕西宁陕县经西安市到盆地南部的宜君县，在构造上从秦岭造山带向北跨越渭河地堑至现今鄂尔多斯盆地南部，垂直于鄂尔多斯盆地南缘构造带的走向。对一年观测所获得的高质量宽频数字地震记录进行处理解释，得到了能够反映岩石圈各种特性的泊松比、地壳层速度和流变强度等关键参数。

泊松比是物体横向应变与纵向应变的比值，也叫横向变形系数，是反映物体横向变形的弹性常数。泊松比值越高，表明物体横向变形强度高。六盘山地区处于青藏高原和鄂尔多斯盆地的过渡区域，是一个构造相对活动单元，宽频地震监测资料解释处理得到的地壳泊松比为 0.26～0.28，大于地壳平均泊松比，推断地壳结构中镁铁质含量相对较高，存在地幔物质向地壳内部的渗透，或者是地壳发生了局部熔融。而位于鄂尔多斯盆地内的几个宽频地震监测台站解释处理得到的泊松比平均值为 0.26，在正常地壳平均泊松比范围内，反映了鄂尔多斯盆地地壳较为稳定。

地壳层速度也是反映地壳强度的一个重要参数。地壳层速度高，反映地壳刚性强、稳定。地壳层速度低，反映地壳刚性弱，活动性强。宽频地震监测资料解释表明，渭河盆地地壳波速较低，上地壳波速约为 3.16km/s，下地壳波速为 3.63km/s，这可能反映了渭河盆地构造比较活动，物质热而轻；而鄂尔多斯盆地地壳波速较渭河盆地高，上地壳波速为 3.33～3.38km/s，下地壳波速为 3.75km/s，反映盆地地壳刚性强，相对稳定。

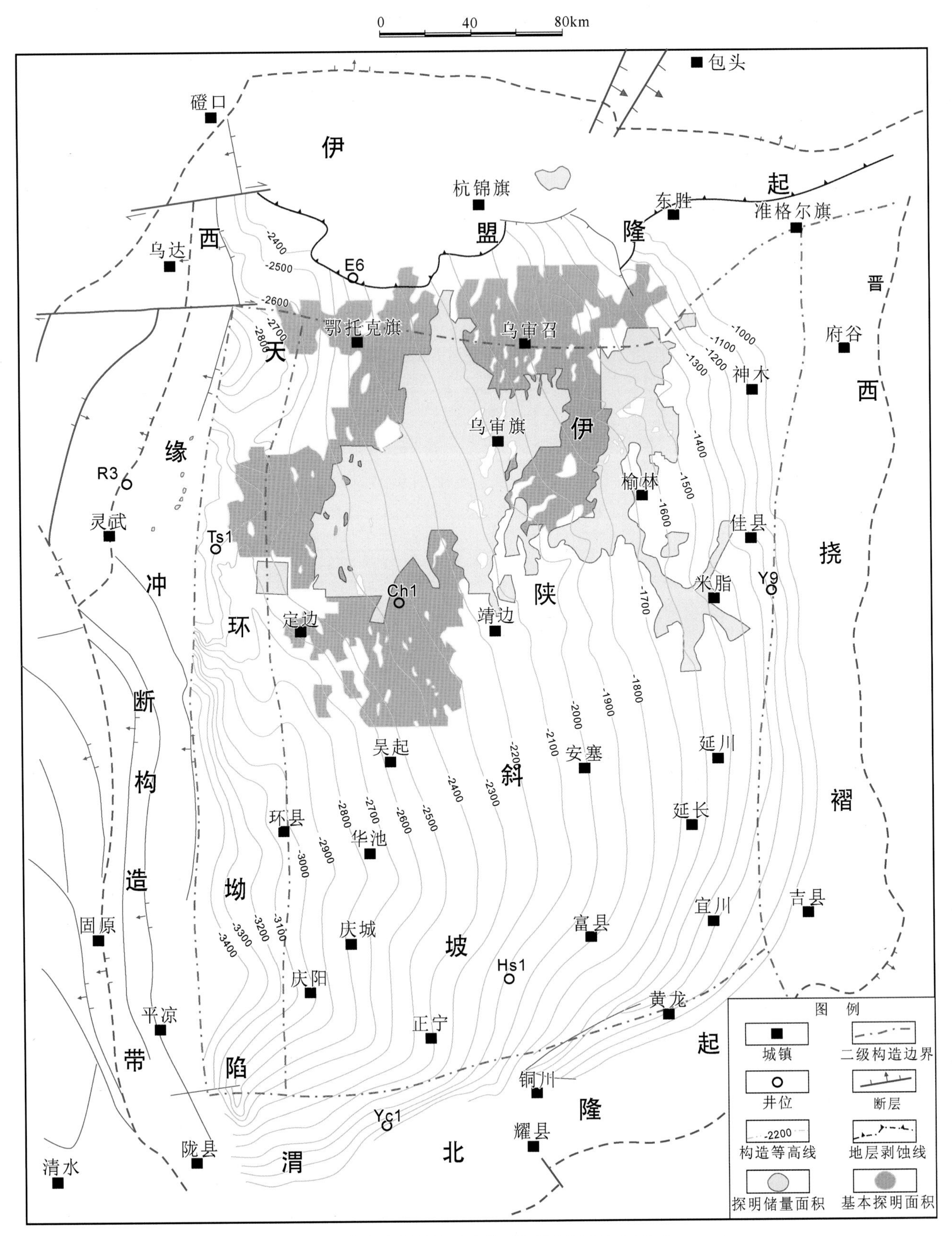

图 2-1　鄂尔多斯盆地构造单元与致密砂岩气田分布

岩石圈流变强度是反映地壳构造的又一个特征参数。不同的构造单元，岩石圈流变强度具有不同的特征，稳定构造单元的岩石圈流变强度一般要大于活动的构造单元。鄂尔多斯盆地岩石圈流变强度在 1×10^{13}N/m 以上，而周缘汾渭地堑等裂谷盆地的岩石圈流变强度普遍在 5×10^{12}N/m 左右，低于盆地强度一个数量级，表明鄂尔多斯盆地内部构造较周缘裂谷盆地稳定。除岩石圈流变强度外，鄂尔多斯盆地及周缘地区壳内脆-韧性转换深度也存在差异。鄂尔多斯盆地的转换深度在 20km，而且壳内存在 2 个转换带，而周缘裂谷盆地的转换深度在 12～16km，说明鄂尔多斯盆地脆性地壳厚度要大于周缘裂谷盆地，其地壳刚性强度要大于周缘裂谷盆地。此外，主要表征岩石圈力学性质的岩石圈有效弹性厚度(effective elastic thickness，Te)也展示了鄂尔多斯盆地和周缘裂谷盆地的力学差异。鄂尔多斯盆地的 Te 为 32km 左右，而周缘的裂谷盆地的 Te 为 14～21km。此外，岩石圈流变学剖面也进一步表明鄂尔多斯盆地内部的流变学性质横向上展布均一，而盆地周缘则存在显著的流变差异。

国内许多学者还通过Pn波(近震中由震源发出，传播到莫霍界面上滑行后再传播到地表的纵波)、Sn波(上地幔顶部的一种折射波)等地震资料及大地电磁测深资料研究了鄂尔多斯盆地的岩石圈特征。Liang 等(2004)利用中国大陆地区收集到的 Pn 波走时残差反演了 Pn 波速和各向异性，结果表明中国中西部地区的主要盆地，如鄂尔多斯盆地具有较高的 Pn 波速和微弱的 Pn 波各向异性，而盆地边缘的造山带或裂谷区则具有相对较低的 Pn 波速和较强的各向异性，说明鄂尔多斯盆地岩石圈刚性强度大于周缘盆地，且岩石圈结构相对均一稳定。裴顺平等(2004)利用 Sn 波资料也得到了类似的结果。郭飙等(2004)利用青藏高原东北缘——鄂尔多斯地区的宽频地震台站数据进行了观测区内 400km 深度范围内的地壳-上地幔纵波地震层析成像，结果表明在 200km 深部范围内，鄂尔多斯盆地的波速结构完整、均一，且平均纵波速度明显高于同一深度的青藏高原东北缘的平均速度。在 100km 深部范围内，鄂尔多斯盆地平均波速为 8.5km/s，青藏高原东北缘平均波速为 7.8km/s，这也说明鄂尔多斯盆地属于结构均一、稳定的块体。嘉世旭等(2005)通过人工地震宽角反射/折射深地震测深(DSS)剖面资料对华北地区(简称华北)不同构造块体地壳结构进行了对比研究，发现鄂尔多斯盆地内部 Pg(一种回折波)震相平稳，基底埋深 3～5km，沉积覆盖层速度 2～5km/s，上地壳厚度 24～26km，速度 610～613km/s；下地壳厚度 15～19km，速度 615～619km/s；地壳厚度 40～42km，壳内介质速度随深度加深稳定增加，平均速度较高，为 611～613km/s，壳内无低速层发育，表明鄂尔多斯盆地具有简单的地壳结构和较高的地壳平均速度，反映盆地内部具有变形弱的稳定构造特征。赵国泽等(2004)利用大地电磁测深研究发现鄂尔多斯盆地电性结构简单，电性界面成层性好，地壳上地幔高导层埋藏深度大，变化平缓，说明盆地深部构造比较稳定。

综合以上宽频地震监测解释、地震波及大地电磁等研究成果分析表明，鄂尔多斯盆地内部岩石圈强度高，深部构造比较稳定。正是由于这种深部构造的稳定性，决定了鄂尔多斯盆地构造的稳定性，盆地主体表现为整体升降，没有大面积分布的区域角度不整合，斜坡宽缓，倾角小于 1°，背斜、断裂构造不发育，岩浆活动微弱，而这种构造的稳定性对盆地内沉积建造特征以及致密砂岩气的生成、运移、充注成藏、保存及分布等有着重要的影响。

区域构造的稳定性是国内外已发现的致密砂岩大气田盆地所具有的共同特征，也是全球大面积致密砂岩气富集盆地共同的区域构造背景及其形成的基本地质条件。例如，美国大部分致密砂岩气富集盆地表现为构造稳定的盆地类型，中西部落基山前陆盆地群中的圣胡安盆地、尤因他盆地、皮申斯盆地、大格林河盆地、丹佛盆地、温德河盆地和比格霍恩盆地等均有致密砂岩大气田发现；中南部沃希托-马拉松造山带的前陆盆地群中的安纳达科盆地、福特沃德盆地也发育有致密砂岩大气田；东北部阿巴拉契造山带前的阿巴拉契亚盆地及北美地台上克拉通盆地的密执安盆地和伊利诺伊盆地等均有致密砂岩大气田发现，而这些盆地一个共有的特点就是具有相对稳定的构造背景。因此，较为稳定的构造地质背景是鄂尔多斯盆地上古生界发育大面积致密砂岩气田的有利条件。

2.2.2 莫霍面构造特征

莫霍面是地壳与地幔的分界面，其深度可以反映地壳厚度、结构及其演变。通过对重力资料特殊处理，可以有效揭示盆地深部莫霍面构造基本特征。在鄂尔多斯盆地，使用由美国宇航局哥达德宇航中心

(NASA，GSFC)、美国国家影像与制图局(NIMA)等单位于1996年联合建立最新的地球重力场模型EGM 96，根据Bowin公式，对鄂尔多斯盆地及邻区重力资料进行重新处理，得到了2～180阶大地水准面异常分布图(图2-2)。2～180阶大地水准面异常代表35.6km以下的场源引起的异常，其异常值等值线方向基本反映了盆地深部莫霍面为近南北向展布、向西倾斜构造特点，地壳厚度表现为自东向西逐渐增厚的特征。

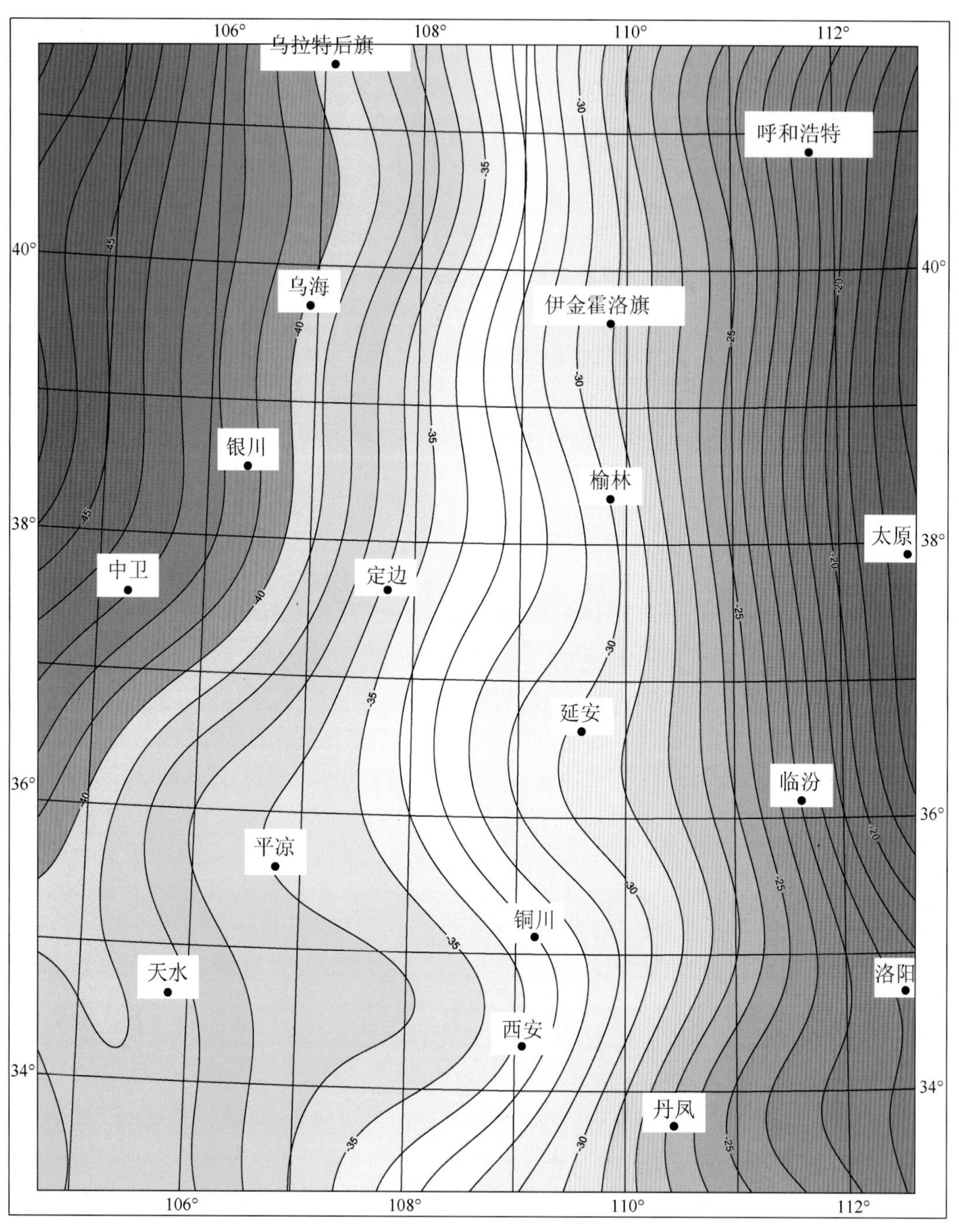

图2-2 鄂尔多斯盆地及邻区2～180阶大地水准面异常分布图

莫霍面地震波传播特征以及产生的强弱反射易于观测识别，可以反映莫霍面特征。不少学者(袁志祥等，1995；何健坤等，1998；狄秀玲等，1999；李松林等，2002；张先康等，2003；陈九辉等，2005)利用鄂尔多斯盆地地震测深剖面，对盆地莫霍面特征进行了相关研究，表明鄂尔多斯盆地深部莫霍面也是总体上呈现由东向西逐渐加深的形态，表现为西倾特点，与重力资料研究结果相一致。

值得注意的是，鄂尔多斯盆地构造稳定性是相对的。在地质历史上，鄂尔多斯盆地表现为早期构造的活动性和晚期构造的稳定性，在平面上表现为盆地主体构造的稳定性和周边构造的活动性。古构造演化与恢复表明(杨华，2006；王双明，2005；邓军，2005)，鄂尔多斯盆地从基底形成到现今构造定型，经历了复杂的构造面貌变化，早期基底构造呈北东向展布、岩浆活动较为强烈。元古代发育北东向分布的裂谷盆地，火山活动较为强烈；古生代构造面貌则为北倾、南倾的不断转化，最终形成现今西倾的构造面貌(图 2-1)。对比莫霍面由西向东变浅的西倾特征，有理由推断，无论地质历史中构造面貌多么复杂，最终决定现今构造面貌展布格局的是深部莫霍面形态。也正是由于盆地深部莫霍面的西倾特征，决定着盆地现今构造为窄坳陷(天环坳陷，宽度 54km)、宽单斜(伊陕斜坡，宽度 280km)，单斜宽度是坳陷的 5 倍，这种宽缓大单斜的西倾构造背景为大面积致密砂岩气发育提供了良好的形成和保存条件，使鄂尔多斯盆地大面积致密砂岩气田分布于伊陕斜坡区(图 2-1)，而不是像加拿大艾伯塔盆地致密砂岩气分布于“深盆”区，也不像美国圣胡安盆地致密砂岩大气田分布于“盆地中心”。

2.3　盆地结晶基底特征

目前，钻井揭示的鄂尔多斯盆地沉积盖层厚度达 5200m 以上，地质、地球物理综合解释沉积盖层厚度约 7000m。由于结晶基底下伏于厚度较大的沉积盖层之下，一般只能采用地球物理(如地震、航磁、重力、大地电磁等)间接方法和盆地周边露头类比等方法进行综合解释研究。

2.3.1　结晶基底地球物理特征

1. 航磁异常特征

鄂尔多斯盆地盖层沉积岩的磁化率普遍较低，磁化率值一般为(10～30)×10^{-5}(SI)，可视为弱磁化或无磁性。在结晶基底内部，一部分属弱磁性或无磁性(如大理岩、千枚岩、石英岩等)，另一部分具深变质的片麻岩、变粒岩、基性火山岩、同期次的花岗岩磁性较强，磁化率一般为(1800～11000)×10^{-5}(SI)。因此，鄂尔多斯盆地区域磁异常主要由盆地结晶基底的磁性及结构形态的差异所引起。历年来，对鄂尔多斯盆地磁异常采用不同的方法进行过区块、大区域解释研究。通过对不同年度、不同区块航磁数据重新联片处理解释，获得了全盆地最新航磁异常图(图 2-3)。盆地内航磁异常形态比较简单，磁异常幅度变化不大，一般为–150～+100nT，局部可见达–395nT 的负异常和+1000nT 以上正异常。其中，面积较小的局部正负磁异常，一般由局部磁性体引起，这说明在盆地结晶基底形成后漫长的地质演化过程中，岩浆活动较弱，一直处于比较稳定的状态。在盆地的北部和中南部，磁异常的空间延展方向差别较大，反映了磁性基底构造单元走向不同。

盆地北部，航磁异常的展布主要以近东西向延伸为主，在东西两侧有局部磁场沿北东向、北西向延展。结合露头地质及探井资料分析认为，伊盟隆起位于这一东西航磁异常延伸带内，正异常主要是由前寒武系高级变质岩引起。值得注意的是，在传统的阴山——伊盟古陆中，除了麻粒岩相、角闪岩相等高级变质岩外，还有一些变质程度较低的板岩、片岩、千枚岩、石英岩等变质岩，这已被 E2 井等钻井所证实，负磁异常可能主要由这些岩性引起。

盆地中南部的航磁异常走向主要为北东向。自北西向南东主要有以下几个航磁正异常带：①环县—靖边航磁正异常带；②泾川—延安—兴县航磁正异常带；③合阳—韩城航磁正异常带。在上述各带中，泾川—延安—兴县航磁正异常带规模最大，宽可达 120km，长 500km 以上。从航磁异常特征分析，环县—靖边、泾川—延安—兴县正磁异常带分界模糊，也可视为一个正异常带。

鄂尔多斯盆地外围的西部地区(乌海—银川—同心一线以西)主要对应着航磁负异常区，结合区域地质特征，推测主要由前寒武系的片麻岩、大理岩和变质砂岩引起。位于银川断陷盆地的南部边缘(银川南)的近圆形航磁正异常，面积约为 850km^2，最高达 370nT 左右，推测由断陷盆地基底中的花岗岩引起。盆地外围的南部地区主要对应着航磁负异常区，主要由元古代的浅变质岩引起。盆地东部对应的航磁正异常区主要由前寒武系的高级变质岩引起，负异常区主要对应早元古代的浅变质岩。盆地外围的北部地区航磁正异常区，位于黄河北部呈东西走向，与阴山山脉中乌拉山群高级变质岩相对应，负异常区对应于下元古界的浅变质岩。

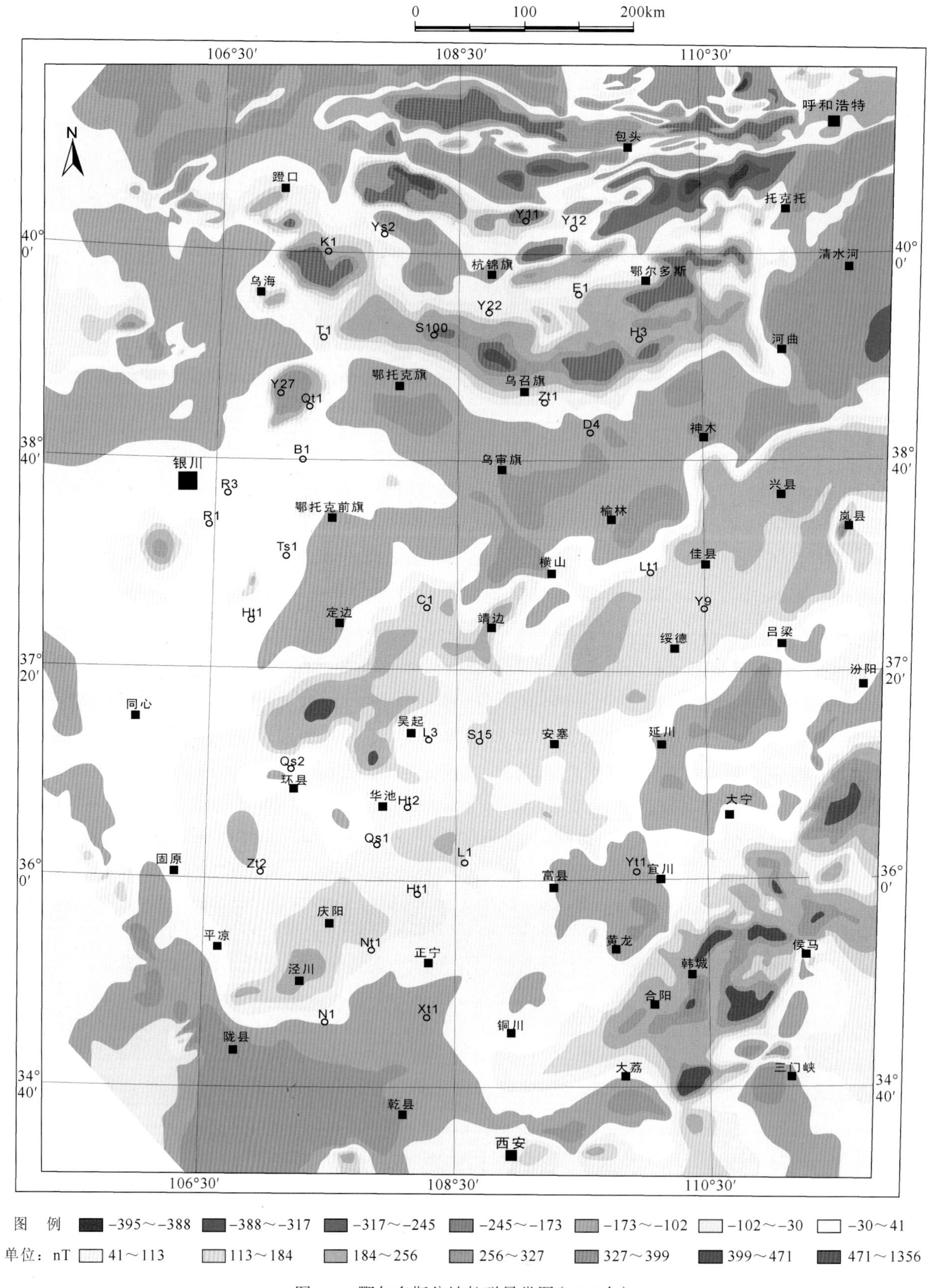

图 2-3　鄂尔多斯盆地航磁异常图(2010 年)

航磁异常的北东向带状展布反映了鄂尔多斯盆地基底由一系列北东向展布的岩性条带组成，表明基底岩石抗压强度中间大、两侧小，具有“软边硬核”的独特物质结构。

2. 重力异常特征

鄂尔多斯盆地上延 10km 布格重力异常分布特征表明(图 2-4)，盆地布格重力异常形态简单，变化平

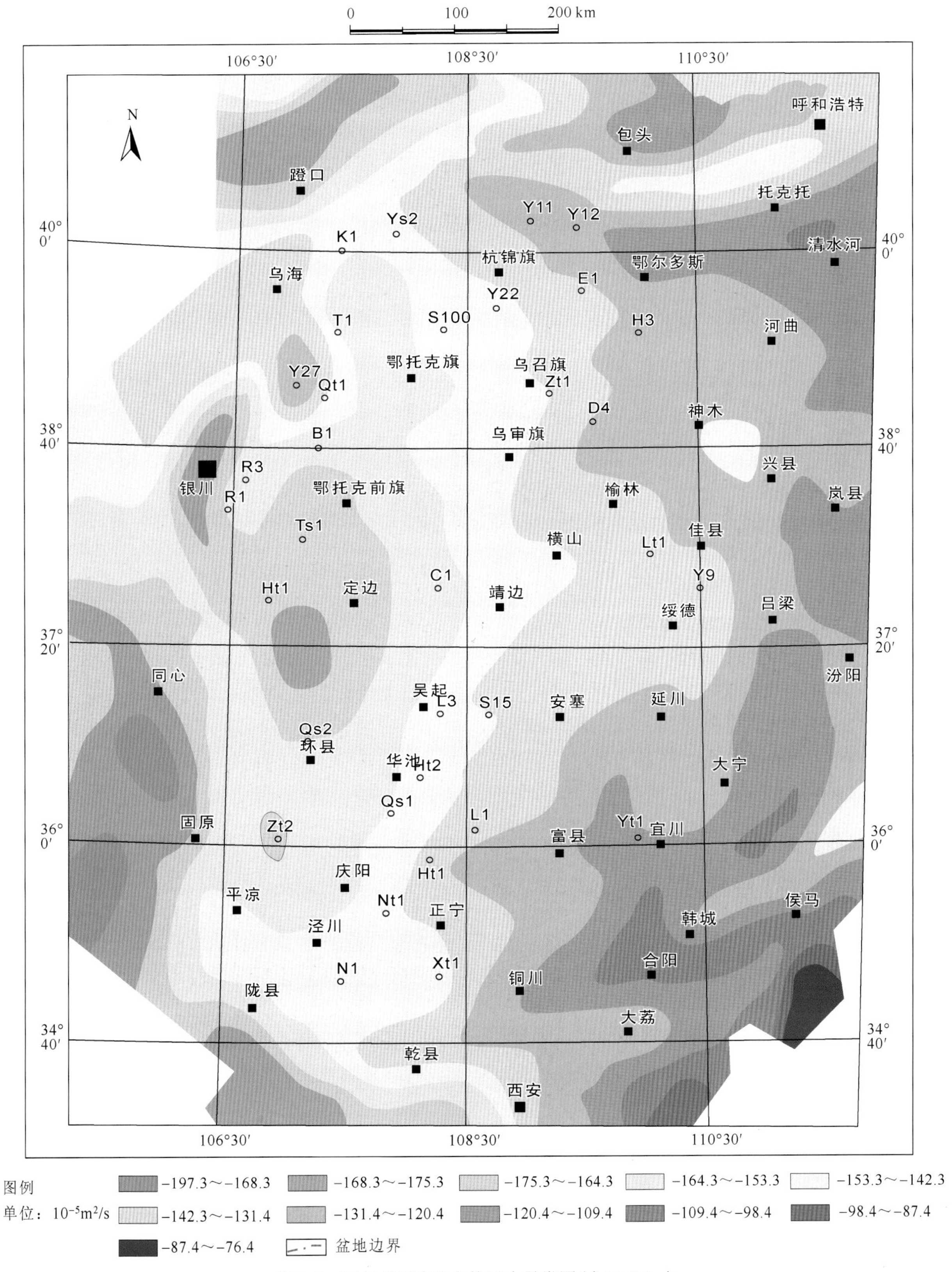

图 2-4　鄂尔多斯盆地布格重力异常图(上延 10km)

缓，总体具有盆地内部布格重力异常低而边缘异常相对较高及西低东高的特征。盆地内布格重力异常高值区主要分布在杭锦旗—靖边—乾县一线以东地区，且由西向东，异常值增高，在宜川—韩城—侯马地区达最高，东北鄂尔多斯—清水河地区异常值也较高；盆地西部为异常低值区，向西异常值降低，在盆地定边以西地区异常值达最低。布格重力异常西低东高的特征反映了基底界面西低东高的形态特征。

3. 地震反射特征

鄂尔多斯盆地在油气勘探开发过程中积累了大量地震资料，但这些地震资料为不同年度采集，剖面不连续，且以油气目的层为重点进行处理，很难反映基底特征及深部构造面貌。为了更好地利用地震资料研究盆地基底特征，对不同年度多条地震测线，采用同一流程和参数进行重新统一处理解释，获得了多条如图 2-5 所代表的东西向盆地地震大剖面。该剖面由东部吴堡以东向西经子长过山城到西缘冲断带一线，东西长约 500km。通过钻井标定，剖面中基底界面反射清楚、可靠。

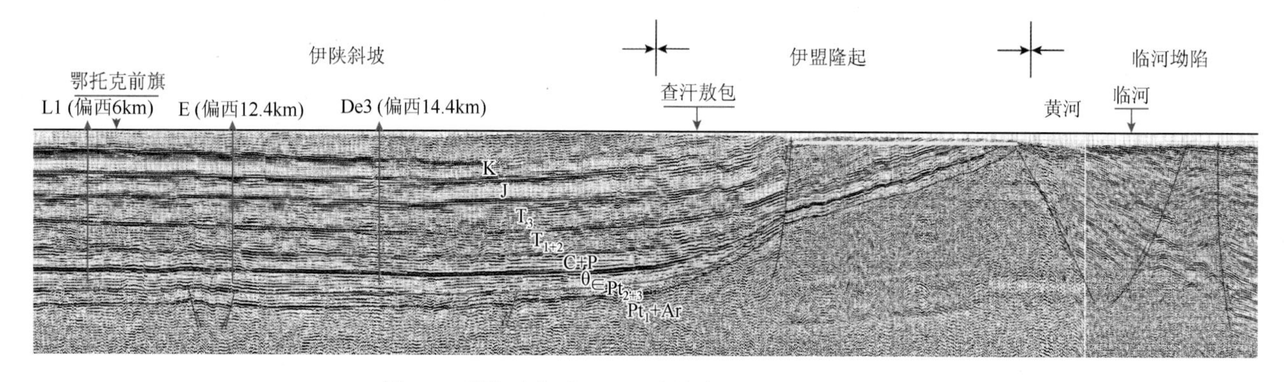

图 2-5　鄂尔多斯地区鄂托克前旗—临河地震剖面图

地震大剖面揭示的东西向基底构造有以下特点：在盆地西缘，基底被逆冲断裂改造形成复杂构造面貌，表现为基底向盆地主体部位由西向东逆冲；在盆地西缘主体部位，天环坳陷基底西倾，地层倾角较大，发育一条正断层。伊陕斜坡基底界面表现为一个西倾的大单斜，地层倾角较小，基底界面具有微起伏，局部发育正断层，特别值得一提的是盖层与基底构造特征相似，也为一个向西缓倾的大单斜；向东至晋西挠褶带基底逐渐隆升，基底由东向西逆冲，并被大断裂切割。总之，在盆地东西向上，基底顶面构造表现为盆地边部对冲、盆地主体西倾的构造特征。

2.3.2　结晶基底构造特征

1. 结晶基底顶面埋深

鄂尔多斯盆地结晶基底埋深大，钻遇盆地结晶基底的探井只有十余口，且分布不均。而盆地内磁源体埋深实质上就是结晶基底顶面埋深，因此，采用航磁欧拉反褶积方法计算并绘制了鄂尔多斯盆地基底磁性体埋深图(图 2-6)。从图中可以看出，盆地基底的深度总体呈现出北东向展布的凸凹相间及总体北高南低、东高西低的特点。盆地结晶基底平均埋深在 4800m 左右，最大埋深约为 6725m。基底埋深最小的区域一般小于 3000m，而盆地中西部的鄂托克旗—环县一带是基底埋深最大的地区，一般大于 5000m。

2. 结晶基底断裂特征

地质地球物理综合解释表明，鄂尔多斯盆地内部基底断裂主要以北东向和近东西向为主，盆地东西部边界地区发育南北向的断裂(图 2-7)。东西向断裂主要发育在盆地北部乌审旗—神木以北和盆地南部乾县—大荔以南；南北向断裂主要发育在盆地西部的陇县、银川地区和盆地东部的清水河—侯马地区；而在盆地内部伊陕斜坡主体带，主要发育北东向断裂，且断层走向延伸远，局部被北西向断层切割。

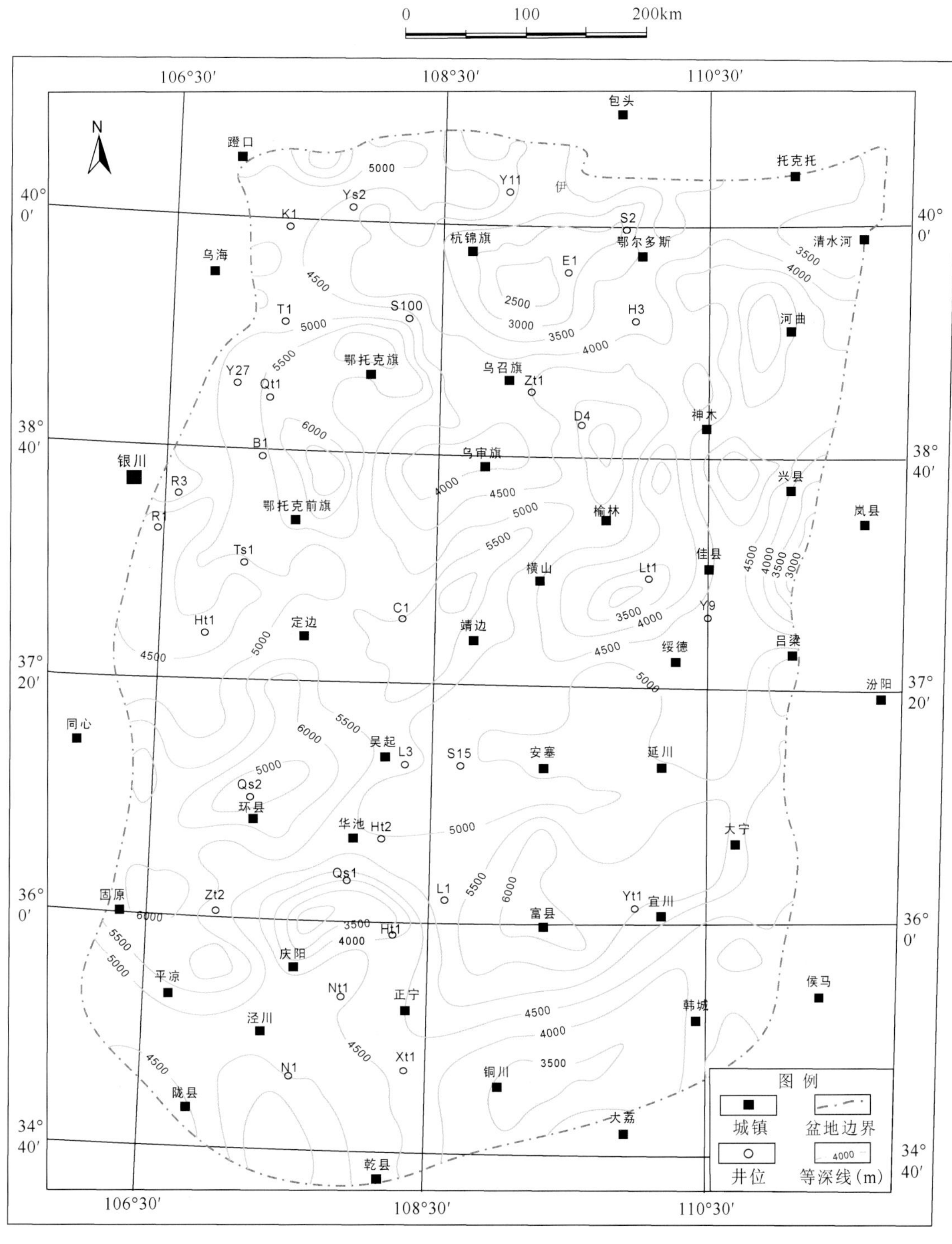

图 2-6　鄂尔多斯盆地基底磁性体埋深等值线图

张景廉等(2009)据航磁资料分析认为鄂尔多斯盆地中央北东向展布的大同—吴起壳深大断裂带，是一种变质杂岩体内的缝合线，属壳深大断裂性质，这种焊接缝合线，一侧以负磁场为主，另一侧以正磁场为主，意味着基底岩相的差异有不同的构造环境。李思田等早在1990年就指出，被认为基底最稳定的鄂尔多斯盆地也已发现了基底中的北东向断裂，它们对盆地的沉降和岩相的分异起着控制作用。

近年来，许多学者认为鄂尔多斯盆地基底断裂在后期不同构造时期存在“隐性”活动，并对盆地内油气及其他多种矿产能源有着重要的影响。姚志温(1982)、王云鹏(2000)等认为伴随盆地东部的隆起、紫金山酸性岩浆活动、北部河套地区深断裂的出现、南部渭河的地裂活动以及伴随的非烃类气井的发现，表明存在深部流体的作用与活动。屈健鹏(1998)认为鄂尔多斯盆地内部上地壳低速高导层虽然不连续、不稳定，但它在盆地内局部地段是存在的，而上地壳低速高导层和下地壳低速高导层均与深部流体密切相关。

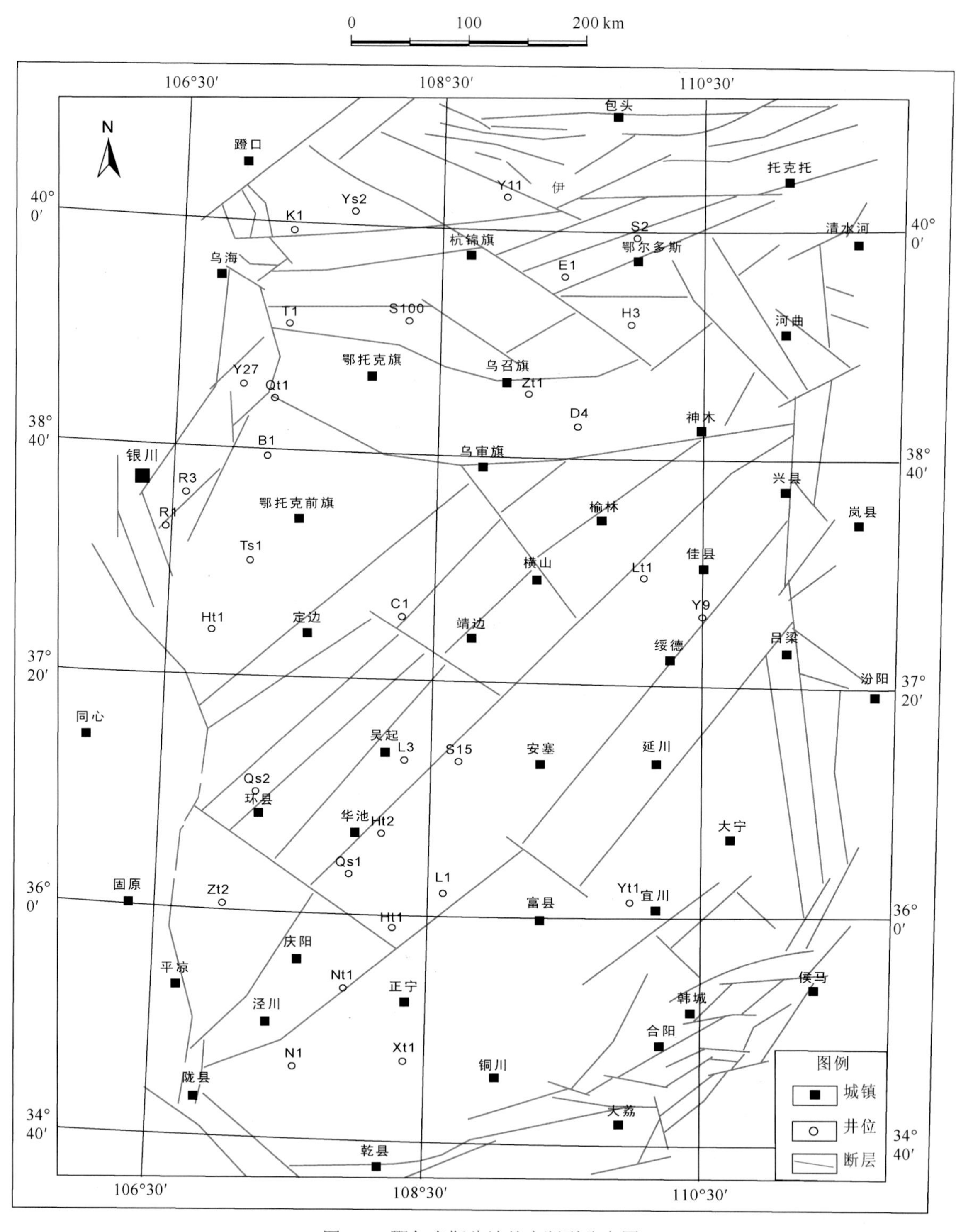

图 2-7　鄂尔多斯盆地基底断裂分布图

此外，鄂尔多斯地块虽然是相对稳定而完整的，但比典型地台区深部热状态稍高，同时岩石圈厚度也比典型地台区稍薄(中国地震局鄂尔多斯活动断裂系课题组，1988)，也反映了盆地内深部流体的作用效应。王同和等(1999)注意到，盆地内存在吴堡—绥德—子洲—靖边—定边—天池一线的东西向断裂构造带，它控制盆地地貌、沉积、构造及矿产，简称为38°构造带。此带向东延伸到太原、石家庄地区，与郯庐断裂带相交，有关该东西向断裂带(横向构造带)对油气聚集的意义也逐渐被认可。邸领军等(2003)认为盆地中部的定边—

绥德东西向基底断裂至今仍在活动，其中部气田靖边一带的高产气区，除发现有倾角直立的断层外，倒钩水系发育、河流骤然转向、水系中断、出现峡谷、钻井发生井漏等现象都是新构造断裂活动的佐证。

赵文智(2003)等依据航磁资料，注意到基底断裂对盆地三叠纪石油、上古生界天然气成藏的影响。万从礼等(2004)对盆内上古生界天然气地球化学研究发现，CO_2、N_2、He 含量变化很大，甲烷同系物碳同位素表现出混合成因，在一些天然气井中 $^3He/^4He$ 远大于壳源的比值，说明上古生界天然气伴生有少量深源无机成因的天然气成分，认为这与基底断裂有关的深部热液活动有关。潘爱芳(2004，2005)等也强调了基底断裂与能源矿床的相互关系，在盆地元素地球化学场的研究及其对比中发现，元素地球化学场与热异常能源矿产之间有一定的耦合关系。基底断裂、元素地球化学场特征、能源矿产的空间分布规律的高度耦合性，反映了盆地内深部流体的存在及其作用效应，基底断裂的活动为深部流体的运移并参与多种能源矿产的成藏成矿作用提供了有利条件。王泽成等(2005)认为，鄂尔多斯盆地基底北东向的断裂在中新生代“隐性”活动对上古生界天然气成藏和富集高产具有明显的控制作用。刘行军等(2013)对鄂尔多斯盆地三叠系延长组高伽马砂岩进行了研究，认为深部热液活动可能导致了高伽马砂岩的形成，而深部热液流体可能是沿断裂及裂隙向上运移至三叠系延长组。

因此，鄂尔多斯盆地基底稳定性也是相对的，且鄂尔多斯盆地构造的稳定性也不是基底稳定性所决定的，而是受控于岩石圈深部构造稳定性。盆地基底断裂的“隐性”活动不但为大面积致密砂岩成岩作用提供深部热液，更重要的是形成裂缝，改善致密砂岩储层渗流能力，形成油气高产富集区，其中北东向基底断裂分布区是形成油气高产富集区的有利条件。

2.3.3 结晶基底岩相分带及定年

据不完全统计，鄂尔多斯盆地目前油气探井钻入前寒武系基底的井有 16 口(表 2-1)。依据这些钻遇基底的钻井取心及测年资料，结合最新重磁电研究等成果，将鄂尔多斯盆地的结晶基底划分为 5 个岩相分区(图 2-8)。

表 2-1　鄂尔多斯盆地基底钻井基础数据表

构造单元	井号	前寒武系地层岩性特征	年龄/Ma	测年方法
伊盟隆起	E1	灰白色石英二长岩与灰黑色含石英闪长岩		
	E3	上部为深灰绿色二云母片岩，下部为板岩	1652±19.8	K-Ar
	C1	浅灰色浅变质石英砂岩		
	S2	棕红色混合花岗片麻岩	1882±41	锆石 SHRIMP
	T1	浅灰色浅变质石英砂岩		
	K1	褐灰色大理岩、浅灰色浅变质石英砂岩		
	H3	杂色混合花岗片麻岩		
	Y11	上部为杂色云母砂岩；中下部为杂色云母片岩及绿黑色角闪黑云母片麻岩		
	Y26	红棕色混合钾长花岗岩与深灰色花岗质混合片麻岩		
	SU100	浅灰色浅变质石英砂岩		
西缘冲断带	Y27	肉红色、灰白色长英变粒岩夹薄层深褐色拉斑玄武岩		
天环坳陷	QT1	浅灰色黑云母花岗片麻岩	2091±53	LA-ICP-MS
			2031±10	锆石 SHRIMP
伊陕斜坡	Y9	杂色黑云母闪长花岗片麻岩	1812±75.29	Rb-Sr
	ZT1	杂色石英片麻岩	1501±19.8	K-Ar
	LT1	灰白色黑云母花岗片麻岩	2035±10	锆石 SHRIMP
	QS1	灰、绿黄、紫红、灰白色斜长片麻岩		

Ⅰ区：乌海—托克托岩相带：分布于乌海—鄂尔多斯—托克托一带，呈近东西向带状分布，构造区划属伊盟隆起，航磁表现为高正异常特征，主要由深变质的片麻岩及变粒岩等强磁性基岩引起。目前区内有 8 口探井钻遇前寒武系，基底岩性主要为长英变粒岩、片麻岩、混合花岗岩、云母片岩、浅变质石英砂岩、石英岩、石英二长岩与石英闪长岩，其中 S2 井基底片麻岩单颗粒锆石 SHRIMP 法 U-Pb 测年获

得了 1882±41Ma 年龄，从区内基底岩石测年数据分析，其时代为早元古代。

Ⅱ区：鄂托克前旗—神木岩相带：分布于伊陕斜坡北部鄂托克前旗—乌审旗—神木一带，呈北东向带状分布，航磁表现为负异常，主要由浅变质的片麻岩、片岩引起。区内有 2 口探井钻遇前寒武系，

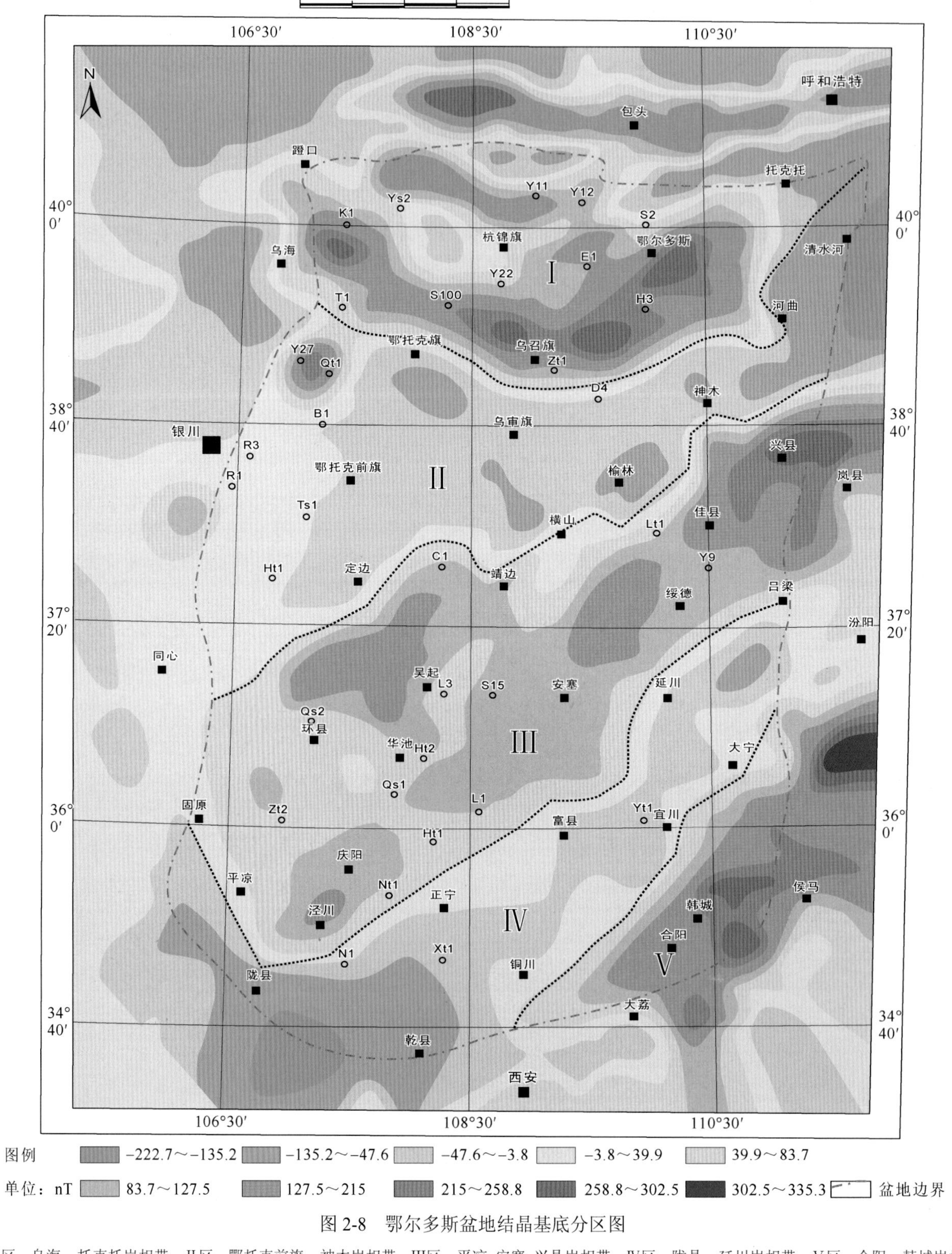

图 2-8 鄂尔多斯盆地结晶基底分区图

Ⅰ区：乌海—托克托岩相带；Ⅱ区：鄂托克前旗—神木岩相带；Ⅲ区：平凉-安塞-兴县岩相带；Ⅳ区：陇县—延川岩相带；Ⅴ区：合阳—韩城岩相带(底图为盆地航磁上延 10km 异常图)

其中 C1 井钻遇浅灰色浅变质石英砂岩；QT1 井钻遇基底岩性主要为浅灰色黑云母花岗片麻岩，应用单颗粒锆石 LA-ICP-MS 法测得片麻岩锆石年龄为 2091±53Ma，与胡建民等(2012)对 QT1 井石榴夕线黑云斜长片麻岩应用锆石 SHRIMP 法测得的 $^{207}Pb/^{206}Pb$ 年龄为 2031±10Ma 较为吻合。

Ⅲ区：平凉—安塞—兴县岩相带：分布于伊陕斜坡中南部平凉—华池—安塞—绥德—兴县一带，呈北东向带状分布，航磁表现为较高正异常，主要由基性变质岩引起。区内 3 口探井钻遇前寒武系，其中 QS1 井钻遇斜长片麻岩，U-Pb 法同位素等时线年龄为 1904.4Ma(汤锡元，1993)；Y9 井钻遇杂色黑云母角闪长花岗片麻岩，Rb-Sr 等时线年龄为 1812±75.29Ma(Rb-Sr 同位素体系较锆石 U-Pb 体系更易受后期干扰和重置，因此，该年龄解释为变质年龄更合理)；LT1 井钻遇灰白色黑云母花岗片麻岩，其中的片麻状二云母花岗岩锆石 SHRIMP 法 U-Pb 测年获得了 2035±10Ma 的年龄，与 Y9 井和 QT1 井时代一致，均为为早元古代。

Ⅳ区：陇县—延川岩相带：分布于陇县—铜川—富县—延川—吕梁一带，呈北东向带状展布，构造区划属渭北隆起，航磁为负异常特征，主要由浅变质岩的片麻岩、片岩引起。未有钻井钻遇前寒武系变质基底。

Ⅴ区：合阳—韩城岩相带：分布于盆地东南部合阳—韩城一带，航磁表现为高正异常，推测为盆地结晶基底中基性变质岩引起。

目前，盆地基底岩石还未获得太古代年龄数据，因此，鄂尔多斯地块是否存在太古代古陆核还需进一步研究。推测存在两种可能性：一是不存在大面积分布的完整太古代陆核，盆地基底是早元古代孔兹岩为代表的沉积盆地与构造岩浆活动带相间分布；二是存在完整古陆核，它分布于盆地基底更深部，目前钻井还没有钻遇到。

2.3.4　结晶基底形成与演化

1. 太古宙微陆块形成阶段

鄂尔多斯盆地周缘地区变质岩基底广泛出露，其时代可从太古代至早元古代，但在鄂尔多斯盆地内部，根据地震、航磁、重力以及钻遇的基底岩石的测年资料，目前未能证实有太古代陆核的存在，因此，关于鄂尔多斯盆地太古宙微陆块形成阶段主要是根据区域地质资料来进行分析推断。

华北克拉通有别于世界上其他稳定的克拉通，表现为 18 亿～25 亿年期间发生了强烈的岩浆活动和变质作用。在早元古代以前，并未形成统一的华北陆块，可能存在多个太古宙微陆块。赵国春等(1998，2002，2009，2012)依据岩浆岩分布和变质特征等，将华北克拉通划分为东部陆块、阴山陆块和鄂尔多斯三个陆块以及之间的三个早元古代造山带(图 2-9)。根据重、磁力异常及基底露头和钻井资料，盆地结晶基底岩相呈

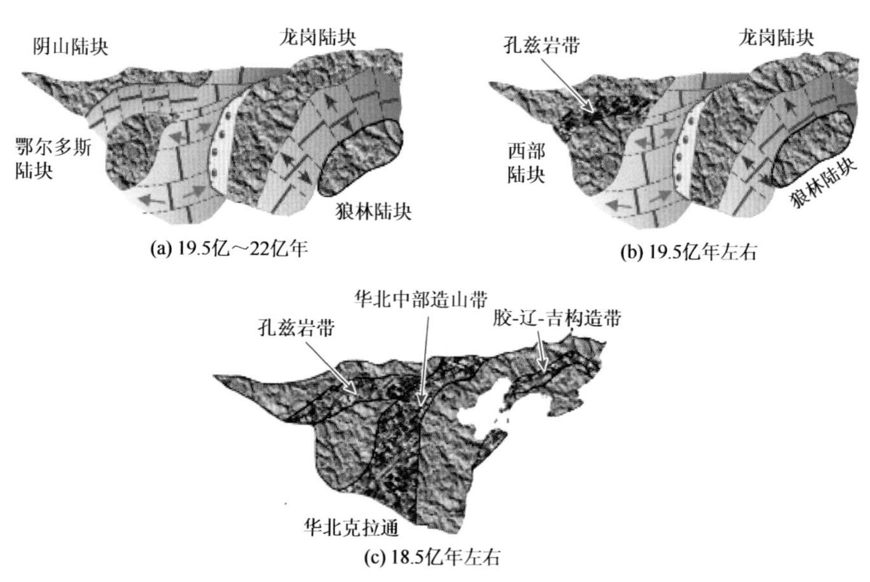

图 2-9　鄂尔多斯盆地基底及大华北克拉通形成与演化(据 Zhao et al，2013 修编)

北东或近东西向的条带状分布，具有焊接增生结构。盆地中部环县-佳县岩相带向东露头区有少量太古界分布，该带成北东向分布，磁力为高异常区，推测其可能是太古界陆核在早元古代破裂后又被焊接在一起。

2. 早元古代孔兹岩原型沉积盆地发育阶段

孔兹岩是一套含榴石英岩、石榴夕线片(麻)岩、石墨片岩和大理岩组成的富铝变质岩(Bates et al，1980)，相应的原岩为一套由砂岩、页岩、碳质页岩和石灰岩组成的沉积岩。孔兹岩不是单一的岩石名称而是集合性的岩石术语，但现在有时将石榴夕线片麻岩这一种岩石简称为孔兹岩(狭义)，是因为它是孔兹岩的主要组成，也是孔兹岩测年的主要对象(吴昌华等，2006)。赵国春等(2005)认为鄂尔多斯盆地及邻区存在一个北北东向的孔兹岩带，它是由东部的集宁、乌拉山、大青山和西部的贺兰山、千里山等孔兹岩系共同构成，连接了鄂尔多斯陆块和其北部的阴山陆块。孔兹岩系记录了华北西部新太古代的被动大陆边缘环境，孔兹岩系物源来自于花岗质陆壳，为大陆克拉通化最直接的地质证据。

图 2-8 中Ⅰ、Ⅱ区发育石榴夕线黑云母片麻岩这一孔兹岩主体岩性和早元古代同位素年龄特征，与盆地北部露头孔兹岩在岩性和同位素年龄有相似之处，由此推断北北东向的孔兹岩带分布面积较大，向南延伸进入现今鄂尔多斯盆地内部，南部边界为大同-吴起壳深大断裂，是由东部的集宁、乌拉山、大青山和西部的贺兰山、千里山等孔兹岩系以及鄂尔多斯盆地基底中Ⅰ、Ⅱ区岩性带共同构成，它连接了鄂尔多斯陆块和其北部的阴山陆块。这套孔兹岩系相应的原岩类型以砂岩、泥质沉积岩为主，其物源可能来自早元古代以前花岗岩区或火山碎屑岩沉积区，为早元古代以前沉积盆地的存在与发育提供了重要证据。因此，在早元古代早中期(19.5 亿年前)，鄂尔多斯陆块与其北侧的阴山陆块、东侧的龙岗陆块之间均有大洋相隔，发育沉积盆地。早元古中期(19.5 亿年左右)，鄂尔多斯陆块与其北侧的阴山陆块发生碰撞并拼贴在一起，形成了一个古元古代变质岩—孔兹岩带。

3. 盆地统一结晶基底形成阶段

从 20 世纪 90 年代初至今，许多学者对鄂尔多斯盆地周缘发育的孔兹岩形成时代进行了研究(胡建民等，2012；周喜文等，2009；董春艳等，2007，2009；张玉清等，2003；吴昌华等，1998，2006；校培喜等，2011)。表 2-2 是部分鄂尔多斯盆地周缘露头区孔兹岩系测年数据，表中孔兹岩系碎屑及变质锆石年龄范围为 18.3 亿～25.1 亿年，盆地西部 QT1 井钻遇的石榴夕线黑云斜长片麻岩和东部 LT1 井钻遇的片麻状二云母花岗岩获得的年龄与这些年龄数据比较一致，结合表 2-1 中盆地基底岩石年龄数据，推断鄂尔多斯盆地同周边露头区一样，在早元古代 20.3 亿～20.35 亿年有过大规模的花岗岩浆侵位活动，因此，早元古代构造表现为沉积盆地与岩浆活动带相间分布的构造格局。同时，也正是在早元古代 19.5 亿年时期构造活动作用，使鄂尔多斯地区逐渐焊接形成统一陆块。18.5 亿年左右发生的强烈变质作用，使大华北地区鄂尔多斯陆块、阴山陆块与东部的陆块也一起碰撞拼接，最终形成了大华北稳定陆块。正是这种稳定的大华北陆块构造背景，对鄂尔多斯盆地早元古代以后岩相古地理环境及沉积建造演化产生了重要影响，如大面积致密砂岩气藏富集所需的广覆的煤系烃源岩和大面积储层发育条件，均与大华北陆块稳定的构造背景下所控制的稳定沉积环境有关。

表 2-2　鄂尔多斯盆地周缘孔兹岩系测年数据表

地点	样号	岩性	层位	年龄/Ma	分析方法	资料来源
内蒙古乌兰不浪西北 2.5km	1P9TW22	斜长麻粒岩		上交点：2511.4，下交点：818±159	高灵敏度 Daly 检测	张玉清等，2003
包头哈德门沟石墨厂	WL007	石榴长石石英岩		1801		
包白铁路桃儿湾车站南	WL011	夕线石榴片麻岩		1814	激光探针等离子质谱	吴昌华等，2006
包固公路忽鸡沟东 4km	WL020	石榴长石石英岩		1821		

续表

地点	样号	岩性	层位	年龄/Ma	分析方法	资料来源
巴彦乌拉-贺兰山	AD115TW1	片麻状花岗岩	乌拉山群	2323±20	锆石 SHRIMP 法	董春艳等，2007
巴彦乌拉-贺兰山	HD01TW1	石榴云母二长片麻岩	贺兰山群	1978±17		
贺兰山宗别立-吉兰太公路旁	HL0702-2	石榴堇青钾长石片麻岩	柳树沟组	2039±10	锆石 SHRIMP 法	周喜文等，2009
贺兰山乌海-巴彦浩特公路 76km	HL0706-1	石榴堇青二长片麻岩	阿楞呼都格组	2040±16 1950±8		
内蒙古阿拉善左旗宗别立镇东北		夕线石榴黑云母二长片麻岩		1900～2100	LA-ICP-MS 法	校培喜等，2011
白云鄂博地区宽沟背斜轴部东端		黑云母斜长片麻岩		2029±54	CAMECA IMS 1280 型离子探针	刘建等，2011
大青山地区孔兹岩系		石英岩、石榴云片麻岩		变质锆石年龄：1830～2400	锆石 SHRIMP 法	董春艳等，2012

2.4 地层系统

鄂尔多斯盆地内发育太古界至新生界第四系地层，详细地层系统见表 2-3。

表 2-3 鄂尔多斯盆地地层系统简表

地层				地层厚度/m	构造阶段	盆地演化阶段
界	系	统	组			
新生界	第四系	全新统 更新统		10～280	喜马拉雅	新生代周缘断陷原型盆地发育期
	第三系	上新统 中新统 渐新统 始新统		270～960		
中生界	白垩系	志丹统	泾川组	120	燕山	白垩纪类前陆原型盆地发育期
			罗汉洞组	180		
			环河组	240		
			华池组	290		
			洛河组	400		
			宜君组	50		
	侏罗系	上统	芬芳河组	100～1000		古生代——侏罗纪克拉通原型盆地发育期
		中统	安定组	100～200		
			直罗组	300～500		
		下统	延安组	200～300		
			富县组	20～150		
	三叠系	上统	延长组	700～1400	印支	
		中统	纸坊组	250～300		
		下统	和尚沟组	90～120		
			刘家沟组	250～350		
上古生界	二叠系	上统	石千峰组	250～300	海西	
		中统	石盒子组	200～250		

续表

地层				地层厚度/m	构造阶段	盆地演化阶段
界	系	统	组			
上古生界	二叠系	下统	山西组	80～110	海西	
			太原组	40～50		
	石炭系	上统	本溪组	10～50		
下古生界	奥陶系	上统	背锅山组	800	加里东	古生代——侏罗纪克拉通原型盆地发育期
		中统	平凉组	1000		
			马家沟组	1000		
		下统	亮甲山组	90		
			冶里组	70		
	寒武系	上统	凤山组	20～60		
			长山组	70～90		
			崮山组	270		
		中统	张夏组	170		
			徐庄组	120		
			毛庄组	40～80		
		下统	馒头组	40～80		
			猴家山组	80～100		
上元古界	震旦系				吕梁	中晚元古代拗拉谷原型盆地发育期
	蓟县系					
	长城系					
下元古界	滹沱系					
	五台系				五台	
太古界	桑干系					

2.4.1　太古界

太古界在鄂尔多斯盆地周缘不同地区命名有所差异，且岩性以变质岩系为主。在北部阴山-晋北发育中下太古界集宁群和上太古界乌拉山群，在南部小秦岭发育太华群，在西北部贺兰山地区发育贺兰山群，在阿拉善地区发育下阿拉善群，在东部吕梁山地区发育界河口群。前已述及，在鄂尔多斯盆地基底岩石中，目前还未获得太古代年龄数据。

2.4.2　元古界

鄂尔多斯盆地有多口钻井钻遇元古界地层，目前获得最老年龄是 QT1 井钻遇的浅灰色黑云母花岗片麻岩，应用单颗粒锆石 LA-ICP-MS 法测得年龄为 2091±53Ma。元古界分为上元古界和下元古界。

鄂尔多斯盆地下元古界主要发育五台系和滹沱系。五台系为绿色片岩；滹沱系为千枚岩、板岩、石英岩及大理岩。

鄂尔多斯盆地上元古界主要发育长城系、蓟县系和震旦系。长城系为肉红色石英岩、板岩；蓟县系为灰色、浅棕色厚层状白云岩、藻云岩及白云质灰岩，底部为石英砂岩；震旦系为紫红、紫灰色泥(页)岩及灰白色砾岩夹结晶灰岩。上元古界地层厚度变化大，盆地西部最厚可达 4000m 以上。

2.4.3 下古生界

鄂尔多斯盆地下古生界主要发育寒武系和奥陶系。寒武系地层在盆地内部及周缘地区分布较广，其地层特征与华北东部地区基本相似。寒武系下统发育猴家山组、馒头组，中统发育毛庄组、徐庄组、张夏组，上统发育崮山组、长山组和凤山组。下统岩性底部为粗砂岩、砂砾岩，中部为页岩、泥岩、泥灰岩，上部为灰岩或白云岩，反映了一套海侵沉积序列。中统及上统主要由鲕粒灰岩、竹叶状白云岩、白云岩及含泥质白云岩组成。寒武系地层厚度为810～970m。

奥陶系地层受到加里东构造运动影响，在盆地内部普遍缺失中、上统，主要发育下奥陶统马家沟组，又细分为五段，是盆地下古生界的主力产气层，主要岩性为深灰色、褐灰色白云岩、泥质白云岩、灰质云岩。在盆地西缘地区奥陶系中上统地层发育，中奥陶统平凉组主要为灰绿色泥(页)岩夹灰岩及中细砂岩，上统背锅山组发育块状灰岩、砾状灰岩及瘤状灰岩。奥陶系厚度为20～2920m。

2.4.4 上古生界

盆地内上古生界缺失志留系和泥盆系，主要发育石炭系和二叠系。

1. 石炭系

由于受加里东运动抬升剥蚀的影响，盆地内石炭系缺失下统地层。盆地西部发育上石炭统早期靖远组和羊虎沟组，平行不整合或角度不整合于下古生界或元古界风化壳界面之上。靖远组仅分布于宁夏中卫及呼鲁斯台、乌达一带，盆地内少见分布。羊虎沟组以灰黑色泥岩为主，夹灰黄色中细粒石英砂岩、粉砂岩、黄灰色薄层泥质生物碎屑泥晶灰岩及煤层，厚度为 20～1000m。盆地中东部主要发育本溪组，层位上相当于羊虎沟组上部地层。本溪组底部为杂色铁铝土质岩，中部发育石英砂岩，顶部为厚煤层($8^{\#}$煤、$9^{\#}$煤)。该组顶部厚煤层分布稳定，是划分太原组和本溪组的重要标志层。本溪组厚度为10～50m。

2. 二叠系

下二叠统自下而上发育太原组和山西组。太原组岩性主要为灰黑色泥岩、灰岩、浅灰色砂岩和煤层，厚度40～50m。山西组岩性为深灰色、灰黑色砂质泥岩与灰白色中厚层砂岩互层，夹煤层及煤线，厚度 80～110m。太原组和山西组广泛发育的煤系地层，为盆地古生界气藏发育提供了良好的煤系烃源岩。

盆地中二叠统发育石盒子组。该组下部地层为一套近海的河流——湖泊相沉积，由黄绿色及灰绿色泥岩、粉砂岩和薄层细粒至中粒砂岩等组成，地层厚度在鄂尔多斯盆地西缘和东部较大，厚度为 180～220m，向鄂尔多斯盆地南北两边厚度较小为50～100m。石盒子组上部地层为一套湖泊相沉积，岩性以黄绿色及杂色泥岩、砂质泥岩为主，夹黄绿色中粒至细粒长石杂砂岩、长石石英杂砂岩。石盒子组是盆地上古生界气藏的主要发育层位。

上二叠统发育石千峰组。石千峰组上部以棕红色含钙质结核泥岩为主，夹中厚层肉红色砂岩；下部为肉红色块状砂岩夹棕红色泥岩、砂质泥岩，地层厚度为250～300m。

2.4.5 中生界

盆地中生界自下而上主要发育三叠系、侏罗系和白垩系。

1. 三叠系

三叠系下统自下而上发育刘家沟组和和尚沟组。刘家沟组岩性为灰紫色、灰绿色、暗紫红色细—粗砂岩夹紫红色、棕红色砂质泥岩、泥岩，含灰质结核，底部含细砾岩。和尚沟组岩性以棕红、紫红色泥岩为主夹同色砂岩及含砾砂岩，砂岩自上而下逐渐变粗，局部含细砾岩。厚度340～470m。

中统发育纸坊组，上部为深灰、灰黑色泥岩夹浅灰色粉细砂岩及煤线，中部为浅灰绿色中厚层块状砂岩夹灰色、深灰色泥岩、灰黑色碳质页岩，下部为灰绿色、肉红色块状沸石质中粒长石砂岩夹暗灰绿色或紫红色泥岩。厚度 250～300m。

上统发育延长组，上部为深灰、灰黑色泥岩夹浅灰色粉细砂岩及煤线，中部为浅灰绿色中厚层块状砂岩夹灰色、深灰色泥岩、灰黑色碳质页岩，下部为灰绿色、肉红色块状沸石质中粒长石砂岩夹暗灰绿色或紫红色泥岩。延长组细分为十段，是盆地中生界石油主要发育层位。厚度 700～1400m。

2. 侏罗系

侏罗系下统自下而上发育富县组和延安组。主体为一套陆相含煤沉积建造，以河流相粗粒碎屑岩为主，广泛分布于盆地内部及邻区。厚度 220～450m。

中统自下而上发育直罗组和安定组。直罗组为一套河流—湖泊相碎屑岩沉积，多为中粒至粗粒砂岩及少量砾岩。安定组为一套湖泊相碎屑岩与碳酸盐岩沉积，由下部的黑色页岩、油页岩及钙质粉砂岩和上部的灰黄色泥质岩、白云质泥灰岩等组成。地层厚度为 400～700m。

上侏罗统发育芬芳河组，为红色磨拉石沉积建造，仅在鄂尔多斯盆地西缘地区发育，为一套盆地边缘山麓堆积。厚度 100～1000m。

3. 白垩系

白垩系主要由志丹统组成，自下而上发育宜君组、洛河组、华池组、环河组、罗汉洞组和泾川组，为一套磨拉石—红色碎屑岩沉积建造，分布于鄂尔多斯盆地西半部广大地区。地层厚度为 1180m。

2.4.6 新生界

新生界自下而上为古近系、新近系和第四系。古近系为一套红色陆相碎屑建造，主要发育于河套、银川、渭河和汾河等几个断陷盆地中。新近系主要为一套陆相碎屑—泥质红色建造，除发育于周边的几个断陷盆地外，还分布于其他地区。古近-新近系厚度 270～960m。第四系为一套成因复杂的陆相碎屑堆积，黄色亚黏土夹黄褐色、浅棕色砂质黏土及砾石层，广泛分布于全区。第四系地层厚度为 10～280m。

2.5 原型盆地多期叠合与形成阶段

2.5.1 中晚元古代坳拉谷原型盆地发育期

早元古代末，统一华北克拉通形成以后，盆地深部构造活动再次加剧，多个地幔柱上升，在克拉通上形成了一系列裂陷槽或三叉裂谷系(图 2-10)。自西向东依次为贺兰坳拉槽、宜川坳拉槽(晋陕坳拉槽)、豫陕坳拉槽和徐淮坳拉槽，它们呈北东、北北东向展布，向古陆方向收敛，向大洋方向敞开，并与克拉通南部边缘呈近东西向展布的秦祁海槽共同组成了四叉坳拉槽体系，在鄂尔多斯盆地形成三叉坳拉槽体系。

贺兰坳拉槽(孙国凡等，1983)位于现今鄂尔多斯盆地西部，发育中上元古界长城、蓟县系地层，厚度大于 2000m，为一套石英砂岩与碳酸盐岩建造(常夹硅质条带)，碎屑岩层位自南而北升高，粒度由北而南变细，厚度由北向南逐渐变厚。基性岩墙群的发育，指示中新元古代贺兰山盆地为构造伸展背景下的裂谷盆地类型。

宜川坳拉槽呈北东向延伸进入鄂尔多斯盆地，钻井钻遇主要是长城系和蓟县系地层。长城系以三角洲、滨岸相碎屑岩为主，钻井地层厚度小于 250m。蓟县系以滨浅海相白云岩和含燧石条带的碳酸盐岩、硅质岩类为主，钻井地层厚度小于 650m。

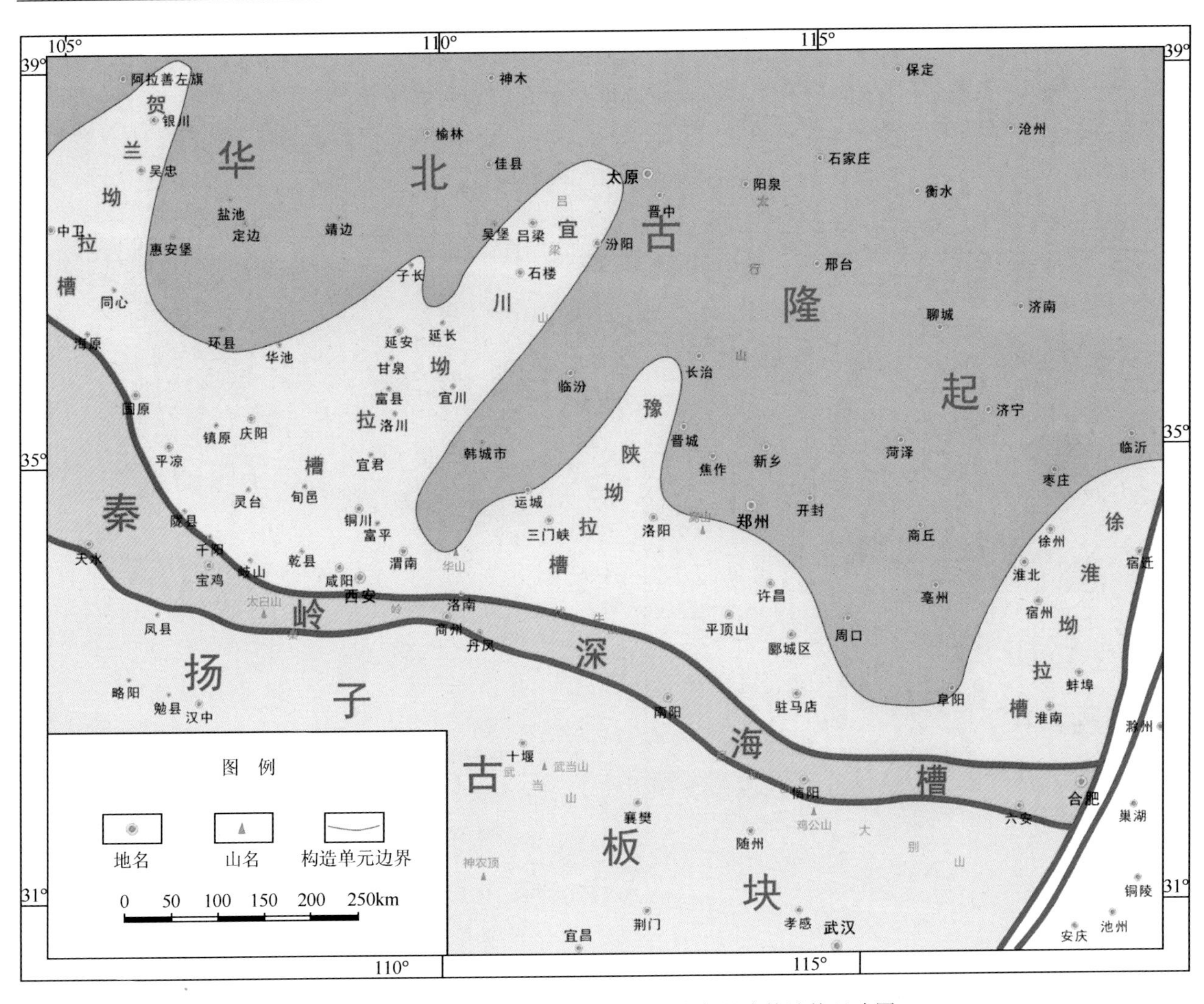

图2-10　鄂尔多斯盆地中南部中晚元古代基本构造格局略图

中元古代末的蓟县运动使上述三叉裂谷关闭，同时华北克拉通普遍抬升，大部分地区缺失青白口系。震旦系仅分布于华北克拉通西南缘，一般只有10～200m。

在中晚元古代坳拉谷原型盆地蓟县系发现了烃源岩，主要为叠层石白云岩、藻白云岩等岩类，盆地北部中元古界砂岩中已经发现来自上古生界的天然气。由于中晚元古代坳拉谷原型盆地勘探程度低，油气勘探潜力值得进一步研究。另外，坳拉谷原型盆地边界断裂的后期活动形成的裂缝对改善致密砂岩储层渗流条件也有一定的作用。

2.5.2　古生代—侏罗纪克拉通原型盆地发育期

1. 早古生代

古生代，整个华北地区包括鄂尔多斯地块形成大华北盆地，自此进入了稳定克拉通盆地发育期。整个古生代时期，鄂尔多斯盆地总体为整体升降，构造相对稳定，具有稳定克拉通盆地沉积构造特征。早古生代，鄂尔多斯盆地主体是一个被西缘贺兰坳拉槽和南缘秦岭海槽半围限的稳定台地，古构造面貌总体上表现为北高南低特征(图 2-11)。该时期大华北盆地南与秦岭海槽相接，北以古陆与兴蒙加里东海槽相隔，西与祁连海槽相邻，东以郯庐断裂为界，东西长约1200km，南北宽800～1200km，面积约$100\times10^4km^2$。在多期快速海进和缓慢海退旋回性演化过程中，沉积了寒武、奥陶纪海相碳酸盐岩夹碎屑岩沉积建造，全区地层稳定，可追踪、对比性好。克拉通盆地边缘活动经历了寒武纪—早奥陶世被动大陆边缘、中晚奥陶世—晚奥陶世主动大陆边缘两大构造发育阶段。前者以“裂谷边翼断陷斜坡—陆架边缘坡折—内陆架缓慢沉降台坪”为特征；而后者则以“裂谷边翼断陷斜坡—陆架边缘肩隆—内陆架坳陷盆地”为特征。不同阶段、不同性质和不同方式的构造活动直接影响、控制了盆地内部的沉积建造和构造特征，总体区域上呈现平缓的北高南低、坳隆相间的古构造格局。

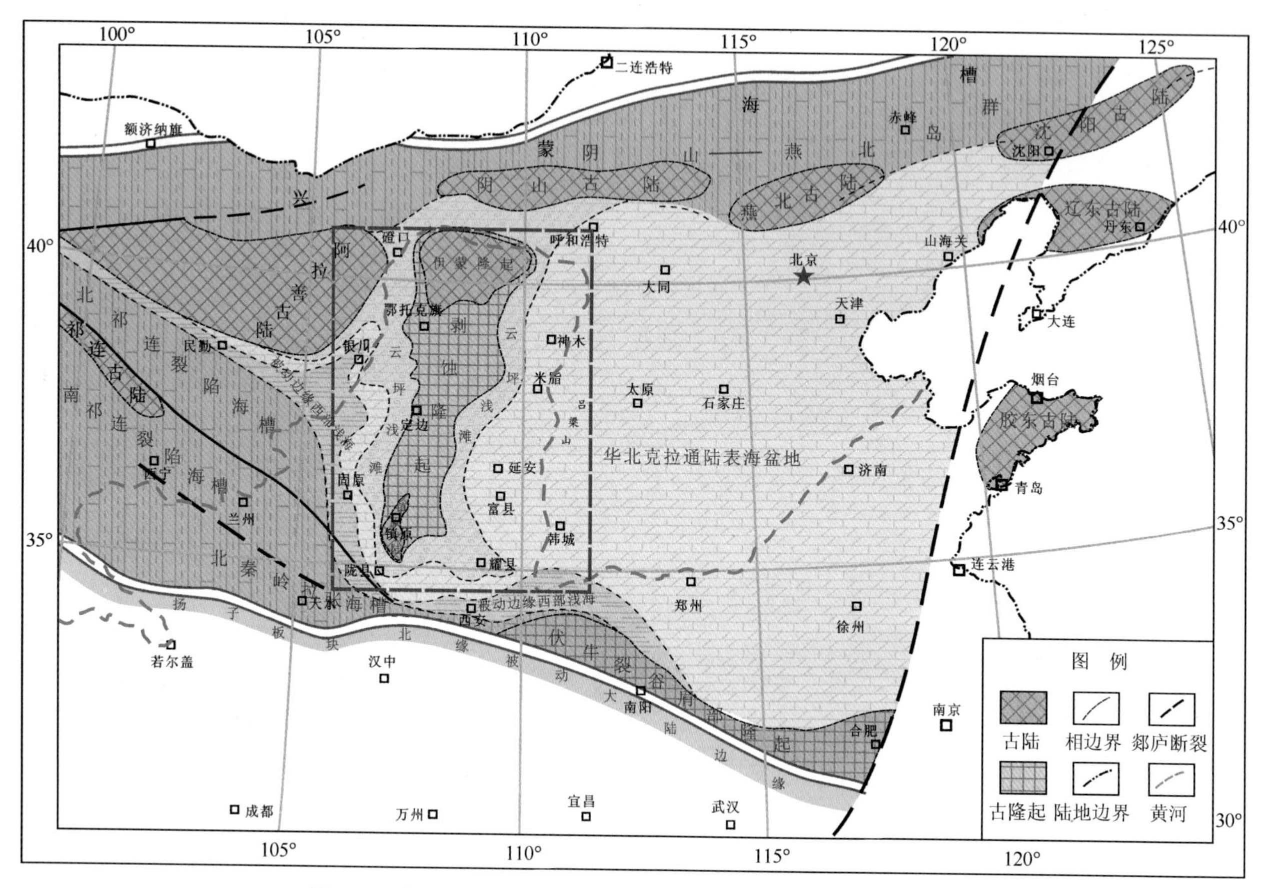

图 2-11　华北盆地古生代晚寒武世—早奥陶世沉积—构造格局图

早古生代原型盆地受加里东运动影响抬升改造，形成了奥陶系顶部碳酸盐岩型风化壳，后期天然气聚集成藏形成了靖边大气田，位于上古生界致密砂岩大气田的下部，与致密砂岩大气田具有相同气源。

2. 晚古生代

晚古生代鄂尔多斯盆地仍为大华北盆地一部分，但与早古生代不同，晚古生代周边为山系环绕。奥陶纪末期，华北地块整体抬升，鄂尔多斯盆地长期遭受剥蚀，缺失了志留系、泥盆系及下石炭统地层，沉积中断长达 1.3 亿年以上。

晚古生代早石炭世，鄂尔多斯盆地乃至整个华北地块结束了长期的抬升剥蚀，开始整体沉降，重新接受沉积。该时期，鄂尔多斯盆地在南北俯冲的作用下，北缘及南缘相对仰冲而隆起，盆地边缘上、下古生界之间局部表现为局部角度不整合接触，盆地内部两者之间呈平行不整合接触。在西部，晚石炭世早期贺兰山坳拉槽再次拉张，最早开始接受沉积，沉积了靖远组与羊虎沟组。

晚石炭世本溪期，南北为隆起区，缺失沉积。中部在铜川—吴起—平凉等地区为一近南北向古隆起(在鄂尔多斯盆地内部称为庆阳古隆起或中央古隆起)，缺失沉积；隆起的东西两侧为开阔的准平原区，海水从东、西两侧分别向古隆起超覆，以陆表海环境为主，沉积一套厚度一般为 2～10m 的石灰岩。此时大华北盆地岩相古地理可分为两大部分，东部为碳酸盐台地相，沉积以石灰岩占相对优势，间有零星砂坝；西部为碎屑滨岸砂泥质沉积的海陆过渡环境，包括潟湖、潮坪及障壁岛等；北部则有三角洲发育，物源主要来自北部阴山古陆。本溪组为海平面上升期的产物，地层厚度总体上向北、西、南三个方向减小，东部地层较厚，向东至郯庐断裂带附近，地层厚度增至70m左右。从沉积地层分布特征来看，此时总体为一个向东开口的沉积区。在鄂尔多斯盆地内，本溪组岩性、岩相及厚度变化较大。处于次级古隆起或奥陶系古岩溶高地貌区，地层厚度小，石灰岩、铝土岩及煤层不发育，如偏关—府谷一带，地层厚度多为 5～30m；而不在次级古隆起或奥陶系古岩溶高地貌的地区，本溪组沉积厚度大，石灰岩、铝土岩及煤层发育，如榆林—吴堡一带，厚度一般 30～50m。晚石炭世晚期，继续发生海侵，海水从中央古隆起东西两侧侵入，沉积范围不断扩大，最终汇于中央古隆起区。

二叠纪，华北克拉通盆地经历了陆表海—近海—陆内盆地的演化过程。盆地总体表现为南北高中间低、西高东低并且向东南开口的特征。较本溪期，早二叠世太原期构造沉降，海平面上升，海侵扩大，海水分别自东、西两侧向中央古隆起和向北发生海侵，使中央古隆起淹没于水下，形成一个统一的海域，而在中央古隆起的奥陶系古侵蚀面之上，潮坪、潟湖和滨岸沉积逐渐超覆。太原期，大华北克拉通盆地的岩相古地理环境明显可分成两大区(图 2-12)：即北部的非碳酸盐台地区和南部地区的碳酸盐台地区。具体而言，靠近北部阴山古陆发育山前冲积平原，沉积了粒度较粗的碎屑岩；北部的银川—榆林—太原—石家庄—济南一带则发育三角洲沉积；中西部的中卫—靖边—铜川一带则为过渡的潟湖、潮坪环境，其间发育有障壁岛，发育碎屑岩—碳酸盐岩为主体的沉积；东南地区则为浅海陆棚的碳酸盐台地环境，主要以生物碎屑碳酸盐岩沉积为主体。该时期物源仍主要来自北方的阴山古陆，此时鄂尔多斯盆地中南部为潮坪，西部为潟湖、障壁岛，东部为浅海陆棚，北部为三角洲。

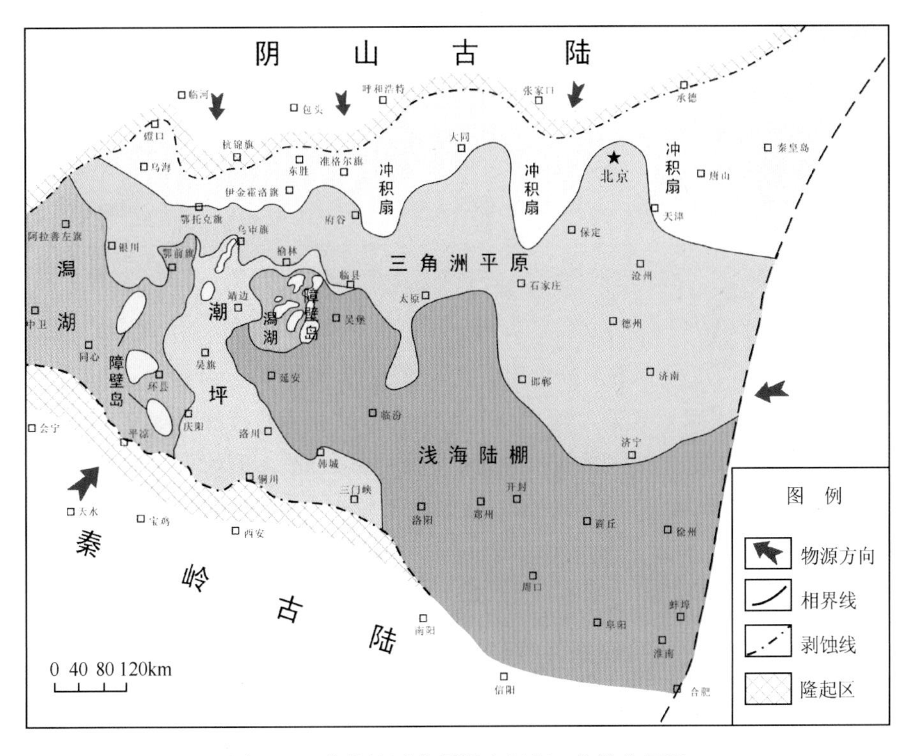

图 2-12　华北地区太原期古沉积—构造格局图

太原组地层厚度变化趋势与本溪期基本一致，在东部郯庐断裂带附近，厚度 180m 以上。在鄂尔多斯盆地内，除铜川以南和杭锦旗以北为长期继承性隆起外，大部分地区均发育了一套海陆交互的暗色砂泥岩夹石灰岩和煤层沉积，厚度一般为 100～180m，分布稳定，石灰岩主要分布于东南部，南部和北部石灰岩厚度减薄，层数减少。

早二叠世山西期，由于南北秦岭、兴蒙海槽在海西中晚期开始从西向东逐渐关闭消亡，区域构造格局和古地理环境发生明显变化。此时华北地块抬升，海水从盆地东西两侧退出，较太原期，浅海碳酸盐环境不断消失，三角洲环境更加广泛发育。此时总的古地理格局是：北部呼和浩特—大同—承德一线为山前冲积平原环境；临汾—郑州—合肥的东南地区发育海湾—潟湖环境；银川—洛川一带发育潮坪—海滩沉积，向东南开口，其周缘发育范围较小的三角洲前缘沉积；其他广大地区为三角洲平原环境(图 2-13)。鄂尔多斯盆地山西期总体沉积面貌以银川—洛川地区为沉降中心，为潮坪—海滩环境，周缘发育三角洲体系，砂体具有向湖盆强烈进积的层序结构。盆地东南部地区为无隆起隔挡的开阔海域。

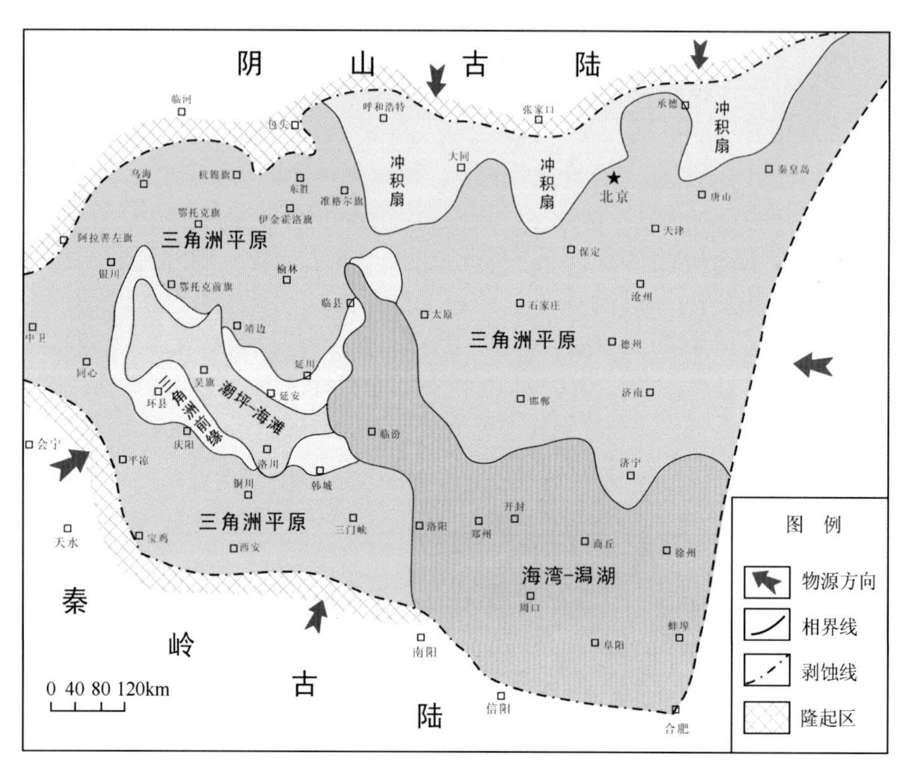

图 2-13　华北地区山西期古沉积—构造格局图

山西组是海平面先上升而后下降的产物。海平面上升期的地层厚度一般为 10～30m。总体上，在北部的呼和浩特—大同—北京—承德一带，地层较厚，多在 40m 以上，向南地层减薄；海平面下降期的沉积厚度一般亦为 10～30m。在鄂尔多斯盆地，山西组的岩性展布变化规律性明显，盆地北部以砂砾岩等碎屑岩沉积为主，西部发育不稳定的薄煤层；向南至银川—洛川一线，以泥质岩为主夹细砂岩，并出现 2～4 层厚度不等的海相石灰岩，顶部发育厚度较大且较稳定的煤层，再向东南三门峡一带，岩性更细，海相石灰岩逐渐增多。

中二叠世下石盒子期，北部的阴山古隆起有所抬升，坡度变陡，对沉积相带展布有一定影响，但区域沉积与山西期有一定的继承性。大华北克拉通盆地总的沉积古地理格局并无太大变化，只是河流作用范围扩大，河流体系沿北部盆地边缘广为发育，而三角洲沉积范围则明显减小，东南部的海湾—潮坪相亦明显向东南退缩(图 2-14)。在鄂尔多斯盆地，下石盒子期盆地整体上北高南低、西高东低、沉积中心位于盆地中南部的环县—富县地区，中北部和西南部发育三角洲，南部发育冲积扇。

下石盒子组岩性主要为陆相河流、三角洲和湖相的碎屑岩沉积，其沉积也包括上升和下降两个沉积旋回，是在湖平面先期上升、后期下降的过程中形成的。上升半旋回地层厚 60～100m，在唐山一带最厚达 140m。上部的下降半旋回厚度较小，一般为 20～60m。鄂尔多斯盆地内的下石盒子组地层厚度一般分布在 100～160m，北部较薄，具有由环县—乡宁一线向东南方向变厚，而向其他方向减薄的特征，岩性主要发育一套以陆相河流、三角洲和湖泊为主的砂泥沉积。

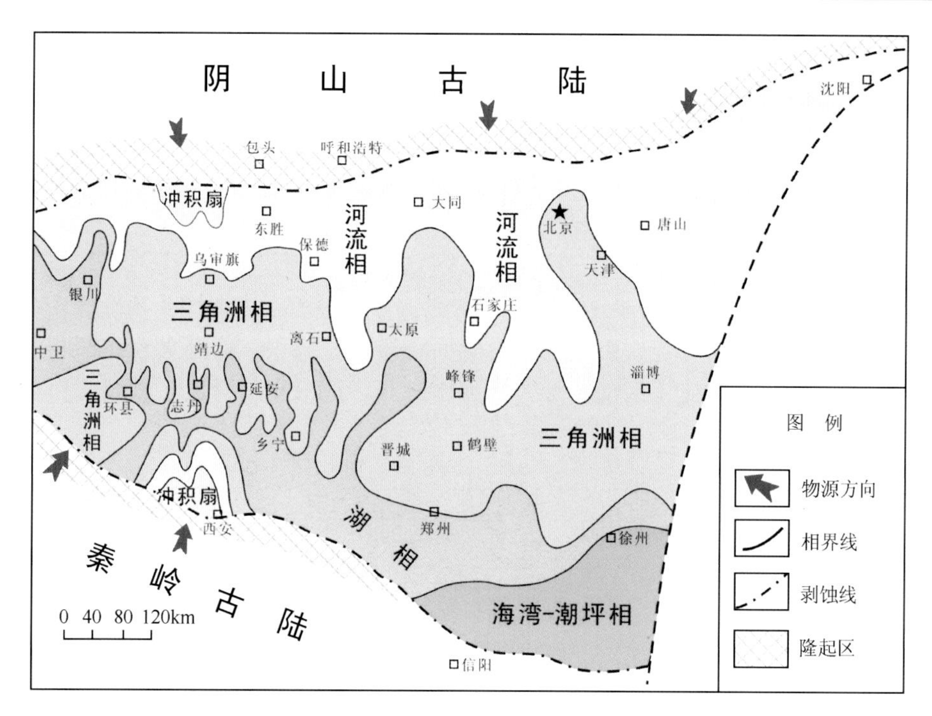

图2-14 华北地区下石盒子期古沉积—构造格局图

上石盒子组沉积期，总的沉积格局与下石盒子组相比具明显继承性，但北部构造抬升作用明显减弱，沉积体系向北萎缩，湖泊向北明显扩展，气候也变得更加干燥，发育了以紫红色、黄绿色为主的陆相碎屑岩沉积。该时期岩相古地理格局表现为河流、三角洲与湖泊体系共存，而在东南部徐州以南发育局限的海湾—潮坪环境(图 2-15)。此时在鄂尔多斯盆地，三角洲沉积体系较下石盒子期向北退缩，中南部大部分地区发育湖相，仅在西南部发育小规模三角洲，在南部发育小规模冲积扇。

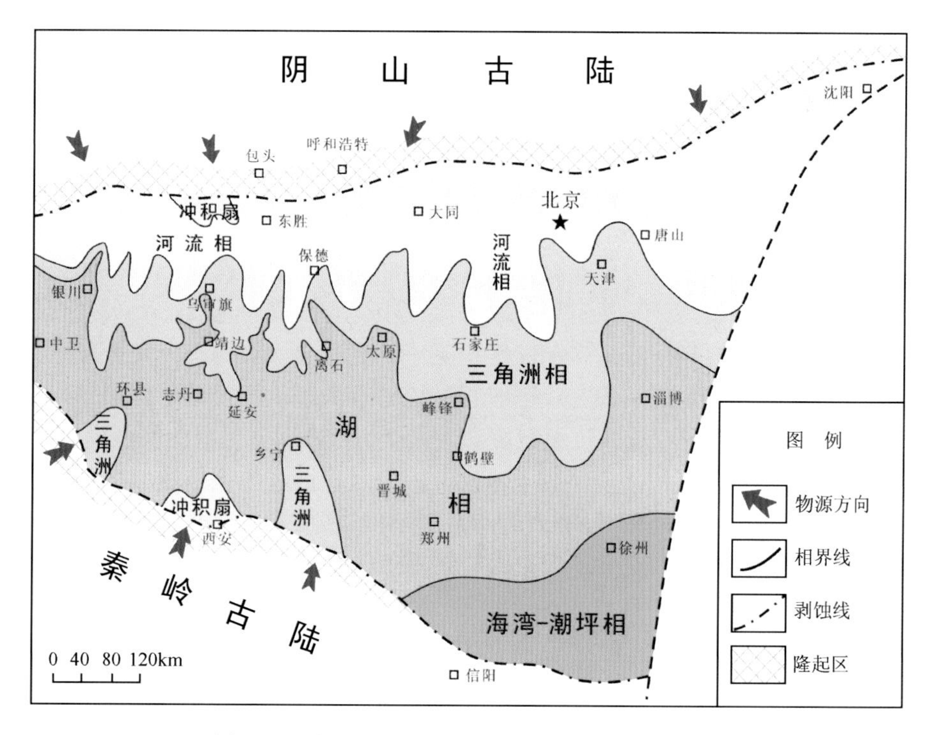

图2-15 华北地区上石盒子期古沉积—构造格局图

石盒子组沉积厚度巨大，占晚古生代地层的一半以上，其厚度为340～560m，在淮南一带最厚达660m。沉积古地理亦具明显的继承性，前期厚层沉积带依然存在，只是位置稍有变化。在鄂尔多斯盆地，石盒子组沉积厚度也较大，盆地中部、北部及西北部厚度为200～250m，西南厚度为160～180m。

晚二叠世石千峰期，地壳沉降发生巨大变化，大华北盆地南部和北部发生沉降，中央古隆起消失，盆地由近海湖盆逐渐演变为内陆湖盆，主要发育河流、三角洲和湖泊沉积体系。该期盆地的古地理格局发生重大变化，仅在西部志丹、东部淄博—柳江和东南郑州—徐州地区发育浅湖相，其周缘发育三角洲相，其余大部分地区以河流相为主(图 2-16)。此时的鄂尔多斯盆地，在志丹及其以西发育局限浅湖相，在其周围环带发育湖滨三角洲，其他广大地区发育大面积河流相沉积，物源来自北部阴山古陆和南部的秦岭古陆。而且，与石盒子期相比，南部秦岭古陆加剧隆升，地形高差增大，物源区作用明显，向盆地北部提供了大量的物源。

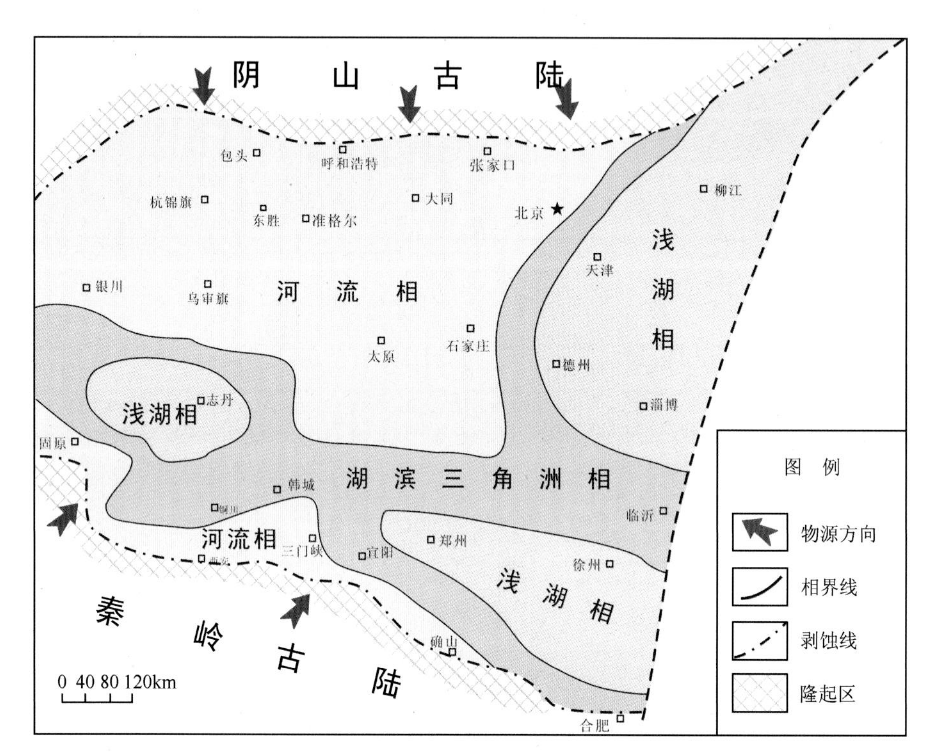

图 2-16　华北地区石千峰期古沉积—构造格局图

纵观整个晚古生代，华北地区为大华北克拉通盆地，经历了一定的构造—沉积演化，环境由海相逐渐过渡为陆相，气候由潮湿转变为干旱，沉积由坳陷型充填变为广覆型充填，中央古隆起由发展演变至消亡。但总体而言，晚古生代时期，鄂尔多斯盆地仍是华北克拉通次级构造单元，从地层分布及古地理环境来看，仍是大华北克拉通盆地的一部分。同时正是该时期大华北克拉通整体相对稳定的构造环境、由海相转变为陆相的沉积环境以及广覆式沉积充填，为大面积致密砂岩气藏的发育提供了良好的生、储、盖条件。其中，广阔的海陆过渡沉积环境形成了本溪、太原及山西沉积期广覆的煤系地层，为大面积致密砂岩气藏提供了广覆式烃源岩；而广阔的陆相河湖沉积环境形成了石盒子期大面积河流及三角洲砂岩沉积，为大面积致密砂岩气藏的发育提供了广覆式的储集条件。

3. 三叠纪—侏罗纪

三叠纪时期，鄂尔多斯和山西及华北地区是一个盆地。鄂尔多斯地区的中、下三叠统包括下三叠统的刘家沟组和和尚沟组，中三叠统的纸坊组和铜川组。需指出的是，在鄂尔多斯西缘地区，受贺兰坳拉槽及秦祁海槽构造复活的影响，中三叠统与华北其他大部分地区不尽一致。但总的来看，鄂尔多斯在早、中三叠世仍是华北大型坳陷不可分割的组成部分，总体仍继承着二叠纪近东西向的构造格局和稳定沉积的特点。

中三叠世末—晚三叠世初，由于古特提斯海的扩张和华北地块发生逆时针旋转，秦岭造山带由两个强烈变形的古大陆边缘及古秦岭洋中的地块在印支期拼合而成，主缝合带位于勉略断裂带一线。对接后，汇聚过程仍在持续，两大块体长期处于挤压状态，并具有周期性变化。但是与秦岭毗邻的鄂尔多斯地区以及华北地台南部地区，其区域构造应力处于拉张松弛状态，于是弯曲走滑断层派生了大华北盆地和秦岭山岭。从而也形成了受同生断裂和古隆起边缘共同控制的大型断—坳陷型内陆盆地。但是，值得注意的是，此时的盆地西、南、北部边界与现今盆地边界比较一致，但盆地向东南开口，向东南至山西临汾—河南郑州一带，实际上是在大华北古陆西南缘发育的一个范围远大于现今盆地范围的沉积盆地(图 2-17)。

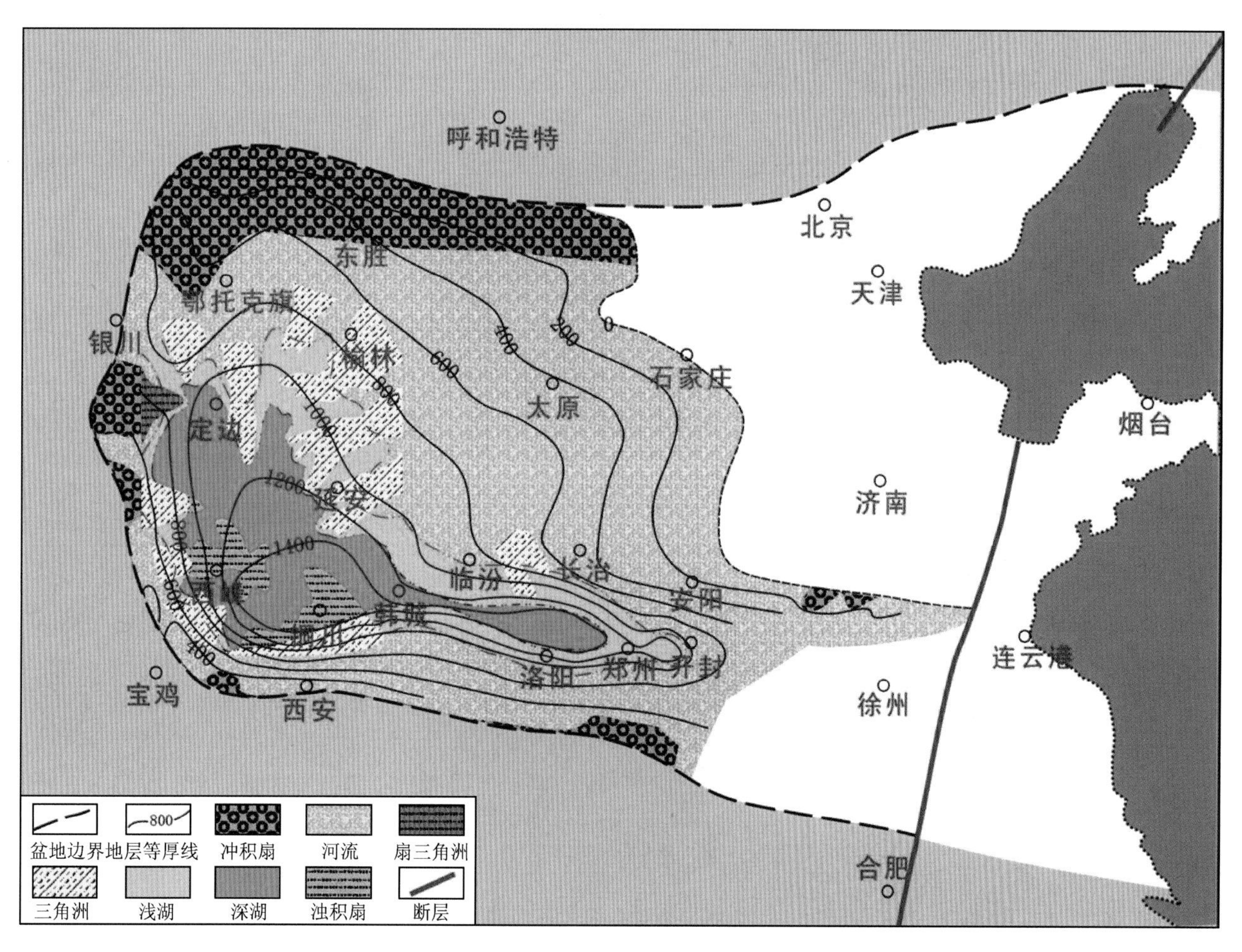

图 2-17　鄂尔多斯盆地及外围晚三叠世中期原型盆地恢复(以延长组长 7 为原型)

晚三叠世是鄂尔多斯盆地重要的发育阶段，是成油体系的主要发育时期。上三叠统延长组沉积充填记录了该时期大型淡水湖盆多起湖进、湖退的演化过程。延长组自下而上发育长 10～长 1 共 10 个油层组，长 10 期湖盆初步形成至长 7 期湖盆范围达最大，形成了盆地大面积分布的湖相优质烃源岩，为延长组石油富集提供了良好的油源条件，之后湖盆振荡式萎缩，至长 1 期仅在局部地区发育小的残留湖泊，大部分地区平原化、沼泽化，湖盆区域消亡。晚三叠世末的构造运动，使盆地大范围不均一抬升遭受不同程度剥蚀，形成延长组顶部不整合面及沟谷纵横的复杂古地貌形态，并对上覆地层油藏发育起到了重要的控制作用，形成类型多样的古地貌油藏。

印支运动以后，鄂尔多斯盆地构造演化发生了重大变化。从侏罗纪原型盆地图来看，虽然该时期盆地的范围与三叠纪相比，向西发生了一定程度的退缩，但其盆地范围仍远超出现今盆地的范围，其东界在太原—临汾一线(图 2-18)。该时期盆地范围内西部为南北走向的坳陷，为盆地的沉降中心，最厚沉积厚度可达上千米，向东地层厚度明显减薄，变为宽缓的斜坡，与晚三叠世南坳北隆的构造面貌完全不同。

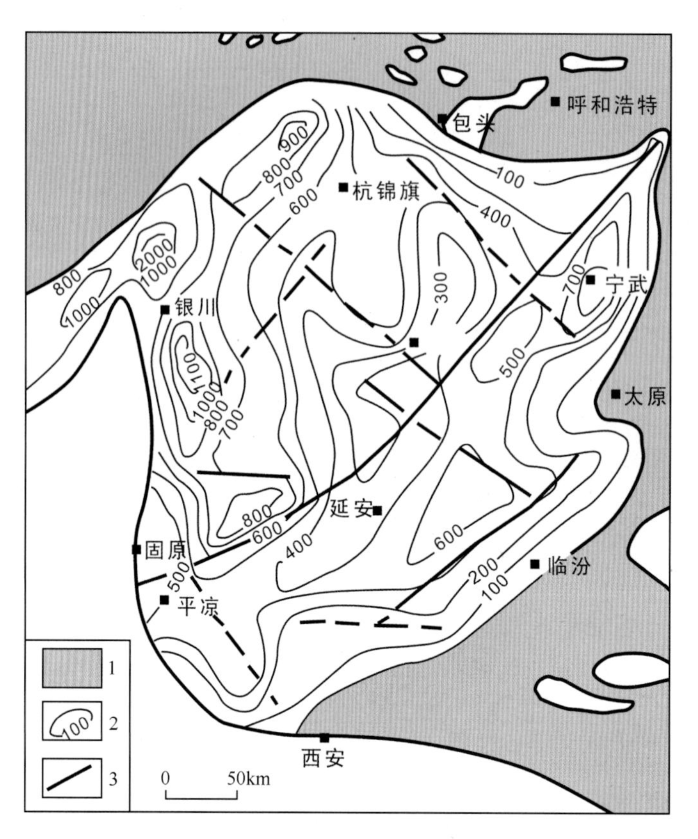

图 2-18　鄂尔多斯盆地侏罗系原型盆地

1. 剥蚀区；2. 等厚线/m；3. 沉积边界或断层

早侏罗世初，在侵蚀风化的高地之间发育的各级古河道接受了富县组河流沉积。早侏罗世末，河谷逐渐填平补齐。而后，盆地整体大幅度下降，形成了早、中侏罗世以三角洲沉积为主的盆地沉积格局。

中侏罗世末，太平洋板块向北北西向开始俯冲，形成大规模火山喷发事件。进入晚侏罗世，构造发生重大转变，长期以来较为统一的大华北盆地开始分解。鄂尔多斯盆地主体发生抬升，绝大部分地区因此而缺失了晚侏罗世沉积，仅在盆地西缘及南缘西段挠曲下坳区发育了一套以巨厚的洪积、坡积砾岩为主的芬芳河组沉积。

总体来看，侏罗纪鄂尔多斯盆地与山西地块的沉积仍然是连片的，因此，此时真正意义上独立的鄂尔多斯盆地尚未形成。随着时间推移，其内部分割性增强。侏罗纪晚期，二者以离石断裂为界发生明显的沉积—构造分异。

三叠纪—侏罗纪原型盆地叠加，使上古生界煤系烃源岩埋深加大，在古地温作用下进入热演化发展阶段，储层成岩作用加强，致密砂岩储层开始形成。

2.5.3　白垩纪类前陆原型盆地发育期

白垩纪早期，是盆地演化史上又一次重要的伸展构造事件。晚白垩世的燕山运动，岩浆活动明显，盆地挤压而整体抬升，鄂尔多斯盆地的沉积—构造轮廓基本形成，自此，鄂尔多斯盆地进入了真正意义上的相对独立的盆地演化阶段。

早白垩世初，鄂尔多斯盆地处于拉张状态。在张应力环境下，鄂尔多斯地区为断—坳陷型盆地。盆地为一西深东浅的“箕状”盆地，盆地内沉积了西厚东薄的下白垩统志丹组地层(图 2-19)。白垩纪类前陆原型盆地叠加使上古生界进入最大埋深期，煤系烃源岩热成熟大规模生烃，致密储层形成，是致密砂岩气藏形成的关键时期。

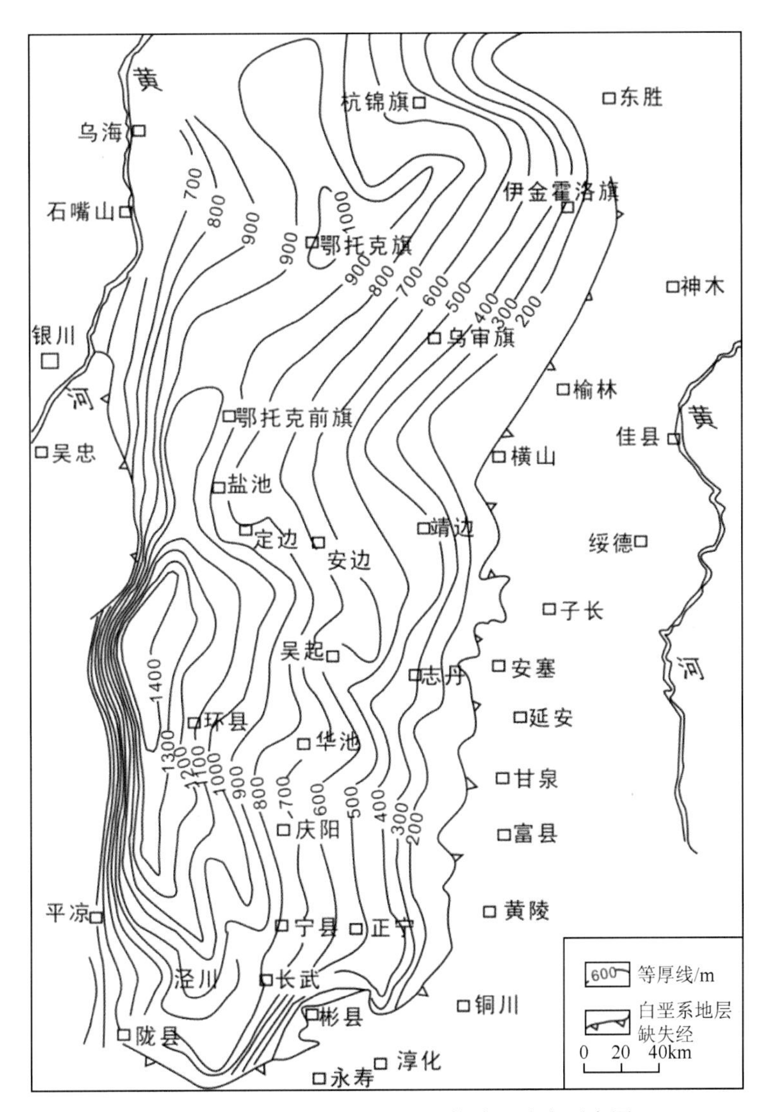

图2-19　鄂尔多斯盆地下白垩统地层残余厚度图

晚白垩世，由于印度板块向北漂移、推挤等构造作用，盆地东部走滑—挤压作用明显，地壳垂直运动明显大于水平运动，总体表现为整体的升降。

2.5.4　新生代周缘断陷原型盆地发育期

新生代以来，由于太平洋板块向亚洲大陆东部之下俯冲，产生了弧后扩张作用，同时印度板块与亚洲大陆南部碰撞并向北强烈推挤，使中国东西部之间产生了近南北向的右行剪切应力场，并在鄂尔多斯盆地及其以东地区产生NE—SW向的张应力。造成盆地东部相对隆升，而周边地区却相继断陷形成一系列地堑(银川地堑、汾渭地堑等)，鄂尔多斯盆地最终演变为现今构造格局。新生代以来形成了古近系、新近系和第四系的新生界地层。古近系为一套红色陆相碎屑沉积建造，主要充填于河套、银川、渭河和汾河等几个断陷盆地中；新近系主要为一套陆相碎屑—泥质红色建造，除充填于周边的几个断陷盆地外，还分布于其他地区。第四系为一套成因复杂的陆相堆积，广泛分布于全区。

综合以上不同时期鄂尔多斯原型盆地特征及演化，自早元古代末鄂尔多斯陆块、阴山陆块与东部陆块碰撞拼接形成统一的大华北陆块及中晚元古代经历了坳拉谷阶段后，至古生代，整个华北地区包括鄂尔多斯地块形成大华北盆地，进入了稳定克拉通盆地发育期。早古生代以海相为主的沉积环境为盆地下古生界气藏形成奠定了基础；晚古生代由海相、海陆过渡相到陆相的沉积环境，形成了广覆式煤系烃源岩及大面积陆相砂岩储层，为上古生界大面积致密砂岩气藏发育奠定了基础；而晚古生代以后，中生代三叠纪、侏罗纪鄂尔多斯地区仍然属于大华北盆地的一部分；自白垩纪，鄂尔多斯盆地真正独立于大华北盆地而演化，其中早白垩世是盆地油气生成及聚集成藏的重要时期，并且在以后的不同时期盆地构造总体仍以整体升降为主，没有强烈的断裂作用发生(已有的基底断裂发生过不同程度的活化及隐性活动，可能为油气运移聚集提供了条件)，同时盆地内部总体表现为宽缓西倾的构造背景，为油气的保存提供了有利条件。

总之，高强度的岩石圈决定了鄂尔多斯盆地深部构造的稳定性，而深部构造的稳定性决定了不同地质时期盆地构造的相对稳定性，为盆地内油气聚集成藏及保存提供了有利条件；盆地莫霍面西倾的特征决定了盆地现今构造主体发育宽缓西倾大单斜的特征，而宽缓西倾大单斜的发育，为致密砂岩气大面积发育提供了条件；基底断裂的发育及隐性活动，是致密砂岩气大面积发育于盆地伊陕斜坡不可忽视的重要地质条件之一；晚古生代的盆地性质及岩相古地理环境，为致密砂岩气形成提供了广覆式煤系烃源岩和陆相碎屑岩储层有利条件；成藏后盆地整体相对稳定的升降运动及断裂相对不发育的构造特征，为致密砂岩气提供了良好的保存条件。

参考文献

陈九辉，刘启元，李顺成，等. 2005. 青藏高原东北缘-鄂尔多斯地壳上地幔 S 波速度结构. 地球物理学报，48(2)：333-342

陈岳龙，李大鹏，王忠，等. 2012. 鄂尔多斯盆地周缘地壳形成与演化历史：来自锆石 U-Pb 年龄与 Hf 同位素组成的证据. 地学前缘，19(3)：147-166

邓军，王庆飞，黄定华，等. 2005. 鄂尔多斯盆地基底演化及其对盖层控制作用. 地学前缘，12(3)：91-99

狄秀玲，袁志祥，丁韫玉. 1999. 用折射波 Sn 走时反演渭河断陷及邻近地区的莫霍面速度. 西北地震学报，21(2)：178-182

邸领军，张东阳，王宏科. 2003. 鄂尔多斯盆地喜山期构造运动与油气成藏. 石油学报，24(2)：34-37

董春艳，刘敦一，李俊健，等. 2007. 华北克拉通西部孔兹岩带形成时代新证据：巴彦乌拉-贺兰山地区锆石 SHRIMP 定年和 Hf 同位素组成. 科学通报，52(16)：1913-1922

董春艳，刘敦一，万渝生，等. 2009. 内蒙古大青山地区早前寒武纪变质岩的锆石 Hf 同位素组成和稀土模式. 地质论评，55(4)：509-520

董春艳，万渝生，徐仲元，等. 2012. 华北克拉通大青山地区古元古代晚期孔兹岩系：锆石 SHRIMP U-Pb 定年. 中国科学 D 辑，42(12)：1851-1862

董春艳，王世进，刘敦一，等. 2011. 华北克拉通古元古代晚期地壳演化和荆山群形成时代制约——胶东地区变质中-基性侵入岩锆石 SHRIMP U-Pb 定年. 岩石学报，27(6)：1699-1706

方盛明，赵成彬，柴炽章，等. 2009. 银川断陷盆地地壳结构与构造的地震学证据. 地球物理学报，52(7)：1768-1775

付金华，魏新善，任军峰. 2008. 伊陕斜坡上古生界大面积岩性气藏分布与成因. 石油勘探与开发，35(6)：664-667

耿元生，杨崇辉，万渝生. 2006. 吕梁地区古元古代花岗岩浆作用——来自同位素年代学的证据. 岩石学报，22(2)：305-314

耿元生，周喜文，王新社，等. 2009. 内蒙古贺兰山地区古元古代晚期的花岗岩浆事件及其地质意义：同位素年代学的证据. 岩石学报，25(8)：1830-1842

郭飙，刘启元，陈九辉，等. 2004. 青藏高原东北缘——鄂尔多斯地壳上地幔地震层析成像研究. 地球物理学报，47(5)：790-797.

郭敬辉，翟明国，许荣华，等. 2002. 华北桑干地区大规模麻粒岩相变质作用的时代：锆石 U-Pb 年代学. 中国科学 D 辑：地球科学，32(1)：10-18

郭素淑，李曙光. 2009. 华北克拉通东南缘古元古代变质和岩浆事件的锆石 SHRIMP U-Pb 年龄. 中国科学 D 辑，39(6)：694-699

郭忠铭，张军，于忠平. 1994. 鄂尔多斯地块油区构造演化特征. 石油勘探与开发，21(2)：22-29

国家地震局鄂尔多斯活动断裂系课题组. 1988. 鄂尔多斯活动断裂系. 北京：地震出版社

何建坤，刘福田，刘建华，等. 1998. 东秦岭造山带莫霍面展布与碰撞造山带深部过程的关系. 地球物理学报，41(S)：64-76

何自新. 2003. 鄂尔多斯盆地演化与油气. 北京：石油工业出版社

胡建民，刘新社，李振宏，等. 2012. 鄂尔多斯盆地基底变质岩与花岗岩锆石 SHRIMP U-Pb 定年. 科学通报，57(26)：2482-2491

嘉世旭，张先康. 2005. 华北不同构造块体地壳结构及其对比研究. 地球物理学报，48(3)：611-620

李俊健，沈宝丰，李惠民，等. 2004. 内蒙古西部巴彦乌拉山地区花岗岩闪长质片麻岩的单颗粒锆石 U-Pb 法年龄. 地质通报，23(12)：1243-1245

李明，高建荣. 2010. 鄂尔多斯盆地基底断裂与火山岩的分布. 中国科学 D 辑：地球科学，40(8)：1005-1013

李思田，李祯，杨士恭，等. 1990. 中国中新生代沉积盆地演化和煤聚集规律. 朱夏，徐旺主编. 中国中新生代沉积盆地. 北京：石油工业出版社

李松林，张先康，张成科，等. 2002. 玛沁—兰州—靖边地震测深剖面地壳速度结构的初步研究. 地球物理学报，45(2)：210-217

刘健，李印，凌明星，等. 2011. 白云鄂博矿床基底岩石的年代学研究及其地质意义. 地球化学，40(3)：209-222
刘行军，柳益群，周鼎武，等. 2013. 鄂尔多斯盆地深部流体示踪：三叠系延长组高自然伽马砂岩特征及成因分析. 地学前缘，20(2)：1-17
潘爱芳，赫英，黎荣剑，等. 2005. 鄂尔多斯盆地基底断裂与能源矿产成藏成矿的关系. 大地构造与成矿学，29(4)：459-464
潘爱芳，赫英，马润勇. 2004. 鄂尔多斯盆地地表元素地球化学场与能源矿产关系初探. 石油与天然气地质，29(6)：25-29
裴顺平，许忠淮，汪素云. 2004. 中国大陆及邻近地区上地幔顶部 Sn 波速度层析成像. 地球物理学报，47(2)：250-256
孙国凡，刘景平. 1983. 贺兰坳拉槽与前渊盆地及其演化. 石油与天然气地质，4(3)：236-245
屈健鹏. 1998. 鄂尔多斯块体西缘及西南缘深部电性结构与该区地质构造的关系. 内陆地震，12(4)：312-319
汤锡元，徐黎明，卢金城，等. 1993. 陕甘宁盆地及其周缘地区结晶基底及深部地质研究. 西安：长庆石油勘探局
万从礼，付金华，杨华，等. 2004. 鄂尔多斯盆地上古生界天然气成因新探索. 天然气工业，24(8)：1-3
汪泽成，赵文智，门相勇，等. 2005. 基底断裂稳定活动对鄂尔多斯盆地上古生界天然气成藏的作用. 石油勘探与开发，32(1)：9-13
王鸿祯. 1985. 中国古地理图集. 北京：地质出版社，78-85
王双明. 2011. 鄂尔多斯盆地构造演化和构造控煤作用. 地质通报，30(4)：544-552
王庭斌. 2004. 新近纪以来中国构造演化特征与天然气田的分布格局. 地学前缘，11(4)：403-415
王同和，王喜双，韩宇春，等. 1999. 华北克拉通构造演化与油气聚集. 北京：石油工业出版社
王云鹏，耿安松，刘德汉. 2000. 鄂尔多斯盆地晚白垩世以后是否存在构造热事件. 海相油气地质，5(1)：167-171
吴昌华，李惠民，钟长汀，等. 1998. 内蒙古黄土窑孔兹岩系的锆石与金红石年龄研究. 地质论评，44(6)：618-626
吴昌华，孙敏，李慧民，等. 2006. 乌拉山-集宁孔兹岩锆石激光探针等离子质谱(LA-ICP-MS)年龄—孔兹岩沉积时限的年代学研究. 岩石学报，22(11)：2639-2654
校培喜，曲伟丰，谢从瑞，等. 2011. 荷兰山北段贺兰山岩群富铝片麻岩碎屑锆石 LA-ICP-MS U-Pb 定年及区域对比. 地质论评，30(1)：26-36
Wilde S A，赵国春，王凯怡，等. 2003. 五台山滹沱群 SHRIMP 锆石 U-Pb 年龄：华北克拉通早元古代拼合新证据. 科学通报，43：2180-2186
谢增业，胡国艺，李剑，等. 2002. 鄂尔多斯盆地奥陶系烃源岩有效性判识. 石油勘探与开发，29(2)：29-32
杨华，席胜利，魏新善，等. 2006. 鄂尔多斯多旋回叠合盆地演化与天然气聚集. 中国石油勘探：石油地质，1：17-25
姚志温. 1982. 汾渭盆地含氦天然气成因探讨. 北京：地质出版社
袁志祥，薛广盈，丁韫玉，等. 1995. 渭河断陷及临近地区莫霍界面速度图像. 地震地质，17(4)：446-452
翟明国，卞爱国. 2000. 华北克拉通新太古代末超大陆拼合及古元古代末-中元古代裂解. 众多科学(D 辑)，30(S)：129-137
翟明国. 2004. 华北克拉通 2. 1～17Ga 地质事件群的分解和构造意义探讨. 岩石学报，20(6)：1343-1354
翟明国. 2008. 华北克拉通破坏前的状态—对讨论华北克拉通破坏问题的一个建议. 大地构造与成矿学，32(4)：516-520
翟明国. 2010. 华北克拉通的形成演化与成矿作用. 矿床地质，29(1)：24-37
翟明国. 2011. 克拉通化与华北陆块的形成. 中国科学，41(8)：1037-1046
翟明国. 2012. 华北克拉通的形成以及早期板块构造. 地质学报，86(9)：1335-1349
翟明国. 2013. 华北前寒武纪成矿系统与重大地质事件的联系. 岩石学报，29(1)：1759-1773
张景廉，石兰亭，卫平生，等. 2009. 鄂尔多斯盆地深部地壳构造特征与油气成藏. 新疆石油地质，30(2)：272-279
张少泉，武利均，郭建明，等. 1985. 中国西部地区门源-平凉-渭南地震测深剖面资料的分析解释. 地球物理学报，28(5)：460-472
张先康，李松林，王夫运，等. 2003. 青藏高原东北缘、鄂尔多斯和华北唐山震区的地壳结构差异—深地震测深的结果. 地震地质，25(1)：52-60
张玉清，王弢，贾和义，等. 2003. 内蒙古中部大青山北西乌兰不浪紫苏斜长麻粒岩锆石 U-Pb 年龄. 中国地质，30(4)：394-399
赵国春，孙敏，Wilde S A. 2002. 华北克拉通基底构造单元特征及早元古代拼合. 中国科学 D 辑：地球科学，32(7)：538-549
赵国春. 2009. 华北克拉通基底主要构造单元变质作用演化及其若干问题讨论. 岩石学报，25(8)：1772-1792
赵国泽，汤吉，詹艳，等. 2004. 青藏高原东北缘地壳电性结构和地块变形关系的研究. 中国科学 D 辑：地球科学，34(10)：908-918
赵文智，胡素云，王泽成. 2003. 鄂尔多斯盆地基底断裂在上三叠统延长组石油聚集中的控制作用. 石油勘探与开发，30(5)：1-5
钟长汀，邓晋福，万渝生，等. 2007. 华北克拉通北缘中段古元古代造山作用的岩浆记录：S 型花岗岩地球化学特征及锆石 SHRIMP 年龄. 地球化学，36(6)：585-600
周喜文，耿元生. 2009. 贺兰山孔兹岩系的变质时代及其对华北克拉通西部陆块演化的制约. 岩石学报，25(8)：1843-1852
Bates R L，Jackson J A. 1980. Glossary of geology. American Geological Institude，340
Kröner A，Wilde S A，Li J H，et al. 2005. Age and evolution of a late Archean to paleoproterozoic upper to lower crustal section in the Wutaishan/Hengshan/Fuping terrain of northern China. J Asina Earth Sci，24：577-595
Kusky T M，Li J. 2003. Paleoproterozoic tectonic evolution of the North China Craton. J Asian Earth Sci，22：383-397
Li X P，Yang Z Y，Zhao G C，et al. 2011. Geochronology of khondalite-series rocks of the Jining Complex：Confirmation of depositional age and tectonometamorphic evolution of the North China Craton. Int Geo Rev，53：1194-1211
Liang C T，Song X D，Huang J L. 2004. Tomographic inversion of Pn travel times in China. J. Geophys. Res.，109(B11)：285-296
Santosh M，Wilde S A，Li J H. 2007. Timing of Paleoproterozoic ultrahigh-temperature metamorphism in the North China Craton：Evidence from SHRIMP U-Pb zircon geochronology. Precambrian Res.，159：178-196
Wilede S A，Zhao G C，Sun M. 2002. Development of the North China Croton during the Late Archaean and its final amalgamation at 1. 8Ga：some speculations on its position within a global paleoproterozoic supercontinent. Gondwana Res，5：85-94
Xia X P，Sun M，Zhao G C，et al. 2006. LAS-ICP-MS U-Pb geochronology of detrital zircons from the Jining Complex，North China Craton and

its tectonic significance. Precambrian Res，144：199-212

Xia X P，Sun M，Zhao G C，et al. 2006. U-Pb and Hf isotopic study of detrital zircons from the Wulashan khondalites：Constrain on the evolution of the Ordos Terrane，Western Block of the North China Craton. Earth Planet Sci lett，241：581-593

Xia X P，Sun M，Zhao G C，et al. 2008. Paleoproterozoic crustal growth in the Western Block of the North China Craton：Evidence from detrital zircon Hf and whole rock Sr-Nd isotopic composition of the Khondalites form the Jining Complex. Am J Sci，308：304-327

Yin C Q，Zhao G C，Guo J H，et al. 2011. U-Pb and Hf isotopic study of zircons of the Helanshan Complex：Constrains on the evolution of the Khondalite Belt in the Western Block of the North China Craton. Lithos，122：25-38

Yin C Q，Zhao G C，Sun M，et al. 2009. LA-ICP-MS U-Pb zircon ages of the Qianlishan Complex：Constrains on the evolution of the Khondalite Belt in the Western Block of the North China Craton. Precambrian Res，174：78-94

Zhai M G，Liu W J. 2003. Paleoproterozoic tectonic history of the North China Craton：A review. Precambrian Res，122：183-199

Zhao G C，Cawood P A，Wilde S A，et al. 2002. Review of global 2. 1-1. 8Ga orogens：Implication for a pre-Rodinia super-continent. Earth-Sci Rev，59：125-162

Zhao G C，Sun M，Wilde S A，et al. 2005. Late Archean to Paleoproterozoic evolution of the North China Craton：Key issues revisited. Precambrian Research，136：177-202

Zhao G C，Wilde S A，Guo J H，et al. 2010. Single zircon grains record two Paleoproterozoic collisional events in the North China Craton. Precambrian Res，177：266-276

Zhao G C. 2001. Paleoproterozoic assembly of the North China Craton. Geol Mag，138：87-91

第3章　上古生界煤系烃源岩广覆式生烃

鄂尔多斯盆地本溪组—山西组沉积期间，气候湿热，构造稳定，古地形平缓，发育陆表海及河流—三角洲沉积环境，形成煤系和碳酸盐岩两套烃源岩，其中煤系烃源岩在盆地范围内大面积发育，为广覆式生烃奠定了物质基础。大面积分布的烃源岩从三叠纪到中侏罗世的埋藏热演化过程中，烃源岩由未成熟演化到低成熟—成熟阶段，受中生代晚期区域构造热事件作用，使烃源岩在盆地尺度范围内达到高—过成熟阶段，形成了具有鄂尔多斯盆地特色的上古生界煤系烃源岩广覆式生烃模式，为天然气大面积成藏提供了充足的气源条件。

3.1　烃源岩类型及空间分布

鄂尔多斯盆地为多期叠合盆地，第2章在分析不同时期原型盆地演化过程时，已指出在晚古生代，现今的鄂尔多斯盆地属于大华北盆地的西北沉积区，先后经历了陆表海(上石炭统本溪组—下二叠统太原组)、海陆过渡相(山西组)以及陆相—河流湖泊(中二叠统石盒子组—上二叠统石千峰组)沉积演化阶段，其中本溪组—太原组沉积期的潮坪、潟湖和山西组的海陆过渡相浅水三角洲泥炭坪有利于煤系烃源岩的发育。盆地上古生界本溪组—山西组厚度为250～350m，煤岩与煤系泥岩累计厚度所占平均比例分别为5.9%和61.8%。烃源岩单层厚度较薄，但由于不同层段烃源岩的叠置而在盆地范围内形成稳定分布。

3.1.1　烃源岩类型

1. 煤岩

山西组—本溪组发育煤层，根据煤岩相对光泽强度，可将煤岩划分为光亮煤、半光亮煤、半暗煤及暗淡煤四种宏观煤岩类型，其分布变化较大。盆地中东部地区以光亮型煤为主，其次为半光亮型煤，半暗型煤比例很小。盆地西部任家庄一带以暗淡煤为主，其余地区为半亮型煤和半暗型煤。光亮型煤的比例在纵向上总体变化趋势为山西组略低于太原组。

盆地上古生界东部本溪组—山西组煤岩工业分析结果表明(表3-1)，煤岩的水分含量一般较低，变化为0.08%～3.10%；灰分含量变化为3.4%～23.46%，以中等灰煤为主；挥发分含量为11.3%～32.7%。山西组5#煤受海陆过渡相沉积环境控制，从北向南由河流相到三角洲相，灰分含量减小，且变化范围较大。太原组8#煤受陆表海环境控制，灰分含量从北向南也有减小趋势，但变化幅度较小。

表3-1　鄂尔多斯盆地本溪组—山西组煤岩工业分析结果

地区	井号	层位	水分含量/%	灰分含量/%	挥发分含量/%
大宁—吉县	楼1井	山西组5#煤	0.92	7.60	29.40
		太原组8#煤	0.45	8.00	30.10
	蒲1井	山西组5#煤	2.25	10.16	29.41
		太原组8#煤	3.10	8.40	32.70
吴堡	榆5井	山西组5#煤	0.28	17.25	11.30
		太原组8#煤	0.36	7.85	20.20

续表

地区	井号	层位	水分含量/%	灰分含量/%	挥发分含量/%
吴堡	榆 12 井	山西组 5#煤	0.26	21.75	19.75
		太原组 8#煤	0.08	3.45	19.90
明珠	明珠矿区	山西组 5#煤	1.03	23.46	20.99
		太原组 8#煤	0.98	23.04	21.86

盆地上古生界煤岩挥发分含量在平面上总体表现为由东北向西南、由东向西方向随着镜煤反射率的增大而挥发分含量呈逐渐降低的趋势。全盆地盆地上古生界煤岩变质程度总体较高，以烟煤为主；低演化程度的煤岩主要分布在盆地东北部准格尔旗一带，以长焰煤为主；在盆地南部和西部，随埋深增大，煤岩演化程度增高，部分地区已演化为贫煤。

2. 暗色泥岩

鄂尔多斯盆地太原组与本溪组煤系泥岩颜色以黑色、深灰色为主，富含有机质。山西组底部泥岩以黑色、深灰色为主，富含有机质，质地坚硬，风化后多呈碎片状，中上部泥岩颜色略浅，较为松软。

煤系泥岩的X-衍射分析结果表明，山西组和太原组泥岩黏土矿物含量为40%～60%，本溪组为40%～70%。黏土矿物组成以伊利石和高岭石为主，绿泥石和伊蒙混层含量较低，一般在 10%左右。山西组、太原组煤系泥岩的脆性矿物(主要为硅质矿物)含量一般为40%～50%，本溪组的脆性矿物含量稍微偏低，多数为25%～35%(图 3-1)。泥岩的脆性矿物含量较高时，有利于微裂缝的产生。北美地区页岩气勘探成果证实，当富有机质页岩中硅质含量在 35%以上时，页岩具有较好的脆性，水力压力比较容易产生裂缝网络。山西组—本溪组煤系泥岩作为烃源岩，脆性矿物含量较高，有利于超压流体产生微裂缝排烃。

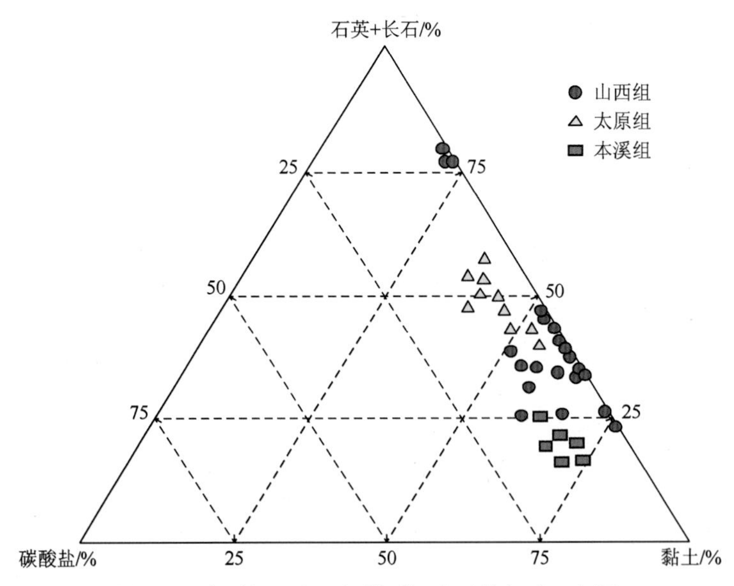

图 3-1　本溪组—山西组煤系泥岩矿物组成三角图

3. 碳酸盐岩

上古生界碳酸盐岩的矿物成分主要为方解石，含量在 80%以上，其余为黏土矿物及少量黄铁矿、硅质矿物等。岩石类型主要为深灰色泥晶灰岩、泥灰岩和少量白云质灰岩。灰岩中富含海相生物化石、有机质和陆源碎屑。海相生物化石最常见的是有孔虫、棘皮类、腕足、海百合茎和苔藓虫、海绵、珊瑚及藻类等。陆源碎屑成分主要为石英、岩屑和炭屑。灰岩的构造缝和溶蚀缝较发育，其中大部分被方解石充填，少数开启或半开启，但是总体上物性致密。

3.1.2　烃源岩空间分布

1. 烃源岩纵向分布特征

盆地内千余口探井岩性资料统计分析表明，上古生界煤岩烃源岩在纵向上具有多层系、单层厚度薄分布特点。从本溪组、太原组到山西组，发育煤岩 15～20 层，局部地区可达 30 余层。按照煤层组合特点，煤岩一般划分为 10 套(图 3-2)。1$^{\#}$煤～5$^{\#}$煤层发育于山西组的山 2 段，主要与砂泥岩互层，其中 5$^{\#}$煤厚度较大，分布稳定，山 1 的煤层较少，厚度较薄，多以夹层、透镜状分布。6$^{\#}$煤～10$^{\#}$煤发育于本溪组—太原组，主要与灰岩及砂岩互层，其中本溪组 8$^{\#}$煤厚度较大，分布稳定。本溪组—山西组煤层的单层厚度为 0.5～13.5m，平均值只有 1.4～2.6m，煤层累计厚度一般为 4～15m，平均为 10.6m，占地层厚度的平均比例为 5.9%。

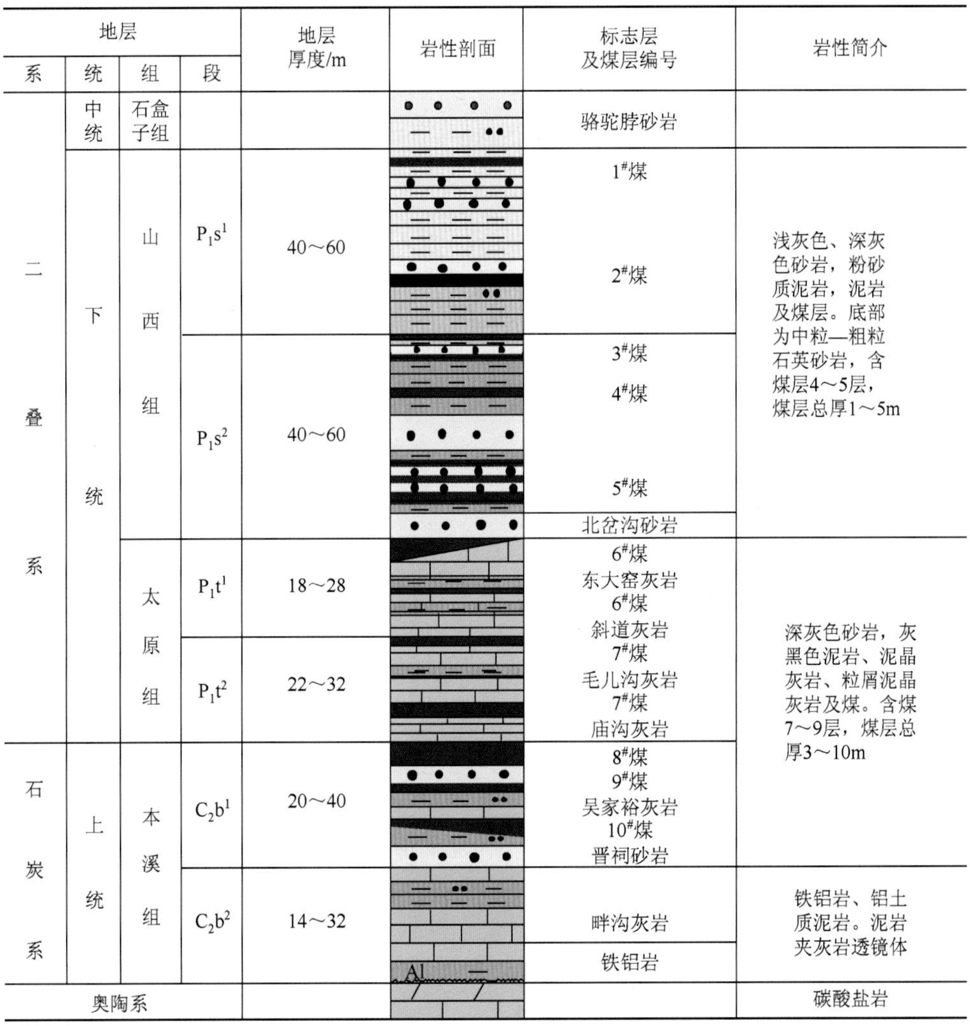

地层				地层厚度/m	岩性剖面	标志层及煤层编号	岩性简介
系	统	组	段				
二叠系	中统	石盒子组				骆驼脖砂岩	
	下统	山西组	P_1s^1	40～60		1$^{\#}$煤 2$^{\#}$煤	浅灰色、深灰色砂岩，粉砂质泥岩，泥岩及煤层。底部为中粒—粗粒石英砂岩，含煤层4～5层，煤层总厚1～5m
			P_1s^2	40～60		3$^{\#}$煤 4$^{\#}$煤 5$^{\#}$煤 北岔沟砂岩	
		太原组	P_1t^1	18～28		6$^{\#}$煤 东大窑灰岩 6$^{\#}$煤 斜道灰岩	深灰色砂岩，灰黑色泥岩、泥晶灰岩、粒屑泥晶灰岩及煤。含煤7～9层，煤层总厚3～10m
			P_1t^2	22～32		7$^{\#}$煤 毛儿沟灰岩 7$^{\#}$煤 庙沟灰岩	
石炭系	上统	本溪组	C_2b^1	20～40		8$^{\#}$煤 9$^{\#}$煤 吴家裕灰岩 10$^{\#}$煤 晋祠砂岩	
			C_2b^2	14～32		畔沟灰岩 铁铝岩	铁铝岩、铝土质泥岩。泥岩夹灰岩透镜体
奥陶系							碳酸盐岩

图 3-2　鄂尔多斯盆地本溪组—山西组煤层纵向分布图

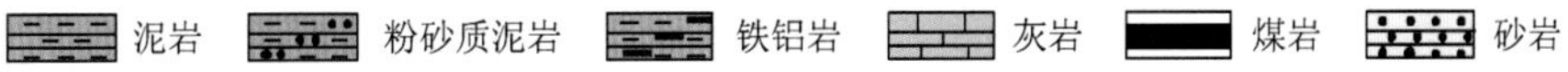

泥岩　粉砂质泥岩　铁铝岩　灰岩　煤岩　砂岩

本溪组—山西组煤系泥岩单层厚度为 0.5～25.6m，平均值为 6.2～11.3m，累计厚度多数为 100～150m，平均厚度为 109.6m，占地层厚度的平均比例为 61.8%(表 3-2)。本溪组—太原组垂向上碳酸盐台地沉积常与碎屑潮坪、障壁岛或浅水三角洲沉积共生，由下往上分别发育畔沟、吴家、庙沟、毛儿沟、斜道与东大窑六套灰岩，灰岩单层厚度为 0.5～16.6m，平均值为 2.1～5.2m，累计厚度可达 10.5～42.1m。

表 3-2　鄂尔多斯盆地北部山西组—本溪组不同岩性烃源岩厚度统计表

层位	地层厚度/m	煤层厚度/m		煤系泥岩厚度/m		灰岩厚度/m	
		单层厚度	累计厚度	单层厚度	累计厚度	单层厚度	累计厚度
山西组	40.5～172.5/112.6	0.5～8.7/1.6	0.4～10.2/3.6	3.5～25.6/11.3	14.2～152.3/71.6	—	—
太原组	11.5～77.6/40.1	0.5～10.6/1.4	0.4～13.5/2.3	0.5～15.6/6.2	2.7～55.6/22.5	0.5～16.6/5.2	0.5～42.1/13.4
本溪组	5.5～74.2/24.2	0.5～13.5/2.6	0.5～20.1/4.7	0.5～17.5/7.3	0.5～57.2/15.5	0.5～7.5/2.1	0.5～10.5/2.7

注：表中厚度数据的分子为变化范围，分母为平均值

2. 烃源岩平面分布特征

煤岩烃源岩在盆地稳定分布是鄂尔多斯盆地上古生界烃源岩发育特色。由于煤层界面的反射系数远大于一般岩层界面，具有一定厚度的煤层或煤层组往往形成能量强、稳定、连续的标准反射波。盆地东西向地震大剖面中 T_{c2} 地震强反射同相轴稳定分布，通过地震层位标定，是 8#煤的典型反射特征，反映煤层在东西向上具有稳定分布特点(详见第 2 章图 2-5)。山西组 5#煤由于在盆地中西部较薄，地震剖面中反射特征不明显，但在盆地中东部具有稳定的强反射特征。钻井进一步揭示了 5#煤和 8#煤主力煤层稳定分布特点，但厚度变化较大(图 3-3)。8#煤在盆地中东部 Y6 井一带厚度大于 6m，在盆地西部 QS1 井一带小于 1m；5#煤厚度较小，一般小于 5m，局部可达 12m。

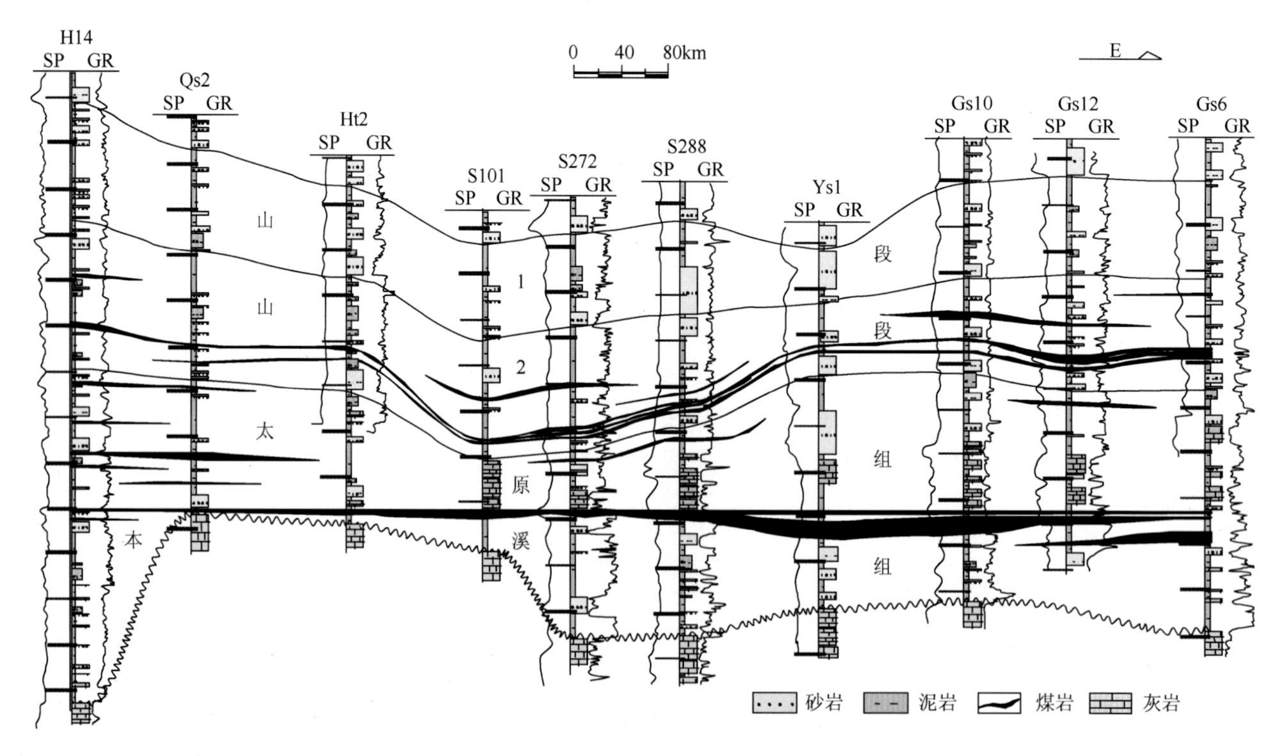

图 3-3　鄂尔多斯盆地上古生界煤层对比图

上古生界煤层累计总厚度图进一步显示出煤层在盆地内稳定发育格局，煤层总厚度为 2～35m，无煤区主要分布在杭锦旗西北部和盆地南缘(图 3-4)。盆地煤层分布具有“北厚南薄，东西两侧厚盆地中心薄”的变化趋势。盆地西部厚煤带分布于 B1 井—LC1 井一线西侧，总厚度大于 10m，富煤中心厚度达

20～30m。盆地东部厚煤带分布于神木—宜川一带东侧，厚度大于 10m，神木东北侧富煤中心总厚度在 20m 以上。盆地中部煤层总厚度较薄，一般为 2～10m，往南北向变薄趋势，与中央隆起带的范围基本一致。盆地南部缺失本溪组地层，煤层厚度一般低于 2m。

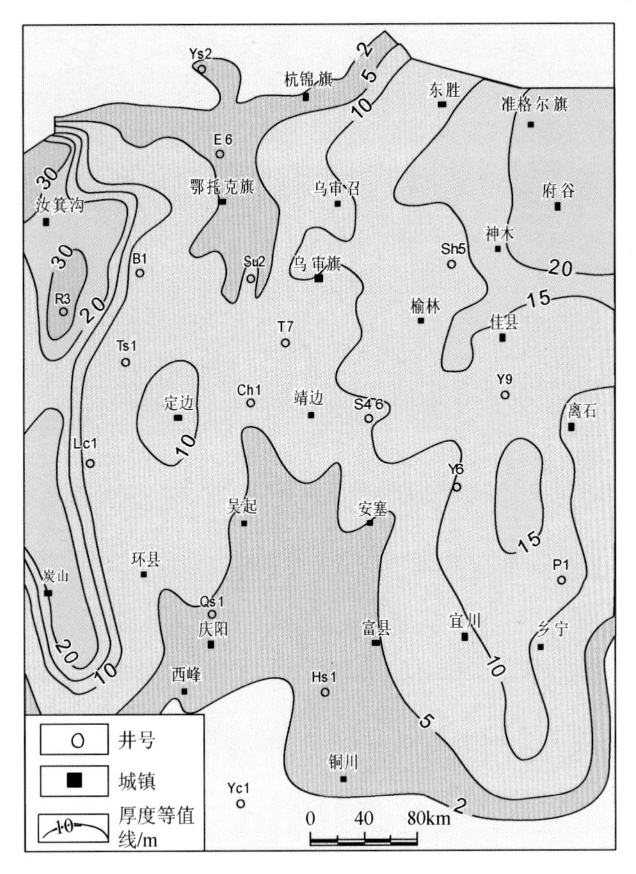

图 3-4　鄂尔多斯盆地上古生界煤岩厚度图

上古生界煤系泥岩主要发育于山西组，其次是太原组及本溪组。山西组煤系泥岩分布广泛，厚度较大，一般为 60～90m，但盆地中部地区的煤系泥岩相对较薄，多数为 30～60m。太原组煤系暗色泥岩厚度一般为 15～30m，盆地北部厚度可达到 25～45m。本溪组煤系暗色泥岩在乌审旗—靖边以东一带厚度达到 20～30m，盆地西部地区多数为 5～10m。

上古生界煤系泥岩总厚度受晚石炭世和早二叠世盆地沉降和沉积体系的影响，在盆地西部最厚，东部次之，中部厚度分布稳定，南北厚度相对较薄(图 3-5)。盆地西部 R3 井、LC1 井区本溪组—山西组煤系泥岩总厚度达 200～250m；盆地东部 Y9 井—Y6 井一带及离石地区煤系泥岩厚度一般为 100～120m，盆地中部厚度相对稳定，一般为 60～100m，盆地南北两侧厚度较小，一般为 10～40m。

上古生界碳酸盐岩烃源岩主要分布在中央古隆起及其以东地区，在神木—靖边—吴起—富县一线以东厚度为 10～25m，吴堡地区厚度最大可达 30 余米，其次在盆地西部乌达地区及北部鄂托克旗—杭锦旗相对富集，但厚度均小于 15m。盆地西南部、北部及横山堡地区，上古生界碳酸盐岩基本没有或很少分布。

综上所述，上古生界本溪组—山西组煤岩、煤系泥岩及灰岩的单层厚度较薄，累计厚度较大；煤系烃源岩以及灰岩与致密砂岩储层在纵向呈不等厚互层分布，有利于烃源岩向邻近储层排烃。在平面上，不同层段烃源岩与致密砂岩储层交互叠置形成盆地范围内的广覆式分布的源储组合，有利于大面积天然气聚集。

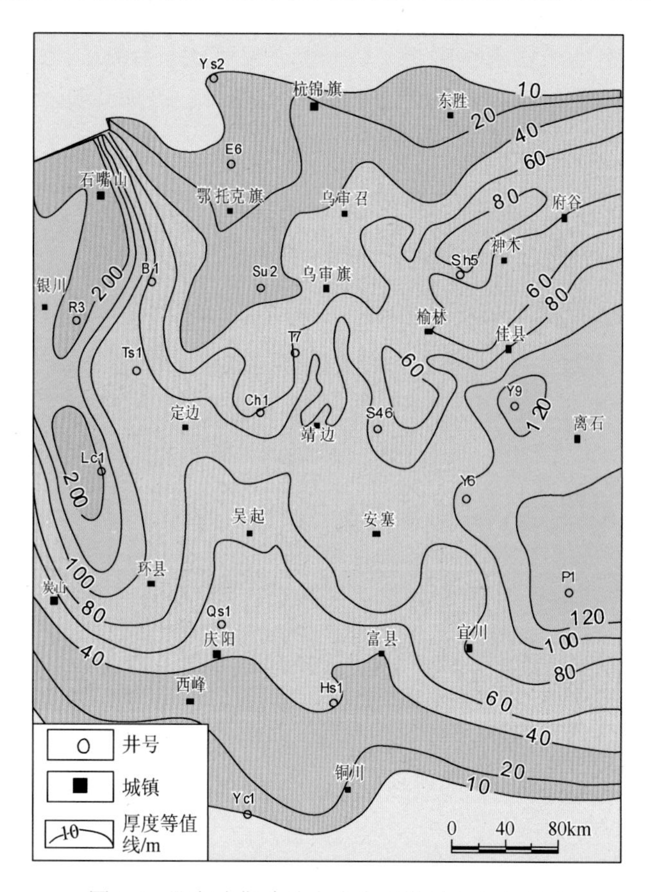

图 3-5　鄂尔多斯盆地上古生界煤系泥岩厚度图

3.1.3　煤岩烃源岩稳定分布的基本条件

1. 晚古生代高等植物空前大发展时代背景

成煤植物以陆生高等植物为主，低等植物菌藻类次之。晚古生代是全球地质历史上高等植物的第一次空前大发展时期，在现今鄂尔多斯盆地乃至大华北盆地晚古生代沉积期，正是华夏植物群发育繁盛之期。石松类、楔叶类、真蕨类、种子蕨类、科达类等为主体的华夏植物群为喜湿热植物，指示热带气候条件，类似现代的热带雨林气候条件，为成煤提供了丰富的物质基础。植物的空前繁盛进一步有利于大范围聚煤环境形成：一是植物限制了基岩剥蚀，使碎屑物源供给减弱，有利于植物堆积成煤；二是阻止大气降水流失，形成泥炭沼泽聚煤环境；三是调解区域气候，保持长期热带雨林气候环境。因此，晚古生代高等植物空前大发展的时代背景是鄂尔多斯盆地上古生界煤层大范围稳定发育的必要条件。

2. 湿热古气候条件

在地质历史过程中，华北板块经历了由低纬度区向中高纬度区的水平迁移过程，晚石炭世—二叠纪早期处于北纬 20°的热带、亚热带地区(林万智等，1984；黄华芳等，1995)。鄂尔多斯盆地本溪组—山西组沉积期间，以三角织羊齿—中国瓣轮叶—翅编羊齿组合带为代表的华夏植物群发育反映了湿热气候条件。陆地华夏植物群的长期生长发育，在沉积环境演变过程中形成多套煤层。

中-晚二叠世，华北板块北部兴蒙海槽向南逆冲以及南缘秦岭海槽向北发生陆内俯冲，导致海水从盆地东南侧迅速退出，同时华北板块周缘的大规模岩浆喷发，引起区域性气候干热。鄂尔多斯盆地二叠纪古气候由温暖潮湿转变为干旱气候。由于植物生长环境不断恶化，沉积有机质的来源大幅度减少，从山西组到石盒子组不仅煤层由厚变薄直至消失，泥岩也由灰黑转变灰绿、棕色及紫红色。

3. 大华北盆地的平缓古地形

晚奥陶世末期，加里东运动使华北地台整体隆起遭受1.3亿～1.5亿年的地层剥蚀，形成广阔的风化夷平面。本溪期—太原期沉积期，华北地台整体下沉，华北海和祁连海分别由东西侧入侵，在阴山古陆、秦淮古陆及胶辽古陆之间地势平坦的华北低地形成近东西向的陆表海。这种陆表海具有基底坡度小、沉降速率稳定、覆水浅、多旋回幕式海侵以及慢速海退的特征。由于陆表海盆地古地形平缓，海进时海水淹没范围大，而当海平面下降时，在广阔的滨岸环境形成积水沼泽洼地，为大面积植物繁盛提供了有利场所。鄂尔多斯盆地本溪组—太原组发育的6#～10#层煤，就是由这种区域性平缓古地形背景上的泥炭堆积形成的。

太原组沉积末期，华北地块整体抬升，海平面下降，陆表海发生区域性海退。经过本溪组和太原组填平补齐沉积之后，山西组沉积期的鄂尔多斯盆地区古地形更为平缓，发育海退型陆表海缓坡浅水三角洲沉积，其分布面积约占原型盆地总面积的70%，在浅水三角洲平原沼泽环境发育的泥炭积堆形成稳定分布的煤层。

4. 稳定沉降过程中的聚煤环境

鄂尔多斯盆地上古生界主要聚煤环境有障壁海岸成煤环境、潮控三角洲成煤环境和浅水三角洲成煤环境。

障壁海岸成煤环境主要发育于本溪组和太原组沉积期，由多个沉积体系组成，常包括平行海岸分布的砂质障壁岛链环境，障壁岛链后的受潮汐影响的泻湖、河口湾及靠近陆缘的潮坪、海岸沉积环境以及由于泻湖与外海交换所形成的潮道及潮汐三角洲环境。煤层主要形成于潟湖泥炭坪、堡后泥炭坪、潮坪泥炭坪及潮汐三角洲泥炭坪环境中，其中泻湖泥炭坪分布较广泛，可与堡后泥炭坪连接，而且受海水进退及盆地演化的影响，堡后泥炭坪可与潮汐三角洲泥炭坪连接。因此，障壁海岸成煤环境可形成大面积分布，层位稳定，厚度较大的煤层。在区域上，这种成煤环境主要分布在西部的灵武、鄂托克旗、定边、惠安堡、马家滩、环县一带以及东部的乌审旗、榆林、佳县、清涧及安塞一带。

潮控三角洲成煤环境主要发育于太原组沉积期。盆地北部乌海、乌达、呼鲁斯太、鄂托克旗、神木及伊金霍洛旗一带，由于受到潮汐作用的影响，太原组沉积时注入港湾内的沉积物，只能充填在港湾内堆积成小型三角洲。受潮汐和河水双重作用影响非常明显，以分流河道沉积与河道间泥炭沼泽地沉积密切共生的关系为泥炭沼泽的持续发育创造了有利条件，形成较厚且分布稳定的煤层。在泥炭形成过程中由于海水在涨潮时可以通过分流河道进入该体系，反映其格局是一种受潮汐作用影响下的三角洲平原分流河道—潮道混合水道，但主要为陆上淡水条件下沉积，由多条分流河道在港湾内汇聚，形成三角洲平原—潮坪的混合的以泥炭坪成煤为主的成煤模式。

浅水三角洲成煤环境主要发育于山西组沉积期，聚煤场所主要是泥炭沼泽微相，废弃河道充填沼泽为次要聚煤场所。河道边缘地区的沼泽可划分为排水好的和排水差的两种类型。岸后泥炭沼泽是在排水差的封闭沼泽基础上发育起来的，多位于泛滥盆地的低洼处及远离河道处，潜水面较高，停滞水体占优势，并长期保持稳定，陆生高等植物大量生长发育。由于泛滥盆地的碎屑物源供应较少，有机质迅速堆积而沉积面持续地被水覆盖，很少发生氧化，这对于泥炭层的堆积是十分有利的。在适宜的条件下，排水差的沼泽可以扩展到泛滥盆地的广大地段并堆积了广布的泥炭层，从而形成厚度大而稳定的煤层。当有少量的沉积物供应时，则会增加煤的灰分；当细粒沉积物供应丰富时，不能形成泥炭的堆积，而形成炭质泥岩。

5. 盆地构造稳定性

鄂尔多斯盆地上古生界现今残余煤层稳定分布超过$20\times10^4km^2$，实质上这只是面积达$120\times10^4km^2$

的大华北聚煤盆地的一部分，从本溪组到山西组，大华北盆地上古生界煤层广泛分布，因此，现今鄂尔多斯盆地上古生界现今残余煤层稳定分布与区域背景有关。盆地构造稳定性是连续稳定性煤层分布的基本前提。现今华北地区同样是属于晚古生代大华北盆地的一部分，上古生界煤层发育，但由于中新生代构造活动强烈，断块构造发育，煤层遭受断裂，破坏了其整体连续性。断块上升，煤层遭受不同程度的剥蚀，也是造成煤层不连续的另一重要原因。鄂尔多斯盆地由于主体部分构造稳定，断裂不发育，才使得煤层稳定连续分布并得以保存至今。

综上所述，上古生界煤岩烃源岩大范围稳定分布的关键因素是处于植物空前繁盛时代及低纬度湿热古气候条件。此外，构造稳定的区域性浅水沉积环境控制煤层厚度分布。

3.2 烃源岩有机地球化学特征

3.2.1 有机质丰度

本溪组—山西组煤岩不仅有机碳含量较高，可溶有机质沥青“A”及总烃含量也相对较高。根据 57 个煤岩样品分析结果统计，有机碳含量为 38.31%～89.17%，平均值为 72.53%；沥青“A”含量为 0.1657%～2.4491%，平均值为 0.71%；总烃含量为 222.3～6699.9ppm[①]，平均值为 2157.6ppm；“A”、总烃与有机碳比值的平均值分别为 0.95%与 0.36%(表 3-3)。

表 3-3 上古生界烃源岩有机质丰度统计表

层位	岩性	有机碳/%	氯仿沥青“A”/%	总烃/ppm	沥青“A”/有机碳/%	总烃/有机碳/%
		最小～最大 平均	最小～最大 平均	最小～最大 平均	最小～最大 平均	最小～最大 平均
山西组	煤层	49.28～89.17 73.61	0.2033～2.4491 0.8012	519.9～6699.9 2539.8	0.28～3.33 1.09	0.07～0.91 0.35
	泥岩	0.07～19.29 2.25	0.024～0.5011 0.0371	19.8～524.9 163.8	0.11～2.23 1.65	0.08～2.33 0.73
太原组	煤层	38.31～83.2 74.72	0.1657～1.9618 0.6107	222.3～4463.5 1757.1	0.22～2.62 0.82	0.03～0.60 0.24
	泥岩	0.101～23.38 3.33	0.029～1.0503 0.1204	15.6～904.6 361.6	0.09～3.15 2.16	0.05～2.72 1.09
	灰岩	0.32～2.18 0.73	0.0033～0.0735 0.0451	54.7～534.5 396.6	0.45～10.07 6.18	0.75～7.32 5.43
本溪组	煤层	55.38～80.26 70.83	0.4062～0.966 0.7706	240～4556.5 2896.2	0.57～1.36 1.01	0.03～0.64 0.41
	泥岩	0.05～11.71 2.54	0.025～0.43698 0.0651	12.5～466.3 322.7	0.09～2.93 2.17	0.05～3.02 1.27
	灰岩	0.36～2.31 0.82	0.0036～0.0872 0.0432	52.2～914.9 417.2	0.44～10.63 5.27	0.64～11.16 5.09

本溪组—山西组煤系泥岩有机质丰度受沉积环境、沉降幅度和沉积速率的影响，有机碳含量变化较大。通过盆地内 354 个煤系泥岩样品分析结果统计，有机碳含量为 0.05%～23.38%，平均值为 2.45%，总体上反映了上古生界煤系泥岩具有较高的有机碳含量。煤系泥岩可溶有机质含量较低，沥青“A”含量为 0.0024%～1.0503%，平均值为 0.0675%；总烃含量为 12.5～904.6ppm，平均值为 253.7ppm。

① 1ppm=1mg/L。

本溪组与太原组灰岩的有机质含量基本相似，有机碳含量为 0.32%～2.31%，平均值为 0.78%，可溶有机质含量较高，其沥青“A”平均为 0.0439%，总烃含量平均为 409.8～417.2ppm。

烃源岩可溶有机质的含量受实验分析条件的影响较大，特别是在高—过成熟的煤系烃源岩，氯仿沥青“A”及总烃含量在实验分析过程中损失很大，难以反映烃源岩有机质丰度的真实情况。煤系烃源岩的有机碳含量在生烃、排烃过程相对稳定，受实验分析条件的影响相对较小，可以有效反映烃源岩有机质的丰度。从烃源岩有机碳含量来看，上古生界煤岩和煤系泥岩有机质丰度较高，灰岩烃源岩的有机质丰度偏低。

3.2.2　有机质类型

1. 有机岩石学特征

晚古生代是陆生植物鼎盛期，因而决定了上古生界海陆过渡相的煤系烃源岩有机质来源以陆生植物有机质为主，水生生物为辅。烃源岩干酪根镜检结果显示，煤岩和煤系泥岩的镜质组和惰质组含量占绝对优势，平均含量多数为 85%～95%，壳质组和腐泥组含量一般低于 10%，少数为 10%～15%(图 3-6)。煤岩与煤系泥岩干酪根的类型指数(TI)为−85～−10，均属于III型干酪根，但是显微组成存在一定的差异。煤岩干酪根惰质组含量相对较高，一般为 25%～35%，而煤系泥岩干酪根惰质组含量相对较低，多数为 15%～25%。

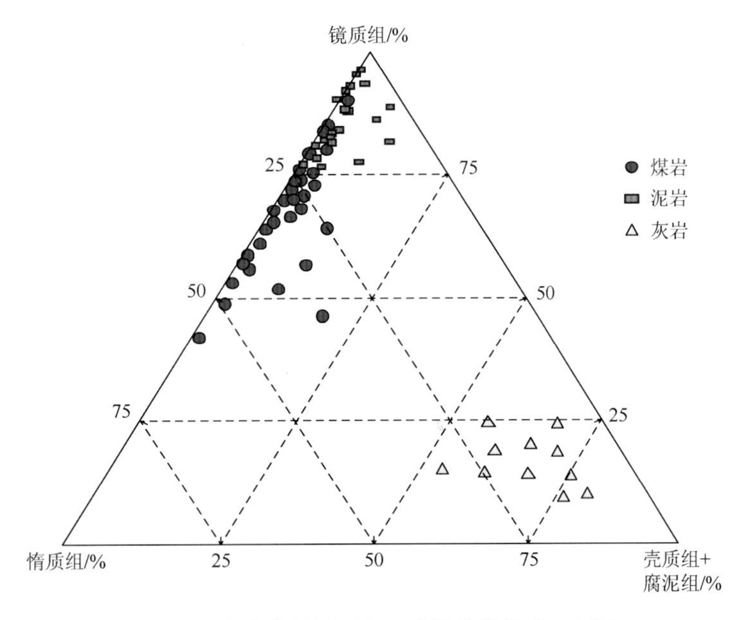

图 3-6　上古生界烃源岩干酪根显微组成三角图

本溪组—太原组煤系烃源岩与山西组煤系烃源岩的形成环境有所差异，但由于生烃潜力较高的腐泥及壳质组含量随演化程度升高而不断降低，在干酪根显微组成上的差异较小，总体上表现为前者镜质组含量略高，壳质组含量基本相当。钟宁宁等(2002，2009)对盆地边缘热演化相对较低的煤岩显微组分研究认为，鄂尔多斯盆地石炭—二叠系煤岩的原始有机显微组分的镜质组和惰质组含量高，干酪根显微组成的分布密度具有过渡组合型的特征，表现为早期属于“倾油型”，晚期属于“倾气型”。

本溪组—太原组灰岩干酪根的壳质组和腐泥组含量相对较高。根据绥 1、洲 3 及榆 3 井等太原组 11 个灰岩干酪根镜检结果，壳质组和腐泥组含量为 55%～80%，镜质组与惰质组含量为 5%～30%，类型指数(TI)为 10～60，属于II型干酪根。

2. 干酪根碳同位素特征

烃源岩干酪根碳同位素组成与有机质来源具有密切关系。Tissot 等(1978)及 Golyshev(1991)研究认为来源于高等植物的干酪根碳同位素较重，$\delta^{13}C_{PDB}$ 一般为–28‰～–23‰，而来源于水生低等植物及细菌的干酪根碳同位素较轻，$\delta^{13}C_{PDB}$ 为–32‰～–28.0‰。根据上古生界烃源岩干酪根碳同位素分析资料统计，煤岩干酪根与煤系泥岩干酪根的干酪根碳同位素基本相似，$\delta^{13}C_{PDB}$ 主要分布为–24.5‰～–23.5‰，反映了腐殖型有机质的特征，个别样品的 $\delta^{13}C_{PDB}$ 较轻(–29.5‰～–28.5‰)可能受细菌改造或水生低等生物来源影响。本溪组—太原组灰岩烃源岩干酪根碳同位素变化范围较大，$\delta^{13}C_{PDB}$ 为–28.6‰～–23.5‰，比煤岩和煤系泥岩干酪根的碳同位素的轻，并且呈现双峰分布特征，反映混合型有机质的特征(图 3-7)。

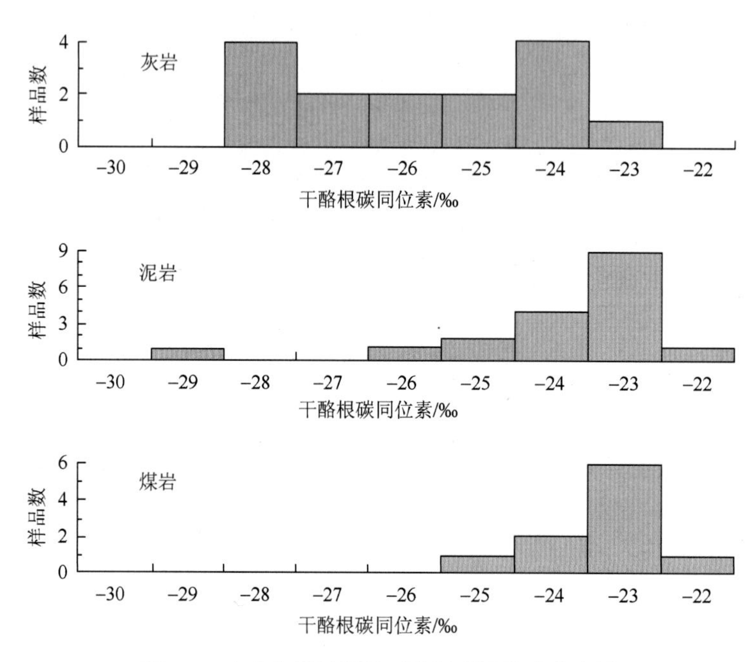

图 3-7　上古生界烃源岩干酪根碳同位素直方图

3. 可溶有机质特征

烃源岩可溶有机质主要来自于干酪根的裂解产物，有机质类型的差异在其的产物族组成上也有所反映。本溪组—山西组煤系烃源岩沥青“A”的饱和烃碳同位素分布为–30‰～–25‰，胶质与沥青质的主要分布为–27‰～–23‰，反映了腐殖型有机质的特征。灰岩沥青“A”族组成的碳同位素略轻，饱和烃的 $\delta^{13}C$ 为–31‰～–27‰，胶质与沥青质的 $\delta^{13}C$ 为–30‰～–26‰，反映水生低等生物来源相对较多。

3.2.3　有机质热演化程度

烃源岩有机质成熟度是反映烃源岩生烃能力的重要指标之一。表征烃源岩成熟度已有多种指标，如镜质体反射率(R_o)、岩石热解(T_{max})、干酪根颜色与荧光以及黏土矿物等。对于煤系烃源岩而言，镜质体反射率无疑是直接而最有效的指标。根据鄂尔多斯盆地上古生界 59 口井 182 个烃源岩干酪根样品的镜质体反射率数据统计，R_o 为 0.96%～2.96%，平均值为 1.78%，总体上处于高成熟阶段。

在平面上，盆地南部庆阳—富县—宜川—延川地区上古生界烃源岩成熟度最高，R_o 达到 2.4%～2.8%，处于过成熟干气阶段，盆地中部大部分地区 R_o 为 1.6%～2.4%(图 3-8)。盆地西部 R3 井区以西和盆地北部杭锦旗—东胜—准格尔旗一带，上古生界烃源岩成熟度相对较低，R_o 为 0.6%～1.0%。上古生界烃源岩的成熟度虽然在不同地区存在一定差异，但是总体上以高—过成熟为主，R_o 大于 1.3%的高成熟及过成熟区分布面积约占盆地总面积的 72%。

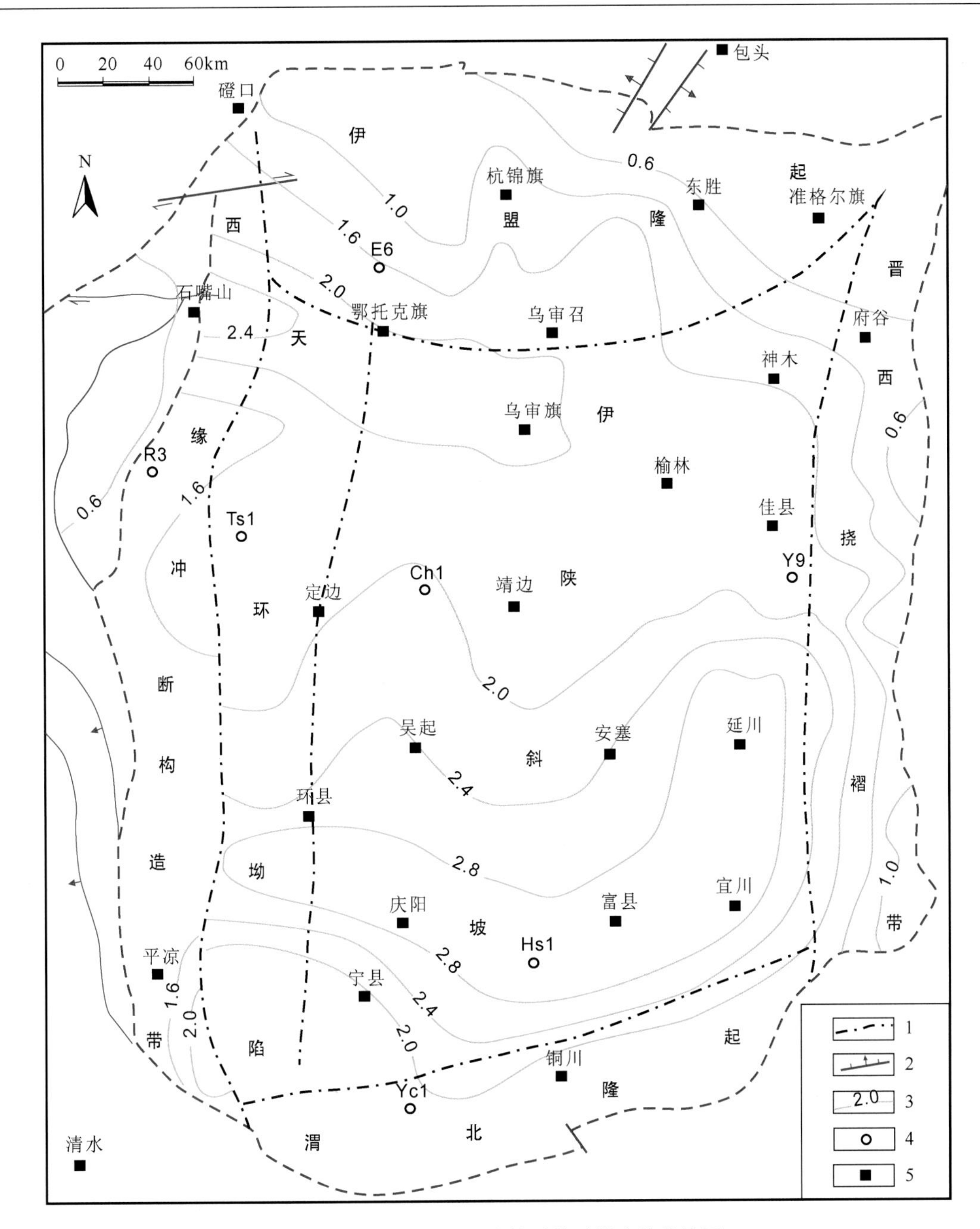

图 3-8　上古生界烃源岩镜质体反射率等值线图

1. 构造单元边界　2. 断层　3. R_o 等值线(%)　4. 井位　5. 城镇

3.3　煤岩生烃热压模拟实验

在地层条件下，烃源岩的油气生成属于漫长而复杂的地质、地球化学和物理化学过程。有机质裂解成烃的人工加水热模拟实验是接近烃源岩实际生烃的一种实验方法。鄂尔多斯盆地上古生界煤岩形成于不同成煤环境，有机母质来源存在一定差异。通过选取不同类型具有代表性的低熟煤岩样品进行热压模拟实验分析，进一步揭示煤岩生烃演化规律。

3.3.1　实验煤岩样品

热压模拟实验的煤岩样品来自盆地北部准格尔旗宝通煤矿本溪组 8#煤和哈尔乌素煤矿山西组 5#煤，分别代表陆表海滨岸泻湖泥炭坪与浅水三角洲平原泥炭坪的煤岩。模拟实验的煤岩样品成熟度 R_o 为

0.55%～0.74%，T_{max}为423～425℃，属于低成熟煤。煤岩的T_{oc}为52.71%～73.30%，热解S_1+S_2为60.91～156.87mg/g。根据岩石热解和干酪根显微组成以及碳同位素分析资料，热模拟煤岩样品有机质类型为Ⅲ型（表3-4）。

表3-4　煤岩样品常规地球化学信息

样品号＼指标	T_{oc}/%	沥青“A”/%	S_1/(mg/g)	S_2/(mg/g)	R_o/%	T_{max}/℃
1号(本溪组8#煤)	52.71	55.25	0.58	60.33	0.74	423
2号(山西组5#煤)	73.30	45.25	1.63	155.24	0.55	425
样品号＼指标	腐泥组/%	壳质组/%	镜质组/%	惰性组/%	类型指数	有机质类型
1号(本溪组8#煤)	0	40	45	15	−29	Ⅲ
2号(山西组5#煤)	0	10	55	35	−71	Ⅲ
样品号＼指标	干酪根$\delta^{13}C$/‰PDB	饱和烃$\delta^{13}C$/‰PDB	芳烃$\delta^{13}C$/‰PDB	非烃$\delta^{13}C$/‰PDB	沥青质$\delta^{13}C$/‰PDB	Pr/Ph
1号(本溪组8#煤)	−24.31	−26.99	−24.41	−24.26	−24.58	2.378
2号(山西组5#煤)	−23.66	−26.02	−24.3	−23.78	−23.76	4.978

3.3.2　实验方法及流程

1. 实验方法

烃源岩有机质生烃作用主要取决于地层温度和埋藏时间。Waples(1980)指出地层温度可以弥补埋藏时间对有机质的生烃演化作用。生烃热压模拟实验正是基于干酪根热降解成烃理论和有机质热演化的时间—温度补偿原理来重塑干酪根的生烃演化过程。Lewan(1987)和Tang(1995)对煤和混合型干酪根的各种显微组分加水或无水热解生烃模拟与自然演化进行了比较。我国于20世纪70年代初就开始煤热模拟演化的实验研究，20世纪80年代模拟实验技术日趋完善。张文正等(1989)通过云南宝秀盆地第四系褐煤的热压模拟实验，较好地再现了煤成油气的演化特征。秦建中和刘宝泉(2003)应用热压模拟实验和油气地球化学等新技术，对不同类型烃源岩的生排烃模式进行了深入细致和系统的研究。高岗(1999)、刘全有等(2001)研究表明，密闭容器加水热解(Hydrous pyrolysis)是近十几年来国际上比较推崇的模拟油气生成的实验方法。针对上古生界天然气近距离运聚成藏特点，实验采用密闭式高压釜加水热解方法模拟煤岩的生烃演化过程。

2. 实验流程

热压模拟实验装置为无锡石油地质研究所研制的YDH-Ⅰ型热压仪。热压模拟实验的最高工作压力为25MPa，最高工作温度为600℃，控温准确度为±2℃，高压釜体积为$0.5\times10^{-3}cm^3$，样品室体积为$0.25\times10^{-3}cm^3$，真空度为0.067Pa，仪器连续工作实际温度漂移为±4℃。煤岩样品用量为10～20g，颗粒大小为1～10mm，同时加入样品质量为10%～20%的去离子水。实验中称取一定质量的煤岩样品和去离子水放入样品室中，连同筒体顶盖放入高压釜内，密封后，充入不小于5MPa的氮气，放置水中试漏，待不漏后，放出氮气并用真空泵抽空再充氮气，反复3～5次，最后抽空。

模拟温度分别为250℃、275℃、300℃、325℃、350℃、375℃、400℃、425℃、500℃和550℃共10个温度点。每个样品的升温速率为1℃/min，达到模拟温度再恒温24h之后降温到实验室温度，收集计量模拟的气相与液相产物。热解气首先通过液氮冷却的液体接受管，再通过冰水冷却的冷凝管，最后用计量管收集计量热解气的体积。为避免轻质组分的损失，液体接收管中的水和凝析油，用低沸点二氯甲烷萃取水溶液至少3次直到有机相无色。高压釜内壁、管道吸附的液态烃称为轻油，用二氯甲烷清洗挥发溶剂后称重。模拟实验的凝析油和轻油合称排出油。模拟固体残样先用二氯甲烷清洗出液态烃，再用氯仿抽提固体残样得到沥青“A”，将二者合并后统称残留油。

3.3.3 实验结果分析

1. 气相产物

准格尔旗宝通煤矿本溪组 8#煤和哈尔乌素煤矿山西组 5#煤模拟煤岩样品热模拟实验的气相产物由非烃气体与烃类气体组成(表 3-5、表 3-6)。非烃气体中的二氧化碳主要来自干酪根中羧基或脂基的分解，氢气主要与有机质裂解时加氢反应受到阻碍有关，可以按 2∶1 摩尔数折算为甲烷。模拟温度为 250～300℃，5#煤与 8#煤的气体产物以二氧化碳非烃气体为主，气态烃产率都很低，为 0.59～0.68kg/t.Toc，甲烷及湿气(C_2^+)含量分别为 0.69%～14.21%与 0.21%～11.66%。

表 3-5　宝通煤矿本溪组 8#煤样品热压模拟气态烃产率及组成

模拟温度/℃	气态烃产率/(kg/t.Toc)	气体组成/%									
		H_2	CO	CO_2	CH_4	C_2H_6	C_2H_4	C_3H_8	C_3H_6	C_4	C_5
250	0.07	41.55	0.00	54.53	3.04	0.31	0.31	0.13	0.13	0.00	0.00
275	0.19	23.91	0.00	70.28	4.02	0.65	0.46	0.27	0.27	0.15	0.00
300	0.68	23.66	0.61	64.60	7.36	1.72	0.51	0.85	0.39	0.22	0.10
325	1.12	34.19	0.69	39.16	16.22	5.47	0.55	2.39	0.60	0.60	0.14
350	3.37	15.02	0.35	51.31	20.06	8.33	0.28	3.30	0.50	0.75	0.11
375	11.10	15.53	0.17	47.08	21.58	8.84	0.14	4.14	0.41	1.48	0.63
400	21.93	21.91	0.17	35.15	26.85	9.13	0.07	4.34	0.21	1.51	0.66
425	31.67	21.96	0.12	30.50	31.95	8.89	0.04	4.30	0.12	1.48	0.64
500	43.71	20.51	0.12	28.02	44.41	6.71	0	0.23	0	0	0
550	65.43	19.90	0.25	26.60	51.29	1.96	0	0	0	0	0

表 3-6　哈尔乌素煤矿山西组 5#煤样品热压模拟气体产物及组成

模拟温度/℃	气态烃产率/(kg/t.Toc)	气体组成/%									
		H_2	CO	CO_2	CH_4	C_2H_6	C_2H_4	C_3H_8	C_3H_6	C_4	C_5
250	0.02	0.93	0	91.67	6.48	0.93	0	0	0	0	0
275	0.07	0	0	85.84	2.51	8.33	0	3.33	0	0	0
300	0.59	16.92	2.35	61.00	14.21	2.62	1.00	1.09	0.63	0.18	0
325	2.33	5.82	1.08	74.96	11.82	3.45	0.43	1.47	0.50	0.40	0.08
350	14.34	9.62	0.62	61.20	16.29	6.64	0.24	3.22	0.52	1.17	0.46
375	28.01	12.08	0.40	50.75	21.77	8.64	0.10	3.97	0.30	1.39	0.59
400	37.72	14.28	0.28	44.09	27.02	8.73	0.05	3.74	0.14	1.19	0.47
425	62.17	13.82	0.24	33.93	35.51	9.77	0	4.44	0.09	1.53	0.68
500	84.13	12.32	0.21	27.60	53.36	6.13	0	0.38	0	0	0
550	146.92	14.75	0.26	30.03	53.61	1.35	0	0	0	0	0

当模拟温度增加到 325～375℃时，5#煤与 8#煤的气体产物中仍然以二氧化碳为主，其含量为 39.16%～74.96%，甲烷及湿气含量呈逐渐增加趋势，分别达到 11.82%～21.77%与 6.33%～15.64%，气态烃累计产率也相应增加，但是增加幅度较小，其中 5#煤的增加幅度高于 8#煤的增幅。

模拟温度升高到 400～500℃时，5#煤与 8#煤非烃气体产物中的二氧化碳含量大幅度降低，氢气含量略有增加，甲烷含量显著增加，达到 26.85%～53.36%，湿气含量呈逐渐降低趋势，并且 C_3^+含量很低，总的气态烃产率快速增加而进入大量生成阶段。模拟温度升高到 550℃时，5#煤与 8#煤气体产物中的二氧化碳含量为 26.60%～30.03%，湿气含量显著降低，为 1.35%～1.96%，甲烷含量分别为 53.61%与 51.29%，气态烃累计产率进一步增加，分别达到 146.92kg/t.Toc 与 65.43kg/t.Toc。

5#煤与 8#煤在 250～550℃热模拟过程中的气体产物组成演化特征基本相似，但是气态烃产率差异明显，无论在产气高峰累计产率，还是最终的总产率，5#煤气态烃累计产率均是 8#煤的 2 倍左右(图 3-9)。烃源岩干酪根的产烃率的高低主要取决于有机质的生物来源，对于模拟实验而言，样品的初始成熟度也存在一定影响。在相同成熟度条件下，干酪根中的富氢组分含量越高，产烃率越高。8#煤样品的成熟度虽然略高于 5#煤，但是均处于生烃高峰之前，早期生烃量微小，对气态烃产率影响较小。5#煤形成于近海大型陆相湖盆环境，沉积水介质主要为陆上淡水，发育陆地森林植物，同时也有利于淡水水生草本植物；8#煤形成于陆表海滨岸环境，水介质为酸性的微弱的潮汐水流，成煤植物为潮汐适盐植物及半咸水海洋生物或广盐性共生生物。因此，山西组 5#煤的产烃率高于本溪组 8#煤，主要与成煤环境有关，前者生物来源中发育富氢组分的水生草本植物。

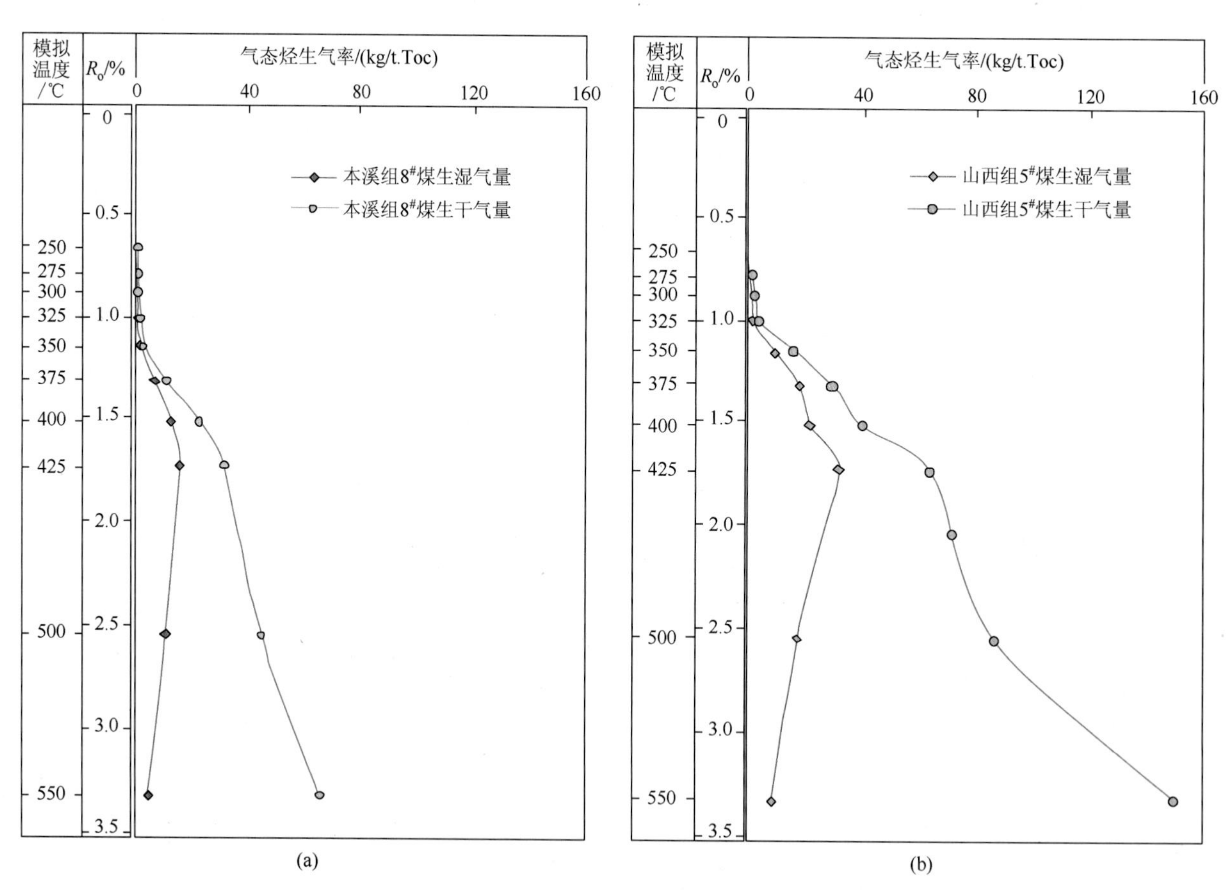

图 3-9　上古生界低熟煤岩样品热压模拟气态烃产率演化曲线

本溪组 8#煤和山西组 5#煤模拟实验结果表明，在模拟温度 275～350℃(R_o 小于 1.3%)时煤岩气态烃累计产率很低，当 R_o 大于 1.3%后，产气率开始显著增加。Higgs(1986)根据模拟实验研究认为，一般煤岩及陆源有机物大量生成天然气的 R_o 为 1.0%。

5#煤和 8#煤热模拟大量生气的 R_o 为 1.3%～1.7%，大量生气的 R_o 较高，除了样品本身成熟度可能存在一定影响外，更主要的原因是煤岩显微组分的镜质组和惰质组含量占优势，属于过渡组合型煤。过渡组合型煤只有在高演化煤阶段才能形成大量气态烃(钟宁宁等，2009)。煤岩有机显微组成决定了有机质成烃的化学动力学性质。付少英等(2002)对扒搂沟煤矿太原组煤岩和召 8 井山西组煤岩气态烃动力学参数研究表明，两组煤岩干酪根裂解的频率因子比较接近，在 $4.0\times10^{15}s^{-1}$ 左右，但活化能总体偏高，主频率为(63～67) ×4184J/mol，接近于 C—C 键断裂所需的活化能。根据干酪根成烃化学动力学原理，干酪根形成大量气态烃的活化能越高，所需要的地层温度就越高，成熟度 R_o 也随之而升高。

2. 液相产物

本溪组 8#煤样品的凝析油、轻油产量从 250℃开始，随温度升高而增大，并在 350～375℃时达到最高峰，模拟温度进一步增加之后开始下降(表 3-7)。残留油在 250～325℃间随温度升高而增加，375℃之后快速减少。总液态烃产率在 375℃之前一直呈逐渐上升趋势，总液态生成高峰时的产率为 19.41kg/t.Toc，随着热模拟温度进一步增加，总液态的烃产率逐渐下降。

表 3-7　本溪组 8#煤样品热压模拟液态烃产率

模拟温度/℃	凝析油/(kg/t.Toc)	轻油/(kg/t.Toc)	排出油/(kg/t.Toc)	残留油/(kg/t.Toc)	总油/(kg/t.Toc)
250	0.9	0.12	1.01	7.79	8.81
275	1.17	0.25	1.42	8.16	9.58
300	3.08	0.73	3.81	8.5	12.3
325	5.39	1.75	7.14	9.16	16.3
350	8.95	3.54	12.5	6.91	19.41
375	10.36	3.07	13.43	3.46	16.89
400	10.05	2.91	12.96	2.6	15.56
425	8.43	1.68	10.1	1.73	11.83
500	4.28	0.73	5.02	0.4	5.42
550	2.9	0.15	3.05	0.31	3.36

山西组 5#煤样品的凝析油与轻油产量从 250℃开始，随温度增高而增大，在 375℃时达到最高峰，两者产率分别为 29.96kg/t.Toc 和 15.04kg/t.Toc；热模拟温度进一步增加，凝析油与轻油产率逐渐下降(表 3-8)。残留油在 250～325℃间随温度升高而增加，在 325℃高峰时的产率为 13.29kg/t.Toc，400℃之后快速减少。8#煤样品与 5#煤样品的总液态烃产率演化特征基本相似，在 375℃之前一直呈逐渐上升趋势，随着热模拟温度进一步增加，总液态烃产率逐渐下降，但是 5#煤样品液态烃的产率高峰明显高于 8#煤样品。

表 3-8　山西组 5#煤样品热压模拟液态烃产率

模拟温度/℃	凝析油/(kg/t.Toc)	轻油/(kg/t.Toc)	排出油/(kg/t.Toc)	残留油/(kg/t.Toc)	总油/(kg/t.Toc)
250	1.27	0.19	1.47	8.94	10.41
275	3.78	0.75	4.54	8.57	13.1
300	4.6	0.71	5.31	10.55	15.86
325	11.11	6.66	17.77	13.29	31.06
350	19.35	14.51	33.86	7.94	41.81
375	29.96	15.04	45	7.6	52.6
400	23.03	11.46	34.49	4.28	38.77
425	12.67	2.73	15.4	0.96	16.36
500	10.23	1.72	11.95	0.32	12.27
550	4.47	0.71	5.19	0.19	5.38

3. 族组成及其碳同位素

山西组 5#煤样品与本溪组 8#煤样品热模拟形成的可溶有机质(热解油和残样抽提的沥青“A”)族组成基本都呈“两高两低”的特征，即芳烃和沥青质含量较高，一般在 30%～40%，非烃和饱和烃的含量较低，非烃在 10%～25%，饱和烃在 5%～15%(图 3-10)。

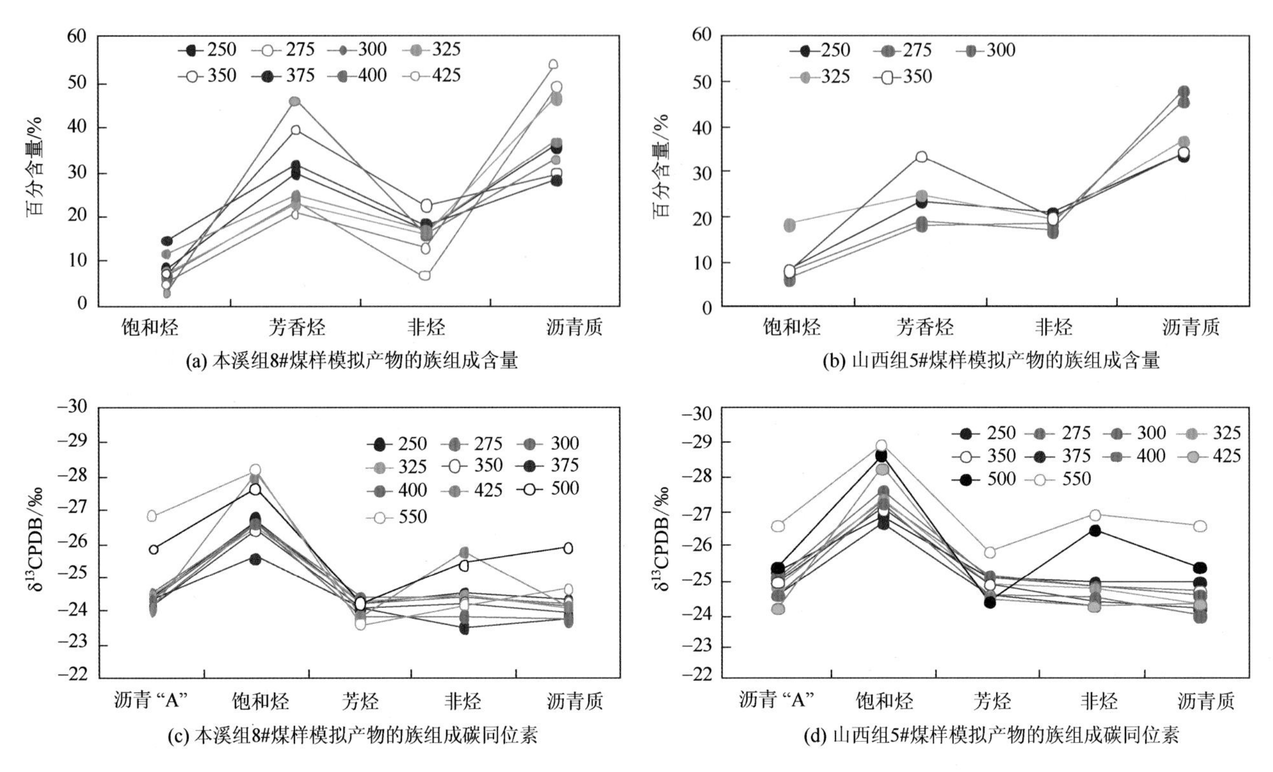

图 3-10　低成熟煤热压模拟产物的族组成和碳同位素演化曲线

山西组 5#煤样品与本溪组 8#煤样品模拟实验产物氯仿沥青“A”的碳同位素为–24.2‰～–26.8‰。在氯仿沥青“A”族组成中，两者碳同位素均呈现“一轻三重”的特征，即饱和烃的碳同位素最轻，为–29‰～–25‰，芳烃、非烃和沥青质的碳同位素均较重，为–24.5‰～–23.5‰。值得注意的是，5#煤液态烃产物中饱和烃与芳烃碳同位素比 8#煤的轻–1‰～–2‰，这可能与两者原始生烃母质的差异有关。

3.3.4　煤岩生烃演化模式

煤系有机质在浅埋埋藏过程中，在缺氧低温(30～60℃)环境下，孔隙水介质由酸性转变为中性至弱碱性，有利于甲烷菌的生长繁殖。甲烷菌的大量繁殖将产生一定数量的生物成因气。根据徐永昌等(1990)、李明宅(1996)对现代淤泥、泥炭、现代植物以及第四系泥质岩样品的生物成因气模拟实验结果，生物成因气产率为(20～90) m^3/t.Toc，其中Ⅲ型有机质的生物成因气产率为(20～40) m^3/t.Toc。模拟实验中太原组 8#煤和山西组 5#煤样品的成熟度 R_o 已经达到 0.5%～0.74%，煤岩样品中的生物成因气在取样及制样过程中已经散失殆尽。天然气地球化学特征分析表明，上古生界天然气为热成因的煤成气，生物成因气贡献甚微(详见第 6 章)。因此，针对上古生界天然气的成藏特征，在低成熟煤岩样品的热压模拟结果分析基础上，建立太原组 8#煤样品和山西组 5#煤样品模拟样品的油气生成演化模式(图 3-11)。

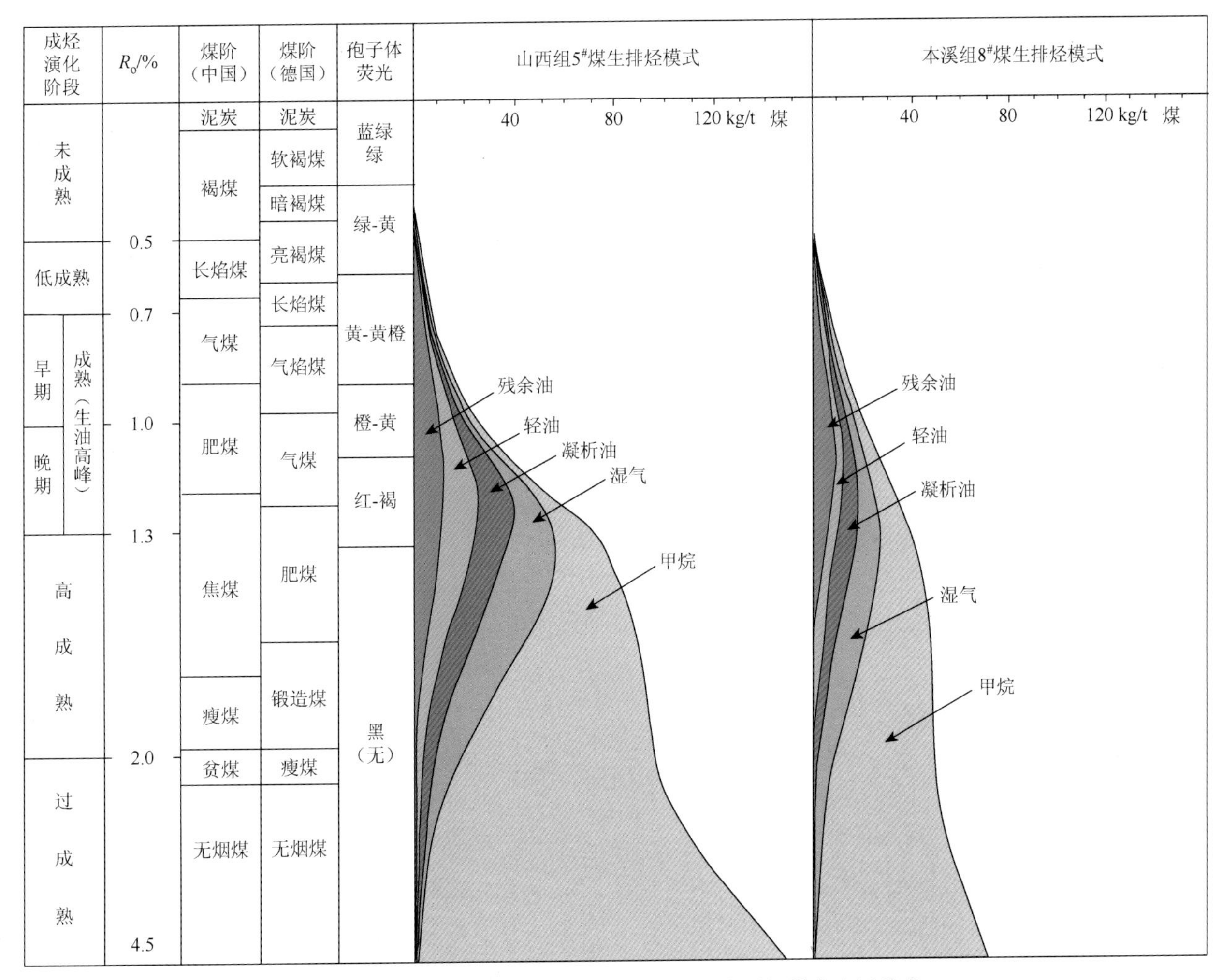

图 3-11　鄂尔多斯盆地上古生界山西组与本溪组煤岩生烃模式

上古生界煤岩生烃演化特征表现为早期生油、晚期生气，持续生烃。在低成熟～成熟阶段（R_o为 0.5%～1.3%），总液态烃产率大于气态烃的产率，生油高峰的 R_o 为 1.0%～1.3%。高成熟阶段（R_o为 1.3%～2.0%），液态烃产率快速降低，气态烃产率大量增加。过成熟阶段（R_o大于 2.0%），气态产率呈缓慢增加。对上古生界的气源岩而言，低成熟和成熟早期的气态烃累计产率非常低，只占总产气量的 5%～25%，天然气大量生成发生在 R_o 大于 1.3%之后。

山西组煤岩和本溪组煤岩虽然均为腐殖型干酪根，但是原始生烃母质存在一定差异。山西组煤岩有机母质发育水生草本植物，有利于气态烃的形成。付少英等（2002）对煤岩样品进行 Py-GC-MS 检测结果发现，本溪组煤岩裂解产物中脂肪链长而且富含芳香化合物，山西组煤岩裂解产物的脂肪链短，芳香化合物较少。热模拟实验结果也表明，山西组煤岩的气态烃与液态烃总产率是本溪组煤岩的 2 倍以上。因此，在煤岩厚度和热演化程度相似的情况下，山西组煤岩的生烃潜力比本溪组煤岩好。

3.4　烃源岩生烃演化史

烃源岩有机质的生烃作用与古地温场演化过程具有密切关系。鄂尔多斯盆地在晚侏罗世—早白垩世的热事件使盆地古热流值远高于现今值。上古生界烃源岩在晚三叠世局部开始进入生烃门限，至早中侏罗世，盆地大部分地区处于低成熟—成熟阶段。晚侏罗世以来到早白垩世，受异常热事件的强烈影响，烃源岩有机质从低成熟—成熟阶段快速演化到高成熟—过成熟阶段。晚白垩世以来，地层抬升，地层温度持续降低，烃源岩的生烃作用趋于停止。

3.4.1　晚中生代异常古地温场

1. 中生界热事件的背景

从早元古代末期到早侏罗世，华北克拉通长期处于稳定的构造演化阶段，燕山期构造运动使华北克拉通的稳定性质发生了改变(详见第 2 章)。晚侏罗世—早白垩世期间，由于特提斯洋板块与太平洋板块的俯冲挤压作用，引起地幔伸展和软流圈受扰动而上涌。华北克拉通东部软流圈上涌的热传导在岩石圈中发生热侵蚀和拆沉作用而减薄，并诱发一系列岩浆、变质等地质作用。

岩石圈减薄缩短了地幔热源向上覆沉积盖层的热传导距离，区域范围内的地温梯度也随之而增高。鄂尔多斯盆地位于华北克拉通西部，受太平洋板块的俯冲挤压作用的影响相对较弱，但是从宏观上看，晚侏罗世—早白垩世正处于特提斯构造域作用引起的祁连构造带地幔向东蠕散的终端与古太平洋构造域作用引起的上地幔向西流变而成的弧形终端的结合部位(邢集善等，1991；冯益民，1996；王瑜，1998)。在鄂尔多斯盆地东部与西部，软流圈上涌热浮物质聚集处使岩石圈发生破裂，出现软流圈热浮物质底侵和岩石圈局部减薄以及火山喷发构成的碱性复式岩体(图 3-12)。鄂尔多斯盆地内部岩石圈虽然较稳定，但在区域深部热力作用背景下，产生了点式深源侵入岩活动或基底构造层内的点线面结合的深源岩浆活动。这些热异常传导必然引起岩石圈局部熔融，从而导致盆地范围内古地温梯度的显著变化。

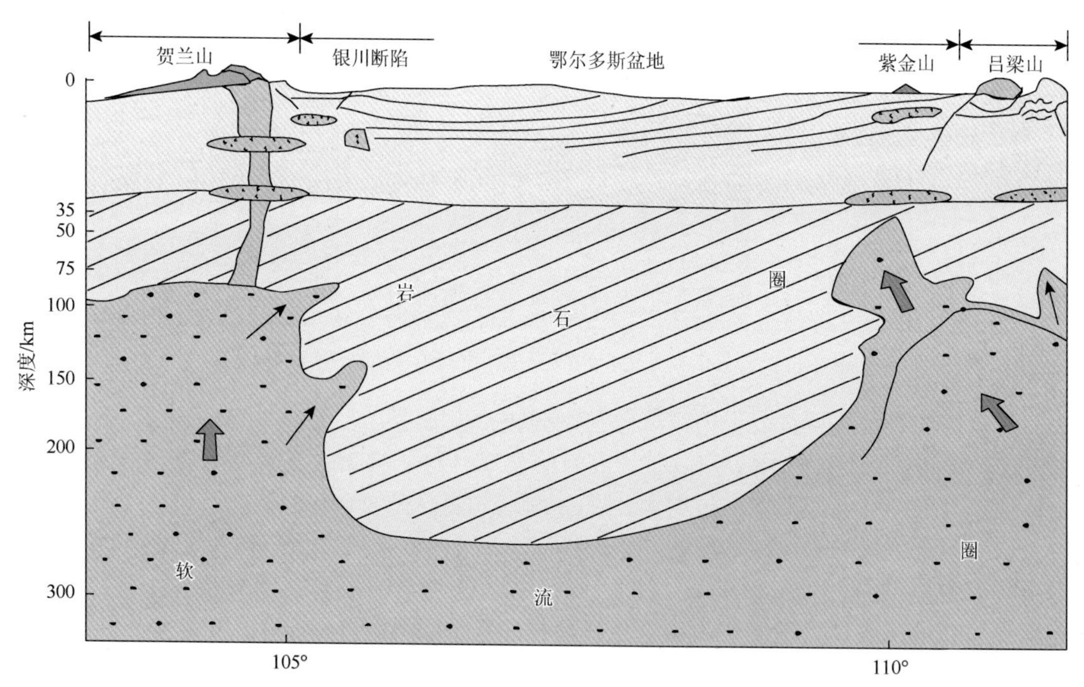

图 3-12　鄂尔多斯盆地中生代岩浆活动示意图(据邢作云等 2006，改编)

1. 中生代燕山期玄武岩；2. 燕山期壳幔混熔侵入岩体；3. 中生代热涌方向；4. 新生代热涌方向；5. 底侵熔融区(碱性杂岩)；6. 壳内热浮柱(中酸性侵入岩)

2. 热事件的证据

1) 岩浆活动

岩浆侵入地壳和地表火山喷发形成的火山岩是热事件的直接证据。鄂尔多斯盆地周缘燕山期火成岩活动较为强烈。在盆地东缘临县北西部的紫金山岩体长 7.5km，宽 4km，面积达 23km^2，呈 NW—SE 向展布，岩体呈岩筒、岩床、孤岛状，出露于三叠系二马营组灰绿色长石砂岩夹红色泥岩之中。地球化学分析表明岩浆来源于地幔(黄锦江，1991)，单颗粒锆石 SHRIMP 测年数据表明紫金山岩体同位素年龄为 125～132Ma，相当于早白垩世(杨兴科等，2006)。盆地西缘已发现了几十个燕山期火成岩体，如西缘中段炭山的辉绿岩，西缘南段陇县的 10 余个花岗斑岩或安山玄武岩。西缘汝箕沟的鼓鼓台玄武岩，玄武岩伴生岩脉侵入的最高层位为中侏罗统安定组，玄武岩同位素年龄为 103.6±3.1Ma 和 98.79±2.86Ma(高山林等，2003)。

伊盟隆起下白垩统泾川组在保尔斯太沟、伊 12 井一带有玄武岩侵入，在喇嘛沟有辉绿岩侵入。盆地北部杭锦旗黑石头沟下白垩统砂岩之上发现的玄武岩层，经 Ar-Ar 测年为 126.2±0.4Ma(邹和平等，2008)。盆地南缘渭北隆起陇县华亭地区龙 1 井、龙 2 井在三叠系中钻遇厚达 150m 以上霞石正长岩(碱性深成岩)和闪长玢岩(中性浅成岩)。龙 1 井在 1584m(延长组)钻遇 154.6m 厚的霞石正长岩，火成岩未见底。龙 2 井自延长组 1 段顶 1668m 开始到蓟县系的 3536m，其中有 52 层总厚为 384.5m 的岩浆侵入岩。

从鄂尔多斯盆地周围燕山期岩浆活动的分布可见，火成岩主要集中分布于盆地周围的断裂交汇处，如盆地西北缘的鄂托克旗和西南缘的环县以西及大断裂交汇处(如离石地区)。这些地带往往是应力方向的转换地带，也是深部岩浆—热地幔侧向蠕滑的汇聚点，易引起岩浆上涌。盆地内部的岩浆侵入岩较少见，但是根据盆地西南地区的地震剖面及重磁异常资料处理分析，鄂尔多斯盆地西南地区深部隐伏有岩浆体(张少泉，1985；张抗，1989)。火成岩在盆地范围内不同规模的广泛分布，反映了盆地深部热力异常活跃。

2) 中生代晚期强烈的构造运动

鄂尔多斯盆地在燕山中晚期处于一种拉张环境，盆地周缘区域地层变形强烈，盆地周缘多向挤压和收缩变形，同时引起盆地内部不同方向鼻状构造和短轴褶皱的发育，并在盆地盖层中造成中、上侏罗统褶皱、断裂等(高山林等，2000；杨兴科等，2006)。燕山运动使盆地东部吕梁山抬升隆起，发育了近南北向或北北东向展布的离石断裂和晋西挠褶带，东翼区主要以抬升翘倾为特点，形成相对稳定微向西倾的大斜坡，并且使中侏罗统及以上地层遭受了不同程度剥蚀。由此可见，鄂尔多斯盆地在燕山中晚期发生过较强的构造运动，不仅造成了盆地东翼大面积的抬升隆起，而且在盆地周缘区中侏罗统与下白垩统之间存在明显的角度不整合。

3) 镜质体反射率法与泥岩压实法所恢复地层剥蚀厚度

镜质体反射率随埋藏深度的变化趋势主要受古地温演化控制。采用镜质体反射率法恢复鄂尔多斯盆地燕山期的地层剥蚀厚度明显偏高，反映了构造热事件对盆地盖层沉积岩有机质的镜质体反射率也将产生显著影响。地层剥蚀厚度估算方法有泥岩压实趋势外推法、地层对比法、地热指标法和沉积速率法等多种(Dow，1972；Van Hinte，1978；真柄钦次，1987)。镜质体反射率法与泥岩压实厚度法是地层剥蚀厚度恢复的常用方法。镜质体反射率法恢复剥蚀厚度是以单井镜质体反射率与深度关系外推到沉积有机质初始镜质体反射率(R_o约为 0.2%)所对应的地表以上高度(Dow，1972)。镜质体反射率(R_o)随埋藏时间与地层温度升高，镜质体反射率逐渐增加，具有不可逆性。在古地温梯度相对稳定的地区，镜质体反射率法恢复剥蚀厚度与泥岩压实厚度法恢复的结果基本一致。

通过盆地内不同构造区典型探井早白垩世以后的地层剥蚀厚度恢复结果的对比分析发现，镜煤反射率法所恢复的剥蚀厚度明显要大于泥岩压实厚度法所恢复的剥蚀厚度，而且越往东部与北部差值越大，达到千余米(表 3-9)。这一厚度差值表明，引起镜质体反射率变化的温度要高于埋藏深度增加的地层温度，也就是说鄂尔多斯盆地除沉降增温外，还存在另外的热事件对镜质体反射率产生额外的增加，从而使其恢复的剥蚀厚度偏大。

表 3-9　鄂尔多斯盆地镜煤反射率法与压实厚度法恢复地层剥蚀厚度对比表

构造地区	井号	R_o法恢复剥蚀厚度/m	压实厚度法恢复剥蚀厚度/m	厚度差值/m
天环坳陷	布 1 井	569	400	169
	天深 1 井	692	400	292
伊陕斜坡	陕参 1 井	1519.8	700	819.8
	麒参 1 井	1872	950	922
	庆深 1 井	1455	500	955
	牛 1 井	1792	900	892
	榆 3 井	1589	800	789

续表

构造地区	井号	R_o法恢复剥蚀厚度/m	压实厚度法恢复剥蚀厚度/m	厚度差值/m
西缘逆冲带	苦深1井	573	600	−27
渭北隆起	永参1井	1896	1600	296
伊盟隆起	鄂1井	1125	100	1025
晋西挠褶带	蒲1井	3255	2050	1205
	楼1井	3183	1750	1433

3. 古地温梯度

根据鄂尔多斯盆地周缘及邻区火成岩年龄、磷灰石裂变径迹、强烈构造运动发生时期，可以判定燕山期构造热事件主要发生在140～100Ma，即晚侏罗世—早白垩世。构造热事件发生时期是热流值异常时期，盆地范围内的古地温梯度明显升高。通过镜质体反射率、包裹体均一温度法恢复盆地内各构造单元的古地温梯度分布为3.71～5.95℃/100m，盆地北部古地温梯度较低，盆地南部和东部古地温梯度高。根据盆地内不同构造单元的古、今地温梯度计算在最大埋深时的古地温差值达到40～110℃(表3-10)。

表3-10 鄂尔多斯盆地各地区今古地温对比表

构造地区	代表井	古地温梯度/(℃/100m)	今地温梯度/(℃/100m)	差值/(℃/100m)	地温差值*/℃
天环向斜	天1、天深1、布1、李1	3.71	2.5～2.7	1.01～1.21	40～50
渭北隆起	旬探1、永参1、耀参1	5.65	2.8～3.0	2.65～2.85	90～110
伊陕斜坡	陕参1、陕62	4.04	2.5～3.0	1.04～1.54	40～60
西缘冲断带	环14、苦深1、色1	4.21	2.2～2.5	1.71～2.01	60～80
晋西挠褶带南段	楼1、蒲1	5.95	3.0～3.1	2.85～2.95	90～110
伊盟隆起	伊深1、鄂1、鄂2	3.91	2.8～2.9	1.01～1.11	40～45

注：在最大埋深时分别采用古地温梯度与今地温梯度所计算的地温差值

3.4.2 烃源岩生烃演化阶段

根据烃源岩热埋藏演化过程及有机质成烃机理，采用法国石油研究院Genex模拟技术恢复盆地内陕参1井上古生界的热演化史(图3-13)。晚古生代沉积后至三叠纪末，盆地构造活动微弱，上覆地层不断增厚。因而该阶段上古生界有机质主要经受深成变质作用，盆地局部地区进入成熟阶段。三叠纪末至中侏罗世末，盆地具有波动沉降的特点，构造分异作用开始加强，盆地的古地温场除受深成变质作用控制外，热异常对局部古地温场已有所影响，上古生界有机质成熟度在盆地中南部大部分范围内进入成熟期，部分地区可达到高成熟早期。晚侏罗世至早白垩世末，受深成变质作用和燕山中晚期构造热事件对盆地地温场的双重控制作用，有机质成熟度在盆地中部大部分地区处于高成熟—过成熟期。早白垩世之后，盆地抬升遭受剥蚀，地层温度下降，有机质成熟度基本维持了早白垩世末的分布格局。

上古生界烃源岩有机质受热演化史影响，其生烃过程可划分为以下四个主要阶段。

第一阶段主要集中在晚三叠世，盆地大部分地区烃源岩干酪根尚未进入生烃门限，仅在盆地西部的芦参1井西和东部的镇川堡地区的R_o达到0.5%～0.7%，开始进入低成熟生油阶段。

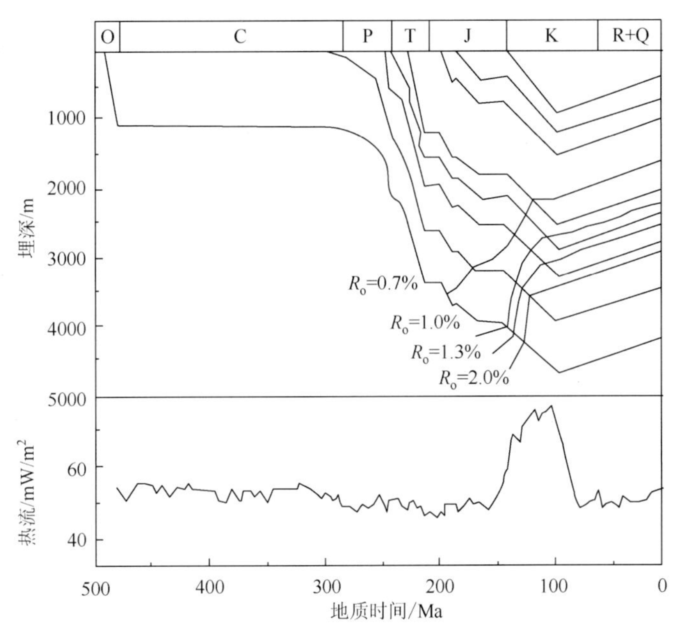

图 3-13　陕参 1 井古热流与烃源岩有机质热演化特征

第二阶段为早、中侏罗世期间，有机质已普遍进入成熟阶段(R_o为 0.7%～1.3%)，表现为深成变质作用和局部热异常控制下的生烃演化特征。随着埋藏深度增加与地温梯度升高，烃源岩生烃量不断增加，盆地西部芦参 1 井西和东部的镇川堡地区初步形成两个生烃中心，围绕两个生烃中心开始有少量天然气排出。

第三阶段为晚侏罗世至早白垩世，为深成变质和区域热变质作用共同控制下的生烃演化阶段。在埋藏深度继续增加的过程中，构造热事件引起古地温梯度普遍升高，地层温度迅速增高使大面积烃源岩有机质生烃达到高峰并且向过成熟干气演化。该阶段上古生界烃源岩生烃演化在盆地不同地区的差异表现为地西缘横山堡地区和伊盟地区北部进入油气兼生阶段(R_o为 1.0%～1.6%)，盆地中部及其余大部分地区烃源岩的R_o已达到 1.8%～2.8%，进入凝析气和干气阶段。

第四阶段为早白垩世之后的降温生烃过程。燕山运动晚期，鄂尔多斯盆地构造抬升，上覆地层剥蚀厚度为 700～1100m。傅家谟等(1995)烃源岩成烃等温模拟实验表明，降温过程中随时间的延长，干酪根的产烃率增长幅度明显减小。由此推测上古生界在降温过程中，烃源岩干酪根的生烃速率会降低更快，并趋于停止。

3.4.3　煤系烃源岩高成熟广覆式生烃模式

烃源岩有机质的成烃演化既是油气成藏的物质基础，也是控制油气藏分布的关键因素。从盆地的宏观尺度来看，烃源岩的生烃模式可以划分为中心式生烃与广覆式生烃两种类型。中心式生烃的烃源岩厚度变化大，生烃强度高的分布地区相对集中，但是占盆地总面积的比例较低。广覆式生烃则相对于一般中心式生烃而言，烃源岩分布范围大而且厚度相对稳定，烃源岩生烃强度变化较小。针对鄂尔多斯盆地上古生界成藏特征，广覆式生烃可以定义为现今盆地范围内烃源岩大面积高成熟，达到或曾经达到生气高峰，并且烃源岩与储层交叉叠置而形成大面积供气。鄂尔多斯盆地上古生界广覆式生烃与一般中心式生烃相比具有以下特征。

1. 煤系烃源岩广覆式分布

广覆式生烃的显著特征是烃源岩在盆地范围内大面积分布。在适宜的气候条件下，当盆地演化进入相对稳定的浅水沉积阶段时，碎屑物源的减少与植物繁盛必然导致大面积的泥炭堆积，从而发育广覆分布的煤系烃源岩，如四川叠合盆地、吐哈断陷盆地等。四川盆地中三叠世以前为克拉通盆地，经过印支运动的构造抬升与地层剥蚀之后，晚三叠世进入内陆湖盆沉积阶段，在东高西低的平坦古地形背景下发育一套煤系烃源岩，其中煤系泥岩厚度 50～900m，煤岩厚度 5～30m，在盆地西部厚度较大，往东部减薄，分布面积约占盆地总面积的 83%(图 3-14)。吐哈盆地是我国中新代的典型含煤盆地，在早—中侏罗世为北陡南缓的断陷湖盆，八道湾组和西山窑组广泛发育河湖沼泽相沉积，煤系泥岩总厚度为 100～600m，煤岩总厚度为 20～120m，在吐鲁番坳陷中心厚度大，向南部边缘减薄，煤岩厚度大于 20m 的分布面积约占吐鲁番坳陷总面积的 68%(图 3-15)。

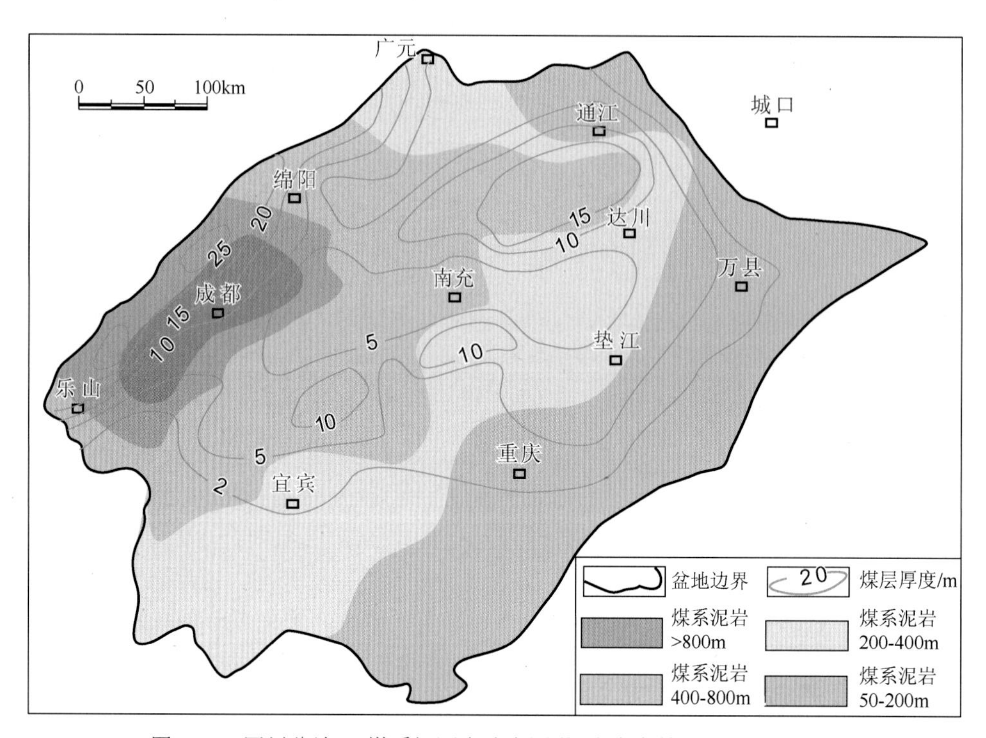

图 3-14　四川盆地 T_3 煤系烃源岩分布图(据张金亮等 2002，略修改)

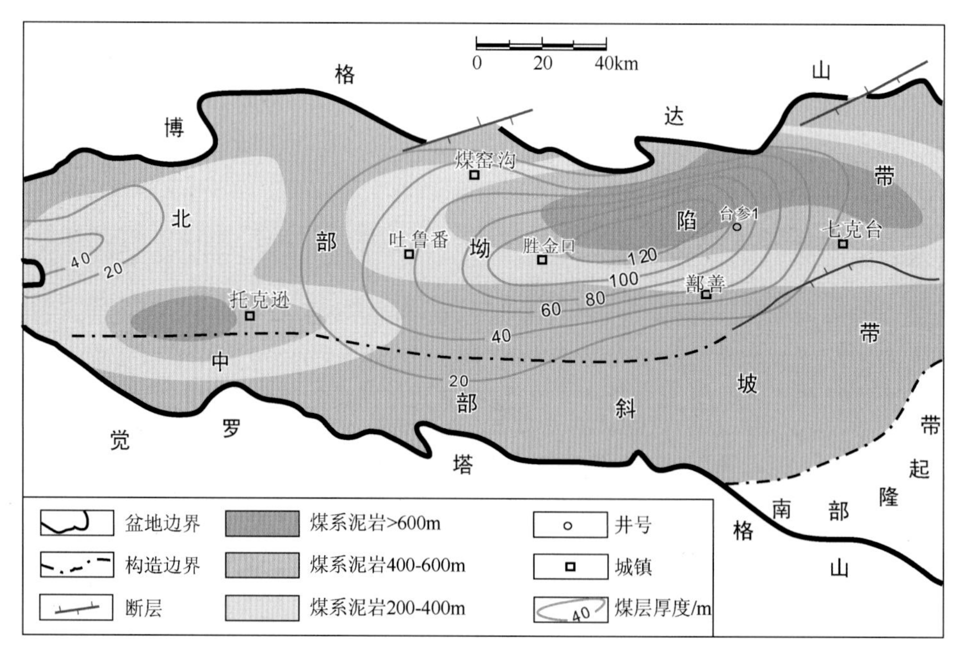

图 3-15　吐哈盆地 J_{1-2} 煤系烃源岩分布图(据黄第藩等 1992，略修改)

鄂尔多斯盆地在晚古生代作为华北克拉通盆地的次级单元，在古地形平缓条件下的浅水区域发育大面积堆积。鄂尔多斯盆地上古生界煤系烃源岩与四川盆地(T_3)、吐哈盆地(J_{1-2})的分布特征相似，呈广覆式分布，而且煤系烃源岩厚度分布更稳定。根据大量探井资料分析，盆地内上古生界煤层总厚度大于 5m 与煤系泥岩大于 40m 的分布面积分别为 $21.7\times10^4km^2$ 与 $20.2\times10^4km^2$，占盆地总面积为 80.8%～86.8%。

2. 高成熟—过成熟烃源岩分布占盆地面积70%以上

鄂尔多斯盆地上古生界不仅煤系烃源岩广泛分布，而且烃源岩有机质热演化整体上达到高成熟—过成熟阶段。干酪根成烃理论揭示，热演化程度是控制烃源岩有机质生烃进程的关键因素。烃源岩干酪根随着埋藏深度不断增加，进入生烃门限后开始生烃，当达到生烃高峰时，干酪根的累计生烃量呈大幅度增大。根据上古生界煤岩热模拟实验的生烃演化模式(图3-11)，山西组煤岩有机质在生烃高峰(R_o=1.3%)的累计产烃率为 72.3kg/t.Toc，而 R_o=0.7%与 R_o=1.0%的累计产烃率分别为8.1kg/t.Toc与23.2kg/t.Toc，即烃源岩有机质达到生烃高峰的累计产烃率是低成熟—成熟早期的3.1～8.9 倍。本溪组煤岩有机质生烃演化也具有相似特征，在生烃高峰的累计产烃率比低成熟—成熟早期的高2.1～4.4倍。由此可见，煤系烃源岩有机质的成熟度是否达到生烃高峰对生烃量的影响十分显著，尤其是上古生界煤系烃源岩总厚度在不同地区变化较小的背景下，R_o 大于 1.3%对烃源岩生烃强度具有关键作用。

鄂尔多斯盆上古生界煤系烃源岩有机质成熟度存在一定差异，在伊盟隆起北部及西缘冲断构造带和晋西挠皱带局部地区，上古生界烃源岩处于低成熟或成熟早期(R_o为0.5%～1.0%)，盆地内其余地区均处于高成熟—过成熟阶段(图3-9)。烃源岩成熟度 R_o 大于1.3%的分布面积达 18×10^4km²，占现今盆地总面积 25×10^4km² 的72%，表现为生气高峰的烃源岩大面积分布。

3. 生气强度偏小、生烃中心不明显

烃源岩的生烃强度是指单位面积内烃源岩的总生烃量。生烃强度能够综合反映烃源岩生烃能力有关的各项参数，如烃源岩厚度、有机质丰度、有机质类型及热演化程度。目前，一般采用有机碳产烃率法计算煤系烃源岩的生烃强度

$$Q_{气} = S \cdot H \cdot \rho_r \cdot (C_{残} - A/K) \cdot \frac{D_{gas}}{1-D} \cdot 10^{-2} \tag{3-1}$$

式中，S 为烃源岩面积(m²)；H 为烃源岩厚度(m)；ρ_r 为烃源岩的密度(t/m³)；$C_{残}$为烃源岩残余有机碳含量(%)；A 为烃源岩中可溶有机质含量(%)；K 为有机质丰度与有机碳的转换系数；D_{gas} 为原始有机质气态烃产率(%)；D 为原始有机质现今总产烃率(%)；$Q_{气}$为气态烃生成量(m³)。

由于上古生界烃源岩的有机质为III型，并且处于高—过成熟阶段，烃源岩的生烃产物以天然气为主，液态烃的量相对较少，一般以凝析油的方式溶解在天然气中。因此，计算生烃时，将液态烃的量折算为天然气。上古生界泥岩的岩石密度一般为2.5～2.65t/m³，取平均值为2.6t/m³，煤层密度取为1.55t/m³。煤层的有机碳含量为55.0%～75.0%，平均值取为65%。有机质的油气产率高低受到烃源岩的母质类型和热演化程度的控制。根据 5#煤与 8#煤的热模拟实验结果确定煤系有机质的油气产率，灰岩有机质类型主要为混合型，其产烃率取煤系有机质的1.35倍。

根据有机碳产烃率法计算结果，上古生界煤层的生气强度大部分地区为(10.0～20.0)$\times10^8$m³/km²，局部达到(20.0～25.0)$\times10^8$m³/km²，煤系泥岩生气强度一般为(5.0～11.0)$\times10^8$m³/km²，灰岩生气强度大部分地区为(1.0～2.5)$\times10^8$m³/km²。总体而言，上古生界烃源岩(煤层+泥岩+灰岩)总生气强度一般为(15.0～25.0)$\times10^8$m³/km²，盆地东部地区总生气强度相对较高，达到(30.0～40.0)$\times10^8$m³/km²(图 3-16)。按照Demaison(1991)提出的油气横向排聚系统充注评价标准，上古生界烃源岩潜力指数SPI属于中—低等(详见第9章)。

从国内气田烃源岩的生烃强度统计结果可以看出(表 3-11)，中心式的生烃强度一般大于(40～60)$\times10^8$m³/km²，少数可达(80～120)$\times10^8$m³/km²。鄂尔多斯盆地上古生界的生烃强度大部分地区在(15～35)$\times10^8$m³/km²，平均为22.56×10^8m³/km²。由此可见，上古生界广覆式生烃与中心式生烃相比较，其生烃强度明显偏低。

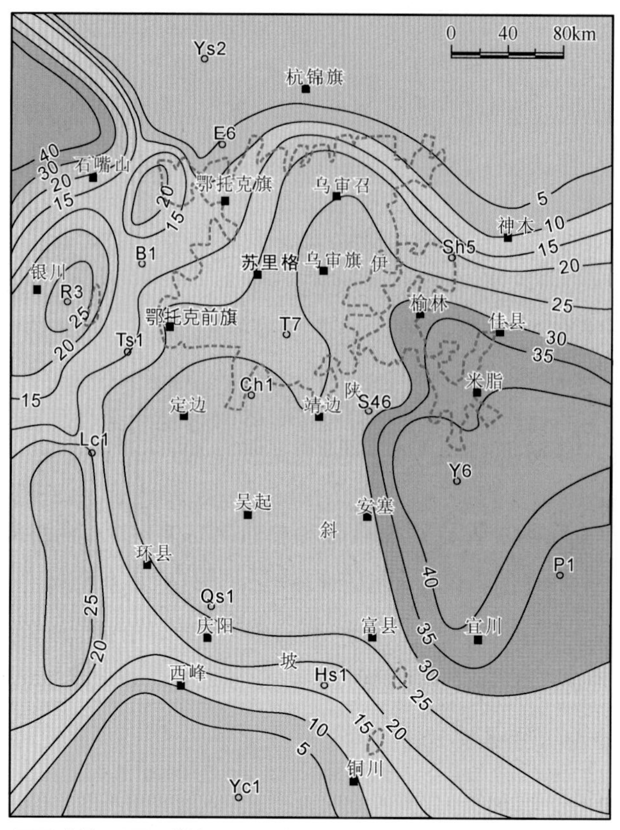

图 3-16　鄂尔多斯盆地上古生界生气强度分布图

表 3-11　中国主要气田烃源岩的生烃强度统计表

盆地	气田(气藏)	产层	气源岩			
			层位	厚度/m	生气强度/($\times10^8m^3/km^2$)	生烃模式
四川盆地	五百梯	C2	S	350～400	115	中心式生烃
琼东南盆地	崖 13-1	$E2_L$	E	50～480	40～60	中心式生烃
渤海湾盆地	文留	Es	C—P	250	55	中心式生烃
松辽盆地	汪家屯	K	J	350	60	中心式生烃
塔里木盆地	克拉 2	N	J	340	120	中心式生烃
鄂尔多斯盆地	苏里格	C—P	C—P	100～150	20～40	广覆式生烃

鄂尔多斯盆地上古生界烃源岩厚度分布较稳定，有机质热演化的差异较小，烃源岩生烃强度相对较高((35～40)$\times10^8m^3/km^2$)的生气区主要分布在盆地东部及西北部，分布面积约 4.2$\times10^4km^2$，生烃强度较低((5～15)$\times10^8m^3/km^2$)的生气区主要分布在盆地北部与南部地区，分布面积约 10.1$\times10^4km^2$，生烃强度为(15～35)$\times10^8m^3/km^2$ 的分布区占盆地面积的 57.2%。由此可见，上古生界烃源岩的生气范围大，生烃强度变化较小，没有明显的生气中心。

4. 气田分布广、面积大

中心式生烃的烃源岩分布相对集中，生烃凹陷的烃源岩厚度大，有机质含量高，生烃强度大，油气藏一般分布在邻近生烃凹陷边部附近的构造上倾部位或古隆起地区，而在生烃凹陷内部由于储层不发育，少有油气藏的分布。例如，塔里木盆地库车拗陷中、下侏罗统煤系烃源岩生气中心的生烃强度达 120$\times10^8m^3/km^2$，油气通过生气中心附近的断裂向上运移到第三系和白垩系的圈闭中形成克拉 2、迪那 2

和牙哈大气田，在坳陷生烃中心一带则缺乏商业规模的气田(戴金星等，2007)。国外众多的大中型气田也主要分布在生气中心附近周缘构造带，如世界上大中型气田分布丰度最大的俄罗斯西西伯利亚盆地内带北区，至少发现了19个大气田、18个中型气田，它们都分布于生气中心周缘地区。

广覆式生烃由于烃源岩厚度的平面分布较稳定，而且砂岩储层往往与烃源岩交叉并置，构成良好的近源生储盖组合，油气近源运聚成藏。因此，从成藏角度来看，中心式生烃模式的油气田分布在生烃凹陷附近的构造隆起带，在盆地内分布范围相对较小，而广覆式生烃模式不存在明显的生烃凹陷，在广泛分布的高—过成熟区内形成的气田多且规模大，在低熟—成熟区(R_o=0.5%～1.3%)形成的气田相对较少且规模较小(图3-17)。

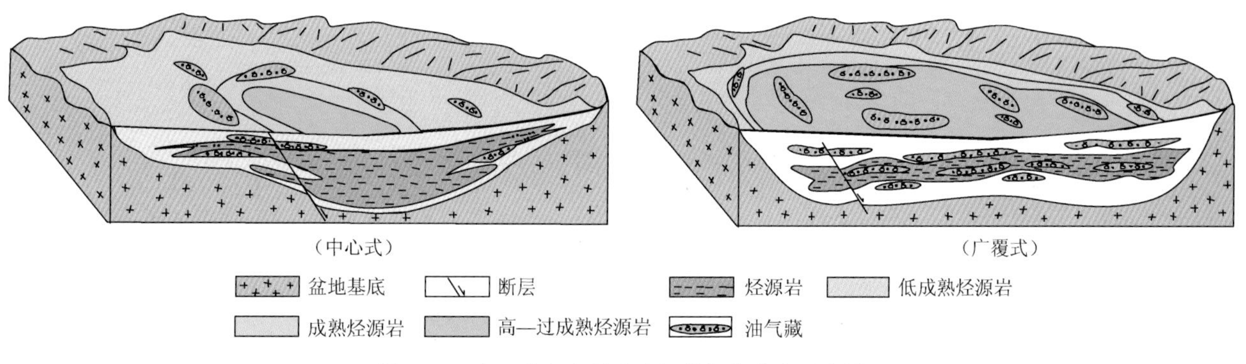

图3-17　中心式与广覆式生烃的气藏分布示意图

戴金星院士(1999)提出烃源岩生气强度大于$20\times10^8m^3/km^2$是形成大中型气田的主控因素之一，有效地指导了我国大中型天然气田勘探方向。这一指标也被作为形成高效气藏的重要评价指标(赵文智等，2005)。鄂尔多斯盆地上古生界具有广覆式生烃特点，其生烃强度大于$20\times10^8m^3/km^2$的分布面积达$13.8\times10^4km^2$，占现今盆地总面积的53.9%，也就是说占鄂尔多斯盆地一半以上的地区具备形成大中型气田的烃源岩条件。上古生界天然气勘探成果显示，在生气强度$(10\sim15)\times10^8m^3/km^2$的苏里格气田西部和大牛地气田北部仍有大面积气层分布。鄂尔多斯盆地上古生界烃源岩生气强度在$10\times10^8m^3/km^2$的分布面积为$20.7\times10^4km^2$，约占盆地总面积的80%，目前勘探成果证实的致密气含气范围达$18\times10^4km^2$，已经探明气田的分布面积约$3\times10^4km^2$，充分显示了广覆式生烃的气藏形成与分布特征。

综上所述，鄂尔多斯盆地广覆式生烃是与其烃源岩形成的沉积构造背景以及盆地热演化特征密切相关的。晚古生代的现今鄂尔多斯盆地区，实际上是大华北盆地西部的缓斜坡，没有明显的沉积中心，因此，也就没有大厚度细粒烃源岩的集中分布区。另外，现今鄂尔多斯盆地晚古生代沉积背景是陆表海环境，沉积速率较小，构造沉降速度也较小，有利于煤系烃源岩的形成。煤系烃源岩在不同类型盆地均可形成大面积分布，但是要形成广覆式生烃，除了烃源岩与储层交叉并置分布外，烃源岩有机质的热演化必须大面积达到生烃高峰。总而言之，鄂尔多斯盆地在特有的构造、沉积和埋藏热事件等多种因素共同作用下形成了上古生界广覆式生烃。

参 考 文 献

陈洪德，侯中健，田景春，等. 2001. 鄂尔多斯地区晚古生代沉积层序地层学与盆地构造演化研究. 矿物岩石，21(3)：16-22
陈洪德，李洁，张成弓，等. 2011. 鄂尔多斯盆地山西组沉积环境讨论及其地质启示. 岩石学报，27(8)：2213-2228
陈全红，李文厚，郭艳琴，等. 2009. 鄂尔多斯盆地早二叠世聚煤环境与成煤模式分析. 石油学报，27(1)：69-75
陈瑞银，罗晓容，赵文智. 2007. 鄂尔多斯盆地中生代热异常及烃源岩热演化特征. 石油勘探与开发，34(6)：658-663
戴金星，夏新宇，洪峰，等. 1999. 中国煤成大中型气田形成的主要控制因素. 科学通报，44(22)：2455-2464
戴金星，邹才能，陶士振，等. 2007. 中国大气田形成条件和主控因素. 天然气地球科学，18(4)：473-484
杜治利，王飞宇，张水昌，等. 2006. 库车拗陷中生界气源灶生气强度演化特征. 地球化学，35(4)：333-345
冯益民. 1996. 祁连山大地构造与造山作用. 北京：地质出版社
付金华，段晓文，席胜利. 2000. 鄂尔多斯盆地上古生界气藏特征. 天然气工业，20(6)：16-19

付少英，彭平安，张文正. 2002. 鄂尔多斯盆地上古生界煤的生烃动力学研究. 中国科学D辑，34(10)：812-819
傅家谟，秦匡宗. 1995. 干酪根地球化学. 广州：广东科技出版社
高岗，王兆峰. 1999. 加热时间对生烃模拟过程的影响. 现代地质，13(4)：450-454
高山，章军锋，许文良，等. 2009. 拆沉作用与华北克拉通破坏. 科学通报，54：1962-1973
高山林，韩庆军，杨华，等. 2000. 鄂尔多斯盆地燕山运动及其与油气关系. 长春科技大学学报，30(4)：353-358
郭少斌，王义刚. 2013. 鄂尔多斯盆地石炭系本溪组页岩气成藏条件及勘探潜力. 石油学报，34(3)：445-451
郭绪杰，焦贵浩. 2002. 华北古生界石油地质. 北京：地质出版社
郭英海，刘焕杰. 2000. 陕甘宁地区晚古生代沉积体系. 古地理学报，2(1)：19-30
何逢阳，陈义才，刘安兵. 2009. 苏里格地区山西组烃源岩地化特征及生烃能力评价. 物探化探计算技术，31(6)：628-634
胡安平，李剑，张文正，等. 2007. 鄂尔多斯盆地上、下古生界和中生界天然气地球化学特征及成因类型对比. 中国科学D辑：地球科学，37(SⅡ)：157-166
黄华芳，杨占龙，彭作林. 1995. 鄂尔多斯盆地油气地质的古地磁研究. 沉积学报，13(4)：160-167
黄锦江. 1991. 山西临县紫金山碱性环状杂岩体岩石学特征与成因研究. 现代地质，5(1)：24-37
黄第藩，华阿新，王铁冠，等. 1992. 煤成油地球化学进展. 北京：石油工业出版社
李贵红，张泓. 2009. 鄂尔多斯盆地晚古生代煤层作为气源岩的成烃贡献. 天然气工业，29(12)：5-8
李明宅. 1996. 生物气模拟试验的进展. 石油与天然气地质，17(2)：117-122
李小彦，司胜利. 2008. 鄂尔多斯盆地煤的热解生烃潜力与成烃母质. 煤田地质与勘探，36(3)：1-11
李增学，王明镇，余继峰，等. 2006. 鄂尔多斯盆地晚古生代含煤地层层序地层与海侵成煤特点. 沉积学报，24(6)：834-840
李增学，余继峰，郭建斌. 2003. 陆表海盆地海侵事件成煤作用机制分析. 沉积学报，21(2)：288-234
李振宏，席胜利，刘新社. 2005. 鄂尔多斯盆地上古生界天然气成藏. 世界地质，24(2)：174-181
林畅松，杨起，李思田. 1995. 贺兰坳拉槽盆地充填演化分析. 北京：地质出版社
林万智，邵济安，赵章元. 1984. 中朝板块晚古生代的古地磁特征. 物探与化探，8(5)：297-303
刘全有，刘文汇，秦胜飞，等. 2011. 煤岩及煤岩加不同介质的热模拟地球化学实验—气态和液态产物的产率以及演化特征. 沉积学报，19(3)：465-468
刘新社，席胜利，付金华，等. 2000. 鄂尔多斯盆地上古生界天然气生成. 天然气工业，20(6)：19-23
卢双舫，赵锡嘏，黄第藩. 1994. 煤成烃的生成和运移的模拟实验研究—气态和液态产物特征及其演化. 石油实验地质，16(3)：290-301
罗照华，魏阳，辛后田. 2006. 太行山中生代板内造山作用与华北大陆岩石圈巨大减薄. 地学前缘，13(6)：53-63
米敬奎. 2004. 利用生烃动力学研究鄂尔多斯盆地抬升后上古生界源岩生气作用结束时间. 地球化学，33(6)：561-566
苗建宇，赵建设，刘池洋. 2007. 鄂尔多斯盆地二叠系烃源岩地球化学特征与沉积环境的关系. 中国地质，34(3)：430-438
庞雄奇，金之钧. 2000. 油气藏动力学成因模式与分类. 地学前缘，7(4)：507-513
乔彦超，郭子祺，石耀霖. 2012. 数值模拟华北克拉通岩石圈减薄的一种可能机制—下地壳榴辉岩重力失稳引起的拆沉. 地球物理学报，55(12)：4249-4256
秦建中，刘宝泉. 2003. 成煤环境不同类型烃源岩生排烃模式研究. 石油实验地质，25(6)：758-764
任战利，张胜，高胜利. 2006. 鄂尔多斯盆地热演化程度异常分布区及形成时期探讨. 地质学报，80(5)：674-682
任战利. 1996. 鄂尔多斯盆地热演化史与油气关系的研究. 石油学报，17(2)：17-24
桑树勋，陈世悦，刘焕杰. 2001. 华北晚古生代成煤环境与成煤模式多样性研究. 地质科学，36(2)：212-221
孙少华，李小明，龚革联，等. 1997. 鄂尔多斯盆地构造热事件研究. 科学通报，42(3)：306-309
万丛礼，付金华，张军. 2005. 鄂尔多斯西缘前陆盆地构造热事件与油气运移. 地球科学与环境学报，27(2)：43-48
万天丰. 2004. 中国大地构造学纲要. 北京：地质出版社
汪寿松，陈昌明，陈安宁，等. 1989. 我国华北地区晚古生代"约代尔"旋回沉积的发现及其意义. 科学通报，15：1165-1172
汪正江，陈洪德，张锦泉. 2002. 鄂尔多斯盆地二叠纪煤成气成藏特征. 矿物岩石，22(3)：47-52
王双明. 2011. 鄂尔多斯盆地构造演化和构造控煤作用. 地质通报，30(4)：544-552
王瑜. 1998. 中生代以来华北地区造山带与盆地的演化及动力学. 北京：地质出版社
吴福元，徐义刚，高山，等. 2008. 华北岩石圈减薄与克拉通破坏研究的主要学术争论. 岩石学报，24：1145-1174
魏新善，王飞雁，王怀厂，等. 2005. 鄂尔多斯盆地东部二叠系太原组灰岩储层特征. 天然气工业，25(4)：16-21
席胜利，李文厚，刘新社，等. 2009. 鄂尔多斯盆地神木地区下二叠统太原组浅水三角洲沉积特征. 古地理学报，11(2)：187-194
向芳，陈洪德，田景春，等. 2009. 鄂尔多斯盆地二叠纪气候特征及其对东北部砂体的影响. 沉积与特提斯地质，29(4)：5-9
邢集善，叶志光，孙振国. 1991. 山西板内构造及其演化特征初探. 山西地质，6(1)：3-14
徐永昌，沈平，刘文汇等. 1990. 一种新的天然气成因类型一生物—热催化过渡带气. 中国科学D辑，(9)：75-98
薛会，张金川，徐波. 2010. 鄂尔多斯北部杭锦旗探区上古生界烃源岩评价. 成都理工大学学报(自然科学版)，37(1)：21-29
闫德宇，黄文辉，李昂，等. 2013. 鄂尔多斯盆地上古生界海陆过渡相页岩气聚集条件及有利区预测. 东北石油大学学报，37(5)：1-8
杨华，席胜利，魏新善，等. 2006. 鄂尔多斯多旋回叠合盆地演化与天然气富集. 中国石油勘探，11(1)：17-24
杨华，付金华，魏新善. 2005. 鄂尔多斯盆地天然气成藏特征. 天然气工业，25(4)：5-8
杨华，魏新善. 2007. 鄂尔多斯盆地苏里格地区天然气勘探新进展. 天然气工业，27(12)：6-11
杨兴科，杨永恒，季丽丹. 2006. 鄂尔多斯盆地东部热力作用的期次和特点. 地质学报，80(5)：705-711
曾勇. 1996. 内蒙古准格尔晚石炭世"约代尔"旋回沉积及其地质意义. 中国煤田地质，6(2)：12-16

张抗. 1989. 鄂尔多斯断块构造和资源. 西安：陕西省科学技术出版社
张金亮，常象春，王世谦. 2002. 四川盆地上三叠统深盆气研究. 石油学报，23(3)：27-33
张善文，王永诗，石砥石. 2003. 网毯式油气成藏体系—以济阳坳陷新近系为例. 石油勘探与开发，30(1)：1-9
张少泉，武利均，郭建明. 1985. 中国西部地区门源—平凉—渭南地震测深剖面资料的分析解释. 地球物理学报，28(5)：460-472
张文正，刘桂霞，陈安定，等. 1987. 低阶煤及煤岩显微组分的成烃模拟实验. 北京：石油工业出版社
赵孟为. 1996. 鄂尔多斯盆地志留—泥盆纪和侏罗纪热事件—伊利石 K-Ar 年龄证据. 地质学报，70(2)：186-194
赵文智，王兆云，汪泽成，等. 2005. 高效气源灶及其对形成高效气藏的作用. 沉积学报，23(4)：710-715
真柄钦次. 1987. 压实与流体运移. 陈荷立，等译. 北京：石油工业出版社
郑松，陶伟，袁玉松. 2007. 鄂尔多斯盆地上古生界气源灶评价. 天然气地球科学，18(3)：440-448
钟宁宁，陈恭洋. 2002. 煤系气油比控制因素及其与大中型气田的关系. 北京：石油工业出版社
钟宁宁，陈恭洋. 2009. 中国主要煤系倾气倾油性主控因素. 石油勘探与开发，36(3)：331-337
周江羽，吴冲龙，韩志军. 1998. 鄂尔多斯盆地的地热场特征与有机质成熟史. 石油实验地质，20(1)：2-24
邹和平，张珂，李刚. 2008. 鄂尔多斯地块早白垩世构造—热事件—杭锦旗玄武岩的 Ar-Ar 年代学证据. 大地构造与成矿学，32(3)：360-364
Aravena R，Harrison S M，Barker J F，et al. 2003. Origin of methane in the Elk Valley coalfield，southeastern British Columbia，Canada Chemical Geology，195：219-227
Barth T，Borgund A E，Hopland A L. 1989. Generation of organic compounds by hydrous pyrolysis of kimmeridge oil shale-bulk results and activation energy calculate. Org. Geochem，14(1)：69-76
Cramer B，Faber E，Gerling P，et al. 2001. Reaction kinetics of stable carbon isotopes in natural gas-insights from dry，open system pyrolysis experiments. Energy & Fuels，15(3)：517-532
Dai J，Li J，Luo X，et al. 2005. Stable carbon isotope compositions and source rock geochemistry of the giant gas accumulations in the Ordos Basin，China. Organic Geochemistry，36(12)：1617-1635
Demaison G，Huizinga B J. 1991. Stable carbon isotope compositions and source rock geochemistry，75(10)：1626-1643
Dow W G. 1972. Application of oil correlation and source rock data to exploration in Williston basin(abs). AAPG Bulletin，56：615-622
Golyshev S I，Verkhovskaya N A，Burkova V N，et al. 1991. Stable carbon isotopes in source-bed organic matter of West and East Siberia. Org Geochem，14：277-291
Higgs M D. 1986. Laboratory studies into the generation of natural gas from coals. London：Geological Society of London
Hornibrook E R，Longstaffe F J，Fyfe W S. 1997. Spatial distribution of microbial methane production pathways in temperate zone wetland soils：stable carbon and hydrogen isotope evidence. Geochim-Cosmochim Acta，61：745-753
Lewan M D. 1991. Primary oil migration and expulsion as determined by hydrous pyrolysis：Proceedings of the 13th World Petroleum Congress. 2：215-223
Perry E A. 1974. Diagenisis and the K-Ar dating of shales and clay minerals. Bull Geol Soc America，85：827-830
Smith J W，Batts B D，Gilbert T D. 1989. Hydrous pyrolysis of model compounds. Org Geochem，14(4)：365-373
Sobolev A V，Hofman A W，Kuzmin D V，et al. 2007. The amount of recycled crust in sources of mantle-derived melts. Science，316：412-417
Sugimoto A，Wada E. 1995. Hydrogen isotopic composition of bacterial methane：CO_2/H_2 reduction and acetate fermentation. Geochimica et Cosmochimica Acta，59(7)：1329-1337
Tang Y，Behar F. 1995. Rate constants of n-alkanes generation from type II kerogen in open and closed Pyrolysis systems. Energy & Fuels，9(3)：507-512
Tissot B P，Welte D H. 1978(1st edition)；1984(2ed edition). Petroleum formation and occurrence. Heidelberg，New York：Springer-Verlag
Van Hinte J E. 1978. Geohistory analysis：Application of micro paleontology in exploration geology. AAPG Bulletin，(1)：201-222
Waples D W. 1980. Time and temperature in petroleum formation：Application of Loptain's method to petroleum exploration. AAPG Bulletin，64(6)：916-926

第 4 章　盆地北部上古生界大面积富砂机理

以碎屑沉积为主的盆地，砂泥沉积互为消长关系，泥质沉积为主，可称之为贫砂盆地；砂质沉积为主，可谓之富砂盆地。晚古生代时期，作为大华北盆地一部分的鄂尔多斯沉积区，从石炭纪本溪组到二叠纪石千峰组，发育不同类型的河流—三角洲沉积体系。特别是在现今盆地中北部，由于河流—三角洲相砂体迁移摆动及纵向上多期砂体叠置，砂岩储集体分布范围广，表现为大面积富砂特点。在各层段大面积砂体分布中，以中二叠统石盒子组盒 8 段最为典型，相互叠置形成的大面积分布的砂体群，成为天然气运聚成藏的有利场所。

4.1　大面积富砂地质内涵与特征

4.1.1　大面积富砂地质内涵

大面积富砂是近几年出现在油气勘探领域中的一个描述性术语，无论在时间上还是在空间上都是一个相对概念。在时间上，它是指某一勘探目的层段(或沉积期)。在空间上，它是指砂体分布层位稳定，且分布范围广。在砂体发育形式上可以是单层砂体，也可以是多层砂体。勘探目的层段中一个单砂体可能并不稳定，也可能不呈大面积分布，但在目的层段内，不同期的多套砂体发育且在大面积内分布，即在区域上或盆地范围内砂体累计厚度分布所占面积有较大的比率，一般可以将这些盆地及区域称之为富砂盆地或者富砂区。衡量一个盆地或者区域是否富砂，其最关键的量化指标就是砂地比。一般勘探目的层段中砂地比＞60%就称之为富砂段，富砂段所占面积超过所在盆地或区域的 60%就称之为富砂盆地或富砂区。

鄂尔多斯盆地上古生界砂岩沉积分布广泛，盆地千余口探井和苏里格等大气田万余口开发井所揭示的砂体空间展布特征表明中二叠统石盒子组盒 8 段砂体发育，砂地比最高。在盆地中北部地区，盒 8 段的砂地比大于 60%的区域占到 90%以上，总面积达 $15\times10^4km^2$(图 4-1)。如果以盒 8 段作为成图单元，其中累计厚度达 10m 以上的砂层平面上分带不明显，呈毯式大面积分布，盒 8 段是现今鄂尔多斯盆地上古生界最富砂的层段之一。

美国密西西比河浅水三角洲体系大面积砂体分布是典型的现代实例。该浅水三角洲前缘坡度很缓，一般只有 1.5°，分流间湾坡度更是小于 0.5°。统计分析揭示：仅在 6000 年左右的时间段内，密西西比河分流河口向海进积的速率为 50～100m/a，一共形成了 7 个三角洲朵体，每个朵体活动时间为 800～1500a，这些三角洲朵体横向上拼贴或叠置连片，每个朵体都经历过向海迅速推进的建设期和被海洋作用改造的废弃期，从而形成一个由不同时期的建设相和改造相组成的分布超过 $3000km^2$ 的大面积浅水三角洲复合砂体(Ganil，2007；Hoy，2003)。密西西比河大面积浅水三角洲复合砂体的形成过程表明，大面积浅水三角洲砂体的形成是多期浅水三角洲朵体向海快速推进、侧向加积、叠置连片的结果。同样，现代许多类似的湖泊浅水三角洲也说明了砂体侧向拼贴、叠置作用的重要性。美国 Texoma 湖红河三角洲就是典型实例，该三角洲自 1944 年起向湖共进积了 15km，无论是 1981 年前三角洲平原上的 4 个分流河道，还是 1981 年后的单一分流河道，三角洲平均进积速率约 270m/a，不同时期的砂体逐渐进积、侧向叠加形成了大面积连片分布的砂体群(Donaldson，1974)。中国鄱阳湖目前处于湖盆稳定扩张时期，但由于多河入湖、物源供给充足，仍然以进积河控浅水三角洲体系发育为特征。张春生(1997)对鄱阳湖赣江三角洲研究表明其也存在多支分流河道，分流河道侧向频繁摆动为砂体叠置、大面积分布创造了有利条件，1949～1992 年的 43 年间，赣江西支、中支各下延 14km，进积速率为 342m/a；南支下延 8.5km，进积速率为 200m/a；

北支下延 9.71km，进积速率为 209m/a。邹才能等(2008)进一步的研究认为鄱阳湖洪水、枯水期赣江三角洲的发育特征体现了浅水河控三角洲的几个特点：①三角洲平原明显分为上三角洲平原及下三角洲平原；②相对于上三角洲平原的洪泛区，下三角洲平原分流间沼泽、残留湖或分流间湾发育；③洪水期的下三角洲平原为主要沉积物卸载区，发育多级末端分流河道系统，并形成了多套砂体的叠加并向前逐渐延伸。物源供给充足、分流河道发育的浅水三角洲沉积，易于形成大范围内多期砂体叠置且砂体延伸远，这是形成大面积砂体分布的关键因素。

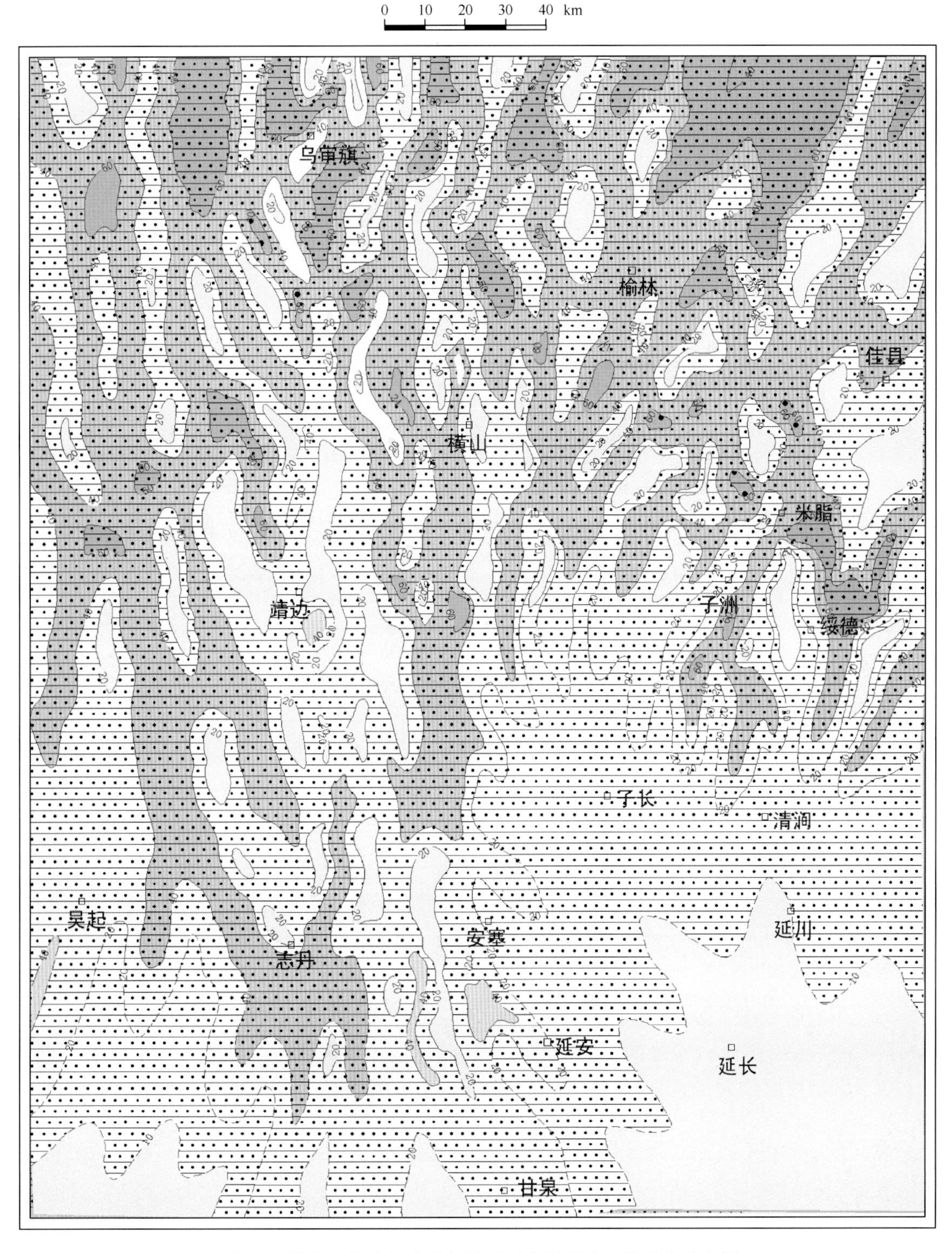

图 4-1　鄂尔多斯盆地中北部地区石盒子组盒 8 段砂体分布图

4.1.2　盆地北部上古生界大面积富砂基本特征

盒 8 段是苏里格等大气田的主力含气层位，天然气勘探与开发积累了丰富资料，能对其更小层段及更细尺度上的砂体分布特征进行研究，进而了解大面积砂体分布的内在特征与成因。

苏里格气田的盒 8 段主要为三角洲平原上的辫状河沉积，单条河道宽度一般在 2～5km，砂体的宽厚比大，一般为 80～120，由于河道的侧向频繁摆动，多期河道叠合形成的复合河道分布宽度可以达到 10km 以上，且多个砂体相互切割叠置，形成大面积连片分布的复合砂体。

由于纵向上多层砂体的叠置，盒 8 段的砂体厚度相比其他层段均较大，且分布稳定。钻井取心层段揭示了纵向上多期砂体叠置现象非常普遍。以盒 8 下段砂体为例，砂体分布较稳定，厚度一般为 20～30m，一般可以进一步划分为上、下两段砂体。在这两段砂体内，可以识别出 3～4 个小沉积旋回的砂体，而且在这些小的沉积旋回中，仍然能识别出更小的砂体叠置现象。统计表明，盒 8 下段 4 个沉积单元内平均砂岩厚度≥5m，最厚可达 6.4m(图 4-2)，其 20～30m 厚砂体是由多个薄砂体累计叠置而形成。从沉积学角度分析，河流相的单期薄砂层不可能大面积分布，因此，大面积砂体是指地层段而言，而不是小砂层。

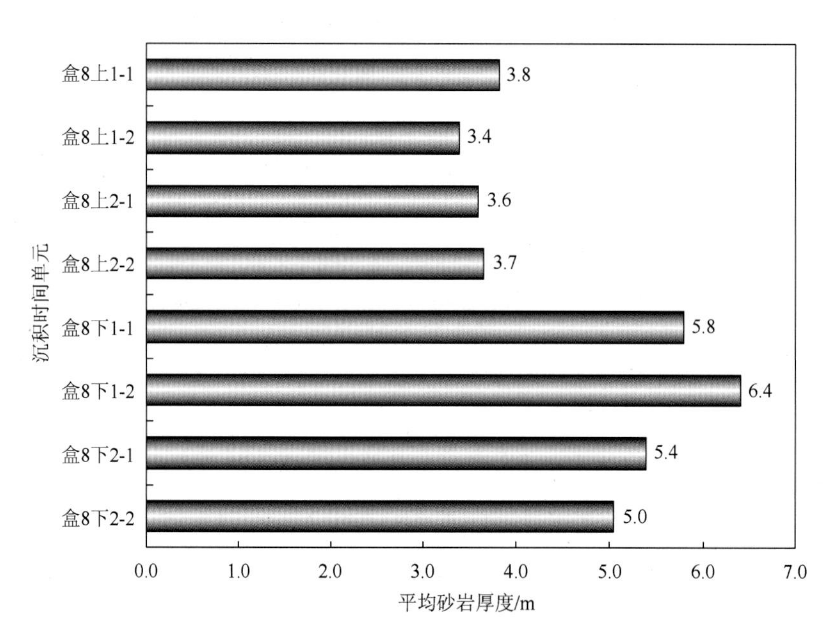

图 4-2　鄂尔多斯盆地盒 8 段各砂层段砂岩厚度统计图

盒 8 段砂体大面积分布在勘探开发过程中的主要表现就是砂层钻遇率高。如果以苏里格地区盒 8 段作为统计单元，在大于 $1\times10^4km^2$ 面积内，其砂体钻遇率达到 90%以上，整体上具有较高的钻遇率，说明苏里格地区盒 8 段砂体大面积展布。但若将盒 8 段进行细分，不同层段的钻遇率变化就比较大：盒 8 段的 4 个小层段中，盒 8 下 $_1$ 和盒 8 下 $_2$ 段钻遇率最高，均达到 90%以上，表明这两个砂层组的砂体在平面上是大面积连片分布的；盒 8 上 $_1$、盒 8 上 $_2$ 两个砂层段砂体钻遇率为 65%～90%，反映出砂体规模相对较小，并不具有大面积分布特征。这进一步说明大面积砂体分布与所选择的时空界定有关，在时间上以地层段为统计单元，砂体是大面积分布；而如果以小砂层统计，砂体则并不是大面积分布。

盒 8 段砂体大面积分布的另一特征就是砂地比高，砂地比(或砂岩密度)表示某一层位中砂、砾岩所占地层厚度的百分含量，在描述砂体几何形态及砂体之间连续性特征上的应用非常有效。苏里格地区盒 8 段的砂地比较高，一般大于 60%。盒 8 下 $_1$ 和盒 8 下 $_2$ 砂地比较高，约 60%，最大可达 72.4%，在平面上大面积连片分布，且具有较好的连续性。

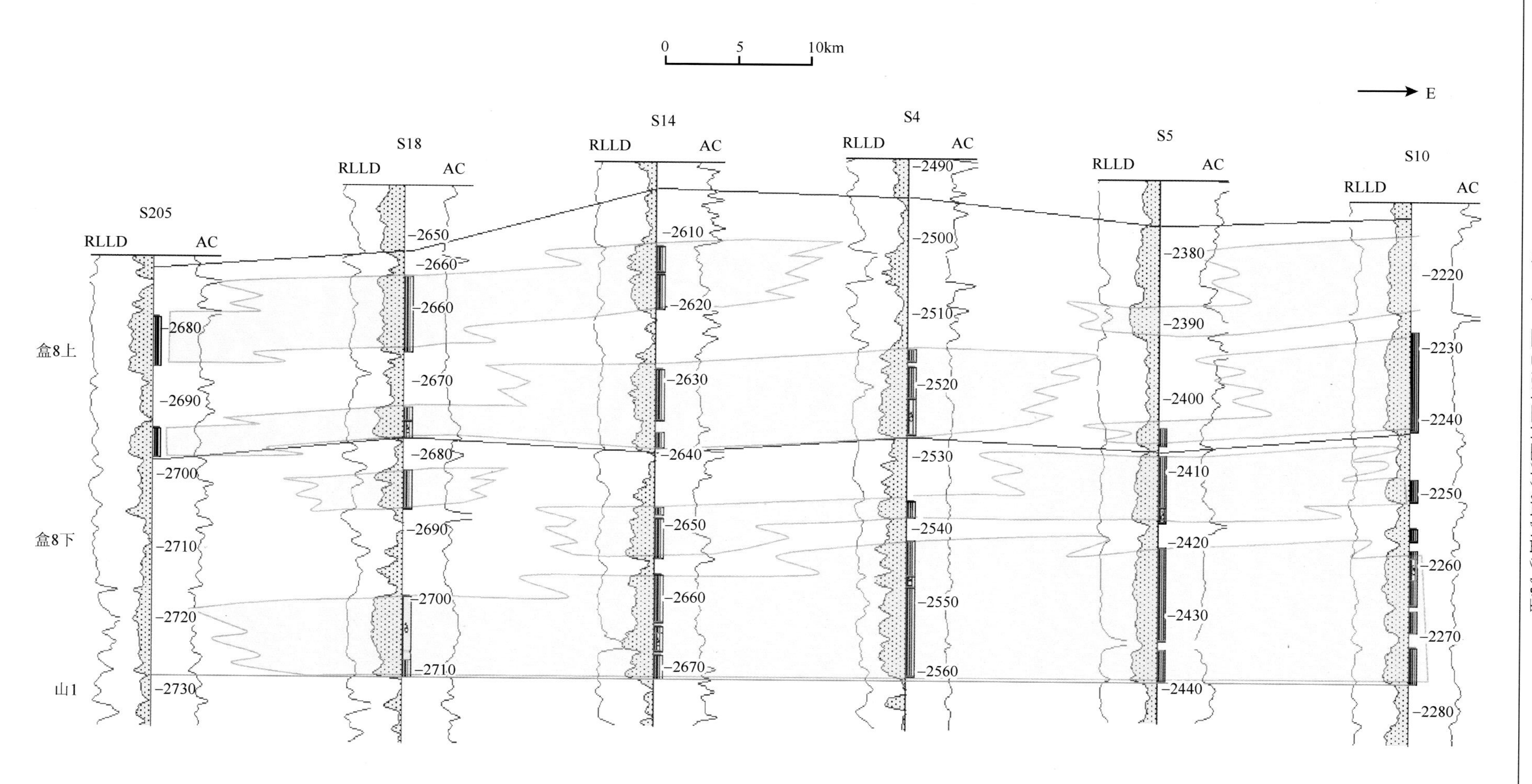

图 4-3　苏里格地区二叠系石盒子组盒 8 段砂体对比剖面图

同时，在大范围内，由于沉积期河道的频繁迁移，河流相砂体平面上叠合连片非常普遍。通过沉积微相研究，盒 8 段河道砂体可进一步划分为辫状河心滩及河道沉积砂体，三角洲平原相的分流河道、三角洲前缘的水下分流河道等沉积砂体。这类砂体单层厚度大，粒度粗，是良好的储集砂体。尽管单砂体一般呈条带状发育，但是由于河道的频繁迁移，砂体之间的相互叠置非常普遍(图 4-3)。如果将盒 8 段进一步细分为不同的小层沉积单元，仍然可以发现这种叠置特征。以苏里格气田盒 8 下段早期沉积为例，可以识别出河道、心滩及河道间、天然堤等微相(图 4-4)。单一河道宽度一般为 2～5km，但由于河道的迁移，单层在平面上可以形成宽达 10km 以上的主河道，如果将整个盒 8 期的砂体叠合在一起，将可以形成“毯状”的大面积砂体分布，并向南延伸数百公里，表现为大面积分布的特点。

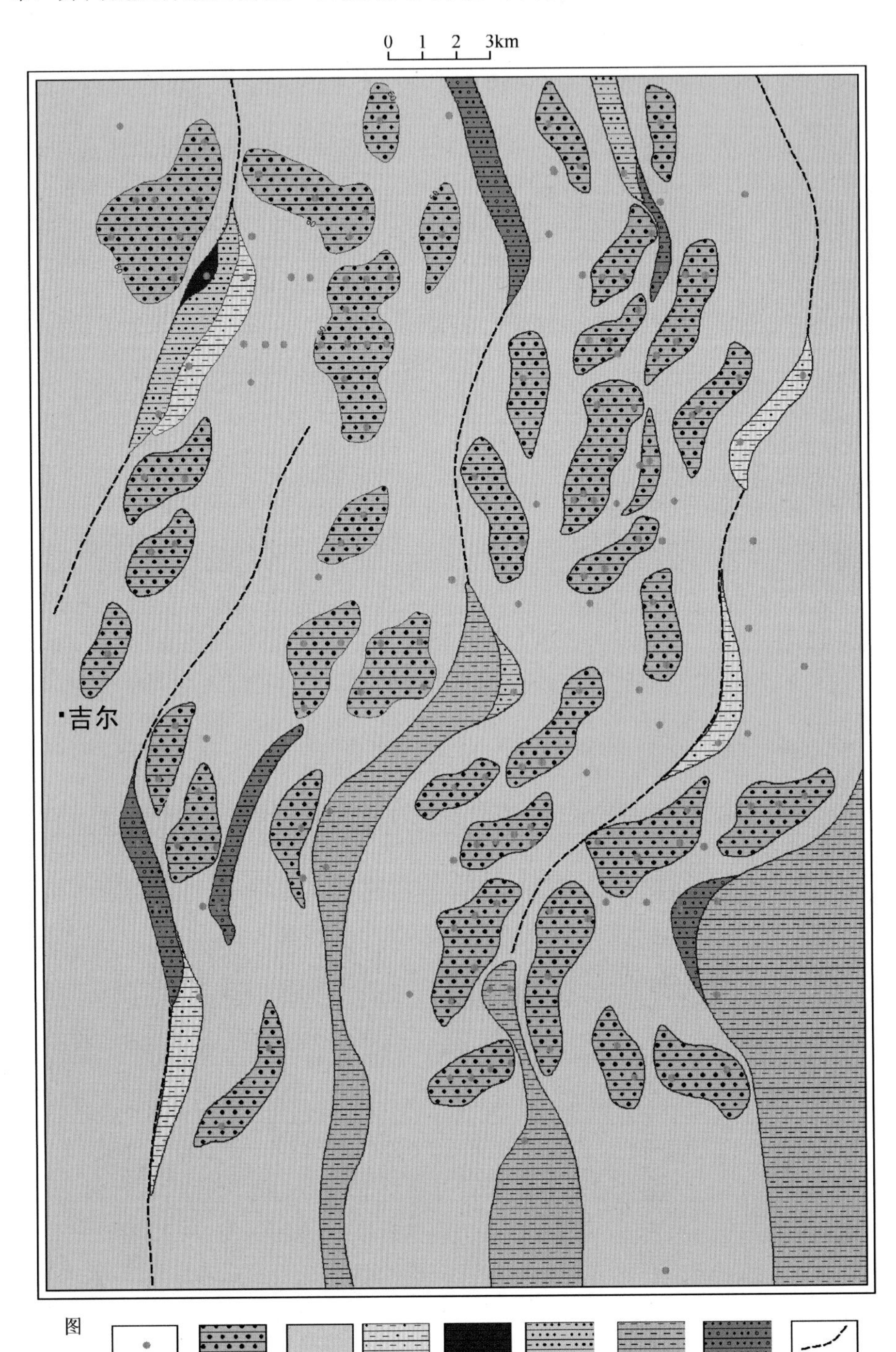

图 4-4　苏里格地区二叠系石盒子组盒 8 下段微相平面图

4.2　晚古生代沉积物源分析

沉积物源分析包括古侵蚀区的判别、古地貌特征的重塑、古河流体系的再现、物源区母岩性质的追踪、气候以及沉积盆地构造背景的确定等，是沉积盆地分析的重要内容。随着沉积学理论的发展和多种现代分析测试手段的出现，现今沉积物源分析所提供的沉积学信息更为丰富，在沉积盆地分析中的作用也更加重要。鄂尔多斯盆地上古生界物源分析研究早在盆地天然气勘探初期就已经开始，近年来，随着锆石定年、磁组构等一些新技术的应用，对其物源区特征的认识也逐步深入，对盆地沉积演化的分析也更为精细。

4.2.1　物源综合分析方法综述

传统的物源研究方法包括沉积学法、岩石学法及轻、重矿物分析法等。随着技术进步，近年来物源分析已发展成为多方法、多技术相结合的综合方法。如锆石同位素定年、磁组构分析、电子探针、质谱分析、阴极发光和稀土元素分析等先进技术在物源分析中应用日益广泛。而且，随着新技术、新方法不断涌现，研究手段逐渐从传统方法向与现代分析测试技术相结合转化。现代沉积物源分析的发展趋势是更加强调多方法的综合运用，并已经开始从定性判断向精细、定量分析方向发展。

1. 常规物源分析方法

1）沉积学方法

沉积学方法是传统物源分析的主要手段，主要依据地层厚度、粒度变化、古流向等基础沉积数据来追溯物源方向。例如，薛云韬等（2009）研究认为根据由物源向盆地方向地层厚度变大、砂/地比值降低、碎屑岩粒度逐渐变细等特点可以分析物源方向。古流向测量是传统的沉积学研究物源方法，但由于古流向具有较大的分散度，必须做大量的观测和资料统计，方能获取较客观的古水流与物源方向信息。根据古地貌、沉积相展布等相关图件，结合岩性、成分、沉积体形态等资料，可推断出物源区的相对位置（汪正江，2000；徐亚军，2007）。沉积学方法的优点是直接、有效、成本低，但不足之处在于统计工作量较大，且仅能判断物源的大致方向，不能确定物源区的具体位置、母岩性质等具体信息。

2）岩石学方法

传统的岩石学研究手段在物源分析中仍发挥着重要的作用。陆源碎屑组合来自于母岩，因此可以据此来推断物源区母岩类型。尤其是砂砾岩中的砾石，可直接反映物源区母岩的成分，也能反映磨蚀的程度、气候条件以及构造背景等。因此，砾石的各种特征是判断物源区、分析沉积环境的非常有用的直接标志。同时，砂岩的岩屑组成也是判识物源的直接标志之一。Dickinson 的碎屑组分图版是研究物源区构造背景最常用的方法之一，他分析了世界上近百个地区的砂岩组构并作了细致划分与定量统计，揭示了砂质碎屑矿物成分与物源区构造背景之间关系，建立了多个经验判别三角图解（Q-F-L，Qm-F-Lt，Qp-Lv-Ls，Qm-P-K 等），可以鉴别出陆块物源区、岩浆弧物源区和再旋回造山带物源区及 7 个次级物源区。但是该方法未考虑混合物源以及风化、搬运和成岩等作用的影响，在应用过程中也曾出现与实际情况不符的情况，需要与其他方法相互印证。阴极发光等测试技术出现后，利用石英、长石等碎屑颗粒在阴极光激发下的颜色特征也成为新的物源分析方法，但阴极发光对物源的判断也受到经验和较多随机因素影响。

3）轻矿物分析法

砂岩中的石英、长石和岩屑相对含量在划分物源体系和确定母岩特征上也非常有效，一般以 Q/（F+R）指数的形式进行分析。同时，不同来源石英中的包裹体特征和参数具有不同的特征，可以作为母岩的标志性特征，能够较好地指示母岩类型。

4) 重矿物方法

物源分析可用砂岩的重矿物组合、ATi(磷灰石/电气石)-RZi(TiO_2 矿物/锆石)-MTi(独居石/锆石)-CTj(铬尖晶石/锆石)等重矿物特征指数以及锆石—电气石—金红石指数(ZTR 指数)来指示物源(Morton，2005)。但是时代较老的沉积物中的重矿物受温度、埋深等条件的影响而造成其种类增多，相对含量降低，保留源岩的信息减少，影响物源分析的精度。因此，沉积物时代越新，利用重矿物判断物源的准确性会越高。此外，随着电子探针的应用，一些学者还利用单矿物(如辉石、角闪石、电气石、锆石、石榴石等)的地球化学分异特征来判别物质来源，如利用石榴石电子探针分析结果来研究物源可使水动力或成岩作用的影响降低到最小。

2. *物源分析新技术与新方法*

1) 岩心磁组构分析

磁性矿物学在物质来源鉴别方面发挥着重要作用，利用碎屑沉积物磁组构与原生沉积组构的成因关系，通过对环境物质进行磁性测量，分析磁性矿物的类型、组合、含量、粒度等特征，可有效揭示物源信息。周晶等(2008)开展的对比研究表明：与传统的研究方法相比，磁性矿物学手段具有样品用量少、灵敏度高、简单快速、非破坏性、信息量大等优点，具有较好的应用前景。

2) 单颗粒重矿物法

单颗粒重矿物法包括表面结构和成分分析等方法。最早 Cardona 等发现重矿物颗粒晶体表面的晶纹和形态不仅可进一步印证通过探针、地球化学和裂变径迹等方法获取的物源信息，而且还可以区分出重矿物的演化阶段并阐明矿物从开始搬运直到最终沉积，形成不同矿物颗粒的过程。

现在一般是应用电子探针对单颗粒重矿物的含量、化学成分等展开研究，进而应用典型的化学组分(如角闪石、石榴石、辉石、锆石、电气石、磁铁矿、十字石、金红石及磷灰石等)判定图版来判定其物源。

3) 元素地球化学方法

元素地球化学现今已成为地质构造复杂地区研究物源的有效手段，包括常量元素、特征元素及其比值法、微量元素(含稀土元素)法。主要利用一些在母岩风化、剥蚀、搬运、沉积及成岩过程中不易迁移，几乎被等量地转移到碎屑沉积物中的元素，如 Th、Sc、Al、Co、Zr、Hf、Ti、Ga、Nb 及稀土元素(REE)等，其中应用最多的就是稀土元素。

近年来，一些学者还利用电子探针、激光剥蚀等离子体质谱仪(LA-ICP-MS)、电子顺磁共振(EPR)等成分分析仪器，测得重矿物中的常量元素、石英颗粒微量元素，并根据矿物元素的组成、相对含量、元素的组合，建立多元图解和配分模式，用于物源分析和大地构造背景判别及沉积环境分析。

元素地球化学分析物源兼具有效、经济、定量等优点，既适用于富含基质的砂岩和页岩，又可确定物源的年龄和地球化学演化历史，并可有效地避免水动力因素的影响。元素地球化学分析中应当注意到主元素的活动性和可迁移性对分析数据的影响，一般情况下，只是在短距离搬运和化学风化很弱的条件下才具有较好的可比性。而化学变异指数(CIA)则提供了一种定量硅酸盐矿物风化程度的方法。同时在进行元素组合分析时，还要考虑到搬运过程中的稀释作用，即应注意相对含量而非绝对含量。

4) 地质年代学方法

单颗粒碎屑矿物的同位素测年在物源分析中已广泛应用，目前应用的方法主要有：碎屑颗粒的(磷灰石、锆石)裂变径迹测年法、含铀矿物(锆石、独居石和榍石)U-Pb 测年法、(碎屑云母和角闪石)40Ar/39Ar 测年法、Rb-Sr 法、Sm-Nd 法、Sr-Nd 法、87Sr/86Sr 法、207Pb/206Pb 法等。

裂变径迹法分析物源是利用磷灰石、锆石中所含的微量铀杂质裂变时在晶格中产生的辐射损伤，经一系列化学处理后，形成径迹，通过观测径迹的密度、长度等分布，并对其加以统计分析，从中提取与物源区的年龄及构造演化有关的信息(王国灿，2002)。在物源研究方面，不仅可以利用同位素之间的相互关系来判别物源区，例如，利用绿帘石中的 Nd 和 Sr 同位素比值进行物源判别(幔源或壳源)，更重要的是可以通过沉积物年龄的测定来判别物源的时代。

5)地球物理学方法

地球物理学在物源分析中的应用主要有测井地质学法和地震地层学法。测井地质学法主要利用自然伽马曲线分形维数、地层倾角测井等来判断物源方向。同一物源体系中自然伽马曲线分形维数在表现特征上具有共性，可以根据这一特征来研究物源。地层倾角分析就是通过测量砂岩层理的倾向和倾角，进而判断物源方向。目前，多采用矢量方位频率图法和蓝色模式法相结合的手段，对地层倾角测井资料进行处理，绘制玫瑰花图并最终确定古水流方向。地震资料中的前积反射是沉积物向盆地推进过程中形成的，因此，其前积方向也代表了物源方向。

6)黏土矿物学方法

泥岩的渗透率一般低于砂岩，在成岩过程中不易受到外来流体和物质的影响，故其在确定物源方向方面可能比砂岩更有意义。另外，碎屑黏土是泥岩中的独特组分，在确定物源和古气候方面有很大的应用潜力，尤其是在浅层沉积物的物源示踪及第四纪以来的气候变化研究方面应用广泛。此外，还可利用 Al/Ca 或高岭石/蒙脱石比值来判断物源方向。

7)化石及生物标志化合物方法

借助于对沉积物中微体化石的分析，以及泥岩中正构烷烃、姥鲛烷、植烷、藿烷和甾烷等生物标志物的特征来判断有无陆源高等植物的输入。通过不同来源和成熟度的生物标志物，来判断沉积有机质与碎屑沉积物的来源。

4.2.2　晚古生代鄂尔多斯沉积区多物源供给

关于晚古生代鄂尔多斯地区的物源，汪正江(2001)、席胜利(2002)、付金华(2008)、侯明才(2009)、罗静兰(2010)等学者先后运用碎屑组分、重矿物、古流向等方法从不同的侧重点进行了分析，在盆地多物源供给这一观点上基本达到共识。

1. 多物源供给与上古生界岩性分区

源区母岩是砂体形成的物质基础，因此，砂体特征与母岩性质密切相关。晚古生代，受鄂尔多斯盆地北部兴蒙造山带演化的影响，盆地北部物源区强烈隆升，碎屑物质供给充足，形成上古生界砂岩沉积大面积发育。

1)中二叠统石盒子组盒 8 段

自东向西，盆地岩屑组成宏观分布的最大特点就是石英含量逐渐增大，相应的岩屑的含量则逐渐下降，依据近南北向的砂带分布特征，可以划分出石英砂岩和岩屑类砂岩两大岩性分布区，二者之间存在由岩屑石英砂岩+岩屑砂岩构成的岩性过渡区，这与物源区的岩性组合分布(西部富石英物源)具有较好的匹配关系，岩性受物源控制特征明显。

从石英含量分布上看，现今盆地中北部盒 8 段石英含量在平面上的分布具有明显的区域分带性，大致以靖边—安塞一线为界，东西可以划分为两大岩相分布体系：西部体系主要由石英砂岩和少量岩屑石英砂岩组成；东部体系主要由岩屑砂岩、岩屑石英砂岩组成，岩石成分较为复杂(图 4-5)。

岩屑含量及其组合特征反映的不同砂带的母岩性质更为显著。盆地中北部地区可分出东部、中部和西部三大不同岩屑组合小区。其中，东部小区岩屑组合主要为浅变质岩+火成岩+石英岩；中部岩屑组合主要为浅变质岩+石英岩+火成岩；西部岩屑组合主要为石英岩岩屑，这一点与西部物源区富石英的特点也一致。

盒 8 段重矿物组成在平面上的分布同样具有明显的区域分带性，大致以靖边—安塞一线为界，东西可以划分为两大体系：东部以高石榴子石含量和组成复杂为特征，具有亲岩浆岩和深变质岩特征；西部为锆石+钛矿系列组合为特征，组合相对简单，具有亲浅变质岩系特征(图 4-6)，不同分区之间的界限与石英及岩屑组成的变化也具有较好的一致性。

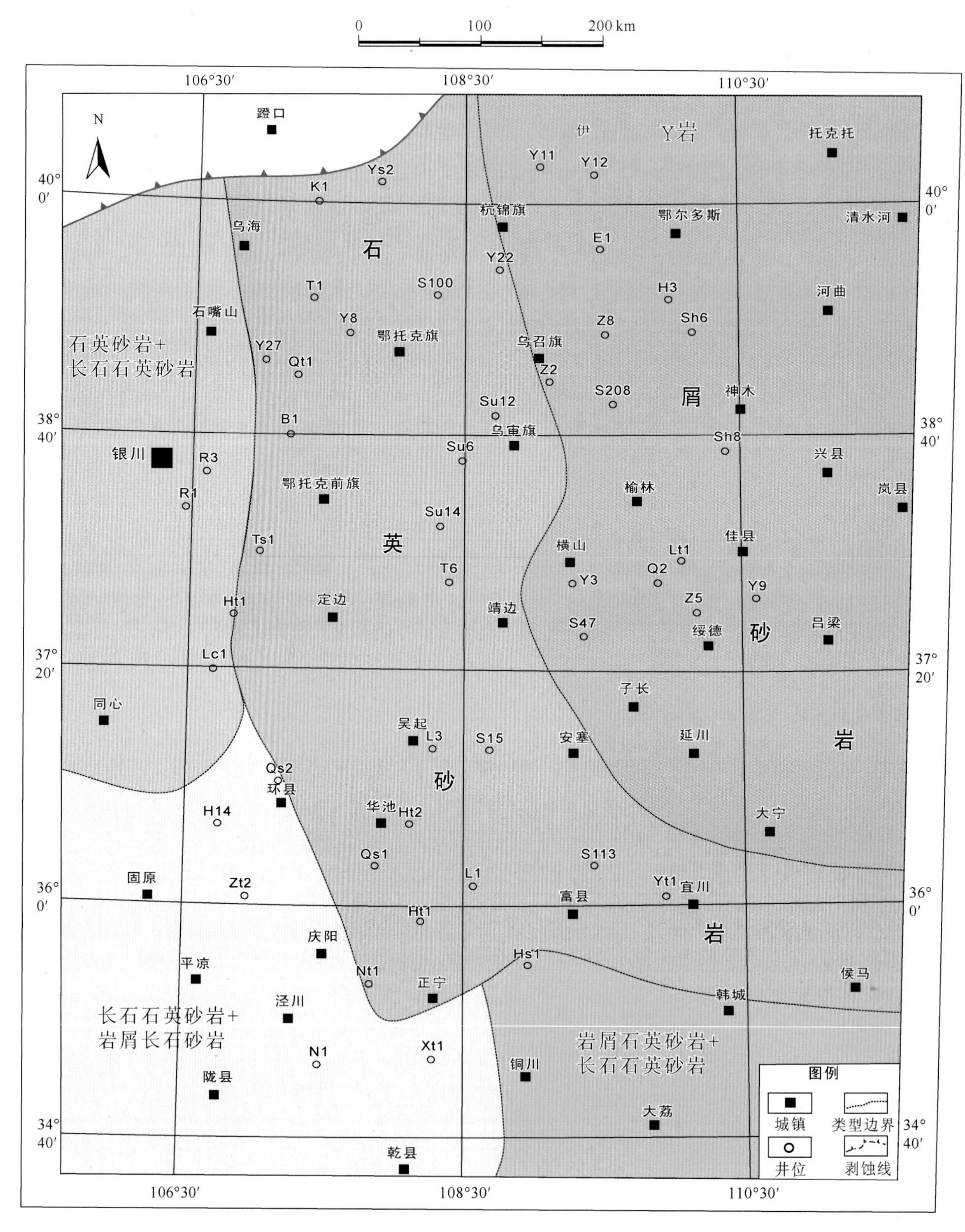

图 4-5　鄂尔多斯盆地盒 8 段岩石类型分区图

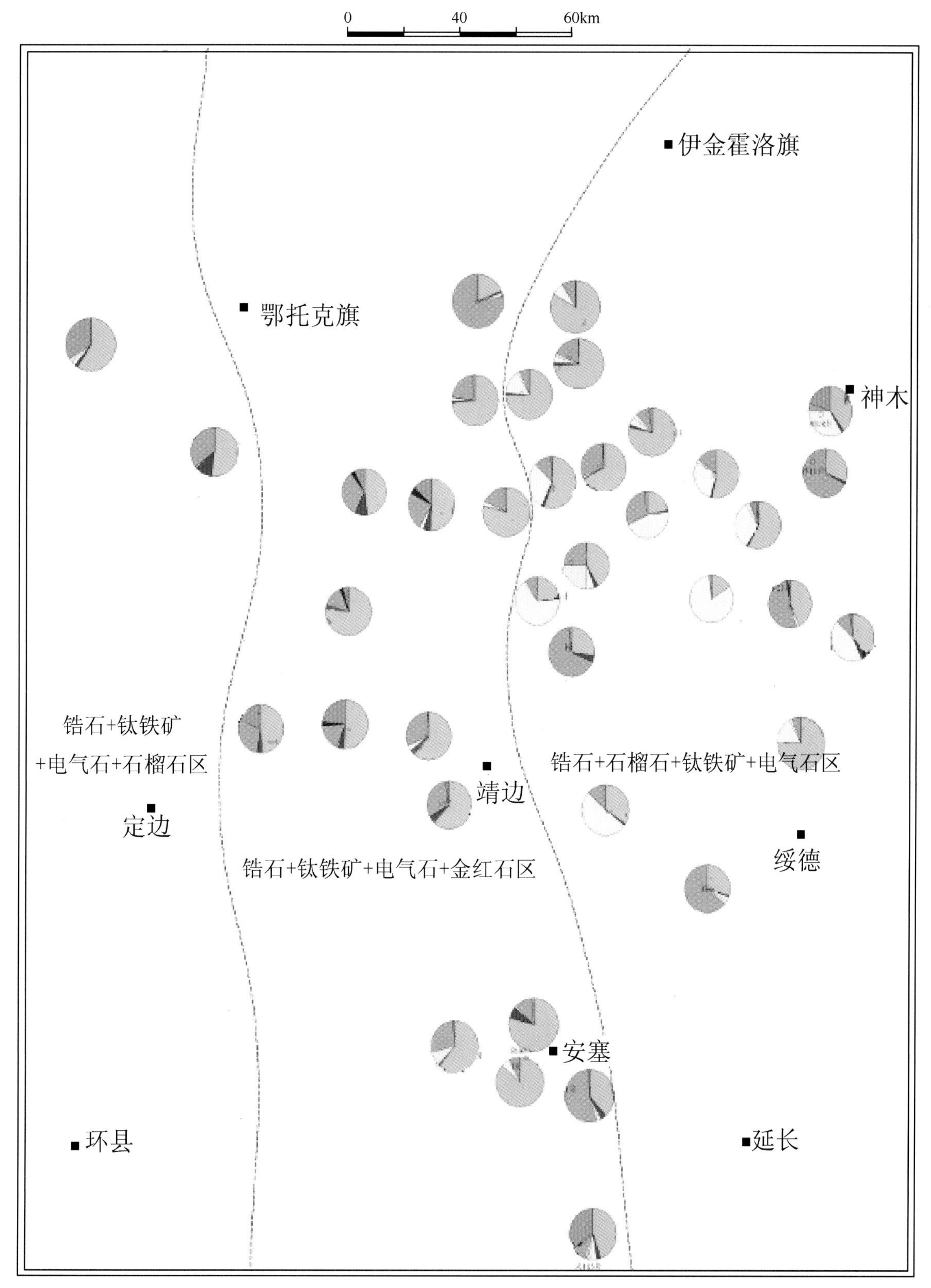

图 4-6 盆地北部盒 8 段重矿物分布图

2）下二叠统山西组山 1 段

在现今鄂尔多斯盆地，与盒 8 段相比较而言，山 1 段砂岩中岩屑的含量相对较高，但是仍然可以从其分布上看到自东向西岩屑含量降低、石英含量升高的趋势。具体表现在西部鄂托克旗地区为高石英、低长石、低岩屑含量区，石英含量为 73%～98%，长石含量极少或无，岩屑含量为 2%～16%，以石英砂岩为主，其次为岩屑石英砂岩。中部乌审旗、巴拉素地区为高石英，低长石、中低岩屑含量区，石英含量为 52%～96%，长石含量小于 5%，岩屑含量明显增多，为 4.8%～62%，以岩屑石英砂岩、纯石英砂岩为主。东部神木、绥德地区为高石英、中低长石、中低岩屑含量区，岩屑及长石含量较中西部稍有升高；其中，石英含量为 50%～96.5%，长石含量小于 14%，岩屑含量多为 1.23%～44.8%，以岩屑石英砂岩、岩屑砂岩为主。山 1 段碎屑组分反映的规律是：自西向东，碎屑颗粒中岩屑及长石含量有所增加；自北向南，随着搬运距离的加大，碎屑颗粒中石英含量有所增加，矿物成熟度有增高的趋势，变化规律与盒 8 段类似。

重矿物特征上，由于受到北部物源区组成的影响，西北物源最典型的重矿物组合为“锆石+石榴石”，次之为“电气石+钛铁矿”组合；北部物源重矿物组合以“锆石+钛铁矿”为主，次之为“电气石+磁铁矿”组合；东北部物源重矿物组合为“锆石+钛铁矿”，“电气石+石榴石”为次要组合。西北和东北物源重矿物组合差别较大，而北部物源与东北物源主要重矿物组合差别不大，次要重矿物组合有所差别，显然在成因上具有一定的亲缘性。

2. 碎屑锆石定年提供的物源信息

在近年出现的物源分析新技术中，碎屑锆石定年物源分析应用较多，具有较好的应用效果。主要是得益于锆石稳定的物理化学性质，其 U-Pb 年龄测试数据可以揭示物源区岩石年代信息，进而利用物源区与沉积区内的锆石特征及定年数据的对比来较为准确地确定二者的成因关系，对鄂尔多斯盆地而言，主要是北部阴山地区基底岩系与盆地上古生界沉积物的对比分析。

1）北部造山带基底岩系年龄特征

华北克拉通基底岩系存在两个最明显的峰值区间，分别为 2475～2550Ma 和 1750～1900Ma，它们分别代表了华北克拉通经历的 25 亿年（阜平运动）和 18 亿年（吕梁运动）两期地质事件。阴山地块东部集宁地区孔兹岩系碎屑锆石存在 2060Ma、1940Ma 和 1890Ma 三期峰值年龄。阴山地块西部乌拉山地区孔兹岩系碎屑锆石也有三个峰值年龄，分别为 2200Ma、2000Ma 和 1800Ma（吴昌华等，2006）。

2）盆地砂岩锆石定年

乌审旗地区探井的中二叠统石盒子组盒 8 段、下二叠统山西组山 1 段 6 个砂岩样品碎屑锆石的 U-Pb 定年结果表明：样品的碎屑锆石年龄值除 1 口井在盒 8 段出现大于 2.6Ga 的碎屑锆石外，总体呈现出 2350～2450Ma（早元古代早期）、1800～2000Ma（早元古代晚期）以及 300～400Ma（泥盆—石炭纪）三个明显的峰值年龄和 2100～2300Ma 次峰值年龄（图 4-7）。

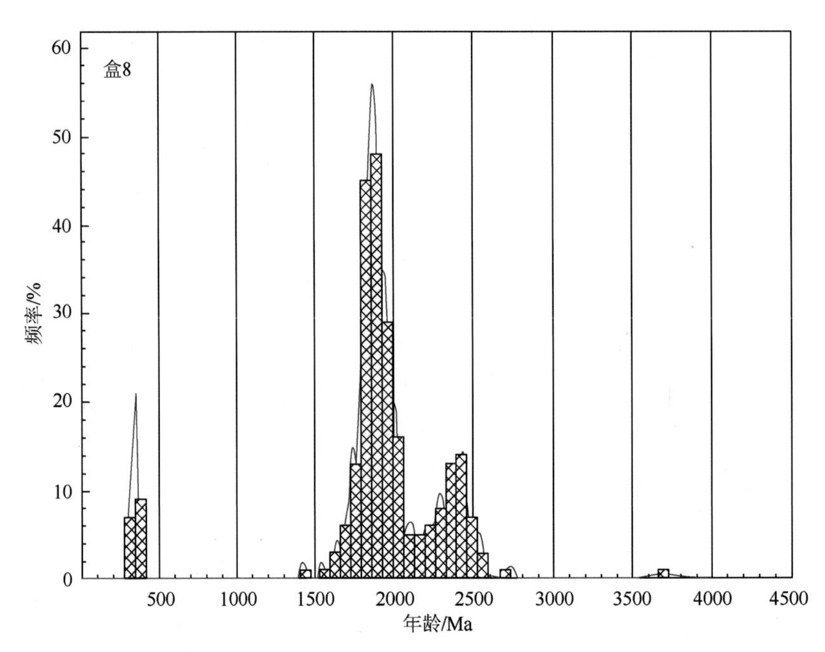

图 4-7　乌审旗地区盒 8 段碎屑锆石 U-Pb 年龄

对比北部造山带的基底岩系年龄特征，这三个峰值应当分别代表了盆地北缘及西北缘古元古代晚期的孔兹岩带(两个年龄区间：2.4～2.6Ga、1.8～2.2Ga)和鄂尔多斯盆地北缘阴山地块形成于 300～400Ma 的花岗岩及火山岩，而且大于 2.6Ga 的盒 8 段样品也与华北地块东北部太古宙古老的变质岩系(大于 2.6GMa)的年龄是近似的，进一步佐证了北部物源区是盆地上古生界沉积物的主要来源。

3. 古水流物源分析

现今鄂尔多斯盆地周缘均出露上古生界地层，对其中山西组和下石盒子组露头砂岩中近 500 个交错层理、波痕、砾石叠瓦状构造等古流向的测量与统计显示，西北部公乌素剖面、石炭井剖面古流向为向 S、向 E，表明物源区来自西北阿拉善古陆；东北部海则庙剖面、成家庄剖面，古流向指向 SW，表示物源区来自北边的阴山古陆；东南部薛峰川剖面、石川河剖面古流向指向 NNE、NE，表明物源区来自南东的秦岭古陆；西南部二道沟剖面中古流向指向 NE，显示存在南部物源。

盆地内部探井上古生界地层中磁组构古流水方向测试结果显示(表 4-1)，总体上北部盒 8 段、山 1 段沉积期的古水流都来自北部，尽管西部部分探井显示有来自西北方向的物源，东北部探井显示有来自东北方向的物源，但总体仍然表现了以北部物源为主的特征，其余均为次要物源，供给能力及影响范围有限。

表 4-1　乌审旗地区盒 8 段、山 1 段沉积期磁组构古流向的测定结果

井号	样号	深度/m	层位	古流向方向/(°)
Z23	Zh23-4	3063.24	盒 8	107.1
Z27	Zh27-1	3009.38	盒 8	194.5
Z23	Zh23-10	3106.41	山 1	84.2
Z28	Zh28-3	3128.08	盒 8	141.2
Z29	Zh29-2	2893.09	盒 8	158.6
Z29	Zh29-8	2907.28	盒 8	216.3
Z29	Zh29-12	2957.76	山 1	149.3
Z30	Zh30-5	3030.77	盒 8	154.9
Z31	Zh3l-5	2956.2	盒 8	169.3
T29	T29-5	2723.87	盒 8	216.2
T29	T29-11	2791.44	山 1	186.1
T32	T32	2685.32	盒 8	86.6
S51	S51-l	3499.25	山 1	220.5
S51	S51-2	3462.15	盒 8	82.8

总之，晚古生代鄂尔多斯周缘古陆是碎屑物质的主要来源，其中北方阴山古陆、西北缘阿拉善古陆是盆地上古生界沉积的主要物源。

4. 稀土元素分析

变质片岩主要由云母类、绿泥石、角闪石类等片柱状矿物构成，在风化作用过程中易于水解成泥质，是盆地上古生界沉积中泥质沉积物的主要来源。受不同的物源体系控制，上古生界泥岩沉积中的稀土元素特征具有明显的南北差异，表明了南北两大物源体系对其产生的影响。图 4-8 中代表盆地南部地区的平凉二道沟、镇探 1、灵 1 井山西组泥岩与南侧北秦岭造山带宽坪群阳起石片岩等呈相似的稀土配分模式，而与受北部物源控制的盆地西北部山西组泥岩有较大差异。

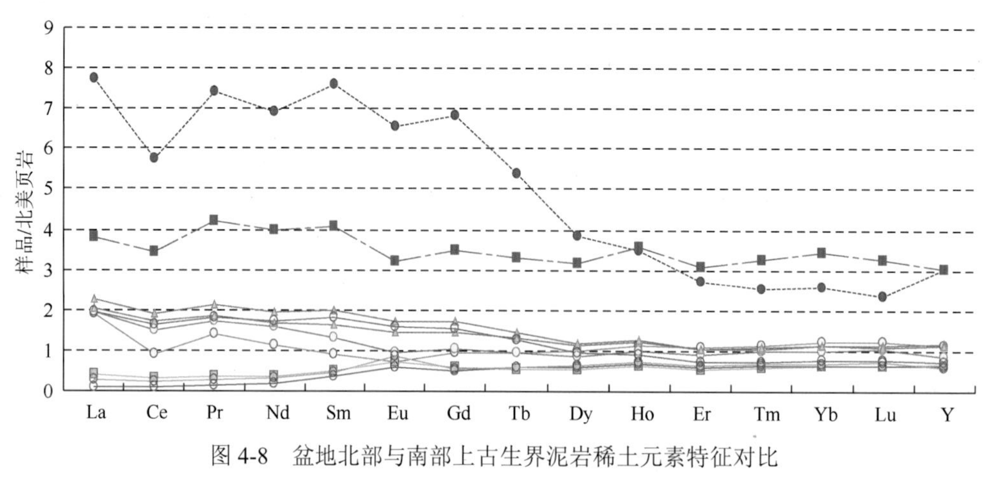

图 4-8　盆地北部与南部上古生界泥岩稀土元素特征对比

其中蓝色系的为北部地区上古生界泥岩样品，红色系的为南部地区上古生界泥岩样品，绿色系的为秦岭造山带变质岩样品

4.3　上古生界沉积体系与砂体分布

晚古生代鄂尔多斯地区处于大华北盆地西部沉积斜坡区(简称鄂尔多斯沉积区)。按沉积物特征和充填层序特点，可划分出以下演化序列：即晚石炭世本溪期至早二叠世早期(太原期)的陆表海沉积、早二叠世山西期海陆过渡沉积和中、晚二叠世石盒子期和石千峰期的陆相沉积三个大的演化阶段，整体表现为一完整的海侵—海退沉积序列。这种“沧海桑田”演变历史及古地理格局，在纵向上沉积相序列和平面上的沉积相带也烙下了明显的印记。

从晚石炭世到晚二叠世，鄂尔多斯沉积区发育了两类三角洲，即晚石炭世—早二叠世浅水海相三角洲和中晚二叠世浅水湖泊三角洲。由于其沉积机理上存在明显差异性，两类三角洲的砂体展布特征和储层发育规律存在较大的差别(于兴河，1992；何义中，2001；付锁堂，2003)。

就鄂尔多斯沉积区而言，两类三角洲在许多方面与经典三角洲存在较大差别：①中晚二叠世的湖泊三角洲，三角洲平原亚相成为三角洲中砂体集中发育带；②无论是海相三角洲还是陆相湖泊三角洲，其前缘河口坝、席状砂均不发育；③中晚二叠世陆相三角洲水下分流河道纵向延伸远，是三角洲前缘的骨架砂体；④无论是海相三角洲还是湖泊三角洲的三元结构均不明显。

4.3.1　沉积体系特征与分布

通过对盆地周缘野外露头剖面的系统观测及盆地内钻井取心井段的岩心分析，结合盆内上千口钻井的测井资料，将上古生界划分出 3 个沉积体系组和 7 个沉积体系，并对相应的沉积体系进行了沉积相、亚相和微相划分(表 4-2)。总体上，砂体分布也具有很强的规律性，海相、海陆过渡相沉积及海相三角洲沉积主要发育在太原组、本溪组、山西组；而其后的石盒子组及石千峰组以陆相湖泊三角洲沉积体系为主。

表 4-2　鄂尔多斯盆地古生界沉积相划分方案

沉积体系组	沉积体系	沉积相	亚相	微相	分布地区
大陆沉积体系组	冲积	冲积扇	扇根、扇中、扇端	泥石流沉积、河道沉积、筛状沉积、漫流沉积	近古陆的盆地边缘
	河流	辫状河 曲流河	河道 河漫滩	河床滞留、心滩、边滩、废弃河道、决口扇，天然堤、沼泽、洪泛平原	
	湖泊三角洲	辫状河三角洲、曲流河三角洲	三角洲平原	分流河道、天然堤、决口扇、分流间洼地、泥炭沼泽	现今盆地北部古陆南
			三角洲前缘	水下分流河道、水下天然堤、水下决口扇、河口坝、分流间湾、远砂坝、席状坝	湖盆中、南部
				前三角洲	湖盆中、南部

续表

沉积体系组	沉积体系	沉积相	亚相	微相	分布地区
大陆沉积体系组	湖泊	陆缘近海湖 大陆湖泊	滨　湖 浅　湖	滨浅湖泥、滨浅湖砂坝	现今盆地中南部
海陆过渡沉积体系组	三角洲	河控-潮控三角洲	三角洲平原	分流河道、河道间洼地、洪泛平原、平原沼泽	湖盆边缘
			三角洲前缘	水下分流河道、河口砂坝、分流间湾、远砂坝	
				前三角洲	
海相沉积体系组	障壁海岸	陆缘碎屑障壁海岸	潮下	障壁(或沿岸)砂坝、泻湖	现今盆地大部分地区
			潮间(潮坪)	潮道、砂坪、混合坪、泥炭坪	
			潮上	泥坪、沼泽	现今盆地北部
	陆棚	浅海陆棚		灰坪、藻坪、生屑滩等	现今盆地中、南部

1. 大陆沉积体系

1) 冲积扇沉积体系

鄂尔多斯沉积区冲积扇沉积体系主要发育在北部古陆(现今伊盟地区)边缘，主要由砾岩、砂质砾岩、砾质粗砂岩及中、细粒杂砂岩所组成，同时夹有薄—中层状粉砂岩、粉砂质泥岩和炭质页岩、煤线。目前较为典型的冲积扇沉积主要在山西组及石盒子组，根据岩石类型组合特征及其垂向演化序列，可以进一步识别出扇根、扇中、扇端亚相(图 4-9)。由于北部物源区的特殊组成，其冲积扇沉积中砾岩组成也具

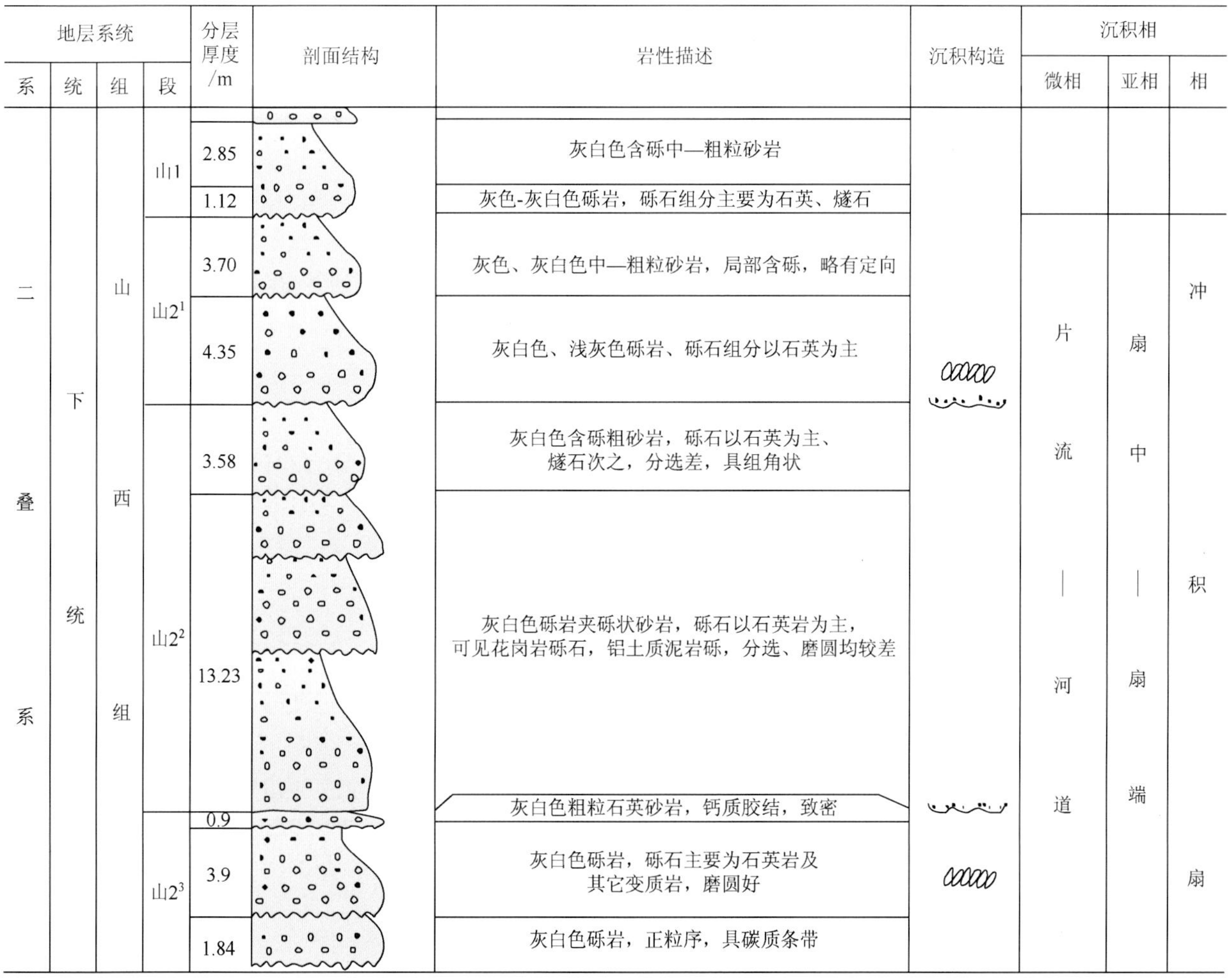

地层系统：系	统	组	段	分层厚度/m	剖面结构	岩性描述	沉积构造	沉积相：微相	亚相	相
二叠系	下统	山西组	山1	2.85		灰白色含砾中—粗粒砂岩				冲积扇
			山1	1.12		灰色-灰白色砾岩，砾石组分主要为石英、燧石				
			山2^1	3.70		灰色、灰白色中—粗粒砂岩，局部含砾，略有定向		片流—河道	扇中—扇端	
			山2^1	4.35		灰白色、浅灰色砾岩、砾石组分以石英为主				
			山2^2	3.58		灰白色含砾粗砂岩，砾石以石英为主、燧石次之，分选差，具组角状				
			山2^2	13.23		灰白色砾岩夹砾状砂岩，砾石以石英岩为主，可见花岗岩砾石，铝土质泥岩砾，分选、磨圆均较差				
			山2^2	0.9		灰白色粗粒石英砂岩，钙质胶结，致密				
			山2^3	3.9		灰白色砾岩，砾石主要为石英岩及其它变质岩，磨圆好				
			山2^3	1.84		灰白色砾岩，正粒序，具碳质条带				

图 4-9　苏里格地区 S51 井山西组冲积扇剖面特征

有一定特点，最多是石英类砾石，次之为变质岩砾石、泥岩砾石，可见部分岩浆岩砾石，火山岩砾石较少，这与北部造山带现今的组成也是具有一定相似性的；砾石大小不一，一般为2～10cm，最大者达17cm，砾石磨圆较差，呈次棱角状，显示了近源堆积特征。山西组的冲积扇主要形成于潮湿气候条件下，其内常见规模不等的煤层或煤线，因而属于潮湿型冲积扇；而石盒子组冲积扇体系煤层及煤线不发育，属于干旱—半干旱气候环境的产物。

2）河流沉积体系

河流是上古生界砂岩发育的主要场所，其河道砂体是上古生界中最重要的储集体。鄂尔多斯沉积区河流沉积包括辫状河、曲流河两种类型。从层系上看，辫状河沉积以石盒子组盒8段最为典型，而曲流河沉积则在山西组、石千峰组的上部较为常见；从分布范围上看，二者都主要分布在盆地北部邻近北部物源区的区域，其中心滩及边滩分别是辫状河及曲流河沉积中最有利砂体发育的沉积微相。由于晚古生代时鄂尔多斯沉积区地形平缓，沉积相分布稳定，相带间分异不明显，一般很难区分冲积平原上的河流相与三角洲平原上的分流河道沉积。

（1）辫状河沉积。

辫状河通常发育在北部山前冲积平原上，沉积物中粗碎屑比例高，以心滩沉积为典型特征，心滩沉积是在多次洪泛事件不断向下游移动过程中，垂向加积而成。砂体垂向剖面上无一定的粒序和沉积物构造序列，顶底岩性呈突变，垂向上呈透镜状叠加，心滩砂体中大型槽状层理、板状交错层理和高流态的平行层理较发育。由于辫状河携带的载荷中悬浮物质少，因而以泥质、粉砂质为特征的顶层亚相沉积少，层内泥质夹层少，表现为“砂包泥”的特点。河道与河道砂坝的横向频繁迁移是辫状河的主要特点，也是大面积粗砂岩分布的主控因素。根据其剖面特征，可进一步将其划分为河道和堤泛两种沉积亚相（图4-10）。

（2）曲流河沉积。

曲流河又称为蛇曲河，为稳定单河道，与辫状河相比较，河道坡度较缓，流量稳定，沉积物较细，一般为泥、砂沉积，表现出“泥包砂”的特点。曲流河沉积在现今盆地北部、中部山西组及石盒子组盒8段上部较为发育。河流的侧向侵蚀和加积作用形成的边滩是曲流河的主要砂体，同时由于河流的弯度大，因此常常形成河道的截弯取直现象，从而形成牛轭湖等典型沉积。

鄂尔多斯地区曲流河沉积的“二元结构”比较明显，一般可以明显见到下部推移载荷形成的粗碎屑河床、边滩亚相沉积和上部悬移载荷形成的河漫滩亚相沉积构成在纵向上的叠置发育现象。

3）湖泊三角洲沉积体系

湖泊三角洲沉积在鄂尔多斯地区上古生界石盒子组、石千峰组地层中广泛发育。由于存在南北两大物源体系，其交汇区不存在大范围统一的湖泊区，湖水进退频繁，水体较浅，为浅水湖泊三角洲。鄂尔多斯沉积区的湖泊三角洲沉积体系一般包括三角洲平原、三角洲前缘两个亚相，前三角洲亚相不发育。

（1）三角洲平原。

三角洲平原亚相中可识别出分流河道、天然堤、决口扇、分流间洼地及沼泽和洪泛湖泊等微相（图4-11）。

分流河道沉积是三角洲平原的骨架砂体，岩性以含砾粗砂岩、粗砂岩及中粒砂岩为主，其典型沉积构造包括板状交错层理、槽状交错层理、块状层理、平行层理等，而且砂岩底部一般均发育明显的冲刷构造，冲刷面之上见泥砾，露头及岩心中均可以见到明显的正粒序层理。分流河道沉积的测井曲线特征表现为钟形或齿化钟形。由于河道的频繁迁移、摆动，分流河道砂体往往多次反复叠加成一个厚砂体，构成复合正韵律，其总厚度远大于河道深度。同时，由于湖平面升降，物源区构造活动、物源供给量的变化以及盆地沉降的影响，常引起沉积基准面的升降，进而导致三角洲平原分流河道沉积可容纳空间的变化，形成了阶段性的进积作用和退积作用，纵向上发育多个不同类型的沉积旋回。

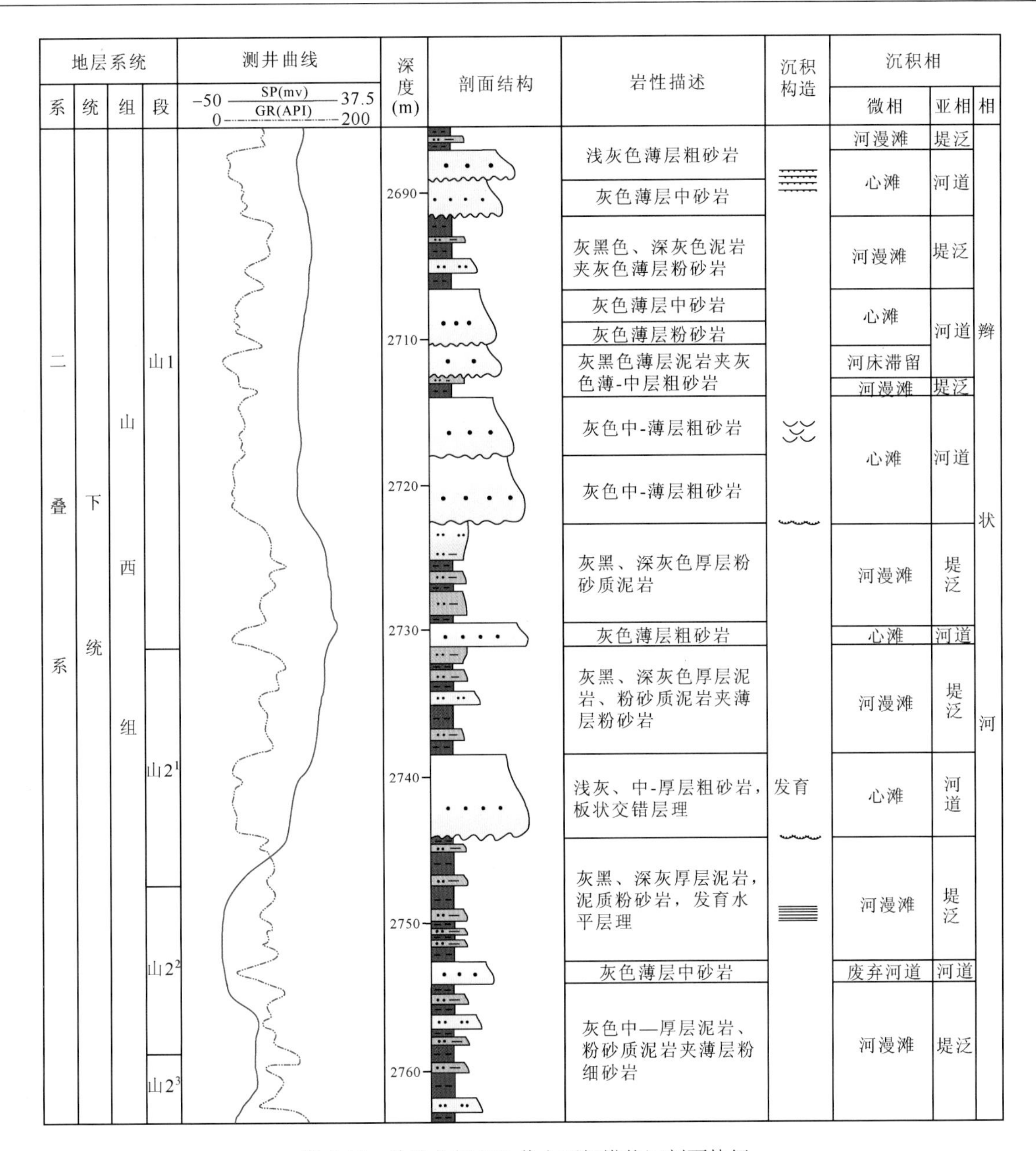

图 4-10　盆地北部 Z53 井山西组辫状河剖面特征

(2) 三角洲前缘。

三角洲前缘亚相系三角洲平原分流河道进入汇水区后的水下沉积区，一般由水下分流河道、河口坝、远砂坝、席状砂、水下分流间湾等微相组成(图 4-12)。水下分流河道是鄂尔多斯地区最为发育的三角洲前缘沉积微相，在太原组、山西组最为典型，常见的还有分流间湾微相，河口坝微相、远砂坝、席状砂不太发育。

鄂尔多斯地区的太原组、山西组沉积中水下分流河道微相的岩性主要为含砾粗砂岩、中粗粒砂岩、中粒砂岩，发育底面冲刷构造、粒序层理、平行层理、板状交错层理等沉积构造，在相序上与三角洲前缘河口坝、远砂坝密切共生，粒度分布以跳跃总体发育为特征，在自然伽马及自然电位曲线上均表现为钟形、齿化钟形或箱形，与三角洲平原分流河道具有一定的相似性，但由于其是三角洲平原分流河道的水下延伸部分，河道的迁移性较弱，砂体的侧向加积现象远没有三角洲平原分流河道微相发育。

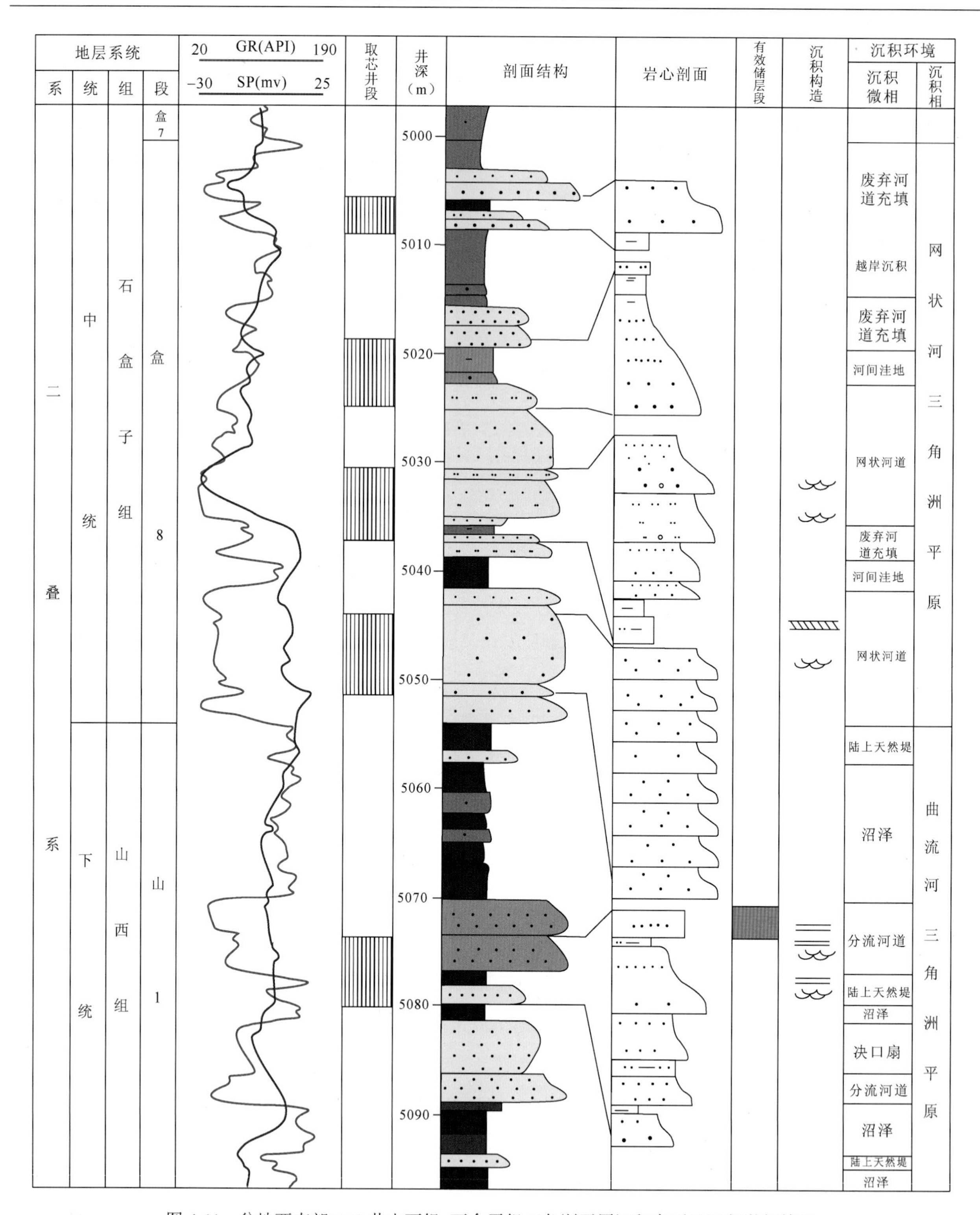

图 4-11　盆地西南部 ZT2 井山西组–石盒子组三角洲平原沉积序列及沉积微相特征

分流间湾微相：水下分流河道之间的低洼地区即为分流间湾，主要由一套细粒悬浮成因的泥岩、粉砂质泥岩组成，发育水平层理和透镜状层理，可见浪成波痕。

河口坝微相是河流注入水体时，由于河口及水体的抑制作用，河流流速骤减携带的大量载荷快速堆积下来而形成。其岩性也以粗粒—中粗粒砂岩为主，砂岩分选、磨圆均较好；逆粒序层理是其典型的沉积构造，河口坝微相在上古生界三角洲体系中较少发育。

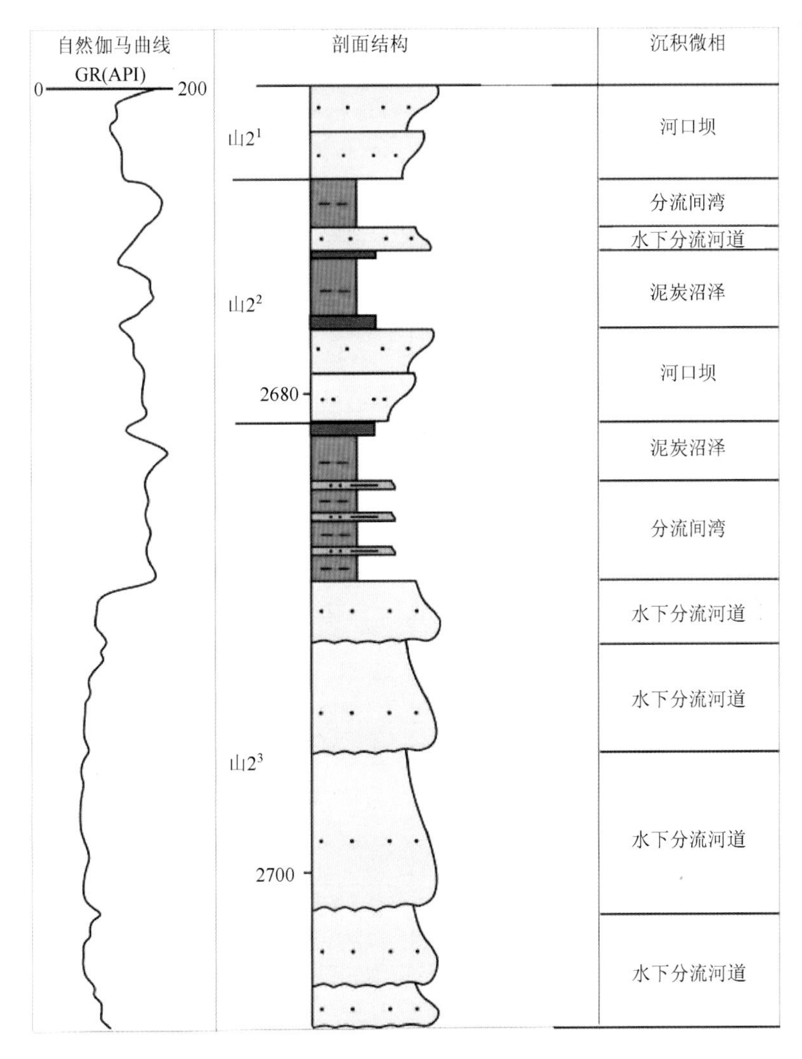

图 4-12　盆地北部 Y47 井山西组三角洲前缘沉积序列及沉积微相特征

4）湖泊沉积体系

晚古生代，鄂尔多斯沉积区的湖泊沉积体系在早二叠世山西组晚期开始出现，中二叠世石盒子期最为发育。这一时期由于受到南北两大物源体系的控制，其交汇区域在南部延安一线，不存在统一的大面积湖区且水体较浅，鄂尔多斯沉积区的湖泊沉积体系主要分布于沉积区南部，并且主要以浅湖亚相为主，岩性主要为细砂岩、粉砂岩与泥质岩互层，常见水平层理、脉状、透镜状层理和波状层理等，未见深湖相沉积。

2. 海陆过渡体系组

受晚古生代宏观沉积演化的控制，鄂尔多斯沉积区海陆过渡三角洲主要发育于本溪组（羊虎沟组）、太原组以及东部山西组下部地层中。而且由于继承了古生代大华北盆地的广阔陆表海背景，鄂尔多斯沉积区的晚古生代早期沉积水体较浅，没有大的波浪作用，也不存在强潮汐作用影响，形成了较为独特的浅水型三角洲沉积体系及相应的海陆过渡相沉积（图 4-13）。

现今鄂尔多斯地区的三角洲平原亚相沉积不但分布广泛，而且厚度较大，各微相在剖面结构上相互叠置，形成类似曲流河的二元结构特征。以太原组为例，其三角洲平原一般包括分流河道、天然堤、决口扇和分流间湾等微相；其三角洲前缘包括水下分流河道、河口坝、远砂坝、席状砂等微相，发育典型的浪成波痕及楔状交错层理。由于此类三角洲是在缓坡背景下形成的，故前缘中河口坝发育程度较差。在太原组局部还可以见到前三角洲亚相，岩性以灰黑色薄层粉砂质泥岩、泥岩、页岩为主，主要代表了远滨或浅海环境的产物。

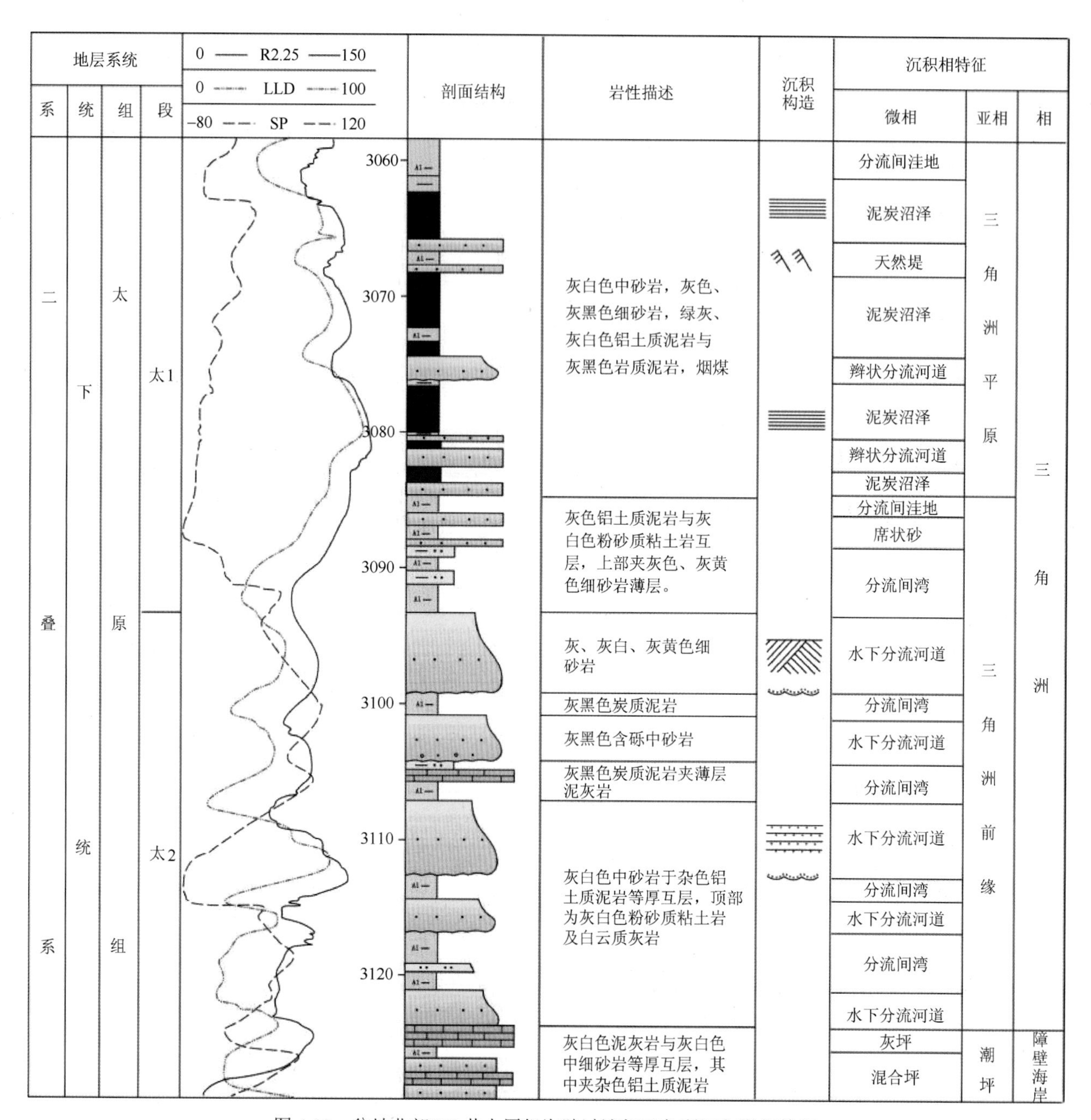

图 4-13　盆地北部 Y6 井太原组海陆过渡相三角洲沉积微相特征

3. 海相沉积体系组

海相沉积体系的发育层位与海陆过渡相相似，也主要在本溪组、太原组及山西组下部。主要包括障壁海岸沉积体系和浅海陆棚沉积体系两大类。

1）障壁海岸沉积体系

海岸沉积体系一般分布于正常浪基面（水深<20m）以上的滨海区域。鄂尔多斯地区上古生界主要发育以本溪组、太原组为代表的障壁海岸沉积体系。

晚石炭世本溪组、早二叠世太原组处于海相环境，由于沿海岸线存在一些障壁地形，如砂坝、滩等，致使近岸海与大洋半连通，海水处于局限或半局限环境，发育障壁岛—潮坪—泻湖复合体系（图 4-14）。由于晚古生代早期鄂尔多斯地区在苏里格—镇原一线近南北向的中央古隆起的存在，在其东侧边缘发育广阔的海岸平原，水体较浅，障壁地形多，常形成以泥、粉砂和碳酸盐岩混合沉积为特征的混积坪，在横向上与碎屑陆棚或混积陆棚相邻。

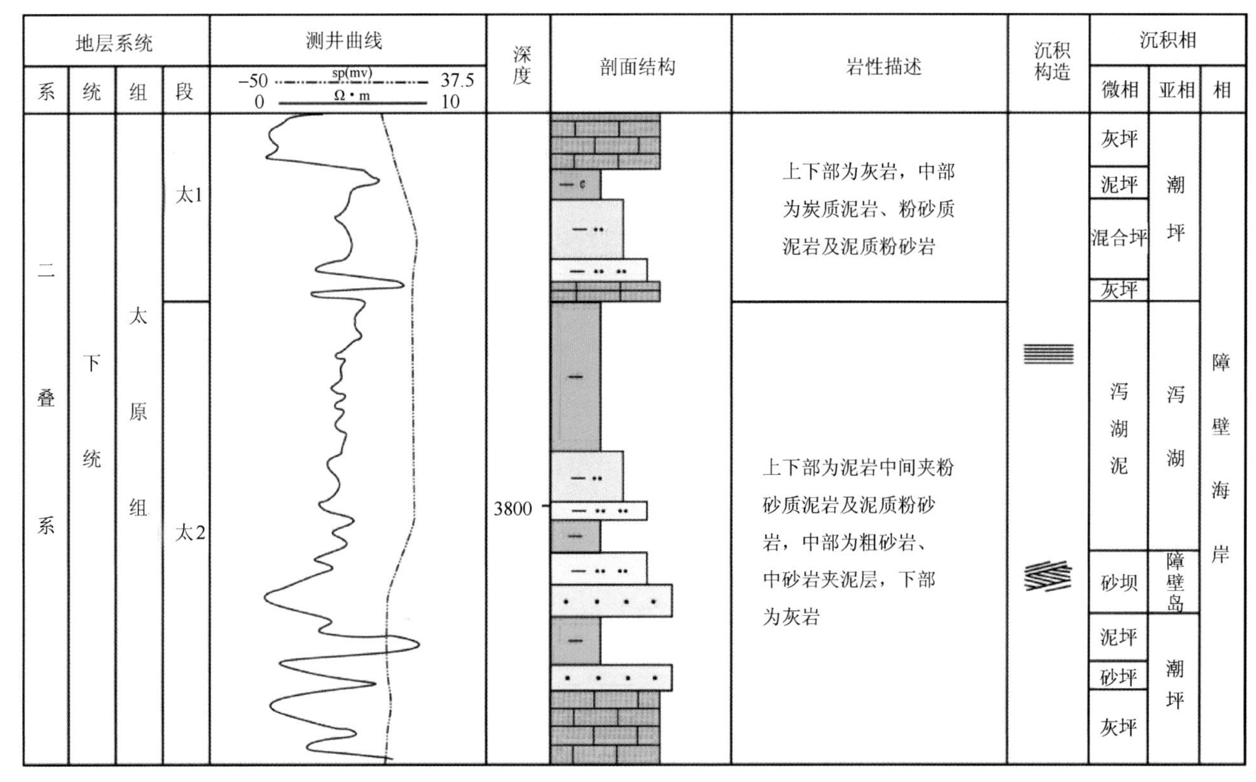

图4-14 盆地北部S60井太原组障壁海岸沉积特征

2）浅海陆棚沉积体系

陆棚即现代所称的大陆架，是正常浪基面以下向外海与大陆斜坡相接的广阔浅海沉积地区，水深不超过200m。该类沉积体系明显受古陆分布的控制，常与滨海沉积体系共生。按沉积组合可进一步划分为陆源碎屑陆棚、碳酸盐岩陆棚和混积陆棚体系。

鄂尔多斯沉积区浅海陆棚沉积主要发育在早二叠世太原组，沉积厚度一般为10～20m，以生物碎屑灰岩、泥晶灰岩为主，横向分布稳定，发育庙沟、毛儿沟、斜道及东大窑四段灰岩，灰岩内可以见到种类繁多的古生物化石。

4.3.2 晚古生代沉积演化与砂体分布

晚古生代，鄂尔多斯沉积区是大华北沉积盆地的一部分。晚石炭世，大华北盆地受到以拉张为主的构造应力而整体缓慢沉降接受沉积，但早期沉积总体继承了奥陶纪沉积剥蚀后的中部高、东部和西部低及西陡东缓的古构造面貌，之后这种差异性逐渐减小直至消失。鄂尔多斯沉积区晚古生代各个时期残存地层厚度所反映的古构造表明，本溪组和太原组厚度展布特征东西分异明显，说明这一时期残存的中央古隆起对晚古生代早期的沉积仍然起到主要的控制作用。但是从早二叠世山西期开始，地层展布东西分异明显减弱，开始出现南北分异，表明中央古隆起不再主控盆地沉积，而主体受以北部物源为主的物源体系控制。

1. 晚石炭世本溪期海侵初始阶段海相及海陆过渡相砂体

区域石炭纪古地理研究表明，经历了长达上亿年的加里东期构造抬升与区域性的风化剥蚀后，石炭纪晚期开始海侵，形成整个华北地区本溪组灰岩的大范围分布。陈昌明等（1989）研究认为这一阶段的海侵方向主要来自于华北东北部地区，局部由于古隆起及古陆的存在未接受沉积，如鄂尔多斯地区的中央古隆起区（图4-15）。

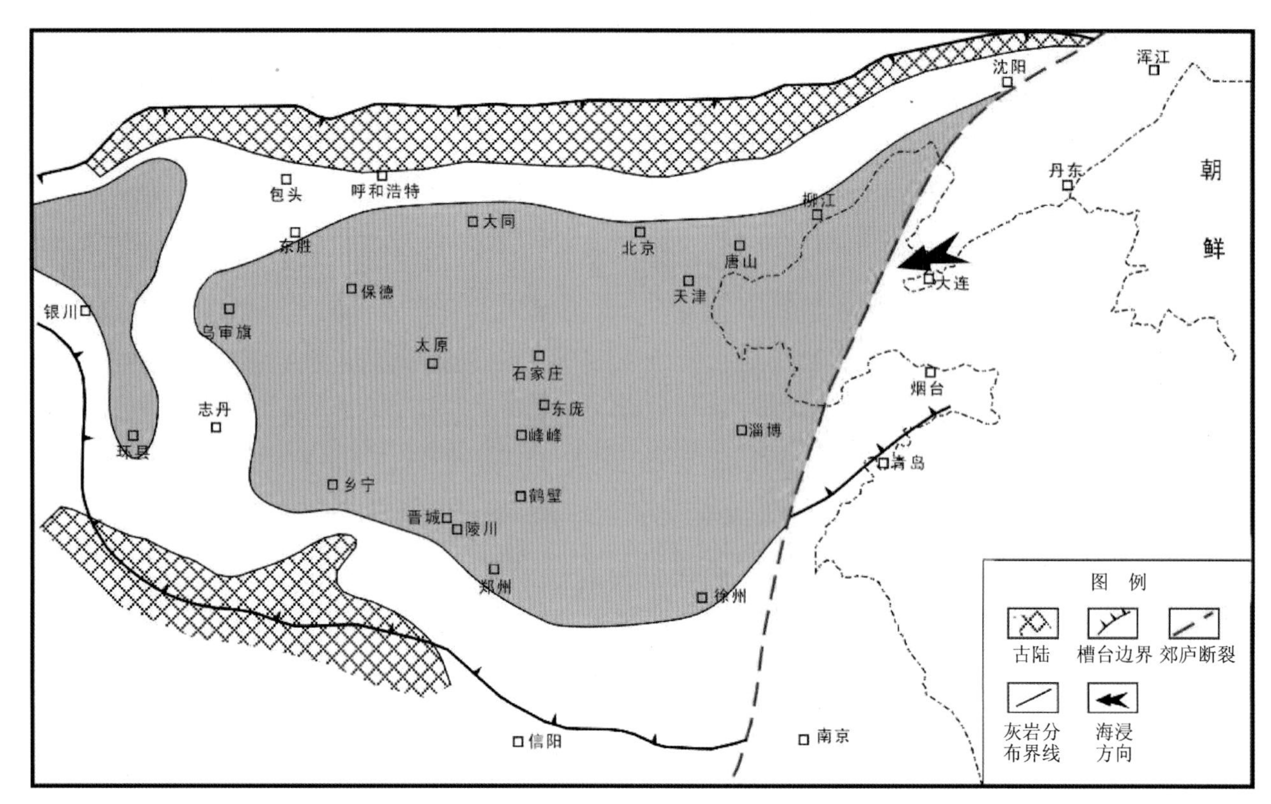

图 4-15 华北地区石炭纪本溪期灰岩分布及海侵方向示意图

依据翟永建等(1989)古地磁研究认为，石炭—二叠系华北地块位于北纬 10°～北纬 16°，推断鄂尔多斯地区主要处在湿热的热带-亚热带古气候环境，有利于植物繁盛与泥炭沼泽相的大规模发育。

本溪期，在鄂尔多斯地区早古生代就已经存在的中央古隆起仍然起着分隔祁连海和华北海两大海域的屏障作用，西部海域由于受贺兰坳拉槽及边缘断裂的控制而以裂陷海盆沉积为特征。东部海域地形平坦，海水以陆表海沉积为主。受到长达 1 亿多年的加里东期的风化剥蚀，本溪组沉积前形成了以盆地中西部地区近南北向的中央古隆起为中心的、向东西两侧逐渐降低的沟壑纵横的岩溶古地貌格局，因此本溪组主要表现为广覆式的填平补齐充填作用，围绕古隆起形成障壁岛—潮坪—潟湖沉积体系。岩性组合上，下部为风化壳的铁铝质泥岩，上部为障壁砂坝和潮坪相砂泥岩、煤层夹薄层石灰岩透镜体；本溪期海平面上升过程中形成了大范围发育的泥炭沼泽，从而形成了规模大、分布广、区域稳定的主煤层 8#煤层，是盆地重要的烃源岩层。

从砂体的平面分布来看，沉积区北部和西北部海域的边缘发育了小型三角洲沉积(图 4-16)，其中东部海域在杭锦旗、伊金霍洛旗地区发育小型海陆过渡相三角洲沉积体系；在西部海域西北边缘发育了一个由西北物源供给的三角洲沉积体系，分布于乌海—石炭井一线以西地区，三角洲平原、三角洲前缘及前三角洲各相带均发育；在南部地区沿古海岸线走向分布有障壁砂坝，受到波浪的反复淘洗，岩性以中—粗粒石英砂岩为主。从砂体形态及分布规律来看，此时陆缘部分的冲积扇一河道砂体呈“条带状”近南北向分布为主，但主要分布在北部地区；而陆表海中的障壁砂坝砂体，受古隆起的控制，以“透镜状”沿古海岸线呈环带状分布，砂岩厚度一般为 5～10m，最厚可达 15～20m，向南逐渐减薄。

2. 早二叠世太原期最大海侵阶段海相及三角洲砂体

太原期，华北陆表海进一步发展，海侵范围也逐渐扩大。席胜利等(2009)研究认为这一时期海水逐渐漫过早期的古隆起区，与西部祁连海连通，成为统一的陆表海(图 4-17)。与本溪期不同，太原期海侵来自东南，造成灰岩在大华北盆地全覆盖分布，厚度具有由西北向东南增厚的特点。不连续的幕式海侵

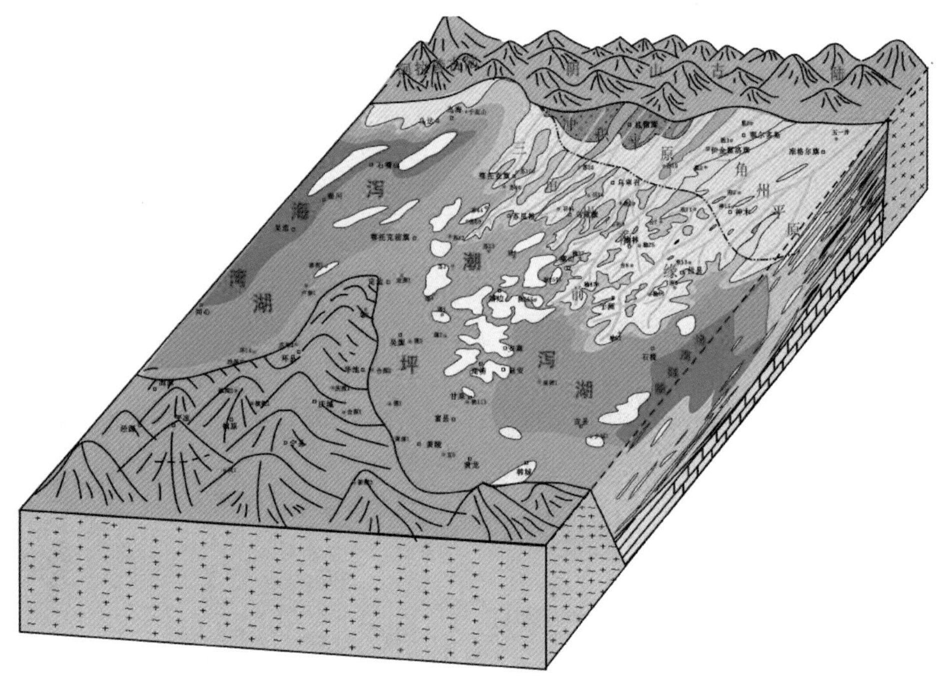

图 4-16　鄂尔多斯地区本溪组沉积体系与砂体分布模式图

造成大范围的潮下碳酸盐岩连片分布，并在缓慢海退过程中逐渐过渡为障壁砂坝及浅水三角洲沉积，目前可以在太原组识别出 4 套具有区域性代表意义的灰岩层，自下而上依次为庙沟灰岩、毛儿沟灰岩、斜道灰岩及东大窑灰岩，分别代表了这种不连续的幕式海侵作用，其中斜道灰岩是最大海侵期的产物，其分布范围最广，在现今盆地北部山西省保德地区仍有分布。

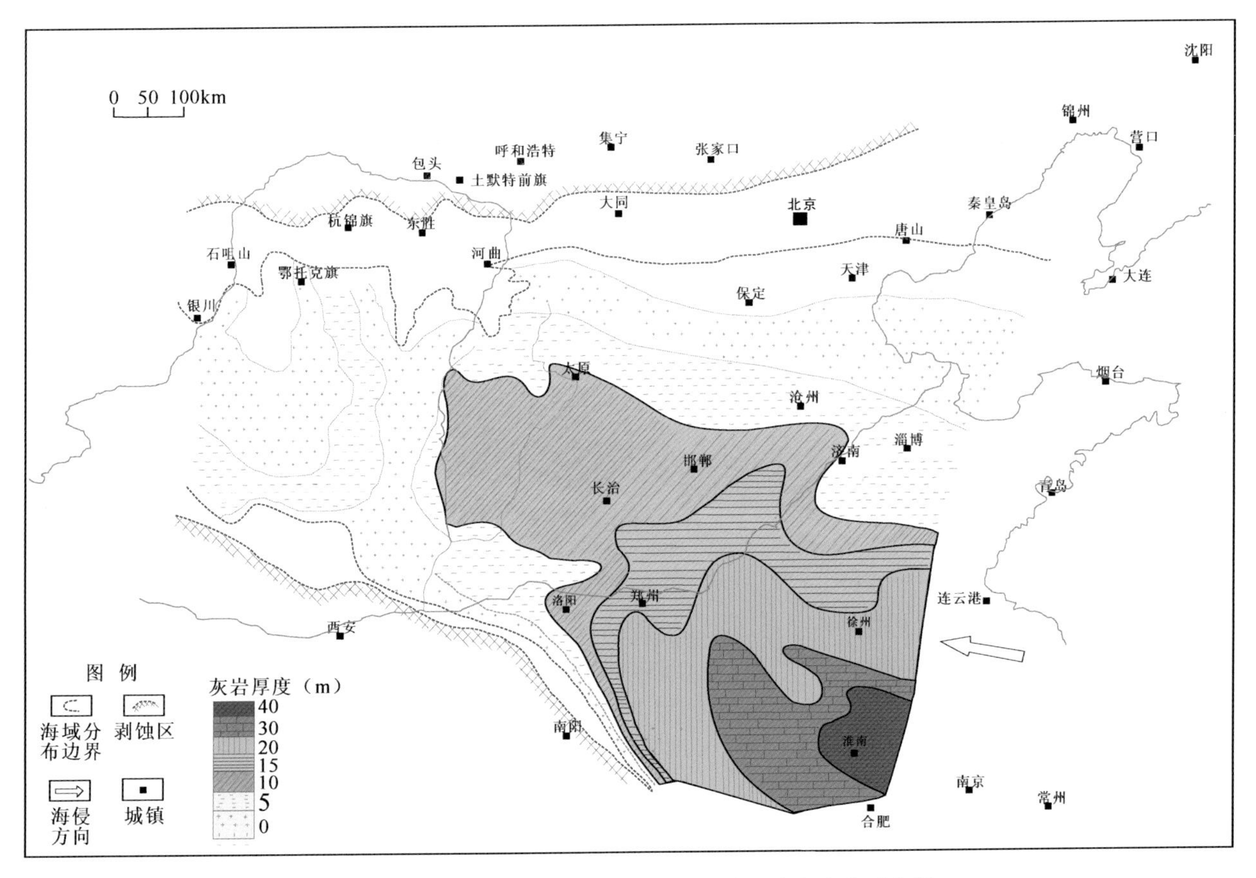

图 4-17　华北地区二叠纪太原期灰岩分布及海侵方向示意图

整个太原期古地理演化表现为早期海侵，晚期海退的特点。这种幕式海侵—海退变化的最大直接影响就是在每次海侵后的海退阶段，均发育一定规模的储集砂体，与上面的灰岩对应自下而上依次发育桥头砂岩、马兰砂岩及七里沟砂岩，是目前盆地东部神木气田太原组主力含气砂体。

由于太原组沉积期鄂尔多斯地区主要发育陆表海—三角洲—潮坪—泻湖沉体系。分为东西两个海相三角洲沉积体系(图 4-18)，其中东部沉积规模大，自北向南依次发育冲积平原、三角洲平原、三角洲前缘、潮坪泻湖、浅海陆棚相。其中三角洲平原相带主要分布于东部神木—米脂地区，岩性以岩屑石英砂岩为主，并可进一步划分出分流河道砂体、水下分流河道砂体等。这一时期海岸线已经处于北部神木等地区，沉积物沉积前搬运距离较短，具有近源特点，因此砂岩中岩屑含量较高，颗粒的分选及磨圆均较差。而且由于水体整体较深，仅在现今盆地中部发育浅海砂坝砂体，且规模很小，分布也很零散。从宏观分布上看，太原组砂体形态从北向南依次发育“条带状”的海陆过渡相三角洲分流河道、水下分流河道砂体、“朵状”的河口坝砂体及“透镜状”展布的障壁砂坝砂体。北部地区砂岩的厚度较大，一般为15～35m，盆地西北部最厚，最大可以达到50m；盆地南部地区基本以灰岩及泥岩为主，砂岩厚度一般小于 5m，厚度变化具有自北向南逐渐变小的趋势。

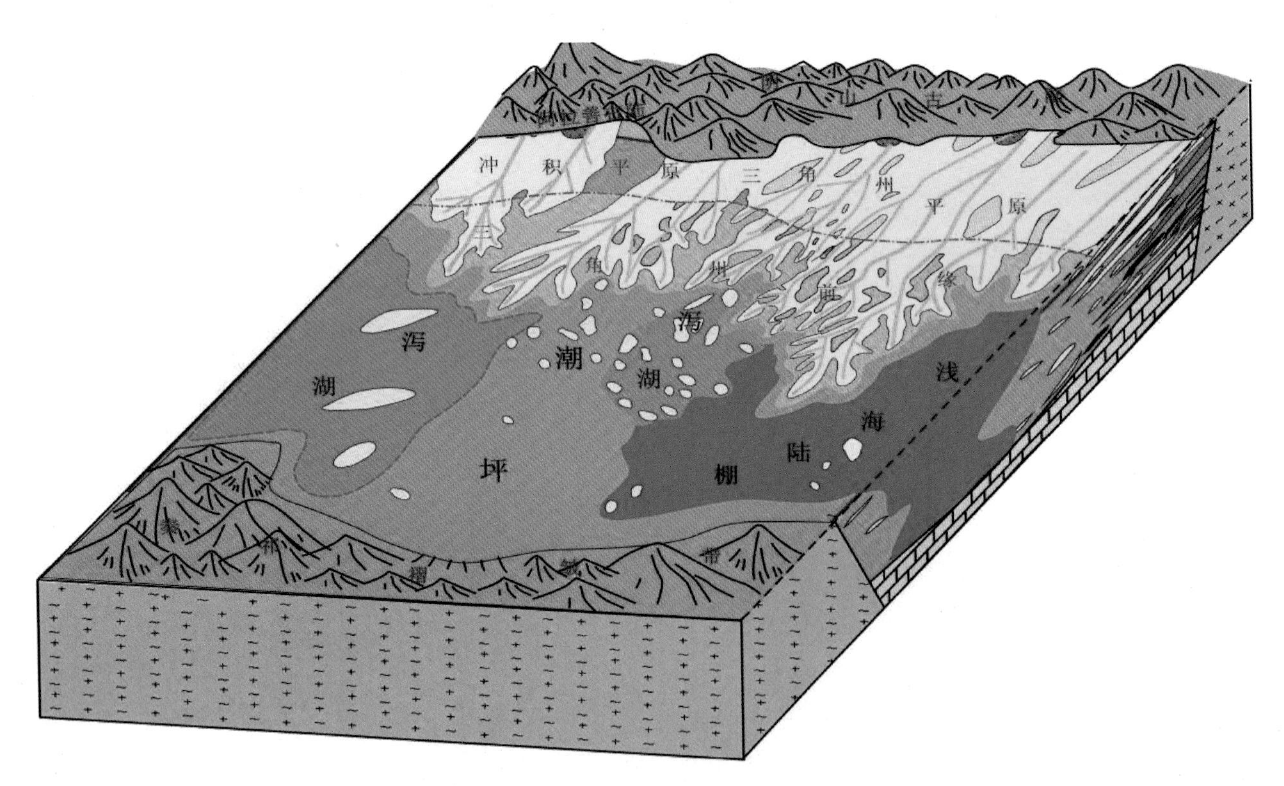

图 4-18　鄂尔多斯地区太原期沉积体系与砂体分布模式图

3. 早二叠世山西期海退阶段海相浅水三角洲砂体

山西组沉积期，由于华北地台北部持续抬升，中央古隆起对沉积的控制作用已不显著，海水逐渐从鄂尔多斯沉积区的东西两侧退出，东西差异基本消失，而南北差异沉降和相带分异则相应增强。与太原期相比，伴随着盆地性质的转变，沉积盆地中心向南有较大迁移，沉积环境由海相逐渐转变为海陆过渡相，而且由于区域性的海退，鄂尔多斯地区主要发育海退型浅水三角洲沉积体系(付锁堂等，2006；陈洪德等，2008；林雄等，2009；陈安清等，2010；王超勇等，2007)。

早期研究一般认为山西组沉积时海水已退出鄂尔多斯沉积区，为陆相沉积。近年来通过对山西组分小层沉积特征及演化的综合研究表明：山西组早期山 2 沉积时，华北板块受北部西伯利亚板块向南推挤，导致海水向东南退却。处于大华北盆地西北部的鄂尔多斯沉积区的构造格局和沉积环境也相应地发生了显著变化，沉积环境由陆表海逐渐转变为滨海平原，形成了在陆表海沉积背景上的水体浅、沉积基底平缓的海相浅水三角洲沉积。在现今鄂尔多斯盆地中部及南部地区，特别是在横山—榆林—佳县一带多口探井中发现了海相特征的标志，如双众数粒度分布，双向交错层理等典型海相沉积构造，腕足类化石、棘皮类化石碎片等古生物标志以及泥岩中 Sr/Ba、Th/U 等微量元素的海相标志，而且在中部靖边南部地区的部分探井中仍可见到不足一米的薄层灰岩沉积，为海相环境的存在提供了充分证据。

1) 山 2 段发育海相石英砂岩

山西组山 2 段主要以石英砂岩为主，发育少量岩屑石英砂岩(图 4-19)，而且具有较高的成分成熟度和结构成熟度。这与海相成因的砂体特征是一致的，刘家铎等(2006)在研究鄂尔多斯地区北部的山西组底部砂岩特征时，也认为该区成分成熟度和结构成熟度均高的石英砂岩形成于海相环境。

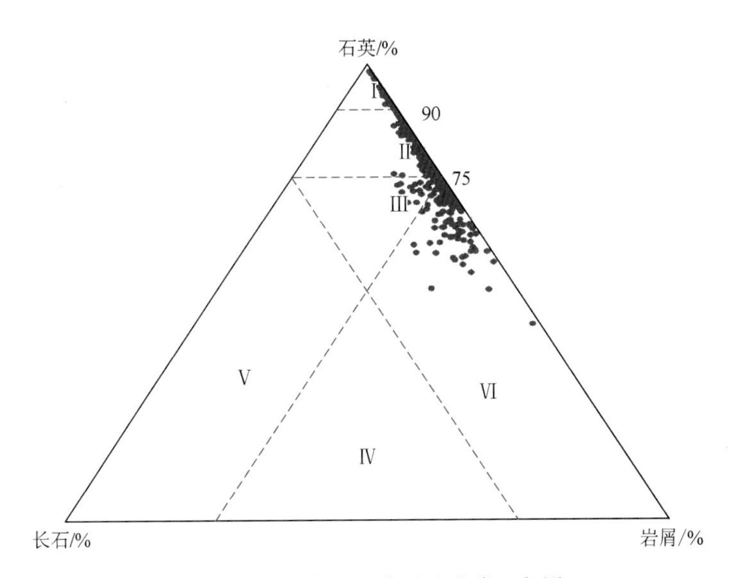

图 4-19 山西组山 2 段砂岩分类三角图

I. 纯石英砂岩；II. 石英砂岩；III. 次岩屑长石砂岩或次长石岩屑砂岩；IV. 岩屑长石砂岩或长石岩屑砂岩；V. 长石砂岩；VI. 岩屑砂岩

2) 盆地东南部发育海相地层

现今鄂尔多斯盆地东南部露头区山 2 段通常由灰岩、硅质岩、泥岩层或含钙质泥岩层组成 2～3 层海相地层，见腕足类、蜓类等海相生物化石。山西东南部的晋城、陵川山西组的灰岩中均有蜓类化石；山西宋家河剖面的灰岩中亦有蜓类化石发现。在山西乡宁甘草山剖面的硅质岩底部的泥灰岩中，也有大量腕足类化石，如太原网格长身贝及石炭戟贝等晚古生代常见种属。在现今盆地北部的太原市西山及柳林剖面中，其上部(仅见于西山剖面)及中下部黑色页岩中均发现有 lingula sp 化石存在(傅锁堂，2006；郭英海，2008)。这些特征表明，山西省境内的山西组中确有海相地层存在，但在太原以北就完全消失。

3) 鄂尔多斯盆地北部钻井钻遇海相古生物化石

付锁堂等(2006)在榆林地区的 Y48 井山西组山 2 段泥岩中发现有棘皮类化石碎片存在，大小约 12mm，边缘部分已经被菱铁矿交代，但棘皮类化石的单晶结构特点仍清晰可见，碳酸盐岩矿物的菱面解理特征也基本保留，确系棘皮类化石碎片无疑，可以认为它们是在海水侵入的环境下被带入或者在原地生成的。同时，Y31 井山 2 段泥岩中也发现了的硅质生物，如太阳虫、放射虫等(图 4-20)；S212 井山 2 段见到太原网格长身贝及蒙古扁平长身贝化石。大牛地气田 D12 井山 2 段 2813.55m 处显微镜下发现晶粒白云石化的海百合及有孔虫骨屑(沈玉林等，2006)。这些化石的存在，均说明鄂尔多斯地区山 2 段具有海相沉积的特点。

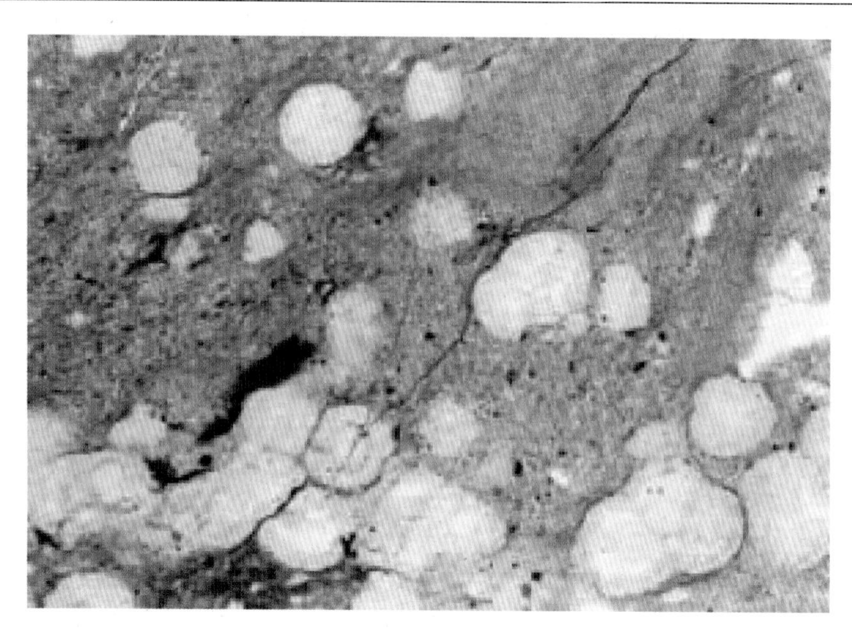

图 4-20　Y31 井山 2 段泥岩中的硅质生物

4) 粒度分布具有双众数特征

双粒度分布在现代大陆架、海滩、河口三角洲等环境中，主要与海水及海风双重作用有关，是海相沉积环境的典型沉积特征，鄂尔多斯地区中南部的山 2 段砂岩就具有双众数粒度特征。如榆林地区的 Y30 井粒度特征以−0.5～−0.25 和 0.25～1 双众数为特征，反映了海浪对山 2 段砂岩的改造作用(图 4-21)。

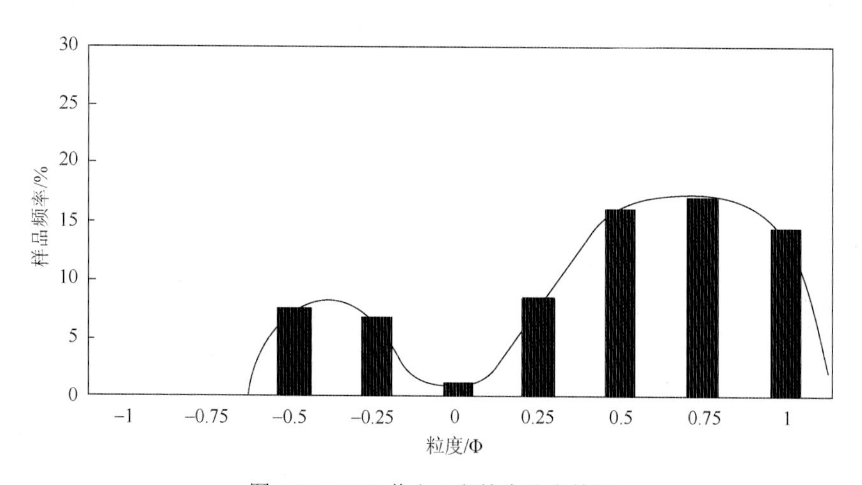

图 4-21　Y30 井山 2 段粒度分布特征

5) 山 2 泥岩厚度反映水体的变化

山西组岩性变化趋势对于不同地区的沉积环境变化也具有一定的指示意义。例如，山 2 纯泥岩厚度显示西北部泥岩砂质含量较多，纯泥岩厚度薄；南部的延安—子长—清涧地区砂质含量少，纯泥岩厚度较大，并且山 2 段顶部 5#煤相对不太发育，表明延安—子长—清涧地区是山西早期的汇水区。

6) 微量元素揭示山西期存在海退

(1) Sr/Ba 比值特征。

地层岩石成分中 Sr/Ba 比值的变化能指示不同的沉积环境。一般认为 Sr/Ba 处于 0.1～0.5 为陆相环境；Sr/Ba 处于 0.5～1，指示海陆过渡相环境；Sr/Ba＞1，指示海相环境。利用 100 余组山 2 段泥岩 Sr/Ba 比值的平面成图表明：这一比值分布具有从北西—向南东方向逐渐增大的趋势，反映出沉积环境由西北向东南由陆相向海相变化的特征，推断山西组早期海岸线应分布在榆林—靖边一线(图 4-22)。

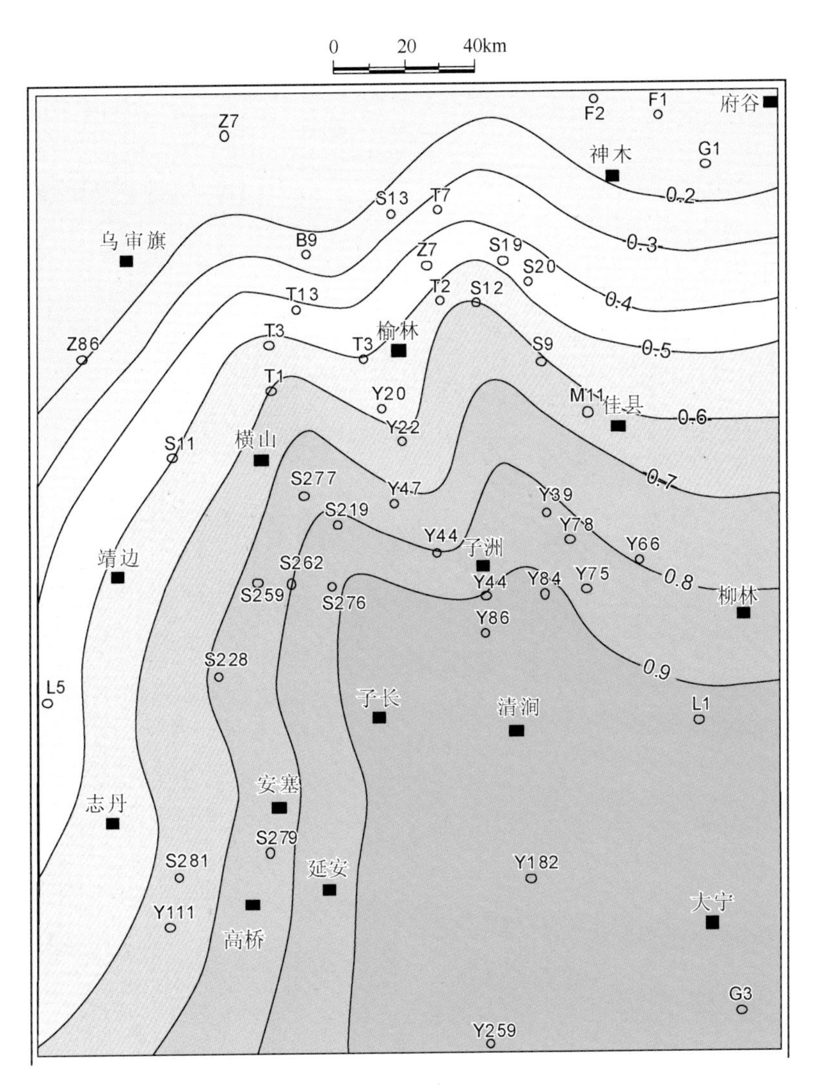

图 4-22　盆地中东部地区山 2 段 Sr/Ba 等值线图

同时需要强调的是，南部山 2 段的 Sr/Ba 比值大多数为 0.5～1.0，有些甚至大于 1。这说明鄂尔多斯南部地区山 2 段确实存在海相地层或者至少有海水的作用，而且东南缘的山 2 段下部比山 2 段中上部的海相特征更明显。这些都证明山西组早期在鄂尔多斯地区是一个海退的沉积过程。

(2) Th/U 比值特征。

地层岩石成分中 Th/U 比值的变化也能指示不同的沉积环境。其主要原理是铀的化学性质比较活泼，岩石中铀的富集主要依靠有机质在成岩过程中对铀的还原和吸附作用，因此，岩石中铀的富集反映一种还原环境。钍较铀化学性质稳定，在氧化状态下，随着岩石中铀元素的减少，Th/U 会增大；在还原状态下，随着岩石中铀元素的富集，Th/U 会减小，因此，Th/U 可以用来指示古环境的氧化或还原程度。统计分析表明：Th/U＞7，一般为陆上氧化环境；2＜Th/U＜7，指示还原环境到氧化环境的过渡；Th/U＜2，指示还原作用强的海相沉积环境。

根据自然伽马能谱曲线，计算出鄂尔多斯地区 Th/U 比值并成图，如图 4-23 所示：由西北向东南方向，山 2 段泥岩 Th/U 比值由 8 逐渐降为 2，反映了由北向南海水影响逐渐增大的趋势。因此，预测古海岸线应当分布在神木—榆林—横山一线。

如上所述，早二叠世山西期鄂尔多斯地区处在大华北盆地海退的背景上，山西早期的海水是逐渐向东南方向退出的，海水能量也是逐渐减弱的。海水最终在山西早期末(山 2 期末)退出鄂尔多斯地区。因此，山西组沉积具有海相浅水三角洲沉积特征，其岸线位于府谷—榆林—靖边一带，北部发育三角洲平原亚相，南部发育三角洲前缘亚相。

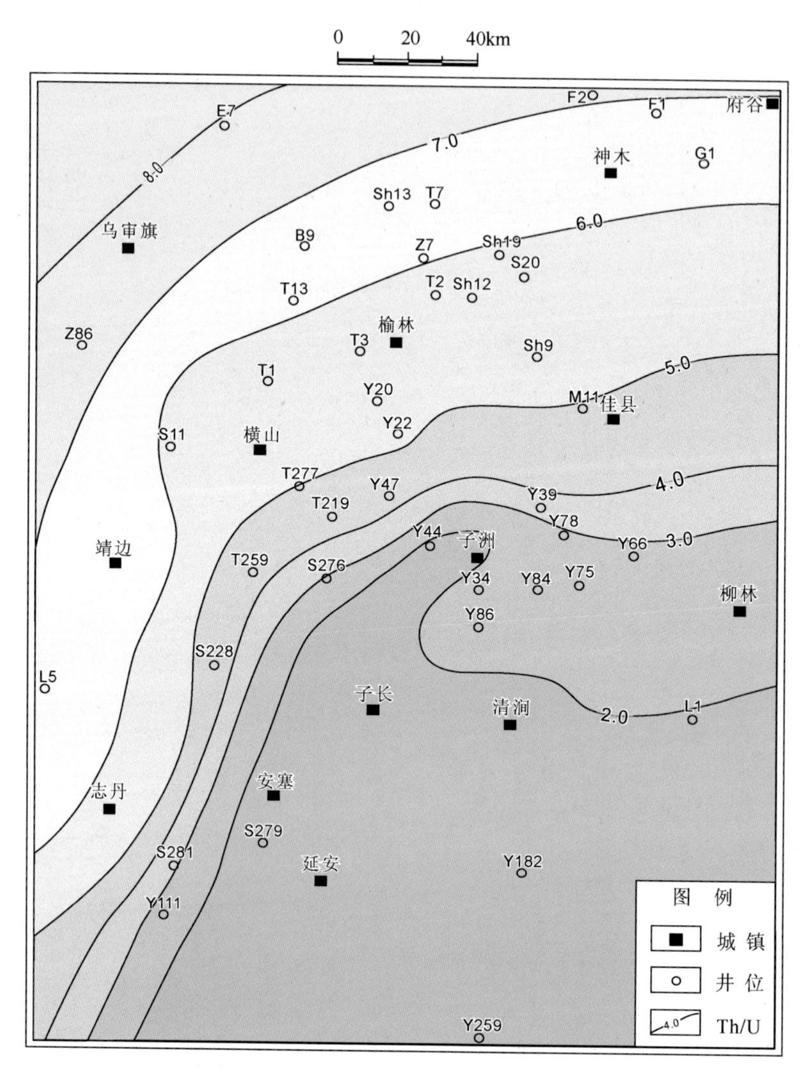

图 4-23　盆地中东部地区山 2 段 Th/U 等值线图

山西组山 2 段沉积期在海岸线附近发育储集性能良好的石英砂岩储集体，主要为三角洲平原分流河道砂体、三角洲前缘水下分流河道砂体(图 4-24)。山西组晚期(山 1 期)盆地沉积格局发生重大转变，海水已经基本从鄂尔多斯沉积区退出，沉积环境由前期的海陆过渡环境转化为陆相湖盆，三角洲沉积体系也从前期的海退型三角洲演化为湖泊三角洲沉积。这一时期，储集砂体的主要成因类型包括辫状河的心滩、曲流河的边滩、三角洲平原的分流河道、三角洲前缘的水下分流河道及其相互叠置形成的复合型砂体。

从砂体形态及分布特征上看，山 2 期由北向南依次主要发育河流相砂体、三角洲平原砂体和三角洲前缘砂体。其中，三角洲前缘砂体是最重要的海相三角洲储集砂体，砂体宽一般 10～20km，厚 10～30m，而且海水的反复淘洗形成了以石英砂岩为主的储集砂体。该套石英砂岩是盆地东部榆林、子洲大气田气藏的主要储集体。

山西组山 2 期的海相沉积的研究对山 2 段乃至整个山西组的砂体成因及砂体展布规律分析具有重要

的指导意义。北东—南西方向展布的海岸线预示着山 2 期的海相三角洲前缘砂体主体是向东南方向展布，改变了山 2 段砂体东北向展布的传统认识，为近年来在榆林气田东南方向上的子洲—清涧地区的山 2 段天然气勘探提供了沉积学理论依据。

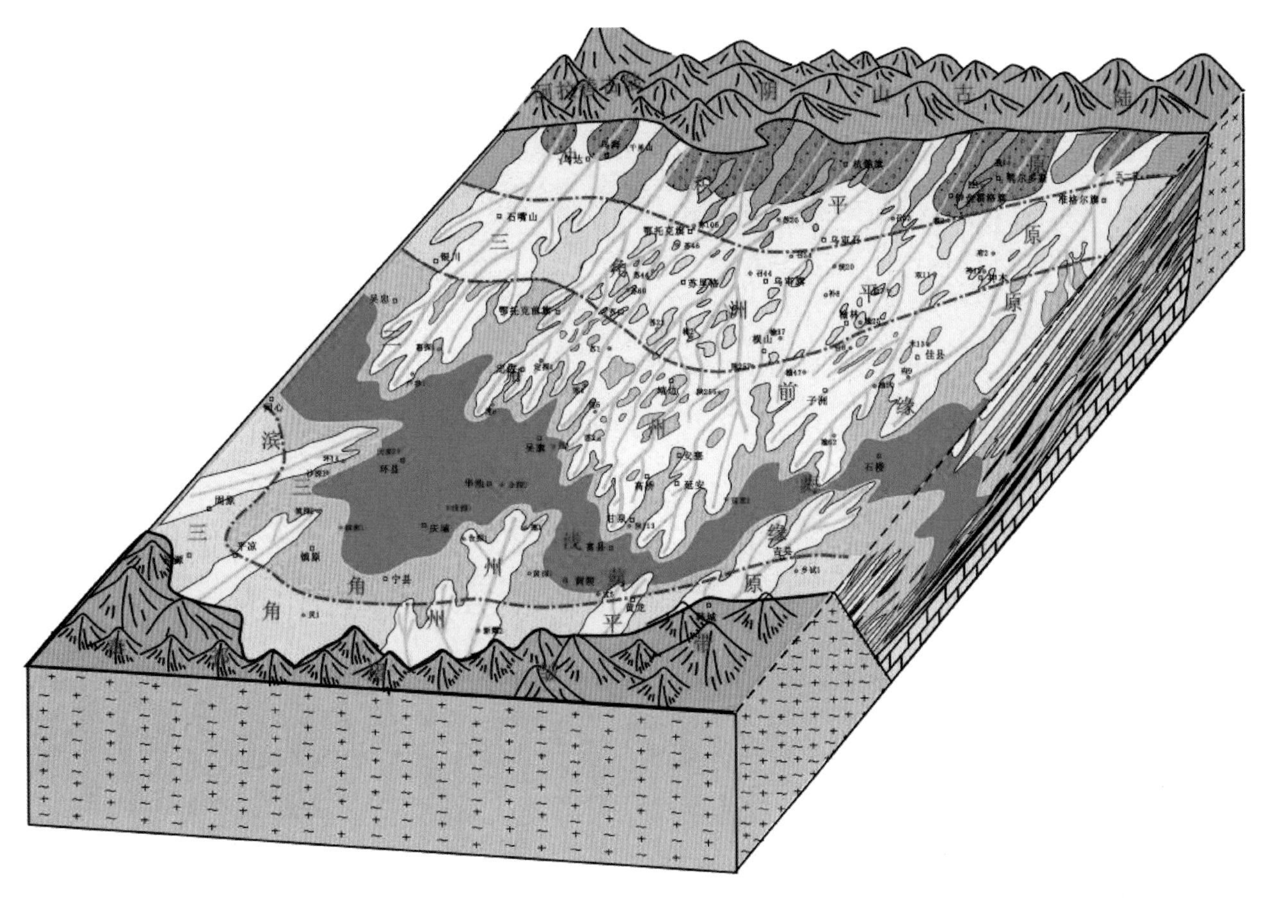

图 4-24　鄂尔多斯盆地山 2 段沉积体系与砂体分布模式图

4. 中二叠世石盒子期陆相多湖—浅水三角洲沉积砂体

石盒子期，海水已经从大华北盆地的大部分地区退出，仅在盆地东南部徐州一带发育海相灰岩沉积，其余地区均以陆相沉积为主。

这一时期，气候由温暖潮湿变为干旱炎热，植被大量减少，沉积了一套灰白—黄绿色的陆源碎屑建造。由于华北板块北侧古亚洲洋的闭合并与之碰撞造山，石盒子组早期属于北部古陆的快速隆升阶段，物源供给充足，加之季节性水系异常活跃，相对湖平面下降，河流—三角洲体系迅速向南推进，三角洲沉积异常发育，在整个华北板块北部形成了大面积的砂岩沉积，而鄂尔多斯地区处于其西部区域，以冲积扇—三角洲沉积体系为主(图 4-25)。随后，伴随着北部物源区抬升相对趋缓，沉积物补给量减小，湖平面上升，河流作用减弱，三角洲作用增强，砂质沉积减少，而泥质沉积相对增多，形成了上石盒子组区域性的盖层沉积。

石盒子组早期盒 8 段主体发育湖泊浅水三角洲沉积体系。从北部古陆(物源区)边缘向湖盆中心依次发育：冲积扇砂体、河流相砂体、辫状河三角洲砂体等多成因类型的砂体。其中以三角洲平原沉积分布最为广泛，而三角洲前缘分布范围较小，从平面上明显表现出“大平原、小前缘”的特征。湖岸线大致位于马家滩—靖边—米脂—临县一线，以北地区为大面积浅水辫状河三角洲平原沉积，以南地区为浅水辫状河三角洲前缘沉积(图 4-26)。

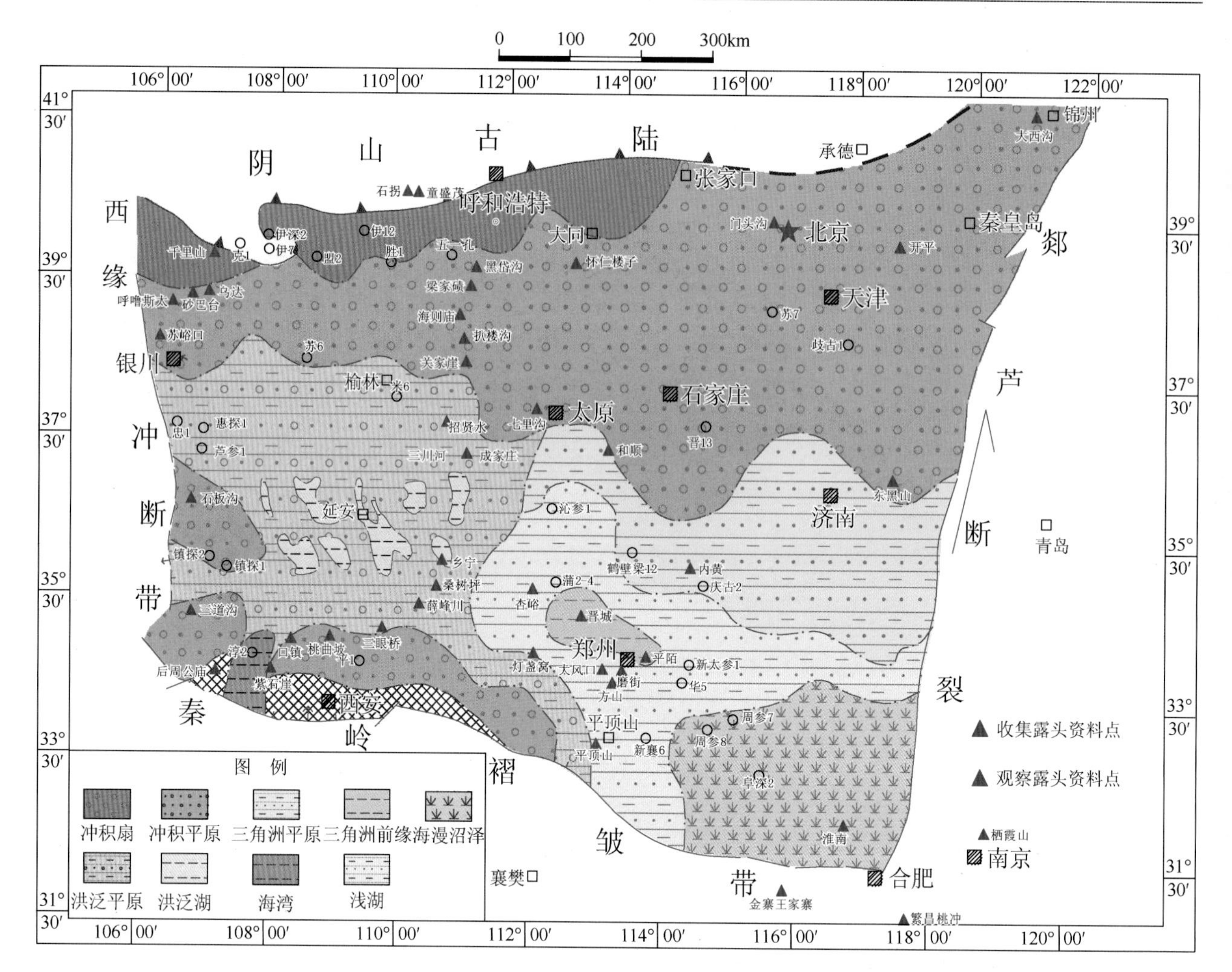

图 4-25　华北地区中二叠世石盒子期岩相古地理图

在平面上，盒 8 段砂体从北向南表现为复合连片大面积分布的特点，这是由于北部物源区抬升强烈，三角洲砂体向南大面积进积。河道砂体经过横向反复迁移、纵向多期叠置，形成延伸范围数百公里的砂岩储集体。较之其他层段而言，盒 8 段砂岩厚度分布稳定，在北部及中东部地区内砂岩厚度一般为 20～35m，最大可以达到近 50m；盆地南部受南部物源体系控制，砂体规模相对北部小，其砂岩厚度为 10～25m。

晚古生代，在鄂尔多斯沉积区内，来自北部物源区的沉积物分布范围大于来自南部物源区的沉积物分布范围；但是，两大物源体系的分界尚不清楚，这一特点在石盒子组盒 8 段表现得尤为突出。因为盒 8 段是鄂尔多斯地区最为富砂的层段，砂体具有大面积分布特征，在区域内基本见不到以泥岩为主的盒 8 段沉积，因而无法确定两大物源体系的具体交汇部位及界线，这直接决定了对鄂尔多斯地区盒 8 段沉积古地理的总体认识，并影响古地理和砂体图的编制。

通过对鄂尔多斯地区南部盒 8 段的野外露头及钻井岩心的观察，开展长石含量变化和其他岩矿特征、测井曲线、岩石组合特征、沉积相连井剖面及沉积相分析，认为这一时期南北两大物源体系之间存在一个多湖构成的汇水区，南部盒 8 段砂体分布主要受多湖汇水区控制。

多湖汇水区的含义包括：①汇水区：指搬运南北物源沉积物的流水的汇聚区，它是南北物源沉积物的分界区、大致呈东西向分布；②交互区：指南北物源沉积物抵达汇水区局部地段并发生交互的地区，是南北物源沉积物的连通区；③汇水区与交互区的关系：交互区位于汇水区并分隔汇水区。对于汇水区确定的主要依据如下：

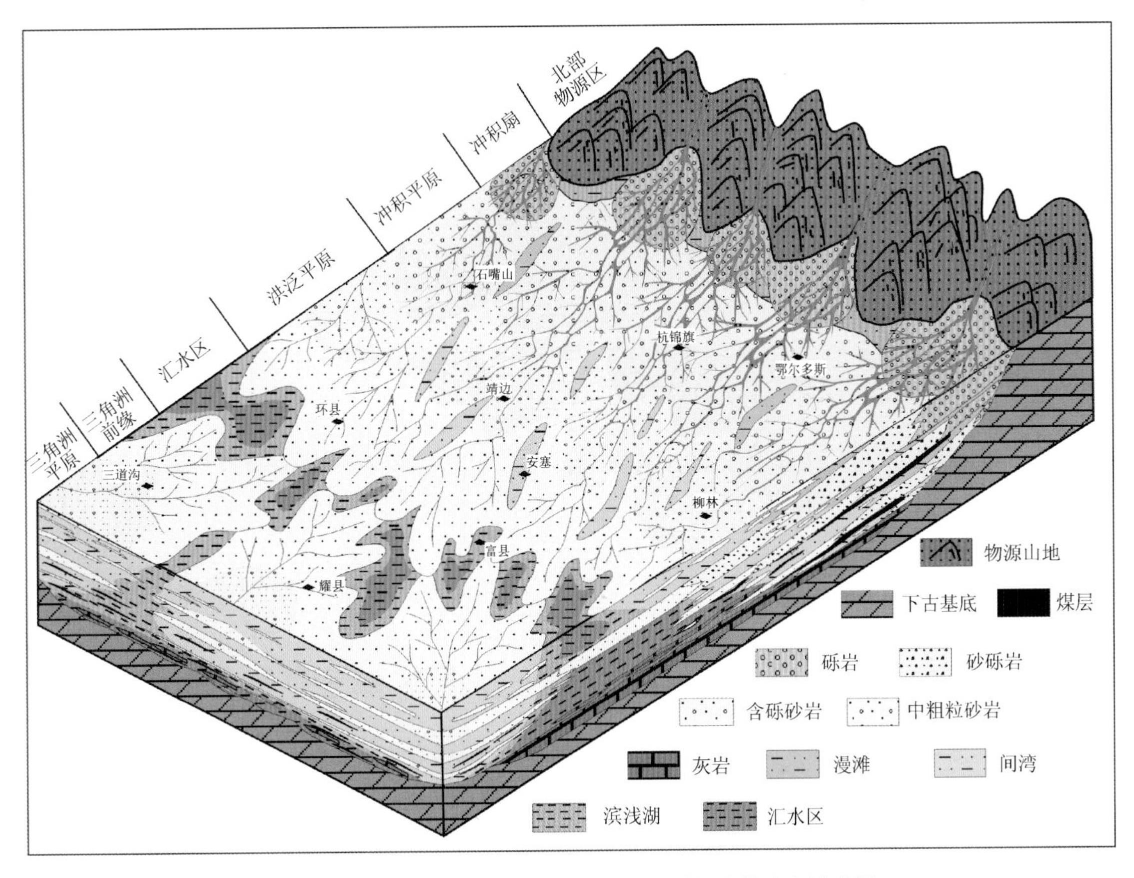

图 4-26　鄂尔多斯地区石盒子期沉积体系与砂体分布模式图

1) 盒 8 段泥岩分布

盒 8 段泥岩厚度反映了水体较浅特征。一般来说，湖相沉积中与三角洲体系共生的暗色泥岩厚度大代表了水体相对较深，反之水体相对较浅。钻井资料证实，盒 8 段纯泥岩单层厚度一般小于 5m，累计厚度小于 15m，在大范围内没有出现明显的突变，表明盒 8 期沉积时水体深度较浅、变化较小。只是在南部延安一带厚度较大，达到 20m 以上，向南又迅速减薄，据此推测，两大物源的交汇区域应当大致处于这一地区(图 4-27)。

盒 8 段泥岩颜色由北向南可分为 3 个区，北区表现为以棕红、杂色为主的水上氧化环境特征；南区表现为暗色系水下还原环境特征；中区为暗色和杂色泥岩混合分布带，在延安—安塞一带南北宽约 80km，代表了盒 8 期湖岸线随旱、雨季交替大范围反复摆动，水体较浅的特点。

2) 盒 8 段砂岩长石含量分区

碎屑岩的碎屑组成中，长石抗风化能力较弱，在搬运过程中属不稳定矿物，随着搬运距离的增加，其含量会逐渐减少。因此，长石的含量及颗粒大小，可以反映其距离物源区远近的信息，进而可以判断物源区及沉积物搬运的方向。

在盆地南部，尤其是渭北地区上古生界露头区，盒 8 段砂岩中的长石含量明显较高，但是向北迅速降低。从长石含量等值线图上看(图 4-28)，长石含量最高的在东南部地区，露头区砂岩中的长石含量最高可以达到 12%，其次是西南部，最高在 8%左右，但都具有向北迅速降低的趋势；延安以北地区受北部物源控制，且经历了长距离的搬运，长石含量基本为 2%～4%；长石含量在环县—庆城—延安—延长一线含量较低，一般都在 1%以下。从整个区域上的长石含量分布分析，具有南北高，中间低的特点，但是由于在单一物源条件下，长石在搬运过程中不会出现含量减少后又增加的情况，所以这种分区反映了其受南北双向物源的影响，而且中间环县—庆城—延安—延长一线的低值带的分布与盒 8 段泥岩的厚带是基本吻合的，推测其可能就是南北两大物源体系的交汇区域。

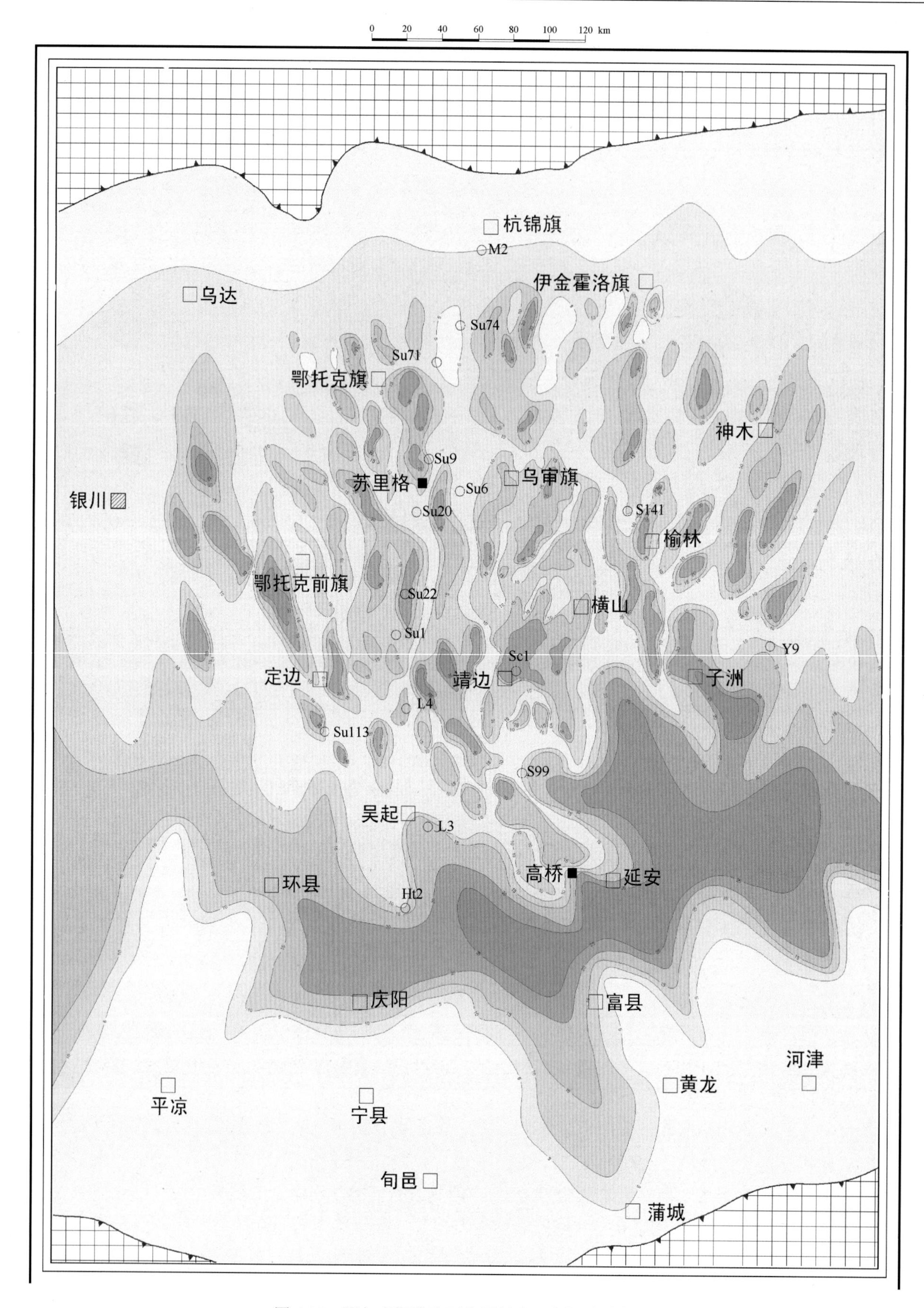

图 4-27　鄂尔多斯盆地石盒子组盒 8 段泥岩分布图

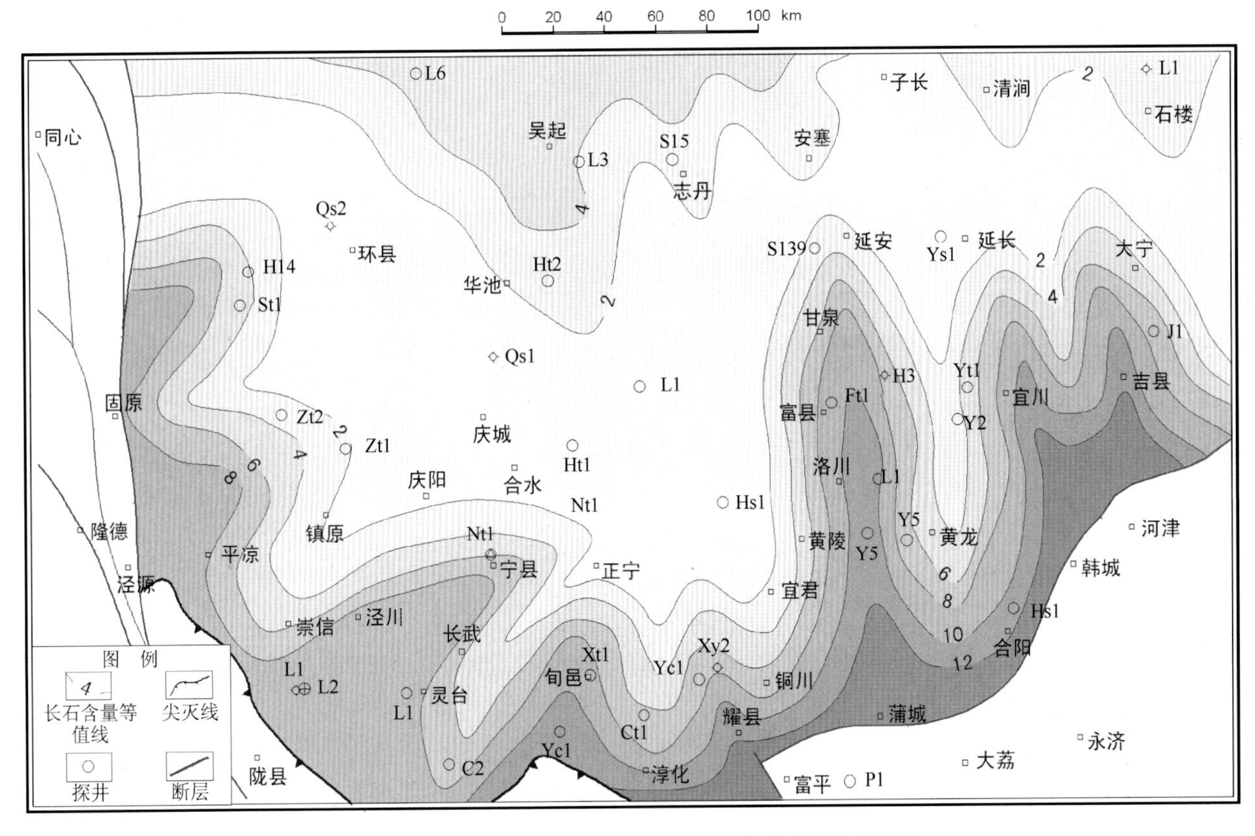

图 4-28　鄂尔多斯盆地南部盒 8 段长石含量分布等值线图

3) 盒 8 期沉积相带及连井剖面特征

盒 8 段是整个晚古生代北部造山带隆升最为强烈的一个阶段，产生了大量碎屑物质，丰富的陆源碎屑的沉积，导致相对湖平面迅速下降，三角洲体系快速向湖中推进，致使三角洲平原相带向南延伸远，平原相区增大，前缘相区缩小。自北向南可以在沉积相连井剖面上依次识别出冲积扇—辫状河—三角洲平原—三角洲前缘—浅湖相(图 4-29)。南部物源体系同样也发育相应的相带变化，但是其规模及延伸的距离远小于北部体系。

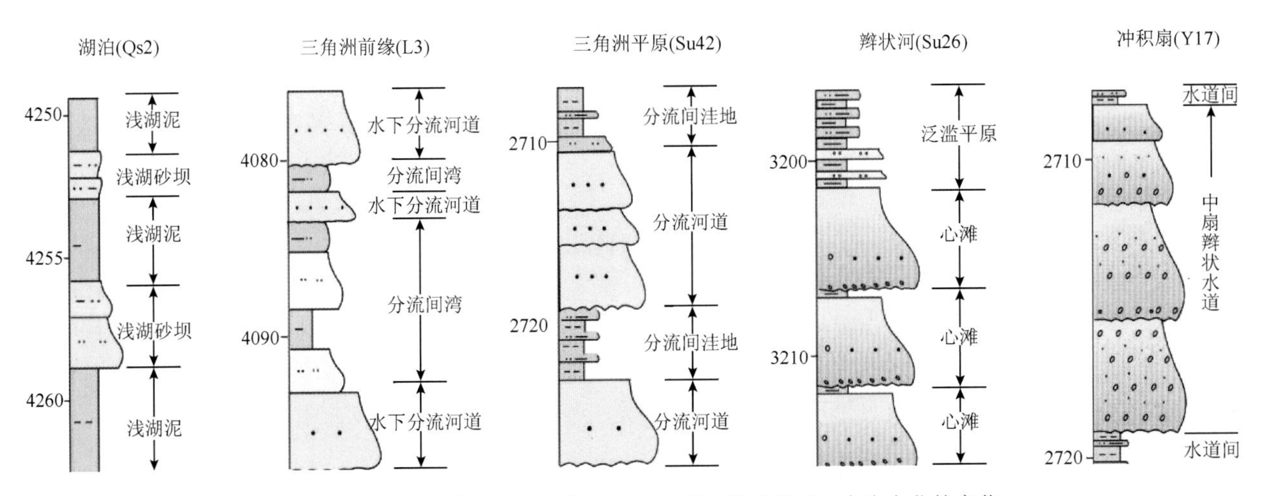

图 4-29　鄂尔多斯盆地石盒子组盒 8 段主要沉积相类型及自南向北的变化

南北向的沉积相变及砂体连井剖面显示汇水区的存在与位置。来自南部物源的沉积物在镇原一带形成三角洲平原相带，在镇原与庆阳之间形成三角洲前缘相带。来自北部物源的沉积物在乌审旗以北为冲积平原相带，在乌审旗—靖边一带为三角洲平原相带，在靖边以南—富县之间为三角洲前缘相带(图4-30)。在地层厚度方面，基本呈现出延安—富县地区最厚，向南向北依次相对减薄的特点，符合出现汇水区的条件。因此，汇水区应当处于延安以南及富县地区。

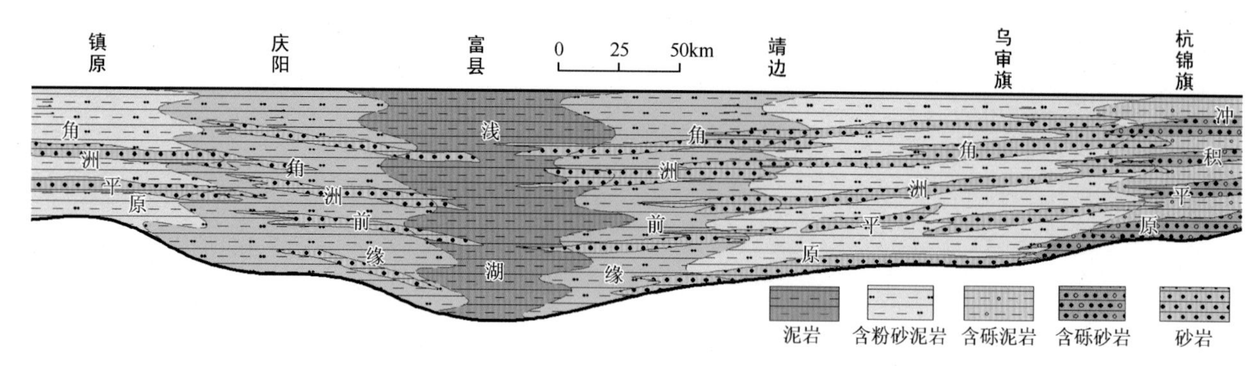

图 4-30 鄂尔多斯盆地石盒子组盒 8 段南北向沉积相发育模式

上述盒 8 段的长石含量分区、泥岩分布特征说明南部的沉积受南北物源的双重控制，中间存在一个“汇水区”，钻井岩心和连井剖面则证实了在汇水区内存在多个“交互区”。也就是说这一时期不存在统一的南、北两大物源体系共同汇入的连通的深水湖区，而是由多个南北物源交汇、重叠的区域分隔的小型湖泊—汇水区。这些交汇区在季节性水体变化中具有不同的表现，其只在水体较浅的时候才对两侧的小型湖泊具有分隔作用；在水体较深时，南北两大体系的砂体可以出现相互叠置与交汇，两侧的湖泊也连为一体，形成分布范围较大的浅湖区。而且由于盒 8 沉积期的水体整体较浅，受浅湖分布控制的三角洲平原相带分布范围广，在北部地区形成大面积分布的储集砂体。

5. 晚二叠世石千峰期陆相河流—三角洲砂体

晚二叠世石千峰期，华北板块北缘兴蒙海槽因西伯利亚板块与华北板块对接而消亡，同时，南侧秦岭海槽向北的俯冲也逐渐加剧，使华北地台整体抬升，海水完全退出整个大华北盆地，鄂尔多斯沉积区则由前期的近海湖盆演变为内陆湖盆，沉积环境转化为陆相，古地形保持着南陡北缓，南深北浅的不对称箕状湖盆面貌。同时，鄂尔多斯地区古气候从前期的温暖潮湿演化为干燥炎热，从而形成了一套红色建造。

千 5 期处于石千峰期北缘构造碰撞最强的时期，同时也是石千峰期内南缘的秦岭海槽向北俯冲削减最强的时期，物源区隆升强烈，碎屑供给充足，三角洲—湖泊沉积向南萎缩，而冲积沉积体系则向南扩展，粗粒相沉积的范围进一步扩大。自北部物源区向南依次发育冲积平原、三角洲平原、三角洲前缘；在冲积平原上主要发育曲流河，因此河流进入湖盆形成曲流河三角洲。砂体主要包括：曲流河边滩砂体、三角洲平原分流河道砂体、三角洲前缘水下分流河道砂体等。砂体形态在剖面上表现为上平下凸型。在平面上多表现为“条带状—面状”大面积分布特征(图 4-31)。

综上所述，鄂尔多斯沉积区晚古生代沉积演化与砂体发育具有阶段性和规律性：第一阶段为海相及三角洲沉积体系发育时期，包括本溪组的砂坝砂体、太原组及山西组的海相三角洲前缘砂体。这一沉积体系是在广阔的陆表海背景下发育起来的，早期海侵，晚期海退，加之北部物源区的不断隆升，陆源碎屑的供给逐渐增大，伴随整个华北板块的向北漂移，气候逐渐由湿热向干旱炎热转变，砂体规模逐渐变大，分布范围也逐渐向南延伸，而且由于海水向东南方向逐渐退出，南部及西南物源的影响逐渐显现，至山西组山 2 期，南部物源已经形成了相对独立的沉积体系，其岩石类型组成、分布趋势与北部均存在明显的差别。第二阶段为陆相湖泊三角洲沉积体系广泛发育时期，包括石盒子组及石千峰组的陆相河流及三角洲沉积砂体。这一阶段，海水从鄂尔多斯地区全部退出，伴随北部造山带的碰撞隆升，沉积期物源供给充足，气候干旱炎热，砂体发育规模及分布范围远大于第一阶段，石盒子组及石千峰组成为大面积富砂最为典型的层位。

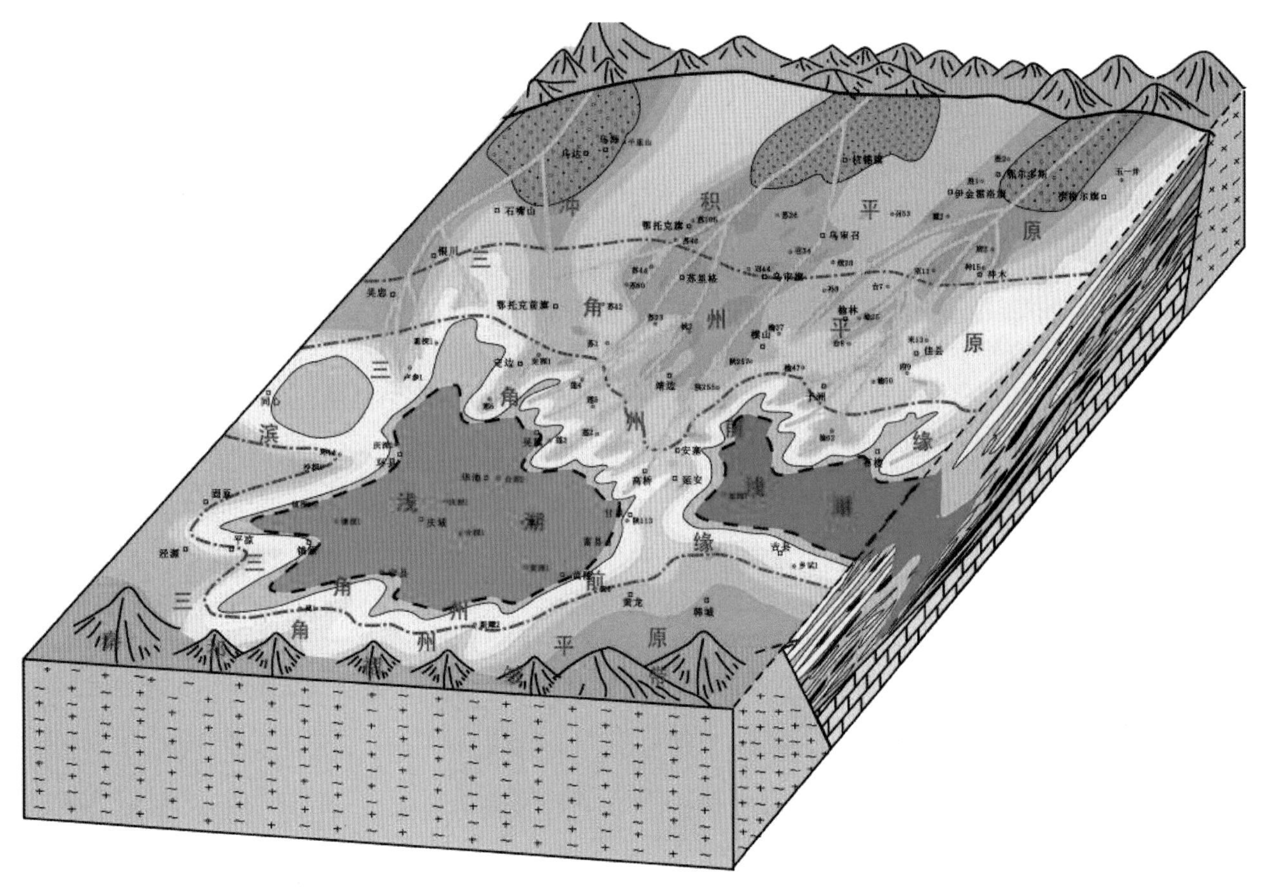

图 4-31　鄂尔多斯地区石千峰期沉积体系与砂体分布模式图

总之，晚古生代鄂尔多斯地区三角洲沉积在本溪、太原期及山西组早期为海相三角洲，而在石盒子—石千峰期为湖泊三角洲。两种类型的三角洲在沉积作用、砂体形态及展布控制因素等方面均有较大的差异，因此，形成了不同成因类型的储集砂体。

4.4　晚古生代盆地北部砂体叠加样式水槽模拟

沉积模拟技术是在水动力学、沉积学和储层地质学基础之上发展起来的一项储层描述及预测技术，通常是从时间尺度及空间尺寸上缩小自然界真实的碎屑沉积体系，抽取控制其发展的主要因素，并在能量守恒定律等物理定律基础上建立实验模型，具有沉积条件可控性、沉积模型正演性及模型与原型可对比性等特点。沉积模拟可分为物理模拟和数值模拟，前者是基础，可验证数值模拟的正确性，后者反过来可以有效指导前者，使其具有一定的预测性。物理模拟是对沉积物物理过程的室内模拟，通过模拟当时的沉积条件，在实验室还原自然界沉积物的沉积过程。在河流及三角洲形成机理方面，赖志云(1994)、刘忠保(1995)、王随继(2004)、刘晖(2007)等国内诸多学者已经开展了大量实验研究工作。鄂尔多斯盆地上古生界的沉积实验模拟借鉴并参考了相关数据及资料，并充分考虑鄂尔多斯盆地上古生界沉积实际，突出古底形平缓、沉积水体浅、多水系叠加等特点，对其大面积砂体的成因进行了模拟与分析。

盆地上古生界多个层系都具有砂岩大面积分布的特点。对比不同层系、不同地区砂体分布特点可以发现，苏里格地区的盒 8 段是盆地最富砂的层段，苏里格气田探明面积已经超过 30000km^2，占整个盆地北部地区面积一半左右，在上古生界气田中具有很强的代表性。目前，苏里格气田已经进入大规模的开发阶段，井控程度高，各种相关地质资料丰富，为水槽模拟的参数获取提供了有利条件，因此选择苏里格地区的盒 8 段开展实验研究。

4.4.1　实验参数确定方法

1. 实验装置简介

水槽模拟实验装置长 16m，宽 6m，深 0.8m，前部及尾部各设进(出)水口 1 个，两侧各设进(出)水口 2 个，用来模拟复合沉积体系，湖盆的四周设环形水道。

在装置 7～12m 处设置了四块活动底板，每块为 2.5m×2.5m，活动底板能向四周同步升降、异步升降、同步倾斜、异步倾斜，活动区倾斜坡度为 35%、上升幅度为 10cm、下降幅度为 35cm、同步误差小于 2mm。每块底板均由四根支柱支撑，不漏水、不漏砂，运动灵活可靠，可满足实验要求。这些活动底板由十六台减速机、十六台步进电机和四台驱动电源控制，可精确控制活动底板运动状态，升降速度也可根据需要调整，实际最大升降速率可控制在 10mm/min，最小升降速率可控制在 1mm/min。此外，还在装置上设置一座 6m 跨度的检测桥，用于对砂体沉积过程的有效监控及检测。

由于在一定水深下，每一深度点的流向和流速都是不同的，这将导致其携带沉积物的运动特点也不同，进而影响砂体分布规律和沉积特征。因此，实验中要准确测量流速和流向。实验室使用 CDL-90 型超声多普勒流速仪进行测量，其测量范围为 3～600cm/s(实验中通常流速为 10～100cm/s)，相对误差小于 2%，绝对误差小于 3mm；含砂量的测量范围为 0～650kg/m^3，即不管是清水还是混浊泥浆都可用该仪器测定。可测量最小流速、平均流速、流速概率分布、流速累计频率分布、流速脉动强度等参数(图 4-32)。

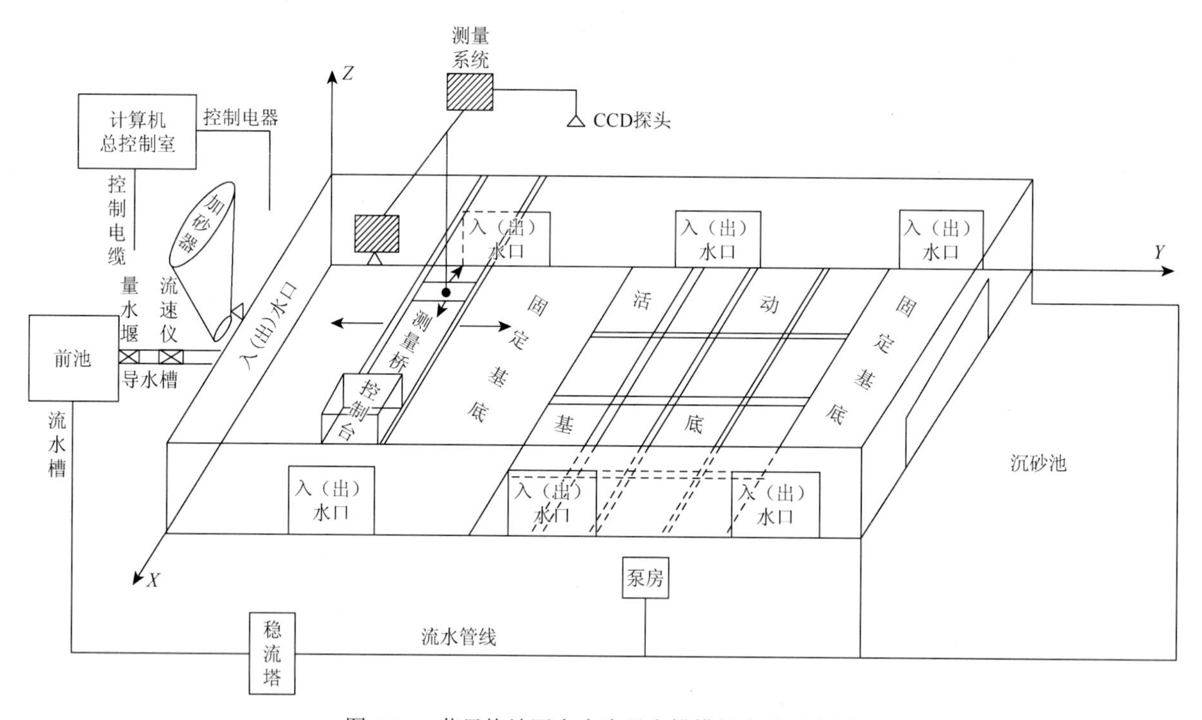

图 4-32　苏里格地区上古生界水槽模拟实验示意图

2. 主要实验参数

1) 实验几何比例

本次模拟以苏里格地区盒 8 段为原型，结合实验装置实际情况，进行等比例缩小。设置 *X* 方向使用 6m，比例尺为 1∶15000，*Y* 方向使用 12m，比例尺为 1∶15000，*Z* 方向厚度比例尺为 1∶300，物源置于实验装置前端。

2) 原始底形设计

固定河道坡降 1%(约 0.6°)，非固定河道坡降 2%(约 1.2°)，活动底板区坡降 0.5%(约 0.3°)，设计两个物源体系：东部以岩屑物源为主，西部以石英物源为主。

3) 加砂组成

盒 8 段辫状河三角洲主要由含砾粗砂、中粗砂组成，含少量细粉砂和泥，而且每个沉积时期的岩性又不尽相同，具体加砂组成见实验参数表 4-3。

表 4-3　水槽模拟实验参数表

时期			Run1 盒 8_6	Run2 盒 8_5	Run3 盒 8_4	Run4 盒 8_3	Run5 盒 8_2	Run6 盒 8_1
流量(l/s)	洪水期		0.9～1.2	0.9～1.2	0.9～1.2	1.5～1.8	1.5～1.8	1.8～2.1
	平水期		0.4～0.5	0.4～0.5	0.45～0.7	0.55～0.8	0.45～0.7	0.45～0.7
	枯水期		0.05～0.2	0.05～0.2	0.1～0.3	0.1～0.3	0.1～0.3	0.1～0.3
加砂量/(g/s)	洪水期		4～5	4～5	4.5～6	4.5～6	5.5～7	4.5～6
	平水期		1～1.5	1～1.5	1～2	1～2	2～3	1～2
	枯水期		0～0.5	0～0.5	0.5～1	0.5～1	0.5～1	0.5～1
加砂组成/%	洪水期	砾	15	20	20	25	30	35
		中粗砂	40	45	50	45	45	35
		细粉砂	40	30	25	25	20	25
		泥	5	5	5	5	5	5
	平水期	砾	10	10	10	10	10	15
		中粗砂	45	50	55	55	55	55
		细粉砂	35	35	30	30	30	25
		泥	10	5	5	5	5	5
	枯水期	砾	5	5	5	5	5	5
		中粗砂	45	55	55	55	50	50
		细粉砂	45	35	35	35	35	35
		泥	5	5	5	5	5	5
总历时/h			43.5	39.5	44	48.5	32.5	42

4) 实验时间控制

自然界中洪水期、中水期、枯水期的变化具有一定规律，考虑到盒 8 段辫状河三角洲的形成条件，设计洪水期、中水期及枯水期的时间比例为 1∶2∶6。其中洪水期与中水期的放水时间为连续放水时间，不计搅拌时间。在季节转换过程中，避免出现流量大小的急剧变化。

5) 实验流量控制

根据盒 8 段辫状河三角洲形成特点以及自然界河流洪水、中水、枯水的流量比例，设计盒 8 段辫状河三角洲入湖河流洪水期、中水期及枯水的流量比例为 6∶3∶1，实验中选定洪水期流量为 1.2L/S，平水期流量为 0.6L/S，枯水期流量为 0.2L/S。

6) 实验过程中水位的控制

按高水位体系域、低水位体系域调节水深，高水位体系域水位控制在 Y=6.5m 左右，低水位体系域水位控制在 Y=11m 左右。

7) 加砂量和含砂量的控制

实验过程中，按不同时期各自洪水、中水、枯水的粒度组成加砂，加砂量与流量比例匹配，设计为 6∶3∶1，实验中视具体情况可适当调整。

8) 活动底板控制

根据目标区特点，调整活动底板运动状况以保证形成沉积坳陷。

4.4.2　实验过程

模拟实验共进行约 250h，分六期完成，将盒 8 段分成六个沉积期进行模拟。每个实验沉积期均按中水期—洪水期—中水期—枯水期的顺序进行。每个实验沉积期水位不断变换，局部呈现为湖侵，总体上是一个湖退沉积过程。

洪水期：洪水过程对砂体发育的控制作用明显，砂体纵向伸展、横向展宽，垂向增厚。上部以强片流为主，水流强度大，搬运能力强，沉积物不易沉积下来，砂坝不发育；中下部以强分流为主，分流河道发育，沉积长条状纵向砂坝。水流强度大，携带沉积物多。

中水期：中水过程改造作用突出。主要是沿分流河道方向砂体发育，对早期砂体以改造为主。分流河道左右摆动频繁，河道与砂坝相互转换，砂坝十分发育，形态丰富。

枯水期：枯水过程分化过程分明。水流量骤减，主河道携带细粒泥沙沉积，部分河道断流或废弃，砂体大面积暴露。

4.4.3　实验结果

1. *砂体形态分布*

通过网格点（*X* 方向 30cm 间隔，*Y* 方向 50cm 间隔）测量，分别绘制出了原始底形、每一沉积期砂体厚度等值线图和累计砂体厚度等值线图（图 4-33）。从图中可以看出不同沉积期砂体的变化趋势：

(1) 无论是单层砂体厚度还是累计砂体厚度，*Y* 在 7.5～11m 附近沉积较厚，说明该部位是三角洲沉积的主体，*Y* 在 7m 之前的三角洲近端部位及 *Y*=11.0m 之后的前三角洲部位相对较薄；*X* 在 2.5～4.5m 附近（即两个物源的交汇处）沉积较薄；由于每一期沉积物向湖区延伸的砂体边界不一样，在第四沉积期、第五沉积期和第六沉积期的 *Y*=11.0m 之后局部出现厚层砂体。

(2) 由于原始地形、水动力条件以及加砂量等因素的影响，第一沉积期的沉积物厚度是从物源区向湖区逐渐变薄，其他几个沉积期都是逐渐变厚再变薄的趋势。

(3) 三角洲砂体沿着本身物源方向或辫状河道的方向呈条带状或舌状分布，三角洲砂体的朵体展布或指状展布方向代表了分流河道的走向及主砂带的展布方向。

(4) 第一沉积期，河道主要在两侧摆动，在 *X*=3.0m，即两个物源的交汇处砂体沉积较薄；随着实验的继续，第二沉积期主河道向内侧摆动，砂体横向分布较均匀；第三、四、五、六时期，砂体相互切割，侵蚀作用较强，砂坝非常发育，河道左右迁移、摆动、汇合频繁，最终形成大面积的连片状砂体。

2. *典型沉积构造*

模拟实验形成的砂层的精细三维切片揭示辫状河三角洲层理类型较丰富，隔夹层明显，各沉积期纵向变化的层次清晰易辨。常见层理类型有平行层理、交错层理。而在横剖面上可见大量的侧积交错层理，层系规模为 3～10cm 不等，层系上下呈反 S 型，上下均收敛。如果交错层的迁移方向与水流方向垂直，

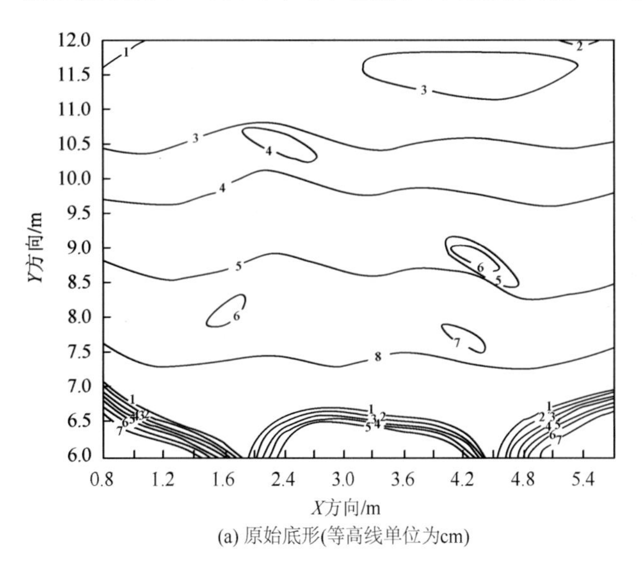

(a) 原始底形(等高线单位为cm)

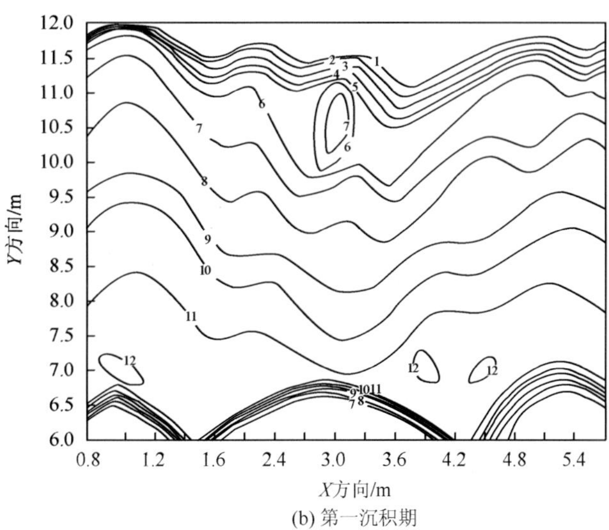

(b) 第一沉积期

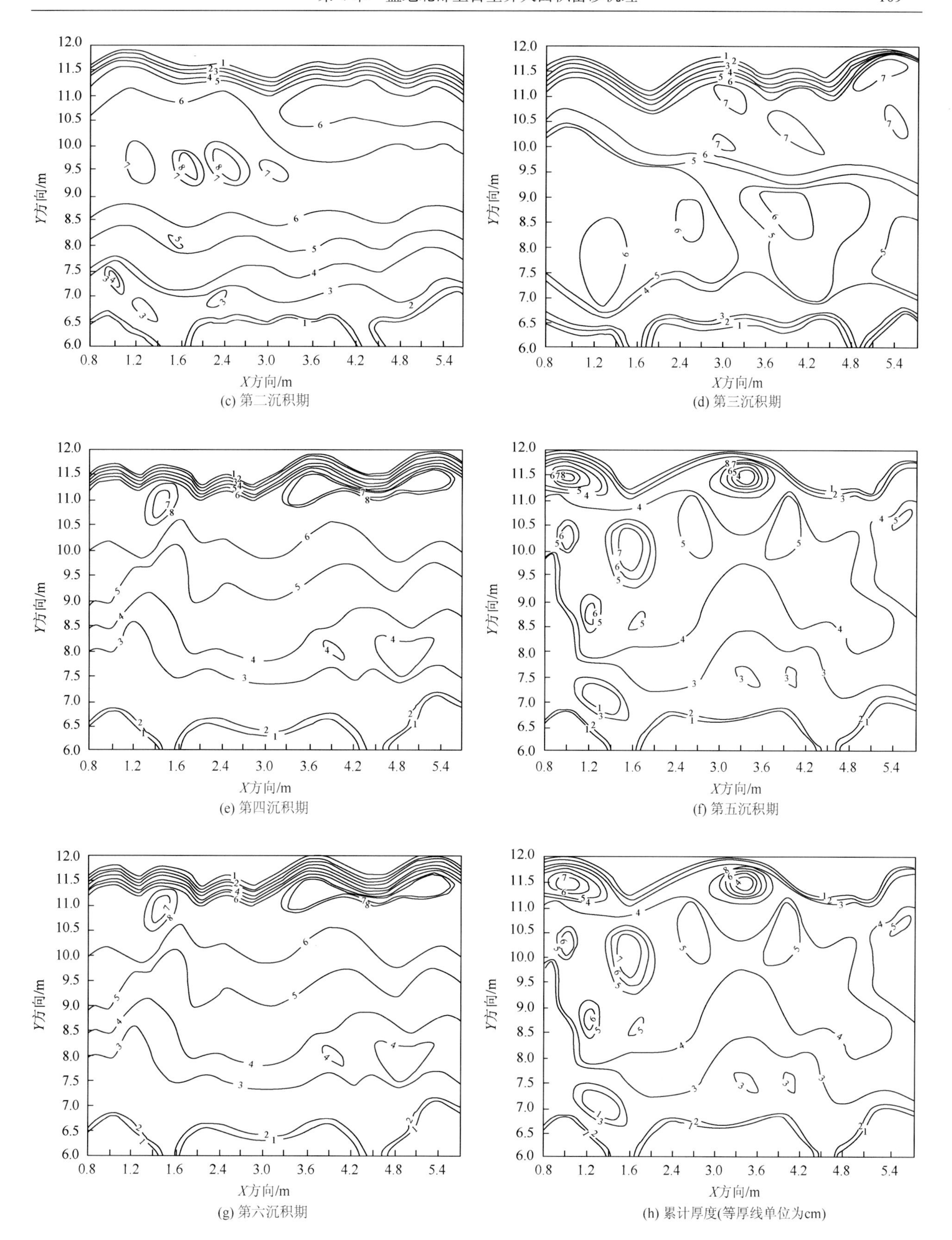

图 4-33　实验原始底形及辫状河三角洲砂体厚度等值线图

层系厚度较大，其规模也较大。沿冲刷面从底到顶粒度由粗变细，细层亦具有从下到上粒度由粗变细的特征。

3. 沉积微相类型

通过对实验过程的监测，发现实验条件下，辫状河三角洲可划分为三角洲平原和前缘两个亚相，并可以识别出分流河道、纵向砂坝、斜列砂坝、废弃河道、天然堤、河口砂坝、水下分流河道及支流间湾八个微相。沉积物主体以辫状河三角洲平原为主，三角洲前缘不太发育，这是因为随着沉积过程的不断进行，坡度逐渐变缓，限制了辫状河三角洲前缘的发育空间，同时湖水对沉积物的顶托作用使沉积物搬运距离受限，而以侧向的迁移、摆动为主。

4.4.4 实验分析

1. 地形平缓、水体浅是大面积砂体形成的宏观背景

在相同物源条件下，不同沉积背景的辫状河三角洲砂体规模及分布规律具有明显区别。辫状河三角洲如果发育于沉降量大、坡度较陡、水体较深的环境中，水流携带沉积物顺直流入湖区，形成相对均质的砂砾扇体，但砂体延伸距离较短，垂向叠置厚度较大(图 4-34)。与之相反，如果辫状河三角洲发育于构造稳定、地形坡度平缓、水体较浅的环境中，就会形成以缓坡浅水三角洲为主的沉积，由于沉积底形平缓，水流分散，三角洲平原分流河道发育，并形成以侧向迁移和侧向加积为主的沉积样式，而且砂坝与河道之间频繁相互切割交替，横向连片，易形成大面积的砂体分布(图 4-35、图 4-36(a))。由于水体浅，南北两大物源体系之间相互交错，缺乏统一的湖泊区，而发育水体很浅的汇水区和交互区(图 4-36(b))。

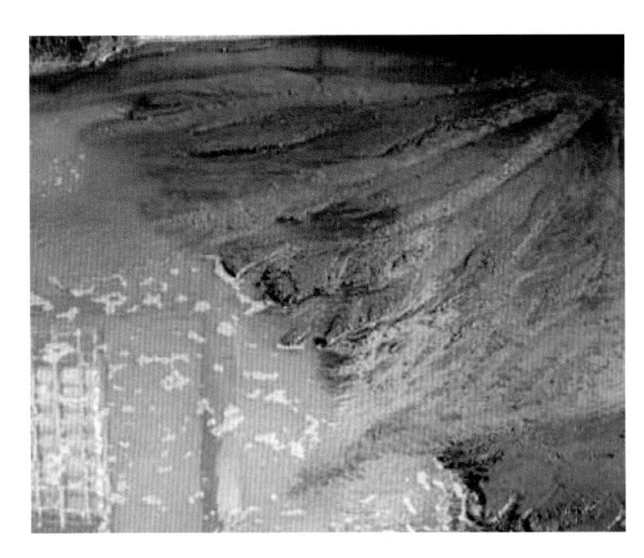

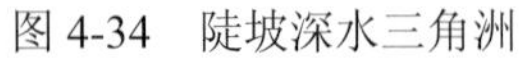

图 4-34　陡坡深水三角洲

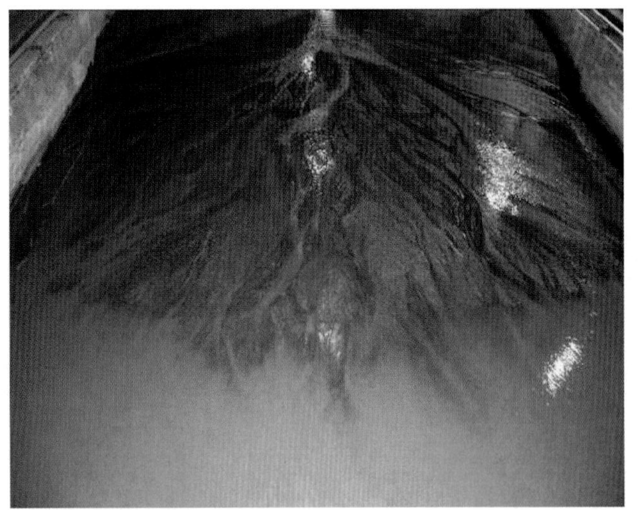

图 4-35　缓坡浅水三角洲

2. 物源供给充足是形成大面积砂体的物质基础

物源供给是否充足是影响砂体发育规模的另一重要因素。当物源供给不充足时，上游河道下切作用明显，使水流较为集中，分流点下移，河道摆动、迁移速率较慢，沉积的展布范围会明显受限，砂体向前延伸缓慢且距离短。相反，当物源供给充足时，水流携带大量泥沙呈多股全方位齐头并进，沉积物在原河道快速堆积，使原河道变浅、水流分散，形成多股新的分支河道向前继续延伸，且砂体纵横向迁移

频繁，砂质主要在入湖的河口区由于流速降低而迅速沉积，形成朵状砂坝，而且由于砂坝迁移叠置易于形成连片砂体。

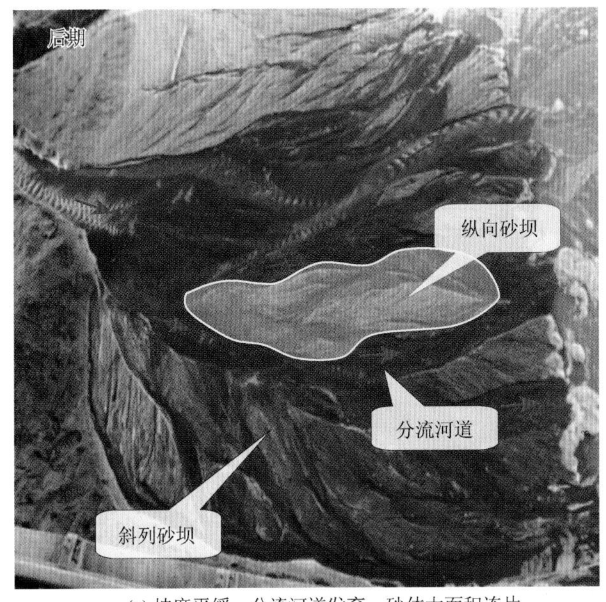

(a) 坡度平缓，分流河道发育，砂体大面积连片

(b) 南北物源体系之间的“汇水区”

图4-36　水槽模拟实验结果的砂体结构与叠加样式

3. 洪水期强水流是形成大面积砂体的重要条件

模拟实验中不同水流条件下的砂体分布特征分析表明，强水流(洪水)期辫状河三角洲砂体上部以强片流为主，水流强度大，搬运能力强，沉积物不易沉积下来，砂坝不发育；中下部以强分流为主，分流河道发育，河口砂坝逐渐被侵蚀、减少。而且由于水流强度大、搬运能力较强，部分粗颗粒可以被水流携带至三角洲前缘部位沉积，洪水期的强水动力是中—粗粒砂岩从物源区向盆地大范围延伸的主要控制因素。

4. 多水系的汇水是形成大面积砂体的重要方式

实验过程中观察到，在水流较强的条件下，其水流作用控制明显，在整个砂体的中上部可见明显的强水流—强片流，在下部可见明显的强分流—多水系特征。粗颗粒因水流搬运作用强直接入湖，强分流、多水系沿整个湖区前端全方位发育，强分流河道分散，分流河道数量多，造成砂体全方位发育，当物源供给充足时，整个砂体表面以沉积作用为主，且在砂体前端沉积，分流河道横向迁移特征不明显，水流分叉—交汇—再分叉—再交汇现象非常明显；当物源供给不足时，整个砂体表面以切割作用为主，强水流—多水系切割中上部的砂体沉积物再次搬运至湖区沉积，分流河道横向摆动、迁移特征明显。因此，多水系是形成大面积砂岩的重要方式。

5. 沉降与沉积速率的匹配保证砂体长期发育

实验过程中利用活动底板对沉降与砂体沉积速率的影响也进行了模拟。当活动底板沉降时，湖区可容空间增大，三角洲分流河道经决口改道，向地势较低的区域沉积，并产生新的朵体填积近岸湖区。后期的河流流过近岸三角洲朵体时发生过路作用，在向湖一侧卸载形成新的三角洲朵体群，并不断地向湖心迁移，砂体垂向增厚。当区域沉降持续进行时，这一砂体沉积的过程就重复出现，造成不断的进积形成大面积分布的多期砂体叠合连片的三角洲复合体。

4.5　晚古生代盆地北部大面积富砂有利条件

4.5.1　大型克拉通盆地缓斜坡古构造背景

大型水槽实验模拟表明鄂尔多斯地区上古生界大面积砂体的形成与这一时期古地形平缓、水体浅的宏观沉积背景是密切相关的。晚古生代鄂尔多斯地区处于华北克拉通盆地西部缓斜坡之上，古地形坡度的大小控制宏观的沉积背景。

古坡度计算中对原始地层厚度的获取是关键。由于现今厚度是沉积物经过地质历史时期沉积、埋藏、压实、遭受剥蚀及再沉降的最终残留厚度，必须压实校正将其恢复为原始厚度，进而计算出沉积期的古地形坡度。计算公式为 $\tan\theta=(d2-d1)/s$。其中 θ 为坡度角，$(d2-d1)$ 为两点处的沉积厚度差，s 为两点间的水平距离(或河道长度)。

对不同地区的盒 8 段计算结果表明，其沉积时古地形坡度一般小于 1°，例如，北部乌审旗地区平均坡降为 1.10m/km，平均坡度为 0.063°，T27 井—Z29 井之间为加不沙—乌审召次级水系与杨七寨子—通岗浪沟主水系的交汇部位，坡度相对最陡，最大坡降为 3.34m/km，坡度为 0.191°(表 4-4)。

表 4-4　鄂尔多斯沉积区北部盒 8 下砂岩沉积期古坡度恢复表

井号	残余地层厚度/m	砂岩厚度/m	泥岩厚度/m	恢复厚度/m	井间距离/km	坡降/(m/km)	坡度/(°)
Z53	43.6	34.8	8.8	70.0	—	—	—
Z52	40.4	29.8	10.6	72.2	14.81	0.149	0.0085
T25	52.3	45.4	6.9	73.0	23.82	0.034	0.0019
T27	49.0	34.6	14.4	62.2	6.80	2.824	0.162
Z29	44.2	35.8	8.4	69.4	6.83	3.338	0.191
Z11	38.4	29.2	9.2	66.0	21.08	0.161	0.0092
Z19	31.8	14.2	17.6	84.6	17.40	1.069	0.061
S246	31.2	13.9	17.3	83.1	11.87	0.126	0.0072

由此可见，石盒子组盒 8 段沉积时期的古地形非常平缓，具有缓坡型三角洲发育的背景。在平缓的古地形条件下，沉积相带分异不明显，易于形成宽缓的相区，各沉积相带展布范围大，盒 8 沉积时期三角洲平原相南北延伸超过 200km。同时，由于古地形平缓，低幅度湖平面升降可致湖岸线大范围波动，使多期三角洲分流河道砂体叠加并向南大范围延伸，形成了以浅水三角洲骨架砂体为主的大面积砂体分布格局。

4.5.2　盆山耦合演化与充足的物源供给

随着造山带及大陆动力学研究广泛开展，盆地与相邻造山带之间的发展演变及耦合关系的研究也不断深化，为物源研究提供了新的方法与思路。

毫无疑问，充足的碎屑物质是大面积砂体发育的物质基础，沉积模拟实验也反映了这一特点。而对于沉积盆地而言，其碎屑必然来自与之相邻的造山带，追溯沉积碎屑的来源就必须精细判别造山带是否具备提供充足碎屑供给的能力与条件，进而分析二者内在的成因关系。

在盆山耦合与物源关系研究方面，陈世悦(2000)、刘和甫(2001)、张原庆(2001)、李继亮(2003)、周安朝(2002)、林畅松(2009)、王正和(2008)、陈安清(2011)等学者近年来开展了大量研究工作，对盆山耦合的定义也更加明晰。盆山耦合关系(coupling)是指受控于统一的地球动力学系统，而运动方式呈镜像或其他相协调的方式形成的一对盆地和造山带。沉积盆地与相邻的造山带是在统一的地球动力学背景和构造框架下形成的两个构造单元，两者在空间上相互依存，在物质上相互转化，盆地的沉积细节往往反映造山带的时空细节及其构造演化，造山带的时空细节及其构造演化特征控制了沉积盆地的沉积样式及其发育演化特征。

周安朝(2000)等把华北板块北缘晚古生代沉积盆地的形成、沉积演化与内蒙古造山带的造山作用过程联系起来进行综合研究，认为内蒙古造山带和华北板块北缘晚古生代沉积盆地是在统一的构造框架和动力学背景下形成的孪生体，它们的形成和发展演化都受控于西伯利亚和华北两大板块间的构造作用，两者之间存在着耦合关系。

在古生代，鄂尔多斯盆地作为大华北盆地的一部分，盆地南北两侧的秦岭洋、古亚洲洋都经历了扩张并俯冲消亡的演化过程，于盆地南北两侧相应形成了北秦岭造山带及兴蒙造山带，造就了夹持于南北两个大型造山带之间独特的盆山分布格局，因此，鄂尔多斯盆地的沉积演化必然与南北两侧造山带演化密切相关(图4-37)。

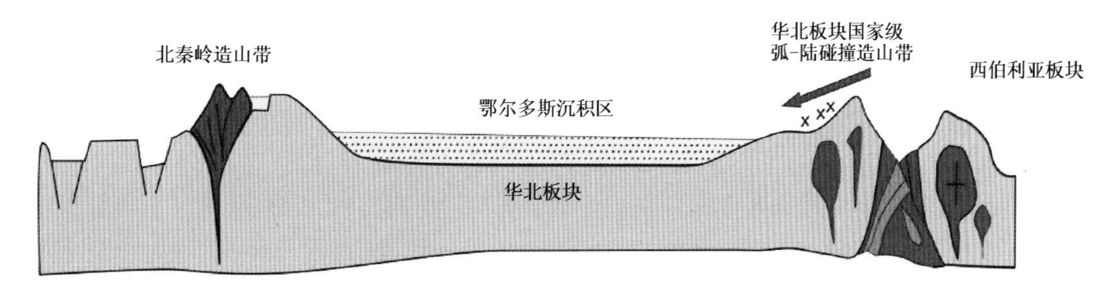

图4-37　鄂尔多斯盆地与北部、南部造山带晚古生代的盆山耦合关系示意图

1. 北部造山带与盆地的物质响应耦合关系

区域构造演化分析表明，早古生代华北板块南北两侧分别发育古秦岭洋与古亚洲洋，并且都经历了早期扩张，晚期向华北板块之下俯冲消减的构造演化过程。但是南、北两侧的俯冲时间不一致，北侧的俯冲从寒武纪末期已经开始，并在泥盆纪发生弧—陆碰撞作用之后继续向华北板块之下俯冲，而南侧于中奥陶世才开始。正是由于南北两侧的相向俯冲，尤其是南侧古秦岭洋在加里东期的闭合形成强烈的碰撞造山作用，使华北地块被整体抬升，加之区域海平面下降等因素叠加，其经历了长达1亿多年的风化剥蚀，缺失中奥陶世至早石炭世早期的地层。

晚古生代早期(石炭纪)，随着古亚洲洋壳向华北板块之下俯冲消减，并发生碰撞造山作用，在鄂尔多斯地区北缘产生新的增生造山带，古亚洲洋南侧的华北板块北缘开始大面积隆升。其后，随着晚古生代晚期古亚洲洋的逐渐闭合，持续的挤压使得这一造山带不断抬升，物源区不断扩大，物源供给能力也不断增强，受控于该物源的沉积体系从本溪组至石盒子组砂体规模及分布面积也逐渐增大，本溪组砂坝砂体分布范围不足盆地北部面积的30%，至石盒子组盒8期，盆地北部砂岩分布面积已近超过60%以上，这些与北部物源区持续隆升，物源供给能力逐渐增强是密不可分的。

1)北部造山带构造演化

华北板块北缘构造带西起内蒙古狼山，东至吉林东部一带，全长近2000km，是夹持在华北板块与北侧兴蒙造山带之间的活动构造带。已有研究成果表明(周安朝，2000；陶继雄，2003)，华北板块北缘中段晚古生代的构造演化历史可分为以下几个阶段：洋壳俯冲(泥盆纪以前)⟶弧—陆碰撞(泥盆纪)⟶洋壳继续俯冲(早石炭世—早二叠世)⟶古亚洲洋闭合(晚二叠世)⟶碰撞后造山(晚二叠世以后)。

早古生代晚期，西伯利亚板块和华北板块发生了首次碰撞造山作用，内蒙古中部至吉林省中部广泛分布一套海相磨拉石建造就是这次造山运动的直接证据，同时导致华北板块北缘中段陆壳增厚并发生裂解，地幔岩浆上涌造成基性的下地壳发生熔融，形成泥盆纪埃达克质碱性花岗岩类。

进入晚古生代，古亚洲洋的扩张作用逐渐加强，至早石炭世，再次发生扩张，在华北北部地区沉积了一套具有被动大陆边缘环境特征的陆源碎屑岩—台地碳酸盐岩建造，但这一时期的岩浆活动并不发育。

晚石炭世末—早二叠世，随着古亚洲洋的继续扩张，洋壳开始向华北板块北缘俯冲，使华北板块北缘由被动大陆边缘转化为活动大陆边缘，形成了一套砂岩、细砂岩夹灰岩透镜体的组合。而华北板块内部开始沉降，形成以滨海沼泽相堆积为特征的一套粗碎屑岩建造，即本溪组沉积。同时，洋壳的俯冲及拆沉造成幔源岩浆上侵，导致下陆壳变质基底重熔，壳、幔岩浆发生混合并上侵，在北缘地区形成早石炭世—早二叠世埃达克质中性—酸性花岗岩类。

中二叠世末期至晚二叠世，古亚洲洋逐渐闭合，西伯利亚板块和华北板块开始发生碰撞，逐渐进入了碰撞后造山阶段，陆壳增厚，发生下地壳拆沉作用，软流圈上涌引起上陆壳物质重熔，形成了一系列具有S型特征的花岗岩类。同时，由于陆壳的加厚，导致其下部岩石圈发生拆沉作用，陆壳减压伸展张裂，形成区域内广泛分布的东西向拉分盆地，接受沉积形成了一套以黑色页岩建造为特征的林西组地层。

在上述演化过程中，对于鄂尔多斯地区上古生界沉积最为重要的就是古亚洲洋的闭合时间，结合前人的相关研究成果和对华北板块北缘中段晚古生代花岗岩类分布及定年的研究，推测古亚洲洋的闭合时间应为晚二叠世，地质依据如下。

地层学证据：华北板块北缘中段前寒武纪地层主要为滨浅海相沉积，奥陶纪为一套岛弧火山—沉积岩系列，上志留统—下泥盆统为一套海相磨拉石建造，富含珊瑚、腕足、苔藓虫、三叶虫、头足等多门类海相化石，下二叠统主要形成于成熟岛弧环境，中二叠统为一套海陆交互相的陆源碎屑岩建造，而且其中可以见到代表较深水沉积环境的放射虫等化石。这些海相环境的沉积物说明古亚洲洋板块的俯冲作用至少持续到中二叠世。

蛇绿岩证据：地质研究中通常将最年轻的蛇绿岩时代作为板块碰撞时间的下限。王惠等(2005)在索伦山以东的满都拉地区发现一套由橄榄岩、橄榄辉长岩和硅质岩组成的蛇绿混杂岩带，并通过鉴定认为保存于硅质岩中的放射虫化石的时代为早二叠世晚期—中二叠世早期，这与上述时间段也基本吻合。

古地磁证据：通过对华北板块和西伯利亚板块古地磁数据的对比分析，赵磊(2008)认为，分隔两大板块的古亚洲洋洋盆在晚泥盆世至晚石炭世期间进一步向南北两侧打开，至早二叠世初期，扩张达到最大。李鹏武(2006)推测，西伯利亚板块于早二叠世以后开始快速向南漂移，至晚二叠世晚期(约 250Ma)与华北板块发生碰撞，形成索伦缝合带。

岩浆作用证据：不同类型的岩浆作用是不同构造环境最为直接的反映。赵磊(2008)研究了沿内蒙古乌拉特中旗、白云鄂博和达茂旗一带出露的镁铁—超镁铁岩带，认为其形成于与古亚洲洋板块的俯冲作用有关的岛弧或活动大陆边缘环境，采用锆石 SHRIMP U—Pb 法及 K—Ar 法定年获得了 250.3～287.0Ma 的年龄区间，基本处于中—晚二叠世。罗红玲(2009)研究了乌拉特中旗克布岩体和北七哥陶岩体，得出这两个岩体均属于经典岛弧花岗岩，锆石 SHRIMP U—Pb 定年和 40Ar/39Ar 定年显示它们的侵位年龄为 260～290Ma。陶继雄等(2003)通过研究白云鄂博北部满都拉地区出露的一套由辉长岩、闪长岩、石英闪长岩、斜长花岗岩等组成的复合侵入体，认为其具有大洋岛弧岩浆岩的特点，形成于俯冲造山过程，获得单颗粒锆石的 U—Pb 年龄分别为 285±11Ma 和 280.4±1.1Ma。袁桂邦等(2006)研究了武川县西北部的辉长苏长岩—石英闪长岩—二长花岗岩组合，显示其属于板块碰撞前的岛弧花岗岩，并具有向碰撞期花岗岩过渡的趋势，侵位时代为晚石炭世；杨学明等(2000)通过对白云鄂博矿区南部和东部的花岗杂岩体研究得出其主要属于同碰撞期花岗岩，侵位时代为早二叠世；李兰英(2005)研究了四子王旗公呼都格花岗闪长岩和英云闪长岩，认为其主要形成于两大板块对接后的超碰撞造陆阶段，侵位时代为晚二叠世。因此，华北板块北缘中段花岗岩类在早泥盆世、早石炭世和早二叠世主要显示碰撞前—同碰撞期或大洋岛弧花岗岩特征，而至中—晚二叠世，其构造环境逐渐向碰撞后或板内花岗岩转变。

综上所述，古亚洲洋沿索伦一线的闭合时间应在晚二叠世。这一时限与整个华北地区石盒子组、石千峰组砂岩大面积发育具有较好的吻合性。

2) 北部物源区组成及特征

现今鄂尔多斯盆地北缘地区主要发育前寒武系的太古界和元古界，总厚度在万米以上。由于其在晚古生代主体为阴山古陆，并由于华北与西伯利亚板块间的相互作用而形成华北北缘造山带，长期处于隆升状态。其地层剥蚀具有从新地层到老地层即从上到下的剥蚀顺序。阴山古陆的前寒武系结晶变质岩系包括了集宁群、乌拉山群、二道凹群、色尔腾山群及渣尔泰山群以及与之相当的白云鄂博群、温都尔庙群和白乃庙群(表4-5)，是上古生界碎屑物质的主要来源。

表4-5　鄂尔多斯盆地北部上古生界物源区母岩特征简表

地层	岩性特征
渣尔泰山群	分布长达500km，由变质的砂砾岩、石英砂岩、片岩、千枚岩、板岩和灰岩组成，夹火山岩。厚度＞8400m
二道凹群	下部以绿片岩相为主，上部为绿片岩夹大理岩，＞1972m
色尔腾山群	下部为片麻岩、混合岩，上部为片岩、角闪片岩夹磁铁石英岩，＞10000m
乌拉山群	片麻岩、角闪岩、变粒岩、大理岩组合，深变质岩系，＞4158m
集宁群	下岩组为麻粒岩系，主要为麻粒岩、片麻岩、角闪岩；上部岩系为含石榴石二长片麻岩等。＞9700m

阴山古陆作为物源区，其最大的特征就是东西两大部分间岩石组成的差别，物源区东西部之间存在明显的差别。西部：以元古界为主，主要岩石类型为石英岩、磁铁石英岩(石英＞85%，云母类5%～10%，磷灰石0.3%)，片岩、板岩(硅质70%～75%，云母类15%～20%)；而东部：以太古界为主，主要岩性为花岗质混合片麻岩(石英12%～60%，长石类12%～50%，云母类10%～30%)钾长花岗岩(石英25%～30%，长石类15%～65%，云母类0～3%)，这一东西分异特征对晚古生代沉积具有明显的控制作用。

3) 北部造山带与盆地耦合的沉积响应

砂岩碎屑类型及组成是造山带剥露过程与沉积盆地充填过程耦合关系的最直接反映。北部造山带作为上古生界最主要的物源，其对盆地内沉积物的影响最为明显。盆地内不同地区上古生界岩石成分纵向上均有差异(表4-6)，石英、长石、岩屑在不同层位中的消长关系也不同，但其共同的特征是：石英和岩屑组分占绝大部分，而长石含量相对较少，岩石类型以石英砂岩类(石英含量＞75%，主要包括石英砂岩、岩屑石英砂岩)及岩屑砂岩类为主，有少量杂砂岩。纵向上从本溪组—太原组—山西组—石盒子组-石千峰组，具有从石英砂岩向岩屑砂岩—长石类砂岩的演化趋势，显示出物源地层被逐渐剥露，其组成逐渐转变的趋势。

表4-6　鄂尔多斯沉积区北部上古生界砂岩成分统计表

层位 \ 组分 \ 地区	西缘			北缘			中部			东缘		
	石英/%	长石/%	岩屑/%	石英/%	长石/%	岩屑/%	石英/%	长石/%	岩屑/%	石英/%	长石/%	岩屑/%
下石盒子组	67	11	22	52	17	31	74.1	1.1	24.8	74.3	6.5	19.2
山西组	84	1	15	59	10	31	78.9	208	18.3	78	5.5	16.5
太原组	89	0	11	74	5	21	69	4	27	69	5	26

从碎屑来源上看，图4-38、图4-39、图4-40及图4-41中上古生界砂岩大都落在再旋回造山带，仅有

少量样品落入混合区及基底隆起区，进一步表明北部地区的上古生界物源是来自再旋回造山带，即华北北缘造山带。

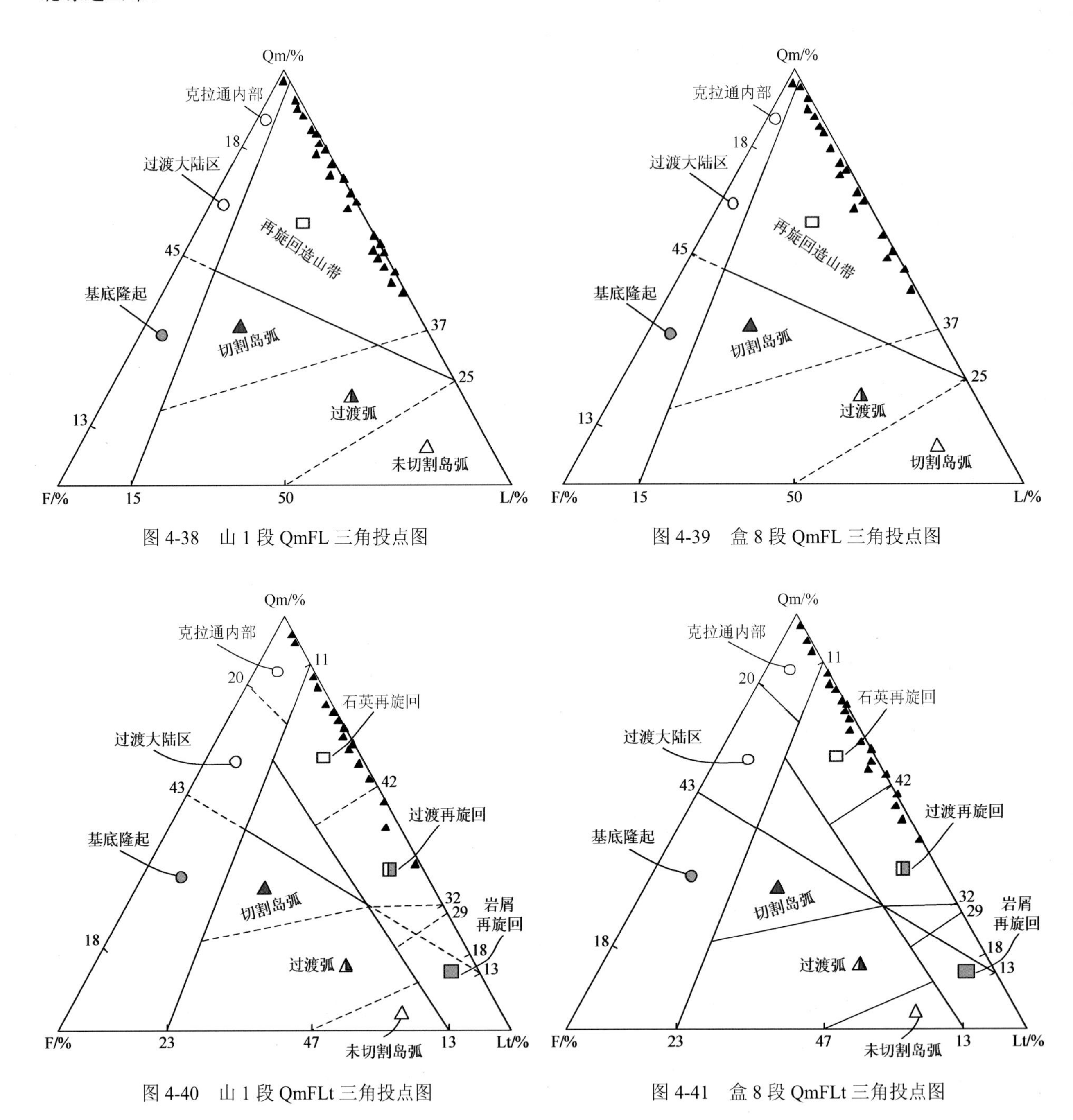

图 4-38　山 1 段 QmFL 三角投点图

图 4-39　盒 8 段 QmFL 三角投点图

图 4-40　山 1 段 QmFLt 三角投点图

图 4-41　盒 8 段 QmFLt 三角投点图

晚古生代，北部造山带经历了早期俯冲消减、岛弧发育、快速隆升和晚期洋壳闭合、板块碰撞、强烈隆升的过程，造山带在不同构造演化阶段的物质组成也反映在同时期盆地内的沉积物中，这种物质耦合关系在鄂尔多斯沉积区内响应非常明显。其中中二叠世早期盒 8 段富砂层段的形成就可能是板块俯冲导致华北地块北缘快速隆升、盆地内砂质沉积大量集中发育的响应(盒 8 段富含大量火山碎屑及其蚀变物质)；而石千峰组以长石类砂岩为代表的富砂层段则可能代表了最终碰撞造山，碰撞型花岗岩发育并抬升提供物源供给的演化阶段。因此，上古生界不同层位碎屑岩组成的纵向演化、平面分布特征与北部造山带不同阶段的隆升演化过程的对应关系说明：现今鄂尔多斯盆地北缘地区出露的基底岩系，在晚古生代最有可能成为主要物源区，是上古生界大面积分布的砂岩沉积的主要贡献者，而且由于其在不同阶段的表现以及对基底岩系的逐渐剥露，造成了上古生界不同层系碎屑组成在纵向上的变化，为多类型储集砂体的形成创造了条件。

沉积速率是指沉积物对可容纳空间充填的速度，常用某一期间净沉积量的平均值表示，其变化可以反映物源区构造背景转变。地层古沉积速率计算与恢复研究的关键在于原始地层厚度恢复和地层年代标定。以现今盆地北部 S41 井二叠系石千峰组—山西组沉积速率恢复为例，山西组山 1—山 2 期为 20.1m/Ma，石盒子组盒 3—盒 8 期为 53.6m/Ma，石盒子组盒 1—盒 2 期为 26m/Ma，石千峰组千 4—千 5 期为 25.7m/Ma(表 4-7)，显示石盒子组早期沉积速率显著大于其他时期，加之石盒子组也是盆地上古生界砂地比最高、最富砂的层段，这一特点与古亚洲洋闭合碰撞造山直接相关。

表 4-7　鄂尔多斯沉积区北部砂体发育与古生代构造沉积演化的关系

代	纪	世	年龄	地层		砂地比/%	古亚洲洋演化	华北板块北缘构造演化
				组	段			
中生代	三叠纪	早		刘家沟组			古中亚洋盆消亡阶段	随着双向俯冲的继续，华北板块与西伯利亚板块碰撞，发育同碰撞期花岗岩，华北板块北缘造山带形成
古生代	二叠纪	晚	250	石千峰组	千1			
					千2			
					千3			
					千4			
					千5			
		中	260	石盒子组	盒1			古亚洲洋壳向华北板块下俯冲，北缘开始同造山隆升，并发育岛弧系列火山岩
					盒2			
					盒3			
					盒4			
					盒5			
					盒6			
					盒7			
					盒8上			
					盒8下			
		早	272	山西组	山1			
					山2		古中亚洋盆发育阶段	被动大陆边缘沉积
			280	太原组				
	石炭纪		295	本溪组				
	泥盆纪							
	志留纪							
	奥陶纪			马家沟组				

首先，晚古生代火山沉积事件对沉积组成的影响。据区域地质调查资料显示，现今鄂尔多斯盆地北部内蒙古阴山地区，海西期岩浆作用十分强烈，大部分地区以酸性及中酸性岩浆活动为主，说明同沉积期岩浆及火山作用发生的概率很高。盆地内的大部分古生界钻井都在石炭一二叠系钻遇过凝灰岩层，其一般多与砂岩层伴生，在自然伽马能谱测井曲线上，表现为放射性钍含量显著增高的趋势。在盆地周缘露头地区石炭一二叠系地层中火山碎屑岩层也十分发育，例如，北部大青山地区石炭一二叠系中火山碎屑岩累积厚度可达 200m，西部的宁夏中卫深井剖面中火山碎屑岩层有 50m。周安朝等(2002)对华北北部晚古生代的火山喷发事件进行了研究，在上古生界中划分出多期火山事件层。上述现今盆地内凝灰岩层及盆地周缘地区石炭一二叠系火山碎屑岩层的发育充分说明石炭一二叠系沉积期，同期火山作用对沉积的影响相当普遍。这些火山活动都是与这一时期的板块活动密切相关。在中二叠世，随着西伯利亚板块向南的快速移动，古亚洲洋盆开始消减，古亚洲洋洋壳向陆壳下俯冲，在

洋壳向陆壳俯冲过程中在华北板块北缘地区形成岛弧，并发育多种类型的火山作用，是盆地内火山物质的主要来源。

其次，幕式造山作用造成盆地上古生界碎屑岩富砂层段旋回性发育。构造演化阶段分析表明，本溪期—早二叠世，鄂尔多斯地区北部处于弧后扩张环境，因此，本溪—太原组沉积早期，海平面上升，大致在 290Ma，海平面达到最大，主要沉积环境为陆表海；如图 4-42 所示的沉降曲线可见，太原期并无明显的构造沉降；自 285Ma(大致相当于山西期)开始，盆地沉降明显加剧，说明北部的造山作用加强，北部边缘由弧后环境转为碰撞造山带，这一时期为华北晚海西造山第Ⅰ幕，该幕造山运动持续到山西末期，造成了海水由北向南全面退出鄂尔多斯地区，因此，鄂尔多斯地区海相最高层位具有由北向南逐渐升高的特点。大致在 280Ma，也就是下石盒子初期，开始了晚海西第Ⅱ幕造山，盆地构造沉降再次加剧，图中下石盒子期沉降曲线多处呈现明显的拐点，表现在盆地充填物中就是下石盒子组的辫状河三角洲沉积体系异常发育。

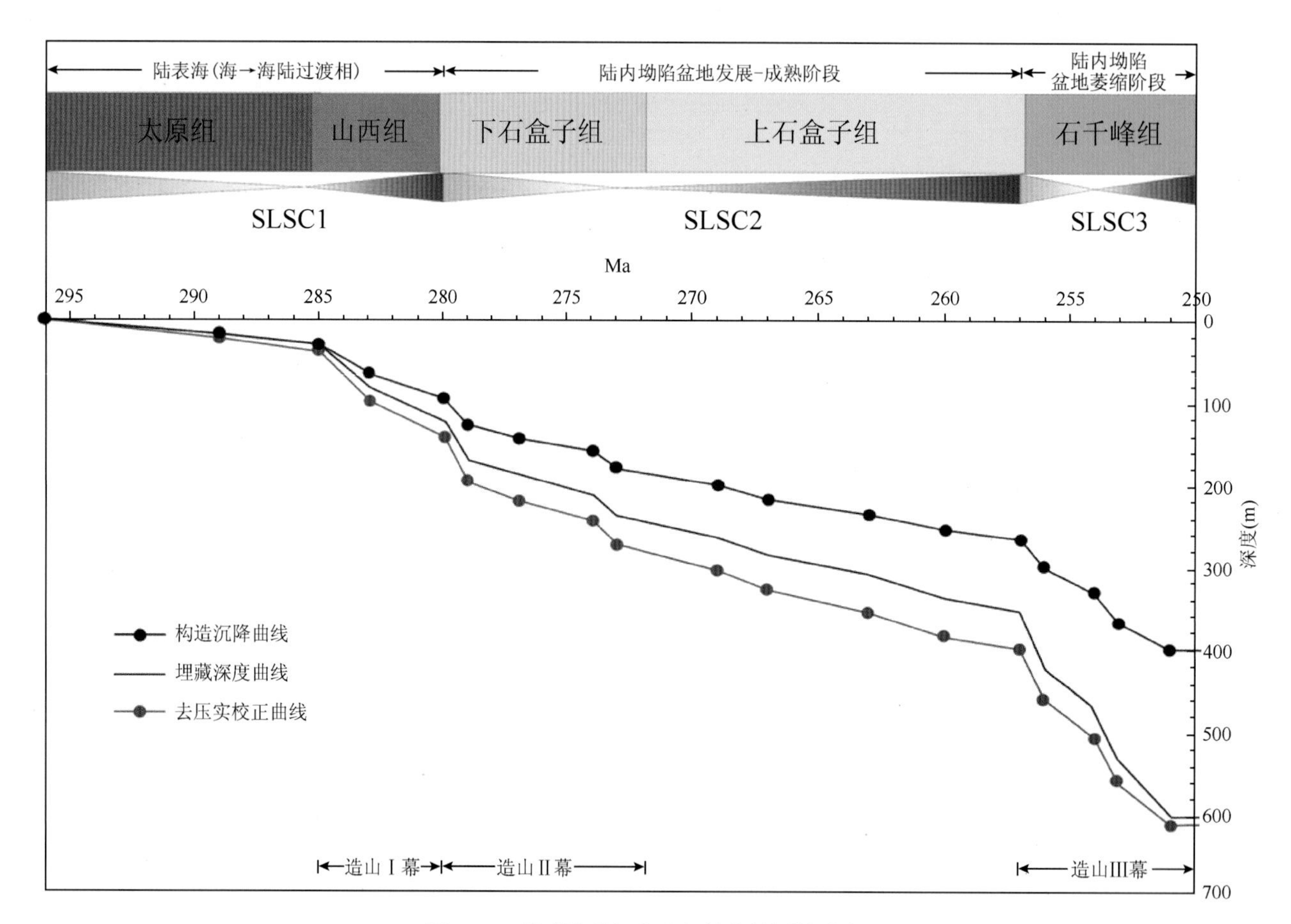

图 4-42　幕式造山与盆地充填的旋回性响应

上石盒子期，处于造山运动的间歇期，盆地的沉降主要由沉积物负荷所引起，图中上石盒子期沉降曲线无明显拐点。对应在盆地内的充填特点就是曲流河三角洲和湖泊沉积体系共存。到了晚二叠世石千峰期，也就是 257Ma 左右，开始了晚海西第Ⅲ幕造山，由于古亚洲洋完全消亡，强烈的碰撞造山作用造成火山作用频繁，对应于图中的构造沉降曲线就是在石千峰的早期开始出现明显的拐点，并且，沉降幅度急剧加大，沉积充填物表现为三角洲沉积体系强烈向盆地推进，并含有多层凝灰岩。因此，盒 8 与千 5 两个富砂层段的出现与北侧古亚洲洋的闭合过程密切相关。大华北盆地上古生界不同层位锆石定年数据的统计分析也提供了这一盆—山耦合演化过程的重要信息(图 4-43)，为上述论断提供了依据。

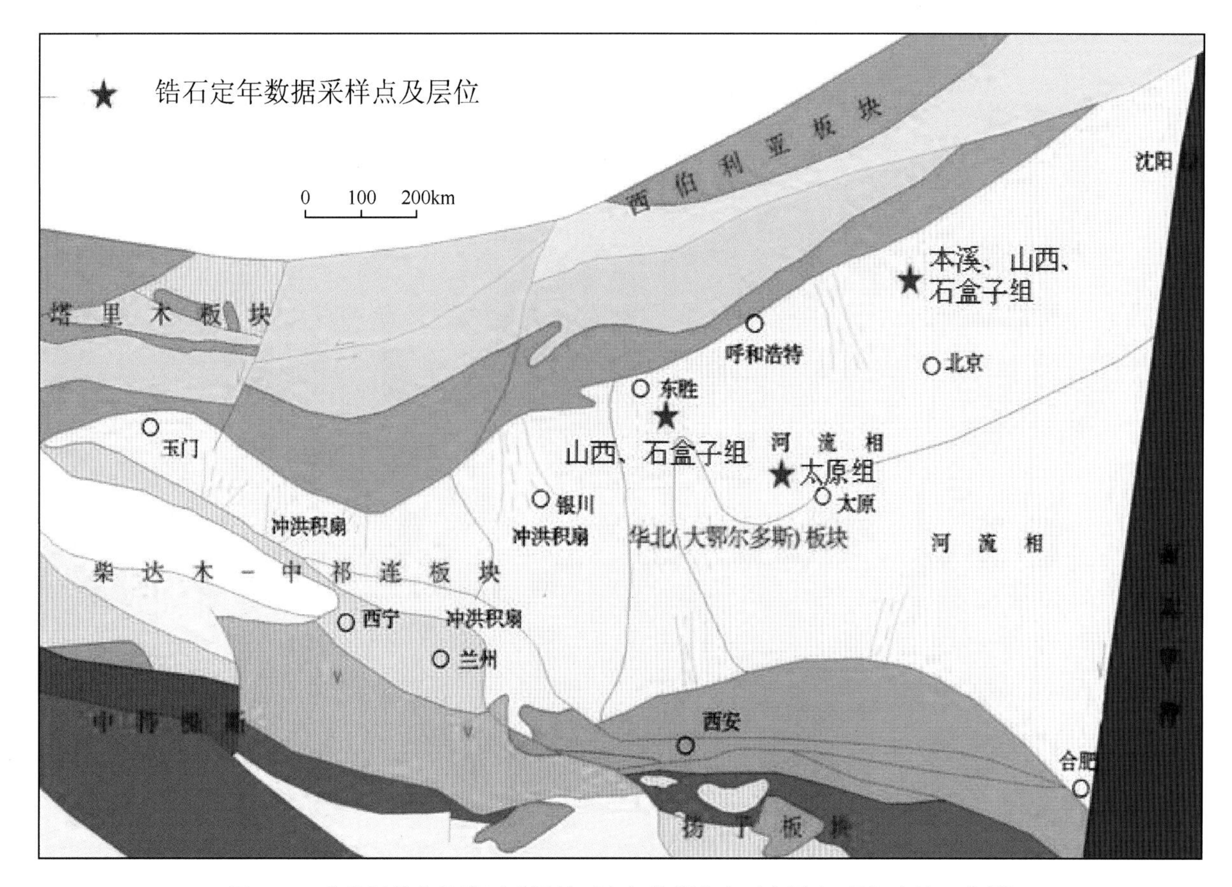

图 4-43　华北板块北缘地区碎屑锆石定年数据分布示意图(二叠纪古地理背景)

马收先等(2011)对大华北盆地北缘平泉地区本溪组碎屑锆石的 U-Pb 年龄数据统计显示具有三个峰值区间：泥盆纪(400～360Ma)、古元古代(1900～1700Ma)和新太古代—古元古代早期(2400～2600Ma)(图 4-44)。李洪颜等(2009)对山西宁武—静乐地区上石炭统太原组地层样品进行了碎屑锆石 U-Pb 年龄测定，72 个单颗粒锆石年龄也有三个区间，分别为 303～320Ma(6 颗)、1631～2194Ma(37 颗，峰值 1850Ma)和 2318～2646Ma(29 颗，峰值 2500Ma)(图 4-45)。与此类似，盆地北部乌审召地区石盒子组、山西组的 6 个砂岩样品碎屑锆石的 U-Pb 定年也具有三个区间分布特点，1800～2000Ma、2350～2450Ma 以及 300Ma～400Ma 三个峰值年龄区间分别属于早元古代晚期、早元古代早期及泥盆—石炭纪(图 4-46、图 4-47)。

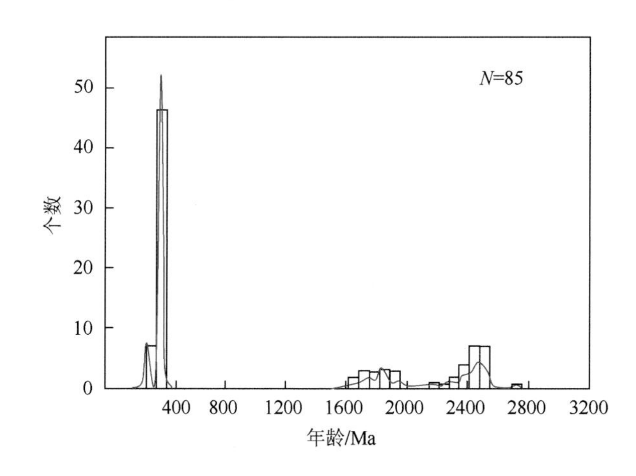

图 4-44　本溪组碎屑锆石定年数据分布

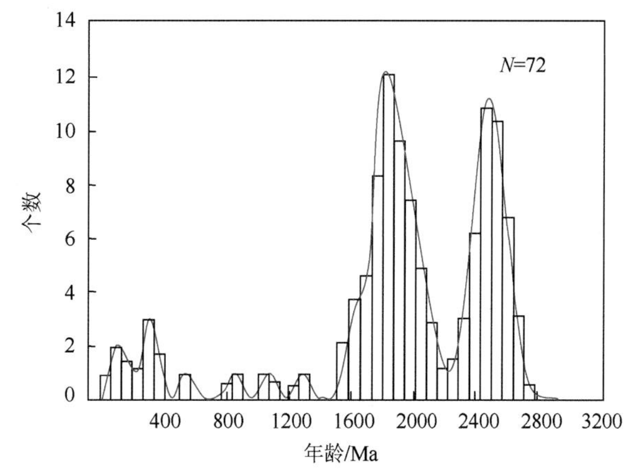

图 4-45　太原组碎屑锆石定年数据分布

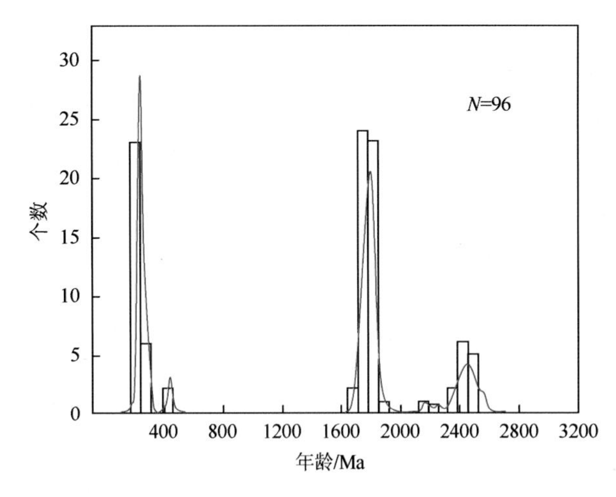

图 4-46　山西组碎屑锆石定年数据分布

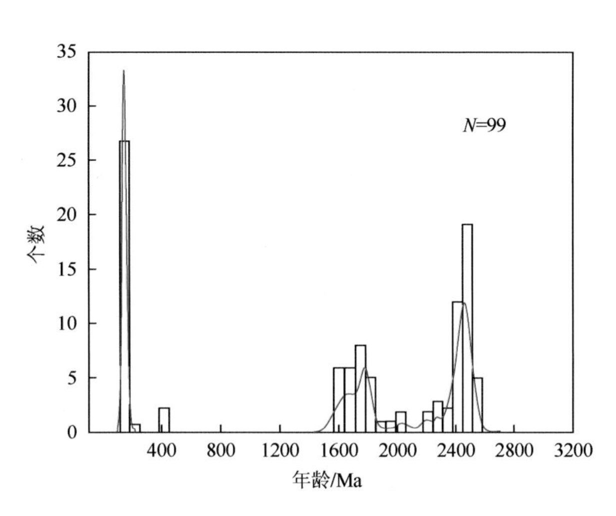

图 4-47　下石盒子组碎屑锆石定年数据分布

对比上述盆地周缘及内部上古生界碎屑岩的锆石定年数据，其峰值分布基本都具有三个分布区间，结合华北地块基底的年龄，认为盆地内探井定年数据第二个和第三个应当是华北克拉通基底的反映，而第一个年轻碎屑锆石（400～300Ma）Th/U 都较高（大于 0.67），应为岩浆锆石，其中最年轻的两颗锆石的平均年龄（304±6Ma）与地层沉积年龄相近，暗示晚石炭世地块北部曾经发生了强烈的构造抬升和岩浆活动，并为其后的石炭—二叠纪沉积提供了物源。因此可以推测，盆地形成以前（即本溪组开始沉积之前）华北板块北缘隆起已经存在。

自下而上对比上古生界不同的碎屑锆石年龄的主峰值区间可以发现，本溪组锆石的三个峰值区间的样品数大致相同，而太原组则明显以第二、第三个峰值区间为主，采自平泉地区山西组中部的厚层石英砂岩中 96 粒锆石的谐和年龄可分为 2 组，65 粒前寒武纪锆石（1750～2573Ma），占 68%，29 粒晚泥盆世—早二叠世锆石（275～370Ma），占 30%；石盒子组的锆石定年数据也显示出这一特点，例如，平泉地区下石盒子组中部的火山碎屑岩中 99 粒谐和锆石中，28 粒二叠纪锆石（238～284Ma），占 28%；72 粒前寒武纪锆石（1618～2541Ma），占 72%。据此推测，随着北部物源区隆升的持续，基底岩系上覆泥盆系—早石炭世沉积盖层逐渐被剥蚀殆尽，而基底岩系则更多地被剥露出地表作为碎屑来源。

物源区组成的这一变化也得到了相关构造及沉积研究的证实。周安朝（2000）对华北北缘大青山—南票聚煤盆地晚古生代含煤地层进行了研究，其中大青山煤田含煤岩系下伏的地层为早古生代寒武系—奥陶系，岩性以碳酸盐岩为主，少量石英砂岩，其下的新元古界震旦系什那干群则为含硅质的碳酸盐岩及石英砂岩、砂砾岩为主，夹泥岩、泥页岩。研究表明，石炭—二叠纪时大青山聚煤盆地北侧陆源区的风化剥蚀具有自上而下逐层剥蚀的特点，其剥蚀的主体从下古生界寒武—奥陶系开始，逐渐过渡到中、新元古界沉积盖层以及大面积的太古界变质岩及侵入其中的花岗岩。具体表现为晚石炭世早期—早二叠世早期该盆地以北的物源区为单一的拱起隆升，并未发生其他类型的构造作用，基底岩石未剥露，遭受剥蚀的主要为寒武—奥陶系—震旦系的地层；早二叠世中晚期，陆源区在发生挤压隆升的同时，发生强烈的褶皱、冲断及相应火山与岩浆作用，致使基底中新元古界变质岩系逐渐被抬升剥露，并提供了少量中酸性火山岩的碎屑；早二叠世末期—晚二叠世初，由于进一步的剧烈褶皱、冲断和抬升，北部造山带全面隆升造山，致使更老的太古宇古老变质岩和先期侵入的花岗岩体广泛被剥露，共同组成了新的物源供给体。

上述不同层位的物源变化表明华北板块北缘曾存在 2 次重要的隆升事件：第一期发生在 312～360Ma，以岩浆成因的碎屑为代表；第二期发生在 258～276Ma，以石盒子组盒 8 段砂岩的大面积出现为代表。第一次隆升奠定了盆—山的基本构造格局，第二次隆升的主要起因应该是古亚洲洋的关闭，之后北部造山带进入稳定剥蚀期，为盆地提供持续稳定的物源供给。

综上所述，鄂尔多斯沉积区与北部造山带具有如下的盆山耦合过程：奥陶纪末至石炭纪早期，鄂尔多斯沉积区未接受沉积，是一个整体遭受剥蚀的隆起区。本溪期开始，鄂尔多斯地区重新沉降开始接受沉积。本溪期至太原期，由于华北板块和西伯利亚板块间存在大量小的地块，古亚洲洋闭合过程中，这些地块拼贴对板块碰撞起到缓冲作用。同时，由小地块组成的年轻的增生陆壳在某种机制下发生多次的拉张—闭合演化旋回，消耗和分散了两大板块碰撞的巨大能量。因此该时期两大板块间的碰撞强度较弱，作为物源区的北缘造山带隆升幅度不大，以沉积充填反映海水频繁进退的陆表海环境的潮坪、泻湖、浅海陆棚和小型三角洲为特征。山西期至石千峰期，华北板块和西伯利亚板块间全面碰撞，板块碰撞作用强烈，作为物源区的北部造山带隆升幅度加大，在盆地内造成均衡性的沉降，盆地性质由陆表海盆地转化为陆内坳陷盆地，沉积充填表现为大规模的河流—三角洲体系，砂岩中长石类矿物含量上升，石盒子组—石千峰组砂岩成熟度逐渐降低。从沉积类型对构造演化的响应来看，河流沉积体系随着北部造山带的逐渐隆升而向盆地内部逐渐推进：本溪期，只在盆地西北部发育河流—三角洲；至太原期，盆地东北部亦开始发育小规模的河流—三角洲体系；山西期，最终形成了 4 个近于平行的由北而南展布的大型河流—三角洲体系，并在其后的石盒子—石千峰期，伴随古亚洲洋的最终闭合，北部物源进入稳定隆升剥蚀期，而且随着整个华北板块的向北漂移，这一时期的古气候也变得炎热、干燥，进一步加剧了物源区的风化剥蚀，早期的河流—三角洲沉积体系进一步发展，南北向延伸近 500km，形成了大面积分布的河流—三角洲储集砂体。

2. 南部造山带与盆地的耦合关系与物质响应

由于南侧紧邻秦岭造山带，华北板块南部的形成演化与秦岭造山带的造山过程密切相关，志留纪—泥盆纪扬子板块和华北板块碰撞造山，在华北板块南缘形成秦岭加里东造山带，不同时代地层被抬升剥蚀，一直延续到晚古生代，具备向盆地南部地区提供物源的构造背景。

1) 古生代盆地南部秦岭造山带构造演化

从中奥陶世开始，秦岭洋古板块向华北板块之下俯冲，在其南侧形成了北秦岭弧陆碰撞造山带，整个华北板块在这一区域性挤压作用下整体抬升，遭受剥蚀，直至石炭纪才再次下沉，接受沉积。中石炭世，现今延安以南区域仍是加里东构造运动形成的北秦岭造山带为主体的构造隆起区，其后伴随加里东运动的逐渐结束及持续的风化剥蚀，从晚石炭世开始，这一隆起区才逐渐经历夷平作用而开始接受二叠纪—三叠纪沉积，期间一直是鄂尔多斯南部地区的主要物源。

北秦岭造山带古生代的演化可以大致分为两个阶段：即点接触碰撞阶段和面接触碰撞阶段。从泥盆纪开始，秦岭造山带进入点接触碰撞造山作用阶段。通过对商丹—北淮阳带泥盆—石炭纪地层分布、丹凤蛇绿岩、构造变形特征及岩浆活动的分析，认为沿主缝合带首先发生对接碰撞的地区是丹凤—商南—镇平一线。在点接触碰撞造山作用下，北秦岭构造带开始隆升。与点接触碰撞地区相对应，首先隆升的地区是小秦岭和伏牛山地区，成为鄂尔多斯地区南部最早的物源区。晚石炭世，东秦岭与北淮阳构造带存在不同的造山响应。在东秦岭段，沿商丹带发育的残余海盆地全面封闭，并在挤压作用下发育逆冲推覆构造，使华北板块南缘仰冲在秦岭地块之上，与其前缘形成小型前陆盆地。二郎坪残余弧后盆地也同期消亡，开始发育商州—夏馆及洛南—滦川逆冲推覆构造，并形成小型山间盆地。而现今小秦岭以东地区，仍然维持范围较大的残余海盆地，华北地区的海侵正是来自该残余海盆，加之确山—淮南一线缺少中粗粒碎屑沉积物，表明华北东部地区并未全面隆升，这一时期的造山作用主要局限在现今鄂尔多斯盆地南侧的北秦岭地区。

二叠纪秦岭造山带进入面接触碰撞阶段。随着造山带挤压作用的加剧，北秦岭和北淮阳构造带开始全面隆升，物源区面积扩大，成为整个华北板块南部地区的主要物源。北秦岭的隆升速率明显加快，向北供给碎屑物质的能力快速增强，由北秦岭至东部的嵩县—鲁山一线均向北侧输入碎屑物质，使盆地南缘的砂岩含量达到 50%以上。但从早二叠世晚期开始，造山带的隆升逐步由西向东扩展，北淮阳带已经碰撞隆升，成为新的物源区，向北侧盆地提供陆源碎屑物质；同时，北秦岭段的造山作用似有减缓的趋势，隆起带的剥蚀速率减小，向北侧盆地输入碎屑物的能力降低，致使北秦岭北侧的砂岩百分含量维持在 20%～50%，至晚二叠世晚期，北淮阳带全面隆升，与北秦岭一起成为稳定的物源区，使盆地南缘的砂岩含量达到 60%以上。

2) 盆地南部物源区组成及特征

鄂尔多斯地区南部的秦岭造山带是夹持于华北地块和扬子地块之间的地壳强烈变动的活动构造带，是在不同地质历史阶段，以不同构造体制发展演化的复合型大陆碰撞造山带(任纪舜，1980；周鼎武，1988；孙勇，1991；张国伟，2001)。依据其岩石圈结构、地表地质组成及同位素地球化学特征，现今的基本构造格架表现为以商丹断裂带、洛南—栾川—方城断裂带及巴山—大别山南缘巨型推覆构造的前缘逆冲带为界，自北而南划分为华北地块南缘、北秦岭、南秦岭和扬子地块北缘四个次级构造带。

其中北秦岭造山带属于加里东期形成的造山带，该区出露的前石炭纪地层主要有：元古界变质杂岩(秦岭群、宽坪群)、早古生代花岗岩、基性火山岩，可为晚古生代沉积提供物源。(图 4-48)。

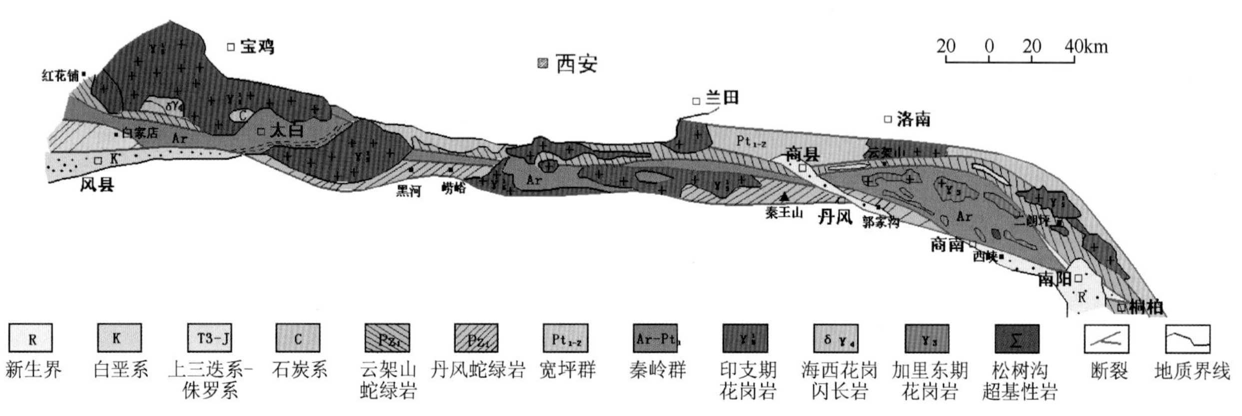

图 4-48　北秦岭地质略图(据张国伟，2001)

3) 盆山耦合过程及沉积响应

现今鄂尔多斯南部地区上古生界石炭系本溪组及二叠系太原组、山西组、石盒子组依次向南超覆沉积(图 4-49)，表明晚古生代沉积期华北板块南缘存在的剥蚀古陆对沉积的控制作用。也正是由于该区上古生界本溪组及太原组在南部地区(主要是西南部)的大面积缺失，对该区上古生界沉积的研究主要集中在山西组及石盒子组两个层系。山西组和下石盒子组砂岩岩屑以变质岩岩屑和岩浆岩岩屑为主，沉积岩岩屑少量。岩屑的组成特征与南侧北秦岭地区出露的元古界变质杂岩(宽坪群、秦岭群)、早古生代花岗岩、基性火山岩有关。

北秦岭地区现今出露的石炭系因受构造变形改造均呈现为小片露头。露头主要见于凤县草滩沟、罗钵庵、太白县黄牛河、东山梁和周至柳叶河口黑河东岸。周至柳叶河地区的石炭系分布于黑河东岸，与北侧的宽坪群和南侧的二叠系均为断层接触，整个沉积地层露头剖面长约 200 余米，石炭系的厚层杂砾岩、砂岩夹炭质粉砂岩和二叠系的紫红色粉砂岩、长石石英砂岩、粉砂岩夹持于逆冲断裂带之间。柳叶河石炭系砾岩几乎均为杂砾岩，砾石的成分复杂，砾石成分计有石英岩砾、变质岩砾、花岗岩砾和碳酸盐岩砾四大类，石英砾大都为变质石英岩或石英脉，碳酸盐岩包括灰岩和白云岩两大类，两者中则以白云岩砾石居多，白云质砾石主要为硅质纹层状白云岩，并可见含叠层石的白云岩砾石。变质岩砾石以绿泥片岩为主。

在不同层位，不同成分砾石所占的比例也有较大的差异，底部砾岩中变质岩砾 50%、石英质砾 25%、灰岩砾 19%、变质岩砾石的含量最高可达 65%；向上变质岩砾石的含量则逐渐下降，而碳酸盐岩砾和石英砾(尤其是前者)的含量则逐渐上升，中上部杂色巨砾岩中白云岩砾石为 45%、灰岩砾石 25%、变质岩砾和石英砾的含量均在 10%～15%。上部砂岩的 QFL 图解上(图 4-50)，主体位于再旋回造山带物源区和陆块物源区，且呈现出物源区逐渐向陆块物源区转变的趋势，这与北秦岭造山带在这一时期的演化也是相吻合的。

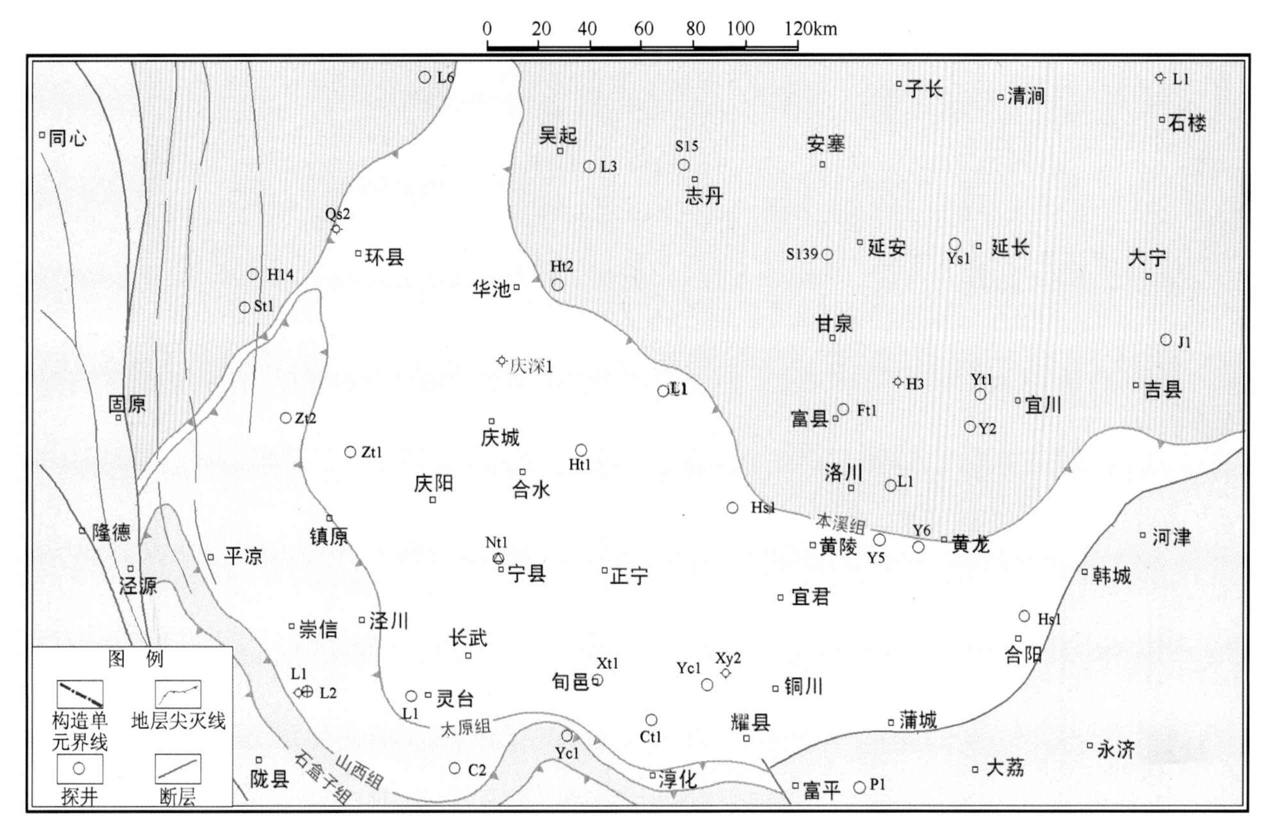

图 4-49　鄂尔多斯盆地南部上古生界地层分布图

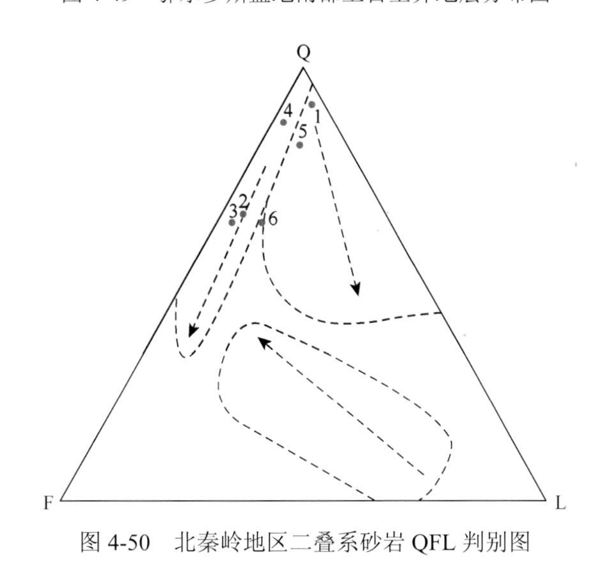

图 4-50　北秦岭地区二叠系砂岩 QFL 判别图

（图中数字代表砂岩样品时代的先后次序）

盆地南部上古生界沉积物与南侧秦岭造山带的耦合关系从锆石定年数据上也可以获得非常重要的信息。朱涛等(2000)对现今鄂尔多斯盆地南缘铜川地区石盒子组长石石英砂岩进行 LA—ICP—MS 锆石 U—Pb 年代学研究，从样品获得的 32 个有效年龄数据分析，主要存在 323～329Ma、1700～2300Ma 和 2400～2600Ma 三组年龄，尤以 1800Ma 和 2450Ma 形成峰值年龄，其中，323～329Ma 数据 2 件，占总分析点数的 6%，1700～2300Ma 数据 18 件，占总分析点数的 56%，2400～2600Ma 数据共计 12 件，占分析点数的 38%，缺失 330～1700Ma 间的年龄纪录。对锆石年龄数据进行分析，结果表明该区石盒子组地层形成年龄应早于 323Ma，该年龄对研究本套地层的形成时代下限具有较好的约束价值，零星出现的 323～329Ma 的年龄与海西期构造一岩浆时代一致；另外两组峰值年龄分别为 1800Ma 和 2450Ma，其中 1800Ma

的年龄代表古元古代华北克拉通一次大规模的碰撞造山和地壳增生时间(华北克拉通的吕梁运动)。2450Ma 的峰值年龄代表太古宙与古元古宙界限附近，与华北克拉通最重要的构造运动时代(五台运动)相吻合。盆地南部地区上古生界探井的山西组碎屑锆石也具有 350Ma、1800Ma 及 2450Ma 三个主峰值(图 4-51)，这与上述数据基本一致。综合对比认为，这三个峰值可能分别代表了加里东期岩浆火山活动的岩浆岩、中新元古界基底(蓟县系、长城系)及古元古界基底(熊耳群)，这与现今北秦岭地区分布的主体岩石类型及出现年代也是基本吻合的。

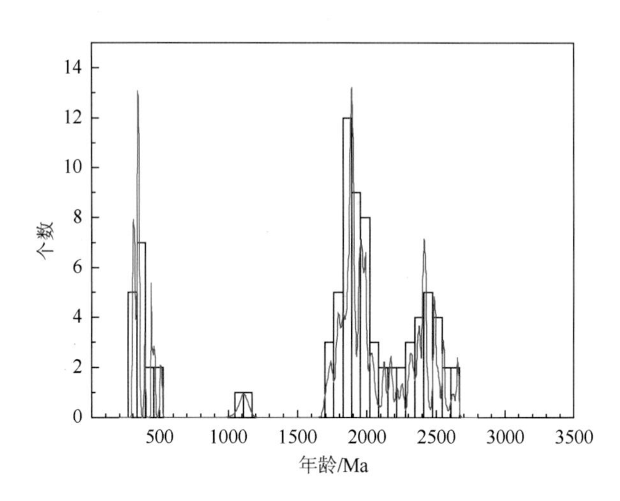

图 4-51　盆地南部探井山西组碎屑锆石定年数据分布

与北部物源区晚古生代的强烈隆升相比较，由于区域上加里东构造运动的结束，盆地南部北秦岭加里东造山带晚古生代的隆升幅度及强度则相对较弱，物源的持续供给能力也相对不足。同时，造山期后的伸展作用在造山带北侧形成前缘洼陷，不利于沉积物向北继续延伸，相反却有利于在这一洼陷与北部造山带隆起区之间形成一个大范围的缓坡区，在北部物源区持续隆升的背景下，有利于北部物源体系的向南延伸，形成大面积砂体分布。从两大物源的控制区域及砂体的分布面积看，北部物源从北部伊盟地区一直延伸到南部延安—安塞一线，占据了盆地超过三分之二的面积，而南部物源则仅仅局限在剩余的南部地区；从砂体的发育形式看，北部物源砂体以辫状河三角洲平原及前缘的大面积毯状砂体分布为特点，砂体厚度大，单砂体厚度一般可以达到 20m 以上；而南部物源由于物源供给能力有限，以曲流河的三角洲平原及前缘的条带状砂体分布为主，而且砂体厚度薄，一般在 10m 左右，部分探井山 1、盒 8 段的砂体仅 5m 左右。这两者的对比也从侧面反映了充足的物源供给及构造背景对砂体分布的显著控制作用。

兴蒙造山带横亘于大华北盆地北部，北部物源对鄂尔多斯地区乃至整个大华北盆地的上古生界沉积的形成具有决定性的意义，在整个华北及鄂尔多斯地区形成了大面积展布的沉积砂体；但是在鄂尔多斯沉积区南部，由于其南侧的秦岭晚古生代造山带的存在，西南物源体系也成为盆地上古生界沉积的另一重要物质来源，两大物源体系沉积砂体在盆地南部地区交汇、重叠，造成湖相及大面积分布的细粒沉积很难见到，但也恰恰形成了现今盆地范围内以石盒子组盒 8 段为代表的上古生界砂岩遍布整个盆地的分布格局，为上古生界大面积成藏创造了良好的条件。长期以来盆地上古生界天然气勘探一直集中于盆地中部及北部地区，但近年盆地西南部上古生界天然气勘探已经取得突破，多口井在上古生界山西组和石盒子组试气获得工业气流，表明西南物源体系也具有一定规模及成藏潜力，也进一步证明整个鄂尔多斯盆地上古生界这种大面积、多层系富砂的沉积格局具有形成更大范围的致密砂岩气藏的潜力。

综上所述，物源供给充足是形成大面积砂岩的物质基础。晚古生代鄂尔多斯地区北接兴蒙造山带，南邻秦岭造山带，为上古生界沉积奠定了物质基础。在整个晚古生代，虽然盆地北部及南侧的物源区由于造山带不同阶段的演化，隆升幅度及组成都呈现出一定的变化，但是盆地依然保持了周缘隆升、盆内缓慢沉降的古构造格局，而导致周边物源区遭受剥蚀产生的大量碎屑物质持续不断地向盆地内部搬运，形成以二叠纪石盒子组盒 8 沉积期为代表的大面积储集砂体。

从区域构造演化分析，中二叠世，西伯利亚与华北板块之间经历了早期洋壳俯冲、晚期陆壳间俯冲叠置碰撞造山的演化阶段。这一强烈的区域性挤压作用进而引发了深部岩浆活动，中下地壳物质发生部分熔融的产物沿断裂喷发至地表，形成目前广泛分布在华北北缘的中酸性火山熔岩和火山碎屑岩。同时整个北部造山带发生强烈的褶皱与冲断，导致基底变质岩系逐渐被抬升地表并遭受剥蚀(图 4-52)，强烈的构造隆升剥蚀作用为上古生界带来了充足的物源供给。

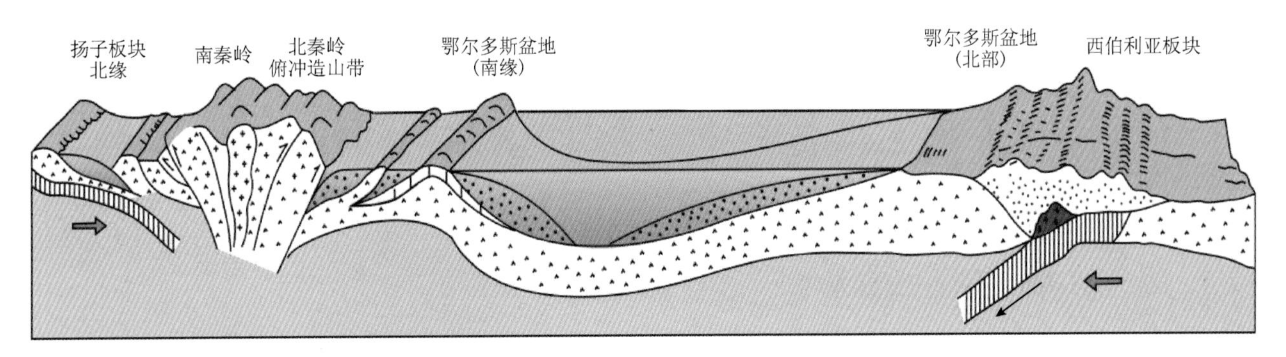

图 4-52　鄂尔多斯地区晚古生代南北向区域构造演化示意剖面图

同时，华北地块北部与西伯利亚板块之间及南部与扬子板块之间的碰撞、拼合具有阶段性和周期性，其间发生了多次碰撞造山作用，并伴随多次火山活动，这是造成上古生界盒 8、千 5 等多期砂体叠合发育的重要原因。

4.5.3　缓坡浅水三角洲与大面积砂体发育

三角洲的研究历史悠久，但浅水三角洲概念的提出则较晚，Fisk(1961)最早将河控三角洲分为深水型及浅水型三角洲(Donaldson，1974)，Postma(1990)将低能盆地中的三角洲分为浅水三角洲及深水三角洲两大类。

浅水三角洲定义为在水体较浅、地形平缓环境中形成的以分流河道砂体为主体的三角洲(Posamentier，1992；Andrew，2008；Christopher，2006；Jens，2008；Bristow，1993；Bridge，1993；Mcpherson，1987)。鄂尔多斯地区上古生界沉积在经历了早期本溪—太原期陆表海阶段的演化之后，由于充填补齐，沉积区内古地形平缓、汇水区水体宽浅、波浪和潮汐作用不明显，为浅水三角洲的形成及储集砂体的大面积发育提供了理想的场所。相对经典三角洲而言，其独特的形成机理、发育特征及沉积—层序构成模式，控制着砂体的成因机制、发育类型与分布模式。

基于对鄂尔多斯盆地上古生界三角洲沉积特征及其与其他盆地的对比研究，认为大型缓坡浅水三角洲应当具有以下基本特征：

第一，大型浅水三角洲的形成需要一个大面积的浅水区，这就需要首先明确浅水的定义或浅水区的水深下限。一般来说，表面波浪受水底地形强烈影响的水深范围为浅水区，通常以表面波浪波长的 1/2 作为浅水区的下限深度，即浪基面以上为浅水区。湖浪大小与湖泊规模有关，例如，密执安湖最大波浪的波长约为 30m，青海湖及鄱阳湖波浪波长一般为 15m，现代湖泊浪基面通常不超过 20m。按照浅水的概念，湖盆中可将浪基面之上的滨、浅湖区定为浅水区。以湖泊浪基面为深、浅水区的界限，发育于湖泊浪基面以上的三角洲为浅水型三角洲。因此三角洲在向湖进积的过程中，易形成伸长状三角洲体系，其三角洲平原较发育，而三角洲前缘及前三角洲则不太发育，且规模较小。

第二，由于水体较浅，这种三角洲一般不具有传统三角洲的前积层状结构特征，而是由不同时期三角洲朵体在侧向上相互叠置而成，砂体的连片特征比较明显，具有典型的“同层不同期”特征。砂体在剖面上一般呈相互叠置透镜体产出，反映水浅流急，水动力强，砂体摆动频繁的特征。

第三，分流河道砂体垂向上对下伏沉积物具有明显的冲刷现象，分流河道常常切割分支间湾、泛滥平原等以前沉积的三角洲沉积物或直接与其他环境的沉积物相接触。

第四，由于水下台地较浅，三角洲前缘砂体和前缘三角洲泥质岩均较薄，因此泥丘、滑塌构造及浊流沉积均不发育，这与深水三角洲就形成了鲜明的对比。

第五，浅水三角洲以分流河道砂体为骨架砂体，粗砂体可以由分流河道带至三角洲前缘(图 4-26)。

在鄂尔多斯盆地中二叠统石盒子组盒 8 段，浅水三角洲发育规模大，也最为典型。由于北侧西伯利亚板块持续向华北板块之下的俯冲，兴蒙海槽逐渐关闭，华北板块北缘抬升作用进一步加剧，北部物源区的构造活动性及剥蚀作用也显著增强，加之这一时期的古气候向干旱—半干旱转变，大量的陆源碎屑物迅速被搬运进入盆地中形成了一套以粗粒为主的碎屑岩建造。这一时期，从盆地北缘到湖盆中心，依次发育冲积扇—辫状河—辫状河三角洲—浅水湖泊沉积。由于辫状分流河道快速向湖中推进，致使湖盆中部辫状分流河道在沉积基底的缓坡背景下横向频繁迁移，不仅砂体延伸远，而且纵向上叠置普遍，形成了特色的“强物源供给的缓坡浅水辫状河三角洲沉积”。

4.5.4 强水动力条件与多河道砂体叠加

砂体的纵向叠合是上古生界砂岩沉积的普遍现象，这一特点在砂体对比剖面中表现地非常明显，由于砂体的叠合，盆地砂体纵向上的钻遇率高，平面上分布范围也较大，是砂岩大面积发育的重要原因。

砂体的叠合与沉积期水动力条件密切相关。水动力条件是控制碎屑物质搬运与沉积的决定性因素。水动力条件的最直接的表现就是水体的流速，它控制了河流的延伸方向、距离及侵蚀强度、沉积构造类型，并最终影响了砂体的成因类型及发育规模。

由于沉积物粒度的分布主要受沉积物物源性质和沉积时的水动力条件两方面的因素影响，它是反映原始沉积及搬运状态的重要因子，也是判别和解释砂体沉积环境的成因标志之一，可以通过数学统计分析来反映不同类型、不同沉积环境的砂体搬运和沉积时的水动力强弱及作用方式。现今鄂尔多斯盆地北部石盒子组盒 8 段、山西组山 1 段砂岩的粒度图像分析结果表明，这两个时期砂岩的粒度都以中—粗粒砂岩为主，少量细砂岩，说明这两个时期在这一地区具有较强的水动力条件(表 4-8、图 4-53)。

表 4-8　盆地北部地区盒 8、山 1 段砂岩粒度分析统计数据表

粒度分析		粗砂/%	中砂/%	细砂/%	粉砂/%	黏土/%	图解法				C 值/mm	M 值/mm
		$0<\varphi<1$	$1<\varphi<2$	$2<\varphi<4$	$4<\varphi<8$	$\varphi>8$	平均值	标准方差	偏度	尖度		
盒 8	平均值	18.42	55.00	19.27	0.15	7.15	1.64	1.19	0.44	2.48	0.73	0.37
	最小值		27.76	6.01			0.87	0.52	0.11	1.03	0.49	0.25
	最大值	64.00	67.08	35.20	1.36	15.00	2.43	1.90	0.65	4.21	1.18	0.59
山 1	平均值	33.95	48.71	10.73	0.02	6.58	1.44	1.21	0.42	2.21	0.91	0.44
	最小值	10.37	24.74	4.04			0.77	0.47	0.17	1.01	0.66	0.33
	最大值	69.74	74.59	16.31	9.00	16.00	3.46	3.09	0.83	4.01	1.36	0.61

砂体的搬运方式一般可以分为滚动、跳跃和悬浮三类，在概率累积曲线上分别连成各自的线段，组成三个次总体线段的斜率反映了该次总体的分选性，斜率陡则分选好，斜率缓则分选差。牵引次总体与跳跃次总体的交点称为粗截点，跳跃次总体与悬浮次总体的交点称为细截点，截点的粗细反映了水动力条件的强弱，所以概率累积曲线可以较好地区分砂体的性质和水流的强弱。鄂尔多斯沉积区北部地区的盒 8 段、山 1 段砂岩的粒度概率图大都以两段式为主：即主要由跳跃和悬浮总体组成(图 4-54)，其中以跳跃总体为主，含量达 90%～95%，部分井跳跃总体可分为两段。跳跃总体的斜度多在 40°～65°，其中，分选较差者(斜度 40°～45°)占 12.8%，分选中等者(45°～55°)占 38.4%，分选较好者(＞55°)占 48.7%，说明砂岩的分选性中等—较好。细截点的变化区间在 2～2.5φ，反映了牵引沉积特征。悬浮组含量少(多小于 5%)，其斜度在 0°～3°。以上特征都反映了砂岩沉积时的水动力条件较强。

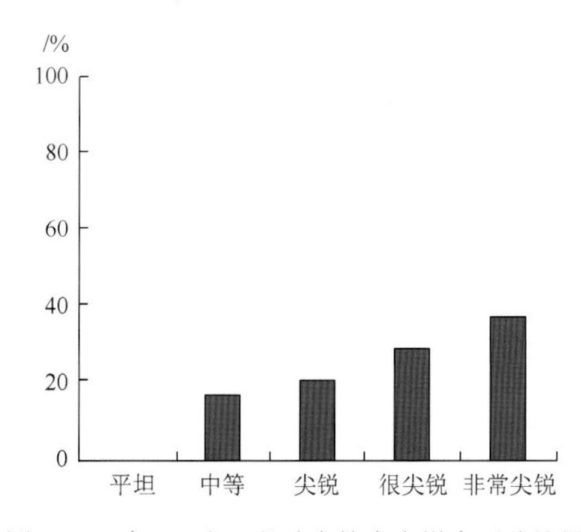

图 4-53 盒 8、山 1 段砂岩粒度尖锐度百分比图

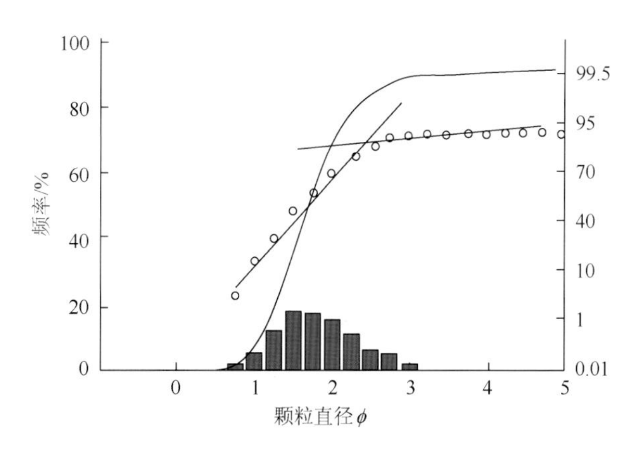

图 4-54 盒 8、山 1 段砂岩典型粒度累积频率曲线图

对水动力条件分析的另一更直观的研究就是恢复古代河流的水体流速。盒 8 沉积期，水动力较强，水体流速快，其流动的水体物理参数可以通过沉积物中交错层系的厚度、单河道砂坝的厚度等特征的研究近似得出。其中，Harms 等(1975)结合前人的成果总结了计算水体流速(Q)的经验公式：

$$Q = 1.01 \times (R \times 0.67 \times S \times 0.5) / n$$

$$S = 0.114 / (0.51 \times W \times 2.43 / 18 \times F \times 1.13) \times 0.25$$

$$W = 6.8 \times h \times 1.54$$

$$F = W / h$$

式中，R 为水力半径，n 为糙率，S 为比降，W 为单河道宽度，F 为宽/深比，h 为水深。

河流较宽时，水力半径 R 近似等于水深 h，糙率 n 近似为 0.025，运用上述公式对现今盆地中部靖边—志丹地区盒 8 期水动力参数的计算结果表明：该地区水体流速最大为 23.93m/s，平均为 21.97m/s，水体流速较高，水动力条件强。

兰朝利等(2005)通过对苏里格气田砂层交错层厚度测量计算了山 1 段、盒 8 段河流漫岸水深范围：山 1 段的平均水流深度为 8.763～15.945m；盒 8 段平均水流深度为 6.609～9.199m。通过上述公式计算可以得出：山 1 段曲流河河道的宽度为 1856.05～4666.00m；盒 8 期辫状河河道的宽度为 3252.07～9419.84m。这一结果说明，上古生界沉积期河流水深整体较浅，且在大范围内变化不大；山 1 期、盒 8 期均为大面积砂体发育期，但盒 8 沉积期河道规模大于山 1 沉积期河道规模，盒 8 期具有更强的水动力条件，其大面积砂体发育与此具有必然关系。

这一时期砂体碎屑的组成及气候环境也是一个重要的因素，以石盒子组为例，这一时期气候干旱炎热，物源区风化剥蚀强烈，快速风化剥蚀的直接影响就是形成的碎屑以中粗粒为主，水体携带的沉积中砂质多，泥质少，从而易于形成松散的砂质河岸，而且由于缺乏泥质，这一时期的干旱炎热的古气候并不适于河岸及边滩上植物大规模生长，在强水动力的作用下，河岸垮塌非常普遍，河道的迁移就非常频繁，也有利于砂体的叠合发育。

这一时期较强的水动力条件对上古生界砂岩沉积的另一直接影响就是砂体在平缓的古底形背景下延伸远、多河道发育，侧向迁移频繁，利于砂体的大面积叠合发育。以盒 8 沉积期为例，在物源区剥蚀强烈，物源供给充足的前提下，盆地北部地区主要为辫状河三角洲平原亚相沉积，地表水系与径流发育，水动力条件强，河道较宽，水深较浅，发育水浅流急的网状或交织状分流河道，分流河道间沉积相对不发育；而且由于分流河道的频繁改道致使多期河道砂体相互叠置，纵向上砂体厚度大；此外，洪水期的决口扇沉积非常发育，这也从侧面反映了水动力条件较强；水动力的另一重要作用就是有利于粗粒沉积物搬运，目前盒 8 段以中—粗粒砂岩为主，而且在现今盆地南部受北部物源体系控制的盒 8 段沉积中仍然可以见到较多的砾石就是水动力较强的很好的证据。最终，河流水体在平缓古地形上的高速流动促使河道不断向前延伸并频繁交叉，形成的河道砂体之间相互叠合，形成了盆地上古生界大面积分布的储集砂体。

综上所述，盆地上古生界大面积砂体富集是多因素共同控制的结果。大华北克拉通盆地面积大、形成了大面积古斜坡，这种大面积缓斜坡的古构造背景是三角洲沉积体系大面积发育的前提条件；晚古生代北部兴蒙造山带的隆升，在盆地北部地区形成了稳定的物源供给区，为上古生界砂体发育提供了充足的碎屑来源；沉积区多水系发育，中—粗粒碎屑搬运活跃，砂体向南延伸远、分布范围广；以盒 8 段为代表的辫状河沉积水动力强，河道迁移频繁，有利于砂体的叠合发育，最终形成了大面积分布的中—粗粒储集砂体。

参 考 文 献

陈安清，陈洪德，向芳，等. 2010. 鄂尔多斯盆地东北部山西组—上石盒子组三角洲沉积及演化. 地层学杂志，34(1)：97-105
陈安清，陈洪德，徐胜林，等. 2011. 鄂尔多斯盆地北部晚古生代沉积充填与兴蒙造山带-软碰撞的耦合. 吉林大学学报(地球科学版)，41(4)：953-965
陈昌明，汪寿松，黄家宽，等. 1989. 鄂尔多斯地区中—晚石炭世海沼沙岭沉积体系. 科学通报，16：1246-1248
陈孟晋，汪泽成，郭彦如，等. 2006. 鄂尔多斯盆地南部晚古生代沉积特征与天然气勘探潜力. 石油勘探与开发，33(1)：1-5
陈洪德，侯中健，田景春，等. 2001. 鄂尔多斯地区晚古生代沉积层序地层学与盆地构造演化研究. 矿物岩石，21(3)：16-22
陈世悦. 2000. 华北地块南部晚古生代—三叠纪盆山耦合关系. 沉积与特提斯地质，20(3)：37-42
付金华，魏新善，任军峰. 2008. 伊陕斜坡上古生界大面积岩性气藏分布与成因. 石油勘探与开发，35(6)：664-667
付锁堂，田景春，陈洪德，等. 2003. 鄂尔多斯盆地晚古生代三角洲沉积体系平面展布特征. 成都理工大学学报，30(3)：236-241
付锁堂，席胜利，魏新善，等. 2006. 鄂尔多斯盆地山西组早期海相特征. 西北大学学报(自然科学版)，36(1)：12-19
郭英海，刘焕杰. 1999. 鄂尔多斯地区晚古生代的海侵. 中国矿业大学学报，28(2)：126-129
何义中，陈洪德，张锦泉. 2001. 鄂尔多斯盆地中部石炭二叠系两类三角洲沉积机理探讨. 石油与天然气地质，22(1)：68-74
赖志云，周维. 1994. 舌状三角洲和鸟足状三角洲形成及演变的沉积模拟实验. 沉积学报，12(2)：37-42
兰朝利，何顺利，门成全. 2005. 利用岩心或露头的交错层组厚度预测辫状河河道带宽度—以鄂尔多斯盆地苏里格气田为例. 油气地质与采收率，12(2)：16-18
李洪颜，徐义刚，黄小龙，等. 2009. 华北克拉通北缘晚古生代活化：山西宁武—静乐盆地上石炭统太原组碎屑锆石 U-Pb 测年及 Hf 同位素证据. 科学通报，54(5)：632-640
李继亮，肖文交，闫臻. 2005. 盆山耦合与沉积作用. 沉积学报，21(1)：52-60
李兰英. 2005. 内蒙古四子王旗公呼都格花岗岩体地质特征及构造意义. 地质与资源，14(2)：97-102
李鹏武，高锐，管烨，等. 2006. 内蒙古中部索伦林西缝合带封闭时代的古地磁分析. 吉林大学学报(地球科学版)，36(5)：744-758
林畅松. 2009. 沉积盆地的层序和沉积充填结构及过程响应. 沉积学报，27(15)：845-861
刘和甫. 2001. 盆地-山岭耦合体系与地球动力学机制. 地球科学—中国地质大学学报，26(6)：581-595
刘柳红，朱如凯，罗平. 2009. 川中地区须五段—须六段浅水三角洲沉积特征与模式. 现代地质，23(4)：667-672
刘忠保，赖志云，汪崎生. 1995. 湖泊三角洲砂体形成及演变的水槽实验初步研究. 石油实验地质，17(1)：37-41
刘晖，操应长，徐涛玉，等. 2007. 沉积坡折带控砂的模拟实验研究. 山东科技大学学报：自然科学版，26(1)：34-37
林雄，王亚辉，侯中健. 2009. 鄂尔多斯盆地西北部二叠系山西组古地理特征. 沉积与特提斯地质，29(3)：29-35
罗红玲，吴泰然，赵磊. 2009. 华北板块北缘乌梁斯太 A 型花岗岩体锆石 SHRIMP U-Pb 定年及构造意义. 岩石学报，25(3)：515-526
罗静兰，魏新善，姚泾利，等. 2010. 物源与沉积相对鄂尔多斯盆地北部上古生界天然气优质储层的控制. 地质通报，29(6)：811-820
马收先，孟庆任，曲永强. 2011. 华北地块北缘上石炭统-中三叠统碎屑锆石研究及其地质意义. 地质通报，30(10)：1485-1500
任纪舜、姜春发、张正坤. 1980. 中国大地构造及其演化. 北京：科学出版社
沈玉林，郭英海，李壮福. 2006. 鄂尔多斯盆地苏里格庙地区二叠系山西组及下石盒子组盒八段沉积相. 古地理学报，8(1)：53-62
施振生，杨威. 2011. 四川盆地上三叠统砂体大面积分布的成因. 沉积学报，29(6)：1058-1068
孙勇. 1991. 夭折了的北秦岭加里东运动. 秦岭造山带学术讨论会论文选集. 西安：西北大学出版社
陶继雄，白立兵，宝音乌力吉，等. 2003. 内蒙古满都拉地区二叠纪俯冲造山过程的岩石记录. 地质调查与研究，26(4)：241-249
王超勇，陈孟晋，汪泽成，等. 2007. 鄂尔多斯盆地南部二叠系山西组及下石盒子组盒 8 段沉积相. 古地理学报，9(4)：369-378
王惠，王玉净，陈志勇，等. 2005. 内蒙古巴彦敖包二叠纪放射虫化石的发现. 地层学杂志，29(4)：368-372
王国灿. 2002. 沉积物源区剥露历史分析的一种新途径—碎屑锆石和磷灰石裂变径迹热年代学. 地质科技情报，21(4)：35-40
王随继，薄俊丽. 2004. 网状河流多重河道形成过程的实验模拟. 地球科学进展，23(3)：34-43
王正和. 2008. 沉积盆地中的两种沉积响应模式. 地球学报，29(1)：12-19
汪正江，陈洪德，张锦泉. 2000. 物源分析的研究与展望. 沉积与特提斯地质，20(4)：104-110
魏永佩，陈会鑫. 2001. 沉积盆地碎屑岩原始恢复经验图版——一种快速实用的方法. 成都理工学院学报，28(1)：7-12
席胜利，李文厚，刘新社，等. 2009. 鄂尔多斯盆地神木地区下二叠统太原组浅水三角洲沉积特征. 古地理学报，11(2)：187-194
席胜利，王怀厂，秦伯平. 2002. 鄂尔多斯盆地北部山西组、下石盒子组物源分析. 天然气工业，22(2)：21-25
谢润成，周文，李良，等. 2010. 鄂尔多斯盆地北部杭锦旗地区上古生界砂岩储层特征. 新疆地质，28(1)：86-90
徐亚军，杜远生，杨江海. 2007. 沉积物物源分析研究进展. 地质科技情报，26(3)：26-32
薛云韬，罗顺社，雷传玲，等. 2009. 泌阳凹陷南部陡坡带核二段物源及古水流研究. 长江大学学报，6(3)：158-161

杨华，杨奕华，石小虎，等. 2007. 鄂尔多斯盆地周缘晚古生代火山活动对盆内砂岩储层的影响，地学前缘，25(4)：526-534
杨仁超，李进步，樊爱萍，等. 2013. 陆源沉积岩物源分析研究进展与发展趋势. 沉积学报，31(1)：99-107
于兴河，王德发，郑浚茂. 1992. 华北地区二叠系岩相组合类型、剖面特点及沉积体系. 沉积学报，10(1)：31-39
袁桂邦，王惠初. 2006. 内蒙古武川西北部早二叠世岩浆活动及其构造意义. 地质调查与研究，29(4)：303-310
张春生，刘忠保. 1997. 现代河湖沉积与模拟实验. 北京：地质出版社
张国伟、张本仁、袁学诚，等. 2001. 秦岭造山带与大陆动力学. 北京：科学出版社
张原庆，钱祥麟. 2001. 盆山耦合概念及机制. 中国地质，28(3)：35-42
赵红格，刘池洋. 2003. 物源分析方法及研究进展. 沉积学报，21(3)：409-415
赵磊，吴泰然，罗红玲. 2008. 内蒙古白云鄂博地区呼和恩格尔杂岩体的地球化学特征及其构造意义. 高校地质学报，14(1)：29-38
邹才能，赵文智，张兴阳，等. 2008. 大型敞流坳陷湖盆浅水三角洲与湖盆中心砂体的形成与分布. 地质学报，82(6)：813-825
周安朝. 2002. 浅谈造山带与沉积盆地的关系. 太原理工大学学报，33(4)：449-452
周安朝，贾炳文. 2000. 内蒙古大青山煤田晚古生代沉积砾岩的物源分析. 太原理工大学学报，31(5)：498-504
周晶，戴雪荣，付苗苗. 2008. 沉积物磁性特征对物源指示作用的探讨. 土壤通报，39(5)：1169-1172
朱涛，王洪亮，孙勇等. 2009. 鄂尔多斯盆地南缘铜川地区石盒子组碎屑锆石年代谱系及其意义. 矿物岩石地球化学通报，30(3)：562-568
Kulpecz A A，Miller K G，Sugarman P J，et al. 2008. Response of Late Cretaceous migrating deltaic facies systems to sea level tectonics and sediment supply changes，New Jersey coastal plain，U. S. A. Journal of Sedim entary Research，78：112-129
Bristow C S，Best J L. 1993. Braided rivers：Perspectives and problems. Braided Rivers Spec Publ Geol Soc Lond，75：1-11
Bridge J S. 1993. The interaction between channel geometry water flow，sediment transport and deposition in braided rivers. Braided Rivers Spec Publ Geol Soc Lond，75：13-71
Fielding C R，Trueman J D，Alexander J. 2006. Holocene depositional history of the Burdekin River delta of northeastern Australia：a model for a low accommodation，high stand delta. Journal of Sedimentary Research，76：411-428
Dickinson W R，Beard L S，Brakenridge G R，et al. 1983. Provenance of North American Phanerozoic sandstones in relation to tectonic setting. Geological Society of America Bulletin，94：225-235
Donaldson A C. 1974. Pennsylvanian sedimentation of centra Appalachians. Spec. Pap. Geol. Soc. Am，148：47-48
Hoy R G，Ridgway K D. 2003. Sedimentology and sequence stratigraphy of fan delta and river delta deposystems，Pennsylvanian Minturn Formation，Colorado. AAPG Bulletin，87：1169-1191
Ganil M R，Bhattacharya J P. 2007. Basic building blocks and process variability of a Cretaceous delta：internal facies architecture reveals a more dynamic interaction of river，wave，and tidal processes than is indicated by external shape. Journal of Sedimentary Research，77(4)：284-302
Jens Peter V H，Erik S R. 2008. Structural sedimentologic and sea level controls on sand distribution in a steep clinoform asymmetric wave influenced delta：miocene billund sand，eastern Danish north sea and Jylland. Journal of Sedimentary Research，78：130-146
Keumsuk L L，McMechan G A，Gani M，et al. 2007. 3D architecture and sequence stratigraphic evolution of a forced regressive top truncated mixed influenced delta，Cretaceous Wall Creek sandstone，Wyoming，U. S. A. Journal of Sedimentary Research，77(4)：284-302
Lemons D R，Chan M A. 1999. Facies architecture and sequence stratigraphy of fine grained lacustrine deltas along the eastern margin of late Pleistocene Lake Bonneville，northern Utah and southern Idaho. AAPG Bulletin，83：635-665
Mcpherson J G，Shanmugam G，Moiola R J. 1987. Fan deltas and braided deltas：Varieties of coarse grained deltas. Geol Amer Bull，99：331-340
Morton A C，Whitham A G，Fanning C M. 2005. Provenance of Late Cretaceous to Paleocene submarine fan sandstones in the Norwegian Sea：Integration of heavy mineral，mineral chemical and zircon age data. Sedimentary Geology，182：3-28
Plint A G. 2000. Sequence stratigraphy and paleogeography of a Cenomanian deltaic complex：the Dunvegan and lower Kaskapau formations in subsurface and outcrop，Alberta and British Columbia，Canada. Bulletin of Canadian Petroleum Geology，48(1)：43-79
Posamentier H W，Allen G P，James D P，et al. 1992. Forced regressionsin a sequence stratigraphic framework：concepts，examples，and exploration significance. AAPG Bulletin，76：1687-1709

第 5 章　盆地上古生界致密砂岩储层表征与质量评价

鄂尔多斯盆地上古生界砂岩在埋藏过程中遭受了强烈的压实作用与胶结作用，致使大部分原生孔隙丧失而成为低孔、低渗—特低渗的致密砂岩储层。尽管如此，埋藏成岩过程中由溶蚀作用形成的次生孔隙和受成岩作用改造后的残余粒间孔隙仍对储层储集性能具有重要贡献。致密砂岩储层在成因上的多样性和孔隙结构的复杂性，需要采用更多新的测试技术方法、研究手段和表征方法以保证致密砂岩储层质量预测的准确性。

5.1　致密砂岩储层表征技术

致密砂岩储层与常规储层相比，具有岩性致密、非均质性强、发育微米级和纳米—亚微米级(1μm 以下)孔隙等特征。微米级孔隙体系是致密砂岩储层的主要储集空间，一般利用光学显微镜等方法进行研究，其微观结构表征方法比较成熟。由于致密砂岩储层中同时也存在较多的亚微米—纳米级孔隙，因此，常规砂岩储层的表征方法难以全面地反映致密砂岩储层的特征。近年来，针对致密砂岩的这一特点，发展了多种表征技术，以求对致密砂岩进行更全面、准确的表征。相关的表征技术按其特点可划分为图像表征技术、压汞技术、核磁共振技术以及数字岩心技术。

5.1.1　图像表征技术

偏光显微观察技术：徕卡公司 1872 年发明并生产出第一台偏光显微镜，其基本原理是将普通可见光改变为偏振光，利用矿物的折射光学特性进行研究和确定样品的结构。光学显微镜极限分辨率为 0.2μm，因此，普通偏光显微镜只能观察识别微米级及部分亚微米级孔隙结构。

激光扫描共聚焦显微观察技术：Marvin Minsky 于 1957 年提出了共聚焦显微镜技术的基本原理，1984 年 Bio-Rad 公司推出了世界上第一台共聚焦显微镜商品。激光扫描共聚焦显微镜属于光学显微镜，采用激光扫描方式进行逐点、逐行、逐面快速扫描获得三维图像，可以进行孔喉三维成像、结构重建。由于激光束的波长较短，光束很细，所以共聚焦激光扫描显微镜有较高的分辨率，放大倍数可达 10000 倍，极限分辨率为 0.15μm，可观察的最小喉道半径约为 2μm，分辨率比普通光学显微镜高出 1.4 倍左右。

微米 CT 技术：CT 是“计算机 X 射线断层摄影机”或“计算机 X 射线断层摄影术”的英文(computed tomography)简称，由英国物理学家 Hounsfield 在 1971 年研制成功。这是从 1895 年伦琴发现 X 射线以来在 X 射线应用方面的重大突破。CT 技术是计算机技术和 X 射线技术相结合的产物，早期应用于医学诊断，现今已延伸到地质学、石油地质学与石油工业等研究领域。作为一种对岩样无损伤无改变的三维岩石成像技术，利用 X 射线从多个方向穿透物体断面进行扫描，探测样品的内部结构，对透过样品的 X 射线强度进行调整和数模转换，其核心是投影数据重建灰度图像，将孔隙结构进行三维重建，并对微观孔隙结构及孔隙内流体的分布作定性描述。微米 CT 技术扫描分辨率最高可达 1μm，针对同一个样品，利用 CT 扫描和相应的软件处理，既可得到孔隙度、渗透率数据，又可以对样品孔隙喉道半径进行统计分析。CT 扫描实验分析的效率较高，对样品外观要求低。

扫描电子显微观察技术：扫描电子显微镜的原理是在高真空环境下以一束极细的电子束从各个角度扫描样品，在样品表面激发出次级电子，收集放大次级电子等信息，同时显示出与电子束同步的扫描图像。单帧图像具有较大景深，属于二维图像，但通过立体技术可实现三维成像。扫描电子显微镜与光学显微镜成像原理基本相同，但是不同之处是：①采用电子束代替了可见光，对样品的损伤与污染程度较小；②用电磁透镜代替了光学透镜；③用荧光屏将肉眼不可见的电子束成像。扫描电子显微镜可观察样品表面及其断面立体形貌，分辨率高达 0.8～20nm，图像立体感强，放大倍率从 5 万倍到 20 万倍连续可调，探测样品厚度达 1μm。扫描电镜可划分为背散射微孔隙定量图像分析、场发射扫描电子显微镜、环境扫描电子显微镜等。

场发射扫描电子显微观察技术：1990年德国卡尔蔡司集团推出了世界第一台场发射扫描电子显微镜。日立公司随后推出冷场发射扫描电镜，冷场单色性好，适合做表面形貌观测，分辨率在1nm左右。Amray公司生产的热场发射扫描电镜，电子束稳定，束流大，分辨率在3nm左右。场发射扫描电镜在真空条件下进行，观察前需要对样品进行真空金属镀膜导电处理。

原子力显微观察技术：1985年Gerd binning在美国斯坦福大学与C.F.Quate等研制成功第一台原子力显微镜。原子力显微镜是在扫描隧道显微镜的基础上发展起来的，都是基于量子力学理论中的隧道效应，通过极细的检测探针与样品表面顶端原子之间微弱的相互作用力，分析固体样品表面的形貌。成像的本质就是测量表面每个像素点的高低，描绘出立体形貌，每个像素 Z 方向的数据必须是精确的，否则形貌不准确。与电子显微镜只能提供二维图像不同的是，原子力显微镜能提供真正的三维表面图，不需要抽真空，样品不需要喷镀金属膜，观察时不损伤样品，是当前发展最快的一种扫描探针显微镜。样品分析结果的横向分辨率达0.15nm，纵向分辨率达0.05nm，极限分辨率0.1nm。该技术的缺点是成像范围太小，速度慢，受探头的影响太大，要求样品要非常平坦，对样品的制备要求很高。

纳米CT扫描技术：设备主体包括UltraXRM-L200立体X射线显微镜、牛津微观制样系统与Avizo软件，可实现岩石原始状态无损三维成像，确定致密砂岩储层亚微米—纳米级孔喉分布、大小、连通性等，并对任意断层虚拟成像展示。需要说明的是，目前所谓的纳米CT扫描，尽管极限分辨率可达200nm，但主要还是亚微米和微米级孔喉分析与识别。

聚焦离子束成像技术：利用聚焦离子束作为照射源，分辨率可达100nm，可以进行孔喉三维成像。

5.1.2 压汞表征技术

恒速压汞技术：Yuan和Swanson在孔隙测定仪APEX(apparatus for pore examination)基础上，首先开展恒速压汞实验。恒速压汞技术以非常低的进汞速度(0.00005mL/mim)将汞注入岩石孔隙体积内，依据进汞压力的涨跌来获取孔隙结构信息。汞进入孔隙空间受喉道控制，依次由一个喉道进入下一个喉道。在准静态过程中，当汞突破喉道限制进入孔隙的瞬间，汞会在孔隙空间内以极快的速度重新分布而产生一个压力降落，之后压力回升直至把整个孔隙充满，再进入下一个喉道。恒速压汞技术可测试的最小喉道半径约为0.1μm，喉道与孔隙的大小及数量在进汞压力曲线上可得到明确的反映。

恒速压汞测试提供的喉道、孔隙、孔喉比等详细信息较好地反映了流体渗流过程中动态的孔喉配套发育特征，尤其适用于孔喉性质差异较大的致密砂岩储层。与常规压汞相比，恒速压汞的最高进汞压力远低于常规压汞的最高进汞压力，故最小喉道半径较大(表5-1)。在实验中，汞若无法压入微孔，加压可能面临着会将岩样压碎的风险，这也是恒速压汞技术待解决的问题。

表5-1 恒速压汞与常规压汞的异同

参数	恒速压汞	常规压汞
模型	直径大小不同的喉道和孔隙	直径大小不同的毛细管束
进汞速度	恒定速度 5×10^{-5}mL·min^{-1}	恒定进汞压力下，计量进汞量
最大进汞压力	最高进汞压力为900psi[①]，对应的喉道半径约为0.12μm	压力最高可以达到200MPa
测量值	测试得到的喉道半径与真实的值较接近	常规压汞测得的压力值大于恒速压汞测得的压力值，所以前者喉道半径要比后者小
实验时间	2～3天	1～2h
特点	区分喉道和孔隙的分布及大小，同时得到孔隙、喉道、孔隙结构信息及喉道数量	进汞速度较快，易导致毛细管压力变大；给出了某一级别的喉道所控制的孔隙体积
接触角	界面张力与接触角保持不变	实验需要进行接触角 θ 的校正
适用范围	孔喉性质差异较大的低渗透、特低渗透储层	属于常规实验

① 1psi=6.89476×10^3Pa。

高压压汞技术：Purcell 在 1949 年将压汞技术应用于石油工业，1976 年 Wardlawet 用压汞技术研究孔隙结构。目前，该技术已成为研究储层微米级孔喉体系最广泛的方法之一。致密砂岩储层，由于孔喉较小，需采取较高的进汞压力，才能反映亚微米—纳米级孔喉分布特征。

5.1.3　核磁共振表征技术

1946 年美国哈佛大学 Purcell 和斯坦福大学 Bloch 等最早提出核磁共振原理。在石油工业中核磁共振技术是利用氢原子核自旋运动和共振原理来分析岩石孔隙结构。将岩心完全用水饱和后，核磁共振测量信号是由不同大小孔隙内水的信号叠加，通过数学拟合得到核磁共振 T_2 弛豫分布。T_2 分布反映了岩石孔隙大小及分布，但是不能准确地反映致密砂岩储层中的微孔喉部分。孔隙中水的赋存状态为束缚水和可动水，运用离心试验获得的 T_2 截止值将 T_2 谱分成两部分，凡小于 T_2 截止值的所有 T_2 分布累加为束缚水孔隙体积，而大于 T_2 截止值的所有 T_2 分布累加为可动水孔隙体积。

核磁共振技术也可通过相关参数来计算样品的纳米级孔喉半径，但不同的人所使用的参数及计算公式不同得到的结果差异较大，因此，目前还处于探索研究阶段。

5.1.4　三维数字岩心表征技术

高精度孔隙结构三维图像与计算机技术相结合形成的三维数字岩心技术是一种有效的表征技术和实验模拟技术。它是以扫描电镜与 CT 扫描等提供的岩石三维微观结构信息，然后再结合多种数值算法对岩石结构进行计算机模拟重建，以反映储层孔隙空间的网络特征(图 5-1)。该技术具有超高分辨率和三维可

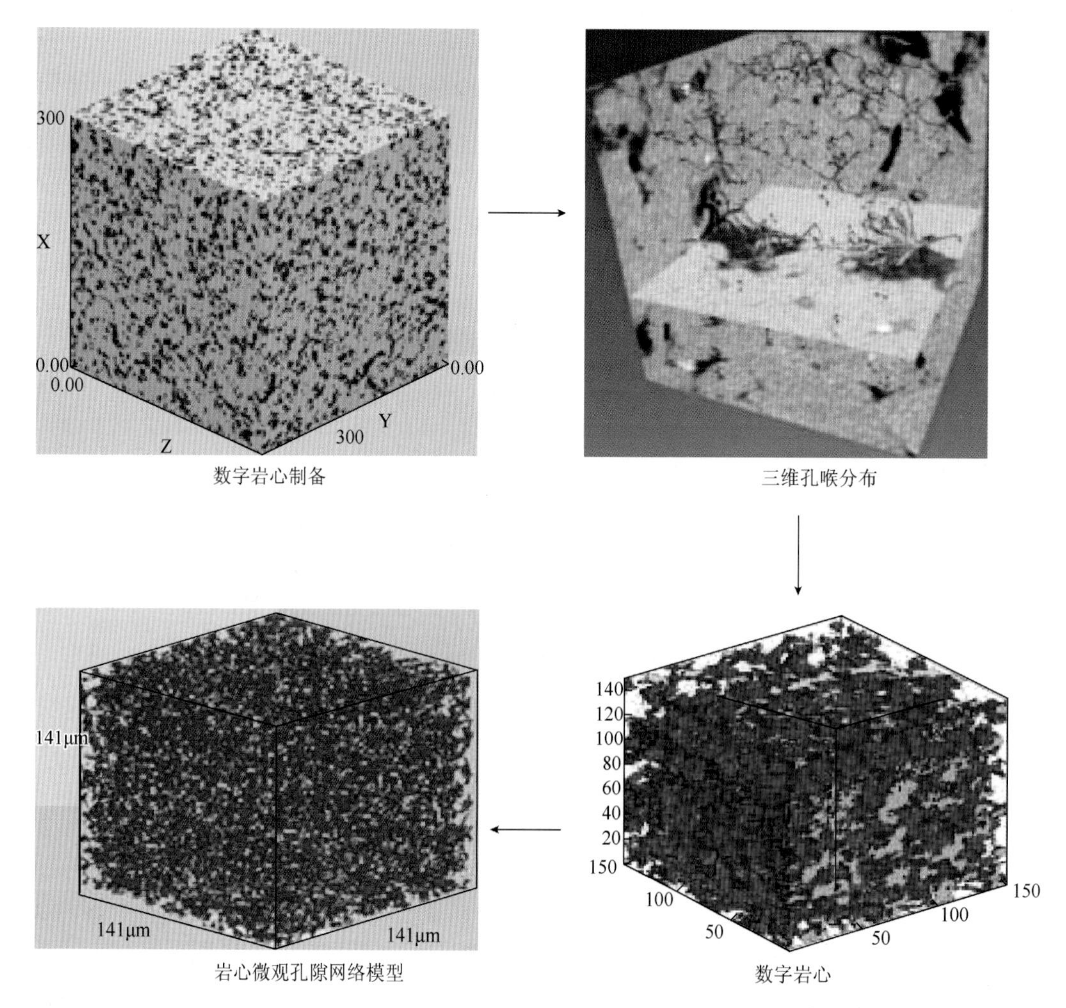

图 5-1　三维数字岩心表征技术示意图

视化展示等特点，并且随着高性能计算机应用的普及和数值算法优化和新算法的产生，可精确定量地描述岩石的三维孔隙空间。此外，结合计算程序模拟致密储层的各种属性参数，还可以开展物性等参数定量评价及气、水两相流动模拟。

5.2　上古生界致密砂岩储层特征

5.2.1　储层岩石学特征

1. 岩石类型

薄片观察与相应的统计资料表明，鄂尔多斯盆地上古生界最主要的岩石类型为：岩屑石英砂岩、石英砂岩和岩屑砂岩。这 3 种岩石类型占砂岩总数的 88%，而其余几种砂岩类型仅占砂岩总数的 12%，其中长石砂岩含量较低，仅占 1.3%。因此，在砂岩碎屑成分三角投点图中，除石千峰组的样品外，绝大多数砂岩的数据点都投在三角图中靠近 *Q* 单元，很多数据点都直接投在 *QR* 线段上(图 5-2)。总体而言，鄂尔多斯盆地上古生界大多数砂岩都具有较高的成分成熟度，岩屑含量较高、长石含量非常低。

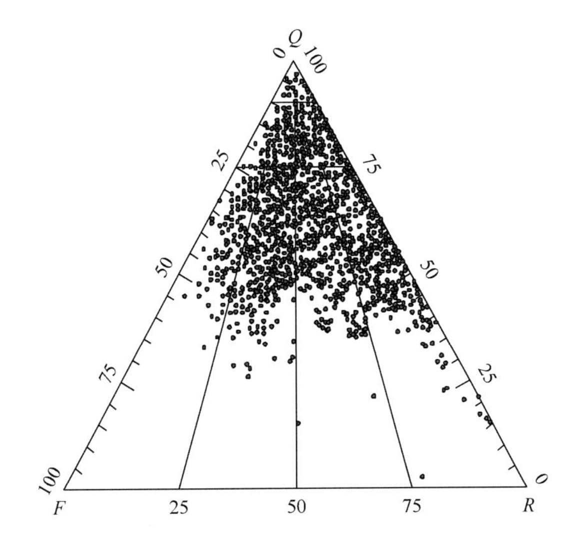

图 5-2　鄂尔多斯盆地上古生界储层砂岩碎屑成分三角图

(*Q*. 石英，*F*. 长石，R. 岩屑，含量按刘宝珺 1980 年的定义统计)

2. 砂岩结构特征

上古生界砂岩以中砂岩为主，其次为细砂岩与粗砂岩，少量含砾粗砂岩、砂砾岩。中砂相对含量为 59.61%，其次为细砂和粗砂，含量分别为 20.80%、18.53%。粉砂和泥质含量总和不超过 1%。

砂岩主要呈颗粒支撑，颗粒间以线接触为主，占砂岩总量的 50%，其次为点—线接触和线—镶嵌接触，分别占砂岩总量的 35.56%和 14.44%，个别砂岩在胶结物含量较多的情况下颗粒呈现漂浮状、游离状。

砂岩的碎屑颗粒磨圆度主要为次棱，其次为次圆，分别占砂岩总量的 50%和 30%左右，几乎未见棱角状颗粒。砂岩分选好者占砂岩总量的 45%左右，其次为分选中等者，占 42%左右，仅有个别砂岩分选相对较差。胶结类型多样，包括基底式、孔隙式、压嵌式及薄膜式等，颗粒的主要接触方式为孔隙式胶结为主，占整个接触类型的 70%左右，其次为接触式胶结类型，个别砂岩因胶结物含量较高而呈现基底式胶结。

5.2.2　储层物性特征

上古生界砂岩储层孔隙度主要分布在 4%～8%，渗透率在 $0.1\times10^{-3}\mu m^2$～$0.5\times10^{-3}\mu m^2$，整体属低孔

低渗致密砂岩储层(图 5-3)。上古生界砂岩储层孔隙度与渗透率分布直方图显示出一个独立的总体，并在一定程度上具有正态分布的特征。这说明基本上是单一因素在控制储层砂岩的孔隙度，该单一因素应该是形成次生孔隙的成岩因素。这与上古生界次生孔隙占总面孔率的 70%的事实是一致的。

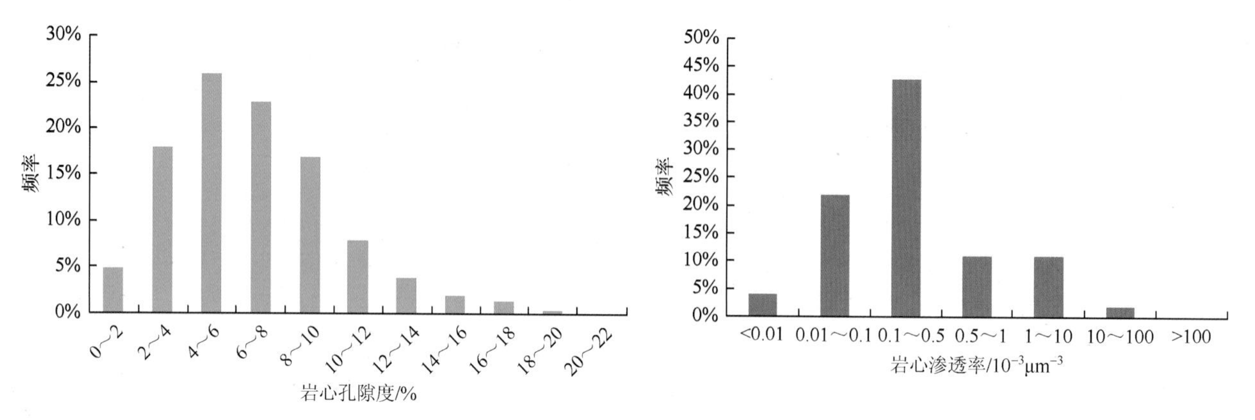

图 5-3　上古生界砂岩储层孔隙度、渗透率分布直方图

上古生界砂岩储层的孔隙度与渗透率呈正相关关系。相对来说，石英砂岩由于较多刚性颗粒的存在，储层保存了相对较多的原生孔隙，孔隙度和渗透率呈明显的正相关关系，揭示了在石英砂岩中，储层渗透率的增大主要依赖于孔隙的增大(图 5-4)。在同等孔隙度大小的情况下，石英砂岩中由于存在较多的原生孔隙，因此其渗透率明显较高。

在石英含量相对较少的岩屑砂岩中，储层原生孔隙发育相对较少，以次生孔隙发育为主，因此，其孔渗关系明显较差，两者相关系数(R)为 0.6916(图 5-5)。这说明了在原生孔隙发育较少的岩屑砂岩中，渗滤通道并不完全依赖于连通性较差的次生孔隙，孔、渗性能相对较差。在孔隙度相似情况下，岩屑砂岩储层的渗透率相对于石英砂岩明显偏低。

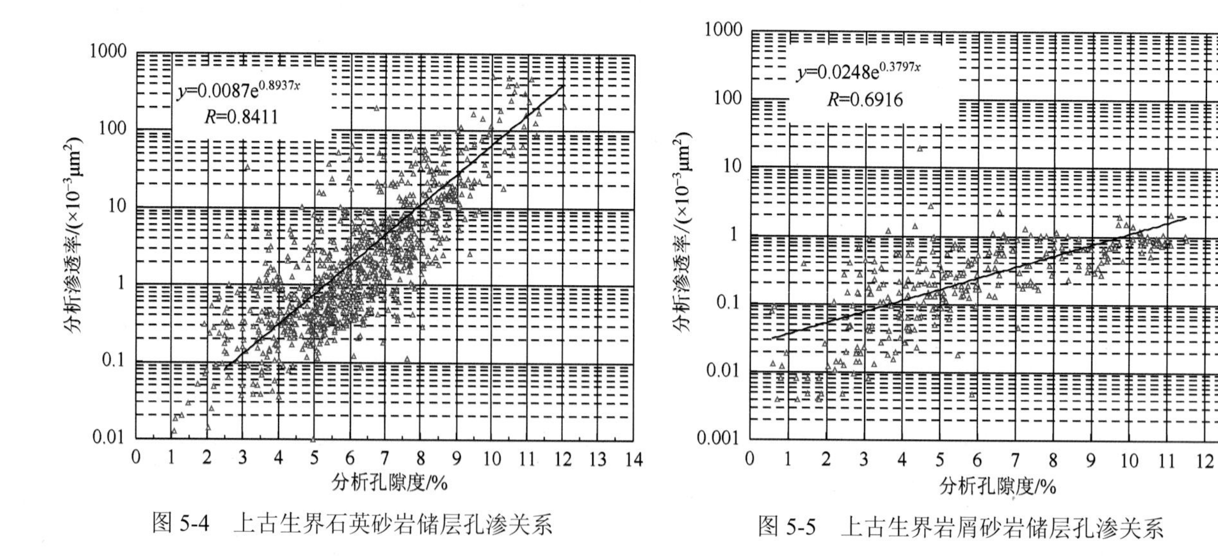

图 5-4　上古生界石英砂岩储层孔渗关系　　　　图 5-5　上古生界岩屑砂岩储层孔渗关系

5.2.3　储层孔隙类型及孔隙结构

1. 孔隙类型

上古生界砂岩主要孔隙类型包括原生粒间孔、次生溶蚀孔以及微裂隙等三种。在三种孔隙类型中，次生溶蚀孔是最重要的孔隙类型，占孔隙总量的近 70%，原生粒间孔则相对较少，仅占孔隙总量的 28%左右，微裂隙主要在局部地层或局部地区较为发育，在孔隙总量中仅占 2%左右(图 5-6)。

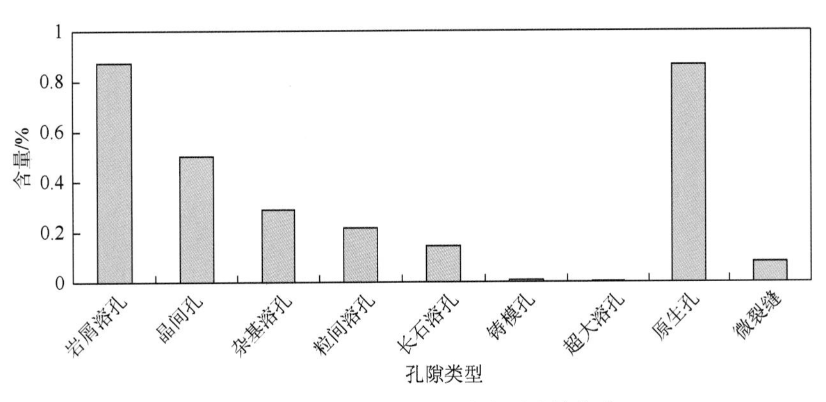

图 5-6　上古生界砂岩孔隙类型总体构成

1) 原生孔隙

原生孔隙是指岩石在沉积过程中形成的、未受到溶蚀和交代作用改造的孔隙。上古生界砂岩储层原生孔隙有三种：①碎屑颗粒被绿泥石、伊利石薄膜或衬边所包裹后的剩余原生粒间孔隙。该类孔隙形态不规则，多呈三角形、四边形及长条形，孔径一般大于 50μm(图 5-7(a))；②被次生石英加大、微晶石英集合体或早期成岩阶段形成的微晶方解石胶结物充填之后剩余的原生粒间孔(图 5-7(b))；③被黑云母、泥岩、千枚岩岩屑等塑性颗粒变形后形成的假杂基占据后剩余的原生粒间孔，此类孔隙孔径相对较小，普通显微镜下难以辨认。

(a) 绿泥石薄膜包裹碎屑颗粒，发育剩余粒间孔隙，×200−，M20井，山2段 2248.72m

(b) 石英次生加大边发育，剩余粒间孔隙 ×200−，S14井，山2段 2062.22m

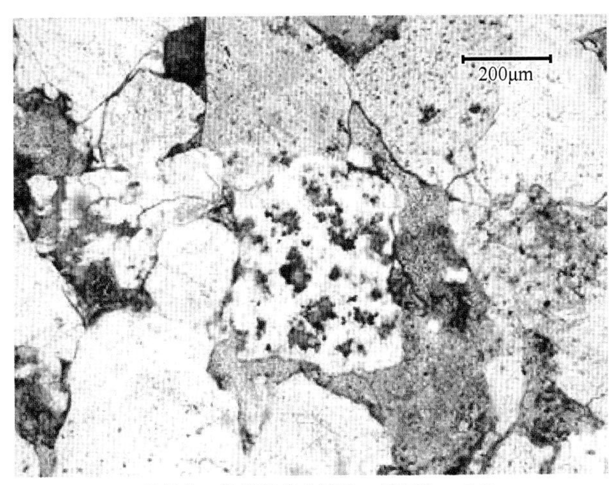

(c) 伸长状—港湾状粒内溶孔—晶间孔，×200− 溶孔内充填弯曲片状自生伊利石，S30井，盒8，2654.59m

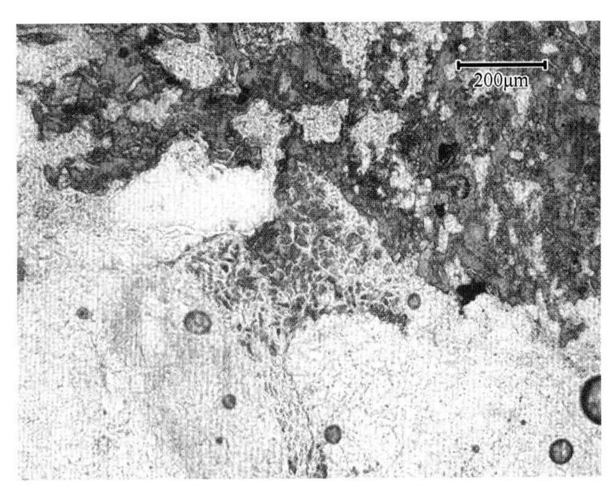

(d) 杂基溶孔，×100−，S12井，山2段 2499.35m

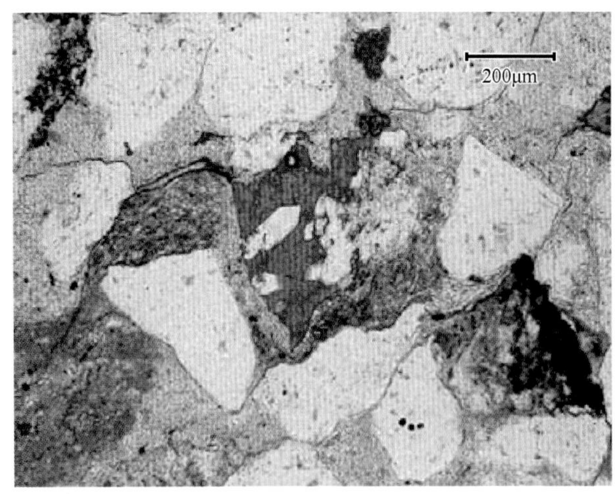

(e) 尖棱角状火山碎屑铸模孔隙，内充填自生石英，×100–S24井，太原组上马兰砂岩，2163.00m

(f) 自生高岭石晶间孔，粒内孔，残余粒间孔，×40–Sh18井，太原组马兰砂岩，2824.97m

(g) 超大溶孔，由多个铸模孔和粒间溶孔组合而成，×40–Sh18井，太原组马兰砂岩，2824.97m

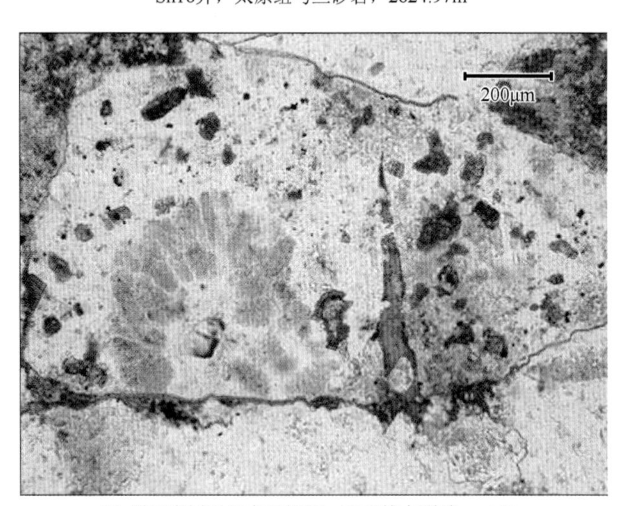

(h) 燧石岩屑受压实而折断，形成粒内裂缝，×100–Sh28井，太原组桥头砂岩，2788.55m

图 5-7　上古生界砂岩储层孔隙类型

2) 次生孔隙

次生孔隙是指岩石经历了成岩作用的改造后形成的孔隙。粒间溶孔存在于刚性碎屑颗粒之间，但其周围的石英碎屑或填隙物有溶蚀的痕迹，孔中可或多或少充填自生矿物，构成粒间—晶间孔(图 5-7(c))。根据其形状可进一步分为港湾状溶孔、伸长状孔、贴粒孔等，其中伸长状孔是指相邻粒间孔之间的喉道同时受到溶蚀，导致多个粒间孔连在一起呈长条状孔隙。

粒内溶孔是指不稳定碎屑如长石、岩屑的内部受到选择性溶蚀而形成的，这类孔隙的铸体效应较明显，直径一般较大，但由于受溶蚀颗粒分布零星，因而连通性差。粒内溶孔主要分布在少量石英岩岩屑、燧石岩屑及浅变质岩屑内部，是其内部的不稳定成分被溶蚀所致。

杂基溶孔是粒间的伊利石质黏土杂基受酸性孔隙水作用溶蚀而成，当溶蚀较强烈时，溶孔直径较大，但其周围存在杂基残余，内可有少量的网状伊利石，有时网状伊利石之间有少量高岭石(图 5-7(d))。

铸模孔是不稳定碎屑被完全溶蚀，但孔隙形状仍保留碎屑的形态。铸模孔是本区最常见的次生溶孔，据其形态推测，主要为长石，次为火山岩屑，其内部常充填少量自生矿物，如自生石英、黏土矿物高岭石和伊利石、碳酸盐矿物，铸模孔常为自生伊利石膜包围或伊利石膜构成孔壁，若充填的自生矿物较多，则构成铸模—晶间孔(图 5-7(e))。

晶间孔是自生矿物晶体之间的微孔隙，可存在于粒间和粒内(图 5-7(f))，最常见者为自生黏土矿物之间的晶间孔，如高岭石晶间孔、伊利石晶间孔，其次为其他自生矿物如自生石英和铁白云石晶体间的晶间孔。

超大溶孔的直径大于颗粒直径，是岩石受到强烈溶蚀，颗粒及其周围填隙物同时被溶蚀而形成（图 5-7(g)）。粒内裂缝是刚性碎屑受压实作用影响发生折断而形成的(图 5-7(h))。

3) 构造裂缝

盆地东部上古生界砂岩储层在经历了中—新生代的多次构造运动后，在构造应力作用下发生破裂而形成的裂缝，一般延伸较长，可切穿整个薄片，裂缝的宽度变化小，有时被方解石等充填。构造裂缝有利于孔隙的连通，提高了渗透率，在上古生界各个层系都有裂缝出现，有利于渗流的进行。

2. 孔喉结构特征

上古生界低渗透砂岩储层发育微米级和亚微米(0.1～1μm)—纳米级(＜100nm)两大孔喉体系，其中微米级孔喉占到了储层总孔喉的 22%左右，而亚微米—纳米级孔喉体系占到了孔喉体系的近 78%(图 5-8)。

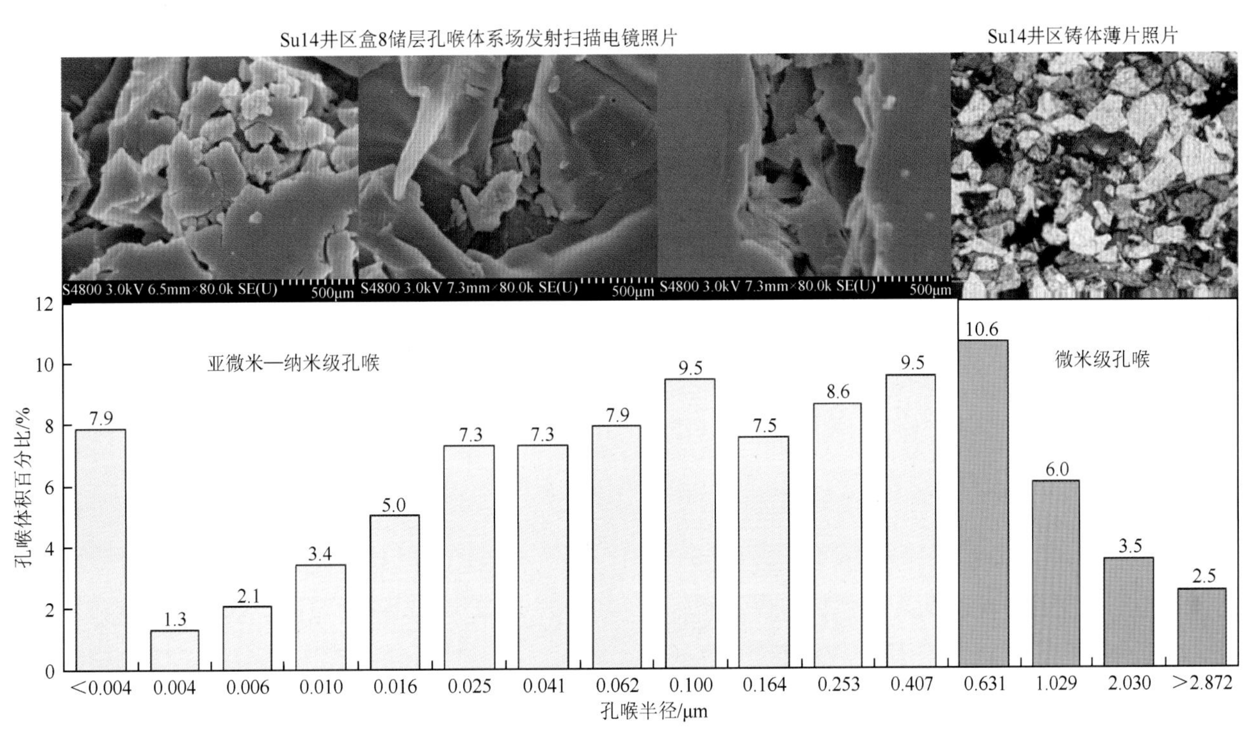

图 5-8　上古生界砂岩储层孔喉分布特征

上古生界不同层段储层孔喉结构参数具有一定差异(表 5-2)。从反映储层孔喉结构两个重要参数(排驱压力和平均孔喉半径)来看，石千峰组和本溪组砂岩的排驱压力较小，孔喉半径较大，而下石盒子组和太原组砂岩具有较高的排驱压力和较小的孔喉半径。排驱压力在纵向上的变化表现为从石千峰组到下石盒子组增大，再由下石盒子组到山西组山 2 段减小，前者主要反映连通性较好的原生孔隙的减少，而后者则与溶解作用加强造成的孔隙连通性改善有关。

表 5-2　上古生界砂岩物性与孔喉结构主要参数平均值

层位	孔隙度/%	渗透率/$10^{-3}μm^2$	中值压力/MPa	中值半径/μm	排驱压力/MPa	最大汞饱和度/%	孔喉半径/μm	标准差	变异系数
石千峰组	14.11	46.658	6.32	0.55	0.24	78.65	2.21	2.89	0.32
上石盒子组	8.30	69.270	8.71	0.10	0.92	79.90	0.27	1.83	0.15
下石盒子组	8.89	1.146	24.57	0.10	1.02	76.68	0.28	2.30	0.19
山 1 段	8.54	0.763	15.82	0.13	0.82	81.99	0.33	2.46	0.21

续表

层位	孔隙度/%	渗透率/$10^{-3}\mu m^2$	中值压力/MPa	中值半径/μm	排驱压力/MPa	最大汞饱和度/%	孔喉半径/μm	标准差	变异系数
山2段	6.80	12.004	15.83	1.06	0.63	75.17	2.18	2.14	0.22
太原组	7.50	0.284	10.08	0.17	1.15	69.88	5.10	2.07	0.21
本溪组	10.80	1.650	1.19	0.62	0.19	86.13	1.12	2.20	0.22
总计	8.03	7.215	18.01	0.50	0.82	76.52	1.39	2.25	0.21

毛管压力曲线显示，上古生界砂岩储层的排驱压力普遍偏高，退汞效率普遍较低，根据孔喉的大小分布曲线和数据分析，喉道分布普遍具有两个以上峰值，说明砂岩大多具有孔隙—喉道两种孔隙系统。压汞曲线平台较明显，部分为陡斜式。根据孔隙结构特征分析，上古生界砂岩孔隙结构可分为以下五种类型(图 5-9)：

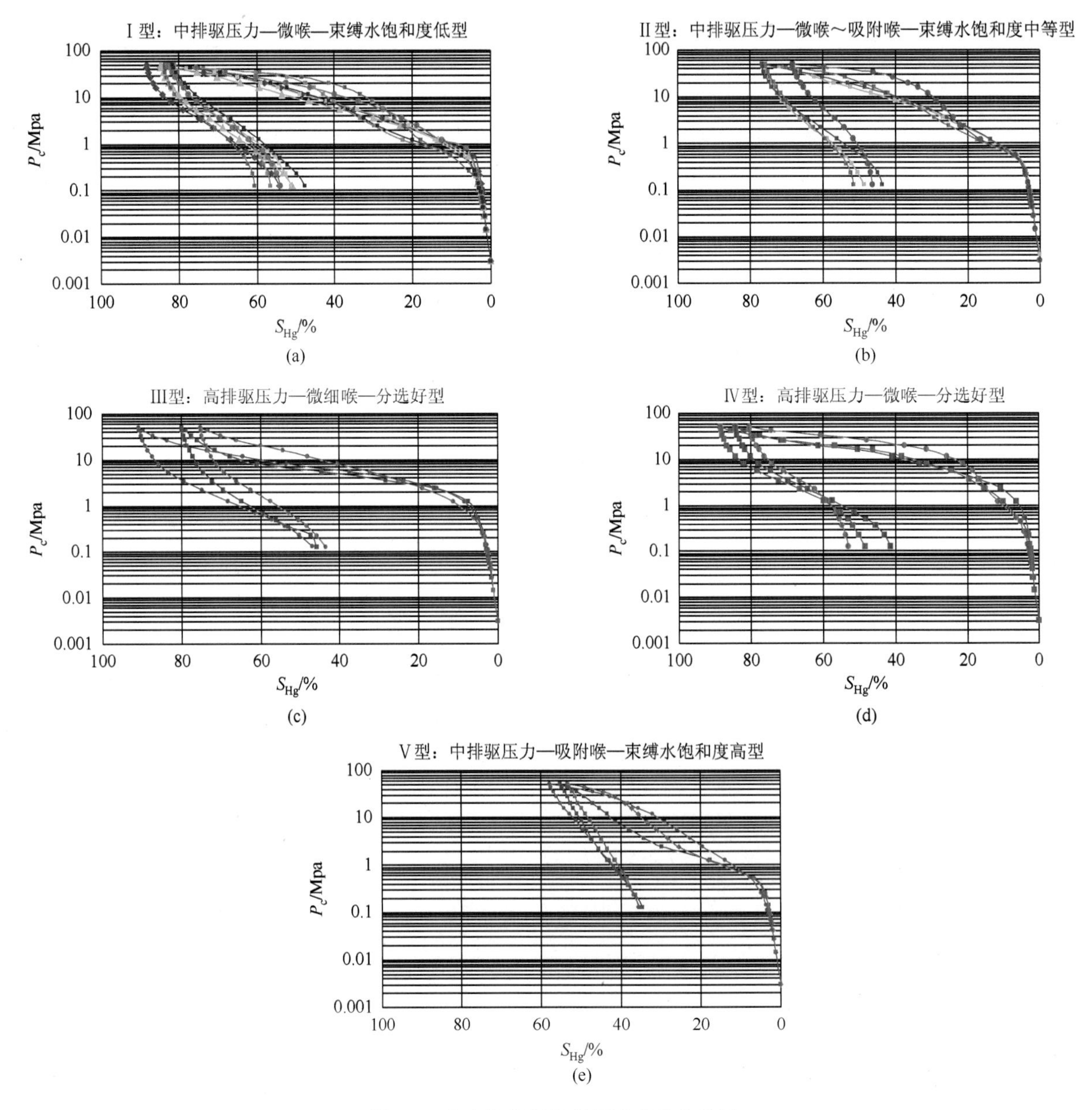

图 5-9　上古生界砂岩的压汞曲线分类图

(1) 中排驱压力—微喉道—束缚水饱和度低。

排驱压力在 0.5～1MPa，中值压力在 10～50MPa，喉道半径大于 0.2μm，最大进汞饱和度大于 80%，退出效率 25%～45%。压汞曲线平台不明显，孔喉分选差。

(2) 中排驱压力—微喉～吸附喉道—束缚水饱和度中等。

排驱压力在 0.5～1MPa，中值压力在 10～50MPa，喉道半径大于 0.2μm，最大进汞饱和度 60%～80%，退出效率 25%～45%。压汞曲线平台不明显，孔喉分选差。

(3) 高排驱压力—微细喉道—分选好型。

排驱压力在大于 1MPa，中值压力在 5～25MPa，喉道半径大于 0.2μm，最大进汞饱和度 60%～80%，退出效率 35%～45%。压汞曲线平台明显，孔喉分选好。

(4) 高排驱压力—微喉道—分选好型。

排驱压力在大于 1MPa，中值压力在 15～30MPa，喉道半径小于 0.2μm，最大进汞饱和度大于 80%，退出效率 45%左右。压汞曲线平台明显，孔喉分选好。

(5) 中排驱压力—吸附吼道—束缚水饱和度高。

排驱压力在 0.5～1MPa，中值压力在 10～50MPa，喉道半径大于 0.2μm，最大进汞饱和度小于 60%，退出效率 30%～45%。压汞曲线平台不明显，孔喉分选差。

5.2.4 致密砂岩储层的特殊性

上古生界储层为低孔、低渗的致密砂岩储层，独特的成岩环境，构成了砂岩独特的骨架颗粒组成、孔隙结构、自生矿物构成方式和独特的自生矿物地球化学特征等，表现在以下几个方面：

1. 极低的碎屑长石含量

上古生界砂岩储层碎屑长石含量很低，其平均值仅在 2.5%左右。长石是大多数岩浆岩、变质岩和沉积岩最为重要的造岩矿物，因此，从物源的角度来说，贫长石的物源可能是其长石含量较低的重要原因。然而，从上古生界不同层段砂岩中长石的分布情况来看，碎屑长石含量较高的地层往往受煤系地层酸性流体影响较小，如石千峰组和上石盒子组等地层。在受煤系地层酸性流体影响较大的地层中，砂岩中基本不含长石，偶见少量斜长石，完全缺乏钾长石。显然，酸性流体的入侵造成的长石溶蚀是上古生界砂岩储层长石含量极低的另一个重要原因。长石溶蚀过程与盆地上古生界砂岩储层的发育密切相关。

2. 次生孔隙是砂岩储层最重要的孔隙类型

上古生界储层的孔隙类型构成中，次生孔隙对储集空间的贡献值高达 70%，尤其是受酸性流体影响较为明显的地层，如太原组储层储集空间几乎全由次生孔隙构成。次生孔隙类型复杂，主要有粒间溶孔、粒内溶孔、杂基溶孔、超大溶孔、铸模孔、晶间孔以及粒内裂缝等，这是上古生界砂岩储层的另一个显著特征。

3. 发育较多的早期胶结作用

较多早期胶结作用(保持性成岩作用)的发育是上古生界砂岩储层的重要特征之一。由于与煤系地层有关的酸性流体溶解，使得相对下部地层的早期胶结作用更为发育，因此，在盆地上古生界，上部的石千峰组和上石盒子组等地层的砂岩具有较小的粒间孔隙体积，而下石盒子组、山西组和太原组等地层的砂岩反而具有较大的粒间孔隙体积。压实作用对上部的石千峰组和上石盒子组砂岩的影响更明显，粒间孔隙体积相对较小。

4. 火山凝灰质、长石溶孔是储层最为重要的次生孔隙类型

在大多数含油气盆地砂岩的次生孔隙中，由长石溶解形成的次生孔隙及与之有关的高岭石晶间孔隙

通常是最为重要的次生孔隙类型，但在上古生界砂岩的次生孔隙构成中，最为重要的次生孔隙是火山凝灰质溶蚀孔隙，其次为长石溶孔(包括与之伴生的高岭石晶间孔)。

5. *砂岩储层具有高的自生高岭石、硅质胶结物和很低的方解石胶结物*

在自生矿物构成中，上古生界储层砂岩具有较高的高岭石、硅质胶结物含量(分别达到约 4%和 3%)和较低的方解石胶结物含量(平均值在 2.2%左右)，同时，这些方解石胶结物的 $\delta^{13}C$ 值明显偏负，平均值低于−10‰，有的样品已低于−17‰，说明上古生界砂岩储层方解石胶结物中有机碳的贡献较大。在提供方解石胶结物的物质来源中，有机酸具有极为重要的作用，这显然是上古生界砂岩储层在长时间的成岩过程中受有机酸性流体控制的结果。

6. *方解石胶结物包裹体均一化温度高，沉淀时间晚*

上古生界砂岩的另一显著特点是方解石胶结物具有较高的包裹体均一化温度，方解石胶结物的包裹体均一化温度在 100～150℃，差不多已是上古生界砂岩所经历的最高古地温。这说明在同生—中成岩阶段的成岩过程中，酸性流体一直是主要支配流体，方解石难于沉淀，只有在温度较高的中—晚成岩阶段，部分有机酸分解，同时在大量铝硅酸盐矿物溶解并缓冲 pH 的条件下，方解石才得以沉淀，此时储层的粒间孔隙已非常有限，从而使上古生界储层的方解石胶结物含量明显偏低。

5.3　上古生界致密砂岩成岩体系与成岩相

沉积物被埋藏后，由于环境、温度、压力和流体性质的变化，发生一系列水—岩反应以及矿物转化等成岩作用，必然影响岩石中孔隙，尤其是次生孔隙的形成与分布。因此，成岩作用是控制储层物性的关键因素。在相对统一的成岩体系中，由于砂岩碎屑组分和结构的差异，对于各种成岩作用的敏感性差异也必将产生不同的成岩效果，表现在具体的岩性上也就形成各种不同类型的储集岩。

5.3.1　成岩作用特征

上古生界砂岩储层经历了漫长的成岩历程，成岩作用主要为压实作用、压溶作用、黏土矿物的胶结充填作用、硅质胶结作用、碳酸盐的胶结作用、交代蚀变作用、溶蚀作用以及构造破裂作用等(表 5-3)。这些作用互相叠加，不仅强烈地改变着砂岩组分和结构，也极大地影响着砂岩的储集性能。

表 5-3　上古生界主要成岩作用类型及特征

成岩作用类型			主要特征
破坏性成岩作用		压实、压溶作用	刚性颗粒破裂，裂缝生成塑性颗粒变形/假杂基化，颗粒的定向排列颗粒之间的线接触～凹凸接触
	胶结作用	伊利石及伊/蒙混层	普遍存在，在普通显微镜下呈黄褐色细而薄的鳞片状或网状集合体充填粒间孔隙，发育晶间微孔隙
		硅质	主要以次生加大石英和粒间自生微晶石英两种形式产出
		碳酸盐	方解石呈不规则粒状和连晶状充填孔隙或交代各种矿物
			白云石和菱铁矿呈菱形粒状晶形分布于颗粒表面或溶蚀孔中
		交代作用	胶结物交代碎屑、后期形成的胶结物交代早期形成的
		重结晶作用	现象较普遍。微晶方解石的重结晶、泥铁质杂基的重结晶等
保持性成岩作用		自生高岭石	普遍发育，从颗粒形态、结晶程度等方面大致可区分出两类高岭石：一种为长石蚀变而来，一种从孔隙水中沉淀而来
		自生绿泥石	主要以薄膜式或环边形式生长于颗粒表面，部分充填孔隙
建设性成岩作用		溶解作用	碎屑颗粒及填隙物均发生了一定程度的溶解，扩大微裂隙

1. 破坏性成岩作用

1)压实作用和压溶作用

压实、压溶作用是大多数盆地砂岩储层物性变差的最主要的因素。上古生界砂岩的岩性较致密，主要为颗粒支撑，颗粒之间以线接触为主，胶结类型主要为孔隙式胶结，少量砂岩呈压嵌式胶结，表明所受的压实作用和压溶作用较强。

压实/压溶作用主要表现在：石英、石英岩岩屑等刚性碎屑表面的脆性微裂纹和它们之间的位移和重新排列，石英颗粒呈现波状消光，塑性颗粒(黑云母、泥岩岩屑、千枚岩岩屑和少量火山岩岩屑等)的塑性变形、扭曲以及其假杂基化。当砂岩中黑云母、软岩屑含量较高时，颗粒沿长轴方向定向排列形成明显的压实定向组构，部分颗粒之间呈凹凸接触和缝合接触。

2)胶结作用

胶结作用可以发生在成岩作用的各个阶段。不同时期成岩环境中水的物理化学性质(盐度、温度、pH、氧化-还原电位、微量元素种类和含量等)不同，形成的胶结物世代、胶结物特征也不同。后期形成的胶结物可以取代早期的胶结物，也可以发生胶结物的溶解即去胶结作用，形成次生孔隙。有些情况下，胶结物期次之间是连续沉淀的，即呈“整合接触”，而有些情况下，两个期次之间曾发生过溶蚀，形成“不整合接触”。有些孔隙、裂缝形成早，其内充填的胶结物期次齐全，而有些孔隙、裂缝形成晚，就会缺失一些期次。

沉积盆地中控制砂岩胶结作用因素很多，包括化学因素、孔隙水来源、埋藏深度和温度等，但在实际情况下往往是很复杂的。因而，判别胶结物形成的期次、序列及对埋深的估测将有助于对不同成岩阶段形成条件进行解释。

上古生界砂岩中胶结物主要有伊利石、高岭石、绿泥石、伊/蒙混层和蒙脱石等黏土矿物，次生石英加大和粒间硅质充填物，方解石、铁方解石等碳酸盐矿物。胶结物类型多样，彼此之间的关系错综复杂，体现了复杂的成岩作用过程。其中，重要的破坏性胶结作用类型主要包括伊利石胶结作用、伊/蒙混层和蒙脱石等自生黏土矿物的充填作用、碳酸盐胶结物的沉淀以及硅质胶结物的充填作用等。

A. 黏土矿物

从结构上看，自生黏土矿物可呈薄膜状或栉壳状包围碎屑颗粒，也可呈晶体集合体充填粒间孔隙或岩石缝洞而呈孔隙式胶结。黏土矿物包括伊利石、伊/蒙混层和蒙脱石、高岭石和绿泥石，各类黏土矿物在一定的条件下可以相互转化。胶结物中黏土矿物主要有伊利石、伊/蒙混层、蒙脱石、绿泥石和高岭石，其中伊利石类矿物主要为伊利石。

(1)伊利石。

伊利石是储层中最为普遍的黏土矿物胶结物，在各个层段均有产出，其含量变化较大，最大可达到30%。成岩早期多和蒙脱石、伊/蒙混层、绿泥石和高岭石等共生，随着深度的增加，其他黏土矿物的比例逐渐减少。当埋深增加、温度升高时可转化为绢云母，甚至白云母。

伊利石在显微镜下呈细而薄的鳞片状集合体或网状集合体充填粒间孔隙，在扫描电镜下呈纤维状、针状和毛发状，覆盖于粒间硅质、高岭石、绿泥石等矿物之上。在阴极发光下呈浅灰绿色胶状物充填粒间孔隙被亮晶方解石矿物交代，其形成时间晚于绿泥石、高岭石、粒间硅质而早于亮晶方解石。伊利石在扫描电镜下可见到在形态上接近伊利石的纤维状的富伊利石态的伊/蒙混层，表明主要由蒙脱石经伊/蒙混层转化而来。

(2)蒙脱石及伊/蒙混层。

蒙脱石形成于碱性孔隙水条件下，在成岩过程中经过蒙脱石 ⟶ 无序混层 ⟶ 有序混层 ⟶ 伊利石或绿泥石的转化过程。绿泥石早期以包膜和衬边形式包裹碎屑颗粒，可阻碍石英次生加大的形成，并在一定条件下可转化为伊利石。

蒙脱石呈似胶粒状、尘状、极细的鳞片状或絮状集合体分布于粒间孔隙中，正交偏光镜下干涉色呈橙黄色。蒙脱石还可见于颗粒表面，扫描电镜下呈皱纹状薄膜和蜂窝状薄膜。蒙脱石多由物源区的火山灰蚀变或重结晶而来，其形成时间较早。

伊/蒙混层是由蒙脱石向伊利石类进一步转化的中间产物。镜下富伊利石层在形态上接近伊利石的不规则片状，富蒙脱石层主要为皱纹状薄膜和蜂窝状薄膜，其上具一些刺状的突起。

B. 碳酸盐胶结物

碳酸盐胶结物可形成于成岩期的各个阶段，用岩石学方法可以判别其形成阶段，如当砂岩的碎屑颗粒填集松散，在嵌晶碳酸盐中成“漂浮”状，砂粒周围无其他类型胶结物时，表明碳酸盐形成于沉积物压实轻微、其他胶结物尚未析出的中成岩期的浅埋藏阶段，平行层理呈团块状分布的菱铁矿也是这一阶段的产物。早期白云石胶结物一般呈微—隐晶。埋藏较深的砂岩中的碳酸盐胶结物，往往晶粒较大，大多为细—粗晶。因其形成较晚，故沉积物以强烈压实、碳酸盐大多呈星散状充填于粒间孔中或以交代碎屑颗粒和其他自生矿物的形式产出。上古生界砂岩中的碳酸盐胶结物包括方解石、铁方解石，此外还有少量铁白云石和菱铁矿。

(1) 方解石。

方解石胶结物平均含量在2%左右，普遍小于5%，含量大于5%的砂岩占砂岩总量的10%左右。早期微晶方解石围绕碎屑颗粒呈栉壳状生长，并被后期碳酸盐胶结物所交代。

亮晶方解石可识别出两期，分别称它们为Ⅰ型和Ⅱ型方解石。Ⅰ型方解石含量普遍大于5%，在个别层段砂岩中的含量可高达20%～40%。此类方解石呈镶嵌连晶状充填骨架颗粒之间的不规则大孔隙中，并交代长石、千枚岩、泥岩等岩屑以及黏土杂基等。被Ⅰ型方解石胶结的砂岩中碎屑石英加大不发育。该类方解石的胶结作用发生于强烈压实作用之前，为早期微晶方解石经过重结晶的产物。

Ⅱ型方解石主要为细晶—中晶，呈斑点状交代碎屑颗粒、黏土杂基等，并倾向于充填紧密压实骨架颗粒之间的不规则微小孔隙。被Ⅱ型方解石胶结的砂岩，碎屑石英加大现象发育，常见Ⅱ型亮晶方解石交代粒间高岭石现象。该类方解石的胶结作用形成于强烈压实作用之后，且晚于绿泥石、石英加大边、高岭石等胶结作用。

在阴极射线照射下，不同期次方解石可因有无条带、环带和相互穿插等现象及发光颜色不同而被区分开来。Mn^{2+}/Fe^{2+}是影响方解石、白云石发光强度的主导元素。Mn^{2+}进入方解石或白云石晶格致使其在阴极发光下呈现黄色—暗红色和桃红色。胶结物中Mn^{2+}和Fe^{2+}的含量与地下水中Mn^{2+}和Fe^{2+}的含量有关，而后者与成岩环境的氧化还原程度有关。在氧化环境中，Mn和Fe呈高价态，沉淀出来的胶结物中基本不含低价的Mn^{2+}和Fe^{2+}。因此，在阴极射线照射下不发光而呈黑色。当Mn^{2+}含量相对较高，而Fe^{2+}含量相对较低时，发橘黄色光。当Mn^{2+}含量相对较低，而Fe^{2+}含量相对较高时，胶结物发红色光，而且Mn^{2+}/Fe^{2+}越低，颜色越暗(Meyers，1974)。

上古生界砂岩中方解石胶结物在阴极射线下主要呈现亮橙黄色、亮橙红色、暗橙红色和不发光。发亮橙黄色光的为高Mn^{2+}方解石，颜色呈红色和暗红色者为含铁方解石和铁方解石，不发光的方解石基本不含Fe^{2+}和Mn^{2+}，其中锰方解石形成时间最早，含铁量最少，然后是不含铁的方解石，最后形成是含铁方解石和铁方解石。

(2) 铁白云石。

铁白云石在砂岩中含量较低(小于5%)，局部层段产出。铁白云石呈晶形很好的菱形粉晶—细晶，多个晶体聚合在一起零星分布于砂岩的粒间孔或次生溶孔内。

(3) 菱铁矿。

菱铁矿多数呈泥晶团块状集合体充填于粒间孔中或环绕颗粒呈环带状分布，或以微小晶体沿黑云母膨胀的解理面分布。菱铁矿仅在局部地段发育，其含量小于5%，主要呈泥晶团块状集合体沿黑云母的解理面分布。因此，菱铁矿为成岩早期与黑云母膨胀、蚀变的同期或近同期的产物。少数可见到石英加大边和原碎屑石英颗粒之间以菱铁矿晶体作为界限，表明菱铁矿的形成早于石英的再生长。

C. 硅质

在成岩作用过程中，当孔隙流体中 SiO_2 含量达到过饱和而在孔隙中发生沉淀时，形成多种形态的硅质胶结物或石英次生加大边。不论是长石的分解溶蚀、石英颗粒的压溶作用，还是黏土矿物的转化，均可提供丰富的 SiO_2。例如，钾长石、斜长石等不稳定铝硅酸盐矿物，经酸性孔隙水溶蚀，在形成粒内溶蚀孔隙的同时，释放出 SiO_2，再如蒙脱石蚀变产生高岭石的同时，也伴随着大量 SiO_2 的生成。上古生界砂岩中的硅质胶结物主要以石英次生加大边和自生微晶石英集合体两种形式产出。

(1) 石英次生加大边。

石英次生加大多数含量在 2%～3%，部分可达 5%～6%。石英加大边往往呈环边状包裹或半包裹碎屑石英颗粒，部分颗粒边缘能见到明显的氧化铁、黏土或层状杂质的环状线。加大边普遍为Ⅰ～Ⅱ级，部分可至更高级，最宽可达 1mm。加大后的石英相互贴合，或镶嵌紧密使石英颗粒间呈凹凸接触。

石英次生加大现象在石英砂岩中十分普遍，而在岩屑砂岩中则相对欠发育。石英次生加大边多与自生高岭石共生，形成于粒间高岭石胶结物之后。所需 SiO_2 主要来源于碎屑石英的压溶作用，其次来自于黏土矿物的相互转化。石英砂岩中高含量的石英颗粒为次生石英加大的形成提供了物质基础，黏土矿物等填隙物含量较低为次生石英加大的形成提供了沉淀空间，而压实作用与压溶作用使次生石英加大边的形成成为可能。

(2) 自生微晶石英集合体。

自生石英胶结物呈细晶或微晶分布于粒间孔隙或次生溶孔内，晶形从较差～较好均可见到。自生微晶石英可向高岭石转化，其形成时间晚于绿泥石薄膜而早于高岭石。自生微晶石英在岩屑石英砂岩和岩屑砂岩中相对较发育，而在石英砂岩中相对不发育。所需 SiO_2 除来源于碎屑石英的压溶作用外，部分可能来自碎屑长石的溶解、黏土矿物的相互转化以及粒间火山物质的硅化作用。

D. 交代蚀变作用

交代作用是指矿物被溶解，同时被孔隙所沉淀出来的矿物所置换的过程。交代作用是在两颗粒之间的溶液膜中进行的，被溶蚀的物质通过薄膜带出，而交代物质通过薄膜替代被溶蚀物质而沉淀，其结果可以使原有孔隙被充填，也可以形成次生孔隙。交代作用可以交代矿物颗粒的边缘，使其成锯齿状或鸡冠状的不规则边缘，也可以完全交代碎屑颗粒而成为它的假象。上古生界砂岩常见的交代作用包括方解石交代碎屑颗粒(如长石、石英、黑云母和岩屑等)，方解石交代胶结物(如粒间伊利石、绿泥石薄膜、石英次生加大、粒间微晶石英)，方解石交代泥质杂基，伊利石交代石英次生加大与粒间微晶石英等。另外，长石的高岭石化现象、蒙脱石经混层向伊利石和绿泥石的转化，高岭石与伊利石、绿泥石的相互转化以及各碳酸盐之间的相互转化也常见。

E. 重结晶作用

重结晶作用主要表现在早期微晶方解石重结晶为连晶或嵌晶式胶结的亮晶方解石，火山灰脱玻化和重结晶成为粒间硅质，非晶质氧化硅向石英颗粒的转化，隐晶质的高岭石转变为鳞片状或蠕虫状的结晶高岭石，鳞片状伊利石向晶形较好、颗粒较大的绢云母甚至白云母的转化等。

2. 建设性成岩作用

砂岩中的碎屑颗粒、杂基、胶结物和交代矿物，在一定的成岩环境中都可以不同程度地发生溶解作用，其结果形成砂岩中的次生孔隙，次生孔隙对改善砂岩储层的储集性能起到了积极作用。碎屑岩中最重要的可溶矿物是碳酸盐、长石和岩屑(包括燧石)。次生孔隙的成因主要有无机和有机两种机制(Surdam et al，1989)：

1) 有机酸的溶解作用

沉积盆地中有机质在其形成液态烃之前，由于热演化过程中脱羧基作用而产生大量有机酸。与碳酸等其他溶解介质相比，这些有机酸对各种矿物都有着更强的溶解能力。有机酸阴离子可以络合并迁移铝硅酸盐中的阳离子，从而解决了埋藏条件下，铝的溶解度极低和难于迁移的问题(Surdam et al，1989；黄思静，1995；蔡春芳，2000）。大量铝硅酸盐矿物溶解的理想温度是 80～120℃。

2) 大气水的溶解作用

开放体系中大气水的溶解作用以及对优质储层的贡献作用越来越受到人们的重视。Bjørlykke 等(1992)通过研究发现，由长石溶解形成次生孔隙的过程有些发生在较浅的地层中，同时远离产生有机酸的烃源岩。黄思静(2003)通过对盆地三叠系延长组砂岩储层的研究认为，延长组砂岩储层次生孔隙的形成机制与印支期暴露时大气水的溶解作用有关，而不是埋藏成岩过程中有机酸溶解作用的结果。

罗静兰等(2001)通过延长组成岩作用及其对储层储集物性演化的影响，以及砂岩中方解石胶结物的 C、O、Sr 同位素研究，认为大气降水与砂岩的相互作用是导致砂岩中碎屑颗粒(主要是长石)的溶解以及少量高岭石和蒙脱石沉淀的主要作用。早期成岩阶段形成的泥晶方解石为大气降水沉积成因，可能与三叠纪末鄂尔多斯盆地整体抬升至地表或近地表受到大气降水的淋滤溶蚀作用有关。但亮晶方解石和亮晶白云石主要形成于晚期深埋成岩阶段，其较高的 $\delta^{13}C$ 含量可能缘于来自大气降水的碳与油气富集过程中含甲烷热液碳的混合。

溶解作用及由溶解作用造成的次生溶孔在上古生界砂岩中普遍发育。溶解作用主要有长石溶解，一般形成粒内溶孔，当长石颗粒全部被溶蚀时，则形成铸模孔。石英颗粒发生溶解作用后形成边缘呈不规则状、港湾状溶蚀，也可见少量石英粒内溶孔。岩屑中易溶组分被溶蚀掉往往呈现蜂窝状孔隙。沿方解石解理面的溶解作用形成的形态较规则的方解石内溶孔。黏土矿物胶结物的溶蚀现象也较普遍，另外，砂岩中形成的连通性较好的次生溶蚀缝等。

3. 保持性成岩作用

在成岩过程中，胶结作用通常对原生孔隙是不利的，但是早期形成的少量胶结物可以增加岩石骨架抗压实能力，减少了压实作用对孔隙的破坏，对原生孔隙起到了一定的保护作用。广泛发育的保持性成岩作用是上古生界碎屑岩成岩过程的一大特色。保持性成岩作用主要是各种发生在较早成岩阶段的胶结作用(这被相当多的研究者认为是破坏性的成岩作用)。这些胶结作用发生时，岩石仍然具有较大的粒间孔隙体积，虽然它们会占据一定的孔隙空间，并降低岩石的孔隙度(可能尤其是渗透率，例如，绿泥石和高岭石的胶结作用)，但它们都具有提高岩石机械强度、增加抗压实能力并最终改变压实曲线的功能，并使得一部分孔隙在以后的埋藏成岩过程中得以保持，因此，称为保持性成岩作用。上古生界砂岩中较为发育的各种保持性成岩作用主要包括以下几种类型：

1) 高岭石胶结作用

高岭石的物质来源主要是长石等铝硅酸盐(包括岩屑中的易溶铝硅酸盐)溶解作用的产物，因而也是保持性成岩作用的标志矿物。高岭石一般形成于酸性环境，在酸性孔隙水中是稳定相，但随着介质条件向碱性转变，高岭石的稳定性逐渐变弱。当埋深增至 3500～4000m，温度达 165～210℃时，在介质水中富 K^+和 Al^{3+}时即转化为伊利石，在富 Mg^{2+}和 Al^{3+}时，则变为绿泥石。伊利石和绿泥石在酸性孔隙中可转化成高岭石。

上古生界高岭石胶结作用主要发生在下石盒子组及其以下地层中，与长石等铝硅酸盐溶解有关的硅质胶结作用也主要发生在这些地层中，石千峰组和上石盒子组的硅质胶结作用在一定程度上还与同期火山物质有关。

高岭石在盒 8 段砂岩中普遍发育。根据颗粒形态、结晶程度等大致可区分出两类高岭石：一类是成岩阶段由孔隙流体中沉淀出来的，呈洁净的六方书页状集合体，松散堆积在粒间孔隙中，且保留良好的晶间微孔隙；另一类高岭石分布于长石的次生溶孔中，是长石发生次生溶蚀再沉淀的结果，高岭石重结晶后堆集紧密，晶间孔隙极小。高岭石在阴极发光下呈亮蓝色集合体充填于粒间孔隙或长石、岩屑等次生溶孔中，常被不发光的石英加大边包裹或被发亮黄色的亮晶方解石交代，其形成晚于石英次生加大边，但早于亮晶方解石。

2) 以孔隙衬里方式产出的自生绿泥石沉淀

自生绿泥石沉淀的原因与其沉淀时间较早并在沉淀后的时间中继续生长有关，绿泥石的沉淀会显著提高岩石的机械强度和抗压实能力，同时这种产状的绿泥石还通过分隔碎屑石英与孔隙流体以限制自生石英的胶结作用(主要是相对晚期的硅质胶结作用)的发生，从而使砂岩孔隙得以保存。绿泥石的胶结作用主要发生在受煤系地层酸性流体影响较小、成岩介质更多地受碱性流体支配的石千峰组和上石盒子组。

3) 白云石的胶结作用

白云石的胶结作用主要发生在太原组及山西组下段的砂岩储层中，其物质来源在一定程度上具有海源色彩，组构研究表明白云石胶结作用发生的时间在方解石胶结作用和一部分硅质胶结作用之前。白云石自形晶体以及较小的分子体积使得白云石的晶体之间总是存在较多的次生孔隙，同时这种相对早期的白云石胶结作用同样会显著提高岩石的机械强度和抗压实能力，从而在一定程度上有助于孔隙(主要是原生孔隙)的保存。

5.3.2　成岩流体与成岩演化序列

碎屑岩储层原始孔隙结构特征和分布规律受沉积体系控制，但在埋藏过程中，水岩相互作用直接影响储层孔隙空间的演化。水岩相互作用是一个十分复杂的地球化学过程，受构造演化、沉积作用、矿物、盆地热流性质、流体运移及成岩环境中物理化学条件等多种因素控制，其中最关键的是矿物与孔隙流体之间的相互作用条件、方式及随之发生的迁移方向、途径与沉淀位置等。

上古生界不同地层组成岩历史既有相同或类似之处，也存在一定差异。石千峰组和上石盒子组较少受到煤系地层酸性流体的影响，具有类似的成岩流体性质和成岩历史；下石盒子组和山西组受到煤系地层酸性流体的影响较多；太原组既受到煤系地层有关的酸性流体的影响，同时还受到海源流体的影响。上古生界储层砂岩成岩序列与成岩历史的总体特征如下：

1. 早成岩阶段早期

早成岩阶段早期经历的主要成岩作用：①铝硅酸盐骨架颗粒及同期火山物质的水化作用；②一部分有机质参与的成岩反应，例如，有机质的有氧呼吸和锰的还原作用在该阶段晚期的一些特定的沉积环境中(主要是一些细结构沉积物相对集中的场所)开始发生；③在一些pH相对较高的环境中，发生早期的方解石胶结作用，并可能形成了连生方解石胶结物(分布于一些高负胶结物孔隙度的岩石中)，构成一部分钙质层，这类钙质层具有较好的成层性；④一些地区进入表生成岩阶段，并可能有短时期的沉积间断发生。在大气淡水和煤系地层产生的酸性流体的作用下，砂质沉积物中的易溶骨架颗粒(主要是长石的不稳定类型)开始溶解，伴生高岭石的沉淀和H^+的有效储备，同时也形成一些次生孔隙，但这些次生孔隙在以后继续埋藏过程中难以保存；⑤随着上覆压力的增大，压实作用逐渐增强，在这一阶段由于压实作用的影响可能造成20%左右的孔隙损失，储层的孔隙类型以原生粒间孔为主(图5-10)。

早成岩阶段早期，成岩流体主要受大气淡水和早期煤系酸性水的影响。流体性质主要表现为中性和酸性水的特征，在特定的沉积环境中也可出现碱性流体，从而导致钙质层的出现。

大致在压实作用使碎屑颗粒间的关系基本固定后，主要存在于石千峰组和上石盒子组地层中的纤状绿泥石开始在孔隙中环边定向生长，形成孔隙衬里，压实作用因此而受到一定程度的阻碍，最终使得石千峰组和上石盒子组等地层在深埋藏条件下仍能保持8%左右的孔隙度，并具有较高的原生孔隙对储集空间的贡献值。

2. 早成岩阶段晚期

早成岩阶段晚期经历的成岩作用主要有：①K^+/H^+比较低的地层中，不稳定长石的溶解继续进行，伴随着早期碳酸盐胶结物、自生高岭石的进一步沉淀和少量的硅质胶结；②压实作用进一步增强，粒间孔

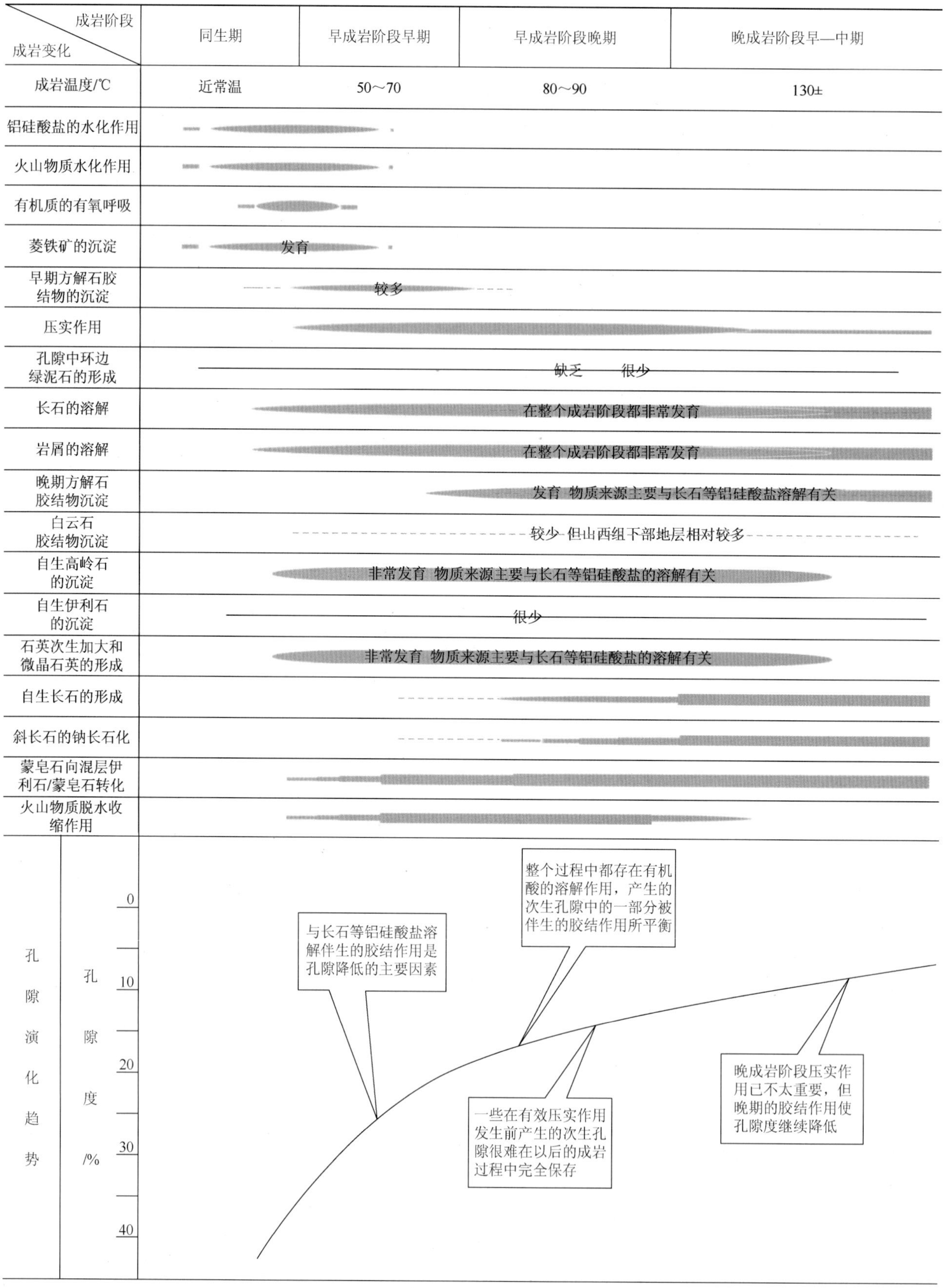

成岩阶段 / 成岩变化	同生期	早成岩阶段早期	早成岩阶段晚期	晚成岩阶段早—中期
成岩温度/℃	近常温	50～70	80～90	130±
铝硅酸盐的水化作用				
火山物质水化作用				
有机质的有氧呼吸				
菱铁矿的沉淀	发育			
早期方解石胶结物的沉淀		较多		
压实作用				
孔隙中环边绿泥石的形成			缺乏　很少	
长石的溶解			在整个成岩阶段都非常发育	
岩屑的溶解			在整个成岩阶段都非常发育	
晚期方解石胶结物沉淀			发育 物质来源主要与长石等铝硅酸盐溶解有关	
白云石胶结物沉淀			较少 但山西组下部地层相对较多	
自生高岭石的沉淀		非常发育 物质来源主要与长石等铝硅酸盐的溶解有关		
自生伊利石的沉淀			很少	
石英次生加大和微晶石英的形成		非常发育 物质来源主要与长石等铝硅酸盐的溶解有关		
自生长石的形成				
斜长石的钠长石化				
蒙皂石向混层伊利石/蒙皂石转化				
火山物质脱水收缩作用				

孔隙演化趋势

孔隙度/%

0
10
20
30
40

与长石等铝硅酸盐溶解伴生的胶结作用是孔隙降低的主要因素

整个过程中都存在有机酸的溶解作用，产生的次生孔隙中的一部分被伴生的胶结作用所平衡

一些在有效压实作用发生前产生的次生孔隙很难在以后的成岩过程中完全保存

晚成岩阶段压实作用已不太重要，但晚期的胶结作用使孔隙度继续降低

图 5-10　上古生界砂岩成岩模式、成岩序列与孔隙演化途径

进一步减小；③大致在压实作用使碎屑颗粒间的关系基本固定后，纤状绿泥石开始在孔隙中沿环边定向生长，形成孔隙衬里，压实作用因此而受到一定程度的阻碍，但由于绿泥石的含量很低，绿泥石的衬里(或包膜)很薄，该作用的实际效果有限，但在部分石英含量高的富石英砂岩中，由于绿泥石包膜的存在，抑制了自生石英的沉淀，使孔隙得到了一定程度的保存；④蒙皂石继续通过混层伊利石/蒙皂石向伊利石转化，由于细结构的火山物质很容易在同生阶段转化成蒙皂石，因而存在较多同期火山物质，且受煤系地层酸性流体影响较小的石千峰组和上石盒子组更发育该成岩作用，并向成岩流体提供Na^+、Ca^{2+}、Fe^{3+}、Mg^{2+}和Si^{4+}。

早成岩阶段末期，除早已存在的与煤系地层腐殖型有机质有关的酸性流体外，更多的有机质(腐泥型有机质)成熟，随着孔隙介质的pH进一步降低，砂岩中大量长石等易溶铝硅酸盐组分的溶解继续发生，一些长石已不多的地层，将会发生一部分岩屑的溶解，到晚成岩阶段早期，下石盒子组、山西组和太原组等地层中的长石等易溶铝硅酸盐组分已基本不存在长石，溶解产生了K^+、Na^+、Ca^{2+}和Si^{4+}，孔隙流体中K^+的增加加速了蒙皂石继续通过混层伊利石/蒙皂石向伊利石转化，反过来又向孔隙流体提供Na^+、Ca^{2+}、Fe^{3+}、Mg^{2+}和Si^{4+}。因而，在该阶段晚期与埋藏成岩作用有关的自生石英、碳酸盐和(含)铁碳酸盐矿物的沉淀作用加快。

受海源流体影响的太原组(可能还包括山2段)的白云石沉淀作用可能主要是在该阶段沉淀的，其$\delta^{13}C$值与有机酸关系较少，相对接近海水的$\delta^{13}C$值，而且比方解石更重一些，说明其沉淀作用是在早于大多数方解石沉淀的成岩阶段发生的。由于白云石沉淀作用相对较早，对山2段和太原组地层的孔隙演化是中性或正面的。

早成岩B期成岩流体在煤系酸性水的影响下，pH进一步降低，对易溶矿物成分进行溶解，并由于成岩矿物的转化，导致流体中K^+、Na^+、Ca^{2+}、Fe^{3+}、Mg^{2+}和Si^{4+}浓度的升高。

3. 晚成岩阶段早—中期

该阶段最为重要的成岩作用是受高岭石伊利石化反应驱动的钾长石的溶解作用，大致在120～140℃的温度条件下该反应启动，并为深埋藏条件下的砂岩提供一定数量的次生孔隙，上古生界大多次生孔隙均与这一过程有关。伴随着这一成岩作用的进行，第Ⅱ期硅质胶结物开始沉淀，晚期碳酸盐胶结物开始沉淀。

在受煤系地层影响下的石盒子组、山西组和太原组等地层中，酸性孔隙流体仍具有一定的控制作用，早成岩阶段晚期溶解后残余的长石等铝硅酸盐及其他易溶组分的溶解作用继续发生，到该阶段末，山西组2段、太原组等地层砂岩的骨架颗粒中已基本没有长石，一些碳酸盐胶结的砂岩记录了长石的溶解现象，但大多数情况下，人们难于恢复煤系地层中被溶解的长石。对于一些长石溶解殆尽的岩石，含易溶组分较多的岩屑发生溶解，并形成岩屑溶孔。溶解作用造成孔隙介质中K^+浓度增加，加之成岩温度的升高，使蒙皂石向混层伊利石/蒙皂石转化速度加快，成岩流体中Na^+、Ca^{2+}、Fe^{3+}、Mg^{2+}和Si^{4+}的浓度进一步升高。被溶解的组分主要为长石和岩屑，由于较高的二氧化碳分压，以及铝硅酸盐溶解对pH的缓冲作用，碳酸盐矿物的溶解十分困难。当长石等铝硅酸盐矿物的溶解使溶液中Ca^{2+}浓度提高时(加之黏土矿物转化提供的Ca^{2+}、Fe^{3+}、Mg^{2+})，碳酸盐的胶结作用发生(通常在自生石英沉淀之后)。

石千峰组和上石盒子组等受煤系地层酸性流体影响较小的上部地层的最终孔隙度大致在8%左右，自生绿泥石发育的砂岩的最终孔隙度可以更高。一些与煤系地层酸性流体有关的溶解作用可能会在很早的成岩阶段(在有效压实作用发生前)大量消耗长石和其他铝硅酸盐等易溶矿物，但溶解产生的孔隙难于保存，因而一些早期溶解作用可能意义不大，因而受煤系地层酸性流体影响的下石盒子组、山西组和太原组等地层的最终孔隙度较低。

晚成岩阶段早-中期，钾长石受高岭石伊利石化反应驱动，钾长石进一步溶解，向成岩流体中提供K^+，并进一步导致流体中K^+、Na^+、Ca^{2+}、Fe^{3+}、Mg^{2+}和Si^{4+}浓度的升高。成岩流体pH升高，流体由酸性向碱性逐渐转变。

5.3.3 成岩相划分

1. 成岩相划分原则

成岩相(diagenetic facies)系指某一地层所经历的成岩环境总和，包括地层的岩石学特征、岩石物理特征及地球化学特征。成岩相的发育主要受沉积环境、盆地背景、盆地充填史和成岩序列、成岩条件(主要指成岩环境介质性质、温度、压力、酸碱度和氧化还原条件及其变化以及有机质演化对成岩相的影响)、成岩作用类型和强度、成岩时限和过程等因素的控制。不同的沉积、成岩环境和演化阶段，导致不同的成岩作用，形成不同的成岩矿物组合、组构及孔隙体系。因此，只有弄清控制成岩相发育的因素，对成岩相进行详细划分，才能更准确地预测有利成岩相，并最终为油气勘探服务。

成岩相研究就是分析各种成岩事件的相对强度、沉积成岩环境与成岩产物在纵向与平面上的分布特征。沉积微相平面分布符合一定的相律，而成岩作用与沉积微相有一定关系。因此，可以通过沉积微相的平面展布来预测成岩相的平面分布特征。储层的成岩相划分除要考虑沉积微相的分布外，还要考虑成岩作用及其对储层储集性能的影响。成岩指数是研究和判识成岩强度的一个综合性定量参数，成岩指数=(压实率+胶结率+微孔率)/(面孔率×100%)，其指数越低，说明成岩程度低，有利于孔隙保存和形成的成岩作用占优势。反之，成岩指数越高，成岩作用越强，不利于孔隙保存的因素增多。

2. 成岩相类型

上古生界受压实作用明显，胶结类型多样，储集砂岩的孔隙组合类型与物性直接受成岩作用强度控制。不同类型砂岩的各项成岩参数变化范围均较大，即孔隙发育程度不一，给储层预测造成了一定困难。因此，为寻找相对高孔高渗有利储层发育地区，根据成岩作用特征，参照各项成岩指数，结合砂岩孔隙度与渗透率、砂岩孔喉发育特征以及孔隙结构参数与压汞曲线特征，共划分出五类成岩相带：Ⅰ石英加大+高岭石胶结晶间微孔溶蚀相；Ⅱ凝灰质+高岭石胶结微裂隙+微孔相；Ⅲ绿泥石薄膜+伊利石胶结溶蚀相；Ⅳ伊利石+方解石胶结微裂隙溶蚀相(伊利石+方解石胶结溶蚀相)；Ⅴ方解石胶结晶间微孔溶蚀相。

上古生界主要发育Ⅰ和Ⅱ类成岩相，其次发育Ⅲ和Ⅳ类成岩相，Ⅴ类成岩相较少发育。岩屑石英砂岩和岩屑砂岩各相均有发育，各相特征如下：

Ⅰ类：石英弱加大+高岭石胶结晶间微孔溶蚀相。该成岩相带主要见于岩屑石英砂岩和石英砂岩中，是优质储层发育的成岩相带(图 5-11(a))。由于石英的压溶作用、硅酸盐矿物的溶解以及黏土矿物的相互转化释放出大量 SiO_2，它们以石英次生加大边的形式充填于粒间孔隙中，使粒间孔隙明显减少。这些孔隙被后来的自生高岭石所充填，发育高岭石晶间孔，它们之间通过粒间缝连通起来，局部发生溶蚀现象，使砂岩具有良好的储集性能。Ⅰ类成岩相带储集空间主要以粒间溶孔、粒内溶孔、晶间孔隙的组合形式出现。砂岩孔隙度普遍在 6%～12%，渗透率大于 $0.5\times10^{-3}\mu m^2$，门槛压力小于 1.5MPa，中值压力小于 18MPa，最大进汞饱和度平均大于 85%，喉道直径均值近于 0.25μm，孔喉分布不均匀，具略粗歪度。

Ⅱ类：凝灰质+高岭石胶结微裂隙+微孔相。该成岩相带主要分布于岩屑砂岩和岩屑石英砂岩。砂岩的成分成熟度及结构成熟度较低，火山岩岩屑、火山灰等不稳定组分含量较高。粒间孔隙中充填的火山灰在成岩作用过程中进一步向蒙脱石及伊/蒙混层演变，形成大量晶间微孔隙。压实程度中等，溶蚀现象不明显，见少量火山岩岩屑粒内溶孔。由于蒙脱石在经由 I/S 混层向伊利石转化的同时发生收缩作用形成收缩缝，使孔隙间的连通性变好。在酸性流体作用下，火山碎屑、凝灰质与黏土杂基发生溶解，形成不规则的粒内溶孔和杂基溶孔与溶蚀缝，明显改善了砂岩的储集性能，同时砂岩中不稳定的碎屑长石以及火山碎屑普遍发生溶蚀现象(图 5-11(b))。粒内溶孔及相邻粒间孔隙中发育大量晶形较好、呈分散质点式充填的自生高岭石晶体，形成以高岭石晶间微孔、伊利石晶间微孔为主的孔隙类型，为有效储层发育的成岩相带。

Ⅱ类岩相砂岩孔隙度普遍为 5%～7%，渗透率大于 $0.5\times10^{-3}\mu m^2$，门槛压力小于 1.5MPa，中值压力小于 20MPa，最大进汞饱和度大于 80%，孔喉中值半径 0.03～0.3μm，孔喉分布不均匀，具略粗歪度。

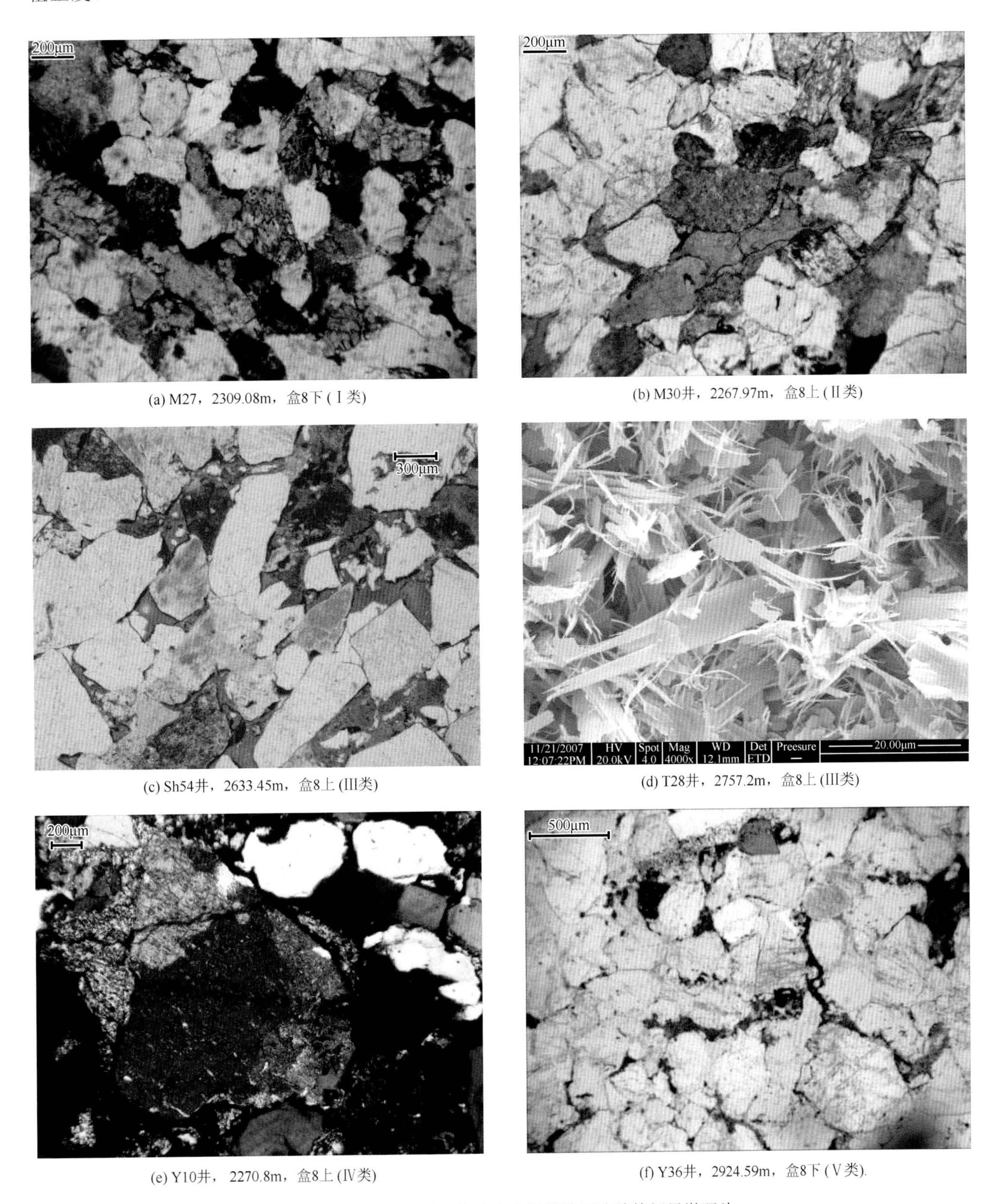

(a) M27，2309.08m，盒8下 (Ⅰ类)　(b) M30井，2267.97m，盒8上 (Ⅱ类)

(c) Sh54井，2633.45m，盒8上 (Ⅲ类)　(d) T28井，2757.2m，盒8上 (Ⅲ类)

(e) Y10井，2270.8m，盒8上 (Ⅳ类)　(f) Y36井，2924.59m，盒8下 (Ⅴ类)

图 5-11　上古生界不同类型成岩相带储层孔隙特征显微照片

Ⅲ类：绿泥石薄膜+伊利石胶结溶蚀相。该成岩相带主要见于岩屑砂岩。由于碎屑颗粒表面形成的机械渗滤蒙脱石在早期成岩阶段之后逐渐转化为绿泥石或伊利石包膜，黏土膜的存在阻止了石英次生加大的形成，从而使部分原生粒间孔得以保存下来(图 5-11(c))；但同时，砂岩中的混层黏土在封闭条件下转化形成大量伊利石，伊利石呈搭桥状充填粒间孔隙并交代碎屑颗粒(图 5-11(d))，虽然发育有良好的微孔隙，但孔隙间连通性差，影响和降低了储集性能。该成岩相带储集空间主要以粒间孔、粒间溶孔、晶间微孔和微裂隙的组合形式出现。III类岩相砂岩的孔隙度普遍小于 7%，渗透率大于(0.3～0.7)×10^{-3}μm^2，门槛压力 1～2MPa，中值压力 10～20MPa，最大进汞饱和度小于 85%，孔喉中值半径 0.03～0.1μm，孔喉分布不均匀，具略细歪度。

Ⅳ类：伊利石+方解石胶结微裂隙溶蚀相(伊利石+方解石胶结溶蚀相)。该成岩相带主要分布于岩屑砂岩中，由于砂岩的抗压能力较强，压实作用容易产生微裂隙，增加了孔隙间的连通性，稍微改善了砂岩渗流能力，但是混层黏土在封闭条件下转化形成大量伊利石呈搭桥状充填粒间孔隙并交代碎屑颗粒，致使储层性能变得较差，加之成岩晚期碳酸盐胶结物频繁沉淀和广泛分布于该成岩相带砂岩中，使砂岩中的孔隙大量丧失，较强的影响降低了本相带的渗流能力和储集性能(图 5-11(e))。Ⅳ类岩相砂岩的孔隙度普遍在 5%～7%，渗透率 0.1～0.5×10^{-3}μm^2，门槛压力 1～2MPa，中值压力 20～50MPa，最大进汞饱和度小于 80%，孔喉中值半径小于 0.03μm，孔喉分布较均匀，具细歪度。

Ⅴ类：方解石胶结晶间微孔溶蚀相。砂岩在长期处于埋藏深度较大的封闭成岩环境中，水介质的交换速度较慢，介质中的 Fe^{3+}在高温缺氧条件下被还原成 Fe^{2+}；当 CO_3^{2-}与 Ca^{2+}、Mg^{2+}反应生成方解石和白云石时，Fe^{2+}进入其矿物晶格中，形成含铁碳酸盐矿物，如铁方解石、铁白云石以及菱铁矿($FeCO_3$)。尽管粒间充填的少量成岩早期碳酸盐胶结物能够降低压实作用对原生粒间孔隙的影响，但成岩晚期碳酸盐胶结物频繁沉淀和广泛分布于该成岩相带砂岩中，形成横向上的碳酸盐胶结致密层，虽然后期的压实作用产生的少量微裂缝对砂岩物性有所影响，但对储集性能改善作用十分微弱(图 5-11(f))。Ⅴ类岩相砂岩孔隙度普遍小于 6%，渗透率小于 0.1×10^{-3}μm^2，门槛压力大于 6MPa，中值压力大于 25MPa，最大进汞饱和度小于 80%，孔喉中值半径小于 0.03μm，孔喉分布较均匀，具细歪度。

5.4　成岩模拟实验与上古生界致密砂岩次生孔隙形成

5.4.1　成岩模拟实验

1. 模拟实验参数确定方法

1)地质基础

上古生界砂岩储层普遍含火山物质，含量一般为 5%～14%，部分砂岩中凝灰质含量达 25%～36%(表 5-4)。火山物质类型有石英晶屑、长石晶屑、偶见角闪石、辉石晶屑，岩屑有玄武岩、粗面岩、英安岩、流纹岩等岩屑，大量出现的则是细小的玻屑和褐色火山灰。就其化学性质来说，主要为中基性，中酸性次之。

表 5-4　盆地上古生界砂岩火山物质含量统计表

类型＼层位	盒 7	盒 8 上	盒 8 下	山 1	山 2	太 1
火山碎屑/%	2.2～6.5	1.9～5.7	2.1～4.5	3.2～7.4	1.1～3.8	—
火山灰/%	4.2～19.7	4.7～36.1	6.4～18.1	4.8～25.2	3.9～12.5	2.9～7.8
平均总量/%	12.9	14.2	10.6	13.9	9.3	5.0

晚古生代是全球火山活动最频繁的地史时期之一。华北地块在晚古生代的盆山耦合期伴随着强烈的火山喷发，仅太原期至石盒子期，便发生 12 期火山喷发事件，在盆地北缘阴山造山带就发育有 39 层各种不同类型的火山碎屑岩，在盆地内部也发现 34 层凝灰岩(杨华等，2007)。这些凝灰质在成岩

期部分被溶蚀成为次生孔隙，大部分蚀变为绿泥石、伊利石和高岭石等黏土矿物，部分直接蚀变为二氧化硅胶结物。

2) 实验矿物

实验选择了钙长石、角闪石(包括阳起石)、辉石(透辉石)作为实验的主要矿物，样品采自内蒙古自治区松山海西期辉长岩中。实验前对上述 5 种矿物进行了 X 衍射、化学组成全分析以及电镜扫描等分析(表 5-5)。按照盆地内部砂岩的粒级粉碎至 0.25～2.0mm 大小的颗粒，从颗粒结构上尽量与地层中保持一致。

表 5-5　模拟实验样品的氧化物含量分析结果

样品号	矿物	氧化物类型及含量/%											
		SiO_2	Al_2O_3	TFe_2O_3	CaO	MgO	K_2O	Na_2O	P_2O_5	MnO	TiO_2	LuO_3	SO_3
1	钙长石	42.38	28.9	0.76	20.43	0.22	2.28	0.12	0.023	<0.01	0.088	4.37	0.11
2	辉石	45.74	9.51	5.81	22.67	12.93	0.051	0.16	0.021	0.069	2.04	0.74	0.10
3	角闪石	48.33	7.73	10.96	11.77	16.90	0.35	1.09	0.028	0.17	1.06	0.93	0.11
4	透辉石	43.94	0.69	8.49	26.21	11.21	0.024	0.70	0.14	0.14	0.14	7.47	0.051

3) 实验介质

上古生界属于煤系地层，多种有机酸大量存在。模拟试验中对 5 口探井的地层水进行电泳分析表明，当今地层水中仍然残存着少量的有机酸(表 5-6)。有机酸主要成分为乙酸，其次为甲酸和丙酸。甲酸含量很低，介于 0.4～1.76PPm，乙酸含量介于 1.86～6.71PPm，丙酸含量介于 0.41～1.66PPm，其 pH 为 6～7，很少超过 7，至今仍呈中～弱酸性的特点，当然现今地层水绝非代表成岩各个阶段的流体介质，而是成藏期后的残余流体。尽管如此，其残留的有机酸表明，地层水中曾经含有丰富的有机酸，为大量硅酸盐的溶蚀所消耗。综合以上分析，成岩模拟实验采用 1.5%的乙酸作为试验介质。

表 5-6　地层水有机酸毛细管电泳分析

井号	甲酸/PPm	乙酸/PPm	丙酸/PPm	丁酸/PPm	戊酸/PPm	巳酸/PPm
苏 6 井	1.64	6.71	0.53	0	0	0
苏 4 井	1.01	3.55	0.49	0	0	0
桃 5 井	1.74	2.75	0.41	0	0	0
苏 40-16	0.76	2.43	0.59	0	0	0
陕 28 井	0.4	1.86	1.66	0	0	0

4) 实验温度和压力

成岩模拟实验温度的确定是根据有机质热演化、上古生界两组煤岩热演化的动力学参数、古地温梯度、流体包裹体的均一温度、层间黏土蚀变温度等综合研究的基础之上进行的。

试验压力是根据各期不同的成岩阶段的埋藏并参考现今储层压力与之相对应的成岩温度而设置的。据此，试验设置了 4 个温压流程，分别为 50℃、15MPa，75℃、20MPa，100℃、22.5MPa，125℃、25MPa，其中 50～75℃、15～20MPa 代表成岩早期浅埋藏阶段的温压条件，而 100～125℃、22.5～25MPa 则代表成岩晚期深埋藏阶段的温压条件。

5) 实验装置

实验装置如图 5-12 所示。成岩模拟装置除了压实等机械成岩作用外，可以把砂岩的胶结、溶蚀、交代蚀变、重结晶等有关化学成岩作用(包括有关的化学热力学计算)理解成埋藏成岩过程中沉积物埋藏前的物质组成在酸性介质中溶解反应的再现，该反应可表示为：

$$\text{沉积埋藏前组成(碎屑颗粒+凝灰质)} + H^+ \xrightarrow{\text{地层条件}} \text{次生孔隙+自生矿物}$$

试验设置考虑到地层条件，如温度、压力以及介质条件等，实验的装置就是本着这个基本原理进行设计的。当然，与自然条件下地层的成岩环境相比，缺乏的是介质的多样性、多变性和地史时期漫长的时间性以及机械成岩作用的干扰性。但是，作为硅酸盐矿物溶蚀、蚀变模拟，这样的装置和实验基本可以满足次生孔隙形成、成岩矿物析出的目的。

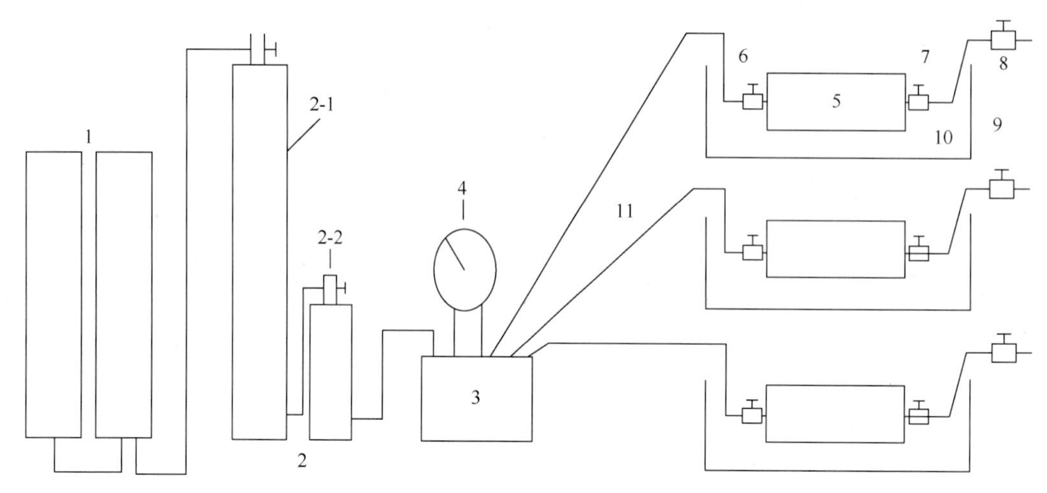

图 5-12　溶蚀实验装置示意图

1. 往复柱塞平流泵，LP-05 型，42MPa；2. 中间容器，35MPa，2-1. 10000ml，2-2. 1000ml；3. 六通阀门座；4. 压力表，60MPa；5. 反应压力容器，300ml，40MPa；6. 7. 8. 针形压力阀；9. 恒温油浴锅（或水浴锅）；10. 加热甘油；11. 压力管线

2. *砂岩主要成岩矿物溶解实验*

为了便于讨论，引入了溶出系数的概念，以表征某一矿物中某一元素的溶解状况。矿物中某一元素的溶出系数定义为：

某元素溶出系数=流体中该元素溶出离子的浓度(mg/L)/实验矿物中某元素的含量(%)

一般说来，某矿物中某元素的溶出系数显然是随溶解时间的进行而增加的，直至达到饱和，而且在实验的初期阶段溶出系数增加的速率较快，随着溶液中离子浓度的增加，溶出系数的增加速率会降低甚至停止，即达到平衡，溶出系数能相对真实地表征矿物中元素的溶解状况。

表 5-7 列出了钙长石、辉石(用普通辉石代表)和角闪石(用普通角闪石代表)主要构成元素的溶出系数平均值。上述三个样品均没有碳酸盐化现象，因而可基本上将其视为单矿物的元素溶解习性。

表 5-7　钙长石、辉石和角闪石主要构成元素的溶出系数平均值

矿物	实验条件		元素溶出系数					数据数/个
	温度/℃	压力/MPa	Mg	Al	Si	Ca	Fe	
钙长石	50	15		1.57	1.25	3.74		8
	75	20		2.13	1.82	5.55		8
	100	22.5		1.36	1.30	6.73		8
	125	25		0.08	2.50	8.92		6
	钙长石总平均值			1.36	1.66	6.06		30
辉石	50	15	0.61	1.27	0.37	1.46	6.66	8
	75	20	1.27	2.33	1.02	3.41	9.06	8
	100	22.5	1.13	1.29	0.78	4.71	5.93	8
	125	25	4.29	0.22	2.30	9.98	18.34	8

续表

矿物	实验条件		元素溶出系数					数据数/个
	温度/℃	压力/MPa	Mg	Al	Si	Ca	Fe	
	辉石总平均值		1.82	1.28	1.12	4.89	10.00	32
角闪石	50	15	1.75	1.28	0.27	6.79	4.10	8
	75	20	2.69	1.85	0.70	8.37	5.60	8
	100	22.5	3.01	1.04	0.71	14.50	5.78	8
	125	25	4.53	0.14	1.73	13.43	4.90	8
	角闪石总平均值		3.00	1.08	0.85	10.77	7.55	32
钙长石、辉石和角闪石总平均值			2.35	1.24	1.20	7.26	25.69	94

1) 长石矿物溶蚀的理论基础

钙长石主要由 Si、Al 和 Ca 三种元素组成，用于实验的钙长石这三种元素的比值大致为 19.8∶13.2∶11.4。不同温度和压力条件下钙长石的溶解实验均表明，钙长石三种主要构成元素的溶解都不是按其化学计量组成进行的，溶出离子的化学配比显著偏离被溶矿物。

在构成钙长石的三种主要元素中，不同温度和压力条件下，Ca 都是最容易溶出的元素。乙酸对 Si、Al 的溶出能力类似，但都显著低于 Ca。温度对 Si、Al、Ca 溶出能力的影响都存在显著差别(图 5-13)，乙酸对钙长石中 Ca 的溶出能力大致是 Si 的 3.64 倍、Al 的 4.44 倍，因而乙酸对钙长石中三种元素溶出能力的顺序是：Ca＞Si＞Al，Si 和 Al 的溶出能力类似，但 Si 稍大于 Al，二者均显著低于 Ca。

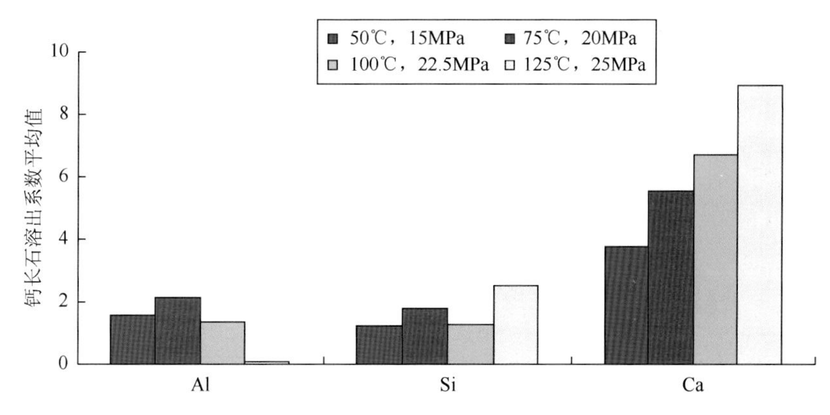

图 5-13　不同温度和压力条件下钙长石主要构成元素溶出系数平均值直方图

2) 火山物质在成岩过程中的变化

A. 辉石

辉石主要由 Si、Al、Fe、Mg 和 Ca 元素组成。由于实验容器中可能有部分 Fe 溶出，难以准确分析 Fe 的溶解习性。辉石的四种元素的比值大致为 Si∶Al∶Mg∶Ca=21.4∶4.4∶5.6∶12.6。不同温度和压力条件下，辉石的溶解实验同样表明其主要构成元素的溶解不是按其化学计量组成进行的。Ca 是最容易溶出的元素。除温度最高的实验条件以外，Si 的溶出系数都是最低的，Mg 在高温条件下也较易溶出，在 125℃条件下溶出系数仅次于 Ca。但在不同的温度条件下，乙酸对 Si、Al、Mg、Ca 溶解能力存在显著差别(图 5-14)。乙酸对辉石中 Ca 的溶出能力大致是 Si 的 4.37 倍、Al 的 3.82 倍和 Mg 的 2.68 倍，因而乙酸对辉石中四种元素溶出能力的顺序是：Ca＞Mg＞Al＞Si，Si、Al 和 Mg 的溶出能力类似，三者都均显著低于 Ca。

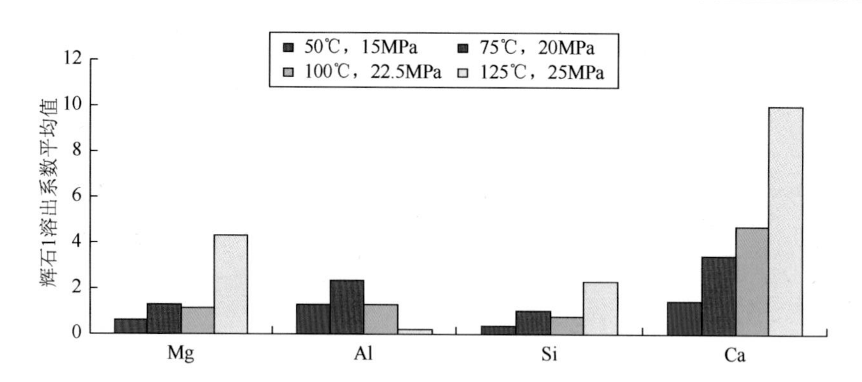

图 5-14　不同温度和压力条件下辉石主要构成元素溶出系数平均值直方图

B. 角闪石

角闪石的实验结果与辉石类似，其主要由 Si、Al、Fe、Mg 和 Ca 元素组成。角闪石的四种元素比值大致为 Si/Al/Mg/Ca=22.6/3.5/7.3/6.5。与钙长石和辉石的溶解结果一样，角闪石四种主要构成元素的溶解也都不是按其化学计量组成进行的，Ca 同样是所有温度压力条件下最容易溶出的元素，角闪石的另一个容易溶出元素是 Mg，在所有的实验温度和压力条件下 Mg 的溶出系数都仅次于 Ca 而处于第二位。乙酸对 Si、Al、Mg、Ca 溶出能力存在显著差别(图 5-15)。乙酸对角闪石中 Ca 的溶出能力大致是 Si 的 12.62 倍、Al 的 9.99 倍和 Mg 的 3.60 倍，因而乙酸对角闪石中四种元素溶出能力的顺序是：Ca>Mg>Al>Si，该顺序与辉石完全一样，可能说明暗色矿物之间存在的某种相似性。乙酸对角闪石中 Ca 和 Mg 的溶出能力、尤其是对 Ca 的溶出能力显著大于辉石，但在对 Si 和 Al 溶出能力方面，角闪石和辉石没有实质性差别。

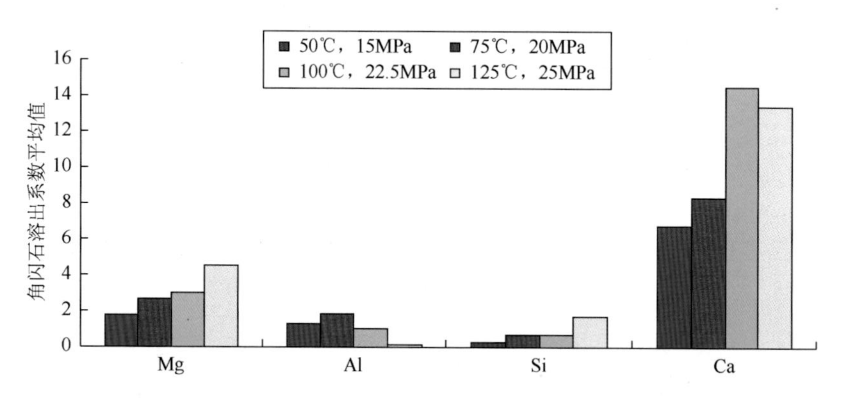

图 5-15　不同温度和压力条件下角闪石主要构成元素溶出系数平均值直方图

3. 实验结果分析

1) 矿物溶解后形成的次生孔隙

矿物在不同温度和压力条件下经有机酸溶解后，表面都不同程度地显示出受到溶蚀的特征，如溶坑及溶沟等，这显然说明了有机酸对长石、角闪石和辉石等主要造岩矿物具有较强的溶解能力，这些矿物在沉积岩形成的温度、压力和酸性介质条件下均可溶解并形成次生孔隙，当然同时也造成自生矿物的沉淀。一些铝硅酸盐矿物(如角闪石)在经历溶解作用后，包裹于其中的相对稳定矿物逐渐显露出来，同时也说明石英在酸性条件下的稳定性。

长石、角闪石、辉石类矿物共同之处在于解理特别发育，溶解时都是沿着解理和双晶等薄弱环节开始，形成线性孔隙，然后开始非组构性溶蚀。模拟实验均为基性矿物，在较低的温、压条件下便发生了强烈的溶解。在 50℃、15MPa 条件下 5 种矿物溶蚀形成的孔隙介于 5%～20%(图 5-16)。在 75℃、20MPa 条件下，溶解作用最强烈，溶蚀孔隙普遍在 10%～30%。其中，阳起石溶蚀最为显著，其次是钙长石和角闪石。在辉石系列中透辉石最易溶解，普通辉石次之。也就是说矿物越偏基性，越易溶解。根据铁镁矿物和钙长石的热力学性质，随着温度的进一步增高，吉布斯自由能增量(ΔG)也随之增大，Al 元素溶出缓慢甚至不再溶出，溶蚀作用便让位于蚀变作用，于是钙长石以及铁镁矿物便向伊利石、绿泥石和高岭石转化。因而，这些实验矿物都具有低温下溶蚀，高温下蚀变的基本特点。

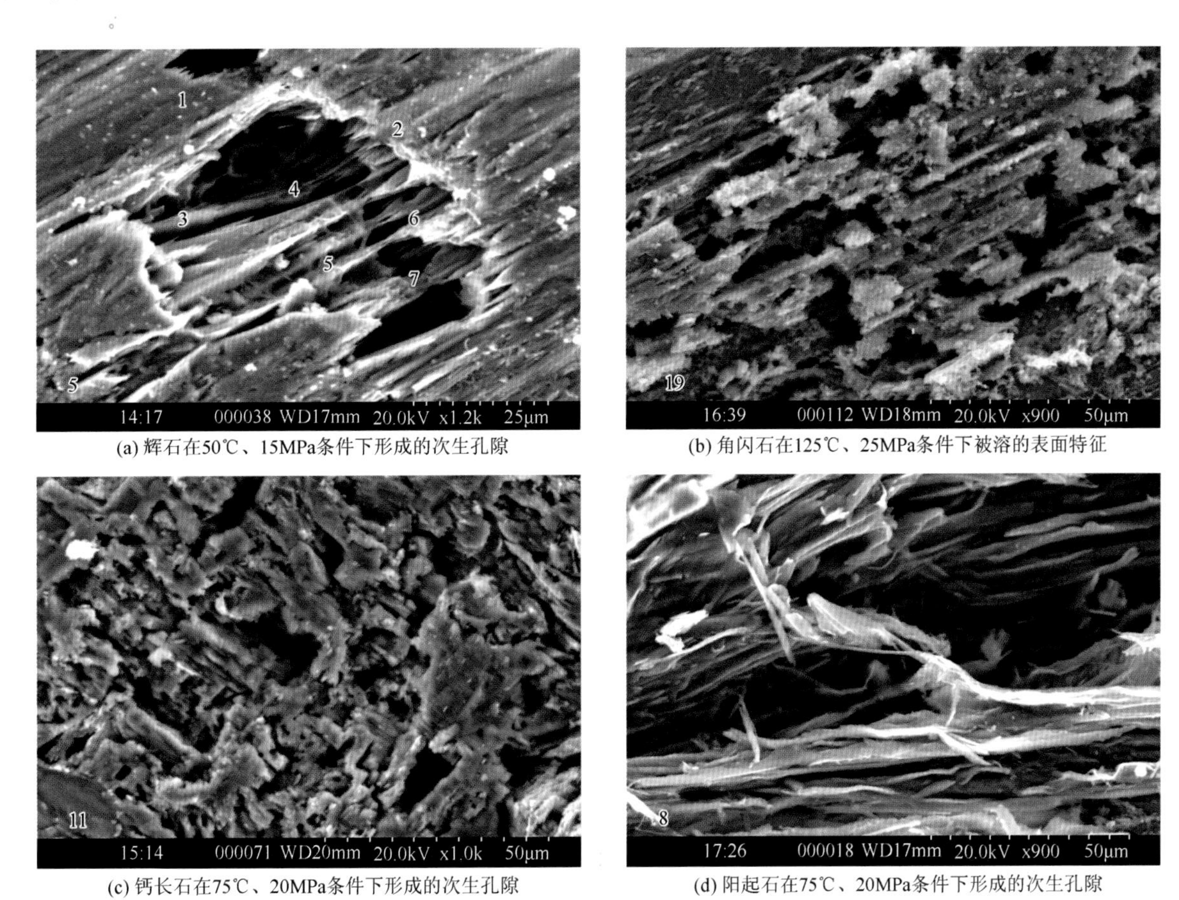

(a) 辉石在50℃、15MPa条件下形成的次生孔隙　(b) 角闪石在125℃、25MPa条件下被溶的表面特征

(c) 钙长石在75℃、20MPa条件下形成的次生孔隙　(d) 阳起石在75℃、20MPa条件下形成的次生孔隙

图 5-16　实验矿物溶蚀后的电镜下表面特征

2) 被溶矿物表面成分的改变和溶解过程中的生成物

A. 钙长石溶解后显现的鳞片状矿物

钙长石溶解后的矿物中显现出具显微鳞片状结构、集合体呈束状的矿物并具有显著较好的晶体形态，其能谱成分与伊利石十分接近，按 K_2O 为 7%～9%、SiO_2 为 52.39%，Al_2O_3 为 31.47%的伊利石组成，并显著不同于矿物表面未溶解或弱溶解部分。同时，相应的 X 射线衍射曲线中，溶解后的钙长石大致在 10Å、5Å 和 3.3Å 附近的反射显著增强，而且随着实验温度和压力的升高，这些反射的强度越来越大。此外，电镜下能谱分析表明，钙长石表面在不同区块的 K_2O 和 Al_2O_3 含量差异显著，而且实验后伊利石含量增加，钙长石呈现出明显的片理化现象(图 5-17)。钙长石在实验后结构的明显差异反映了确有伊利石的形成，但并不能据此认为这些伊利石完全是在钙长石溶解过程中形成的，因为在实验前钙长石已有轻度的伊利石化现象。可能正是由于这一原因，导致了本应沉淀的高岭石产物直接以伊利石的形式沉淀。

B. 钙长石溶解后出现的皮壳状环状沉淀物

在钙长石最高温度的溶解实验(125℃，25MPa)中，其表面发生了强烈溶解，并出现了皮壳状的环状沉淀物，环状沉淀物与钙长石表面的强烈溶解部分在化学组成上存在显著区别。前者具有很高的 SiO_2 含量(5 个能谱检测点的平均值为 78%，最大值已接近 90%)和很低的 Al_2O_3 含量，而后者具有与之互补的组成，即具有很低的 SiO_2 含量和很高的 Al_2O_3 含量(图 5-18)。实际上，从上述有关讨论可以进行推论：在相对高温的实验中，溶解残余相中会有大量的 Al 滞留，流体相中则会有很高的 Si 含量。钙长石表面的高 SiO_2 含量的环状沉淀物实际上可能是石英的先驱矿物，它们是从流体中沉淀的。在实际地质作用的成岩过程中，随着时间的推移，这种高 SiO_2 含量的非晶质沉淀物(X 射线衍射曲线中没有其相应的反射)，最终会调整自己的结构并成为碎屑岩地层中的自生石英，石英的这种形成机制是从孔隙流体中以无机化学方式沉淀的。

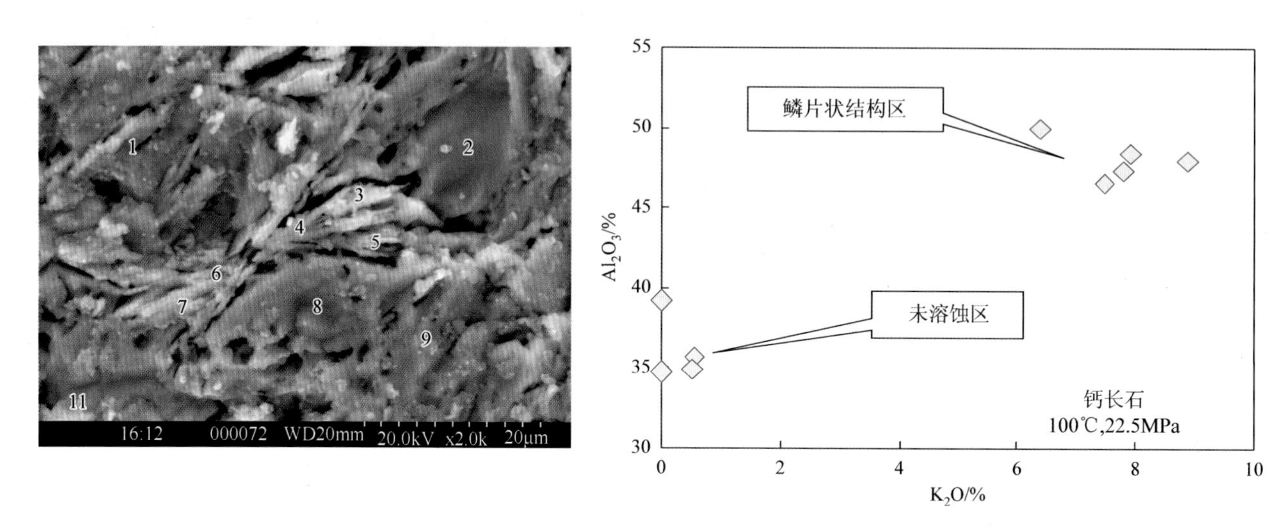

图 5-17　在 100℃及 22.5MPa 条件下钙长石溶解的电镜分析和能谱数据投点图

图 5-18　在 125℃及 25MPa 条件下钙长石溶解的电镜分析和能谱数据投点图

C. 被溶角闪石表面的鳞片状溶解残余层

角闪石溶解后的矿物表面存在具显微鳞片状结构、集合体呈玫瑰花状的溶解残余层，显示该显微鳞片状结构的玫瑰花状集合体残余层具有显著较高的 Al 和 K 含量。按 K_2O 为 7%～9%、SiO_2 为 52.39%，Al_2O_3 为 31.47%的伊利石组成(成都地质学院矿物教研室，1985)，部分测点的成分已非常接近伊利石的组成。然而遗憾的是，相应的 X 射线衍射曲线中没有检测到伊利石的存在，说明这些具显微鳞片状结构的物质只具有与伊利石类似的成分而不具有伊利石的结构。

另外，这些残余层的 Al_2O_3 含量经常在 25%以上，明显高于 7.7%的矿物实验前的 Al_2O_3 含量，这也说明了溶解过程中 Al 迁移的困难性。与溶解前的角闪石相比，该残余层具有稍高的 SiO_2 含量(相对低温条件下 Si 的迁移同样困难)，根据前边有关溶出离子的检测结果推测，随着实验温度的增加，该残余层中的 Si 会逐渐溶出，Al 将进一步在残余层中富集，并会更接近伊利石的组成。此外，该视域中各测点的 Al、K 含量投点图显示角闪石(在有额外 K 存在的前提下)溶解过程中，Al 和 K 之间具有显著的正相关性。这说明在有一定额外钾存在的条件下(溶解过程中的钾可能主要来源于一些富 K 包裹体)，角闪石溶解过程可能更趋于形成伊利石。吉布斯自由能增量的计算结果也支持这样的观点，即在角闪石形成伊利石(有额外钾存在的前提下)、角闪石形成绿泥石和角闪石形成高岭石的各反应中，角闪石形成伊利石的吉布斯自由能增量最低。

实验结果表明，在实际地质作用的成岩过程中，随着时间的推移、介质条件的改变(可能还包括温度的增加)，角闪石表面的这种鳞片状的溶解残余最终会调整自己的结构并转变成真正的伊利石，实验的这种结果再现了角闪石的伊利石化过程，或者是伊利石对角闪石的交代过程，伊利石的这种形成机制显然不同于从孔隙流体中化学沉淀的伊利石。

D. 被溶辉石表面的鳞片状溶解残余层

溶解后的辉石表面存在的富 Al、富 Mg 的溶解残余层(100℃，22.5MPa 的实验条件)。该残余层同样具有显微鳞片状结构，其能谱成分中的 Al_2O_3 和 MgO 含量显著高于矿物溶解前的组成，而 SiO_2 含量则显著低于矿物溶解前的组成(相对高温条件下 Si 的迁移已相对容易)，因而具有较高的 Al、Mg 含量和较低的 Si 含量是这些残余层的主要成分特征。鳞片状的溶解残余层的化学组成已基本接近绿泥石的组成(汪正然等，1965)。相应的 X 射线衍射曲线中没有检测到绿泥石的存在，反映这些溶解残余物也只具有与绿泥石类似的成分而不具有绿泥石的结构。

鳞片状溶解残余层中较高的 Al 含量与溶液中较低的 Al 含量和对溶解过程中 Al 溶出困难的解释是一致的。在各测点的 Mg、Al 含量投点图中，MgO 和 Al_2O_3 含量是正相关的，更多的 MgO 分布于鳞片状溶解残余层中而不分布在没有溶解或弱溶解的部分，这都说明辉石(如普通辉石)在溶解过程中可能更趋向于形成绿泥石。吉布斯自由能增量的计算结果表明：辉石溶解伴随高岭石沉淀反应的 ΔG 值＞辉石溶解伴随伊利石沉淀反应的 ΔG 值＞辉石溶解伴随绿泥石沉淀反应的 ΔG 值，因而辉石溶解时最容易与其溶解伴生的黏土矿物可能是绿泥石，即使是有额外的 K 提供，辉石形成绿泥石的趋势仍然是最大的，实验的结果和热力学计算的结果是一致的。

实验结果显示，在实际地质作用的成岩过程中，随着时间的推移、介质条件的改变(可能还包括温度的增加)，辉石(如普通辉石)表面的这种鳞片状的溶解残余最终会调整自己的结构并过渡为真正的绿泥石。实验结果再现了辉石的绿泥石化过程，或者是绿泥石对辉石的交代过程，绿泥石的这种形成机制显然不同于从孔隙流体中化学沉淀的绿泥石。

5.4.2　次生孔隙形成

20 世纪 80 年代中期以来，人们普遍认为有机酸在地下岩石孔隙形成过程中具有巨大的作用(Surdam et al.，1984；Bloch，1993)。Bjørlykke 等(1993)根据质量平衡计算结果说明，有机质的脱羧基作用所产生的 CO_2 还不足以使很多地层中砂岩发生溶解而产生实质性的次生孔隙，而必须借助有机酸(羧酸)等溶解作用才能形成较多的次生孔隙。有机酸与碳酸相比，对各种矿物都有着更强的溶解能力，且有机酸的产生可以一直持续到晚成岩阶段(黄思静等，1995)。上古生界砂岩储层的次生溶孔约占孔隙总量的 70%，残余粒间孔发育较少。大量有效次生溶蚀孔隙形成的条件是：首先，储层砂岩内部存在不稳定的物质，包括不稳定碎屑如长石、火山岩碎屑和不稳定的杂基成分和早期碳酸盐胶结物，这是次生孔隙发育的内因；其次，适合的地质、物理和化学条件下的孔隙水介质能将这些不稳定物质进行溶解；最后，可供孔隙水流通的通道及孔隙水流动的动力条件。

1. 长石溶解与微米级次生溶蚀孔的形成

上古生界砂岩储层中的各类次生溶孔的原始组分主要为：中基性火山岩岩屑、长石及角闪石(还可能有辉石)单矿物颗粒、火山凝灰质杂基以及与火山物质溶解蚀变有关的胶状胶结物，它们主要与中基性的火山作用有关。上述各类火山成因组构在埋藏成岩作用阶段发生溶解作用(尤其是中晚埋藏阶段的有机酸溶蚀作用)，即相应形成岩屑溶孔、长石溶孔、角闪石溶孔、杂基溶孔以及晶间孔等各类溶蚀孔隙。

由于上古生界煤系烃源岩发育，在其热演化过程中，煤系有机质通过脱羧作用生成一元、二元有机酸，并释放出 CO_2。这些物质可以溶入泥岩成岩演化过程中释放出的压实水和层间水中，并运移到砂岩的孔隙系统中，对其中的易溶组分进行溶蚀。

如长石在有机酸的作用下会发生如下的化学反应：

$$2KAlSi_3O_8+2H^++H_2O \longrightarrow Al_2Si_2O_5(OH)_4+4SiO_2+2K^+ \quad ①$$

(钾长石) (高岭石) (硅质)

$$2NaAlSi_3O_8+2H^++H_2O \longrightarrow Al_2Si_2O_5(OH)_4+4SiO_2+2Na^+ \quad ②$$

(钾长石) (高岭石) (硅质)

$$CaAl_2Si_2O_8+2H^++H_2O=Al_2Si_2O_5(OH)_4+Ca^{2+} \quad ③$$

(钾长石) (高岭石)

在以上反应过程中，砂岩中的易溶矿物，如长石类矿物等大量溶蚀，形成大量的岩屑溶孔、长石溶孔等微米级的次生孔隙。

砂岩储层与长石伴生的主要自生黏土矿物为自生高岭石，但各层段自生高岭石含量之间具有明显差异(图 5-19)。石千峰组储层的高岭石含量较低，但是碎屑长石含量高。此外，与长石伴生的自生伊利石含量也很少，这与石千峰组有机酸性流体的较少输入有关。较少有机酸性流体的进入使得储层流体始终保持着相对较高的 K^+/H^+活度比，碎屑长石难以大量溶解，高岭石的伊利石化也难以有足够的驱动力。

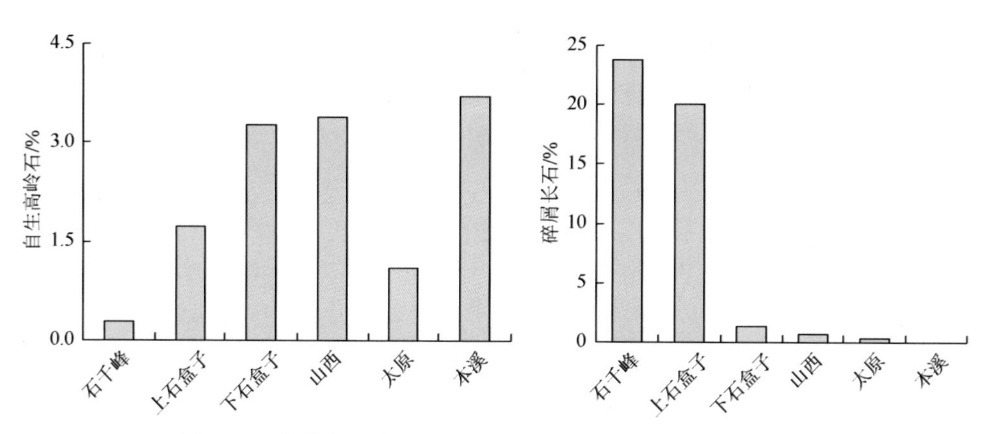

图 5-19 上古生界不同地层组储层自生高岭石和碎屑长石含量

上石盒子组与石千峰组不同，砂岩中高岭石含量明显较高，而长石含量则明显较低，显示了较多有机酸性流体的注入，对碎屑长石进行了较为明显的溶解。下石盒子组、山西组和本溪组砂岩储层中长石基本溶蚀殆尽，而高岭石含量则明显较高，显著较多的有机酸性流体注入是造成这一现象的主要原因，在这一过程中，由于相对较低的 K^+/H^+活度比，长石的溶解反应的持续进行，导致储层中长石的含量显著降低，而高岭石含量显著增加。

在上古生界所有的储层段中，太原组的砂岩储层中碎屑长石含量极低，同时，其高岭石含量也相对较低。这与其他储层段中，长石含量较低，对应的高岭石含量较高具有明显差异。相对贫长石的物源是造成这一现象的主要原因。由于物源区长石含量较低，因此，在有机酸性流体的溶蚀下，碎屑长石很快即消失殆尽，而其产物—高岭石含量同样也相对较低。这与该层段自生石英含量同样相对较低是一致的。

2. 火山凝灰质溶解与微米级杂基溶孔的形成

鄂尔多斯盆地上古生界微米级次生孔隙形成的另一个重要原因是火山凝灰质杂基的溶解，如在显微孔隙结构分析中所见的保存极为完好的粒间孔，可能为粒间填隙的火山凝灰质杂基完全溶解所致。刘锐娥等(2002)对盒8气层的凝灰质砂岩进行了溶蚀实验，在90℃左右、5%和25%的乙酸溶液中浸泡600h，用同位环境扫描电镜进行观察和能谱分析，并用等离子光谱测定溶蚀前后水中的离子成分和浓度，结果表明，凝灰质中的Mg、Al、Fe、Na、K等明显减少，凝灰质溶蚀显著，且溶蚀强度随酸度增加而加大，溶蚀后晶间孔和微间隙明显扩大，条片状矿物减少，稳定的硅质球粒增加，孔隙度和渗透率增加了一倍以上。

3. 铝硅酸盐矿物溶解与纳米级次生晶间孔的形成

在长石等铝硅酸盐类矿物溶蚀的同时，往往伴随着大量自生矿物的沉淀。如前所述，上古生界砂岩储层中，溶蚀孔隙内常见自生伊利石、自生高岭石及自生石英等的沉淀。实际上，对于钾长石溶解形成高岭石的反应来说(反应①)，只要K^+被不断带走，长石就可不断溶解形成高岭石。而在一定条件下，高岭石将通过如下反应(反应④)向伊利石转化：

$$\underset{\text{(高岭石)}}{3Al_2Si_2O_5(OH)_4}+2K^+ = \underset{\text{(伊利石)}}{2KAl_3Si_3O_{10}(OH)_2}+2H^++3H_2O \quad ④$$

而反应①和反应④可以合并为如下反应：

$$\underset{\text{(钾长石)}}{KAlSi_3O_8}+\underset{\text{(高岭石)}}{Al_2Si_2O_5(OH)_4} \longrightarrow \underset{\text{(伊利石)}}{KAl_3Si_3O_{10}(OH)_2}+\underset{\text{石英}}{2SiO_2(aq)}+H_2O \quad ⑤$$

上述反应的发生表明，最后的自生黏土矿物为高岭石还是伊利石，受控于多种地质条件。张枝焕等(1998)认为，钾是控制伊利石沉淀作用的主要因素，在大多数情况下，地层水中钾浓度低，不能提供伊利石的钾源。如果温度低于120℃，孔隙水对于伊利石是过饱和的，而对于钾长石则是不饱和的，在埋藏成岩作用期间，地层水的钾值总是低于钾长石饱和度，表明钾长石在持续不断地被溶解。随温度升高，伊利石化速度加快，孔隙水成分逐渐接近高岭石—伊利石边界，这与钾长石的溶解作用速率的增加相吻合。较高温度(140℃)下，钾浓度接近于高岭石和伊利石的平衡状态，这表明，此时伊利石化与钾长石的溶解作用是同步进行的。因此，沉积物中钾长石和蒙脱石含量及早期成岩环境是控制深部伊利石沉淀作用的最重要因素。

一般来说，伊利石在弱碱性环境中较稳定，而高岭石在酸性环境中稳定。在薄片及扫描电镜中的观察可见，自生高岭石和自生伊利石经常共生，且高岭石多位于粒间，而伊利石多位于碎屑溶孔内部，这是由微环境的不同造成的。粒间孔是酸性孔隙水流通的主要通道，酸性程度相对较强，有利于高岭石的结晶，而在长石溶蚀的部位，由于溶蚀反应界面上对酸的消耗和K^+的释放，酸性程度被降低，甚至呈中性到弱碱性，有利于自生伊利石的形成。由于自生黏土矿物特殊的组构形式，因此，其往往伴随着大量的晶间孔隙的形成，这是上古生界砂岩储层中纳米级孔隙形成的主要原因。

5.5 储层致密化机理

砂岩成岩作用最明显的特点是随着埋藏成岩作用的持续进行，砂岩孔隙体积逐渐减少，而压实作用、压溶作用和自生胶结作用是控制孔隙体积变化的主要成岩作用(刘宝珺等，1992)。Soeder和Randolph(1987)将致密砂岩储层划分出三种成因类型：①自生黏土矿物沉淀造成的岩石孔隙堵塞的致密砂岩；②自生胶结物的堵塞而改变原生孔隙的致密砂岩；③沉积时杂基充填原生孔隙的泥质砂岩。张哨楠(2008)认为，除了以上三种类型之外，当砂质碎屑中塑性碎屑含量较高时，机械压实作用可形成致密砂岩。机械压实作用使上古生界储层呈线性接触、凹凸接触等，是储层致密的第一重要原因，同时较多自生矿物的沉淀也使得储层进一步致密化。砂质碎屑沉积初期的孔隙度可达45%左右，在埋藏压实、胶结成岩过程中，随着粒间原生孔隙大幅度降低，储层物性降低而逐渐致密化。储层致密化受多种因素影响，如物源矿物组成、沉积环境水动力条件以及埋藏环境等。较大的埋深当然是储层压实作用强烈的重要原因，但除了这一原因之外，还有什么因素导致了上古生界储层压实作用如此强烈？哪些因素使得次生孔隙的形成对储层物性(尤其是渗透率)的改善并不明显？这些深层次的原因是上古生界致密砂岩储层具有独特性的重要因素。

5.5.1 流体压实效应

煤系地层中的砂岩储集性质一般要差于相似条件下的非煤系地层中的砂岩，并多把这种原因归于煤系地层中砂岩的化学成岩作用较强(如高岭石、菱铁矿的沉淀和石英次生加大等)。值得注意的是，在上古生界含煤地层中，砂岩成岩胶结作用并不是减少该区砂岩孔隙度的主要因素；相反，在相同的砂岩成分和结构、地温场以及弱构造变形的条件下，煤系地层中砂岩的压实速率却明显偏大。寿建峰(1998)提出了流体压实效应的概念，认为煤系地层或酸性成岩水介质环境在早成岩期的酸性流体很丰富，对砂岩碎屑颗粒产生较强的溶蚀，从而降低砂岩的抗压性，加快了后期的压实进程。

不同水介质条件下，储层对压实作用的敏感性明显不一样，酸性介质条件下，储层的压实效率明显较高，孔隙度下降更快。溶蚀模拟实验证实，上古生界砂岩最少存在两期溶蚀作用。第一期溶蚀作用与早期煤系烃源岩酸性流体的注入有关，该期酸性流体的注入主要对铁镁暗色矿物和偏基性的斜长石进行溶蚀，由中基性长石溶解形成的次生孔隙主要是在温度小于75℃的相对浅埋藏的成岩条件下完成的。从储层孔隙的保存角度来说，早期溶蚀孔隙的形成对储层孔隙的保存并不利，因为这期煤系酸性水的注入往往使骨架颗粒溶蚀，从而降低了岩石的抗压性能，导致其后的压实作用进一步加剧。因此，对于上古生界砂岩来说，早期煤系烃源岩酸性水的压实注入导致了储层压实作用的进一步加强，是储层致密化的重要原因。

5.5.2 近距离成岩流体滞流效应

鄂尔多斯盆地被认为是中国最稳定的构造单元之一，以构造稳定、斜坡宽缓、变形微弱为特点，如中国陆上目前最大的气田，苏里格气田构造平缓、地层倾角小，仅0.5°左右。在低平宽缓的构造背景下，长期继承性整体升降运动形成的稳定广阔斜坡背景，控制着沉积背景、成岩环境、天然气成藏，而低平缓构造有利于天然气的保存和大型气田的形成，但同时也是储层致密化的原因之一。具体来说，鄂尔多斯盆地低而平缓的构造对储层的致密化影响主要表现在两个方面：

首先，次生孔隙是上古生界砂岩储层最重要的孔隙类型，在次生孔隙发育过程中，伴随的是大量自生矿物的沉淀，如长石溶蚀过程中，伴随着高岭石、伊利石以及自生石英的沉淀。在这一过程中，对于次生孔隙的形成来说，最为有利的情况是这些伴生的自生矿物能在开放体系下运移到成岩体系外，这样，成岩体系内将出现最多的净孔隙的增加(图5-20(a))。当这些自生矿物无法运移出成岩体系时，储层次生孔隙的增加将不会很明显(图5-20(b))。

(a) 长石铸模孔与粒间—晶间孔组成超大溶孔
Sh30井，盒8下，2650.79m，100–
自生矿物未占据溶蚀空间，储层物性得到较大改善

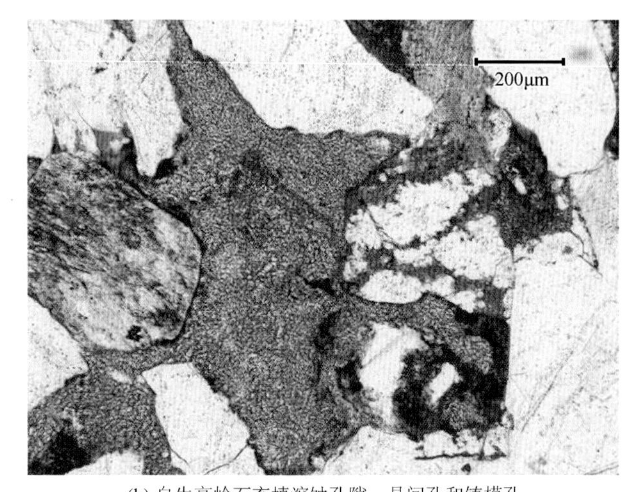

(b) 自生高岭石充填溶蚀孔隙，晶间孔和铸模孔
Sh30井，盒8下，2652.03m，40–
长石溶解后，自生高岭石就近沉淀，储层物性改善不明显

图5-20　上古生界致密砂岩储层溶蚀作用差异对比

其次，要形成最有利于次生孔隙发育的条件，除了成岩体系开放外，还需要足够的动力能使成岩流体从成岩体系中运移出来。上古生界致密砂岩储层在次生孔隙形成的关键时期(中侏罗—晚侏罗沉积时期)，盆地内部的古构造坡度都很平缓，古构造坡降一般在 3～6m/km，地层倾角＜1°，流体运移动力显然较小，孔隙流体流动较为缓慢或是相对滞留。这样就造成了两种情况的出现，一是溶蚀作用难以持续进行，溶蚀强度相对较低，二是溶蚀产物不能顺利带出，从而就近沉淀，对储层物性的整体改善不大。同时，由于沉淀的自生矿物(尤其是黏土矿物)往往堵塞喉道，从而大大降低了储层的渗透性能。因此，成岩流体的近距离滞留往往是低渗透储层形成的重要原因。

5.5.3　热压实效应

寿建峰等(1999)研究表明，盆地地温场是控制储层特征的关键因素。地温梯度的提高，不仅会加速砂岩中的水—岩反应速率，而且会加快砂岩的机械压实速度。随着地温的升高，砂岩孔隙度减小，其减小速率在高地温梯度区可以是低地温梯度区的 1 倍；相同砂岩孔隙度在不同地温梯度地区的埋藏深度可相差很大，但等孔隙度线与等温线基本平行，均表明了地温或地温场对储层孔隙度的主控作用，而上覆地层的纯机械加载作用则显得相对次要。不同地温场盆地的砂岩孔隙度变化特点也反映这种内在联系，我国东部较高地温场盆地的砂岩孔隙度随埋深的降低率为每百米 1.3%～1.7%，西部低地温场盆地仅每百米 0.46%～0.77%。砂岩经历的埋藏时间也影响孔隙度的保存，并与地温之间有互补关系。研究还表明，埋藏深度相同的同一砂岩层经历不同埋藏历史的砂岩孔隙保存程度也有差异。由于砂岩中的成岩反应主要受温度控制，因此砂岩长期处于低温成岩环境会大大削弱成岩作用强度，并保存较高的砂岩孔隙度，如塔里木的低地温场盆地。相反，如果盆地地温梯度较高，那么，即使砂岩处于浅埋藏状态，热成熟度高，其水—岩反应作用和砂岩固结作用也会很强，所保存的孔隙度较低，并且不同砂岩类型储层对热作用的敏感性，尤其对温度升高导致各种成岩作用呈指数加强的敏感性差异会显著加大。

鄂尔多斯盆地现今地温梯度低，为 2.2～3.1℃/100m，平均值为 2.93℃/100m。但相关的研究表明(任战利，1993；赵孟为，1996)，鄂尔多斯盆地晚古生代以来受到了强烈的岩浆热事件的影响，古地温梯度明显高于现今地温梯度(详见第 3 章的表 3-10)，较高的古地温梯度加快了盆地上古生界砂岩的水—岩相互作用速率，加快了砂岩的机械压实速度，是砂岩储层致密化的另一个重要原因。

5.5.4　埋藏时间效应

储层所经历的埋藏时间对储层孔隙度的影响是明显的，砂岩中发生的各种成岩作用需要在一定的地质时间内完成，时间越长，其施加于储层的改造(包括孔隙的改造)则越充分，而这种改造作用的直观表现即为岩石的固结和相应孔隙空间的减小。以往人们多讨论时间对生油岩热演化的作用，而很少注意与砂岩孔隙演化和保存的关系。涉及这一方面研究的有 Scherer(1987)和朱国华(1993)等。

Scherer(1987)研究了世界各地 428 个岩心，通过筛选认为：沉积物的年龄、最大埋深、碎屑石英(可包括其他刚性颗粒)含量和分选是决定地下储集岩孔隙度的主要因素。他提出的地下储层可保存孔隙度的计算公式如下：

$$\phi = 18.60 + 4.73 \times \ln Q + 17.37 / \lambda - 3.8 \times H - 4.65 \ln T$$

式中，ϕ 为孔隙度(%)；Q 为碎屑石英百分比(%)；H 为埋深(km)；T 为年龄(Ma)；λ 为分选系数。依据这一公式，假定除年龄以外的所有参数一样的情况下，则可得到，同一类碎屑岩储层，在其他条件一样的情况下，随着埋藏年代的增大，储层的孔隙度是逐渐下降的(图 5-21)。

地层埋藏较新的情况下，孔隙度下降趋势更明显，而埋藏时间越老，孔隙度下降速率变小。总体来看，在储层年代由 20～300Ma 变化时，年代每增大 1Ma，储层孔隙度约下降 0.0155%～0.227%。上古生界地层埋藏时间在 300Ma 左右，由于埋藏时间而损失的孔隙度超过 6%。计算结果与寿建峰等(1998)在塔里木盆地的研究成果较为接近。

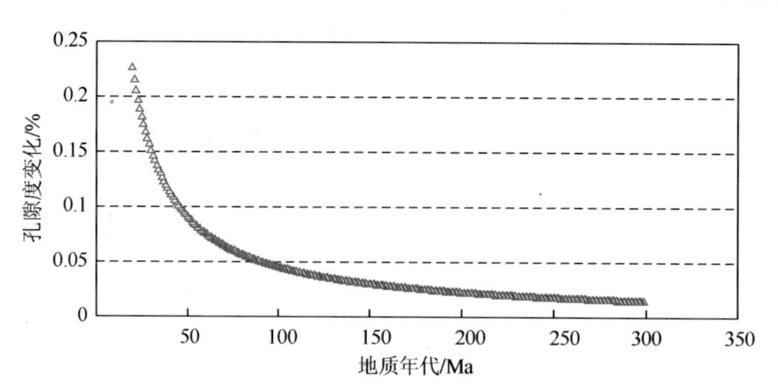

图 5-21　碎屑岩储层孔隙度随地质年代增加的演化关系

研究显示，埋深不同的地层，埋藏时间在其中所起作用是不一样的，埋深越大的储层，埋藏时间对其影响越小。储层埋深由 2000～6000m 深度变化时，孔隙度每 1Ma 的损失量在 0.009%～0.018%变化。根据这一模版，可估算出上古生界砂岩在埋深影响下储层损失孔隙度应在 5.4%左右。两者得出的结果基本一致，说明埋藏时间效应对上古生界砂岩储层的致密化起到了较为重要的作用，大致使储层孔隙度下降了 5.5%左右。

5.5.5　致密砂岩孔隙演化历史

深埋藏条件下砂岩储层的致密化主要受控于沉积物的埋藏前组分以及与流体演化有关的沉积期后水岩相互作用。随着深度以及相应的地热作用和有效压力的不断增加，砂岩孔隙度(也包括渗透率)总体上是减少的。目前的研究表明，在沉积物埋藏初期或者说埋藏浅于 2000m 左右深度的情况下，砂岩储层孔隙度减小的主控因素是上覆有效应力的增加。在埋深大于 2000m 深度后，机械压实作用通常达到稳定，碎屑颗粒之间接近最紧密堆积，粒间体积减小速率变得很小(Szabo et al.，1991；Lander et al.，1999；Paxton et al.，2002；Ajdukiewicz et al.，2010)。这一阶段，储层物性的变化将主要受控于储层沉积期后的水岩相互作用(胶结作用和溶解作用)。储层流体在历史演化过程中是水岩相互作用过程的直接参与物，其在储层演化过程中由于化学性质及流动方式等的变化，而对储层质量(或者说储层的致密化进程)产生重要影响。因此，储层致密化过程的研究实际上涉及储层的物理成岩作用和受储层流体演化控制的化学成岩作用的综合研究。

鉴于上古生界储层主要的两类砂岩，即纯石英砂岩和岩屑砂岩的原始组分不同，导致了它们所经历的埋藏成岩作用及孔隙演化亦存在差异。作为煤系地层的储集岩，尽管它们属于陆相浅水环境的产物，但与通常的湖盆沉积比较，其成岩作用和孔隙演化模式具有一定的特殊性。现就纯石英砂岩和岩屑砂岩的孔隙演化分析如下。

1. 原始孔隙度恢复

恢复砂岩初始孔隙度是定量评价不同成岩作用类型对原生孔隙消亡和次生孔隙产生影响的基本前提，通常采用 Beard 等(1973)对不同分选状况下的未固结砂岩实测的初始孔隙度关系式来计算。其计算公式为：初始孔隙度=20.91+22.90/分选系数。砂岩的分选性一般分为好、中、差三个等级，分选系数分别为：小于 2.5、2.5～4 及大于 4。不同分选程度、砂岩成熟度的砂岩，其原始孔隙度有一定差异。根据石英砂岩、岩屑砂岩不同的分选程度，取石英砂岩原始孔隙度值为 36%，岩屑砂岩原始孔隙度为 32%。

2. 压实作用损失孔隙度

压实作用是碎屑岩的主要固结方式，其最明显的结果是沉积物体积缩小和发生排水、脱水作用。上古生界砂岩经历了漫长的成岩演化作用时间，压实作用十分强烈，对储层孔隙的减少起了主要破坏作用。通过压实率的大小可以定量反映压实作用对孔隙演化的影响。计算压实率的公式为

$$压实率=(原始孔隙度-粒间体积)/原始孔隙度\times 100\%$$

公式中的粒间体积等于胶结物含量与粒间孔隙含量之和。由于不同的矿物碎屑颗粒抵抗压实的抗压强度

不同，因此，石英砂岩和岩屑砂岩在成岩早期经受上覆地层的压实，孔隙的衰减率不同。据盆地40口井130个铸体薄片鉴定资料分析，石英砂岩压实率在18.02%～59.2%。即由压实作用造成了6.12%～20.13%，平均18%的原始孔隙度丧失，压实后剩余孔隙度18%(表5-8)。

表5-8　上古生界砂岩成岩阶段与孔隙演化

成岩阶段		主要成岩作用类型	孔隙的增(+)减(-)/%		
			石英砂岩	岩屑石英砂岩	岩屑砂岩
早成岩		原始孔隙度	36	32	32
		硅质胶结作用	-6	-0.5	0
		压实作用	-18	-20.8	-22.4
		绿泥石膜的形成	-0.2	-0.5	-0.5
		黏土充填胶结作用	-0.3	-0.5	-0.8
		初期剩余孔隙度	11.5	9.7	8.6
晚成岩	A	硅质胶结作用	-4	-1.6	-1.2
		高岭石充填作用	-1.06	-1.5	-1.9
		长石蚀变作用	+0.4	+0.6	+0.6
		溶蚀作用	+0.52	+1.2	+1.8
	B	碳酸盐胶结作用	-0.5	-1.6	-1.6
		构造破裂作用	+0.6	+0.1	+0.1
		最终剩余孔隙度	7.46	6.9	6.40

对于岩屑砂岩来说，其碎屑颗粒主要为岩屑，其岩屑以千枚岩、泥板岩、变质粉砂岩、绿片岩等柔性岩屑为主，一般含量在15%～30%。经压实后显性孔隙全部消失，仅剩不可压缩的黏土微孔。由于岩屑砂岩杂基含量较高，不存在早期的次生石英加大。

通过盆地60口井110个上古生界岩屑砂岩铸体薄片统计分析，初始原始孔隙度为32%，经过早期压实后，原始孔隙度损失了70%，净降低了22.4%。压实后剩余孔隙度9.7%和8.6%，压实作用基本使储层致密化。同样，对于岩屑石英砂岩来说，压实作用同样是孔隙度减少的主要原因，压实损失量介于石英砂岩和岩屑砂岩之间。

3. 胶结作用损失孔隙度

早期的埋藏阶段之后，储层物性由于机械压实作用而减少的孔隙度逐渐减弱，各种胶结作用成为孔隙损失的“主力军”。上古生界砂岩储层孔隙度影响较大的几种胶结物类型包括自生石英、自生黏土矿物的充填以及碳酸盐胶结物的沉淀等。不同的岩石类型中，胶结物的发育情况也有所差异，对储层孔隙度的影响也不一致。

早期的石英次生加大边，一般紧靠石英颗粒的外缘，在与颗粒接触处有大量共生的盐水包裹体，包裹体个体微小，均一温度为60～80℃，同时可见颗粒边缘的尘埃线。一般该期加大边比较宽，宽0.2～0.4mm，使原始孔隙的损失比较大，一般为6%。

晚期次生加大边位于早期次生加大边的外围，在其接触处可以发现大量包裹体，其中与烃类包裹体和气态包裹体共生的盐水包裹体均一温度为90～160℃；该期包裹体一般比较窄，有时可以根据其间发育的包裹体的温度，进一步细分。后期包裹体对石英砂岩孔隙的损失仅次于早期，为4%。

对于岩屑石英砂岩和岩屑砂岩来说，由于其孔隙中多被泥质杂基充填，经过早期成岩作用压实后，孔隙损失很大，已没有更多的残留孔隙空间，石英次生加大发育较少，对孔隙度的损失为1.6%～1.2%。

黏土矿物主要有高岭石、伊利石、绿泥石和伊蒙混层黏土，三者的含量在岩屑砂岩中一般为10%～15%，最高可达20%以上，对储层孔隙的降低作用很大。

早成岩时期，黏土充填胶结作用可使石英砂岩孔隙减少0.3%，使岩屑石英砂岩孔隙减少0.5%，岩屑砂岩孔隙减少 0.8%；晚成岩 A 期，高岭石充填作用可使石英砂岩孔隙减少 1.06%，使岩屑石英砂岩孔隙减少 1.5%，岩屑砂岩孔隙减少 1.9%。

另外，由中基性凝灰质火山灰蚀变而来的绿泥石，可在碎屑颗粒周边形成绿泥石膜，也可以少量减少原始孔隙度。可使石英砂岩孔隙均减少 0.2%，岩屑石英砂岩及岩屑砂岩孔隙均减少 0.2%。

在成岩阶段晚 A、晚 B 期，方解石胶结分为晚期方解石充填及连晶胶结和较晚期含铁方解石充填两种。晚期方解石溶解了早期硅酸岩类矿物（长石、石英及氧化硅），主要充填在粒间次生孔隙和粒内溶孔（长石）中。晚期方解石胶结物对孔隙的损失较小，石英砂岩为 0.5%，岩屑石英砂岩为 1.1%。

4. 溶蚀作用增加孔隙度

溶解作用是晚期成岩的主要成岩作用，也是形成次生孔隙，增大孔隙的关键因素。一般而言，方解石胶结物溶解后，可被含铁方解石交代，溶解可产生少量的次生孔隙。

由长石及其他易溶矿物溶解作用产生的次生孔隙，对成岩后期储层的储集性能的改善起了很大的作用，一般长石的蚀变及溶解在石英砂岩中可以略为增大孔隙 0.4%，其他易溶矿物溶解增大孔隙 0.52%；在岩屑石英砂岩及岩屑砂岩中长石的蚀变增大孔隙为 0.6%，由其他易溶矿物溶解产生的次生孔隙对其孔隙增大比较明显，为 1.2%～1.8%。

5. 储层孔隙演化历史

综上所述，在早成岩阶段，石英砂岩中压实作用和石英的早期次生加大对原始孔隙的减少起了决定作用，早成岩结束时，原始孔隙度由 36%降低为 11.5%；而在岩屑石英砂岩及岩屑砂岩中，压实作用起了主要的破坏作用，其次为黏土杂基的充填胶结作用，早成岩结束时，原始孔隙度由 32%降低为 9.7%～8.6%，岩屑石英砂岩已演化为致密储层（图 5-22）。

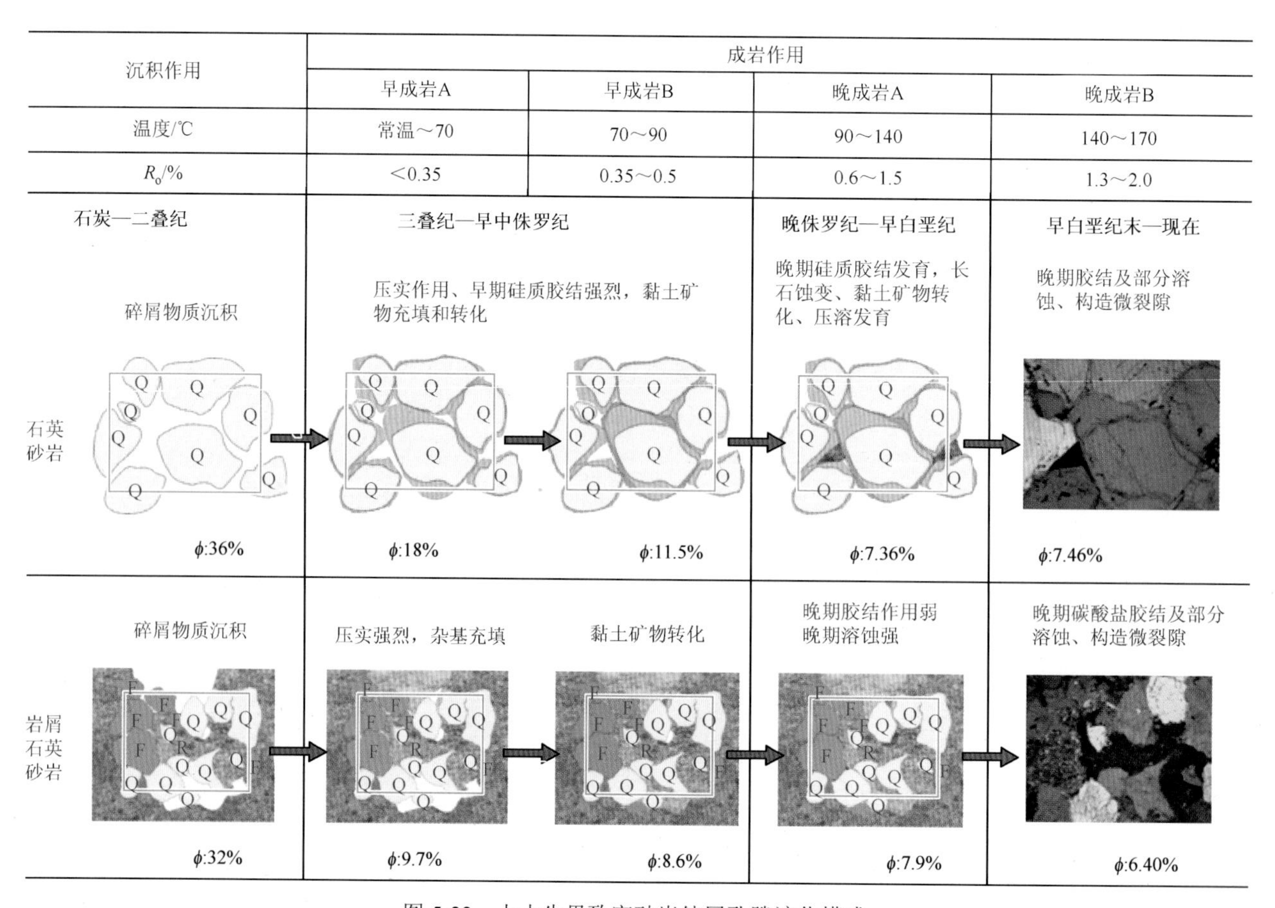

图 5-22　上古生界致密砂岩储层孔隙演化模式

到晚成岩阶段，石英砂岩中石英的晚期次生加大、高岭石充填作用及碳酸盐胶结作用，对经历了早期成岩演化后所剩的少量孔隙的减少起了重要作用，同时，由于长石的蚀变及其他矿物的溶解产生了少量次生孔隙，晚成岩早期 A 阶段结束时，孔隙度由早期剩余孔隙度的 11.5%降低为 7.36%，石英砂岩已发育为致密储层；晚成岩早期 B 阶段时，由于石英的压溶、碳酸盐胶结物的溶解及构造破裂作用产生的微裂缝等联合作用，对晚期储层物性的改善起了一定的作用，到晚成岩结束时，孔隙度略有改善为 7.46%；对致密储层性质改善不大。

在岩屑石英砂岩及岩屑砂岩中，晚期的石英次生加大、高岭石充填作用及碳酸盐胶结作用是原本所剩不多的原始孔隙减少的主要破坏因素，而长石的蚀变及其他矿物的溶解及构造破裂作用产生的次生孔隙和微裂缝是孔隙度增大的建设作用，到晚成岩结束时，孔隙度由早期剩余孔隙度的 9.7%～8.6%降低为 6.9%～6.4%。

总之，在上古生界砂岩储层的致密化过程中，压实作用是储层孔隙度降低的第一重要因素，而不同成岩阶段自生矿物的沉淀则是储层致密化的关键。

5.6　上古生界致密砂岩储层质量评价

上古生界致密砂岩储层质量主要与储层岩石学、沉积相和成岩相特征有关，这三个主要因素是储层质量评价与预测的关键。

5.6.1　储层评价参数

1. 岩相

上古生界砂岩岩石类型对储层物性具有明显的控制作用，主要表现在两个方面：一是与岩石粒度大小密切相关；二是与储层中石英含量有关。根据数百个不同岩心样品的渗透率、孔隙度统计分析可以看出，岩石类型与物性特征有明显的相关关系。不同粒度的岩样渗透率、孔隙度呈有规律的变化，表现为在岩样粒度越粗，其物性越好(图 5-23)。

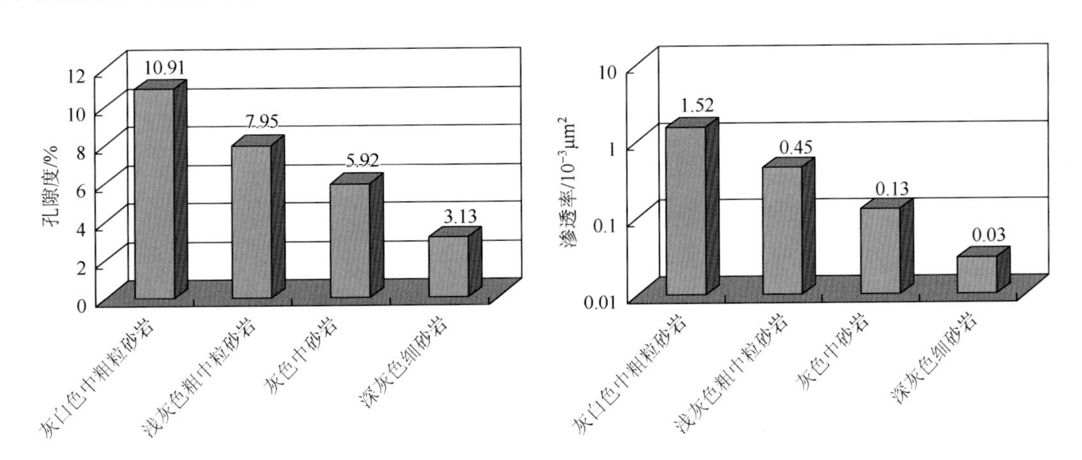

图 5-23　上古生界致密砂岩储层不同岩性—物性分布图

根据有效储层划分下限($k \geqslant 0.1 \times 10^{-3} \mu m^2$，$\phi \geqslant 3\%$)，孔隙度和渗透率高于下限标准的岩石类型主要为中粗砂岩、粗砂岩和含砾粗砂岩及少量中砂岩。大部分中砂岩与细砂岩为灰色、灰绿色、深灰色，在成分上塑性火山岩屑含量较高，物性低于储层下限，为非有效储层。

不同的岩石类型中，石英含量越高，储层的孔渗性能越好，反映了储层中刚性颗粒的存在对储层物性的保存具有明显的控制作用。

2. 沉积相

沉积相中不同微相的水动力条件对储层的发育控制作用较为明显，主要表现为同一期沉积的不同微相砂体储集性能差异较大(表 5-9)。辫状河在水动力较强的心滩微相发育粗粒石英砂岩、细砾岩，储集物性最好，平均孔隙度为 11.2%，平均渗透率为 $1.15\times10^{-3}\mu m^2$。曲流河边滩微相发育粗粒石英砂岩、岩屑石英砂岩，平均孔隙度为 9.4%，平均渗透率为 $0.91\times10^{-3}\mu m^2$。天然堤微相的水动力相对较弱，发育中细粒石英砂岩、岩屑石英砂岩，储层平均孔隙度为 4.61%，平均渗透率为 $0.42\times10^{-3}\mu m^2$。

表 5-9　上古生界不同沉积微相砂体的储集物性特征

沉积微相	样品数/个	孔隙度/%			渗透率/($\times10^{-3}\mu m^2$)		
		最小值	最大值	平均值	最小值	最大值	平均值
辫状河心滩	673	1.37	18.92	11.20	0.0037	581	1.15
曲流河边滩	513	1.16	19.87	9.40	0.0031	557	0.91
分流河道	586	1.13	19.96	8.02	0.0027	561	1.17
河口砂坝	237	0.06	19.6	7.16	0.01	18.31	0.81
障壁砂坝	34	1.42	11.26	7.61	0.03	14.91	0.92
前缘席状砂	46	1.08	7.82	5.01	0.01	0.82	0.47
天然堤	65	1.18	7.69	4.61	0.01	0.89	0.42

上古生界在辫状河心滩、分流河道、曲流河边滩砂体沉积时的水动力比天然堤、分流间湾等微相的强，储集物性明显较好。高孔高渗储集体主要受河流心滩与边滩砂体以及三角洲的分流河道砂体等控制。因此，河道主砂带是高孔高渗储集体发育的有利相带。

3. 成岩相

成岩作用是储集层发育和形成的必经过程，最终决定储集层性能的优劣，尤其是致密厚层砂岩储集层，建设性成岩作用是决定储集层有效性的关键。从一般意义上来说，成岩相是在成岩与构造等作用下，沉积物经历一定成岩作用和演化阶段的产物，包括岩石颗粒、胶结物、组构、孔洞缝等综合特征。从对储集层影响的角度，存在扩容与致密两种成岩相类型。成岩相是构造、流体、温压等条件对沉积物综合作用的结果，其核心内容是现今的矿物成分和组构面貌，主要是表征储集体性质、类型和优劣的成因性标志，可借以研究储集体形成机理、空间分布与定量评价。

1) 强烈压实作用形成大面积分布致密砂岩

压实作用是储层原生孔隙减少并形成致密的最主要原因。上古生界致密砂岩储层受强压实作用有三方面的主要原因：①大型浅水三角洲沉积物原始组构成熟度较低，分选中等-较差，而且塑性火山岩、沉积岩岩屑含量较高；②具有煤系地层酸性成岩环境，缺乏早期碳酸盐胶结物，使砂岩抗压实能力弱，在埋藏较浅时就可形成较强的不可逆压实作用；③经历了持续的深埋藏作用，在上覆地层压力下发生了强压实作用。在强压实作用下砂岩中颗粒接触关系主要为线状和凹凸状，颗粒排列紧密，特别是在中—细砂岩中的塑性火山岩屑、沉积岩屑、浅变质岩屑含量较高，被压实呈假杂基状，堵塞了粒间孔隙。对于填隙物、岩屑含量较低，石英含量较高，且粒度较粗的砂岩，颗粒抗压实能力相对较强，保留了一部分原生孔隙。

此外，由于强压实作用而造成的砂岩物性夹层是主要夹层类型，此类夹层已在苏里格气田南部井区被大量发现，主要发育于中细砂岩、细砂岩和粉砂岩岩性段，构成上下砂体之间的物性屏障。

2) 胶结作用进一步降低了储层的孔隙度和渗透率

自生黏土矿物包括高岭石、伊利石、绿泥石及一些混层黏土矿物等。酸性环境有利于自生高岭石的形成，而且长石溶蚀后会形成高岭石等副产物。随着成岩作用演化，到中后期成岩环境开始由酸性向碱性转化，开始形成自生伊利石、绿泥石等黏土矿物，多形成于 1～2 期石英加大和早期溶蚀作用发生之后，呈孔隙衬边状分布在孔隙壁。这些黏土矿物中存在一定量的微孔隙，对孔隙度有一定的贡献，但对渗透率贡献不大，而且在流体作用下易发生移动，堵塞孔喉，进一步降低储层渗透性。

石英加大现象在砂岩中普遍发育，强烈的硅质加大使颗粒呈镶嵌状接触，孔隙不发育。此外，砂层内的高钙质胶结的致密砂岩夹层出现，也构成上下砂体之间的物性屏障。

3) 以颗粒为主的选择性溶蚀作用控制着次生孔隙的形成

上古生界致密砂岩中可溶性胶结物不发育，长石和部分火山岩屑等颗粒是主要的被溶蚀物质，这些物质被溶蚀后，一般形成粒内溶孔、铸模孔或粒间溶蚀扩大孔。溶蚀作用的强度与原生孔隙的保存程度和孔隙流体流动有密切关系，在粒度较粗、抗压实能力较强的砂岩中可保留较多的原生孔隙，这有利于孔隙流体的流动和溶蚀作用的进行；而粒度细、塑性岩屑含量高的砂岩成为强致密压实相，原生孔隙丧失殆尽，不利于孔隙流体的流动和溶蚀作用的进行。因此，颗粒较粗并且含有较多可溶碎屑物质的岩屑石英砂岩以及石英砂岩，次生孔隙较发育，储层储集性能较好。

4) 成岩储集相控制储层展布的最终面貌

不同成分、粒度的岩石发育不同的成岩相，储集性能大不相同。在主河道或分流河道叠置带，沉积粒度较粗的石英砂岩或易溶成分较多的岩屑石英砂岩，往往发育有利的斑状致密—溶蚀成岩相。粒度较细以及软岩屑(低变岩岩屑)含量高的区域，压实、胶结作用强烈，发育弱溶蚀、胶结压实成岩相，甚至是致密成岩无孔相，储层不发育。因此，不同沉积相带内差异的成岩相，最终形成了上古生界致密砂岩储层展布格局。

5.6.2　储层质量评价标准

在储层控制因素基本明确的情况下，结合上古生界砂岩储层的物性特征，孔隙结构特征以及相关的产能测试资料等，将上古生界砂岩储层质量分为四类(表 5-10)。

表 5-10　上古生界砂岩储层质量评价参数表

类型		I	II		III			IV	
			$\mathrm{II_A}$	$\mathrm{II_B}$	$\mathrm{III_A}$	$\mathrm{III_B}$	$\mathrm{III_C}$	$\mathrm{IV_A}$	$\mathrm{IV_B}$
主要岩性		中～粗粒、粗粒石英砂岩	粗～中粒石英砂岩	粗～中粒石英砂岩	中粒、细中粒石英砂岩、岩屑砂岩为主			以岩屑砂岩为主，见少量石英砂岩	
	孔隙组合	粒间孔～溶孔	粒间孔～溶孔	粒间孔，溶孔，晶间孔	溶孔～晶间孔	晶间孔	晶间孔	微孔为主、并见少量高岭石晶间孔	
物性	面孔率/%	＞6	4～6	2～4	1～2	＜1	＜1	＜0.5	无孔可见
	孔径/μm	＞100	50～100	20～50	20～50	20～50	0.5～2	＜0.5	＜0.5
	Φ/%	＞10	8～10	6～8	4～6	4～6	4～6	＜4	＜4
	$K/(\times10^{-3}\mu m)$	3	1～3	0.5～1	0.2～0.5	0.1～0.2	0.05～0.1	＜0.05	＜0.05
孔隙结构参数	平均喉道半径/μm	＞1.0	0.1～0.5	0.3～0.5	0.2～0.3	0.1～0.2	＜0.1	＜0.1	＜0.06
	排驱压力/MPa	＜0.3	0.3～0.75	0.75～1.5	1.5～2	2～3	3～5	＞5	＞7
	众数	＞0.75	0.5～0.75	0.25～0.5	0.25～0.5	0.1～0.25	＜0.1	＜0.1	＜0.1
	$\sum Hg_{7.5}$/%	＞70	60～70	40～60	30～40	20～30	10～20	10～20	＜10
	$\sum Hg_{30}$/%	＞80	70～80	40～70	30～40	20～30	10～20	10～20	＜10
	分选	差	差	差	差～中	中	中～好	好	好
	歪度		偏粗		偏细		细		
产量		高产		中高	中	中低	低	低	极低
评价			好		中～好	差	差	差	极差

1. Ⅰ类优质储层

该类储层粒度粗，岩性主要是灰白色(含砾)粗砂岩，石英类颗粒含量高、塑性岩屑含量低，抗压实能力强，保留部分原生孔隙，有利于孔隙流体的流动和溶蚀物质的及时排出，弱压实、强溶蚀是主要成因。储层物性好，孔隙度大于 10%，孔隙组合为残余粒间孔+次生溶孔+微孔，自生矿物含量低，毛管曲线为排驱压力低、粗歪度，一般为高产。

2. Ⅱ类中等储层

该类储层粒度粗，岩性主要是灰白色中粗砂岩，石英类颗粒含量中等、塑性岩屑含量较高，有一定的抗压能力，强烈的压实、压溶作用使原生孔所剩无几，后期有机酸进入少，溶蚀不完全，溶蚀物质不能及时排出。储层物性总体较好，孔隙度介于 7%～10%，孔隙组合为粒内溶孔和晶间孔，自生矿物含量较高，毛管曲线为排驱压力中等、斜平台，一般为中高产。

3. Ⅲ类差储层

粒度中等，岩性主要是灰白色中砂岩，石英类颗粒含量中等、塑性岩屑含量较高，抗压能力弱，长期的压实、压溶作用使原生孔丧失殆尽，后期有机酸进入少，以蚀变作用为主。储层物性较差，孔隙度介于 5%～7%，孔隙组合以微孔为主，少量溶孔，自生矿物含量高，毛管曲线为排驱压力中等、细歪度，一般为中低产。

4. Ⅳ非有效储层

粒度细，岩性主要是深色中细砂岩，石英类颗粒含量较低、塑性岩屑含量高，抗压能力弱，压实作用是主要的成岩作用类型。储层物性差，孔隙度小于 5%，孔隙组合以微孔为主，伊利石含量高，毛管曲线为排驱压力高、细歪度。

参 考 文 献

陈丽华，赵澄林，纪友亮，等. 1999. 碎屑岩天然气储集层次生孔隙的三种成因机理. 石油勘探与开发，26(5)：77-81

邓礼正. 2003. 鄂尔多斯盆地上古生界储层物性影响因素. 成都理工大学学报(自然科学版)，30(3)：270-272

樊爱萍，杨仁超，李义军. 2009. 成岩作用研究进展与发展方向. 特种油气藏，16(2)：1-9

高辉，孙卫. 2010. 特低渗砂岩储层微观孔喉特征的定量表征. 地质科技情报，29(4)：67-72

高敏，安秀荣，祗淑华，等. 2000. 用核磁共振测井资料评价储层的孔隙结构. 测井技术，24(3)：188-193

高永利，张志国. 2011. 恒速压汞技术定量评价低渗透砂岩孔喉结构差异性. 地质科技情报，30(4)：73-76

何顺利，焦春艳，王建国，等. 2011. 恒速压汞与常规压汞的异同. 断块油气田，8(2)：235-237

何雨丹，毛志强，肖立志，等. 2005. 核磁共振 T2 分布评价岩石孔径分布的改进方法. 地球物理学报，48(2)：373-378

胡圆圆，胡再元. 2012. 扫描电镜在碎屑岩储层黏土矿物研究中的应用. 四川地质学报，32(1)：25-28

黄可可，黄思静，佟宏鹏，等. 2009. 长石溶解过程的热力学计算及其在碎屑岩储层研究中的意义. 地质通报，28(4)：474-482

黄思静，武文慧，刘洁，等. 2003. 大气水在碎屑岩次生孔隙形成中的作用—以鄂尔多斯盆地三叠系延长组为例. 地球科学—中国地质大学学报，28(4)：419-424

黄思静，谢连文，张萌，等. 2004. 中国三叠系陆相砂岩中自生绿泥石的形成机制及其与储层孔隙保存的关系. 成都理工大学学报(自然科学版)，31(3)：273-280

黄思静，杨俊杰，张文正，等. 1995. 不同温度条件下乙酸对长石溶蚀过程的实验研究. 沉积学报，13(1)：7-15

雷卞军，刘斌，李世临，等. 2008. 砂岩成岩作用及其对储层的影响. 西南石油大学学报(自然科学版)，30(6)：57-62

刘建清，赖兴运，于炳松，等. 2006. 成岩作用的研究现状及展望. 石油实验地质，28(1)：65-73

刘堂宴，马在田，傅容珊. 2003. 核磁共振谱的岩石孔喉结构分析. 地球物理学进展，18(4)：737-742

刘小虹. 2001. 原子力显微镜及其应用. 自然杂志，24(1)：36-40

罗静兰，Morad，阎世可. 2001. 河流-湖泊三角洲相砂岩成岩作用的重建及其对储层物性演化的影响—以延长油区侏罗系-上三叠统砂岩为例. 中国科学(D 辑)，31(12)：1006-1016

邵维志，丁娱娇. 2009. 核磁共振测井在储层孔隙结构评价中的应用. 测井技术，33(1)：52-56

佘敏，寿建峰. 2011. 基于 CT 成像的三维高精度储集层表征技术及应用. 新疆石油地质，32(6)：664-666

寿建峰，张惠良，沈扬. 2006. 中国油气盆地砂岩储层的成岩压实机制分析. 岩石学报，22(8)：2165-2170

苏娜. 2011. 微 CT 扫描重建低渗气藏微观孔隙结构—以新场气田上沙溪庙组储层为例. 石油与天然气地质，32(54)：792-796
孙建孟，姜黎明. 2012. 数字岩心技术测井应用与展望. 测井技术，36(1)：1-7
孙卫，史成恩，赵惊蛰，等. 2006. X-CT 扫描成像技术在特低渗透储层微观孔隙结构及渗流机理研究中的应用：以西峰油田庄 19 井区长 82 储层为例. 地质学报，80(5)：775-778
索丽敏. 2005. 激光共聚焦三维图像技术在油田中的应用. 仪器仪表学报，26(8)：614-616
王京，赵彦超，刘琨，等. 2006. 鄂尔多斯盆地塔巴庙地区上古生界砂岩储层“酸性+碱性”叠加溶蚀作用与储层质量主控因素. 地球科学—中国地质大学学报，31(2)：221-228
王瑞飞，陈军斌. 2008. 特低渗透砂岩储层水驱油 CT 成像技术研究. 地球物理学进展，23(3)：864-870
王瑞飞，陈明强. 2007. 储层沉积成岩过程中孔隙度参数演化的定量分析—以鄂尔多斯盆地沿 25 区块、庄 40 区块为例. 地质学报，81(10)：1432-1440
王瑞飞，沈平平，宋子齐，等. 2009. 特低渗透砂岩油藏储层微观孔喉特征. 石油学报，30(4)：560-563
王胜. 2009. 用核磁共振分析岩石孔隙结构特征. 新疆石油地质，30(6)：768-770
伍小玉，罗明高. 2012. 恒速压汞技术在储层孔隙结构特征研究中的应用—以克拉玛依油田七中区及七东区克下组油藏为例. 天然气勘探与开发，35(3)：28-30
杨华，傅锁堂，王晓方. 2007. 鄂尔多斯盆地上古生界碎屑岩成岩强度定量化系统的建立. 成都理工大学学报(自然科学版)，34(4)：424-428
杨晓宁，陈洪德，寿建峰，等. 2004. 碎屑岩次生孔隙形成机制. 大庆石油学院学报，28(1)：4-7
杨奕华，南君祥，贺静，等. 2001. 鄂尔多斯盆地上古生界砂岩储层的显微特征及储集性的影响因素. 中国石油勘探，6(4)：37-43
姚军，赵秀才，衣艳静，等. 2005. 数字岩心技术的发展及展望. 油气地质与采收率，12(6)：52-54
姚军，赵秀才. 2007. 储层岩石微观结构性质的分析方法. 中国石油大学学报(自然科学版)，31(1)：80-86
姚军，赵秀才. 2010. 数字岩心及孔隙级渗流模拟理论. 北京：石油工业出版社
叶聪林，郑国东，赵军. 2010. 油气储层中水岩作用研究现状. 矿物岩石地球化学通报，29(1)：89-97
应凤祥. 2002. 激光扫描共聚焦显微镜研究储层孔隙结构. 沉积学报，20(1)：75-79
于炳松，林畅松. 2009. 油气储层埋藏成岩过程中的地球化学热力学. 沉积学报，27(5)：896-903
于俊波. 2006. 基于恒速压汞技术的低渗透储层物性特征. 大庆石油学院学报，30(2)：22-25
运华云. 2002. 利用 T2 分布进行岩石孔隙结构研究. 测井技术，26(1)：18-21
张超谟. 2007. 基于核磁共振 T2 谱分布的储层岩石孔隙分形结构研究. 石油天然气学报，29(4)：80-86
张德添，何昆. 2002. 原子力显微镜发展近况及其应用. 现代仪器，18(3)：6-9
张丽. 2012. 数字岩心建模方法研究应用. 地球 • 资源全国博士生学术论坛论文摘要集，6-8
张善文. 2007. 成岩过程中的“耗水作用”及其石油地质意义. 沉积学报，25(5)：701-707
张哨楠. 2008. 致密天然气砂岩储层：成因和讨论. 石油与天然气地质，29(1)：1-11
张文正，杨华，解丽琴，等. 2009. 鄂尔多斯盆地上古生界煤成气低孔渗储集层次生孔隙形成机理—乙酸溶液对钙长石、铁镁暗色矿物溶蚀的模拟实验. 石油勘探与开发，36(3)：383-391
张旭，徐维奇. 2001. 激光扫描共聚焦显微镜技术的发展及应用. 现代科学仪器，19(2)：20-24
张兆谦. 2011. 储层岩石孔隙尺度的数字化表征. 石油工业计算机应用，31(1)：19-22
赵国泉，李凯明，赵海玲，等. 2005. 鄂尔多斯盆地上古生界天然气储集层长石的溶蚀与次生孔隙的形成. 石油勘探与开发，32(1)：53-75
赵文智，汪泽成，陈孟晋，等. 2005. 鄂尔多斯盆地上古生界天然气优质储层形成机理探讨. 地质学报，79(5)：553-562
赵彦超，陈淑慧，郭振华. 2006. 核磁共振方法在致密砂岩储层孔隙结构中的应用—以鄂尔多斯大牛地气田上古生界石盒子组 3 段为例. 地质科技情报，25(1)：109-112
郑浚茂，应凤祥. 1997. 煤系地层(酸性水介质)的砂岩储层特征及成岩模式. 石油学报，18(4)：19-24
朱永贤，孙卫，等. 2008. 应用常规压汞和恒速压汞实验方法研究储层微观孔隙结构—以三塘湖油田牛圈湖区头屯河组为例. 天然气地球科学，19(4)：553-556
邹才能，陶士振，周慧，等. 2008. 成岩相的形成、分类与定量评价方法. 石油勘探与开发，35(5)：526-540
Ajdukiewicz J M，Nicholson P H，Esch W L. 2010. Prediction of deep reservoir quality using early diagenetic process models in the Jurassic Norphlet Formation，Gulf of Mexico. AAPG，Bulletin，94(8)：1189-1227
Berger A，Gier S，Krois P. 2009. Porosity-preserving chlorite cements in shallow-marine volcaniclastic sandstones：Evidence from Cretaceous sandstones of the Sawan gas field，Pakistan. AAPG，Bulletin，93(5)：595-615
Bjφrlykke K，Nedkvitne T，Ramm M，et al. 1992. Diagenetic processes in the Brent Group(Middle J urassic) reservoirs of the North Sea：an overview. Geological Society Special Publications，61：263-287
Carl I S，Katemaher. 2009. Fluid-Rock Interaction：a reactive transport approach. Reviews in Mineralogy & Geochemistry，70：485-532
Chuhan F A，Bjørlykke K，Lowrey C J. 2001. Closed-System burial diagenesis in reservoir sandstones：examples from the garn formation at Haltenbanken Area，Offshore Mid-Norway. Journal of Sedimentary Research，71(1)：15-26
Derzhi N，Dvorkin J，Diaz E，et al. 2010. Comparison of traditional and digital rock physics techniques to determine the elasticcore parameters in Cretaceous formations，Abu Dhabi. SPE138586-MS，1-8
Ehrenberg S N. 1989. Assessing the relative importance of compaction processes and cementation to reduction of porosity in sandstones：discussion；compaction and porosity evolution of pliocene sandstones，Ventura Basin，California：Discussion. AAPG Bulletin，73(10)：1274-1276
Ehrenberg S N，Nadeau P H. 2009. Petroleum reservoir porosity versus depth：influence of geological age. AAPG Bulletin，93(10)：1281-1296

Geoffrey T，Bernard P. Boudreau，Mogens Ramm，et al. 2001. Simulation of potassium feldspar dissolution and illitization in the Statfjord Formation，North Sea . AAPG Bulletin，85(4)：621-635

Ganor J，Reznik I J，Rosenberg Y O. 2009. Organics in Water-Rock Interactions. Reviews in Mineralogy & Geochemistry，70(7)：259-369

Jones F O，Owens W W. 1980. A laboratory study of low permeability gas sands. JPT，32(9)：1631-1640

Kathleen G，Georgia P P，David J W. 2010. Relationship of diagenetic chloriterims to depositional faciesin Lower Cretaceous reservoir sandstones of the Scotian Basin. Sedimentology，57：587-610

Leskiw C J，Nowicki E，Gates I D. 2010. Unconventional imaging for unconventional reservoirs. CSUG/SPE 137750，1-15

Wangen M. 1998. Modeling porosity evolution and cementation of sandstones. Marine and Petroleum Geology，15：453-465

Makowitz A，Lander R H，Milliken K L. 2006. Diagenetic modeling to assess the relative timing of quartz cementation and brittle grain processes during compaction. AAPG Bulletin，90(6)：873-885

Morad S，Khalid A R，Ketzer J M，et al. 2010. The impact of diagenesis on the heterogeneity of sandstone reservoirs：A review of the role of depositional facies and sequence stratigraphy. AAPG Bulletin，94(8)：1267-1309

Olson J，Stephen E L，Lander R H. 2009. Natural fracture characterization in tight gas sandstones：Integrating mechanics and diagenesis. The American Association of Petroleum Geologists，93(11)：1535-1549

Raghavan R，Scorer J D T，Miller F G. 1972. An investigation by numerical methods of the effect of pressure-dependent rock and fluid properties on well flow tests. SPE 2617，12(03)：267-275

Tobin R C，McClain T，Lieber R B，et al. 2010. Reservoir quality modeling of tight-gas sands in Wamsutter field：Integration of diagenesis，petroleum systems，and production data. AAPG Bulletin，94(8)：1229-1266

Lander R H，Bonnell L M. 2010. A model for fibrous illite nucleation and growth in sandstones. AAPG Bulletin，94(8)：1161-1187

Lander R H，Larese R E，Bonnell L M. 2008. Toward more accurate quartz cement models：The importance of euhedral versus noneuhedral growth rates. AAPG Bulletin，92(11)：1537-1563

Paxton S T，Szabo J O，Ajdukiewicz J M，et al. 2002. Construction of an intergranular volume compaction curve for evaluating and predicting compaction and porosity loss in rigid-grain sandstone reservoirs. AAPG Bulletin，86(12)：2047-2067

Surdam R C，Boese S W，Crossey L J. 1984. The chemistry of secondary porosity. AAPG Memoir，37：127-149

Surdam R C，Crossey L J，Hagen E S. 1989. Organic-in-organic and sandstone diagenesis. AAPG Bulletin，73：1-23

Sakdinawat A，Attwood D. 2010. nanoscale X-ray imaging. Macmillan publishers Limited，267(10)：840-848

Bloch S，Lander R H，Bonnell L. 2002. Anomalously high porosity and permeability in deeply buried sandstone reservoirs：Origin and predictability. AAPG Bulletin，86(12)：301-328

Dutton，S P，Loucks R G. 2010. Reprint of：Diagenetic controls on evolution of porosity and permeability in lower Tertiary Wilcox sandstones from shallow to ultradeep (200-6700m) burial，Gulf of Mexico Basin，U. S. A. Marine and Petroleum Geology，27：1775-1787

Laubach S E，Olson J E，Gross M R. 2009. Mechanical and fracture stratigraphy. AAPG Bulletin. Aapg Bulletin，93(11)：1413-1426

Franks S G，Zwingmann H. 2010. Origin and timing of late diagenetic illite in the Permian-Carboniferous Unayzah sandstone reservoirs of Saudi Arabia. AAPG Bulletin，94(8)：1133-1159

Taylor T R，Giles M R，Hathon L A，et al. 2010. Sandstone diagenesis and reservoir quality prediction：Models，myths，and reality. AAPG Bulletin，94(8)：1093-1132

Storvolla V，Bjørlykkea K，Karlsena D，et al. 2002. Porosity preservation in reservoir sandstones due to grain-coating illite：a study of the Jurassic Garn Formation from the Kristin and Lavrans fields，offshore Mid-Norway. Marine and Petroleum Geology，19：767-781

Walderhaug O. 2000. Modeling Quartz Cementation and Porosity in Middle Jurassic Brent Group Sandstones of the Kvitebjørn Field，Northern North Sea1. AAPG Bulletin，84(9)：1325-1339

Yang R C，Fan A P，Han Z Z，et al. 2012. Diagenesis and porosity evolution of sandstone reservoirs in the East II part of Sulige gas field，Ordos Basin. International Journal of Mining Science and Technology，22：311-316

第6章 上古生界天然气近距离运聚成藏

鄂尔多斯盆地区域构造平缓，上古生界储层致密且致密化时期较早，非均质性强，天然气浮力难以克服致密储层毛细管阻力进行长距离二次运移。上古生界致密砂岩气具有“广覆式供烃”、“整体性推进”、“大面积富集”的近距离运聚成藏特征。

6.1 上古生界天然气地化特征与气源对比

6.1.1 天然气地化特征

1. 烃类组分

烃类组分是鄂尔多斯盆地上古生界天然气最主要的成分。天然气中烃类组成又以高甲烷含量为特征，重烃组分(C_2^+)含量一般小于10%。根据上古生界苏里格、榆林及乌审旗等气田340多个天然气样品的分析资料统计(表6-1)，天然气的烃类组分含量达95%以上，其中甲烷含量为82.34%～97.91%，平均值为92.97%，主要分布在91%～95%，重烃组分含量平均值为4.61%，主要分布在3%～6%。

表6-1 鄂尔多斯盆地上古生界典型气田天然气组成

气田	井号	层位	气体体积组成/%							干燥系数
			CH_4	C_2H_6	C_3H_8	i-C_4	n-C_4	CO_2	N_2	
苏里格气田	Su1	P1s	91.57	4.52	0.89	0.19	0.16	0.78	0.71	0.941
	Su6	P1x	88.81	5.83	1.26	0.20	0.22	2.64	0.80	0.922
	Su14	P1x	96.37	1.66	0.40	0.13	0.09	1.25	0.00	0.977
	Su33-18	P1x	91.69	4.26	0.91	0.25	0.29	0.87	1.43	0.941
	Su36-13	P1x	89.49	5.41	1.16	0.22	0.25	0.76	0.93	0.927
榆林气田	T5	P1x	91.75	5.11	0.92	0.12	0.14	0.77	1.05	0.936
	S141	P1s	94.12	3.40	0.50	0.06	0.07	1.14	0.61	0.959
	S143	P1s	93.47	3.90	0.63	0.09	0.10	1.17	0.35	0.952
	Y28-12	P1s	94.25	3.25	0.47	0.06	0.07	1.08	0.65	0.961
	Y35-8	P1s	95.32	2.67	0.34	0.07	0.06	1.45	0.03	0.968
	Y44-7	P1s	95.65	2.65	0.32	0.04	0.04	0.57	0.69	0.969
	Y43-10	P1s	94.39	2.73	0.41	0.08		1.80	0.52	0.967
乌审旗气田	S215	P1x	93.60	3.79	0.55	0.08	0.08	0.76	0.46	0.945
	S241	P1x	92.70	3.99	0.68	0.11	0.11	0.49	1.73	0.950
	S243	P1x	90.85	5.46	1.03	0.18	0.17	0.54	1.55	0.930
	W22-7	P1x	92.97	4.27	0.76	0.11	0.11	0.74	0.87	0.947
	Y19-5	P1x	92.79	3.90	0.64	0.10	0.09	0.50	1.77	0.951

上古生界分气层组的统计结果显示大部分天然气样品的甲烷化系数($C_1/\sum C_n \times 100\%$)大于95%，反映了以“干气”为主特征，天然气中凝析油含量低—极低。甲烷化系数不仅能较好地反映天然气中烃类的

组成特征，而且在特定的地质背景下还能作为判别天然气成因类型、热成熟度以及天然气运移方向的有效指标。

甲烷化系数在垂向上呈现出较为明显的“下高上低”变化趋势。下部气层组(本溪组、太原组)天然气的平均甲烷化系数分别为98.96%和97.30%，上部气层组(山西组、石盒子组、石千峰组)天然气的平均甲烷化系数相对低一些，分别为95.77%、95.12%和95.39%。从图6-1也可以清楚地看出下部气层组干气所占比例明显高于上部气层组。

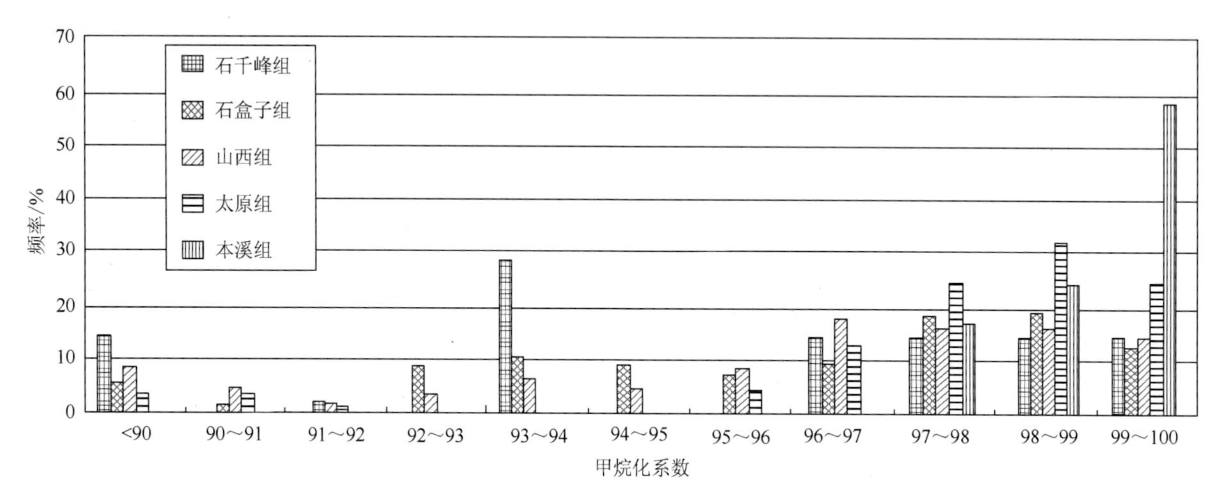

图6-1　上古生界天然气甲烷化系数统计直方图

2. 非烃类组分

上古生界天然气中非烃组分主要为二氧化碳和氮气，而氢气与氦气等组分含量极低，几乎不含硫化氢气体。天然气中的二氧化碳含量一般在0.5%～2.5%，部分样品的二氧化碳含量可达5%～6%(图6-2)。天然气在纵向上的二氧化碳含量变化具有一定的规律性，即自上而下二氧化碳的含量呈现出增高的趋势，其原因一方面可能与下部气层组含有一定厚度的灰岩有关，另一方面可能反映了天然气自下往上垂向运移过程中的地质色层效应。天然气中二氧化碳的分子极性较强，运移过程中地层吸附作用使其相对含量逐渐降低。

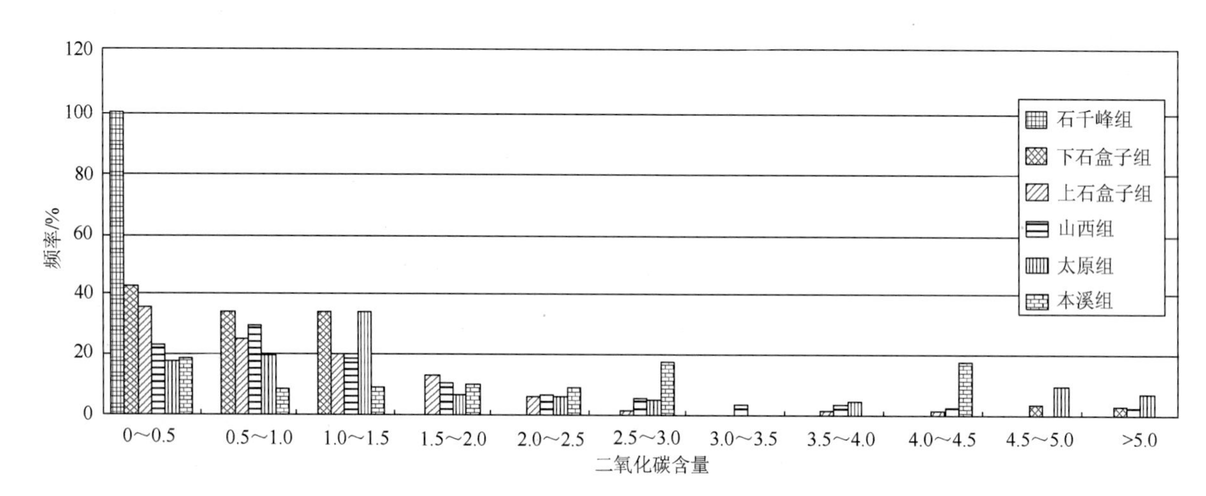

图6-2　上古生界天然气二氧化碳含量统计直方图

天然气中的氮气含量一般在0.2%～2.8%，主要分布在0.5%～1.5%，平均值为0.97%。氮气含量相对较高的样品在平面上主要分布于构造活动较为强烈的西缘冲断带和伊盟隆起区以及盆地东北部埋深较浅的石千峰气层组。这一现象说明天然气中氮气含量的增加主要与气藏的保存条件较差有关。

3. 烷烃气碳同位素组成特征

上古生界天然气 $\delta^{13}C_1$ 多数在−29.0‰～−36.0‰，平均值变化在−31‰～−34‰，$\delta^{13}C_2$ 分布区间为−20.0‰～−28.0‰，主要分布在−23‰～−26‰，$\delta^{13}C_3$ 为−29.0‰～−19.0‰，主要分布在−23‰～−25‰，丁烷同位素多数在−20.0‰～−24.0‰，其中异丁烷碳同位素重于正丁烷碳同位素（表 6-2）。天然气的乙烷和丙烷碳同位素组成相对较重，总体上反映了典型煤型气碳同位素特征。

表 6-2　鄂尔多斯盆地上古生界不同区带天然气碳同位素分布

构造单元	区带（气田）	上古生界烃源岩 R_o	层位	碳同位素 $\delta^{13}C$（PDB，‰）			
				甲烷	乙烷	丙烷	丁烷
西缘冲断带	胜利井、刘家庄气田	1.2%～1.7%	P_1x、P_2sh P_1s	−33.78～−35.69 −34.73(6)	−24.62～−26.75 −26.14(5)	−23.39～−24.75 −24.08(4)	−23.23(1)
天环北段	李华1井	1.6%～2.0%	P_1x、P_1s	−30.97～−32.84 −31.90(2)	−23.74～−25.40 −24.57(2)	−23.79～−25.45 −24.62(2)	−21.53～−21.89 −21.71(2)
伊盟隆起	召4	1.5%～1.8%	P_2sh、P_1x	−30.95～−35.67 −32.69(5)	−25.02～−26.97 −26.42(4)	−24.31～−28.09 −25.96(4)	−24.41～−27.86 −26.54(4)
伊陕斜坡	苏里格气田	1.8%～2.2%	P_1x、P_1s	−29.96～−36.45 −32.68(7)	−23.17～−27.17 −24.07(7)	−23.44～−25.51 −24.49(7)	−21.58～−24.49 −22.61(14)
	乌审旗气田	1.8%～2.2%	P_1x	−31.32～−32.18 −31.75(2)	−23.20～−23.70 −23.45(2)	−22.97～−23.12 −23.04(2)	−22.18～−22.79 −22.46(3)
	靖边上古气田	1.7%～2.0%	P_2b、P_1t P_1x、P_1s	−29.12～−35.13 −32.17(12)	−22.24～−25.36 −24.03(10)	−21.28～−26.03 −23.87(10)	−20.52～−26.19 −22.94(10)
	榆林气田	1.7%～2.0%	P_1s	−30.01～−32.24 −31.12(2)	−25.83～−25.99 −25.91(2)	−23.99～−24.44 −24.22(2)	−23.07～−23.84 −23.40(2)
	神木气田	1.1%～1.6%	P_2s	−36.16～−37.02 −36.59(2)	−27.91～−28.07 −27.99(2)	−24.77～−26.26 −25.52(2)	−25.82～−25.90 −25.86(2)
	米脂气田	1.6%～2.0%	P_1t P_1x、P_1s	−28.35～−35.56 −32.92(11)	−20.83～−26.72 −23.79(11)	−19.40～−29.63 −22.98(11)	−18.96～−26.20 −21.58(11)

注：括号内的数据为样品数

上古生界天然气的碳同位素组成不仅反映了煤系有机母质的特征，而且与上古生界烃源岩热演化程度之间存在着较为密切的关系。盆地东北部的神木地区上古生界烃源岩成熟度较低（R_o 为 1.1%～1.5%），石千峰气层组（P_2s）的天然气碳同位素组成最轻，$\delta^{13}C_1$ 平均值为−36.59‰，$\delta^{13}C_2$ 与 $\delta^{13}C_{13}$ 平均值分别为−27.99‰与−25.52‰。

盆地西缘冲断带上古生界烃源岩 R_o 为 1.2%～1.7%，天然气甲烷及同系物的碳同位素组成相对较轻，$\delta^{13}C_1$ 平均值为−34.73‰，$\delta^{13}C_2$ 与 $\delta^{13}C_{13}$ 平均值分别为−26.14‰与−24.08‰。在上古生界烃源岩成熟度较高的苏里格、乌审旗及榆林气田等地区，天然气甲烷及同系物的稳定碳同位素组成较重，$\delta^{13}C_1$ 平均值为−31.12‰～−32.68‰，$\delta^{13}C_2$ 平均值在−23.45‰～−25.91‰，$\delta^{13}C_3$ 平均值为−23.04‰～−24.49‰。由此可见，上古生界天然气碳同位素组成与煤系烃源岩成熟度正相关性，即不同地区聚集的天然气碳同位素随该地区烃源岩成熟度升高而变重。

戴金星等（1992）研究成果表明，有机成因的原生烷烃气碳同位素系列属正碳同位素系列，即烷烃气 $\delta^{13}C$ 值依碳数增加而递增（$\delta^{13}C_1<\delta^{13}C_2<\delta^{13}C_3<\delta^{13}C_4$）；无机成因的原生烷烃气碳同位素系列为负碳同位素系列，即烷烃气 $\delta^{13}C$ 值依碳数增加而递减（$\delta^{13}C_1>\delta^{13}C_2>\delta^{13}C_3>\delta^{13}C_4$）。

鄂尔多斯盆地上古生界烷烃气的碳同位素系列大多数属于正碳同位素系列，但也有部分发生单项性碳同位素倒转。烷烃气碳同位素倒转是指 $\delta^{13}C$ 值不按分子碳数顺序递增或递减，即排列出现混乱，如 $\delta^{13}C_1>\delta^{13}C_2<\delta^{13}C_3<\delta^{13}C_4$ 或 $\delta^{13}C_1<\delta^{13}C_2>\delta^{13}C_3<\delta^{13}C_4$ 等。当天然气碳同位素倒转只在 $\delta^{13}C_2>\delta^{13}C_3$ 或 $\delta^{13}C_3>\delta^{13}C_4$ 一项中时，称为单项性碳同位素倒转；当天然气碳同位素倒转不固定，例如，$\delta^{13}C_2>\delta^{13}C_3$，或 $\delta^{13}C_1>\delta^{13}C_2$ 以及 $\delta^{13}C_3>\delta^{13}C_4$ 同时发生时，则称为多项性碳同位素倒转。

由图 6-3 可见，苏里格气田和乌审旗气田的碳同位素倒转都是 $\delta^{13}C_2>\delta^{13}C_3$ 的单项性碳同位素倒转，榆林气田的碳同位素倒转为 $\delta^{13}C_3>\delta^{13}C_{nC_4}$ 的单项性碳同位素倒转。戴金星等(2014)研究认为，天然气碳同位素倒转的原因有 7 种：①有机烷烃气和无机烷烃气相混合；②煤型气和油型气的混合；③同型不同源气或同源不同期气的混合；④天然气的某一或某些组分被细菌氧化；⑤气层气和水溶气的混合；⑥硫酸盐热还原反应(TSR)；⑦天然气氧化还原反应过程中的同位素瑞利分馏作用。

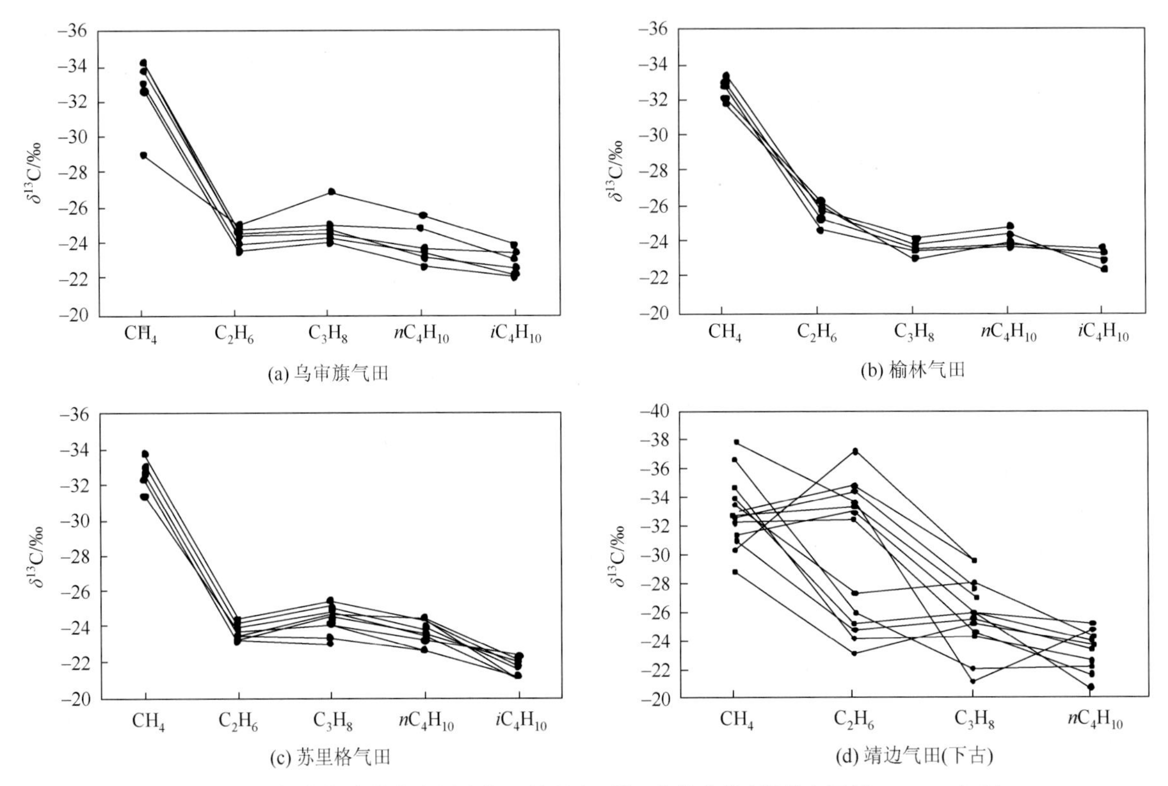

图 6-3　鄂尔多斯盆地古生界大气田烷烃气 $\delta^{13}C$ 变化曲线(据戴金星等，2005 略改)

鄂尔多斯盆地内部构造稳定，晚古生代以来断裂和岩浆活动欠发育，无机成因气体的影响甚微。由于细菌氧化作用主要发生在 80℃以下，硫酸盐热还原反应需要的地层温度较高，一般在 180℃以上，而上古生界经历最大古地层温度绝大多数为 140～160℃，并且天然气中的烷烃气体组成正常，几乎不含硫化氢，因此，天然气碳同位素倒转主要与不同期次的煤型气聚集以及油型气的混合有关。

上古生界烃源岩在晚三叠世至早白垩世由低成熟演化为高—过成熟期间，不同成熟度的天然气在相同储层中聚集混合时，碳同位素系列将发生变化。此外，上古生界烃源岩虽然以煤系有机质为主，但在中央古隆起以东地区本溪组—太原组发育有 20～30m 碳酸盐岩烃源岩，其有机质类型为混合型(详见第 3 章)。混合型有机质在成熟过程中能够形成一定数量的油型气。在子洲气田南部的 Y82、Y86 等少数井的太原组天然气 $\delta^{13}C_2$ 小于−29.0‰，证实了油型气的混入。

4. 烷烃气氢同位素特征

氢稳定同位素 H 和 D 之间的相对质量差大，导致了氢稳定同位素比值变化范围较大。沈平等(1998)

研究发现中国陆相盆地天然气甲烷的氢同位素组成在–255‰～–158‰，其中海陆交互相的半咸水环境中有机质生成的甲烷 δD 值重于–190‰，而在淡、微咸水湖相与沼泽相环境生成生物甲烷的 δD 值一般轻于–200‰。

根据鄂尔多斯盆地上古生界 5 个气田 13 口井天然气样品分析结果(表 6-3)，天然气甲烷氢同位素为–176.2‰～–213.9‰，平均值为–190.8‰，反映了海陆过渡相煤系烃源岩甲烷生成特点。乙烷和丙烷氢同位素平均值分别为–161.1‰和–156.9‰，异丁烷和正丁烷氢同位素平均值分别为–137.7‰和–139.2‰。同一样品从甲烷到丁烷的氢同位素，总体上表现出变重的趋势，即属于正常氢同位素序列。

表 6-3　鄂尔多斯盆地上古生界天然气氢同位素统计结果表

地区	井号	层位	δD (SMOW，‰)				
			甲烷	乙烷	丙烷	异丁烷	正丁烷
苏里格气田	Su33-18	P_1x	–190.3	–172.8	–180.7	–155.6	–157.4
	Su40-16	P_1x	–197.9	–162.2	–173.4	–145.7	–149.5
神木气田	Mn5	P_2s	–213.9	–158.2	–158.2	–133.6	–142.8
	Sh3	P_1x	–194.6	–168.1	–154.7		
	Y17	P_2s	–202.9	–149.5	–134.8	–123.8	–133.8
米脂气田	Y17	P_1x	–190.6	–157.4	–147.0	–140.1	–134.1
	M4	P_1x	–176.2	–154.5	–160.3	–142.1	–133.7
	Y12	P_1x	–178.1	–148.2	–140.2	–127.6	–121.2
	Y15	P_1t	–169.6	–166.9	–160.5		
	Q2	P_1t	–176.5	–162.7	–156.1	–138.3	–137.9
伊盟隆起	Z4	P_1x	–200.1	–164.1	–163.4	–143.6	–147.3
榆林气田	S117	P_1s	–196.9	–162.6	–156.1	–134.1	–143.5
	S215	P_1s	–192.5	–167.0	–154.5	–130.7	–130.6

由于有机母质上 CH_2D 官能团 C—C 键的亲和力要比 CH_3 官能团的 C—C 键强，只有在热力增加到一定强度的条件下，才可使 C—CH_2D 键断开。因此，随着成熟度不断增加，氢稳定同位素 D 的浓度会相对富集(戴金星等，1992)。根据上古生界天然气样品分析结果，从神木地区、苏里格气田、榆林气田到米脂气田，甲烷及重烃同系物的稳定氢同位素组成呈明显变重的趋势，说明天然气中甲烷及重烃同系物的氢同位素组成与热演化程度之间也存在着良好的相关性，即随着热演化程度的增高，甲烷及重同系物的氢同位素呈明显的增大趋势，反映了天然气同位素分馏效应主要受有机质生烃动力学控制，同时也说明了天然气具有就近聚集的特点。上古生界的同一口井或同一地区不同层位天然气甲烷及重烃同系物的氢同位素组成也呈明显的变化规律，即随着气层组层位变老，甲烷的氢同位素组成明显变重，这一变化规律与自上往下气层组热演化程度增高有关。

5. 氦同位素特征

氦气是惰性稀有气体之一，化学性质不活泼，不与其他元素化合，既不能燃烧，也不能助燃。氦元素是稀有元素中密度最小的，其密度是空气的 0.14 倍。由于氦的质量很轻，故可以脱离地球引力场并进入宇宙空间去。因此，氦原子能在大气圈中停留的时间平均只有几百万年(戴金星等，1989)。

氦元素有 5 个同位素(^{3}He，^{4}He，^{5}He，^{6}He，^{8}He)，其中 ^{5}He，^{6}He 和 ^{8}He 为不稳定同位素，^{3}He 和 ^{4}He 是稳定同位素。油气地质学中仅研究 ^{3}He 和 ^{4}He，通常以 ^{3}He/^{4}He 和 R/Ra(R 是样品中的 ^{3}He/^{4}He，R_a 是大气中的 ^{3}He/^{4}He)。^{3}He 主要为元素合成时形成的原始核素，由氚的 β 蜕变生成，主要来源于地幔；^{4}He

则主要为地球上自然放射性元素铀、钍 α 衰变的产物。

氦有大气氦、壳源氦和幔源氦三种来源，不同来源的氦其 $^3He/^4He$ 和 R/R_a 比值不同。徐永昌(1997)分析认为，壳源氦的 $^3He/^4He$ 值为 2×10^{-8}，R/Ra 值为 0.01～0.35 左右的氦为壳源氦；幔源氦和大气氦的 $^3He/^4He$ 值分别为 1.1×10^{-6} 和 1.4×10^{-6}。由于地球大气中的 ^3He 含量极低，在天然气藏中不考虑大气氦的来源。

据戴金星院士(2005)的研究资料(表 6-4)，榆林山 2 气藏中的 $^3He/^4He$ 的数量级为 $(3.10～3.72)\times10^{-8}$，苏里格盒 8 段气藏中的 $^3He/^4He$ 的数量级为 $(3.57～4.48)\times10^{-8}$，乌审旗盒 8 段气藏中的 $^3He/^4He$ 的数量级为 $(3.52～3.83)\times10^{-8}$。上古生界不同气田氦同位素 $^3He/^4He$ 的比值在 $n\times10^{-8}$ 范围内，为典型壳源氦，反映了与其伴生的烷烃气属于有机成因气。

表 6-4　鄂尔多斯盆地上古生界不同气田氦同位素及相关数据(据戴金星，2005)

气田	井号	深度/m	层位	$\delta^{13}C_1$/‰	R ($^3He/^4He$)	R/R_a	$CH_4/^3He$
榆林	S118	2856.8～2864.0	山 2	−33.20	$(3.72\pm0.20)\times10^{-8}$	0.026	8.7171×10^{10}
	S143	2795.0～2812.6		−33.57	$(3.39\pm0.24)\times10^{-8}$	0.024	1.3191×10^{11}
	S211	2903.0～2928.0		−32.35	$(3.64\pm0.24)\times10^{-8}$	0.026	1.4357×10^{11}
	S217	2778.6～2788.5		−31.60	$(3.10\pm0.24)\times10^{-8}$	0.022	1.6112×10^{11}
苏里格	Su1	3350.0～3353.6	盒 8	−32.24	$(4.48\pm0.26)\times10^{-8}$	0.032	4.3807×10^{10}
	Su20	3442.1～3472.4		−33.01	$(3.57\pm0.16)\times10^{-8}$	0.025	8.3510×10^{10}
	Su36-13	3317.5～3351.5		−33.40	$(3.71\pm0.22)\times10^{-8}$	0.026	7.4238×10^{10}
	T5	3272.0～3275.0		−33.10	$(3.93\pm0.22)\times10^{-8}$	0.027	6.9882×10^{10}
乌审旗	S240	3157.8～3161.0	盒 8	−32.60	$(3.52\pm0.21)\times10^{-8}$	0.025	8.2173×10^{10}
	W22-7	3119.8～3142.0		−32.60	$(3.52\pm0.27)\times10^{-8}$	0.025	7.9640×10^{10}
	G01-09	3038.0～3053.2		−33.70	$(3.70\pm0.22)\times10^{-8}$	0.026	7.8936×10^{10}
	G03-10	3027.8～3035.0		−33.60	$(3.83\pm0.20)\times10^{-8}$	0.027	9.0128×10^{10}

6.1.2　天然气成因

1. 烷烃气的成因

有机成因天然气的碳同位素组成既与源岩有机母质类型有关，同时有机质的热演化程度以及天然气运聚成藏方式等对其也有影响。上古生界煤系有机质相对于腐泥型有机质富集 ^{13}C，煤岩干酪根总体 $\delta^{13}C$ 值在−20.5‰～−26.3‰，煤系泥岩分散有机质 $\delta^{13}C$ 值为−20.4‰～−26.4‰，而腐泥型有机质则一般相对富集 ^{12}C，其 $\delta^{13}C$ 值多数小于−26‰。烃源岩干酪根中的碳同位素具有很强的遗传性，可以传递给它们所生成的天然气，特别是传递给天然气中的乙烷。因此，乙烷的碳同位素是划分煤型气与油型气的关键指标。戴金星等(1985、1994)、徐永昌等(1979)许多学者以 $\delta^{13}C_2>-28$‰为分界点，将天然气划分为煤型气和油型气，即 $\delta^{13}C_2>-28$‰的天然气来源于煤系有机质，$\delta^{13}C_2<-28$‰天然气来自于腐泥型有机质。

根据天然气 $\delta^{13}C_1$-$\delta^{13}C_2$-$\delta^{13}C_3$ 成因分类图版(戴金星等，1992)，可判断出鄂尔多斯盆地上古生界天然气主要为煤型气，但在米脂等局部地区天然气的 $\delta^{13}C_2$ 为−30‰～−35‰，反映混有少量油型气(图 6-4)。煤型气为腐质型有机质热解成因气，包括煤岩和煤系泥质烃源岩有机质的热解成因气。油型气来源于腐泥型及混合型有机质热解成因气，包括其干酪根的初次裂解气和原油的二次裂解气。煤系有机质在浅埋埋藏过程中可形成一定数量的生物成因气，但根据图 6-4 可判断生物成因气在上古生界天然气中贡献甚微。

天然气中 $CH_4/^3He$ 指标能判别天然气中甲烷是否存在无机幔源成因混入的重要指标(戴金星等，2005)。无机幔源成因天然气的 $CH_4/^3He$ 比值在 10^5～10^7 数量级范围内，而有机成因的 $CH_4/^3He$ 比值的数量级为 10^{10}～10^{12}。榆林气田的 $CH_4/^3He$ 比值为 8.7171×10^{10}～1.6112×10^{11}；苏里格气田的 $CH_4/^3He$ 比值

一般在 4.3807×10^{10}～6.9882×10^{10}；乌审旗气田的 $CH_4/^3He$ 为 8.2173×10^{10}～9.0128×10^{10}。由此可见，天然气氦同位素与天然气组成特征反映了上古生界天然气的甲烷属于有机成因。

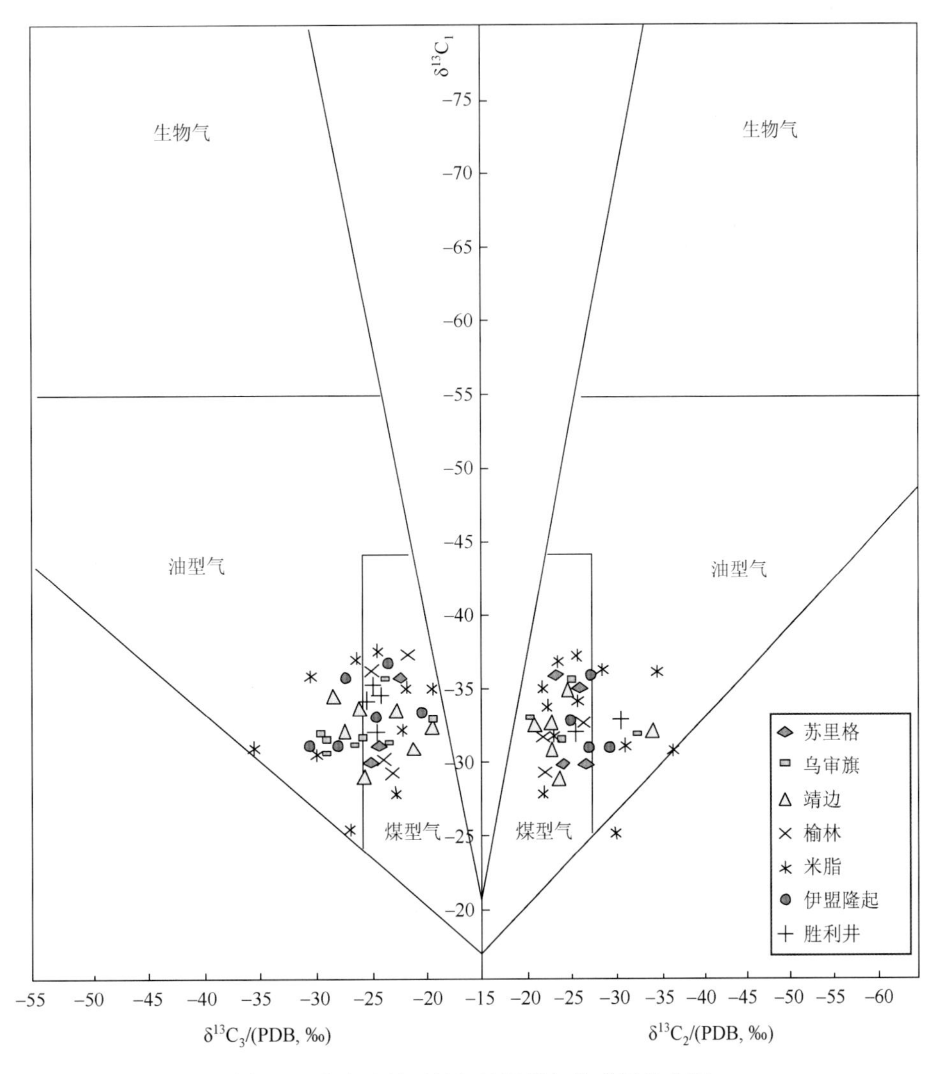

图 6-4 上古生界天然气的烃类气体成因分布图

2. 二氧化碳气成因

气藏中二氧化碳的成因可分为无机和有机两大类。有机成因是指有机化合物在微生物或地热作用下，遭受生物化学降解或热裂解而生成的二氧化碳，而无机成因的二氧化碳主要来源于无机矿物分解与岩浆活动。沉积有机质在低成熟阶段，微生物的分解作用和干酪根的脱羧酸作用形成一定数量的二氧化碳。碳酸盐矿物在高温热解、低温水解以及酸类溶解过程中均可形成无机二氧化碳气体。在岩浆活动地区，随着岩浆上升的温度、压力降低，岩浆中析出的二氧化碳气体运移到附近的油气圈闭中聚集。

无机成因的二氧化碳在天然气中的含量较高，碳同位素较重。上古生界天然气中的甲烷含量高，二氧化碳含量较低，绝大多数在 3%以下，二氧化碳碳同位素相对较轻，$\delta^{13}CO_2$ 介于−7‰～−26‰，平均值为−13.9‰，具有典型有机成因的特征(图 6-5)。上古生界少数井天然气的 $\delta^{13}CO_2$ 值大于−8‰，例如，T5 井、S117 井、Q2 井、S193 井属于无机成因(戴金星，1992)。这部分碳同位素偏重的二氧化碳气体可能与碳酸盐岩水解或者酸溶作用有关。总体而言，根据 $\delta^{13}CO_2$ 和 CO_2/CO_2+C_1 指标综合判断，上古生界天然气中的二氧化碳属于有机成因。

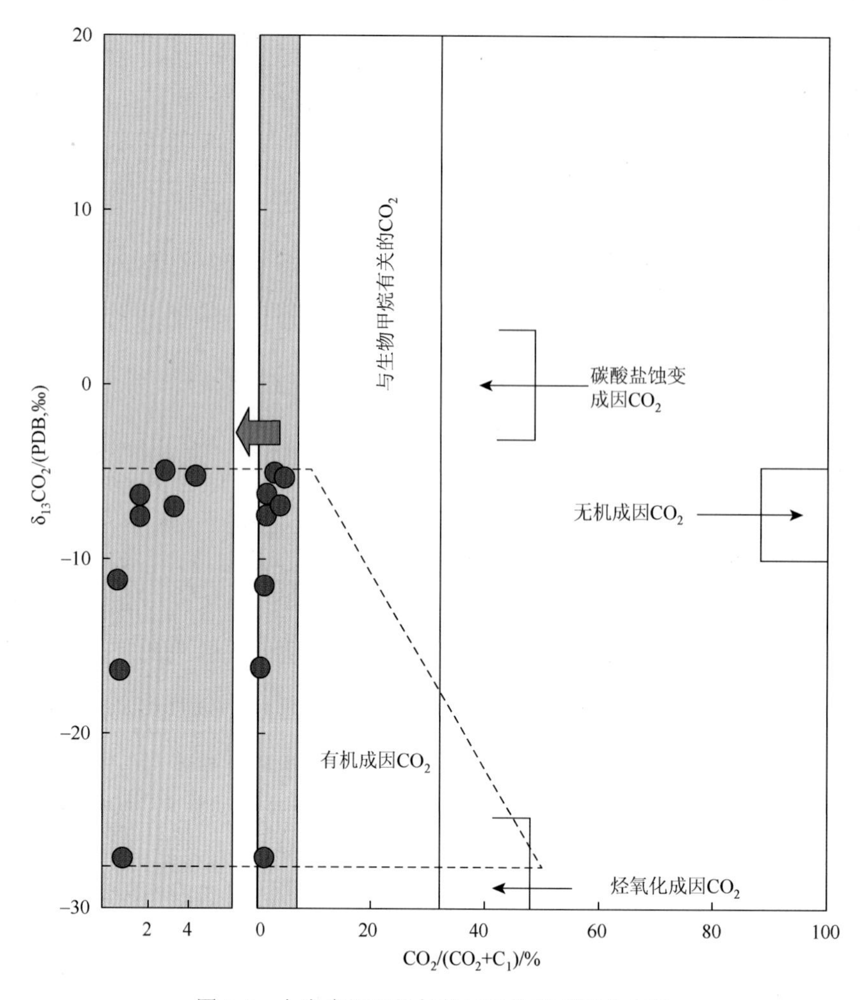

图 6-5　上古生界天然气的二氧化碳成因分布图

综合以上分析，上古生界天然气的氦同位素和二氧化碳的碳同位素具有典型有机成因的特征，天然气烃类组分、甲烷同系物的氢与碳同位素以及同位素系列特征均表明上古生界天然气为腐殖型成因的煤型气。由于不同时期煤型气的混合，天然气甲烷烃及同系物碳同位素存在的单项倒转。盆地东部气田的 Y82 井、Y86 井等少数井区发现了油型气的混入。

6.1.3　气源对比

鄂尔多斯盆地上古生界天然气组成和碳同位素与塔里木盆地库车拗陷三叠系—侏罗系、四川盆地上三叠统须家河组等典型的煤型气具有相同特征(杨华等，2004；戴金星等，2005)。盆地中生代侏罗系煤系埋藏较浅，热事件影响较小，处于未成熟阶段；上古生界煤系烃源岩埋深较大，受热事件影响叠加，热演化达到高—过成熟阶段。本溪组和太原组内部发育有一定厚度泥灰岩烃源岩，其有机质类型为混合型，能够形成一定数量的油型气，但总体规模较小。上古生界煤岩和煤系泥岩厚度较大，分布稳定，天然气来主要源于煤系中煤岩还是煤系泥岩对天然气勘探部署具有指导意义。

沉积岩的氩有三种来源(刘全有等，2007)：一是沉积碎屑中继承原始矿物中 ^{40}K 蜕变形成的氩；二是沉积物吸附及沉积物孔隙水中溶解的大气氩；三是自生含钾矿物形成后蜕变所形成的 ^{40}Ar。除少数气藏中有深部来源氩外，天然气中氩主要与烃源岩有关。烃源岩中 ^{40}Ar 主要来源于烃源岩中母体元素 ^{40}K 的蜕变。^{40}K 具有两种衰变模式：一是通过 β 衰变产生 ^{40}Ca，二是电子衰变形成 ^{40}Ar。这两种衰变过程具有不同的衰变系数。由 ^{40}K 蜕变衰变产生的 ^{40}Ar 可以表达为

$$^{40}Ar=[K]\times X\times 10^{-6}(N_A/N_K)(\lambda_{Ar}/\lambda_{Ca})\times(e^{\lambda t}-1) \tag{6-1}$$

式中，[*K*]为源岩中 *K* 的丰度；*X* 为常数 1.167×10^{-4}，表示自然界中含钾矿物中 ^{40}K 的丰度；N_A 为阿伏加德罗常数(6.023×10^{23})；N_K 为钾元素的质量摩尔数(39.964)；λ_{Ar} 为元素 ^{40}K 衰变形成 ^{40}Ar 的衰变系数(0.581×10^{-10}a^{-1})；λ_{Ca} 为 ^{40}K 衰变形成 ^{40}Ca 的衰变系数(4.962×10^{-10}a^{-1})；*t* 为地质年代。

在天然气藏中 ^{40}Ar 包括有 ^{40}K 衰变产生的放射成因 $^{40}Ar^*$ 与沉积水体中溶解的大气氩 $^{40}Ar_0$。由于大气中 ^{40}Ar/^{36}Ar 的表征值为 295.5，因此，气藏中放射成因的 ^{40}Ar 就可以表达为

$$^{40}Ar^* = {}^{40}Ar - {}^{40}Ar_0 \tag{6-2}$$

天然气中测试到的 ^{40}Ar/^{36}Ar 值为放射成因 $^{40}Ar^*$ 和大气 ^{40}Ar 之和与 ^{36}Ar 的比值。如果天然气来源于 a 和 b 两类烃源岩，当其含钾矿物丰度存在明显差异时，两者形成的天然气中 ^{40}Ar/^{36}Ar 比值应具有如下关系式：

$$\frac{(^{40}Ar/^{36}Ar)_a - (^{40}Ar/^{36}Ar)_{空气}}{(^{40}Ar/^{36}Ar)_b - (^{40}Ar/^{36}Ar)_{空气}} = \frac{K_a}{K_b} \tag{6-3}$$

K_a 为烃源岩 a 中含钾矿物的含量(%)；K_b 为烃源岩 b 中含钾矿物的含量(%)。在天然气藏中，氩的 ^{40}Ar 与 ^{36}Ar 同位素具有相同的物理属性，它们不受任何物理或化学分馏过程的影响，两者的比值仅与烃类形成时间和组成源岩含钾矿物丰度有关。^{40}Ar/^{36}Ar 比值和源岩中含钾矿物丰度呈正相关，即含钾矿物丰度越高，^{40}Ar/^{36}Ar 比值越大。当天然气来自于相似岩性的烃源岩时，天然气中 ^{40}Ar/^{36}Ar 值主要受地层年代累积效应的影响。当天然气来源于相对古老的烃源岩时，其 ^{40}Ar/^{36}Ar 值相对较大，反之则较低。

刘文汇等(2001)通过统计和测试我国主要含油气盆地中天然气的 ^{40}Ar/^{36}Ar 比值与源岩时代对比分析，建立了不同时代天然气中 ^{40}Ar/^{36}Ar 比值与地质年代之间的对应关系。二叠纪(250～290Ma)对应的 ^{40}Ar/^{36}Ar 比值为 920～1094，石炭纪(290～355Ma)对应的 ^{40}Ar/^{36}Ar 比值为 1094～1450。由于该对应关系是建立以碳质泥岩或泥岩的基础之上，对于以腐质型干酪根作为气源岩生成的天然气而言，放射成因的 ^{40}Ar 往往来自于煤岩和煤系泥岩烃源岩中含钾矿物的衰变。因此，当这两类烃源岩中含钾矿物丰度不同时，放射成因的 ^{40}Ar 比值也必然存在一定差异，从而影响天然气中 ^{40}Ar/^{36}Ar 比值。

一般来说，煤系泥岩含钾矿物丰度较高，而煤岩含钾矿物丰度较低。鄂尔多斯盆地石炭系与二叠系煤系泥岩的钾含量平均为 2.49%，煤岩的钾含量为 0.19%～0.60%，平均值为 0.214%，两者差异约 1 个数量级。如前所述，苏里格气田天然气是典型的煤型气，天然气主要来自于本溪组—山西组煤系烃源岩。通过式(6-1)～式(6-3)可计算出苏里格气田 6 口井煤岩与煤系泥岩对天然气的各自贡献率。计算结果表明，在 Su6 井源岩中钾含量为 0.501%～0.927%，煤岩贡献率为 68.7%～87.4%；而 Su33-18 井源岩中钾含量为 0.036%～0.066%，煤岩贡献率超过 100%(表 6-5)。造成煤岩贡献率超过 100%的原因可能是计算过程中对煤岩钾含量估计偏高。

表 6-5 石炭与二叠系源岩中钾含量与煤岩对苏里格气田天然气贡献率(据刘全有等，2007)

井位	K 含量/%	煤岩贡献率/%	K 含量/%	煤岩贡献率/%	K 含量/%	煤岩贡献率/%
Su6	0.927	68.7	0.725	77.5	0.501	87.4
Su40-16	0.365	93.4	0.285	96.9	0.197	100.7
Su38-16	0.468	88.8	0.366	93.3	0.253	98.3
Su33-18	0.066	106.5	0.051	107.1	0.036	107.8
Su35-17	0.919	69.0	0.719	77.8	0.497	87.6
^{40}Ar/^{36}Ar	920		1094		1450	

注：^{40}Ar/^{36}Ar 为 920，1094 和 1450 分别表示石炭与二叠纪始末的烃源岩中 ^{40}Ar/^{36}Ar 数值

总体而言，考虑到上古生界不同环境煤岩钾含量的差异，煤岩生成的天然气对气藏形成的贡献约占65%以上。换言之，气源对比结果表明上古生界主力气源岩为煤岩，煤系泥岩生烃的贡献占次要地位，灰岩生烃的贡献只在局部地区有一定影响。

上古生界煤岩与煤系泥岩生烃对气藏形成的贡献与它们的生烃能力具有密切关系。根据生烃强度计算结果(详见第 3 章)，煤层平均生气强度大约是煤系泥岩的 2 倍，是灰岩的 10 倍。上古生界煤层大面积分布，单层厚度较薄，累计厚度较大，煤层气的大量生成与排烃必然在气藏的形成中占主导地位。

6.2 上古生界天然气运聚成藏年代分析

油气聚集的成藏时期是油气勘探所面临的重要问题之一，也是油气地质学、油气藏地球化学研究中最热门的理论问题。近二十年来，成藏年代学已经发展成为当代油气地质学的一个前沿领域(王飞宇等，1997；赵靖舟等，2002)。20 世纪 80 年代以来，随着流体包裹体方法、伊利石的 K-Ar 同位素测年法、饱和压力—露点压力法、油气水界面追溯法等多种新方法或新技术的引入，成藏年代学研究取得了重要进展。针对鄂尔多斯盆地上古生界构造、沉积和储层成岩演化等特征，应用地质综合法、包裹体均一温度法和伊利石 K-Ar 同位素和 $^{40}Ar/^{39}Ar$ 同位素等对上古生界致密砂岩气藏的形成时期进行综合分析。

6.2.1 地质综合方法

根据含油气系统理论，油气藏是多种地质要素在时间和空间上共同作用的结果。这些地质要素包括源岩、运移通道、盖层和圈闭等。地质综合法就是通过烃源岩的生烃、排烃、构造演化、圈闭和盖层形成时期等综合分析油气藏的形成时期。该方法属于间接法，虽然不能确定油气藏形成的具体时间和成藏的主要期次，但在大多数情况下仍可提供十分有用的成藏年代信息。

1. 圈闭形成时期

鄂尔多斯盆地在伊盟隆起、西缘冲断带、天环坳陷、晋西挠褶带及渭北隆起 5 个构造单元发育构造圈闭，但圈闭面积小、断裂构造发育，保存条件差，目前只发现了几个小气藏。盆地内部伊陕斜坡构造平缓，在宽缓的单斜背景上发育多排北东走向的低缓鼻隆，鼻隆幅度约 10m。大量钻探资料证实，鼻隆构造对上古生界气藏不起控制作用，广泛分布的岩性圈闭是天然气聚集的主要场所。

上古生界沉积时，来自北部伊盟隆起及其以北的河流进入鄂尔多斯陆表海或湖盆时，在障壁海岸沉积体系及浅水三角洲沉积体系发育障壁岛、河口坝、辫状河道砂体。障壁砂坝、河口砂坝分布规模相对较小，多呈透镜状或带状尖灭于泥质岩或致密碳酸盐岩。三角洲河道砂体沿水流方向延伸呈长带状分布，在侧向上由于分流河道侧向摆动形成分流河道砂体叠置，形成宽 15～55km 主砂带，南北向延伸长达 200～350km。河道主砂带两侧往往与泛滥盆地、河漫沼泽和分支间湾的粉砂岩、泥岩等细粒沉积物共生。晚白垩世以来形成西倾伊陕单斜后，分布于河道砂体东侧的泥岩和粉砂岩就处于上倾方向，形成上倾封堵，西侧的泥岩和粉砂岩则位于分流河道砂体的下倾方向，形成下倾方向封闭。河道砂体向南延伸至湖区而变薄尖灭，河道砂体向北，由于北部冲积扇与河流相过渡带砂岩成分杂、分选差，成岩作用强烈而形成致密岩性遮挡，盆地北缘断裂也可形成构造封闭(图 6-6)。

上古生界三角洲河道砂体较厚、南北向延伸长度大，由于河道侧向迁移，单个砂体厚度较薄，一般为 3～15m，宽度几十米至上千米，南北长约几千米至十几千米。多个单砂体相互叠置、复合连片时，复合砂体内部横向上连续性差，物性变化大。在成岩作用过程中，河道砂体中分选好、颗粒较粗的砂岩保留了较多的原生粒间孔，形成相对高孔高渗储层，而分选差、颗粒较细的砂岩经过成岩压实，硅质胶结等形成砂岩致密隔层。砂岩致密隔层在一定程度上对油气进行纵向与侧向封堵，即在砂岩中形成成岩圈闭。换言之，上古生界大型岩性圈闭的形成受沉积作用与成岩作用共同控制，在储层总体致密化背景下，大型复合砂体由于储层非均质性的影响，孔隙流体连通差，缺乏明显的圈闭边界。成岩作用研究表明，上古生界储层在三叠纪末期—中侏罗世演化为致密储层(详见第 5 章)。因此，从沉积和成岩方面看，上古生界圈闭形成时间较早，能够捕获早期油气并聚集成藏。

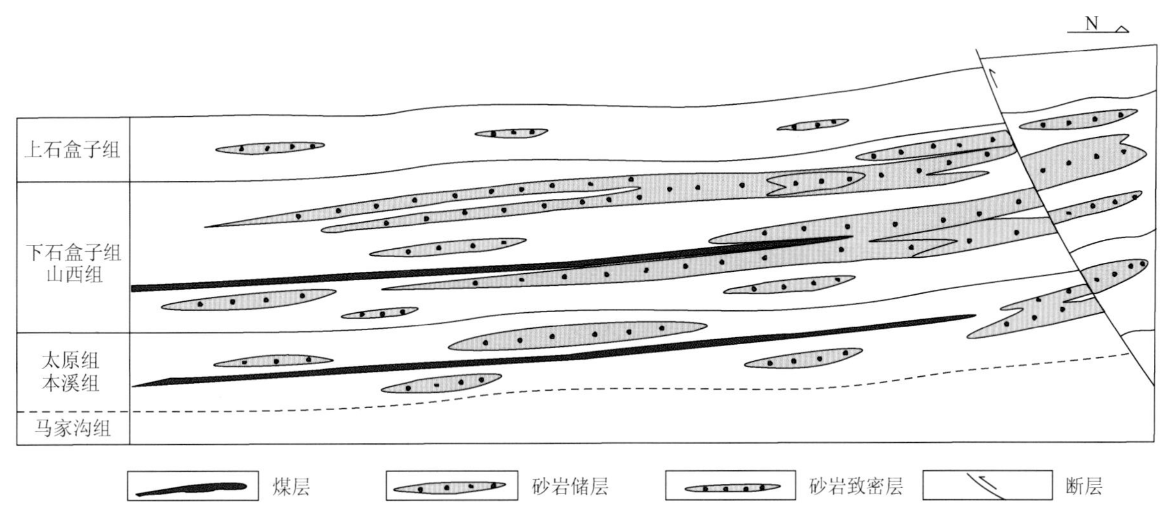

图6-6 上古生界岩性圈闭分布示意图

2. 盖层形成时期

上古生界在纵向上可划分为源内、近源和穿层远源三种类型的生储盖组合(详见第 9 章)。源内式组合的盖层为山 1 段泥岩与煤层，近源式组合的盖层为下石盒子组与上石盒子组段泥岩，而上二叠统石千峰组泥岩则主要是远源式组合的盖层。盖层封闭油气的机理有三种：毛细管压力封闭、异常高压封闭和烃浓度封闭。毛细管压力封闭是由于盖层的孔喉半径相对小，而产生的毛细管压力阻止储层中油气向上运移。毛细管压力封闭又可称为物性封闭。盖层的物性封闭只能封闭储层中游离相的油气，不能阻止水溶相油气的运移。

当盖层欠压实作用产生的异常高压大于下覆储层孔隙流体压力时，形成异常高压封闭。在异常高压封闭的盖层中，孔隙流体的运移受到严重阻碍，不仅较毛细管压力封闭有更强的封闭游离相运移油气的能力，而且还可以封闭住呈水溶相运移的油气。根据泥岩声波压实曲线特征，上石盒子组泥质岩进入欠压实的埋藏深度(现今井深+地层剥蚀厚度)为1500～2500m(详见第7章)。对于盒8段～本溪组储层而言，泥质岩直接盖层在晚三叠世沉积期间，经过正常压实后开始进入欠压实阶段，形成了稳定分布的异常高压封隔层，具有良好的封闭能力。

天然气扩散是由于分子热运动的互相碰撞作用从高浓度区向低浓度区迁移过程。当气藏的盖层具有生烃能力时，盖层中有机质产生的天然气在一定程度上可降低下覆气藏分子扩散的浓度梯度。上古生界源内式组合的山 1 段暗色泥岩与煤层有机质含量高，在高—过成熟期间生成大量天然气，排烃后残余在气源岩中天然气将形成浓度盖层。由此可见，山 1 段暗色烃源岩大量生烃期，也是本溪组—山 2 段气藏浓度盖层的形成时期。

3. 烃源岩有机质大量生烃期

鄂尔多斯盆地上古生界烃源岩主要为本溪组、太原组和山西组的煤岩及煤系泥岩。煤系地层烃源岩生烃是一个多阶连续生烃过程。热模拟实验证明，煤系有机质大量生烃期的 R_o 为 1.3%～1.7%。烃源岩在大量生烃期，由于生烃、水热增压等作用使孔隙流体产生异常高压而发生微裂缝排烃。因此，烃源岩的大量生烃期也是天然气的大量运移聚集时期。

根据上古生界 200 余口井的埋藏史和有机质的生烃演化模拟计算，烃源岩在晚三叠世开始少量生烃，到早侏罗世末期，盆地南部源岩成熟度 R_o 在 0.6%～0.7%，烃源岩开始进入生烃门限；盆地中北部成熟度略低，R_o为 0.5%～0.6%，但也开始生烃。早侏罗世沉积期间，上古生界烃源岩总体上进入生烃门限，天然气生成量较低，同时干酪根中的壳质组也生成少量液态烃类。

在中侏罗世末期，盆地南部源岩成熟度 R_o 已达 0.8%～0.9%，盆地北部烃源岩成熟度 R_o 也增高到 0.6%～0.8%，在定边—靖边—富县—宁县地区的烃源岩源岩成熟度 R_o 达到 1.0%～1.2%(图 6-7)。由此可见，上古生界烃源岩在中侏罗世总体上进入低成熟阶段，天然气生成量在一定程度上有所增加，但生气规模仍然较小。在晚侏罗世至早白垩世期间，上古生界烃源岩埋深深度大幅度增加，同时构造热事件使古地温显著升高，烃源岩有机质生烃作用进入高—过成熟阶段，天然气生成量大幅度增加，是天然气大量运移聚集成藏的主要时期。

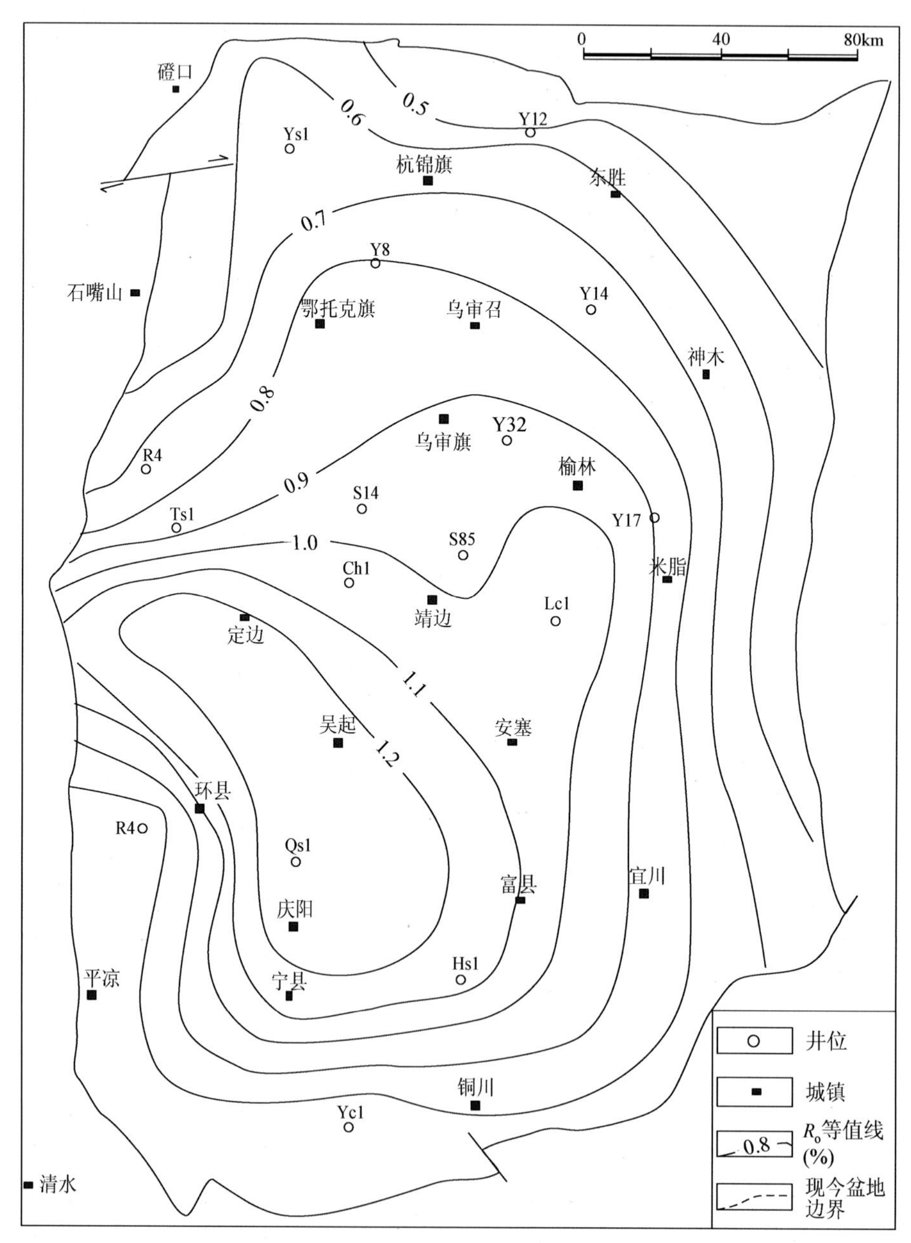

图 6-7　上古生界烃源岩在中侏罗世末期成熟度分布图

6.2.2　流体包裹体方法

流体包裹体是矿物结晶生长过程中被捕获在矿物晶体缺陷、空穴、晶格空位、错位及微裂隙中的成岩成矿流体，并且至今在宿主矿物中被完好封存(刘德汉等，2007)。流体包裹体最初用于矿床学研究，通过盐水、气液包裹体测温、盐度和冰点等方面研究矿床的形成时期与形成条件。有机包裹体研究较晚，到20世纪70年代末才开始在石油地质研究中得到应用。有机包裹体是由有机的液体、气体和固体所组成，液体如石油，气体如甲烷、乙烷，固体为沥青等。Mclimans(1987)称这种包裹体为碳氢流体包裹体或烃流体包裹体。有机包裹体作为封存在矿物晶穴或裂隙中的原始有机流体，是油气运移聚集过程的原始记录。它的最大特点是可以记录下每一期油气运移的特征，而且这些特征一般不会因后期埋藏加深及构造作用而发生改变或消失。因此，有机包裹体在油气藏成藏史研究中具有不可替代的作用。包裹体油藏地球化学在国内外已经广泛运用于油气地质勘探中，并在很多地区或油田取得成果(Karlsen，1993；刘德汉等，2007)。目前，在成藏年代学与成藏史研究方面，流体包裹体的应用主要有三个方面：一是烃类包裹体形成的世代，代表了油气运移充注的期次；二是烃类流体包裹体的均一温度，记录了油气运移充注时储层的古地温，通过热史和储层埋藏史的恢复即可确定包裹体形成时的埋藏深度，其对应的地层时代即是油气藏的成藏年代；三是包裹体的烃类成分，可以反映油气注入时的地球化学特征和相态特点。

1. 包裹体类型及分布特征

根据镜下观察结果，上古生界储层流体包裹体主要分布在石英加大边及石英颗粒微裂缝、碳酸盐胶结物中。根据流体包裹体相态组分特征可将其划分为无机盐水包裹体及有机烃类包裹体两大类，有机包裹体进一步分为含烃盐水包裹体、液态烃包裹体、气态烃包裹体、含石盐子晶的盐水包裹体及二氧化碳三相包裹体等六种类型。

1)无机盐水包裹体

无机盐水包裹体数量较多，为均相捕获的包裹体，多分布在石英加大边、石英颗粒微裂缝及碳酸盐胶结物中，常呈串珠状成群成带分布，多呈现圆形、椭圆形、长条形及不规则状，个体较小(5～10μm)，气液比为5%～10%，气相多为二氧化碳，透射光下，无色—浅褐色，荧光下，不发荧光，加热时均一为液相(图6-8)。

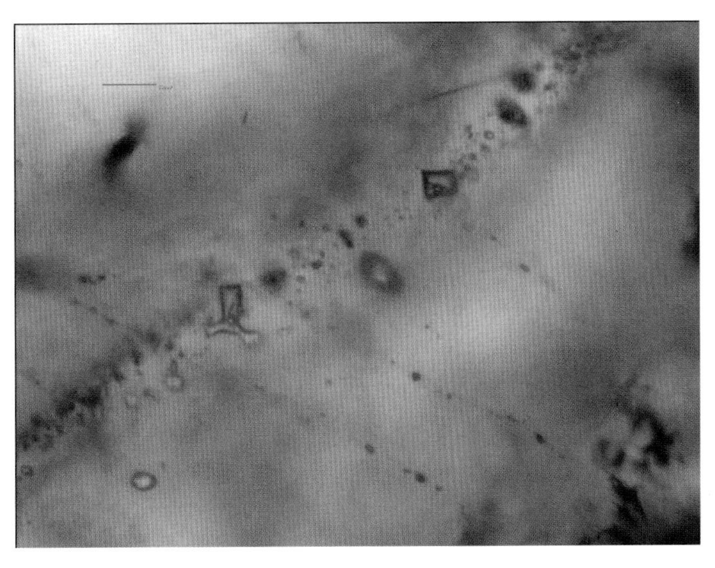

图6-8　Y43井盒8段石英颗粒微裂缝盐水包裹体(2540.33m，500x)

2)含烃盐水包裹体

含烃盐水包裹体在上古生界分布广、数量多，多属均相捕获的包裹体，常分布碎屑颗粒、石英颗粒微裂缝及石英加大边中，常与盐水包裹体伴生，呈串珠状成群成带分布，大小不均，多数较小(<5μm)，一般为5～15μm左右，形态为菱形、圆形、椭圆形及不规则状，气液比为5%～15%，包裹体壁厚，液态

烃附着在包裹体内壁和气泡外缘。单个包裹体从边缘到中心，依次为盐水相—液烃相—气烃相。单偏光下，液态烃无色，边缘由于透射光的原因，在低倍镜下，显示黑—褐色；气相无色。荧光下液烃相显示弱蓝白色光环，气烃相不发光，具中盐水相也不发光，居四周(图 6-9)。

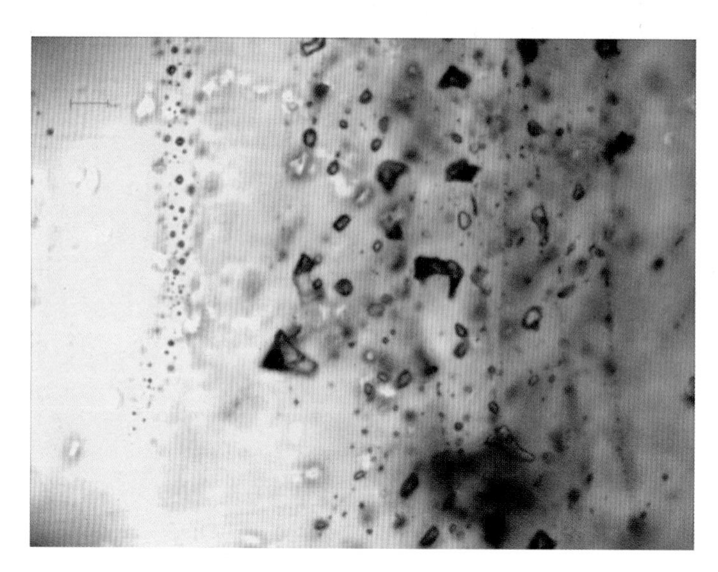

图 6-9 Y79 井盒 7 段石英颗粒次生加大边含烃盐水包裹体(2192.61m，500x)

3)液态烃包裹体

液态烃包裹体多与气态烃包裹体以及盐水包裹体伴生，一般呈串珠状、条带状与液烃包裹体伴生沿石英颗粒微裂缝及石英加大边中分布，大小为 2～15μm，形态为圆形、椭圆形到不规则状，一般气液比比较大，气态烃的含量比较高，气相所占据的体积比较大。透射光下呈无色—浅褐色，荧光下液烃相显示弱蓝白色光环，气烃相不发光，居于包裹体的中部，盐水相不发光(图 6-10)。

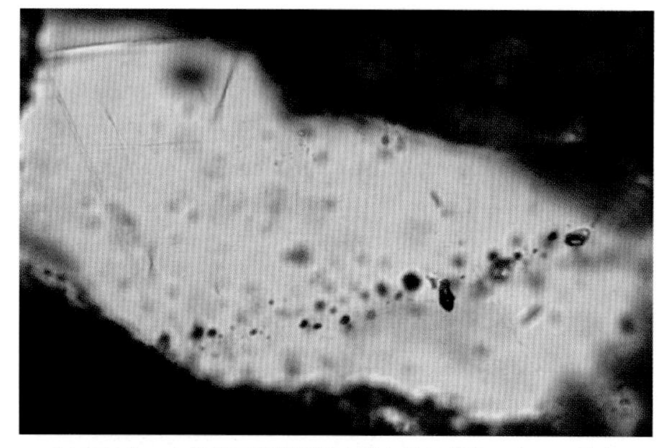

(a) M10井，太原组石英微裂缝中液态烃包裹体，200x，透光

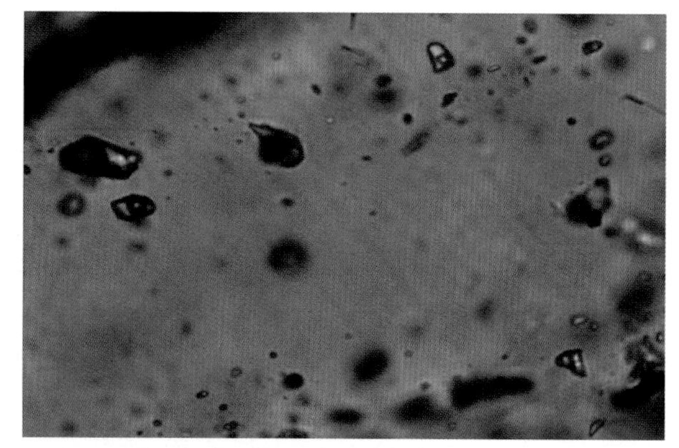

(b) Y24井，盒3段石英加大边中液态烃包裹体，500x，透光

图 6-10 石英次生加大边和石英裂缝液态烃包裹体

4)气态烃包裹体

气态烃包裹体在上古生界的下部层系中较发育，在本溪组与太原组储层中可达 19%，山西组储层中可达 11%，中上部含气组合的储层中含量较低，盒 8 段可达 9.8%，千 5 段为 8.8%。气态烃包裹体产出在石英颗粒次生加大边、愈合微裂缝及其他颗粒内，一般呈串珠状、条带状分布，大小为 1～5μm，形态为圆形、椭圆形到不规则状。透射光下无色，冷冻加温会逐渐出现液相气泡。拉曼光谱分析显示，石英次生加大边气态包裹体多以甲烷为主，早期裂纹气态包裹体中二氧化碳含量较高(图 6-11)。

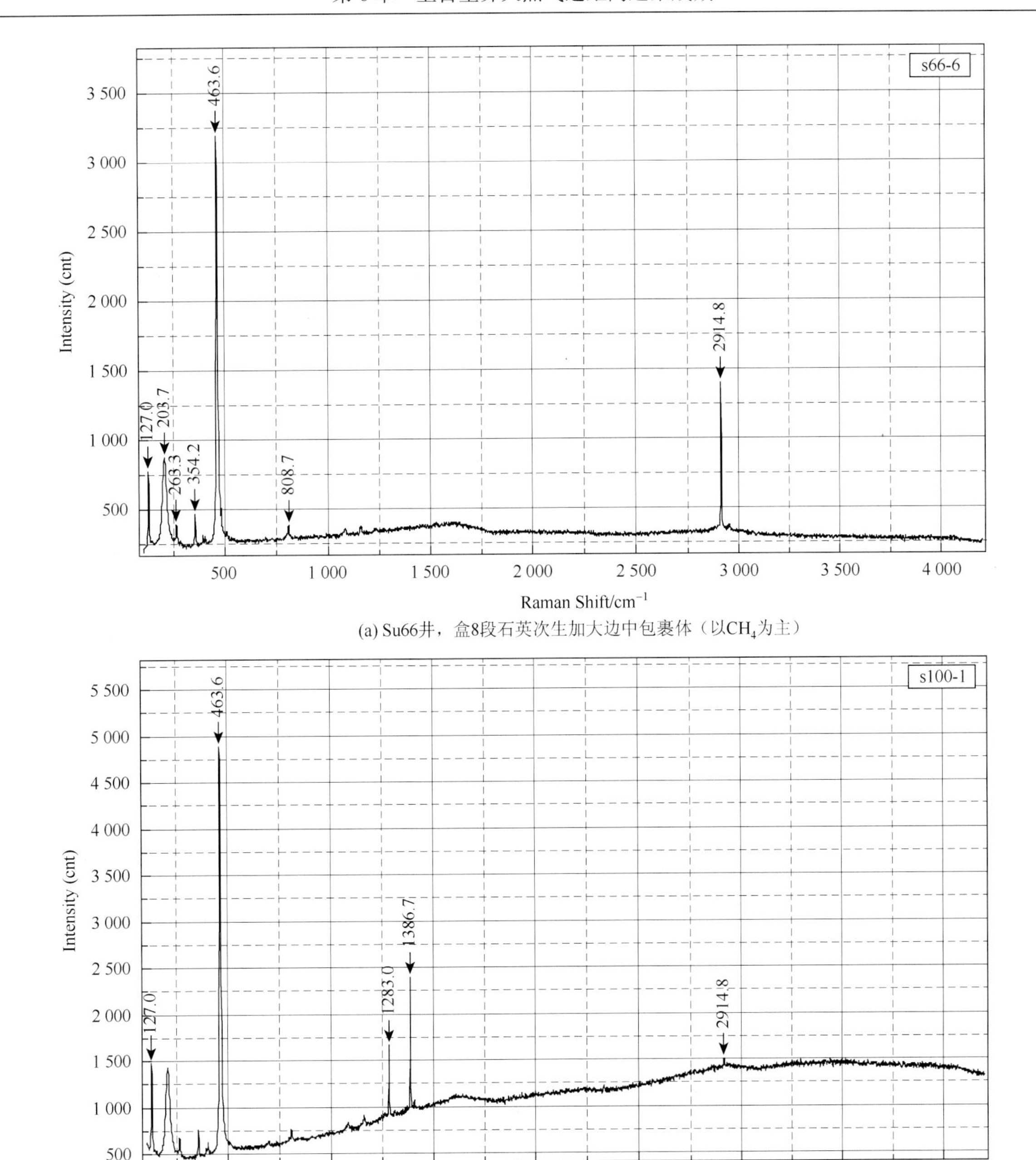

(a) Su66井，盒8段石英次生加大边中包裹体（以CH_4为主）

(b) Su100井，盒8段石英微裂缝中包裹体（以CO_2为主）

图 6-11　石英次生加大边和石英微裂缝气态包裹体拉曼光谱

5) 二氧化碳三相包裹体

该类包裹体呈三相产出，由气态与液态二氧化碳和盐水溶液组成(图 6-12)。这类包裹体个体明显大于盐水溶液包裹体，主要分布在石英加大边，约占流体包裹体总量的 5%。在盐水和二氧化碳体系的包裹体中，二氧化碳在临界温度 31.1℃下可分别呈液相和气相存在，呈现出一种“气泡”中还有其他气泡的特征，即液态二氧化碳常呈“新月型”在气相和盐水溶液之间绕气泡分布，多数情况下见到二氧化碳包裹体中吸附有较多的沥青质，其中气相和液相二氧化碳的部分均一温度为 27～30℃，该类包裹体占 5%～10%，主要与煤系地层有关。

6) 含石盐子晶的盐水包裹体

这类包裹体根据相态分为含石盐子晶的两相盐水包裹体和三相盐水包裹体(图 6-13)。含石盐子晶的两相盐水包裹体，包括石盐子晶和盐水溶液；三相盐水包裹体包含石盐子晶、盐水溶液和气态烃。这两类包裹体的共同特点是个体较大，一般大于 5μm；包裹体轮廓以负晶形为主，其内石盐子晶形状为正方形，石盐子晶无色透明，盐水溶液呈淡褐色或无色，主要分布在石英边部或颗粒内部。

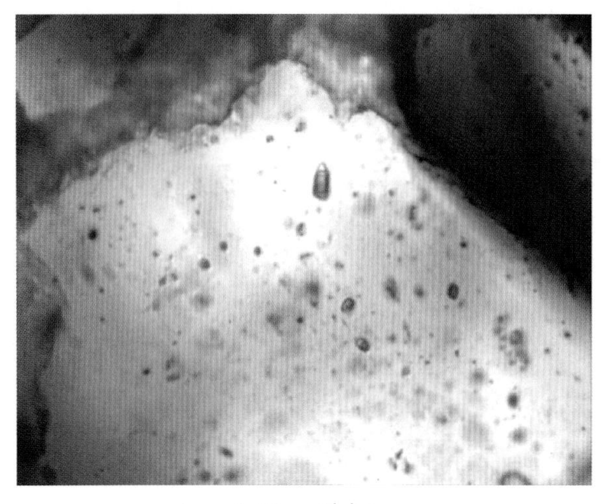

（500x，透光）

图 6-12　Sh4 井盒 8 段储层 CO_2 三相包裹体

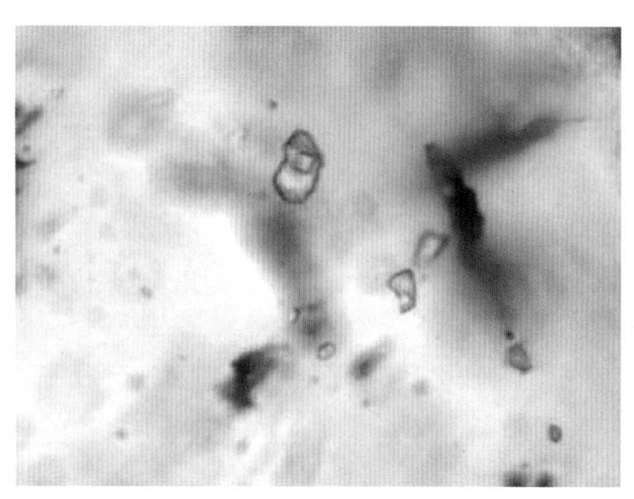

（500x，透光）

图 6-13　Y43 井盒 8 段储层含石盐子晶包裹体

2. 流体包裹体均一温度分布特征

烃类包裹体是油气运移聚集过程中留下的证据。利用与烃类包裹体同期的盐水包裹体的均一温度，可以确定烃类包裹体的形成温度。应用流体包裹体均一温度的基本条件是包裹体捕获的流体呈均匀的单相，且捕获后为等容封闭体系。当包裹体形成后，若宿主矿物受到较高的温度和压力影响时，包裹体的均一温度往往会发生再平衡，表现为包裹体的爆裂或塑性变形，引起均一温度改变，这在碳酸盐矿物上表现更为突出。实验表明，包裹体均一温度再平衡除与压力有关外，还受包裹体大小、形状等影响。包裹体越大、形状越不规则，均一温度再平衡越易发生，从而使包裹体的均一温度出现异常情况。前人大量研究成果表明，可用于包裹体研究的矿物主要有重晶石、方解石、萤石、闪锌矿和石英等，其中自生石英矿物是进行均一温度测定的首选宿主矿物。

根据上古生界储层中与烃类共生的盐水包裹体均一温度测定结果分析，太原组盐水包裹体温度范围为 100～160℃，呈两期分布特征(图 6-14)。第一期形成的包裹体均一温度为 100～125℃，包裹体主要分布于石英加大边；第二期盐水包裹体主要分布于晚期石英加大边及方解石胶结物中，均一温度为 135～160℃。

山西组和下石盒子组盐水包裹体的均一温度主要分布在 100～150℃，呈两期分布特征(图 6-15、图 6-16)。早期包裹体主要分布于石英加大边，均一温度分布范围为 105～125℃；晚期盐水包裹体温度范围为 125～150℃，包裹体主要分布于晚期石英加大边及方解石胶结物中。石千峰组与烃类包裹体共生的盐水包裹体均一温度相对较低，分布为 105～145℃，其中多数包裹体均一温度在 115～125℃(图 6-17)。

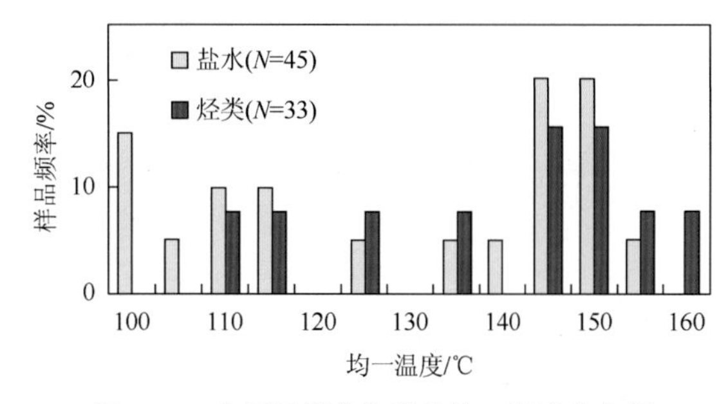

图 6-14　太原组流体包裹体均一温度分布图

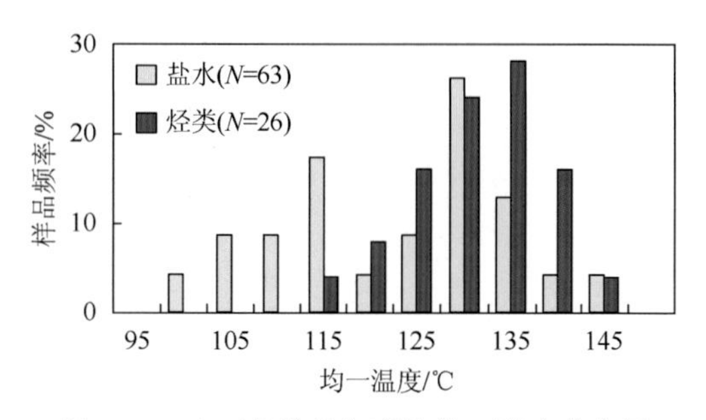

图 6-15　山西组流体包裹体均一温度分布图

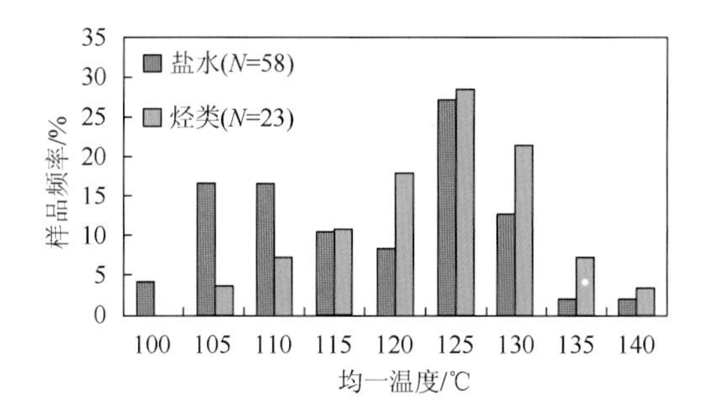

图 6-16　下石盒子组流体包裹体均一温度分布图

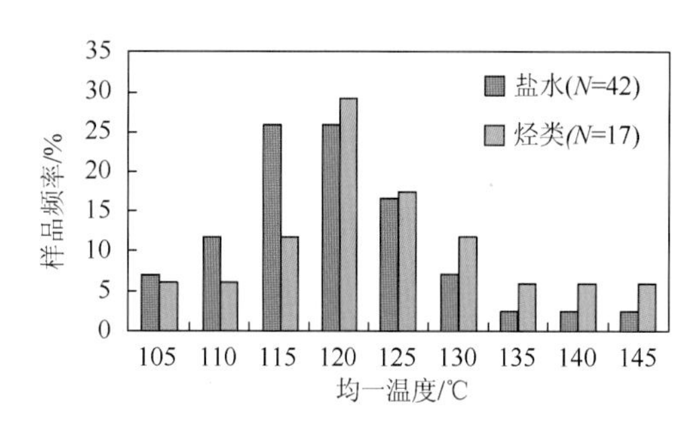

图 6-17　石千峰组流体包裹体均一温度分布图

米敬奎(2003)、冯乔(2006)等研究表明，从盆地范围来看，上古生界储层盐水包裹体与烃类包裹体均一温度分布特征基本一致，均为单峰型。刘新社等(2007)根据盆地内 32 口探井 323 块包裹体样品的均一分析结果统计，石英颗粒微裂隙和石英颗粒加大边的烃类包裹体均一温度在 110～140℃占绝对优势，所占比例分别为 83.2%和 72.9%(图 6-18)。

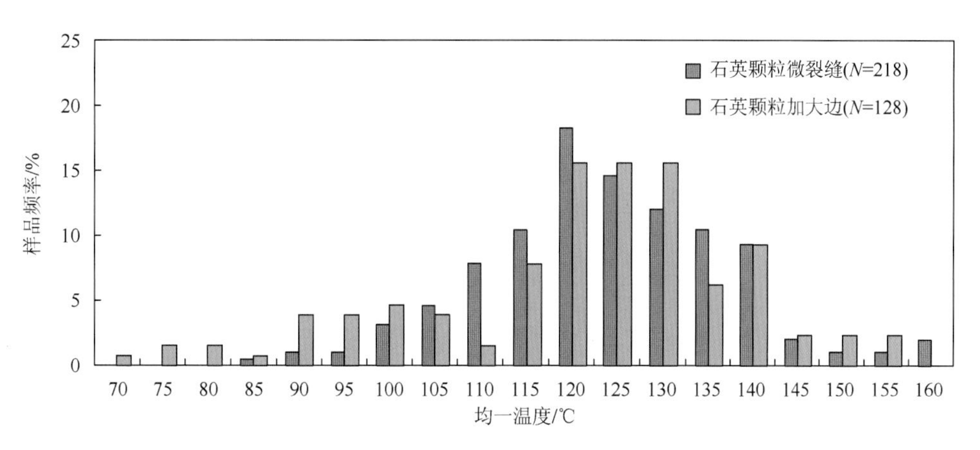

图 6-18　鄂尔多斯盆上古生界砂岩储层包裹体均一温度分布

不同研究者对上古生界不同层位储层流体包裹体均一温度研究结果具有相似性，总体上表现为三期。早期包裹体的均一温度在 70～110℃，主要分布于早期石英加大边及未切穿加大边的石英颗粒微裂缝，包裹体类型主要为气、液两相盐水包裹体，其次为含气态烃盐水包裹体；中期包裹体均一温度在 110～140℃，主要分布于晚期石英加大边及微裂缝中，包裹体类型主要为含液态烃的气态烃包裹体、气态烃包裹体以及含气态烃盐水包裹体；晚期包裹体均一温度在大于 140℃，包裹体主要沿碎屑石英粒间或其愈合裂缝分布，包裹体数量少，以纯气相包裹体为主。

3. 油气充注时期

油气在储层中运聚成藏是一个复杂的过程，既可能是一个连续过程，而运聚的动力学和运动学机制的非均匀性又决定了这一过程必然具有幕式特征。李明诚等(2002)认为，烃类的运移和聚集是带幕式特征的连续过程，不能只强调幕式活动而忽略了连续作用。储层中烃类包裹体均一化温度的分布范围可以比较准确地判断出油气成藏时期，但是否存在多个间隔的成藏期次还必须结合具体地质条件进行综合分析。鄂尔多斯盆地上古生界储层流体包裹体以四种形式产出：石英颗粒内微裂纹、次生加大边、方解石胶结物、穿石英颗粒微裂缝。包裹体具有：黄色、蓝白色、弱白色 3 种荧光。包裹体具有多种产出类型和不同含烃相态，反映油气多期多幕的连续充注过程。

根据与烃类伴生的盐水包裹体均一温度以及埋藏热演化史恢复结果，上古生界储层油气充注基本上可划分为早、中、晚三期。早期充注发生在三叠纪沉积期间，盒 8 段—本溪组储层的埋藏深度为 2000～

2500m，地层温度低于 110℃，压实作用使大量的沉积埋藏水被排出，孔隙度快速降低，储层硅质胶结开始形成，此时，盆地内部分地区烃源岩有机质进入低成熟期时，液态烃形成并早期注入，但充注规模较小，未能聚集成藏。

中期充注相当于早—中侏罗世，盒 8 段—本溪组储层埋藏深度达到 2500～3000m，地层温度升高为 110～140℃(图 6-19)。在这期间，上古生界储层自生矿物的胶结作用和机械压实作用使储层原生孔隙逐渐丧失，形成致密储层，有机质进入成熟阶段(R_o 为 0.7%～1.3%)，烃源岩开始生烃、排烃，有机酸性流体进入储层而形成一定规模的次生孔隙。烃源岩生成的油气经短距离向上运移进入储层并且在局部地区聚集成藏。晚期充注相当于晚侏罗世—早白垩世，储层埋深约 3000～4500m，地层温度超过 140℃，由于储层致密，水—岩作用弱，仅有少量的石英胶结物形成。此时，有机质进入生气高峰并且向高-过成熟阶段演化，大量天然气沿储层残余原生孔隙、次生孔隙及微裂缝运移，在致密储层中充注成藏。

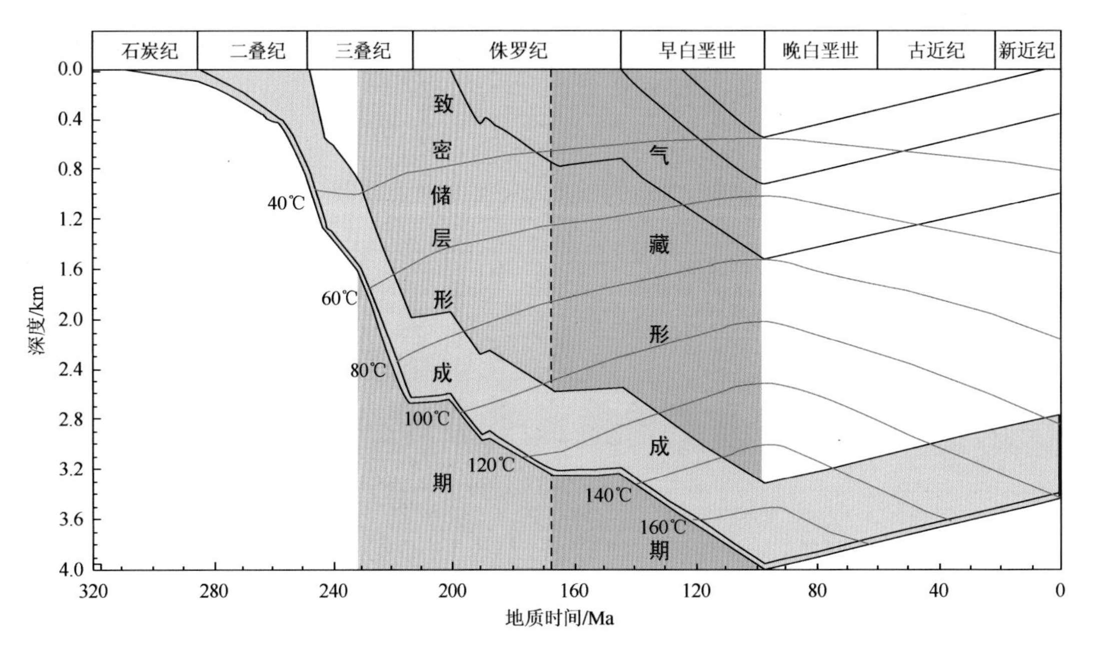

图 6-19　鄂尔多斯盆地上古生界埋藏史与油气充注成藏时期

鄂尔多斯盆地在三叠纪末期、中侏罗世和侏罗纪末期发生构造抬升作用，地层剥蚀厚度较小(一般为 100～200m)，对油气充注时间的连续性具有一定影响，但油气大规模充注发生在晚侏罗世—早白垩世。在晚侏罗世—早白垩世沉积期间，随着埋藏深度增加和构造热事件作用影响，烃源岩进入生烃高峰的高成熟—过成熟早期(R_o 为 1.5%～2.5%)，地层温度大幅度增加和天然气大量生成，超压流体通过微裂缝向致密砂岩储层充注聚集成藏。

6.2.3　储层自生伊利石年代学分析法

储层自生伊利石同位素测年法是确定成藏年代最直接的方法。20 世纪 80 年代以来，这种方法开始引入油气成藏年代学研究，并成功地用于确定北海等油气田的成藏时间(Lee et al，1989；Hamilton et al，1989；Hogg，1993)。王飞宇等(1997)在国内最早开始了这方面的研究，取得了较好效果。目前，一般通过储层自生伊利石 K-Ar 法和 $^{40}Ar/^{39}Ar$ 法进行同位素测年。

1. 自生伊利石 K-Ar 定年

在一定条件下，沉积岩中的某些矿物的放射性同位素组成可以代表成岩胶结物的年龄。Lee 等

(1985)提出应用K-Ar同位素进行沉积岩矿物定年的方法以来，Hogg等(1993)对这一方法进行了总结和评述。伊利石K-Ar同位素研究在油气藏研究中应用的基本原理是，在许多砂岩储层的自生伊利石是埋藏成岩过程中，烃类运移进入之前形成的最新矿物之一。当烃类聚集而取代储层孔隙或裂缝中的自由水，自生伊利石将停止生长。一般来说，早期形成的伊利石粒径较大，晚期形成的粒径较小，多呈丝发状。伊利石K-Ar同位素年龄与样品粒径存在正相关关系。只要能分离出最小粒径＜0.1μm的伊利石，并测定其形成的年龄，便可确定烃类进入的最早时间。假如被分离出的伊利石从大到小代表其形成时间从早到晚的话，那么也就可以建立从含烃带到含水带伊利石年龄剖面，从而确定烃类运聚特征(快速充注还是逐渐充注)以及烃类运移的方向(纵向或横向)。由于较大颗粒的伊利石代表形成时间较早，大颗粒K-Ar同位素资料可用于确定伊利石开始形成的时间，并进而确定伊利石生长的时间跨度。

储层在成岩过程中，自生伊利石的形成主要有两种形式：一是高岭石、蒙脱石和伊蒙混层黏土矿物的伊利石化；其二是孔隙水通过化学沉淀形成自生的丝发状伊利石。自生伊利石的形成总是与流动的富钾孔隙水介质条件有关。大量油气注入储层抑制自生矿物(次生石英)的生长和中止(自生伊利石的生长、钾长石的钠长石化)。利用储层自生伊利石的同位素定年来确定油气藏的成藏时间是基于这样一个假设：在油气充注过程中孔隙水被驱替，流体—岩石反应会因此而减慢并最终停止，伊利石的生长受到抑制最终也停止生长。因此，自生伊利石的年龄代表了油气充注的最早时刻，即油气藏的最大成藏时间。

蒙皂石向伊利石转化是砂岩中最主要的成岩变化之一，具有不同的层间比(伊利石/蒙皂石间层矿物的蒙皂石晶层的百分含量)是伊蒙混层的中间过渡性矿物。由于大多数含油气盆地的砂岩储层中的蒙皂石向伊利石成岩演化均未达到伊利石(间层比小于10%)阶段。所以，现在的自生伊利石K-Ar同位素测年实际上是自生伊石与伊蒙混层矿物测年。研究结果表明，间层比越小越好，间层比小于25%伊/蒙有序间层的K-Ar同位素测年结果大多数基本合理；间层比大于40%伊/蒙无序间层的K-Ar同位素测年结果大多数大于其所赋存砂岩储层的地层年龄，不具有油气成藏意义。

鄂尔多斯盆地上古生界储层自生伊利石呈丝状，主要分布于砂岩粒间孔和粒间溶孔(图6-20)。通过11个样品的X衍射分析，黏土矿物中伊蒙间层含量较高，为70%～90%，伊蒙间层比为10%～30%，自生伊利石含量为1%～3%，未检测出碎屑钾长石。为了分析不同时期形成的伊利石时间，把每个样品分离出0.3～0.15μm粒级和小于0.15μm两个粒级的伊利石样品，分别测定了不同粒级的伊利石的K-Ar同位素年龄(表6-6)。

(a) Su6井盒8段粒间丝状伊利石

(b) M13井山西组石英砂岩粒间溶孔中丝状伊利石

图6-20　鄂尔多斯盆上古生界砂岩黏土矿物扫描电镜照片

表 6-6　自生伊利石 K—Ar 法同位素测年分析

井号	层位	深度/m	含气性	岩性	黏土矿物相对含量/%				伊蒙间层比/%	绿蒙间层比/%	钾含量/%	年龄/Ma
					伊蒙间层(I/S)	伊利石(I)	高岭石（K）	绿泥石（C）				
Sh25	千$_5$	1824.2	气层	灰绿色砂岩	53	2		45	25		3.66	152.06±1.69
					57	2		41	25		3.81	152.38±1.11
M13	山$_1$	1936.18	气层	灰色砂岩	96	1	3		10		6.68	128.32±1.18
					96	1	3		10		6.52	132.46±1.22
Y84	山$_1$	2162.07	干层	灰色砂岩	97	1		2	10		6.48	159.18±1.44
					97	1		2	10		6.44	160.32±1.31
Sh17	盒$_8$	2508.9	干层	粗砂岩	70	3		27	25		5.30	129.06±1.64
F5	山$_2$	2125.14	干层	灰色砂岩	99		1		5		6.44	122.89±1.11
					99		1		5		7.00	124.95±0.99
Su25-1	盒$_8$	3167.1	干层	细砂岩	66	2		30	30	50	4.40	145.13±2.12
Su25-2	盒$_8$	3172.0	干层	细砂岩	61	2		36	30	50	4.62	139.57±2.02
					59			39	30	50	4.71	140.01±2.05
Su25-3	盒$_8$	3200.8	气层	细砂岩	71			29	10		6.53	155.97±2.28
					78			22	10		6.72	156.75±2.26
Su25-4	盒$_8$	3205.2	气层	粗砂岩	61			39	10		6.14	156.82±2.26
S217	山$_2^3$	2781.5	气层	细砂岩	95		5		5		5.89	259.79±3.74
S217	山$_2^3$	2785.7	气层	粗砂岩	92		6		5		4.82	275.44±4.01

上古生界储层伊利石 K-Ar 同位素测年结果表明，多数样品的最早充注时间在 120～160Ma 之间，少数样品油气开始充注的最早时间为 259～275Ma。总体而言，山西组的成藏时间相对较早，在中侏罗世—早白垩世，盒 8 段气藏的成藏时间为中侏罗世晚期—早白垩世，上部含气组合千 5 段气藏形成时间略晚，开始于晚侏罗世，主要形成于早白垩世。

2. 自生伊利石 ^{40}Ar/^{39}Ar 定年

自生伊利 ^{40}Ar/^{39}Ar 同位素定年方法与 K-Ar 法相比更具优势：①精度提高，^{40}Ar/^{39}Ar 法的测试全部在高精度的质谱计上进行，而 K-Ar 法是在原子吸收计上进行，无法排除样品分布不均匀性的影响；②样品用量较少，因为碎屑储层充填在孔隙中的黏土矿物相对较少，在致密砂岩储层中的自生伊利石的含量更少；③^{40}Ar/^{39}Ar 法提供了更加丰富的信息，如矿物的缺陷、伊利石生长的多期性以及受热的历史等关于矿物结晶和埋藏史方面的信息。^{40}Ar/^{39}Ar 法也存在一些技术难题，因为该方法需要进行核照射，需要解决核照射带来的问题，如 Ar 原子反冲丢失、实验测试周期显著加长以及粉末样品的包装和放射性安全等问题。为了有效地克服实验过程中的核照射反冲问题，Smith 等(1993)提出了“显微包裹”技术，即首先通过高真空封样，将核照射反冲形成的气体包裹起来，然后在进样系统中采用超高真空状态下击碎的办法来采集核照射反冲形成的气体。

^{40}Ar/^{39}Ar 法与 K-Ar 法一样，还存在着其他一些问题，例如，在样品中如何判别自生伊利石并且有效分离出自生伊利石。实验分析时，首先要对黏土矿物进行提纯。Liewig 等(1987)提出一种轻缓的碎样方法，即采用循环冷冻—加热对样品进行重复的冷冻—解冻，可以有效地避免除了黏土矿物以外其他碎屑矿物的混入。在提纯后的样品中需要有效地区分自生伊利石和碎屑伊利石。前人在这一方面提出了很多解决方案：①Chaudhuri 等(1999)利用烷基铵选择性地置换碎屑伊利石中的钾，从而以保证黏土矿物中的钾全部来自自生伊利石，以达到对自生伊利石定年的目的；②Dong 等(1997)在岩石薄片中对自生伊利石直接进行激光熔样，可以避免由于浸泡造成黏土矿物中的离子丢失；③Dong 等(2000)利用阶段加热的图

谱进行自生伊利石和碎屑伊利石的判别，再从图谱中判识自生伊利石、碎屑伊利石、蒙脱石在 I/S 互层中的混层比。

王龙樟等(2005)对鄂尔多斯盆地苏里格气田储层自生伊利石年龄进行了研究，发现盒 8 储层伊利石有 2 种年龄图谱：一种只有自生伊利石的年龄；另一种图谱既有自生伊利石的年龄，也有碎屑伊利石的年龄，形成二阶式的图谱。通过自生伊利石的形成时间推断，苏里格盒 8 段气藏的最早充注时间晚于 169～189Ma，相当于早侏罗世晚期—中侏罗世。

根据烃源岩的主要排烃期确定气藏形成时间法、流体包裹体法及自生伊利石 K-Ar 和 $^{40}Ar/^{39}Ar$ 同位素测年法，上古生界不同层系天然气成藏时期存在一定差异(表 6-7)。总体而言，上古生界的下部含气组合太原组气藏、山 2 段气藏的主要充注成藏时间为中侏罗世—早白垩世；盒 8 段气藏的主要充注成藏时间为中晚侏罗世—早白垩世，千 5 段气藏的主要充注成藏时间为晚侏罗世—早白垩世。

表 6-7　鄂尔多斯盆地上古生界典型气田形成时期

方法	西部地区苏里格盒 8、山西组	中部地区乌审旗盒 8—太原组	东部地区米脂、神木	
			本溪-山西组	石千峰组
地质综合法	中侏罗世—早白垩世期			
流体包裹体法	中侏罗世—早白垩世期			晚侏罗世—早白垩世期
自生伊利石法	早侏罗世晚期—早白垩世期			

综上所述，鄂尔多斯盆地上古生界砂岩储层经过一系列成岩作用后，储层物性变差，在早—中侏罗世期总体上属于低孔低渗的致密性储层。中侏罗世至早白垩世的进一步埋藏作用以及区域性的构造热事件，使上古生界煤系烃源岩进入大量生烃时期，在异常高压和微裂缝排烃作用下充注到邻近的岩性圈闭。从晚白垩世开始，鄂尔多斯盆地开始整体性的抬升，中生界部分层系，包括下白垩统、中上侏罗统遭到大量剥蚀，古地温降低，上古生界的煤系烃源岩已基本停止生烃，煤岩吸附气在降温降压过程中的解析作用可在一定程度上向圈闭持续充注天然气。因此，通过不同类型储层的成岩作用特征和烃源岩的生排烃史的综合分析，可以初步推断晚侏罗世—早白垩世期间是气藏形成的主要时期。

6.3　上古生界天然气近距离运聚模式

晚侏罗世—早白垩世天然气大量充注之前，上古生界砂岩储层已演化为致密砂岩储层。致密砂层厚度大，平面上连片分布，但储层连通性差及区域构造平缓使天然气浮力驱动作用受到限制。本溪组—山西组烃源岩煤系有机质大量生烃过程中产生超压，超压流体在纵向上对致密砂岩进行近源充注，横向上主要依靠超压膨胀作用驱动孔隙自由水而逐渐富集成藏。

6.3.1　天然气运聚特征概述

1. 天然气运聚相态

天然气与石油相比，分子半径小，可以通过多种相态进行运移，如游离烃相(气相、油溶相)、水溶相和分子扩散相。天然气运移相态取决于地层孔隙流体组成和地层温度、压力。在地层条件下，只有当天然气溶解在地层孔隙水中达到饱和时，天然气才能出现游离相。分子扩散相是受天然气浓度梯度控制，不仅可以在气相或水溶相中扩散，甚至可以通过固体扩散。天然气在运移过程中，随着地层温度、压力等条件的变化，水溶相天然气与游离相、分子扩散之间将会发生转变。煤系烃源岩的腐殖型有机质以生气为主，且生气出现较早，有利于早期气相和水溶相天然气运移。

1）水溶相

针对烃源岩的物性较差，油气运移需要克服很大毛细管阻力，Price（1976）等提出水溶相观点。这种观点认为油气溶解在孔隙水中几乎不存在毛细管阻力，因此能够顺利地排出烃源岩。从烃类组分看，以甲烷为主的天然气之所以能溶于水，是因为甲烷分子受到极性水分子的作用，造成了分子中的原子核和电子云相对位移，正负电荷重心偏离原位形成诱导偶极，从而与水分子呈异极相邻状态而结合成分子溶液。从属性上来讲，甲烷非极性分子只能溶于非极性溶剂，而水是极性溶剂，故一般情况下甲烷在水中的溶解度较低。当环境温度、压力增加促使甲烷分子充分靠近水分子时，水分子将对甲烷发生诱导作用，并使其变形出现诱导偶极，形成水合分子。可见，天然气分子与水分子充分靠近是发生溶解的先决条件，而“充分靠近”涉及分子碰撞率，分子碰撞率受制于温度、压力、水的含盐度等因素。付晓泰等（1997）通过实验研究认为，天然气在地层水中的溶解主要具有两种机理：一是天然气分子与水分子作用形成水合分子，即“化学溶解”；另一种则是天然气分子填充在水分子的间隙中，以细小气泡在水相中呈弥散分布。

天然气在水中的溶解随压力升高而增大。温度对天然气的溶解影响相对较为复杂，当温度小于 80℃时，天然气溶解度随温度升高而减小；当温度大于 80℃时，溶解度随温度升高而逐渐增大（付广，2001）。地层水矿化度对天然气在水中的溶解起到阻碍作用。地层水矿化度升高，水中矿物质的分子数量增大，被其填充的水分子间隙相对增多，从而降低天然气分子所能填充的水分子间隙。

张子枢（1995）根据实验及实际资料分析，认为天然气在地层中随着深度增加其溶解度不断增加，在深度为 6000～7000m 时，天然气在孔隙水中溶解度可达 15～35m^3/m^3。郝石生等（1993）通过气水高温、高压实验分析，当温度为 100～150℃，压力为 30.0～40.0MPa 时，甲烷在水中的溶解度可达 3～5m^3/m^3。范泓澈等（2011）通过物理模拟实验测定了压力 20～120MPa、温度 90～200℃条件下天然气（主要成分为甲烷）在水中的溶解度（图 6-21）。

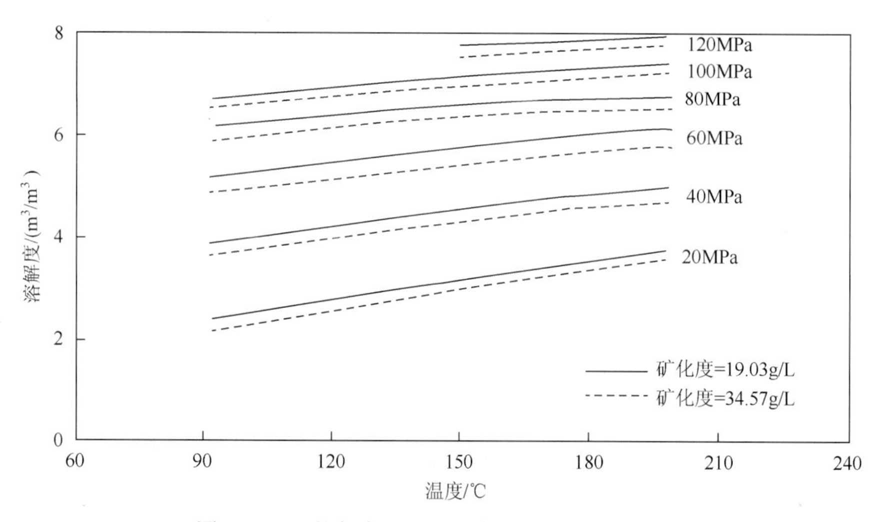

图 6-21　天然气在不同矿化度地层水中的溶解度

（范泓澈等，2011）

由于水溶气在运移过程中不存在毛细管阻力，因此，水溶气可以从烃源岩排烃到致密储层中进行二次运移。当饱含天然气的地层水由盆地凹陷高温超压环境运移到盆地斜坡、构造高部位时，地层温度和压力的降低，一部分水溶气析出成为游离气，在适当的圈闭中聚集形成游离气藏，而未脱溶的天然气则随地层水运移散失到上覆地层或地表。世界上许多大型水溶气藏的发现充分证实了水溶气的运移和水溶气的脱溶作用（张子枢等，1995）。鄂尔多斯盆地的区域构造平缓，地层温度和压力在横向的变化幅度低，并且在天然气大规模成藏时储层已经致密，从储层孔隙水中脱溶出来的天然气较少。

2）游离相

游离相初次运移需要克服烃源岩细小孔隙的毛细管阻力。真柄钦次（1987）认为泥岩的黏土矿物表面存在结构水，当泥岩遭受压实不断排出自由水时，结构水在孔隙中所占比例也就越来越大，自由水的相对渗透率也就越来越低。与此同时，由于不断生成的油气在孔隙中的含量逐渐增加。当油气饱和度达到或超过其临界运移饱和度时，游离相就具有流动的相对渗透率，在剩余压力作用下游离相和水就可以一起排出烃源岩。连续游离相初次运移的整个过程都要求生油岩能有效地排出孔隙水，否则达不到游离相相运移的饱和度。Dickey（1975）认为当页岩中有许多内表面为油润湿时，游离相的临界运移饱和度可以降到 10%甚至 1%。

根据相态平衡原理，天然气排烃到储层，在孔隙水中溶解饱和后，将产生游离烃相（包括气相、油溶相）。游离烃相在储层中进行二次运移，需要达到临界饱和度与临界连续烃相高度。Schowalter（1979）认为游离相在均质储层中二次运移的通道位于运载层顶部，临界饱和度游离相为 10%～30%。Thomas（1995）通过实验分析得出，游离相垂向运移的残余饱和度为 5%～10%，侧向运移为 12%～15%。England 等（1987）根据砂岩实验和储层孔隙分维数数值模拟计算，游离烃相饱和度在 1%左右能够进行二次运移。储层的孔喉半径相对较大，毛细管阻力远比烃源岩的低。游离烃相在储层中形成一定的油气柱高度产生的浮力就能够克服二次运移的毛细管阻力。

油气在圈闭中聚集成藏的相态与烃源岩有机质生烃产物、排烃、运移与聚集的相态具有密切关系，其中生、排烃产物相态对油气成藏相态起到重要的控制作用。Tissot 和 Welte（1984）首次提出 I 型母质的生烃演化模式，初步反映了腐泥型有机质形成的烃类组成特征与热演化程度的关系。杨万里（1986）、卢双舫（1994）等根据我国陆相盆地的沉积特征，建立了陆相有机质的成烃演化模式，反映腐殖型有机质在成熟阶段以产气态烃为主，液态烃其次。

鄂尔多斯盆地上古生界本溪—山西组煤系烃源岩有机类型为腐殖型。在煤系地层中，煤与暗色泥岩的有机质组成可能有所差异。郭贵安等（2005）根据吐哈盆地中下侏罗统煤岩和煤系泥岩热模拟实验的液态烃、气态烃产率和气相色谱资料进行配方相态计算表明，煤岩有机质在成熟阶段生烃产物呈液相（油相），而煤系泥岩有机质的生烃为气相。根据鄂尔多斯盆地北部本溪组 8#煤与山西组 5#低熟煤样品的热模拟实验结果分析（详见第 3 章），上古生界煤岩在低成熟—成熟阶段（R_o 为 0.6%～1.3%）的总液态烃产率大于气态烃的产率，高成熟阶段（R_o 为 1.3%～2.0%）液态烃产率快速降低，气态产率大量增加，生烃相态表现为早期生油、晚期生气。众所周知，煤岩对液态烃的吸附能量远高于对天然气的吸附，因此，煤岩早期生油难以排烃，只有随着成熟度增加，大量裂解为气态烃后才能有效排烃。

李明诚（2000）根据油气藏中聚集的主要是油相还是气相，认为石油以油相、气溶相，天然气以气相、油溶相运移是最为有效的相态。鄂尔多斯盆地上古生界试气成果显示，绝大多数井段以产干气、湿气为主，部分井段则伴随有少量凝析油，凝析气油比可达 15.9×10^4～$98.9\times10^4 m^3/m^3$。根据苏 6 井石盒子的 PVT 相态实验研究结果，凝析油含量为 $45.6g/m^3$，地露压差 14.1MPa，属于低凝析油含量高地露压差的凝析气藏（图 6-22）。因此，从现今气藏相态特征来看，上古生界油气运聚相态主要为游离气相（包括湿气和凝析相），水溶相的贡献很小。

3）分子扩散相

天然气与石油相比，最大特征就是分子半径小、质量轻、活动性强。在一般温压条件下，天然气分子具有一定的能量，处于不停的运动状态。在运动中各个分子相互碰撞，碰撞中分子间发生能量和动量交换，产生不规则运动。如果体系中天然气的浓度存在差异，则天然气分子的随机运动便具有方向性，即天然气分子从高浓度区向低浓度区扩散，存在净的天然气分子运动，从而发生天然气分子的传递，这一传递过程直至整个天然气分子达到浓度均匀为止。因此，天然气的扩散是在浓度梯度的作用下，由高浓度区自发地向低浓度区转移以达到浓度平衡的一种传递过程。根据 Fick 第二扩散定律，天然气在垂直方向扩散的浓度变化规律为

$$\frac{\partial C}{\partial t}=\frac{\partial}{\partial h}\left(D\frac{\partial C}{\partial h}\right) \tag{6-4}$$

式中，C 为岩石中天然气浓度（kg/m^3）；h 为埋深（m）；D 为扩散系数（m^2）；t 为时间（s）。

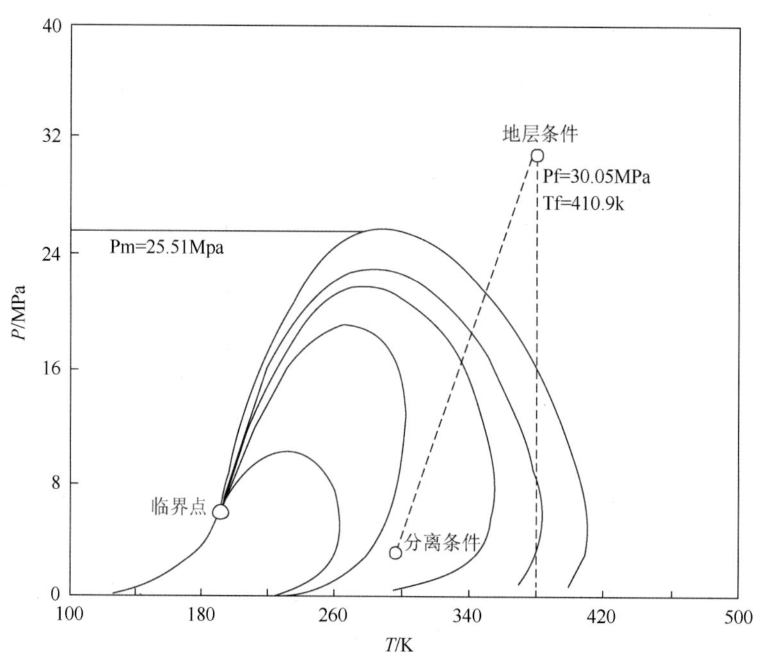

图 6-22　苏 6 井石盒子组气藏 PVT 相图

在实际地层剖面上，地层是由固体矿物颗粒和孔隙流体组成的一种双重介质。因此，天然气在地层岩石中的扩散就存在两种方式：一是通过岩石矿物质的扩散；另一种则是天然气通过岩石孔隙流体介质的扩散。天然气在地层岩石固体介质中的扩散十分缓慢，主要通过多孔介质进行扩散。天然气在地层多孔介质扩散速率与分子半径的大小具有重要关系。根据 Kroos(1987)和郝石生(1991)等实验测定结果，天然气中不同组分在沉积岩中的扩散系数随烷烃分子的碳数增加，呈数量级降低。

天然气的分子扩散是地壳中十分普通的地质现象。在天然气扩散过程中，温度和压力虽然有影响，但并不是独立的，而是与天然气浓度联系在一起的。压力增加，分子之间的孔隙减小，天然气密度增大，浓度升高；温度升高则有利分子能量增加，可以加速浓度引起的扩散作用。天然气溶于水中的水合物、充填在水分子的间隙中天然气分子的浓度主要受孔隙性质和地层温度、压力控制，纵向上的浓度梯度变化小，扩散效率相对较低。在垂向上，不同地层中游离相天然气主要与生气、排气和天然气聚集有关，纵向上的浓度梯度变化大。实际地层中天然气的扩散十分复杂，不可能由单一相态中的天然气浓度梯度控制。由于不同地层的岩性、孔隙结构的差异，天然气扩散作用可能发生在不同相态之间同时进行，总体趋势是由高浓度区向低浓度区扩散。由此可见，上古生界天然气扩散对于气源岩排烃有利，但不利于气藏的保存。

2. 天然气运聚动力

天然气通过水溶相、游离相以及分子扩散相排烃进入储层后，受到不同动力的驱动，向圈闭运移而聚集成藏。在常规储层中，天然气二次运移的驱动力主要有浮力和水动力，构造应力与流体膨胀力作用相对较小。

1)浮力

浮力由游离相烃类与孔隙水之间的密度差产生。从烃源岩中排出的油气以游离相的形式逐渐在储层大孔粗喉中聚集，通过油(气)珠的生长，形成连续相的烃柱，然后在岩石孔隙自由水中产生一种向上的浮力(图 6-23)。游离相浮力的大小与流体密度差和游离相体积成正比。对于单位体积的游离天然气而言，天然气运移聚集的浮力取决于气柱垂直高度和气水密度差：

$$\Delta p = Y_{\mathrm{O}} g(\rho_{\mathrm{w}} - \rho_{\mathrm{g}}) \tag{6-5}$$

式中，Δp 为浮力(0.1MPa)；Y_{O} 为游离气相高度(m)；ρ_{w} 为孔隙水密度(g/cm^3)；ρ_{g} 为游离气相地层条件下密度(g/cm^3)；g 为重力加速度，9.8m/s^2。

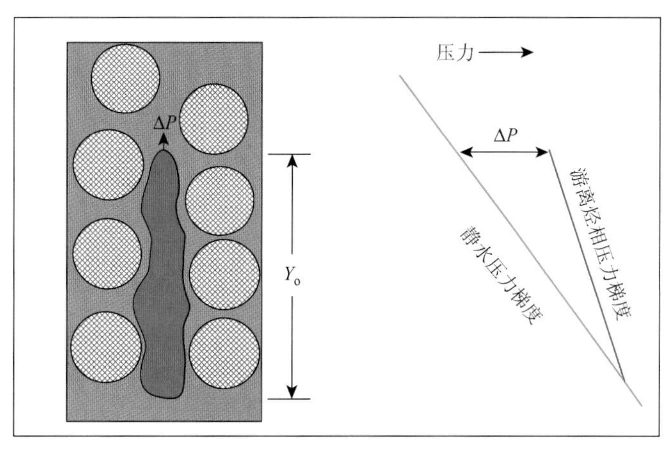

图 6-23　游离相二次运移的浮力

（Allen，1990）

在含有孔隙自由水的储层中，游离烃相的密度总是低于孔隙水的密度，游离烃相的浮力几乎是绝对长期存在的，因此，浮力是常规储层中游离烃相进行二次运移最重要的动力。在常规砂岩储层中，0.3～3m 的气柱垂直高度产生的浮力就可以驱动气相二次运移，碳酸盐岩储层的气柱临界高度一般为 0.9～2.3m（Berg，1975；李明诚，2002）。Schowalter（1979）认为，游离烃相在运载层中二次运移，主要通过运载层上部几英尺的储层中进行。因此，在储层厚度较薄，地层平缓地区，天然气的浮力相对较小；在地层倾角大和储层较厚的地质背景下，形成的气柱垂直高度较大，有利于浮力驱动的气相运移。鄂尔多斯盆地上古生界地层平缓，平面上 10km 的连续气层对应的垂直气柱高度为 50～100m，能够产生的浮力为 0.35～0.75MPa。

2）孔隙流体膨胀力

孔隙流体的膨胀力来源于流体的弹性能。根据流体状态方程，在相对封闭的孔隙中，当孔隙流体受热温度升高或孔隙体积中充注的流体质量增加，流体的压力都会升高。在实际油气成藏过程中，储层孔隙流体虽然不可能完全处于封闭状态，但是储层致密而使孔隙流体在增温或流体充注引起膨胀作用下而产生的瞬时超压也将驱动油气二次运移和聚集。

由于储层微观孔隙结构的非均质性，早期充注的天然气总是优先占据储层的相对粗孔大喉的空间（图 6-24）。随着烃源岩天然气不断向储层充注，它们形成一定高度的连续气柱。当气柱产生的浮力低于

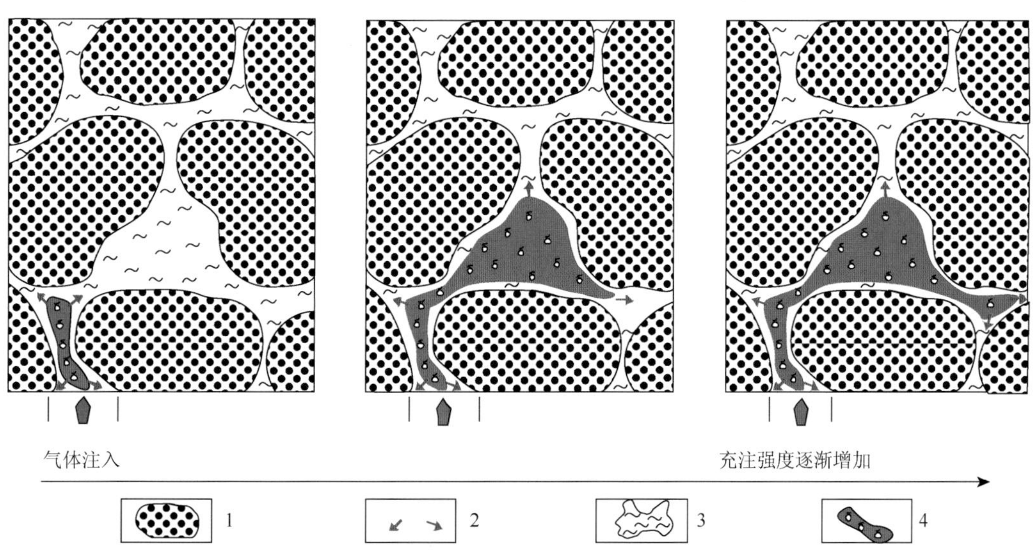

图 6-24　天然气体积膨胀充注驱替孔隙自由水的示意图

1. 矿物颗粒　2. 气体膨胀方向　3. 孔隙水　4. 孔隙游离气

储层孔隙喉道的毛细管阻力时，气柱不能依靠浮力向上运移。地层温度大幅度升高，孔隙流体受热膨胀，气体膨胀作用大于液体的膨胀作用。气体受热发生膨胀而使体积增加，体积增加气柱高度也随之而增加，浮力也相应增大。除了地热升温引起致密储层孔隙流体膨胀外，烃源岩天然气判断向储层充注时，储层孔隙中天然气的质量增加而使其压力升高。

烃源岩排烃作用使储层中天然气不断充注，气体压力也不断升高，相对于孔隙水就会产生瞬时超压，而同处一孔隙系统中的气相、水相压力需要通过调整各自体积达到压力平衡。当气体产生瞬时超压后，通过气体膨胀作用，一方面使气体压力降低，另一方面气体膨胀结果必然使孔隙水受到挤压作用而将孔隙自由水驱替到压力相对较小的孔隙中，这样气水两相压力逐渐达到平衡。在气体产生膨胀作用过程中，气体膨胀驱水并没有固定的方向，而是选择相邻喉道半径相对较大、毛细管阻力小的孔隙充注。

由此可见，天然气在致密储层中运移和圈闭中聚集时，气体膨胀驱动作用可以概括为：烃源岩的天然气排出向储层充注(或地热升温) ⟶ 储层孔隙气体膨胀作用产生瞬时超压 ⟶ 气水两相压力平衡 ⟶ 气体体积增加 ⟶ 气驱孔隙自由水。金之钧等(2003)通过物理模型对致密性储层天然气的充注过程实验研究，将游离烃相膨胀驱动过程概括为“活塞式驱动”，而以浮力驱动过程称为“置换式”驱动。游离气相缺乏浮力作用而以膨胀驱动时，最终使储层孔隙中气体饱和度不断升高，天然气在近距离范围内不断富集，随着天然气持续充注，含气范围逐渐增大。李明诚等(2010)把这种运移充注的方式称为“动力圈闭”，并指出“动力圈闭”既是油气被超压充注到低渗透致密储层中最重要的一种成藏作用，也是在低渗透致密储层中能滞留油气、聚集成藏的一个三维空间(图 6-25)。

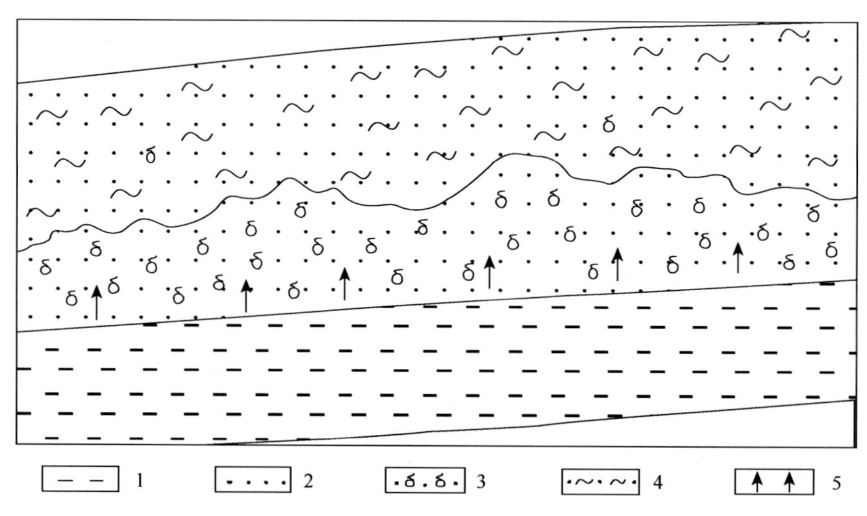

图 6-25　低渗透致密储层动力圈闭范围示意图(李明诚，2010)

1. 烃源岩　2. 储层　3. 孔隙游离气　4. 孔隙自由水　5. 天然气充注方向

鄂尔多斯盆地上古生界在晚侏罗世到早白垩世，基于热事件的影响，古地温梯度达到 3.5～4.0℃/100m，进入成熟—高成熟阶段，天然气开始大量生成。从低成熟高成熟阶段，地层温度从 70～80℃升高到 140～160℃，即古地温几乎增加了一倍。按照定容理想气体状态方程估算，储层天然气热膨胀产生的压力将升高 1.2 倍。上古生界的煤系气源岩生气强度一般在$(20\sim30)\times10^8\text{m}^3/\text{km}^2$，如果取排烃系数平均为 50%，储层中充注的天然气为$(10\sim15)\times10^8\text{m}^3/\text{km}^2$，换算到地层条件(地层温度取平均值 120℃，地层压力平均值取 45MPa)，气体体积为$(2\sim4.5)\times10^6\text{m}^3/\text{km}^2$。当这些天然气充注到厚度为 50m，平均孔隙度小于 12%的致密储层中时，其含气饱和度可达到 60%～80%。实际上，上古生界实际生烃强度要比计算时采用的值要大，有效储层的累加厚度一般小于 20m，因此，上古生界气源岩对储层充注的天然气通过膨胀作用可以产生足够超压，驱替致密储层孔隙自由水，并且孔隙流体超压达到一定程度时可以产生不同规模的微裂缝。

3）水动力

水动力是指地层孔隙水流动所产生的动力。沉积岩在形成初期的孔隙总是由水充满，后期油气进入形成多相流体。根据达西渗流原理，在水平地层中，当连通孔隙流体存在压差时，孔隙水将由高压区流向低压区，而在倾斜地层中，则由高势区向低势区流动。区域性的水动力主要来源于非均匀沉积与沉降作用以及构造挤压与抬升作用。在盆地形成演化早期，盆地中心的地层较厚、沉积负荷较大，盆地斜坡及边部地层较薄、沉积负荷较小，由此而产生盆地范围内的区域水动力。在盆地演化中后期，大量地层孔隙水在早期因压实作用而运移到浅部地层，当进一步沉积与沉降作用减弱，区域性的水动力也随之而降低。在盆地演化过程中，当发生大规模构造抬升时，出露于地表的储层在供水区与泄水区形成流体势差，其水流方向主要是由盆地边缘的高势区流向盆地中心的低势区。

区域性的孔隙水在流动过程中，必然对孔隙中烃类化合物的运移产生推动作用，尤其是水溶相天然气二次运移，主要依靠水动力驱动。对于游离气相而言，天然气在储层运移中既受到浮力的作用，又受到水动力的影响。当水动力方向与气相浮力驱动方向一致时，水动力将成为二次运移动力；当水动力方向与气相浮力驱动相反时，水动力则成为气相运移的阻力。根据美国的研究资料（李明诚，2002），盆地在沉降过程中压实作用产生的水动力驱动地层孔隙水的流动比较缓慢，在克拉通盆地中孔隙水流速仅为5m/Ma，在前陆盆地中可达500m/Ma，而地表水重力作用的孔隙水流速一般在10km/Ma以上。鄂尔多斯盆地在晚古生代以来，由于区域构造平缓，缺乏明显的沉降与沉积中心，并且上古生界储层致密较早，因此，地层孔隙水的区域水动力微弱，对天然气运聚的驱动作用较小。

4）构造挤压应力

盆地在构造活动期间，强烈构造挤压作用使地层变形的同时，地层孔隙体积受到构造挤压作用而降低，孔隙流体压力将快速增加，形成相对高势区，在地层挤压应力较弱地区，孔隙流体压力增压相对小，成为相对低势区。构造挤压应力对孔隙流体的驱动作用是通过固体骨架的变形及骨架和流体的相互作用来实现的（王毅等，2005）。地层上覆重力的压实作用主要在垂向压实地层，产生瞬时超差，驱动储层孔隙流体横向运移，而构造挤压应力既可以驱动储层孔隙流体横向运移，也可以发生纵向运移。

在地层孔隙流体处于相对开放条件下，地层在构造挤压作用时，侧向上的最大主应力将有一部分被分解到岩石骨架上，一部分由流体来承担，引起流体压力增加，在横向上形成压力梯度，从而推动孔隙流体由高势区向低势区运移。在地层孔隙流体处于相对封闭条件下，构造挤压作用使地层变形，挤压应力会不断积聚，当积聚到使岩层发生破裂时，挤压应力会释放变小，孔隙流体会沿着构造挤压增压作用的高势区沿断裂带向上部低势区地层运移。鄂尔多斯盆地内部构造稳定，构造挤压应力对储层孔隙流体运移在盆地周缘局部地区可能产生一定作用，在盆地内部的影响很小。

3. 天然气运聚的毛细管阻力

游离气相在多孔介质的砂岩储层运移必须克服毛细管阻力。毛细管压力是多相流体在多孔介质中由表面张力引起的压差。由于储层孔隙首先被地层水饱和，具有亲水性，在油气成藏过程中，油气需要克服毛细管压力才能在储层中进行二次运移。毛细管压力的大小与表面张力成正比，与毛细管半径成反比。储层的孔隙和喉道存在非均质性，油气在粗孔大喉道中驱替孔隙水的毛细管阻力比驱替小孔细喉道孔隙水的毛细阻力小。目前，储层压汞曲线是研究储层毛细管压力的重要手段。由于压汞实验中水银—汞蒸汽界面张力以及与岩石的接触角不同于实际地层条件下的气水或油水系统，因此，应用压汞曲线估算毛细管压力需要换算。换算因子的计算公式如下：

$$\text{换算因子}=\frac{\delta_{\mathrm{Hg}}\cdot\cos\theta_{\mathrm{Hg}}}{\delta_{\mathrm{wg}}\cdot\cos\theta_{\mathrm{wg}}} \tag{6-6}$$

公式中，δ_{Hg} 为水银的表面张力(dyn①/cm)；θ_{Hg} 为水银-岩石接触角(rad)；δ_{wg} 为气水界面张力(dyn①/cm)；θ_{wg} 为气水接触角(rad)。

砂岩储层的换算系数一般在 5.4～8.3。考虑到上古生界储层的性质以及埋藏的地层温度和压力对气—水界面张力的影响，换算系数可暂取平均值 6.0。根据鄂尔多斯盆地上古生界油基泥浆取心井段 260 个的物性分析结果，气层的含气饱和度主要在 40%～60%，平均值为 54.17%(图 6-26)。

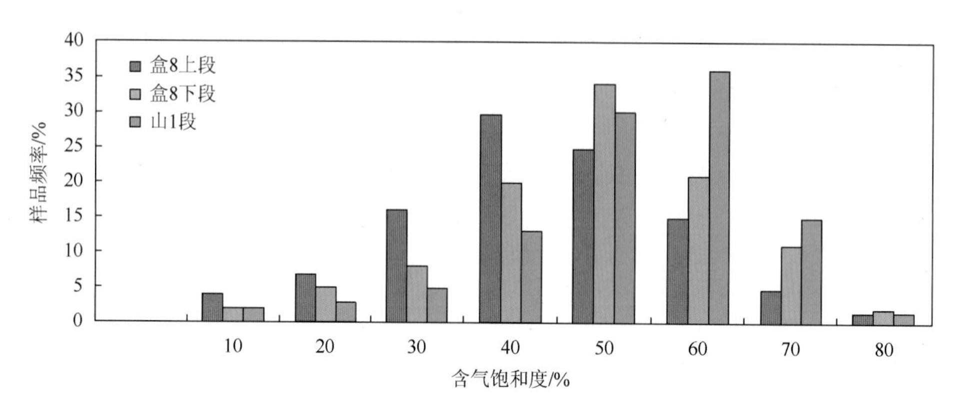

图 6-26　上古生界不同层段含气饱和度频率分布图

对于上古生界 I 类储层而言，天然气在储层中聚集的含气饱和度达到 54%时，需要克服的水银—汞蒸气毛细管压力为 0.6～3.6MPa，换算为气水两相毛细管阻力为 0.1～0.6MPa。II类和III类储层孔隙喉道半径更小，天然气聚集成藏需要克服的气水两相毛细管阻力更高，分别为 0.5～2.0MPa 和 1.5～4.5MPa。

4. 天然气运聚距离

据文献资料，苏联学者统计出世界大油气田距离深凹陷的距离少数在 40km 以内，多数在 90～225km，最远为 490km(胡朝元，1982)。胡朝元等(2002)将运移距离划分成超短距离(0～10km)、短距离(10～100km)、长距离(≥100km)，并且收集了世界各地区约 200 个油气田与生烃区的展布数据，编制了含油单元油气运距频率直方图(图 6-27)。大量实际数据统计表明，绝大多数油气田都属于短距离或超短距离油气运移。

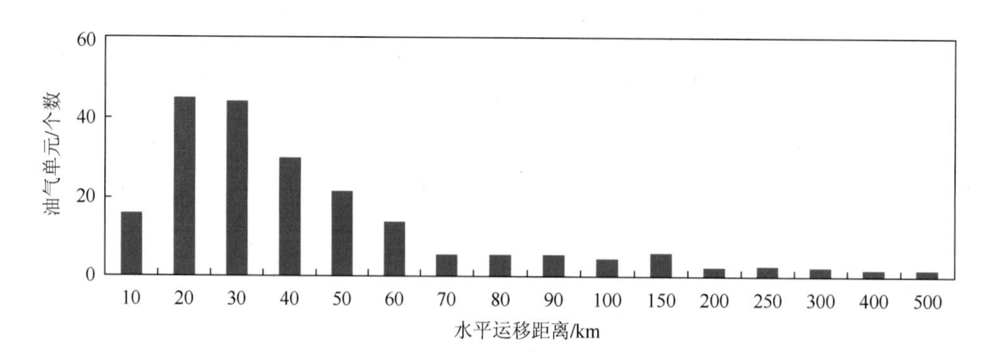

图 6-27　世界主要油气单元油气水平运移距离统计直方图(胡朝元等，2002)

天然气运移距离主要取决于输导体系规模和气源的充足程度，此外，运移相态也有一定关系。对于纵向运移而言，有机成因天然气在盆地的沉积盖层中运移距离一般在几千米以内。在墨西哥老油区内，发现许多上新统—更新统油气藏为过成熟天然气和凝析油，Pratsch(1992)推测是中生界甚至古生

① $1dyn=10^{-5}N$。

界向上运移而成，垂直距离最大可达 10km。李明诚(2004)认为，在一个含油气盆地中，如果烃源足够充分，油气运移通道又连续稳定，那么油气二次运移的最大距离就相当于盆地的长轴半径。Tissot(1978)根据生烃量与聚集量之间的关系，认为油气二次运移的侧向距离大多为 10～100km。在常规储层中，浮力的驱动作用表现为油气从盆地凹陷的油气源区向构造高部位运移。在气源充足条件下，只有长期发育、由近源岩区向远源岩区逐渐隆升的构造背景，才能发生天然气浮力驱动的长距离运移。

天然气横向运移的输导体系规模在不同类型盆地中相差较大(表 6-8)。海相盆地分布范围大，区域性构造隆升和储层发育沉积相带相对稳定，有利于油气大规模运聚。例如，四川盆地，寒武系烃源岩有机质丰度高，生烃能力强，气源充足，乐山—龙女寺加里东古隆起东西向宽约 200km，南北向约 100km，分布稳定，受古隆起构造背景控制了震旦系灯影组古岩溶以及中上寒武统藻屑滩区域性储层的分布，在印支—燕山期，古构造高点调整时，天然气运移的最短距离为 30km(刘树根等，2012)，在古隆起改造过程中，天然气运移的最大距离可达 100～150km。在陆相盆地，由于构造运动的频繁性、沉积层序的不连续性，运移距离通常不超过 40km(胡朝元，1982)。在吐哈盆地西部弧形带，油源区与构造圈闭区为长期逐渐隆升的构造背景，砂岩疏导体系稳定分布，油气远距离达到 60～80km(刘江涛等，2010)。

表 6-8 国内主要含气盆地天然气横向运移距离

盆地或地区	层位	运载层类型	运移距离/km	备注
四川盆地乐山—龙女寺古隆起	震旦系灯影组	古岩溶风化壳	30～150	刘树根等，2012
四川盆地川中地区	上三叠统	砂岩(水溶相运移)	150～200	李伟等，2012
吐哈盆地台北凹陷	侏罗系三间房组	断层、砂岩	＞60	刘江涛等，2010
塔里木盆地库车拗陷	三叠系—白垩系	不整合面和砂体是油气侧向运移的主要通道	垂向 2～4 横向 20～40 以上	何光玉等，2004

天然气分子半径小，与石油运移相比，以分子扩散和水溶相运移是天然气运移的显著特点。如前所述，天然气分子横向扩散的浓度梯度小，扩散运移主要发生在纵向，扩散运移距离一般在几千米以内。天然气的水溶相运移主要受区域水动力驱动，在输导体系分布范围内可以长距离侧向运移。李伟等(2012)根据四川盆地川中地区上三叠统天然气地球化学特征分析，认为天然气以水溶气的形式从盐亭、乐至等超高压区向盆地东部的广安、合川等常压区长距离侧向运移，在盆地构造高部位地层压力与温度降低而脱溶，在适当圈闭中聚集成藏。川中地区上三叠统砂岩厚度 80～120m，分布范围约 $3\times10^4 km^2$，水溶相天然气横向运移距离可达 150～200km。

5. 天然气运聚方式

华保钦等(1994)从国内典型盆地天然气运聚的动力、运移通道、运移方向以及盆地构造应力场特征出发，将天然气的二次运移模式划分为两大类共八亚类。天然气与石油运聚在相态上存在一定差异，但两者运聚机理基本相似。李明诚(2004)根据油气在地层中运移动力和运移相态，把油气二次运移归纳为浮力流、渗流、扩散流和势平衡流(涌流)等四种模式。针对油气运聚成藏受多种相态、多种动力驱动共同控制，国内外学者提出了地震泵式、脉冲式、爆发式以及加速式与脉冲式交替等运聚模式。

1)天然气跨层爆发式运聚

在构造相对活跃地区，天然气沿断裂活动带向上运移，在浅部储层运聚成藏。王金琪(1997)把深部已形成的油气藏的油气再通过断层和裂缝垂向上运聚的成藏过程称之为油气活动的烟囱效应。

刘树根等(2005)根据川西前陆盆地碎屑岩领域天然气活动具有明显的烟囱作用效应，指出燕山中晚期地壳的隆升作用致使上三叠统早期聚集的气库区决口，引起流体的跨层流动，产生爆发式成藏。爆发式运移以游离气相为主，运移动力主要是深、浅层之间的压差，天然气成藏具有运聚速度快、规模大和范围窄等特点。

2)地震泵式运聚

天然地震是以地层岩石快速释放构造应力并产生破裂为特征的构造运动。Sibson(1975)研究了热液金属矿与古代断层破碎带的关系后指出，在地震活动时，断层的作用就像一个泵一样，由较深部地层抽出热液，再将它从断层驱入断层上方的扩张裂隙中聚集，并把这种现象称为地震泵。地震泵引起的油气垂向运移的机理是地震使断裂带的渗透性迅速增高，高温超压流体迅速外泄，流体压力随之下降而形成异常低压，并且对地震断层带两侧及下伏岩石孔隙流体产生抽吸作用，从而造成围岩孔隙流体向断裂带汇流。Hooper(1991)把地震泵这一概念直接引入烃类的运移研究。天然强震的地震波携带巨大能量，波及范围广，对距离震中几百公里，甚至上千公里之外的区域也能引起明显的地震反映。因此，天然强地震对地下深部地层孔隙流体的运移必然产生重要的影响。地震对油气运移影响及地震泵现象不仅在国外已观察到，在中国许多油气田地区也发现大地震活动前后一些油井喷油能力的增强以及天然气产气量升高、地层水活动异常等现象(吴振林等，1980；张德元等，1983)。

地震破裂形成的裂缝带既可成为油气的运移通道，同时地震波在传递能量过程中驱动地下岩石孔隙流体运移。曹俊兴等(2009，2012)研究认为，地震波通过固液相互作用将波动能量转化为流体动能，并且从地震波能量的固液输运机制出发，提出了震控油气微观与宏观迁移模型。地震活动具有突发性、能量大、时间短暂等特点。地质构造活动期间，伴随周期性强地震活动，在一定范围内可使油气产生脉动式运移。地震活动的通天裂缝带，往往造成油气散失较多，油气受到地震泵的抽吸作用，只能在地震形成的腹部裂缝系统中聚集成藏。

3)脉冲式混相涌流运聚

天然气在高温高压的封闭环境下，天然气可以在地层孔隙中呈水溶气、游离气、油溶气等多种相态共存。黄志龙等(1999)认为，天然气的运移机理除扩散、渗流两种外，还有一种特殊的运移机理，即脉冲式混相涌流。脉冲式混相涌流发生在高温高压的封闭地层中，由于沉积埋藏、构造挤压以及地热升温的流体膨胀等作用，使异常高压不断增加，当达到一定程度时，高压带边缘(顶、底面或侧面)的相对封隔带会发生破裂，高压带内的孔隙流体可以通过多种相态(包括溶解气、水、游离气等)同时向外涌流。高压多相流体向外涌流，由于温度压力的降低，溶解在地层水中的天然气会大量析出，游离气相大量增加，在相对低压区的圈闭中聚集成藏。当高压带流体压力得到释放后，破裂的岩层重新闭合而成为新的相对封隔层，当压力再次升高时，产生下一轮的脉冲式混相涌流。

4)加速式与脉冲式交替运移模式

在相同地层条件下，天然气密度比油相密度小，气相运移浮力相对大于油相运移的浮力。在常规储层中，浮力是长期持续驱动天然气运移的重要动力。吕延防(2008)研究认为，游离天然气在倾斜的均质储层中受浮力作用将发生加速式运移，提出加速式与脉冲式交替运聚成藏模式。在倾斜储层中，当气柱进入运载层顶部，其长度达到上浮的临界值时，便沿运载层顶部最大连通孔隙向上倾方向加速运移，由于储层物性的非均质性影响，天然气运移途中遇到储层物性变差遮挡，连续气柱的浮力加速运移被阻挡而停止，随着后续气相运移发生聚集。当聚集后的天然气柱浮力超过储层遮挡物的排替压力或遮挡物中产生裂缝时，天然气通过遮挡物而向上运移。气柱运移将使浮力降低和裂缝关闭，直到后续气相运移的再次聚集。因此，天然气连续气相运移被物性致密带阻挡时，将发生脉冲式运移。

由于沉积相带、成岩作用影响，在储层中往往形成不同规模物性致密带，使天然气浮力驱动呈现断续状态，即天然气在向圈闭的运移全过程中，遇致密高阻带停顿而积蓄浮力，高孔渗低阻带则在浮力驱动下加速运移。天然气在区域性倾斜储层中运移，由于不同规模、不同类型物性致密带的影响，浮力驱动的连续气相运移与脉冲式运移通过多次交替进行才能在圈闭中聚集成藏。

综上所述，天然气不同的运聚方式与具体地质条件有关。在同一盆地不同地区，或同一地区在不同地质时代，天然气可以通过不同运聚方式在圈闭中聚集成藏。一般而言，在盆地断裂发育地区，受异常高压和构造活动影响，天然气成藏往往与“阵发式”运聚有关，即通过地震泵式、跨层爆发式以及脉冲式混相涌流方式聚集成藏。在构造相对稳定地区，储层横向分布较大，区域性倾斜的运载层有利于浮力驱动的气相运移，主要通过连续气相与脉冲式交替运移方式聚集成藏。

6.3.2 上古生界天然气近距离运聚证据

1. 地球化学直接证据

油气在运移聚集过程中，由于地层温度、压力以及地层吸附作用而产生不同程度的地质色层效应。甲烷具有分子小、密度低、黏度小、扩散系数大等特征，相对重烃气体(C_2^+)来说，不易被岩石吸附且运移速率快，致使沿运移方向甲烷相对富集；同时天然气在运移过程中，同位素组成将发生分馏作用，沿着运移方向甲烷碳同位素逐渐变轻，运移距离越远，同位素分馏就越明显(张同伟等，1995)。因此，在气源对比研究基础上，天然气组成的变化特征可以反映天然气的运移特征。气源对比证实，鄂尔多斯盆地上古生界天然气属于煤型气(详见第 3 章)。上古生界储层具有大范围、多层系普遍含气的特点，天然气组分和烃气碳同位素在纵向上和横向上分布与烃源岩成熟度具有一致性，反映了近源运聚的特征。

1)天然气组成的纵向变化特征

众所周知，天然气的干燥系数与烃源岩的母质类型和成熟度有关。一般而言，随着成熟度的增加(不包括未熟、低熟阶段)，气层天然气的干燥系数也逐渐增加。在同一地区，纵向上不同层位天然气组成既与烃源岩成熟度有关，同时也受天然气垂向运移的地质色层效应影响。

根据盆地范围内 300 多个天然气样品分析结果的分层统计，从山西组到本溪组，天然气的甲烷含量由 93.28%升高为 95.34%，反映烃源岩有机质成熟度不断增加对天然气组成的影响；从山西组到石千峰组，天然气的甲烷含量由 93.28%升高为 96.41%，反映天然气在垂向运移过程中的地质色层效应(表 6-9)。天然气碳同位素也具有相似特征，即纵向分布显示出向上部聚集的天然气同位素变轻，但变化幅度均较小。此外，从本溪组到石千峰组，烃源岩供气能力不断降低，产气层的含气饱和度由 68.52%往上逐渐降低到 41.54%，产气层的压力系数也相应地降低。由此可见，上古生界不同层位的天然气组成反映了纵向运聚的成藏特征。

表 6-9　鄂尔多斯盆地上古生界天然气性质统计表

地层	天然气烃类组/%				天然气碳同位素/‰(PDB)			产气层含气饱和度/%	压力系数
	C_1	C_2	C_3	ΣC	$\delta^{13}C_1$	$\delta^{13}C_2$	$\delta^{13}C_3$		
石千峰组	96.41	1.23	0.43	98.07	−33.54	−26.85	−25.85	41.54	0.53
上石盒子组	94.95	0.97	0.35	96.27	−33.11	−26.82	−25.61	52.34	0.83
下石盒子组	94.32	0.87	0.37	95.56	−32.73	−26.05	−25.80	58.21	0.86
山西组	93.28	0.98	0.14	94.40	−32.62	−26.16	−24.89	63.25	0.88
太原组	94.83	1.12	0.29	96.24	−33.81	−25.82	−24.81	67.94	0.92
本溪组	95.34	0.78	0.31	96.43	−32.16	−25.85	−25.05	68.52	1.01

2)天然气组成的横向变化特征

从平面长距离运聚角度来看，盆地东北部是区域构造的高部位，如果天然气由南往北运聚时，天然气干燥系数应该进一步升高，即在烃源岩成熟度相对低的构造隆起地区聚集相对偏干的天然气。鄂尔多斯盆地上古生界的实际情况刚好与此相反，天然气干燥系数在平面上与烃源岩热演化程度之间仍然保持正相关关系(图 6-28)。在靖边、乌审旗等热演化程度较低的地区，天然气干燥系数相对较低，而在子长和宜川等地区，随烃源岩热演化程度的增高，干燥系数逐步增大。换言之，上古生界天然气干燥系数的平面分布没有出现长距离运聚的地质色层效应，而是基本上保留了受原地烃源岩成熟度所控制的近距离运聚特征。

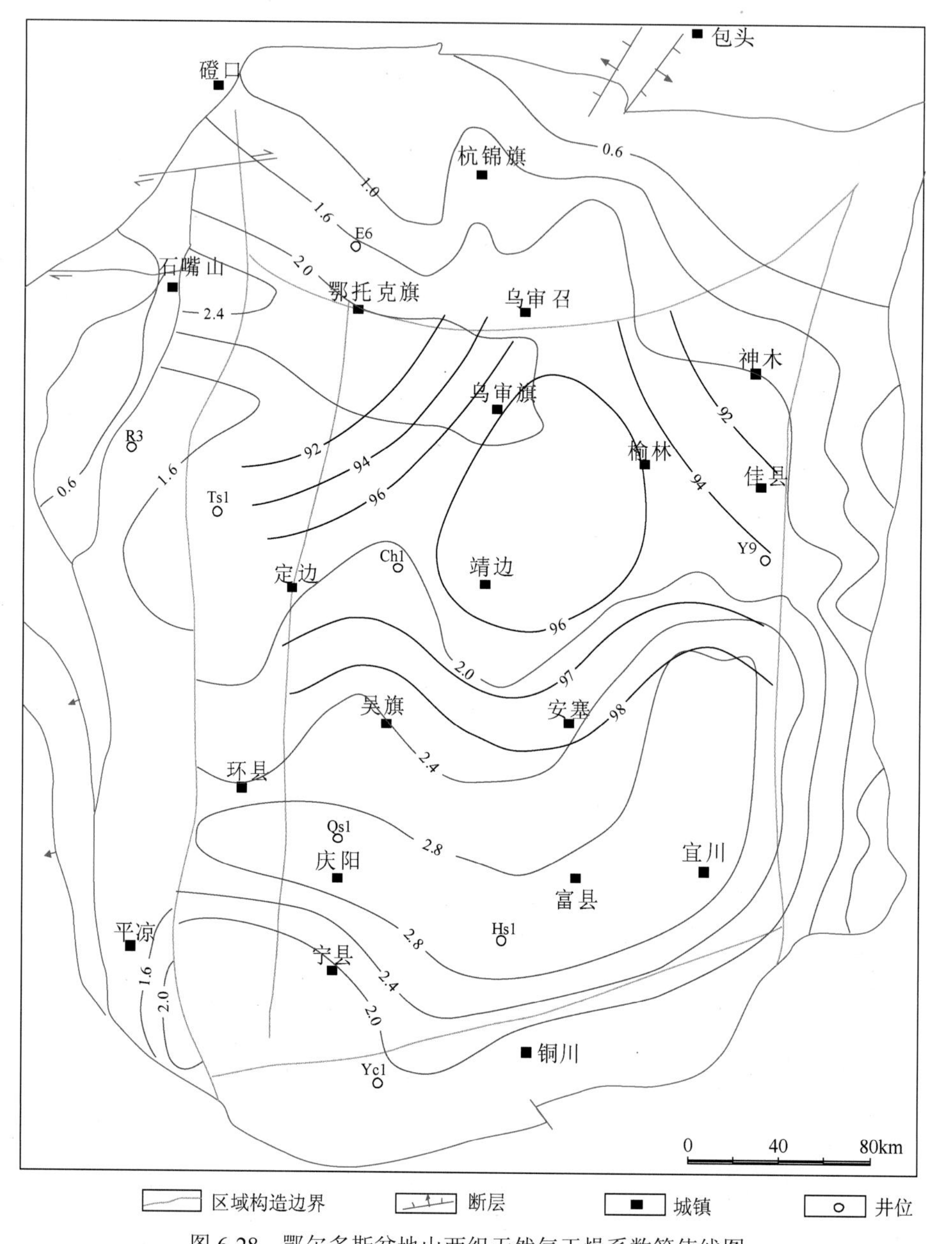

图 6-28 鄂尔多斯盆地山西组天然气干燥系数等值线图

上古生界同一气层组天然气的甲烷碳同位素在平面上的变化也呈现出一定的规律性(图 6-29)。在盆地内由南往北、北东方向，随着上古生界烃源岩热演化程度的降低，天然气甲烷碳同位素组成变轻，热演化程度变化明显的地区，甲烷碳同位素组成的变化也较明显。由此可见，上古生界天然气成熟度指标变化趋势总体上与烃源岩热演化程度变化趋势一致，即烃源岩成熟度较高的地区，储层中聚集的天然气成熟度相对较高，而在烃源岩成熟度较低地区，储层中天然气成熟度也相对较低。上古生界天然气成熟度在平面上的分布特征，反映了在广覆式生烃供气背景下，天然气侧向运移距离较短，天然气侧向运移规模较小。

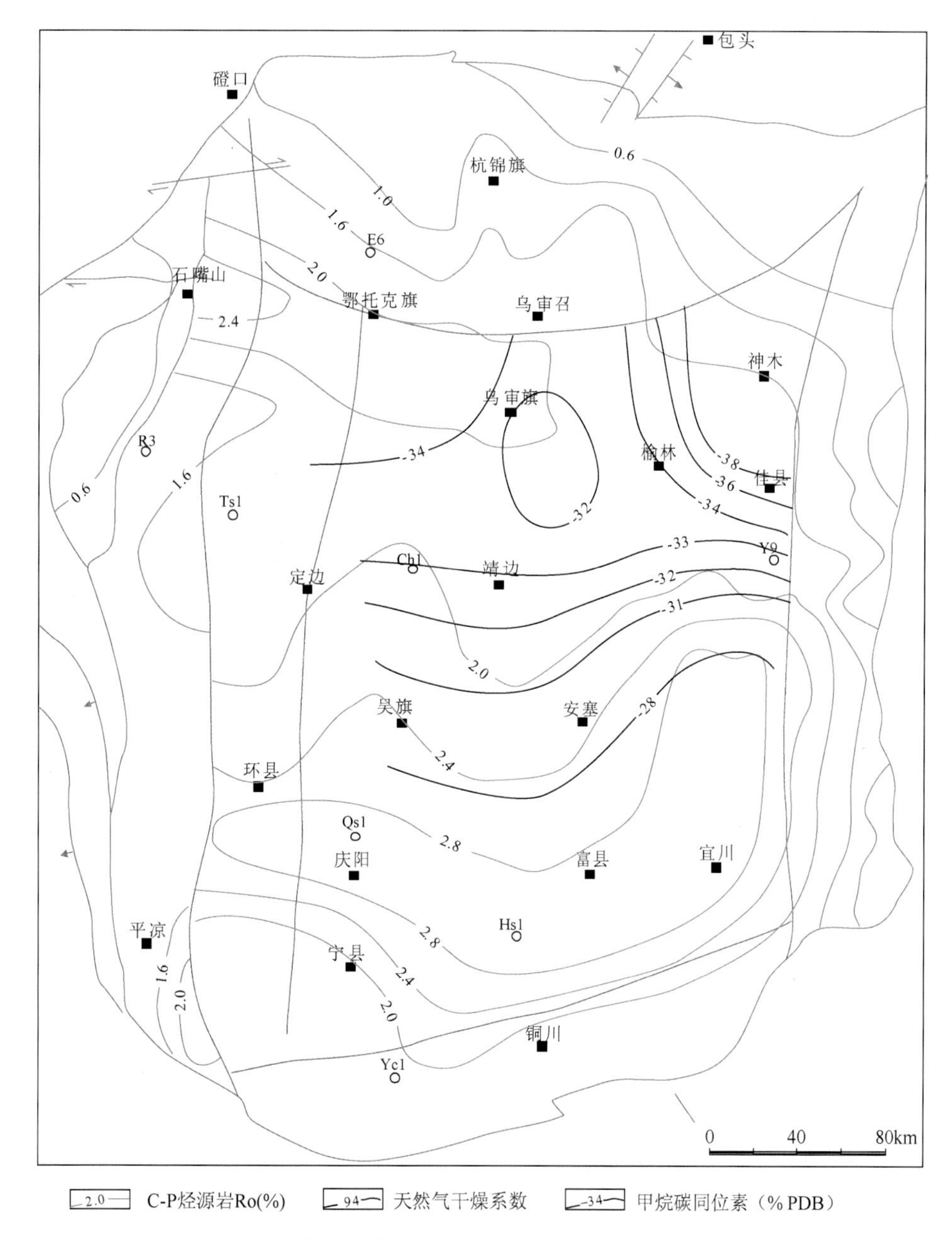

图 6-29　鄂尔多斯盆地山西组天然气甲烷碳同位素等值线图

2. 古构造背景证据

油气长距离横向运移需要浮力驱动，而区域地层的倾角是影响油气浮力大小的关键因素之一。区域构造研究表明，在古生代和早中生代时期，鄂尔多斯盆地与华北盆地共同组成了大华北盆地(赵重远等，1990)。晚三叠世的印支运动，鄂尔多斯盆地从近海盆地演化为大型陆内湖盆，盆地内部上古生界的古构造总体上表现为呈北北东向展布。燕山运动以来，鄂尔多斯盆地逐渐形成西倾单斜的今构造特征。

通过盆地中部大量钻井及地震资料对山西组顶面的古构造恢复结果可见，在晚侏罗世末期盆地中部古构造面貌表现为由多个北北东向展布的古鼻隆所组成(图 6-30(a))，早白垩世末期古构造进一步往东隆升，北北东向的古鼻隆幅度减小(图 6-30(b))。晚侏罗世—早白垩世是上古生界天然气主要成藏时期，盆地中部在这期间的区域构造平缓，古地层坡降(3～10) m/km，平均坡降约 5m/km。在其他地质条件相似情况下，区域地层的倾角越小，油气运移产生的浮力就越小。因此，从油气运移的浮力角度来看，上古生界在油气大量运聚时期的平缓古构造背景不利于油气长距离运移。

区域构造对气藏分布的控制是天然气长距离运移的基本特征，即天然气经过长距离运移后，必然在构造高部位的圈闭中聚集成藏，而在构造低部位形成水区或气水过渡带。晚侏罗世—早白垩世是上古生界主要成藏时期，盆地中部古构造特征总体上表现为北高南低，晚白垩世以来，受太平洋板块作用影响，古构造演化为现今东高西低的大斜坡(图 6-30(c))。从古构造面貌来看，现今已发现的气藏分布范围远超过古鼻隆的构造圈闭范围，在鄂托克前旗以及靖边北部等区域构造的低部位也聚集了大量天然气，说明天然气聚集并未严格受古构造的控制。

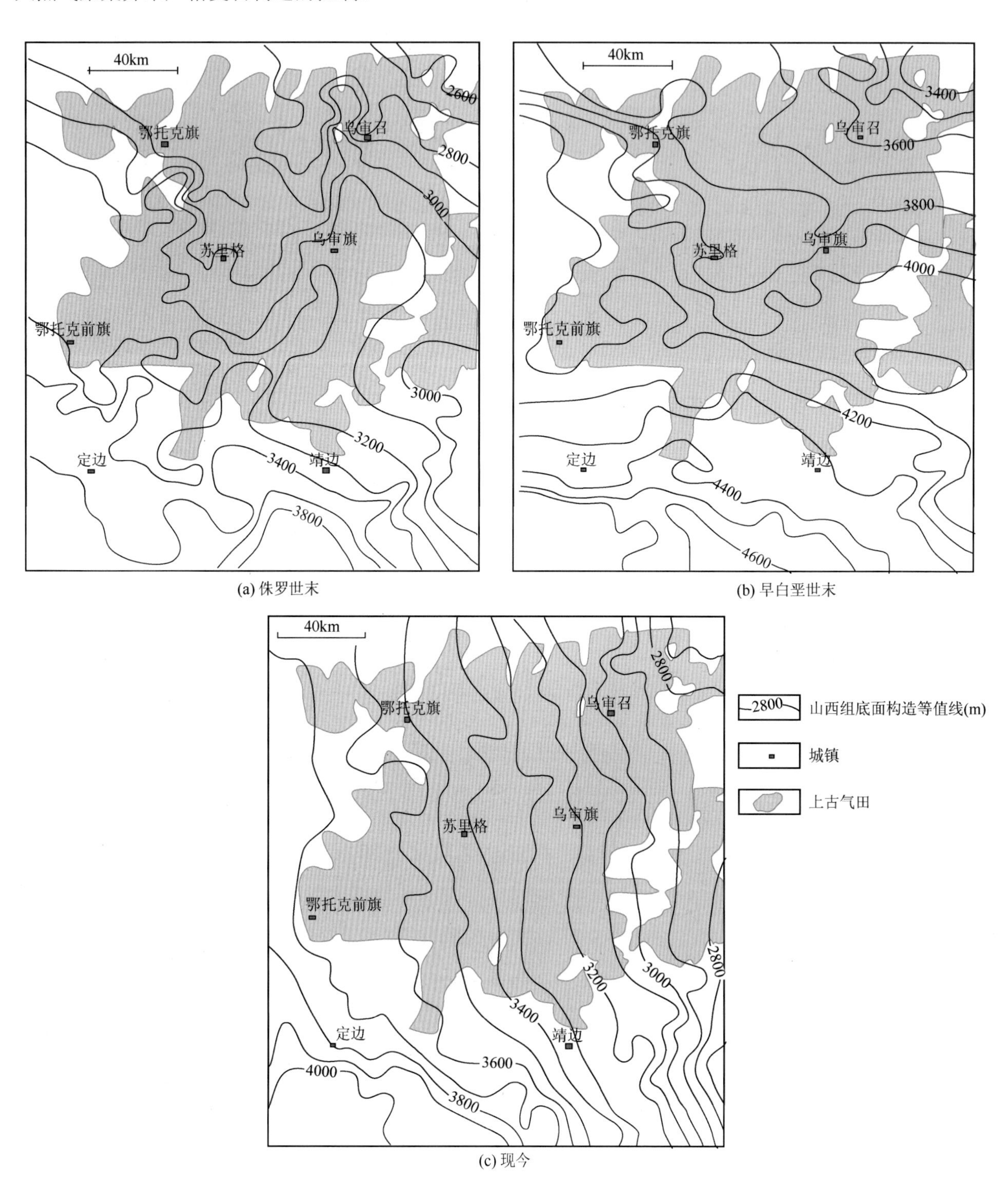

图 6-30　鄂尔多斯盆地中部山西组顶面在晚侏罗世末、早白垩世末和现今的构造图

在现今东高西低的斜坡构造格局下，现今大气田并未集中分布在斜坡东部的构造高部位，如苏里格与乌审旗大气田现今构造在东西方向的海拔高差达 300～400m，表明天然气在东西方向没有发生长距离的运移聚集。由此可见，目前盆地中部已经发现的大气田，既并不受古构造高部位控制，也与现今构造格局没有必然的联系，反映了天然气近距离的运聚成藏特征。

3. 储层地质证据

天然气进行大规模长距离运移必须具有大规模输导体系、充足的气源和区域性的浮力驱动。鄂尔多斯盆地上古生界发育河道砂体，多期复合、叠合的河道砂体分布规模较大。在叠合砂体内部往往发育泥质夹层或粉砂岩致密隔层，储层非均质性强而连通性差，不利于大范围形成连续气相。此外，上古生界储层总体上为一套低孔、低渗致密储层。根据近 2000 个岩心物性分析数据统计，孔隙度小于 8%的样品约占 61.3%，渗透率小于 $0.3\times10^{-3}\mu m^2$ 的样品约占 70.1%。孔隙喉道以弯曲片状和管束状为主，喉道及孔隙分布主要呈负偏态、细歪度，小于 1μm 的微孔喉对应的储集空间占总储集空间的 80%以上。

如前所述，上古生界致密储层形成时期早于天然气大量成藏期，属于先致密后成藏。根据上古生界压汞资料估算，天然气在Ⅰ类储层中聚集成藏需要克服的毛细管阻力(换算到地层条件气水两相)为 0.1～0.6MPa，克服毛细管阻力需要的连续气柱高度为 10～100m；天然气在Ⅱ类储层聚集的临界气柱高度为 100～350m；天然气在Ⅲ类储层聚集的临界气柱高度超过 500m。由于盆地内部的区域构造平缓，就Ⅰ类储层而言，形成 100m 的连续气柱高度，在平面上需要近 20km 长度的连通砂体，明显大于单个河道砂体分布规模。由此可见，在上古生界储层总体致密情况下，由于复合砂体储层内部连通性较差，天然气横向运移的连续气柱较短，天然气连续气柱的浮力难以克服致密储层的毛细管阻力。在天然气浮力较小、致密砂岩储层毛细管阻力较大情况下，天然气只能通过近距离运移、聚集成藏。

6.3.3　上古生界天然气垂向运聚通道

上古生界沉积的河道、分流河道砂体总趋势在平面上表现为南北走向的条带状砂岩。由于不同时期河道的迁移、下切侵蚀作用，在河道沉积相对集中的地区，砂体多呈“网状”或复合叠合，可能在局部范围内互相沟通，构成三维空间通道。在盆地内区域范围内，上古生界砂岩致密时期早于成藏时期，在下石盒子组储层与本溪组烃源岩之间的地层厚度为 300～350m，发育 40～90m 厚的泥岩隔层，部分地区发育 20～40m 厚的碳酸盐岩。本溪组—山西组天然气往上向石盒子组、石千峰组储层运移时，需要不同类型的运移通道。

1. 断层

鄂尔多斯盆地是中国最稳定的盆地之一，盆地内部地层产状平缓，局部构造幅度小，区域构造稳定，油气大规模运移时属于挤压的构造背景，断裂在盆地西缘和东部相对发育，盆地内部的上古生界的断裂较少，断裂的规模小。盆地西缘在地史演化过程中经历了多次构造运动，形成逆冲推覆、扭动构造及反转构造，断裂呈近南北向展布，断距较大，早期形成的断裂受到后期构造运动作用而具有继承性发育的特征。

盆地东部神木地区，据地震剖面反映小断距及断层十分发育，绝大部分断层仅断开太原组顶部反射层，断距一般小于 50m，断开地层也大多仅限于太原组、山西组和下石盒子组，个别断层可断到上石盒子组或石千峰组。盆地东部断裂系统附近裂缝的连续性和连通性都较好，是油气和其他流体运移最便捷的垂向运移通道。根据断裂发育的层位分析，这些断裂系统对下石盒子组及其以下地层天然气运移曾经起到一定的通道作用，个别断层为千 5 段气藏的形成提供了通道(闫小雄等，2005)。在盆地中部，构造相对稳定，断层少且规模小，为天然气垂向运移提供的通道相对较小。

2. 裂缝

开启裂缝的通道半径比致密砂岩孔隙喉道半径大，天然气在裂缝中运移的毛细管阻力很低。尽管鄂尔多斯盆地上古生界大面积低渗砂岩气藏发育区具有构造平缓、断裂不发育的特点，但通过野外露头剖面观察、钻井岩心描述、地震资料和成像测井资料解释发现，微裂缝和小型裂缝非常发育。岩心裂缝具有三类产状：平行层面缝、低角度斜向缝(与岩层层面的夹角一般小于 45°)和近垂向缝(与岩层层面的夹角大于 45°，多数大于 70°)。平行层面缝和低角度斜向缝多数发育于层面结构发育的泥岩、泥质砂岩及岩性界面附近，裂缝面有明显滑移的痕迹，光亮的摩擦面，条状划痕及阶步(图 6-31(a))。近垂直缝主要发育在相对致密的砂岩，层面结构不发育(图 6-31(b))。上古生界砂岩储层中裂缝系统主要为垂直缝，次为斜交缝，走向以 NWW 至近 EW 向为主，其次为 NEE 和 NE 向。

(a)低角度裂缝

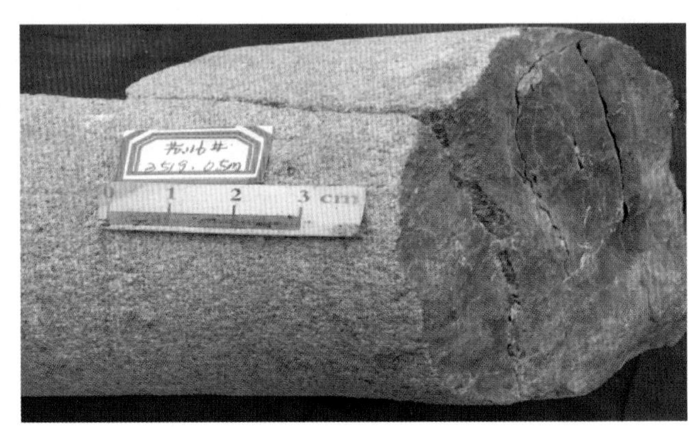

(b)垂直裂缝

图 6-31　上古生界低角度裂缝与垂直裂缝

盆地东部上古生界 16 口取心井的岩心中共发现 282 条裂缝，其中未充填的裂缝所占比例为 42%，半充填的裂缝为 16%(图 6-32)，裂缝充填物主要为方解石、泥质及碳质沥青等。测井解释分析这 16 口的裂缝中以有效裂缝为主，裂缝产出层段解释为气层和含气层所占比例为 80%。在裂缝产出层段附近的岩心内，通常发育较好有机质纹层。由此可见，储层内的宏观裂缝虽不能完全作为天然气聚集空间，但可以为天然气在孔渗配套较好的砂体内富集提供良好的运移通道。

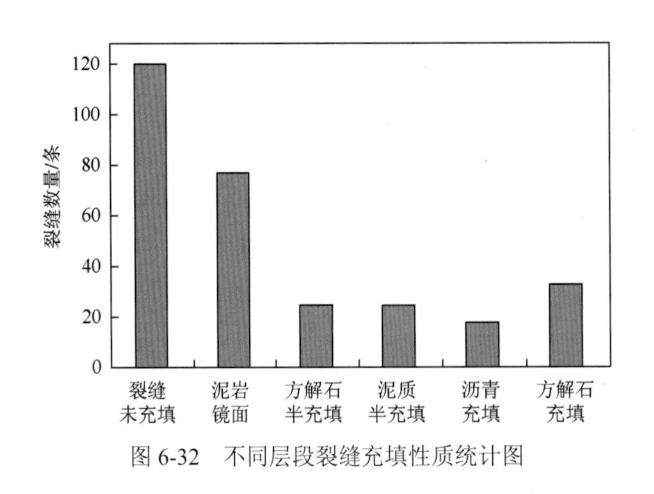

图 6-32　不同层段裂缝充填性质统计图

根据上古生界岩心裂缝观察结果，裂缝间距在 2m 以内的裂缝长度一般为 10～50cm，当裂缝间距增加到 2～4m 时，裂缝长度降低为 2～10cm(图 6-33)。岩心裂缝统计结果表明，在裂缝发育层段，不仅裂缝密度高，而且裂缝长度也较大，而在裂缝稀疏层段，主要是小裂缝或微裂隙。

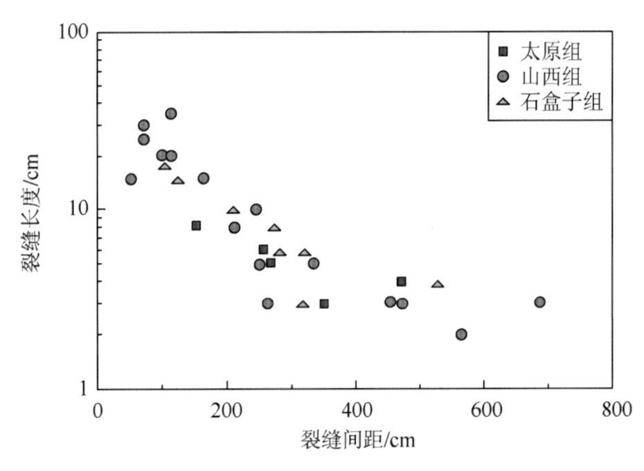

图 6-33　不同层段裂缝间距及长度交汇图

矿物颗粒尺度的微裂缝是宏观裂缝的微观表现，可以更准确地反映构造事件、异常高压事件以及成岩过程(潘雪峰等，2006；曾联波等，2007)。通过岩心薄片观察，上古生界粉细砂岩和砂岩的微裂缝表面较平直，裂缝宽度一般在 30～60um，微裂缝一般发育在加大边的石英颗粒上，同时切穿石英颗粒子矿物及加大边，在绿泥石等层状硅酸盐矿物边缘终止或改变发育方向(图 6-34)。微裂缝一般呈共轭形式产出，共轭角在 50°～70°，主要为剪性破裂。

(a) S321井，盒8段，低角度缝(铸体×25)

(b) M10井，太原组，高角度缝(铸体×50)

图 6-34　鄂尔多斯盆地上古生界岩心薄片的微裂缝分布特征

6.3.4　上古生界流体膨胀—微裂缝近距离运聚模式

1. 微裂缝成因与形成时期

上古生界致密砂岩储层裂缝的形成受多种因素控制，如构造活动、区域构造应力作用、成岩作用以及孔隙流体超压作用等。对于上古生界天然气成藏而言，中晚侏罗—早白垩世构造运动产生的裂缝具有重要影响。在中晚侏罗世时期，东部古太平洋板块、北部西伯利亚板块以及西部特提斯洋消减、碰撞和汇聚作用，鄂尔多斯盆地遭受了来自不同方向的构造动力作用影响，在盆地周缘产生强烈的挤压推覆，形成逆冲构造带，盆地内部内部构造应力主要为挤压应力场。燕山期区域挤压应力作用方向为 NWW-SEE(董树文，2000)。当主压应力方向与岩层层面平行时，主要形成平行层面裂缝、低角度斜向裂缝，而水平方向的剪切则是导致结构致密砂岩中形成近垂向裂缝的主要原因。早白垩世志丹群沉积之后，鄂尔多斯盆地发生了整体抬升，湖盆消失，盆地整体隆升，区域构造应力处于弱引张构造环境(张岳桥，2006)。区域构造运动产生的裂缝方位变化小、且垂直于主层面，裂缝分布多与断裂带伴生，分布范围相对局限(邢振辉等，2005)。

上古生界烃源岩在中晚侏罗世—早白垩世期间，压实作用已不明显，流体排出受阻，烃源岩黏土矿物脱水、有机质生烃及构造热事件引起的流体膨胀作用形成高异常压力。烃源岩中大量生成的超压天然气通过裂缝向临近的致密砂岩储层排烃时，由于致密砂岩的物性较差，天然气二次运移的毛细管阻力较大，天然气在储层难以及时运移而使储层孔隙流体在局部产生暂时超压。随着天然气不断向致密储层充注，储层孔隙流体压力也随之而上升。当孔隙流体压力超过储层的破裂压力时，储层在流体膨胀作用下产生微裂缝。研究表明，只要在岩石内部的流体压力比周围介质的静水压力大 1.4～2.4 倍，就可以超过岩石的机械强度并使岩石产生破裂(Tissot，1978；李明诚等，2004)。岩石孔隙流体超压产生微裂缝不仅与流体压力有关，地层应力和地层的岩石性质也有影响，当孔隙流体压力超过地层最小压应力与地层抗张强度之和就可以产生微裂缝(Jean，1981)：

$$P_{\mathrm{f}} > S_3 + K \tag{6-7}$$

$$S_3 = \frac{v}{1-v} S_1 \tag{6-8}$$

式中，P_{f}为孔隙流体压力，MPa；S_1为地层最大压应力，MPa；S_3为地层最小压应力，MPa；K为地层抗张强度，MPa；v为杨式模量，MPa。

上古生界孔隙流体现今压力虽然较低，但古流体压力普遍较高，古流体压力系数可达 1.35～1.65(详见第 7 章)。超压流体在刚性颗粒为主的储层中产生微裂缝，尤其在构造运动期间频繁发生的强烈地震活动，其突发性的地震波能量传播范围大，盆地内部大面积分布的超压流体受地震波能量传递的诱导更容易产生微裂缝。通过镜下观察，上古生界储层微裂缝中发现多期流体包裹体，包裹体类型主要为盐水包裹体及含烃类盐水包裹体，包裹体一般沿微裂缝呈雁列状—条带状分布，单个包裹体形态一般为椭圆状或不规则状，长轴一般在 3～5μm，长短轴之比多在 2/1～3/1。根据石英颗粒中的微裂缝与石英加大边的交切关系及加大边与微裂缝中流体包裹体温度测试结果，储层微裂缝大多数形成于早白垩世之前，即在储层最大埋深时期之前(万永平，2010)。

综上所述，鄂尔多斯盆地上古生界致密砂岩在多期构造运动和区域构造应力作用下在局部地区形成不同规模的构造缝。微裂缝的流体包裹体温度分析表明，大量的微裂缝主要形成于最大埋深之前的超压时期，早白垩世之后的构造抬升过程中，随着构造热事件消失与地层超压流体压力降低，多数微裂缝逐渐闭合，少数微裂缝被硅质或钙质等胶结物不同程度充填而得以保存。

2. 天然气膨胀—裂缝运聚动力学机制

上古生界微裂缝宽度一般小于 100μm，长度多数在 2～50cm。根据流体包裹体观测，烃类包裹体的直径一般为 5～10μm。在地层条件下的游离烃相的油珠、气泡在开启的微裂缝中受浮力作用可以自由运移(李明诚，2004)。单个裂缝的储集空间规模较小，微裂缝中运移的天然气只有在邻近储层孔隙中聚集才有利于气藏的形成。上古生界致密砂岩的粒间溶孔的孔径为 20～100um，平均喉道直径为 0.2～2um。在致密砂岩中，单个裂缝与颗粒附近孔隙组成一个相对的连通空间，不同微缝—孔隙连通体之间呈封闭或半封闭状态。

本溪组—山西组烃源岩大量生排烃期发生在储层已经致密化之后的中侏罗世—早白垩世，地层埋深为 3000～4000m(图 6-19)。烃源岩超压天然气通过微裂缝向储层的孔隙运移时，孔隙中的自由水被天然气膨胀驱替出去，而天然气则受孔隙喉道的毛细管阻力作用被封闭在与裂缝连通的孔隙中。在致密砂岩中单个裂缝—孔隙连通体中游离天然气规模往往较小，气柱高度与单个微裂缝的长度大致相当，为 2～50cm，产生的浮力不足以克服孔隙喉道的毛细管阻力而向上运移。当烃源岩超压流体在微裂缝—孔隙连通体充注不断增加时，单个裂缝—孔隙连通体中游离天然气的气柱高度增加虽然并不明显，但气体质量增加必然产生膨胀超压，从而使自由水逐渐被天然气完全驱替(图 6-35)。随着天然气进一步充注，单个裂缝—孔隙连通体中超压的天然气要么通过相对细小喉道继续向外膨胀，要么超压进一步增大而产生微裂缝向外充注。

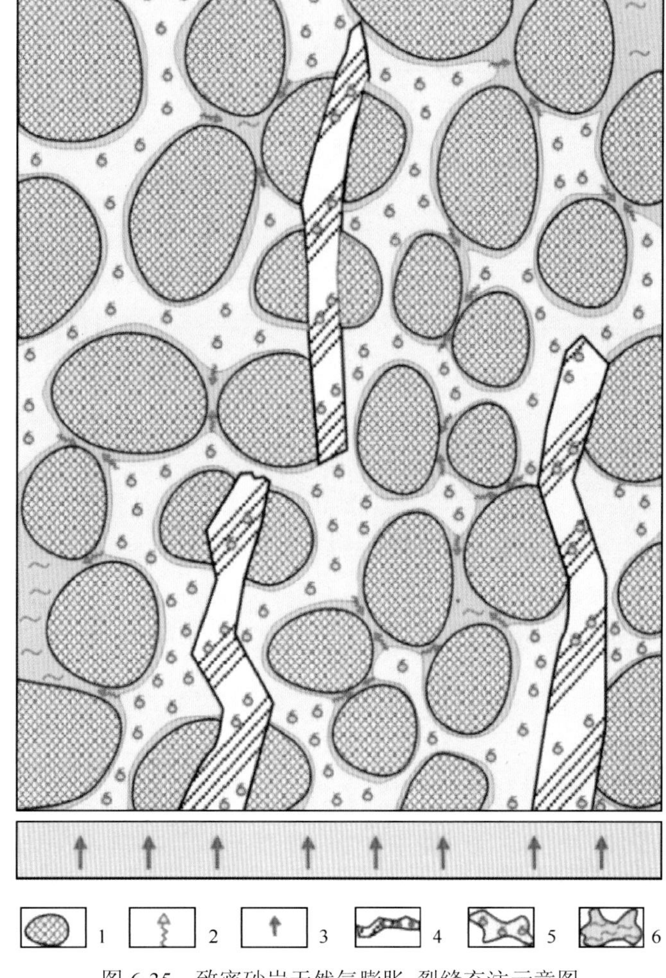

图 6-35　致密砂岩天然气膨胀-裂缝充注示意图

1. 砂岩颗粒　2. 气体膨胀　3. 超压烃源岩　4. 微裂缝　5. 游离气　6. 自由孔隙水

上古生界本溪组—石盒子组受沉积相带的变化、成岩作用影响，致密储层的非均质性强烈，天然气沿裂缝充注时，在孔隙喉道相对较大的储层中以气体膨胀方式向周围驱替孔隙自由水，当被喉道细小致密层阻挡时，气体向外膨胀停顿而不断积蓄能量形成超压，直至超压产生新的微裂缝向就近地层充注。当致密砂岩中超压流体的膨胀作用被泥质岩隔夹层封堵时，异常高压超过泥质岩的突破压力同样可以产生微裂。泥质岩孔隙喉道普遍细小，天然气膨胀的毛细管阻力相对较大。因此，超压流体在泥质岩微裂缝的附近孔隙中的膨胀作用相对较小，主要是通过泥质岩的微裂缝向附近砂岩的孔隙膨胀(图 6-36)。由于储层物性、岩性的宏观与微观尺度的非均性影响，本溪组—山西组烃源岩天然气垂向上充注成藏过程中，随着烃源岩天然气的不断充注，使储层孔隙中气体通过膨胀与超压微裂缝多次交替进行，最后在致密砂岩中形成不同规模的天然气聚集。

3. 近距离充注成藏模式

气源对比表明，上古生界致密砂岩地层的天然气主要来自上古生界下部本溪组—山西组煤系烃源岩。鄂尔多斯盆地长期处于稳定的平缓构造背景，上古生界烃源岩与储层分布广泛，形成上封侧堵岩性圈闭。由于地层产状平缓，并且储层在烃源岩生烃高峰之前的中侏罗世已经致密化，不利于游离天然气浮力驱动的长距离横向运聚。晚侏罗世—早垩世地层进一步埋深以及区域构造热事件作用，烃源岩有机质由低成熟快速演化为高—过成熟，大量烃类的产生使烃源岩孔隙流体超高压而进行微裂缝排烃。烃源岩超压流体在纵向上为 200～300m 致密砂岩充注时，首先在烃源岩附近的储层孔隙中进行膨胀，天然气膨胀受到阻碍则形成局部的异常高压，然后随着异常高压的逐渐增加产生微裂缝而向外膨胀。

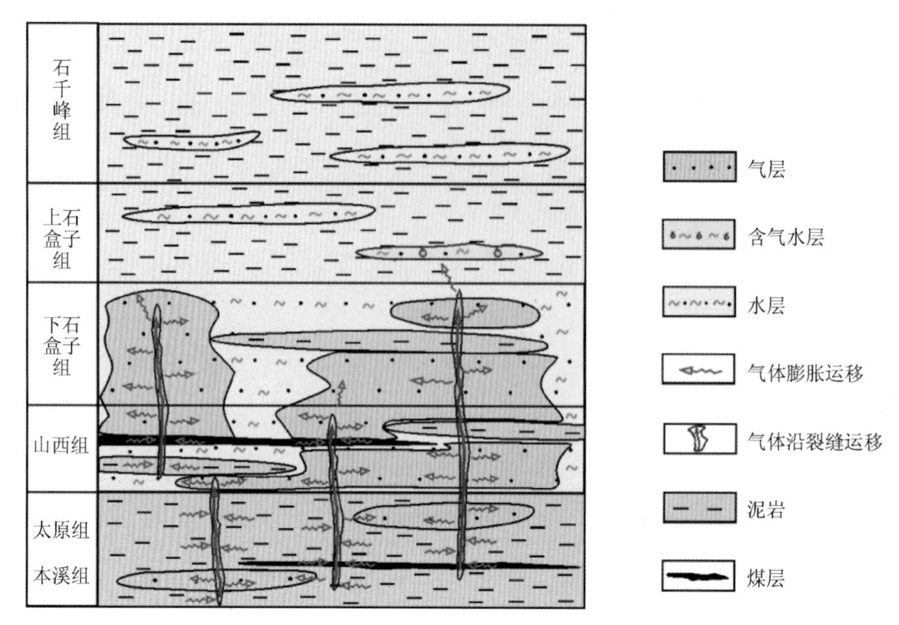

图 6-36 上古生界天然气在致密砂岩中垂向充注示意图

在晚侏罗世—早垩世期间，上古生界烃源岩生烃与排烃不断增强，致密砂岩在整体超压背景基础上，随天然气膨胀与微裂缝的不断交替进行，烃源岩天然气充注的形成局部形成异常高压区的高度在纵向不断增高，横向上在广覆式充注以及岩性变化面的水平缝疏导下，天然气聚集的异常高压区逐渐“整体性推进”，含气范围逐渐增大，从而形成连片呈带的“大面积富集”（图 6-37）。

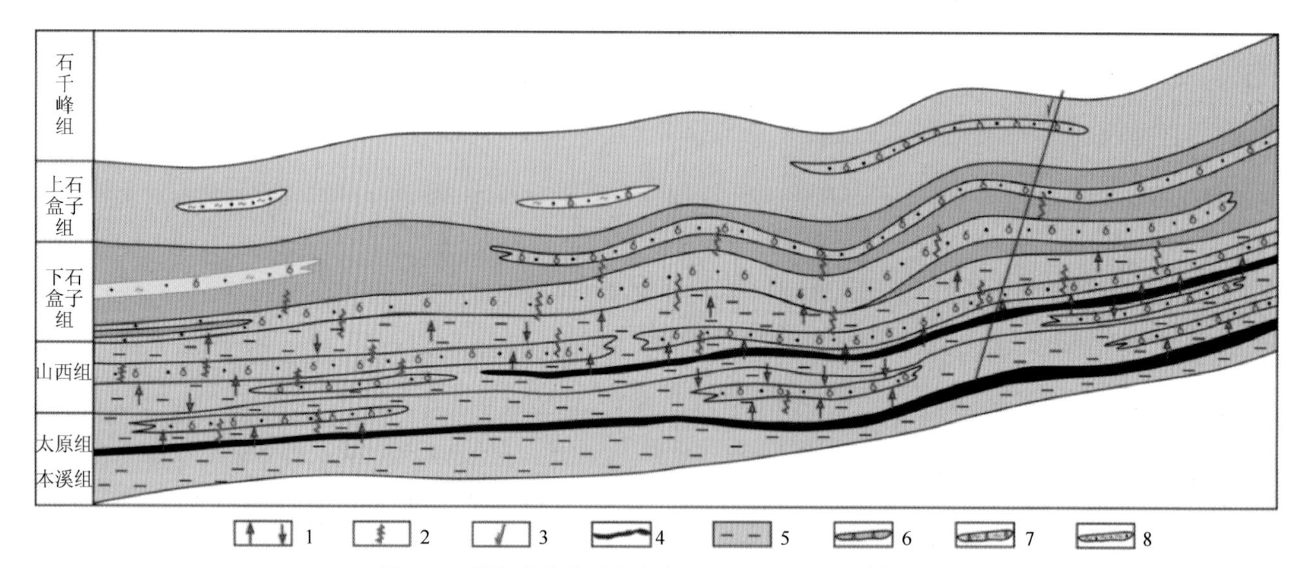

图 6-37 鄂尔多斯盆地上古生界近距离运聚成藏模式

1. 压实排烃方向 2. 微裂缝 3. 断层 4. 煤层 5. 泥质烃源岩 6. 产气层 7. 含气水层 8. 水层

早白垩世末期以来，燕山晚期—喜山期构造运动使鄂尔多斯盆地整体回返抬升并遭受剥蚀。盆地周缘断裂活动强烈，天然气保存条件受到不同程度破坏。盆地内部上古生界地层断裂构造相对较少，当地层抬升剥蚀到一定程度时，地层流体超压逐渐降低，微裂缝趋于闭合。盆地东部在燕山运动期间构造活动相对强烈，地层剥蚀厚度较大，在局部地区断入上石盒子组的断裂构造，使下部地层中的天然气向上部运移而在石千峰组及以上形成浅层次生气藏。盆地西部的剥蚀厚度相对较小，早期大规模近距离充注成藏的含气砂体进入调整期，孔隙流体压力气压下降，形成大面积的低压含气区。

在燕山晚期—喜山期构造的地层抬升剥蚀后期，烃源岩有机质的热力学生烃作用虽然趋于终止，但煤层吸附气在泄压降温过程逐渐解吸，可以通过分子扩散方式向邻近砂体继续供气，在一定程度上维持了含气砂体保存过程中天然气的动平衡状态。

鄂尔多斯盆地上古生界天然气近距离运聚成藏，降低了天然气在二次运移过程中的散失量，从而提高了天然气的聚集效率，在一定程度上降低了天然气成藏的生烃强度门槛。天然气勘探实践表明，鄂尔多斯盆地上古生界广覆生烃与近距离运聚，不仅有利于天然气大面积运聚成藏，而且在生气强度相对较小的地区也可形成大规模的工业性天然气聚集。

参考文献

蔡周荣，夏斌，万志峰，等. 2009. 珠江口盆地与莺琼盆地油气运聚特征的差异性. 天然气工业，29(11)：9-12

曹锋，邹才能，付金华. 2011. 鄂尔多斯盆地苏里格大气区天然气近源运聚的证据剖析. 岩石学报，27(3)：857-865

曹俊兴，刘树根，何晓燕，等. 2009. 龙门山地震对川西天然气聚散的影响. 天然气工业，29(2)：6-11

陈红汉. 2007. 油气成藏年代学研究进展. 石油与天然气地质，28(2)：143-148

陈欢庆，朱筱敏，张琴. 2009. 输导体系研究进展. 地质论评，55(2)：269-277

戴金星. 1992. 各类天然气的成因鉴别. 中国海上油气(地质)，1：11-19

戴金星，戴春森，宋岩. 1994. 中国一些地区温泉中天然气的地球化学特征及碳、氦同位素组成. 中国科学(B辑)，24(4)：426-433

戴金星，李剑，罗霞. 2005. 鄂尔多斯盆地大气田的烷烃气碳同位素组成特征及其气源对比. 石油学报，26(1)：18-25

戴金星，倪云燕，胡国艺，等. 2014. 中国致密砂岩大气田的稳定碳氢同位素组成特征. 中国科学(地球科学)，44(4)：563-578

单秀琴，陈红汉，罗霞，等. 2007. 利用流体包裹体分析鄂尔多斯盆地上古生界油气充注史与古流体势. 岩石学报，23(9)：2303-2308

邸领军，张东阳，王宏科. 2003. 鄂尔多斯盆地喜山期构造运动与油气成藏. 石油学报，24(2)：34-37

董树文，吴锡浩，吴珍汉，等. 2000. 论东亚大陆的构造翘变—燕山运动的全球意义. 地质论评，46(1)：8-13

范泓澈，黄志龙，袁剑. 2011. 高温高压条件下甲烷和二氧化碳溶解度试验. 中国石油大学学报(自然科学版)，35(2)：6-1

冯乔，耿安松，廖泽文. 2007. 煤成天然气碳氢同位素组成及成藏意义—以鄂尔多斯盆地上古生界为例. 地球化学，36(3)：261-266

冯乔，马硕鹏，樊爱萍. 2006. 鄂尔多斯盆地上古生界储层流体包裹体特征及其地质意义. 石油与天然气地质，27(1)：27-32

付广，薛永超. 2001. 天然气运移相态及其变化. 海洋石油，18(2)：25-29

付金华，魏新善，任军峰. 2008. 伊陕斜坡上古生界大面积岩性气藏分布与成因. 石油勘探与开发，35(6)：664-667

付少英，彭平安，张文正. 2003. 用镜质体反射率和包裹体研究鄂尔多斯盆地气藏中气水界面的迁移. 石油学报，24(3)：46-53

付锁堂，冯乔，张文正. 2003. 鄂尔多斯盆地苏里格庙与靖边天然气单体碳同位素特征及其成因. 沉积学报，21(3)：528-538

付晓泰，卢双舫，王振平，等. 1997. 天然气组分的溶解特征及其意义. 地球化学，16(3)：60-66

甘华军，米敬奎，肖贤明. 2007. 鄂尔多斯盆地中北部上古生界气田天然气气源与运聚研究. 石油天然气学报(江汉石油学院学报)，29(1)：16-22

宫色，张文正，彭平安. 2007. 应用包裹体信息探讨鄂尔多斯盆地上古生界天然气藏的成藏后的气藏改造作用. 中国科学D辑：地球科学，37(s Ⅱ)：141-148

郭贵安，陈义才，张代生. 2005. 吐哈盆地侏罗系热模拟生烃演化特征研究. 西南石油学院学报，27(4)：17-22

郝石生，黄志龙，高耀斌. 1991. 轻烃扩散系数的研究及天然气运聚动平衡原理. 石油学报，12(3)：12-21

郝石生，张振英. 1993. 天然气在地层水中的溶解度变化特征及地质意义. 石油学报，14(2)：12-22

郝蜀民，李良，尤欢增. 2007. 大牛地气田石炭-二叠系海陆过渡沉积体系与近源成藏模式. 中国地质，34(4)：606-611

侯读杰，李贤庆，唐友军. 2001. 水溶烃提供的鄂尔多斯盆地天然气成因的新证据. 科学通报，46(23)：2013-2016

胡安平，李剑，张文正. 2007. 鄂尔多斯盆地上-下古生界和中生界天然气地球化学特征及成因类型对比. 中国科学D辑，37(S2)：157-166

胡朝元，孔志平，廖曦. 2002. 油气成藏原理. 北京：石油工业出版社

胡朝元. 1982. 生油区控制油气田分布-中国东部陆相盆地进行区域勘探的有效理论. 石油学报，2(2)：9-13

胡国艺，李谨，李志生. 2010. 煤成气轻烃组分和碳同位素分布特征与天然气勘探. 石油学报，31(1)：42-49

华保钦，林锡祥，杨小梅. 1994. 天然气二次运移和聚集研究. 天然气地球科学，24(5)：1-37

黄道军，刘新社，张清，等. 2004. 自生伊利石K-Ar测年技术在鄂尔多斯盆地油气成藏时期研究中的初步应用. 低渗透油气田，9(4)：37-39

黄正吉，潘和顺，张景龙. 1993. 中国陆相原油长距离运移的一个实例. 石油学报，14(2)：52-57

黄志龙，柳广弟，郝石生. 1999. 脉冲式混相涌流天然气成藏的一种特殊运移方式. 天然气工业，18(2)：6-9

姜福杰，庞雄奇，武丽. 2010. 致密砂岩气藏成藏过程中的地质门限及其控气机理. 石油学报，31(1)：49-54

姜振学，林世国，庞雄奇，等. 2006. 两种类型致密砂岩气藏对比. 石油实验地质，28(3)：210-214

金之钧，张金川. 2003. 天然气成藏的二元机理模式. 石油学报，24(4)：13-16

康德江. 2009. 碎屑岩中油气初次运移输导体系分类及特征. 石油与天然气地质，31(5)：456-462

李广之，高伟，江浩，等. 2009. 氦气的天然气地质意义. 物探与化探，33(2)：154-157

李明诚，李剑. 2010. “动力圈闭”：低渗透致密储层中油气充注成藏的主要作用. 石油学报，31(5)：718-722

李明诚. 1994. 石油和天然气运移-聚集的特征. 地球物理学进展，9(1)：120-128

李明诚. 2000. 石油与天然气运移研究综述. 石油勘探与开发，27(4)：3-9
李明诚. 2002. 对油气运聚研究中一些概念的再思考. 石油勘探与开发，19(2)：13-19
李明诚. 2004. 石油与天然气运移(第三版). 北京：石油工业出版社
李荣西，席胜利，邸领军. 2006. 鄂尔多斯盆地中部断裂带方解石脉天然气包裹体研究. 石油实验地质，28(5)：463-466
李伟，秦胜飞，胡国艺. 2012. 四川盆地须家河组水溶气的长距离侧向运移与聚集特征. 天然气工业，32(2)：32-37
李文学，吕延防. 2011. 天然气脉冲式二次运移过程. 大庆石油学院学报，35(2)：38-40
李贤庆，李剑，王康东. 2012. 苏里格低渗砂岩大气田天然气充注运移及成藏特征. 地质科技情报，31(3)：56-62
李仲东，惠宽洋. 2008. 鄂尔多斯盆地上古生界天然气运移特征及成藏过程分析. 矿物岩石，28(3)：77-83
刘朝露，李剑，方家虎，等. 2004. 水溶气运移成藏物理模拟实验技术. 天然气地球科学，15(1)：32-36
刘德汉，卢焕章，肖贤明. 2007. 油气包裹体及其在石油勘探和开发中的应用. 广州：广东科技出版社
刘建章，陈红汉，李剑，等. 2008. 鄂尔多斯盆地伊陕斜坡山西组 2 段包裹体古流体压力分布及演化. 石油学报，29(2)：226-230
刘江涛，黄志龙，王海. 2010. 吐哈盆地西部弧形带油气远距离运移成藏主控因素. 中国石油大学学报(自然科学版)，34(2)：24-29
刘全有，刘文汇，徐永昌，等. 2007. 苏里格气田天然气运移和气源分析. 天然气地球科学，18(5)：697-703
刘树根，李国蓉，李巨初. 2005. 川西前陆盆地流体的跨层流动和天然气爆发式成藏. 地质学报，10(5)：690-699
刘树根，秦川，孙玮，等. 2012. 四川盆地震旦系灯影组油气四中心耦合成藏过程. 岩石学报，28(3)：879-888
刘文汇，孙明良，徐永昌. 2001. 鄂尔多斯盆地天然气稀有气体同位素特征及气源示踪. 科学通报，46(22)：1902-1905
刘新社，周立发，侯云东. 2007. 运用流体包裹体研究鄂尔多斯盆地上古生界天然气成藏. 石油学报，28(6)：37-42
卢双舫，赵锡瑕，黄第藩. 1994. 煤成烃的生成和运移的模拟实验研究气态和液态产物特征及其演化. 石油实验地质，16(3)：290-301
吕延防. 2008. 天然气的加速式二次运移过程研究. 现代地质，22(4)：577-579
罗晓容. 2003. 油气运聚动力学研究进展及存在问题. 天然气地球科学，14(5)：337-346
米敬奎，戴金星，张水昌. 2007. 鄂尔多斯盆地上古生界天然气藏储层包裹体中气体成分及同位素研究. 中国科学 D 辑，137(S2)：97-103
米敬奎，肖贤明，刘德汉，等. 2003. 利用包裹体信息研究鄂尔多斯盆地上古生界深盆气的运移规律. 石油学报，24(5)：46-51
庞雄奇，金之钧，姜振学. 2003. 深盆气成藏门限及其物理模拟实验. 然气地球科学，14(3)：208-214
蒲仁海，姚宗慧，张艳春. 2000. 鄂尔多斯盆地古构造演化在气田形成中的作用及意义. 天然气工业，20(6)：27-29
沈传波，David Selby，梅廉夫. 2011. 油气成藏定年的 Re-Os 同位素方法应用研究. 矿物岩石，31(4)：87-93
沈平，徐永昌. 1998. 石油碳、氢同位素组成的研究. 沉积学报，16(4)：124-127
宋国奇，隋风贵，赵乐强. 2010. 济阳坳陷不整合结构不能作为油气长距离运移的通道. 石油学报，31(5)：743-747
万丛礼，付金华，杨华. 2004. 鄂尔多斯盆地上古生界天然气成因新探索. 天然气工业，24(8)：1-4
万永平，李园园，梁晓. 2010. 基于流体包裹体的储层微裂缝研究—以陕北斜坡上古生界为例. 地质与勘探，46(4)：710-715
汪泽成，陈孟晋，王震. 2006. 鄂尔多斯盆地上古生界克拉通坳陷盆地煤成气成藏机制. 石油学报，27(1)：8-12
汪泽成，赵文智，门相勇. 2005. 基底断裂"隐性活动"对鄂尔多斯盆地上古生界天然气成藏的作用. 石油勘探与开发，32(01)：9-13
王春连，侯中健，刘丽红. 2010. 鄂尔多斯盆地西北部上古生界流体包裹体特征及其与油气演化的关系. 四川地质学报，30(1)：45-50
王飞宇，何萍，张水昌，等. 1997. 利用自生伊利石 K-Ar 定年分析烃类进入储集层的时间. 地质论评，43(5)：540-546
王金琪. 1997. 油气活动的烟囱作用. 石油实验地质，19(3)：193-200
王连进，吴冲龙，王春辉. 2006. 油气二次运移研究进展述评. 地质通报，25(9)：1220-1227
王龙樟，戴橦谟，彭平安. 2005. 自生伊利石 $^{40}Ar/^{39}Ar$ 法定年技术及气藏成藏期的确定. 地球科学，30(1)：78-82
王香增，万永平. 2008. 油气储层裂缝定量描述及其地质意义. 地质通报，27(11)：1939-1942
王毅，宋岩，单家曾. 2005. 构造应力在油气运聚成藏过程中的作用. 石油与天然气地质，26(5)：465-473
王震亮，陈荷立. 1998. 鄂尔多斯盆地中部上古生界古流体动力分析. 沉积学报，12(4)：105-108
维索茨基. 1986. 天然气地质学. 戴金星译. 北京：石油工业出版社
魏红红，彭惠群，李静群. 1999. 鄂尔多斯盆地中部石炭二叠系沉积相带与砂体展布. 沉积学报，17(3)：403-407
魏永佩. 2002. 中国大中型气田天然气的运聚特征. 石油实验地质，24(6)：490-495
吴振林，邹泉生，张德元，等. 1980. 渤海地区油、水井异常与地震的关系. 石油学报，1(4)：39-47
邢振辉，程林松，周新桂，等. 2005. 鄂尔多斯盆地北部塔巴庙地区上古生界致密砂岩气藏天然裂缝形成机理浅析. 地质力学学报，11(1)：33-38
熊永强，耿安松，王云鹏，等. 2001. 干酪根二次生烃动力学模拟实验研究. 中国科学(D 辑)，31：315-320
徐永昌，王先彬，吴仁铭. 1979. 天然气中稀有气体同位素. 地球化学，4：471-478
徐永昌. 1997. 天然气中氦同位素分布及构造环境. 地学前缘，4(3)：185-193
薛会，王毅，毛小平，等. 2009. 鄂尔多斯盆地北部上古生界天然气成藏期次-以杭锦旗探区为例. 天然气工业，29(12)：9-12
闫小雄，胡喜峰，黄建松，等. 2005. 鄂尔多斯盆地东部石千峰组浅层气藏成藏机理探讨. 天然气地球科学，6：736-740
杨德彬，朱光有，苏劲. 2011. 中国含油气盆地输导体系类型及其有效性评价. 西南石油大学学报(自然科学版)，33(3)：8-17
杨华，付金华，魏新善. 2005. 鄂尔多斯盆地天然气成藏特征. 天然气工业，25(4)：5-8
杨华，魏新善. 2007. 鄂尔多斯盆地苏里格地区天然气勘探新进展. 天然气工业，27(12)：6-11
杨华，张文正，李剑锋，等. 2004. 鄂尔多斯盆地北部上古生界天然气的地球化学研究. 沉积学报，22(s)：39-48
杨万里. 1986. 陆相湖盆成油理论及其在油气勘探中的应用. 大庆石油通城与开发，5(4)：1-10
杨勇，达世攀，徐晓蓉，等. 2005. 苏里格气田盒 8 段储层孔隙结构研究. 天然气工业，25(4)：50-52
姚宗惠，张明山，曾令邦，等. 2003. 鄂尔多斯盆地北部断裂分析. 石油勘探与开发，30(2)：20-23

曾溅辉，王洪玉. 1999. 输导层和岩性圈闭中石油运移和聚集模拟实验研究. 地球科学-中国地质大学学报，24(2)：193-199
张百灵，朱怀平，王汝勇. 1998. 塔里木盆地北部深层烃气垂向微运移特征. 天然气工业，18(1)：24-29
张德元，赵根模. 1983. 唐山地震前后渤海地区油井动态异常变化. 地震学报，5(3)：360-369
张金功，梁志刚，李丕龙. 1996. 控制超压泥质岩裂隙开启的主要因素. 地质论评，42(S1)：124-129
张立宽，王震亮，曲志浩，等. 2007. 砂岩孔隙介质内天然气运移的微观物理模拟实验研究. 地质学报，81(04)：539-544
张满郎，李熙喆，谷江锐，等. 2010. 鄂尔多斯盆地上古生界岩性圈闭类型探讨. 天然气地球科学，21(2)：243-249
张清，孙六一，黄道军，等. 2005. 鄂尔多斯盆地东部石千峰组浅层天然气成藏机制. 天然气工业，25(4)：12，13
张同伟，陈践发，王先彬. 1995. 天然气运移的气体同位素地球化学示踪. 沉积学报，13(2)：70-76
张文正，裴戈，关德师. 1992. 鄂尔多斯盆地中-古生界原油轻烃单体系列碳同位素研究. 科学通报，37(3)：247-253
张文忠，郭彦如，汤达祯. 2009. 苏里格气田上古生界储层流体包裹体特征及成藏期次划分. 石油学报，30(5)：685-691
张兴权，安玉玲. 2000. 天然地震与构造裂缝、油气运移的关系研究. 石油勘探与开发，27(4)：106-108
张岳桥，廖昌珍. 2006. 晚中生代—新生代构造体制转换与鄂尔多斯盆地改造，33(1)：28-31
张照录，王华，杨红. 2000. 含油气盆地的输导体系研究. 石油与天然气地质，21(2)：133-136
张子枢. 1995. 水溶气浅论. 天然气地球科学，5(6)：29-34
赵重远，刘池洋. 1999. 华北克拉通沉积盆地形成与演化及其油气赋存. 西安：西北大学出版社
赵靖舟. 2002. 油气成藏年代学研究进展及发展趋势. 地球科学进展，17(3)：378-383
赵林，夏新宇，戴金星. 2000. 鄂尔多斯盆地上古生界天然气的运移与聚集. 地质地球化学，28(3)：48-53
赵孟为. 1996. K-Ar 测年法在确定沉积岩成岩时代中的应用—以鄂尔多斯盆地为例. 14(3)：11-21
赵孟为，汉斯·阿伦特，克劳斯·魏玛. 1997. 鄂尔多斯盆地伊利石 K-Ar 等时线图解与年龄. 沉积学报，15(4)：148-151
赵荣. 2011. 低输导动力条件下天然气运移效率实验模拟. 科学技术与工程，11(4)：723-728
真柄钦次. 1987. 压实与流体运移. 陈荷立译. 北京：石油工业出版社
郑建京，胡慧芳，刘文汇，等. 2005. K-Ar 关系在天然气气源对比研究中的应用. 天然气地球科学，16(4)：499-502
郑懿，曹俊兴. 2012. 天然地震促进孔隙流体迁移机制的探讨及两类模型分析. 地球物理学进展，27(5)：2144-2150
周波，金之钧，罗晓容，等. 2008. 油气二次运移过程中的运移效率探讨. 石油学报，29(4)：522-526
周文，张哨楠，李良. 2006. 鄂尔多斯盆地塔巴庙地区上古生界储层裂缝特征及分布评价. 矿物与岩石，26(4)：54-61
朱华银，李剑，李拥军. 2006. 天然气运聚影响因素研究. 石油实验地质，28(2)：152-158
朱筱敏，刘成林，曾庆猛. 2005. 我国典型天然气藏输导体系研究—以鄂尔多斯盆地苏里格气田为例. 石油与天然气地质，26(6)：724-729
邹才能，陶士振，袁选俊. 2009. 连续型油气藏形成条件与分布特征. 石油学报，30(3)：323-329
Berg R R. 1975. Capillary pressure in stratigraphic trap. AAPG Bulletin，59(6)：638-650
Carr A D. 1999. A vitrinite reflectance kinetics model incorporating overpressure retardation. Marine Petroleum Geology. 16：355-377
Chaudhuri S，Srodon J，Clauer N. 1999. K-Ar dating of illitic fractions of Estonian "blue clay" treaded with alkylammonium cations. Clays and Clay Mineral，47(1)：96-102
Cramer B，Faber E，Krooss B M. 2001. Reaction kinetics of stable carbon isotopes in natural gas-insights from dry open system pyrolysis experiments. Energy & Fuels，15：517-532
Creaser R A，Sannigrahi P，Chacko T，et al. 2002. Further evaluation of the Re-Os geochronometer in organic rich sedimentary rocks：A test of hydrocarbon maturation effects in the Exshaw Formation，Western Canada Sedimentary Basin. Geochimi. Cosmochimi，66：3441-3452
Dai J，Li J，Luo X，et al. 2005. Stable carbon isotope compositions and source rock geochemistry of the giant gas accumulations in the Ordos Basin，China. Organic Geochemistry，36(12)：1617-1635
Dai J X. 1989. Composition characteristics and origin of carbon isotope of Liuhuangtang natural gas in Tengchong County，Yunnan province. Chinese Science Bulletin，34(12)：1027-1031
Dickey P A. 1975. Possible primary migration of oil from source rock in oil phase. AAPG Bulletin，59(2)：302-315
Dong H, Hall C M, Halliday A N, et al. 1997. Laser ^{40}Ar-^{39}Ar dating of microgram-size illite samples and implications for thin section dating. Geochimi. Cosmochimi. Acta. 61(18)：3803-3808
Dong H，Hall C M，Peacor D R，et al. 2000. Thermal $^{40}Ar/^{39}Ar$ seperation of diagenetic from detrital illitic clays in Gulf coast shales. Earth Plan. Sci. Lett. 175：309-325
England W A，Mackenize A S，Mann D M，et al. 1987. The movement and entrapment of petroleum fluids in the subsurface. Journal of the Geological Society，144：327-347
Finlay A J，Selby D，Osborne M J，et al. 2010. Fault charged mantle-fluid contamination of U. K. North Sea oils：Insights from Re-Os isotopes. Geology，38：979-982
Finlay A J，Selby D，Osborne M J. 2011. Re-Os geochronology and fingerprinting of United Kingdom Atlantic margin oil：Temporal implications，for regional petroleum systems. Geology，39：475-478
Hamilton P J，Kelley S，Fallick A E. 1989. K-Ar dating of illite in hydrocarbon reservoirs. Clay Mineral，24：215-231
Hamilton P J. 1992. K-Ar dating of illites in Brent Group Reservoir：a regional perspective//Morton A C，et al. Geology of the Brent Group. SpecPub Geol Soc London，61：377-400
Hindle A D. 1997. Petroleum migration pathways and charge concentration：a three-dimensional model. AAPG Bulletin，81(9)：1451-1481

Hogg A J C，Hamilton P J，Macintyre R M. 1993. Mapping diagenetic fluid flow within a reservoir：K-Ar dating in Alwyn area. Marine and Petroleum Geology，10：279-294

Hooper E C D. 1991. Fluid migration along faults in compacting sediment. Journal of Petroleum Geology，41 (Suppl1)：161-180

Hornibrook E R，Long staffe F J，Fyfe W S. 1997. Spatial distribution of microbial methane production pathways in temperate zone wetland soils：stable carbon and hydrogen isotope evidence. Geochimi. Cosmochimi Acta，61：745-753

Jean D，Rouehe T. 1981. Stores fields：a key to oil migration. AAPG Bulletin，65：74-85

Karlsen D A，Nedkvitne T，Larter S R，et al. 1993. Hydrocarbon composition of autogenic inclusions：application to elucidation of petroleum reservoir filling history. Geochimi. Cosmochimi Acta，57：3641-3659

Kelley S P. 2002. K-Ar and Ar-Ar dating. Review of Mineralogy and Geochemistry，47：785-181

Kroos B，Layehaeuaer D. 1987. Experimental measurements of the diffusion；parameters of light hydrocarbons in water-saturated sedimentary rocks：Result and significance. Org. Geochem. 11 (3)：193-199

Laythaeuser D，Schaefer P G，Pooch H. 1983. Diffusion of light hydrocarbons in subsurface sedimentary rock. AAPG，67 (6)：889-895

Leach W G. 1993. Fluid migration HC concentration in south Louisiana Tertiary sands. Oil and Gas. Journal，71-74

Lee M，Aronson J L，Savin S M. 1989. Timing and conditions of Permian Rotliegende sandstone diagenes in southern North Sea：K-Ar and oxygen is otopic data. Bull. Am. As soc. Petrol. Geol. 73，195-215

Lee M，Aronson J L，Savin S M. 1985. K-Ar dating of time of gas emplacement in Rotliegendes sandstone，Netherlands. AAPG Bulletin，69：1381-1385

Lewan M D. 1993. Laboratory simulation of petroleum formation：hydrous pyrolysisin. M. H. Engel and S. A. Macko eds. Organic Geochemistry：New York. Plenum Press，419-442

Mclimans R K. 1987. The application of fluid inclusions to migration of oil and diagenesis in petroleum reservoirs. Applied Geochemistry. 2 (5)：585-603

Perry E A. 1974. Diagenisis and the K-Ar dating of shales and clay minerals. Bull Geol Soc America，85：827-830

Pratsch J C. 1992. Geologist argues of renewed，deeper look at US Gulf Coast. World oil，57-63

Price L C. 1976. Aqueous solubity of petroleum as applied to its origin and primary migration. AAPG Bulletin. 60 (2)：213-243

Schoell M. 1980. The hydrogen and carbon is otopic composition of methane from natural gases of various origins. Geochim Cosmochim Acta，44：649-661

Schowalter T T. 1979. Mechanics of secondary hydrocarbon migration and entrapment. AAPG Bulletin，63 (5)：723-760

Sibson R H，Rankin A H. 1975. Seismic pumping-a hydrothermal fluid transport mechanism. Journal of the Geological Society，131 (6)：653-660

SmithP E，Evensen N M，York D，et al. 1993. First successful ^{40}Ar-^{39}Ar dating of glauconites：Argon recoil in singlegrains of cryptocrystalline material. Geology，21：41-44

Soeder D J，Chowdlah P. 1990. Pore geometry in high and low permeabilitys sand stones，Travis Peak Formation，East Texas. SPE Formation Evaluation，5 (4)：421-430

Sugimoto A，Wada E. 1995. Hydrogen isotopic composition of bacterial methane：CO_2/H_2 reduction and acetate fermentation. Geochimica et Cosmochimica Acta，59 (7)：1329-1337

Sweeney J J，Burrham A K. 1990. Evaluation of a simple model of vitrinite reflectance based on Chemical kinetles. AAPG Bulletin，74：1559-1570

Thomas M M，Clouse J A. 1995. Scaled physical model of secondary oil migration. AAPG Bulletin，79 (1)：19-29

Tissot B P，Welte D H. 1984. Petroleum formation and occurrence，2ed edition. Heidelberg：Springer Verlag

第 7 章　上古生界地层压力系统形成与演化

地层压力系统的形成与演化是盆地构造作用以及地层埋藏过程成岩作用、烃源岩生排烃作用等在储层孔隙流体中的综合反映。鄂尔多斯盆地上古生界在晚侏罗世—早白垩世的天然气大量充注成藏期间，储层孔隙流体压力系统处于埋藏加载增压阶段，形成异常高压系统。在晚白垩世以来的构造抬升过程中，随着上覆地层剥蚀与地温梯度降低，孔隙流体冷却收缩及天然气扩散，地层压力经过减压调整，形成了具有上古生界致密砂岩气特色的多种压力系统。

7.1　压力系统划分及分布特征

7.1.1　地下压力分类

地下压力是指地球表面以下物体所受的压力。按照压力来源可分为地层静水压力、地静压力(岩土压力)，按照压力承受的对象可分为地层孔隙流体压力(简称地层压力)和地层岩石骨架的有效应力。

1. 地层静水压力

地层静水压力是指由地层孔隙中连通的自由水重量引起的压力。由于地层孔隙水的渗流缓慢，渗流速度对地层压力影响甚微，因此，地层静水压力的大小与孔隙水的横向尺寸和形状无关，而与孔隙水密度和连通水体的垂直高度有关：

$$P_w = \rho_w g H_w \tag{7-1}$$

式中，P_w 为静水压力，MPa(1MPa=9.87atm=10.2kg/cm^2)；ρ_w 为地层水平均密度，t/m^3；H_w 为地层水柱高度，m；g 为重力加速度，9.8m/s^2。

从地质角度来看，经过漫长地质时期的成岩与构造演化，地层孔隙中自由水在垂向和横向的连通性受到一定影响，使现今地层压力与其深度关系复杂化。在盆地沉降演化初期阶段，地层孔隙水与沉积环境的水介质联系紧密，地层孔隙水的静水柱高度等于沉积水面以下到所研究地层的垂直深度。当盆地处于构造抬升与地层剥蚀阶段时，地层孔隙水的静水柱高度等于地表供水区与泄水区所构成水势面以下的垂直深度(图 7-1(a))。

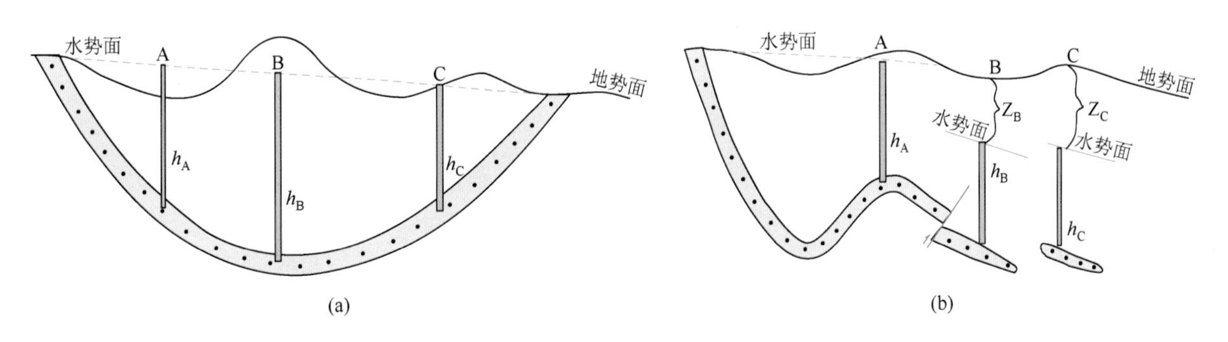

图 7-1　地形起伏与断层对地层静水压力的影响(据王震亮等，2007，略修改)

如果地表比较平缓，实际钻井的井口高程与水势面的差异较小，地层钻井深度(校直)基本等于地层水的水柱高度。由于鄂尔多斯盆地地表海拔高差多数在 100～200m，所以，在相同井深条件下，地表起伏产生的静水压力差异可达 1～2MPa。

当地表供水区在平面分布具有一定局限性时，例如，受到断层及沉积相带影响，地层孔隙流体可能与地表供水区和泄水区缺乏联系(图 7-1(b))。在这种情况下，需要综合分析区域构造、储层宏观展布特征以及水势面分布特征才能确定地层孔隙水的静水柱高度。

2. 地静压力

地静压力是指上覆岩石骨架和孔隙空间流体(水、油、气)的总重量产生的压力，又可称为上覆岩层压力或静岩压力，在土木工程中一般称之为岩土压力。地静压力计算公式为

$$P_r = gH[(1-\varphi)\rho_{ma} + \varphi\rho_f] \tag{7-2}$$

式中，P_r 为地静压力，MPa；H 为上覆地层的垂直厚度，m；φ 为岩石的平均孔隙度，以小数表示；ρ_{ma} 为岩层骨架的平均密度，t/m^3；ρ_f 为岩层孔隙中流体的平均密度，t/m^3。

3. 地层压力

地层压力是指作用于地层孔隙空间内的流体(地层水、油、气)上的压力。对于气藏而言，称之为气藏压力，油藏则称之为油藏压力。天然气藏在开发以前，地层流体所承受的压力处于相对静止和平衡状态，这时的压力称为原始地层压力。天然气藏投入开发后，地层压力平衡状态被打破。在开发初期测试时，只有在足够的压力恢复时间，才能获取准确的原始地层压力。

4. 有效应力

在沉积岩层中，上覆岩层的重力分别由下伏地层的岩石骨架和孔隙流体共同承受。上覆岩层作用于岩石骨架上的压力称为有效应力。地层压力、上覆岩层压力和有效应力之间关系如下：

$$P_r = P_f + \delta \tag{7-3}$$

式中，P_r 为地静压力(上覆岩层压力)，MPa；P_f 为地层压力，MPa；δ 为有效应力，MPa。

7.1.2　致密砂岩地层压力数据分析

地层压力的测试有多种方式，例如，钻柱测试求压和电缆测试求压，就测试条件而言，有裸眼井测试求压和套管井测试求压(周艳敏等，2008)。根据测试时间不同，可分为中途测试求压和完井测试求压；按求压措施可分为改造前求压和改造后求压。由于地层压力测试条件和测试时间的不同，地层压力测试结果往往存在一定差异(付定涛等，2005；王培虎等，2006)。鄂尔多斯盆地天然气勘探开发后，上古生界至今已积累了一批测试压力数据，这些压力数据散见于试气地质总结、试井报告或专门的压力测试资料之中，大部分压力数据为压裂改造后的试气测试结果，它们能否代表原始地层的压力需要进行对比分析。

1. 初产和改造后所求地层静压力对比分析

求初产时测压是在产层刚被钻头打开时进行测试，地层流体能量损耗较小，只要测试制度得当，所测定的地层压力基本上接近地层的原始压力。由于致密砂岩储层在钻井和压裂改造过程中不可避免地要损失地层能量，如放喷等工艺，再加上气藏规模较小、产量较低或者关井恢复时间比较短等因素，压裂改造后所测地层压力往往低于地层的原始压力。

在鄂尔多斯盆地上古生界，同一口井在同一层段进行初产静压力求取和压裂改造后静压力求取的井比较少。为了进行对比分析，整理了不同年度的 14 口井压力数据，其中有 6 口井初产所求地层流体静压力大于压裂改造后所求地层静压力，绝对值相差最大为 3.012MPa，3 口井的流体静压力相近，5 口井初产所求的静压力小于压裂改造后所求的静压力，绝对值差最大为 1.506MPa(表 7-1)。初产所测试静压力低于压裂改造后所测静压，主要原因是初产测压的稳定时间较短，使地层流体能量没有得到充分的恢复。

例如，Zh8 井，初产求压时的稳定时间只有 3h，压裂改造求压时的稳定时间为 10h45min，后者测试压力比前者高 1.506MPa。在致密砂岩气藏中，当压裂改造施工时地层能量损失较大时，地层压力恢复往往需要很长时间才能达到平衡。如 S56 井，尽管初产求压时稳定时间只有 2h35min，比压裂改造后求压时稳定时间少 14h15min，但所求静压仍然比压裂改造后高 0.671MPa。

表 7-1　鄂尔多斯盆地上古生界初产与压裂改造后所求地层静压力对比表

井号	测试井段/m	初产		压裂		初产与压裂测压差值/MPa
		稳定时间/(h: min)	初产压力/MPa	稳定时间/(h: min)	压裂后压力/MPa	
S9	2772.0～2776.0	15：00	26.749	27：35	26.804	−0.055
S56	3714.0～3421.0	2：35	36.320	17：00	35.649	0.671
S117	2914.0～2928.0		28.206	15：35	27.340	0.866
S215	2738.0～2744.0	15：10	25.805		27.019	−1.214
Zh2	2184.0～2187.0		21.200		20.380	0.820
Zh4	2231.0～2234.0		21.300	4：00	21.700	−0.400
Zh5	2226.4～2229.4		24.641		24.640	0.001
Zh8	2033.0～2037.0	3：00	20.484	10：45	21.990	−1.506
Y9	2011.5～2015.5		19.551	11：00	19.900	−0.349
Y13	1950.0～1962.0		19.532	10：40	18.838	0.694
Y15	2152.0～2156.0	4：30	20.945	15：00	21.180	−0.235
M1	2191.0～2198.0		21.387		21.387	0
Su6	3319.5～3329.0	9：00	30.050	12：00	27.753	2.297
Qc1	2608.2～2618.0		21.040		18.028	3.012

2. 原测地层静压与老井重试所测地层静压对比分析

老井重试是指产气层被打开后进行了试气，但没有进行开采，经过了若干年后，在不采取任何措施的情况下重新进行压力测试。因此，老井中气层的能量得到了充分的恢复，重新测试的地层静压能够代表原始地层压力。

1998 年以来，对上古生界部分老井进行了重新试气，对重试的 63 口老井 70 层试气结果进行分析，多层混合测试压力的井数为 48 口，单一气层测试的 14 口(表 7-2)。对比这 14 口井原地层静压与重试所测地层静压数据发现，重试所测地层静压大于原地层静压共 12 口井，占统计井数的 85.7%，压力升高 0.452～3.801MPa；其余 2 口的重试所测地层静压略有降低。

表 7-2　鄂尔多斯盆地上古生界老井重试静压与原地层静压力对比表

井号	气层中部深度/m	原静压/MPa	重试静压/MPa	压力差/MPa	时间差/年
S23	3261.95	26.775	28.418	1.643	4.75
S27	3219.20	28.777	29.793	1.016	2.92
S68	3537.35	25.510	28.868	3.358	5.83
S75	3582.15	29.970	31.437	1.467	6.42
S83	2941.45	25.921	29.730	3.801	6.67
S168	2994.05	27.121	28.276	1.155	3.83
S176	3064.65	28.362	28.814	0.452	4.50
S187	2996.15	25.362	28.499	3.137	4.42

续表

井号	气层中部深度/m	原静压/MPa	重试静压/MPa	压力差/MPa	时间差/年
S197	2826.6	25.086	24.373	−0.713	5.25
S201	2786.85	24.237	26.875	2.638	2.42
M1	2035.85	21.59	23.938	2.348	10.50
Sh1	2619.45	21.463	22.577	1.114	6.42
Y5	2133.65	20.233	19.424	−0.809	11
Y12	1760.35	15.096	15.791	0.695	7.75

3. 勘探与开发普测实测压力对比分析

从探井发现气藏到气藏开发往往需要几年或十几年的时间，长时间关井有利于地层流体压力恢复。2002 年，对苏里格探明含气面积内符合测压条件的尚未投入开采的井进行了压力普测。测试结果表明，苏里格地区 9 口探井完钻时测试压力与开发普测时（尚未投入开采）实测压力差别较大（图 7-2），其中 8 口井普测压力大于探井完钻所求地层静压力，压力增加幅度在 0.5～2.5MPa，个别井（Su24 井）达到 10.5MPa，1 口井（S56 井）普测压力小于勘探所求地层静压力，绝对值差为 2.77MPa。S56 井是 1992 年试气井，可能是由于气层打开时间太长，天然气从井筒有一定的散失。总体而言，关井时间越长，压力恢复程度越高，普测压力资料的可信度就较大。

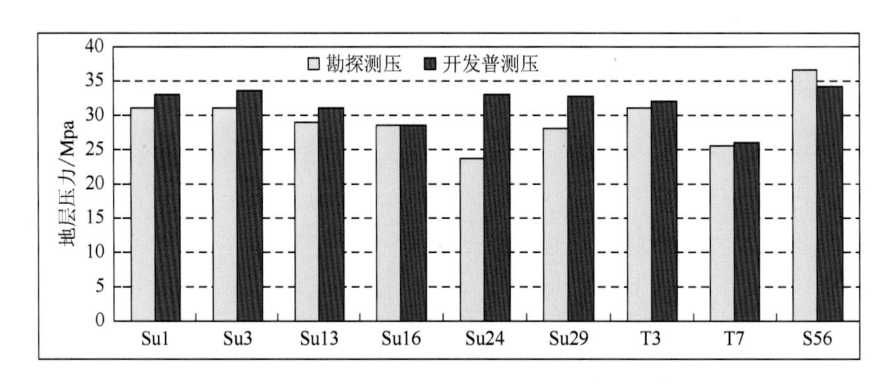

图 7-2　苏里格气田勘探与开发实测压力对比图

通过对比分析，从 256 口井 418 个压力数据筛选了初产、老井试气、开发压力普测、无阻流量大于 $10\times10m^4/d$ 气层的压力资料，共计获得 148 口井上古生界地层压力的可靠数据。总之，与常规气藏不同，致密砂岩气藏地层压力生产数据需要进行筛选和甄别，才能保证数据质量和资料基础牢靠。

7.1.3　压力系统划分原则

1. 正常压力与异常压力

正常压力与异常压力的概念最早来自于钻井工程的需要，地质意义并不明显。世界上大量油气田在进行钻井时，证明了在一定深度范围以上的地层压力基本上是等于静水压力，而在一定深度以下则大于静水压力。Barker（1972），Dickey（1975）、Bradley（1975）、真柄钦次（1987）等在研究沉积盆地的地层压实与流体运移时，将地层孔隙流体压力高于静水压力时称为异常高压，流体压力低于静水压力为异常低压。

由于沉积物的孔隙总是首先被其沉积水介质所饱和，后期油气的进入才形成多相流体。因此，地层在埋藏早期的压力就等于孔隙水介质形成的静水压力，称为正常压力。随着地层埋藏深度增加，由于成岩作用，孔隙流体的渗滤通道变差，当受到地热升温、油气充注以及黏土矿物脱水作用等影响时，地层压力将超过上覆地层孔隙水的水柱压力，形成异常高压，相反，当地层温度降低或孔隙流体耗散时将产生异常低压。Bradley(1975)指出，只有在三维空间被不渗透的地质体封闭的系统中，才能形成异常压力。

根据地层压力、上覆岩层压力及有效应力三者之间的关系(式 7-3)，在相对开放的地质环境下，异常超压在短时间内通过孔隙流体的排出逐渐降低到常压，而异常低压则受外部孔隙流体的补充逐渐恢复为常压。在封闭系统内，当上覆岩层压力一定时，地层压力升高，有效应力则降低，而有效应力的升高，则使地层压力降低。在地层孔隙流体相对封闭情况下，如果岩石骨架颗粒抗压能力较弱或者孔隙流体产生体积膨胀作用，必然使一部分上覆岩石骨架重力转移到地层孔隙流体上，此时，孔隙流体压力超过上覆地层孔隙水柱静压力，即在一定范围形成异常高压系统。反之，当上覆地层孔隙流体重力没有完全由下伏地层的孔隙流体承担，即部分孔隙流体压力由岩石骨架承受时，地层孔隙流体压力低于上覆地层水柱静压力，形成异常低压相系统(图 7-3)。由此可见，对于油气运聚成藏而言，正常压力与异常压力不仅是地层压力相对大小的差异，两者在本质上反映了不同的水动力环境。

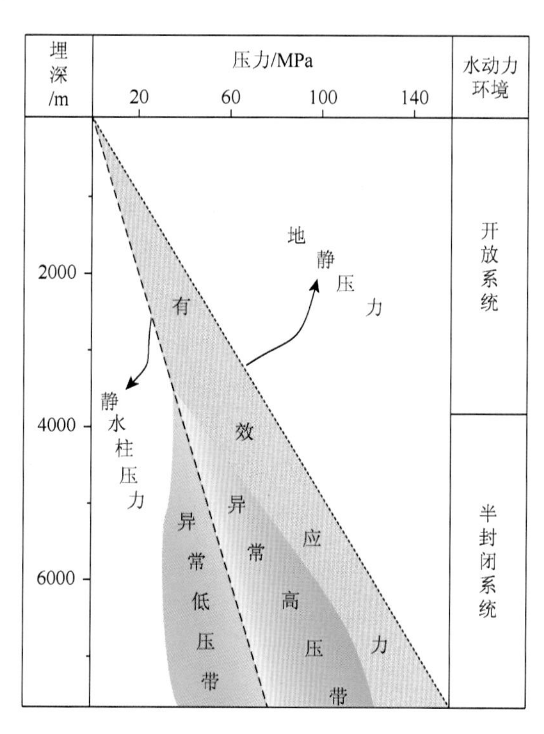

图 7-3　地层埋藏过程中压力变化示意图

2. 地层压力系数

地层压力系数最早应用于钻井工程，压力系数越高，钻井过程中就需要较高比重的泥浆来平衡地层高压流体，以防止井喷。后来，随着美国墨西哥湾沿岸油气藏勘探的深入，发现油气藏分布和异常超压有一定的关系。Hunt 等(1990)统计发现，世界上绝大多数含油气盆地都具有异常流体压力，并且提出了流体封存箱理论，从而进一步明确了异常高压在油气成藏过程中地质意义。长期以来，人们将压力系数作为划分地下流体压力系统的依据。

当已知地层水的静水柱压力时，应用地层压力系数可以直观判断地层流体压力系统类型。压力系数 B_p 是实测地层压力与地层静水柱压力之比值：

$$B_p = P_f / P_w = P_f / \rho_w g H_w \tag{7-4}$$

根据式(7-4)，当地层水密度等于 1.0g/cm^3 时，地层压力系数大于 1 则为异常超压，地层压力系数小于 1 为异常低压。在多数情况下，由于沉积环境的水介质、成岩演化环境以及地层温度与压力等多种因素影响，地层水密度在 1.0g/cm^3 附近变化。地层水密度差异将导致相同高度静水柱水压力不同。河流相与淡水湖泊沉积地层一般形成于淡水介质中，地层水矿化度较小，密度相对较低，而海相和盐湖相水介质矿化度较高，地层水密度相对较大。

根据鄂尔多斯盆地上古生界 50 个地层水矿化度资料统计，地层水矿化度在 20～180g/L。现场测试经验表明，矿化度在 20～40g/L 的地层水一般受施工液体污染影响比较明显，不能代表实际地层水矿化度。上古生界储层水矿化度主要分布在 60～100g/L，在常温常压条件，这样的地层水密度分布范围为 1.05～1.08g/cm^3。但在地层条件下，地层水密度与所处的地层温度和地层压力具有密切关系。随着地层温度增加，地层水密度降低，而地层压力升高使地层水密度增加。鄂尔多斯盆地大部分地区上古生界现今地层温度一般处于 80～160℃，地层压力在 22～32MPa。根据水的温度-压力-密度图版(图 7-4)，鄂尔多斯盆地上古生界在现今地层温度、压力条件下，地层水的密度为 0.96～0.98g/cm^3。

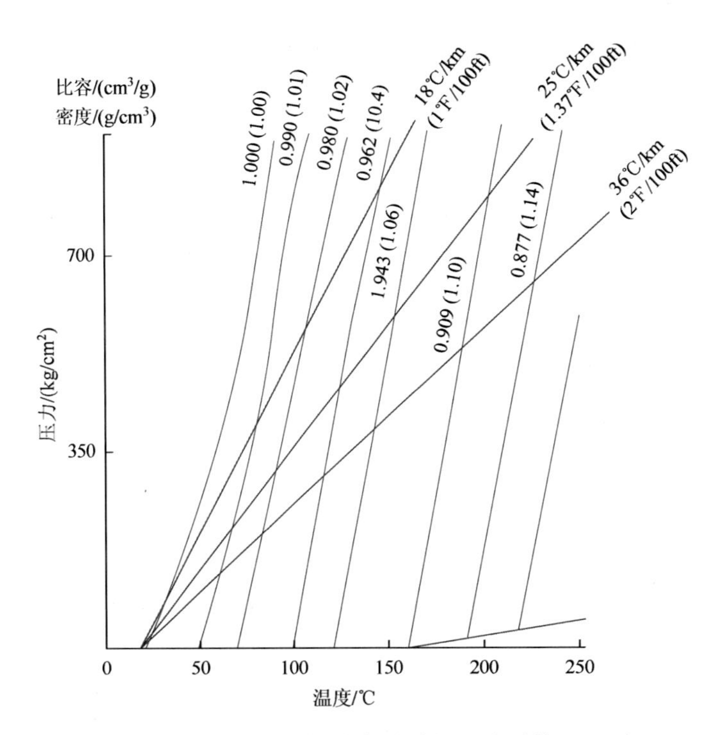

图 7-4　水的压力-温度-密度关系(据王允诚等，2006)

3. 压力系统划分标准

地层压力系数是划分地层流体压力系统类型的关键指标，但是具体划分标准存在一定差异。苏联学者在 20 世纪 80 年代根据实践经验和研究成果，认为压力系数在 1.0～1.05 为正常压力。埃克森公司根据美国墨西哥湾的地质情况，把压力系数在 1.0～1.27 划分为正常压力。中国海洋石油勘探开发研究中心认为压力系数在 0.96～1.06 为正常压力。唐泽尧主编的《气田开发地质》一书把压力系数在 0.7～1.2 定为正常压力，而中华人民共和国石油天然气行业标准(SY/T 6168—1995)中，把气藏压力系数在 0.9～1.3 定为正常压力。由此可以看出，正常压力和异常压力的划分因地区或因研究人的不同而有所不同，而且主要偏重于工程方面的应用。

综合鄂尔多斯盆地上古生界地层水的密度、地表起伏以及实际压力测试的误差等因素，压力系统划分标准为：压力系数在 0.95～1.05 为正常压力，压力系数小于 0.95 为异常低压，压力系数大于 1.05 为异常高压。

7.1.4 压力系统分布特征

1. 不同层位上的压力分布特征

通过对上古生界 10 口探井多层试气压力资料分析，同一口探井由深至浅，不同气层段地层压力变化基本上无规律可循(图 7-5)。有的井是下部气层压力高，有的井则是上部气层压力高，前者如 Y9 井，本 1 段气层地层静压为 22MPa，而上部层位山 2 段气层地层静压为 18.78MPa，本 1 段气层地层静压力比山 2 段要高；后者如 Zhc7 井，太 2 段气层地层静压为 21.39MPa，而上部层位盒 7 段气层地层静压为 23.94MPa，盒 7 气层地层静压比山 2 段要高。Zhu5 井太 2 段、山 2 段和盒 7 段气层的地层静压力分别为 24.64MPa、20.98MPa 和 22.31MPa，埋深处于中间的地层静压力最小。这种纵向上压力无规律变化特征，反映了气层在纵向上具有分隔性。

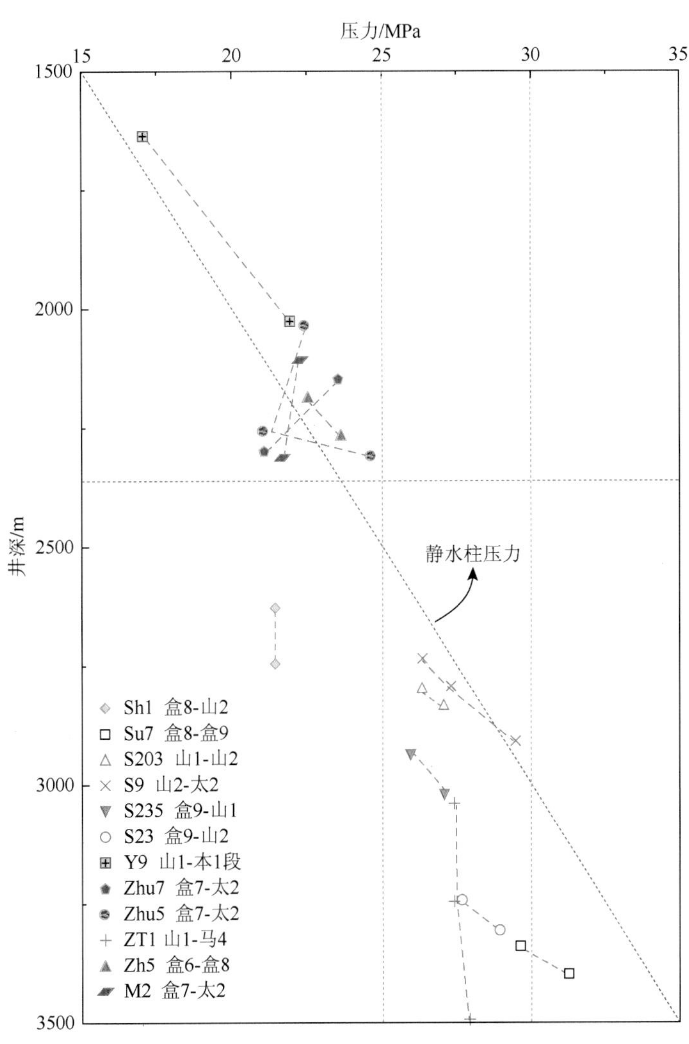

图 7-5　地层压力与层位和深度关系图

2. 地层压力在不同深度的分布特征

鄂尔多斯盆地上古生界地层压力总体上随深度增加而升高，但是在盆地内不同地区存在一定差异(图 7-6 和图 7-7)。在贺兰山东区，地层埋深在 3000m 之上主要为正常压力，3000m 之下出现异常低压。

苏里格庙区、靖边区和乌审期区主要为异常低压，榆林区有常压也有异常低压，米脂区以异常超压和正常压力为主，局部为异常低压。

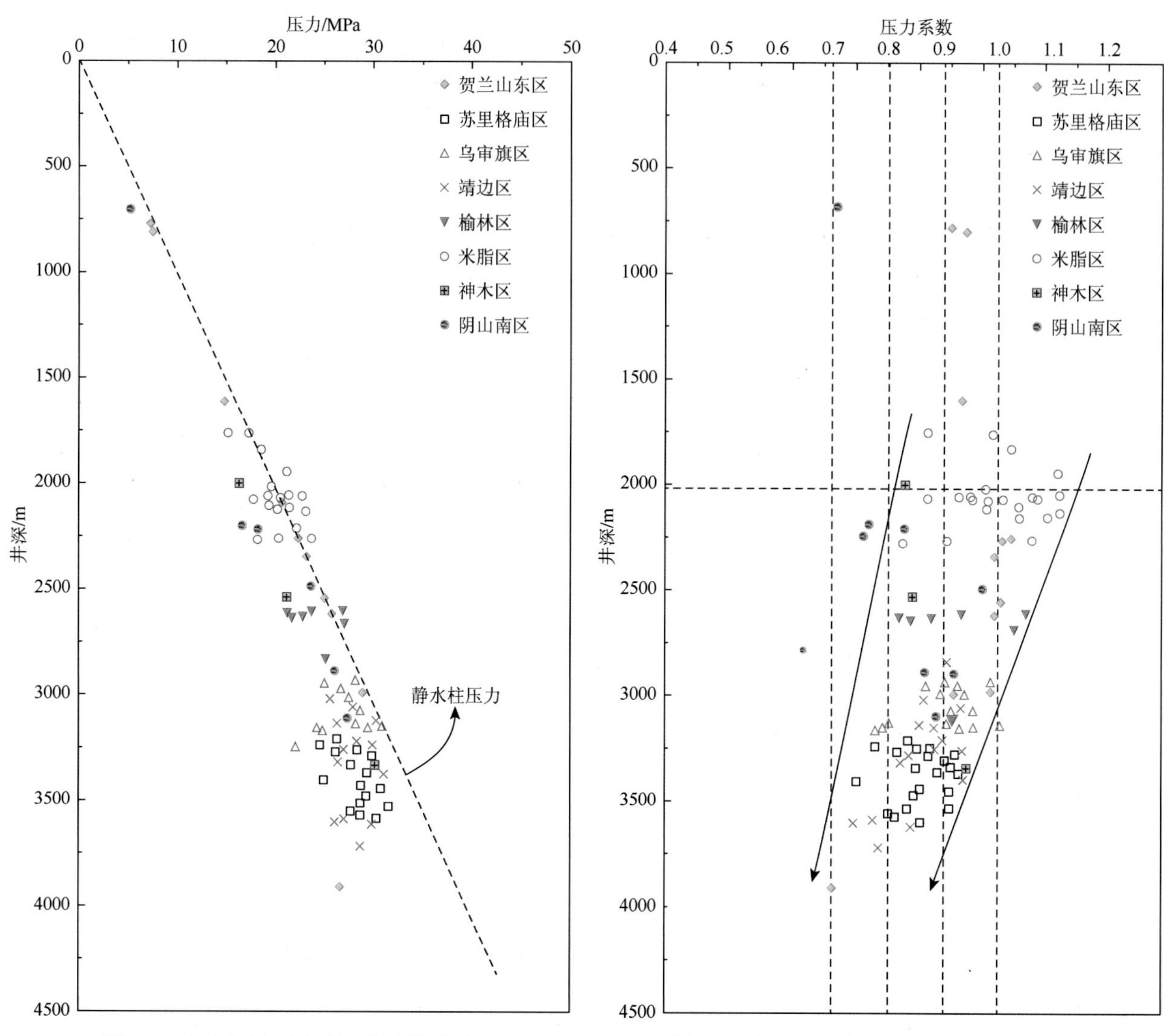

图 7-6　上古生界地层压力-深度关系图

图 7-7　上古生界地层压力系数-深度关系图

上古生界地层压力与深度具有大致呈正相关关系，但是压力系数随深度增加而降低。不同地区压力系数的差异主要与深度有关。米脂区压力系数较高，主要与其处于构造高部位有关，贺兰山东区压力系数也较高，同样处于构造高部位。苏里格庙地区主要处于异常低压区也与其埋藏深度较大存在一定关系。所以，鄂尔多斯盆地上古生界地层压力系数在浅部接近于 1.0，随深度增加，地层压力虽然增加，但低于静水压力的增加幅度，压力系数大部分低于 0.95，出现异常低压。

3. 地层压力在不同流体相态上的分布特征

地层压力在不同深度和不同含油气性储层中增加的特征有所不同(图 7-8)。在大致 2000m 以上，地层压力随深度增加而呈线性增大，各点大致在同一直线上，基本与其埋藏深度所对应的静水压力相同。随深度继续增加，不同含油气性储层的压力增加的幅度均开始降低，但它们增大的趋势和幅度不同，除 2000～2500m 深度段气层压力显示正常外，下部的压力均低于静水压力，显示低压特征。总体而言，上古生界的水层偏离静水压力线的程度低，气层偏离程度最大，气水层偏离程度居中。

从地层压力系数来看，上古生界气层压力系数随深度增加降低趋势最为明显，但在 2500m 以上基本以常压为主，之下则以低压为主(图 7-9)。水层在浅部(2000m 以上)和深部(3000m 以下)压力系数略低于 1.0，具有静水压力的特征，而气水层压力系数则有随深度增加而降低的微弱趋势，从上到下既有常压，也有低压，低压程度比水层要强。上述情况说明了含油气性对压力系数分布特征也有重要影响。

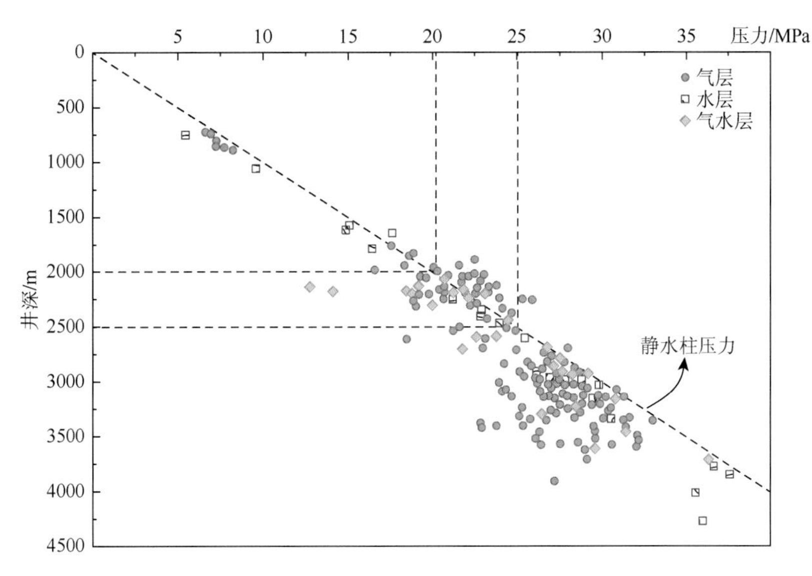

图 7-8　上古生界不同流体性质储层压力-深度关系图

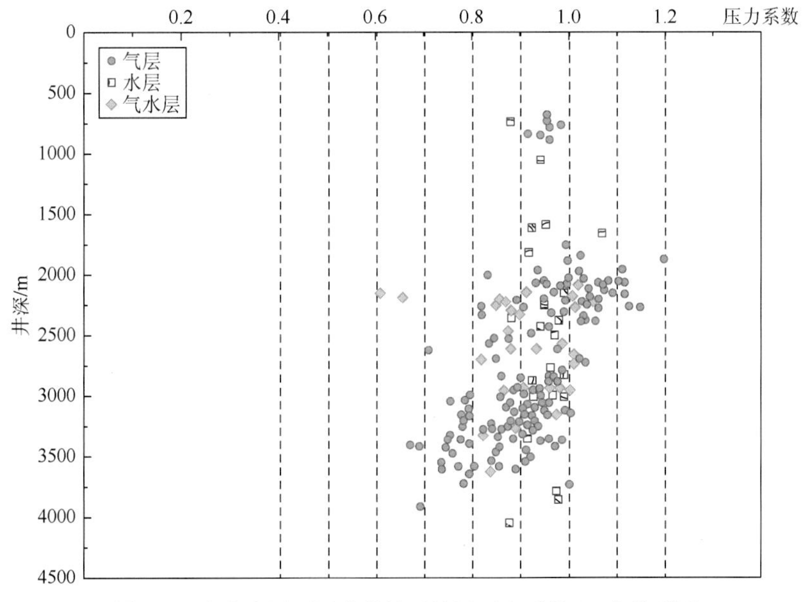

图 7-9　上古生界不同流体性质储层压力系数-深度关系图

4. 地层压力系数的平面分布特征

鄂尔多斯盆地中北部上古生界的地层压力实测资料相对较多，地层压力系数的平面变化规律较明显。从下石盒子组储层压力系数的平面分布图可见，在东部米脂区压力系数较高，一般为 0.99～1.15，榆林地区压力系数多数为 0.95～1.0，苏里格地区压力系数相对较低，多数为 0.82～0.92，压力系数总体特征表现为西低东高(图 7-10)。

盆地中北部山西组—太原组的流体静压力总体上仍呈现出东高西低的特点，但其变化与盒 8 段有所不同，其高压区主要位于盆地东部偏南的地区，低压区主要分布在神木地区和盆地西北边缘地区，压力系数在 0.70～0.80，苏里格地区压力系数相对低，多数为 0.80～0.90(图 7-11)。

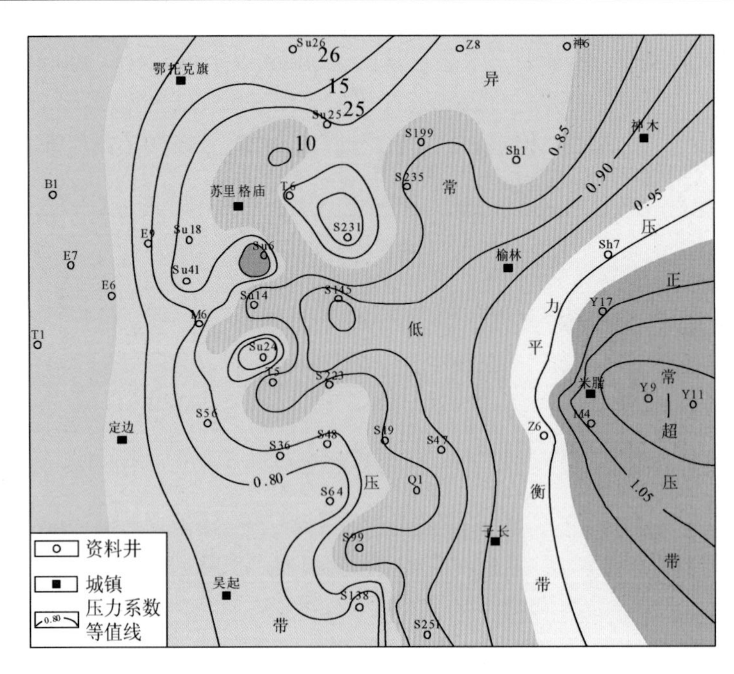

图 7-10　盆地北部石盒子组地层压力系数分布图

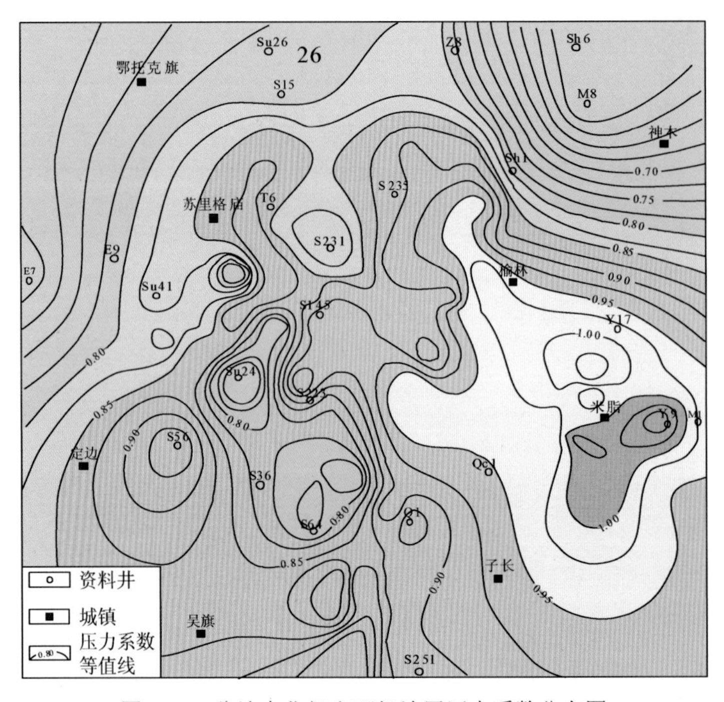

图 7-11　盆地中北部山西组地层压力系数分布图

综上所述，上古生界以异常低压为主，但同时也分布有常压和异常高压。地层压力系数总体变化趋势与现今构造形态具有密切关系，地层埋深大，压力系数降低，表明后期构造运动导致的埋深变化对现今流体压力系数有重要影响。

7.2　古压力恢复与分布

7.2.1　流体包裹体法恢复古压力

成岩矿物中的烃类流体包裹体是油气在不同演化阶段所捕获的“原始样品”，含有丰富的油气成藏信息。通过对成岩矿物中流体包裹体进行系统研究，可以比较准确地计算出各期次包裹体形成时的捕获压力，并可近似地作为各期油气成藏时的古流体压力。Crawford(1981)首先提出用包裹体来测定压力。由于成岩矿物中的流体包裹体成分复杂、温度低，难以直接引用单一体系的高温相图进行压力计算。Aplin等(1999)根据共聚焦激光扫描显微镜测定有机包裹体的气液比和利用烃类多组分状态方程的模拟软件(PVTsim)探讨了北海包裹体中石油组成性质和饱和压力。在2000年，Aplin又进一步改进，在PVT相图上采用与烃类包裹体共生的盐水包裹体均一温度垂线与烃类包裹体等容线的交点求近似的捕获温度和压力。近几年来的研究成果表明，尽管成岩矿物中的流体包裹体记录下被捕获时期的流体压力不能直接测量，但通过模拟计算烃类和与其共生的盐水包裹体P-T相图可以估算流体包裹体形成时的地层压力。

1. 基本原理

沉积岩自生矿物在生长结晶过程中，由于在空间和时间上物质补给的非均匀性，造成晶体缺陷，可以捕获一部分孔隙流体，从而在矿物中形成流体包裹体。因此，流体包裹体记录了宿主矿物形成时的矿物介质的物理、化学条件(如温度、压力、组成、Ph、Eh和同位素)等大量信息。应用流体包裹体研究古地温和古压力需要满足以下基本假设条件：

(1)流体包裹体处于一个封闭体系，并且它所包含的流体分散在其中，当包裹体的宿主矿物与孔隙流体处于同一个稳定的物理化学条件时，在这种平衡条件捕获的流体包裹体，其捕获的温度和压力与其共生的主矿物结晶时孔隙流体的温度和压力大致相同。

(2)流体包裹体是矿物在直径为几微米～十几微米的微小空间内结晶时被捕获的，因此，单个流体包裹体为单一的均匀相，即流体包裹体要么是单一的盐水溶液相(可溶解少量烃类)或液态烃相，要么为单一的气相(可溶少量液态烃或水)。

(3)流体包裹体封闭形成后，未受到强烈的构造作用或热事件作用、变质作用的影响，包裹体的形态、体积和流体组成未发生明显变化。流体包裹体的相态变化遵循等容热力学定律。换言之，地表岩心样品中出现的两相或三相流体包裹体是钻井取心过程中由于温度、压力降低后发生的相态分离。对于盐水包裹体而言，温度与压力降低，由单一的水相分离为液态水和水蒸气或固态冰。液态烃包裹体，由于溶解的轻烃组分(C_1-C_4)在降温降压时分离为气态烃，而气态烃包裹体中溶解的重烃组分(C_2^+)则冷凝为液态烃。储层在油气运聚成藏过程中，孔隙流体可能同时出现油、气、水三相。因此，尽管单个包裹体为单一相态，在同一地质时期却可以与多种相态的包裹体形成共生组合关系。常见的共生包裹体组合类型有三种：盐水和液态烃包裹体、盐水和气态烃包裹体及液态烃和气态烃包裹体。

(4)多相共生组合的包裹体，由于形成于同一地质时期，其古埋藏深度大致相同，处于相同的古地温和古压力环境。

在测定流体包裹体均一温度时，将包裹体样品放在显微镜冷热台缓慢加热，观察流体两相转变为单一均匀相时的瞬间温度，称为包裹体的均一温度。从室温加热到均一温度时，包裹体的流体压力也在随之而增加，但是由于目前技术条件的限制，不能直接测定在均一温度时包裹体的内部流体压力。

当加热包裹体达到均一温度后，继续加热包裹体的流体仍然处于单一均匀相。所以，包裹体的均一温度并非一定是其形成时的地层温度，即使进行压力校正后的均一温度，也只能代表包裹体形成的最低温度，此时的孔隙流体压力只能是包裹体形成的最小捕获压力。

流体包裹体加热呈现单一均匀相后，假设包裹体的体积在继续加热过程中保持不变，包裹体的流体密度也不变，即处于等容空间内的增温增压过程。等容线就是等组成、等体积(或等密度)流体在P-T坐标体系上的一条轨迹线，它定量反映流体压力与温度变化关系。流体在等容空间内随温度升高压力增加幅度与流体组成有关。

烃类包裹体属于多组分混合体系。一般而言，混合组分流体密度大，温度升高时的压力增加幅度也大，在P-T坐标体系上的为等容线上表现为斜率大。纯水的盐水包裹体的等容线为一条垂直线(图7-12)。盐水包裹体的等容线与纯水的相似，但并不是完全垂直于X轴(温度)的，而是向X轴(温度)方向有略微倾斜几乎是一条垂直线(刘斌等，1999)。刘建章等(2008)研究认为，盐水包裹体的等容线有一定的斜率，并且盐水包裹体等容线的斜率随包裹体的均一温度和盐度的变化而发生的变化。

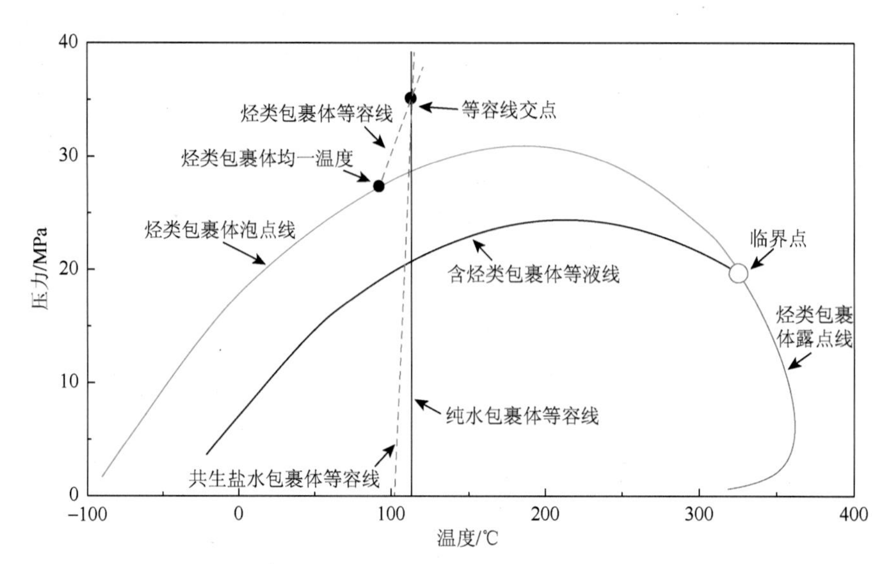

图 7-12　盐水包裹体与烃类包裹体 P-T 相图(据米敬奎等 2003. 略改)

根据同一地质时期多相共生组合的包裹体形成的地层温度、地层压力相同，只要确定了同一时期不同相态包裹体等容线的变化特征，就可以得到包裹体形成的古温度与古压力。例如，在盐水和液态烃共生组合的包裹体中，分别从盐水和液态烃包裹体均一温度开始增温，两类包裹体的压力随之而增加，压力增加的幅度在 P-T 坐标体系上遵循各自的等容线。根据热力学原理，在两者等容线上只能相交一次。当同期形成的两种相态包裹体的温度与压力沿各自等容线增加而相交时，代表它们达到相同的温度和压力点，即反映它们处于同一温压环境。在 P-T 等容线上的交点温度和压力就是这两类包裹体同时形成的古温度与古压力(图 7-12)。

由此可见，采用包裹体获取古地层压力必须具有两个前提条件，首先需要确定同期不同相态的共生包裹体，其二确定同期不同相态烃类包裹体的 P-T 等容线。

2. *技术方法*

利用流体包裹体来估算古流体压力有多种方法，如 CO_2 容度法、盐度温度法以及状态方程模拟法等(Aplin，2000；米敬奎等，2003)。确定包裹体捕获压力的传统方法是首先确定包裹体的相体系，包括包裹体的均一温度、冰点温度、密度、盐度等一系列的参数，再根据不同的相体系的温度、压力的变化特征，利用图表法或有关经验公式计算包裹体的捕获压力(刘斌，1991)。由于图版法误差较大，不同的学者得出的经验公式不同，传统方法具有一定的局限性。近几年来，随着流体包裹体分析技术的完善和多组分状态方程计算机软件的广泛应用，人们采用 PVT 模拟法来计算烃类包裹体捕获压力。模拟计算主要包括三个部分：有机包裹体中有机流体的 P-T 相态模拟、有机包裹体等容线的模拟、同期盐水包裹体等容线的模拟。

混合烃类体系的等容线随体系组成变化而变化。当混合烃类体系的组成一定时，在高压 PVT 实验室可以直接测定 P-T 相态和等容线，也可以通过 PVT 状态方程计算。烃类包裹体的体积太小，其 P-T 等容线只能通过 PVT 状态方程进行模拟计算。

关于混合烃类体系的状态方程虽然多达上千种，但是从实用性来看，常用的方程主要有 PR、SRK、RW、PT 和 LLHS 等，其中 PR 状态方程的应用较为广泛(李仕伦等，1989)。PR 状态方程是由 D.Y Peng 和 D.B Robinson(1976)根据分子热力学偏心硬球模型对 Van der waals 方程进行改进的。PR 状态方程对烃类等非极性分子的蒸气压和液相密度以及容积特性的模拟计算有显著改进。因此，在油气藏开发工程中

PR 状态方程被广泛应用。PR 状态方程对多组分混合烃体系的计算公式如下：

$$P = \frac{RT}{V - bm} - \frac{am(T)}{V(V + bm) + bm(V - bm)} \tag{7-5}$$

式中，

$$am(T) = \sum_{i=1}^{n}\sum_{j=1}^{n} x_i x_j (a_i a_j \partial i \partial j)^{0.5}(1 - k_{ij}) \tag{7-6}$$

$$a_i(T) = 0.45724 \times (0.987 \times 10^4)^2 \frac{R^2 T_{ci}^2}{P_{ci}} \tag{7-7}$$

$$\partial i = [1 + mi(1 - T_{ri}^{0.5})]^2 \tag{7-8}$$

$$mi = 0.37464 + 1.54226 w_i - 0.26992 w_i^2 \tag{7-9}$$

$$bm = \sum_{i=1}^{n} x_i b_i \tag{7-10}$$

$$b_i = 0.0778 \times (0.987 \times 10^4) \frac{RT_{ci}}{P_{ci}} \tag{7-11}$$

其中，T_{ci} 为组分 i 的临界温度(K)；P_{ci} 为组分 i 的临界压力(MPa)；T_{ri} 为组分 i 的对比温度(K)；W_i 为组分 i 的偏心因子，无量纲；X_i Y_i 为平衡时气、液相中的摩尔组成(%)；k_{ij} 为组分 i、j 之间的交互作用系数，无量纲；V 为烃类包裹体体积(cm^3)；P 为压力(MPa)；R 为气体常数(J/(mol·K))。

根据烃类包裹体的体积和流体的组成，通过以上状态方程可以计算出在均一温度下的饱和压力以及其 P-T 等容线。

3. 主要参数

利用 PVT 状态方程计算包裹体的捕获压力的前提条件是必须知道同期不同相态的单个包裹体气液体积比、包裹体的成分和均一温度。

1)包裹体气液体积比

包裹体气/液比的准确程度直接影响相态计算和相模拟，主要表现在：①气液比的误差会导致压力计算的误差非常大；②气液比的误差可能会影响包裹体类型的判断；③气液比的误差将会影响等容线的斜率和压力校正。包裹体形态一般为不规则的，采用肉眼目估包裹体气/液面积不能准确说明包裹体气/液在三维空间的分配，估算的气液体积比误差较大。

目前，一般采用激光共聚焦扫描显微技术 CLSM(confocal laser scanning microscopy)定量分析包裹体气液体积比。CLSM 以激光为光源，可以对微小目标进行扫描成像，形成单个烃类包裹体假三维图像，再精确地测定单个烃类包裹体的气液比和油水比。通过对共聚焦面的上下(Z 轴)方向的移动，然后经过特制滤镜，使聚焦面光线在目镜成像。因此，CLSM 可以观察到不同层面的图像，经过计算机处理可以合成为目标的立体图像。由于烃类包裹体中的液相部分在激光下可以发出荧光，而气相部分不发荧光，因此，通过图像处理软件在 CLSM 图像中可以准确计算出包裹体中气液体积比。

2)流体包裹体成分

传统的压裂法和爆裂法所测定的均是众多包裹体的平均成分，不能代表单个包裹体的组成，计算出的包裹体的捕获温度和压力肯定有一定的误差。法国 J-Y 公司生产的 AMANOR-U1000 型激光拉曼探针能够对单个包裹体成分进行拉曼光谱分析，具体实验参数是：Ar^+激光器波长 514.5nm，激光功率 600mW，双单色器狭缝 450μm，色散率 9.2cm^{-1}/mm，光电倍增管高压 1530V。实验条件：温度 23℃，湿度 65%。表 7-3 是榆林-神木地区 53 个液相包裹体、4 个气相包裹体的流体组分，其平均流体组成。

表 7-3　榆林-神木地区上古生界砂岩液相与气相包裹体的流体组成

液相包裹体			气相包裹体		
组分	平均含量	样品数	组分	平均含量	样品数
H_2O	64.06	8	CO_2	40.85	4
CO_2	23.49	9	N_2	24.2	3
H_2S	6.5	5	CH_4	12.08	4
CH_4	6.09	9	C_2H_6	12.6	2
C_2H_6	4.03	3	C_3H_8	11.6	3
C_3H_8	3.7	6	H_2S	8.7	1
C_4H_{10}	3.56	3	—	—	—

3) 流体包裹体均一温度

共生盐水和烃类流体包裹体均一温度的测量结果较为准确，误差达±0.1℃。鄂尔多斯盆地与烃类包裹体同时存在的盐水包裹体非常小，有些样品中则根本不存在。根据 Aplin 等(2000)研究，在缺乏同期盐水包裹体的情况下，可以采用近似经验方法：同期生成的盐水包裹体，其均一温度一般比同期形成的烃类包裹体均一温度高 15～20℃。

4. 包裹体古压力计算结果

1) 液态烃包裹体的古压力

鄂尔多斯盆地上古生界以煤系烃源岩为主，液态烃包裹体比较少见。在盆地北部盟 5 井山 2 段(井深 1890m)砂岩的石英粒裂隙中发现四个液态烃类包裹体。根据包裹体冷热台实验测定分析结果，液态烃类包裹体均一温度为 119.5～123.1℃，采用 CALSEP 公司的 PVTsim(V10.0)软件计算的捕获压力为 35.83～43.26MPa(表 7-4)。

表 7-4　鄂尔多斯盆地上古生界盟 5 井山 2 液态烃包裹体古压力计算结果

深度	气体体积	液体体积	气体体积/%	液体体积/%	气液体积比例	均一温度/℃	捕获压力/MPa
1890	39	108	26.53	73.47	0.361	119.5	35.85
1890	12	31	27.91	72.09	0.387	121.0	35.83
1890	124	190	39.49	60.51	0.653	120.3	43.26
1890	513	859	37.39	62.61	0.597	123.1	39.01

2) 气态烃包裹体的古压力

鄂尔多斯盆地上古生界气态烃包裹体分布较广，尤其在山西组和石盒子组储层较为发育。气态烃包裹体主要赋存于石英颗粒次生加大边和构造裂缝胶结物中，可划分为四期。

第一期包裹体：分布在第 I 期石英加大边，包裹体均一温度为 95.52～101.67℃，包裹体形成的古压力为 28.78～32.97MPa。

第二期包裹体：分布于第 II 期石英加大边，包裹体均一温度为 111.55～116.83℃，包裹体形成的古压力为 27.12～35.05MPa。

第三期包裹体：分布于第III期石英加大边和构造裂缝石英脉，包裹体的均一温度相对较高，在 126.01～138.31℃，包裹体形成的平均古压力为 36.52～39.82MPa。

第四期包裹体：分布于方解石脉，包裹体的均一温度为138.71～139.82℃，包裹体形成的平均古压力为25.29～29.51MPa。

上古生界的这四期包裹体的古压力在盆地内不同地区的分布存在一定差异(表7-5)。总体而言，苏里格庙、西缘及天环地区和米脂地区古压力较高，而乌审旗-榆林地区的古压力相对较低。

表7-5　鄂尔多斯盆地上古生界气态烃包裹体古温压的分布

类型＼地区	西缘及天环		苏里格气区		乌审旗-榆林		神木-米脂	
	均一温度/℃	古压力/MPa	均一温度/℃	古压力/MPa	均一温度/℃	古压力/MPa	均一温度/℃	古压力/MPa
Ⅰ期石英加大边	95.52	30.75	98.2	32.97	97.87	29.12	101.67	28.73
Ⅱ期石英加大边	116.83	32.13	111.55	35.05	113.85	29.51	115.55	27.12
Ⅲ期石英加大边	133.3	36.52	138.31	37.78	128.10	37.64	126.01	39.82
方解石脉	—	—	—	—	139.82	29.51	138.71	25.29

7.2.2　平衡深度法恢复古压力

1. *方法原理*

泥质岩在埋藏初期，随着上覆负荷的增加，孔隙度不断缩小，同时排出相应体积的流体，处于正常压实状态，其孔隙流体压力保持静水压力。孔隙度随深度的变化规律可用阿尔奇公式描述：

$$\varphi = \varphi_0 e^{-CZ} \tag{7-12}$$

式中，φ为代表埋深Z处泥岩的孔隙度(%)；φ_0为地表孔隙度(%)；Z为深度(m)；C为综合压实系数(m^{-1})。

在正常压实段泥岩孔隙度的对数与深度呈线性关系。由于声波时差与其孔隙度的关系在一定深度段内也可看作线性关系，故上述用孔隙度表示的压实规律对声波时差也适用，式(7-12)可写为

$$\Delta t = \Delta t_0 e^{-ch} \tag{7-13}$$

其中，Δt为埋深h处泥岩的声波时差，μs/m；Δt_0为地表声波时差，μs/m；c为地层综合压实系数(无量纲)。

地层压实过程是上覆载荷长期作用下发生的一个不可逆变形过程。当地层处于正常压实阶段时，地层压力等于地层静水压力。根据埋藏深度、地层水密度，由静水柱压力计算公式(7-1)可计算出正常压实段内任一深度点的流体压力。

随着上覆地层负荷不断增加，正常压实作用使地层孔隙度与渗透率逐渐降低，孔隙流体排出的难度也相应增加。当地层孔隙流体不能及时排出时，一方面是延缓了压实作用的进行，另一方面使孔隙流体超压，形成异常压实，即欠压实。在异常压实阶段的流体压力，一般采用平衡深度法进行模拟计算。

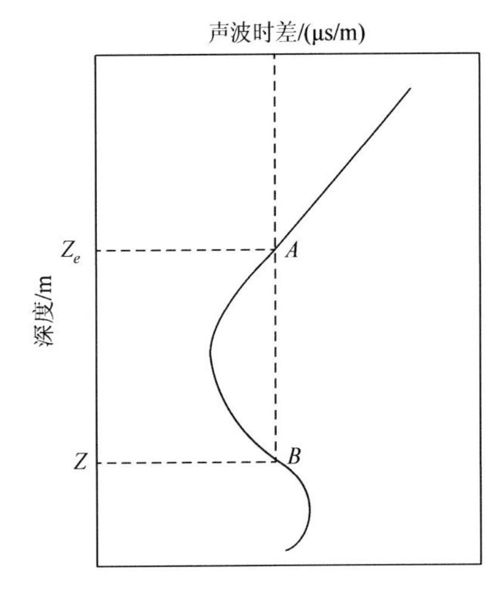

图7-13　平衡深度法基本原理示意图

平衡深度是指压实曲线正常段上的某一点(A)，其声波时差与异常压实段内的计算点(B)相同，该点的深度即为平衡深度(图7-13)。平衡深度法以泥岩压实作用为理论依据，由其计算出的压力应代表该地区处于最大埋深状态下的地层压力分布状况，计算公式为

$$P_Z = \gamma_W Z_e + \gamma_b (H + Z_e) + \gamma_w (Z - H) \tag{7-14}$$

式中，P_z为深度为Z的地层压力，MPa；Z_e为平衡深度，m；H为正常趋势在延伸到泥岩骨架值的深度，m；γ_b为深度Z-Z_e段岩柱的压力梯度，MPa/m；γ_w为静水压力梯度，MPa/m。

2. 计算结果分析

通过盆地内典型井上古生界平衡深度法与流体包裹体法计算的地层压力对比可见(表 7-6)，两者之间存在一定的差异。流体包裹体法计算结果比平衡深度法计算结果普遍偏大，差值最大的是 Z4 井，相差 14.8MPa；最小的是 Su18 井，仅差 0.7MPa；其中 Lc1 井包裹体计算结果比泥岩压实计算结果反而小 1.5MPa。两种方法计算结果差异较大的主要原因有以下几个方面。

表 7-6　鄂尔多斯盆地上古生界古压力计算结果对比表

井号	井深/m	层位	流体密度/(g/cm^3)	古地温/℃	古压力/MPa		
					包裹体法	平衡深度法	差值
Su6	3328.5	盒 8	0.971	169	50.6	40.5	10.1
Su6	3377.7	山 1	0.986	158	50.5	42.7	7.8
Su18	3573.5	盒 8	0.996	160	45.0	44.3	0.7
B1	3772.5	盒 7	0.967	162	53.7	45.4	8.3
B1	3812.5	盒 8	0.947	174	59.0	46.5	12.5
E6	3480.0	山 1	0.938	168	41.1	40.7	7.3
Lc1	4551.0	山 2	0.955	171	52.5	54.0	−1.5
L1	3651.5	盒 7	0.898	175	46.0	34.8	11.2
Lh1	4019.0	太 1	0.944	180	49.6	43.4	6.2
T6	3365.0	盒 8	0.925	167	56.8	42.7	14.1
Sh3	1988.0	山 1	1.101	163	41.7	40.8	0.9
Sh3	2068.0	山 2	0.965	158	48.2	42.9	5.3
Sh3	2082.4	山 2	0.951	148	45.5	41.7	3.8
Z4	3008.0	盒 8	1.102	170	55.6	40.8	14.8
Y17	2094.0	盒 8	1.101	158	46.1	40.2	5.9
Y17	2069.0	山 1	0.942	155	47.1	42.3	4.8
Y17	2263.0	太 1	0.891	160	48.5	42.6	5.9
Mn5	1668.6	盒 5	0.945	143	35.9	28.1	7.8
Mn5	1889.0	山 2	0.931	161	41.8	29.0	12.8
Mn5	1913.0	太 1	0.941	145	39.3	27.8	11.5

1) 声波时差读值的准确性是影响压力计算的首要因素

平衡深度法计算古压力，基本数据来自测井图中的声波时差曲线，因此读值的准确与否直接对计算结果产生影响。在读取泥岩的声波时差值时，要求是对纯泥岩段的声波时差进行读值，并且是取曲线上较稳定的数值。由于盆地中上古生界地层的纯泥岩段相对较少，许多泥岩中都含有少量粉砂岩，并且泥岩段的厚度也相对较薄，对所取时差值的精确性产生一定的影响。另外，测井曲线的质量也是重要的影响因素，测井质量好，取值精度高；测井质量差，则取值精度低。此外，不同的测井系列之间也存在一定的系统误差。

2) 正常段斜率值的选取是影响压力计算的关键因素

从前述压力计算公式中可以看到，古压力的计算必须知道平衡深度 Z_e，而平衡深度的获取关键参数是正常段斜率 C(地层综合压实系数)。综合压实系数的变化范围较大，一般在 10^{-3}～10^{-4}，而其微小的变化对古压力计算结果产生明显的影响。

3) 砂岩与泥岩的地层压力存在差异

一般认为在砂泥岩互层的层系中，砂岩的流体压力与紧邻泥岩的流体压力近似相等。因而用平衡深度法计算出的压力代表泥质层中的地层压力，也代表紧邻砂岩中的地层压力。但实际上，砂泥岩层中的压力往往不等，特别是在泥岩段欠发育区或断裂发育地区，平衡深度法估算的地层流体压力误差较大。

4）孔隙流体膨胀作用的影响

地层温度总是随埋深而增加，在相对封闭的储层中，地层温度增加必然导致孔隙流体膨胀而使压力升高。鄂尔多斯盆地中生代晚期，由于欧亚板块与太平洋板块发生碰撞，使华北地块处于强烈挤压状态，同时因为岩浆活动的伴随，产生区域性的热事件使地层处于增温过程。在晚侏罗世—早白垩世的热事件使盆地内上古生界的古地温梯度达到3.6～6.2℃/100m（详见第3章），远高于盆地现今地温梯度平均值（2.8℃/100m）。在构造热事件期间，上古生界地层正处于最大埋深期，是异常压力形成的主要时期。此外，热事件加速了上古生界烃源岩生烃与排烃作用，也促使储层孔隙流体膨胀超压。

5）包裹体法计算古压力的影响因素

由于流体包裹体成分及均一温度的测定精度以及相态模拟计算参数选取等因素的影响，使得计算结果存在一定的误差。相对而言，流体包裹体法充分考虑到热力学对地下流体压力的影响，将流体包裹体与捕获它们的主矿物联系起来，在统一的平衡热力学场下对主矿物与所捕获的流体之间共生平衡条件进行研究，因此，包裹体法计算结果更能有效反映储层的古压力特征。

7.2.3　古压力分布特征

鄂尔多斯盆地上古生界在早白垩世末期达到最大埋藏深度，砂岩储层压实作用已不明显，流体排出受阻，加之本溪组—山西组气源岩生烃及伴随的一系列物理化学作用，形成异常高压。通过盆地内260余口井声波曲线资料的整理，采用平衡深度法计算出上古生界在最大埋深时期的古压力。总体分布趋势是呈北西向分布，盆地西南部古压力值普遍较高，而盆地北部以及东部边缘古压力值相对较低，即越向盆地内部古压力值越高。上古生界各气层组在最大埋深时的古压力分布具有明显的继承性，本溪组—山西组古压力分布格局大致相似，古压力值为34～64MPa。

从石炭系储层在早白垩世末期的古压力系数分布特征可见图7-14，地层古压力在盆地范围内普遍超

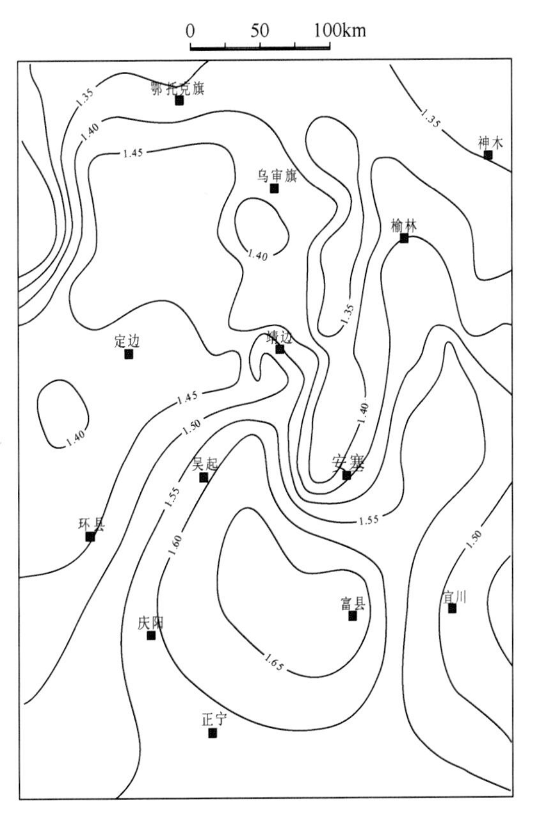

图7-14　石炭系在早白垩世末期地层压力系数分布图

压，其中盆地中南部的吴起—庆阳—正宁—富县一带，地层古压力超压幅度较大，地层压力系数达到1.55～1.65，盆地北部的鄂托克旗—乌审旗—榆林—神木地区及盆地西部地区超压幅度相对较低，地层压力系数为1.35～1.45。最大埋深的古地层压力系数分布特征表明，盆地东部和南部的超压高于盆地西部和北部。

7.3 异常压力形成机理

在油气生成、运聚成藏与保存过程中，许多地质作用都可能参与异常压力的形成。因此，研究异常压力的形成机理对油气勘探有重要意义。Hunt(1990)按盆地统计，全世界已在约180个盆地中发现了异常地层压力，超压地层的时代从寒武系至第四系，超压地层的岩性既有碎屑岩也有碳酸盐岩，并存在于各种沉积环境中。Law等(1998)按异常压力类型统计，全球异常地层压力的分布地区中异常高压占92%，异常低压为8%。鄂尔多斯盆地上古生界现今异常压力以异常低压区为主，同时也有异常高压区，两者的形成机理既有联系又有区别。

7.3.1 异常低压

国外典型的异常低压盆地有加拿大的阿尔伯达中部盆地、加拿大北部盆地、加拿大盖洛普砂岩盆地、美国圣胡安盆地、红沙漠盆地、绿河盆地、皮申斯盆地、阿巴拉契亚盆地、美国凯斯穹隆、阿马克洛隆起、美国密西西比盆地、米德兰盆地、美国夸厄布拉勒白垩纪盆地、丹佛盆地、美国二叠纪盆地、俄罗斯蒂曼—伯朝拉盆地、乌克兰顿巴斯盆地。在国内典型的异常低压除了鄂尔多斯下古生界外，松辽盆地北部扶余油层和东南缘的十屋断陷、吐哈盆地红台2构造和红南及红西构造带、百色盆地东部凹陷、东营凹陷边缘凸起带、盆倾断裂带及中央隆起带都发育不同程度的异常低压。国内外许多低压异常盆地在地质历史中发生过抬升。Swarbrick等(1998)对于低压异常的产生，已提出一些不同的成因机理，如差异排水—地下水流动，气体差异流动、岩石扩容、渗透作用、热效应。针对鄂尔多斯盆地上古生界的实际情况，异常低压形成机理主要与以下因素有关。

1. 地层抬升—剥蚀反弹作用

真柄钦次(1987)指出地层的压实作用是不可逆的。Neuzil(1983)等均认为岩石的剥蚀卸载虽然不可能使地层的孔隙度恢复压实前的状态，但是剥蚀卸载是岩石弹性压缩的逆过程。Russell等(1972)测定的砂岩储层孔隙的弹性收缩率为$48.28\times10^{-3}Pa^{-1}$，水的收缩率约为$20.69\times10^{-3}Pa^{-1}$，并认为当上覆地层被剥蚀时，砂岩储层孔隙的扩容率与收缩率相当，泥页岩的扩容率高于砂岩。因此，当上覆岩层被剥蚀时，岩石孔隙体积的扩容量比孔隙水的膨胀体积约大50%，从而导致低压的产生。Neuzil(1983)、Swarbrick(1998)认为，在沉积盆地发生大幅度抬升剥蚀的地区，由于构造抬升地层升高引起的流体向下倾方向泄漏与负荷减少，岩石骨架就会像弹性固体那样发生反弹，引起岩石孔隙体积的扩容，从而导致流体压力的降低。由于泥页岩的扩容率大于砂岩，当上覆岩层被剥蚀时，与泥页岩相邻(互层或侧向过渡)的砂岩储层孔隙自由水将在由低压产生的横向压力梯度驱动和毛细管力作用下向泥页岩渗透即发生“倒灌回流”，从而进一步降低了相邻砂岩的流体压力。Neuzil等(1983)建立数学模型描述等温条件下孔隙流体相对于静水压力产生的不均衡压力及其异常低压的消散过程：

$$\frac{K}{S_s}\frac{\partial^2 P}{\partial Z^2}=\frac{\partial P}{\partial t}\cdot m\frac{\partial l}{\partial t} \tag{7-15}$$

式中，K为水力传导率(m^2/s)；S_s为储水系数(无量纲)；P为孔隙流体压力(MPa)；l为岩层自剥蚀开始后t时刻的厚度(m)；m为地下岩石或沉积物的质量；Z为深度(m)。

异常低压产生的条件可用一个无因次数m^*来判别：

$$m^*=\frac{S_s V l^2}{hk} \tag{7-16}$$

式中，V 为剥蚀速率(mm/a)；h 为“封闭”层在剥蚀前的垂直厚度(m)。

理论模拟结果表明，当无因次数 m^*超出 $2\times10^{-2}\sim8\times10^{-2}$ 时，在“封闭”层的中心可以产生低压，而且低压一直保持到“封闭”层被完全剥蚀之前。Neuzil 和 Pollock(1983)对 Alberta 盆地上白垩统进行模拟计算，当地层剥蚀速率为 0.026mm/a、水力扩散率 K/S_s 为 $10^{-8}m^2/s$ 时，上白垩统上覆 1600m 地层在剥蚀 50%后，“封闭”地层中可产生低压。泥页岩中异常低压的形成使相邻砂岩储层中的流体向“封闭”性泥页岩中渗透，从而引起砂岩储层流体压力降低，形成异常低压。

当地层抬升剥蚀引起储层孔隙体积扩容时，孔隙中的流体也会随之而膨胀。姜振学等(2007)在接近实际地质条件的三轴岩石力学实验装置及正交实验方法，对人造砂岩和大庆长垣的实际砂岩物理模拟实验结果表明，在岩石弹性范围内，卸载会造成下伏砂体回弹量为 0.4%～2.5%。假设鄂尔多斯盆地本溪组—石盒子组储层平均孔隙度为 8%，含气饱和度为 50%，当上覆地层剥蚀 1000m，即埋藏深度大约从 4500m 降低到 3500m 时，储层孔隙体积反弹扩容可增加 7%～15%(平均取 10%，孔隙度增加为 8.8%)，那么根据理想气体状态方程计算，储层孔隙中气体压力也只降低 10%左右。

鄂尔多斯盆地自中生代以来，先后发生了以三叠系/侏罗系、侏罗系延安组/直罗组、侏罗系/白垩系、白垩系/第四系等地层不整合界面为标志的四期不均匀抬升和地层剥蚀事件。陈瑞银等(2006)应用地层对比法估算鄂尔多斯盆中生代以来的地层剥蚀量，白垩纪末期盆地东部剥蚀厚度达到 1600～1800m，西部为 600～800m，在苏里格地区的剥蚀厚度为 800～1200m，三叠纪末期、中侏罗世和侏罗纪末期等 3 期剥蚀事件相对较弱，多数地区小于 100m。

根据生烃演化史模拟计算结果，鄂尔多斯盆地本溪组—山西组烃源岩在白垩纪末期地层大幅度抬升剥蚀时，已经演化到高—过成熟阶段，储层和源岩孔隙中含有不同饱和度的天然气。上古生界泥岩现今仍然保持欠压实状态，即孔隙流体属于超压，其压力并不低于储层的孔隙流体压力。这表明晚白垩世以来，地层抬升—剥蚀反弹作用对砂岩孔隙流体压力降低不明显。

2. 地层温度降低—孔隙流体冷凝收缩作用

构造抬升过程中温度和地温梯度的降低引起的流体收缩，导致地层压力和压力系数减小尤其是在地层封闭性较好或渗透率较低并没有明显的构造挤压的情况下，可以形成明显的异常低压(夏新宇等，2001)。鄂尔多斯盆地在燕山中晚期由于构造热事件的发生，古地温梯度高达 3.6～6.2℃/100m，早白垩世末以来的热事件消失，地温梯度降至现今的 2.8～3.0℃/100m。

晚白垩世以来，一方面地温梯度逐渐降低，另一方面地层抬升和剥蚀又进一步使地层温度降低。如前所述，假设鄂尔多斯盆地本溪组—石盒子组在早白垩世末的最大埋藏深度为 4500m，上覆地层剥蚀厚度平均为 1000m，降低到现今埋深 3500m，相应的古地层温度由 170～180℃降低到 110～120℃，地层温度平均降低了大约 60℃(表 7-7)。地层温度降低会引起孔隙水体积的减小，造成天然气的可容纳空间增加，可容纳空间的增加及地层温度的降低均引起气藏压力的减小。为了定量分析抬升降温对压力的影响，首先假设气藏自早白垩世末至今不存在气体的散失和注入，根据热力学方程可计算孔隙水体积减小量：

$$\begin{aligned} V &= V_0[1+\alpha_f(T-T_0)-\beta_f\Delta P] \\ \Delta V &= [\alpha_f(T-T_0)-\beta_f\Delta P] \end{aligned} \tag{7-17}$$

式中，V 为现今地层温度和压力条件孔隙水的体积，m^3；V_0 为地层抬升前所处温度和压力条件下孔隙水的体积，m^3；α_f 为地层水的膨胀系数；β_f 为地层水的压缩系数；T 为现今地层温度，K；T_0 为地层抬升前所处温度，K；Δp 为地层压力变化值，Pa；ΔV 为温度和压力变化引起的水体积变化，m^3。

通过式(7-17)计算，早白垩世末至现今温度降低引起的水体积减小量在 1%左右，明显低于地层卸载的孔隙反弹所增加的孔隙体积。由于鄂尔多斯盆地本溪组—石盒子组孔隙中除水以外，还含有一定数量的气体(储层含气饱和度一般在 30%以上)，因此，水体积减小量等于气体体积膨胀的增加量。

在含气地层中，上覆地层剥蚀和地层温度降低引起孔隙水的冷凝收缩体积转化为气体膨胀，孔隙流体压力的降低主要通过气体的降温作用来实现。上古生界除局部产有少量凝析油外，总体上为干气。假设在上覆地层剥蚀1000m和地层温度降低60℃的过程中处于完全封闭环境，按理想气体计算，地层压力降低约0.865倍。若抬升前为正常压力，从最大埋深4500m抬升到现今3500m，地层降温引起气体收缩降低的地层压力约6.1MPa。考虑到实际气体与理想气体之间的差异，取压缩系数为1.2进行校正，气体冷却收缩降低的地层压力为7.5～8.5MPa。

表7-7　鄂尔多斯盆地今、古温度对比表

地区	层位	古温度/℃			今温度/℃		
		最大值	最小值	平均值	最大值	最小值	平均值
西缘地区	盒8—山2			120	84.8	23.8	72.5
天环地区	山1			150	132.1	112.6	123.8
苏里格庙地区	盒8	170	160	165	114.7	102.1	106.0
	山1	170	160	165	115.7	103.1	107.2
乌审旗—靖边区	盒8	140	120	130	115.4	88.6	100.3
东胜—榆林地区	盒8	160	140	150	104.5	78.6	89.9
	山2	160	140	150	106.5	80.6	91.9
佳县—米脂地区	盒8	140	120	130	91.7	57.1	68.7
南部地区	盒8			170	118.8	90.9	102.5

3. 天然气的散失

天然气散失包括沿断裂(裂缝)渗流散失和通过盖层的分子扩散。鄂尔多斯盆地上古生界构造活动相对微弱，除盆地西缘等局部断裂相对发育外，盆地内部大部分地区的构造散失较小。天然气分子扩散是普遍的地质现象，它是在浓度梯度产生的分子扩散力的作用下，由高浓度区自发地向低浓度区转移以达到浓度平衡的一种传递过程。

1885年Fick通过气体扩散作用的研究，建立了扩散定律，即Fick第一定律和第二定律。D.Laythauser(1983)、B.M.Kroos(1987)、郝石生(1989)等通过实验分析、实际地质剖面观察及数学模拟研究表明，扩散作用在天然气的初次运移、聚集成藏及保存过程中起到显著作用。

对于气藏而言，天然气扩散作用是一个复杂的地质过程。一方面储层中聚集的天然气要通过上覆盖层的扩散而散失，另一方面烃源岩中的天然气又可以扩散到储层中，而且同时还有其他方式的聚集或散失。因此，实际气藏的天然气扩散并不容易明显地反映出来。鄂尔多斯盆地上古生界气藏形成较早，为100～140Ma，石盒子组上覆地层缺乏天然气浓度封隔层，天然气扩散作用影响较大。在盆地不同部位都能在石千峰组或上石盒子组见到气测异常，这些异常是天然气向上运移形成的，除了一部分是成藏时运移外，有一部分是后期天然气散失形成的。

如果天然气藏是一个相对封闭的体系，在没有气体持续充注的前提下，体积减小会造成气藏中天然气密度降低和气体压力下降。以苏里格气田为例，在古地温为140℃的天然气藏中，温度下降70℃，如果天然气扩散5%，气藏压力下降约4.15%；如果天然气扩散为10%，气藏压力下降约9%。天然气扩散量越大，压力下降越明显。

4. 气水密度差

由图7-15可见，鄂尔多斯盆地上古生界在钻井深度2380m附近的流体静压力明显不同。在2380m以上，流体静压力基本上接近于1.0MPa/100m或大于1.0MPa/100m，与静水压力梯度线一致；而在2380m以下，所有的流体静压力梯度均小于1.0MPa/100m，而且深度越大，与静水压力梯度线之间的差异越大。这表明2380m为鄂尔多斯盆地上古生界天然气藏的气—水平衡深度，在该深度之上，天然气藏主要受水柱高度的影响，在2380m之下，天然气藏主要受气柱高度的影响。气藏内部任一点的地层压力等于气水

界面之上的静水柱压力与该点至气水边界的气柱压力之和，即

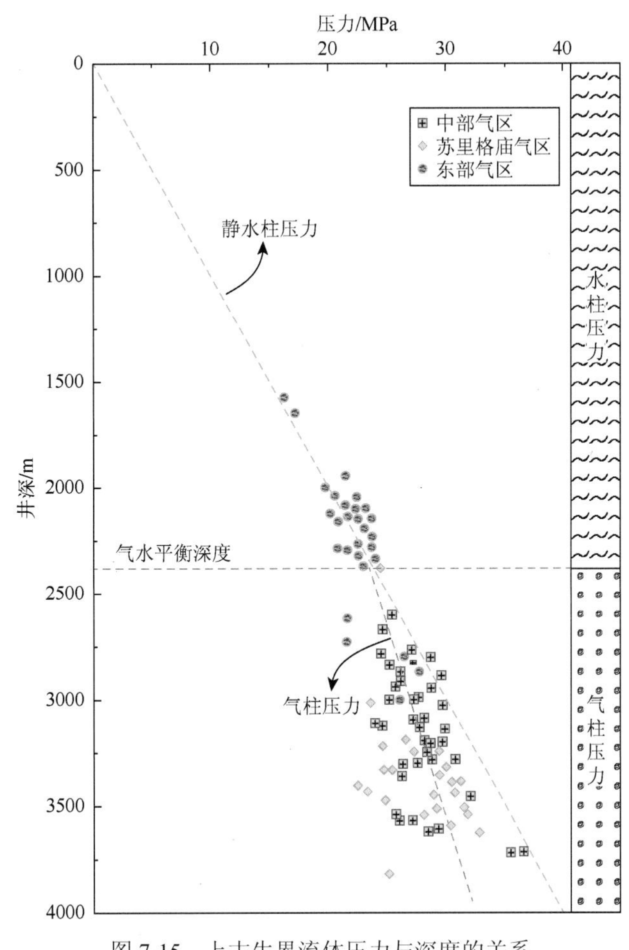

图 7-15　上古生界流体压力与深度的关系

$$P_A = P_{wx} + h_{gx} \cdot \rho_g \cdot g \leqslant P_{wx} + h_{gx} \cdot \rho_w \cdot g \tag{7-18}$$

式中，P_A 为气藏内部任一点的地层压力，Pa；P_{wx} 为气水界面之上的静水柱压力，Pa；h_{gx} 为气柱高度，m；ρ_g 为气体的密度，kg/m^3；g 为重力加速度，m/s^2；ρ_w 为水的密度，kg/m^3。

式(7-18)表明，在气柱高度和水柱高度一定时，气水密度差越大，压力系数越低；而在水柱高度和气水密度差一定时，气柱高度越大，底部压力系数越低。对于水层，则压力系数等于地层静水柱压力系数。对于气水层，其流体密度可假想为气体与水以一定比例混合的流体密度，该密度大于气体密度又低于水密度，所以，压力系数介于气层与水层之间。

由于气水密度差异的影响，上古生界在 2380m 以下部分梯度小于 1.0MPa/100m 的流体压力并不完全属于低压(低于正常流体压力)的范围，例如，3500m 的流体压力为 2380m 以上的静水压力与 2380m 以下的气柱压力之和，即 29.97MPa，压力梯度为 0.056MPa/100m。压力划分应该分两种情况区别对待：①位于静水压力线与气柱压力线之间的流体压力应为正常流体压力，受较深水柱压力和气柱压力的影响；②只有当流体静压力小于相应深度的气柱压力时，才能称为低压。低压的形成除受静水压力和气柱压力影响外，还应受其他因素影响。

综上所述，鄂尔多斯盆地上古生界储层物性致密和非均质性强，为异常地层压力的形成提供了必要封闭条件。在晚白垩世以来的构造抬升、地层剥蚀以及构造热事件的消失的降温等综合作用下，地层压力系数不断降低而在盆地内形成大面积的异常低压。在盆地内不同地区，由于烃源条件、构造抬升幅度等差异，异常低压的程度也有所不同。西缘断褶带和伊盟隆起上古生界由于后期地层抬升幅度变化大，

断裂活动相对于伊陕斜坡而言更强烈，气藏散失量大，造成了气层压力变化大。盆地东部层抬升幅度较大，上覆地层剥蚀虽然使上古生界致密砂岩储层流体压力降低，但地层剥蚀厚度越大，上覆静水柱高度也随之而大幅度降低，结果使地层压力系数降低的幅度变小。因此，盆地西部地区的异常低压幅度大于盆地东部区。

7.3.2 异常高压

鄂尔多斯盆地上古生界在地史时期曾产生过异常高压，现今部分地区仍然保持一定幅度的超压。根据鄂尔多斯盆地上古生界的具体地质情况，异常高压形成机理主要与以下地质作用有关。

1. 不均衡压实作用

沉积物在埋藏和压实过程中，在上覆压力的作用下水从沉积物中排出，当沉积速度快时，由于压实引起孔隙度和渗透率的降低，阻碍了水的排出，从而延缓了压实作用的进行。如果埋藏继续时，上覆地层载荷增加，承受上覆地层载荷的流体压力也相应地不断增加。影响压实速度作用的因素相当复杂，其中沉积速度是控制压实速度作用的最重要的影响因素之一。鄂尔多斯盆地上古生界经历以下五个沉降演化阶段(图 7-16)。

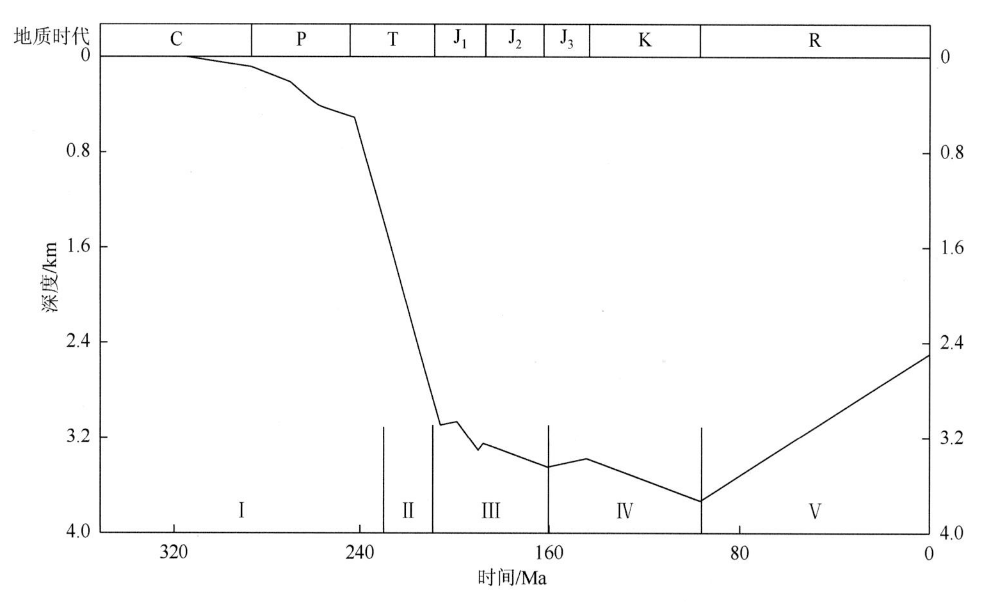

图 7-16　鄂尔多斯盆地上古生界沉降演化阶段

Ⅰ中石炭世至早三叠世稳定沉降阶段　Ⅱ中三叠世至三叠世末期地台构造活动开始增强和快速沉降阶段　Ⅲ早侏罗世至中侏罗世末波动沉降阶段　Ⅳ晚侏罗世至早白垩世地台活动强烈的不稳定沉降阶段　Ⅴ早白垩世末至第四纪的构造抬升阶段

第一阶段(C_2-T_2)：处于持续沉降阶段，沉降速率较为稳定，构造沉降速率 4.3～5.6m/Ma；

第二阶段(T_3)：构造剧烈，构造沉降速率达 8.8～20.3m/Ma，显示有地台构造活动开始增强或地台开始活动；

第三阶段(J_1-J_2)：构造沉降速率为 0.6～1.6m/Ma；

第四阶段(J_3-K_1)：构造沉降速率为 1.71～4.29m/Ma；

第五阶段(K_2-现今)：盆地抬升遭受剥蚀。

在 C_2-T_2 期间，沉积速度缓慢时，泥质颗粒有充分的时间排列整齐，有利于压实作用的进行；另外，压实层段地层组合关系、岩性、泥岩及其相邻砂岩层的渗透性、连通性等，也是影响压实速度的重要因素，岩层渗透性、连通性好，有利于压实水的排出，压实速度快。在晚三叠世和晚侏罗世—早白垩世期间，构造沉降速率较快，地层经过早期压实作用后，上古生界储层致密化后渗透性与连通性变差，不利于水的排出，易产生异常高压。

2. 水热增压作用

随着埋深增加而不断升高的温度，使孔隙水的膨胀大于岩石的膨胀(水的热膨胀系数大于岩石的热膨胀系数)。如果孔隙水由于流体隔层而无法逸出，孔隙压力将升高产生异常高压(Barker，1984)。

水热作用无论是正常压实还是欠压实地层均可发生，不同的是前者只增加水的体积，而后者主要增加压力。在正常压实状态下水热作用只表现为单位重量水体积的膨胀，也就是密度的减少或比容的增加。在此状态下，由于流体排出不受阻碍，水体积虽然膨胀但可以自由排出，所以流体压力并不增加。在欠压实状态下，水热增压作用随埋深和地温梯度升高而增加。如图 7-17 所示，当地温梯度为 36℃/km、埋深为 3048m 时，水的比容为 1.05cm^3/g，与 4℃时水的比容 1cm^3/g 相比，等于水的体积增加了 5%，这个数量相当大而且有重要意义，尤其是对以水为载体的初次运移更为有利。

由于水的热导率远低于矿物颗粒，水热作用的影响不仅表现为水的膨胀比容有所增加，而且主要表现为流体压力比非水热条件高得多，即产生水热增压作用，其增加的速率决定于地温梯度和层系的封闭程度。泥质岩矿物基质膨胀率只有水的 1/15 左右，大约相当于 6%的孔隙度，只有当泥质岩孔隙度超过 6%时，由水热才产生增压作用。上古生界致密砂岩矿物基质膨胀率小于黏土矿物，而且其孔隙度一般为 4%～10%，因此，水热增压作用普遍存在。由图 7-17 可见，水的密度随温度的增加而减小，比容随温度的增加而增加。如果温度不变，随着流体压力的增加，水的密度应当保持不变甚至稍有增加，然而图 7-17 表示密度的线段却向密度减小的方向偏移，说明流体压力的增加不足以平衡水体的膨胀，这正反映了水热作用的影响。三条地温梯度线向较低密度方向延伸，说明在相同压力下地温梯度越高水热作用越强。

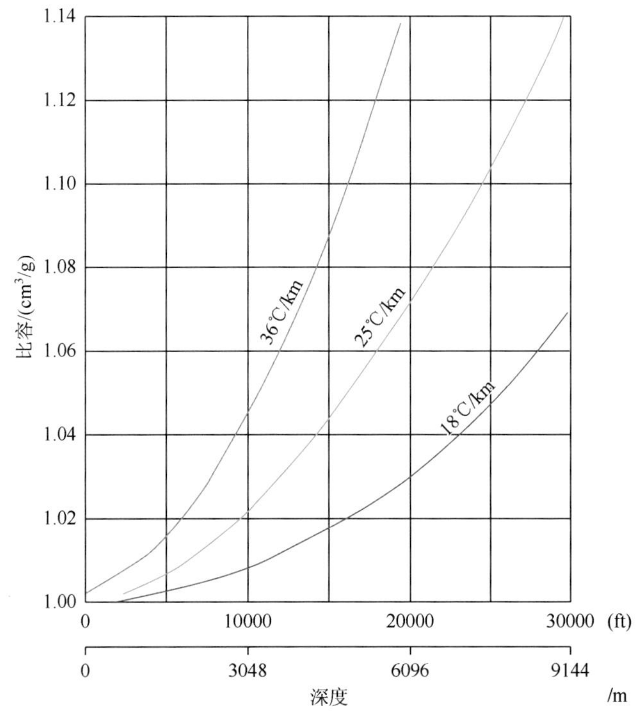

图 7-17　不同地温梯度水的比容-深度关系图(据真柄钦次，1987)

3. 黏土矿物的脱水作用

黏土矿物在一定温度下发生矿物转化而脱出矿物的层间水，其中蒙脱石的脱水作用对异常高压的形成密切关系。鄂尔多斯盆地上古生界砂岩中的黏土矿物主要为伊利石，含量为 6%～10%，其次为高岭石和绿泥石，含量分别为 2%～5%和 0.5%～2%(表 7-8)。高岭石、绿泥石大都与火山灰蚀变有关，高岭石常呈碎屑外型，是碱性火山碎屑的蚀变产物，部分呈杂基形态的高岭石则是火山灰蚀变而成。绿泥石有薄膜和杂基两种形态，前者属于沉积期后盆内自生产物，后者则为火山物质的蚀变产物。伊利石大部分来自于物源区，以杂基方式充填于矿物颗粒之间。

黏土矿物定量分析表明(表 7-8)，盆地上古生界砂岩伊利石在黏土矿物中含量为 25.6%～63.5%，且有随着深度增加含量增高的规律。而 I/S 间层黏土则相反，含量为 4.5%～11.5%，随着层位的加深而逐渐减少，绿泥石含量介于 0.5%～42.63%。上古生界砂岩已经达到晚成岩 B 期，伊—蒙混层中蒙皂石含量小于 20%。蒙脱石向伊利石的转变大约在 123℃时，发生在晚成岩的 A 期，在此过程中排出大量的结构水。在相对封闭的储层中，黏土矿物释放出来的结构水与储层孔隙流体的热膨胀相结合，将产生异常高压。

表 7-8　鄂尔多斯盆地盒 7 段—太原组砂岩黏土矿物含量统计表

黏土矿物		盒 7	盒 8 上	盒 8 下	山 1	山 2	太原组
全矿中的含量/%	伊利石	9.38	6.23	8.2	7.08	7.04	9.2
	高岭石	5.4	4.04	3.63	3.57	3.69	2.9
	绿泥石	1.05	1.83	0.7	0.77	0.75	0.2
黏土矿物组成/%	I/%	28.8	37.58	37.7	49.91	59.7	63.5
	I/S/%	9.65	7.35	7.35	5.2	7.2	4.5
	K/%	25.47	26.15	18.81	22.2	21.89	31.0
	C/%	40.09	37.94	42.63	28.1	10.83	0
	S/(I/S)/%	＜10	＜10	＜10	＜10	＜10	＜10

4. 烃源岩有机质的生烃作用

烃源岩干酪根在热降解生成石油和甲烷气体等烃类的同时，也产生大量的水和非烃气体(主要是 CO_2)，而这些流体的体积极大地超过了原来干酪根的体积。在一个基本封闭的层系内由于酪根生产的烃类、水和非烃气体，其体积要比原来有机物质的体积大 2～3 倍。根据 Burg(1999)的计算，含 1%有机碳的生烃母岩，由于其生成烃类和水净增的液体体积相当于孔隙度为 10%的页岩总孔隙体积的 4.5%～5%。因此，有机质生烃作用将提高烃源岩孔隙流体压力，尤其是烃类和非烃类气体的生成，它们先在水中饱和然后形成大量游离气体，它们不仅堵塞孔隙通道而且当温度升高时进一步膨胀。

根据鄂尔多斯盆地上古生界烃源岩有机质生烃史研究结果(详见第 3 章)，天然气生成从晚三叠世开始，结束于早白垩世末期，生烃时间持续了近 150Ma。烃源岩受晚中生代热事件的强烈影响，煤成甲烷和重烃气体的生烃速率均表现为一个集中的生烃事件，其中煤成甲烷气主要集中在晚侏罗世到早白垩世末期之间生成，而煤成 C_2～C_5 重烃气体主要集中在早侏罗世生成。上古生界泥质烃源岩有机质丰度较高(T_{oc} 平均值在 2.0%以上)，在晚侏罗世至早白垩世末期的生气速率可达 $0.2\times10^8 m^3 \cdot km^{-2} \cdot Ma^{-1}$ 以上。烃源岩大量气态烃的生成将引起微裂缝排烃。烃源岩排烃在邻近储层中充注，使储层孔隙流体的体积增加，从而导致相对封闭的致密砂岩储层产生超压。

鄂尔多斯盆地盆地上古生界异常高压的形成与演化是地质历史时期盆地构造发育、沉积环境、烃源岩有机质演化等在孔隙流体中的综合反映。不均衡压实作用形成的异常主要发生在构造沉降速率较快的晚三叠世期间，水热膨胀和生烃作用产生的异常压力主要在晚中生代的热事件期间。

7.4　压力系统的演化特征

鄂尔多斯盆地上古生界地层古压力明显高于现今地层压力。在多种地质因素综合作用下，储层地层压力演化经历了由正常压力、异常高压逐渐演化为现今的异常低压和局部常压与异常高压的分布状态。

7.4.1　压力系统演化阶段

根据古压力模拟计算，在晚三叠世初上古生界开始发育过剩压力，过剩压力最高可达 5～10MPa，三叠纪末期、中侏罗世和侏罗纪末期等三次构造抬升剥蚀使山西组过剩压力略有降低，从早白垩世开始，过剩压力又开始增加，一般为 10～20MPa。随着早白垩纪末期以来最强烈的全盆抬升剥蚀，过剩压力下降。根据不同时期包裹体分析，结合地层沉降与天然气充注成藏特征，将上古生界储层孔隙压力系统演化划分为三个阶段(图 7-18)。

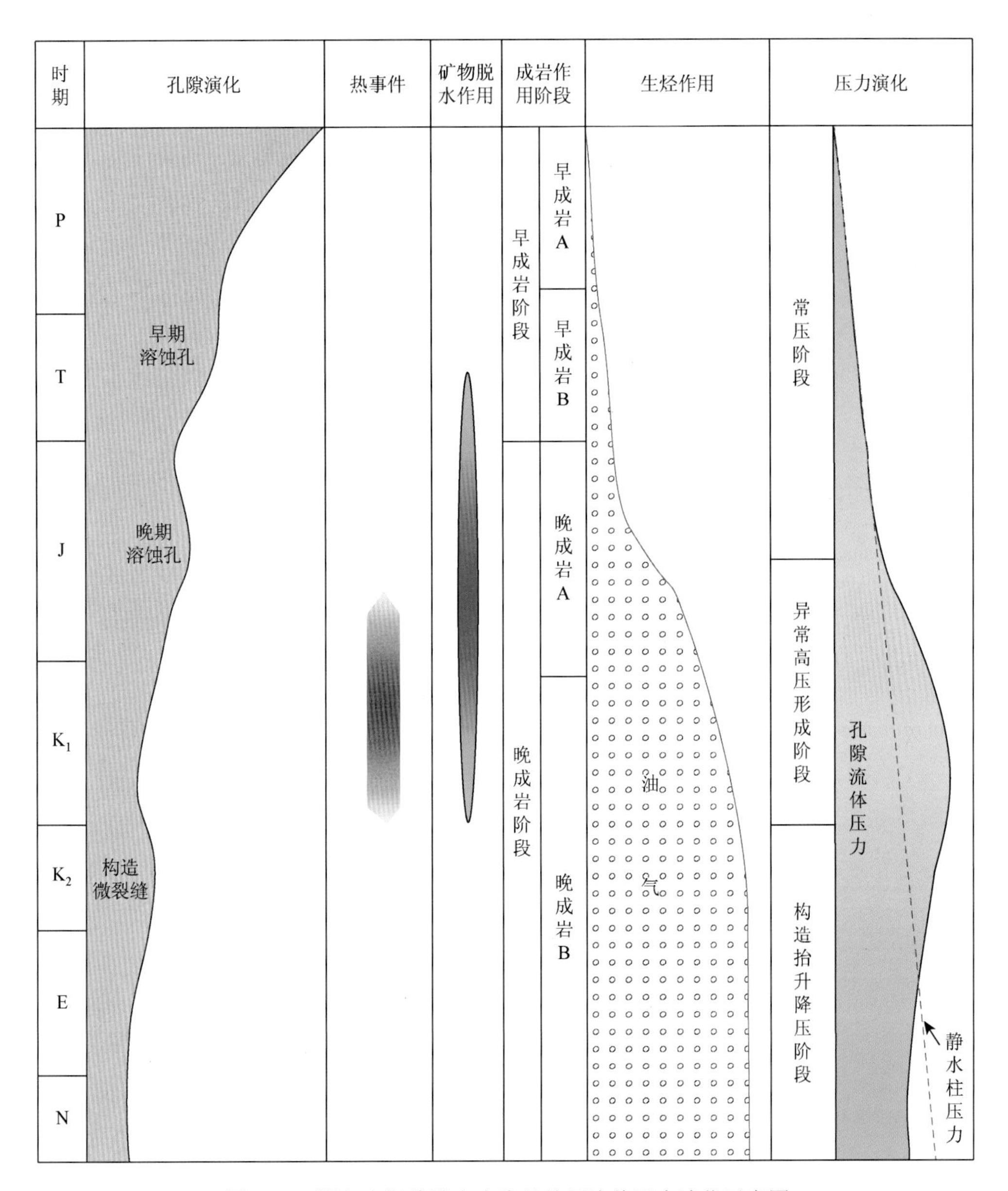

图 7-18　鄂尔多斯盆地上古生界储层流体压力演化示意图

1. 常压阶段

从晚二叠世到中三叠世，上古生界埋藏深度低于 2000～2500m，地层处于正常压实阶段。上古生界为持续沉降的埋藏初期，古地温低于 90℃，烃源岩热演化进入生烃门限，有机质裂解产物中二氧化碳等非烃气体含量较高，烃类气体中重烃含量较高，由于有机质尚未开始大量生烃，因此，烃源岩的生烃作用不足以引起增压。

对于上古生界储层而言，在晚二叠世到中三叠世处于成岩作用早期阶段，压实作用和早期微弱的胶结作用尚未使储层致密化，储层原生粒间孔隙发育，砂体之间连通性好，有利于压实水的排出，储层孔隙流体压力与上覆静水柱压力处于动平衡状态。

2. 异常高压阶段

从中三叠世到早白垩世期间，上古生界地层埋藏深度由 2000～2500m 增加到 4000～5000m，地层经过快速压实进入紧密压实阶段。在此期间，由于构造热事件的作用，古地温梯度由 25～30℃/km 升高到 45～50℃/km，烃源岩有机质由低成熟演变为高成熟～过成熟，干酪根大量裂解生成天然气。在烃源岩中，天然气大量生成、黏土矿物脱水作用以及孔隙水的热增压作用促使烃源岩孔隙流体膨胀超压而产生微裂缝，天然气主要通过微裂缝向邻近砂岩充注。

在中三叠世到在晚三叠世期间，鄂尔多斯盆地上古生界在区域地层平缓背景下处于持续埋藏过程中，随着机械压实作用使原生孔隙不断降低，地层水的迁移受到限制，大量硅质胶结物的沉淀进一步使储层普遍致密化。在储层致密化过程中，储层孔隙流体压力与上覆静水柱压力系统的联系逐渐减弱而形成封闭或半封闭滞留环境。

上古生界储层在晚三叠世演变为致密储层后，在相对封闭储层中，一方面被烃源岩大量持续排烃的充注使储层孔隙流体质量不断增加，另一方面储层孔隙流体在热事件作用而引起水热膨胀，两者共同作用形成异常高压。根据石英颗粒早期微裂缝中的包裹体分析结果，储层天然气充注成藏时以二氧化碳含量降低、甲烷含量升高为标志，烃类包裹体均一温度主要在 70～110℃，地层压力系数为 1.15～1.25。成藏晚期的烃包裹体均一温度主要在 140～150℃，地层压力系数达到 1.35～1.65。

3. 构造抬升降压阶段

晚白垩世以来，鄂尔多斯盆地构造抬升，岩石孔隙扩容反弹，构造热事件消失，地层温度降低，烃源岩排烃充注区域停止。与此同时，储层天然气的扩散和地层温度降低引起孔隙流体冷却收缩。在这些地质因素的共同作用下，地层压力大幅度降低，地层压力系数不断降低，在盆地内部形成异常低压，局部为常压和低幅度异常高压。

7.4.2　压力系统演化类型

鄂尔多斯盆地上古生界不同地区构造抬升幅度、烃源充注程度以及气藏保存条件等存在差异。根据盆地内不同类型气藏压力系统分布特征，可以将地层压力系统演化划分为三种类型(图 7-19)。

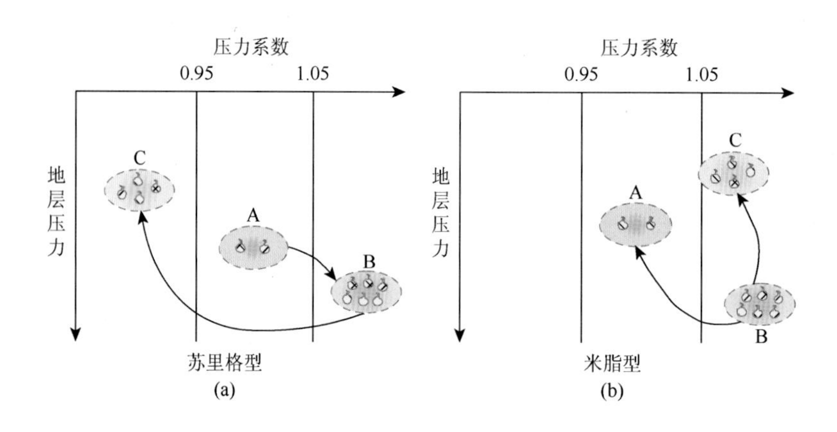

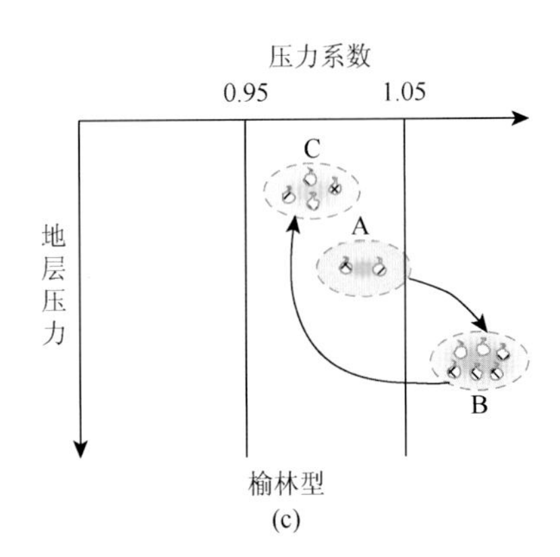

图 7-19　鄂尔多斯盆地上古生界气藏压力演化类型

（a）成藏初期　（b）成藏高峰期　（c）现今

1. 苏里格型

苏里格气田压力系数变化在 0.65～0.95，绝大部分气层为异常低压系统，只有 Su24 井盒 8 段气层的压力系数为 0.98，Mn6 井盒 8 段气层压力系数为 0.95。造成这种大面积异常低压系统的主要原因如下：

1) 古压力系数低

鄂尔多斯盆地上古生界古压力系数最大可达 1.62，但苏里格气田区古压力系数小于 1.42，古压力系数低，后期由于压力损失，埋深变化不大时，就会使压力系数更低，这是现今地层压力系数低的原因之一。

2) 温度的降低和天然气的散失使气藏压力降低

苏里格气田成藏温度最高可达 165℃，古压力平均为 50.6MPa，现今气藏温度只有 106℃，温度降低使压力值损失达 10.4～14.2MPa。苏里格气田成藏时的古压力较大，但由于砂层发育，在后期保存过程中天然气易于向其他砂层运移，甚至运移至石千峰组，这种散失使压力值损失达 3.28～8.52MPa。

3) 上覆地层剥蚀量较小

压力系数是实测地层压力与同深度静水柱(比重为 $1.0g/cm^3$) 压力之比值，因此，在其他条件相同的情况下，上覆地层剥蚀量越小，埋深越大，地层压力系数越小。鄂尔多斯盆地早白垩世以后在盆地东部最大剥蚀量可达 1800m，而苏里格气田所在地区的剥蚀量平均约为 800m，这是现今压力系数较低的重要原因之一。

4) 缺乏其他压力补充

该区气藏无底水边水，个别产水井水型也为氯化钙水型，无地表水补给，地层水流动几乎处于停滞状态，无明显区域水动力的补给。此外，即使有部分地区储层含孔隙自由水，由于构造平缓，地层倾角小于 1°，也难以形成区域性的水柱压力。

区域构造应力在一定条件下也可产生孔隙的附加压力。苏里格气田西部在印支—燕山期由西向东的逆冲断裂产生挤压引力，但在第三纪以来转换为拉张应力，况且无论是早期的挤压应力还是晚期的拉张应力，苏里格气田表现都不明显，因此，构造应力对孔隙压力贡献不大。

苏里格地区上古生界压力系统演化过程可概括为成藏早期为正常压力系统，在成藏过程中地层压力升高，主要成藏阶段为异常高压，后期压力下降，现今为异常低压。

2. 米脂型

米脂地区上古生界异常高压区分布面积较小，主要分布在盆地东部的 Y11 井、Y9 井和 Y13 井的太原组和盒 8 段，压力系数最大为 1.16，但在高压异常区又有低压异常。该区低压异常的原因可能是封闭条件欠佳，使天然气发生了散失。米脂地区形成异常高压的原因比较复杂，主要原因如下：

1) 上覆地层剥蚀量较大

白垩纪末期是鄂尔多斯盆最强烈一期全盆抬升剥蚀事件，盆地东部剥蚀厚度比盆地西部大。米脂地区位于地层剥蚀最强烈的地区，剥蚀地层厚度达到 1700～1800m(陈瑞银等，2006)。上古生界地层在上覆地层剥蚀过程中，伴随着地层温度降低以及天然气散失气藏压力逐渐降低，但是上覆地层剥蚀厚度越大，静水柱高度相对损失也越大。当静水柱高度被剥蚀的幅度大于地层压力降低幅度时，地层流体压力系统仍然维持在异常高压状态。

2)露头水动力补给

米脂地区盒 8 段现今埋藏深度为 2100～2300m，苏里格地区盒 8 的埋深为 3100～3300m。米脂地区上古生界现今埋深较浅，地表露头水补给相对充足，属于地下水的承压区。盆地东部吴堡一带所钻石炭—二叠系浅井，井水能自喷，表明压力系数大于 1。此外，地层水化学性质由盆地边部的碳酸氢钠向盆地内部依次变为硫酸钠到氯化钙，反映了地表水源的补给在盆地周缘相对较强。

米脂地区上古生界压力系统演化过程为早期为正常压力成藏，在成藏过程中压力升高，主要成藏阶段为异常高压，后期压力下降，现今仍为异常高压，但气藏压力总体上较低。

3. 榆林型

榆林气田产层主要为山 2 段，地层压力变化较小，在约 1500km^2 范围内的气层压力变化为 26.23～28.21MPa，压力相差只有 1.98MPa，而苏里格气田气层压力变化在 22.45～32.93MPa，压力相差达 10.48MPa。由此可以看出，榆林气田气层压力相对稳定，表现在压力系数上的差别较小，只有 3 口井的山 2 段气层压力系数变化在 0.93～0.94，其余井区的压力系数在 0.95～1.02。因此，榆林气田属于正常压力系统。榆林气田的正常压系统主要原因如下：

1)古压力较大，砂体连通性较好

榆林气田地层水主要是氯化钙水型，地下水活动处于停滞状态。榆林气田成藏时的古压力较大，但由于砂层发育，在后期保存过程中天然气易于向其他砂层运移，甚至运移至石千峰组。天然气向上运移虽然使地层压力降低，但是砂层发育能够有利于压力及时调整与补充。

2)上覆地层剥蚀量适中

榆林气田在晚白垩世以后最大剥蚀量为 1100～1200m，居于苏里格地区与米脂地区之间，地层剥蚀过程中，静水柱高度损失的幅度也介于两者之间。从现今埋藏深度来看，榆林气田现今埋深低于苏里格地区，这是其压力系数大于苏里格地区的原因之一。

3)烃源岩吸附气的补充

榆林气田山 2 段气层与山西组煤系烃源岩互层，尽管晚白垩世以后构造抬升烃源岩生烃作用趋于停止，但是烃源岩吸附气在抬升晚期的解析作用仍可供气，平衡砂岩中的天然气损失，使储层流体压力维持常压状态。

榆林地区上古生界压力系统演化过程为成藏早期为正常压力系统，在成藏过程中压力升高，主要成藏阶段为异常高压，后期压力下降，现今为正常压力。

参考文献

安文武，邸领军，邓建华，等. 2009. 鄂尔多斯盆地气藏低压成因探讨. 录井工程，20(4)：64-67
包友书. 2009. 构造抬升剥蚀与异常压力形成. 石油与天然气地质，30(6)：685-691
贝东. 1995. 四川盆地川西坳陷高异常地层压力分布特征. 矿物岩石，14(1)：86-92
陈荷立，罗晓容. 1988. 砂泥岩中异常高流体压力的定量计算及其地质应用. 地质论评，34(1)：54-63
陈荷立，王震亮. 1992. 陕甘宁盆地西部泥岩压实研究. 石油与天然气地质，13(3)：263-271
陈红汉，董伟良，张树林，等. 2002. 流体包裹体在古压力模拟研究中的应用. 石油与天然气地质，23(3)：207-211
陈瑞银，罗晓容，陈占坤，等. 2006. 鄂尔多斯盆地中生代地层剥蚀量估算及其地质意义. 地质学报，80(5)：685-693
戴立昌，刘震，赵阳，等. 2003. 济阳坳陷异常高压和异常低压特征及成因分析. 地学前缘，10(3)：351-359
冯乔，耿安松，徐小蓉，等. 2007. 鄂尔多斯盆地上古生界低压气藏成因. 石油学报，28(1)：33-37
付定涛，王新海. 2005. 地层压力录取异常原因分析. 石油天然气学报，27(6)：765-768
付广，庚琪，王有功. 2008. 气藏盖储层压力配置类型及与储量丰度的关系. 吉林大学学报(地球科学版)，38(4)：587-593
江涛，陈刚. 丁超，等. 2010. 鄂尔多斯盆地神木—米脂地区上古生界天然气藏压力分布特征. 特种油气藏，17(3)：48-51

姜振学，庞雄奇，金之钧. 2004. 地层抬升过程中的砂体回弹作用及其油气成藏效应. 地球科学-中国地质大学学报，(4)：420-426
姜振学，田丰华，夏淑华. 2007. 砂岩回弹物理模拟实验. 地质学报，81(2)：244-247
金博，刘震，张荣新，等. 2004. 沉积盆地异常低压(负压)与油气分布. 地球学报，25(3)：45-50
李建奇，杨志伦，嵇业成，等. 2007. 苏里格气田特殊开采模式下的气井产能计算方法. 天然气工业，28(12)：105-107
李仕伦，孙雷，黄俞，等. 1989. 一个新的三次方型状态方程在凝析油气体系相图计算中的应用. 天然气工业，9(5)：35-39
李熙哲，冉启贵，杨玉凤. 2003. 鄂尔多斯盆地上古生界盒8段—山西组深盆气压力特征. 天然气工业，24(1)：126-127
李仲东，过敏，李良. 2006. 鄂尔多斯盆地北部塔巴庙地区上古生界低压力异常及其与产气性的关系. 矿物岩石，25(4)：48-53
刘斌，沈昆. 1999. 流体包裹体热力学. 北京：地质出版社
刘斌. 1987. 利用流体包裹体及其主矿物共生平衡的热力学方程计算形成温度和压力. 中国科学B辑，17(3)：303-310
刘建章，陈红汉，李剑. 2008. 鄂尔多斯盆地伊-陕斜坡山西组2段包裹体古流体压力分布及演化. 石油学报，29(2)：226-234
刘新社，席胜利，付金华，等. 2000. 鄂尔多斯盆地上古生界天然气生成. 天然气工业，20(6)：19-23
楼章华，高瑞祺，蔡希源，等. 1999. 流体动力场演化与地层流体低压成因. 石油学报，20(6)：27-31
卢焕章，范宏瑞，倪培，等. 2004. 流体包裹体. 北京：科学出版社
卢焕章，郭迪江. 2000. 流体包裹体研究的进展和方向. 地质论评，46(4)：385-392
卢焕章，李秉伦，沈昆，等. 1990. 包裹体地球化学. 北京：地质出版社
马新华，王涛，庞雄奇. 2002. 深盆气藏的压力特征及成因机理. 石油学报，23(5)：23-28
米敬奎，肖贤明，刘德汉，等. 2003. 利用储层流体包裹体的PVT特征模拟计算天然气藏形成压力. 中国科学D辑：地球科学，33(7)：679-685
米敬奎，肖贤明，刘德汉，等. 2004. 利用流体包裹体信息恢复鄂尔多斯盆地晚古生代天然气气藏气水界面的迁移过程. 科学通报，49(4)：396-400
渠波，满丽，张海燕，等. 2005. RFT资料监测地层压力在双河油田的应用. 石油天然气学报，27(6)：739-740
施继锡，李本超，傅家谟，等. 1987. 有机包裹体及其与油气的关系. 中国科学B辑，17(3)：318-325
施继锡，李本超. 1991. 包裹体作为天然气运移判别标志的研究. 石油与天然气地质，12(2)：185-194
田丰华，姜振学. 2008. 剥蚀减压过程中的砂体回弹作用及其成藏效应研究综述. 地质科技情报，27(1)：64-69
唐泽尧. 1997. 天然气开采工程丛书：气田开发地质(英文版). 北京：石油工业出版社
王传刚，高莉，许化政. 2011. 深盆气形成机理与成藏阶段划分-以鄂尔多斯盆地为例. 天然气地球科学，22(1)：15-22
王培虎，郭海敏，周凤鸣，等. 2006. MDT压力测试影响因素分析及应用. 测井技术，(6)：562-582
王运所，许化政，王传刚，等. 2010. 鄂尔多斯盆地上古生界地层水分布与矿化度特征. 石油学报，31(5)：748-753
王震亮，陈荷立，王飞燕，等. 1998. 鄂尔多斯盆地中部上古生界天然气运移特征分析. 石油勘探与开发，25(6)：1-4
王震亮，陈荷立. 2007. 神木-榆林地区上古生界流体压力分布演化及对天然气成藏的影响. 中国科学D辑，(S1)：49-61
王允诚，向阳，邓礼正，等. 2006. 油层物理学. 成都：四川科学技术出版社
夏新宇，宋岩. 2001. 沉降及抬升过程中温度对流体压力的影响. 石油勘探与开发，29(3)：8-11
夏新宇，曾凡刚，宋岩. 2002. 构造抬升是异常高压的成因吗?. 石油实验地质，24(6)：496-500
杨华，姬红，李振宏，等. 2004. 鄂尔多斯盆地东部上古生界石千峰组低压气藏特征. 地球科学-中国地质大学学报，(4)：413-419
杨勇，查明，孙昶旭，等. 2007. 异常高压分类及其释压后油气运聚过程. 天然气工业，27(1)：27-29
尤欢增，李仲东，李良，等. 2007. 鄂尔多斯盆地上古生界低压异常研究中应注意的几个问题. 矿物岩石，26(2)：64-69
袁际华，柳广弟. 2005. 鄂尔多斯盆地上古生界异常低压分布特征及形成过程. 石油与天然气地质，25(6)：792-799
袁京素，李仲东，过敏. 2008. 鄂尔多斯盆地杭锦旗地区上古生界异常压力特征及形成机理. 中国石油勘探，(4)：18-21
张金川，王志欣. 2003. 深盆气藏异常地层压力产生机制. 石油勘探与开发，31(1)：28-31
张立宽，王震亮，于在平. 2004. 沉积盆地异常低压的成因. 石油实验地质，26(5)：422-426
张文忠，林文姬. 2008. 苏里格气田石盒子组地层水特征与天然气聚集. 新疆石油天然气，4(3)：1-8
张宗林，汪关锋，晏宁平. 2007. 低渗透气藏压力系统划分技术. 天然气工业，27(5)：103-107
赵靖舟. 2002. 流体包裹体在成藏年代学研究中的应用实例分析. 地质地球化学，30(2)：83-89
真柄钦次. 1987. 压实与流体运移. 陈荷立等译. 北京：石油工业出版社
周艳敏，陶果，李新玉. 2008. 电缆地层测试技术应用进展. 科技导报，(15)：89-92
周兴熙. 2004. 封存箱与油气成藏作用. 地学前缘(中国地质大学，北京)，11(4)：609-616
邹华耀，郝芳，蔡勋育. 2003. 沉积盆地异常低压与低压油气藏成藏机理综述. 地质科技情报，22(2)：45-50
Aplin A C，Larter S R，Bigge M A，et al. 2000. PVTX history of the North Sea's Judy oilfield//Pueyo J J，Cardellach E，Bitzer K，et al. Proceedings of geofluidsIII. Journal of Geochemical Exploration，69-70：641-644
Aplin A C，Maeleod G，Larre S R，et al. 1999. Combined use of confocal laser mieroscopy and PVT simulation for estimating the eomposition and Physieal properties of petroleum in fluid inclusions. Marine and Petroleum Geology，16(2)：97-110
Barker C. 1972. Aquathermal pressuring：Role of temperature in development of abnormal-pressure zone. AAPG Bulletin，56(6)：957-973
Bradley J S. 1975. Abnormal formation pressure. AAPG Bulletin，59(6)：957-973
Burg R R，Gangi A F. 1999. Primary migration by oil generation microfracturing in low permeability source rocks：Application to the Austin chalk，Texas. AAPG Bulletin，83(5)：727-755
Crawford M L. 1981. Phase equilibria in aqueous fluid inclusions//Hollister L S，Crawford M L. Short course in fluid inclusions：applications to petrology. Mineral Assessment Canada Short Course Hand-book，6：75-100

Fertl H W. 1976. Abnormal formati on pressures：Implications to exploration，drilling and poceedings of the oil and gas resources. New York：Elsevier

Flavey D A，Deighton I. 1982. Recent advances in burial and thermal geohistory anlysis. APEA，22(1)：65-81

Hunt J M. 1990. Generation and migration of petroleum from abnormal pressure fluid compartment. AAPG Bulletin，74(1)：1-12

Krooss B M，Laythauser D，Schaefer R G G. 1992. The quantification of diffusive hydrocarbon losses through cap rocks of natural gas reservoirs a reevaluation. AAPG Bulletin，76：403-406

Law B E，Dickinson W W，et al. 1995. Conceptual model for origin of overpressured gas accumulation in low permeability reservoirs. AAPG Bulletin，79：1295-1304

Law B E，Spencer C W. 1998. Abnormal pressure in hydrocarbon environments. AAPG Memoir，70：1-11

Laythaeuser D，Schaefer P G，Pooch H. 1983. Diffusion of light hydrocarbons in subsurface sedimentary rock. AAPG Bulletin，67(6)：889-895

Neuzil C E，Pollock D W. 1983. Erosional unloading and fluid and fluid pressures in hydraulically "tight" rocks. Journal of Geology，91，179-193

Osborne M J，Swarbrick R E. 1997. Mechanisms for generating overpressurein sedimentary basins：a reevaluation. AAPG Bulletin，81(6)：1023-1041

Peng D Y，Robinson D B. 1976. A new two-constant equation of stae. Ind Engchem. Fund，15(1)：59-64

Russell W. 1972. Pressure depth relations in Appalachian region. AAPG Bulletin，56(2)：528-536

Swarbrick E，Osborne M J. 1998. Mechanisms that generate abnormal pressures：an overview. AAPG memoir，70：13-34，

Yukler M A，Corford C，Welte D H. 1978. One-dimensional model to simulate geologic，hydrodynamic and thermo-dynamic development of a sedimentary basin. Geol. Rundschau，67(4)：960-979

第8章　致密砂岩气水分布

常规气藏的水区与气区分布关系明显，通常具有边水或底水、气-水边界明显。致密砂岩气藏与常规气藏相比，具有储层致密、非均质性强等特点，这决定了致密砂岩中天然气成藏过程的复杂性，使得致密砂岩气藏含气性、地层水特征以及气水分布具有特殊性。因此，致密砂岩气水分布模式的正确建立是大面积致密砂岩气藏成藏理论研究中的难点及关键问题。

8.1　致密砂岩含气特征

8.1.1　游离气、吸附气共存

广义的天然气是指地壳中一切天然生成的气体，包括油田气、气田气、泥火山气、煤层气和生物生成气等。在石油地质学中，天然气通常指油田气和气田气，其组成以烃类为主，并含有非烃气体。受地下赋存条件的影响，天然气在地下存在的相态可分为游离态、溶解态、吸附态和固态水合物。

天然气在不同孔喉条件下赋存状态差异很大(邹才能等，2011，2012)。在毫米级(孔喉直径大于1mm)及以上孔隙中流体可形成“管流”，天然气以游离状态赋存于连通的孔隙和裂缝中，服从静水力学规律；在微米级(孔喉直径1μm～1mm)孔隙中毛管阻力限制流体自由流动，形成“渗流”，服从达西渗流定律。在亚微米—纳米级(孔喉直径为0.1～1μm)孔喉中流体与周围介质之间，存在大的黏滞力和分子作用力，天然气以吸附状态吸附于矿物表面。

大量的高压压汞实验数据分析表明，鄂尔多斯盆地致密砂岩储层普遍发育亚微米—纳米级孔喉(图8-1)，其中小于1μm的亚微米—纳米级孔喉占85%以上，这是致密砂岩储层渗流能力远差于常规物性储层的重要原因。

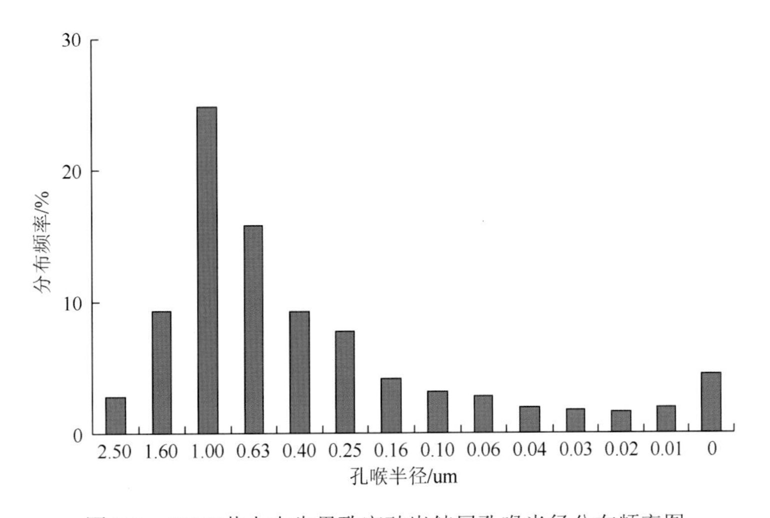

图8-1　S337井上古生界致密砂岩储层孔喉半径分布频率图

目前，对于纳米级孔隙影像资料取得的有效分析手段主要有场发射扫描电镜、聚焦离子束(FIB)、纳米CT等高分辨率实验设备。通过对大量致密砂岩储层进行场发射扫描电镜分析，发现致密储层中纳米级孔喉类型主要有粒间微孔、原生黏土矿物晶间孔、粒内微孔、粒间溶蚀微孔及微裂缝等(图8-2)。因此，根据不同孔喉条件下天然气赋存状态的差异性，一般认为鄂尔多斯盆地致密砂岩储层中的天然气以游离气和吸附气两种赋存状态存在于致密储集空间内(李前贵等，2007)。

吸附属于一种传质过程，根据吸附质与吸收剂表面分子间结合力的性质，可分为物理吸附和化学吸附。物理吸附由吸附质与吸附剂分子间引力所引起，在吸附过程中物质不改变原来的性质，结合力较弱，吸附热较小，容易脱附。天然气分子易于在矿物表面发生物理吸附。杨建等(2009)通过致密砂岩天然气扩散能力研究，认为气藏烃类气体的吸附与储层岩石孔隙结构、表面粗糙度、气体的性质以及温度和压力等因素相关。随着气体与岩石固体表面接触面积的增加，吸附作用也随之增强，因而对于高度分散、比表面积较大的致密砂岩储层岩石中发生的吸附不可忽视。

在地下高温高压的地层条件下，岩石颗粒表面所吸附的气体不参与孔喉中自由气体的流动，而用常规方法计算的气藏储量往往忽略掉吸附气这部分。在开发过程中，随着地下温度或压力的降低，吸附气解吸并向游离气转化，补充游离气的含量，这对天然气井的产量和单井寿命的提高都有一定的贡献作用。

T41井，叶片状绿泥石晶间孔

(a)

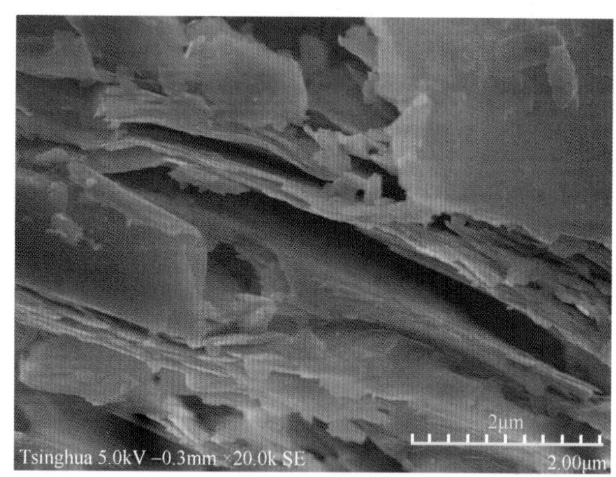

T37井，伊利石层间孔缝

(b)

Z60井，自生微晶硅质粒间微孔

(c)

S315井，石英粒间溶蚀微孔

(d)

图 8-2　鄂尔多斯盆地致密砂岩场发射扫描电镜图

利用 XF-1 型高温高压储层孔隙介质气体吸脱附测试仪对鄂尔多斯盆地典型致密砂岩样品(孔隙度为 6.31%、渗透率为 $0.181\times10^{-3}\mu m^2$)进行测试，实验结果显示吸附气含量变化范围为 $0.011\sim0.067m^3/t$，最大吸附气含量 $0.067m^3/t$(图 8-3)。通过吸附气在储层中总含气量比例大小(相对吸附量)的换算，得出吸附气最大相对含量为 5.3%，根据等温吸附实验所得的相对吸附量数据保守预估，鄂尔多斯盆地上古生界致密砂岩气藏的计算储量可能比实际储量少 5%。

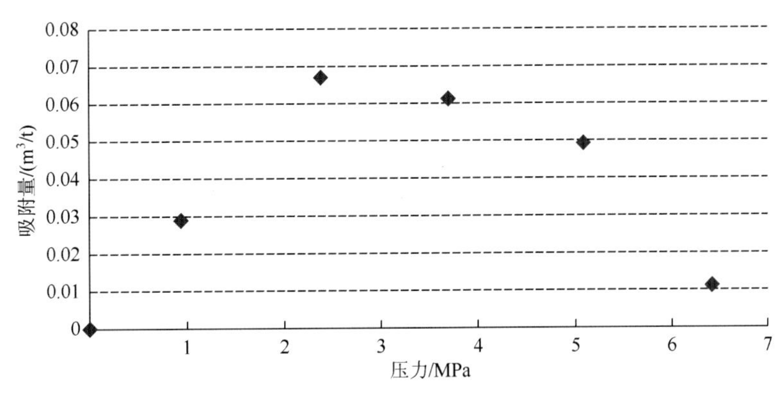

图 8-3　岩心实测甲烷等温吸附曲线

8.1.2　含气饱和度变化大

含气饱和度变化大或者说含水饱和度变化大是致密砂岩含气性的又一特点。通常认为致密砂岩气藏孔隙度低（小于10%）、渗透率低（小于$1\times10^{-3}\mu m^2$）、含气饱和度低（小于60%）而含水饱和度高（大于40%）。鄂尔多斯盆地上古生界发现的各大致密砂岩气田含气饱和度差异很大，苏里格气田、乌审旗气田以低于70%的含气饱和度为主，大于 70%的“甜点区”局限分布；榆林气田、子洲气田含气饱和度普遍都大于70%，部分“甜点区”的含气饱和度大于80%以上。

含气饱和度与成藏条件有关，邻近烃源岩的致密砂岩气藏由于气源供给充分，才能维持天然气的运聚动平衡，使储层含气饱和度普遍大于 70%，部分可达 80%；相反远离烃源岩的致密砂岩气藏，含气饱和度显示随着运移距离增大有逐渐变小的趋势，含气饱和度普遍小于 60%，部分可低至 30%。在气源供给条件相近情况下，气藏含气饱和度主要受储层的非均质性控制，高渗储层的束缚水含量低或可动流体空间大，如果天然气充注完全，含气饱和度明显高于相对致密的储层，以本溪组气藏为例，变化范围达30%～80%（图 8-4）。

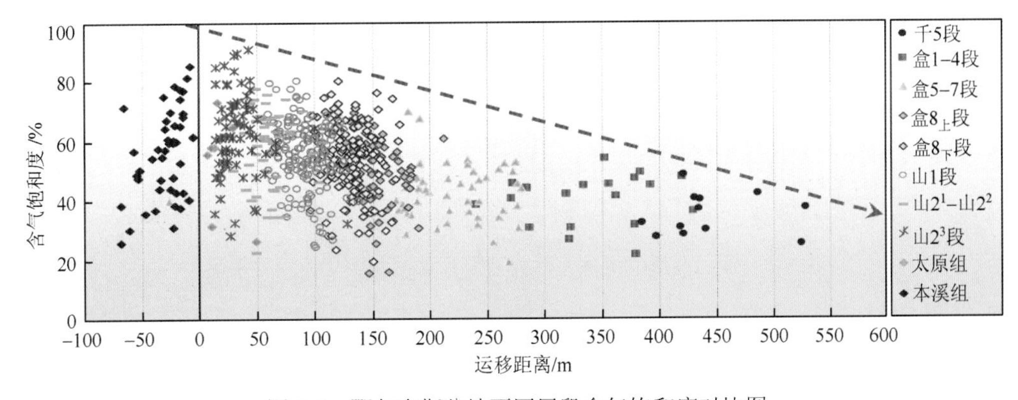

图 8-4　鄂尔多斯盆地不同层段含气饱和度对比图

致密砂岩气藏中的流体包括天然气和地层水，地层水包括束缚在黏土矿物和微毛管中的束缚水和可以自由流动的可动水（郝国丽等，2010）。根据储层中气、水占据孔隙空间关系，可以将致密砂岩储层划分为干层、气层、气水层、水层。干层中的孔隙空间由束缚水所占据；气层中的孔隙空间除了部分被束缚水所占据，可动流体空间全部充注天然气。高渗气层与致密气层最大的区别就是在高渗气层中的束缚水含量小且近似为固定值，而致密气层中的束缚水受储层非均质性的影响含量变化较大，有高含水饱和度气层也有低含水饱和度气层。如图 8-4 所示，本溪组和山西组致密砂岩气层邻近烃源岩，含气饱和度整体较高，但也有部分气层受储层非均质性影响而含气饱和度低于 50%。气水层中的孔隙空间绝大部分被束缚水和可动水所占据，天然气占据部分可动流体空间；水层中的孔隙空间则基本被可动水和束缚水所占据，仅有少量天然气充注可动流体空间，甚至没有天然气的存在。

致密砂岩储层孔喉细小，毛管压力大，成藏过程中天然气充注驱水比较困难，含水饱和度普遍较高；但即使地层含水饱和度高达40%～60%，储层产气而不产水，这是因为储层中的水为束缚水而非可动水(常俊等，2008)。与北美丹佛、圣胡安、阿尔伯达等盆地致密砂岩气特征相比，鄂尔多斯盆地致密砂岩气藏具有相似的含气饱和度特征(表 8-1)。

表 8-1　鄂尔多斯盆地与国内外典型致密砂岩气特征对比表

盆地	丹佛盆地	圣胡安盆地	阿尔伯达盆地	鄂尔多斯盆地		四川盆地
油气田	Wattenberg	Blanco Mesaverde	Elmworth-Wapiti	苏里格	榆林	广安
孔隙度/%	8～12	9.5	4～7	9.5	6.4	1～8
渗透率/($\times10^{-3}\mu m^2$)	0.05～0.005	0.5～2	0.001～1.2	0.75	1.78	0.178
地层压力/MPa	异常低压	异常低压	低压	低压	常压	高压
含气饱和度/%	56	66	50～70	<60	74.5	60

含水饱和度与致密储层物性线性回归方程研究表明，含水饱和度与孔隙度和渗透率具有较好的相关性，孔隙度和渗透率越低，岩石的含水饱和度越高。大致以渗透率 $1\times10^{-3}\mu m^2$ 为界限，大于 $1\times10^{-3}\mu m^2$ 的储层含水饱和度基本为定量，而小于 $1\times10^{-3}\mu m^2$ 的储层含水饱和度变化非常大，因为储层越致密微小孔隙越发育，束缚水含量越高，从而导致致密砂岩储层含气饱和度变化非常明显。当岩石的孔隙度小于 10%，或渗透率小于 $1\times10^{-3}\mu m^2$ 时，含水饱和度大多大于 40%，即含气饱和度普遍低于 60%(图 8-5)。

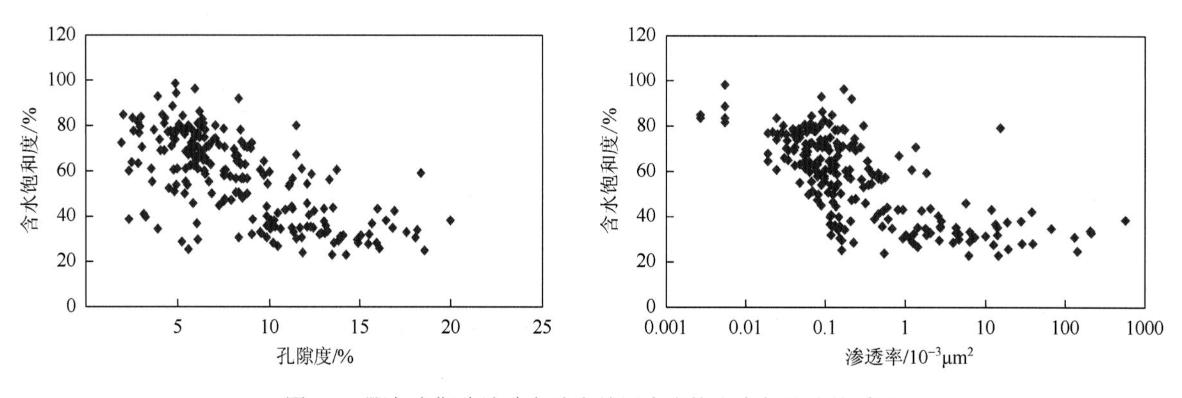

图 8-5　鄂尔多斯盆地致密砂岩储层含水饱和度与孔渗关系图

8.1.3　含气高度大

地层含气高度是指一套有成因联系的含气组合从底部到顶部的高度，它不同于气藏高度和气柱高度。气藏高度是气藏顶点到气水界面的垂直距离。气柱高度是指地层中连续的天然气显示高度。地层含气高度一般不连续，相当于天然气勘探中含气井段长度。游离相天然气的聚集平衡与生供气有效性、储集介质物性、流体介质连续性、气藏埋藏深度及连续气柱高度等因素密切相关。储集层致密程度和埋藏深度增加，有利于地层普遍含气性的提高；物性变好、埋深减小，有利于天然气按物质密度的重力分异，导致其中的天然气趋向于在相对较高部位进行聚集。在非常致密、致密、近致密的储集层条件下，地层流体表现为非连续性介质，在天然气向上运移的同时，地层水不能或无法及时向下回流，表现为不同程度的复杂关系，从而导致活塞式与置换式之间任意运移方式的产生(张金川等，2008)，即形成致密储集层含气异常、长井段气显示或地层剖面上的不规则含气等特点。

国内外致密砂岩含气盆地共同的特点之一就是地层含气高度大，例如，加拿大艾伯塔盆地埃尔姆沃斯气田在 914～3050m 的整个中生界剖面中均饱含气，在含气面积内含气高度为 914m(闵琪等，1996)；国内的杜寨气田濮深 44 井在 3800～5233m 长达 1400m 含气井段只见气不见水，解释气层厚度占含气井段内砂层厚度的 23%，即使是“干层”在较大的气压条件下也能产出少量的天然气；李屯气藏桥 25 井含气井段长达 986m，解释气层仅占含气井段内砂层的 6.5%。现今保存在地层中的天然气藏是天然气散失和气源不断补充达到一定程度上平衡所造成的结果(郝石生等，1994)。气源的补给可以是烃源岩正在生成的天然气，如阿尔伯达盆地致密砂岩气，也可能是饱含气的地层中的煤层、页岩和泥岩等岩石中的吸附气在压力下降后释放的天然气(许化政等，2009)。在地层剖面中几乎每个孔隙性地层中均含气，在生产实际中表现为含气井段长，正是地层剖面饱含气才使致密砂岩气大面积连片分布。

鄂尔多斯盆地上古生界自下而上发育石炭系本溪组和二叠系太原组、山西组、石盒子组及石千峰组，各层位均有天然气产出，是一个大型叠合含气盆地(杨华等，2005；付金华等，2008)。盆地内部地层含气显示普遍，自石炭系本溪组到上二叠统石千峰组均有气测异常显示。上古生界气测异常含气层位从天环地区 Lq1 井一带向东部地区 Y11 一带逐渐增多，并有向浅部层位延伸的趋势(图 8-6)。气测异常最高层位到达三叠系下统刘家沟组，气层纵向分布高度一般 100～600m，个别井点可达到 1000m 左右。从生烃强度与气测异常显示层位关系来看，在生烃强度低于 $28\times10^8m^3$ 的盆地西部地区，含气高度一般小于 600m；在生烃强度大于 $28\times10^8m^3$ 的盆地东部地区，含气高度一般大于 600m，地层含气高度与生烃强度存在很强的关联性。同时与喜山期的构造运动也存在一定的关系，晚白垩世之后盆地大面积回返抬升，上覆地层剥蚀，地层静压力减小，上石盒子组、石千峰组超压释放，产生大量微裂缝。由于东部构造抬升剥蚀厚度大、应力释放大，上石盒子组、石千峰组裂缝更为发育，使得天然气容易向上运移聚集。气测异常不仅存在于含气砂岩中，在太原组—山西组的煤层、泥页岩中同样存在。因此，鄂尔多斯盆地是集致密砂岩气、页岩气和煤层气三大非常规天然气共为一体的大型含气盆地。

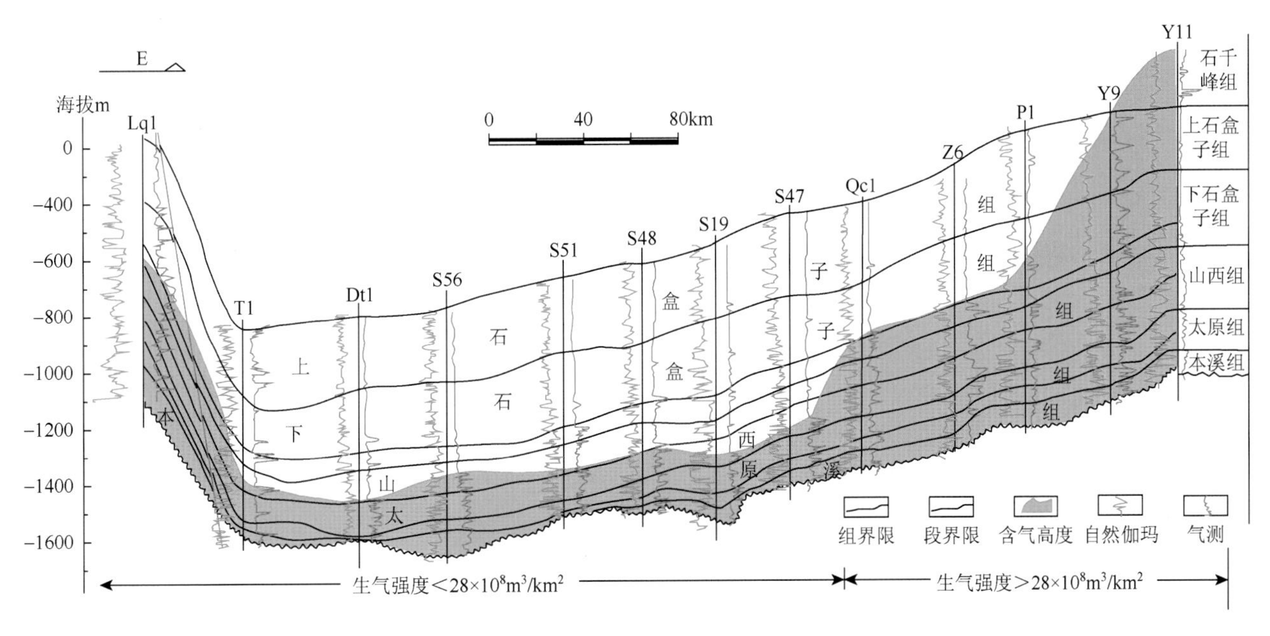

图 8-6　鄂尔多斯盆地东西向气测异常对比剖面图

8.1.4　含气面积大

致密砂岩大面积含气是就其资源和含气特征而言是大面积，但不是均为大面积具有商业开发价值的含气层。一是因储层物性大多致密，只有在致密层中相对渗透性较好的砂体才具有开发价值。例如，阿尔伯达盆地埃尔姆沃斯气田发育九套三角洲砂体叠置连片的储层中，在 $9000km^2$ 内能识别出的砂体多达

3000个，但勘探开发实践证实其中仅有250个具有商业开发价值；现今技术条件下，绝大部分砂体虽然含气但仍不能开发，能开发的砂体仅占8%左右，随着开发技术的进步(水平井、压裂工艺等)可以使这一百分比不断提高。二是储量巨大，储层和区域盖层间大段井段内几乎所有的孔隙中均含有天然气，例如，圣胡安盆地含气层段最厚可达1500m，阿尔伯达盆地最厚可达2000m，透镜状储层往往表现为在大面积范围内垂直叠加连片含气。这种大井段内所有储层均饱含气的概念不是指储层含气100%，而是指可动空间主要含气。当储层致密时，其束缚水增高，含气饱和度变化范围大，例如，圣胡安盆地德克切德克利斯砂岩，大面积连片含气，其平均含气饱和度为44%。三是含气区内也含水，储层含气性是相对概念，而不是绝对概念，个别封闭特强的砂体也可以含水，但是这样的含水砂体一般为少数，含水区和含气区压力彼此不连通。

鄂尔多斯盆地上古生界为一套海陆过渡相和河流—三角洲相沉积，自下而上形成多层砂岩叠置分布，横向上大面积连片分布，但非均质性较强，岩性和物性在横向上连续性较差。因此，上古生界气藏的圈闭并不像常规构造油气藏或岩性油气藏那种由一个个彼此分散的圈闭构成，而是由众多小型或中小型气圈闭在纵向上相互叠置、在横向上复合连片，从而形成大面积分布的岩性圈闭群，如苏里格、榆林等上古生界大气田就是由多个岩性圈闭群复合连片，经过天然气成藏作用而形成的多藏大气田。开发实践证实苏里格气田传统意义上的气藏规模为600m×800m，由多个小型气藏在纵向上叠置，在平面上复合连片，形成大面积含气富集区(图8-7)。

鄂尔多斯盆地自下而上发育上古生界石炭系本溪组、二叠系太原组、山西组、石盒子组和石千峰组等19个含气层组。本溪组划分为本1、本2，太原组划分为太1、太2，山西组划分为山1、山2，石盒子组划分为盒1至盒8，石千峰组划分为千1至千5五个含气层段。主力含气层段为下石盒子组盒8段、山西组山1段和太原组太1段，单井平均发育气层5～10段，单个气层厚3～8m。在平面上，主要分布在盆地伊陕斜坡构造单元。气藏埋深从西向东逐渐变浅，西部地区2800～4000m，东部地区1900～2800m。在平缓的区域构造背景下，气层纵向上相互叠置，平面上叠合连片分布，大面积含气、钻井证实盆地含气范围达$18\times10^4km^2$。在大面积含气背景下，局部相对富集，例如，苏里格气田含气面积超过$4\times10^4km^2$，探明区面积达到$2.5\times10^4km^2$。

8.1.5　气水分布复杂

1. 气水分异性差

气水分异强弱主要受浮力和毛细管压力相互之间的作用影响。储层孔喉条件越差，毛细管压力越大，水在低渗孔喉中上升的高度就越高，即气水过渡带就越宽，因此形成气顶所需要的闭合高度就越大。

开发评价证实鄂尔多斯盆地上古生界可连通的单砂体长度为100～500m，厚度为5～20m，气柱高度不超过25m，单个气藏的气柱高度仅为8～20m(杨华等，2007)。由实际气柱高度计算所产生的最大浮力为0.15MPa，明显小于阻流层的排驱压力(主体大于1.2MPa)(赵文智等，2005)。在这种储层致密、连通砂体规模小、构造倾角小于1°的地质背景下，天然气的浮力难以有效地克服致密储层的毛细管阻力，从而造成天然气富集程度不够，部分砂岩气藏成为欠饱和气藏，储渗单元之间互不连通，同时气层、低产层、气水同层交互分布，气、水分异作用不明显，缺乏边、底水和统一的气水界面。

2. 亚束缚水饱和度气藏特征

气藏形成跨越相当长的地质时间，地层条件下气藏中天然气中的含水量取决于地层的温度和压力。在气藏形成初期，温度和压力较低，但随着埋藏深度增加，温度压力升高，天然气携水的能力不断增强。Bennion(2000)实验结果显示在1.013MPa、15.6℃条件下，$1000m^3$的天然气能够携带14kg水，在27.57MPa、100℃条件下，$1000m^3$的天然气能够携带1136kg水，表明随着温度压力的增大天然气携水的能力显著增加，储层中有更多的束缚水被蒸发汽化，不断随着天然气的运移携带出储层，增大了地层水被携带到上

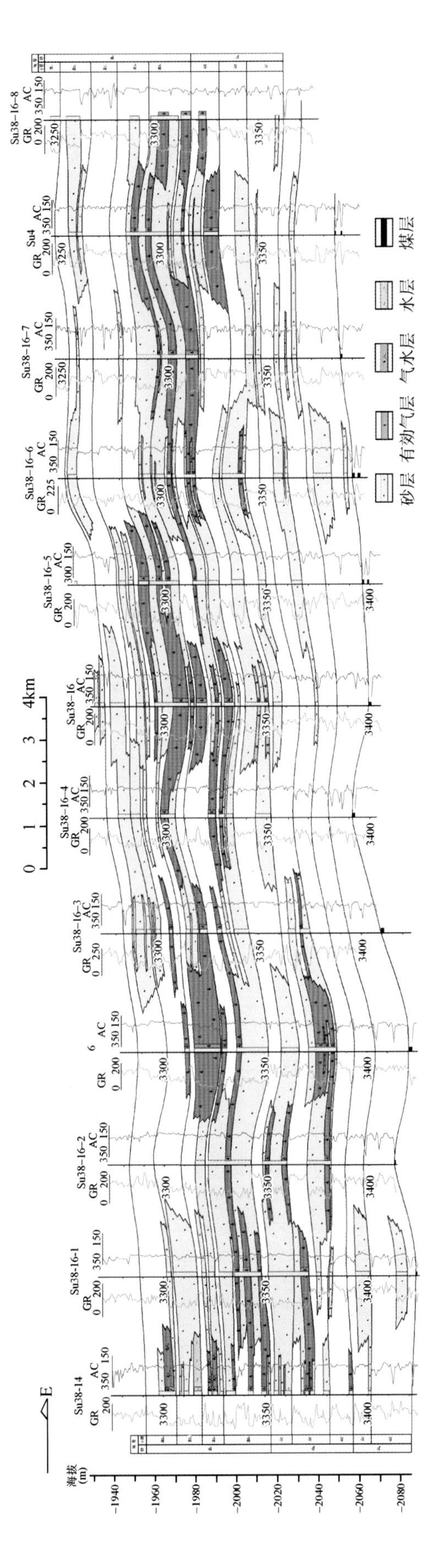

图 8-7　鄂尔多斯盆地苏里格气田东西向气藏剖面图

覆地层的可能性，有利于超低含水饱和度气藏的形成。致密砂岩气藏形成超低含水饱和度与天然气大量生成及聚集成藏过程密切相关。伴随烃类生成、运移及聚集，烃源岩及储集岩中地层水不断地被天然气所排替。天然气生成进入以热裂解气为主阶段后，大量的注入储集岩中与其他地层流体一起向外排驱，在渗透率较低层段或盖层排驱不易通过时，地层流体聚集形成高压，在储集岩中形成裂缝，进行"幕式排液"作用。燕山运动中期盆地经历的热事件为盆地高地温梯度提供了热源，在热裂解气汽化携液作用下，致密砂岩气藏超低含水饱和度最终得以形成。

通常认为原始地层中储层流体驱替已达到平衡，原生水处于束缚状态，因此当气层产纯气时的原始含水饱和度就是束缚水饱和度(曾伟等，2010)。勘探开发实践证实，纯气层的原始含水饱和度与束缚水饱和度可能相等，也可能比它低。张浩等(2005)把含水饱和度远低于束缚水饱和度的这一状态叫作超低含水饱和度现象或者叫亚束缚水饱和度现象。其成因与油气藏形成后储层的温度、压力、矿物组成及孔隙结构发生变化有关，也与气藏的蒸发作用有关(Bennion，1995；Zuluaga，2003)。实验室通过毛细管压力或相渗透率实验测量出的束缚水饱和度是由于水相失去连续性引起的，而用油基钻井液取心测量出的原始含水饱和度是气层未打开前的含水饱和度，两者不可能总是一致。

在气水相渗实验中将水相渗透率等于零时所对应的含水饱和度设定为束缚水饱和度，而储层的原始含水饱和度由密闭取心测试获得。鄂尔多斯盆地上古生界致密砂岩气藏含水饱和度测试结果显示气层原始含水饱和度值介于10%～30%，而其束缚水饱和度范围介于30%～70%。储层的原始含水饱和度整体低于束缚水饱和度，且储层渗透率越低两者的差值也越大(表8-2)。

表8-2　鄂尔多斯盆地致密砂岩储层含水饱和度统计表

序号	物性		束缚水饱和度/%		原始含水饱和度/%	Swir-Swi	束缚水饱和度下渗透率/($\times10^{-3}\mu m^2$)	原始含水饱和度下渗透率/($\times10^{-3}\mu m^2$)	永久性水锁指数
	φ/%	K/($\times10^{-3}\mu m^2$)	核磁共振法	相渗法					
1	8.2	0.459	42.35	33.68	25.14	8.5	0.165	0.225	26.6
2	9.2	1.229	28.33	29.73	14.63	15.1	0.582	0.824	29.4
3	8.7	1.425	30.34	35.96	17.54	18.4	0.580	0.926	37.3
4	7.4	0.474	39.50	34.47	26.13	8.3	0.138	0.193	28.3
5	7.2	0.417	37.45	33.46	26.52	6.9	0.129	0.188	31.2
6	8.1	0.733	26.64	33.90	10.24	23.7	0.295	0.565	47.8
7	7.2	0.114	65.63	54.02	29.69	24.3	0.034	0.060	42.9
8	9.7	0.306	70.69	44.71	10.19	34.5	0.150	0.253	40.8
9	9.2	0.457	72.09	49.58	12.59	37.0	0.221	0.387	43.0
10	9.6	0.850	65.74	30.88	10.62	20.3	0.484	0.663	27.0

如果储层原始含水饱和度低于束缚水饱和度，外来工作液侵入储层使含水饱和度增加的过程是从原始含水饱和度(Swi)增至束缚水饱和度(Swir)，再从束缚水饱和度增至 100%。在正压差和毛细管力作用下，外来水及工作液侵入地层，导致气井周围含水饱和度增高，结果在井筒和气层之间形成水相段塞，天然气要想流向井筒就必须驱替开这一水相段塞，否则气井就不会有产能，驱替不完全也能造成产能严重下降。

气驱替水相段塞的过程是使含水饱和度逐渐下降，如果外来水与地层水的黏度、界面张力及接触角相近以及储层未受到损害，气驱水过程能使含水饱和度降到束缚水饱和度，但不可能降到原始含水饱和度。通常认为含水饱和度从100%下降到束缚水饱和度过程中所造成的水锁称为暂时性水锁；同时，由于天然气反排外来工作液最多只能将含水饱和度降至束缚水饱和度而不能降至原始含水饱和度，这样就造成一部分水锁永远不能解除，这部分水锁称其为永久性水锁。永久性水锁渗透率损害率与储层渗透率密切相关，储层渗透率越低，束缚水饱和度与原始含水饱和度差值越大，永久性水锁渗透率损害率也越大，当渗透率从$1.229\times10^{-3}\mu m^2$降到$0.114\times10^{-3}\mu m^2$时，永久性水锁渗透率损害率从29.4%增至47.8%。

3. 临界水饱和度与束缚水饱和度

束缚水饱和度是储层评价的一个重要参数。将含气岩层中不可驱替水的体积与岩石总孔隙体积之比称为束缚水饱和度，但在实际工作中常以气层只产纯气、不产水时的含水饱和度作为束缚水饱和度，由此确定的束缚水饱和度绝对误差有时可能在20%以上，严重影响了气藏的开发(周德志，2006)。

在束缚水饱和度状态下，亲水和弱亲水型储层内没有可动水，随着水的注入，进入孔隙系统中的水先与束缚水混合，两者联合驱气，其中束缚水更多的是起引导作用，然后主要沿孔隙表面的水膜楔入。由于毛细管压力的作用，可动水首先进入微小孔道内，把天然气驱向较大的孔道中，并随着注水量的增加，可动水进入更大的孔道内，含水饱和度不断增大，此时水的相对渗透率近似为 0，天然气的相对渗透率不断减小。当可动水到达最小有效连通孔道时，就会有连续的可动水通过，此时对应的含水饱和度为临界水饱和度(图 8-8)。只有当最小含气孔道与最小有效连通孔道相一致时，临界水饱和度才与束缚水饱和度相等。

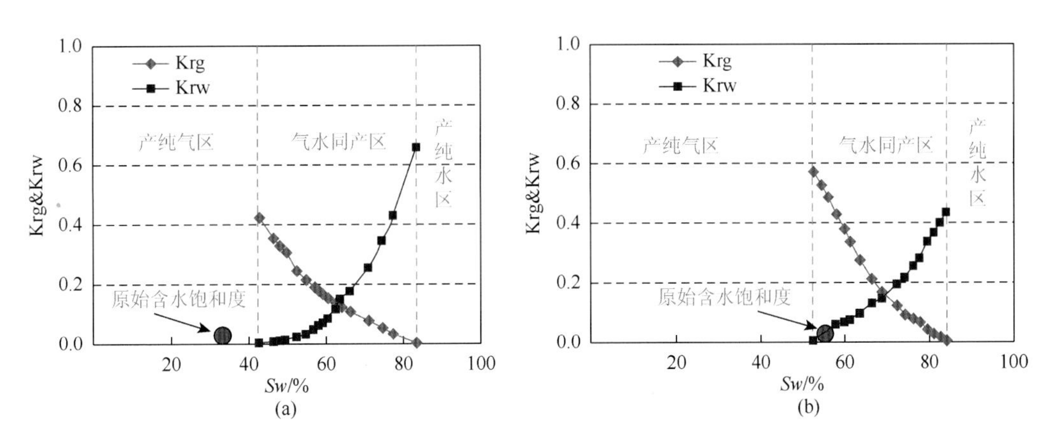

图 8-8　S90 井盒 8 段与 Z78 井山 1 段相对渗透率曲线

一般情况下相对渗透率实验都忽略了束缚水饱和度与临界水饱和度的不同，将临界水饱和度看成了束缚水饱和度。通过核磁共振与气水相渗试验对同一块岩心样品进行测试分析表明，核磁共振所获得的束缚水饱和度普遍要比气水相渗试验所分析的数据要小，如 S100 井核磁共振测试所得的束缚水饱和度为34.70%，而气水相渗测试所得的不可动水的数据是 43.14%(图 8-9)。

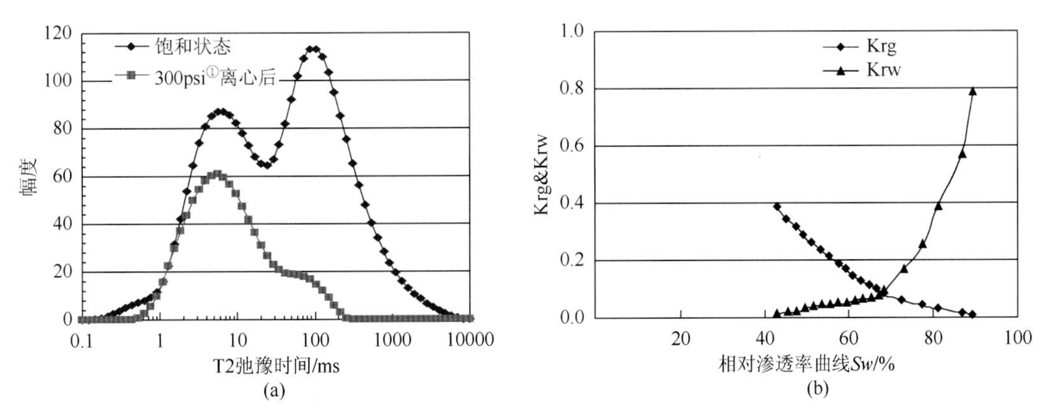

图 8-9　S100 井盒 8 段核磁共振与气水相对渗透率曲线

在束缚水饱和度状态至临界水饱和度状态之间，可动水主要分布在微小孔道内，对应的孔隙介质的迂曲度非常大，即这些微小孔道彼此之间互不相连，不能形成连续的可动水路，而是通过较大孔道的水

① 1psi=0.155cm⁻²。

膜相互连通，较大孔道内为充填天然气，此时基本上没有可动水产出，仍产纯气。如苏里格地区 S90 井盒 8 段(3639.8～3644.6m)测井解释原始含水饱和度为 33.91%，盒 8 段相对渗透率曲线确定的临界含水饱和度 42.61%，试气结果为产气 $1.2\times10^4m^3/d$，产水为零。相反，当储层中原始含水饱和度高于临界含水饱和度时，逐渐形成了连续水路，地层水伴随着天然气的产出而运移，如 Z78 井山 1 段(2784.4～2790.4m)测井解释原始含水饱和度为 55.77%，山 1 段相对渗透率曲线确定的临界含水饱和度为 52.7%，试气结果为产气 $0.6\times10^4m^3/d$，产水为 $1.2m^3/d$。

8.2　致密砂岩含气性识别方法

8.2.1　岩心录井识别法

岩心录井通常根据岩心的颜色、断面干燥程度、口尝岩心味道和岩心的密闭试验现象可简单识别钻遇地层的含气性，特别是判断气层中是否含水时岩心录井是一种有效的方法。通过大量探井岩心录井和试气资料的统计分析对比，建立了气层和水层的识别标准(表 8-3)。如 S75 井盒 8 段在岩心录井时岩心较疏松，干燥，无咸味，密闭试验呈薄雾状无水珠、浸水试验串珠状冒气泡特征，现场确定为气层段，没有含水迹象，在后来的压裂试气结束后，该井获得 $8.1459\times10^4m^3/d$ 的工业气流；S58 井盒 8 段岩心具有疏松、有潮感、有咸味、密闭试验薄雾状有水珠、浸水试验呈断续状气泡特征时，现场确定此段岩心可能有含水的趋势，在压裂试气后，该井获 $0.6697\times10^4m^3/d$ 低产气流，产水 $49.9m^3/d$。

表 8-3　苏里格岩心录井气层、水层识别标准

类型＼项目	岩心断面干燥程度	岩心断面颜色	岩心味道	密闭试验	识别干扰因素
气层	干燥	正常	无咸味或咸味淡	薄雾状无水珠	选样密度及位置、物性较好时泥浆浸入
水层	潮湿、久置不干	加深	咸味浓	薄雾状有水珠	

以上述岩心录井气层、水层识别标准为依据，对苏里格地区部分井盒 8 段、山 1 段地层产水情况进行识别统计(表 8-4)，结果表明盒 8 段、山 1 段在岩心录井以断面干燥，无咸味或淡咸味，密闭试验薄雾状无水珠为特征时，产水井比例分别为 38.9%和 33.3%，产水比例大致相当；岩心录井以断面有潮感，有咸味，密闭试验薄雾状有水珠为特征时，产水井比例分别为 93.3%和 83.3%，产水比例也大致相当。

表 8-4　苏里格地区盒 8、山 1 段岩心录井特征与产水情况统计表

层段	岩心录井特征	统计井数/口	纯产气井/口	气水同产井、纯产水井/口	产水井比例/%
盒 8 段	断面干燥，无咸味或淡咸味，密闭试验薄雾状无水珠	18	11	7	38.9
	断面有潮感，有咸味，密闭试验薄雾状有水珠	15	1	14	93.3
山 1 段	断面干燥，无咸味或淡咸味，密闭试验薄雾状无水珠	12	8	4	33.3
	断面有潮感，有咸味，密闭试验薄雾状有水珠	6	1	5	83.3

8.2.2　气测综合判识法

气测综合判识法是综合气测、电性及含油气性的综合识别方法(张海涛等，2010)。气测作为一种地球化学录井方法，是通过在井口采集泥浆气样作出含烃量分析，并将它与对应的地层联系起来进行油气层判别(吴春萍等，2001)。在钻开地层时，储集层中的气一般是以游离、溶解、吸附三种状态存在于钻井液中。如果储层物性好，含气饱和度高，储层中的气与钻井液混合返至井口时，气测录井就会呈现出较好的气显示异常。因此，根据全烃曲线形态可以对储层流体性质作出初步的判断。

全烃形态根据其形态差异分为饱满形、欠饱满形、倒三角形、正三角形 4 类(图 8-10)。

(1)全烃形态为饱满形时，全烃异常显示厚度大于储层厚度或二者基本相等，气体充注比较充分，说明整段储层都充满了天然气，测井解释为气层(图 8-10(a))。

(2)全烃形态为欠饱满形时，全烃显示厚度小于储层厚度，全烃曲线形态呈手指状，说明气体充注欠充分，一般测井解释为差气层，储层含气不饱满，一般为气水同层、差气层(图 8-10(b))。

(3)全烃形态为倒三角形时，全烃曲线前沿陡，后缓慢回落，高点上部，储层顶部有少量游离气，呈气帽特征，说明气体充注时，主要在储层底部可能存在水，气测解释为气水层，一般为差气层或气水层(图 8-10(c))。

(4)全烃形态为正三角形时，全烃曲线前沿缓慢爬升，后沿陡，高点在下部，水中溶解的气欠饱和，顶部无游离气(图 8-10(d))，一般为含气水层、水层，说明气体在顶部充注不充分，底部有少量的游离态气体和一定的水存在，测井解释为含气水层。

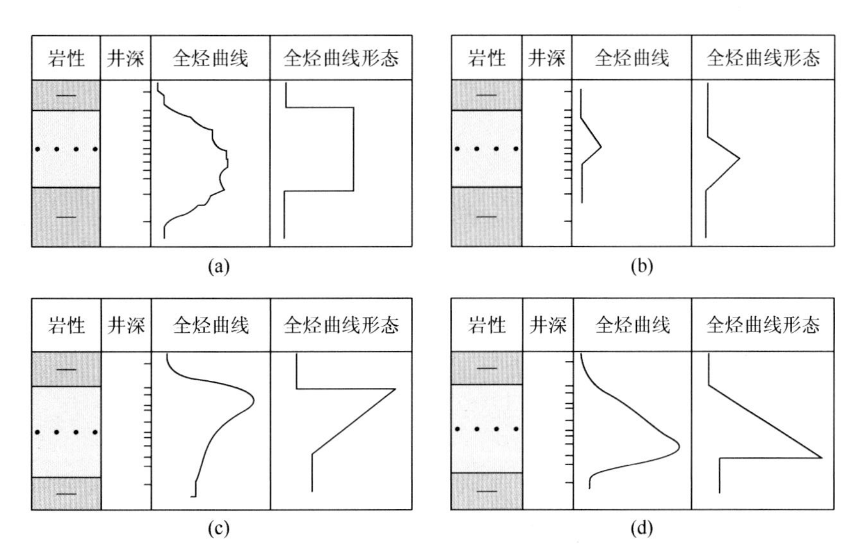

图 8-10　鄂尔多斯盆地上古生界致密砂岩储层气测全烃曲线形态图

8.2.3　测井识别法

利用天然气区别于油、水的物理属性可识别天然气层。根据测井划分气、水层的原理(孙来喜等，2006)以及气层和含水层的测井响应特点，以岩石物理特征和气藏特征为基础，应用侵入分析与感应—侧向联合解释法、图版法、视弹性模量系数法等识别配套技术，可取得较好的效果(张海涛等，2010)。

1. 侵入分析与感应—侧向联合解释法

阵列感应测井是识别低阻气层、气水层的一种有效手段，阵列感应测井通过对多条不同探测深度电阻率曲线的反演，消除了泥浆侵入和围岩对地层电阻率测量值的影响，得到的原状地层电阻率精度较高，同时反演的侵入剖面也反映了储层渗透性的好坏和储层的流体性质。一般在典型气层段会出现明显的减阻侵入特征，在水层段会出现增阻侵入特征。

对于非典型的气水层，单纯利用电阻率侵入特征识别气水层存在较大困难，采用侧向与阵列感应联合识别气水层。由于侧向与感应测量原理的不同，侧向测井原理可以看作是电流通路上电阻率的串联结果，被串联的电阻率值越高，对串联电阻的影响也就越大，适合于中高阻的地层。感应测井是并联导电的原理，适合于低阻地层。当淡水泥浆侵入高矿化度地层后对于中低阻水层，侧向测井受侵入带影响，比感应测井值升高很多，对于油气层，两者应接近或感应低于侧向测井值。因此，水层的侧向、感应电阻率比值(RLLD/RILD)应大于气层的二者比值。

根据试气资料选取深侧向电阻率与阵列感应径向探测深度最深的电阻率建立联合识别图版(图 8-11)，可以看出气层和含水层具有明显的分界，识别效果较好。例如，S128 井盒 8 段测井解释有效层段电阻率没有明显的侵入特征，原解释为气层，但其感应电阻率与深侧向电阻率比值为 0.64，深侧向电阻率平均为 25Ω·m，在图版上位于含水区，复查解释为气水层，顶部射开试气后获井口产量 $1.0514\times10^4 m^3/d$，产水 $22.0 m^3/d$，取得良好效果。

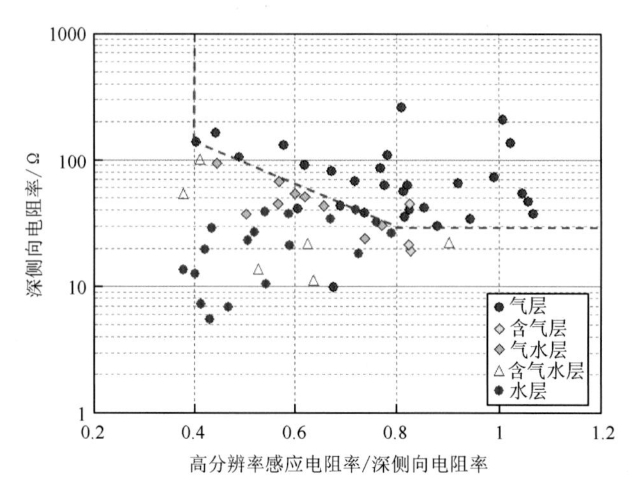

图 8-11　苏里格气田盒 8 段深侧向—感应联合识别气水层图版

2. 分区图版法

致密砂岩储层非均质性强，不同区块储层电性特征差异性很大。分区图版法是利用单层试气层的测井参数交会来有效识别气层和非气层的一种经验方法。具体是以单层试气结果为依据，作对应层段测井参数交会图，达到识别气、水层的目的。结合储层及试气产量分布特征，选取苏里格气田盒 8 段储层段试气层点作声波时差与深侧向电阻率交会图(图 8-12)，图中含气饱和度刻度线是基于岩心物性分析资料及岩电参数测定结果，根据阿尔奇公式计算得到。图版中，水层误入点与气层误出点之和与总点数之比均小于 15%，图版符合率达到 85%以上。

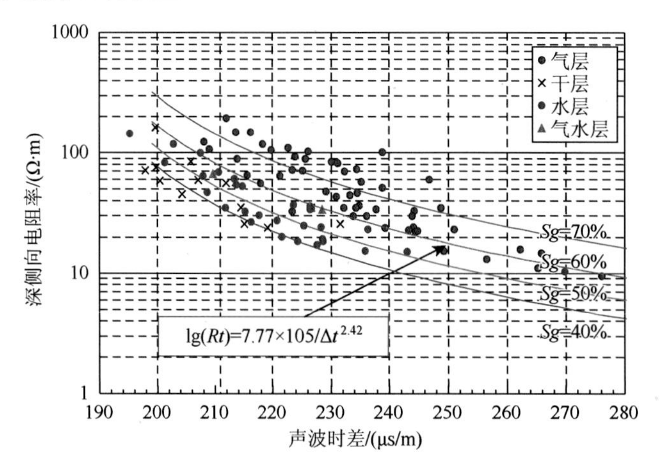

图 8-12　苏里格气田盒 8 段储层声波时差与深侧向电阻率交会图

8.3　致密砂岩含水特征

8.3.1　地层水地球化学特征

地层水的地球化学特征是沉积期及不同的成岩环境包括后期改造的综合反映(柯斯林善等，1984；刘方槐等，1991）。地层水的化学性质与天然气成藏密切相关，地下水动力条件及地层水演化侧面反映了盆地流体流动样式及演化规律。天然气的生成、运移、聚集、保存和散失都是在地层水的环境里或是在地层水的参与下进行的。地层水作为地质流体的重要组成部分存在于任何一个天然气藏流体系统中，其化学成分蕴含了许多与气藏形成分布和保存相关的信息。

1. 地层水矿化度

矿化度(TDS)是指单位体积地层水中含无机盐量的多少(即质量浓度)。地层水的矿化度是地理地质环境变迁所导致的地下水动力场和水化学场经历漫长而复杂演化过程的反映。王运所等(2012)认为一般沉积盆地内地层水的矿化度以盆地中心区含盐量最高，向盆地边缘逐渐降低，但鄂尔多斯盆地上古生界的地层水出现了相反的情况，盆地边缘地区、盆地东部地区及苏里格西北部的地层水具有高矿化度特征，而盆地中心区域地层水的矿化度却明显偏低(图 8-13)。

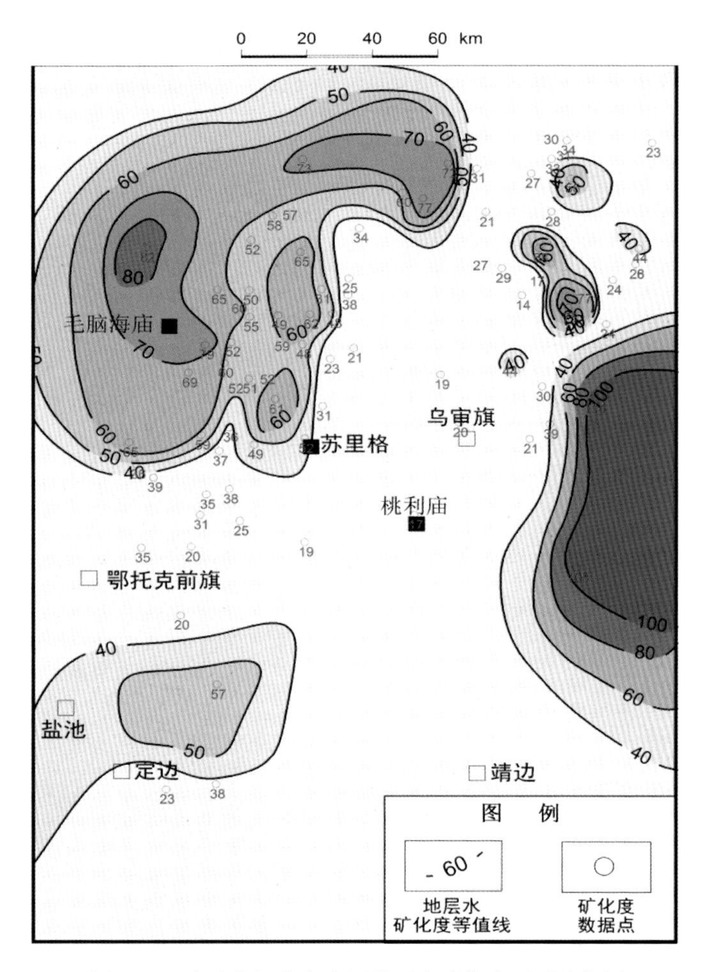

图 8-13　盆地北部上古生界地层水矿化度平面分布图

苏里格地区地层水的总矿化度在 35.17～79.12g/L，平均矿化度为 52.05g/L；子洲—榆林地区地层水的总矿化度为 36.96～172.17g/L，平均矿化度为 113.52g/L(表 8-5)。这种高于地表水(一般为 0.1g/L 左右)和海水矿化度(35g/L)的地层水，表明地层水封闭条件相对较好(张文忠等，2008)。另外，埋深较浅的榆林南部山西组地层水矿化度反比埋深较大的苏里格气田西部地层水矿化度明显偏高，反映了致密砂岩地层水特征复杂性。苏里格西部地区与苏里格东部及子洲—榆林地区地层水对比表明(表 8-5)，除苏里格西部地区地层水 SO_4^{2-}含量高于苏里格东部和榆林南地层水外，其他离子含量从苏里格西部、苏里格东部到子洲—榆林有逐渐增加的趋势，反映了苏里格东部及子洲—榆林地层水经历了更强的浓缩作用。

表 8-5　鄂尔多斯盆地上古生界地层水离子浓度及矿化度统计表

层位	K^++Na^+/(g/L)	Ca^{2+}/(g/L)	Mg^{2+}/(g/L)	Cl^-/(g/L)	SO_4^{2-}/(g/L)	HCO_3^-/(g/L)	矿化度/(g/L)	埋深/m
苏里格西部盒 8、山 1 段	7.6	10.7	0.6	30.9	2.1	0.2	52.05	3500
苏里格东部盒 8、山 1 段	7.7	13.3	1.1	38.6	0.9	0.3	61.85	3200
榆林南部山 2 段	16.7	20.9	3.1	70.9	1.5	0.3	113.52	2500

2. 地层水盐类离子组分

地下水中各种离子的含量，反映了所在地层的水动力特征和水文地球化学环境，在一定程度上能说明油气保存和破坏条件(邸世祥，1991)。地层水常量离子包括 K^+、Na^+、Ca^{2+}、Mg^{2+}、Cl^-、SO_4^{2-}、HCO_3^-等。

鄂尔多斯盆地地层水中阳离子以 K^++Na^+和 Ca^{2+}占优势，占阳离子总量的 99%。Mg^{2+}活动性比 Ca^{2+}弱，易被黏土吸附，其含量较低，只占阳离子总量的 1%。在主要阴离子 Cl^-、SO_4^{2-}、HCO_3^-中，Cl^-具有最强的迁移性能，不易被黏土或其他矿物表面吸附。因此，Cl^-可以在地层水中自由迁移，成为气藏水中占主导地位的离子。SO_4^{2-}与 Ca^{2+}、Ag^+、Ba^+等离子作用生成不易溶解的沉淀物质，使 SO_4^{2-}数量减少，含量降低。另外，地层水中 SO_4^{2-}的含量主要受细菌活动影响，在缺氧条件下，由于脱硫细菌的作用，硫酸盐被还原成硫化氢，使 SO_4^{2-}减少。SO_4^{2-}含量低，从侧面说明了地层水具有较好的封闭性，处于缺氧还原条件下。

地层水的 Cl^-浓度随总矿化度增大而增高，相关系数达 0.99，高 Cl^-浓度被认为是蒸发浓缩的产物或盐类矿物溶解的结果；K^++Na^+、Ca^{2+}浓度也随总矿化度增大而升高，具有较好的正相关性；Mg^{2+}、SO_4^{2-}、HCO_3^-浓度与总矿化度相关性较差(图 8-14)。

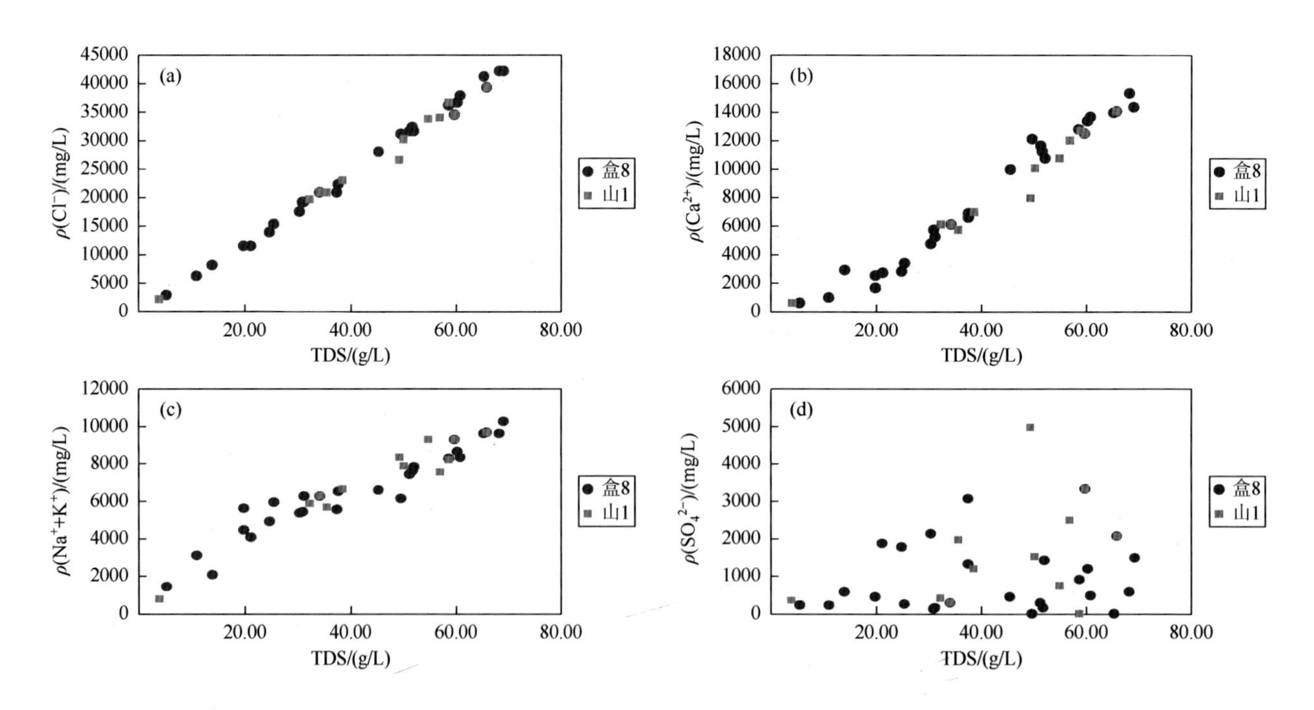

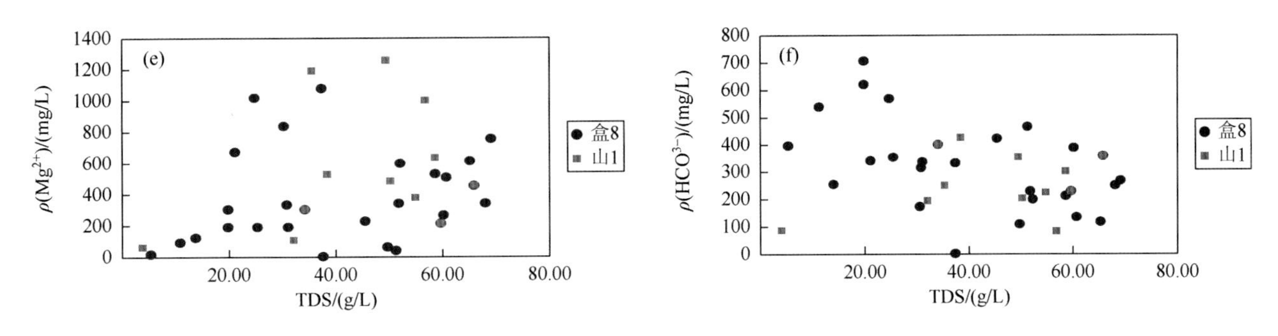

图 8-14　苏里格气田盒 8 段、山 1 段地层水主要离子浓度随总矿化度(TDS)的变化图

3. 地层水化学参数

1) 钠氯系数

钠氯系数($r(Na^+/Cl^-)$)是反映地层水封闭性好坏、地层水变质程度、活动性的重要参数。低钠氯系数与水变质程度高、油气保存条件好具有一致性，比值小，反映了比较还原的水体环境，有利于天然气的保存(邸世祥，1991)。博雅尔斯基将油田水的钠氯系数 0.75 作为有利于油气保存的上限。苏里格地区地层水的钠氯系数为 0.11～0.29(表 8-6)，表明苏里格地层水均为封闭性较好的 $CaCl_2$ 型地层水，水动力不活跃，地层水变质程度高，为较强的还原环境，气藏封闭性好，具有较好的保存环境。

表 8-6　苏里格地区地层水与国内外典型气藏水化学特征对比表

气藏＼指标	Na^+/Cl^-	Cl^-/Mg^{2+}	$(Cl^--Na^+)/Mg^{2+}$	Mg^{2+}/Ca^{2+}	Cl^-/Ca^{2+}
国内外典型气藏	＜0.85	＞5.13	＞1.00	＜5.26	＜26.80
苏里格西部盒 8、山 1	0.11～0.29	35.98～547.55	52.84～488.11	0～0.08	2.96～4.90
苏里格东部盒 8、山 1	0.19～0.34	15.46～165.66	3.3～109.35	0～0.68	2.55～4.00

2) 氯镁系数

氯镁系数($r(Cl^-/Mg^{2+})$)可反映地层水在运移过程中水岩作用的强度和离子交替置换的程度(邸世祥，1991)。地下径流越慢，水岩作用时间越长，离子交换作用将越彻底，流体中 Na^+和 Mg^{2+}可能越少，而 Ca^{2+}相对越多。与此对应，地层水的变质程度就越深，越有利于油气保存。气藏伴生的地层水氯镁系数通常＞5.13。苏里格地区地层水的氯镁系数为 15.46～547.55(表 8-6)，说明地层水封闭性较好，有利于天然气的聚集和保存。

3) 镁钙系数

低的镁钙系数($r(Mg^{2+}/Ca^{2+})$)常与次生孔隙的发育有关。方解石的白云石化和溶解过程都能够改善储层的物性，并导致地层水中镁钙系数值降低。苏里格地区地层水的镁钙系数为 0～0.08，说明在成岩阶段发生过强烈的溶蚀作用。

与国内外气藏水化学特征相对比发现，鄂尔多斯盆地上古生界储层中的地层水变质系数高，钠氯系数低，硫氯系数低，属于还原性水化学环境，封闭条件好，有利于天然气的聚集，形成原生型天然气藏。地层水的 Na^+/Cl^-、Cl^-/Mg^{2+}、$(Cl^--Na^+)/Mg^{2+}$、Ca^{2+}/Mg^{2+}、Cl^-/Ca^{2+}等比值都符合气藏水的特点，说明具有气藏伴生水的特征。

4. 地层水类型

地层水类型是反映影响油气运聚与保存条件的重要水化学因素。水型的分类对于地层水的成因及其与油气的关系研究至关重要。许多学者对油气田地下水进行了分类：主要有帕勒梅尔分类(Palmer，1911)、苏林分类(В.А.ЩУЛИН，1946)、肖勒分类(Schoeller，1955)、刘崇禧-孙世雄(1988)分类、奇巴塔雷夫

(Chebotarev，1955)分类以及博雅尔斯基(1970)分类。在水文地质学中，通常以阴阳离子的毫克当量百分数大小确定水型。在油田上广泛应用的苏林分类，由苏联专家苏林于1946年提出，目前得到了较为普遍的采用，该分类方法不仅结合了水的化学成分(即水中几种主要离子的当量比例)，还结合了水形成的环境。

苏林认为天然水就其形成环境而言，主要是大陆水和海水两大类：大陆水含盐度低(一般小于500mg/l)，其化学组成具有 $HCO_3^- > SO_4^{2-} > Cl^-$，$Ca^{2+} > Na^+ < Mg^{2+}$ 的相互关系，且 $Na^+ > Cl^-$，Na^+/Cl^-(当量比) >1。海水的含盐度较高(一般约为35000mg/l)，其化学组分具有 $Cl^- > SO_4^{2-} > HCO_3^-$，$Na^+ > Mg^{2+} < Ca^{2+}$，且 $Cl^- > Na^+$，Na^+/Cl^-(当量比) <1 的特点。大陆淡水中以重质碳酸钙占优势，并含有硫酸钠；而海水中不存在硫酸钠。苏林(1946)依据 Na^+/Cl^-、$(Na^+\text{-}Cl^-)/SO_4^{2-}$ 和 $(Cl^-\text{-}Na^+)/Mg^{2+}$ 这三个成因系数将天然水划分成4个基本类型(表8-7)。

表8-7　苏林的天然水成因分类表(1946年)

不同类型		成因系数(以毫克当量表示浓度比)		
		Na^+/Cl^-	$(Na^+\text{-}Cl^-)/SO_4^{2-}$	$(Cl^-\text{-}Na^+)/Mg^{2+}$
大陆水	硫酸钠型	>1	<1	<0
	重质碳酸钠型	>1	>1	<0
海水	氯化镁型	<1	<0	<1
深层水	氯化钙型	<1	<0	>1

地质条件决定了地层水的水型，裸露和严重破坏的地质环境中地层水多属 Na_2SO_4 型，与地表隔绝良好的封闭环境中其地层水多属 $CaCl_2$ 型，而过渡性的环境则多出现 $NaHC0_3$ 型或 $MgCl_2$ 型水。通常 $CaCl_2$ 型水和 $NaHC0_3$ 型水在油气田中广泛分布，而 Na_2SO_4 型和 $MgCl_2$ 型水较少见，因此 $CaCl_2$ 型和 $NaHC0_3$ 型水是含油气的标志，而 Na_2SO_4 型和 $MgCl_2$ 型水不是含油气的标志。$CaCl_2$ 型水分布区是区域水动力相对阻滞区，是水文地质剖面上的交替停滞带，由于地下水处于还原环境，发生浓缩和强烈的脱硫作用，因而 SO_4^{2-} 含量很少或不存在，Ca^{2+} 和 Cl^- 相对富集，形成 $CaCl_2$ 型水。这种水化学环境反映了储气圈闭的良好性质，对气藏形成和保存是一种有利条件。

参照苏林分类方案，鄂尔多斯盆地上古生界地层水以 $CaCl_2$ 型水为主，其他水型极少。说明气田的水文地质条件稳定，气藏封闭性好，有利于气藏的后期保存，纵向上及侧向上的连通性较差，水体交换停滞，水动力对气藏的破坏影响较小。

8.3.2　致密砂岩地层水赋存状态

地层水的形成与盆地的沉降压实、抬升剥蚀等构造演化史关系密切，其来源主要有大气降水、地表水、沉积水、压释水和凝析水等。地层水在储集层孔隙中的赋存状态，主要受孔隙大小、喉道及岩石颗粒表面的吸附所控制。鄂尔多斯盆地气藏产水层在平面上分布零散，纵向上气、水关系复杂，试气后产水量大小不一，显示了地层条件下水层具有明显不同的赋存状态。通过对井控程度较高的成熟区块储层进行精细解剖，认为发育三种赋存状态的地层水，分别为储层的原状束缚水、储层非均质性造成的层间地层水与气藏充注程度不足形成的滞留地层水。

1. 原状束缚水

这类地层水主要吸附于岩石颗粒表面或储层微细毛细管中，在原始地层状态下难于流动，仅在压裂改造后产出少量水，产水量一般小于 $5m^3/d$。主要发育在致密砂岩储层，这类储层的岩屑和泥质含量偏高，储层物性差，在测井曲线上主要表现出中高自然伽马值(一般大于40API)，中高时差(220～250μs/m)、中低电阻率(20～50Ω·m)特征，无明显的水层测井响应特点。例如，S87井山1段解释的两段差气层，平均

渗透率为 $0.41\times10^{-3}\mu m^2$，压裂试气获井口产气量为 $1.7064\times10^4 m^3/d$，产水量为 $2.1m^3/d$，地层水主要为原状束缚水(图 8-15)。

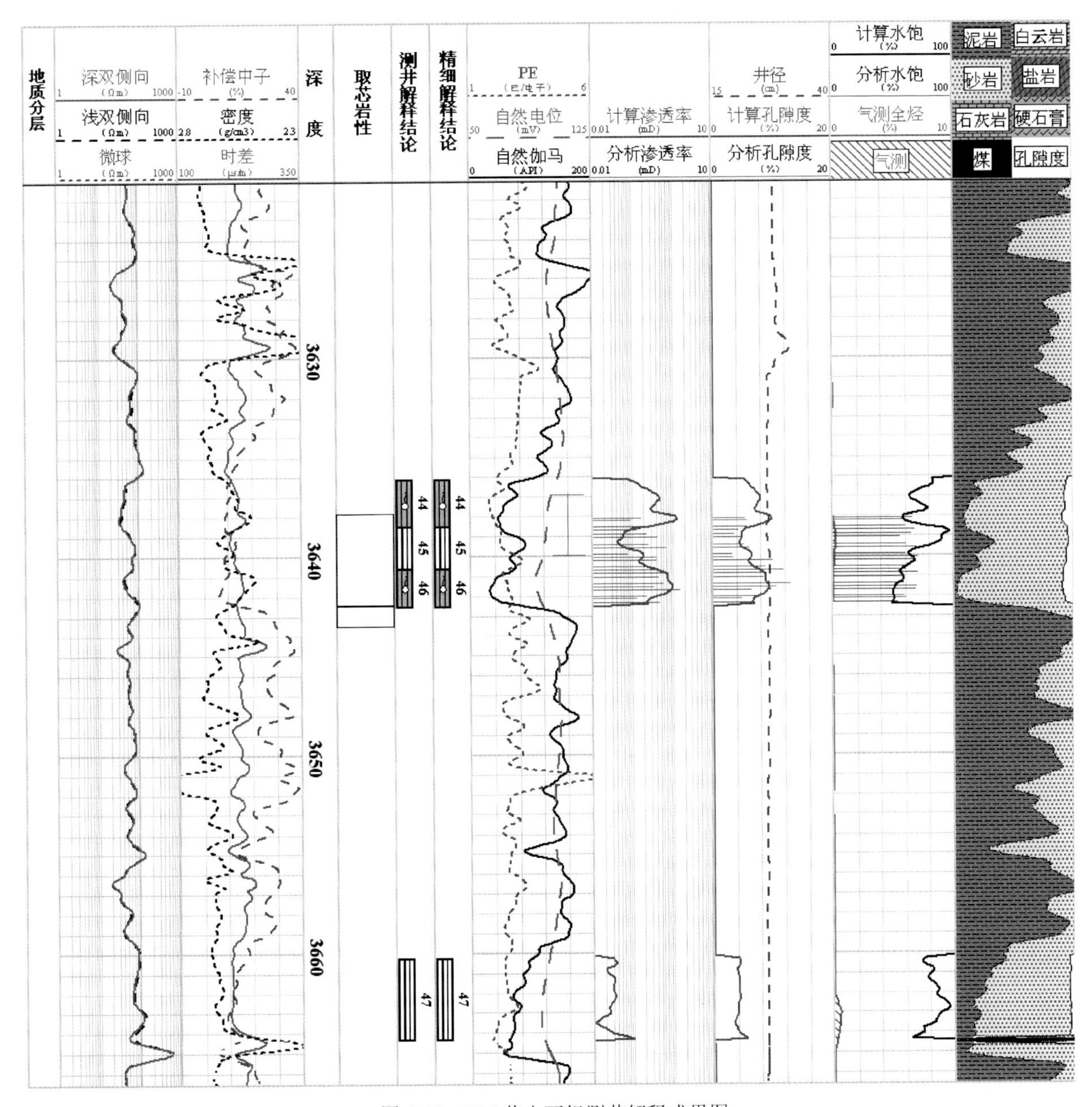

图 8-15 S87 井山西组测井解释成果图

2. 层间地层水

由于储集层间非均质性会影响油气运移过程中对水的驱替程度，因而会造成含气饱和度的纵横向差异，并最终影响储集层的天然气充满度。层间非均质可以使高渗透率的储集层为好的气层，而渗透率相对较低的储集层为差气层甚至水层。

层间地层水主要存在于非均质性较强的储层中，主要受毛管力控制，重力作用影响小，一般发育在河道侧翼或主河道沉积旋回顶面颗粒变细层段。电阻率曲线纵向呈现韵律式变化，气、水分异不明显，无明显气、水界面，产水量一般大于 $4m^3/d$。例如，S184 井盒 8 段储层纵向上存在致密夹层，尽管物性变化不大，但电阻率及气测曲线呈现明显韵律式变化特征，压裂试气获井口产气量 $0.0707\times10^4m^3/d$，产水 $24.0m^3/d$，地层水主要为层间地层水(图 8-16)。

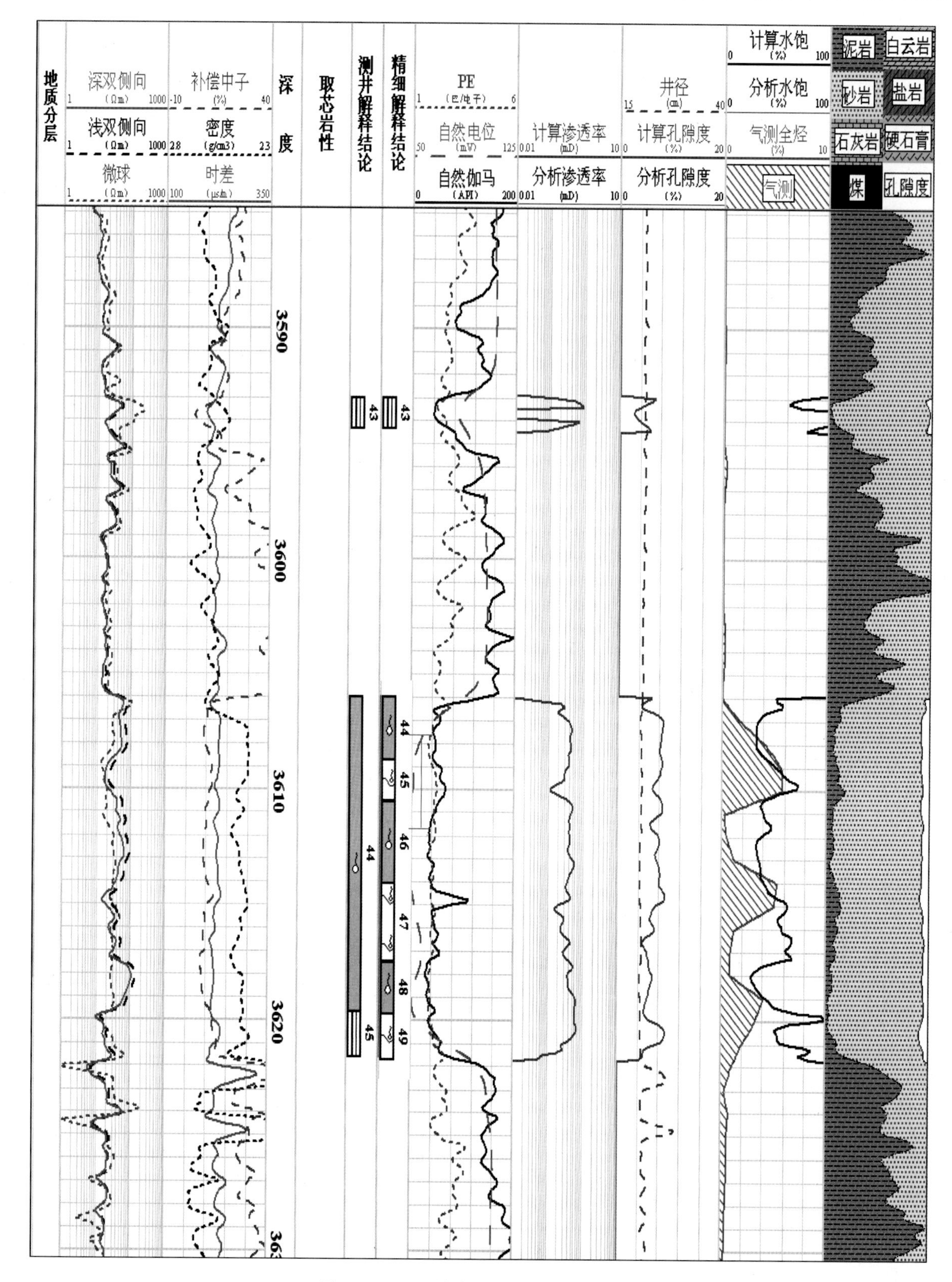

图 8-16　S184 井盒 8 段测井解释成果图

3. 滞留地层水

在低幅度构造和低渗透背景条件下，局部孔隙结构、物性较好的储层，受成藏条件或成藏后构造弱分异作用控制，残留于储层或储集砂体底部的水称为滞留地层水。试气一般气、水同时产出，且产水量较大，产

气量小于 $2\times10^4m^3/d$，产水量大于 $10m^3/d$。电性参数具有明显的水层特征，主要分布于主河道构造下倾部位或者周围致密层圈闭的孤岛透镜状渗透性砂体中。例如，S65 井盒 8 段发育厚 18m 的储层，电阻率向下明显降低，气水发生了弱分异，压裂试气获井口产量 $0.204\times10^4m^3/d$，产水 $36.0m^3/d$，主要为局部滞留水(图 8-17)。

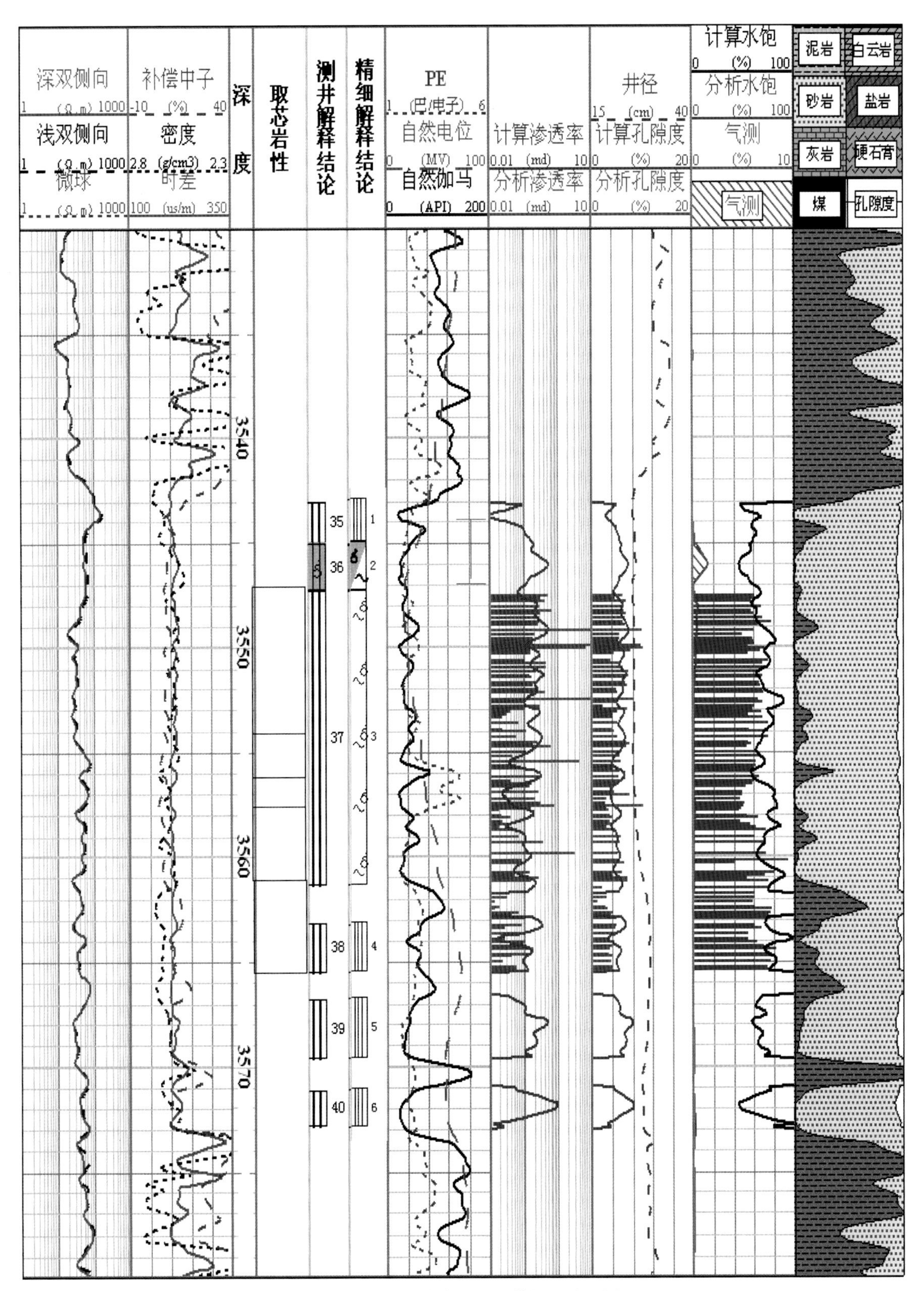

图 8-17　S65 井盒 8 段测井解释成果图

8.3.3　地层产水的成因类型

鄂尔多斯盆地致密砂岩气田储层致密、非均质性强，地层条件下水流动缓慢，测试的地层水资料质量参差不齐，因此，需要精心筛选出高质量地层水资料。在使用地层水数据过程中，首先要进行数据筛选，因为地层水在钻井和试气生产过程中易受到钻井液、完井液、压裂液或酸化液等残液污染，不能如实反映正常地层水地球化学特征。通过对典型井段的出水情况、取样时间及条件进行系统分析，在分析过程中对非正常地层水进行排除，这也是致密砂岩储层与常规储层地层水相比准确资料难以获取的原因，也是地层水研究的关键问题。因为研究者较多，采取的识别水类型方法、目的、研究区域不尽相同，所以识别地层水的主要指标有所差异。一般来说，主要还是根据地层水的矿化度、水化学特征系数以及水型。结合盆内已有地层水资料，将鄂尔多斯盆地气田产水分为正常地层水、淡化地层水和凝析水三类（表 8-8）。

表 8-8　鄂尔多斯盆地上古生界地层水成因类型及识别指标

水类		正常地层水	淡化地层水	凝析水
矿化度/(g/L)		＞35	15～35	＜15
特征系数	钠氯系数	＜0.45	0.45～0.75	＞0.75
	钠钙系数	＜1	＞1	＞1
水型		$CaCl_2$	$CaCl_2$	$CaCl_2$、$NaHCO_3$

1. 正常地层水

正常地层水是天然气经运移排气进入储层时，未被排出而存在于孔隙表面的束缚水或因气体能量有限而未排尽的可动水。为了较为准确地认识正常地层水特征，通过典型井段的产水情况，取样时间和条件系统分析，将产水量比较大、压裂前水样、压裂后经过较长时间排液水样作为地层水的代表（表 8-9）。例如，S2 井盒 8 段射孔后无气显示，压裂后产气 41795m^3/d，产水 19.1m^3/d，采取措施时，注入地下总液量为 187.78m^3，最后排出总液量为 245.8m^3，排出率 131%，排出液最后液性为：pH=6～7，比重为 1.04，Cl^-=27517mg/L，估算的总矿化度为 45.40g/L。为了进一步了解地下水的性质，第二年继续测试，采用液氮助排措施，历时 3 个月，共关放 75 次，累计产水 234m^3，平均每天产水 10.44m^3/d，最后排出液性为：pH=6～7，ρ=1.04g/cm^3，Cl^-=31655mg/L，折算矿化度 52.23g/L，反映正常地层水的基本特征。

表 8-9　苏里格气田不同类别地层水分析数据表

井号	层位	总矿化度/(g/L)	钠氯系数	脱硫系数	变质系数	钠钙系数	水型	分类
S2	盒 $8_上$	52.30	0.38	3.31	11.13	0.63	$CaCl_2$	地层水
S48	盒 $8_下$	19.88	0.60	2.85	5.26	1.52	$CaCl_2$	淡化地层水
S74	盒 $8_上$	1.61	2.05	43.10	11.62	6.09	$NaHCO_3$	凝析水

2. 淡化地层水

淡化地层水实际上是地层水和钻井渗入液、完井渗入液、压裂液及凝析水的混合液。由于钻完井液、压裂液、凝析水等矿化度比较低，这种混合液，前人称其为淡化地层水，各种水混入比例不同，淡化地层水矿化度变化较大，各种离子含量也有一定变化，但变化较小。苏里格地区石盒子组和山西组淡化地层水与地层水相比，矿化度相对偏低，Na^+/Cl^-、Na^+/Ca^{2+}水性系数总体来看稍有增加，水型与地层水一致，显示淡化 $CaCl_2$ 型水特征。例如，S46 井在试采初期，Cl^-浓度很不稳定，有逐渐增大的变化趋势，说明此时产出的水受到混合液的影响，显示淡化地层水的特征；经过半个月时间连续试采，Cl^-浓度逐渐恢复稳定，地层水矿化度值变大，此时产出的水才是真正的地层水(图 8-18)。因此，对于致密砂岩储层测试中的水要进行系统分析，去伪存真，以保证资料的准确性，才能使得结论较为可靠。苏里格地区石盒子组和山西组混合水的矿化度比淡水的高，但是一般在 15g/L 以下，水型以 $CaCl_2$ 水型为主，其次为 $NaHCO_3$ 水型。

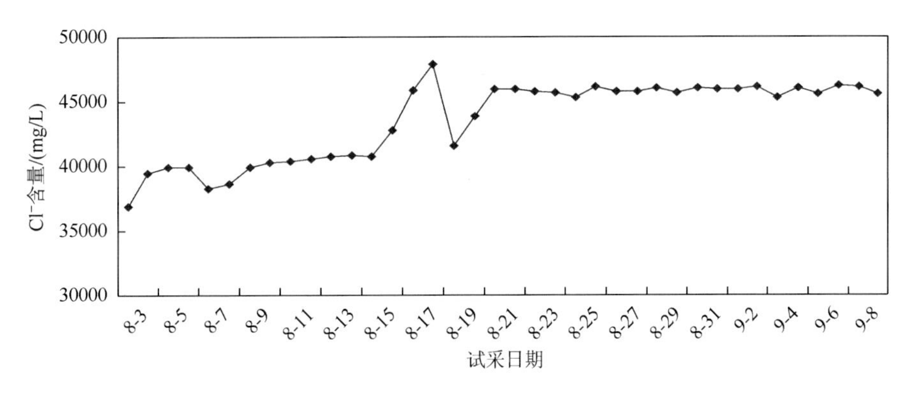

图 8-18　S46 井地层水氯离子浓度随试采时间变化曲线

3. 凝析水

在任一物系内等温加压引起凝结，减压导致蒸发，这只在一定温度、压力范围内是正确的，逾此范围会出现逆蒸发和逆凝结现象，即物系的等温减压引起凝结、等温加压导致蒸发。在天然气藏勘探及开采实践中，常常碰见这种现象：在地下深处高温高压条件下的烃类气体，经采到地面后，天然气的温度、压力降低，气体饱和的水蒸气由于凝析作用形成凝析水。对于低水气比的气井，凝析水量在总水量中占的比重很大，因此，研究天然气中凝析水的形成机理、水化学特征和气井凝析水量的计算方法，可以正确的判断气井出水成因。

在气藏中的气态水是以蒸气形式存在的。按照分子运动理论，气—水界面附近主要发生的物理作用有 4 类：①蒸发作用：一些水分子具有足够的能量，可以克服邻近分子的吸引力，从而逸出液面形成蒸气；②凝聚作用：蒸气分子逸出液面后，在运动中撞击液面而被液体俘获，由气体状态回到液体状态；③天然气的溶解作用：天然气溶解于地层水中；④天然气的脱溶作用：天然气分子从地层水中析出。

当天然气的溶解速度与脱溶速度相等时，天然气的溶解相和气相就处于动态平衡体系中。水蒸气在气井生产过程中，被天然气携入井筒。由于流动过程中气体的温度和压力(T，P)不断减小，气体饱和的水蒸气量也减小，必定有一部分水蒸气会凝聚成液态水。天然气在流动过程中，可以把这些凝析水部分(或全部)携带出井筒，通过分离器分离出来。从理论上讲，凝析水应为纯净的淡水，不含有任何矿物质。由于水蒸气可能在井筒附近地层中发生凝析作用，地层中残余地层水混合于其中(或因井筒内不干净等而混合有其他矿化水)，所以气井实际生产的凝析水都具有一定的矿化度。

不同气藏的凝析水化学组成有很大的差别，应根据实测水样确定凝析水的化学特征。鄂尔多斯盆地凝析水的主要水化学特征是：①矿化度相对较低，一般小于 15g/L；②凝析水水型变化大，主要为 $NaHCO_3$、$CaCl_2$ 两种水型；③化学组成以阴离子(Cl^-和 HCO_3^-)、阳离子 Ca^{2+}、Na^+、K^+占优势，含少量(或不含)Mg^{2+}和 SO_4^{2-}；④如果有源自“相对富水区”的地层水混入凝析水中时，Cl^-含量会显著增加，往往引起水型的改变。凝析水的产水特征，水气比一般不超过 $0.2m^3/10^4m^3$，水气比值随时间变化稳定。

通过处于饱和状态时的天然气中的水蒸气含量与温度、压力关系曲线计算可知，苏里格气田盒 8 和山 1 段气藏在 110℃、30MPa 条件下每万方天然气中约含 $0.075m^3$ 的凝析水(图 8-19)，凝析水与天然气体积的理论比值约为 $0.075/10^4$。苏里格气田盒 8 段和山 1 段水气比介于$(0.16\sim0.46)m^3/10^4m^3$，平均为 $0.25m^3/10^4m^3$，而榆林气田山 2 段水气比平均为 $0.082m^3/10^4m^3$。上述试气资料结果显示，榆林气田山 2 段水气比接近凝析水理论计算值，而苏里格气田盒 8 段和山 1 段水气比明显高于凝析水理论计算值，表明苏里格地区盒 8 段和山 1 段内地层水不仅仅为凝析水。

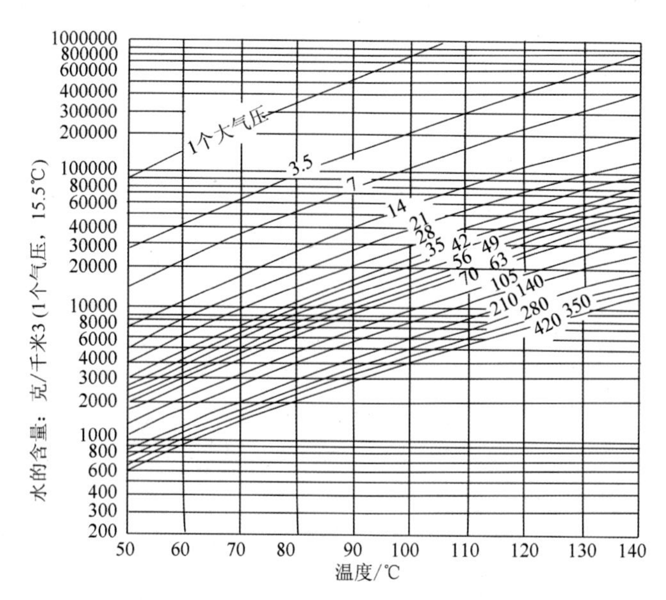

图 8-19　饱和状态时天然气中水蒸气含量与温度、压力关系曲线图(据 Mcarthy.E.L，1965 修改)

8.4　气水分布模式

8.4.1　盆地尺度气水分布模式

在过去的几十年内，致密砂岩气一直是国内外学者研究热点(Masters，1979，1984；McPeek，1981；Law，1985，2002；Spencer，1989；Surdam，1997；Schmoker，2002；李仲东等，2009)。国内外致密砂岩气藏的对比研究结果表明，致密砂岩气都基于分布在盆地中央或向斜低凹部位，气藏类型包括深盆气(动态圈闭型)、构造型、地层型和岩性圈闭型等，虽然气藏类型多样，但是以分布在盆地中心凹陷区的动态圈闭型为主，而且由于后期构造稳定，圈闭保持相对稳定；储层为致密砂岩且与紧邻烃源岩大面积接触，成藏能量为生烃膨胀力导致的气活塞式驱水，而在同一套储层中具有高部位含水、低部位含气的宏观上气水倒置现象(图 8-20)。

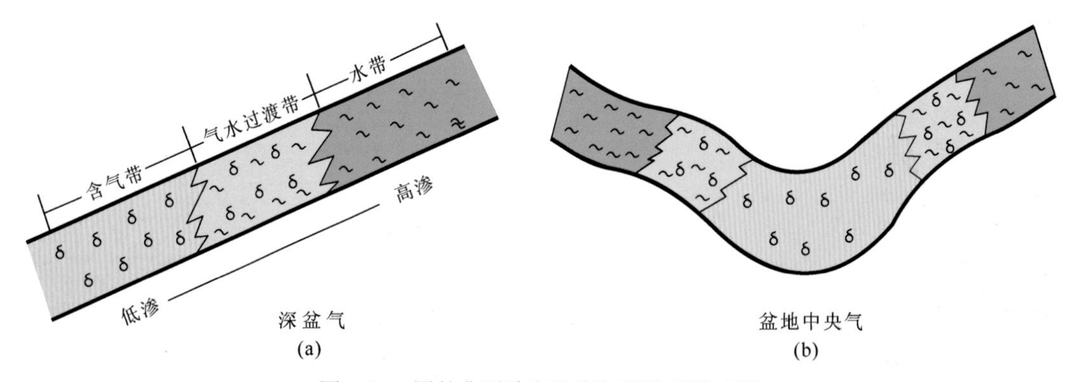

图 8-20　国外典型致密砂岩气藏地质模式图

鄂尔多斯盆地致密砂岩气分布在盆地斜坡区。上古生界致密砂岩气圈闭在克拉通背景下形成，经后期差异性隆升改造，以岩性型、地层圈闭型气藏为主，类型相对单一；致密砂岩与烃源岩紧密相邻，大面积接触，以近距离垂向运移成藏为主，源储有效配置形成致密砂岩气大气区，局部富集；气水关系受强烈的储层非均质性和构造作用等因素影响，表现出局部气水倒置、气水间互和气水界面不明的多样性与复杂性(图 8-21)。针对鄂尔多斯盆地独具特色的天然气成藏组合和气藏类型，前人先后提出“深盆气”(李克明，2002；马新华，2005；张刘平等，2007；周新科等，2012)、“盆地中心气”(Law，2002)、“气水倒置气藏”(张金川等，2005)、“根缘气”(张金川，2006)等。

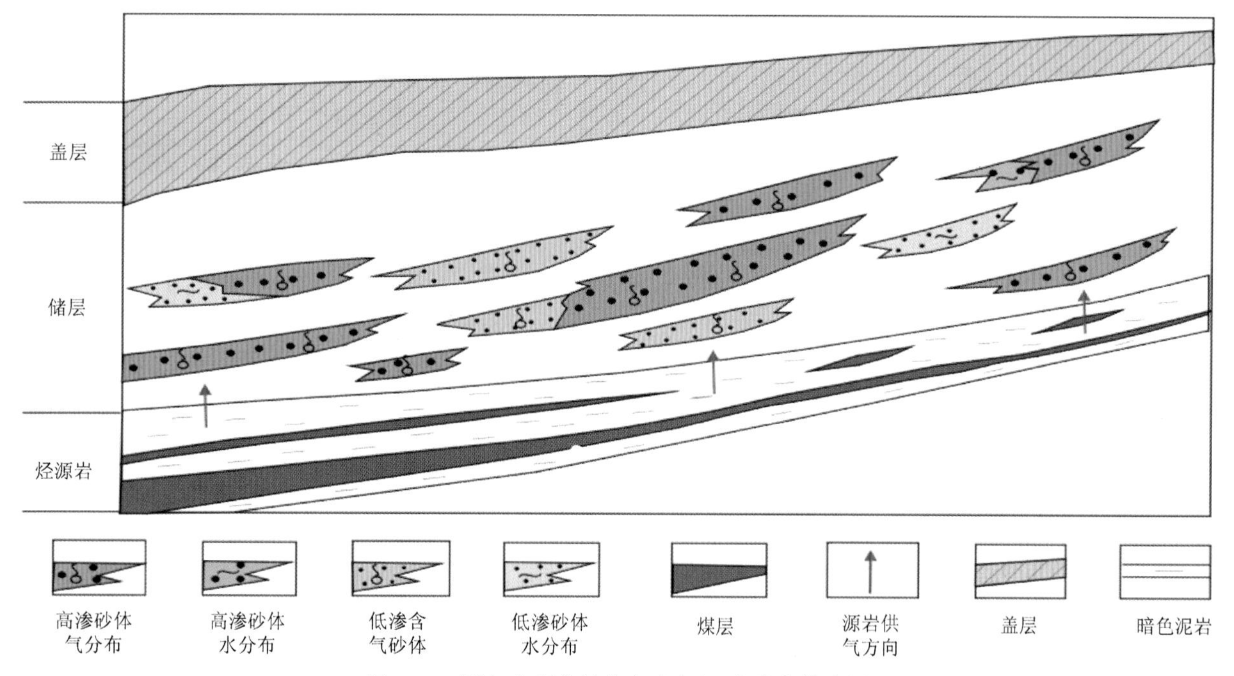

图 8-21　鄂尔多斯盆地致密砂岩气-水分布模式图

通过与国外几大典型深盆气藏对比发现，如果仅从烃源岩条件、储层致密、存在异常地层压力、源储紧邻及大面积含气等气藏表现特征来看，鄂尔多斯盆地上古生界致密砂岩气藏与典型深盆气藏极为相似。但从各区块气藏形成条件来看，上古生界烃源岩生气速率慢，持续地供气条件较差。与阿尔伯达盆地典型深盆气对比，烃源岩总产气量大、生气强度中等，但高峰期最大生气速率慢($15m^3/m^2·Ma$ 左右)，仅为阿尔伯达盆地白垩系生气速率的 1/20，生气高峰期地质时代早于阿尔伯达盆地 67～130Ma(闵琪等，2000)；从气藏封闭条件来看，主要为气藏上倾方向物性或岩性封挡，表现为非均质储层条件下的岩性和构造-岩性气藏类型；含气范围内的同一气层连通性较差，气水分布复杂，既有构造高部位(如苏里格气田北部的伊盟隆起)的地层水，也有构造低部位(如苏里格气田西部等的地层水)，还有在气藏内部构造非高非低部位的地层水，没有整体活塞式气驱水作用形成的区域性气水界面，不存在大范围分布的气水关系倒置现象(图 8-22)。王志欣等(2006)认为鄂尔多斯盆地上古生界致密储层中表现出来的气水倒置(即表现在单个储集体内的气水倒置关系)分布并非是在单一气藏内的气水分布关系，而是很多个互相不连通的砂体的含气和含水特征在平面上的投影叠合的结果，不能说明天然气是由盆地中部向北向构造上倾方向推进的结果。从成藏动力学机理来看，上古生界储层毛细管阻力过大，天然气二次运移的浮力作用受限，主要是就近运移聚集成藏，没有大规模运移的迹象，难以实现整体活塞式气驱水运移。

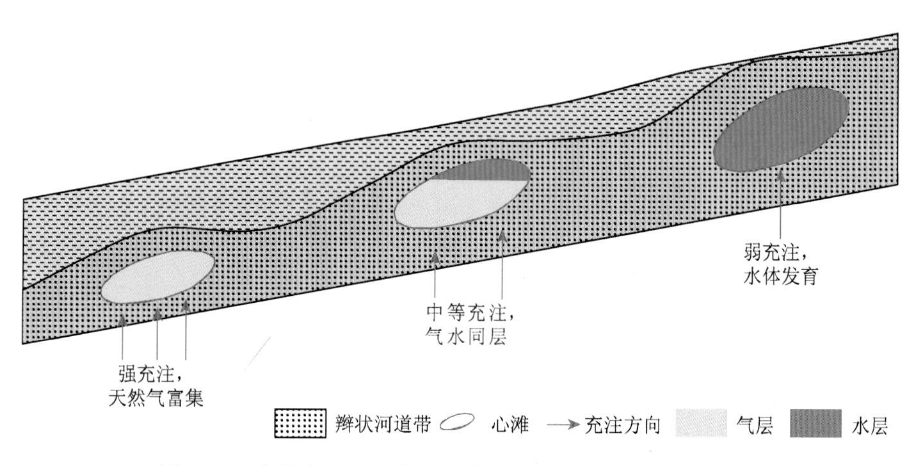

图 8-22　上古生界气源充注程度与气藏的气水分布成因模式

对于鄂尔多斯盆地这种平缓构造背景下的致密砂岩气藏，气水分布较为复杂，许多学者研究认为主要是受岩性变化、储层非均质性的影响以及生烃强度和局部构造等控制(朱亚东等，2008；胡永章等，2009；王波等，2010；王泽明等，2010；代金友等，2012)。鄂尔多斯盆地大气区的高产富集规律与气水分布主控因素离不开 2 个最主要的成藏要素，广覆式高成熟的煤系烃源岩和大面积叠置型的致密砂体，源储配置是最核心的控藏富气要素。烃源岩演化阶段分析表明(见第 3 章)，早白垩世快速埋藏期烃源岩迅速达到高—过成熟阶段，开始大量生气，这一时期为天然气的主要成藏期。成藏前期，发育大面积南北向展布的沉积砂体，南北向沉积砂体与大面积煤系地层之间互相叠置，形成广覆式生烃与大面积储层有效配置格局。成藏期，煤系源岩生成的天然气向砂体近距离垂向运移充注，烃源岩成熟度高值区烃类充注能力强、气驱水作用充分，天然气富集；烃源岩成熟度低值区烃类充注能力弱、气驱水作用弱，地层水发育；烃类充注中等、气驱水作用不彻底的区域则以气水同产为主。

从生烃强度与气水分布关系来看，上古生界烃源岩生烃强度控制着气水关系的宏观格局，具有依次形成气区、气水过渡区和含气水区的分布规律，其中生气强度大于 $16\times10^8\text{m}^3/\text{km}^2$ 的区域为气区；$(10\sim16)\times10^8\text{m}^3/\text{km}^2$ 的区域为气水关系复杂区；小于 $10\times10^8\text{m}^3/\text{km}^2$ 的区域为含气水区(图 8-23)。相对富水区

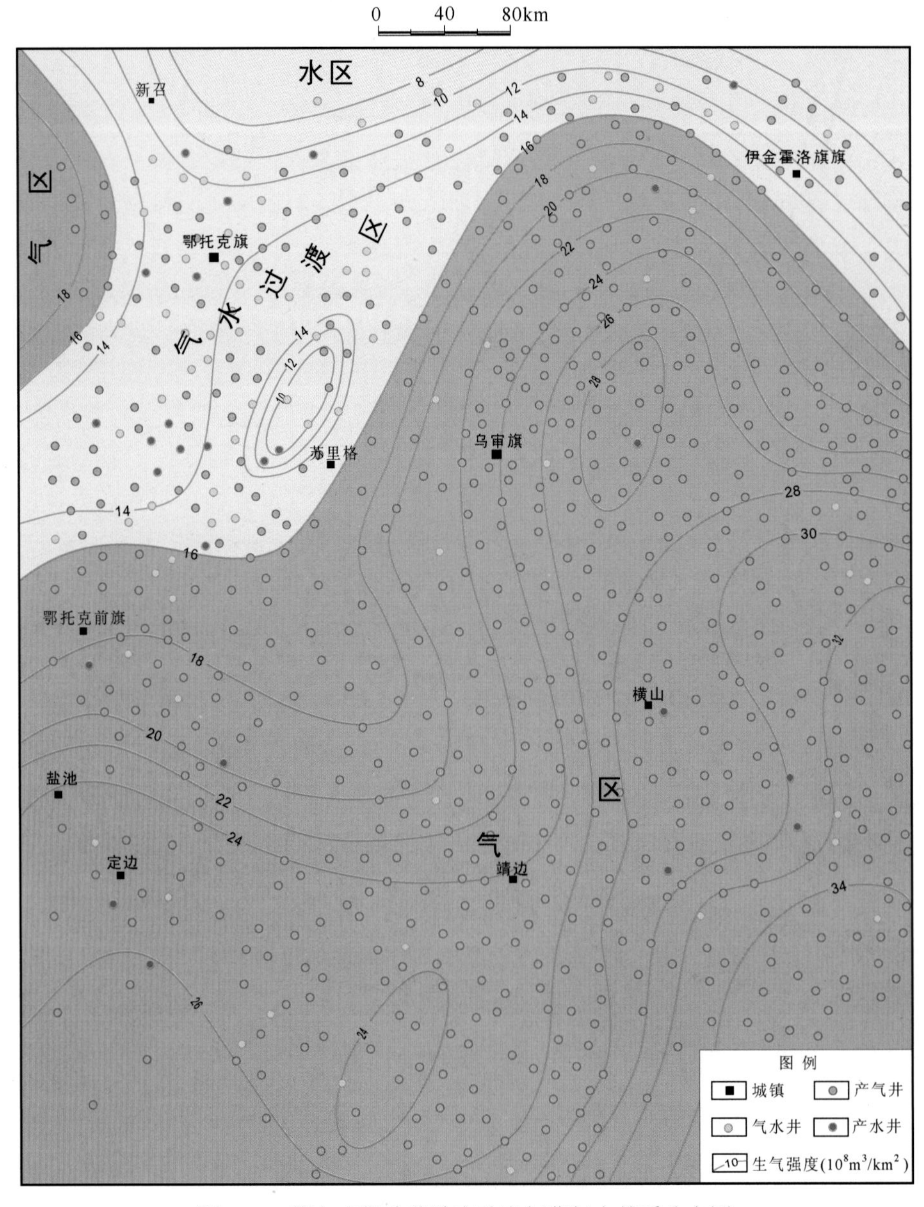

图 8-23　鄂尔多斯盆地致密砂岩气藏气水关系分布图

主要分布在伊盟隆起、盆地西北部和东北部；相对富气区主要在伊陕斜坡中东部连片分布，分布范围相对集中；富气区内产水井数量少且零星分布。王志欣等(2006)认为盆地北部伊盟隆起带含水的主要原因还有一个就是该地区构造较陕北斜坡相比更为复杂，构造抬升幅度较高，地层厚度相对较小且埋藏较浅，即使形成气藏也较容易散失和受到破坏。富气区内存在零星分布的产水井，主要是因为天然气沿断裂向上运移进入砂层，由于强烈的储层非均质性，天然气的侧向推进很困难，因此在这些天然气难以进入的孤立砂体之中就形成了不含气或含气饱和度较低的“酸点”。

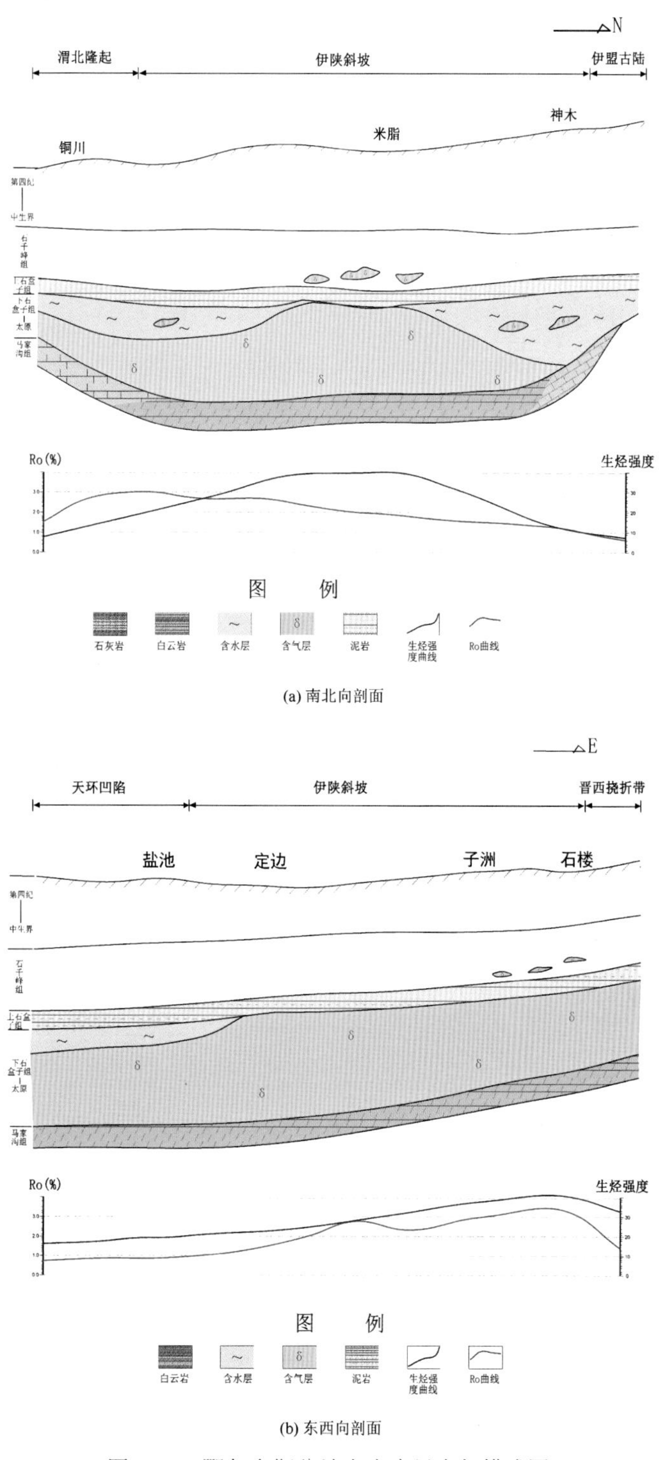

(a) 南北向剖面

(b) 东西向剖面

图 8-24　鄂尔多斯盆地上古生界含气模式图

从鄂尔多斯盆地主力含气层系南北向与东西向的气藏剖面来看(图 8-24(a)、(b))，盆地内部地层含

气性与生烃强度和 R_o 镜质体反射率具有很强的相关性。受生烃强度与 R_o 镜质体反射率的共同影响，在生烃强度高值区及烃源岩成熟度较高的地区往往发育纯含气层，局部见含水层的存在；而随着生烃强度的减弱及烃源岩成熟度的降低，含气层只在距离烃源岩较近的山西组、太原组、本溪组等储集砂体中发育，距离烃源岩较远的石盒子储集层中逐渐发育含水层，保持着气水共存的特征。

8.4.2　气藏尺度气水分布模式

姜福杰等(2007)通过致密砂岩气成藏过程模拟实验研究认为，致密砂体内的气水分布关系随着天然气的充注是不断发生变化的。在成藏的最初阶段，自由水分布空间随着天然气的充注不断变小，低渗砂体内的气柱分布范围随着与“相对高渗砂体”的连通和分离呈幕式的变化。在低渗砂体的左侧，气柱与相对高渗砂体相连后始终保持连通，而右侧的气柱与高渗砂体相连接则呈脉冲式，这也导致了气水分布关系的不断变化。实验结束，即当砂箱内的气体分布范围不再变化时，可以清晰地看到，砂箱内的高渗砂体完全被天然气充满，而低渗砂体则以气柱的方式和平行于注气管的水平方式存在着气体的聚集带。在实验模型的下部，低渗砂体与高渗砂体之间存在着一个滞留水区域，这一区域完全被天然气所包围，而在高渗砂体 1 和高渗砂体 2 之间，存在着一个范围较大的滞留水带，这一区域也基本被天然气所包围(图 8-25)。如果钻井位置如图 8-25 所示，那么在这一井段气水分布关系将会十分复杂，而在整个区域内，气水边界的确定也很困难。但是，从实验现象不难看出，在致密砂体背景下的“相对高渗砂体”仍是天然气聚集的最有利部位，在气源岩的上方一般会存在一个水平的天然气聚集带。从实验过程和现象不难看出，在同等充注强度下，导致致密砂体内气水分布关系复杂的原因在于储层的较强非均质性以及复杂空间叠置关系。

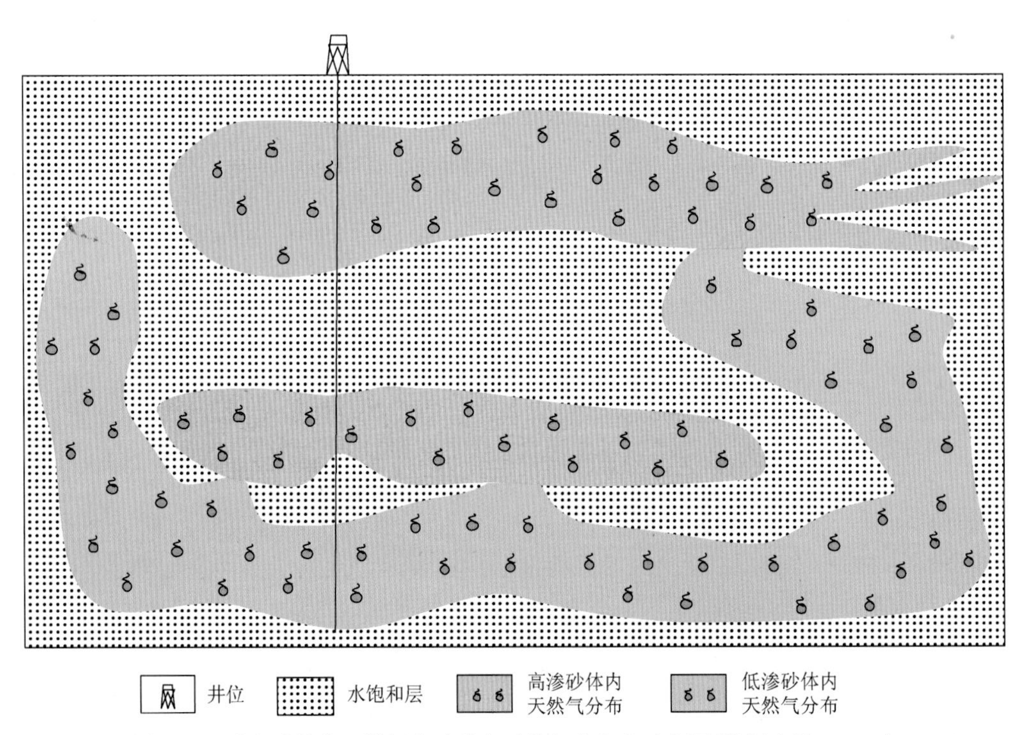

图 8-25　致密砂体物理模拟实验结束时的气水分布示意图(姜福杰等，2007)

鄂尔多斯盆地上古生界除发育少数优质高孔渗砂岩储层外，总体上为致密砂岩储层。砂体主要沿主河道方向呈连片状分布，由于河道迁移比较频繁，形成的复合叠置砂体在物性上存在较强的非均质性，从而使砂体内部孔隙流体连通性受到不同程度的制约。天然气在充注成藏时，砂体中孔隙自由水被气体驱替方式和驱替程度必然存在差异。天然气排烃、运移进入圈闭的储层后，储层孔隙自由水通常由气体浮力及气体膨胀力驱动而被排驱出圈闭。浮力驱动是需要一定高度的连续气柱克服毛细管阻力，然后向上倾方向置换孔隙自由水而聚集在圈闭高部位，所形成的气藏往往具有统一的气水界面和气水过渡带。储层物性越好，气水过渡带的厚度就越小。

浮力驱动成藏要求圈闭闭合高度远大于连续气柱的临界高度，连续气柱的临界高度取决于储层的排驱压力。从不同气水相渗曲线对应的气柱高度与含水饱和度关系图中可以看出，物性越差，气水分异所需要的连续气柱高度越高(图 8-26)。气驱水的过程中，气体首先将大孔隙的水驱替出去，此时需要的压力小，故开始需要的气柱高度小，随着驱替的进行，越小孔道中的水越不容易驱替，需要更大的气柱高度来克服毛细管阻力。

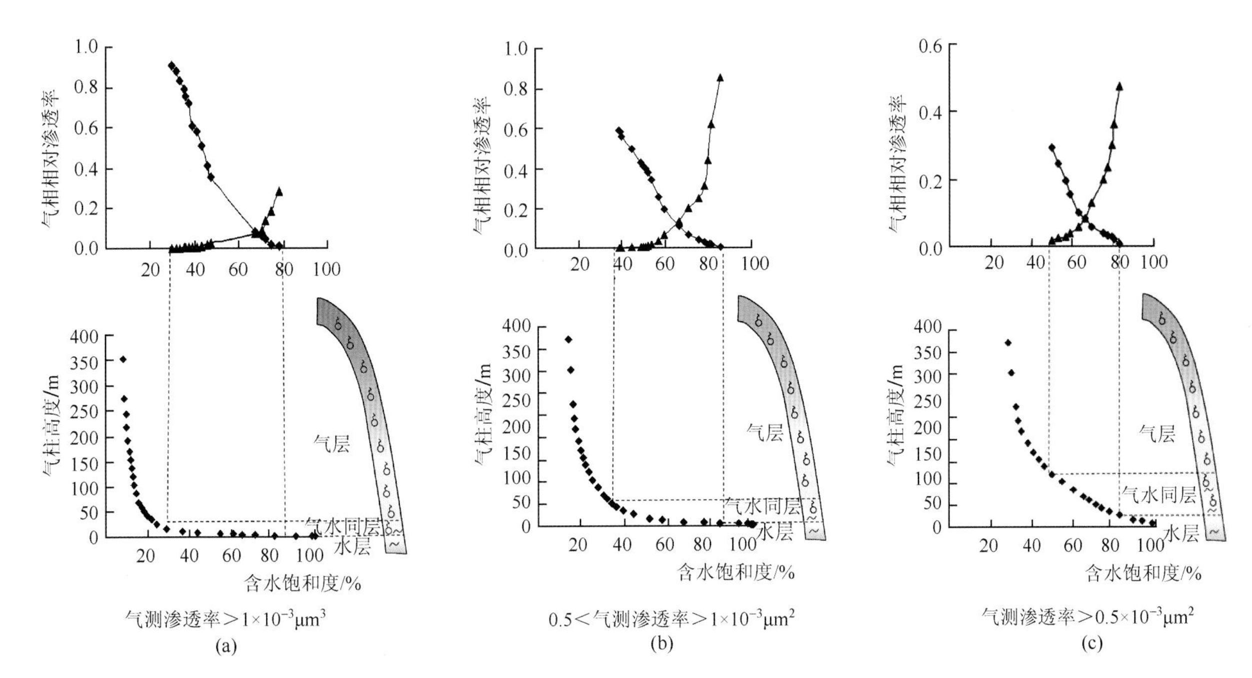

图 8-26　不同气水相渗曲线对应的气柱高度与含水饱和度

鄂尔多斯盆地主要发育三类有效致密砂岩储层。Ⅰ类储层渗透率大于 $1\times10^{-3}\mu m^2$，曲线为单平台型，孔喉分选较好，中偏粗歪度，排驱压力小于 0.4MPa，中值喉道半径大于 0.5μm，主渗流喉道半径大于 2μm，形成连续气柱的临界高度为 20m；Ⅱ类储层渗透率在 $(0.5\sim1)\times10^{-3}\mu m^2$，曲线一般都具有双阶梯形的孔隙结构特征，中偏细歪度，说明构成的孔喉主要为两类孔隙喉道，排驱压力在 0.4～0.8MPa，一般为 0.7MPa，中值半径 0.5～0.1μm，大于 0.075μm 孔喉半径的进汞量在 50%～70%，主渗流喉道半径在 0.3～0.59μm，形成连续气柱的临界长度大约为 50m；Ⅲ储层渗透率小于 $0.5\times10^{-3}\mu m^2$，曲线为双台阶形，曲线歪度细偏中，此类储层排驱压力在 1～2MPa，中值半径在 0.04～0.1μm，大于 0.075μm 孔喉所对应的进汞量是在 35%～50%，该类储层主渗流喉道峰值在 0.15～0.3μm，形成连续气柱的临界高度大约为 130m。虽然Ⅰ类高孔高渗储层有一定的发育，但大范围内连续分布较差。对于Ⅱ、Ⅲ类储层而言，虽然分布范围大，在南北方向可达上百公里，但是储层物性较差，天然气运移受到的毛细管阻力大，浮力作用的大范围驱动很困难。

受岩性圈团成藏过程的控制，烃类优先充注于相对高渗储层中，这是由于砂岩储层天然气充注起始压力低，运移阻力小，气容易驱替水；而渗透率较低的储层天然气充注起始压力高，运移阻力大，气较难进入，易形成差气层、干层或水层(曾溅辉等，2000；姜福杰等，2007)。鄂尔多斯盆地上古生界致密砂岩储层非均质性强，气水分布关系比较复杂，在纵向上连续分布砂体中发育上气下水、上水下气及气水混储三种气水分布模式(图 8-27)。

上气下水型气藏普遍发育于相对高渗储层中，在低幅度构造和低渗透背景条件下，对局部孔隙结构、物性较好的储层，受成藏条件或成藏后构造弱分异作用控制，残留于储层或砂体底部的水，这类水主要

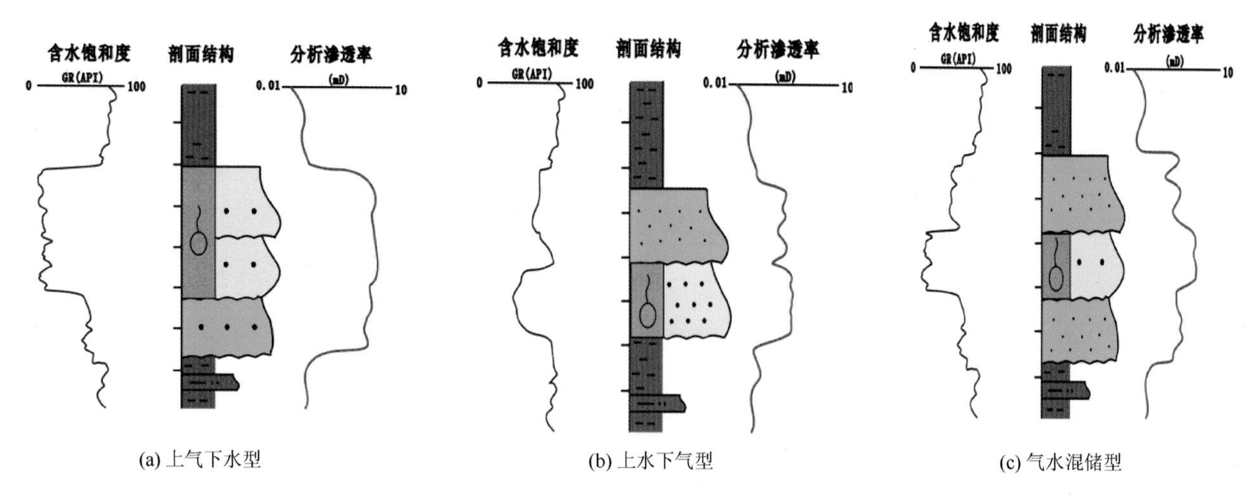

图 8-27　鄂尔多斯盆地上古生界致密砂岩气水分布模式图

是由于气藏充注程度不足形成的局部滞留水，主要分布于主河道构造下倾部位，或者周围致密层圈闭的孤岛透镜状渗透性砂体中。从测井曲线上看电性参数有明显的水层特征，表现为气层底部电阻率具有明显的突变降低特征，说明气藏底部含分异水。以 Y43—Y53 井气藏剖面为例(图 8-28)，Y29 井山 2 段储层平均孔隙度 7.5%、平均渗透率为 $4.04\times10^{-3}\mu m^2$，压汞曲线显示该段排驱压力低，进汞饱和度高，孔隙结构好。储层上部呈现出高电阻、高时差特征，含气饱和度高；储层底部电阻明显降低，出现水层特征，地层水由于重力分异作用，存在于储层底部，试气获无阻流量 $27.7790\times10^4m^3/d$，日产水 $6.9m^3$。

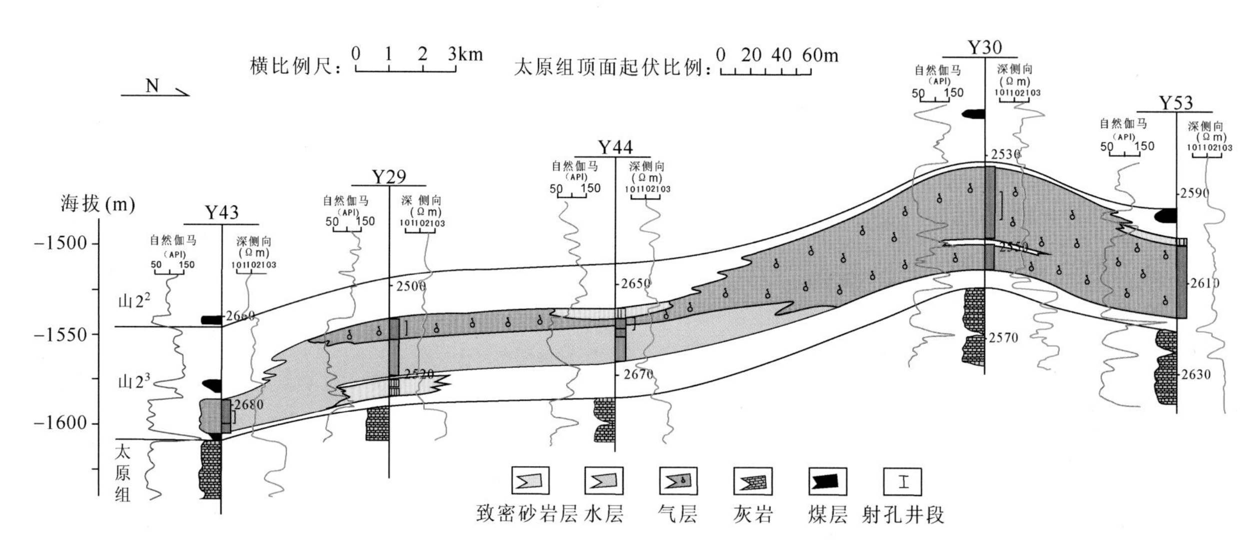

图 8-28　Y43—Y53 井气藏剖面图(上气下水型)

对于孤立的砂体，四周为泥岩包绕，加之成岩作用使之成为孤立致密砂体，其中封闭的原始地层水无法排出，天然气也就无法进入，这样无论是否有原地烃源岩，均会出现透镜状孤立砂体原始水区。这类相对高孔渗局部含水储集体周围被泥岩或致密砂岩所封闭，致使天然气充注不足，形成局部含水储集体(图 8-29)，例如，Su9 井在山 1 段测井解释气水层 8.8m，试气后产气 $2.2168\times10^4m^3/d$(井口)，产水 $30.0m^3/d$，平均孔隙度 12.86%，平均渗透率 $3.99\times10^{-3}\mu m^2$，具有相对高孔渗储层产水的特征。

上水下气型气藏普遍发育在较致密储层中，天然气无法按照常规方式进行置换式运移，而是以不断膨胀的方式把地层水推移开来，导致气、水之间机械势能的直接传递。在没有浮力作用条件下，天然气从砂岩底部开始聚集成藏，上部相对更致密储集层本身就具备了盖层的基本功能，从而形成上水下气的分布状态。在测井上表现为储层上部电阻率低，储层底部电阻率有明显突然增高特征，说明气层上部含

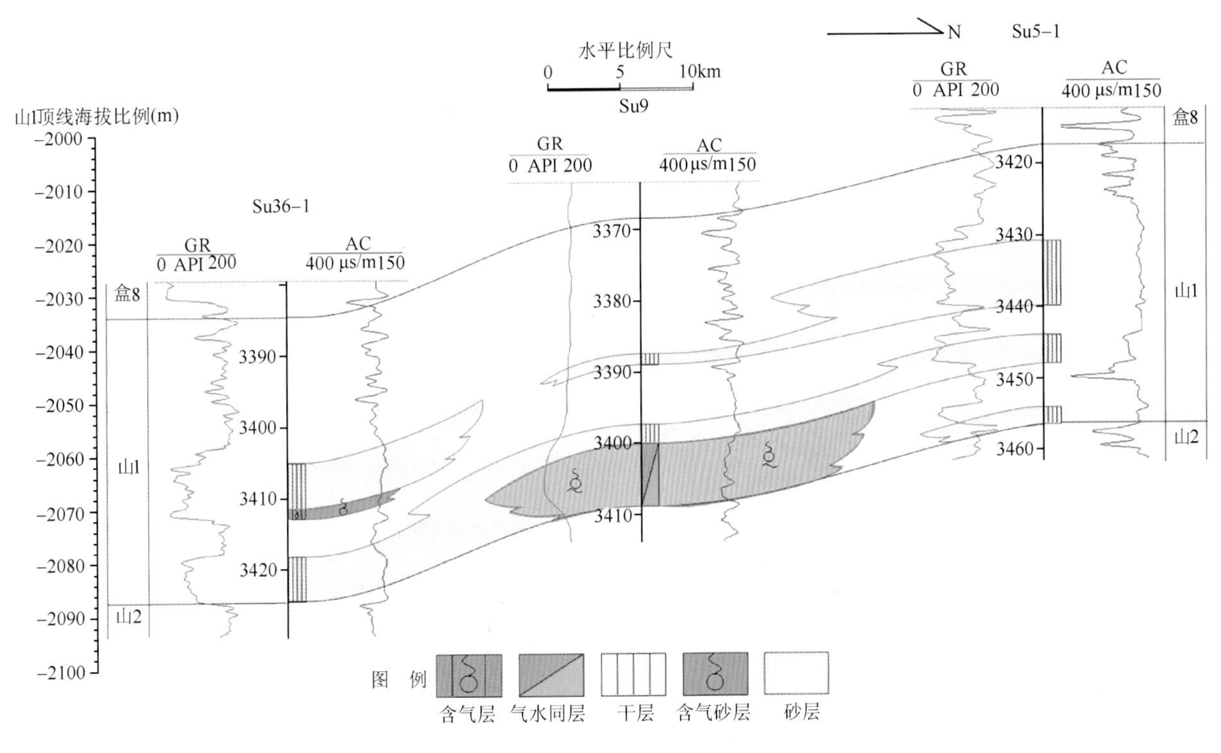

图 8-29　苏里格山 1 段气藏剖面图

水，气水未发生分异。致密储层的孔隙类型和孔喉结构的空间配置影响气水分异，孔喉体积比越大，储层的排替压力就越大，成藏过程中气驱替毛细管中的地层水也越困难。复杂的孔喉结构使得地层水一旦进入孔喉体积比较大的孔隙中，很难被排驱出来。以 S56 井山 1 段为例，该井在山 1 段储层上部测井解释含气层 3.0m，下部解释气层 1.7m，试气后产气 $1.1917\times10^4m^3/d$，产水 $1.8m^3/d$，平均孔隙度 8.2%，平均渗透率 $0.491\times10^{-3}\mu m^2$，含气层段电阻率明显降低，气层段电阻率突然增高，显示上水下气的特征，气水未发生分异(图 8-30(a))。

气水混储型气藏的地层水主要存在于非均质性较强储层的毛细管中，主要受毛管力控制，重力作用影响小，主要发育在河道侧翼或主河道沉积旋回顶面颗粒变细层。电阻率曲线纵向呈现韵律式变化，气水分异不明显，无明显气水界面。天然气在成藏过程中，优先选择充注物性较好的储层；相对较致密的储层孔喉结构复杂，储层的排替压力大，成藏过程中气驱替毛细管中的地层水比较困难；气体向上浮力(0.08～0.28MPa)难以有效地克服储层毛细管阻力(0.15～2.0MPa)，成藏后气、水在纵向上较难分异，形成了含水储层气、水两相混储状态。以 S184 井盒 8 段为例，同一套连续砂体中测井解释气层 3 段、含气水层 3 段，并且气层与含气水层互层发育，试气后产气 $0.0707\times10^4m^3/d$(井口)，产水 $24.0m^3/d$，具有典型的气水混储特征(图 8-30(b))。

8.4.3　微观尺度气水分布模式

鄂尔多斯盆地上古生界致密砂岩储层微观孔隙结构复杂，储层产水与孔隙结构关系密切。由于储层孔隙结构的不规则性，毛细管喉道总是大小不一，气体膨胀克服的毛细管阻力有差异，相对大喉道的毛细管阻力较小，而小喉道的毛细管阻力较大，由于生烃膨胀力与储层毛管阻力的差异导致了气水分布的复杂性。

1. 储层毛细管力

储层毛细管力是指在油水、油气两相流体在油层内毛细管孔道中运动时，由于两相界面的存在，而产生毛细管的附加压力。对一个油水系统，它相当于油相压力减去水相压力；而对于气水系统，它相当

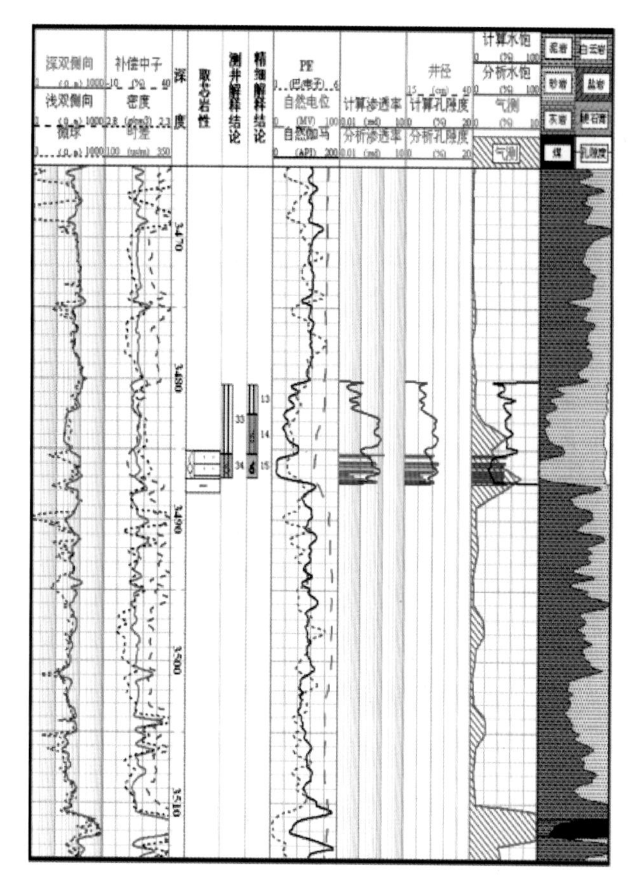

(a) S56井山1段测井解释成果图（上水下气型）

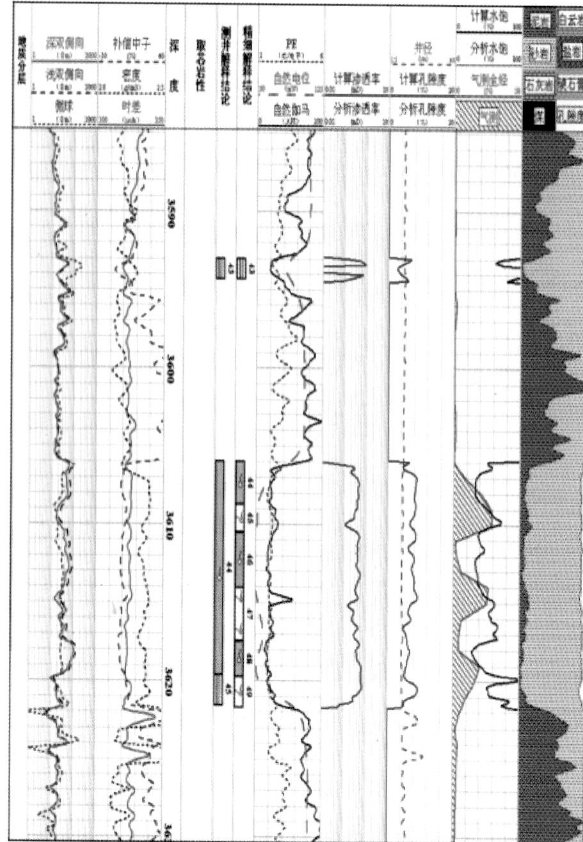

(b) S184井盒8段测井解释成果图（气水混储型）

图 8-30　S56 井山 1 段与 S184 井盒 8 段气水分布特征

于气相压力减去水相压力。可采用半渗透隔板法、压汞法和离心法等实验方法测定毛细管压力。

一般认为，在油气的二次运移过程中，由于孔隙结构的变化，当连续油(气)相反端曲率半径大于前端时毛细管力是油气运移的阻力，而当连续油(气)相反端曲率半径小于前端时毛细管力是油气运移的动力；毛细管力总是趋向于使非润湿相占据较大的孔隙空间，在浮力、水动力和毛细管力的共同作用下，油(气)呈间歇性运动，这在物理模拟实验中已得到证实。油气要发生运移，则沿前进方向上的动力必须超过该方向上的毛细管阻力和摩擦阻力。

由物理学可知，任何简单弯曲界面必然存在附加压力，该附加压力方向与曲面的凹向一致，附加压力的大小与界面张力及曲面的曲率有关，毛细管压力推导公式如下：

$$P_{cR}=\frac{2\delta_{gw}\cdot\cos\theta_{gw}}{r}$$

式中，δ_{gw} 为气水两相界面张力，取 25mN/m；θ_{gw} 为润湿接触角，由于水是完全润湿流体，天然气为强非润湿相，θ_{gw} 为 0°；r 为孔喉半径。根据苏里格地区压汞资料分析，致密砂岩储层喉道中值半径主要分布在 0.05～0.6μm(图 8-31)，计算在地层条件下，储层毛细管力主要分布在 0.15～2.0MPa(图 8-32)。

2. 天然气向上浮力

浸在液体或气体里的物体受到液体或气体向上托的力叫作浮力。浮力的产生原因是因为物体下表面受到向上的压力大于物体上表面受到的向下的压力。天然气在储层中的浮力大小与气柱连续高度和气、水密度差成正比，即

$$Pgr=H(\rho_{w}-\rho_{g})g$$

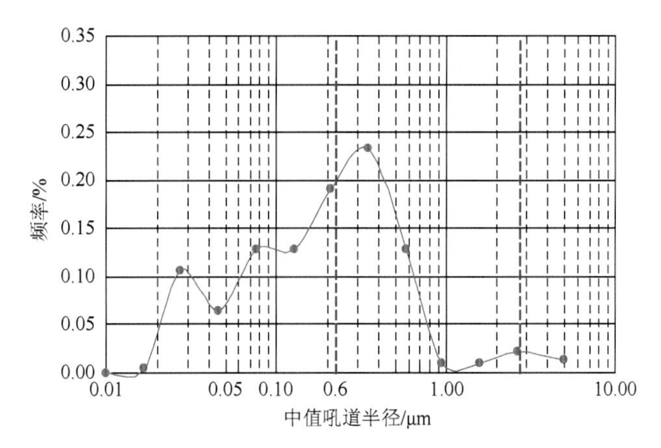

图 8-31　致密储层喉道中值半径分布频率

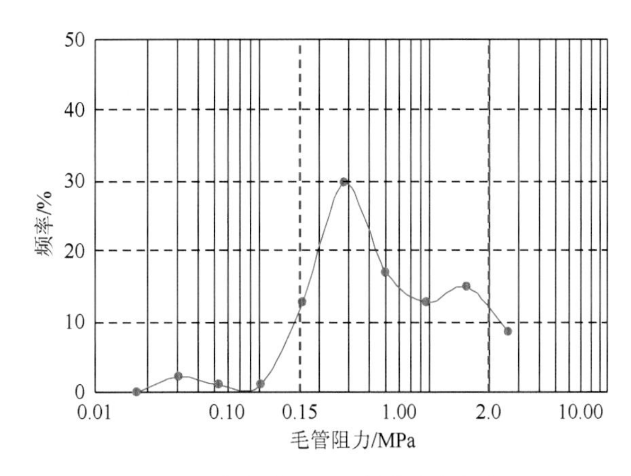

图 8-32　致密储层毛细管力分布频率图

式中，H 为气藏高度(m)；ρ_w 为地层条件下地层水密度（取值 0.96×10^3kg/m^3）；ρ_g 为地层条件下气体密度（取值 0.16×10^3kg/m^3）。

鄂尔多斯盆地内部整体区域构造平缓，通过对盒 8 段和山 1 段气藏特征研究，渗透性好、横向连通好的气层连续高度主要介于 10～35m，一般不超过 40m，从而计算得出盒 8 段和山 1 段气藏天然气向上浮力介于 0.08～0.28MPa(图 8-33)。

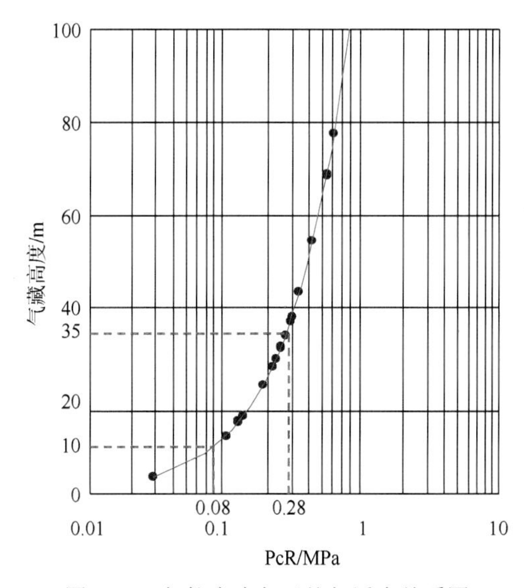

图 8-33　气柱高度与天然气浮力关系图

计算结果对比分析表明，一般含水储层的气体向上浮力(0.08～0.28MPa)，对应毛管半径为 0.2～0.7μm，分析渗透率大致为 $0.35\sim1.1\times10^{-3}$μm^2(图 8-34)。浮力难以有效地克服储层毛细管阻力(0.15～2.0MPa)，成藏后气、水在纵向上较难分异，形成了含水储层气、水两相混储状态。

通过综合分析，在渗透率小于 0.35×10^{-3}μm^2 时，储层主要以吸附水为主，其他类型水相对较少，该类储层含水饱和度较高；渗透率在 $(0.35\sim1.1)\times10^{-3}$μm^2 时，气、水较难分异，毛细管水发育，形成气、水两相混储；在渗透率大于 1.1×10^{-3}μm^2 时，气、水较容易分异，形成底部自由水(图 8-35)。

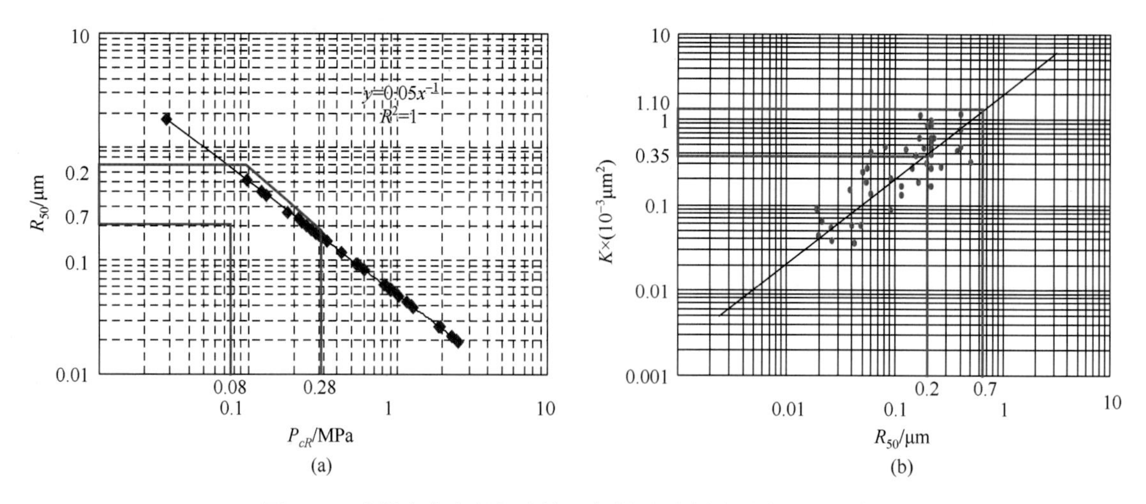

图 8-34　喉道中值半径与毛管压力(a)和分析渗透率(b)关系图

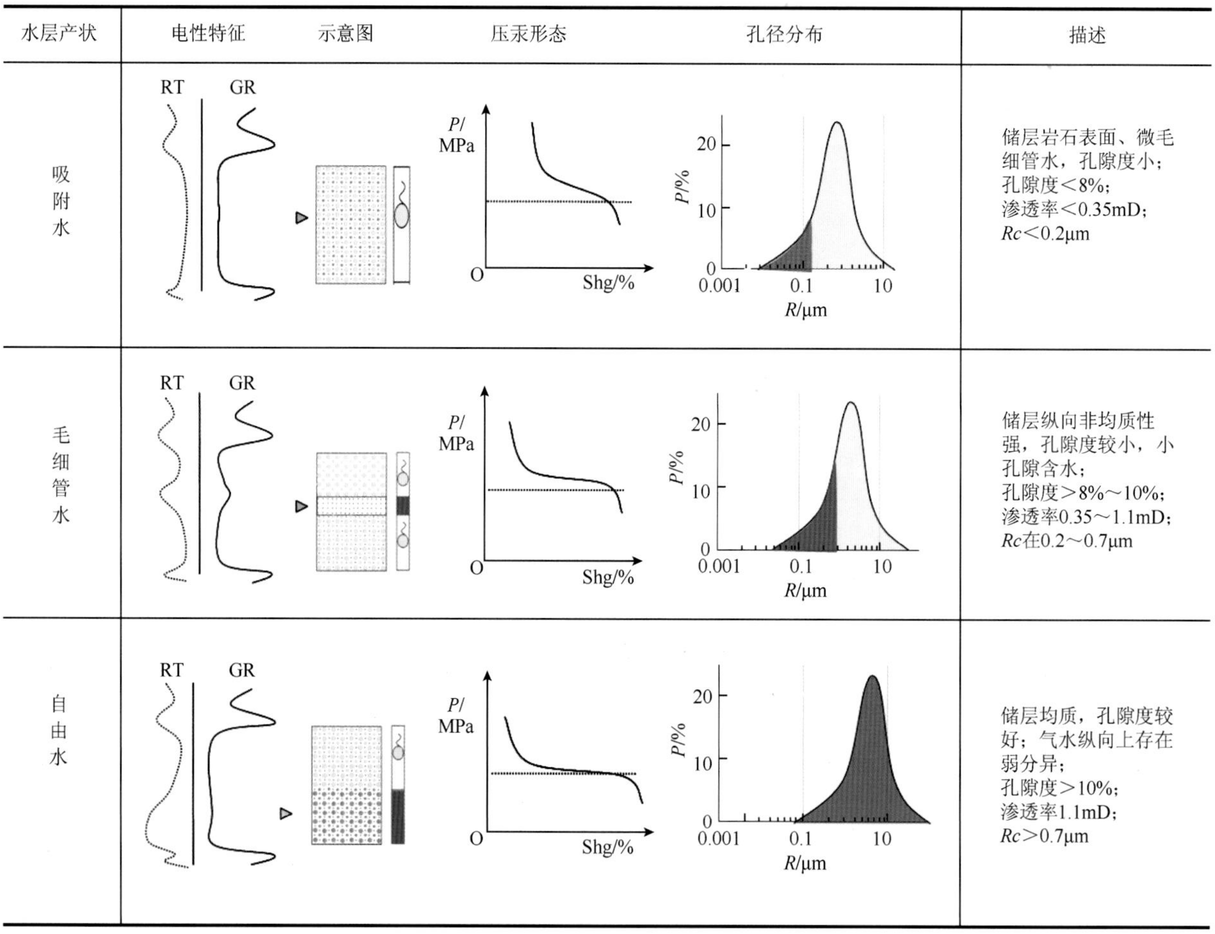

水层产状	电性特征	示意图	压汞形态	孔径分布	描述
吸附水	RT GR		P/MPa, O, Shg/%	P/%, 0, 10, 20; 0.001, 0.1, 10; R/μm	储层岩石表面、微毛细管水，孔隙度小； 孔隙度＜8%； 渗透率＜0.35mD； *Rc*＜0.2μm
毛细管水	RT GR		P/MPa, O, Shg/%	P/%, 0, 10, 20; 0.001, 0.1, 10; R/μm	储层纵向非均质性强，孔隙度较小，小孔隙含水； 孔隙度＞8%～10%； 渗透率0.35～1.1mD； *Rc*在0.2～0.7μm
自由水	RT GR		P/MPa, O, Shg/%	P/%, 0, 10, 20; 0.001, 0.1, 10; R/μm	储层均质，孔隙度较好；气水纵向上存在弱分异； 孔隙度＞10%； 渗透率1.1mD； *Rc*＞0.7μm

图 8-35　鄂尔多斯盆地地层水微观分布模式图

参考文献

陈昭年. 2005. 石油与天然气地质学. 北京：地质出版社
常俊，罗利，胡振平，等. 2008. 束缚水饱和度在苏里格气田气水识别中的应. 测井技术，32(6)：549-552
曹青，赵靖舟，付金华，等. 2013. 鄂尔多斯盆地上古生界准连续型气藏气源条件. 石油与天然气地质，34(5)：585-590
代金友，李建霆，王宝刚，等. 2012. 苏里格气田西区气水分布规律及其形成机理. 石油勘探与开发，39(5)：524-529
戴金星，裴锡古，戚厚发. 1996. 中国天然气地质学(卷二). 北京：石油工业出版社
邸世祥. 1991. 油田水文地质学. 西安：西北大学出版社
冯乔，耿安松，徐小蓉，等. 2007. 鄂尔多斯盆地上古生界低压气藏成因. 石油学报，28(1)：33-37
付金华，魏新善，任军峰. 2008. 伊陕斜坡上古生界大面积岩性气藏分布与成因. 石油勘探与开发，35(6)：664-667
付少英，彭平安，张文正，等. 2002. 鄂尔多斯盆地上古生界煤的生烃动力学研究. 中国科学(D辑)，32(10)：812-818
付少英，彭平安，张文正，等. 2003. 用镜质体反射率和包裹体研究鄂尔多斯盆地气藏中气水界面的迁移. 石油学报，24(3)：46-51
关德师，牛嘉玉. 1995. 中国非常规油气地质. 北京：石油工业出版社
郝国丽，柳广弟，谢增业，等. 2010. 川中地区须家河组致密砂岩气藏气水分布模式及影响因素分析. 天然气地球科学，21(3)：427-434
郝石生，黄志龙，杨家琦. 1994. 天然气运聚动平衡及其应用. 北京：石油工业出版社
何东博，贾爱林，田昌炳，等. 2004. 苏里格气田储集层成岩作用及有效储集层成因. 石油勘探与开发，31(3)：69-71
胡永章，卢刚，王毅，等. 2009. 鄂尔多斯盆地杭锦旗区块油气水分布及主控因素分析. 成都理工大学学报：自然科学版，36(2)：128-132
季汉成，杨潇. 2008. 鄂尔多斯盆地东部山西组山2段储集层孔隙类型及成因分析. 高校地质学报，14(2)：181-190
贾爱林，唐俊伟，何东博，等. 2007. 苏里格气田强非均质致密砂岩储层的地质建模. 中国石油勘探，(1)：12-16
姜福杰，庞雄奇，姜振学，等. 2007. 致密砂岩气藏成藏过程的物理模拟实验. 地质论评，53(6)：844-849
李克明. 2002. 鄂尔多斯盆地北部晚古生代的深盆气气藏. 石油与天然气地质，23(2)：190-193
李前贵，康毅力，张浩，等. 2007. 致密砂岩气藏原地条件下储层物性与传质方式研究. 西安石油大学学报(自然科学版)，22(11)：171-174
李文厚，魏红红，马振芳. 2002. 苏里格庙气田碎屑岩储集层特征与天然气富集规律. 石油与天然气地质，23(4)：511-518
李艳霞，田毓峰，李净红. 2012. 鄂尔多斯盆地低丰度大型岩性气田成藏机理-以榆林气田为例. 新疆石油地质，33(4)：408-412
李仲东，郝蜀民，惠宽洋，等. 2009. 鄂尔多斯盆地上古生界气藏与深盆气藏成藏机理之辨析. 矿物岩石，30(1)：86-92
李仲东，郝蜀民，李良. 2007. 鄂尔多斯盆地上古生界压力封存箱与天然气的富集规律. 石油与天然气地质，28(4)：466-472
李仲东，惠宽洋，李良，等. 2008. 鄂尔多斯盆地上古生界天然气运移特征及成藏过程分析. 矿物岩石，28(3)：77-83
刘方槐，颜婉荪. 1991. 油气田水文地质学原理. 北京：石油工业出版社
马新华. 2005. 鄂尔多斯盆地上古生界深盆气特点与成藏机理探讨. 石油与天然气地质，26(2)：230-236
闵琪，付金华，席胜利，等. 2000. 鄂尔多斯盆地上古生界天然气运移聚集特征. 石油勘探与开发，27(4)：26-29
孙来喜，张烈辉，王彩丽. 2006. 靖边气田相对富水层的识别、分布及成因研究. 沉积与特提斯地质，26(2)：63-67
王波，陈义才，李小娟，等. 2010. 苏里格气田盒8段气水分布及其控制因素. 天然气勘探与开发，33(2)：29-33
王怀厂，魏新善，白海峰. 2005. 鄂尔多斯盆地榆林地区山西组2段高效储集层形成的地质条件. 天然气地球科学，16(3)：319-323
王明健，何登发，包洪平，等. 2011. 鄂尔多斯盆地伊盟隆起上古生界天然气成藏条件. 石油勘探与开发，38(1)：30-39
王运所，许化政，王传刚，等. 2010. 鄂尔多斯盆地上古生界地层水分布与矿化度特征. 石油学报，31(5)：748-753
王泽明，鲁宝菊，段传丽，等. 2010. 苏里格气田苏20区块气水分布规律. 天然气工业，30(12)：37-40
王志欣，张金川. 2006. 鄂尔多斯盆地上古生界深盆气成藏模式. 天然气工业，26(2)：52-541
吴春萍，吴东平，杨超华. 2001. 大牛地气田上古生界气层测井识别方法. 天然气工业，21(S)：90-93
许化政，高莉，王传刚，等. 2009. 深盆气基本概念与特征. 天然气地球科学，20(5)：781-789
杨华，付金华，魏新善. 2005. 鄂尔多斯盆地天然气成藏特征. 天然气工业，25(4)：5-8
杨华，魏新善. 2007. 鄂尔多斯盆地苏里格地区天然气勘探新进展. 天然气工业，27(12)：6-11
杨建，康毅力，桑宇，等. 2009. 致密砂岩天然气扩散能力研究. 西南石油大学学报(自然科学版)，31(6)：76-79
杨胜来，魏俊之. 2008. 油层物理学. 北京：石油工业出版社
杨勇，达世攀，徐晓蓉. 2005. 苏里格气田盒8段储层孔隙结构研究. 天然气工业，25(4)：50-52
叶成林，王国勇，何凯，等. 2011. 苏里格气田储层宏观非均质性：以苏53区块石盒子组8段和山西组1段为例. 石油与天然气地质，32(2)：236-244.
袁政文，许化政，王百顺，等. 1996. 阿尔伯达深盆气研究. 北京：石油工业出版社
张海涛，时卓. 2010. 苏里格气田储层含水特征与测井识别方法. 吉林大学学报，40(2)：338-345
张浩，康毅力，陈一健，等. 2005. 致密砂岩气藏超低含水饱和度形成地质过程及实验模拟研究. 天然气地球科学，16(2)：186-189
张金川，唐玄，边瑞康. 2008. 游离相天然气成藏动力连续方程. 石油勘探与开发，35(1)：73-79
张金川. 2006. 从“深盆气”到“根缘气”. 天然气工业，26(2)：46-48.
张刘平，罗晓容，马新华，等. 2007. 深盆气-成岩圈闭：以鄂尔多斯盆地榆林气田为例. 科学通报，52(6)：679-687
张文忠，林文姬. 2008. 苏里格气田石盒子组地层水特征与天然气聚集. 新疆石油天然气，4(3)：1-8
曾溅辉，金之钧. 2000. 油气二次运移和聚集物理模拟. 北京：石油工业出版社
曾伟，陈舒，向海洋. 2010. 异常低含水饱和度储层的水锁损害. 天然气工业，30(7)：1-3
赵文智，汪泽成，朱怡翔，等. 2005. 鄂尔多斯盆地苏里格气田低效气藏的形成机理. 石油学报，26(5)：5-9

周德志. 2006. 束缚水饱和度与临界水饱和度关系的研究. 油气地质与采收率，13(6)：81-83
周新科，许化政，李丽丽. 2012. 地层水相态变化与深盆气形成机理-以鄂尔多斯盆地上古生界为例. 石油勘探与开发，39(4)：452-457
朱亚东，王允诚，童孝华. 2008. 苏里格气田盒 8 段气藏富水层的识别与成因. 天然气工业，28(4)：46-48
邹才能，陶士振，候连华，等. 2011. 非常规油气地质. 北京：地质出版社
邹才能，陶士振，袁选俊，等. 2009. 连续型油气藏形成条件与分布特征. 石油学报，30(3)：324-331
邹才能，杨智，陶士振，等. 2012. 纳米油气与源储共生型油气聚集. 石油勘探与开发，39(1)：13-26
柯斯林 A G. 1984. 油田水地球化学. 林文庄等译. 北京：石油工业出版社
Bennion D B. 2000. Formation damage processes reducing productive of low permeability gas reservoirs. SPE(C)：60325
Bennion D B，Thomas F B，Bietz R F. 1995. Water and hydrocarb on phase trapping in porous media-diagnosis，prevention and treatment. Journal of Canadian Petroleum Technology，35(10)：29-36
Law B E，Spencer C W. 1993. Gas in tight reservoirs-an emerging major source of energy. Future of Energy Gases，1570：233-252
Law B E，Dickenson W W. 1985. Conceptual model for origin of abnormally pressured gas accumulations in low permeability reservoirs. AAPG Bulletin，69(8)：1295-1304
Law B E. 2002. Basin centered gas systems. AAPG Bulletin，86(11)：1891-1919
Masters J A. 1979. Deep basin gas trap，western Canada. AAPG Bulletin，63(2)：152-181
McPeek L A. 1981. Eastern Green River basin：A developing giant gas supply from deep overpressured Upper Cretaceoussandstones. AAPG Bulletin，65：1078-1098
Schmoker J W. 2002. Resource-assessment perspectives for unconventional gas systems. AAPG Bulletin，86：1993-1999
Schmoker J W. 2005. US geological survey assessment concepts for continuous petroleum accumulations. US Geological Survey，1：1-9
Surdam R C. 1997. A new paradigm for gas exploration in anomalously pressured “tight-gas sands” in the Rocky Mountain Laramide basins//Surdam R C. Seals，traps，and the petroleum system. AAPG Memoir，67：283-298
Zuluaga E，Monsalve Grondona J C. 2003. Experiments on water vapourization in porous media. JCPT，7，8

第 9 章　盆地上古生界大面积致密砂岩气成藏机理

晚古生代华北克拉通在北高南低的平缓古地形广泛沉积了含煤系地层，为鄂尔多斯盆地上古生界大面积致密砂岩气成藏提供了得天独厚的物质基础。上古生界煤系烃源岩广覆式分布、“毯状”砂体分布以及早期致密化储层中天然气近距离中-高强度充注共同控制大面积致密砂岩气富集成藏。在晚白垩世以来的构造抬升过程中，煤层吸附气解吸的持续充注，天然气散失与补给的动平衡使大面积致密砂岩气得以长期保存。

9.1　晚古生代大型克拉通盆地的成藏物质聚集与分布

9.1.1　克拉通盆地背景下的稳定沉积

在早古生代，华北地台(又称为中朝板块、华北克拉通)北邻古亚洲洋的兴蒙海槽，南接特提斯构造域的秦岭洋。根据邵济安(1991)、李朋武(2009)等研究成果，华北克拉通晚古生代的缓坡地貌与古亚洲洋、西伯利亚板块向中朝板块俯冲、碰撞演化具有密切关系。华北地台在早古生代为悬浮于古亚洲洋与秦岭洋之间的微板块，周围被古陆和岛屿所环绕，呈向北漂移趋势，形成以陆表海为主的厚层碳酸盐岩沉积建造。早古生代末期，加里东运动使华北地台整体隆起，地层剥蚀形成广阔的风化夷平面。

晚石炭世本溪期至早二叠世太原期，兴蒙海槽向南俯冲消减并且基本消亡，南部秦祁洋则向北俯冲而消减。西伯利亚板块与中朝板块两大板块对接带的构造活动表现为古地体拼合、间歇性裂谷作用，两者之间碰撞强度相对较低，主要表现为强增生—弱碰撞。由于板块漂移速度缓慢，大陆板块之间的碰撞能量主要与板块质量有关。任纪舜等(1999)根据动能的质量速度方程原理，将微陆块之间的碰撞称为软碰撞，巨型大陆间的强碰撞称为硬碰撞。华北板块相对较小，大约为西伯利亚板块的 1/5，加之中朝板块和西伯利亚板块间存在大量地体，在古亚洲洋闭合过程中，地体拼贴对板块碰撞起到一种缓冲作用，板块之间的相互作用为强增生—弱碰撞。强增生—弱碰撞作用的显著结果表现为兴蒙海槽隆升幅度低，华北海与祁连海沿中央古隆起北部局部连通，鄂尔多斯盆地北缘形成了陆表海背景下的小型冲积扇—三角洲和潮坪沉积体(图 9-1(a))。华北地台北部兴蒙造山带的低幅度隆升，由北到南形成区域性的平缓古地貌，经过晚石炭世本溪期对加里东期风化壳的填平补齐之后，早二叠世太原期随着华北地台沉降，鄂尔多斯盆地海水自东西两侧侵入，致使中央古隆起淹没于水下，形成了统一广阔海域的稳定沉积。

早二叠世山西期，华北地台南部秦祁洋则再度向北俯冲而消减，至晚三叠世闭合，北缘为地体拼合完成后的软碰撞阶段，造山带旋回性低幅度隆升，相应地在鄂尔多斯盆地北部形成了几个大型河流—三角洲体系充填期。由于受南北两侧大洋相向俯冲影响，华北地台整体抬升，海水从东西两侧迅速退出，古地貌表现为北高南低，北缓南陡，并一直持续至晚三叠世。山西组沉积早期，在鄂尔多斯盆地的南北向中央古隆起和盆内隆拗相间的沉积格局消失，是海盆向近海湖盆转化的过渡时期，海水从盆地东西两侧退出，北部物源区相对快速隆升，成为主要物源区。山西组沉积晚期，华北地台北部构造活动日趋稳定，物源供给减少，盆地进入相对稳定的沉降阶段，三角洲体系向北收缩，沉积相带北移(赵振宇等，2012)。

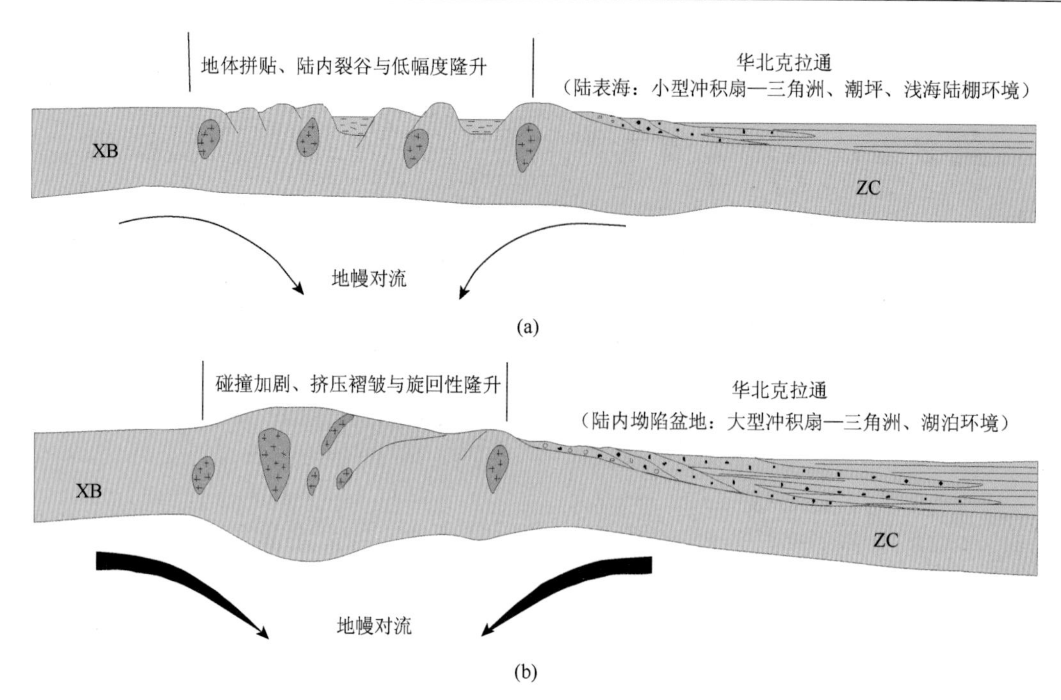

图 9-1　鄂尔多斯盆地北部晚古生代弱碰撞造山的盆—山耦合过程示意图(据陈安清等，2011)

(a)晚石炭世—二叠纪早期；(b)二叠纪中—晚期　XB.西伯利亚板块　ZC.中朝板块

鄂尔多斯盆地晚石炭世本溪组沉积具填平补齐性质，在中央古隆起、伊盟隆起及渭北隆起等地区部分缺失，盆地内东西沉积区厚度一般为 20～60m，平均厚度约为 35m。早二叠世太原组地层厚度在盆地西部地层厚度一般为 40～80m，盆地东部一般为 40～50m。山西组地层厚度一般为 70～140m，总体变化趋势是从东西两侧向中部变薄，并且沉积厚度较本溪、太原组明显变厚，盆地中部沉积宽缓，东西分带较前不明显，而代之以南北差异的沉积格局。

二叠纪中—晚期(石盒子期与石千峰期)，华北地台北部兴蒙洋因西伯利亚板块与华北板块对接而消亡，西部贺兰拗拉槽关闭，鄂尔多斯盆地北部构造活动逐渐加强，造山带旋回性低幅度隆升，物源区供给持续增加，克拉通南北向坡度增大，冲积扇—河流—三角洲体系向南推进(图 9-1(b))。华北地台南部秦祁洋虽未完全关闭，但俯冲消减作用强烈，导致华北地台整体抬升，海水自此退出鄂尔多斯盆地，盆地演变为内陆湖盆，以发育河流—三角洲—湖泊沉积为主，沉积环境彻底转变为大陆体系。鄂尔多斯盆地在二叠纪中—晚期沉积范围广，地层厚度一般为 450～650m，分布较稳定。

综上所述，华北地台在晚古生代的兴蒙海槽向南俯冲消减和地体拼合的软碰撞过程中，物源区缓慢低幅度隆升，从而在北高南低的缓坡地貌环境形成稳定沉积。鄂尔多斯盆地作为华北地台的稳定地块，上古生界沉积范围大，沉积的地层厚度大且分布稳定。

9.1.2　克拉通盆地烃源岩的广覆式分布

鄂尔多斯盆地上古生界气源对比研究结果表明，天然气主要来源于煤岩，煤系泥岩是次要烃源岩(详见第 6 章)。华北克拉通在石炭纪—二叠纪聚煤环境多样，聚煤层位包括本溪组、太原组和山西组。晚石炭世本溪期和早二叠世太原期，华北地台整体沉降而形成陆表海盆地，鄂尔多斯地区海侵分别来自东西两侧的华北海和祁连海，以陆表海沉积为主，发育泻湖泥炭坪、障壁岛障后泥炭坪等多种稳定的聚煤场所(图 9-2)。

早二叠世晚期的山西组沉积期，华北克拉通受秦岭、兴蒙海槽逐渐关闭的影响，结束了陆表海盆地沉积充填，盆地性质由陆表海盆地演化为大型近海湖盆。鄂尔多斯盆地逐渐向陆相盆地转化，不再有稳定的潮坪环境，东西差异沉积逐渐消失，南北差异沉降和沉积相带分异明显，以发育大面积的三角洲平原为特征。

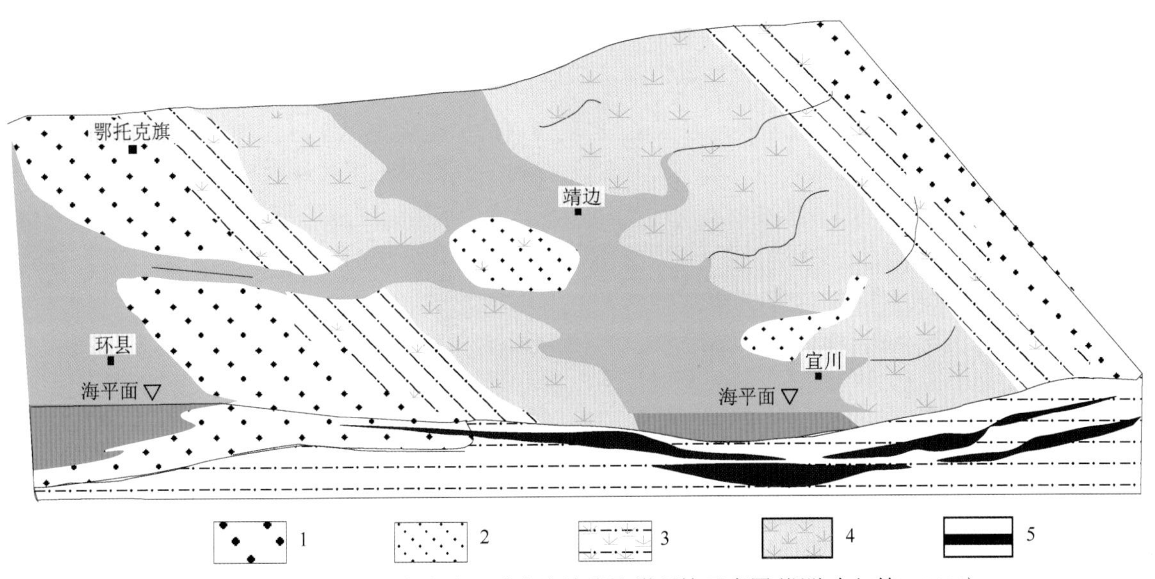

图 9-2　鄂尔多斯盆地上古生界陆表海滨岸聚煤环境示意图(据陈全红等，2009)

1. 滨岸、障壁沙坝道　2. 三角洲沙坝　3. 潮坪泥炭坪　4. 泻湖泥炭坪　5. 煤层

山西组沉积期在温暖潮湿的气候背景下，三角洲平原在湖进期废弃后或三角洲前缘在湖退迅速被沼泽化而占据，形成大面积聚煤场所(图 9-3)。中二叠世和晚二叠世，随着华北板块自赤道不断向北漂移，气候由温暖潮湿向炎热干燥转换，鄂尔多斯盆地聚煤作用逐渐消失。

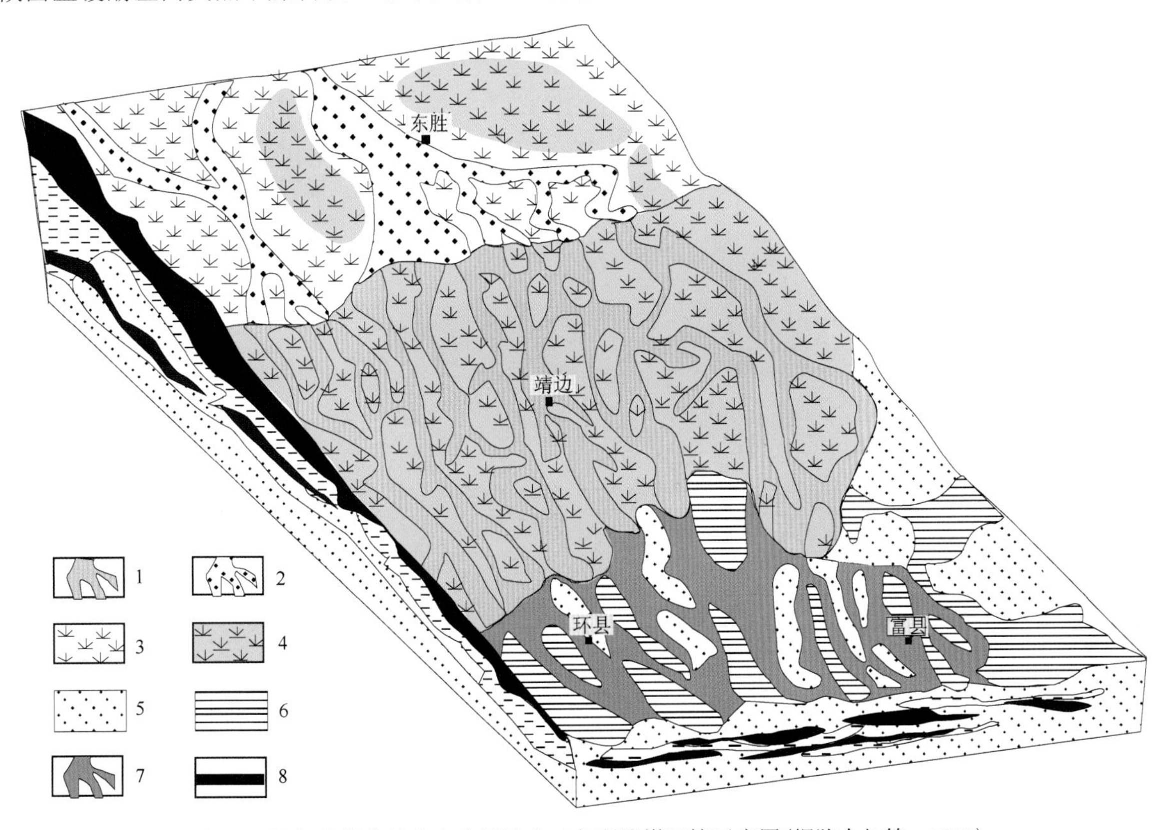

图 9-3　鄂尔多斯盆地上古生界浅水三角洲聚煤环境示意图(据陈全红等，2009)

1. 分流河道与潮道混合水道　2. 分流河道　3. 三角洲平原　4. 浅水三角洲泥炭坪　5. 潮汐作用形成的砂坝、砂坪　6. 潮汐泥炭坪　7. 潮坪环境下的潮道　8. 煤层

鄂尔多斯盆地上古生界煤层累计厚度一般为 10～30m(详见第 6 章)，在盆地范围内稳定分布为广覆式生烃提供了物质基础。

9.1.3　克拉通盆地大型缓坡浅水三角洲储集砂体大面积分布

加里东构造期，华北克拉通盆地经历了长达 1 亿多年的风化剥蚀。晚古生代，在古亚洲洋关闭过程中，华北克拉通盆地形成北高南低的大型缓坡地貌，有利于发育大型缓坡浅水三角洲沉积。浅水三角洲河道水浅流急、延伸距离大、砂质长距离均衡卸载，在沉积层序中前三角洲和三角洲前缘沉积较薄，而三角洲平原沉积极为发育，其中河口坝沉积常被潮汐水流改造，分流河道冲刷显著，常切割河口坝沉积物乃至先前形成的海相沉积物，分流河道迁移频繁，砂体分布范围较宽。

浅水三角洲主要发育在山西组—石盒子组，可进一步分为浅水辫状河三角洲、浅水曲流河三角洲和浅水网状河三角洲。浅水辫状河三角洲主要发育于山 2 段和盒 8 段，辫状河道主要由成熟度较高的含砾粗砂岩、粗砂岩及中砂岩所组成，发育大型槽状交错层理块状层理、斜层理和冲刷充填构造等。山 2 段的三角洲由于受潮汐的冲洗作用，三角洲前缘被破坏而不大发育，可见双向交错层理和潮汐层理。浅水曲流河三角洲主要出现在山 1、盒 7、盒 6 段，分流河道具有下粗上细的“二元结构”，上段河幔沉积的泥岩或粉砂岩的厚度与下段粗粒部分相当，下段中—粗粒砂岩组成的边滩沉积，发育板状斜层理、槽状交错层理和平行层理，偶见槽状的正粒序水下分流河幔与穹窿状的逆粒序河口坝共存。浅水网状河三角洲出现在盒 5 至盒 1 段，分流河道由较细的中砂岩或细砂岩构成，层理规模亦较小，主要有小型板状斜层理、小型槽状层理。

山西组—石盒子组三角洲沉积体系由于受到古气候变迁的影响，三角洲大范围往复进退和侧向迁移，造成多期次多层位的河道砂体立体交织叠覆，形成了浅水三角洲特有的大面积复合网毯状砂体，例如，主要储集层下石盒子组盒 8 段和山西组的山 2 段，砂体厚度分别为 10～30m，砂体宽度 10～20km，延伸长度 300km 以上。依据砂岩累计厚度，盆地北部自东向西发育米脂、靖边、杭锦旗、石嘴山四个高建设性河流—三角洲沉积体系，呈近南北向展布；盆地西南部发育平凉三角洲沉积体系，呈南西向展布；盆地东南部发育韩城三角洲沉积体系，呈南东向展布(图 9-4)。在六个砂体带中，叠合砂岩累计厚度达 60～90m，

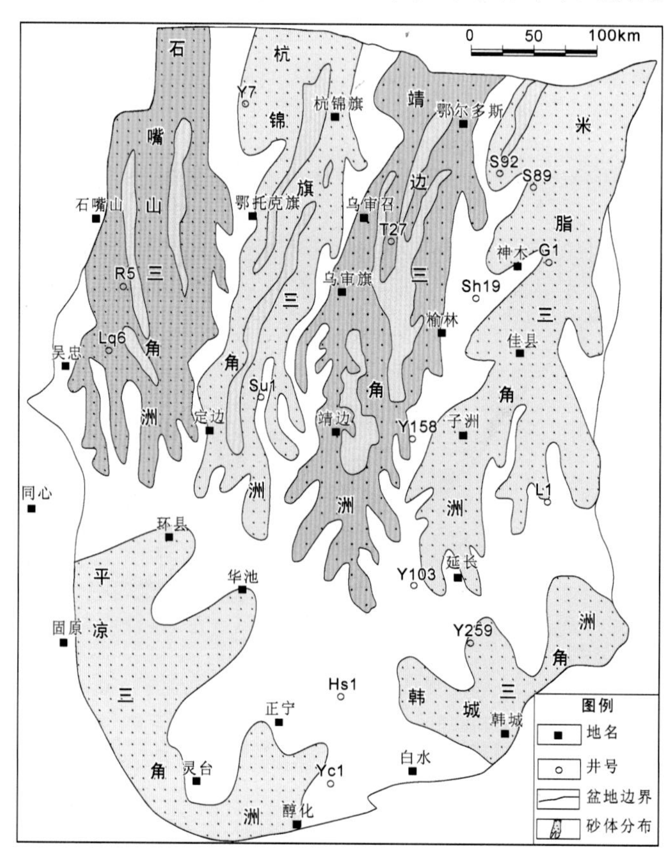

图 9-4　鄂尔多斯盆地上古生界三角洲主砂体带分布

大面积网毯状砂体分布范围约在 $15\times10^4km^2$，约占现今盆地总面积的 60%。大面积分布的砂岩储集体为上古生界砂岩气藏的形成提供了广阔的储集空间。

9.1.4　克拉通盆地背景下烃源岩的大范围生气

烃源岩大量生烃不仅需要烃源岩厚度大、有机质丰度高，热演化程度也是一个关键因素。根据本溪组 8#煤样品和山西组 5#煤低成熟样品的生烃热压模拟实验结果，煤岩有机质在低成熟到成熟阶段的生烃转化率较低，大量生气是在高成熟阶段(R_o为 1.3%～2.0%)。华北克拉通在晚古生代虽然大面积聚煤，但在中新生代被分化为多个盆地，上古生界烃源岩经历了不同的埋藏史和热史，在生烃期次和生烃强度方面存在较大的差异。

在早中三叠世，华北地区仍为克拉通盆地，上古生界煤系烃源岩由西向东在鄂尔多斯盆地至渤海湾盆地经历了相似的热演化过程，烃源岩有机质由未成熟到达低成熟阶段。印支运动使华北板块东部地区隆升为剥蚀区，导致生烃终止，而在鄂尔多斯盆地则持续沉降，上古生界持续生烃。

燕山构造期，古太平洋板块开始向新生的亚洲大陆斜向俯冲，华北板块中东部地区总体处于 NE 向左旋挤压构造环境，鄂尔多斯盆地东部显著向西倾斜，盆地西南缘发生强烈陆内变形和多期逆冲推覆，形成了盆地西部坳陷、东部倾斜抬升的古构造格局。在侏罗纪—早白垩世，华北板块西部的鄂尔多斯盆地总体上持续沉降，上古生界煤系烃源岩大规模生烃，而在华北板块东部的渤海湾地区局部沉降，但沉降幅度与印支期对三叠系的剥蚀厚度相当，大部分地区没有达到“二次生烃”(杨帆等，2002)。

晚白垩世之后至喜山构造期，印度洋板块与欧亚板块碰撞，古特提斯洋闭合，同时太平洋板块向西俯冲消减。华北板块东部的渤海湾盆地经历大幅度断陷，在局部深洼区上古生界达到深埋藏而经历“二次生烃”(图 9-5)。华北板块西部的鄂尔多斯盆地在早白垩世之后整体抬升，烃源岩有机质生烃作用终止，盆地周缘发育一系列新生代断陷盆地。鄂尔多斯盆地主体部分普遍缺失古近系，仅在中东部地区发育新近纪红色黏土，第四纪黄土大面积覆盖。

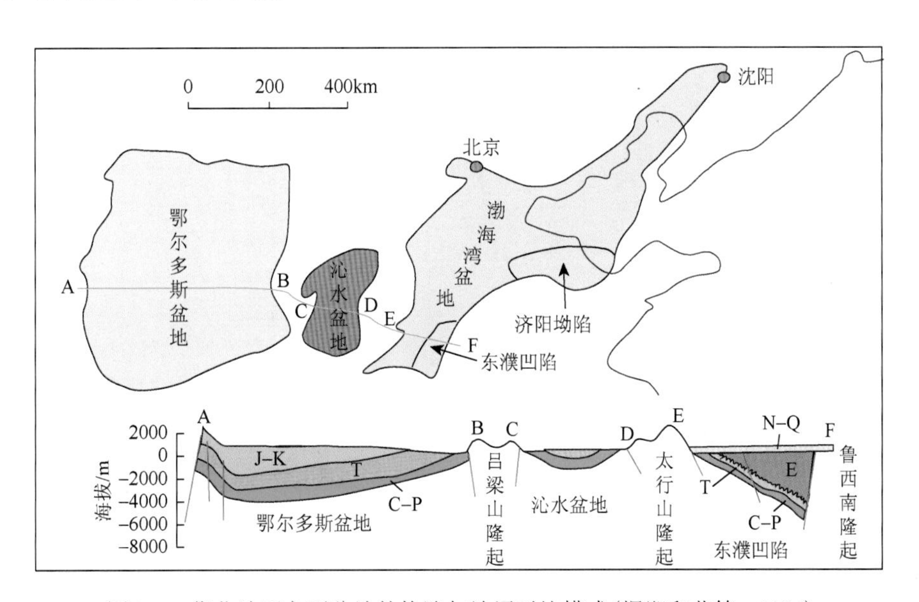

图 9-5　华北地区主要盆地的构造与地层对比模式(据郑和荣等，2006)

总之，华北板块西部的鄂尔多斯盆地基底相对稳定，晚白垩世之前，以整体沉降为主。在三叠纪—早白垩世晚期间，上古生界烃源岩整体沉降埋深达到 3500～4000m，在中生代构造热事件共同作用下，烃源岩有机质热演化先后由未成熟达到高—过成熟，有机质持续生烃时间约 110Ma。目前，鄂尔多斯盆地上古生界烃源岩 72%的地区均处于高—过成熟阶段，形成煤系烃源岩高成熟广覆式生烃。

9.1.5　克拉通盆地岩性生储盖组合的稳定分布

生储盖组合方式是控制油气成藏与分布规模的重要因素。鄂尔多斯盆地是华北克拉通最稳定的一部分，其稳定性决定了区域内沉积体系的相似性。在经历了长达数亿年的风化剥蚀之后，上古生界沉积时，区域地形平缓，沉降稳定，煤系地层、砂岩储集体和泥质盖层沉积交互出现，在纵向上构成了大面积分布的生储盖组合。上石盒子组区域泥岩盖层与本溪组煤系烃源岩的纵向距离一般不超过300m，其间发育多套砂岩储集层，不同类型储集层与煤系烃源岩以互层式、下伏式、上覆式、侧变式等多种方式接触，有利于烃源岩排烃和天然气的近距离运聚(图9-6)。

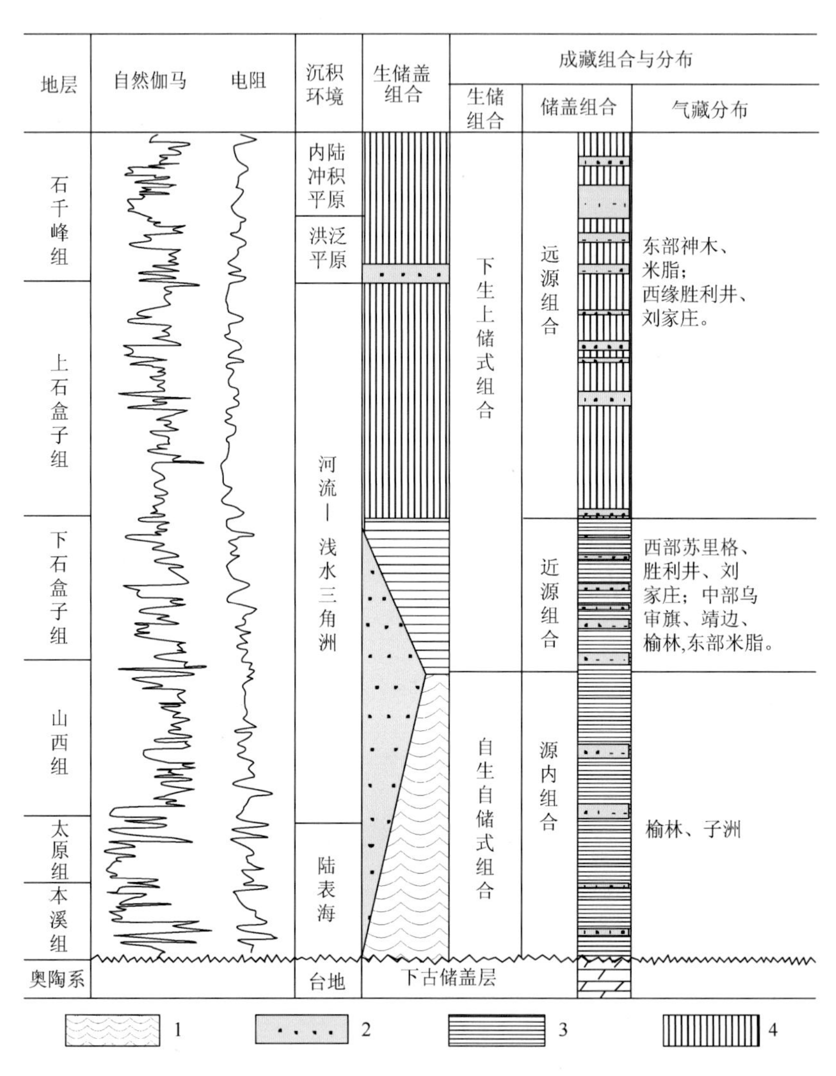

图9-6　鄂尔多斯盆地上古生界成藏组合模式图

1. 煤系烃源层　2. 储层　3. 直接盖层　4. 区域盖层

1. 源内组合

源内组合的烃源岩为本溪组—山西组煤系地层，本溪组障壁岛砂体、太原组浅水三角洲—潮道砂岩及山西组的三角洲砂体为主要储集体，太原组灰岩内部的溶孔和微裂缝为次要储集体，直接盖层为山1段上部泥岩，粉砂质泥岩，属于自生自储自盖式组合。由于这类组合的烃源岩条件优越，储层条件是气藏形成的主要控制因素。总体而言，源内组合气藏的分布面积大，含气饱和度高，尤其是山1段和山2段储层厚度较大，分布稳定，勘探成功率高。源内组合是榆林、子洲等气田的主要成藏组合类型。

2. 近源组合

近源组合储层为下石盒子组，盖层是具有异常压力而又分布广泛的上石盒子组泥质岩区域性盖层，与远源成藏组合分界。下石盒子组河流、三角洲平原分流河道及前缘朵状水下分流河道砂体为储集体，盒 8 为主力气层组。近源组合天然气主要来自下伏组合的烃源岩层，天然气以垂向短距离运移为主，生盖组合类型属于下生上储式，成藏的主要控制因素为储层条件和下伏烃源岩层的充注潜力。大牛地、苏里格、乌审旗等大型气田都主要属于近源组合。

3. 远源组合

远源组合在近源组合之上，气源来自本溪组—山西组气源岩，属于下生上储式，储层距离下部烃源岩较远，以石千峰组千 5 段储层为主，部分地区发育上石盒子砂岩透镜体储层。上石盒子组的湖相泥岩既是区域盖层又是其直接盖层。远源组合的气藏埋藏较浅，储层含气饱和度较低，含水程度高，天然气碳同位素具有由深到浅变轻，甲烷含量升高的特征，反映天然气由下向上运移，属于次生气藏(详见第 6 章)。断裂和微裂隙为远源组合天然气垂向运移的主要通道，气藏分布在平面上多与构造带的活动影响有关，主要分布于盆地中东部及周边构造活动带，资源潜力相对较差。

9.2　晚中生代类前陆盆地背景下天然气中—高强度充注

鄂尔多斯盆地上古生界广覆式煤系烃源岩的生气强度虽然偏小，但烃源岩排出天然气的体积接近被充注储层的孔隙自由水体积，形成中—高强度的天然气充注，为天然气在大面积致密砂岩中进行近距离聚集提供了充足的物质基础。

9.2.1　天然气充注定量评价原理

烃源岩供气能力的强弱是控制油气富集的关键因素之一。G.Demaison 等(1991)提出了应用烃源岩潜力指数 SPI(在 $1m^2$ 面积内烃源岩能生成的油气数量，单位为 t/m^2)来反映含油气系统内烃源岩提供油气的充注能力，并且建立了垂向运聚系统和横向运聚系统 SPI 评价标准(表 9-1)。垂向运聚系统主要指中心式生烃的油气沿断层向上覆地层充注，横向运聚系统是指烃源岩的油气在横向上大面积向储层充注。鄂尔多斯盆地上古生界为广覆式生烃，烃源岩总生烃强度(煤层+泥岩+灰岩)平均值为 $22.56\times10^8m^3/km^2$，相当于 SPI 为 2.3。按照横向运聚系统的潜力指数评价标准，上古生界烃源岩的总体充注能力属于中等偏低的水平。

表 9-1　烃源岩油气充注能力划分标准(据 G.Demaison 等，1991)

充注程度 \ 充注类型	垂向运聚系统	横向运聚系统
低充注	SPI≤5	SPI≤2
中充注	5≤SPI≤15	2≤SPI≤7
高充注	SPI≥15	SPI≥7

鄂尔多斯盆地上古生界主要发育岩性圈闭，储层致密化较早，天然气近距离运聚成藏，储层中天然气充注程度主要取决于烃源岩天然气排烃注入储层孔隙中的天然气体积与其储层孔隙体积的相对大小。根据上古生界致密砂岩气的成藏特征，综合烃源岩和储层条件，提出天然气充注指数 GCI(gas charging index)来定量评价烃源岩的天然气充注能力：

$$\mathrm{GCI}=\frac{A\cdot B_g\cdot Q_g\cdot K_p}{H\cdot\varphi} \tag{9-1}$$

式中，GCI为储层中天然气充注程度(无量纲，小数)；Q_g为烃源岩生气烃强度($10^8\mathrm{m}^3/\mathrm{km}^2$)；$K_p$为烃源岩排烃系数(无量纲，小数)；$H$为储层厚度(m)；$\varphi$为储层孔隙度(%)；$B_g$为天然气体积系数(无量纲)；$A$为单位换算系数($A=10^{-4}$)。

在评价油气充注能力时，天然气充注指数(GCI)与烃源岩潜力指数(SPI)虽然均以烃源岩的生烃强度为主要对象，但前者同时考虑到烃源岩的排烃和被充注对象的孔隙可容纳体积。在相同烃源岩的生烃强度和排烃条件下，当含油气系统中被充注的储层孔隙可容纳体积较大时，烃源岩的油气对含油气系统整体的充注能力就相对较低，油气聚集成藏的相对规模较小；反之，当被充注的储层孔隙体积较小，含油气系统整体的充注能力就越高，油气藏分布规模相对较大。因此，对于鄂尔多斯盆地上古生界广覆式生烃与近距离运聚成藏而言，天然气充注指数能够更有效地反映烃源岩的天然气充注能力。

9.2.2　天然气充注指数评价标准

根据多孔介质多相渗流原理，在饱含孔隙水的储层中，当充注的天然气饱和度低于残余气饱和度时，储层中天然气被多孔介质吸附处于分散的束缚状态，而难以进一步运聚成藏。当储层中天然气充注强度增加，含气饱和度介于残余气饱和度和束缚水饱和度之间时，储层中将发生气、水两相流动，即储层中孔隙自由水尚未完全被天然气驱替，地层水仍然有不同程度的分布。在相对封闭的储层中，如果天然气充注的体积大于储层孔隙自由水的体积，那么储层孔隙自由水将会在气体的浮力、膨胀力等作用下完全被排驱出去。由此可见，对于一定体积的储层而言，随着天然气在储层中的充注强度增加，储层的含气饱和度也随之而升高，储层孔隙中的天然气由束缚态向气水两相流动和单一气相流动转变。

根据上古生界18口井的山西组和石盒子组储层样品的气水相渗实验结果统计显示，储层的残余气饱和度一般为15%～35%，平均为22.2%；束缚水饱和度多数在25%～50%，平均为38.4%。储层气水相渗特征表明，天然气在储层中充注成藏时，先后经过气相束缚、气水共渗、气相渗流三个阶段(图9-7)。因此，根据上古生界致密砂岩储层的气水相渗特征，天然气充注程度可以相应地划分为弱、中、高、强四个等级：

弱充注：GCI≤0.25　　(储层中以孔隙水为主，天然气为束缚气)
中充注：0.25≤GCI≤0.45　　(储层中气水两相共存，含有较多的孔隙自由水)
高充注：0.45≤GCI≤0.65　　(储层中气水两相共存，含有少量的孔隙自由水)
强充注：GCI≥0.65　　(储层中以天然气为主，孔隙水为残余水)

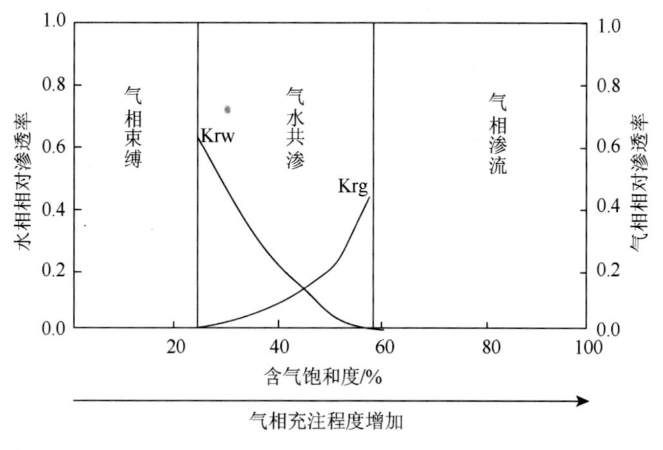

图9-7　储层气驱水分区示意图

弱充注反映烃源岩排出的天然气基本上只能满足储层多孔介质的吸附作用，储层剩余的大量储集空间仍然处于“饥饿”状态。由于低等充注的储层中缺乏剩余天然气进行二次运移，所以圈闭的储层孔隙中含气饱和度较低，开采时以产水为主，伴有微量天然气。

中、高强度充注的天然气数量超过储层的吸附气量，并且使储层孔隙中的一部分自由水被天然气驱替，但仍有部分自由水残留在储层中，随着天然气充注强度升高，储层孔隙自由水含量将随之降低。总体而言，储层中等充注的孔隙自由水被天然气驱替不充分，投产初期产水较多，高等充注地区以产气为主，产水量较低。

强充注是指在一个相对封闭的含油气系统中，烃源岩排出的天然气完全驱替了储层的孔隙自由水，即储层孔隙水只能以残余水方式存在，钻井开采时只产气，不产或微产水。当烃源岩排出的天然气体积超过储层孔隙自由水的体积时，烃源岩进一步充注的天然气使地层压力升高，形成异常高压气藏，当气藏异常高压达到一定程度时，将产生裂缝而使天然气进行穿层运移。

9.2.3　天然气充注程度综合评价

定量评价烃源岩天然气的充注程度需要在烃源岩生气强度计算基础上，进一步考虑烃源岩排烃系数和储层厚度及孔隙度等参数。根据上古生界不同岩性烃源岩的厚度、有机碳含量、有机质类型和热演化程度，采用有机碳产烃率法可以分别计算煤层、暗色泥岩及灰岩生烃强度(详见第 3 章)。在相似成熟条件下，煤层、暗色泥岩及灰岩的排烃系数可能存在较大的差异。目前，关于烃源岩排烃系数研究方法可归纳为热压模拟实验、有机地化分析和盆地模拟，但是都存在较大误差。烃源岩的排烃能力受多种因素的影响，主要因素除有机质丰度、类型、热演化程度等内部因素外，烃源岩与储集岩之间组合模式、烃源岩裂缝发育程度等也有影响。国内外学者的大量研究表明，不同地区烃源岩的排烃系数相差很大(表 9-2)。

表 9-2　国内外学者对烃源岩排烃系数研究统计表(据郝石生等，1994)

序号	学者	研究时间	排烃系数	备注
1	Hunt	1964	＞5.0%	
2	Momper	1978	5.0%～10.0%	泥岩
3	P.Ungerer	1985	50.0%	平均
4	D.Leythaeuser	1987	30.0%～80.0%	Kimeradge Clay Formation
5	J.Rullkotter	1987	65.0%～96.0%	包括油和气
6	A.S.Mackenzie	1987	＞50.0%	H＞3900m，T＞115℃
7	E.Lafargue	1990	0.5%～20.0%	模拟实验
8	S.Taluker	1988	75.0%	产油高峰期
9	张方吼等	1982	33.3%～50.0%	松辽盆地青山口组、嫩江组烃源岩
10	盛志纬等	1989	10.0%～20.0%	泌阳凹陷
11	卢书锷等	1987	12.0%～19.0%	设排烃率等于残留烃率
12	陶一川等	1989	20.0%～30.0%	完全欠压实层不排烃
13	王秉海等	1992	23.6%～89.9%	《胜利油区地质研究与勘探实践》梁 28 井

烃源岩排烃系数的大小虽然与许多因素有关，但在相似地质条件下，气源岩的排烃系数高于油源岩的排烃系数。上古生界煤系烃源岩有机质主要为III型，热演化达到成熟—高成熟阶段，有机质丰度普遍较高，烃源岩中的天然气主要通过气体膨胀、微裂缝等多种方式进行排烃。陈刚等(2011)根据鄂尔多斯盆地东部上古生界煤层温度与压力，采用等温吸附实验测定煤层含气量一般为 6～16m^3/t。郭少斌等(2013)实测本溪组泥页岩含气量为 0.98～2.39m^3/t。根据太原组 8$^\#$煤与山西组 5$^\#$煤热模拟实验结果，高—过成熟阶段的气态烃总产量为(65.43～146.92)kg/t·TOC；按照煤岩有机碳含量(8$^\#$煤 TOC=52.71%，5$^\#$煤 TOC=73.30%)和气态烃分子量(取平均值=17.4)可换算出煤层生气量为 43.6～137.3m^3/t。煤系泥岩的有机碳含量平均取 2%，则 1 吨煤系泥岩在高—过成熟阶段的气态烃总产量为 3.43m^3/t。通过单位体积烃源岩生气量与吸附气量对比可见，上古生界煤岩的总排烃系数较高，一般在 70%～80%，平均取值为 75%，

泥岩排烃系数较低，取值为 40%。

鄂尔多斯盆地上古生界烃源岩排出的天然气主要在本溪组—盒 8 段储层充注，部分地区有一定量的天然气向下古生界奥陶系马家沟组碳酸盐岩风化壳储层和上部石千峰组砂岩储层充注。假设本溪组—山西组烃源岩排出的天然气在奥陶系与石千峰组储层中充注的比例为 20%，其余 80%的天然气充注在本溪组—盒 8 段砂岩，则通过公式(9-1)可计算出上古生界致密砂岩中天然气的充注系数。盆地中北部探井较多，本溪组—盒 8 段砂岩厚度一般在 30～70m，平均约 50m(图 9-8(a))，天然气充注指数在 0.25～0.95(图 9-8(b))。根据天然气充注指数评价标准，苏里格和靖边以南以及乌审旗—榆林及横山一带天然气充注指数较高，多数在 0.45 以上，达到高—强充注水平；定边、安边以及靖边北部和东胜地区的充注指数较低，一般为 0.25～0.65，属于中充注，局部地区为弱充注。

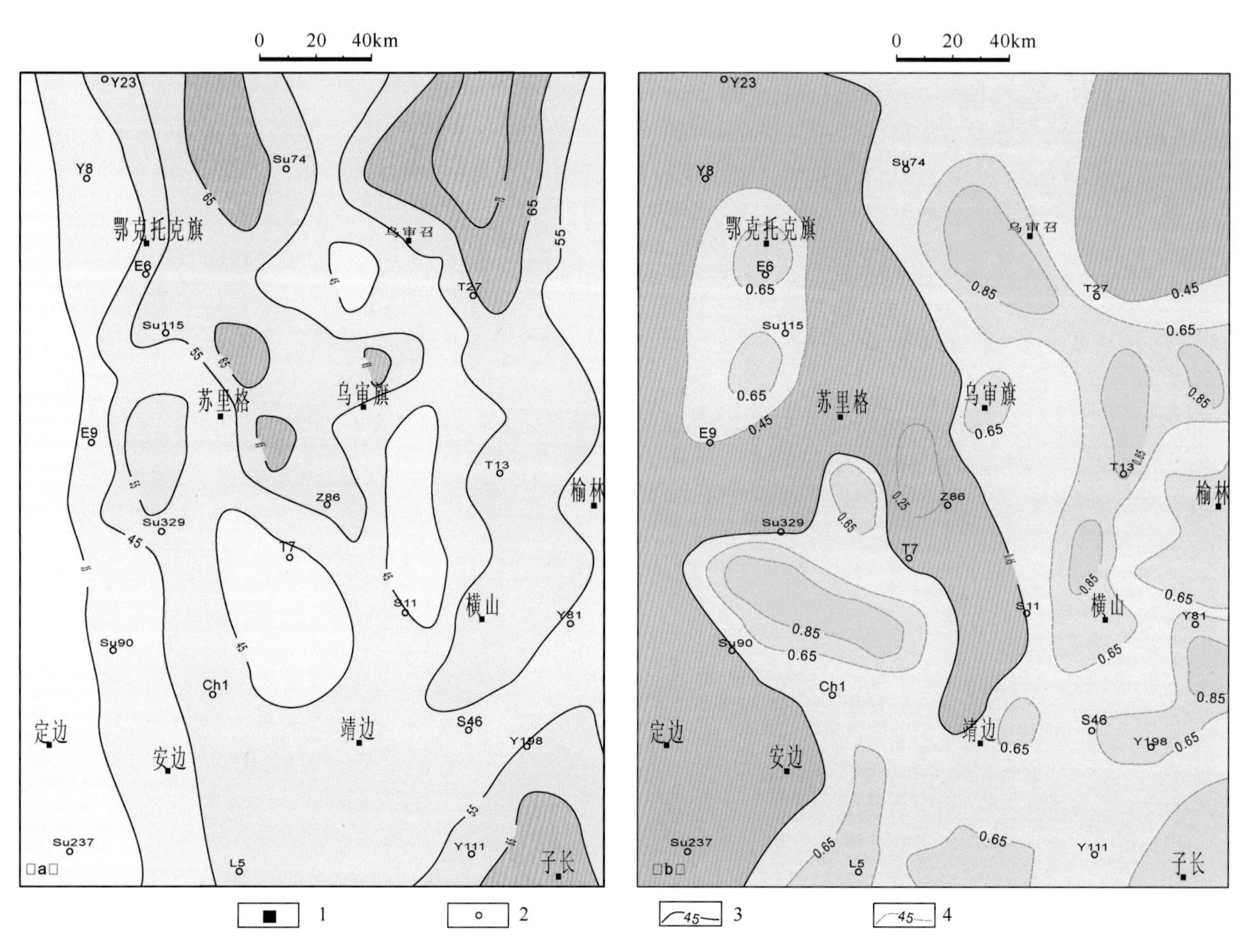

图 9-8　盆地中北部本溪组—盒 8 段砂岩厚度(a)与储层天然气充注指数(b)分布图

1. 城镇　2. 资料井　3. 砂岩厚度　4. 充注系数　(a)砂岩厚度等值线(m)；(b)充注系数等值线

总体而言，在盆地中北部约 $5.56\times10^4km^2$ 范围内，达到中等充注地区所占比例为 19.5%，高充注和强充注地区所占比例分别为 68.7%和 9.5%，弱充注地区所占比例为 2.3%。目前，鄂尔多斯盆地上古生界已探明的大型致密砂岩气地质储量达 $34.53\times10^{12}m^3$，气田分布面积约 $3\times10^4km^2$，显示了天然气大面积中—高充注的成藏特征。

9.3　新生代成藏期后良好的保存及气源补给

天然气具有分子半径小、活动性强，易扩散等特征，气藏的保存条件相对比油藏更为严格。鄂尔多斯盆地构造稳定，地层平缓以及晚期煤层气的解析作用，为上古生界大面积致密砂岩气藏提供了良好的保存条件。

9.3.1 盆地主体构造稳定

华北克拉通东部普遍分布着薄的岩石圈，从东南边缘郯庐断裂带的60～70km向西北内部逐渐增加至90～100km，中—西部在鄂尔多斯盆地的岩石圈厚度约200km(Chen，2009)。华北克拉通在构造演化过程中虽然先后经历了古亚洲洋的南向俯冲、特提斯洋的北向俯冲及古太平洋的西向俯冲作用的影响，但是由于鄂尔多斯地区结晶基底稳定、岩石圈厚度大，构造活动相对较弱。鄂尔多斯盆地晚古生代一直位于华北克拉通盆地的西部，海西期基本未经历大型构造变形，在奥陶系风化壳之上沉积了本溪组—山西组的碳酸盐岩和煤系地层。印支运动末期“翘翘板”式的向东掀斜作用并未使盆地内部发生明显的构造变形。早侏罗世后期的燕山Ⅰ幕构造运动使盆地东北部略微抬升，形成向西南低角度倾斜的大型斜坡(姚宗惠，2003)。中侏罗世末期，燕山Ⅱ幕运动由“翘翘板”式掀斜转变成较强烈的构造变形，盆地西缘断褶带产生近北西西向的强烈挤压和少量的右旋走滑作用，使盆地西部逐步转化为“陆内前陆盆地”(张明山，1997)。

鄂尔多斯盆地构造演化特征显示，上古生界地层在沉积和埋藏过程中，除盆地周缘地区在地史时期构造运动比较活跃外，盆地内部岩浆活动微弱、地质构造持续稳定，以整体抬升或沉降为主，表现为构造简单的大型多旋回克拉通盆地。盆地上古生界具有中东部和西缘两个生气中心，西缘在下白垩统沉积后，区域断裂作用强烈，烃源岩抬升幅度较大，气源枯竭，加之局部构造圈闭多与断裂同时形成，天然气容易逸散，因而未形成大规模的气藏(付金华等，2008)。盆地内部广大地区上古生界沉积后构造运动以持续沉降、后期整体抬升为主，断裂构造不发育，地层平行整合接触，且储层上部地层广泛分布泥质盖层，天然气的逸散量相对较小。因此，区域构造的稳定性是鄂尔多斯盆地上古生界致密砂岩气大规模保存的关键因素。

9.3.2 泥岩封盖层区域性分布

在同一含油气系统范围内，油气藏主要分布在区域盖层之下，因此，区域性盖层不仅阻止油气在运移聚集过程中的大面积散失，而且控制着油气藏的纵向空间分布(童晓光，1989；付广等，1999)。鄂尔多斯盆地上古生界的区域盖层发育于上石盒子组，盖层封闭机理主要为毛细管压力和异常高压封闭。

1. 盖层厚度分布特征

上石盒子组沉积期，鄂尔多斯盆地总体的沉积格局继承了下石盒子组的沉积古地理环境，由于区域地层基准面上升，沉积的地层厚度一般为100～160m，湖泊沉积体系大幅度扩展，冲积体系萎缩，形成以湖泊为主体的河流、湖泊共存的古地理格局，岩性组合以滨浅湖相泥质岩为主，构成上古生界含气层系的区域盖层(付金华，2001)。上石盒子组在盆地内的滨浅湖相泥质岩累计厚度为70～110m，泥地比为65%～75%，泥岩厚度在横向上分布稳定(图9-9)。

2. 盖层封闭能力

盖层封闭油气的机理有三种：毛细管压力封闭、异常高压封闭和烃浓度封闭。毛细管压力封闭是由于盖层的孔喉半径相对较小，而产生的毛细管压力阻止储层中油气向上运移。毛细管压力封闭又可称为物性封闭。据研究，影响泥质岩封盖性能的主要因素是泥质含量。实践证明，某些粉砂级碎屑岩仍具有一定的封闭能力，尤其是当岩石中含泥质时，并且随着泥质(主要是指黏土矿物和与黏土矿物粒径相当的石英颗粒)含量的增加，其封闭性能越好。从表9-3可见，上古生界粉—细砂岩突破压力仅为0.1～0.6MPa，封盖性能差；含泥质、泥质粉砂岩突破压力为0.6～4MPa，封盖性能一般；粉砂质泥岩突破压力为4.0～8.0MPa，封盖性能较好；含粉砂质泥岩突破压力为6.0～14.04MPa，封盖性能良好。

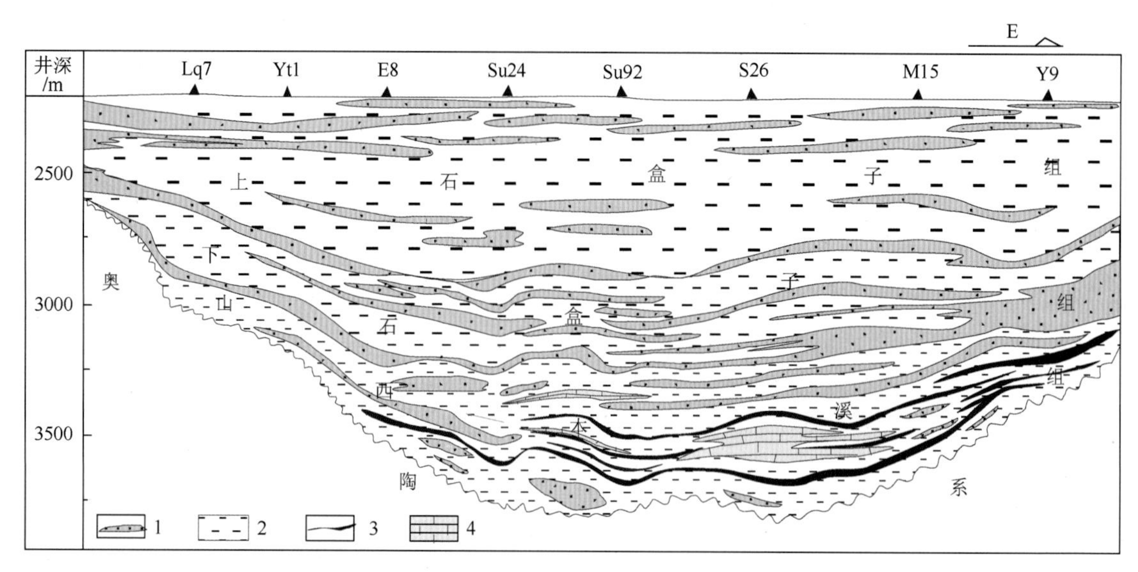

图 9-9　鄂尔多斯盆地上古生界盖层分布剖面图

1. 砂岩　2. 泥岩　3. 煤层　4. 灰岩

表 9-3　鄂尔多斯盆地上古生界泥质岩类盖层封闭性能数据表

岩性	取样层位	砂质含量/%	渗透率/μm^2	突破压力/MPa
细—中粒砂岩	P_1s～P_2s		10^{-1}～10^{-2}	≤0.1
粉细砂岩	C_2b～P_2s		10^{-2}～10^{-3}	0.1～0.6
含泥质粉砂岩	C_2b～P_2s	≥85	10^{-3}～10^{-4}	0.6～1.5
泥质粉砂岩	C_2b～P_2s	50～85	10^{-4}～10^{-5}	1.5～4.0
粉砂质泥岩	C_2b～P_2s	15～50	10^{-5}～10^{-6}	4.0～8.0
泥岩	C_2b～P_1s	≤15	≤10^{-6}	6.0～14
铝土质泥岩	C_2b	≤15	≤10^{-6}	6.0～15

泥岩层段在迅速压实过程中容易发生欠压实作用，从而形成异常高压。盖层的物性封闭只能封闭储层中游离相的油气，不能阻止水溶相油气的运移，但是当泥质盖层中欠压实作用产生的异常高压超过储层孔隙流体压力时，孔隙流体的运移受到严重阻碍，不仅能够封闭游离相的油气，而且还可以封闭水溶相运移的油气。

上古生界泥岩发育有广泛的欠压实现象，欠压实的起始深度为 2200～3000m，欠压实层位包括区域盖层上石盒子组(图 9-10)。根据埋藏史恢复，上古生界泥岩欠压实的异常高压形成于中—晚侏罗世，早于本溪组—山西组烃源岩大量生烃期，有利于致密砂岩气的早期封闭。

众所周知，盖层要在宏观上阻止大量天然气向上散失，必须在纵向上具有一定的厚度，在横向上具有一定的连续性。一般认为，泥质盖层的单层在 5～10m 以上就能够较好地阻止油气向上散失。盖层横向分布的连续性主要受地层的沉积相带变化和区域断层、构造活动影响。区域断层、构造活动对盖层宏观封闭能力的影响主要表现在破坏盖层平面分布的连续性，而盆地伊陕斜坡中北部，构造相对稳定，断层不发育，对盖层连续性的影响小。

上古生界天然气在成藏过程中，虽然经历了多次区域性地层抬升剥蚀，但地层剥蚀厚度相对较小，本溪组—石盒子组的地层流体基本处于封闭的水动力环境，对气藏的宏观保存条件并未产生明显的破坏作用。

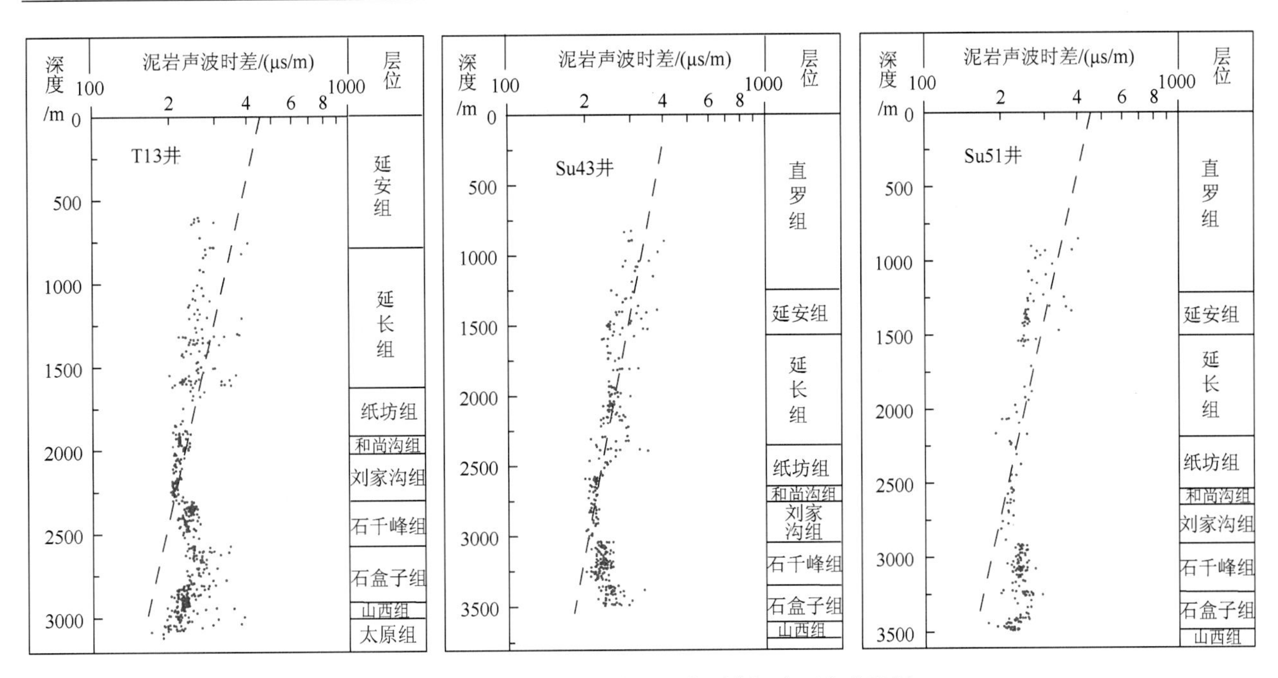

图 9-10　鄂尔多斯盆地中北部典型井泥岩压实曲线图

9.3.3　低倾角地层的封堵条件优越

在天然气成藏过程中，由于气、水密度差通常大于油、水密度差，因此，在相同烃柱高度下，气柱的浮力大于油柱的浮力。在一般情况下，当地层倾角增大，会使气藏气柱高度增大，从而使浮力相应增大。气藏浮力增大，作用在气藏圈闭顶板垂直方向上的浮力分力也相对较大(图 9-11)。如果气藏垂直方向上的浮力分力大于盖层的突破压力时，天然气将通过多相渗流和水溶方式穿过盖层而散失。所以，在地层倾角较大的岩性圈闭中，对圈闭盖层的封闭性要求会更高一些，而地层倾角较小的条件下气藏气柱高度较低，气藏浮力较小，有利于天然气聚集成藏和保存。

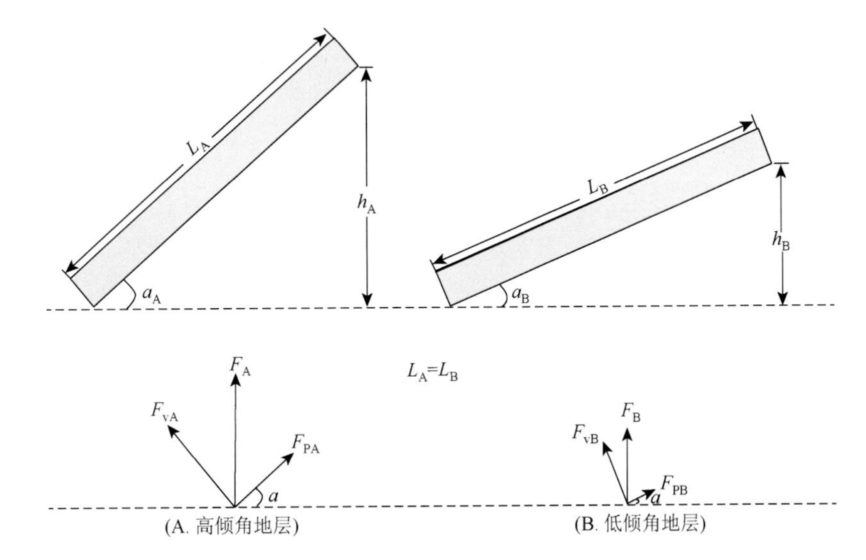

图 9-11　不同地层倾角下气藏内气柱高度和浮力大小对比示意图

L. 气柱长度　*a*. 地层倾角　*h*. 气柱高度　*F*. 浮力　F_V. 浮力在垂直方向分力　F_P. 浮力在水平方向分力

鄂尔多斯盆地上古生界构造平缓，区域地层倾角小于 1°，每公里的坡降约 6～12m。根据苏里格气田 150 口探井和 20 口开发加密井的静态与动态综合分析表明，盒 8 段辫状河道有效单砂体($k\geqslant0.1\times10^{-3}\mu m^2$,

$\varphi \geqslant 5\%$)厚度一般为几米，横向分布规模在百米级的范围内，单个气层的浮力很小，但是叠合含气砂体厚度可达 20～30m，宽度为 2～5km，延伸长度达到 5～25km。以苏里格气田盒 8 段为例，对于整个气田而言，地层平均倾角约 1°，盒 8 段气柱高度为 90～450m，天然气在地层条件下的密度大约 0.25～0.35g/cm^3，那么根据气水两相的浮力计算公式(详见第 6 章)得出，盒 8 段气柱产生的浮力为 0.6～3.2MPa，而上古生界泥岩的突破压力为 6.0～14MPa，粉砂质泥岩的突破压力为 4～8MPa(表 9-3)。由此可见，上古生界泥岩盖层的突破压力大于叠合含气砂体的气柱浮力，但是粉砂质泥岩盖层的突破压力与气柱浮力大致相近。在其他地质条件相同情况下，假设苏里格气田的地层倾角增加到 2°，盒 8 段叠合含气砂体的气柱浮力将超过粉砂质泥岩盖层的突破压力，而与泥岩盖层的突破压力大致相当。所以，在平缓构造背景下，地层倾角越小，储层中的气柱高度越低，大面积聚集的气藏所产生的浮力相对较小，有利于气藏顶板的垂向封堵。

物理力学基本原理分析认为，在倾斜地层中，地层倾角增大，不仅垂直方向的浮力增加，而且在沿平行地层方向的向上倾方向的分力也相应增大。在相同气柱长度条件下，地层倾角增大，对地层上倾方向的侧向封堵能力提出更高要求。上古生界主要为岩性圈闭，储层上倾方向多为泥岩和泥质粉砂岩及砂质致密带遮挡。泥质粉砂岩及砂质致密带的突破压力相对比泥岩的低。根据苏里格气田的估算结果，如果地层倾角增大 2°～3°时，上倾方向的浮力的分力就足以克服侧向封堵的毛细管阻力，使天然气沿向地层上倾方向继续运移而散失，这将难以形成大面积的天然气聚集。

上古生界砂岩储层致密化时间较早，天然气充注程度较高，在气田范围内往往缺乏统一的边底水，气柱产生的浮力不仅作用在圈闭的顶板与侧向封堵带，而且浮力的分力也将作用在气藏底板上。如果地层倾角过大时，底板其实在一定程度上已经起到侧向封堵作用。如果底板封堵能力差，具有一定的渗漏性，那么天然气必然会在各种逸散作用下，穿过底板而进入下伏地层中具有渗流能力的储层中，要么在一定岩性或地层圈闭条件下聚集成藏，要么继续向上倾方向运移或散失。在地层倾角较小的条件下，气藏内气体在浮力驱动下主要沿垂向及地层上倾方向运移，对顶板和侧向封堵要求相对较高，而对底板封闭质量要求不高。

综上所述，地层倾角的大小对气藏顶部、侧向和底部封堵质量具有不同的要求。如果地层倾角较大，气藏内气柱高度增大，气体浮力相应增大，浮力在地层上倾方向的分力也随之增大，可能导致气藏的渗漏。鄂尔多斯盆地上古生界构造平缓，区域地层倾角较小，气柱高度相应较小，有利于大面积天然气聚集成藏和保存。

9.3.4　天然气散失与补给的动平衡

鄂尔多斯盆地上古生界致密砂岩气虽然具有稳定的构造条件与良好的盖层条件，但致密砂岩气成藏时期较早(距今约 90～160Ma)，并且上石盒子组泥岩区域性盖层缺乏生烃能力，天然气分子的扩散必然影响气藏的保存。上古生界致密砂岩气在扩散过程中，本溪组—山西组煤层气的解析在一定程度上维持了天然气散失与保存的动平衡关系。

1. 天然气泄漏散失证据

圈闭中的天然气一般处在一个半封闭系统中，随着外部环境的改变，气藏分布状态和聚集位置及数量规模也将相应发生变化。Macgregor(1996)通过对 350 个大油田的研究，发现它们都是短暂的动态变化结果，其中有三分之一的油气田成藏后又遭到不同方式的破坏，如侵蚀散失、断层漏失和生物降解等。油气藏逸散不仅表现为地表的油苗、气苗和沥青等，而且烃类引起近地表沉积物发生流—岩相互作用。Schumacher(1996)认为烃类蚀变表现为微生物异常、矿物变异、红色岩层的漂白作用以及黏土矿物的蚀变等。通过岩相学、矿相学和地球化学、野外调查等研究揭示，鄂尔多斯盆地上古生界天然气的逸散形成了盆地北部大范围的还原性环境，产生了显著的后生成矿效应和多种流—岩反应现象，主要有砂岩漂白、绿色蚀变、碳酸盐化。

1) 砂岩漂白蚀变

铁是自然界中最常见的染色剂之一，当岩石中 Fe^{3+}含量较高时，岩石则呈现各种色调的红色，如紫红、砖红、灰紫等；如果岩石中 Fe^{2+}的含量较高时，则表现为不同深浅的绿色，如浅绿、暗绿、灰绿等颜色。Fe^{3+}在正常孔隙流体条件下的溶解性很低，但是当它被还原性流体的化学作用使其被还原生成可溶性 Fe^{2+}时，随孔隙流体迁移而使原来红色砂岩被漂白。Garden 等(1997)研究表明，赤铁矿可以通过与烃类、有机酸、甲烷或硫化氢的化学反应而被还原成 Fe^{2+}，典型反应如下：

①Fe^{3+}的烃类还原反应

$$CH_2+3Fe_2O_3+12H^+=CO_2+7H_2O+6Fe^{2+} \tag{9-2}$$

②Fe^{3+}的甲烷还原反应

$$CH_4+4Fe_2O_3+16H^+=CO_2+10H_2O+8Fe^{2+} \tag{9-3}$$

③Fe^{3+}的有机酸还原反应

$$CH_3COOH+4Fe_2O_3+16H^+=2CO_2+10H_2O+8Fe^{2+} \tag{9-4}$$

④Fe^{3+}的硫化氢还原反应

$$2H_2S+Fe_2O_3+2H^+=FeS_2+3H_2O+Fe^2 \tag{9-5}$$

Moulton 早在 1922 年就开始对红色砂岩层漂白现象进行研究。世界上最典型的漂白砂岩是美国西部犹他州南部科罗拉多下侏罗统砂岩，漂白砂岩总厚度达到千余米(图 9-12)。据 Beitler 等(2003)推测，这些巨厚砂岩的漂白作用大约发生在 6Ma 前，砂岩漂白所蚀变的油气数量远大于世界上最大的加瓦尔油田的油气。

(a) 远观照片

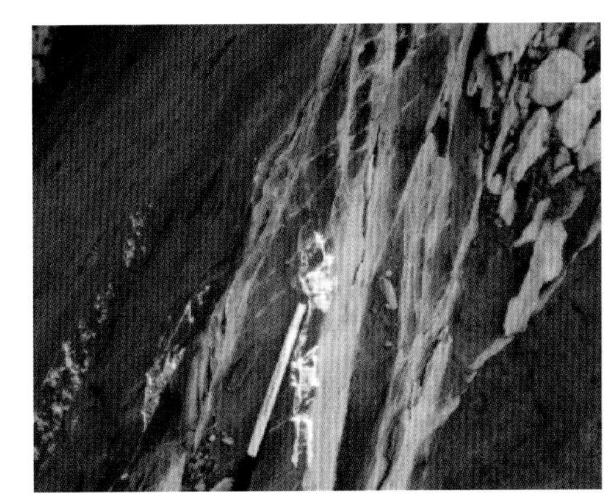

(b) 近观照片

图 9-12　美国锡安山国际公园的下侏罗统纳瓦霍漂白砂岩

鄂尔多斯盆地在燕山后期改造过程中油气赋存状态发生了不同程度的调整，尤其是盆地东北部，断裂相对发育。砂岩漂白蚀变带主要分布于盆地东北部延安组(J_2y)顶部地层，漂白现象十分壮观，分布广泛，漂白现象厚度由不足 1m 至十几米，分布面积大于 $100km^2$(图 9-13)。未受风化的岩石新鲜颜色呈白色，风化后为一种特别的“漂白色”(图 9-14)。

盆地东北部中侏罗统延安组漂白蚀变岩石的显微镜下观察表明，呈白色是因后生蚀变矿物高岭石的存在。高岭土矿层与红色砂岩层相伴而生，并且颜色从白色、白色微红向红色渐变，说明后期还原性流体迁移红色原岩中的氧化铁胶结物使其红色褪去而变白，即 Fe^{3+}被还原成易于运移的 Fe^{2+}后转移或在它处以黄铁矿的形式沉淀。因此，漂白蚀变岩石是油气—酸性地下水联合作用的结果，形成于流—岩作用的早期阶段。马艳萍等(2006)根据鄂尔多斯盆地东北部中生界漂白砂岩的主量元素、稀土元素分析和岩石学特征以及盆地北部巴则马岱白垩系油苗与上古生界气源碳同位素对比研究，认为漂白砂岩与上古生界煤系天然气散失具有密切关系。

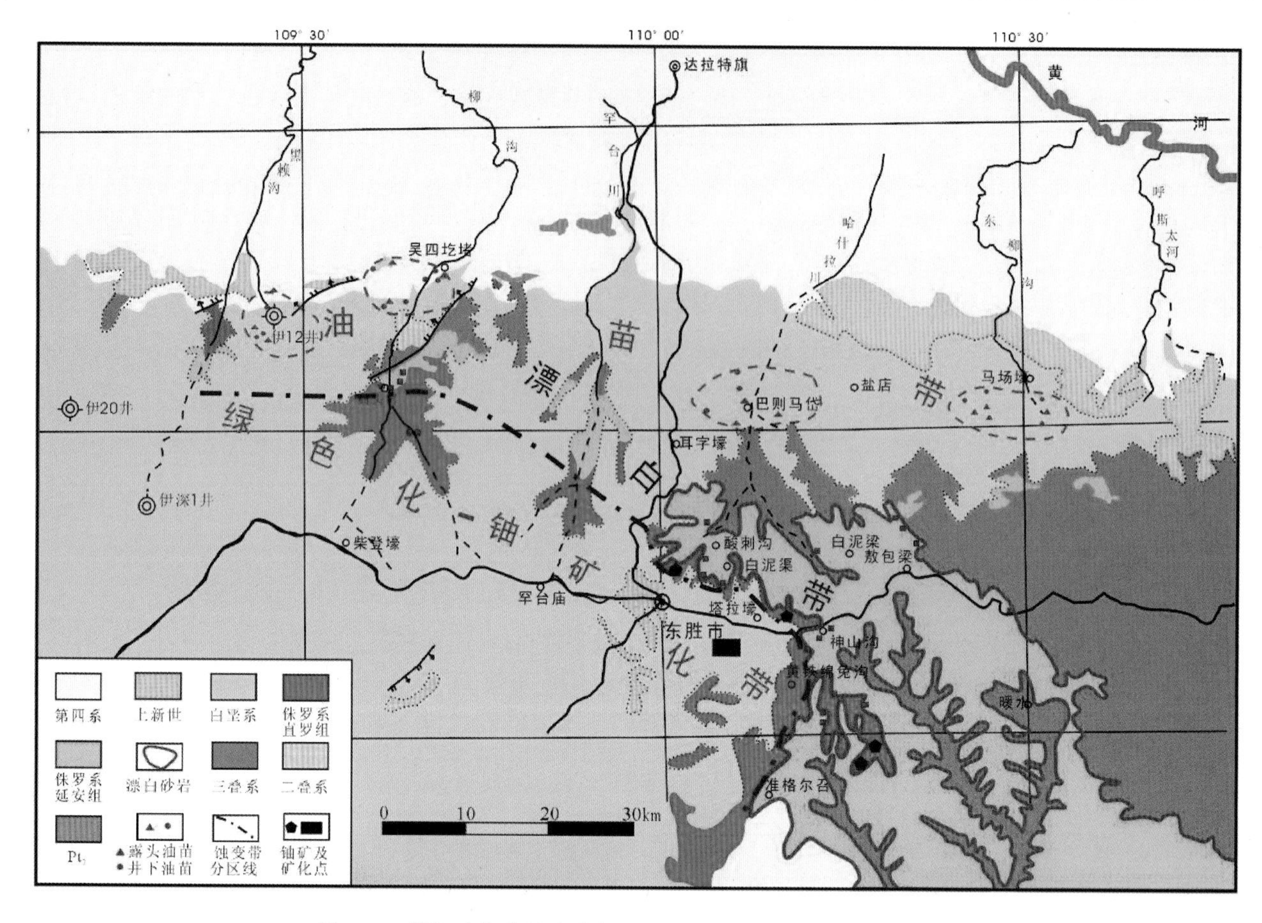

图 9-13　鄂尔多斯盆地东北部天然气耗散地质作用的时空分布

图 9-14　鄂尔多斯盆地北部漂白砂岩露头照片

2）灰绿色蚀变砂岩

鄂尔多斯盆地东北部的直罗组是一套杂色碎屑岩系，下伏延安组是灰色煤系地层，上覆安定组为红色碎屑岩、碳酸盐岩建造。据钻孔剖面资料显示，在鄂尔多斯盆地东北边缘的直罗组下段七里镇砂岩中发现一条大规模的灰绿色蚀变带，其长度大于300km，宽度为2～35km，沿着盆地的东北部呈弧形展布，而盆内则是灰色区。显微镜鉴定表明，直罗组下段砂岩主要为岩屑质长石砂岩，灰绿色砂岩在矿物成分上与灰色砂岩无明显差异，只是绿泥石含量稍高，为黑云母的蚀变产物。同时，钻孔岩心观察发现灰绿色砂岩胶结较致密，基本上不含黄铁矿及炭屑，黏土化作用强，而灰色砂岩则较疏松，常含较多的有机质碎屑及黄铁矿。

根据黏土矿物 X 射线衍射数据发现，盆地东北边缘的直罗组下段七里镇灰绿色砂岩中的黏土矿物总含量最高，平均达 30.82%，灰白色矿化异常砂岩和矿石的黏土矿物总量含量相近，分别为 20.84%和 20.96%。黏土矿物是一种层状硅酸岩矿物，层间常吸附较多的阳离子，灰绿色砂岩中可能有较多的 Fe^{2+} 进入黏土矿物格架中。通过野外样品观察发现，灰绿色砂岩样品标本的颜色分布是不均匀的，即砂岩填隙物的颜色更绿，而灰绿色砂岩的填隙物主要为黏土矿物，灰绿色砂岩黏土矿物组成中的绿泥石含量明显高于灰白色砂岩中绿泥石的含量。灰绿色蚀变砂岩可能是古氧化岩石遭受还原性流体改造的产物，在先前的氧化改造过程中，砂岩中所含的还原性物质如植物碎屑、硫化物等被氧化破坏而消失，随后的后生还原作用掩盖了古氧化蚀变带，说明后生还原作用与地下水的活动和深部油气向上迁移具有密切关系。

3) 砂岩碳酸盐化

在砂岩储层中，通过大气降水表生作用的水溶液与天然气或油气等有机流体的混合作用，往往产生如碳酸盐胶结物及包裹体古流体等，并留下相互作用或相互混染的痕迹。吴柏林等(2006)根据盆地东北部东胜地区地表中侏罗统直罗组矿床碎屑岩的碳酸盐化(胶结物)地化特征研究，认为天然气逸散蚀变作用形成了大量的不连续透镜状的“钙质层”，并在局部可见天然气—流岩作用形成的方解石小脉体。中侏罗统直罗组砂岩方解石胶结物的 $\delta^{13}C$ 介于−13.25‰～−8.13‰，比无机来源的碳同位素偏负，说明部分有机来源的 CO_2 参与了碳酸盐的沉淀。在碳酸盐化胶结物中可见到大量油气作用的包裹体，同位素示踪反映碳酸盐化(胶结物)的形成与油气作用有关。通过东胜地区侏罗系砂岩的流体包裹体进行激光拉曼探针分析，结果显示其成分多为甲烷和二氧化碳，油包裹体丰度很低，主体小于 1%，主要为天然气包裹体。

鄂尔多斯盆地东北部的东胜地区在侏罗纪虽然发育有煤系地层，但是热演化程度较低，镜质体反射率(R_o)小于 0.5%，而其下伏的石炭—二叠系煤系有机质处于低—成熟阶段。因此，综合有机地球化学和热演化研究表明，东胜地区侏罗系砂岩的碳酸盐化蚀变主要与上古生界煤型气散失有关。利用自生伊利石 K-Ar 定年法对东胜矿床含矿目的层天然气逸散充注年龄测试，充注时间集中于晚白垩世和早白垩世(表 9-4)。

表 9-4 东胜矿床砂岩样品自生伊利石 K-Ar 同位素测年分析结果(据吴柏林等，2006)

井号	K/%	年龄/Ma	矿物组成				
			伊利石	伊/蒙混层	高岭石	绿泥石	其他矿物
ZKA151-39	6.34	121.0±3.1	35	52	4	2	7
ZKA111-8183	5.12	95.6±3.5	37	51	6	3	3
ZKA167-79	4.94	85.3±2.6	55	26	14	1	4
ZKA167-79	6.18	123.7±3.4	62	26	4	5	3
ZKA183-71	6.67	134.5±2.3	40	55	0	0	5
ZK111-0	5.25	95.8±2.7	49	39	7	1	4

2. 天然气泄漏途径

天然气成藏后可以通过分子扩散、流体渗流等方式逸散。分子扩散由天然气浓度梯度控制，从高浓度处向低浓度处扩散。流体渗流由压力梯度控制，从高压处向低压处渗漏。鄂尔多斯盆地区域构造平缓，砂岩先致密后成藏，地层水活动微弱，气柱高度较小，气藏浮力难以突破盖层的毛细管阻力。因此，天然气的泄漏途径主要是断裂、微裂隙与盖层的分子扩散。

1) 断裂及微裂隙

断裂及与之有关的裂隙系统是沉积盆地油气运移的主要通道之一，同时对油气藏保存也具有非常重要的影响。构造运动产生的断裂-裂隙系统使致密砂岩储层的渗透性得到改善，有利于天然气运移和聚集成藏，但是晚期活动断裂会切穿早期形成的天然气藏，使天然气发生再次运移或逸散。晚白垩世的燕山运动使鄂尔多斯盆地的东部地层大面积回返抬升，盆地东部地层剥蚀尤为强烈，下白垩统、侏罗系和上三叠统大面积剥蚀。据地震反射剖面分析，盆地东部神木、米脂等地区小断距的断层十分发育，绝大部分断层仅断开太原组顶部反射层，断距一般小于 50m，断开地层也大多仅限于太原组、山西组和下石盒子组，个别断层延伸到上石盒子组或石千峰组。在构造抬升及断裂活动期间，上古生界早期处于超压异常的上石盒子组、石千峰组泥岩随着上覆地静压力的降低，将产生一系列断层与微裂隙。盆地东部上石盒子组、石千峰组大范围的含气显示，并且在有利的圈闭中形成了次生气藏是下石盒子组及其以下地层天然气沿断裂与微裂隙向上泄漏的直接证据。

喜马拉雅构造运动对鄂尔多斯盆地的影响也比较明显，突出地表现在盆地大面积隆升、强烈剥蚀和周边强烈断陷下沉，以及伴生的近现代地震的多次发生。它不仅形成了鄂尔多斯盆地现今的特殊地貌，而且使古老的断裂系统发生新的活动。在盆地东部米脂气田南侧断裂带附近出露地表的上三叠统和尚沟组地层中可见明显的断层擦痕、牵引构造、破碎带和裂隙，裂隙斜交或垂直砂岩层面，裂隙中充填有宽约 0.5～3cm 的方解石脉。方解石脉之间相互穿插关系表明它们属于同一期脉体，充填分布在“X”型共轭裂隙中。李荣西等(2007)对裂隙中充填方解石脉包裹体均一温度、包裹体组成及热释光年龄研究表明，喜马拉雅构造活动使米脂气田的天然气沿断裂带发生逸散，并且在断裂带的方解石脉中富含气态烃流体包裹。

2)分子扩散

天然气的分子扩散是从高浓度区向低浓度区的迁移过程。鄂尔多斯盆地上古生界烃源岩分布在本溪组—山西组，上石盒子组区域盖层不具备生烃条件。因此，上古生界的天然气浓度梯度由下往上降低，即储层中天然气通过上石盒子组向上扩散。刘文彬等(1996)通过实验研究认为，鄂尔多斯盆地上古生界天然气泥岩直接盖层的扩散系数为 10^{-7}～$10^{-8}cm^2/s$，为中等级别的盖层，天然气可以发生扩散和渗透。上古生界气源岩大量生烃时，已进入晚期成岩阶段，致密地层内部难以发生天然气的大规模纵向运移，但石盒子组普遍含气，说明后期发生了大规模扩散。石千峰组和刘家沟组出现的气测解释异常也证实了天然气可以通过直接盖层和区域盖层向上扩散。石盒子组盒 5 段—盒 8 段由下至上含气范围逐渐减小，其原因就是上古生界煤系烃源岩主要分布于上石炭统和下二叠统山西组，与盒 5 段—盒 8 段呈下生上储式组合；距离山西组—下石盒子组气藏越远的含气越少，也说明了天然气可以通过直接盖层发生扩散。

根据 Fick 扩散定律，天然气分子扩散量主要取决于天然气浓度梯度、盖层扩散系数和扩散时间。陈义才等(2002)采用 Fick 第二扩散定律对塔里木盆地库车坳陷大宛齐上新统康村组油藏的溶解气扩散量进行模拟计算表明，在 4.5Ma 时间内，埋深为 300～400m 的上部油层甲烷扩散散失比为 54%，埋深为 450～650m 的下部油层甲烷扩散散失比为 13%。鄂尔多斯盆地上古生界气藏自形成后至今已有 90～160Ma，天然气分子扩散作用贯穿始终。戴金星等(2003)认为由于分子扩散影响显著，天然气晚期成藏对大气田保存至关重要，在国内 21 个大气田中除了鄂尔多斯盆地大气田成藏期在白垩纪外，其余大气田均成藏于新生代的古近纪、新近纪和第四纪。李建民等(2009)应用 Fick 第一扩散定律对国内 47 个大中型气田天然气扩散量进行模拟计算表明，鄂尔多斯盆地苏里格、榆林和乌审旗上古生界气田经过 65Ma 的扩散量约占现今储量的 50%～80%。上古生界大中型气田能够保存至今，说明在成藏后仍具有持续的了天然气的补给，从而在一定程度上弥补了天然气的散失。

3. 煤层气解析补给

鄂尔多斯盆地本溪组—山西组煤岩厚度稳定，分布范围广泛，是上古生界主力烃源岩(详见第 3 章)。在晚白垩世，盆地整体抬升剥蚀，煤岩的生烃作用随着地层温度的降低而趋于停止，但是由于煤层的吸附能力强，随地层压力的降低，煤层气发生解析作用释放的天然气能够持续向邻近砂岩储层供气。

1)煤层的储集特征

煤层的孔隙类型按成因分为原生孔隙、次生孔隙。原生孔隙为煤的凝胶化作用、成岩作用形成的植物组织、胞腔孔、粒间孔、矿物间孔等孔隙。次生孔隙为煤的沥青化作用、变质作用以及构造作用形成的微裂缝。赵根志(2001)研究认为，煤层气主要以固溶吸收方式充满分子间空间；其次以游离状态存在，而以置换固溶和渗入固溶方式存在于“晶体”的芳香层缺陷与芳香碳晶体中的比例相对较低。煤岩孔隙类型和孔径结构控制了煤层气的储集与运移方式(表 9-5)。

表 9-5 煤层气赋存与运移方式(据桑树勋等，2005)

孔隙类型	孔隙特征	储气特征	运移方式
渗流孔隙	孔径大于 100nm，原生孔和变质气孔	游离气	渗流
凝聚—吸附孔隙	孔径 10～100nm，分子间孔和部分经受变形改造的原生孔	吸附气、凝聚气	扩散
吸附孔隙	孔径 2～10nm，分子间孔	吸附气	扩散
吸收孔隙	孔径小于 2nm，有机大分子结构单元缺陷，部分为分子间孔	充填气	扩散

煤岩的孔隙类型随煤岩的埋藏演化而变化。在褐煤、长焰煤等低煤阶演化阶段，煤岩的渗流孔隙发育，随成岩作用(压实作用)强度的增加，渗流孔隙(原生孔隙)不断降低，而且随凝胶化程度的增高，渗流孔隙(原生孔隙)发育变差，尤其对胞腔孔的影响最为显著。在气煤、肥煤、焦煤、瘦煤等中高煤阶时，煤岩的渗流孔隙发育差，其中焦煤渗流孔隙发育最差。

鄂尔多斯盆地上古生界煤岩镜质组反射率一般为 1.8%～2.6%，煤阶以中高级变质的瘦煤和贫煤为主。高煤阶煤的结构单元的芳构化程度高，侧链和官能团大量脱落，分子半径变小，大分子的堆积变得致密，同时芳构化结构单元排列的有序化加强。随煤化作用程度增高，吸附孔隙变小，部分吸附孔隙变为吸收孔隙，其比表面积较低煤级煤要低，但吸收孔隙比表面积比较低煤级煤要高。太原组 8#煤和山西组 5#煤热演化程度较高，而且镜质组含量高，光亮煤和半亮煤基质孔隙多，有利于煤层气的吸附，煤岩微裂缝虽然发育，但多数被方解石脉充填，渗透性较差(图 9-15、图 9-16)。通过大宁—吉县地区煤矿实验分析，太原组 8#煤和山西组 5#煤具中—低孔隙特征，煤岩孔隙度在 1.67%～4.81%，煤层含气量可达 10～16m^3/t。

图 9-15 乡宁台头 8#煤，基质镜质体气孔

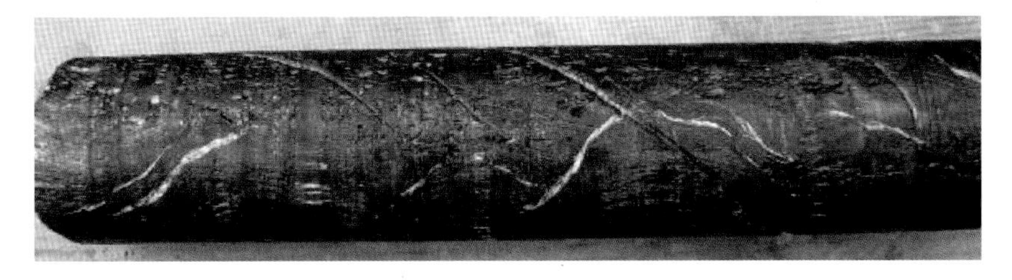

图 9-16 吉试 14，8#煤，微裂缝发育，充填方解石

2) 煤层气吸附特征

煤层具有庞大的微孔隙内表面积，在气固界面范德瓦耳斯力的作用下，天然气分子运动碰到煤岩的固体表面时，其中一部分气体就被吸附住而停留在煤的内表面上。气体被吸附时将发生放热反应，但释

放出的热量不足以克服吸附引力，气体分子被牢牢地吸附在煤体内表面上而不能自由运动。当煤层温度升高或压力降低时，所产生的热量足以克服吸附引力，被吸附的气体分子将脱离煤岩固体表面而形成可自由运动的游离相气体。

煤层吸附天然气的能力主要与地层温度、压力以及煤层的显微组成等因素有关。陈刚等(2011)对鄂尔多斯盆地东部煤层气吸附实验研究结果表明，在等温条件下，不同煤阶煤的甲烷吸附量随压力的增加而增加，低压阶段吸附量增加显著，高压阶段吸附量增加缓慢(图 9-17)。在等压条件下，煤层的甲烷吸附量随温度增高呈线性降低，高温高压阶段温度增加引起的吸附量降低更为显著(图 9-18)。

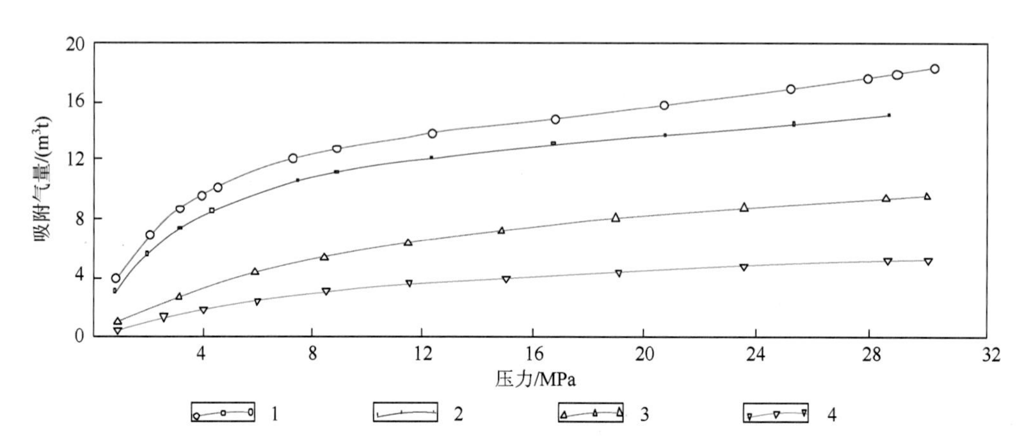

图 9-17　鄂尔多斯盆地上古生界煤层等温(100℃)吸附气曲线图(陈刚等，2011)

1. 韩城 WLC03 井　2. 柳林庄上 R_o=1.21%　3. 魏家滩斜沟 R_o=0.70%　4. 保德扒楼沟 R_o=0.68%

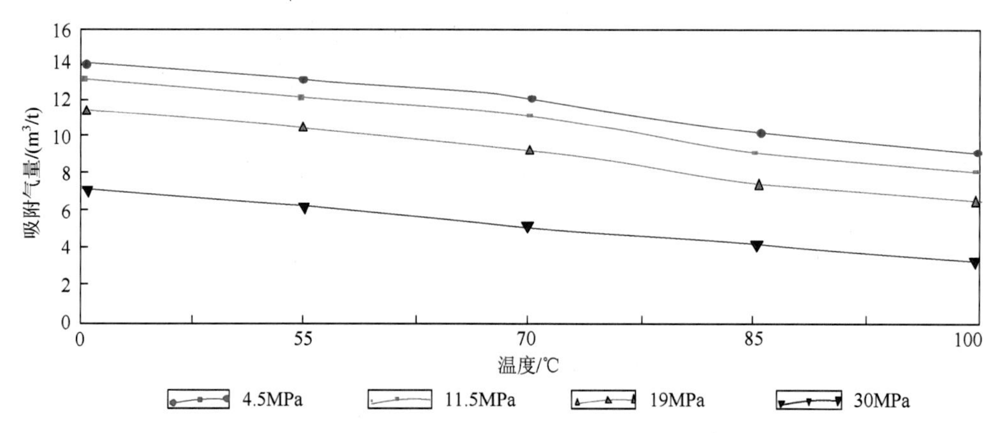

图 9-18　鄂尔多斯盆地魏家滩斜沟煤层(R_o=0.7%)等压吸附气曲线图(陈刚等，2011)

鄂尔多斯盆地在晚白垩世整体抬升剥蚀过程中，地层压力逐渐降低，地层温度随构造热事件消失以及地层抬升而降低。按照古地温梯度和古地层压力演化特征显示，从早白垩世末期最大埋深 4500～5000m 抬升到 4200～4000m 附近，煤层吸附气受降温影响，解析作用比较微弱，埋深进一步抬升之后，煤层吸附气主要受地层压力降低的影响，解析作用开始增强(图 9-19)。盆地东部地层剥蚀相对强烈，地层剥蚀厚度为 1000～1200m，本溪组—山西组现今埋深为 2500～3000m，煤层吸附气在晚期抬升阶段的解析相对显著。

3) 煤层气的补给方式

在一定温度和压力条件下，煤基质表面上或微孔隙中的吸附态煤层气与裂隙系统中的游离气处于动态平衡。当外界压力低于煤层气的临界解析压力时，吸附态煤层气开始解析。煤层气的解析作用是指煤层压力降低或温度升高时，煤层吸附气从煤层中逸出的过程。煤层气的解析主要有降压解析、升温解析、置换解析以及扩散解析。解析作用首先是煤基质表面或微孔内表面上的吸附态发生脱附，然后在浓度差的作用下，已经脱附了的气体分子经基质向裂隙中扩散，裂隙中的自由态气体在压力差的作用下进行渗流运移。

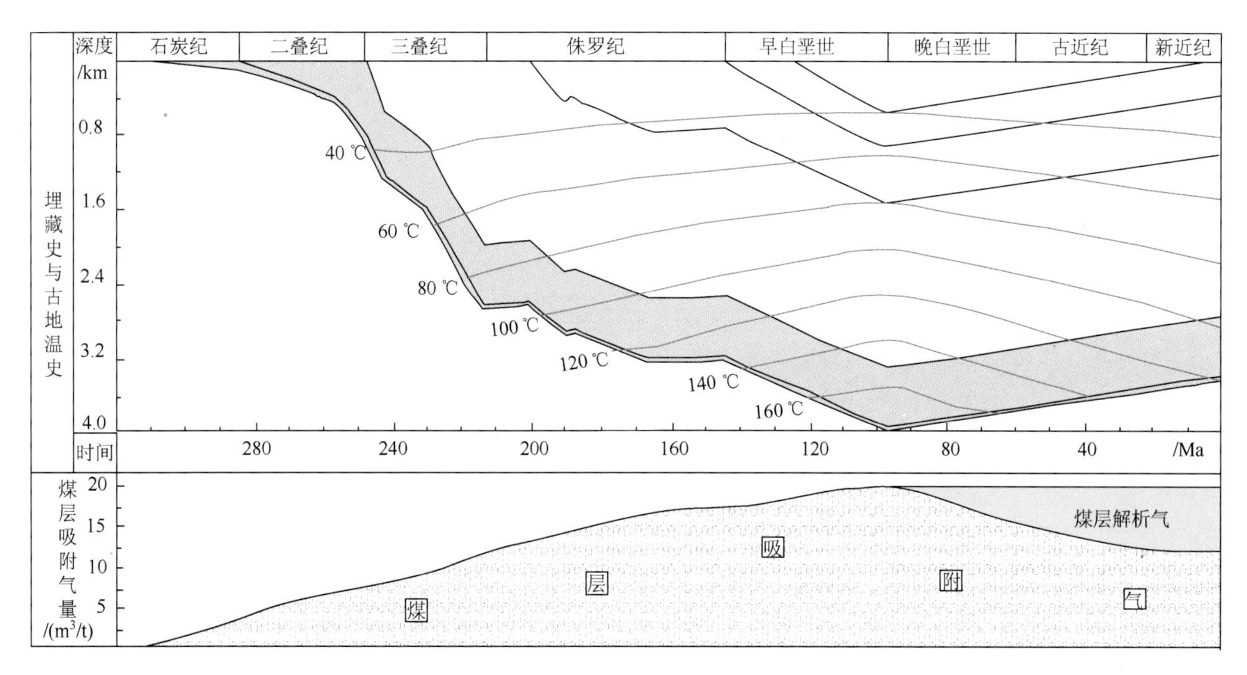

图 9-19　鄂尔多斯盆地上古生界煤层气吸附量随深度变化曲线

上古生界煤层作为主要烃源岩，在晚白垩世构造抬升与地层剥蚀期间，煤层吸附气的动平衡状态随地层压力与地层温度降低以及构造断裂活动而被打破，煤层吸附气发生不同程度的解析，煤层孔隙中的游离气逐渐增加，气体膨胀作用也随之加强。当煤层孔隙中游离气的气体膨胀力大于煤层排替压力时，煤层解析气以游离渗流方式散失。致密煤层一般具有较高的排替压力，但是在构造抬升过程中伴随断裂活动，煤层微裂缝的发育有助于煤层游离气的渗流散失。这部分散失的煤层气主要充注到邻近的砂岩。当煤层气解吸的气体膨胀力不足以克服煤层排替压力时，在煤层中将形成天然气的相对高浓度区。盆地东部大宁—吉县地区煤矿实验测定的 8#煤与 5#煤含气达到(10～16) m^3/t，苏里格与榆林等致密砂岩气田的产气层含气饱和度一般为 40%～55%，换算为储层岩石单位重量的含气量约(5～8) m^3/t。由此可见，在晚期构造抬升阶段，本溪组—山西组煤层吸附气通过解析、渗流以及分子扩散等方式可继续充注上古生界致密砂岩气藏，从而维持气藏散失与补给的平衡关系。

综上所述，上古生界致密砂岩气大面积聚集成藏取决于一系列地质因素。从天然气保存这一关键因素来看，盆地内部构造平缓稳定，缺乏大规模的断裂以及发育区域性欠压实泥质盖层，在宏观上阻挡了致密砂岩气的渗流散失，而在后期构造抬升与地层剥蚀过程中煤层气的解析作用则在微观上弥补了气藏的分子扩散。

参考文献

安作相，马纪. 2004. 华北克拉通上古生界含气性. 新疆石油地质，25(1)：8-12

常俊合，岳玉山，吕红玉，等. 2004. 东濮凹陷上古生界热演化史与生烃期关系. 石油勘探与开发，31(2)：32-34

陈安清，陈洪德，侯明才，等. 2012. 鄂尔多斯盆地北部晚古生代沉积充填及富气规律. 中国地质大学学报，37(S1)：15-159

陈安清，陈洪德，徐胜林，等. 2011. 鄂尔多斯盆地北部晚古生代沉积充填与兴蒙造山带“软碰撞”的耦合. 吉林大学学报(地球科学版)，41(4)：953-958

陈刚，李五忠. 2011. 鄂尔多斯盆地深部煤层气吸附能力的影响因素及规律. 天然气工业，31(10)：47-49

陈衍景，翟明国，蒋少涌. 2009. 华北大陆边缘造山过程与成矿研究的重要进展和问题. 岩石学报，25(11)：2695-2720

陈义才，林航杰、魏新善. 2011. 苏里格地区石炭-二叠系天然气充注特点及充注能力. 石油与天然气地质，32(1)：91-97

陈义才，沈忠民，李延均，等. 2002. 大宛齐油田溶解气扩散特征及其扩散量的计算. 石油勘探与开发，29(2)：58-60

戴金星，卫延召，赵靖舟. 2003. 晚期成藏对大气田形成的重大作用. 中国地质，30(1)：10-19

戴金星，钟宁宁，刘德汉，等. 2000. 中国煤成大中型气田地质基础和主控因素. 北京：石油工业出版社

戴金星，邹才能，陶士振，等. 2007. 中国大气田形成条件和主控因素. 天然气地球科学，18(4)：473-484

邸领军，张东阳，王宏科. 2003. 鄂尔多斯盆地喜山期构造运动与油气成藏. 石油学报，24(2)：34-37

蒂索 B P，威尔特 D H. 1989. 石油形成与分布. 徐永元等译. 北京：石油工业出版社
丁晓琪，张哨楠，周文，等. 2007. 鄂尔多斯盆地北部上古生界致密砂岩储层特征及其成因探讨. 石油与天然气地质，27(4)：491-496
董树文，吴锡浩，吴珍汉，等. 2000. 论东亚大陆的构造翘变-造山运动的全球意义. 地质论评，6(1)：8-13
董晓霞，梅廉夫，全永旺. 2008. 致密砂岩气藏的类型和勘探前景. 天然气地球科学，18(3)：351-354
付广，付晓飞，吕延防. 1999. 盖层对油气聚集的控制作用. 天然气地球科学，10(5)：17-22
付金华，段晓文，姜英昆. 2001. 鄂尔多斯盆地上古生界天然气成藏地质特征及勘探方法. 中国石油勘探，6(4)：68-74
付金华，王怀厂，魏新善，等. 2005. 榆林大型气田石英砂岩储集层特征及成因. 石油勘探与开发，32(1)：30-32
付金华，魏新善，任军峰. 2008. 伊陕斜坡上古生界大面积岩性气藏分布与成因. 石油勘探与开发，35(6)：664-667
傅锁堂，田景春，陈洪德，等. 2003. 鄂尔多斯盆地晚古生代三角洲沉积体系平面展布特征. 成都理工大学学报(自然科学版)，30(3)：250-256
谷江锐，刘岩. 2009. 国外致密砂岩气藏储层研究现状和发展趋势. 国外油田工程，25(7)：1-5
郭少斌，王义刚. 2013. 鄂尔多斯盆地石炭系本溪组页岩气成藏条件及勘探潜力. 石油学报，34(3)：445-451
郭英海，刘焕杰，权彪，等. 1998. 鄂尔多斯地区晚古生代沉积体系及古地理演化. 沉积学报，16(3)：513-520
郝石生，柳广弟，黄志龙，等. 1994. 油气初次运移的模拟模型. 石油学报，15(2)：21-25
郝石生. 1993. 天然气运聚动平衡理论及研究. 天然气地球科学，2(3)：96-108
何自新，付金华，孙六一. 2002. 鄂尔多斯盆地西北部地区天然气成藏地质特征与勘探潜力. 中国石油勘探，7(1)：56-62
贺小元，刘池阳，王建强. 2011. 鄂尔多斯盆地晚古生代古构造. 古地理学报，13(6)：677-682
洪大卫，王式，谢锡林. 2000. 兴蒙造山带正 ε(Nd，t) 值花岗岩的成因和大陆地壳生长. 地学前缘(中国地质大学，北京)，7(2)：441-450
黄海平，杨玉峰. 2000. 徐家围子断陷深层天然气的形成. 地学前缘，7(4)：515-211
蒋有录，刘华，张乐，等. 2003. 东营凹陷油气成藏期分析. 石油与天然气地质，24(3)：215-218
李贵红，张泓. 2009. 鄂尔多斯盆地晚古生代煤层作为气源岩的成烃贡献. 天然气工业，29(12)：5-8
李建民，付广，高宇慧. 2009. 我国大中型气田储量丰度与其扩散散失量之间关系的定量研究. 石油地质，(2)：40-46
李敏禄. 1985. 试论华北盆地的形成和演化. 石油与天然气地质，6(2)：159-165
李明瑞，窦伟坦，蔺宏斌，等. 2006. 鄂尔多斯盆地神木地区上古生界盖层物性封闭能力与石千峰组有利区域预测. 中国石油勘探，11(5)：21-25
李朋武，高锐，管烨，等. 2009. 古亚洲洋和古特提斯洋的闭合时代：论二叠纪末生物灭绝. 吉林大学学报：地球科学版，39(3)：521-527
李荣西，邸领军，席胜利. 2007. 鄂尔多斯盆地米脂气田天然气逸散：流体包裹体证据. 中国科学 D 辑，37(S1)：103-109
李文厚，魏红红，马振芳. 2002. 苏里格庙气田碎屑岩储集层特征与天然气富集规律. 石油与天然气地质，23(4)：562-569
李熙喆，张满郎，谢武仁. 2009. 鄂尔多斯盆地上古生界岩性气藏形成的主控因素与分布规律. 石油学报，30(3)：168-175
蔺宏斌，侯明才，陈洪德，等. 2009. 鄂尔多斯盆地苏里格气田北部下二叠统山 1 段和盒 8 段物源分析及其地质意义. 地质通报，28(4)：483-492
刘成林，朱筱敏，曾庆猛，等. 2005. 苏里格气田储层成岩序列与孔隙演化. 天然气工业，25(11)：1-3
刘吉余，马志欣，孙淑艳. 2008. 致密含气砂岩研究现状及发展展望. 天然气地球科学，19(3)：316-319
王云鹏，彭平安，卢家灿，等. 2004. 煤在降温和减压过程中天然气释放的模拟实验及在鄂尔多斯盆地的初步应用. 科学通报，49(S1)：93-99
刘文彬，罗大恒，伏万军. 1996. 甘宁盆地上古生界天然气泥质岩直接盖层的扩散系数研究. 天然气地球科学，11(1)：30-35
刘岩，张哨楠，丁晓琪，等. 2009. 鄂尔多斯盆地定边北部石盒子组-山西组储层成岩作用. 成都理工大学学报(自然科学版)，36(1)：29-34
马新华. 2005. 鄂尔多斯盆地上古生界深盆气特点与成藏机理探讨. 石油与天然气地质，26(2)：230-236
马艳萍，刘池洋，王建强，等. 2006. 盆地后期改造中油气运散的效应-鄂尔多斯盆地东北部中生界漂白砂岩的形成. 石油与天然气地质，7(2)：233-243
宁宁，陈孟晋，刘锐娥. 2007. 鄂尔多斯盆地东部上古生界石英砂岩储层成岩及孔隙演化. 天然气地球科学，18(3)：334-338
任纪舜，牛宝贵，刘志刚. 1999. 软碰撞、叠覆造山和多旋回缝合作用. 地学前缘，6(3)：85-93
任收麦，黄宝春. 2002. 晚古生代以来古亚洲洋构造域主要块体运动学特征初探. 地球物理学进展，17(1)：13-20
桑树勋，朱炎铭，张时音，等. 2005. 煤吸附气体的固气作用机理. 天然气工业，25(1)：13-15
邵济安. 1991. 中朝板块北缘中段地壳演化. 北京：北京大学出版社
申浩澈，康维国. 1994. 华北板块和扬子板块碰撞时代的探讨. 长春地质学院学报，3(1)：22-27
童晓光，牛嘉玉. 1989. 区域盖层在油气聚集中的作用. 石油勘探与开发，3(4)：1-8
汪正江，陈洪德，张锦泉. 2002. 鄂尔多斯盆地二叠纪煤成气成藏特征. 矿物岩石，22(3)：47-52
王金琪. 2000. 中国大型致密砂岩含气区展望. 天然气工业，20(1)：10-16
王晓梅，赵靖舟，刘新社. 2012. 苏里格地区致密砂岩地层水赋存状态和产出机理探讨. 石油实验地质，34(4)：400-405
吴柏林，刘池阳，张复新. 2006. 东胜砂岩型铀矿后生蚀变地球化学性质及其成矿意义. 地质学，80(5)：740-747
吴汉宁，朱日祥，刘椿. 1990. 华北地块晚古生代至三叠纪古地磁研究新结果及其构造意义. 地球物理学报，33(6)：694-701
席胜利，李文厚，魏新善，等. 2009. 鄂尔多斯盆地上古生界两大气田不同石英砂岩储层特征对比研究. 沉积学报，27(2)：221-229
肖丽华，孟元林，李臣，等. 2004. 冀中坳陷文安斜坡古生界成藏史分析. 石油勘探与开发，31(2)：43-45
邢振辉，程林松，周新桂，等. 2005. 鄂尔多斯盆地北部塔巴庙地区上古生界致密砂岩气藏天然裂缝形成机理浅析. 地质力学学报，11(1)：33-38
闫小雄，胡喜峰，黄建松，等. 2005. 鄂尔多斯盆地东部石千峰组浅层气藏成藏机理探讨. 天然气地球科学，16(6)：736-740
杨帆，周小进，倪春华，等. 2010. 华北古生界油气保存条件分析. 石油实验地质，32(6)：527-533
杨华，席胜利，魏新善，等. 2006. 苏里格地区天然气勘探潜力分析. 天然气工业，26(12)：45-48
杨华，付金华，刘新社，等. 2012. 鄂尔多斯盆地上古生界致密气成藏条件与勘探开发. 石油勘探与开发，39(3)：295-303
杨华，付金华，魏新善. 2005. 鄂尔多斯盆地天然气成藏特征. 天然气工业，25(4)：5-9

杨华，姬红，李振宏，等. 2004. 鄂尔多斯盆地东部上古生界石千峰组低压气藏特征. 地球科学-中国地质大学学报，29(4)：413-419
杨华，魏新善. 2007. 鄂尔多斯盆地苏里格地区天然气勘探新进展. 天然气工业，27(12)：6-11
杨华，席胜利，魏新善，等. 2006. 鄂尔多斯多旋回叠合盆地演化与天然气富集. 中国石油勘探，11(1)：17-24
杨华，席胜利，魏新善，等. 2003. 鄂尔多斯盆地上古生界天然气成藏规律及勘探潜力. 海相油气地质，8(4)：45-53
杨华，杨奕华，石小虎，等. 2007. 鄂尔多斯盆地周缘晚古生代火山活动对盆内砂岩储层的影响. 沉积学报，25(4)：526-534
杨华，张军，王飞雁. 2000. 鄂尔多斯盆地古生界含气系统特征. 天然气工业，20(6)：7-11
杨仁超，樊爱萍，韩作振，等. 2005. 鄂尔多斯盆地上古生界天然气成藏的地质特征. 山东科技大学学报(自然科学版)，24(1)：53-57
杨勇，达世攀，徐晓蓉. 2005. 苏里格气田盒8段储层孔隙结构研究. 天然气工业，25(4)：50-52
杨宇，周文，杨勇，等. 2010. 子洲气田山2气藏气井产水成因研究. 新疆地质，28(2)：196-199
杨智，何生，邹才能，等. 2010. 鄂尔多斯盆地北部大牛地气田成岩成藏耦合关系. 石油学报，31(3)：373-378
姚泾利，黄建松，郑琳. 2009. 鄂尔多斯盆地东北部上古生界天然气成藏模式及气藏分布规律. 中国石油勘探，13(1)：10-16
余和中，吕福亮. 2005. 华北板块南缘原型沉积盆地类型与构造演化. 石油实验地质，27(2)：111-117
曾大乾，李淑贞. 1994. 中国低渗透砂岩储层类型及地质特征. 石油学报，15(1)：38-45
张明禄，达世攀，陈调胜. 2002. 苏里格气田二叠系盒8段储集层的成岩作用及孔隙演化. 天然气工业，22(6)：13-16
张明山. 1997. 陆内挤压造山带与陆内前陆盆地关系. 现代地质，11(4)：466-471
张清，孙六一，黄道军，等. 2005. 鄂尔多斯盆地东部石千峰组浅层天然气成藏机制. 天然气工业，25(4)：12，13
张义纲. 1991. 天然气动态平衡成藏的四个基本条件. 石油实验地质，13(3)：210-221
张渝昌，张荷，孙肇才，等. 1997. 中国含油气盆地原型分析. 南京：南京大学出版社
张岳桥，廖昌珍. 2006. 晚中生代—新生代构造体制转换与鄂尔多斯盆地改造. 中国地质，33(1)：28-31
赵根志，唐修义. 2001. 低温液氮吸附法测试煤中微孔隙及其意义. 煤田地质与勘探，29(5)：28-30
赵文智，汪泽成，朱怡翔，等. 2005. 鄂尔多斯盆地苏里格气田低效气藏的形成机理. 石油学报，26(5)：5-9
赵振宇，郭彦如，王艳. 2012. 鄂尔多斯盆地构造演化及古地理特征研究进展. 特种油气藏，19(5)：15-20
郑和荣，胡宗全. 2006. 渤海湾盆地及鄂尔多斯盆地上古生界天然气成藏条件分析. 石油学报，27(3)：1-6
邹才能，陶士振，谷志东. 2009. 连续型-油气藏及其在全球的重要性：成藏、分布与评价. 石油勘探与开发，31(6)：669-680
邹才能，陶士振，谷志东. 2006. 中国低丰度大型岩性油气田形成条件和分布规律. 地质学报，80(11)：1739-1750
Bachu S. 1999. Flow system in the Alberta Basin：patterns，types and driving mechanisms. Bulletin of Canadian Petroleum Geology，47(4)：455-474
Beitler B，Chan M A，Parry W T. 2003. Bleaching of Jurassic Navajos and stone on Colorado Plateau Laramide highs：Evidence of exhumed hydrocarbon supergiants?Geology，31(12)：1041-1044
Chan M A，Parry W T，Bowman J R. 2000. Diagenetic hematite and manganese oxides and fault-related fluid flow in Jurassic sandstones，southeastern Utah. AAPG Bulletin，84(9)：1281-1310
Chen L，Cheng C，Wei Z G. 2009. Seismic evidence for significant lateral variations in lithospheric thickness beneath the central and western North China Craton. Earth Planet Sci Lett，286：171-183
Demaison G，Huizinga B J. 1991. Genetic classification of petroleum systems. AAPG Bulletin，75(10)：1626-1643
Dobretsov N L，Berzin N A，Buslov M M. 1995. Opening and tectonic evolution of the Paleo-Asian ocean. International Geol Rev，37：335-3601
Fu J H，Xi S L，Liu X S，et al. 2004. Complex Exploration Techniques for the Low-permeability Lithologic Gas Pool in the Upper Paleozoic of Ordos Basin. Petroleum Science，1(2)：111-118
Garden I R，Guscott S C，Foxford K A，et al. 1997. An exhumed fill and spill hydrocarbon fairway in the Entrada sandstone of the Moabanticline，Utah//Hendry J，Carey P，Parnell J. Migration and interaction in sedimentary basins and orogenic belts. Second International Conference on Fluid evolution，Belfast，Northern Ireland，287-290
Hedberg H D. 1980. Methane generation and petroleum migration. AAPG studies in Geology，10：179-206
Lafargue E，Espitalie J，Jacobson T，et al. 1990. Experimental simulation of hydrocarbons expulsion. Organic Geochemsitry，16：121-131
MacGregor D S. 1996. Factors controlling the destruction or preservation of giant light oil fields. Petroleum Geoscience，2：197-217
Moulton G F. 1922. Some features of red bed bleaching. AAPG Bulletin，10：304-311
Schumacher D. 1996. Hydrocarbon induced a lteration of soil sand sediments//Schumacher D，Abrams M A. Hydrocarbon migration and its near surface expression. AAPG Memoir，66：71-89
Shanley K W，Cluff R M，Robinson J W. 2004. Factors controlling prolific gas production from low-permeability sandstone reservoirs. AAPG Bulletin，88(8)：1083-1121
Soeder D J，Randolph P L. 1987. Porosity，permeability，and pore structure of the tight Mesaverde Sandstone，Piceance basin，Colorado. SPE Paper，129-136

第 10 章　盆地天然气资源金字塔结构

鄂尔多斯盆地天然气资源丰富，类型多样，已经发现了致密砂岩气、低渗透—致密碳酸盐岩气、煤层气、生物气、页岩气等天然气资源。目前，致密砂岩气、低渗透—致密碳酸盐岩气是盆地天然气主要勘探开发对象，煤层气刚刚进入示范性勘探开发阶段，页岩气勘探尚未取得实质性突破，而生物气仅处于发现阶段。盆地天然气资源表现为以非常规气为主、常规气居次的分布格局。如何认识盆地这种天然气资源结构分布，对于分析盆地天然气勘探潜力、选择未来天然气勘探开发接替资源意义重大。

10.1　油气资源金字塔结构与意义

10.1.1　资源三角结构

资源三角结构(resource triangle)理论最早来自于金属矿产资源品质分布研究。该概念认为金、铜、铀、锌等自然资源品质与资源量呈对数正态概率分布，低品质资源储量在统计学上为众数，是出现次数最多的数值，在频率直方图上为最高点，也就是说在资源品质随机抽样分布中低品质资源量最大，也是最可能出现的结果，而中、高品质资源量分布在概率上处于较小值或最小值。资源品质与其资源量的关系具有三角形结构分布特征，处于三角形底部的为低品质资源量，资源量大；位于三角形中部的为中品质资源量，资源量相对较大；居于三角形顶部的为高品质资源量，资源量最小。

油气资源结构研究有多种方法。在以往的研究中，一般是按地质保证程度的相对高低，将油气资源划分为已发现的(探明、控制、预测)地质储量和未发现的远景资源量。随着非常规油气资源的不断发现和经济开发，只根据油气资源的地质风险程度已经不能够有效反映已有的和潜在资源的经济价值。全球油气资源评价结果表明，非常规油气资源量大于常规油气资源。因此，国内外研究者提出了油气资源三角结构概念，用来表征和预测含油气盆地不同油气资源的质量和数量。

Gray(1977)认为油气资源与金属矿产具有相似的资源三角结构分布，定性地提出了高品质、中品质和低品质资源三角结构分布。他认为高品质油气资源易于开发，但资源规模一般较小，居于三角结构分布图的顶部；而中等品质和低品质资源，处于三角结构图的中部与下部，它们的开发成本较高，但资源量规模大，随着技术进步和资源价格上涨，部分低品质资源将被开发。Gray 的研究成果为油气资源三角结构分布研究奠定了基础，后续研究中提出的各种油气资源三角分布都是 Gray 油气资源三角结构分布的进一步延伸。

1979 年，加拿大猎人公司 Master 在分析加拿大阿尔伯达深盆气勘探潜力时，应用 Gray 油气资源三角结构分布论证了低品质深盆气资源勘探具有巨大潜力，可以发现大气田。

2003 年，加拿大非常规天然气协会(Canadian society for unconventional gas)在 Gray 提出的资源三角结构图基础上进行了补充，将低品位油气资源细分为低渗透石油、致密砂岩气、页岩气、重油、煤层甲烷、天然气水合物、油页岩等，并根据资源量、开发成本、所需技术难度等建立油气资源三角结构图（图 10-1）。这一结构表明，随着高、中品质常规油气资源的减少和勘探开发技术的进步，低渗透油气资源(低渗透石油、致密砂岩气)将成为常规油气资源的接替者和保障世界油气资源供应的主角。

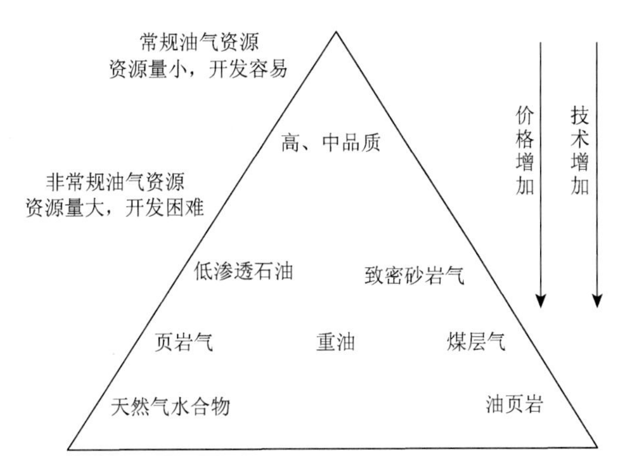

图 10-1　加拿大非常规天然气协会油气资源三角结构图

2006 年，Holditch 在研究致密砂岩气时，再次提出了天然气资源三角结构这一分布(图 10-2)。在其天然气资源三角结构中，高品质天然气资源在地层条件下的储层渗透率为 $1000\times10^{-3}\mu m^2$ 左右，易于开采，数量小，位于三角结构图的顶端。中等品质天然气资源在地层条件下的储层渗透率为 $10\times10^{-3}\mu m^2$ 左右，比高品质储层数量相对较多，较易于开采，位于三角结构图的中部。高品质和中品质类型在天然气资源中一般占 1/3 左右，而位于三角结构底部的低品质天然气资源在地层条件下的储层渗透率小于 $0.1\times10^{-3}\mu m^2$，包括致密气、煤层气、页岩气和天然气水合物等资源，资源量巨大，在天然气资源中一般占 2/3 左右，但开采难度大。

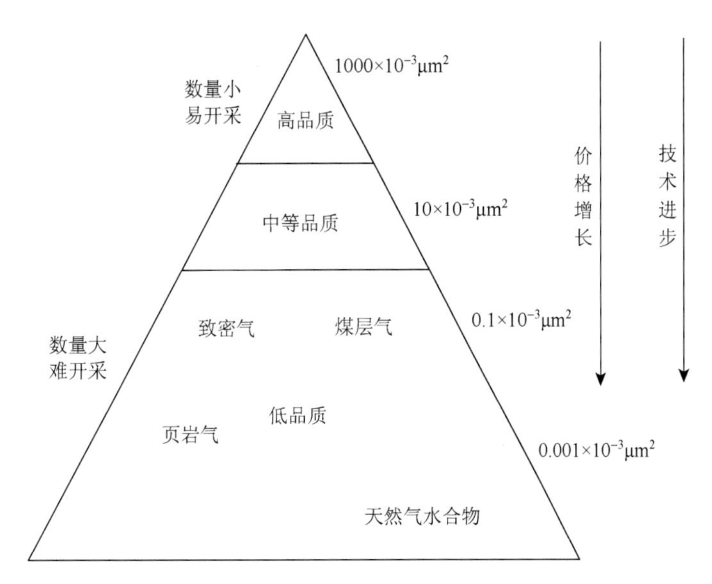

图 10-2　天然气资源三角结构图(Holditch，2006)

邹才能等(2012)根据世界油气工业发展历史分析，结合各类油气资源的分布情况，提出了具有时间预测性质的油气资源金字塔结构图(图 10-3)。从世界油气工业发展角度来看，这一资源金字塔结构突出了以下特点：①常规的构造油气藏和岩性地层油气藏，资源品质高，但资源量较小，大约只占资源总量的 20%，准连续型(重油、油砂油、碳酸盐岩缝洞油气等)和连续型(致密油气、煤层气、页岩油气、天然气水合物等)资源总量远大于常规油气，大约占资源总量的 80%；②由于非常规油气资源奠定了丰富的物质基础，随着新技术的不断进步和广泛应用，全球油气工业将持续发展到下一个世纪的中叶，而目前正处于致密油气以及煤层气的开启时期。

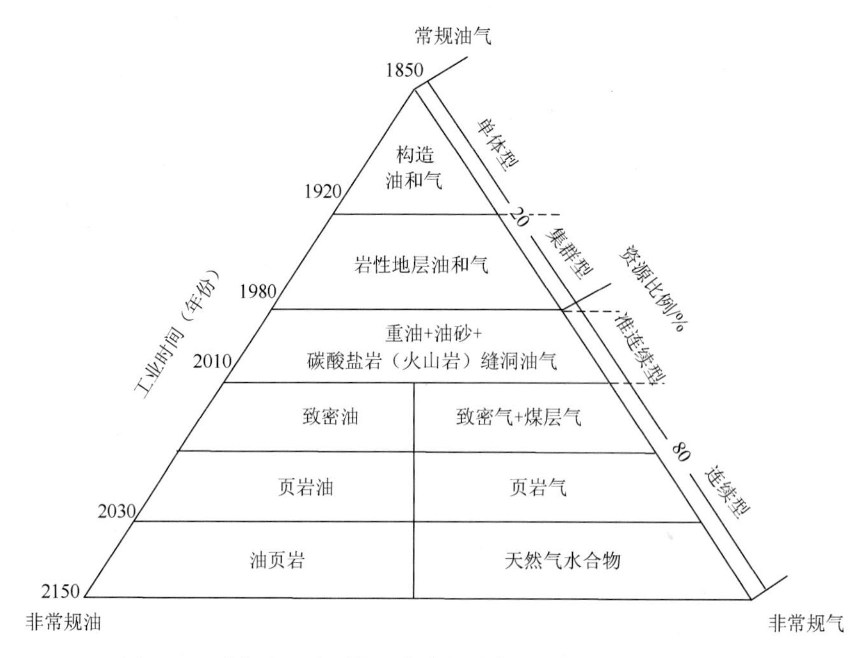

图 10-3　油气资源类型特征金字塔结构图(据邹才能等，2012)

10.1.2　天然气资源金字塔结构

金字塔的阿拉伯文原意为“方锥体”，它是一种方底尖顶的石砌建筑物，以古代埃及埋葬国王和王后的陵墓金字塔最为典型。由于它规模宏大，侧面由多个三角形或接近三角形的面相接而成，顶部面积非常小，甚至成尖顶状，颇似汉字中的“金”字，因此形象地译为“金字塔”。长期以来社会学家、考古学家、自然科学家等从不同的角度分析金字塔的结构特点、功能和用途，形成现代金字塔的引申含义，那就是金字塔结构是大自然和人类社会的一种普遍自组织形式，它具有稳定性、多种多层次组织形式以及层次演变的方向性等特点。在社会学中，人类社会组织结构就是“金字塔”形象重现，即底层为大多数普通劳动者；中间为管理者；上层为人数少的领导者。人类社会自古以来的社会结构就是如此，多少次改朝换代结果还是如此，这也是人类社会的“金字塔定律”。人们的知识结构也是金字塔形的，它的核心思想是宽基础，按照学科知识体系从人文社会科学、一般自然科学、专业知识循序渐进爬到金字塔的尖顶，同一个专业领域同样学习背景的人的知识结构往往相同或者近似。方锦清等(2013)对金字塔形式也进行了研究，提出了生态金字塔、人类需求金字塔、生命网络复杂性金字塔和多种类型网络金字塔等概念。金字塔结构已广泛应用于科技、生物学、金融、写作、人口社会学、健康生活等各个方面。

在构造相对稳定的大型含油气盆地中，当烃源岩分布广而供烃给条件优越时，油气运移首先经过与烃源岩沉积背景相似的致密储层，然后再向水动力较强的高能环境储层或区域构造的高部位运移、聚集成藏。由于油气在储层致密中运移阻力大，难以穿过致密储层而向上或其下的常规储层运移，因此，油气在致密储层中的充注程度较高。常规油气藏的形成往往经过较长距离的运移或断层垂向运移，油气散失较多，油气聚集系数比较低。武守诚等(1994)对国内外典型常规油气聚集系数统计显示，油聚集系数一般在 1%～15%，天然气聚集系数在 0.05%～1.5%。在鄂尔多斯盆地上古生界和四川盆地上三叠统致密砂岩中天然气的聚集系数一般为 3%～15%。根据烃源岩排烃与油气运聚成藏机理，在致密储层发育的含油气盆地，致密油气的资源量可能小于页岩油气和煤层气资源数量，但大于常规油气的资源量。

Rogner(1996)、Auilera 等(2008)通过全球油气资源评价成果分析，认为致密油气几乎在所有含油气盆地均有分布。因此，根据油气资源金字塔结构(gas resource pyramid)的预测，全世界的致密油气资源可能比以往估算的还要丰富。

10.1.3 资源金字塔结构意义

1. 分析盆地油气资源类型及勘探潜力

盆地油气资源类型及勘探潜力预测是选择勘探目标和进行投资评估的重要依据。按照油气资源金字塔结构分布规律，金字塔图的顶部代表了数量少但品质好的常规油气资源，而底部则是大量品质较差的非常规油气资源。Martin 等(2010)对美国阿帕拉契亚、黑勇士、大绿河、伊利诺斯、圣胡安、尤因塔—皮申斯及风河等 7 个成熟盆地常规油气资源与非常规天然气资源的数量关系研究，发现这 7 个盆地的油气资源同样符合金字塔结构分布，其常规油气资源占到各盆地可采资源总量的 10%～20%，而非常规天然气资源占 80%～90%。Cheng 等在 Martin 等基础上又增加了北美另外 17 个盆地，研究结果认为北美 25 个盆地非常规天然气的技术可采资源量与常规天然气技术可采资源量之比约为 4∶1。这从定量角度也说明了资源金字塔结构能够有效地揭示盆地的油气资源类型及其勘探潜力。

2. 预测油气工业勘探开发发展方向与前景

从石油工业诞生之日起，世界众多学者就对其前景进行过不同的预测。然而，由于当时的石油工业状况，这些预测往往随着新的油气资源不断发现而被打破。资源金字塔结构在提出之初，即带有预测性质。按照天然气资源金字塔结构预测，储层品质级别越低，就意味着渗透率越低，但是这些低品质气藏往往比高品质气藏的资源量大得多。高品质常规气藏储层物性较好，气藏易于开发，但气藏分布受构造、圈闭控制，分布不连续，储量规模一般较小。非常规气藏具有连续分布或准连续分布特征，资源量较大，但储层物性差，开发比较困难，需要提高天然气价格、改进技术才能经济开发。美国页岩气革命证实了这一预测。在技术进步的推动下，页岩气大规模开发也影响了世界能源结构分布。

资源金字塔结构对于预测油气工业勘探开发前景也具明显作用。例如，邹才能等(2012)根据世界油气工业发展历史的分析和资源金字塔结构分布特征，预测全球油气工业大约还有 300 年的发展历史。

3. 促进非常规油气勘探开发瓶颈技术的突破

资源金字塔结构揭示了另一个事实，那就是含油气盆地的非常规油气资源量巨大，只有通过技术进步才能进行经济开采。1973 年至 1976 年期间，美国联邦能源研究的总支出翻了一倍，而化石能源部分的支出增长 10 倍以上，从 1974 年的 1.43 亿美元增长至 1979 年的 14.1 亿美元。20 世纪 70 年代由美国联邦电力委员会(the U.S. federal power commission)、能源研究和开发管理局(the energy research and development administration，ERDA)和美国能源部(the U.S. department of energy，DOE)委托开展的多项主要研究指出，非常规天然气的资源基础非常庞大，应该鼓励和资助开展非常规油气资源项目。20 世纪 70 年代末期，非常规天然气的年产量占年天然气总产量的比例不足 5%，而常规天然气的产量开始持续大幅下降(Kuuskraa 等，1978)。20 世纪 80 年代和 90 年代，美国国家研究委员会对最重要的能源技术创新以及能源部在技术开发中发挥的作用进行了评估，如对页岩气开发具有关键作用的三项技术—水平钻井、3D 地震成像和水力压裂技术，均被确定为最重要的技术创新。

页岩气的开采是全球能源史上里程碑式的进步。回顾美国页岩气从勘探到商业性开发的发展过程，可以证明页岩气的成功开发来自于地质理论认识的创新和先进的钻完井技术的完美结合。地质上将页岩从单纯作为烃源岩到可作为储层的认识，提高了人们对页岩气系统中页岩功能的认识。其他地质相关的理论进展，如页岩气来源、储集空间以及在地质历史和构造沉积域的分布、岩相、地球化学、地球物理、岩石物理、岩石力学和原位页岩气储量等，使人们认识到超大规模页岩气储量的存在是开采该类非常规能源的基础。地质理论认识的进步、天然气需求的增加和高气价的耦合，促进了钻井和压裂技术革新。工程技术上的革新，包括滑溜水/轻砂压裂、水平井多级压裂、重复压裂、同步和顺序压裂以及页岩储层改造中压裂液配方选择等。通过详细的地质研究可以确定页岩气地质上的甜点，进一步结合岩石物理、岩石力学、不同矿物脆性及和可压裂性的系统分析，才能找到合理的勘探目标而进行商业开发。

北美地区页岩气的商业开采同时也告诉人们，为应对将来，油气行业着力研究开发非常规油气资源开发所需的技术很重要，如特殊地层评价技术、特殊油藏工程技术、特殊完井技术、大型水力压裂措施、注蒸汽、水平和多支井、先进的钻井技术。

4. 保障国家能源安全，利于战略决策的作用

油气资源作为一种不可再生能源，随着开采量的增加，其蕴藏量必然处于一种持续减少或者说逐渐枯竭的状态，尤其是常规的油气资源(资源金字塔上部)，由于开发技术的要求相对较低，资源枯竭速度将会更快。这样非常规的油气资源(资源金字塔的下部)将在世界各地变得更加重要。尤其值得重视的是，油气资源金字塔结构分布规律表明其下部油气资源的资源量巨大，为国家能源持续发展能够提供充分的资源保障。

10.2　鄂尔多斯盆地天然气资源结构

鄂尔多斯盆地是大型多旋回的叠合盆地，残留分布面积约 $25\times10^4km^2$。盆地沉积盖层分布较稳定，盖层厚度一般为 4000～6000m，其中以海相碳酸盐岩沉积为主的下古生界厚度为 500～1500m，以沼泽三角洲河流等海陆交互相沉积为主的上古生界厚度为 600～1700m，以陆相河流湖泊沼泽相沉积为主的中生界厚度为 500～3000m。相对稳定的大地构造背景和不同环境沉积产物的持续埋藏，有利于鄂尔多斯盆地的煤、油、气等多种资源共存。不同类型能源矿产同盆共存的资源结构决定了不同的勘探模式。对于油、气资源而言，明确不同品质的油气结构是中—长期勘探规划决策的前提条件。

10.2.1　常规天然气资源

鄂尔多斯盆地常规天然气资源主要分布在奥陶系马家沟组风化壳储层，其次是河套地区第四系、新近系砂岩及泥质砂岩储层。在奥陶系马家沟组沉积期间，鄂尔多斯地区发生多期次的海侵海退旋回，在盆地东部主要为开阔海台地及局限海台地蒸发潮坪，发育大量的硬石膏岩、盐岩夹膏质白云岩沉积，盆地西—南缘马家沟组沉积晚期古气候由干旱炎热向湿热变化，以台地边缘斜坡与深水斜坡的深灰色泥质灰岩、泥晶灰岩沉积为主，夹少量泥质岩。受加里东构造运动影响，鄂尔多斯地区的中央古隆起区经历了长达上亿年的风化剥蚀后，在马家沟组的上组合(马五$_1$～马五$_4$)形成具孔、洞、缝的古风化壳岩溶储层。上组合储层岩性以细粉晶白云岩为主，次为泥晶云岩、粒屑云岩、含灰细粉晶云岩、含泥粉晶云岩，储集空间主要有晶间孔、溶孔和裂缝，储层孔隙度一般为 4%～7%，渗透率主要在$(5～10)\times10^{-3}\mu m^2$。气源对比研究成果表明，上组合天然气主要来自上覆石炭系—二叠系煤成气。根据靖边气田刻度区的地质类比法估算，鄂尔多斯盆地下古生界常规天然气地质资源量在$(1.47～2.28)\times10^{12}m^3$，资源量期望值(累计概率为 50%)为 $1.75\times10^{12}m^3$。

河套盆地位于阴山造山带与鄂尔多斯盆地北缘之间，近东西向狭长型分布，是中生代鄂尔多斯克拉通内坳陷原型盆地组成部分。河套盆地在第四系、新近系上新统发育浅湖、半深湖相暗色泥岩，具有形成生物气的地质条件。20 世纪 80 年代初，曾以古近系及白垩系为目的层进行过石油勘探，第四系资料很少，未开展过生物气方面的研究工作。2004～2006 年，长庆油田以第四系及新近系上新统为目的层，开展了河套盆地生物气的勘探，系统研究了生物气成藏条件。河套盆地第四系、新近系生物气的埋藏深度一般为 300～1500m，储层主要为浅湖—半深湖的细砂岩、粉砂岩以及泥质粉砂岩。由于地层时代新、埋藏深度较浅，储层成岩程度较低，原生孔隙保存较好。根据近 1000 个岩心样品

分析结果统计，细砂岩和粉砂岩的孔隙度为 18.8%～41.4%，平均值为 32.6%，渗透率为(12.5～7100)$\times10^{-3}\mu m^2$，平均值为 $1061\times10^{-3}\mu m^2$；泥质粉砂岩的孔隙度为 11.7%～40.5%，平均值为 30.8%，渗透率为(11.1～2600)$\times10^{-3}\mu m^2$，平均值为 $107\times10^{-3}\mu m^2$。通过生聚成因法估算，河套盆地生物气的生气强度为(10～68.1)$\times10^8m^3/km^2$，总生气量为 $41.813\times10^{12}m^3$，总地质资源量(0.21～0.40)$\times10^{12}m^3$，资源量期望值为 $0.34\times10^{12}m^3$。

10.2.2 非常规天然气资源

1. 致密气

鄂尔多斯盆地致密气主要储存于上古生界的致密砂岩储层和下古生界的致密碳酸盐储层。下古生界的致密碳酸盐储层分布于奥陶系马家沟组的中组合(马五$_5$～马五$_{10}$)及下组合(马四段～马一段)，储层岩性主要为粗粉晶—细晶结构的晶粒状白云岩，孔隙类型以晶间孔为主、晶间溶孔次之，储层岩心孔隙度一般为 2%～5%，渗透率一般为(0.1～0.5)$\times10^{-3}\mu m^2$。中组合的储层分布受岩相古地理格局控制，在平面上近 NS 向带状展布，自西向东可划分为靖边西白云岩带、靖边东白云岩带和米脂白云岩带。下组合主要分布在马四段、马三段，发育颗粒滩相沉积，经历埋藏白云岩化作用形成的晶间孔型白云岩储层，储层厚度由中央古隆起向东西两侧变薄。中组合天然气主要来自上古生界煤成气，混有少量马家沟组的油型气。下组合储层与上覆煤成气烃源岩的纵向距离较大，除了中央古隆起少数的局部地区具有上古烃源岩天然气的风化剥蚀区充注“窗口”外，在盆地东部大部分地区的天然气只能来自于马家沟组的烃源岩。初步估算，盆地下古生界致密碳酸盐岩气的地质资源量在(0.65～1.01)$\times10^{12}m^3$，资源量期望值为 $0.79\times10^{12}m^3$。

鄂尔多斯盆地上古生界的致密砂岩储层主要分布于石千峰组—本溪组。在石炭纪本溪组—二叠纪石千峰组沉积期间，盆地内发育不同类型的河流—三角洲沉积体系，由于河道迁移摆动及纵向上多期砂体叠置形成大面积分布的砂岩储集体(详见第 4 章)。上古生界砂岩在埋藏过程中，由于流体压实效应、成岩流体滞流效应以及热压实效应等综合影响，遭受了强烈的压实作用与胶结作用而演化致密储层(详见第 5 章)。上古生界煤系烃源岩广覆生烃与天然气近距离充注，形成大面积致密砂岩气。大量钻井资料证实，上古生界致密砂岩含气区在盆地内部分布广泛，面积约 $18\times10^4km^2$。2010 年，中国石油长庆油田分公司勘探开发研究院在地质类比法、盆地模拟法、饱和勘探法的资源评价基础上，通过特尔菲法综合估算出盆地上古生界天然气地质资源量在(10.35～16.68)$\times10^{12}m^3$，资源量期望值为 $12.61\times10^{12}m^3$。

2. 煤层气

鄂尔多斯盆地煤系地层发育，含煤岩系自下而上主要发育在上古生界的石炭—二叠系的本溪组、太原组及山西组，中生界三叠系瓦窑堡组、侏罗系延安组及直罗组。鄂尔多斯盆地是我国重要的煤炭生产基地，同时盆地煤层气资源丰富。盆地内上古生界煤层，具有分布稳定、厚度大、成熟度较高的特点(详见第 3 章)。上古生界煤层显微组分以镜质组为主，其次为惰质组，煤岩孔隙度多数在 3%～7%，孔隙类型以气孔、植物组织孔为主，其次粒间孔和少量溶蚀孔和铸模孔，渗透率介于(0.05～12)$\times10^{-3}\mu m^2$，具有中等孔隙、中高渗透性特征。煤层含气量随深度增加而升高，山西组 5#煤层含气量一般为 5～$10m^3/t$，太原—本溪组 8#煤层含气量多数为 8～$20m^3/t$。煤层含气量在平面上具有从北向南增加的趋势，北部府谷—兴县煤层含气量一般小于 $6m^3/t$；中部吴堡—柳林含气量为 8～$17m^3/t$，南部大宁—韩城含气量为 8～$22m^3/t$。上古生界煤层含气优势明显，既是盆地天然气主要气源，也是煤层气勘探的重点层位。盆地东部地区上古生界煤层气已进入商业开发阶段，是我国中煤阶煤层气开发示范区。

2009 年，中国长庆油田分公司勘探开发研究院计算了盆地上古生界埋深在 300～2000m 的煤层气总

地质资源量为 $7.54\times10^{12}m^3$，其中埋深在 300～1500m 的煤层气资源量为 $4.54\times10^{12}m^3$（表 10-1）。目前，鄂尔多斯盆地煤层气开发主要针对煤层埋深＜1500m 的浅层煤层气，埋深＞1500m 的深部煤层气由于地应力增加，煤储层物性降低，导致煤层气开发难度增大。

表 10-1　鄂尔多斯盆地上古生界煤层气资源量计算成果表

煤层埋深/m	单元面积/($\times10^4km^2$)	平均厚度/m	煤岩密度/(g/cm^3)	平均含气量/(m^3/t)	煤层气资源量/($\times10^{12}m^3$)	资源量丰度/($\times10^8m^3/km^2$)
300～500	0.39	20.3	1.40	6.0	0.66	1.69
500～1000	0.97	13.4	1.40	10.0	1.81	1.86
1000～1500	0.95	13.1	1.39	12.0	2.07	2.17
1500～2000	1.18	14.2	1.38	13.0	3.00	2.54
合计	3.49				7.54	2.16(平均)

早三叠世末发生的印支运动使华北地区克拉通呈现东隆西坳的构造格局，鄂尔多斯盆地雏形出现，普遍接受湖泊—三角洲沉积，围绕盆地沉积中心形成一个巨大的聚煤环带。盆地中生界煤层主要分布在侏罗纪延安组，其次是三叠纪瓦窑堡组。煤层单层厚度一般为 1.5～3.5m，累计厚度一般为 15～25m，厚煤层主要发育在盆地南部和北部，横向分布连续，中部煤层厚度薄、煤层分叉多、煤层局部富集。煤层顶、底板岩性以泥岩为主，局部为为泥质砂岩。

鄂尔多斯盆地中生界煤岩镜质组含量较高，类型以半亮煤和半暗煤为主，发育少量光亮煤，煤层灰分含量 9.5%～39.5%，平均 23.5%，挥发分含量 20.5%～38.0%，总体为低中灰分、高挥发分煤岩。由于煤层埋藏深度较浅，热演化程度较低，R_o 多数在 0.6%～0.8%，属于低煤阶的煤层。根据晋香兰(2014)对黄陵、焦坪、大佛寺及庆阳地区中生界煤层气的地球化学特征分析结果，煤层气的碳同位素变化范围较大，$\delta^{13}C_1$ 为−33.1‰～−80.0‰(PDB)，甲烷的氢同位素差别较小，δD_{CH_4} 为−235‰～−268‰(SMOW)，具有热成因气、生物气与热成因气混合的两种成因类型。

中生界的煤阶低，埋藏较浅，煤层基质孔隙发育，煤层孔隙度为 3.7%～14.7%，渗透率为$(1\sim10)\times10^{-3}\mu m^2$。煤层含气量随埋深加大而增加，盆地北部埋藏在 300～800m 的含气量为$(3\sim7)m^3/t$，南部庆阳等大部分地区埋深为 700～1500m，煤层含气量多数为$(6\sim9)m^3/t$。根据中国石油长庆油田分公司勘探开发研究院 2009 年盆地中生界煤层气的资源评价结果(表 10-2)，在埋深为 300～2000m 的煤层气总地质资源量为 $8.08\times10^{12}m^3$，其中埋深在 300～1500m 的煤层气资源量为 $4.22\times10^{12}m^3$，埋深在 1500～2000m 的煤层气资源量为 $3.86\times10^{12}m^3$。

表 10-2　鄂尔多斯盆地中生界煤层气资源量计算成果表

煤层埋深/m	计算单元面积/($\times10^4km^2$)	平均厚度/m	煤岩密度/(g/cm^3)	平均含气量/(m^3/t)	煤层气资源量/($\times10^{12}m^3$)	资源量丰度/($\times10^8m^3/km^2$)
300～500	0.59	10.8	1.30	3.0	0.24	0.40
500～1000	1.91	14.4	1.30	4.0	1.43	0.74
1000～1500	2.71	15.4	1.36	4.5	2.55	0.94
1500～2000	3.14	15.1	1.36	6.0	3.86	1.22
合计	8.35				8.08	0.96(平均)

3. 页岩气

“页岩气”泛指产自细粒碎屑沉积岩层中的天然气，其产气层段包括页岩、泥岩、砂质泥页岩以及粉砂岩的薄夹层等。页岩气的储层致密，需要通过水平井钻探及压裂技术才能进行规模化商业开采。世界页岩气的发现要早于石油近40年。北美地区是全球发现页岩气最早的地区。经过几十年的探索与研究，北美地区页岩气勘探开发在近十几年来取得突破性进展。根据美国能源信息署(EIA)2013年公布的数据，美国页岩气产量在2002年页岩气产量刚上$100\times10^8m^3$，2010年产量则达$1000\times10^8m^3$，2011年突破$2000\times10^8m^3$，页岩气产量已占天然气年产量的34%，2012年已经超过$2600\times10^8m^3$，预计在2035年左右页岩气产量将占据美国天然气年产量的50%。中国页岩气勘探和开发的研究工作起步相对较晚，但近年来发展较快，尤其是2005年以来，借鉴美国页岩气发展的成功经验，有关部门和企业开始进行页岩气资源调查，初步证实我国四川、鄂尔多斯以及塔里木等大型复合盆地具有页岩气形成的地质条件。鄂尔多斯盆地在中奥陶统平凉组、上古生界的本溪组—山西组和上三叠统延长组广泛发育暗色泥岩和页岩层。

鄂尔多斯盆地在中奥陶世平凉组的沉积早期，盆地西缘为深水斜坡和深水盆地相，在平凉组下段(又称为乌拉力克组)沉积了含丰富笔石的黑色页岩。黑色页岩有机碳含量变化较大，在北部的布1井和天深1井一般为0.6%～1.4%，分布面积约$6500km^2$，往盆地西缘以南页岩有机碳含量逐渐降低至0.5%以下，不利于页岩气藏的形成。黑色页岩有机质类型为腐泥型—混合型，R_o为1.5%～2.0%。平凉组下段黑色页岩厚度一般30～50m，沿鄂7井—李华1井—环县龙2井以西至青铜峡—固原断裂逐渐增厚，最厚处可达70m。页岩脆性矿物含量为22%～72%，平均为52%，主要为石英，长石和方解石次之；黏土物矿含量为19%～52%，平均为35%，以伊利石和绿泥石为主，含少量高岭石和蒙脱石。邓昆等(2013)采用等温吸附试验分析老石旦剖面平凉组页岩的吸附气量为$(0.65\sim1.56)m^3/t$。通过体积法估算，盆地西缘北部平凉组页岩气的地质资源量为$1.03\times10^{12}m^3$。

鄂尔多斯盆地晚古生代先后经历陆表海、近海湖盆以及内陆拗陷湖盆的古地理演化过程，在本溪组、太原组和山西组发育富有机质泥页岩。本溪组泥页岩厚度在天环拗陷西北部、伊陕斜坡带的乌审旗、靖边及志丹以东地区一般为20～30m，局部可达40余米；太原组泥页岩厚度在盆地中部地区为20～40m，在天环拗陷中部一带泥页岩厚度为50～70m；山西组泥页岩厚度在盆地主体部位40～60m，在延安以西区超过100m。上古生界本溪组—山西组页岩TOC含量一般在2.0%～3.0%，页岩单层或连续厚度多数为25～35m，有机质热演化普遍处于高成熟阶段(详见第3章)。X衍射全岩矿物分析表明，页岩脆性矿物(主要为石英和长石)含量较高，一般在35%～45%；黏土矿物含量为40%～60%，黏土矿物以伊利石和高岭石为主，绿泥石和伊蒙混层含量较低。页岩样品孔隙度和渗透率测试表明其孔隙度主要在2.5%～4.5%，渗透率一般为$(0.01\sim0.1)\times10^{-3}\mu m^2$。通过等温吸附实验和理论计算，上古生界页岩含气量在$1.5\sim3.5m^3/t$。根据2012年中国石油长庆油田分公司勘探开发研究院的资源评价结果(表10-3)，鄂尔多斯盆地上古生界页岩气的地质资源量为$8.65\times10^{12}m^3$，其中山西组页岩气的资源量为$5.91\times10^{12}m^3$，太原组页岩气资源量为$1.99\times10^{12}m^3$，本溪组页岩气资源量为$0.76\times10^{12}m^3$。

表10-3　鄂尔多斯盆地页岩气资源评价结果

参数	本溪组	太原组	山西组
面积/km^2	12958	21566	54323
厚度/m	11.5	15.5	19.7
(裂隙)孔隙度/%	1.36	1.817	2.14
泥岩密度/(t/m^3)	2.46	2.5	2.52
吸附含气量/(m^3/t)	0.98	1.14	1.01
游离气含量/(m^3/t)	1.08	1.24	1.18
总含气量/(m^3/t)	2.06	2.38	2.19
体积系数	0.004411	0.004679	0.004655
地质资源量/$(\times10^{12}m^3)$	0.76	1.99	5.91

鄂尔多斯盆地晚三叠世延长组沉积期间，强烈的构造活动使湖盆快速扩张形成大范围的深水环境，沉积了富含有机质的泥质岩，不仅为常规油气藏的形成奠定了优质烃源岩的物质基础，同时也为页岩气藏形成提供了必要的地质条件。延长组富有机质黑色页岩主要发育于长7段，其次为长9段和长4+5段。延长组黑色页岩厚30～160m，单层或连续厚度超过15m的页岩分布在姬塬、白豹、华池、庆阳、正宁和宜君等广大区域内，分布面积约$1.5\times10^4km^2$，现今埋藏深度为600～2600m。长4+5段黑色页岩的有机碳含量(TOC)为0.51%～16.73%，平均值为4.11%；长7段的TOC在0.51%～22.6%，平均值为2.56%；长9段的TOC为0.39%～4.2%，平均值1.36%。延长组黑色页岩有机碳含量在盆地中南部的深湖相区一般为3%～8%，自湖盆中心向周边地区TOC逐渐降低，有机质类型由Ⅰ型转为$Ⅱ_1$型。页岩干酪根的R_o主要在0.7%～1.3%，处在成熟生油及伴生气阶段。

延长组黑色页岩脆性矿物主要为石英、长石和方解石，黏土含量为40%～60%，以伊蒙混层为主，伊利石次之。延长组黑色页岩样品的气体法实验测定孔隙度主要在3%～5%，平均为3.8%，主要储集空间类型为有机质微孔、无机矿物粒间微孔，粒内微孔以及晶间孔。根据刘岩等(2013)采用体积法估算结果，延长组黑色页岩气(游离气+吸附气)总地质资源量$1.82\times10^{12}m^3$，其中长9段为$0.41\times10^{12}m^3$，长7段为$1.15\times10^{12}m^3$，长4+5段为$0.32\times10^{12}m^3$。

10.2.3 天然气资源三角结构

天然气资源评价结果表明，鄂尔多斯盆地具有丰富的天然气资源，除了目前探明和正在开发的靖边碳酸盐岩风化壳的常规天然气和苏里格及榆林等致密砂岩气田外，还蕴藏有大量的页岩气、煤层气(表10-4)。鄂尔多斯盆地各类天然气的总地质资源量为$42.61\times10^{12}m^3$，其中煤层气占盆地内天然气总资源量的36.67%，致密气(致密灰岩气+致密砂岩气)占总资源量的31.45%，页岩气占资源总量的26.98%，而常规天然气的资源量相对较小，仅占盆地资源总量的5%左右。

表10-4　鄂尔多斯盆地天然气资源类型构成表

资源类型		地质资源/($\times10^{12}m^3$)	比例/%
常规天然气		2.09	4.90
非常规天然气	致密灰岩气	0.79	1.86
	致密砂岩气	12.61	29.59
	页岩气	11.50	26.98
	煤层气	15.62	36.67

鄂尔多斯盆地常规碳酸盐储层天然气和生物气以及页岩气、煤层气构成了不同层次的天然气资源结构。根据表10-4盆地天然气的地质资源量分布比例，盆地常规天然气资源和非常规天然气符合资源三角图的资源结构特点(图10-4)。总体来看，鄂尔多斯盆地的非常规天然气资源的资源量远大于常规天然气资源量。

盆地油气资源的结构总体上取决于不同类型烃源岩生烃、排烃和油气运聚的地质背景。鄂尔多斯盆地油气资源三角结构与北美多个成熟盆地的资源分布特征基本类似。根据cheng等(2010)对北美地区勘探较为成熟的25个盆地油气资源结构统计结果，非常规资源的比例为63.64%～97.49%，平均为80.04%。非常规资源在总地质资源中比例最小为Wyoming thrust belt盆地，所占比例63.64%，而最大的Fort Worth盆地，非常规资源量占总资源量达到了97.49%。就天然气资源而言，鄂尔多斯盆地非常规天然气资源占盆地天然气总资源量的95.1%，略高于北美地区的平均值。如果进一步考虑油的资源分布，鄂尔多斯盆地总的常规油气资源比例将有所升高。因此，鄂尔多斯盆地天然气的资源三角结构有效地反映盆地内不同类型烃源岩的生烃演化与天然气运聚成藏的地质规律。

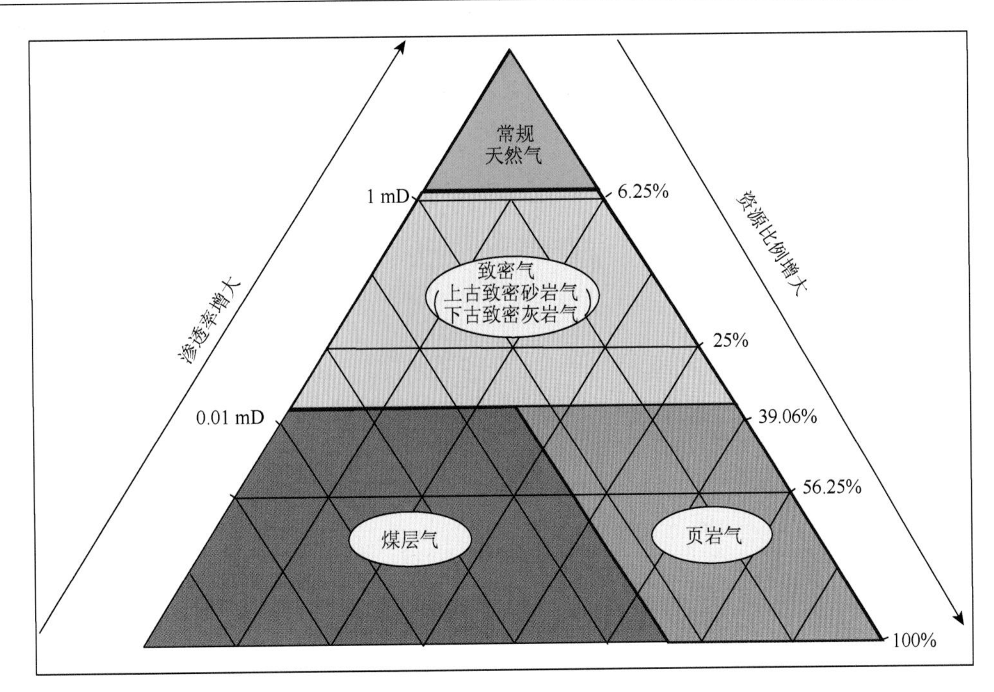

图 10-4　鄂尔多斯盆地天然气资源三角结构图

鄂尔多斯盆地致密砂岩气处于天然气资源三角结构的中部，资源量巨大，储层的储渗性能相对于顶部的常规天然气较差，开发难度也相对较大，需要借助水平井技术和压裂技术才能进行有效开采。在勘探开发技术相对成熟的情况下，上古生界致密砂岩气在未来相当长的一段时间内仍是鄂尔多斯盆地天然气勘探开发的重中之重。加大致密砂岩气的勘探力度，提高勘探成功率，加强致密砂岩气开发技术、手段的研发，以提高致密砂岩气的资源回报率。因此，针对鄂尔多斯盆地天然气的勘探开发现状，上古生界密砂岩气具有雄厚资源基础，是盆地最为现实的天然气资源。

10.3　鄂尔多斯盆地致密砂岩气勘探潜力

10.3.1　致密砂岩气勘探前景

致密砂岩气是鄂尔多斯盆地天然气勘探开发程度相对较为成熟的领域。理论和相关工艺技术的进步是盆地致密砂岩获得突破的关键，这在其勘探开发历程中得到了证实。“六五”期间引入了煤成气地质理论，“八五”期间建立了碳酸盐岩古地貌成藏模式，“九五”期间借鉴了深盆气成藏地质理论，“十一五”期间提出了致密气成藏地质理论等，新理论的不断引入和提出，无不伴随着盆地天然气勘探的突破。与此同时，新技术的研发和利用，如高精度地震勘探技术、水平井钻井技术、多层分段压裂技术以及长庆特色开发技术等，也为致密气的勘探开发提供了更为广阔的空间。

鄂尔多斯盆地上古生界致密气成藏地质条件优越，天然气资源潜力大，勘探程度低，勘探前景良好。截至 2011 年，鄂尔多斯盆地累计完钻古生界天然气探井 1367 口，进尺 451×10^4m，其中工业气流井 664 口，平均探井密度 0.55 口/100km^2。靖边、榆林、苏里格等地区探井密度最高，达到了 2.4 口/100km^2，环县、吴起、宜川等地区探井密度最低，为 0.1 口/100km^2。根据国际通用标准，每 100km^2 的预探井数大于 10 口为高勘探程度区，1～10 口井为中等勘探程度区，小于 1 口井为低勘探程度区，鄂尔多斯盆地上古生界大部分地区属于中—低等勘探程度，表明仍具有较大的勘探潜力。

从已探明的致密砂岩气地质储量的分布来看，在层系上 90%的探明储量分布在石盒子组盒 8 段和山西组山 1 段，而紧邻烃源岩层的本溪组和太原组勘探还未取得大的突破。上古生界天然气具有广覆式充注，大面积成藏特征，致密砂岩气在区域上致密气含气范围达 18×10^4km^2，而目前探明储量的 98%分布在苏里格、榆林、镇川堡等不足 $6\times10^4km^2$ 的区域范围内，探明地质储量约 $3.53\times10^{12}m^3$，盆地内致密砂岩气剩余资源约 $9\times10^{12}m^3$。上古生界潜在致密砂岩气资源丰富，资源发现不均，勘探潜力巨大。

10.3.2　致密砂岩气勘探有利区

鄂尔多斯盆地东部上古生界发育煤层和暗色泥岩，是盆地高生烃强度分布区，而已探明的天然气储量与高生烃强度分布区不匹配，资源探明率低。盆地致密砂岩气资源主要分布在二叠系石盒子组、山西组、太原组及上石炭统本溪组。本溪组和太原组发育海相砂岩和灰岩储层，山西组发育海相三角洲砂体，石盒子组和石千峰组发育河流、三角洲砂体，储层类型多。近年来天然气勘探已在山西组、太原组、本溪组、石盒子组及石千峰组等多个层段见到气层，显示出多层系含气特征。

上古生界致密砂岩气勘探表明，盆地东部山 2 段三角洲水下分流河道砂体向南延伸的距离较大，分布面积近 $4000km^2$，砂体岩性为可形成优质储层的石英砂岩，气藏分布受岩性控制，含气特点与榆林和子洲大气田类似。因此，在神木—佳县及以南地区山 2 段致密砂岩气勘探有利区(图 10-5)。神木—佳县地区上古生界烃源岩生气能力较强，生气强度主要在 $(15\sim35)\times10^8m^3/km^2$，山 2 段砂体厚度为 8～12m，后期抬升幅度大，目的层埋藏浅，有利于天然气的近距离运聚。

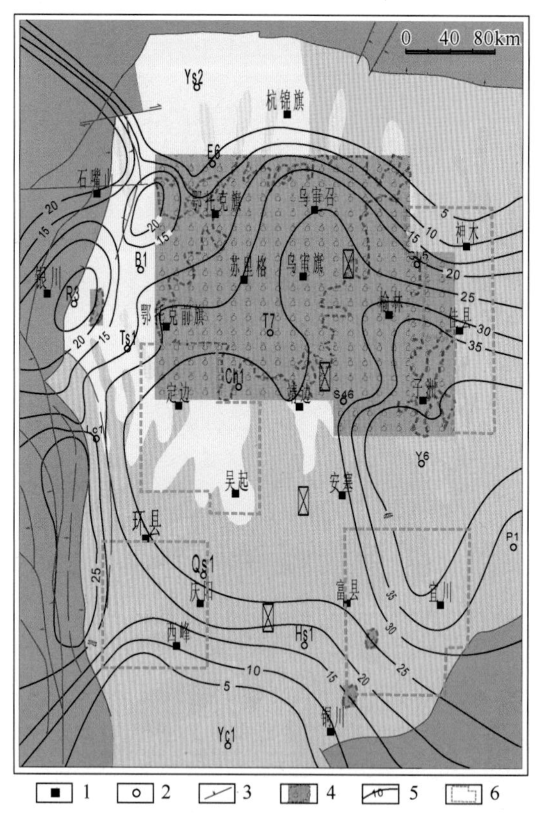

图 10-5　鄂尔多斯盆地致密砂岩气勘探有利区

1. 城镇　2. 井位　3. 断层　4. 探明气区　5. 生气强度 $(\times10^8m^3/km^2)$　6. 有利区

鄂尔多斯盆地南部勘探程度低，上古生界烃源岩具有较强的生气能力，生气强度一般在 $(10\sim30)\times10^8m^3/km^2$，盒 8 段、山 1 段发育辫状河冲积平原和曲流河三角洲平原沉积环境，心滩砂体及分流河道体厚度一般为 20～30m，储层岩性以中—粗粒石英砂岩为主，孔隙类型以晶间孔+岩屑溶孔为主。在定边—吴起、环县—西峰以及宜川—富县地区，上古生界煤系气源供给充足，不仅发育盒 8 段、山 1 段砂体储层，而且还发育本溪组和太原组砂体，成藏条件较有利，砂体主带气层发育，含气性好，是上古生界致密砂岩气勘探有利目标区。

参 考 文 献

安晓璇，黄文辉，刘思宇，等. 2010. 页岩气资源分布、开发现状及展望. 资源与产业，12(2)：103-109

陈更生，董大忠，王世谦，等. 2009. 页岩气藏形成机理与富集规律初探. 天然气工业，29(5)：17-21

陈全红，李文厚，郭艳琴. 2009. 鄂尔多斯盆地早二叠世聚煤环境与成煤模式分析. 沉积学报，27(1)：70-74

戴金星，倪云燕，吴小奇. 2012. 中国致密砂岩气及在勘探开发上的重要意义. 石油勘探与开发，39(3)：257-264

邓昆，周文，邓虎成，等. 2013. 鄂尔多斯盆地平凉组页岩气富集地质条件. 成都理工大学学报(自然科学版)，40(5)：595-601

董大忠，程克明，王世谦. 2009. 页岩气资源评价方法及其在四川盆地的应用. 天然气工业，29(5)：33-39

董大忠，王玉满，李登华. 2012. 全球页岩气发展启示与中国未来发展前景展望. 中国工程科学，14(6)：69-76

冯三利，叶建平，张遂安，等. 2002. 鄂尔多斯盆地煤层气资源及开发潜力分析. 地质通报，21(10)：658-662

付金华，郭少斌，刘新社，等. 2013. 鄂尔多斯盆地上古生界山西组页岩气成藏条件及勘探潜力. 吉林大学学报(地球科学版)，43(2)：382-389

郭少斌，王义刚. 2013. 鄂尔多斯盆地石炭系本溪组页岩气成藏条件及勘探潜力. 石油学报，34(3)：445-452

何自新，等. 2003. 鄂尔多斯盆地演化与油气. 北京：石油工业出版社

高山林，韩庆军，杨华，等. 2000. 鄂尔多斯盆地燕山运动及其与油气关系. 长春科技大学学报，30(4)：353-358

贾承造，郑民，张永峰. 2012. 中国非常规油气资源与勘探开发前景. 石油勘探与开发，39(2)：129-136

贾承造，等. 2007. 煤层气资源储量评估方法. 北京：石油工业出版社

晋香兰. 2014. 鄂尔多斯盆地侏罗系低煤阶煤层气系统演化. 煤田地质与勘探，42(5)：17-23

李登华，李建忠，王社教，等. 2009. 页岩气藏形成条件分析. 天然气工业，29(5)：22-26

李五忠，王一兵，孙斌，等. 2004. 中国煤层气资源分布及勘探前景. 天然气工业，24(5)：8-10

刘洪林，王红岩，刘人和，等. 2010. 中国页岩气资源及其勘探潜力分析. 地质学报，84(9)：1374-1378

刘新社，席胜利，周焕顺. 2007. 鄂尔多斯盆地东部上古生界煤层气储层特征. 煤田地质与勘探，35(1)：37-40

刘岩，周文，邓虎成. 2013. 鄂尔多斯盆地上三叠统延长组含气页岩地质特征及资源评价. 天然气工业，33(3)：19-23

罗诗薇. 2007. 致密砂岩气藏. 国外油田工程，23(2)：31-36

米华英，胡明，冯振东. 2010. 我国页岩气资源现状及勘探前景. 复杂油气藏，3(4)：10-13

聂海宽，张金川. 2011. 页岩气储层类型和特征研究-以四川盆地及其周缘下古生界为例. 石油实验地质，33(3)：219-232

秦勇，申建. 2012. 深部煤层气成藏效应及其耦合关系. 石油学报，33(1)：48-54

邱中建，赵文智，邓松涛. 2012. 我国致密砂岩气和页岩气的发展前景和战略意义. 中国工程科学，14(6)：4-8

孙斌，赵庆波，李五忠. 1998. 中国煤层气资源及勘探策略. 天然气地球科学，9(6)：1-10

魏国齐，刘德来，张英，等. 2005. 柴达木盆地第四系生物气形成机理、分布规律与勘探前景，32(4)：84-89

王社教，李登华，李建忠. 等. 2011. 鄂尔多斯盆地页岩气勘探潜力分析. 天然气工业，31(1)：1-7

王世谦，陈更生，董大忠，等. 2009. 四川盆地下古生界页岩气藏形成条件与勘探前景. 天然气工业，29(5)：609-620

王红岩，张建波. 2003. 鄂尔多斯盆地煤层气与深盆气的关系. 天然气地球科学，14(6)：453-455

王双明. 1996. 鄂尔多斯盆地聚煤规律及煤炭资源评价. 北京：煤炭工业出版社

吴裕根，王越，王楠. 2010. 对鄂尔多斯盆地能源资源综合勘探开发的思考. 国际石油经济，7(1)：1-4

武守诚. 1994. 石油资源地质评价导论. 北京：石油工业出版社

谢秋元. 1991. 我国生物气资源的开发前景. 中国地质，41(1)：23-25

徐波，李敬含，谢东，等. 2011. 中石油探区主要盆地页岩气资源分布特征研究. 特种油气藏，18(4)：1-6

徐士林，包书景. 2009. 鄂尔多斯盆地三叠系延长组页岩气形成条件及有利发育区预测. 天然气地球科学，20(3)：460-465

闫德宇，黄文辉，李昂，等. 2013. 鄂尔多斯盆地上古生界海陆过渡相页岩气聚集条件及有利区预测. 东北石油大学学报，37(5)：1-6

阎存章，李鹭光，王炳芳，等. 2009. 北美地区页岩气勘探开发新进展. 北京：石油工业出版社

杨华，席胜利，马财林. 1997. 陕甘宁盆地煤层气勘探选区初步评价. 天然气工业，17(6)：18-21

杨华，付金华，刘新社. 2012. 鄂尔多斯盆地上古生界致密气成藏条件与勘探开发. 石油勘探与开发，39(3)：295-303

杨华，刘新社，杨勇. 2012. 鄂尔多斯盆地致密气勘探开发形势与未来展望. 中国工程科学，14(6)：40-48

杨华，魏新善. 2007. 鄂尔多斯盆地苏里格地区天然气勘探新进展. 天然气工业，27(12)：6-11

杨华，席胜利，魏新善，等. 2003. 鄂尔多斯盆地上古生界天然气成藏规律及勘探潜力. 海相油气地质，8(3-4)：45-53

杨华，席胜利. 2002. 长庆天然气勘探取得的突破. 天然气工业，22(6)：10-12

杨华. 2011. 长庆油田油气勘探开发历程述略. 西安石油大学学报(社会科学版)，21(1)：69-77

张建博，汪泽成，吴世祥，等. 1996. 中国煤层气勘探开发前景分析. 石油与天然气地质，17(3)：217-220

张金川，金之钧，袁明生. 2004. 页岩气成藏机理和分布. 天然气工业，24(7)：15-18

张金川，汪宗余，聂海宽，等. 2008. 页岩气及其勘探研究意义. 现代地质，22(4)：640-644

张金川，徐波，聂海宽，等. 2008. 中国页岩气资源勘探潜力. 天然气工业，28(6)：136-140

张文昭. 1990. 煤层吸附气-我国未经开发的新能源. 中国矿业，5(1)：4-8

张新民，赵靖舟，张培河，等. 2007. 中国煤层气技术可采资源潜力. 煤田地质与勘探，35(4)：23-26

张雪芬，陆现彩，张林晔，等. 2010. 页岩气的赋存形式研究及其石油地质意义. 地球科学进展，25(6)：597-603

赵金海. 2008. 我国煤层气勘探开发现状与发展建议. 中外能源，13(4)：30-34

赵靖舟. 2012. 非常规油气有关概念、分类及资源潜力. 天然气地球科学，23(3)：393-406

赵庆波，孙斌，李五忠. 1998. 鄂尔多斯盆地东部大型煤层气气田形成条件及勘探目标. 石油勘探与开发，25(2)：4-7
赵群，王红岩，刘人和，等. 2008. 世界页岩气发展现状及我国勘探前景. 天然气技术，2(3)：11-15
邹才能，董大忠，王社教，等. 2010. 中国页岩气形成机理、地质特征及资源潜力. 石油勘探与开发，37(6)：641-653
Auilera R F，Harding T，Krause F. 2008. Natural Gas Production Tight Gas Formations：A Global Perspective. Spain：19th World Petroleum Congress，18
Bowker K A. 2005. Recent developments of the barnett shale play，fort worth basin. West Texas Geological Society Bulletin，42(6)：4-11
Chalmers R L，Bustin R M. 2007. The organic matter distribution and methane capacity of the lower Cretaceous strata of northeastern British Columbia. International Journal of Coal Geology，70(1/3)：223-239
Cheng K，Wu W，Holditch S A，et al. 2010. Assessment of the Distribution of Technically Recoverable Resources in North American Basins. CSUG，SPE 137599，1-11
Curtis J B. 2002. Fractured shale-gas systems. AAPG Bulletin，86(11)：1921-1938
Gray J K. 1977. Future Gas Reserve Potential Western Canadian Sedimentary Basin. Calgary：The 3rd National Technology Conference Canadian Gas Association
Hill D G，Nelson C R. 2000. Reservoir properties of the upper Cretaceous Lewis Shale，a new natural gas play in the San Juan Basin. AAPG Bulletin，84(8)：1240
Holditch S A. 2006. Tight gas sands. Journal of Petroleum Technology，86-94
Jarvie D M，Hill R J，Ruble T E，et al. 2007. Unconventional shale-gas systems：the Mississippian Barnett Shale of north-central Texas as one model for thermogenic shale-gas assessment. AAPG Bulletin，91(4)：475-499
Kuuskraa V A，Schmoker J W. 1998. Diverse gas plays lurk in gas resource pyramid. Oil & Gas Journal，123-130
Martin S O，Holditch S A，Ayers W B，et al. 2010. PRISEV alidates resource triangle concept. SPE Economics & Management，51-60
Masters J A. 1979. Deep basin gas trap，western Canada. AAPG Bulletin，63(2)：152-181
Rogner H H. 1996. An assessment of world hydrocarbon resources. Annual Review of Energy&the Environment，22(1)：217-262
Yang H，Fu J H，Liu X S，et al. 2012. Accumulation conditions and exploration and development of tight gas in the Upper Paleozoic of the Ordos Basin. Petroleum Exploration And Development，39(3)：315-324
Yang H，Fu S T，Wei X S. 2004. Geology and exploration of oil and gas in the ordos basin. Applied Geophysics，1(2)：103-109

第 11 章　鄂尔多斯盆地致密砂岩大气田勘探实例

“鄂尔多斯盆地大面积致密砂岩气成藏理论”是勘探实践、认识、再实践、再认识不断总结的产物。致密砂岩大气田勘探过程与成果是理论形成的基础，理论认识形成过程又在致密砂岩大气田的发现与勘探中发挥了重要的指导作用。晚古生代鄂尔多斯盆地经历了完整的海侵、海退过程，与之相对应，形成了由海相、海陆过渡相到陆相的完整沉积旋回，为海相和陆相三角洲致密砂岩大气田形成奠定了沉积基础。本章主要论述三个具有代表性的致密砂岩大气田勘探历程、成藏地质特征、主控因素以及勘探启示，其中苏里格致密砂岩大气田代表了陆相湖泊三角洲相型致密砂岩大气田勘探实例，榆林致密砂岩大气田代表了海退三角洲型致密砂岩大气田勘探实例，神木致密砂岩大气田代表了海侵三角洲型致密砂岩大气田勘探实例。通过勘探实例剖析，可以更进一步了解“鄂尔多斯盆地大面积致密砂岩气成藏理论”的形成过程，也期望为国内外类似盆地的致密砂岩气勘探开发提供可以借鉴的经验。

11.1　苏里格致密砂岩大气田

苏里格地区位于鄂尔多斯盆地西北部，地处内蒙古、陕西两省区。气田北部隶属内蒙古自治区，为沙漠、草原地貌，地势相对平坦，地面海拔 1200～1350m；南部位于陕西省境内，为黄土塬地貌，沟壑纵横、梁峁交错，地面海拔 1100～1400m，勘探面积 $5.0\times10^4km^2$，天然气资源量达 $5.0\times10^{12}m^3$。气田主要产层为上古生界石盒子组和山西组，具有含气层系多、单层厚度薄，储层物性差、非均质性强，地层压力系数低、储量丰度低的特点，为典型的致密砂岩气藏。

11.1.1　勘探历程

1. 气田发现

榆林大气田发现与探明后，从全盆地着眼，对上古生界天然气成藏地质条件开展了综合研究，建立了“河流—三角洲天然气成藏模式”，认识到广覆式展布的上古生界气源岩和河流三角洲砂体的良好配置，是形成大型砂岩气藏的有利条件，盆地北部三角洲砂体发育，应是优先勘探的有利目标。

1999 年初，按照上、下古生界兼探的原则，盆地西北部苏里格庙部署了苏 2 井。该井在下古生界奥陶系马五 $_4$ 见到了厚度近 20m 的良好孔洞白云岩储层，但酸化测试仅见气显示，产水(55～99) m^3/d，而在上古生界石盒子组盒 8 段却钻遇砂层 25.2m，岩性为中—粗粒石英砂岩，测井解释气层厚度 9.2m，试气获 $4.18\times10^4m^3/d$ 的工业气流。钻探分析显示该区石盒子组砂体纵向上连续性发育，砂岩石英含量高，含气显示好。与此同时，苏里格庙地区东部完钻了桃 2、桃 3 井，在山西组山 1 均发现了好的含气储集层，试气分别获得 $4.03\times10^4m^3/d$ 和 $4.34\times10^4m^3/d$ 的工业气流，证明该区是上古生界盒 8 段、山 1 段复合有利含气区。

随着 21 世纪的到来，北京、天津地区天然气供应紧张，正在筹划建设陕京二线，陕西地区也计划建设靖西长输管线复线。加之西部大开发重点工程“西气东输”的先锋气要从长庆气区输往上海及华东地区，天然气需求急剧增长，加快鄂尔多斯盆地天然气勘探步伐的要求也日趋紧迫。2000 年初，长庆油田制定了“区域展开，重点突破”的勘探方针，一方面，加强对盆地上古生界天然气富集规律的研究，从大的沉积格局、区域构造发育背景以及气藏富集因素入手，确定了大型河流三角洲复合砂体—盆地大面积展布的二叠系石盒子组砂体为勘探的重要目标。另一方面，按照“南北展开、重点突破”的工作思路，选挑了 800km 的地震剖面进行了地震精细处理解释，在常规地震剖面上盒 8 段砂体反射为中强振幅，并运用 STRATA、RM、ANN、JASON 等多种地震专业反演软件，采用道积分、模型约束、稀疏脉冲等多种反演方法综合解释，盒 8 段砂体在反演剖面上呈高波阻抗特征(图 11-1)，反演结果显示盒 8 段砂体连续分布，多层叠置。对地震反演结果进行了以盒 8 段为重点的储层厚度预测，地震地质相结合，编制了该区盒 8 段、山 1 段砂体厚度分布图，部署了 Su6 井。通过钻探，证实 Su6 井盒 8 段砂体厚度达 48m，岩性为含砾中—粗粒石英砂岩，石英含量达95%以上。2000 年 8 月 26 日，Su6 井经压裂改造，获得无阻流量 $120.16\times10^4m^3/d$ 的高产工业气流，成为苏里格气田的发现井和勘探获得重大突破的重要标志(杨华等，2001)。

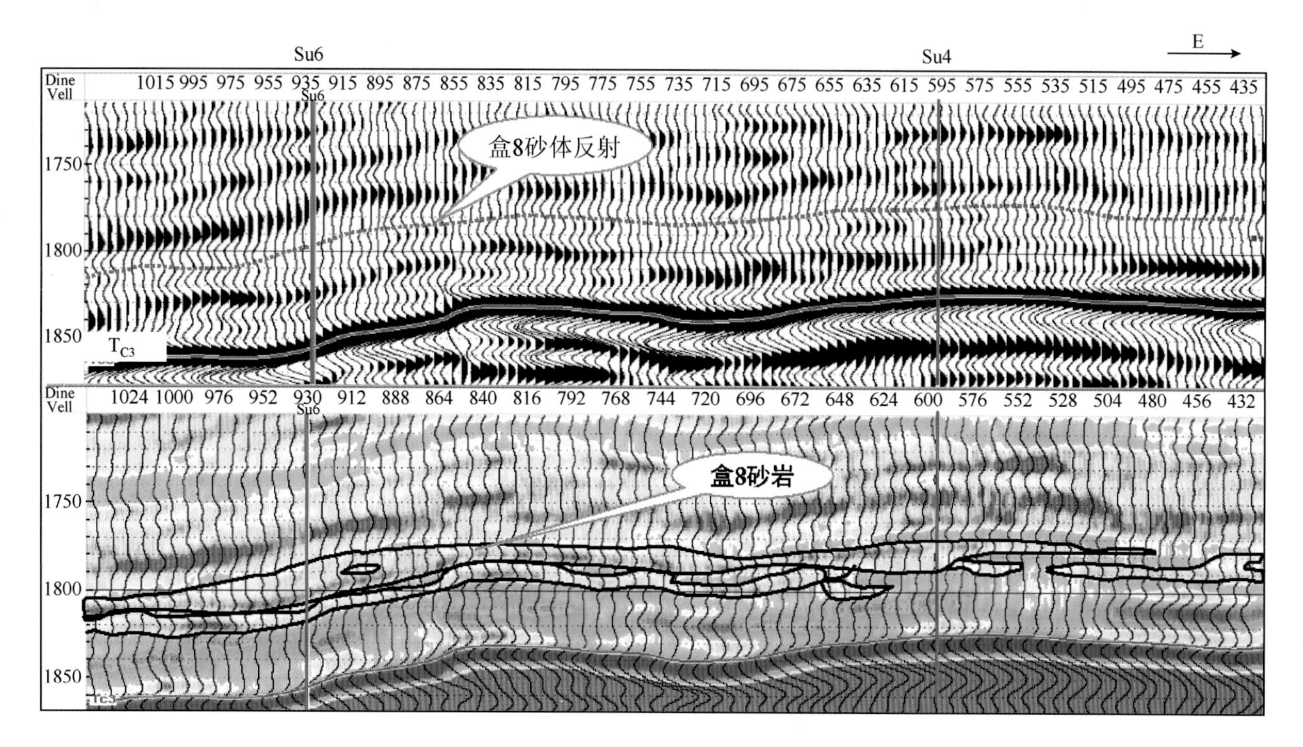

图 11-1　苏里格地区 L99591 测线叠加及反演剖面

Su6 井获得高产工业气流之后，长庆油田进一步总结榆林、乌审旗等上古生界气田成功勘探经验，完善上古生界大型岩性气藏勘探配套技术，在 Su6 井储层地震反射预测模式研究基础上，加强地震、地质等多学科的综合勘探技术攻关，以盒 8 段、山 1 段为主要目的层部署了一批探井。到 2000 年下半年，完钻的 21 口探井中 14 口获工业气流，其中 T5 井、Su4 井、Su5 井、Su10 井等天然气探井采用一点法试气，都相继在盒 8 段获得中、高产工业气流，大气田的轮廓基本清晰，主力含气砂体展布形态基本明确，当年提交天然气探明地质储量 $2204.75\times10^8m^3$，并依据砂体及气层发育情况，预测该区有望实现(5000～7000)$\times10^8m^3$ 的储量规模。

2001～2002 年，长庆油田集中勘探评价苏里格庙地区，先后完钻探井 39 口。到 2003 年年底，长庆油田已在苏里格庙地区完钻探井 44 口，累计探明复合含气面积 $4067.2km^2$，探明天然气地质储量 $5336.52\times10^8m^3$。至此，苏里格气田已成为我国陆上又一个世界级整装大气田，长庆气区也成为我国第一个拥有探明天然气储量上万亿立方米的大气区。

2. 早期评价

苏里格气田巨大的资源优势，如何转化为经济优势？在下游市场迫切需求天然气的情况下，认识苏里格气田、继而开发好苏里格气田迫在眉睫。在苏里格气田勘探早期，10 口探井试气平均无阻流量达到 $50\times10^4m^3/d$，当时普遍认为苏里格气田是个优质的高产气田。

随着勘探的不断突破，开发评价也同时展开。2001～2003 年，先后开展了储量和单井产能动态评价、水平井试验、大规模压裂、开辟开发试验区等开发前期评价工作。经过评价，认识到苏里格气田具有储量落实，砂体多期叠置并复合连片，储层含气性横向变化大、非均质性强，大面积含气、局部相对富集等特点，属典型的“三低”(即低渗、低压、低丰度)气藏。同时也认识到要实现有效开发，面临着诸多难题，一是有效储层难以识别，井位优选困难；二是单井控制储量少，经济有效开发难度大；三是新工艺、新技术试验未达到预期效果；四是储层非均质性强，缺乏类似气田开发经验。

针对该类致密气田开发的世界级难题，2002～2006 年开展了前期评价和先导性试验，提出了“依靠科技、创新机制、简化开采、走低成本开发路子”的技术攻关思路，集成创新了以井位优选、井下节流、地面优化等为重点的“十二项”适合苏里格气田特殊地质条件的开发技术。经过开发前期评价，苏里格气田Ⅰ+Ⅱ类井比例由评价初期的 50%提高到 80%以上，落实了建产区块，单井综合成本由早期的 1300 万元降低到不足 800 万元，开发成本大幅度降低，实现了苏里格气田的规模经济有效开发。

3. 整体勘探

2006 年年底，对苏里格地区地质背景、成藏条件、关键技术及苏里格气田勘探开发成功经验进行了科学分析和系统总结。通过综合类比研究，认为苏里格气田周边具有与气田本部类似的成藏地质条件，发育由北向南展布的大型河流—三角洲沉积体系，储集岩以中—粗粒石英砂岩为主，储层物性相对较好，有利于形成大型岩性气藏。加之苏里格气田本部的有效开发，进一步坚定了在苏里格气田周边大规模勘探的信心。按照“整体研究，整体勘探，整体评价，分步实施”的勘探思路，制定了“十一五”末新增天然气基本探明地质储量 $2\times10^{12}m^3$ 的工作目标，由此拉开了苏里格地区二次勘探的序幕(杨华等，2011)。

2007 年根据天然气勘探程度、成藏地质条件，将苏里格气田周边划分为七大区带即东一区、东二区、东三区、西一区、西二区、南一区、南二区。按照“主攻苏里格东部，落实规模储量；加快苏里格西部勘探与评价，扩大有利含气范围；加强苏里格北部勘探，寻找含气富集区；积极预探苏里格南部，力争新发现”的部署原则，对苏里格气田东区展开了整体评价勘探，获得了重大突破。在东一区首先新增天然气基本探明储量 $5652.23\times10^8m^3$，为实现在苏里格地区新增天然气基本探明地质储量 $2\times10^{12}m^3$ 的工作目标迈出了坚实的一步。

在随后的 2008～2010 年，苏里格地区的整体勘探工作稳步推进，分别在苏里格西一区、东二区、西二区提交基本探明储量超 $5000\times10^8m^3$。同时，开发工作也如火如荼的紧随其后，在已提交基本探明储量区，坚持勘探开发一体化，通过深化评价勘探，三年共提交探明储量 $5671.72\times10^8m^3$。到 2010 年年底，实现了苏里格地区连续 4 年新增基本探明储量超 $5000\times10^8m^3$，苏里格气田累计探明基本探明储量达到 $2.85\times10^{12}m^3$，圆满完成了“十一五”末新增天然气基本探明地质储量 $2\times10^{12}m^3$ 的工作目标。

2011 年为进一步夯实上产 5000×10^4t 资源基础，继续加大苏里格地区勘探力度。在成藏地质条件综合研究的基础上，不断深化苏里格地区地质认识，加强沉积与成岩对储层控制作用的研究，按照“坚持勘探开发一体化，积极评价苏里格西二区，提交探明储量；加大西一区及外围、苏南合作区勘探力度，扩大含气面积，提交基本探明储量；加强苏里格南部勘探，落实含气富集区”的部署原则，在苏里格地区共完钻探井 80 口，获工业气流井 38 口。在苏里格西一区新增天然气基本探明地质储量 $3081.30\times10^8m^3$，同时在西二区新增探明地质储量 $1717.55\times10^8m^3$。

2012 年积极开展苏里格南部致密砂岩储层精细评价与成藏富集规律研究，加大苏里格南部整体勘探力度，按照“坚持勘探开发一体化，在苏里格南一区提交基本探明储量和预测储量；在南二区落实有利含气范围，同时积极甩开勘探，寻找新发现”的部署原则，在苏里格地区共完钻探井 70 口，完试探井 53 口，获工业气流井 24 口。在苏里格南一区新增天然气基本探明地质储量 $3273.23\times10^8m^3$，同时新增预测地质储量 $2678.50\times10^8m^3$。

2013 年紧紧围绕“实现 5000 万吨，建成西部大庆”发展目标，立足苏里格地区资源现状，主攻苏里格南部，在南一区提交基本探明储量；同时积极向外甩开，上、下古生界立体勘探，在南二区及外围寻找新发现。2013 年在苏里格地区共完钻探井 70 口，完试探井 66 口，获工业气流井 28 口。在苏里格南一区新增天然气基本探明地质储量 $4208.87\times10^8m^3$，叠合含气面积 $3640.28km^2$。

2014 年按照“总结、完善、优化、提升”的工作方针，突出效益勘探。坚持勘探开发一体化，在苏里格东三区提交基本探明储量，积极预探苏里格南二区，提交预测储量，加大苏里格南部外围甩开力度，上、下古生界立体勘探，寻找新发现。2014 年在苏里格东三区上古生界二叠系新增天然气基本探明地质储量 $3195.96\times10^8m^3$，叠合含气面积 $3554.92km^2$。至此，苏里格地区累计探明、基本探明储量 $4.22\times10^{12}m^3$，成为迄今为止我国陆上发现的最大整装天然气田(图 11-2)。

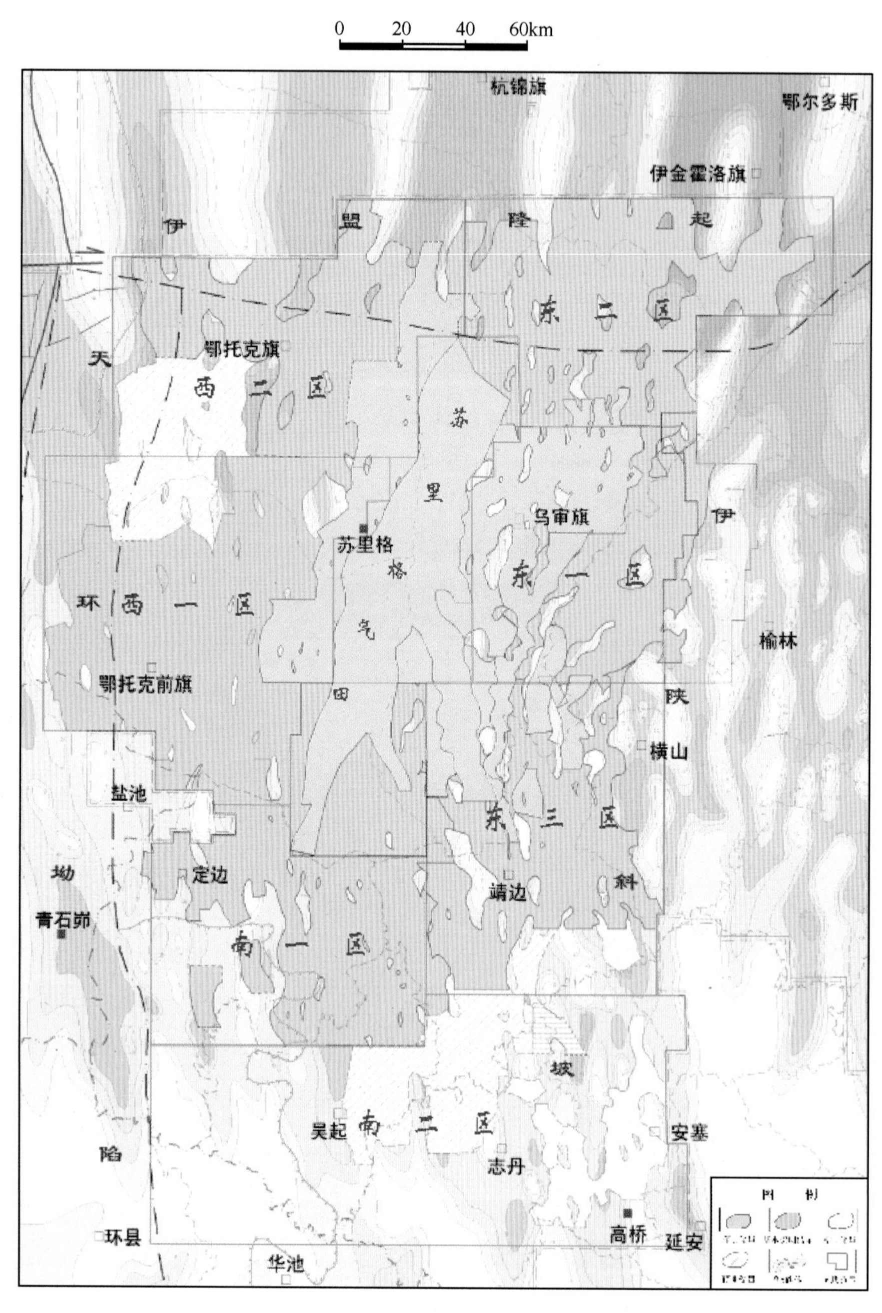

图 11-2　苏里格地区天然气勘探成果图

4. 开发现状

苏里格万亿立方米大气田的整体勘探，为苏里格天然气开发奠定了坚实的资源基础。经过多年的评价、开发，探索出“技术集成化、建设标准化、管理数字化、服务市场化”开发方略及“六统一、三共享、一集中”的开发管理模式，天然气产量实现跨越式增长，天然气产量年新增超过 $30\times10^8m^3$。2014 年苏里格气田生产天然气达 $230\times10^8m^3$，累计天然气产量超过 $1000\times10^8m^3$，成为长庆气区产量最大的气田。

11.1.2　气田基本特征

1. 地层

苏里格地区从晚石炭世中期(相当于本溪期)开始下降接受沉积，上石炭统和下二叠统为滨浅海、海陆交互相含煤沉积，中上二叠统为陆相浅灰、黄绿色和紫红色粗粒、中—细粒碎屑岩沉积(表 11-1)。

表 11-1　苏里格地区晚古生代地层及主要标志层

岩石地层					主要标志层特征	电性特征
系	统	组	段	气层组		
三叠系	下统	刘家沟组				
二叠系	上统	石千峰组		千 1 千 2 千 3 千 4 千 5	泥灰岩(或钙质结核) 鲜红色砂、泥岩 K_8 砂岩	锯齿状声波曲线
	中统	石盒子组　上石盒子组	(天龙寺段)	盒 1 盒 2 盒 3 盒 4	硅质岩(燧石层) 褐红色砂泥岩 (K_6 砂岩)	低电阻、高伽马
		石盒子组　下石盒子组	(化客头段)	盒 5 盒 6 盒 7 盒 8 上 盒 8 下	桃花泥岩 浅色砂岩(K_5)泥岩 骆驼脖砂岩(K_4 砂岩)	电阻曲线起伏明显
	下统	山西组	下石村段	山 1	上煤组(1#、2#、3#煤层) 铁磨沟砂岩(或钙质页岩)	高电阻、高时差、大井径、低密度
			北岔沟段	山 2	中煤组(4#、5#煤层) 北岔沟砂岩(K_3 砂岩)	
		太原组	东大窑段	太 1	东大窑灰岩 6#煤层 七里沟砂岩(K_2 砂岩)	低平箱状声波时差、低伽马、矩状高密度
			毛儿沟段	太 2	斜道灰岩 7#煤层 毛儿沟灰岩 庙沟灰岩 西铭砂岩(局部)	
石炭系	上统	本溪组	晋祠段	本 1	下煤组(8#、9#煤层) 吴家峪灰岩(钙质页岩) 晋祠砂岩(火山凝灰岩或 K_1 砂岩)	高自然伽马段、低电阻
			畔沟段 湖田段	本 2	畔沟灰岩 山西式铁矿、G 层铝土矿(铁铝岩层)	
奥陶系	中统	马家沟组			灰岩、白云岩	

1) 上石炭统本溪组(C_2b)

本溪组与下奥陶统平行不整合接触，底以铁铝岩之底为界，顶以下煤组(8#、9#煤层)之顶为界，8#、9#煤层是年代地层石炭系与二叠系(以下煤组顶部为界)的分界标志。根据沉积序列及岩性组合自下而上分为本2、本1两段，苏里格地区本溪组地层由东向西变薄，普遍缺失下部地层，中央古隆起区缺失本溪组沉积。

2) 二叠系下统太原组(P_1t)

太原组连续沉积于本溪组之上，以北岔沟砂岩之底为顶界，以庙沟灰岩底为底界，区内分布广泛，厚度40～60m。根据沉积序列及岩性组合自下而上分为太2(毛儿沟段)、太1(东大窑段)，且由东向西减薄。苏里格地区太2(毛儿沟段)灰岩较发育，毛儿沟灰岩时常变薄、分叉，与砂、泥岩交互出现。

3) 二叠系下统山西组(P_1s)

山西组以“北岔沟砂岩”之底为底界，以“骆驼脖砂岩”之底为顶界，厚度为80～100m。根据沉积序列及岩性组合自下而上分为山2段、山1段。

山2段内主要是一套三角洲含煤地层，一般有3～5个成煤期，在含煤层系中分布着河流、三角洲砂体，以灰、深灰色或灰褐色中细粒、粉细砂岩为主，夹黑色泥岩，厚度40～50m。

山1段内以分流河道沉积的砂岩为主，砂岩由中—细粒岩屑砂岩、岩屑质石英砂岩组成，厚度40～50m。

4) 二叠系中统石盒子组(P_2h)

石盒子组以“骆驼脖砂岩”之底为底界，该砂岩的顶部有一层“杂色泥岩”，其自然伽马值高，便于确定石盒子组与山西组的相对位置。根据沉积序列及岩性组合自下而上分为下石盒子组和上石盒子组两段。

下石盒子组为一套浅灰色含砾粗砂岩、灰白色中粗粒砂岩及灰绿色岩屑质石英砂岩，砂岩发育大型交错层理，泥质含量少，几乎无可采煤层。在分流河道中心见中粗粒砂岩及含砾砂岩，分选较差。下石盒子组厚度一般120～160m。根据沉积旋回，由下而上分为五个气层组，即盒8$_{下}$、盒8$_{上}$、盒7、盒6、盒5。

上石盒子组主要为一套红色泥岩及砂质泥岩互层，夹薄层砂岩及粉砂岩，上部夹有1～3层硅质层。上石盒子组厚度一般100～120m。根据沉积旋回，由下而上分为四个气层组，即盒4、盒3、盒2、盒1。它是一套干旱湖泊环境为主的沉积，在测井曲线上反映出高电阻、高自然伽马。

5) 二叠系上统石千峰组(P_3q)

石千峰组为紫红色含砾砂岩与紫红色砂质泥岩互层，局部地区夹有泥灰岩钙质结核。石千峰组与上石盒子组比较，其特点是：泥岩为紫红色、棕红色，色彩鲜艳、质不纯，且含砾，普遍含钙质。砂岩成分除石英外，还有岩屑、钾长石，一般为长石岩屑石英砂岩。根据沉积旋回，由下而上分为五段，即千5、千4、千3、千2、千1，本区沉积厚度240m左右，是一套干旱湖泊环境为主的沉积，在测井曲线反映出高电阻、高自然伽马值。

2. 构造及圈闭特征

苏里格气田处在盆地伊陕斜坡西部宽缓西倾的单斜构造上，整体表现为东高西低、北高南低的构造特征。在地震Tp8反射层(盒8段底面附近)构造图(图11-3)上，苏里格地区构造形态为一宽缓的西倾单斜，坡降3～10m/km，在宽缓的单斜上发育多排北东走向的低缓鼻隆，鼻隆幅度10～20m，南北宽5～15km，东西长10～20km。

苏里格地区盒8段、山1段气藏展布主要受三角洲平原(前缘)分流河道砂体控制。区域上近南北向展布的带状砂体与侧向(上倾方向)分流间湾、河漫、滨浅湖沉积的泥岩相配置，构成大型岩性圈闭。分布在盒8段与盒7段储层之间的砂质泥岩，封盖能力强，构成了气藏的直接盖层，上石盒子组分布稳定的泥岩为区域盖层。由于受到气藏上倾部位岩性的致密封堵、侧向泥岩遮挡、上覆区域泥岩封盖，气藏圈闭不受局部构造的控制，气藏呈大面积复合连片分布。

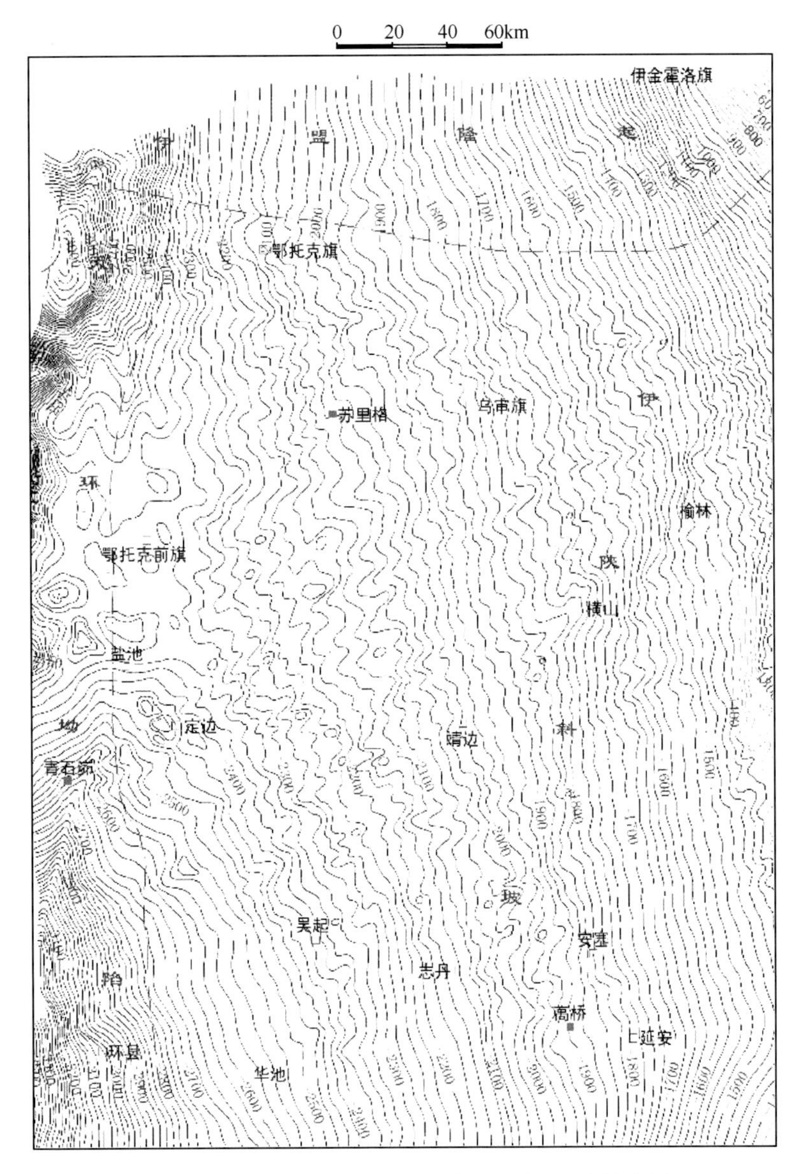

图 11-3　苏里格地区石盒子组盒 8 段底(Tp8)构造图

3. 沉积体系及沉积相

苏里格地区石炭—二叠系可划分为三大沉积体系组、五个沉积体系和十一个沉积亚相(表 11-2、表 11-3)，其中大陆沉积体系组中冲积平原、辫状河三角洲与苏里格气田的主要气层分布密切相关。

表 11-2　苏里格地区二叠系沉积体系划分

沉积体系		沉积相	亚相	微相	分布区域	分布层位
大陆沉积体系	冲积	冲积平原	辫状河河道 曲流河河道 河漫滩	河床滞留、心滩、边滩、决口扇，天然堤、洪泛平原	苏里格地区北部	二叠系
大陆沉积体系	湖泊三角洲	辫状河三角洲	三角洲平原	分流河道、分流间湾、支间沼泽、洪泛湖泊、天然堤、决口扇	苏里格地区中部	二叠系
大陆沉积体系	湖泊三角洲	辫状河三角洲	三角洲前缘	水下分流河道、河口砂坝、水下分流间湾、远砂坝	苏里格地区中部	二叠系
大陆沉积体系	湖泊	大陆湖泊	浅湖		苏里格地区南部边缘	二叠系

表 11-3　苏里格地区上石炭统—下二叠统下部沉积体系划分

沉积体系	沉积相	亚相	微相	分布区域	层位
海陆	三角洲	三角洲平原	分流河道、天然堤、平原沼泽	苏里格地区中东部	太原组 本溪组
过渡		三角洲前缘	水下分流河道、河口砂坝、分流间湾		
体系		前三角洲			
海洋体系	潮坪	潮上、潮间、潮下			

1) 冲积平原

受构造背景的影响，鄂托克旗以北由于地形平缓，冲积平原广泛发育，主要见于山西组、下石盒子组和上石盒子组及石千峰组。根据岩石类型及其组合、剖面结构等特征，冲积平原上主要发育河道和河漫滩两个亚相，本区天然气储层以河道砂岩为主，因此，为了进一步研究河道沉积又将河道分为辫状河和曲流河沉积。

辫状河以河道较直、浅而宽、流量变化大、流速快、床砂载荷量大、河床不固定、心滩发育为特点，其主体为一套细砾岩、含砾粗砂岩或砾质粗砂岩夹细砂岩、砂质泥岩、粉砂岩所组成，根据剖面结构特征，进一步划分为河道亚相和河漫滩亚相。

苏里格地区盒 8 段辫状河流沉积体系以粗碎屑岩为主、砂岩与泥岩之比大、心滩发育为特征，在垂向沉积序列中虽然仍具“二元结构”，但二者发育极不对称，以河道亚相沉积占绝对优势为特点，砂体呈条带状展布。

曲流河以河道弯曲、边滩、河漫滩发育为特征，主要包括河床滞留、边滩、天然堤、决口扇、泛滥平原等微相沉积。

曲流河沉积具有明显的“二元结构”特点，即由下部推移载荷形成的粗碎屑河床、边滩亚相沉积和上部悬移载荷形成的河漫滩亚相沉积构成。从边滩到堤岸原生沉积构造出现有规律变化，即从平行层理 ⟶ 大中型板状交错层理 ⟶ 小型板状交错层理 ⟶ 沙纹层理 ⟶ 水平层理及流水、浪成波痕等。根据河床亚相与河漫滩亚相沉积厚度之比，可以在苏里格地区识别出低弯度曲流河及中弯度曲流河。低弯度曲流河河道亚相发育，而堤岸亚相相对不发育；中弯度曲流河河道亚相与堤岸亚相沉积均较发育，二者厚度大致相等，这类曲流河在苏里格地区可见。

苏里格地区沉积物粒度概率曲线有多种类型，它们反映了不同的沉积环境。其中二段式以跳跃为主，跳跃总体的斜率在 50°左右，悬浮总量较小(小于 10%)，截点突变，区间在(1.5～2.5)φ，反映牵引沉积作用特征，一般出现在分流河道或水下分流河道的中部。三段式由滚动总体、跳跃总体和悬浮总体组成，其中跳跃总体占到 69%，悬浮总体含量 19%；粗截点 0φ，细截点为 1.5φ，反映沉积时水动力条件较强，代表了河道砂坝、分流河道或水下分流河道下部的沉积特征。

2) 辫状河三角洲

太原期沉积后，因华北地台整体抬升，海水从盆地东西两侧迅速退出，盆地性质由陆表海盆演变为近海湖盆，沉积环境由海相转变为陆相，东西差异基本消失，而南北差异沉降和相带分异增强，发育三角洲沉积及浅湖沉积。从沉积体系类型划分上，湖泊三角洲应归入湖泊沉积体系中，是湖泊沉积体系的组成部分。苏里格地区最主要的勘探目的层(山西组及下石盒子组)的砂体基本反映出湖泊三角洲砂体的特征(图 11-4)。

苏里格地区盒 8 段辫状河三角洲体系在平面上由北向南分别为三角洲平原、三角洲前缘亚相。三角洲平原分布较宽，前缘延伸远。砂体类型主要为分流河道、水下分流河道。平原分流河道粒度粗、分选较差、成熟度低，以大型楔状层理、板状层理、平行层理及槽状层理为主。三角洲平原是三角洲中砂层集中发育带，前缘砂体厚度相对较薄，侧向连续性相对较差。砂体呈透镜状展布，纵向连通性好，多砂体叠置，其间缺乏细粒物质，冲刷作用强。

A. 三角洲平原亚相

三角洲平原亚相是三角洲沉积的水上部分，位于三角洲沉积层序的最上部，俗称顶积层。苏里格地区的三角洲平原亚相见于众多钻井不同层段中，可识别出分流河道、天然堤、决口扇、分流间湾及支间沼泽和洪泛平原等微相，其主要沉积微相特征如下：

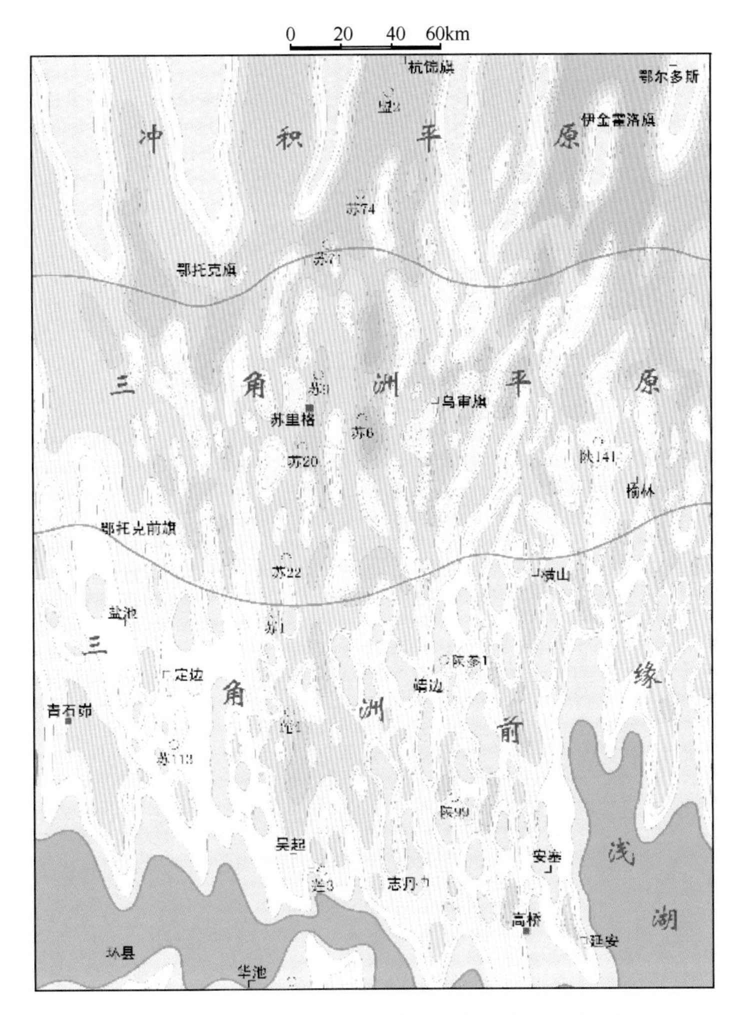

图 11-4　苏里格气田下石盒子组盒 8 段沉积相图

分流河道：是苏格里地区天然气储层的主要沉积类型之一，主要由砾岩、砾状粗砂岩、粗—中粒砂岩组成，粒度普遍较粗。碎屑颗粒一般为棱角—次圆状，分选中等，填隙物以泥质为主。成分成熟度和结构成熟度较低，发育大型板状层理、槽状层理、楔状层理和平行层理，底部冲刷明显，冲刷面之上常出现河床滞留沉积，向上逐渐变细，组成多个韵律结构。在测井曲线上表现为钟形或齿状钟形，反映了水流能量和物源供给减少条件下的沉积，显示了水流强度由高流态向低流态的转变，河流侵蚀作用的不断减弱。下二叠统山西组和中二叠统下石盒子组的分流河道沉积之上，顶层亚相多不发育，缺乏二元结构，属于典型的心滩沉积，具正粒序结构。经常可以看到快速废弃—复活的特征，具大规模交错层理的中粗粒砂岩，突然覆盖极薄的具水平纹层的粉砂岩、粉砂质泥岩沉积，或者没有(可能被冲刷掉)，而且分流河道砂体往往多次反复叠加成一个厚砂体，构成复合正韵律，其总厚度远大于河深，表明砂体横向迁移快、冲刷强烈、河道分布不稳定。

天然堤：常出现于分流河道沉积上部，多由细砂岩和粉砂岩组成，常含炭屑，它是洪水溢出河床时形成的，发育流水沙纹层理和水平层理。

支间沼泽和支间洼地：为分流河道间的局限环境，岩性主要由黑色泥岩、炭质泥岩及泥炭层、根土岩组成，厚度较小，一般仅几米厚，缺乏明显层理，偶见纹层状粉砂岩，二者在一定条件下可相互转变。

三角洲平原亚相分流河道侧向摆动频繁，砂体侧向叠加形成大面积砂体分布，砂体分带不明显。

B. 三角洲前缘亚相

三角洲前缘亚相系三角洲平原分流河道进入湖盆内的水下沉积区，由河口砂坝、分流间湾、水下分流河道、席状砂等微相组成，其中水下分流河道、席状砂等微相是苏里格地区山西期、下石盒子期主要沉积类型，也是天然气储层发育较好的沉积类型。

水下分流河道：岩性主要为含砾粗砂岩、中粗粒砂岩、中粒砂岩。在沉积构造上具有底冲刷、粒序层理、平行层理、板状层理发育等特点，在相序上与三角洲前缘河口坝、远砂坝密切共生，粒度分布特征与三角洲平原分流河道相似，以跳跃总体发育为特征，在测井曲线上所表现的特征与三角洲平原上分流河道相似，自然电位曲线上和自然伽马曲线上均表现为钟形或齿状钟形或箱形。

河口砂坝：岩性一般为粗粒、中粗粒、中粒岩屑石英砂岩、石英砂岩，分选由较好到好，磨圆度较高，多呈次棱角状到次圆状；层理以平行层理、板状层理和楔状层理为主，亦见冲洗层理，剖面结构特征表现为向上变粗的逆粒序；一般水下分流河道与河口砂坝沉积相伴产出，反映了由于湖平面的变化，引起三角洲前缘的进积与退积作用。

分流间湾：主要由泥岩、粉砂质泥岩组成，常见少量的粉砂岩或细砂岩，虫孔发育，水平层理发育，见透镜状层理和浪成波痕，它是水下分流河道之间低洼处的沉积。

4. 储层特征

1）储层岩石类型

苏里格地区上古生界盒 8 段及山 1 段储集砂岩以粒径在 0.5～1mm 的粗砂岩为主（占砂岩总量的 56.3%），其次为中砂和细砾岩，分别占砂岩总量的 33.7%和 8.8%，几乎不含细砂及粉砂（小于 2%）。砂岩类型主要为石英砂岩、岩屑石英砂岩和岩屑砂岩（图 11-5、图 11-6）。

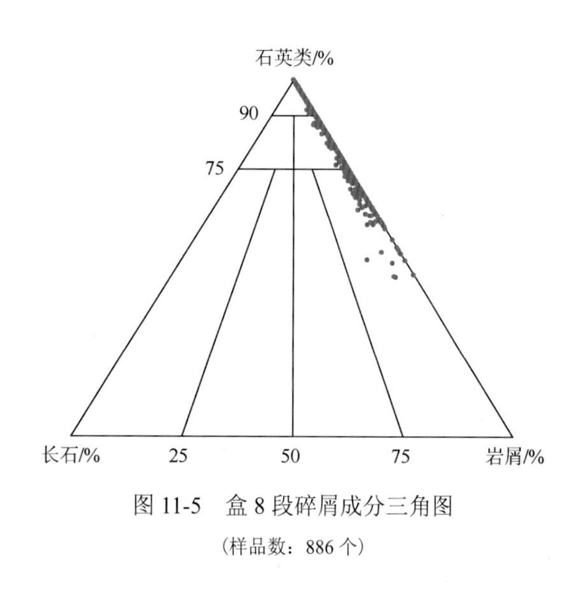

图 11-5　盒 8 段碎屑成分三角图

（样品数：886 个）

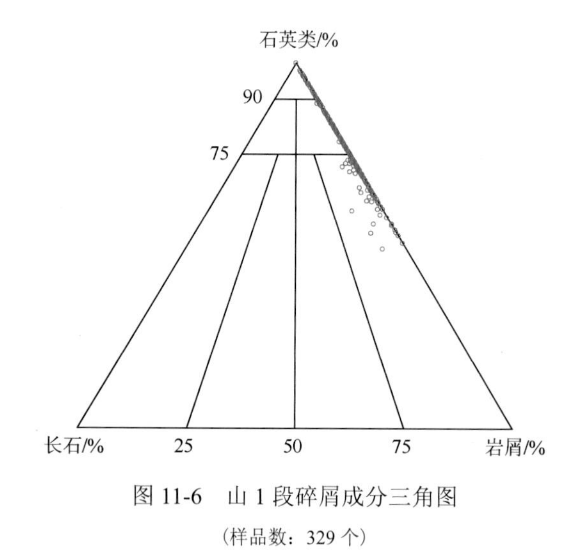

图 11-6　山 1 段碎屑成分三角图

（样品数：329 个）

2）储层孔隙类型

A. 储集空间以孔隙为主，裂缝只占储集空间的极少部分

苏里格地区上古生界砂岩储层的主要储集空间为各种类型的孔隙，仅局部偶见少量微裂缝，它只占岩石孔隙体积的很少一部分。岩心样品的孔隙度与渗透率相关性分析表明，苏里格地区无论盒 8 段还是山 1 段储层，其渗透率均与孔隙度呈明显的正相关关系（图 11-7），说明渗透率的变化主要受孔隙发育程度的控制，这是孔隙型储层的重要特征。大量的现场岩心观察及铸体薄片分析均未发现大量裂缝发育的储集层段，也印证了这一点。

B. 孔隙构成中次生溶孔占主要地位

苏里格地区上古生界砂岩由于埋藏深度大（地史期最大埋深在 3500～4000m 以上）、埋藏历史长（2.5 亿～3 亿年），经历了复杂的成岩作用改造。由于强烈的压实—压溶作用和胶结作用改造，使大部分原生孔隙丧失殆尽（尤其塑性岩屑组分含量较高的含泥岩屑砂岩）；而中晚成岩阶段的溶蚀作用又可形成部分溶蚀孔隙，使岩石的孔隙性得到一定程度的恢复。

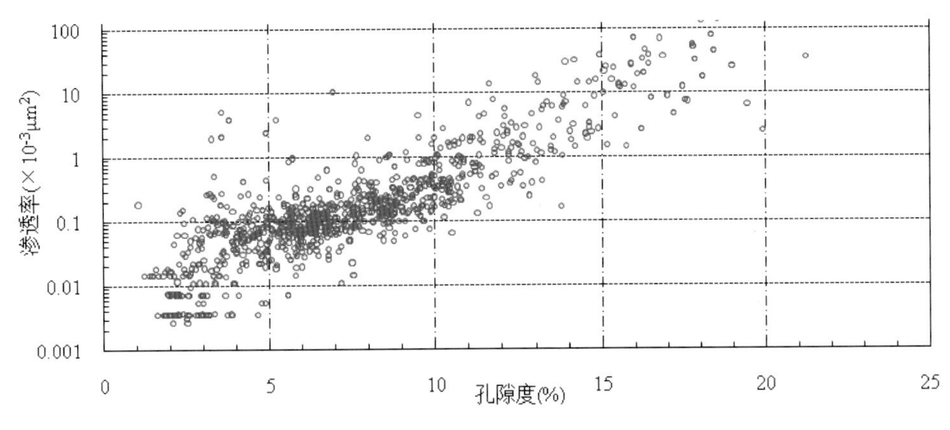

图 11-7　苏里格庙地区盒 8 段砂岩储层孔渗关系图

主要储集层段(盒 8 段、山 1 储层)的储集空间均以次生溶孔为主，次为晶间孔，原生孔隙较少(图 11-8)。在这里原生孔隙主要指原生粒间孔(或残余粒间孔)和杂基内微孔，次生孔隙主要为次生溶孔、胶结物晶间孔(图 11-9(a))、成岩收缩缝及构造微缝等。次生溶孔又可按被溶组构类型进一步分为岩屑溶孔、长石(及角闪石等)单矿物颗粒溶孔、杂基溶孔及胶结物溶孔等，在岩屑溶孔中以中酸性火山碎屑溶孔(图 11-9(b))为主(杨奕华等，2008)。

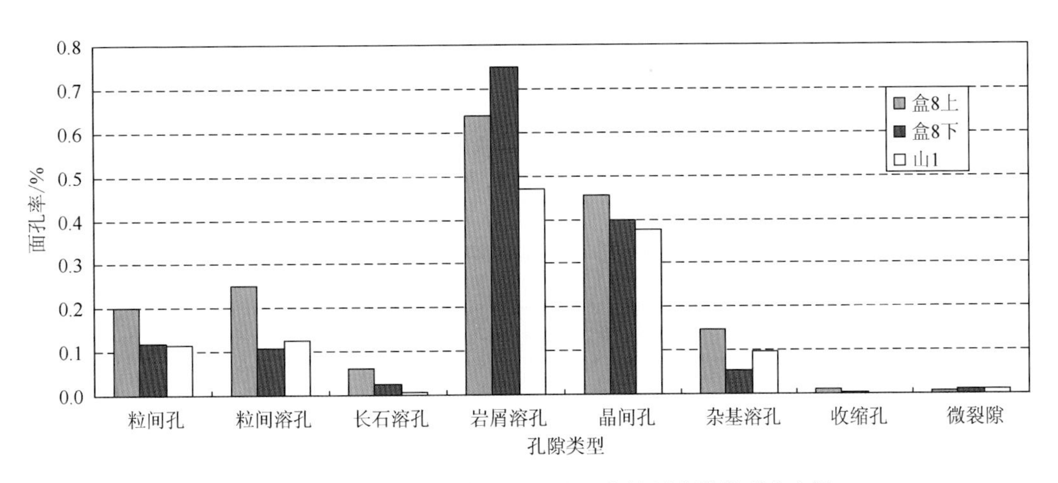

图 11-8　苏里格庙地区盒 8 段、山 1 段储层孔隙类型分布图

(a) S66井石盒子组盒8段高岭石晶间孔

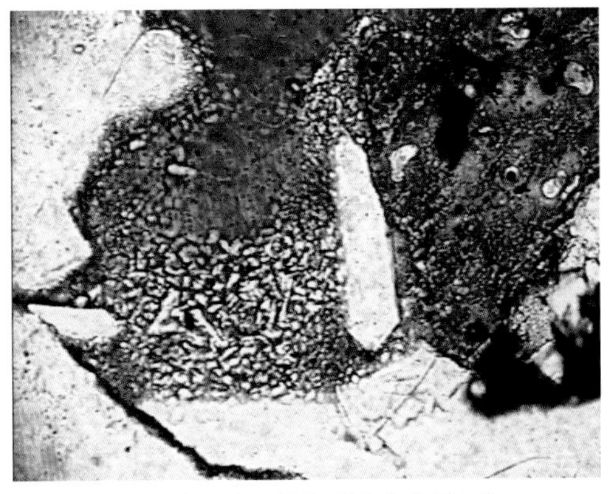

(b) S6井石盒子组盒8段火山岩屑溶孔

图 11-9

3) 储层孔隙结构特征

A. 孔喉大小

据薄片分析资料，盒 8 段高渗储层孔隙较大，平均孔径达 100～500μm，中等渗透储层的平均孔径多在 30～50μm，山 1 段及盒 8 段低渗透储层的平均孔径多在 10μm 以下，主要是因为储层溶孔不发育，孔隙类型主要为晶间孔隙及黏土杂基内微孔。

据压汞实验的分析结果，喉道大小与孔隙大小也有相近的变化关系。盒 8 段高渗储层喉道较粗，中值喉道半径最高达 1.55μm，一般样品在 0.2～0.5μm，排驱压力也较低，这与该段孔隙除颗粒溶孔外，粒间溶孔也占一定比重，从而使孔隙网络较为连通有直接关系。盒 8 段中高渗储层由于有大量超大溶孔存在，导致其平均孔喉半径也明显较本区其他层段高，一般在 100～500μm，而一般储集层段均在 100μm 以下。山 1 段储层则喉道较细，中值喉道半径多在 0.2μm 以下，排驱压力较大，主要由于其孔隙间主要靠杂基内微孔连通所致。

B. 孔喉分选性与变异系数

压汞分析的标准差一般反映了孔喉分选性的好坏，本区上古生界砂岩的孔喉分布标准差多在 1.7～3.5。盒 8 段中高渗透性储层标准差较高，多在 2.0 以上，反映其孔喉分选性较差；其他层段则标准差较小，反映其孔隙主要以小孔为主，分选性好而孔渗性较差。由于较大溶孔发育的储层，总有一定数量的小孔存在，从而决定了其分选性一般都不是太好。从这一角度分析，分选性不宜单独用来反映孔隙结构的好坏，而变异系数则避免了这一缺点，可进一步反映孔隙结构好坏较本质的特征。

变异系数(C)是指标准差与孔喉均值之比，是观测值相对变化性的一种度量，它用以描述孔喉均值和分选程度的比较。其公式为

$$C=\sigma/X \tag{11-1}$$

式中，σ 为标准差；X 为孔隙均值(ϕ 值)。C 值越大，其孔隙结构越好。本区盒 8 段中高渗储层的孔隙结构相对较好，C 值多在 0.2 以上，盒 8 段低渗储层及山 1 段储层则稍差，C 值在 0.15 左右。

C. 孔喉体积比

从本区砂岩储层的压汞曲线特征分析，渗透性较高的储层，其退汞效率反而较低，多在 20%以下。按照毛细管理论，退汞一般反映从喉道呈连续相退出的非润湿相，其体积大体反映喉道的体积，而残留部分则反映存在于孔隙部位呈孤立、非连续分布的非润湿相，其体积则大体代表了岩石孔隙的体积。因此利用压汞分析的最大进汞饱和度和退汞效率可近似计算出岩石孔隙体积与喉道体积之比 $V_{p/t}$：

$$V_{p/t}=(S_{Hg}-R_{Hg})/R_{Hg} \tag{11-2}$$

式中，S_{Hg} 为最大进汞饱和度；R_{Hg} 为退汞效率。苏里格地区盒 8 段高渗储层孔喉体积比较高，一般在 2～5，反映其颗粒溶孔所占孔隙体积较大的特征。山 1 及盒 8 段一般储层孔喉体积比则相对较低，多在 1.5 以下，反映了孔隙与喉道大小相近的小孔或微孔型低渗储层的孔隙结构特征。

4) 物性特征

苏里格地区盒 8 段、山 1 段砂岩的实测孔隙度值在 0.3%～21.8%，实测渗透率最低 $0.001\times10^{-3}\mu m^2$，最高达 $500\times10^{-3}\mu m^2$ 以上。渗透率的变化主要受孔隙发育程度的控制，渗透率与孔隙度呈明显的正相关关系，相关系数为+0.7，裂缝的发育明显增大了砂岩的渗透性，使渗透率最高可达 $629.5\times10^{-3}\mu m^2$。

孔隙度与渗透率频率分布图(图 11-10)显示，盒 8 段孔隙度大于 8%的样品分布频率占 48.7%，渗透率大于 $0.5\times10^{-3}\mu m^2$ 的样品分布频率占 32.4%；山 1 段孔隙度大于 8%的样品分布频率为 46.7%，渗透率大于 $0.5\times10^{-3}\mu m^2$ 的样品分布频率为 23.6%(图 11-11)。盒 8 段与山 1 段相比储集物性略好于山 1 段。

5. 气藏特征

1) 气层特征

依据储层物性、压汞孔隙结构参数，结合薄片和孔隙图像资料，将苏里格地区盒 8 段、山 1 段储层划分为四类。

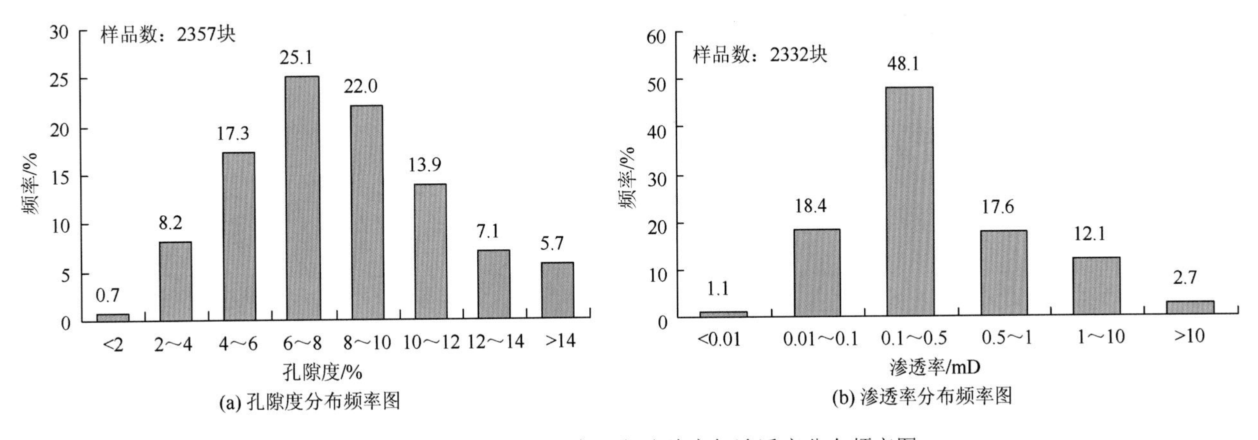

(a) 孔隙度分布频率图　(b) 渗透率分布频率图

图 11-10　苏里格地区盒 8 段孔隙度与渗透率分布频率图

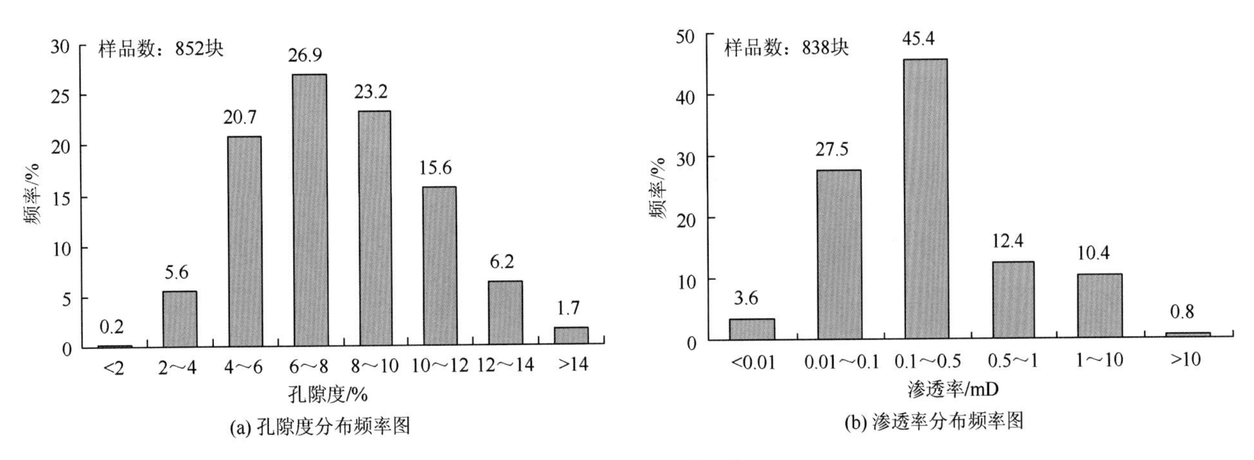

(a) 孔隙度分布频率图　(b) 渗透率分布频率图

图 11-11　苏里格地区山 1 段孔隙度与渗透率分布频率图

I 类气层：发育一定厚度的块状(含砾)中～粗粒石英砂岩(一般大于 5m)；孔隙类型以粒间孔、溶蚀孔为主，毛管压力曲线为宽缓平台型或缓坡型，孔喉分选一般较好，粗歪度，排驱压力小于 0.1MPa；孔隙度为 8%～18%，一般大于 10%，渗透率一般大于 $1.0\times10^{-3}\mu m^2$，含气饱和度大于 60%，高产井(产气量大于 $10.0\times10^4m^3/d$)主要发育此类储集层(图 11-12)。

II 类气层：岩性为含硅质中～粗粒石英砂岩和少量中～粗粒岩屑质石英砂岩；孔隙类型主要是溶蚀孔、晶间孔，少量粒间孔，毛管压力曲线为缓坡型，孔喉分选较好，较粗歪度，排驱压力 0.1～0.5MPa；孔隙度为 7%～12%，渗透率为 $(0.5\sim1.0)\times10^{-3}\mu m^2$，含气饱和度一般大于 50%，产气量一般为 $(4.0\sim10.0)\times10^4m^3/d$。

III类气层：岩性为中～粗粒岩屑质石英砂岩，含少量岩屑砂岩；主要发育溶蚀孔和微孔，毛管压力曲线为斜坡型，孔喉分选较好，较细歪度，排驱压力为 0.5～1.0MPa；孔隙度为 5.0%～9.0%，渗透率为 $(0.1\sim0.5)\times10^{-3}\mu m^2$，含气饱和度 40%～55%，产气量一般小于 $4\times10^4m^3/d$。

IV类致密层：岩性为中粒岩屑砂岩和少量岩屑质石英砂岩，杂基含量高；发育微孔和微溶孔，毛管压力曲线为斜上凸型，孔喉分选差，细歪度，排驱压力大于 1.0MPa；孔隙度为 2.0%～6.0%，渗透率一般小于 $0.1\times10^{-3}\mu m^2$，含气饱和度一般小于 40%，微含气，产气量一般日产只有几百立方米。

根据上述分类标准，结合测井响应特征，将苏里格地区气层测井相类型划分为四大类六个亚类(表 11-4)，其中IIIA 类以上解释为气层，IIIB 类解释为差气层，IV 类解释为干层。

2)气藏分布特征

苏里格地区盒 8 段、山 1 段气藏属大面积叠合分布的砂岩岩性气藏，气层分布主要受储集性砂体控制。尽管砂体大面积分布，但由于是多期砂体叠置形成，再加上后期破坏性成岩作用强烈，使砂体储集物性在纵横向上却表现出极强的非均质性，因此，只有物性较好的砂岩具有工业性储集意义。这里所说的气层即指这种具有工业性储集意义的含气砂层(图 11-13)。从图中可以看出，无论在纵向上还是在侧向上，砂体连续分布，但气层不连续，具有“砂包气”特征，气藏规模较小。正是这种小气藏成群上万平方千米内大面积分布，纵向上叠加，构成了苏里格大气田，因此，苏里格大气田表现为“多藏”大气田特征。

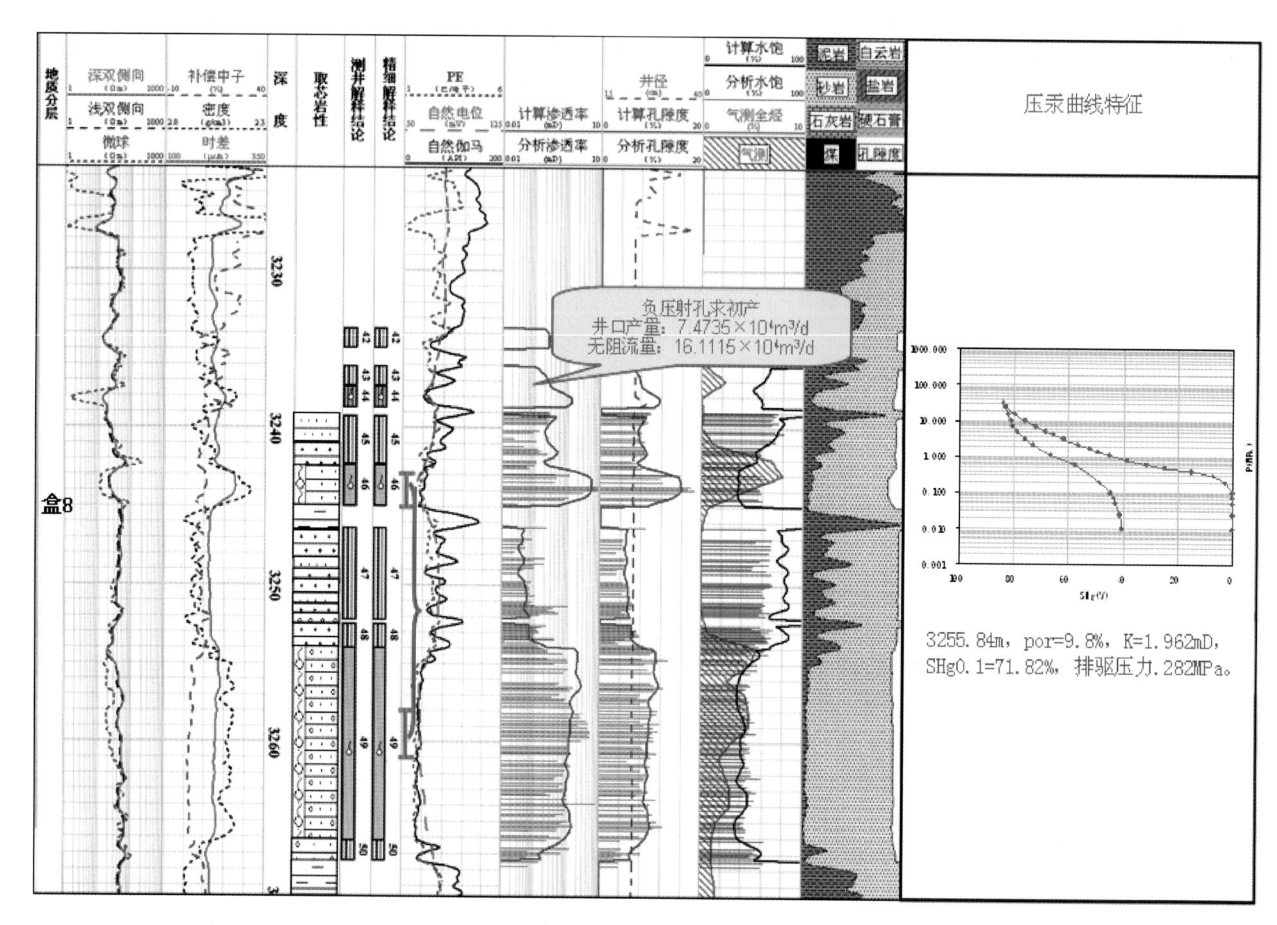

图 11-12　S72 井石盒子组盒 8 段测井解释成果图

表 11-4　苏里格地区盒 8 段、山 1 段储层测井分类参数表

储层分类	测井相类型	储层岩性	储集类型	孔隙度/%	渗透率/($\times10^{-3}\mu m^2$)	自然伽马(API)	时差/(μm/s)	电阻率/(Ω·m)	密度/(g/cm³)	产能评价
ⅠA	高 Δt 高 Rt 低 GR 型	(含砾)中粗粒石英砂岩	溶孔-粒间孔型	>10	>1	<35	>240	>40	<2.45	初产可达工业气流，压裂可获中高产
ⅠB	高 Δt 低 Rt 低 GR 型			>10	>1	<45	>240	<40	<2.45	
Ⅱ	中 Δt 高 Rt 低 GR 型	中粗粒石英砂岩	溶孔-微孔型	7～12	0.5～1	<45	225～240	>40	2.45～2.52	一般压裂后可获工业气流
ⅢA	低 Δt 高 Rt 低 GR 型	含硅质中粗粒石英砂岩	溶孔-微孔型	5～9	0.1～0.5	<35	210～225	>60	2.52～2.57	层厚可获工业气流
ⅢB	低 Δt 低 Rt 中低 GR 型	含泥中粗粒岩屑石英砂岩	微孔型	5～9	0.1～0.5	<55	210～225	<60	2.52～2.57	一般难以获工业气流，但对邻近主力气层有辅助供气作用
Ⅳ	低 Δt 高 Rt 中高 GR 型	含泥岩屑砂岩	致密型	<5	<0.1	<75	<210	—	>2.57	含残余气

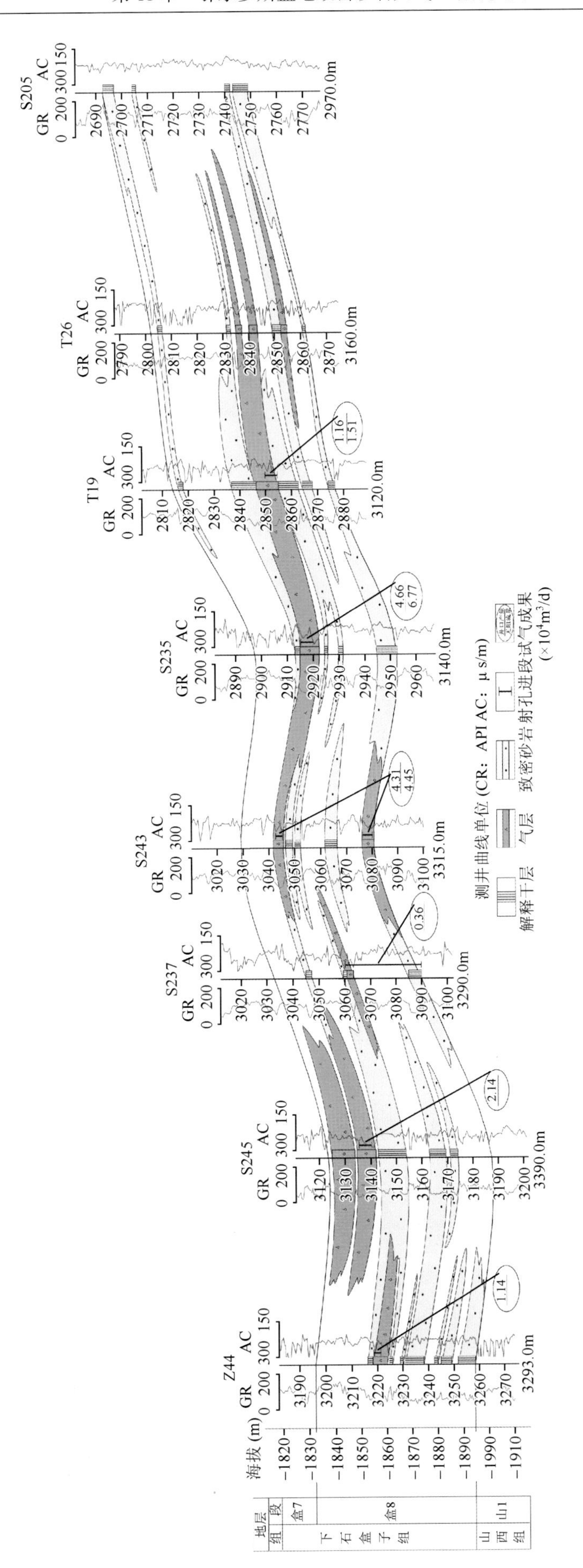

图 11-13　苏里格东区 Z44 井～S205 井盒 8 段气藏剖面图

3）气藏压力

苏里格地区盒8段、山1段气藏呈多气层纵向相互沟通，横向复合连片，南北延伸在100km以上，东西宽10～20km，因此，气藏压力平面变化较大。盒8段气藏压力一般为22.469～31.502MPa，压力系数一般在0.73～0.93，平均为0.84；山1段气藏压力一般为23.196～35.694MPa，压力系数一般在0.85～0.96，平均为0.91。压力系数山1段略高于盒8段，其整体低于静水压力，属低压气藏，且其流体性质稳定。

4）地层温度

气藏温度为100～110℃。利用上古生界地层（盒8段气藏）实测温度与气层中部深度进行相关分析，求得地温梯度为3.06℃/100m，相关性良好，相关系数0.85，关系式为

$$T=4.1097+0.0306Dg$$

式中，T为气层实测温度（℃）；Dg为气层中部深度（m）。

5）流体性质

鄂尔多斯盆地上古生界天然气的气源岩主要为石炭、二叠系煤系地层，其物理性质相对稳定。苏里格气田盒8段气藏甲烷含量在86.96%～93.72%，平均为89.82%，相对密度为0.601～0.643，CO_2含量约1.56%；山1段气藏甲烷含量在85.58%～91.79%，平均89.07%，甲烷化系数91%，相对密度0.610～0.661，CO_2含量约1.77%，属无硫湿气（表11-5）。乌审旗气田、榆林气田及中东部地区上古气藏甲烷含量相对减少，重烃含量相对增加。

表11-5　苏里格地区盒8段、山1段气藏天然气组分统计表

层位	取值	CH_4	C_2H_6	C_3H_8	C_4H_{10}	CO_2	N_2	相对密度
盒8	范围值/%	86.96～93.72	3.21～7.97	0.84～1.66	0.17～0.56	0.81～1.85	0.07～1.07	0.601～0.643
	平均值/%	89.82	6.06	1.28	0.42	1.56	0.65	0.625
山1	范围值/%	85.58～91.79	5.55～7.874	0.97～1.64	0.32～0.56	0.27～4.02	0.18～1.32	0.609～0.661
	平均值/%	89.07	7.042	1.32	0.43	1.77	0.24	0.618

11.1.3　成藏特征

1. 石炭—二叠系煤系烃源岩稳定分布，气源较充足

苏里格地区与盆地其他地区相似，石炭—二叠系煤系烃源岩也具有广覆式分布特点（刘新社等，2000）。煤层厚度相对较薄，具有南厚北薄、东厚西薄的特点。煤层厚6～20m，暗色泥岩厚40～100m。热演化程度较高，R_o在1.2%～2.2%，达到湿气—干气演化程度。生烃强度相对较低，大于$20\times10^8m^3/km^2$的面积为$2.05\times10^4km^2$，只占区块面积一半，生烃强度大于$12\times10^8m^3/km^2$的面积占区块总面积的90%以上，与盆地中东部地区比较，苏里格气田生烃强度相对较低。因此，尽管具有大面积含气特征，由于生烃强度较小，导致气藏含气饱和度相对较低，平均含气饱和度只有60%左右。

2. 储集砂体发育，低渗背景下发育优质储层

苏里格地区盒8段、山1段砂体厚度一般为20～40m，分布范围广，砂带宽度为10～30km，延伸距离超过200km。主要储层段石英砂岩大面积分布，盒8段平均孔隙度为8.7%，平均渗透率为$0.83\times10^{-3}\mu m^2$；山1段平均孔隙度为7.8%，平均渗透率为$0.65\times10^{-3}\mu m^2$。砂岩储集空间以火山碎屑岩溶孔、杂基溶孔等次生溶孔为主。在河流—三角洲沉积背景下形成大面积分布的砂岩储集体，物性整体较差，但在分流河道或者水下分流河道的主河道部位，辫状河心滩砂体（盒8段）和曲流河边滩砂体（山

1 段)粒度粗、分选好，形成相对高渗储层，发育Ⅰ、Ⅱ类气层，其中盒 8 段Ⅰ、Ⅱ类气层占 30%以上，山 1 段Ⅰ、Ⅱ类气层占 20%以上，Ⅰ、Ⅱ类气层目前是天然气勘探开发主要对象，随着工艺技术进步，其他储层类型也具有一定的勘探开发潜力。

3. 孔、缝耦合形成大面积致密气“网毯式”输导体系

苏里格地区天然气输导介质主要有孔隙性砂岩输导介质、缝隙(断裂、裂缝)输导介质以及孔隙—裂缝复合输导介质。区内盒 8 段、山 1 段相互叠置的连通砂体是一种重要的输导介质，南北向连通性较好。储层尽管不具有裂缝性储层特征，但钻井岩心中裂缝常见，按照裂缝产状与岩层层面的空间关系，将裂缝分为平行层面缝、垂向缝、斜向缝，层面滑移缝常与垂直层面裂缝、斜交层面裂缝和平行层面裂缝(非滑移裂缝)共生，其中，泥质岩、煤层中层面滑移缝及斜向缝发育，而厚层块状砂岩中近垂直缝发育，构成“工”字形裂缝组合，在荧光照射下泥岩、粉砂岩层面不规则纹状运移痕迹发微弱棕黄色荧光，表明烃类曾沿该裂缝发生过运移，证实了裂缝是一种重要的输导体系(杨华等，2012)。

“工”字形裂缝组合与储集砂岩共同构成孔、缝耦合输导体系，在盒 8 段、山 1 段储层普遍致密的背景上，“工”型裂缝与相互叠置的高渗砂体相匹配，形成大面积低渗透岩性气藏“网毯式”输导体系。

4. 生储盖组合配置良好，稳定分布

山 1 段和盒 8 段河流—三角洲沉积形成的大面积储集砂体，垂向上紧邻于本溪组—山西组煤系烃源岩上方，山 1 段储集砂体直接与煤系烃源岩大面积接触，盒 8 段储集砂体与本溪组—山西组煤系烃源岩垂向距离小于 50m，垂向邻近烃源岩分布。另外，无论是山 1 段还是盒 8 段，储集砂体厚度小，具有低孔特征，因此，砂体储集体积小，这样低生烃强度的烃源岩正好能满足低储集空间天然气成藏生烃量的需求，形成了良好的源储配置关系。上石盒子组泥岩厚度大，在苏里格地区分布稳定。泥岩累积厚度为 50～120m，单层厚度为 7～15m，渗透率一般小于 $10^{-6}\mu m^2$，饱和水突破压力达 10MPa，对天然气继续向上运移具有良好的封堵作用。上石盒子组稳定分布的具有封堵作用的大厚度泥岩层，位于山 1 段和盒 8 段主力含气层位上方 150m 左右的位置，形成了良好的区域盖层。由此可以看出，在苏里格地区发育下生上储、配置良好的天然气近源成藏组合，且具有稳定分布特征(图 11-14)。

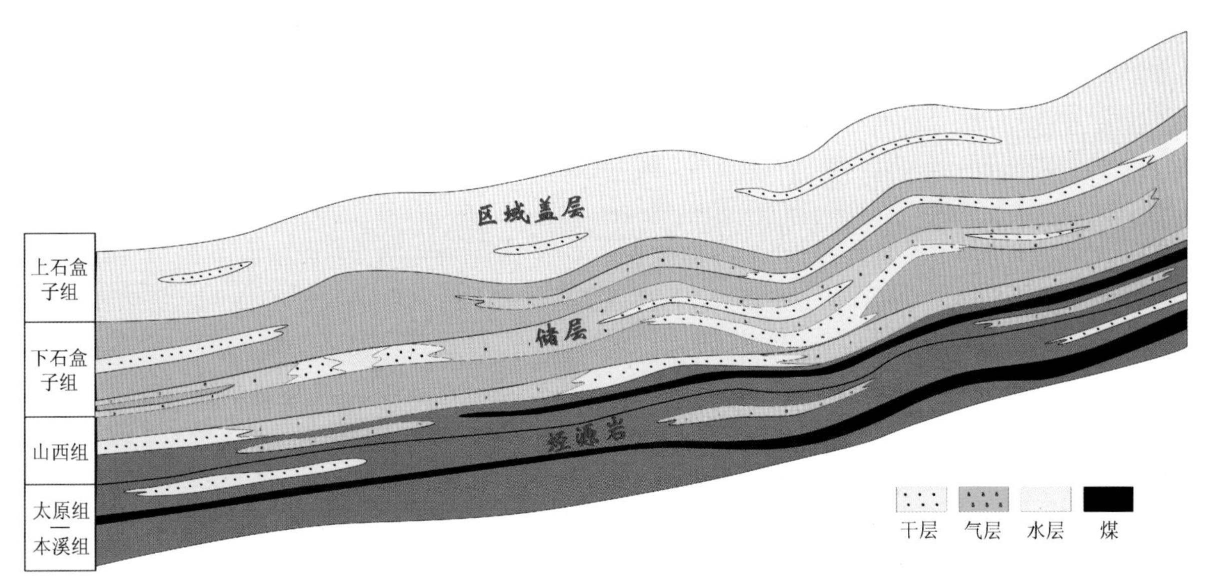

图 11-14 苏里格地区上古生界天然气成藏模式图

5. 生烃强度控制着气藏的空间展布，气水分布不受区域构造控制

苏里格地区上古生界储层具有独特的气水分布关系，气水分布不受区域构造控制，地层水分布相对

独立，无统一的气水边界。气水分布主要受生烃强度和沉积导致的储层非均质性共同控制(窦伟坦等，2010)。平面上气田的形成和分布与生烃强度具有一定的关系：生气强度大于 $15\times10^8m^3/km^2$ 的区域为气区；$(10\sim15)\times10^8m^3/km^2$ 的区域为气水关系复杂区；小于 $10\times10^8m^3/km^2$ 的区域为含气水区。纵向上山1段含气饱和度高于盒8段，生烃对气藏的纵向发育影响较大。

苏里格地区西北部在纵向上多层位产水，产水层段厚度较小，无统一的气水界面。山西组和石盒子组地层水在平面上主要集中在毛脑海庙以西、以北以及苏里格地区东北部，受到沉积微相控制比较明显，主要分布于河道沉积的翼部，在其他地区只有零星分布，产水井之间往往被产气井分割。产水层段不受构造或海拔高程控制，平面上缺乏统一的气水分布边界。

从区域构造上，处在构造上倾部位的东北部分布着水层、含气水层，而构造下倾部位的西南部地区也分布有大量的工业气流井，表明气水分布不受区域构造控制。

11.1.4 成藏模式

早白垩纪晚期，鄂尔多斯盆地上古生界含气储层经历成岩作用演化已经致密化，具有低孔低渗特征。煤系烃源岩也达到最大埋深阶段，在正常的增温热演化过程中，又叠加了热事件增温，煤系烃源岩进入到高成熟热演化阶段大规模生烃(张文正，2001)。苏里格地区煤系烃源岩也具有同样的热演化过程，天然气大规模生成，并向上首先就近运移进入山1段致密化砂岩储层，且优先在相对高渗储层中聚集。由于储集砂体与烃源岩呈面状接触，天然气充注强度大，天然气运移具有较高聚集效率，天然气易于大面积充注成藏，最终形成含气饱和度相对较大的气藏。与山1段相比，尽管盒8段也是大面积充注成藏，但是，由于砂岩储集体位于山1段上方，距烃源较远，只有山1段储集砂体天然气充注到一定程度后，天然气才可能向盒8段砂岩储集体充注，天然气充注强度相对较小，因此，形成了含气饱和度相对较小的气藏(图 11-14)。

在生烃强度较小地区，如苏里格西北部，生烃强度小于 $10\times10^8m^3/km^2$，大部分储集砂体含水，只有局部储集砂体含气。同样，在生烃强度较大地区，由于各种原因导致天然气充注路径受限，也可能局部含水。因此，苏里格地区大面积含气只是宏观特征，局部砂体含水是普遍现象。另外，由于含气饱和度较低，常规气层在开采一段时期后也可能产水。

11.2 神木海相三角洲致密砂岩大气田

神木气田地处陕西省榆林市榆阳区和神木县境内，构造上位于鄂尔多斯盆地次级构造单元伊陕斜坡东北部，勘探面积 $2.5\times10^4km^2$。气田西接榆林气田，北与中石化大牛地气田相邻，南抵子洲、米脂气田。陕京一、二、三线从气田穿过，开发集输条件便利。地貌以明长城为界，西北部为沙漠区，地形相对平缓。东南部为黄土塬区，地形起伏相对较大，沟壑纵横、梁峁交错。地面海拔在738～1448m。区内为温带大陆性季风干旱气候，春季干旱，夏季温热，秋季凉爽，冬季少雪，年平均气温为8℃，年平均降水量440mm。

区内煤炭与石油天然气资源丰富。上古生界发育二叠系太原组、山西组、石盒子组、石千峰组和石炭系本溪组等多成因多类型储层，具有多层系复合含气、储层致密、非均质性强、储量丰度低等特征；气藏埋藏浅(1900～2700m)，勘探开发前景良好。最新油气资源评价结果表明，神木地区古生界天然气总资源量 $3.2\times10^{12}m^3$(付金华等，2006；付金华等，2008；杨华等，2012)。

自2007年以来，已累计在上古生界二叠系太原组及山西组探明天然气地质储量 $3334\times10^8m^3$，是我国陆上首个超千亿立方米的海相三角洲致密砂岩气田。气田于2009年投入开发试验，目前已开始规模开发，年生产天然气 $20.5\times10^8m^3$。

11.2.1　气田勘探开发历程

1. 勘探历程

在鄂尔多斯盆地上古生界天然气勘探过程中，早在 20 世纪 80 年代就在盆地东部多口探井中发现了太原组砂岩和灰岩气层。1987 年镇川 2 井在太原组砂岩中钻遇气层 5.0m，压裂后日产气 $1.431\times10^4m^3$。1988 年洲 2 井在太原组灰岩中钻遇气层，压裂后日产气 $3.4818\times10^4m^3$。受当时地质认识、技术水平等所限，尽管有多口探井发现气层，但太原组勘探一直没有大的突破。神木大气田的勘探与发现，在盆地太原组探明地质储量 $1973.56\times10^8m^3$，太原组海相三角洲致密砂岩气藏勘探取得了重大突破。

神木大气田勘探历程可划分为早期勘探、扩大成果阶段与规模勘探三个阶段：

(1) 早期勘探阶段：神木气田勘探始于 20 世纪 90 年代。在榆林气田勘探的过程中，1996 年完钻的陕 201 井太原组钻遇气层 10.0m，试气获无阻流量 $2.69\times10^4m^3/d$，初步揭示了太原组具有良好的含气性。与此同时，一方面积极开展了太原组成藏地质研究，并加强地震砂岩储层预测技术攻关，一方面逐步加大了太原组气藏勘探力度。1997 年，结合地震储层横向预测成果，在陕 201 井区落实含气面积 $439.80km^2$，提交预测地质储量 $421.34\times10^8m^3$。随后 1999 年又在榆 14 井区提交预测地质储量 $233.91\times10^8m^3$，累计提交预测地质储量 $655.25\times10^8m^3$，初步展示了太原组具备大型岩性气藏的勘探潜力。

(2) 扩大勘探成果阶段：2003 年在对榆林气田两侧进行天然气勘探时，积极兼探太原组。当年榆林气田东侧双山地区完钻的双 3 井钻遇太原组气层 11.9m，试气获 $2.54\times10^4m^3/d$。通过地质综合研究，结合已有的勘探成果，当年在双 3 井区落实太原组含气面积 $685.4km^2$，提交预测地质储量 $747.77\times10^8m^3$，再次展示了神木地区太原组良好的天然气勘探前景。

随后在盆地东部上古生界气藏勘探过程中，逐步开展太原组砂岩分布特征及储层特征研究，加大了针对太原组气层的勘探力度，使含气范围进一步扩大，发现双 3 井区含气砂体分布稳定，含气性好，储量升级潜力大，为探明神木气田奠定了基础。

(3) 规模勘探阶段：综合地质研究表明，太原组主要发育海相三角洲沉积体系，分流河道砂体构成了主要储集层，太原组气藏属于源内组合，其中煤系烃源岩与砂岩储层间互分布，气源充足，含气饱和度高，气藏规模大，具备形成大型岩性气藏的条件。2007 年以提交探明、控制储量为目的，开展了神木地区太原组系统的评价勘探工作，结合地震储层预测与压裂改造工艺攻关成果，神木地区首次新增探明天然气地质储量 $934.99\times10^8m^3$(其中太原组新增 $695.69\times10^8m^3$)、控制储量 $402.32\times10^8m^3$(太原组)，探明了神木气田，首次在中国陆上发现并探明海相碎屑岩大型气藏。

2008 年以后，针对太原组持续开展天然气成藏地质综合研究与配套工艺技术攻关。通过深化成藏地质研究，进一步明确太原组由北向南依次发育河流—浅水三角洲—潮坪—泻湖—障壁岛沉积，北部发育曲流河、三角洲平原及前缘分流河道砂体，砂体呈带状展布，分布稳定，是太原组勘探的有利目标，南部主要发育障壁岛砂体，分布不连续(郭英海等，1998；陈洪德等，2001；兰朝利，2010；郭军，2012)。进而确定了太原组“向东落实储量规模、向南扩大含气面积”的部署思路。同时，针对太原组砂岩储层致密、非均质性强及单井试气产量低的难点，积极开展了套管滑套连续分层压裂(TAP)、机械封隔连续分层压裂等多层系压裂改造技术攻关，提高了单井产量，为有效动用太原组储量提供技术储备。在地质研究与技术攻关的基础上，神木地区持续加强太原组整体勘探力度，含气面积不断落实与扩大，与此同时，山西组、石盒子组等层系天然气勘探也取得了重要进展。2013 年在太原组、山西组新增控制地质储量 $1580.46\times10^8m^3$。2014 年在太原组、山西组新增天然气探明地质储量 $2398.90\times10^8m^3$(其中太原组 $1277.87\times10^8m^3$)，使神木气田探明储量规模进一步扩大，神木地区太原组天然气勘探又一次取得重大进展。目前，神木气田累计探明地质储量达到 $3334\times10^8m^3$，使之成为鄂尔多斯盆地一个以太原组海相三角洲致密砂岩为主、多层系含气的千亿立方米级别的大型气田。

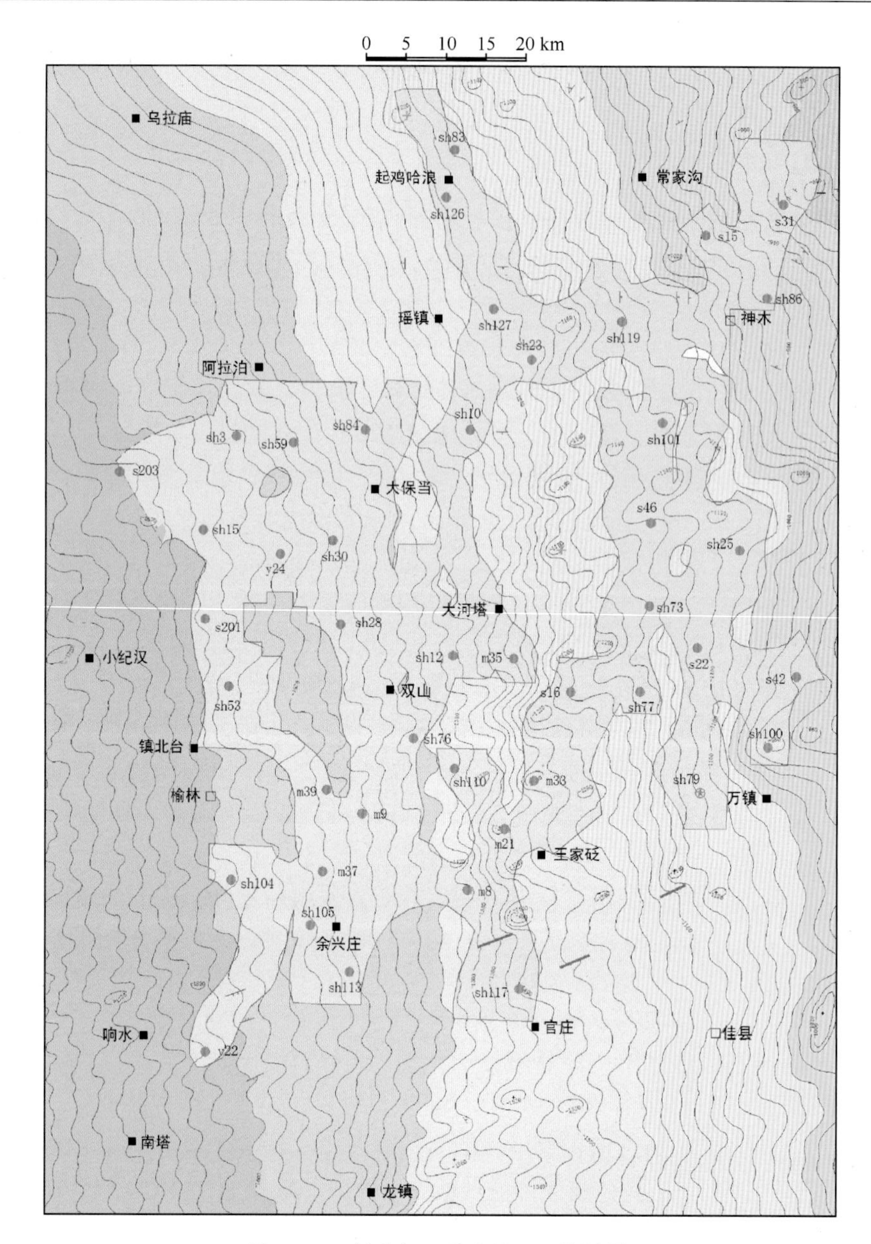

图 11-15　神木气田分布及 Tc2 构造图

2. 开发历程

神木气田自 2007 年探明以后，2009 年就开始投入开发试验。2011 年开始评价建产，当年完钻开发井 30 口(含水平井 2 口)，建产能 $1.0\times10^8m^3/a$。2012 年神木气田开始规模开发，当年完钻开发井 92 口(含水平井 10 口)，建产能 $5.0\times10^8m^3/a$。

2013 年，当年完钻开发井 215 口(含水平井 12 口)，建产能 $10.71\times10^8m^3/a$。2014 年持续开展神木气田产能建设，当年新建产能 $3.8\times10^8m^3/a$。截止 2014 年底，神木气田已建成 $20.5\times10^8m^3/a$ 产能规模，显示了神木气田较大的开发潜力。神木气田经过多年的规模开发，已经形成了以“多层系致密气藏大井组布井及大井组开发工艺配套技术”为核心的大井组丛式井开发模式。

11.2.2　气田基本特征

1. 构造特征

神木气田位于鄂尔多斯盆地伊陕斜坡构造单元的东北部，地震 Tc2 反射层(太原组底部)构造图反映的神木地区构造形态为一宽缓的西倾斜坡，坡降(6～10) m/km，倾角不足 1°(图 11-15)。在单斜背景上发育着多排北东走向的低缓鼻隆，鼻隆幅度一般 10m 左右，宽 4～5km，长 25～30km。勘探开发资料证实，这些鼻隆构造对上古生界气藏没有明显的控制作用。宽缓稳定的斜坡构造背景为神木气田形成与保存创造了良好条件。

2. 地层系统

鄂尔多斯盆地从晚石炭世开始沉降接受沉积，石炭系—二叠系主要发育一套海陆交互相的含煤地层。神木地区晚古生代地层分布、沉积特征与盆地其它地区基本一致，自下而上依次是本溪组(C_2b)、太原组(P_1t)、山西组(P_1s)、石盒子组(P_2h)及石千峰组(P_3q)。主力气层太原组及主要标志层具有以下特征(表 11-6)。

表 11-6　神木地区太原组主要标志层及电性特征

岩石地层					主要标志层特征	电性特征
系	统	组	段			
二叠系	下统	太原组(P_1t)	东大窑段	太 1	东大窑灰岩 6#煤	低平箱状声波时差、低伽马、矩状高密度
			斜道段		七里沟砂岩斜道灰岩(L_4)	
			毛儿沟段	太 2	7#煤马兰砂岩毛儿沟灰岩	
			庙沟段		$8_上$#煤桥头砂岩庙沟灰岩	

太原组连续沉积于上石炭统本溪组之上，以北岔沟砂岩之底为顶界、以下煤层(8#、9#煤层，是区域稳定分布的煤层，是钻井、测井及地层划分对比的标志层之一)之顶为底界。主要由灰黑色泥岩、粉砂岩、石灰岩夹煤层组成，局部地区夹中厚层—厚层状灰白色细—粗砂岩，含灰岩 2～5 层。测井中石灰岩常以低平箱(矩)状声波时差、小而平直的井径、低自然伽马、高锯齿状密度为特征，易于井下追踪、对比。太原组厚 40～70m，自东向西变薄，与下伏本溪组冲刷或过渡接触。按沉积序列、岩性组合，太原组划分为上、下两段：

(1)下段(太 2 段)：由灰黑色泥岩、粉砂岩夹灰黑—深灰色生物碎屑泥晶灰岩、灰白色中—粗粒岩屑石英砂岩、泥岩及薄煤层组成。其中庙沟灰岩在区域上常以 8#煤的顶板出现，为灰黑色—深灰色生物碎屑泥晶灰岩、泥晶生物碎屑灰岩，厚度一般 2～5m，总体上由东南向西北方向减薄、并相变为海相泥岩。

桥头砂岩夹于“庙沟灰岩”和“毛儿沟灰岩”之间，由中—厚层状灰白色细—粗粒石英砂岩、岩屑石英砂岩组成，为河道—三角洲分流河道充填沉积，呈条带状近南北向展布，延伸距离大，连续性较好，是区内太原组最主要的含气砂体，区域上北厚南薄，厚度一般 10～15m，以保德腰庄—桥头一带最厚，厚度达 60m。

毛儿沟灰岩位于庙沟灰岩或桥头砂岩之上，为厚层状深灰色生物碎屑泥晶灰岩，含丰富的海相化石。毛儿沟灰岩厚度为 5～10m，最厚达 18.3m，区域上自南而北变薄、尖灭，相变为海相泥岩。

马兰砂岩位于毛儿沟灰岩之上，7#煤层之下。为一套细—粗粒岩屑砂岩，分布相对局限，厚 4～8m。北部双山地区一般 6～8m，最厚达 18m。

(2)上段(太 1 段)：指斜道灰岩底到“北岔沟砂岩”底之间的所有岩层。由灰黑色泥岩、粉砂岩夹深灰—灰黑色生物碎屑灰岩、泥岩、砂岩透镜体及薄煤层组成。

斜道灰岩位于 7#煤之上，为深灰、灰黑色生物碎屑灰岩，灰岩较纯，多以厚层状产出，厚 8～12m，最厚达 17m，局部地区见 2～3 个分层，向北变薄、尖灭。斜道灰岩为区域分布广泛、质地纯净的生物灰岩沉积，声波曲线低平呈箱状，井径小且十分平直，自然伽马曲线以低平的箱状为特征，易于井下追踪对比。

七里沟砂岩发育在“斜道灰岩”与 6#煤之间，为一套灰、灰白色中—粗粒岩屑石英砂岩、岩屑砂岩，垂向上多呈逆粒序或正粒序，属三角洲分流河道—河口砂坝沉积。其顶部为灰黑色泥岩及煤层(即6#煤)，6#煤层及相当层位因电性多为尖刀状、大井径、高伽马及声波时差，成为钻井划分太原组与山西组的重要标志。

东大窑灰岩位于6#煤之上，为深灰色含生物碎屑微晶灰岩，成分不纯，常含较多的陆源碎屑混入物，厚度一般为2～5m。在镇川堡—吴堡一带厚度较大，达10m以上。分布范围相对较小，横向不稳定，向北常相变为海相泥岩。

鄂尔多斯盆地南部，东大窑灰岩之上为一套含海相化石泥岩。神木地区常被上覆“北岔沟砂岩”冲刷，整体呈南厚、向北减薄尖灭的楔状。

3. 沉积特征

晚石炭世末，华北地台发生强烈的翘板式构造运动，使鄂尔多斯盆地北部抬升、南部下降，形成区域上北高南低的构造格局。在本溪期海侵的基础上，太原期海侵进一步扩大，东部华北海、西部祁连海连成一片，形成了一个统一陆表海，鄂尔多斯盆地整体开始接受沉积。受北部物源区供给、沉积底形及陆表海特征的控制，太原期主要发育河流—三角洲—潮坪—泻湖—障壁岛沉积体系。神木地区太原组可识别出碳酸盐潮坪、障壁砂坝—泻湖、浅水三角洲和曲流河4种沉积相以及10种亚相和17种微相类型(表11-7)，其中分流河道、水下分流河道等沉积与砂岩储层形成分布密切相关(郭英海，1998；陈洪德，2001；席胜利，2009；沈玉林，2009；兰朝利，2010)。

表11-7　神木地区太原组沉积相类型

沉积体系	沉积相	沉积亚相	沉积微相
碳酸盐潮坪体系	碳酸盐潮坪	碳酸盐潮下坪	开阔潮下、局限潮下
障壁砂坝—泻湖体系	障壁砂坝—泻湖	障壁砂坝	
		泻湖	
		潮坪	泥坪、混合坪、砂坪、泥炭沼泽
三角洲体系	浅水三角洲	前三角洲	
		三角洲前缘	水下分流河道、河口砂坝、分流间湾
		三角洲平原	分流河道、天然堤、分流间洼地、泥炭沼泽
河流体系	曲流河	河道充填	河道滞留、边滩
		河道边缘	天然堤、决口扇
		洪泛平原	河漫湖泊、泥炭沼泽

1)碳酸盐潮坪相

碳酸盐潮坪相主要分布在南部地区。其岩石类型主要为含生物碎屑的灰岩、泥灰岩和少量白云质灰岩，层位稳定、厚度不大(一般小于10m)；灰岩中富含陆源碎屑和有机质，海相生物化石丰富，包括腕足类、蜓及有孔虫、棘皮类、软体类以及介形虫、苔藓虫、海绵、珊瑚及藻类等。以泥晶—生物碎屑双粒度结构为特征，生物碎屑及陆源碎屑混入物的粒度呈双众数或多众数分布(张国栋等，1990)。生物碎屑多破碎、呈定向排列，波状层理发育。垂向上常与碎屑潮坪、障壁砂坝或浅水三角洲沉积共生，构成向上变浅旋回，每个旋回厚度一般小于15～20m。回流型和涡流型风暴沉积发育，风暴沉积序列不完整，具多旋回、多期次的特点，表征了浅水风暴岩的特点。根据沉积特征，可进一步划分为开阔潮下和局限潮下微相。

(1)开阔潮下微相主要见于太原组斜道灰岩及南部的庙沟灰岩、毛儿沟灰岩和东大窑灰岩。岩性由泥晶灰岩、含生物碎屑及生物碎屑泥晶灰岩组成，见硅质和黄铁矿结核，灰岩较纯、陆源碎屑含量低。见块状层理、水平纹理、丘状层理及冲刷构造；生物扰动构造发育，常见众多的水平、倾斜和垂直生物潜穴；生物化石含量丰富、属种繁多且分异度较高，主要为蜓类、珊瑚类、腕足类、牙形石、棘皮类等生物组合，表征了正常的海水介质条件，为开阔低能环境沉积。开阔潮下微相自然伽马测井响应表现为低异常，整体呈低平的箱状，由于开阔潮下微相灰岩质地纯净，自然伽马曲线基本无起伏。

(2) 局限潮下微相主要见于北部的庙沟灰岩、毛儿沟灰岩及东大窑灰岩。岩性为泥灰岩、泥质含生物碎屑灰岩、生物碎屑泥晶灰岩，常见菱铁矿条带。以块状层理及水平纹理多见，见各种生物潜穴。为半咸水—咸水介质条件，生物种属相对较单调，以棘皮类、腕足类、瓣鳃类、腹足类、介形虫类多见，见少量的蜓类、牙形石等。受陆源碎屑物质混入的影响，测井响应表现为自然伽马值低，曲线略有起伏。

由于陆表海基底平缓，在垂向上碳酸盐潮坪相沉积常向障壁砂坝—泻湖相过渡、共生，构成碳酸盐潮坪与碎屑潮坪的混合沉积。

2) 障壁砂坝—泻湖相

障壁砂坝—泻湖相主要由三大碎屑单元构成，即潮下到露出水面的障壁砂坝、坝后泻湖和碎屑潮坪以及将泻湖水体与开阔海域连通的潮汐水道和潮汐三角洲三部分组成。

(1) 障壁砂坝亚相：障壁砂坝是障壁砂坝—泻湖沉积体系的主要沉积格架，也是具有意义的储集体类型。沉积物主要由灰白色的中—细粒石英砂岩组成，偶含硅质细砾岩。砂岩成分成熟度高，以石英为主，分选磨圆程度高。常发育冲洗交错层理、低角度楔状、板状交错层理等，见生物虫迹。自然伽马测井响应表现箱状起伏，向上幅值降低呈逆粒序。

(2) 泻湖亚相：泻湖是障壁砂坝后在低潮时还充满残留海水的浅水盆地，属碎屑潮下环境，是太原组的一个重要沉积类型。岩性中主要由灰、灰黑色泥岩、砂质泥岩组成，有时夹粉—细砂岩或泥灰岩透镜体。化石以腕足类最为常见，其他还见有瓣鳃类、腹足类等分子及植物化石碎片。见倾斜—水平生物潜穴及生物扰动构造。沉积物中见水平纹理和季节性纹理，以发育菱铁矿结核或条带为特征，岩心中常见新鲜的黄铁矿晶粒及结核，反映其以还原条件为主的介质环境。

(3) 潮坪亚相：潮坪沉积以潮汐层理发育为特征。根据其沉积特征，可进一步区分为泥坪(高潮坪)、混合坪(中潮坪)、砂坪(低潮坪)和泥炭坪等微相类型。

泥坪微相：发育于潮间带上部—平均高潮线附近。由灰黑色砂质泥岩、泥岩组成，有时夹粉砂岩薄层。发育透镜状层理、水平纹理，含少量的植物化石碎片，植物根化石发育，生物扰动构造显著，常将原生层理破坏殆尽，形成特殊的“团块构造”。当发生泥炭堆积时向泥炭坪转化，泥坪沉积物常构成煤层底板。当夹有煤层时，自然伽马曲线表现为高的正异常，井径曲线呈尖刀状起伏。

混合坪微相：发育于潮间带中部，以粉砂岩与砂质泥岩互层、并夹细粒石英砂岩透镜体为特征，发育典型的潮汐层理—透镜状层理、波状层理、脉状层理及砂泥互层层理。砂岩条带中见有小型的双向交错层理及低缓的单斜层理，局部夹菱铁矿结核。植物化石及碎片含量较多，多已碳化。见各种生物潜穴及生物遗迹。反映了多变的水流、能量、碎屑供给条件。自然伽马曲线幅值整体较高，随着砂质含量的增高出现锯齿状起伏。

砂坪微相：发育在低潮线附近。主要由砂质沉积物组成，岩性为中—细粒石英砂岩夹泥质粉砂岩条带。砂岩成分成熟度高，碎屑石英含量在 90%以上，其他为云母碎片及稳定的重矿物；分选磨圆较好，粒度呈双众数分布，概率累积曲线以跳跃总体为主，呈多段式双跳跃型，反映了受涨落潮流改造的特点。发育脉状、波状层理及低角度小型交错层理。砂岩分布范围较大，厚度稳定，平面呈席状展布。

泥炭沼泽微相：潮坪相泥炭沼泽的聚煤特点是煤层层位稳定，分布面积广。煤层厚度变化大，分叉、尖灭现象明显。

3) 浅水三角洲相

受陆表海水体较浅、基底平缓等影响，太原期以发育海相浅水三角洲为特征(图 11-16)。具有以下特点：三角洲平原发育，而三角洲前缘和前三角洲相对不发育；分流河道、水下分流河道沉积发育，且常对下伏沉积物强烈冲刷，切割先期的沉积物乃至包括海相沉积物在内的较深水沉积物；局部可见三角洲前缘砂质沉积超覆在前三角洲泥质岩之上，垂向上表现为向上变粗的沉积组合(郭英海，1998；陈洪德，2001；席胜利，2009；沈玉林，2009；兰朝利，2010；兰朝利，2011；沈玉林，2012）。

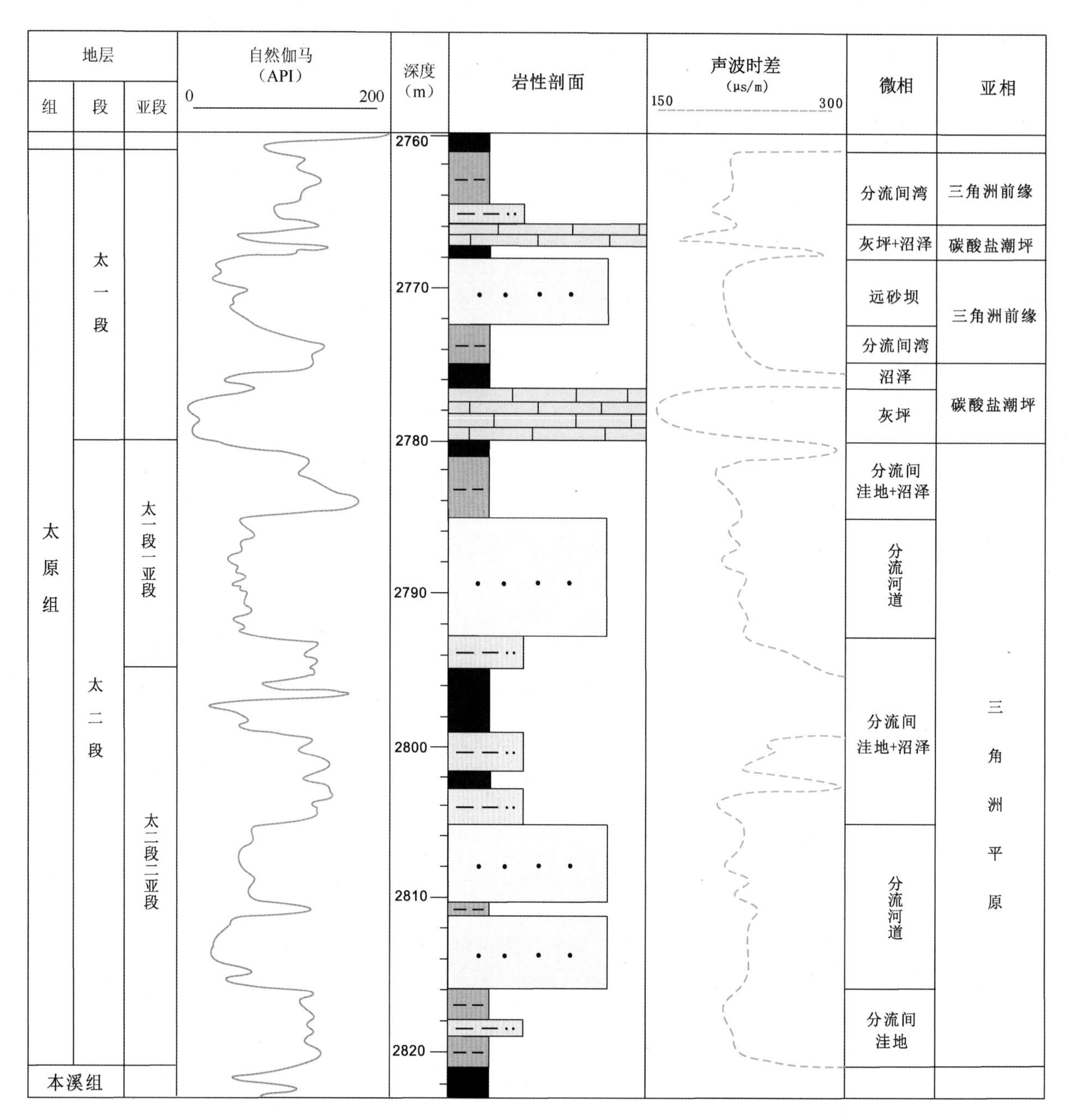

图 11-16 S30 井太原组沉积相图

A. 前三角洲亚相

相对不发育，通常与分流间湾微相或泻湖亚相沉积共生。以黑、灰色泥岩为主，见少量植物化石碎片，具水平层理。垂向序列上常位于三角洲层序的底部。

B. 三角洲前缘亚相

该亚相受海洋和河流共同作用，主要由水下分流河道、河口砂坝微相和分流间湾微相组成。钻井中七里沟砂岩、马兰砂岩及桥头砂岩均可见到，垂向上表现为向上粒度变粗，测井响应呈漏斗状。

水下分流河道微相：是三角洲平原分流河道的水下延伸部分，岩性由细—粗粒砂岩组成，常对下伏地层造成冲刷，发育槽状层理、板状交错层理等，具有自下而上变细的旋回。概率曲线一般为两段式，分选中等，主要由跳跃总体组成，悬浮总体含量较少，常缺乏滚动总体，跳跃总体与悬浮总体之间发育过渡带。自然伽马曲线呈箱形或圣诞树形，基本与分流河道相似，但沉积物粒级较分流河道细、颜色深，砂岩中常见泥砾及黄铁矿结核。水下分流河道砂岩构成了太原组砂岩储层的重要储集体类型。

河口砂坝微相：岩性一般为灰色细—中粒石英砂岩和岩屑石英砂岩，夹灰色粉砂岩，含有较多的炭屑及少量泥屑。具沙纹层理和板状交错层理，横向呈透镜状产出。概率曲线主要由跳跃总体和悬浮总体构成，跳跃总体分选中等到较好、在两总体之间存在较宽的过渡带，显示其沉积速度高、水流簸选能力差的水动力特点。河口砂坝微相常与水下分流河道微相、分流间湾微相共生。

分流间湾微相；岩性为灰黑色、灰色泥质岩、粉砂岩夹砂岩透镜体。含少量植物化石碎片，具水平层理和砂泥互层层理。含大量椭球状黄铁矿结核，大小一般在0.5～10cm，且沿一定的层位产出。

C. 三角洲平原亚相

浅水三角洲以分流河道极为发育为特征，且不受海洋潮汐的影响，是三角洲平原亚相最重要的组成部分，主要由分流河道、天然堤和分流间洼地和泥炭沼泽等微相组成。

分流河道微相：岩性主要为粗—细粒岩屑石英砂岩，分选中等到较差，概率曲线一般为两段式，分选中等，主要由跳跃总体组成，悬浮总体含量较少，常缺乏滚动总体，跳跃总体与悬浮总体之间发育过渡带。发育大型板状、槽状交错层理。底部含有丰富的泥砾。具向上变细的正粒序，底部具明显的冲刷面。常与河口砂坝微相、分流间洼地微相、天然堤微相共生。分流河道砂岩构成了太原组储层的重要储集体类型。

天然堤微相：岩性主要为粉砂岩与砂质泥岩、细粒岩屑石英杂砂岩互层。见植物化石碎片，具上攀沙纹层理、水平层理和砂泥互层层理。常与分流河道微相、泥炭沼泽微相和分流间洼地微相共生。

分流间洼地微相：为分流河道间的局限环境沉积，它是由河水流入低洼处，植物繁茂而形成泥炭沼泽，主要由黑色泥岩、灰质泥岩组成，偶见纹层状粉砂岩，厚度小，缺乏明显层理，有时根土岩发育。常与分流河道微相、天然堤微相和泥炭沼泽微相共生。

泥炭沼泽微相：三角洲平原分流河道间的低洼地区，沼泽中植物繁盛，排水不良，为停滞的还原环境。其沉积主要为煤层以及深色泥岩，偶夹有洪水成因的纹层状粉砂岩。

4) 曲流河相

北部桥头砂岩中可见曲流河沉积，由于桥头砂岩形成于北部物源区抬升，庙沟期海侵结束、海平面下降期间的河道下切充填—浅水三角洲沉积，河流性质表现为低弯度曲流河。主要包括河道充填、河道边缘和洪泛平原亚相。由于河道不固定、侧向迁移较快，因此河道边缘与洪泛平原亚相不发育。

A. 河道充填亚相

河道充填亚相是曲流河砂质储集体的沉积主体，包括河道滞留微相与边滩微相。

河道滞留微相：岩性一般为细砾岩、含砾粗砂岩等。砾石大小为2～30mm，分选差，圆度较好，砾石一般呈叠瓦状定向排列或沿层理面分布。层理不明显，底部有明显的冲刷面，见大小不一的泥质包体，沉积体的形态一般为上平下凸的透镜状，厚度一般为0～2m。河道滞留微相常与边滩微相共生。

边滩微相：岩性一般为中—粗粒砂岩，分选中等到差，圆度中等到差。成分成熟度和结构成熟度均较高。概率曲线一般呈两段式，具正偏态。主要由跳跃总体组成，悬浮总体含量也较高，缺失滚动总体。具大型槽状、板状、楔状交错层理，自下而上层系厚度减小，粒度变细。边滩微相常与河道滞留微相、天然堤微相和河漫湖泊微相共生。

B. 河道边缘亚相

包括天然堤微相与决口扇微相。

天然堤微相：岩性由粉砂岩、细砂岩和泥质砂岩组成。常见植物化石碎片。具水平层理、砂泥互层层理和小型交错层理及上攀沙纹层理。扒楼沟剖面桥头概率曲线总体呈两段式，跳跃总体和悬浮总体组成，中间过渡成分较为发育，跳跃总体斜率较低。

决口扇微相：洪水漫溢河床冲破天然堤形成决口扇。岩性主要为中细粒岩屑石英杂砂岩夹粉砂岩和泥质岩。沉积物厚度和粒级横向变化均大，平面上呈扇形，剖面上呈透镜状，顶底界常为突变接触。常见植物化石碎片。具砂泥互层层理和板状交错层理。常与天然堤微相和河漫湖泊微相共生。

C. 洪泛平原亚相

洪泛平原是曲流河岸后蓄水洼地垂向加积的产物，也是曲流河沉积中细粒沉积物的主要建造单元。按其沉积序列可进一步划分为河漫湖泊微相和泥炭沼泽微相。因其沉积物粒度较细，在自然伽马测井曲线上幅度值较小、平缓，当夹有决口扇沉积时，曲线则出现指状起伏。

河漫湖泊微相：岩性主要为砂质泥岩、泥岩，常夹薄层状粉砂岩和细砂岩，含较为丰富的植物化石及碎片。发育水平层理或砂泥互层层理。河漫湖泊微相常与边滩微相、天然堤微相、决口扇微相共生。

泥炭沼泽微相：是河漫湖泊充填变浅、大量植物生长，并适于煤层聚集的沼泽环境。沉积组合主要为煤层和碳质泥岩，是曲流河主要的成煤环境。

4. 砂体展布特征

神木地区太原组自下而上主要发育桥头、马兰和七里沟三套砂岩，区域上北部相对发育、单层砂体厚度较大，分布稳定；南部局部发育，规模相对较小。

1) 桥头砂岩

桥头砂岩沉积期，神木以北地区以曲流河相为主，河道滞留、边滩等微相发育；神木—米脂地区以三角洲平原、三角洲前缘相为主，分流河道、水下分流河道微相发育，一般呈近南北向展布；南部以潮坪、泻湖、障壁岛等微相为主。桥头砂岩自北向南基本呈连续分布，连通性较好。北部主要为河道沉积，河道下切作用明显，切割下伏庙沟灰岩及其相当层位的海相泥岩、甚至下伏 8#煤层。向南过渡为浅水三角洲平原分流河道—水下分流河道沉积，最终尖灭于南部的陆表海—潮坪沉积之中。东西向桥头砂岩呈透镜状不连续分布，连续性较差。

2) 马兰砂岩

马兰砂岩位于毛儿沟灰岩和斜道灰岩之间，是一套海侵背景下的浅水三角洲沉积。三角洲平原相主要展布在神木以北地区，其前方为三角洲前缘分布区，主要为水下分流河道沉积，南部米脂地区大多为碳酸盐潮坪、泻湖—潮坪沉积所占据。砂体自北而南展布，分布范围局限，厚度一般 4～6m。

3) 七里沟砂岩

七里沟砂岩位于斜道灰岩和东大窑灰岩之间，是在斜道灰岩沉积期海平面下降背景上形成的浅水三角洲沉积，砂体规模相对较小，分布也较局限。主要分布在神木地区，厚度一般 2～6m。向南砂体开始分叉呈鸟足状延伸，在绥德地区附近发育孤立的障壁砂坝砂岩。

总之，太原组主砂体主要由三角洲分流河道砂体构成。砂体南北向呈带状展布，延伸约 200km，东西向砂体宽度相对较小。大致以榆林—双山—神木一线为界，北部砂体发育，分布稳定，砂体宽 5～15km，厚度 5～15m，局部厚度可达 20m 以上，具有南北延伸距离大、连片性好的特点(图 11-17)。南部砂体稳定性较差，且砂带之间相互独立，砂体宽 5～10km，厚度 5～10m，局部厚度可达 15m 以上，具有砂体分布不连续、局部分布、连片性差的特点(郭英海，1998；陈洪德，2001；席胜利，2009；沈玉林，2009；兰朝利 2011)。

5. 储层特征

与盆地上古生界其他层系砂岩储层相比，太原组储层具有以次生孔隙为主、高伊利石含量等特征(何自新等，2004；杨华等，2005；兰朝利，2010)。

1) 岩石学特征

A. 碎屑成分特征

太原组砂岩主要岩石类型为岩屑石英砂岩、岩屑砂岩(图 11-18)，所占比例分别为 76.75%和 18.27%，其次为石英砂岩(占 4.8%)。因此，富岩屑、贫长石是太原组砂岩储层骨架颗粒构成的主要特征。

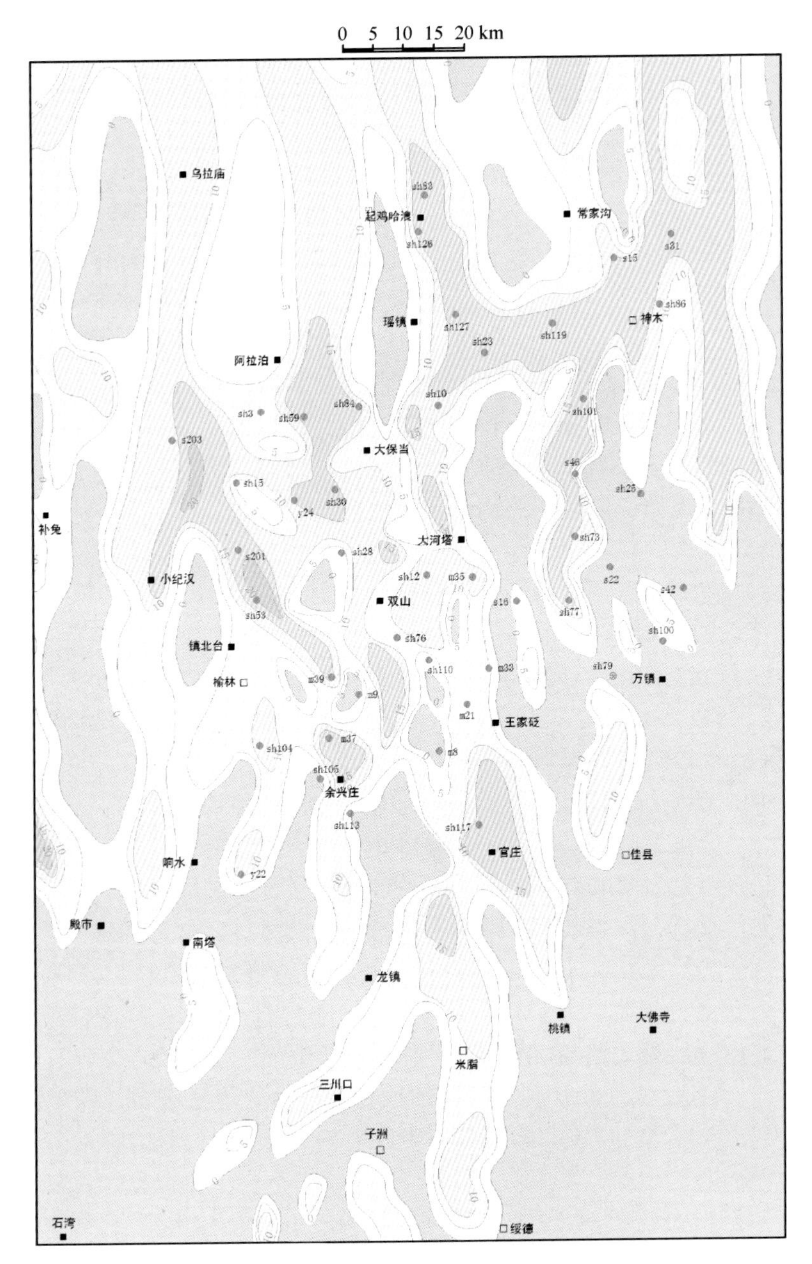

图 11-17　神木地区太原组砂岩厚度等值线图

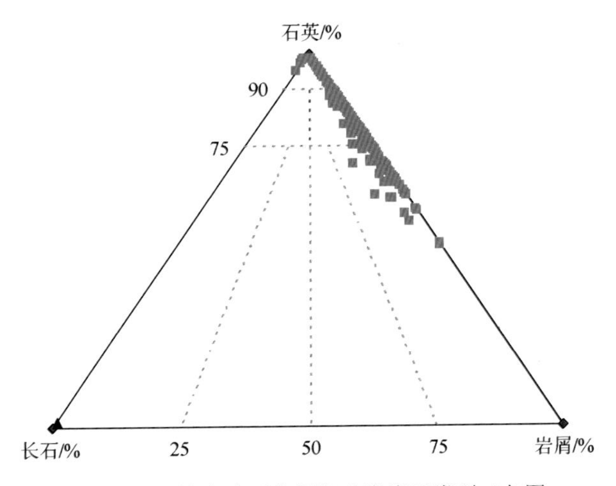

图 11-18　神木地区太原组砂岩岩石类型三角图

石英是碎屑主要成分，其中以单晶石英占主导地位，包括花岗岩型、火山岩型、热液脉型、再旋回石英和变质岩单晶石英。多晶石英在砂岩中含量较少，一般小于 5%。石英以变质岩型为主，花岗岩型较少。根据石英的阴极发光性质，结合细砾级石英和部分粗砂岩中所见的单晶和多晶石英多具变质岩的特征，说明母岩主要为中—高级变质岩，且以片麻岩和混合花岗岩为主，部分为中酸性火山岩和沉积岩。

长石在太原组砂岩中含量一般小于 1%。在绝大部分太原组砂岩铸体薄片中，存在边缘平直且具柱状和板柱状形态的铸模孔和少量高岭石化碎屑，从其形态来看为长石溶蚀形成而来，因此在成岩变化之前还是有少量长石的，但含量一般不超过 5%。

太原组砂岩中的岩屑含量仅次于石英，主要包括浅变质岩屑，其次为燧石岩屑、泥质岩屑和火山岩屑。浅变质岩屑主要类型为绢云质板岩—千枚岩屑，这类岩屑受压实易变形呈假杂基状堵塞孔隙。火山岩屑主要为石英斑岩岩屑、英安岩屑、流纹质霏细岩屑、安山岩屑等中—酸性火山熔岩的岩屑和凝灰岩屑。燧石岩屑由微粒、细粒及隐晶质的石英构成。泥质岩屑为盆内碎屑，由于质软，受压实影响多呈假杂基形式存在。

B. 填隙物特征

填隙物包括机械沉积成因的杂基和成岩作用过程中从孔隙水中沉淀形成的自生胶结物。砂岩中自生胶结物有伊利石、自生石英(硅质)、铁方解石、高岭石、铁白云石、菱铁矿和绿泥石等，其中两高(高伊利石、高白云石含量)，三低(低自生石英、低方解石、低高岭石含量)是太原组砂岩与上古生界其他层位砂岩储层的显著区别。凝灰质杂基在岩屑石英砂岩和岩屑砂岩中分布比较普遍(何自新等，2004；杨华等，2005；赵国泉，2005；黄思静等，2007；黄思静等，2009；兰朝利，2010)。

太原组砂岩中伊利石可分为两大类：一是典型的杂基伊利石，二是以自生成因为主的伊利石，包括以网状黏土形式产出的伊利石、作为颗粒包膜或孔隙衬里的伊利石、粒间伊利石以及分布于颗粒内部的伊利石等。从数量上来说，杂基伊利石是主要的，自生伊利石含量相对较少。

杂基伊利石可能来自更古老地层中的泥岩或其他含泥的岩石，它们在埋藏前就已是伊利石，这种情况下伊利石的存在对储层确实是无益的，但如果这些杂基伊利石在埋藏前是蒙皂石或伊利石层含量较低的混层伊利石/蒙皂石，其向终极产物伊利石转化的过程却是砂岩埋藏成岩过程中钾长石溶解最为重要的驱动力之一，如果砂岩成岩系统中没有蒙皂石向伊利石的转化，钾长石溶解反应是很难持续或彻底进行的。

自生伊利石有以下产出方式(图 11-19)：①以网状结构产出的自生伊利石，即伊利石的集合体呈网格状，可以产于颗粒之间，也可以产于颗粒之内，甚至产于被溶解的火山物质中。太原组网状伊利石主要是产于被溶解(或部分被溶解)的长石等铝硅酸盐内部，网格状可以近于平行，表现为一组近于平行排列的伊利石集合体，也可以彼此相交，表现为两组相交的伊利石集合体，大多数这类伊利石都具有较好的自形晶体形态。②作为颗粒包膜的伊利石，可以出现在颗粒的整个周边，表明这种包膜形成于埋藏前或埋藏成岩作用初期。仍有一部分所谓的包膜伊利石仅出现在颗粒不接触的地方，因而仅仅是孔隙衬里而已。包膜伊利石厚度在几微米到几十微米，该类伊利石的存在有利于次生孔隙保存，因为薄片和电镜中可以观察到长石等铝硅酸岩溶解，仅 f 留下作为包膜的伊利石，甚至形成铸模孔，这些伊利石对于抵抗上覆载荷对次生孔隙的破坏显然是有帮助的。③分布于粒间的自生伊利石，常分布于碎屑颗粒之间，其数量虽然不大，但分布较广。由于碎屑岩中单个自生伊利石晶体常呈纤状，常用“搭桥”这一术语来描述它们的产出状态，但当这种“搭桥”的伊利石含量较高时就会构成网状。④具高岭石转化特征的伊利石。具有较清楚的由高岭石转化的特征，它们可以存在于骨架颗粒内部，也可存在于碎屑颗粒之间，它们往往具有不同程度的高岭石的假六方板状的晶体形态或书页状的堆积方式，具有相对较高的干涉色。一部分有伊利石化特征的高岭石经常呈紧密镶嵌状堆积，并可见到边部卷曲的形态。⑤与火山物质有关的伊利石，其与火山物质溶解伴生，或与火山物质蚀变伴生。由于火山物质不像长石类矿物那样具有解理，因而较少构成像长石解理或双晶那样的规则网状，只是有时纤状伊利石本身构成网状。

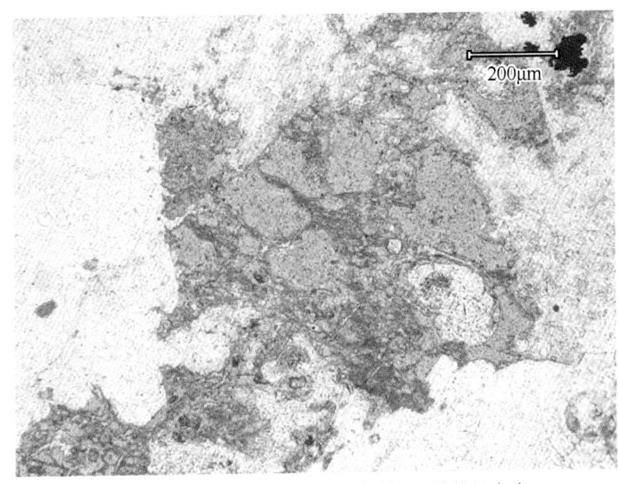

(a) 铸模孔部分充填网脉状伊利石，边缘见自生石英和铁白云石×100，Sh12井，马兰砂岩，2499.35m

(b) 溶孔内的网状自生伊利石，石英加大边和铁白云石胶结，×40，Sh18井，马兰砂岩，2824.97m

(c) 溶孔中的丝缕状伊利石和自生石英，×500，Sh16井，桥头砂岩，2785.59m

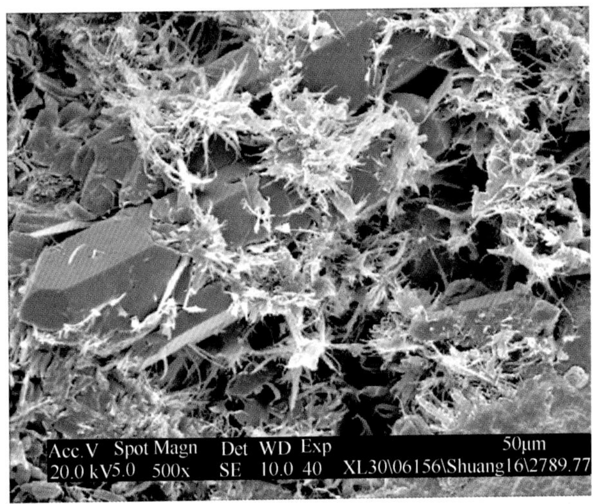

(d) 丝缕状伊利石黏土充填溶蚀孔隙，×700，Sh4井，桥头砂岩，2706.38m

图 11-19　神木地区太原组砂岩中自生伊利石的形态特征

太原组砂岩中自生伊利石的形成机制包括长石溶解形成伊利石(主要是在太原组海源流体背景下不稳定长石的溶解)和高岭石的伊利石化，埋藏成岩过程中则主要是高岭石的伊利石化。成岩早期形成高岭石、伊利石所需的钾属于额外来源，埋藏成岩过程中高岭石、伊利石化所需的钾属本地来源，即钾长石溶解来源，初始矿物中钾长石/高岭石比值小于或等于 1，反应的结果是钾长石几乎全部耗尽。反应产物中的高岭石和伊利石的含量大致相等或高岭石略多于伊利石，反应过程由于钾长石提供的钾已全部耗尽，高岭石也没有全部伊利石化。自生伊利石成为盆地东部太原组地层中作为取代长石等铝硅酸溶解的另一种重要自生矿物，同时也造成盆地东部太原组地层中钾长石的全部溶解和次生孔隙的发育。因此，自生伊利石形成与钾长石类矿物溶蚀作用密切联系，钾长石类矿物被溶蚀后形成环境为富 K^+弱碱性环境，有利于伊利石的形成(赵国泉等，2005；黄思静等，2007；兰朝利等，2010)。

铁白云石是太原组砂岩中常见的碳酸盐胶结物，含量一般在 3%～10%，最高可达 15%～20%。根据铸体薄片鉴定结果，铁白云石存在方式有两种情况：①内部不干净、含菱铁矿微晶的铁白云石，主要分布在粒间且与杂基或软岩屑共生，形成于早成岩阶段；②干净透明的铁白云石，常见于伸入次生溶孔中的部位，或见于多个石英碎屑之间的孔隙中，属晚期成岩作用产物。含铁白云石多呈晶粒镶嵌结构作为胶结物或呈自形晶粒充填于孔隙，形成于成岩晚期的弱碱性环境。

自生石英(即硅质胶结物)是太原组砂岩中存在最普遍的胶结物。在以石英碎屑为主的砂岩中，硅质胶结物含量介于 3%～10%，严重地影响着储层的孔隙度和渗透率。硅质胶结作用是太原组砂岩储层中普遍和重要的成岩作用。大部分自生石英应形成于早成岩 B 期，并延续到中成岩 B 期。硅质胶结物主要来源于砂岩中不稳定碎屑如长石、火山岩屑、凝灰质等蚀变时释放出的游离 SiO_2，可能还包括部分黏土矿物转变时释放的 SiO_2。

自生高岭石在太原组砂岩中的含量低，一般为小于 3%。从形态和产状上可区分为析出型和交代型两类高岭石。析出型自生高岭石为主要类型，呈细小且自形的假六方片状，干净透明，成分纯净，一级暗灰干涉色，直径为 0.01～0.04mm，堆积非常松散，呈书页状集合体，保留良好的晶间隙，是本区重要的储集空间类型之一。自生高岭石可与石英自生加大边和自生石英晶体共生，被包含于石英加大边或石英晶体之内。另外次生溶孔中常见自生高岭石充填其中，可与自生伊利石共生。

C. 结构特征

太原组砂岩以中粗粒、粗粒结构为主，局部达到细砾级，主要粒径分布范围为 0.3～1.5mm，分选中等，次圆—次棱角状，胶结类型为孔隙式胶结。

2) 成岩作用特征

太原组砂岩储层主要的成岩作用有压实作用、压溶作用、胶结作用、交代作用、溶蚀作用以及构造破裂作用等。以上成岩作用互相叠加，不仅强烈地改变着砂岩的组分和结构，也极大地影响着砂岩的储集性，其中影响储集性质最重要的成岩作用是压实作用、胶结作用和溶蚀作用(何自新等，2004；杨华等，2005；赵国泉等，2005；黄思静等，2007；兰朝利等，2010)。

A. 压实作用

太原组砂岩储层岩性致密，主要为颗粒支撑，颗粒之间以线接触为主，胶结类型多为孔隙式胶结，表明该区的压实作用较强。压实作用主要表现在以下几方面：①塑性颗粒(泥岩岩屑、板岩、千枚岩岩屑和少量泥化的火山岩岩屑等)的塑性变形、甚至假杂基化，当砂岩中软岩屑含量较高时，塑性颗粒沿长轴方向定向排列形成明显的压实定向组构；②石英及其他刚性颗粒接触处石英颗粒出现波状消光；③长形的刚性碎屑发生位移和重新排列形成稳定化的半定向排列；④石英等刚性碎屑的破裂。

压实作用主要发生在成岩作用早期。持续的压实作用对原生粒间孔破坏极大，一方面使粒间孔隙缩小乃至消失，另一方面不利于后期的溶蚀作用的进行，极大地制约了次生孔隙的形成。

B. 溶蚀作用

溶蚀作用是太原组砂岩最重要的成岩作用之一。砂岩储层孔隙类型以次生溶蚀孔隙占绝对主导地位，包括骨架颗粒的溶蚀，如长石、火山岩屑等的溶蚀以及对粒间黏土杂基的溶蚀。其中长石溶蚀多沿解理缝和破裂缝进行，形成粒内溶孔，溶蚀严重者，形成粒内蜂巢状溶孔或铸模孔；被溶岩屑主要为中—酸性火山岩屑(包括凝灰岩屑)，部分可见溶蚀残余的火山岩的结构或石英晶屑；溶蚀还沿粒间孔孔壁进行，对颗粒间的杂基物质及支撑颗粒表面进行溶蚀，增大粒间孔体积。溶蚀孔内可见充填的自生矿物，如自生伊利石、高岭石、石英和铁白云石或铁方解石等(何自新等，2004；杨华等，2005；赵国泉等，2005；杨玲等，2005；杨华等，2007；包洪平等，2007；黄思静等，2007；兰朝利等，2010)。

C. 胶结作用

胶结物主要有二氧化硅、碳酸盐、自生黏土矿物和黄铁矿。其中 SiO_2 胶结物主要以石英次生加大边、自形的自生石英晶体及 SiO_2 愈合式胶结等三种方式出现，碳酸盐胶结物常见有三种，即菱铁矿、铁方解石和铁白云石，方解石和白云石少见。自生黏土矿物是太原组砂岩中重要的孔隙充填物，对储层孔隙度和渗透率的影响最大。自生黏土矿物的类型有高岭石、伊利石和混层黏土，其中伊利石含量高，高岭石含量低。黄铁矿在太原组砂岩储层中分布较局限，呈半自形—自形的晶粒或粒状集合体，局部呈透镜状或细条带状，可被后期的自生矿物如铁白云石包裹。黄铁矿的形成与沉积同生期的海水作用有关，反映了强还原成岩环境，为早期成岩作用产物(黄思静等，2007)。

胶结作用可以发生在成岩作用的各个阶段，后期形成的胶结物可以交代早期胶结物，同时也可以发生胶结物的溶解，形成次生孔隙。

D. 交代作用

交代作用主要表现为成岩作用期间形成的自生矿物对碎屑矿物的替代，少量前期形成的自生矿物被后期形成自生矿物交代，其实质是孔隙水环境的改变导致原矿物的溶解和新矿物的形成，主要有以下几种类型：长石的高岭石化和伊利石化、火山物质泥化及碳酸盐化、伊利石或绢云母对石英的交代、高岭石的伊利石化及矿物和岩屑的泥化。

E. 微裂隙化作用

受构造应力作用或构造抬升期压力降低的影响，岩石内形成微裂缝，对孔隙的连通起一定的作用。对于太原组致密砂岩气层来说，微裂隙不仅沟通了彼此孤立的微孔，增加了砂体的渗透性，也促进了溶蚀作用的进行。

根据有机质成熟度、I/S 间层矿物、成岩矿物演化和储层孔隙分布特征等标志，以 R_o=0.5%为界，将太原组砂岩的成岩作用划分为早成岩阶段和晚成岩阶段，其中早成岩早期以原生孔隙为主，早成岩晚期开始出现次生孔隙；进入晚成岩阶段，原生孔隙明显降低，次生孔隙成为重要的孔隙类型。

3) 储层物性及孔隙结构特征

A. 储层物性

太原组储层孔隙度一般为 4%～10%，平均孔隙度为 8.3%(图 11-20(a))；渗透率一般为(0.01～1)×10^{-3}μm^2，平均为 0.63×10^{-3}μm^2(图 11-20(b))，属于致密砂岩储层。在整个低孔、低渗的背景上存在相对较高孔渗的储层，这类储层在现有工艺技术条件下，经压裂改造后一般都可获较高产量。

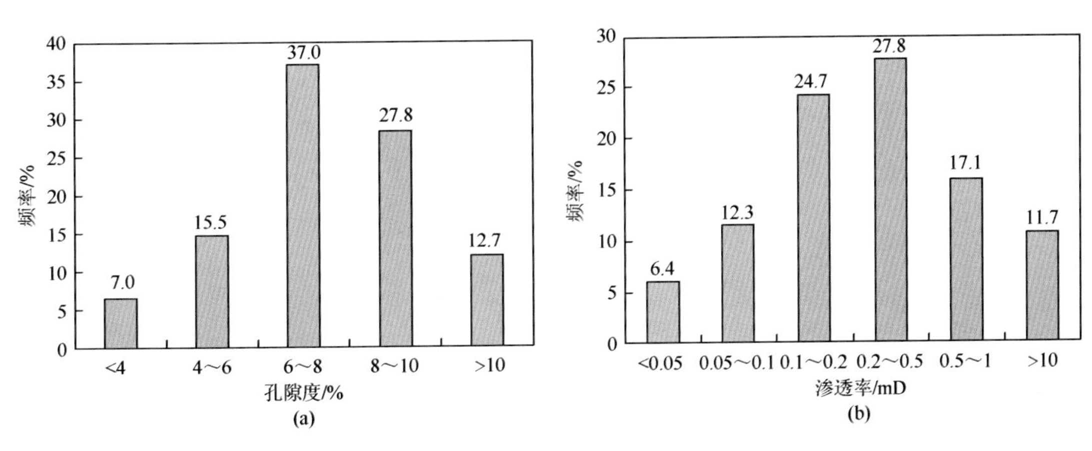

图 11-20　神木地区太原组储层孔隙度、渗透率分布直方图

B. 孔隙类型

(1) 原生孔隙：太原组砂岩储层受到强烈的成岩作用改造，原生粒间孔隙几乎完全丧失，仅部分刚性碎屑含量高的粗粒砂岩中可见硅质胶结充填剩余的粒间孔(图 11-21(a))。

(2) 次生孔隙：包括各种溶蚀孔隙，还有交代、胶结作用形成的晶间孔。粒内溶孔是不稳定碎屑如长石、岩屑的内部受到选择性溶蚀而形成，这类孔隙的铸体效应较明显，直径一般较大。但由于溶蚀颗粒分布零星，因而连通性差。在少量石英岩岩屑、燧石岩屑及浅变质岩岩屑内部可见，是其内部的不稳定成分被溶蚀所致(图 11-21(b))。

铸模孔是不稳定碎屑被完全溶蚀，但碎屑的形态仍保留，是最常见的次生溶孔。据其形态推测，主要为长石，次为火山岩屑，其内部常充填少量自生矿物，如自生石英、黏土矿物(高岭石和伊利石)、碳酸盐矿物。铸模孔常为自生伊利石膜包围，或伊利石膜构成孔壁，若充填的自生矿物较多，则构成铸模—晶间孔(图 11-21(c))。

晶间孔是自生矿物晶体之间的微孔隙，可存在于粒间和粒内。最常见者为自生黏土矿物之间的晶间孔，如高岭石晶间孔，伊利石晶间孔，其次为其他自生矿物如自生石英和铁白云石晶体间的晶间孔(图 11-21(d))。

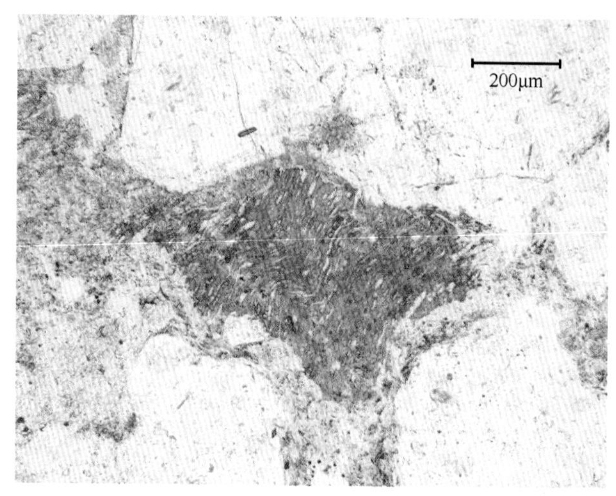

(a) 粒间孔，其中少量丝缕状自生伊利石，×200
S15井，桥头砂岩，1953.94m

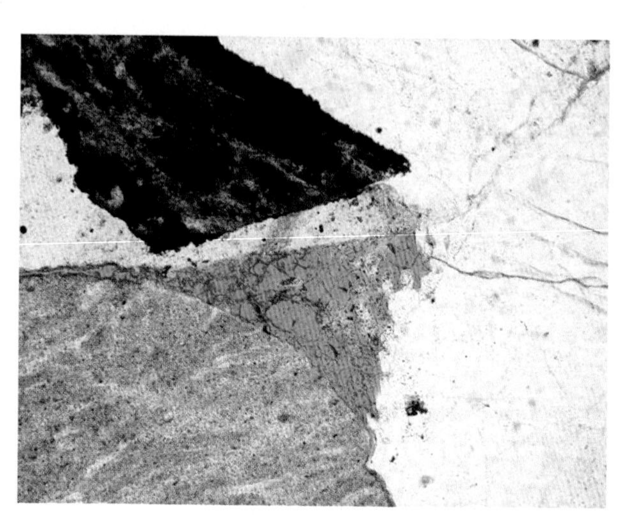
(b) 千枚岩岩屑粒内溶孔，杂基内微孔，×100，
Sh28井，桥头砂岩，2786.79m

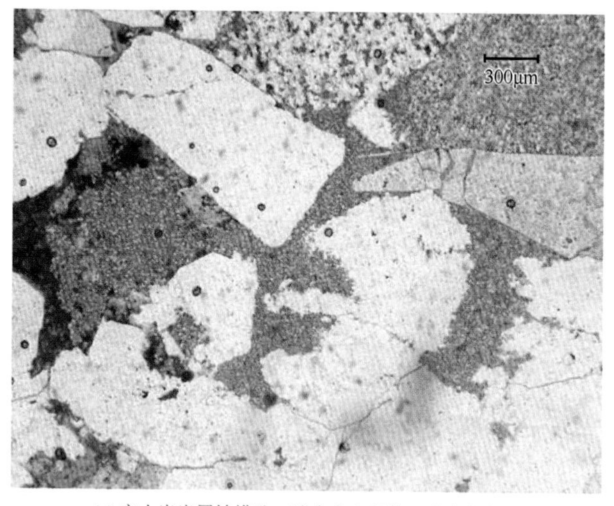

(c) 安山岩岩屑铸模孔，残余安山结构，残余的斜长石微晶绢云化，伊利石膜构成孔壁，×200，M7井，桥头砂岩，2167.27m

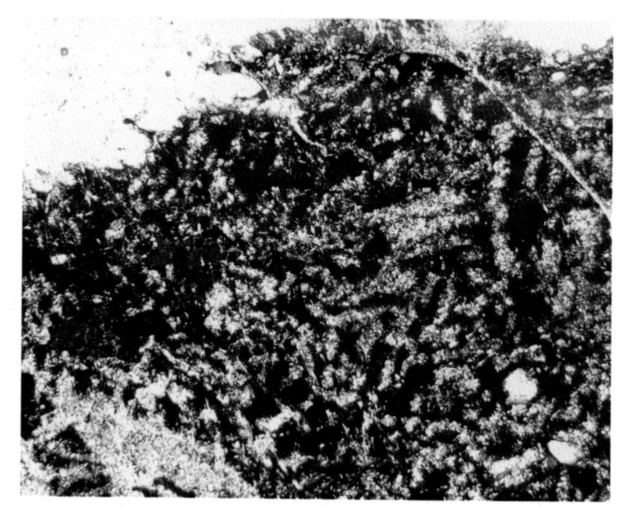
(d) 自生高岭石晶间孔，粒内孔，残余粒间孔；燧石岩屑受压实而折断，自生石英，×40，Sh18，马兰砂岩，2824.97m

图 11-21　神木地区太原组砂岩储层中不同孔隙类型及特征

(3) 构造裂缝：太原组砂岩储层在经历了中—新生代的多次构造运动后，在构造应力作用下发生破裂而形成的裂缝。一般延伸较长，裂缝宽度在各处相近，有时被方解石等充填。构造裂缝有利于孔隙的连通，提高了砂岩的渗透率。

太原组储层砂岩孔隙以次生孔隙占绝对主导地位，占总孔隙的 98%以上，其中又以粒内溶孔为主，包括火山岩屑溶孔和长石溶孔，其次为粒间孔、粒间溶孔、杂基溶孔、晶间孔等(图 11-22)。

与区内其他上古生界储层相比，太原组储层砂岩储集空间对次生孔隙更具有依赖性，砂岩的成岩作用过程中的溶蚀作用强烈控制了储集空间的形成与演化(付金华等，2001；黄思静等，2007；杨华等，2012)。

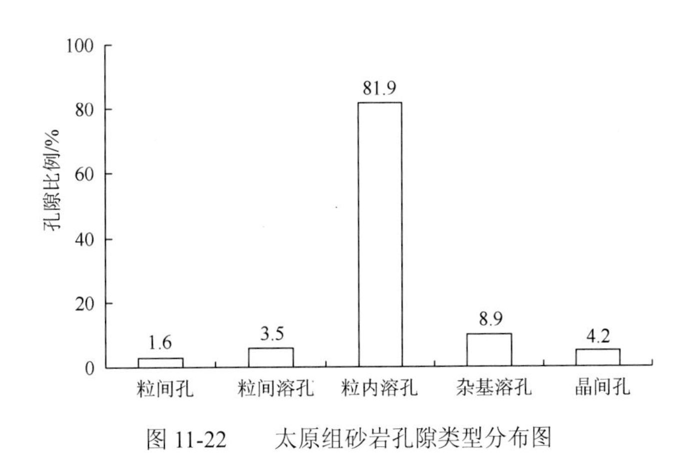

图 11-22　太原组砂岩孔隙类型分布图

C. 微观孔隙结构

(1)压汞曲线特征。

太原组岩屑石英砂岩储层压汞曲线斜度小，毛管压力曲线上孔隙平台发育，平台部分占进汞饱和度的 50%左右，歪度以粗歪度、偏粗歪度为主，排驱压力大部分小于 0.5MPa；岩屑砂岩压汞曲线斜度大，无明显的曲线平台。

(2)孔隙结构参数特征。

太原组岩屑石英砂岩排驱压力值较低，主要分布区间为 0.41～0.72MPa，喉道中值半径一般分布在 0.10～0.50μm，歪度均为正值，岩屑石英砂岩孔喉分选系数较大，均大于 2.0，分布在 2.08～3.14；而岩屑砂岩分选系数较小(1.54～1.69)，反映其孔隙以小孔为主，分选性好而孔渗性较差。

4)储层电性特征

砂岩储层自然电位有一定负异常，具低自然伽马、低补偿中子、中低密度和较高的电阻率特征。*Pe* 曲线对岩性的反应灵敏，纯石英砂岩储层的 *Pe* 值在 1.8 左右，电性特征表现为中低时差(210～225μs/m)，中高电阻率(50～210Ω·m)；屑砂岩储层的 *Pe* 值大于 2.0，电性特征表现为中高时差(210～240μs/m)，中低电阻率特征。纯煤层具有低自然伽马，高声波时差(一般大于 325μs/m)、高补偿中子、低密度和高电阻率特征。一般情况下，太原组气层深侧向电阻率大于 30Ω·m，声波时差大于或等于 210μs/m，孔隙度大于 5.0%，密度小于或等于 2.58g/cm^3，含气饱和度大于或等于 50%(图 11-23)。

6. 气藏特征

神木气田具有多层系复合含气特征，主要含气层位为太原组、山西组和奥陶系。太原组气藏属于致密砂岩气藏，埋深浅(2600～2800m)，分布受储集砂体类型与物性控制。主砂体带气层厚度较大且物性较好，厚度一般为 8～15m，分布稳定。主砂体侧翼和边缘物性相对较差，含气性也随之变差。垂向上桥头、马兰及七里沟砂岩相互叠置，横向上复合连片(图 11-24)。

气藏地层压力在 19.642～23.031MPa，平均为 21.692MPa，压力系数为 0.88，属于低压气藏。气藏天然气平均相对密度为 0.5904，甲烷含量平均为 94.43%，未见 H_2S，属于无硫干气。地层温度在 62.1～98.2℃，地温梯度为 2.85℃/100m。

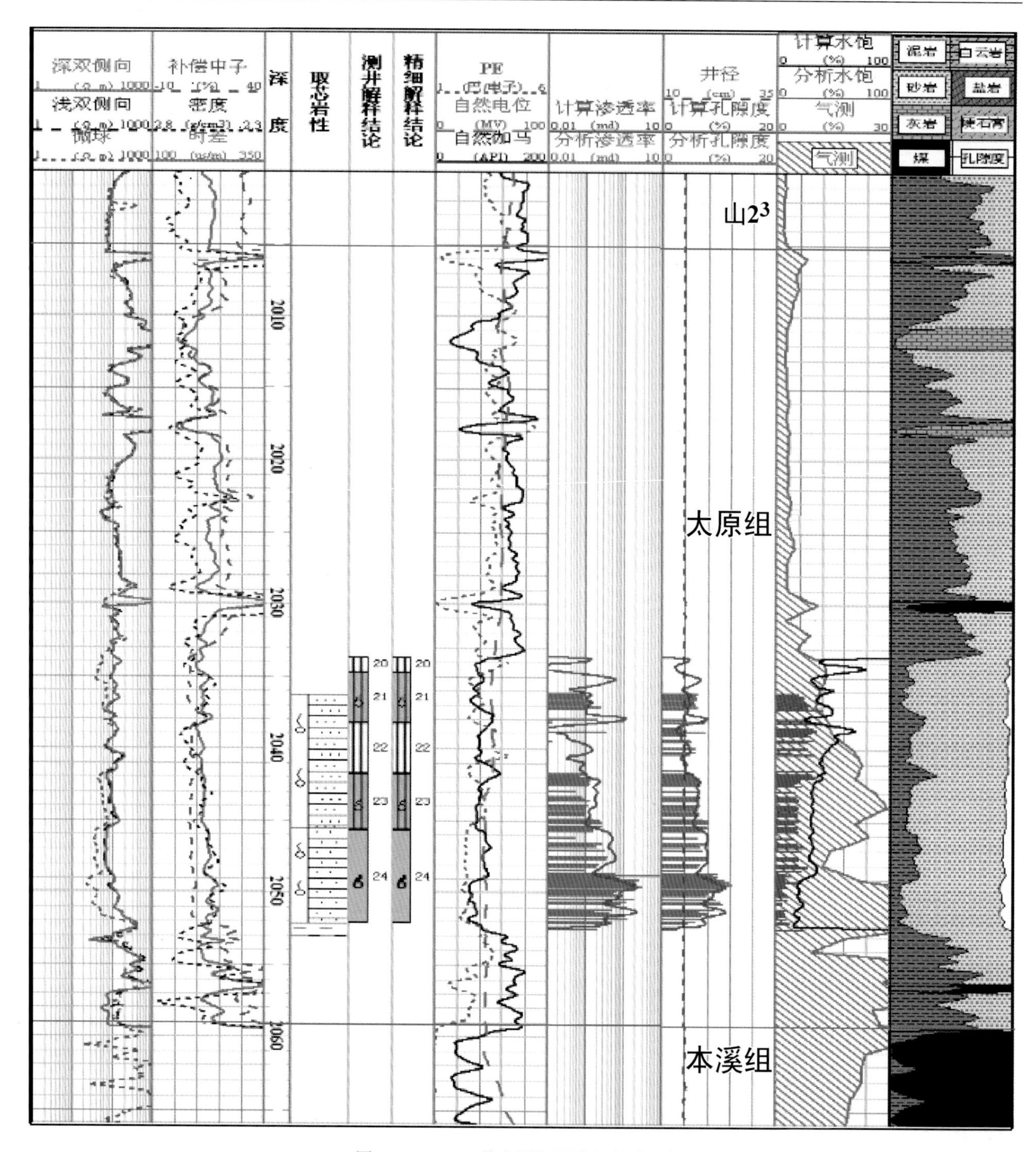

图 11-23　sh77 井太原组测井解释成果图

11.2.3　成藏特征

1. 烃源岩条件

烃源岩由煤岩、暗色泥岩和灰岩组成，煤岩的有机碳平均为 62.9%，泥岩有机碳为 2.09%～2.33%，灰岩的有机碳平均为 1.08%，本溪组、太原组和山西组均不同程度的发育煤层，自北而南煤层加厚，分布广泛。煤岩和泥岩以腐殖型干酪根为主。烃源岩 R_O 一般为 1.3%～2.0%，进入高成熟演化阶段，以干气为主。盆地模拟研究表明，神木地区生烃强度为(28～35)×10^8m^3/km^2，累积排烃强度为(24～30)×10^8m^3/km^2，具有较高的生排烃能力(刘新社等，2000；杨华等，2005；付金华等，2005)。

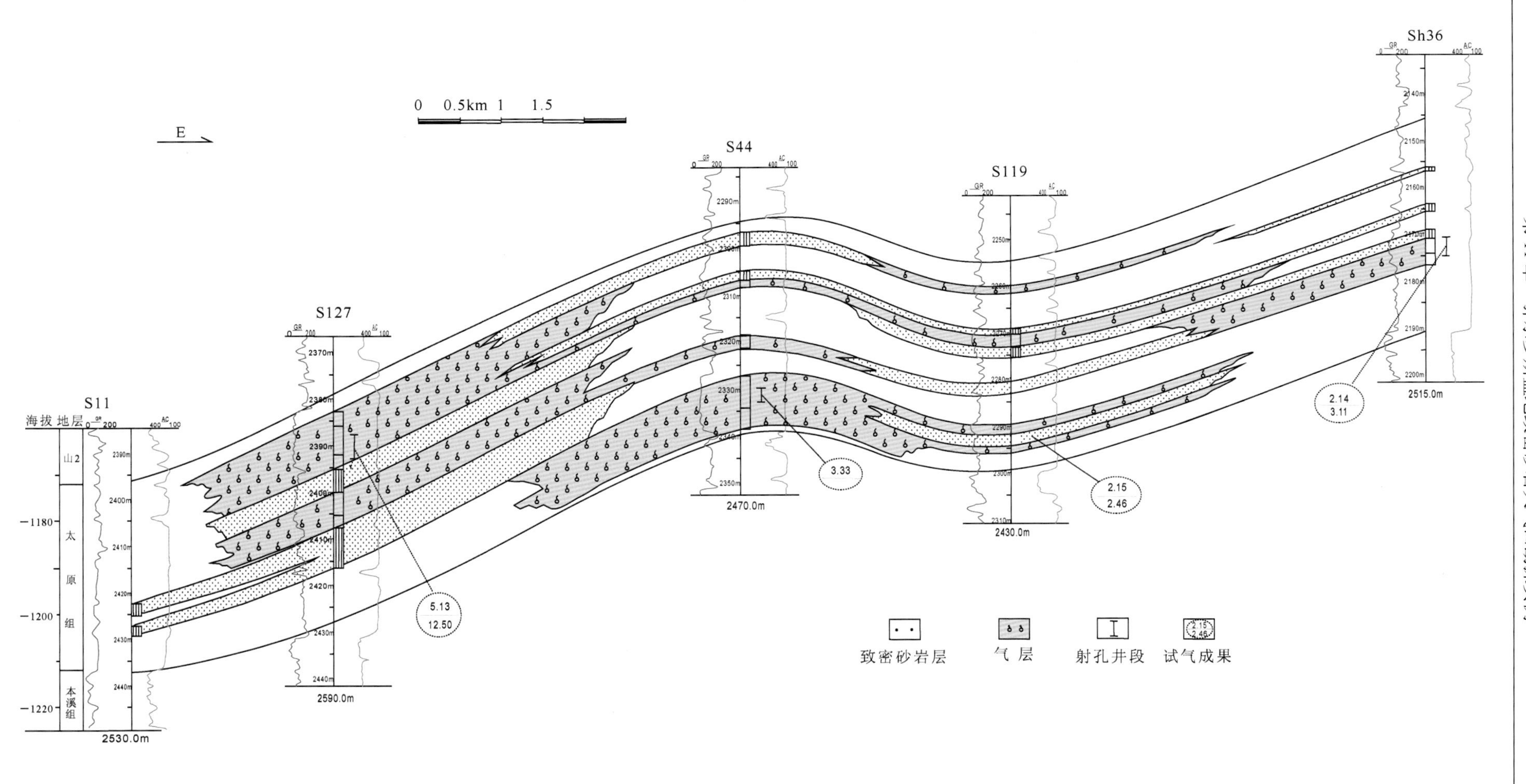

图 11-24　神木气田 S11 井～Sh36 井太原组气藏剖面图

2. 有效储集层控制了气田分布

由于太原组气藏严格受储集砂体控制，主要分布在主砂带上，因此气田分布与储集砂体具有相同的特征，即北部地区含气面积大，气藏分布范围广、规模大；南部含气面积受到储集砂体分布限制，含气范围局限，气藏规模相对较小。

3. 源内成藏组合

太原组气藏属源内成藏组合，也就是说太原组砂岩储集体分布于本溪组—山西组以煤岩、暗色泥岩为主的煤系烃源岩内，即纵向上砂岩储集体与烃源岩间互分布，且被烃源岩所包围，构成了自生自储式的成藏模式(图 11-25)。在良好的源岩与储层配置条件下，烃源岩进入生烃期后，天然气大面积就近运移至太原组砂岩储层中运聚成藏。具有运移距离近、充注程度高等特点，使太原组气藏一般具有较高的含气饱和度，为大型岩性气藏形成创造了优越的条件(闵琪等，2000；刘新社等，2007；李仲东等，2008；杨华等，2011)。

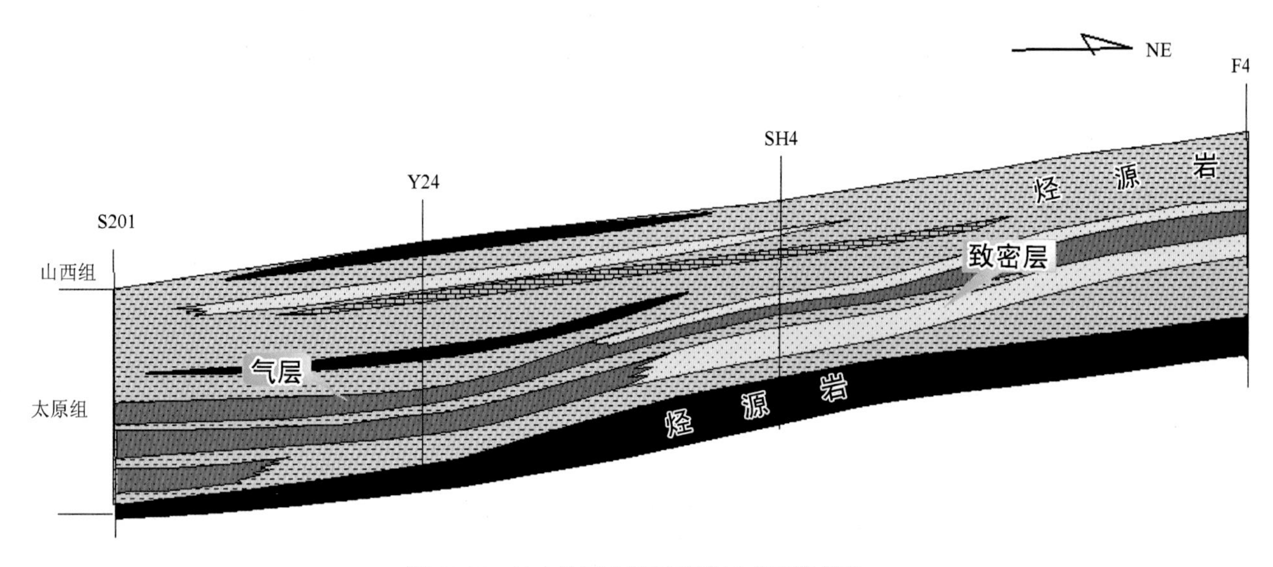

图 11-25　神木地区太原组天然气成藏模式图

4. 圈闭特征

受沉积体系控制，太原组砂岩储集体呈带状、近南北向展布，东西向形成相对独立的砂带分布区。主砂体带与泥质岩相间分布，沿主砂体带砂体垂向叠置，南北连片分布，延伸距离较大。在主砂带的主体部位储层厚度较大，物性相对较好。在主砂体的侧翼，水动力条件减弱，砂岩粒度变细、泥质含量增加，储层物性变差或变致密，形成了上倾部位的岩性遮挡。沿主砂体向北由于近物源方向，沉积相带发生变化，沉积物分选变差，软岩屑增多，使得物性变差，从而构成砂体延伸方向的遮挡。在砂体向前缘的倾没端，由于砂体厚度减薄，粒度变细，砂体致密或尖灭，形成大型岩性圈闭。

5. 多期充注成藏

流体包裹体测温表明，太原组储层中天然气为两期充注。第一期在 200～185Ma，为晚三叠世—早侏罗世；第二期在 170a～130Ma，为中侏罗世—早白垩世，其中第二期为主力充注期。烃类的早期充注可以使原生孔隙得以保留，有利于埋藏过程中溶蚀作用的发生，为岩屑溶孔及高岭石晶间孔形成提供了保障，提高了储层储集性能。

早白垩世，本溪组—山西组源岩内形成较高的过剩压力值，为源岩排烃提供了动力。晚白垩世以后，神木地区地层抬升、遭受剥蚀，气藏压力降低，天然气发生调整运移，向东部上倾方向运移，由于上倾部位的相变引起岩性遮挡，天然气则聚集在太原组储层内富集形成气藏。可见，本区具有充足的气源供给以及极为有利的运聚条件，为神木气田的形成创造了丰富的物质条件(刘新社等，2000；闵琪等，2000；刘新社等，2007；李仲东等，2008)。

6. 保存条件

盆地中东部地区晚古生代沉积后，构造运动以持续沉降、后期整体抬升为主，构造形态单一，断裂及局部构造不发育，地层平行整合接触，神木地区山西组上部、石盒子组上部及石千峰组泥质岩类大面积分布，形成了良好的区域盖层(闵琪等，2000；付金华等，2001；杨华等，2005)。

神木气田太原组砂体呈近南北向带状展布，其两侧以洪泛盆地、河漫沼泽、河间洼地及水下分流间湾等泥质沉积为主，形成侧向遮挡，同时太原组砂岩和灰岩互层，灰岩可直接作为盖层，形成致密岩性遮挡，利于大型岩性圈闭的形成。因此，神木地区太原组具有形成大规模天然气富集的保存条件。

11.3　榆林海退型三角洲致密砂岩大气田

11.3.1　勘探开发历程

榆林大气田位于陕西省榆林市和内蒙古自治区境内，东临神木大气田，西接靖边大气田，北临大牛地大气田，南接子洲大气田(详见第 2 章图 2-1)。地质构造上处于鄂尔多斯盆地伊陕斜坡东北部，勘探范围北起内蒙古自治区南部的阿拉泊，南至塔湾，西邻陕西省靖边县，东抵双山，南北长为 104km，东西宽 82km，面积约 8500km^2(图 11-26)。地表以无定河为界，以北是毛乌素沙漠的一部分，以南为黄土高原，地面海拔一般 1000～1400m。

榆林气田是长庆油田公司在鄂尔多斯盆地最早探明和开发的上古生界大气田之一，气田名字经历了历史沿革变化。20 世纪 90 年代，榆林气田曾经与靖边气田统称为长庆气田、陕甘宁盆地中部气田，也有一段时期称之为长庆气田榆林区，直到 2001 年 1 月后才正式命名为榆林气田。榆林气田具有“低孔、低渗、低产”三低气田特征，大面积含气，直井单井只有进行压裂改造才能获得工业气流，属于致密砂岩气田类型。

榆林气田勘探始于 20 世纪 90 年代初期，经历了 1990～1995 年勘探发现、1996～2001 年气田探明和气田周边天然气勘探三个阶段。

勘探发现阶段：1988 年 Sc1 井、Y3 井在奥陶系顶部发现了白云岩孔洞储层，Sc1 井奥陶系酸化后获无阻流量 28.34×10^{4}m^3/d，标志着靖边大气田的发现。在靖边大气田勘探过程中，1990 年部署在榆林市孟家湾北 800m，位于当时的神木—靖边古潜台西南斜坡带上的 S9 井，在山西组山 2 段发现 8.5m 气层，1995 年对该气层进行压裂改造，获 15.04×10^{4}m^3/d 工业气流，S9 井成为榆林气田发现井。1995 年在靖边气田东 40km 甩开钻探的 S141，位于榆林市榆阳区，在山 2 段钻遇高渗石英砂岩气层 24m，1995 年 12 月 20 日对山 2 段试气，压裂改造后获 76.7789×10^{4}m^3/d 高产工业气流，S141 井高产工业气流的发现，引起了勘探家的高度重视，把榆林地区山西组山 2 段勘探放到了重要位置，盆地的天然气勘探指导思想也由以下古生界为主兼探上古生界转入以上、下古生界勘探并举。由此可见，榆林气田勘探发现在盆地天然气勘探中具有承前启后作用：一是在靖边气田勘探过程中发现的，这就是榆林气田曾一度称之为长庆气田、陕甘宁盆地中部气主要原因；二是盆地天然气勘探由下古生界逐步转向上古生界。

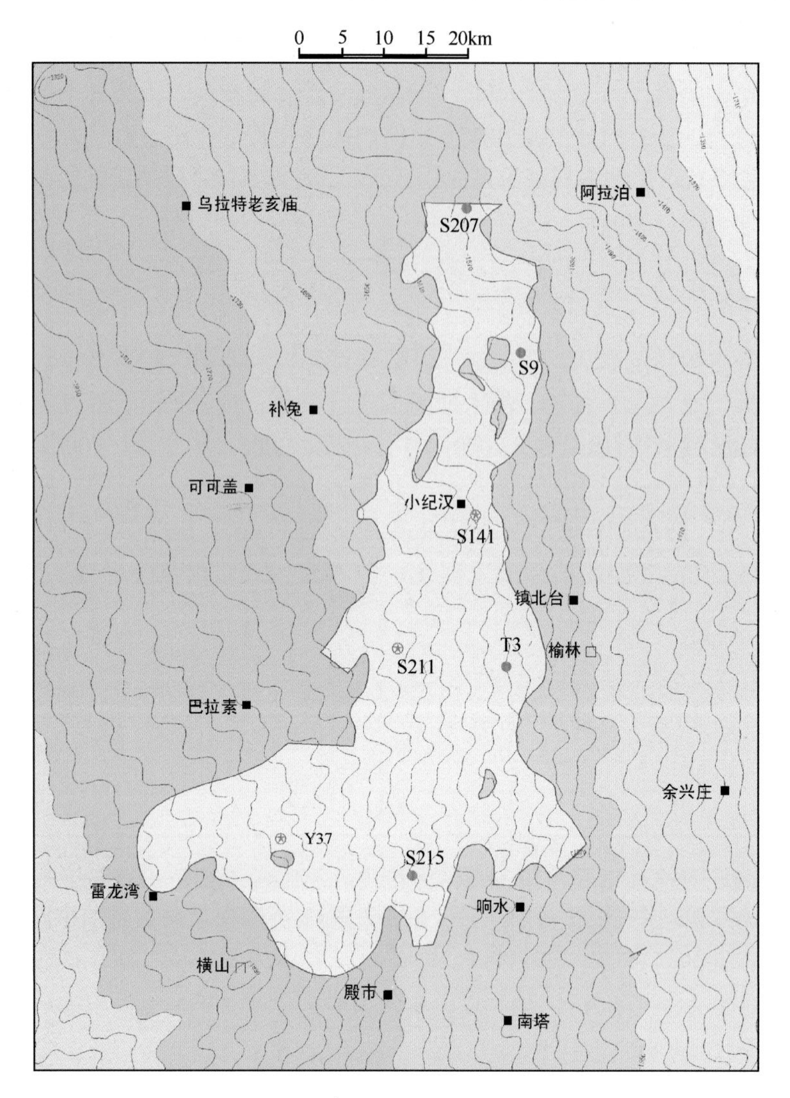

图 11-26　榆林气田山 2 段底构造图

气田探明阶段：到 1996 年完钻探井 7 口，均获工业气流，山 2 段平均试气无阻流量 $23.7\times10^4m^3/d$；1997～1999 年完钻探井 12 口，获工业气流井 10 口，平均试气无阻流量 $13.3862\times10^4m^3/d$。分别在 S141、S211 及 S207 井区提交天然气探明地质储量合计 $737.2\times10^8m^3$；1999～2001 年在榆林南区完钻探井 8 口，发现并探明了 S215 井区，结合榆林区的储量复算，新增天然气探明地质储量 $395.61\times10^8m^3$。到 2001 年底，榆林气田累计探明天然气地质储量 $1132.81\times10^8m^3$，成为了当时为数不多的中国已探明的千亿立方米大气田之一。

气田周边天然气勘探阶段：2002～2004 年为了配合天然气产能建设，在榆林气田南及周边进行以山 2 为主力气层的多层系勘探，完钻探井 35 口，发现了 Y37 井区、Y20 井区及 T3 井区、S3 井区等高产富集区块，新增山 2 段、马五 1 探明地质储量 $812.87\times10^8m^3$。值得一提的是 2003 年 7 月试气的 Y37 井，在山 2 气层获得无阻流量 $102.6\times10^4m^3/d$，成为榆林气田自勘探以来第一口日产百万立方米探井。榆林气田周边勘探继续向南甩开，不断有新的发现，直到子洲大气田发现与探明。榆林气田在经过三个阶段勘探后，山 2 段气藏累计探明天然气地质储量 $1807.50\times10^8m^3$，马五 1+2 探明天然气地质储量 $138.18\times10^8m^3$，累计探明天然气地质储量达到了 $1945.68\times10^8m^3$。

榆林气田开发大体也经过了 1995～2003 年的勘探评价阶段、1999～2009 年的长北对外合作区域生产阶段和 1999～2014 年的榆林气田南区规模开发阶段。已投入开发的区块有长北对外合作区和南区两个区块，年产气量已超过 $50\times10^8m^3$。

11.3.2　气田基本特征

1. 地层

榆林地区上古生界石炭系—二叠系主要发育一套海陆交互相的含煤地层，自下而上依次是本溪组(C_2b)、太原组(P_1t)、山西组(P_1s)、石盒子组(P_2h)及石千峰组(P_3q)。山西组是榆林大气田主要含气层位，主要为一套砂泥岩互层夹煤层形成的煤系地层，厚度一般为 90～120m，自下而上分为山 2 段、山 1 段。山 2 段是主力气层发育段，也是石英砂岩储层发育段，从下向上划分为山 2^3、山 2^2、山 2^1 三个小层，其中山 2^3 砂岩最为发育(图 11-27)。山西组主要岩性为灰白色石英砂岩、灰色中—粗粒岩屑石英砂岩、砂砾岩及深灰色含泥中—粗粒岩屑砂岩、砂砾岩，夹黑色泥岩和煤层，煤层一般发育 1～3 层，以 5 号煤层最为发育，是地层对比标志层。山 2 段厚度为 40～60m，与下伏太原组泥岩或灰岩呈整合接触。

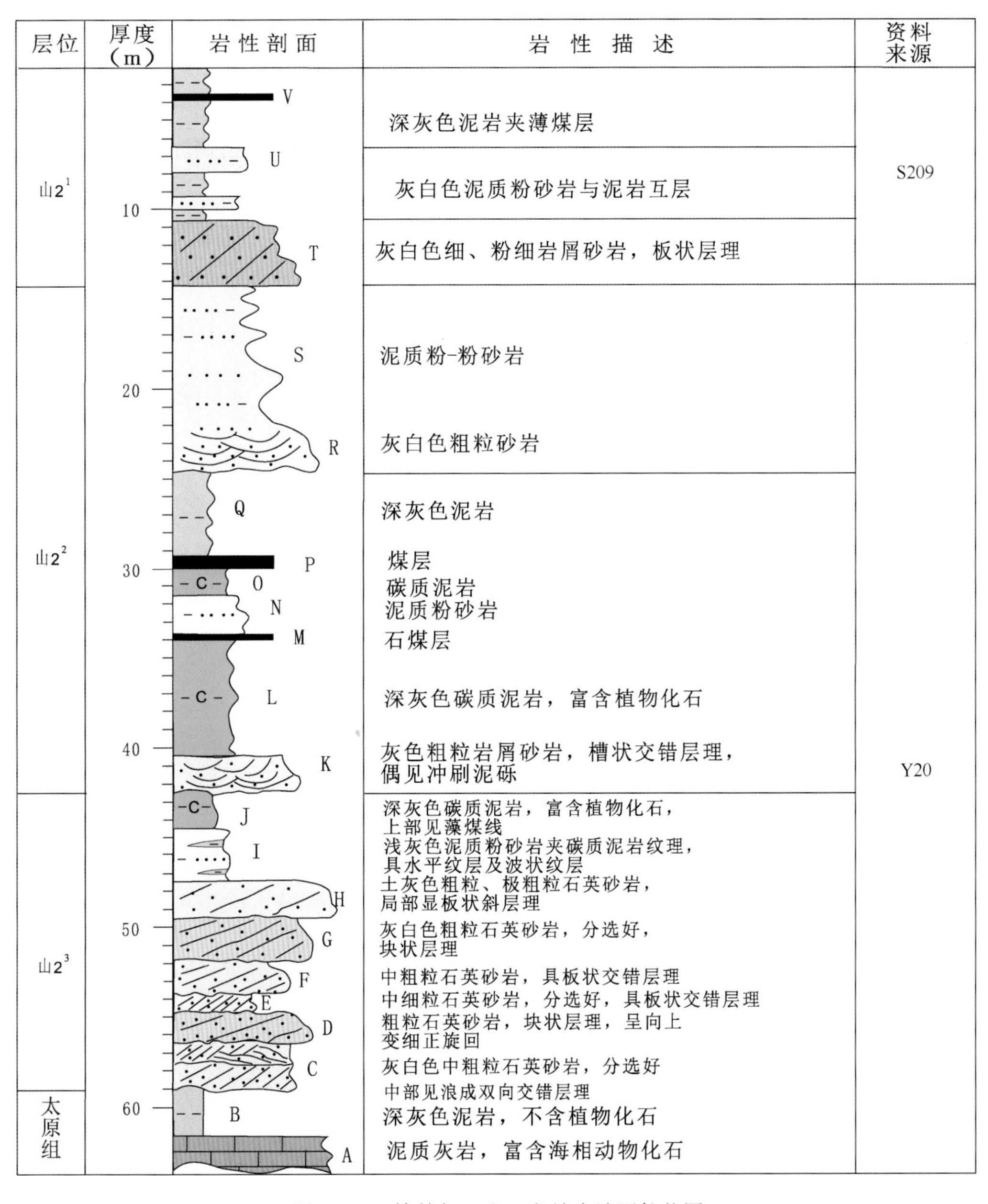

图 11-27　榆林气田山 2 段综合地层柱状图

2. 构造及圈闭特征

气田区域构造上为一宽缓的西倾斜坡，坡降较小，一般为(3～10) m/km，断裂及裂缝不发育，表现为构造稳定特征。在西倾斜坡背景上发育着多排近北东向的低缓鼻隆，鼻隆幅度一般在10～20m，宽度为3～6km。这些低缓的鼻隆构造对天然气的聚集不起控制作用(图11-28)。

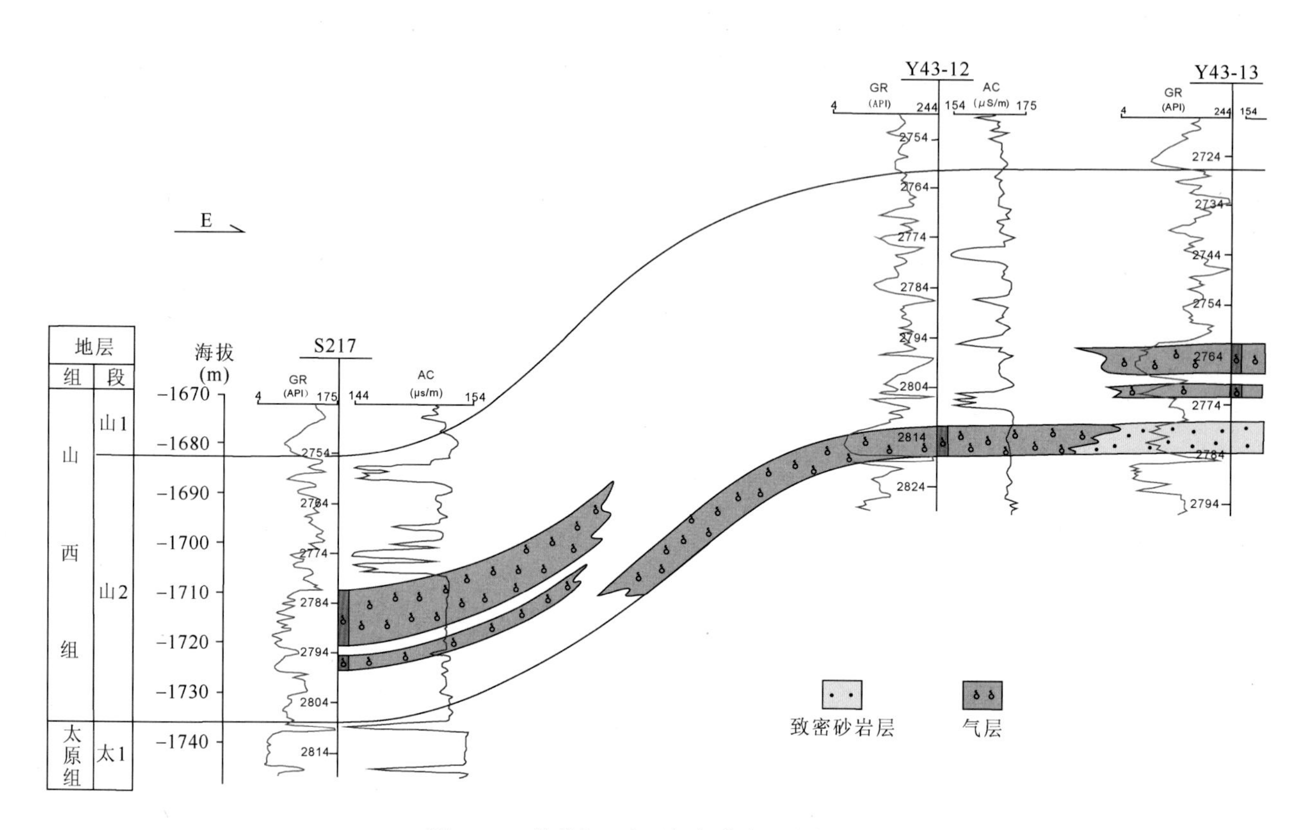

图11-28　榆林气田山西组气藏东西向剖面图

气藏受三角洲平原及三角洲前缘沉积砂体展布及储层分布控制，高渗砂体近南北走向，其东西两侧砂岩储层致密变薄或尖灭相变为洪泛平原及分流间湾泥质沉积，形成气藏的上倾侧向岩性遮挡。从图11-28中可以看出，Y43-13井中气层向左Y43-12井，由泥岩遮挡开成圈闭；Y43-12井气层向右侧Y43-13井变化为致密砂岩形成遮挡，分布在储层之间的泥岩、砂质泥岩，封盖能力较强，构成了气藏的直接盖层。因此，圈闭的形成受沉积和成岩作用等多种因素控制。

实质上，这种岩性遮挡形成的圈闭，从工业气藏角度看是一个动态的圈闭。在考虑投入成本情况下，气藏的边界很难用现有的技术来准确定位。实际生产中一般是采用人工方法综合来确定边界，其主要原因是致密砂岩普遍含气，含气边界是具有工业开采价值的边界，随着技术进步和天然气价格上升，可动用气层边界会发生变化。

3. 沉积体系及沉积相

山西组沉积早期，海水退至鄂尔多斯盆地东南部(付锁堂等，2006)，山2段发育河控浅海三角洲沉积体系，榆林气田处于浅水三角洲沉积体系的三角洲平原亚相和三角洲前缘亚相(图11-29)。河控浅水三角洲沉积体系由三角洲平原、三角洲前缘和前三角洲亚相三部分组成，且以发育三角洲平原为主，三角洲前缘亚相仅见于南部，前三角洲亚相不发育。

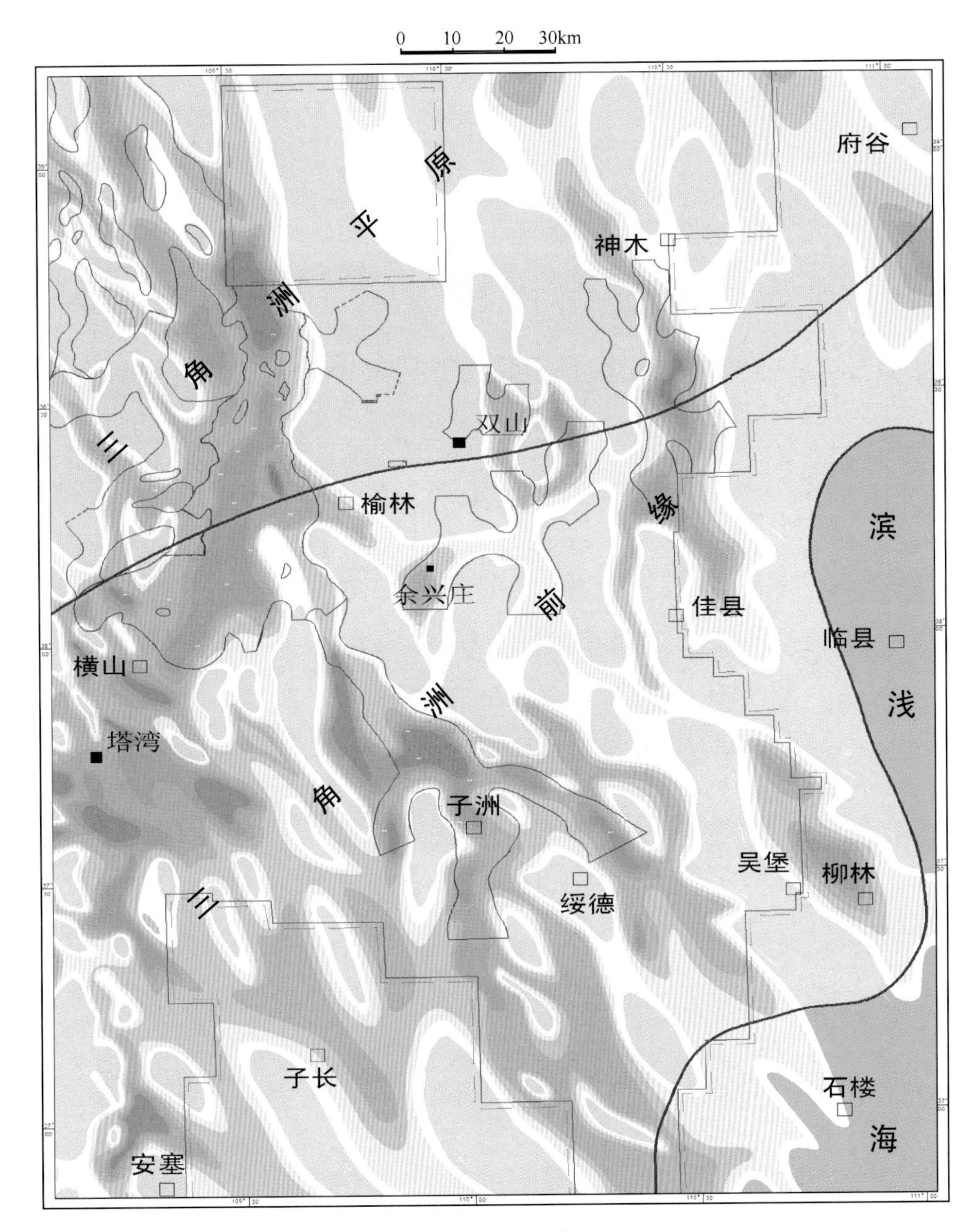

图 11-29　榆林气田山 2^3 沉积相图

1) 三角洲平原

河控浅水三角洲平原亚相进一步可划分为分流河道沉积、天然堤、洪泛盆地、河漫沼泽、分支间湾和决口扇等六种微相类型。

分流河道沉积微相是山 2 段最发育的微相之一，在沉积序列上可细分为三种相态。河底滞流沉积出现在河道亚相序列的底部，其底为河道冲刷面。在平面上，河底滞留沉积一般呈透镜状断续分布。主要由块状砾岩、砾状砂岩、含砾砂岩组成，砾石为石英砾和(或)泥砾构成，分选差；沉积构造多见大型槽状交错层理和块状构造，偶见递变层理；自然电位曲线多呈小钟形或箱形，幅度高；厚度较薄，一般为十几厘米至几十厘米；心滩在完整的分流河道亚相序列中，它位于河底滞留沉积微相之上(图 11-30)。在平面上，心滩位于河道的中心，其岩石颜色多呈灰色、褐灰色。沉积物粒度以含砾粗砂、中砂为主，细砂次之，石英砾石常局部成层富集。沉积物总体分选较差，但局部也可发育分选较好的中砂岩或粗砂岩。沉积构造以大型槽状交错层理为主，并可见楔状交错层理、板状交错层理、块状构造、平行层理。

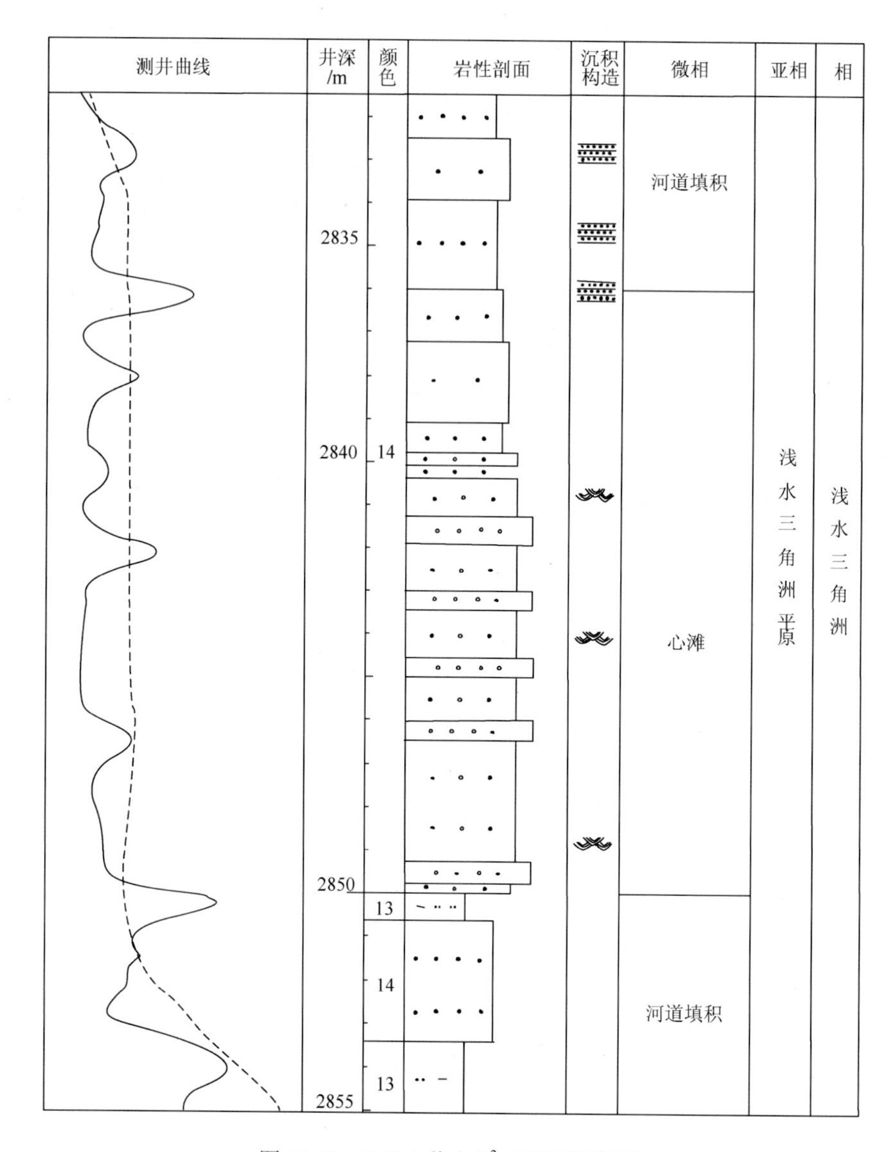

图 11-30　Y42-7 井山 2^3 心滩沉积特征

在垂向上，由于心滩易侧向迁移和水流阵发性作用导致其可形成多个正粒序的叠加，层间无或具较薄的细粒夹层。砂岩的厚度最大，单层厚度一般为 0.5～2.5m，累积厚度可达 6～15m 以上，最大达 30m 左右。自然伽马曲线形态多样，包括箱形、塔形、钟形等常见的形态及组合形态，反映了心滩沉积过程中水流水动力条件变化大、河道迁移快，导致形成的砂体切割叠加普遍的特点。

河道填积在河道亚相序列上，它位于河底滞留沉积之上，或通过冲刷面与下伏地层直接呈冲刷接触，有时位于心滩沉积之上(图 11-30)。在平面上，它位于分流河道内的心滩之间，以填塞河道的方式堆积形成填积体，形成下粗上细的正粒序。岩性主要由粗砂、中砂和细砂构成，局部含块状砾石，沉积物分选差至较好。沉积构造多见砂丘迁移形成的各种交错层理，如槽状交错层理和楔状交错层理等，有时在砂岩顶部可见小波痕层理。与心滩相比，河道填积物砂岩粒度较细，单层厚度相对较薄，累积厚度一般小于 6m，常见 4～5m。自然伽马曲线形态多呈箱形和钟形。粒度分布概率累积曲线表现为低悬浮、低滚动、陡跳跃三段式。分流河道中牵引流推移载荷总体中以发育跳跃总体为主，含量 85%，斜率高，分选好，次为悬浮总体为 15%，滚动总体不发育。

洪泛盆地沉积是在河流迅速侧向迁移的情况下，天然堤发育不良，洪水泛滥可形成广阔平坦的洪泛沉积区。榆林地区山 2 中洪泛盆地沉积亦是最发育的微相之一，主要为一套以灰黑色为主的泥岩和含粉砂泥岩，常夹粉细砂岩薄层，黄铁矿团块和菱铁矿结核、条带较为普遍，具水平层理(图 11-31)。自然伽马曲线呈微齿形或直线形。

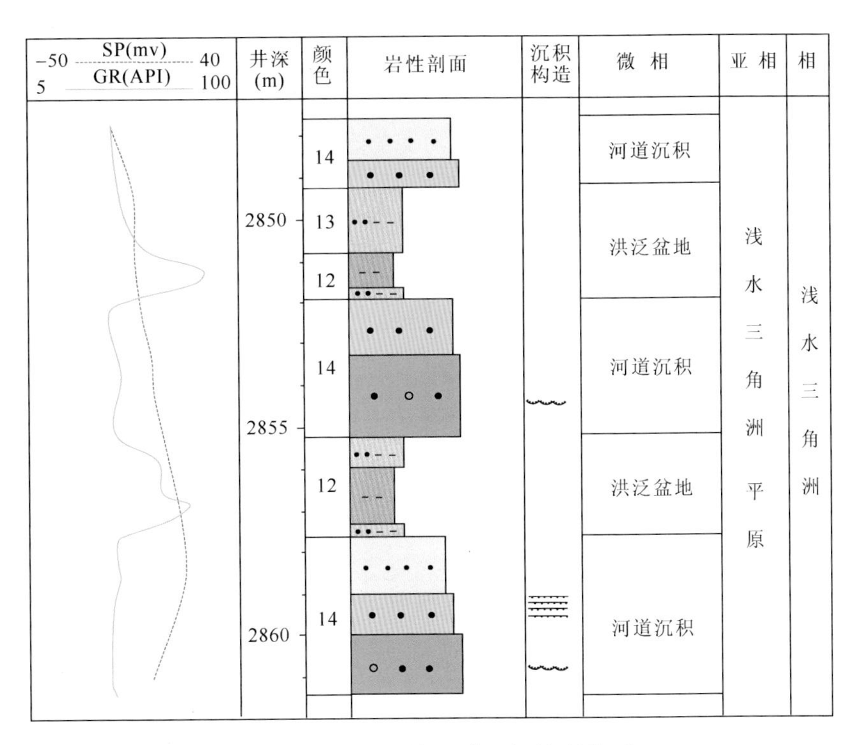

图 11-31　Y26-11 井山 2^3 三角洲平原沉积

河漫沼泽沉积是在潮湿气候条件下，河漫滩上低洼积水地带植物生长繁茂并逐渐淤积而成。由煤层夹薄泥岩组成，电性曲线表现为低自然伽马(图 11-32)。

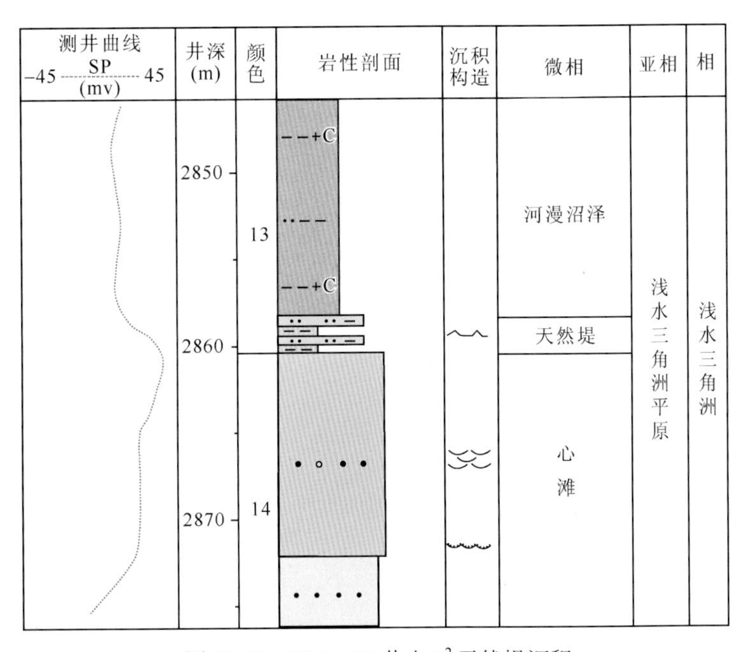

图 11-32　Y26—11 井山 2^2 天然堤沉积

天然堤沉积主要由粉砂岩及细砂岩组成，见水平层理及小型沙纹层理，一般呈薄层，比较少见(图 11-32)。

分支间湾沉积仅发育于南部山 2 段地层之中。分支间湾沉积主要由灰黑色粉砂质泥岩及泥岩组成，见水平层理及小型沙纹层理。

决口扇沉积是一种突发事件，且堆积于洪泛盆地上，下部为灰色、灰绿色泥岩，上部为粉砂岩和细砂岩所组成，在测井曲线上为漏斗形曲线或夹于低幅平直曲线上的指形或齿形曲线。

2) 三角洲前缘

浅水三角洲前缘亚相以水下分流河道、支流间湾为主，河口砂坝沉积较少。

水下分流河道沉积为浅水三角洲平原亚相分流河道的水下延伸。岩性主要由粗砂、中砂和细砂构成，沉积物分选较好，具下粗上细的正粒序。砂岩粒度较细，单层厚度相对较薄，累积厚度一般小于 5m，自然伽马曲线形态多呈箱形和钟形(图 11-33)。

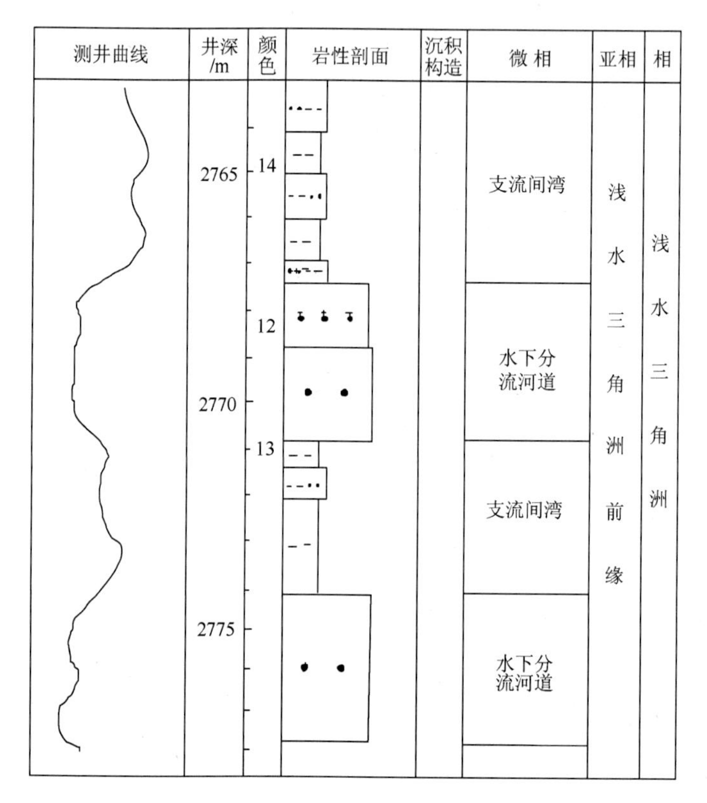

图 11-33　Y47—10 井山 2^2 水下分流河道沉积

支流间湾沉积主要由灰黑色粉砂质泥岩及泥岩组成，见水平层理及小型沙纹层理，与三角洲平原分支间湾沉积不易区分。

河口砂坝沉积呈舌状砂体，其岩性主要是由泥质粉砂岩、粉砂岩、细砂岩组成，分选磨圆中等，局部含黄铁矿团块。沉积构造以沙纹层理多见。具有向上变粗的逆粒序，序列底部为具波状层理泥质粉砂岩、粉砂岩、向上变为细砂岩，自然伽马曲线通常为漏斗形。

3) 前三角洲沉积

前三角洲位于三角洲前缘与浅滨过渡地带，与浅海泥呈过渡关系，因此，有时二者很难区分。从沉积物组成来看主要为粉砂质泥岩、泥岩，有时含炭屑，水平层理、纹层发育。在相序上与席状砂或远砂坝互层。在测井曲线上与泥岩基线平行，平直或呈弱齿状。前三角洲亚相在榆林地区山西组中不发育。

4) 海相浅水三角洲沉积模式

榆林地区山西组山 2 段含煤地层中所发育三角洲的沉积特征与一般三角洲并不相同。它是在水体较浅和构造稳定的台地条件下形成的，是一种河控海相浅水三角洲。这种浅水三角洲沉积体系通常被分为上三角洲平原、下三角洲平原以及其间的过渡带三部分，其中下三角洲平原包括三角洲前缘和前三角洲（图 11-34）。

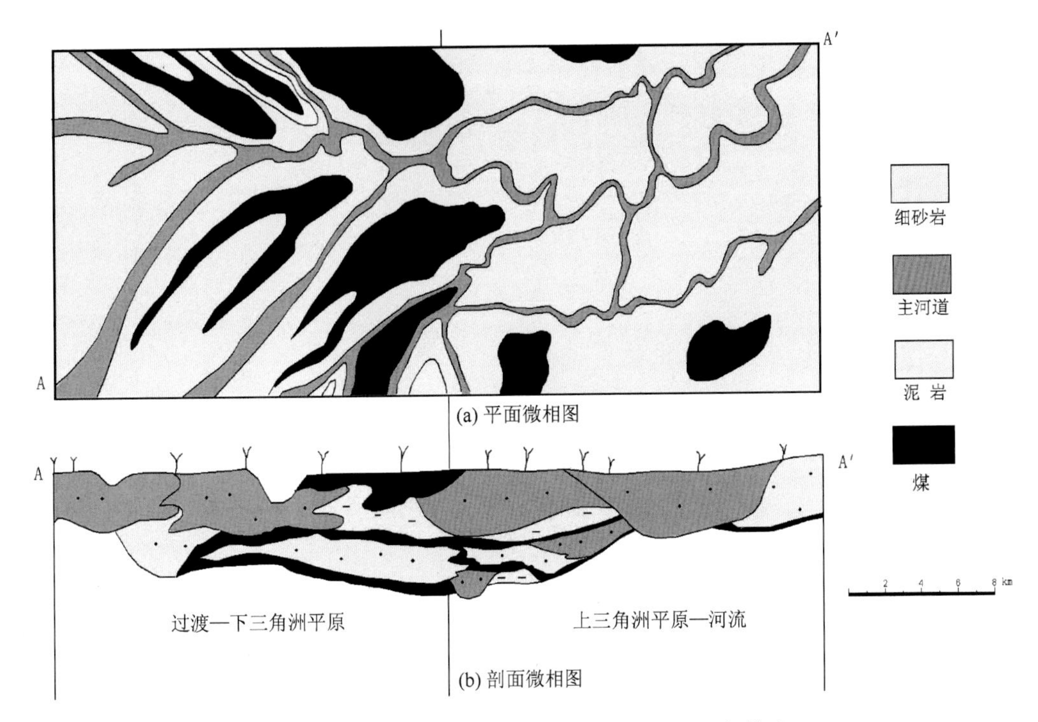

图 11-34　榆林地区山西组山 2 浅水三角洲沉积模式

山 2 段三角洲平原亚相在榆林地区占有明显的优势，它是在宽缓平坦的斜坡上，以分流河道、天然堤、洪泛盆地、河漫沼泽、分支间湾和决口扇组成的，不但分布广，而且厚度也大。三角洲前缘亚相则相对不发育，以水下分流河道砂体为骨架，河口砂坝沉积不太发育为特点。在前缘亚相中，较厚的汊道砂体占有较大比重，构成识别本区浅水三角洲砂体的重要标志。

4. 砂体分布

山 2 段沉积时期榆林地区砂体沿南北向呈带状分布，砂带宽 6～15km，主砂体发育在 S141 井区、补兔两个地区。砂岩累积厚度一般在 10～20m，其中山 2^3 砂体最为发育，砂体钻遇率达 90%，砂体最大厚度达 25.8m，最小厚度 1.1m，平均厚度 10.8m（图 11-35）。砂带宽度一般在 6～15km，其中以 S141 砂带厚度最大（15～25m）、分布最稳定。总体上，砂体规模自下而上由大变小，延伸距离减小，厚度减薄，连续性变差。三期砂体在 S141 井砂带持续发育，砂体厚度较大。

5. 储层特征

1) 岩石学特征

榆林气田山 2 砂岩储层的碎屑成分（表 11-8）以石英为主（包括燧石、石英岩岩屑），次为岩屑成分，长石含量很少，平均不足 2%。从山 2^1 到山 2^3 石英颗粒平均含量逐渐增加，岩屑含量逐渐减少，长石含量变化不明显，岩屑组分以火成岩屑、变质砂岩、粉砂岩、云母及中浅变质的片岩、千枚岩、板岩为主，少量的钙化和泥化碎屑。石英砂岩主要分布在山 2^3，石英颗粒的平均含量在 90%以上，岩屑砂岩主要分布在山 2^2 和山 2^1。

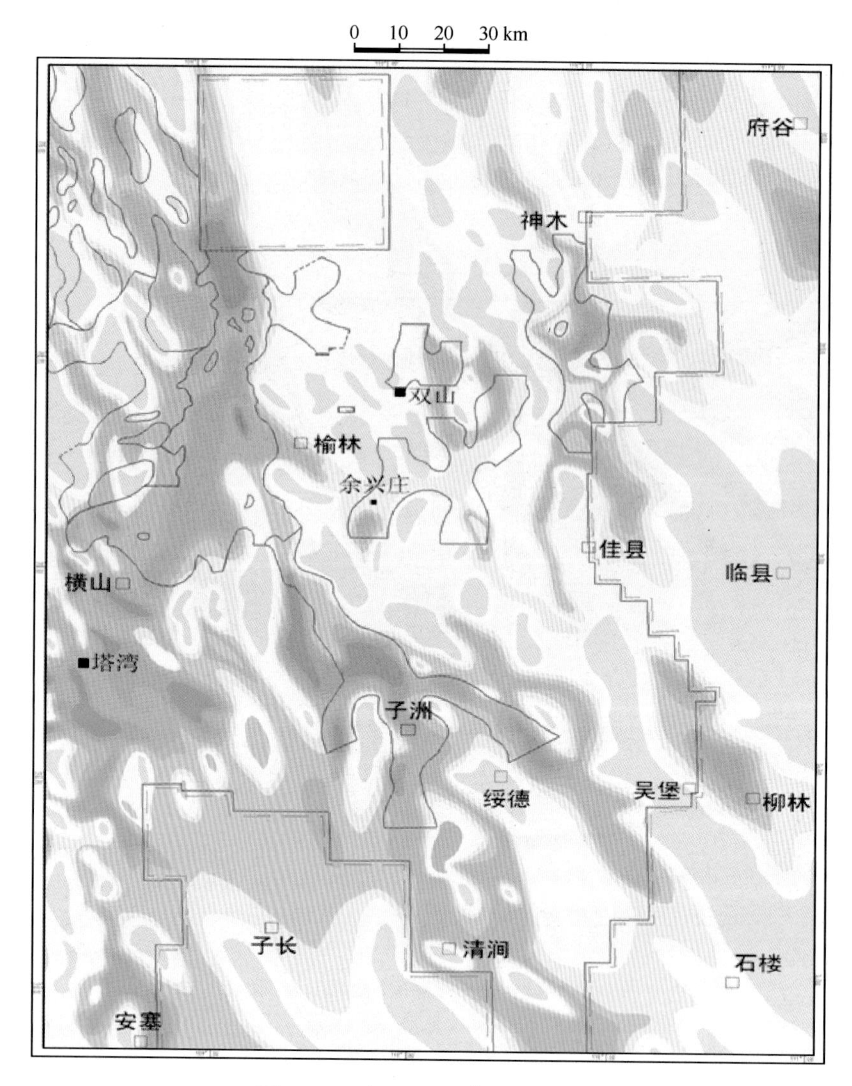

图 11-35　山西组山 2^3 砂体厚度图

表 11-8　榆林地区山 2 段砂岩碎屑成分统计表

层位	石英/%(包括燧石、石英岩岩屑)	长石/%	岩屑/%										
			火成岩屑	高变岩	片岩	千枚岩	板岩	变质砂岩	粉砂岩	云母	钙化碎屑	泥化碎屑	岩屑总量
山2^1	$\frac{42.7\sim72.2}{53.9}$	$\frac{0\sim6.7}{1.3}$	6.7～13.9	0～2.7	0～10.7	2.9～21.3	0～6.7	0～6.7	0～6.7	0～4.0	0～34.7	0～5.1	$\frac{27.8\sim54.2}{44.5}$
山2^2	$\frac{45.7\sim95.0}{76.4}$	$\frac{0\sim1.2}{0.1}$	0～14.7	0	0～17.3	0～20.8	0～10.9	0～11.4	0～24.7	0～2.5	0～8.6	0～7.3	$\frac{2.4\sim54.3}{23.5}$
山2^3	$\frac{71.0\sim100}{94.2}$	$\frac{0\sim6}{0.1}$	0～14	0	0～1.3	0～8	0～5	0～7.0	0～5	0～1	0～1.2	0	$\frac{0\sim28.5}{5.6}$

注：分子为最大值～最小值，分母为平均值

填隙物成分包括自生胶结物与杂基(表 11-9)。自生胶结物类型较多，有高岭石、自生石英、菱铁矿和碳酸盐矿物，从山 2^1 至山 2^3 自生矿物的含量有所不同，总体来看，从山 2^3 至山 2^1 高岭石、自生石英和碳酸盐矿物含量逐渐减少。陆源杂基以水云母为主，并含有少量凝灰质和泥铁质，山 2^3 含量较低，山 2^2 和山 2^1 含量较高，反映了山 2^3 期水流强度大，砂体经历了较强烈的淘洗分选作用。石英砂岩中含有较多的高岭石和硅质胶结物，且高岭石结晶颗粒大，发育一定量的晶间孔，泥质含量较少。岩屑砂岩中泥质含量较多，高岭石和硅质胶结物含量偏少。

表 11-9　榆林地区山 2 段砂岩填隙物成分统计表

层位	自生胶结物/%							陆源杂基/%		
	高岭石	硅质	方解石	铁方解石	白云石	铁白云石	菱铁矿	水云母	凝灰质	泥铁质
山2¹	0~4.0/1.5	0~7.0/1.5	0	0~25/9.0	0	0~0.5/0.1	0~15.0/4.4	0~25.0/6.8	0~3.0/0.7	0
山2²	0~13/2.13	0~13.0/2.0	0~0.5/0.27	0~5/0.89	0	0~14/1.42	0~4/1.05	0~21/7.36	0~5/1.76	0~3/0.24
山2³	0~11/3.6	0~13/4.8	0~2/0.1	0~9.0/0.6	0~6/0.1	0~8.5/2.5	0~8/0.6	0~15/3.2	0	0

注：分子为最大值～最小值，分母为平均值

在结构特征上，石英砂岩以中粗粒、粗粒结构为主，局部达到细砾级，主要粒径分布范围为 0.3～1.5mm，分选中等，次圆状，胶结类型为孔隙—再生式胶结；岩屑砂岩结构与石英砂岩没有太大的差别，只是在颗粒的磨圆度上，岩屑砂岩以次棱状磨圆为主。

2）物性特征

榆林气田山 2 段储层岩心分析孔隙度一般为 2%～12%，平均孔隙度为 5.36%，分布频率主要集中在 4%～10%，占 70.9%；渗透率一般为(0.01～10)$\times 10^{-3}\mu m^2$，平均为 4.8510$\times 10^{-3}\mu m^2$(由于少数高渗透率值的样品，使得渗透率平均值偏大)，样品大部分小于 1$\times 10^{-3}\mu m^2$，分布频率占 68.4%，基本上属于特低孔、低渗的砂岩储气层(图 11-36)。值得注意的是，在整个低孔、低渗的背景上存在相对高孔高渗的储层，孔隙度大于 8%样品分布频率可占 10.3%，渗透率大于 1$\times 10^{-3}\mu m^2$ 样品分布频率占到 31.67%。这类气层在现有工艺技术条件下，经压裂改造后一般都可获中高产。

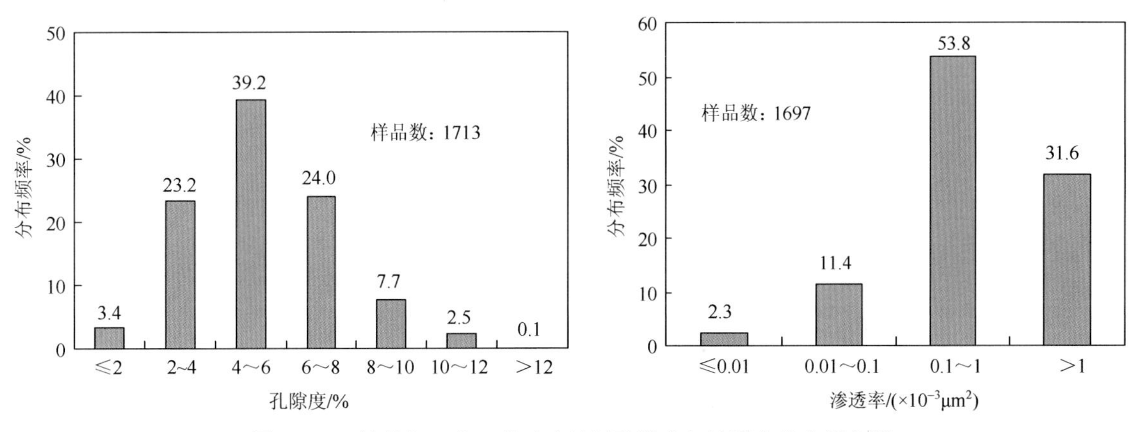

图 11-36　榆林气田山 2 段砂岩储层孔隙度与渗透率分布频率图

3）孔隙类型

通过对榆林气田 50 余块石英砂岩铸体薄片的统计，孔隙平均孔径为 20～300μm，面孔率的变化范围为 5.81%～7.77%，平均为 6.5%。孔隙类型有粒间孔、岩屑溶孔、晶间孔和杂基溶孔，其中粒间孔的面孔率分布范围 4.6%～6.58%，平均为 5.23%。岩屑溶孔的面孔率分布范围 0.09%～0.41%，平均为 0.38%，晶间孔的面孔率分布范围 0.50%～1.0%，平均为 0.68%，杂基溶孔的面孔率分布范围 0～0.32%，平均为 0.2%(付金华等，2006)。统计显示，榆林气田储层的主要孔隙类型是粒间孔，所占比例为 80.6%，晶间孔的比例为 10.5%，岩屑溶孔和杂基溶孔的比例分别为 5.8%和 3.1%。

4）孔隙结构特征

榆林气田山 2 段石英砂岩储层压汞曲线和岩屑砂岩压汞曲线形态有着显著的差别(图 11-37)。石英砂岩压汞曲线斜度小，且具有较宽的曲线平台。岩屑砂岩压汞曲线斜度大，无明显的曲线平台，反映了石英砂岩储层最大连通孔隙喉道的集中程度高，孔隙结构较为均匀。

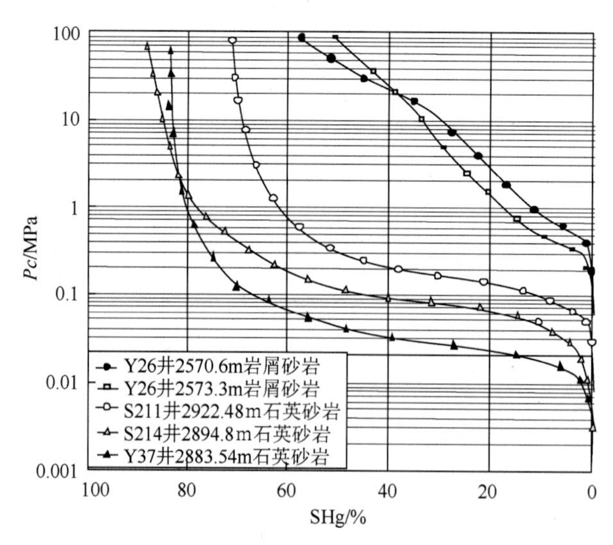

图 11-37　榆林气田山 2 段储层典型压汞曲线

造成石英砂岩与岩屑砂岩的压汞曲线形态显著差别的原因主要是岩屑砂岩中含有较多的火山喷发岩屑及一定量的低变质的千枚岩、板岩和片岩等塑性组分。在成岩压实作用中，随着埋藏深度逐渐加大，岩屑砂岩中的塑性组分受压而发生弯曲、变形或拉长，颗粒接触关系渐趋紧密，由最早的点线接触逐渐变成线-线接触和缝合接触，使大量原生孔隙减少，连通孔隙的喉道变窄或闭合，孔隙结构和孔隙的连通性变差；而石英砂岩中由于主要是以刚性的石英组分为主，抗压实作用较强，使原生孔隙和连通孔隙喉道的致密化程度降低，孔隙结构和孔隙的连通性相对较好孔隙结构参数也反映了石英砂岩和岩屑砂岩孔隙结构特征(表 11-10)。

表 11-10　榆林气田储层孔隙结构参数表

代表井	井深/m	孔隙度/%	渗透率/($\times10^{-3}\mu m^2$)	中值半径/μm	歪度	分选系数	变异系数	排驱压力/MPa	最大进汞饱合度/%	砂岩类型
S211 井	2906.2	8.1	5.76	2.14	0.68	2.83	0.29	0.13	73.6	石英砂岩
S214 井	2894.7	8.2	13.7	3.98	0.92	2.78	0.33	0.05	86.4	石英砂岩
Y37 井	2883.5	12.3	409	15.12	0.81	3.49	0.5	0.02	84.4	石英砂岩
Y26 井	2573.3	4.5	0.751	0.02	−1	2.25	0.18	0.37	50.2	岩屑砂岩

从表 11-10 中可以看出，石英砂岩排驱压力值较低，分布区间为 0.02～0.13MPa；中值半径大部分分布在 0.89～3.98μm（Y37 井喉道中值半径可达 15.12μm）；歪度都为正值；分选系数较大，均大于 2.5 以上，分布在 2.78～3.49。对于 Y37 井这样的相对高渗透储层来讲，分选系数为 3.49，反映其孔隙分选性较差，这主要是由于石英储层孔隙中总有一定量的小孔存在，因此分选性不太好。岩屑砂岩分选系数较小(2.02～2.25)，反映其孔隙以小孔为主，分选性好而孔渗性较差。变异系数越大，孔隙结构越好。石英砂岩变异系数分布在 0.29～0.5，Y37 井相对高渗透石英砂岩储层变异系数明显偏大。由此可见，石英砂岩储层具有相对高孔隙、高渗透、粗孔喉、粗歪度、孔隙结构相对较好的特点。

5) 储层的分类

通过榆林气田单井储层厚度与无阻流量、渗透率与无阻流量的关系以及孔隙度和渗透率的关系分析，依据孔隙度、渗透率、气层厚度和无阻流量四个主要指标对山 2 段石英砂岩型储层进行分类，其中的 Ⅰ、Ⅱ类储层是相对高孔渗储层(表 11-11)。

表 11-11　榆林地区山 2 段石英砂岩型储层分类表

项目＼分类	I	II	III	IV
孔隙度/%	≥6	5～6	3～5	≤3
渗透率/($\times10^{-3}\mu m^2$)	≥1	0.5～1	0.1～0.5	≤0.1
砂岩厚度/m	≥8	≥5	≤5	
气无阻流量/($\times10^4m^3/d$)	≥10	4～10	0.5～4	≤0.5

6. 气藏特征

1) 气层电性与分布特征

山 2 段石英砂岩气层的电性特点表现为“四低一高”：即低伽马、低时差、低光电指数、低补偿中子、高电阻率；岩屑砂岩气层表现为“四高一低”：即中高伽马、高时差、高光电指数、高补偿中子、中低电阻率(图 11-38)。与此相对应，不同岩性储层的电性下限值存在明显差异。岩电参数 a 值较大，m 值小于 1，反映出低渗透储层的特殊性；n 值接近于 1，主要是由于发育的片状喉道造成。

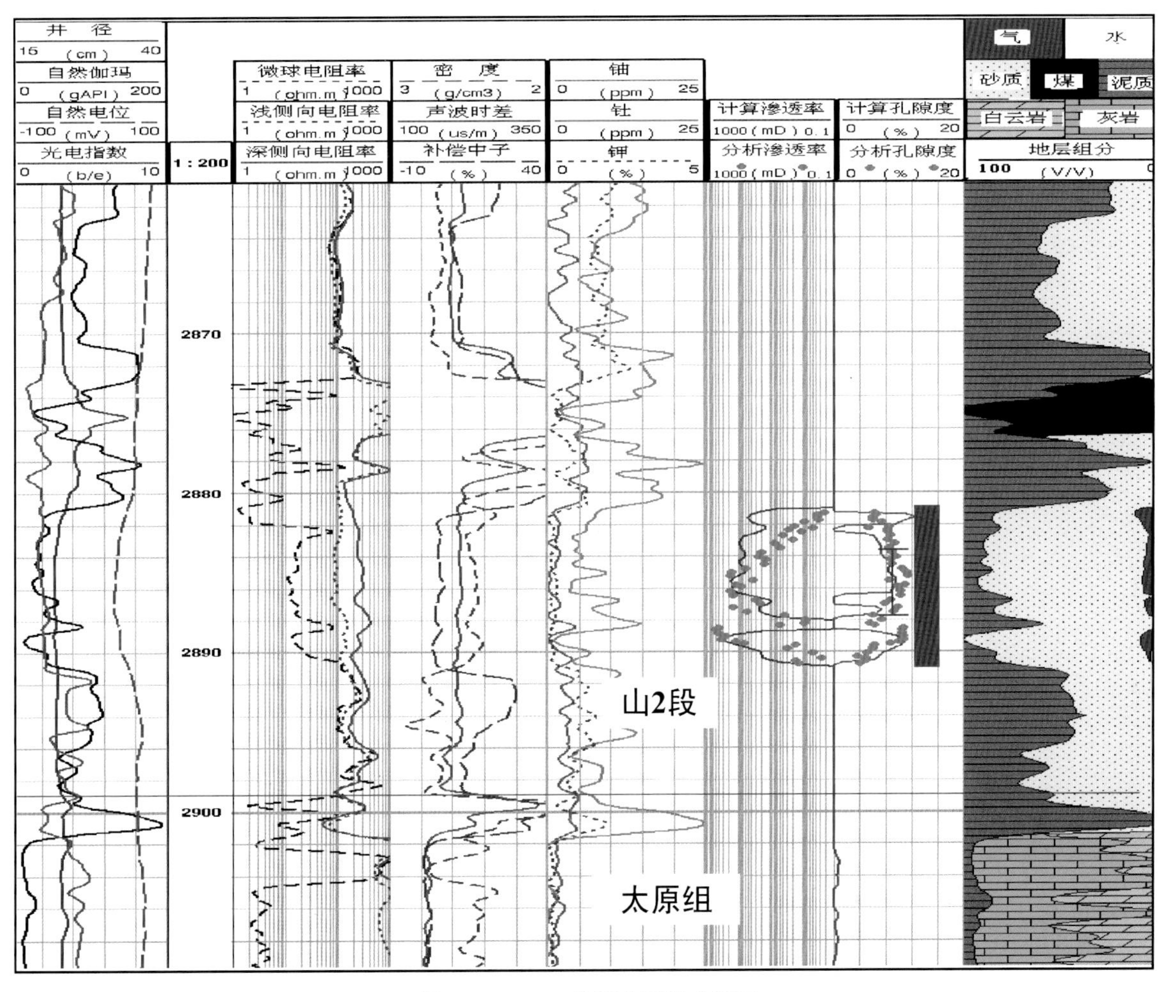

图 11-38　Y37 井测井解释成果图

榆林气田山 2 段气藏属大面积叠合分布的砂岩岩性气藏，气层的分布主要受储集性砂体的控制。砂层在区域上呈大面积分布的特征，但由于砂层储集物性在纵横向上表现出极强的非物质性，因此只有部分砂岩具有工业性储集意义。榆林气田山 2 段气藏的气层分布具有纵向上多层叠置、横向上复合连片的分布特征(图 11-39)。

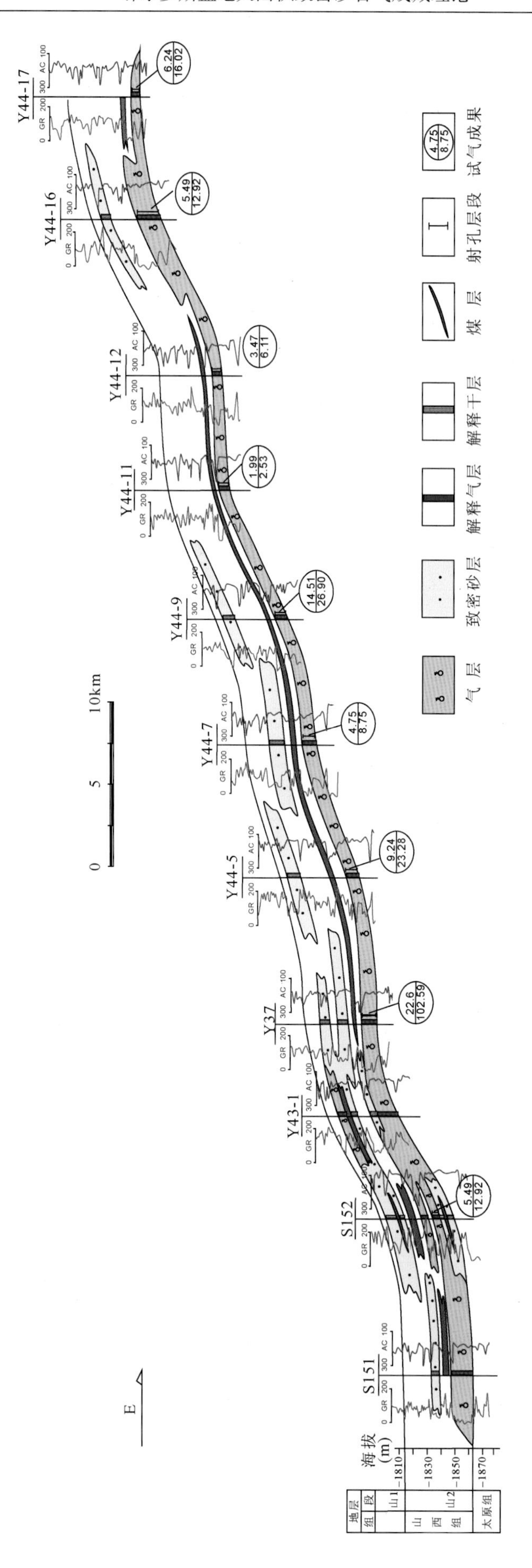

图 11-39　榆林气田东西向气藏剖面图

2) 气藏压力

榆林气田山 2 段气藏埋藏深度为 2650～3100m，地层压力范围在 24.21～28.23MPa，压力系数在 0.88～0.98，一般为 0.95～0.98，基本属于正常压力系统。气层一般分布在山 2 底部砂体中，砂体纵、横向连通性较好，基本属于同一压力系统或为数较少的几个压力系统。

3) 气层温度

采用气田内 13 口井的井温资料与气层深度进行相关分析，两者有较好的相关性，相关系数为 0.9318，相关式为：

$$T=3.0386+0.0299Dg$$

式中，T 为气层测温温度(℃)；Dg 为气层中部深度(m)。

上式表明，榆林气田山 2 段气藏具有统一的地温场，地温梯度(2.99℃/100m)，与长庆气田地温梯度(3.09℃/100m)接近。

4) 天然气性质

榆林气田天然气物理性质稳定，相对密度 0.5628～0.6345，甲烷含量为 90.96%～98.47%，乙烷含量为 0.53%～4.96%，甲烷化系数为 0.96～1.0，硫化氢含量小于 4mg/m^3，属低含硫干气。天然气视临界压力为 4.67～4.81MPa，视临界温度为 191.32～203.59K。

11.3.3　成藏地质作用

1. 煤系烃源岩覆式分布，产气的倾向性明显

1) 煤系烃源岩类型

榆林地区上古生界烃源岩主要发育于本溪组、太原组和山西组，岩性组成多样，分布面积广泛，厚度较为稳定。烃源岩的岩性主要有煤岩、暗色泥岩、石灰岩三种类型。

(1) 煤岩：晚石炭世至早二叠世陆表海海陆过渡期及陆相沉积期是榆林地区重要的成煤时期，普遍发育含煤地层。主要成煤环境有：太原组和本溪组的陆表海滨海沼泽沉积环境、泥炭坪沉积环境和滨浅海三角洲沉积环境；山西组的浅水三角洲平原分支间湾、洪泛盆地和河漫沼泽环境。滨海沼泽环境形成的煤层一般上、下为海相泥岩或石灰岩所夹持。潮坪—泥炭坪环境的煤层处于向上进积变细的潮坪沉积顶部，此类成因的煤在太原组和本溪组中普遍发育，在一定的范围内可连续追踪。煤层厚度一般 10～15m，主力煤层单层厚度 5～10m，是最好的烃源岩。本溪组和太原组煤层形成于滨海沼泽或泻湖环境，一般含煤 2～9 层，最大累计厚度 10～15m，煤岩有机碳平均含量 63.13%，氯仿沥青“A” 0.8519%，总烃 3219.63ppm，煤层单层厚度大、夹层少、生烃能力较强。山西组煤层主要形成于浅水三角洲沉积环境，由于有陆源碎屑冲刷物的间或性加入，煤层中夹层较多，一般含煤 2～3 层，累计厚度略逊于太原组，煤岩有机碳平均含量 53.48%，氯仿沥青“A” 0.6469%，总烃 2406.6ppm，生烃能力较太原组煤层要稍差一些。

(2) 暗色泥岩：榆林地区石炭—二叠系暗色泥岩的残余有机碳为 1.9%～3.0%，总体显示了煤系地层泥岩高丰度的特点。石炭系暗色泥岩多发育于海陆交互环境，有机质丰度相对较高且稳定；山西组暗色泥岩多发育于陆相沉积环境，有机质丰度相对较低。石炭—二叠系暗色泥岩总厚度分布在 50～90m，该区向西北紧邻继承性古隆起区，厚度分布较薄；向东部则逐渐加厚可达到 130m 以上。

(3) 灰岩：榆林地区太原组灰岩的残余有机碳含量平均为 1.52%，沥青“A”平均为 0.0879%，总烃平均为 418.04ppm，其生烃潜力也较高。灰岩主要分布在盆地的东部地区，榆林地区灰岩厚度多处于 10～40m，是灰岩相对较发育的地区，向西部、北部隆起区灰岩厚度减小。

2) 煤系烃源岩的倾油倾气性

Smyth(1989) 对烃源岩的显微组分组成进行了深入研究，他在对国内外 3000 多个煤样的数值分布统计分析后作出了煤的显微组分组成数值分布密度三角图(图 11-40)。三角图上表示的显微组分组成数值的

分布密度及分布形式更能客观地描述不同煤系的显微组分组成数值分布。图中划分了四个区域，I区显微组分组成以富集镜质组和壳质组+腐泥组为特征，可称之为镜质组—壳质组+腐泥组组合型，这一组合中，随壳质组+腐泥组含量增加，煤的成因类型由上向下逐渐从腐植煤经腐殖—腐泥煤向腐泥煤或残植煤转变。II区显微组分组成则以镜质组和惰质组占优势，为镜质组—惰质组组合型。III区的显微组分组成属过渡组合型。IV区是一个比较特殊的组合区，煤的显微组分组成数据落入该区的比例很低，一般不会出现此组合的分布密度形式。

不同显微组分的“倾气”程度以惰质组＞镜质组＞壳质组的顺序，随着其富氢程度的增高而依次下降，与其倾油程度排序恰好相反。鄂尔多斯盆地上古生界煤样的显微组分组成呈富镜质组和惰质组的带状点群分布，壳质组+腐泥组含量很低，其显微组分组成落在密度带的II区和III区，属镜质组—惰质组组合型和过渡组合型(图 11-41)。尽管本溪组和太原组煤与山西组煤相比，壳质组含量相当，且前者镜质组含量略高，但作为生烃物质基础，两者都是富含高等植物木质—纤维组织来源的显微组分，尤其是成熟度已达到高过成熟之后，其生烃性更加趋同。表 11-12 数据进一步表明，榆林地区石炭—二叠纪煤系中，煤、泥岩和碳酸盐岩三种类型烃源岩在现今成熟度条件下，显微组分组成都已趋同，作为生烃母质，产气的倾向性十分明显。

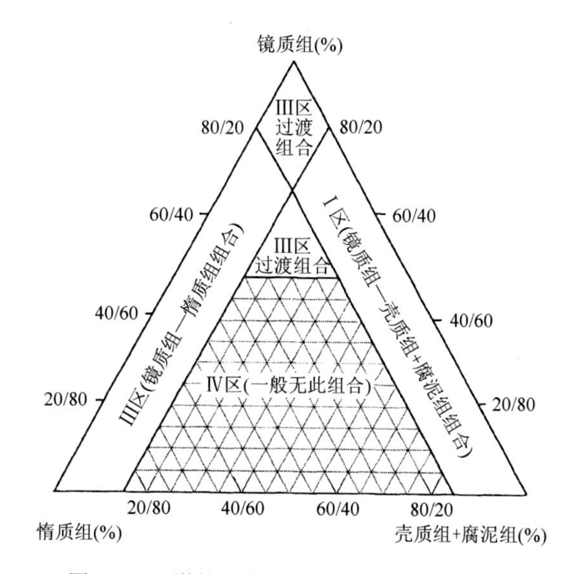

图 11-40　煤的显微组分组成分布型式三角图(据 Smyth，1989)

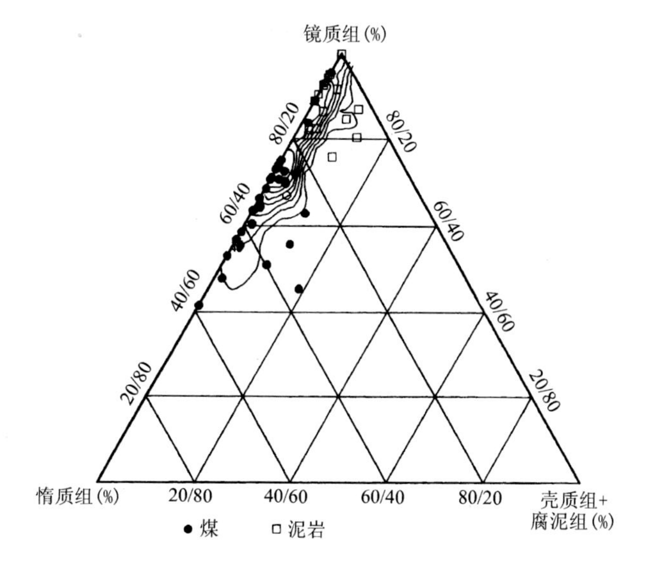

图 11-41　盆地上古煤系显微组分组成(据钟宁宁等，2002)

表 11-12　榆林地区周边石炭—二叠纪煤显微组分组成数据

地区		层位	显微组分含量/%	显微组分组成/%			R_o/%
				镜质组	惰质组	壳质组	
东缘	柳林	山西组 3#煤层	89.6	80.1	19.9	—	1.264
		山西组 5#煤层	83.0	91.4	8.6	—	1.500
		太原组 11#煤	93.1	87.6	12.4	—	1.504
	乡宁	山西组 3#煤层	84.7	63.5	36.5	—	1.693
		太原组 11#煤	98.1	76.6	23.4	—	1.670
	保德	山西组 5#煤层	94.0	76.2	16.9	6.9	0.722
	兴德	太原组 11#煤	92.4	51.6	40.2	8.2	0.831
北缘	准格尔	山西组 5#煤层	86.1	51	41.2	7.8	0.587
		太原组 11#煤	81.1	56.6	36.0	7.4	0.578

注：据中国煤田地质总局 1996。

总之，榆林地区石炭—二叠纪煤系中总体以高等植物有机质占优势，但是局部范围和层段的海相灰岩和泥岩中有低等水生生物为主的沉积有机质。因此，从生烃角度考虑，尽管石炭—二叠纪含煤岩系主要以“煤型”烃产物为主，但不能排除部分烃源岩贡献出“油型”产物的可能性。

2. 烃源岩生烃强度大，为大气田形成提供了充足气源

大中型气田形成要求有一定的生气强度，烃源岩生烃强度越大，对大、中型气田形成越有利。国内主要大气田烃源岩生气强度均大于 $20\times10^8m^3/km^2$，鄂尔多斯盆地中东部大部分地区生烃强度大于 $20\times10^8m^3/km^2$(详见第 3 章图 3-16)。鄂尔多斯盆地上古生界四个大气田所在区生烃强度都大于 $24\times10^8m^3/km^2$，其中苏里格气田生烃强度为 $24\times10^8m^3/km^2$，乌审旗气田生烃强度为 $28\times10^8m^3/km^2$，榆林气田生烃强度为 $30\times10^8m^3/km^2$，米脂气田生烃强度为 $32\times10^8m^3/km^2$。由此可见，榆林气田所在区生烃强度是盆地最大生烃强度区，有利于高含气饱和度大气田的形成。

3. 多期近距离运聚为大型岩性气藏形成提供了有利条件

1) 储层沥青研究

榆林气田在粒间孔和填隙物溶孔中均有沥青分布，但在粒间孔中充填的沥青含量均较高，在填隙物中充填的沥青含量低且较分散(表 11-13)。沥青成熟度处于 1.5%～2.0%，与上古生界烃源岩的成熟度近似(表 11-14)。沥青的组分及碳同位素分析认为，沥青可能主要来源于榆林地区上古生界部分类型较好的煤及灰岩，可能灰岩的贡献较大。

表 11-13　榆林地区山 2 段储层沥青分布表

井号	井深/m	碳沥青/%	沥青类型	赋存方式
S118	2672.5	0.1	碳沥青微粒状	粒间孔
	2673.2	0.5	典型的储层沥青(碳沥青)	粒间孔
	2682.5	0.3	典型的储层沥青(碳沥青)	粒间孔
S214	2859	0.2	碳沥青充填于孔洞，形体较大	填隙物
S215	2675.54	0.2	碳沥青团粒分布	粒间孔
S220	2793.11	0.1	碳沥青碎屑状分布	填隙物

表 11-14　榆林地区山 2 段储层沥青成熟度表

井号	S214	S119	S118	S118
井深/m	2859	3-4/160	6-14	6-5
R_o/%	1.69	2.05	1.52(早期)	1.15(早期)

上古生界灰岩的干酪根类型为Ⅱ型，在生油阶段生成大量的轻质液态烃，排烃进入储层孔隙中，随着地层温度的升高，液态烃进一步裂解成气，残余物则成为了沥青。进入生气高峰时，煤及煤系泥岩开始大量生气、聚集和第二次成藏。

2) 包裹体特征

烃源岩生烃史研究已表明，榆林气田 T3 末期地温达到 90℃左右，J1—J2 达到 130℃，早白垩世末期达到 170℃，其东部邻近的相对生气中心米脂地区，T3 末期地温达到 100～110℃，早侏罗世末期为 120℃，中侏罗世末为 140～150℃，早白垩世末期达到 180℃。根据烃源的埋藏史及各时期的温度分析认为，T3 末期烃源岩开始生排烃，J1—J2 基本达到生气高峰，K1 时期 R_o 达到 1.8%，继续大量生排烃。总的来说，从 T3 末至 K1 末，烃源岩都处于持续埋深的过程，能持续生成天然气，但主要生气时期为 J2—K1 时期。

包裹体均一温度显示 90～170℃均有烃类流体活动，说明天然气成藏是一连续过程，相对来说主要有

四个温度段，即：90～110℃、120～130℃、140～150℃和 170℃(图 11-42)。均一温度为 90～110℃的包裹体主要分布于未切穿加大边的石英颗粒裂隙及加大边尘埃圈中，这期流体活动的时间较早，根据埋藏史特征，对应的时期应为 T3 末—J1；均一温度为 120～130℃的包裹体主要分布于石英加大边中，对应的时期为 J2；均一温度为 140～150℃的包裹体主要分布于晚期石英加大边及方解石胶结物中。不可忽略的是有少量包裹体均一温度高达 170℃，存在于石英加大边中，对应的时期为 K1 末期。

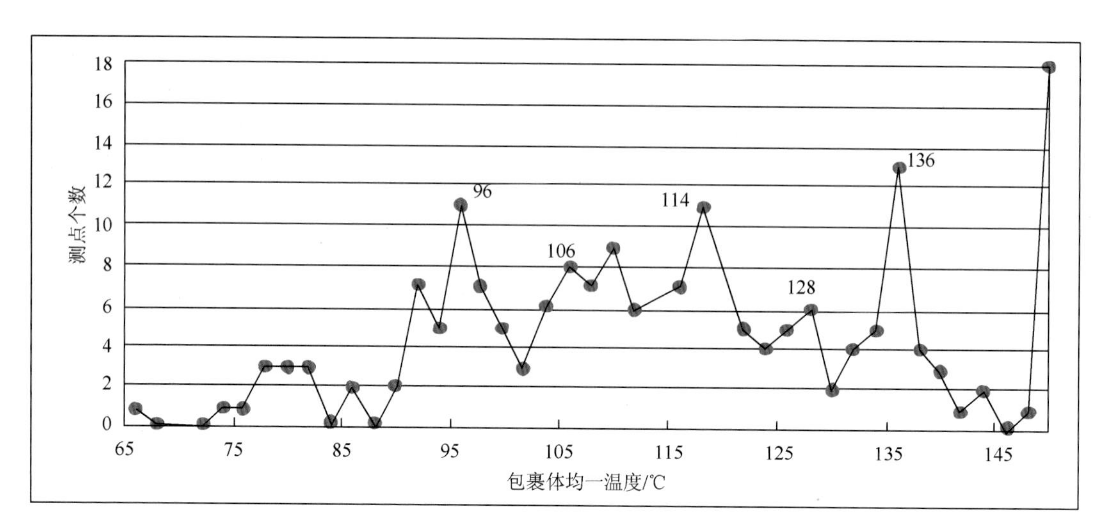

图 11-42　榆林气田气态烃包裹体均一温度分布图

包裹体激光拉曼光谱分析表明(表 11-15)，榆林气田在地质历史过程中有三种类型的含烃流体活动，一类是液态含烃的包裹体，CO_2 含量占 60%以上；一类是液态烃包裹体，C_2^+以上的重烃在烃类中占 80%以上；第三类是气态烃包裹体，CH_4 占烃类气体 95%以上。这三种类型的流体代表了不同地质时期运移进入榆林气田储集层的烃类。

表 11-15　榆林气田储层流体包裹体成分激光拉曼光谱分析结果　　(单位：%)

井号	包裹体类型	H_2O	CH_4	C_2H_2	C_2H_4	C_2H_6	C_3H_6	C_3H_8	C_4H_6	C_6H_6	H_2S	N_2	CO	CO_2	CH_4	C_2^+
S118-5	液态烃含 O_2	16.65	6.32	1.5	0.71	2.6	0.96	1.02	1.01	1.33	1.8	2.07	0.9	62.5	40.9	59.1
	液态烃	38.52	8.34	3.28	3.78	6.56	6.49	6.58	2.81	3.13	1.69	4.25		14.6	20.4	79.6
S207-1	液态烃	15.43	62.94	0.89	4.64	2.49	0.85	1.18	0.9	1.51	0.84	0.63		2.03	83.5	16.5
	液态烃	19.38	61.1	1.58	1.41	3.57	1.56	3.1	0.89	2.29	1.7	0.91		2.49	80.9	19.1
S207-4	气态烃	6.78	83.5	0.17	0.53	0.46	1.06	0.18	0.1	0.63	0.11	1.12	1.1	4.23	96.4	3.61
	气态烃	12.84	61.8	0.49	1.32	0.51	0.99	0.96	0.27	0.48	0.66	13.6	3.1	2.84	92.5	7.5

从煤在各成熟阶段生烃的组成变化可以看出(详见第 3 章第 3 节)，在 R_o 为 0.8%以前，煤生成产物中 CO_2 含量较高，可达 60%以上，随后 CO_2 的含量迅速降低。CH_4 气体在不同成熟阶段的生成情况显示，R_o 在 1.4%时，CH_4 生成的量迅速增加，可占烃类总量的 50%以上，在 R_o 为 2.2%时，CH_4 的含量可达 95%以上，R_o 在 0.8%～1.1%时，煤生成的烃类中的 C_2^+以上组分占总烃量大约 80%以上。因此，将流体包裹体激光拉曼组成分析结合流体包裹体的均一温度以及煤在不同成熟阶段生成的产物的组成变化，则可以大致确定捕获的包裹体的时期。即早期形成液态含 CO_2 包裹体，中期则形成液态烃包裹体，晚期形成气态烃包裹体，对应的时期大致分别为 T3 末期、J 和 K1。

3) 天然气碳同位素特征

榆林气田天然气单体碳同位素组成平均值为 $\delta^{13}C_1$：−31.29‰，$\delta^{13}C_2$：−25.17‰，$\delta^{13}C_3$：−23.77‰，$\delta^{13}iC_4$：−22.47‰，$\delta^{13}nC_4$：−22.76‰，$\delta^{13}C_{CO_2}$：−5.62‰。烃类气体碳同位素组合形式符合 $\delta^{13}C_1<\delta^{13}C_2<\delta^{13}C_3<\delta^{13}C_4$

正序列分布特征。乙烷的碳同位素主要与源岩有关，当乙烷的 $\delta^{13}C_2$ 重于–29‰时为由 III 型干酪根形成的煤成气，而 $\delta^{13}C_2$ 轻于–29‰则属于由 I—II 型干酪根形成的油型气(戴金星等，2005)。因此，榆林气田的天然气以煤成气类型为主。

综合分析表明，榆林地区天然气生成运移史可以划分为以下阶段：①T_3y 时期为快速埋藏期，这一时期烃源岩刚进入生烃门限，主要生成含烃的二氧化碳气体，东部太原组灰岩也进入了生烃门限，开始生成液态烃；②侏罗纪主要为一缓慢埋藏期，由于地温梯度较高，烃源岩进一步埋藏升温，达到成熟—高成熟阶段，太原组的灰岩在 J1 为生成液态烃的高峰期，此期烃类进入储层，抑制了孔隙继续演化，对榆林气田较多原生孔隙的保留起到了积极的作用，而 C—P 煤和泥岩则在 J2 末期进入生气高峰，生成的天然气运聚进入榆林气田；③早白垩纪为一快速埋藏期，烃源岩迅速达到高—过成熟阶段，继续大量生气，早期生成的液态烃进一步裂解形成天然气；④早白垩世末期盆地东部整体抬升，由于温度降低及地层的抬升，气体整体处于散失期，压力也逐渐降低。

4. 中粗粒石英砂岩大面积分布形成高效储层

根据 22 口井 70 余个砂岩物性与砂岩粒度分析结果统计，储层物性与粒度具有明显的正相关关系(图 11-43)。当粒度达到中粗粒时，大多数样品的孔隙度可大于 5%，渗透率大于 $0.5\times10^{-3}\mu m^2$，可达到石英砂岩 I 、II 类储层的孔渗标准。中粗粒砂岩也有很好的连通性，露头剖面和井下岩心观察表明，山 2 段砂岩冲刷面和大型冲刷-充填层理构造非常发育，说明水流速度比较大，对下伏岩层有很强的下切冲刷作用，使下伏岩层沉积的泥岩和粉砂岩难于保存。因此，在山 2 段沉积期形成了砂体相互叠置、泥岩和粉砂岩隔层少、中粗粒砂岩连通性好的砂体叠置形式。

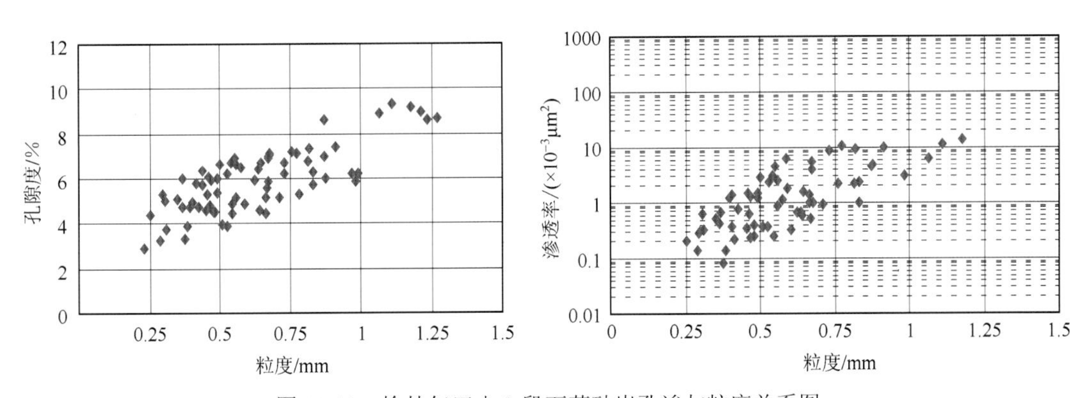

图 11-43　榆林气田山 2 段石英砂岩孔渗与粒度关系图

山 2 段砂岩储层的物性与砂岩石英颗粒含量有明显的正相关关系，石英含量越高，储层的渗透率越大，而岩屑含量越高，储层的渗透率越小(图 11-44)。因此，中粗粒石英砂岩是形成高效储层关键因素(王环厂等，2005)。

中粗粒石英砂岩形成与物源、沉积环境有关。物源制约石英碎屑来源，沉积环境决定了石英砂岩特征。榆林地区北部边缘大面积出露石英含量较高的太古界集宁群及中元古界白云鄂博群。白云鄂博群主要为一套轻变质的大理岩、石英岩，变质碎屑岩中沉积岩占 50%，变质岩占 50%。集宁群由麻粒岩相、角闪岩相的高极变质岩系和混合花岗岩组成。晚古生代这些富石英物源区一直处于隆升剥蚀状态，为榆林地区山 2 段沉积提供了富石英物源(汪正江等，2001；席胜利等，2002)。

陆源碎屑经过较长距离的搬运，经化学分解，在三角洲平原相和前缘相分流河道相较强水动力机械分选作用下形成了中粗粒石英砂岩。从 T3 井山 2 段粒度分布曲线图上(图 11-45、图 11-46)可以看出石英砂岩和岩屑砂岩均具有三段式发育、以跳跃总体为主的分流河道相沉积的粒度曲线分布特征，但进一步的对比分析发现，粒度分布上还存在一定的差别，石英砂岩的正态概率曲线和累计频率曲线明显要比岩屑砂岩陡，粒度分布频率上中粗粒粒级的分布频率比岩屑砂岩高，而泥粒级的粒度分布频率明显偏低。

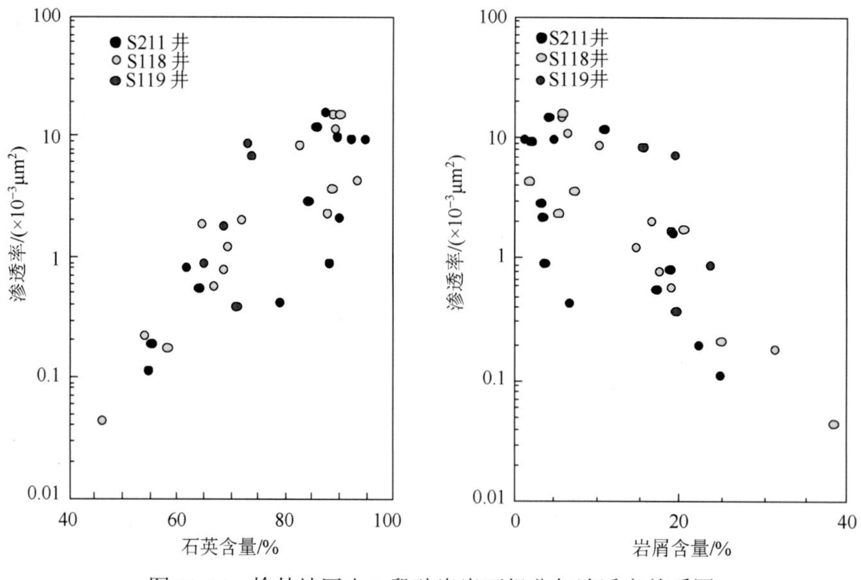

图 11-44　榆林地区山 2 段砂岩岩石组分与渗透率关系图

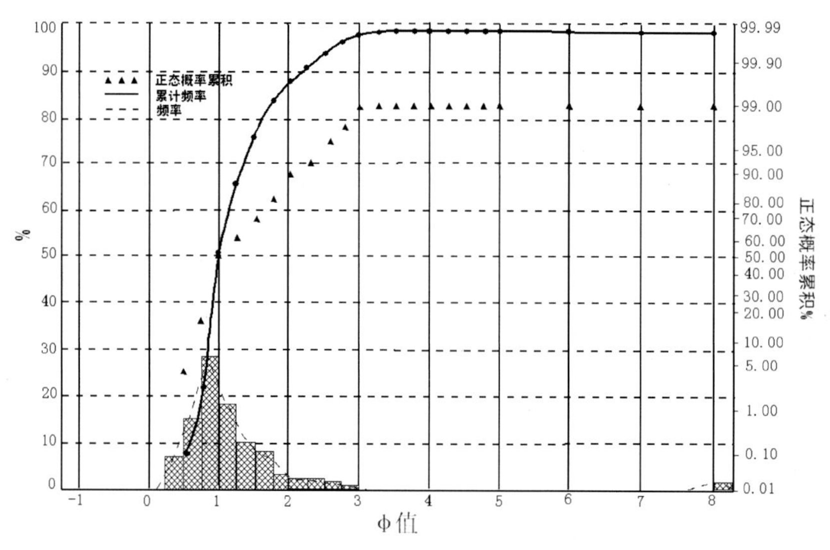

图 11-45　榆林地区 T3 井山 2 段石英砂岩粒度分布曲

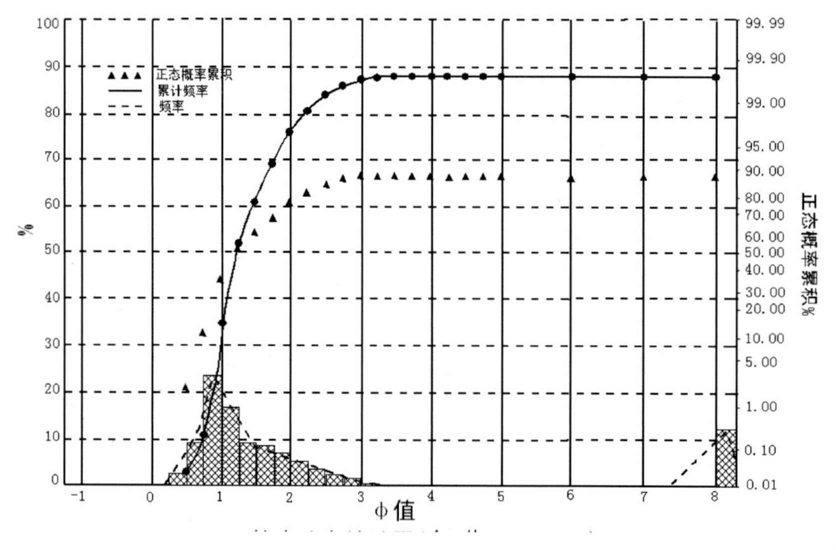

图 11-46　榆林地区 T3 井山 2 段岩屑砂岩粒度分布曲线图

石英砂岩中粗粒粒级的分布频率可达 91.55%，而岩屑砂岩为 76%，石英砂岩泥粒级的含量只有 1%，岩屑砂岩则达 12.0%。在粒度分选程度上，石英砂岩的分选程度为较好，岩屑砂岩粒度分选差。与岩屑砂岩相比石英砂岩具有跳跃总体多、悬浮总体少和分选较好的特点，说明石英砂岩形成于水动力较强的主河道沉积环境。T3 井山 2 段砂岩的岩矿分析也表明，石英砂岩具有稳定组分含量高、泥质含量少和磨圆度较好的特点。石英砂岩的物质组成中的碎屑成分主要以稳定的石英组分为主，填隙物成分中含有较多的硅质和高岭石自生胶结物，陆源杂基水云母的含量较低；而岩屑砂岩的物质组成中的碎屑成分除稳定的石英组分以外，还含有了较多的千枚岩、板岩、片岩和喷发岩屑等不稳定性组分，填隙物成分中陆源杂基水云母含量明显偏高，岩屑砂岩中的黏土杂基含量高说明其沉积水动力比较弱。

另外，从颗粒的磨圆度来看，石英砂岩为次圆状磨圆，岩屑砂岩为次棱状磨圆，同样说明了石英砂岩形成时经历了较强的水动力环境和较长距离的搬运。由于在搬运过程中的化学分解和机械破碎作用，千枚岩、板岩、片岩和喷发岩屑等不稳定性组分逐渐减少，稳定组分石英含量逐渐增加，从而形成石英砂岩。从榆林地区山 2 段储层岩石粒度和储层岩石类型平面分布特征可见，中粗粒石英砂岩控制了榆林大气田的分布(图 11-47，图 4-48)。

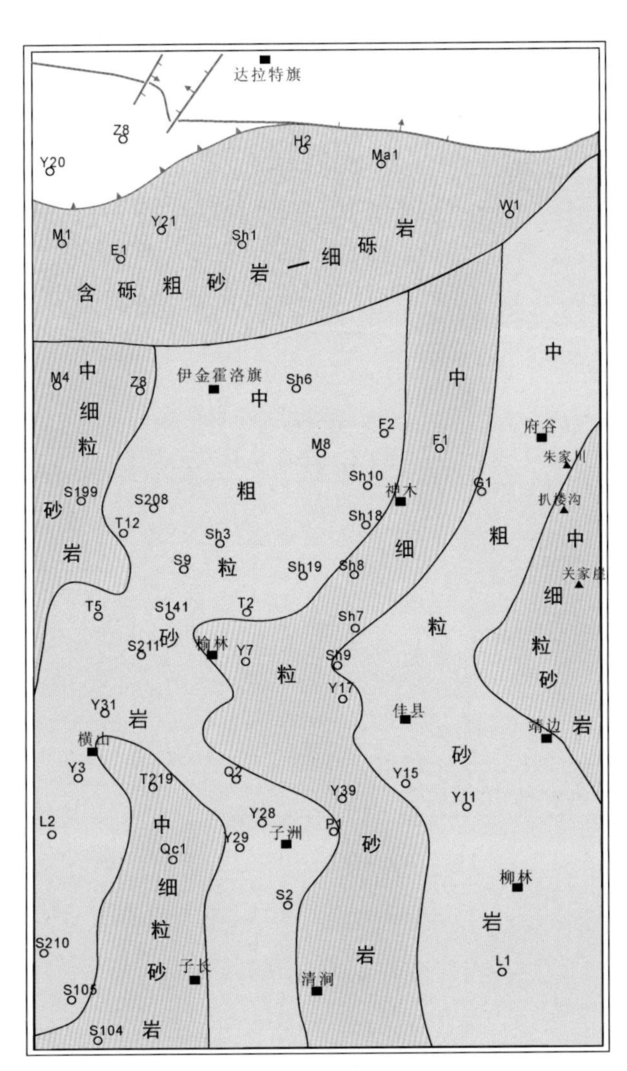

图 11-47　榆林地区山 2 段砂岩粒度类型分区图

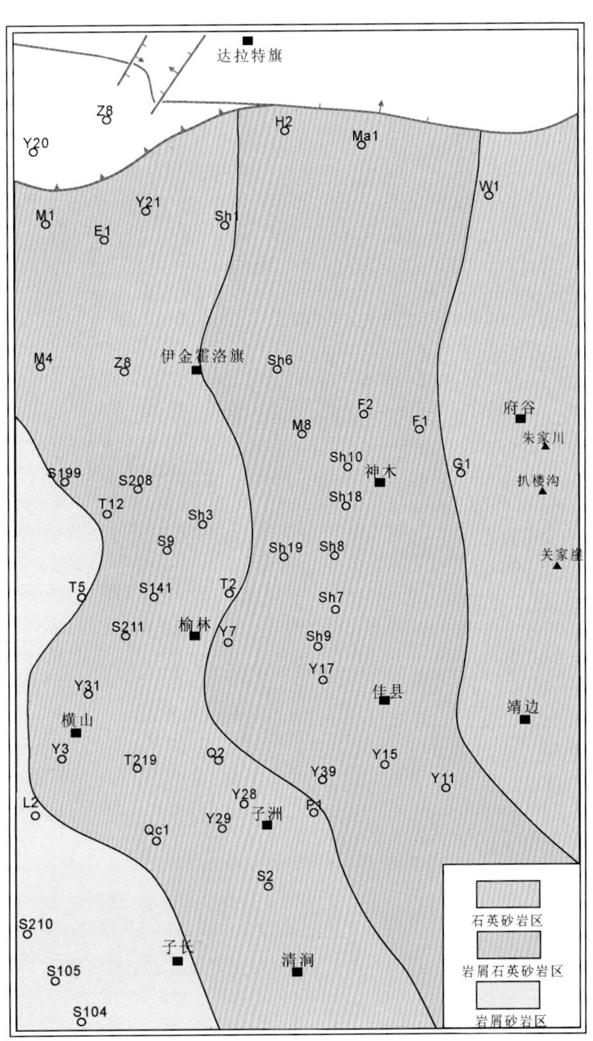

图 11-48　榆林地区山 2 段砂岩的岩石类型分区图

5. 烃类早期注入有利原生孔隙保存

原生粒间孔在强烈压实、岩石普遍致密化的背景下是如何得以保存下来呢？这除与山 2 段储层砂岩中石英含量高，抗压实作用较强以外，还与榆林气田山 2 段储层中存在着烃类的早期充注有着密切的关系。包裹体测温表明，在分布于未切穿加大边的石英颗粒裂隙及石英加大边中的早期包裹体的均一温度为 80～120℃，对应的形成地质时期为 T3—J2。包裹体激光拉曼光谱组成分析结果显示(表 11-15)，早期包裹体为液态含烃 CO_2 包裹体和液态含烃包裹体，说明在 T3—J2 该地区有液态烃的生成和运移。S142 和 S215 井等井山 2 段岩石薄片资料揭示(图 11-49、图 11-50)，在缝合线和原生粒间孔隙中有沥青和有机质的浸染，有的孔隙甚至被沥青质完全充填。

图 11-49　沥青沿缝合线分布

(S142　2802.5m　山$_2$)

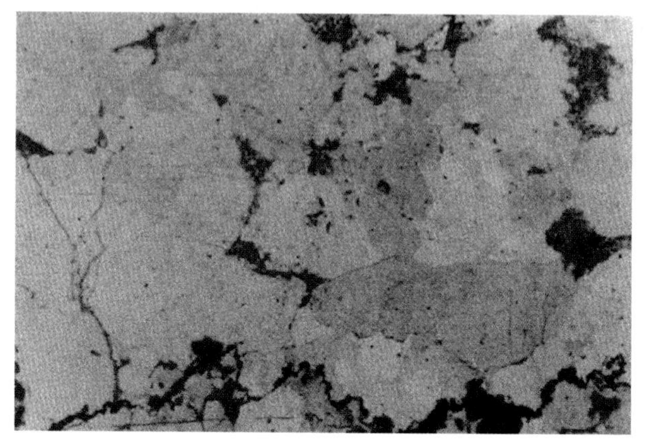

图 11-50　原生粒间孔被沥青质充填

(S215　2738m　山$_2$)

图 11-51 是榆林地区 S140、S118、S117 井山 2 段储层中早期沥青的萜烷分布图。这种早期油气充注作用对岩石的储集性能具有很大的益处(蔡金功等，2003)。首先，烃类的充填可以使原生孔隙得以保留；其次，在陆相储层中，溶解作用的发生主要与埋藏过程中产生的有机酸和 CO_2 酸性水有关。溶蚀作用主要

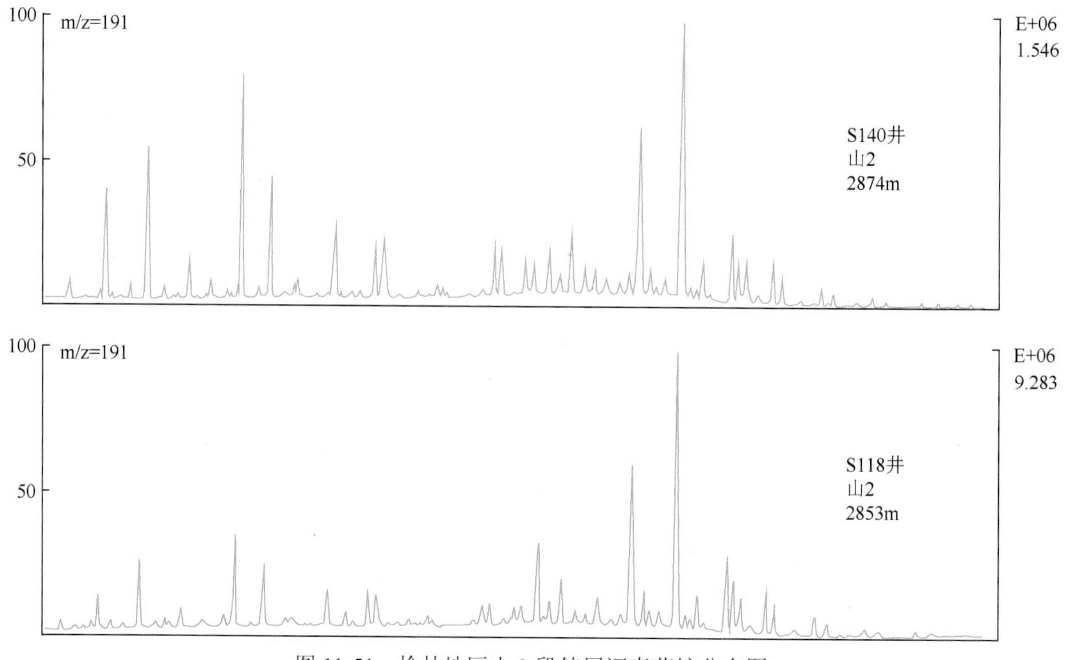

图 11-51　榆林地区山 2 段储层沥青萜烷分布图

表现为砂岩的碎屑颗粒的溶蚀和对填隙物的溶蚀，常见的有长石、岩屑及胶结物的溶蚀和高岭石的蚀变产生大量的晶间孔(赵国泉等，2005)。

6. 浅水三角洲源储互层的成藏模式

传统深水三角洲以前积层作为烃源岩，以前缘砂体作为有利储层，三角洲平原粉砂质砂和粉砂质黏土作为盖层，而浅水三角洲以源储互层为特点(图 11-52)。榆林地区浅水三角洲的烃源岩是滨海煤或沼泽煤层，在平面上稳定分布，生烃强度高，山 2 段分流河道石英砂岩大面积分布，形成高效储集体，山 2 的上部泥岩为其直接的封盖层，形成了良好稳定的源储互层内源成藏组合，为油气在排烃的过程中充注创造了优越条件。

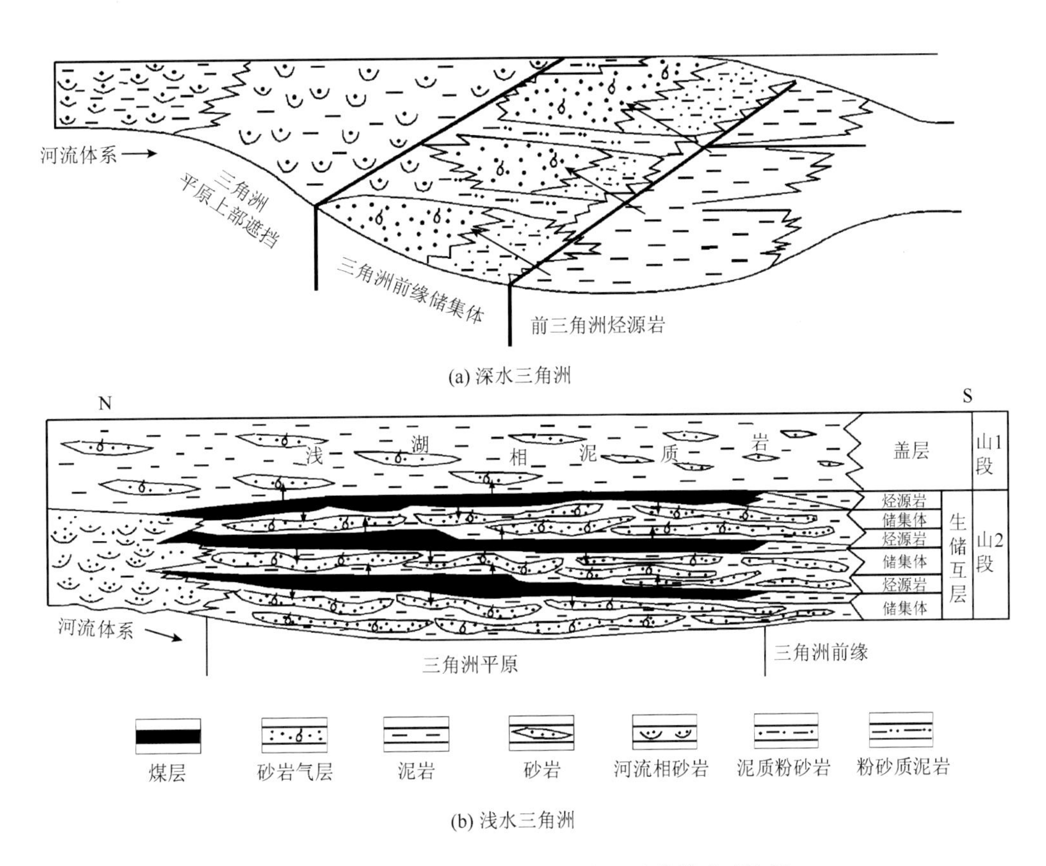

图 11-52　浅水三角洲与深水三角洲成藏模式对比图

榆林气藏的成藏特征表现为：①山西组天然气来自太原组和山西组的异常高压带内，主要烃源岩是山西组，主要生排烃时期是侏罗世末，并持续到目前，排烃时间与生烃时间相差不大。这一时期异常高压开始形成，高压带的流体高压可使油气易通过断裂向上运移。②早白垩世，榆林地区太原组—山西组源岩内此时形成较高的过剩压力值，为源岩排烃提供了动力，所以本时期为中部地区的主排烃期。③储层之上山 2 段上部泥岩为其直接盖层，山 1 段储层在该区不发育，主要为一套泛滥盆地泥质岩组成区域性盖层。④山 2 段分流河道砂体自北而南展布，在东西向上形成相对独立的沉积相带分布区，其间形成了泥质为主的泛滥盆地沉积物。对于东高西低的构造形态，其南北向分布的泥质沉积自然形成了砂体带上部的遮挡封堵，从而形成了大型岩性圈闭。

晚白垩世以后，榆林地区东部地层抬升、遭受剥蚀。上覆负荷降低和区域构造变化导致该区天然气发生调整运移，气水重新分配，天然气向东部上倾方向运移，在下倾方向则自然存在一定的局部水分布。天然气主要聚集在山 2 段优质储层体内。

参考文献

包洪平，杨奕华，王晓方. 2007. 同沉积期火山作用对鄂尔多斯盆地上古生界砂岩储层形成的意义. 古地理学报，9(4)：397-406
蔡金功，张枝焕. 2003. 东营凹陷烃类充注与储集层化学成岩作用. 石油勘探与开发，30(3)：79-83
陈洪德，侯中健，田景春，等. 2001. 鄂尔多斯地区晚古生代沉积层序地层学与盆地构造演化研究. 矿物岩石，21(3)：16-22
戴金星，邹才能，陶士振，等. 2007. 中国大气田形成条件和主控因素. 天然气地球科学，18(4)：473-484
窦伟坦，杜玉斌，于波. 2009. 全数字地震叠前储层预测技术在苏里格天然气勘探中的研究与应用. 岩性油气藏，21(4)：63-68
窦伟坦，刘新社，王涛，等. 2010. 鄂尔多斯盆地苏里格气田地层水成因及气水分布规律. 石油学报，31(5)：766-773
付金华，段晓文，姜英昆，等. 2001. 鄂尔多斯盆地上古生界天然气成藏地质特征及勘探方法. 中国石油勘探，6(4)：68-75
付金华，魏新善，任军峰，等. 2005. 鄂尔多斯盆地大型含煤盆地岩性气藏成藏规律与勘探技术. 石油天然气学报，27(1)：137-141
付金华，魏新善，任军峰，等. 2008. 伊陕斜坡上古生界大面积岩性气藏分布与成因. 石油勘探与开发，35(6)：664-667
付金华，王怀厂，魏新善. 2005. 榆林大型气田石英砂岩储集层特征及成因. 石油勘探与开发，32(1)：30-32
付金华，魏新善，任军峰，等. 2006. 鄂尔多斯盆地天然气勘探形势与发展前景. 石油学报，27(6)：1-6
付少英，彭平安，刘金钟，等. 2002. 鄂尔多斯盆地上古生界煤的生烃动力学研究. 中国科学，32(10)：812-818
付锁堂，席胜利，魏新善，等. 2006. 鄂尔多斯盆地山西组早期海相特征. 西北大学学报(自然科学版)，36(S1)：12-19
郭军，陈洪德，王峰，等. 2012. 鄂尔多斯盆地太原组砂体展布主控因素. 断块油气田，19(3)：568-571
郭英海，刘焕杰. 2000. 陕甘宁地区晚古生代的沉积体系. 古地理学报，2(1)：19-30
郭英海，刘焕杰，权彪，等. 1998. 鄂尔多斯地区晚古生代沉积体系及古地理演化. 沉积学报，16(3)：44-51
何自新，南珺祥. 2004. 鄂尔多斯盆地上古生界储层图册. 北京：石油工业出版社
胡朝元，钱凯，王秀芹，等. 2010. 鄂尔多斯盆地上古生界多藏大气田形成的关键因素及气藏性质的嬗变. 石油学报，31(6)：879-884
黄思静，黄培培，王庆东，等. 2007. 胶结作用在深埋藏砂岩孔隙保存中的意义. 岩性油气藏，19(3)：7-13
黄思静，孙伟，黄培培，等. 2009. 鄂尔多斯盆地东部太原组碎屑岩中自生伊利石形成机制及其对储层形成的影响. 矿物岩石，29(4)：25-32
兰朝利，张君峰，陶维祥，等. 2011. 鄂尔多斯盆地神木气田太原组沉积特征与演化. 地质学报，85(4)：533-542
兰朝利，张永忠，张君峰，等. 2010. 神木气田太原组储层特征及其控制因素. 西安石油学院学报(自然科学版)，25(1)：7-11
李仲东，惠宽洋，李良，等. 2008. 鄂尔多斯盆地上古生界天然气运移特征及成藏过程分析. 矿物岩石，28(3)：77-83
林景晔. 2004. 砂岩储集层孔隙结构与油气运聚的关系. 石油学报，25(1)：44-47
刘锐娥，黄月明，卫孝锋，等. 2003. 鄂尔多斯盆地北部晚古生代物源区分析及其地质意义. 矿物岩石，23(3)：82-86.
刘新社，席胜利，付金华，等. 2000. 鄂尔多斯盆地上古生界天然气生成. 天然气工业，20(6)：19-23
刘新社，周立发，侯云东. 2007. 运用流体包裹体研究鄂尔多斯盆地上古生界天然气成藏，石油学报，28(6)：37-42
罗静兰，魏新善，姚泾利，等. 2010. 物源与沉积相对鄂尔多斯盆地北部上古生界天然气优质储层的控制. 地质通报，6(29)：811-820
罗蛰潭，王允城. 1986. 油气储集层的孔隙结构. 北京：科学出版社
闵琪，付金华，席胜利，等. 2000. 鄂尔多斯盆地上古生界天然气运移聚集特征，石油勘探与开发，27(4)：26-29
沈玉林，郭英海，李壮福，等. 2009. 鄂尔多斯盆地东缘本溪组—太原组地层层序特征. 地球学报，30(2)：187-193
沈玉林，郭英海，李壮福，等. 2012. 鄂尔多斯地区石炭纪—二叠纪三角洲的沉积机理. 中国矿业大学学报，41(6)：936-942
汪泽成，陈孟晋，王震，等. 2006. 鄂尔多斯盆地上古生界克拉通坳陷盆地煤成气成藏机制. 石油学报，27(5)：8-12
汪正江，张锦泉，陈洪德. 2001. 鄂尔多斯盆地晚古生代陆源碎屑沉积源区分析. 成都理工学院学报，28(1)：7-12
王怀厂，魏新善，白海峰. 2005. 鄂尔多斯盆地榆林地区山西组 2 段高效储集层形成的地质条件. 天然气地球科学，16(3)：319-323
王兴志，李凌，方少仙，等. 2001. 佳县—子洲地区太原组砂体成因及对储层影响. 西南石油学院学报，23(3)：1-4
席胜利，李文厚，刘新社，等. 2009. 鄂尔多斯盆地神木地区下二叠统太原组浅水三角洲沉积特征. 古地理学报，11(2)：187-194
席胜利，王怀厂，秦伯平. 2002. 鄂尔多斯盆地北部山西组、下石盒子组物源分析. 天然气工业，22(2)：21-24
杨华，刘新社，杨勇. 2012. 鄂尔多斯盆地致密气勘探开发形势与未来发展展望. 中国工程科学，14(6)：40-48
杨华，付金华，刘新社. 2012. 鄂尔多斯盆地上古生界天然气致密气藏成藏条件与勘探开发. 石油勘探与开发，39(3)：295-304
杨华，付金华，刘新社，等. 2012. 苏里格大型致密砂岩气藏形成条件及勘探技术. 石油学报，33(1)：27-36
杨华，付金华，魏新善. 2005. 鄂尔多斯盆地天然气成藏特征. 天然气工业，25(4)：5-8
杨华，傅锁堂，马振芳，等. 2001. 快速高效发现苏里格大气田的成功经验. 中国石油勘探，6(4)：32-41
杨华，刘新社，孟培龙. 2011. 苏里格地区天然气勘探新进展. 天然气工业，31(2)：1-8
杨华，席胜利，魏新善，等. 2006. 苏里格地区天然气勘探潜力分析. 天然气工业，26(12)：45-48
杨华，杨奕华，石小虎，等. 2007. 鄂尔多斯盆地周缘晚古生代火山活动对盆内砂岩储层的影响. 沉积学报，25(4)：526-533
杨玲，韩继勇，孙卫，等. 2005. 鄂尔多斯盆地碎屑岩储集体中的次生孔隙类型. 西北大学学报(自然科学版)，35(5)：621-624
杨奕华，包洪平，贾亚妮，等. 2008. 鄂尔多斯盆地上古生界砂岩储集层控制因素分析. 古地理学报，10(1)：25-32
袁静，杜玉民，李云南，等. 2003. 惠民凹陷古近系碎屑岩主要沉积环境粒度概率累积曲线特征. 石油勘探与开发，30(3)：103-106.
张文正，李剑峰. 2001. 鄂尔多斯盆地油气源研究. 中国石油勘探，6(4)：28-36
长庆油田石油地质志编写组. 1992. 中国石油地质志(卷十二)·长庆油田. 北京：石油工业出版社
赵国泉，李凯明，赵海玲. 2005. 鄂尔多斯盆地上古生界天然气储集层长石的溶蚀与次生孔隙的形成. 石油勘探与开发，32(1)：53-55
赵林，夏新宇，戴金星. 2000. 鄂尔多斯盆地上古生界天然气的运移与聚集. 地质地球化学，28(3)：48-53
赵文智，汪泽成，朱怡翔，等. 2005. 鄂尔多斯盆地苏里格气田低效气藏的形成机理. 石油学报，26(5)：5-9

朱如凯，郭宏莉. 2002. 中国西北部地区石炭系碎屑岩储集层研究. 石油勘探与开发，29(3)：40-43
Meshri I D. 1986. On the reactivity of sarbonic and organic aeids and generation of secondary porosity. SEPM，38(1)：123-128
Siebert R M，Moncure G K. 1984. A theory of framework grain dissolution in sandstones. AAPG Memoir，37：163-175
Surdam R. 1989. Organic-inorganic interaction and sandstone diagenesis. AAPG Memoir I，1-23

后　　记

鄂尔多斯盆地致密砂岩气勘探是实践-认识-再实践-再深化认识的不断创新发展的过程。榆林、苏里格大气田发现之前，盆地早期勘探与靖边奥陶系风化壳大气田勘探过程中共有 400 余口探井钻遇上古生界致密砂岩气层或气显示层，并对 100 余口探井进行了压裂改造试气，但仅有少数几口探井试气获得了工业气流。如果以 1985 年盆地东部麒参 1 井山 2 段和盒 8 段致密砂岩气层首次获得低产气流算起，到千亿立方米级别致密砂岩大气田的勘探发现，用了整整 15 年时间回顾大气田发展过程，无不伴随着相关理论、技术、勘探方法以及项目管理等方面的创新突破。

1. 地质理论认识的自主创新推动了致密砂岩大气田勘探

在上古生界天然气勘探过程中，曾经引入了构造圈闭理论、煤成气理论、岩性地层圈闭理论、河流三角洲成藏理论和深盆气理论等指导天然气勘探部署，推动了盆地天然气勘探发展。由于每个含油气盆地都有各自的油气富集特点，油气勘探理论也往往是某一个盆地油气勘探取得成功后油气聚集模式的升华，带有各自盆地的地方色彩。因此，只有借鉴其理论精华为我所用，创新盆地自己的天然气成藏聚集模式和理论，才能有效的指导天然气勘探。

一是针对盆地上古生界煤系地层稳定分布的特点，以煤成气理论为指导，创新建立了广覆式生烃、天然气近距离运聚模式，开展盆地天然气资源潜力评价，形成适合盆地实际的资源评价方法体系。经过四次资源评价，深化了对煤成气资源潜力认识，使盆地天然气资源量由早期的 $3.51\times10^{12}m^3$ 增加到 $15.16\times10^{12}m^3$，增幅 332%。同时，明确了盆地天然气资源量的分布特征，上古生界煤成气资源量为 $12.61\times10^{12}m^3$，占盆地总资源量的 83%，且主要为渗透率小于 1mD 的致密砂岩气资源，坚定了发现大气田的信心。

二是借鉴北美致密砂岩气聚集模式和勘探经验，结合已有探井气测显示活跃、含气层多，单井产量低这一特点，重新复查探井含气显示，开展老井重试，重新认识含气潜力，明确了深盆气模式不适用于鄂尔多斯盆地，但盆地伊陕斜坡构造单元大面积含气，致密砂岩气资源潜力巨大，指明了勘探方向。

三是引入三角洲油气成藏理论，结合晚古生代古构造平缓，发育一套从海侵到海退再到陆相的完整沉积旋回的构造沉积演化特点，建立了海相和陆相湖泊大型缓坡三角洲沉积富砂模式，做出了盆地北部大面积砂体发育的科学预测。

四是总结油气圈闭理论在指导天然气勘探中发挥的作用以及经验教训，提出砂体带是天然气富集的有利场所，而不是局部圈闭，由传统的圈闭评价转向砂体带评价。通过精细刻画砂体带，评价优质储层分布区，以发现天然气高产富集区为关键，带动整个砂体带天然气勘探，创建了快速高效探明致密砂岩大气田的勘探方法。

2. 完善了致密砂岩气科学勘探程序

国外致密砂岩气勘探尽管较早，但主要以区块勘探为目标，其形成的勘探程序由于管理方式不同等，只能借鉴。国内已有的勘探程序主要是针对常规油气藏，因此，致密砂岩气勘探程序只有在勘探实践中不断总结和提升，才能形成有效实用的科学勘探程序。

在大面积致密砂岩气藏理论指导下，通过多个致密砂岩大气田勘探实践，形成了“区域甩开探相带，整体解剖主砂体，集中评价高渗区”致密砂岩气科学勘探程序。区域甩开探相带就是以盆地为对象，通过沉积体系分析，预测粗粒石英砂岩分布的有利相带，进行甩开勘探，以勘探发现为重点；整体解剖主砂体就是以砂体带为对象，坚持整体勘探，整体部署评价。通过地震、地质相结合，分层段整体解剖主砂体，包括有利沉积相、微相、成岩相和含气性及气、水分布等分析，明确了主力含气层段及含气范围，评价含气规模，提交控制储量或基本探明储量；集中评价高渗区就是以优质储层分布区为对象，实行勘探开发一体化，开发评价骨架井积极跟进，共同提交探明储量，减少重复建设，促进规模建产、整体开发，缩短大气田开发建产周期。

通过执行科学的勘探程序，缩短了大气田发现周期，2007 年以来，连续 8 年新增天然气探明和基本探明储量超过 $5000\times10^8m^3$。

3. 形成了经济有效的勘探技术配套系列

与国外致密砂岩气层厚度较大、丰度高、产量较高不同，鄂尔多斯盆地致密砂岩气层厚度薄、丰度低、产量较低。国外已形成的高成本勘探技术配套系列不完全适合鄂尔多斯盆地致密砂岩气勘探。通过多年勘探实践，针对不同勘探阶段和不同类型大气田地质特征，形成了经济有效的勘探技术系列。

勘探技术日新月异，新技术层出不穷。由于受成本、设备等因素影响，不是技术越新越先进就越好，应以成熟的常规技术为主体，不断改进勘探技术配套系列。致密砂岩气勘探技术配套系列包括地质评价、地球物理、井筒等诸多方面，绪论中已有论述，下面重点介绍技术系列配套原则。

其一是有效性原则。就是针对地质对象特点，以解决勘探面临的问题为关键，突出技术细节的有效性。以钻井液密度和气测为例，早期勘探钻井液密度一般为 $1.1g/cm^3$ 以上，忽视了气层低压、易于水锁、易于伤害这一特点，导致气层识别难、压裂改造效果差、单井产量较低，大面积低产井的存在延缓了大气田的发现，中后期改进了钻井液性能，密度控制在 $1.05g/cm^3$ 以上，单井产量显著提高，早期的 36 口探井通过时间解除水锁，获得了工业气流。由此可以看出，只是钻井液降低 $0.05g/cm^3$ 就可以解放气层，这是技术细节决定成败的典型案例；气测是天然气勘探的常规录井配套技术，影响气测因素较多，通过采用先进的仪器设备，制定气测解释标准等方法，将原来单一气测曲线与测井曲线共同成图，形成技术组合，大幅度提高了测井识别气层的精度。这一实例说明，常规技术的有效配套就是技术集成创新。

其二是经济性原则。降低勘探成本是国内外致密砂岩气勘探永恒的主题。针对致密砂岩有效储层厚度薄、大面积含气及黄土、沙漠复杂地貌特点，地震勘探没有选择目前公认的高成本三维地震勘探技术，而是以高精度二维地震勘探技术为主体，不断改进技术方法，实现了由“常规到全数字、单分量到多分量、叠后到叠前”的技术转变，在地质目标解释上实现了储层预测由砂体预测转为含气砂体预测，解决了以苏里格致密砂岩大气田为代表的上古生界致密砂岩储层及含气性预测的技术难题，使有效储层预测成功率由初期的50%提高到 80%以上。

其三是技术先进性原则。国外致密砂岩气勘探历程表明，大规模水力压裂技术的诞生与应用才是致密砂岩气大规模有效开发获得成功的关键。因此，在勘探阶段，开展各种新技术、新工艺试验，形成主体技术，为气田开发进行技术储备，是勘探开发一体化技术方面的重要体现。在气层压裂改造工艺技术方面，机械封隔器分层压裂技术，直井套管滑套连续分压技术，低浓度胍胶压裂体系等开发关键技术都是在勘探阶段通过反复试验成型的。

4. 运行高效的项目管理

开展勘探项目管理就像是组织一场战役，如果战役组织不成功，就很难实现战略目标。油田公司勘探承担着艰巨的储量和生产任务，并且面临着勘探目标、外部环境日趋复杂、控降投资空间紧张等问题，给项目运行带来了很大困难，因此只有科学管理，创新管理，着力建设一个责权利明确的管理体系，才能保障勘探效率和效益。

扁平化项目管理实现了勘探生产高效运作。在多年的生产组织实践中，形成并不断完善了扁平化管理模式。该模式采用决策、管理、执行三层管理组织机构。油田公司主要领导、主管领导是勘探项目组织机构的决策层与相关职能部门共同组成勘探项目的管理层，各勘探项目经理部是具体生产实施的执行层。油田公司扁平化的项目管理机制，责、权、利清晰，有效地激发了项目经理部工作者的创造性；油田公司领导直接担任决策层，减少了中间逐级汇报、各部门开会的繁琐环节，实现了生产组织的快速高效，提高了工作效率。尤其是在鄂尔多斯盆地复杂的地表和地下地质条件下，扁平化的项目管理有效减少了施工队伍等、停、靠的现象，克服了探区分散，施工队伍众多、信息反馈不畅的不利因素，适应了勘探工作量大、储量任务重、生产节奏快的需求。

开展对标管理促进了管理水平持续提升。对标管理是寻找和学习最佳管理案例和运行方式的一种方法。油田公司勘探积极开展对标管理，成效显著。通过与公司内部开发部门对标，起到了协调一致的作用，更好地促进了勘探开发一体化；通过与兄弟油田单位对标，寻找差距，弥补了不足之处；通过与行业企业标准对标，促进了达标、制标，甚至超标；通过与国际前沿对标，明确了奋斗方向。近年来，油田公司勘探实物工作量到位率、勘探工程成本、探井成功率、试油成功率、油气发现成本、控制预测储量升级率等各项效益指标始终走在中国石油前列，并且油田公司实物工作量到位率 100%，高于同类企业平均水平。钻井工程成本一直保持在低位稳定运行。油气发现成本不到 1 美元/桶，远低于同类企业平均水平。探明储量可开发动用率保持在 90%以上，控制储量的升级率达到 100%，实现了勘探工作的良性循环、可持续发展。

市职高

达州市职业高级中学
达州市职业教育中心

毕业纪念册

达州市职业高级中学
达州市职业教育中心

毕业纪念册

2016年7月